국가(미국) 소방관 윤리 강령
(Firefighter Code of Ethics)

배경

소방은 숭고한 소명으로서, 소방관과 소방관이 봉사하는 시민 간에는 공동의 존경과 신뢰가 바탕이 된다. 따라서 소방의 지속성을 보장하기 위하여, 가장 높은 윤리적 기준들이 언제나 유지되어야만 한다.

이 윤리 강령은 소방평판관리백서Fire Service Reputation Management White Paper의 출판에 맞추어 만들어졌다. 이 국가 소방 윤리 강령의 목적은 소방 분야에서 도덕적 완결성의 문화를 고취시키고 소방대원들로 하여금 높은 전문성 표준의 기준을 만들고자 함에 있다. 이 권장 윤리 강령의 범위는 역사적으로 높게 존경받아온 직업에 대한 국민의 지지에 반하여, 당혹감과 경고를 초래할 수 있는 상황을 완화하고 무효화하기 위한 것이다.

윤리ethics라는 단어는 정신character을 의미하는 그리스 단어인 'ethos'에서 비롯된 것이다. '정신'이라는 것은 상황이 긍정적이고 삶이 좋은 상태에서 행동하는 방식에 따라 정의되는 것은 아니다. 길이 포장되어 있고, 장애물이 거의 없거나 아예 존재하지 않을 때, 높은 길을 따르는 것은 쉽다. '정신'은 어떠한 압력하에서 결정을 내리거나, 도로에 지뢰가 있을 때 및 도로에 대해 알려진 것이 없을 때에도 정의되어질 수 있다. 소방의 일원으로서 우리는 항상 우리가 하는 모든 일에서 전문성, 성실성, 동정심, 충성심 및 정직성의 윤리적인 정신을 비추어낼 책임을 공유한다, 우리가 무엇을 하든지 언제나 말이다.

우리는 이러한 윤리 문제를 받아들여 이 문서에 설명된 기대와 일치하는 문화를 기꺼이 유지해야 한다. 그렇게 함으로써 차별화된 소방 조직을 검증하여 유지해 나갈 유산을 만들어낼 수 있을 것이며 동시에 우리가 소방을 떠날 때 처음 소방관이 되었을 때보다 더 나은 상태의 조직이 될 것을 보장해줄 것이다.

소방관 윤리 강령

나는 내가 적절한 윤리적 행동과 진실성을 반영한 양식 안에서 스스로를 이끌어야 할 책임을 가지고 있음을 이해한다. 그렇게 하기 위해서, 나는 소방에 대한 지속적인 대중의 긍정적인 인식을 키울 수 있도록 함께 노력할 것이다. 그러므로 나는 다음을 서약한다.

- 언제나 임무 안과 밖에서 나 자신과 나의 부서 및 소방 전체를 긍정적으로 생각하며 처신할 것입니다.
- 내 행동과 내 행동의 결과에 대한 책임을 받아들일 것입니다.
- 공정함의 개념과 다양한 생각과 의견의 가치를 지지합니다.
- 소방 직업에 대한 신뢰 또는 국민의 인식에 부정적인 영향을 끼칠 수 있는 상황을 피할 것입니다.
- 언제나 진실하고 정직하며 소방의 진실성을 손상시키는 부정행위 또는 기타 부정직한 행위를 보고하겠습니다.
- 나의 직무 수행에 부적절하게 영향을 끼치거나 조직에 불신을 가져오지 않도록 사생활을 조심하겠습니다.
- 서로를 존중하며 각 대원의 안전과 복지를 의식하겠습니다.
- 제복, 시설, 차량 및 장비를 포함한 공공 소유 자원의 정직하고 효율적인 사용에 대한 책임을 요구하는 공적인 신뢰의 위치에서 봉사할 것이며, 오용과 도난으로부터 보호해야 한다는 사실을 인식합니다.
- 나의 직무 수행에 있어 전문성, 능력, 기대와 충성심을 행사하고, 직책에 따라 비밀리에 또는 다른 방식으로 얻은 정보를 사용함에 있어 내가 봉사하기 위해서 위임받은 사람들에게만 이익을 줄 수 있도록 할 것입니다.
- 금융 투자, 외부 고용, 외부 사업 이익 또는 내 직책과 상충되거나 부적절한 것으로 인식될 가능성이 있는 활동을 피하겠습니다.
- 이해 상충을 야기할 수 있는 개인적 보상, 특권, 이익, 승진, 선물, 신탁증서를 주거나 받지 않겠습니다.
- 내 직무 수행의 정신 상태를 손상시키고 안전을 해할 수 있는 주류 또는 기타 약물 남용 사용과 관련된 활동에 절대 참여하지 않겠습니다.
- 인종, 종교, 피부색, 신념, 나이, 결혼 상태, 출신 국가, 가계, 성별, 성적 취향, 건강 상태 또는 장애에 근거하여 절대로 차별하지 않을 것입니다.
- 절대로 근무 중 또는 대중의 동료 구성원을 괴롭히거나 협박하거나 위협하지 않을 것이며, 그러한 행동에 관여하는 다른 소방관의 행동을 중지시키거나 보고하겠습니다.
- 소셜네트워킹(SNS), 전자통신 또는 기타 미디어 사용에 있어 우리 조직, 소방 및 일반 대중을 망신시키지 않고 불명예스럽지 않게 만드는 방식으로 책임감 있게 사용할 것입니다. 나는 또한 이러한 매체의 부적절한 사용을 해결하지 못하거나 보고하지 않는다는 사실이 이 행동을 꾸미는 것과 같다고 이해할 것입니다.

소방관 윤리 강령은 컴벌랜드 밸리 소방관 협회the Cumberland Valley Firemen's Association, 국가 화재 소방관 협회the National Society of Executive Fire Officers 및 의회 소방서the Congressional Fire Service Institute의 협력을 통해 작성되었다(2012).

화학·생물학·방사성·폭발성 물질 및 대량살상무기(WMD)의
사고 / 테러 현장대응 실무매뉴얼

IFSTA(국제 소방 훈련 협회) 원저
김흥환 역자

도서출판대가

국제소방훈련협회International Fire Service Training Association; IFSTA는 훈련을 통해서 소방 기술과 안전을 보다 발전시키고자 하는 소방관들의 비영리교육협회nonprofit educational association로 1934년에 발족되었습니다. 또한 국제소방훈련협회IFSTA의 임무를 수행하기 위해서 '소방 출판사Fire Protection Publications'가 오클라호마 주립대학Oklahoma State University의 독립체(일부)로서 설립되었습니다. 소방 출판사Fire Protection Publications의 주요 기능은 국제소방훈련협회IFSTA에 의해 제안, 작성, 승인된 교재training material를 출판하고 보급하는 것이고 두 번째 기능은 국제소방훈련협회의 임무와 발맞추어 수준 학습 및 교육 보조 도구를 연구, 획득, 생산, 마케팅하는 것입니다.

국제소방훈련협회는 매년 두 차례, 1월의 겨울 모임Winter Meeting과 7월의 연례 인준 회의Annual Vilidation Conference를 갖습니다. 이러한 모임 동안에, 기술적 전문가들로 구성된 위원회들은 초안 문서를 검토하고 '미(美) 국가소방협회NFPA 표준National Fire Protection Association ®standards'에 합치하는지를 확인합니다. 이러한 회의는 몇몇 연관되고 같은 분야에 속한 개개인들을 한 자리에 모일 수 있게 해줍니다. 예를 들면

- 주요 소방의 간부(executives), 교관(training officer) 및 대원(personnel)
- 단과 및 종합 대학의 교수
- 정부 기관(govermental agency)의 대표자들
- 소방 협회(firefighters association) 및 산업 기관(industrial organization)의 대표자들

위원회 위원들은 보수를 받거나 국제소방훈련협회 및 소방 출판사에서 발생하는 어떠한 이익도 보상받지 않습니다. 그들은 소방에 헌신하고 또한 훈련을 통한 소방의 미

래를 위해서 참여하는 것입니다. (미국)소방 공동체fire service community에서 위원회 위원이 된다는 것은 영광으로 여겨지며, 위원회 위원들은 그들의 분야에서 리더(대표, 지도자)로 인식되는 사람들입니다. 이러한 특이한 점이 국제소방훈련협회IFSTA와 소방 공동체fire service community를 밀접한 관계로 만들어줍니다.

국제소방훈련협회 매뉴얼IFSTA manuals은 미국과 캐나다의 많은 정부기관governmental agency뿐만 아니라 여러 주states와 북미North America의 지역provinces에서 공식적인 교재official teaching text로 쓰이고 있습니다. 게다가 NFPA® 요구사항NFPA requirement, 국제소방훈련협회 매뉴얼IFSTA manuals은 소방 및 비상대응기관의 고급 교육Fire and Emergencies Services Higher Education; FESHE 과정의 요구사항을 충족시키기 위해서 작성되었습니다. 또한 캐나다, 멕시코 및 북미 이외의 국가에서도 소방fire service 및 비상대응 대원들emergency service personnel을 위한 교육training을 제공하고자 다른 언어들로도 번역되고 있습니다.

ISBN 978-0-87939-613-8Library of Congress Control Number: 2017931043

Fifth Edition, First Printing, March 2017 *Printed in the United States of America*

10 9 8 7 6 5 4 3 2 1

If you need additional information concerning the International Fire Service Training Association (IFSTA) or Fire Protection Publications, contact:
Customer Service, Fire Protection Publications, Oklahoma State University
930 North Willis, Stillwater, OK 74078-8045
800-654-4055Fax: 405-744-8204

For assistance with training materials, to recommend material for inclusion in an IFSTA manual, or to ask questions or comment on manual content, contact:
Editorial Department, Fire Protection Publications, Oklahoma State University
930 North Willis, Stillwater, OK 74078-8045
405-744-4111Fax: 405-744-4112E-mail: editors@osufpp.org

The International Fire Service Training Association (IFSTA) and its publishing partner, Fire Protection Publications (FPP) at Oklahoma State University, are proud to have partnered with Daega Books in this translation and publishing of IFSTA's Hazardous Materials for First Responders 5th Edition training manual. IFSTA has been publishing fire service training manuals since 1934, and these manuals are used worldwide. We are delighted that this partnership made it possible to bring this important educational material to the Korean fire service and emergency responders.

The development, manufacture, and use of hazardous materials in society, including residential, commercial, and industrial properties, has increased exponentially during the past several decades. Virtually every response that firefighters and other emergency response personnel make has the potential to involve some type of hazardous material. This manual is designed to train responders to the Awareness and Operations level certification requirements of NFPA 1072, Standard for Hazardous Materials/Weapons of Mass Destruction Emergency Response Personnel Professional Qualifications, 2017 Edition. It provides responders with information on recognizing and identifying the presence of hazardous materials, as well securing the area and taking basic defensive material control measures. This standard has been widely adopted throughout the world.

Thank you for selecting IFSTA to meet your educational needs on this important subject. We are committed to working with Daega Books to provide information from other IFSTA manuals that may be of use to the Korean fire service. We hope that this is the beginning of a long-term partnership.

Please use this information to be safe in all of your emergency responses. We want everyone to return home from every emergency incident.

Fraternally,

Michael A. Wieder
Executive Director, IFSTA

오클라호마 주립대학교Oklahoma State University에 위치한 국제소방훈련협회The International Fire Service Training Association; IFSTA와 그 출판사인 소방 출판사Fire Protection Publication; FPP는 우리의 특수재난 초동대응 매뉴얼 5판Hazardous Materials for First Responders 5th Edition의 번역 및 출판에 있어 도서출판 대가와 파트너십을 맺게 된 것을 자랑스럽게 생각합니다. 국제소방훈련협회는 1934년부터 소방 교육훈련 매뉴얼을 출판해 왔으며, 이러한 매뉴얼들은 전 세계적으로 사용되고 있습니다. 우리는 이 파트너십을 통해 이 중요한 교육 자료를 한국 소방 및 비상대응요원들에게 제공할 수 있게 된 것을 기쁘게 생각합니다.

주거지, 상가지역 및 산업단지를 포함한 우리 사회의 곳곳에서 위험물질Hazardous Material; HAZMAT의 확산, 제조 및 사용은 지난 수십 년 동안 기하급수적으로 증가했습니다. 소방관 및 그 외의 비상대응요원들은 거의 모든 대응현장에서 한가지 유형 이상의 위험물질에 마주하게 될 것 입니다. 이 매뉴얼은 '위험물질/대량살상무기 비상대응요원 전문자격에 대한 표준 – 2017판NFPA 1072, Standard for Hazardous Materials/Weapons of Mass Destruction Emergency Response Personnel Professional Qualifications, 2017 Edition'의 식별 및 전문대응 수준의 자격인증 요구사항Awareness and Operations Level Certification Requiremen에 해당하는 대응요원들을 교육훈련시키기 위해 작성되었습니다. 대응요원들에게 위험물질의 존재를 인식 및 식별하도록 하고, 지역을 확보하고, 기본적인 방어적 물질 제어 조치를 취하는 것에 대한 정보를 제공합니다. 이러한 표준은 전 세계적으로 널리 채택된 것입니다. 이 중요한 주제에 대한 교육훈련의 요구를 충족시키기 위해 국제소방훈련협회를 선택해 주셔서 감사합니다. 우리는 도서출판 대가와 협력하여 한국 소방에서 필요한 다른 매뉴얼의 정보를 제공하기 위해 노력하고 있습니다. 이것이 장기적인 파트너십의 시작이 되기를 기대합니다.

모쪼록 이 매뉴얼의 정보를 사용하여 모든 비상 대응 상황에서 한국의 소방관을 포함한 모든 대응요원들이 안전하시길 바랍니다. 우리는 모든 비상 상황에서 모든 이들이 집으로 안전히 돌아오기를 기원합니다.

우리의 형제들이여(Fraternally),

마이클 A. 위더(Michael A. Wieder)
국제소방훈련협회장
(Executive Director, IFSTA)

재난현장으로 출동하는 소방지휘관은 항상 두 가지 걱정과 질문을 하면서 현장으로 달려갑니다. "첫째는 이 재난사고로 일반국민들의 피해, 특히 인명피해는 없는가?" 둘째는 현장에서 활동하는 우리 대원들은 안전한가?" 이 두 가지 질문을 되뇌며 재난현장에 출동할 때마다 '재난이 발생하지 않는다면 얼마나 좋을까'하는 막연한 상상을 해보기도 합니다.

그러나 "**아무리 확실하고 복잡한 재난 대책을 세워도 거대한 재난을 완전히 막을 수 없다.**"고 미국 예일대 명예교수인 Charles Perrow는 말했습니다. 그는 "사고는 비정상적인 상황에서만 발생하는 것이 아니라 정상적인 경우에도 반드시 발생한다."는 소위 「정상사고Normal Accident」 개념을 제시하였습니다. 따라서 재난 관리는 예방이 중요한 것은 사실이지만 아무리 선진국 재난관리시스템을 갖추고 있다 하더라도 재난은 발생할 수 밖에 없으며 재난현장 대응은 필수적인 것입니다.

911 테러를 비롯한 다양한 현대적 위협을 직접 경험한 미국에서는 모든 재난사고를 완전히 막을 수 없다면 재난현장에서의 대응이 매우 중요하며, 특히 사고발생 직후의 초동대응에 따라 피해 규모가 엄청나게 달라진다는 것을 인식하였습니다. 이러한 인식을 바탕으로 미국의 **국제소방훈련협회**IFSTA는 다양한 특수재난에 관심을 가지고 현장 경험이 풍부하며 최고의 전문가로 인정받은 소방관들을 통하여 전 세계적으로 가장 권위 있는 **「특수재난 초동대응 매뉴얼」**을 작성하게 되었습니다.

모든 재난현장에 가장 먼저 출동하는 소방관은 다양한 특수재난현장에서 정확한 사고 원인이나 위험물질이 확인되기 전 위험에 노출되어 사고 초기에 위험확산 방지와 구조 등의 초동대응을 하여야 합니다. 왜냐하면 초동 조치는 즉시 이루어져야 하고 그 결과에 따라 피해규모가 현저하게 달라지기 때문입니다.

이러한 현실을 반영한 **「특수재난 초동대응 매뉴얼」**은 먼저 모든 화학 · 생물학 · 방사능 물질과 대량살상 무기와 같은 위험요소를 하나로 통합한 개념으로서의 HAZMAT(위험물질)을 핵심적으로 제시하고 있습니다. 또한, 특수재난에 전문적인 대응을 위하여 미국 국가소방협회 코드NFPA Code를 기초로 하여 『**사고분석-대응계획-대응실행-경과평가**』의 큰 틀을 기준으로 상세히 설명하고 있다는 점에서 재난현장 요원들에게 매우 필수적인 자료입니다.

이처럼 유용한 「**특수재난 초동대응 매뉴얼**」 한국어판은 한 소방공무원의 집념과 열정의 산물입니다. 육군사관학교를 졸업하고 10여 년간 군사전문장교로 복무했던 김흥환 소방관은 위험물질 등 특수재난에 남다른 열정과 사명감을 가지고 소방에 투신하였습니다. 그는 중앙119구조본부에서 위험물질 사고에 대해 다양한 현장경험과 이론적 지식을 갖춘 전문가로서 놀라운 열정을 가지고 오랜 시간 동안 일천여 페이지에 달하는 원서를 번역하였습니다.

이 책은 원서의 의도를 잘 살렸을 뿐만 아니라 한국의 소방관을 비롯한 재난현장 요원들과 안전관리 종사자와 이 분야를 공부하는 대학의 학생들도 매우 쉽게 이해하고 활용할 수 있도록 만든 재난관리 초동대응의 기본을 망라한 필독서라 할 수 있습니다.

재난관리 분야에 종사하는 많은 분들이 본서를 잘 활용함으로써 우리 대한민국에서 발생하는 특수재난으로 인한 피해가 최소화되고 현장요원들이 안전하게 활동할 수 있기를 간절히 소망합니다.

강태석(Tae Suk, Kang)
한국소방안전원 원장
(Pesident of Korea Fire Safety Institu)

우리 사회에 큰 충격을 주었던 2012년 9월 27일 구미에서의 불산 누출 사고 이후 우리나라는 화학 사고에 대한 대비 태세를 크게 강화하였습니다. 국내 7개 국가산업단지에 우리나라에서 가장 모범적인 협업조직으로 인정받은 '화학재난합동방재센터(소방청 119화학구조센터)'가 개소하였고, 전국 권역별로 현장을 맡은 소방 기관을 비롯하여 환경부 · 노동부 · 산업자원통상부 · 지방자치단체가 힘을 모아 화학 사고에 대해 통합된 대비 · 대응 태세를 갖추고 있습니다.

그 중에서도 소방청 중앙119구조본부를 필두로 한 중앙 소방은 사고현장에 가장 먼저 도착한다는 특성으로 인해, 화학 사고뿐만 아니라 예측이 힘든 화학 · 생물학 · 방사능 · 폭발성 물질 등에 의한 특수재난 및 테러 대응에 특화하여 우수한 전문인력과 특수장비 등을 갖추고 모든 국민의 안전을 위하여 열심히 뛰고 있습니다. 이러한 일련의 노력들로 인해 최근에는 화학 사고가 많이 줄어들고 있는 통계까지 볼 수 있습니다.

이런 중앙119구조본부의 대원이 직접 번역한 이 매뉴얼은 특히 우리나라에서 최초로 화학 사고를 포함한 모든 유형의 특수재난 현장대응에 포커스를 맞추고 있습니다. 지금까지 우리나라가 재난/안전 분야에서 주로 이론과 행정 등에 치중했던 것과 달리, 이 매뉴얼은 전 세계적으로 테러를 포함한 재난에 관해 가장 권위있는 기준이 되는 미국의 국가소방협회 코드NFPA Code를 바탕으로 이론은 물론이고 특수한 해당 분야별 풍부한 경험까지도 담아내어 '현장에서의 대응'을 중심으로 다루고 있습니다. 또한 소방에 더해 특수재난과 관련된 모든 기관이 동참하여 미국의 국가재난대응체계 · 특수장비 · 표준절차 · 주요 참고자료 등 거의 모든 부분들을 수록하고 있어 더욱 귀중한 자료로 기억될 것으로 예상됩니다.

이러한 현장에 특화된 전문 참고자료는 많은 전문지식이 필요하고 동시에 특수한 대응장비에 익숙하며, 강인한 체력과 급박한 상황에서 올바른 판단을 내릴 수 있는 결단력까지 겸비하여야 할, 국민의 영웅인 소방관들에게 가뭄의 단비 같은 매우 큰 도움이 될 것이라 확신하고 있습니다. 동시에 많은 위험물을 저장 및 취급하는 사업장의 안전

관리자와 재난 관련 업무를 맡고 있는 중앙 및 지방의 공무원, 대학 및 학회의 교수와 학생들에게도 매우 귀중한 참고자료가 될 수 있을 것입니다. 앞으로 범국가적으로 이러한 자료를 적극적으로 참고하여 국가적인 대응체계 · 전문가 육성 · 기관 간의 협업을 강화해야 할 것입니다.

마지막으로 이런 귀중한 자료를 직접 번역하고 국내 출간을 선도해주신 김흥환 소방관님께도 한 사람의 국민으로서 깊은 감사를 드립니다. 911 테러와 같은 대형복합재난에 대한 우려가 점점 커져가는 현실 속에서, 선진국의 특수재난 대응체계와 전문성을 갖춰나가는 것은 '선택'이 아닌 반드시 이뤄져야 할 국민의 안전을 위한 '국가적 의무'임을 강조드리며, 유수의 선진국들처럼 소방의 역할에 대한 기대가 '안전Safety'을 넘어서 '안보Security'까지도 나아갈 수 있도록 여러분의 지속적인 관심이 필요하다는 점도 꼭 말씀드리고 싶습니다.

문일(Il, Moon)

한국위험물학 회장
(President of Korean Institute of Hazardous Materials)

연세대학교 연구본부장
(The Director of Disaster Prevention and Safety Research Headquarter)

역자 서문

전 세계의 누구도 전쟁에 맞먹는 피해를 입힌 '911 테러'를 잊지 못할 것입니다. 이 책은 오늘날 지구상 어디에나 퍼져 있는 911 테러와 같은 특수한 재난/테러의 위협에 대한 대응책을 갖추고자 하는 수많은 노력 중 하나입니다. 현대 사회에서 테러/특수재난 위협은 무엇보다도 큰 위협으로, 어떠한 어려움보다도 복잡하고 힘든 문제라고 생각합니다. 이러한 문제에 대비하기 위해서 우리는 국제적인 추세에 걸맞고 한국의 위상에 맞는 전문성을 키워야 합니다. 그 일환으로 저는 전 세계적으로 가장 권위 있는 이 매뉴얼의 한국판이 꼭 출간되어야 한다는 필요성을 느껴 수 년간 노력한 끝에 결실을 맺게 되었습니다.

이 책은 특수재난/위험물질 사고의 초동대응에 관한 현장대원을 위한 실무 매뉴얼이라고 할 수 있습니다. 위험물질HAZMAT; Hazardous Material은 간단하게는 '위험한 모든 물질'을 의미하고, 상세하게는 '군사적 무기로서의 대량살상무기WMD를 포함한 화학 · 생물 · 방사능 물질 및 폭발물과 같은 것으로, 이로 인한 사고 · 재난 · 테러 등이 발생 시 단시간에 넓은 범위로 대량의 인명 · 재산 · 환경에 커다란 위협이 될 수 있는 특수한 분야의 물질(에너지를 포함)'을 의미합니다. 이 책의 주요 내용으로는 특수재난/사고발생 시 사업장의 안전관리자, 소방관(화재진압 · 구조 · 구급 · HAZMAT 대응), 경찰과 같은 사고현장 대응요원의 수준별 초동대응에 대한 것 입니다.

이러한 매뉴얼이 꼭 필요한 이유로 특히 911 테러사고로 대변되는 뉴테러리즘을 뺄 수 없습니다. 현재 뉴테러리즘 하의 전 세계는 전쟁보다도 테러에 대한 위협을 훨씬 더 크게 인식하고 있으며, 이러한 테러의 대상은 과거의 특수한 국가조직 CIA, FBI 등의 조직원/군사시설이 아닌 무작위의 다수의 일반 시민입니다. 특히 기술의 발전으로 인해 테러가 단 하나의 사건으로 전쟁/재난에 맞먹는 피해를 입힐 뿐만 아니라 핵발전소 등을 대상으로 할 시엔 엄청난 공포를 일으킬 것입니다. 바로 이점으로 인해 미국에서부터 초동대응과 2차 피해 방지가 무엇보다도 국가 안보에 있어 가장 중요한 요소로 인식되고 있으며 소방조직의 역할이 어떠한 조직보다도 중요하게 인식되고 있습니다.

이 매뉴얼은 처음 이를 접하는 사람들에게는 결코 쉽지 않을 것이기 때문에 먼저 알아두면 좋은 몇 가지 요소가 있습니다. 그 중에서도 가장 중요한 한 가지는 위험물질이라는 용어를 만들고 정의한 미국 국가소방협회National Fire Protection Association:NFPA 에 대해 알아두는 것 입니다.

세계 경제의 절반을 차지하고 있는 미국은 '911 테러' 이후 애국자법Patriot Act으로 명명된 법안을 통과시켜 엄청난 권한과 재원을 미 국토안보부DHS의 대표되는 전문가들에게 주어 신속하고 실질적인 대응을 가능하게 만들었습니다. 그런데 이러한 중요한 법안은 미 국가소방협회의 기준NFPA Code을 근거로 만들어졌습니다. 즉, 911 테러사건 이후 모든 재난(테러)의 예방, 대응, 사후처리와 관련한 중앙핵심기구로서의 역할을 미 국토안보부가 하고 있습니다. 또한 HAZMAT 대응에 관한 수준별 요원의 자격요건, 수준별 대응요원에 대한 자격 부여 등에 대한 세부적인 요건(내용), 표준안(방법), 대응 절차 등은 관료집단이 아닌 현장 중심적이며 객관적이고 중립적인 최고의 전문가 집단인 미 국가소방협회가 법령 이전의 기초를 제공하고 있으며, 미국 내에서도 약 10여 개의 주는 이러한 기준을 그대로 법령으로 사용하고 있습니다. 이렇게 미 국가소방협회가 강력한 영향력을 발휘하는 것은, 지난 시간 동안 소방(= 화재를 비롯한 모든 재난)과 관련한 모든 분야들에 정부뿐만 아니라 민간에서도 지속적으로 엄청난 관심과 재원을 투자했기 때문입니다.

이론뿐만이 아니라 수많은 경험, 사례 분석 및 통계 등을 토대로 재난과 관련된 수많은 것들을 표준화하고 여기에 실험과 연구를 더하여 더욱 발전시켜 미국 내에서 미국 국립표준협회ANSI를 포함한 분야별 여러 중앙기관(국토안보부, 환경보호청EPA, 국방부DOD) 등으로부터 인정을 받는 기준을 설정할 수 있었고 전 세계 어떠한 집단이나 전문가보다도 강한 영향력을 갖게 되었습니다. 특히 전문가부터 국가 최고 수반과 국회에 이르기까지 시스템적으로 촘촘히 연결된 체계는 그 어떤 나라도 따라잡지 못하는 합리적이고 실질적인 시스템을 구축해내는 능력과 성과를 이루어내었고, 지금의 미국과 미 국가소방협회를 만들어냈다고 인정하지 않을 수 없습니다.

이 책에서 가장 중요한 개념이자 전문용어인 위험물질의 정의definition에 대한 것입니다. 위험물질이라는 용어는 NFPA 기준(코드) 중에서도 HAZMAT 대응과 관련한 가장 중요한 표준standard인 '위험물질/대량살상무기 비상대응요원의 전문 자격에 대한 표준(NFPA 1072, 동시에 그 전 코드로 472/473도 있음)'에 정의되어 있으며, 이 코드의 이름을 보면 HAZMAT은 대량살상무기WMD의 개념과 동격 또는 이를 포함하는 개념으로 쓰이고 있음을 알 수 있습니다. 먼저 NFPA 472, 2013판 기준에서 정의하는 HAZMAT은 미 법령18 U.S. Code, Section 2332a에서 정의된 대로, '대량살상무기를 포함하여 유출되었을 시 인체, 환경 및 재산에 위해harm를 일으키는 것이 가능한 물질(고체, 액체 또는 기체 또는 에너지를 포함함)로서 범죄적인 사용을 위한 HAZMAT의 사용뿐만 아니라 불법 연구소, 환경 범죄 또는 산업적 사보타주를 포함한다.'입니다. 또한 대량살상무기의 개념을 포함하고 있다고 하였으므로 다시 대량살상무기의 정의를 알아보면 다음과 같습니다. 1) 모든 폭발성, 소이성, 또는 유독성 가스의 폭탄, 수류탄, 로케트, 미사일, 지뢰, 또는 앞서 서술된 것과 유사한 장치 등을 포함하는 파괴적 장치; 2) 유독의 또는 유해한 화학물질과 연관된 모든 무기; 3) 질병 유기체와 연관된 모든 무기; 4) 인체에 위험한 수준의 방사선 또는 방사성을 유출시키도록 고안된 무기. 이처럼 정확하게 HAZMAT(국내 실정에 맞게 특수재난으로 해석하여 제목으로 사용하기도 함)의 정의를 이해하는 것은 이 책을 이해하는 데 먼저 큰 바탕이 될 것입니다.

결언으로 전 세계적으로 사회 변화 및 기술 발전의 속도가 점점 빨라지고 있는 바, 이로 인해 발생하는 여러 가지 문제점과 반대급부로 발생하는 부작용 등 역시 점점 더 빠르게 발생하고 있습니다. 이로 인하여 전통적으로는 화재에 대한 업무만을 담당했던 소방 조직이 현재는 구급EMS 서비스 및 소방청 중앙119구조본부의 위험물질 대응과 같은 특수한 사고(테러)에서의 인명구조, 탐지, 제독까지도 수행하고 있는 것과 같이 여러 국가 기관을 비롯한 수많은 조직들의 역할 변화가 필요할 것이고, 국민들 또한 발빠르게 사회 변화에 따른 여러 조직 및 구성원의 역할 변화를 적극적으로 요구할 것입니다. 저는 이 책을 통해 우리나라 모든 국민 한분 한분이 모두 보다 안전한 삶을 보장받으며, 특수한 사고 및 재난 · 테러 현장에 항상 노출되어 있는 소방관을 비롯한 대응업무에 종사하는 많은 분들도 안전할 수 있는 선진국에 버금가는 체계가 갖춰지기를 간절히 바랍니다. 언젠가는 우리나라가 미국이나 NFPA와 같은 기관으로부터도 상당한 수준이라는 평가를 받아 상호 협조와 도움까지도 줄 수 있는 발전된 법률체계와 대응 · 조직체계를 구축하게 되기를 기원합니다.

그리고 본 역서가 수정과 증보판을 거듭해온 미국특수재난 초동대응 매뉴얼 5판의 내용을 이 한권의 역서로 전달하기에는 무리가 있으며, 따라서 이를 계기로 앞으로 국내 실정에 맞는 실질적 내용을 포함하여 많은 후속작업이 뒤따라야 할 것입니다. 또한 본 역서의 방대한 분량만큼 최선을 다했지만, 오류나 미숙한 번역도 적지 않을 것이니 관련분야의 종사자를 비롯한 여러 독자들의 아낌없는 질정과 지도편달 바랍니다.

이 책이 출판되기까지 가장 큰 도움을 준 사랑하는 아내 혜인이와 인생에서 가장 큰 선물인 딸 도연이, 항상 버팀목이 되어주는 소방 가족 및 소중한 친구 여러분에게 감사를 드리며, 이 책을 출판에 이르기까지 수고를 아끼지 않은 도서출판 대가의 대표님과 직원여러분들, 그리고 추천사를 써주신 미국국제소방훈련협회 회장(IFSTA) 마이클 A. 위더와 한국소방안전원 강태석 원장님, (사)한국위험물학회 문일 회장님께도 감사드립니다.

역자 **김흥환**

목차

국가(미국) 소방관 윤리 강령 ―― I
국제소방훈련협회 소개 ―― IV
추천사(마이클 A 위더, 국제소방훈련협회장) ―― VI
추천사(강태석, 한국소방안전원 원장) ―― VIII
추천사(문일,한국위험물학 회장) ―― X
역자 서문 ―― XII
감사의 말 ―― XXIV
서론 ―― XXX

Chapter 1 위험물질의 소개

위험물질 사고란 무엇인가? ―― 02
위험물질 사고에서의 역할과 책임 ―― 05
APIE 절차 …… 09
식별수준 인원 …… 10
사고 분석 …… 11
대응 계획 …… 11
대응 실행 …… 11
경과 평가 …… 12
전문대응 수준 대응요원 …… 12
사고 분석 …… 13
대응 계획 …… 14
대응 실행 …… 14
경과 평가 …… 14
전문대응-임무특화 수준 …… 14
위험물질은 어떻게 손상을 입히는가? ―― 16
급성 vs. 만성 …… 17
인체 유입 경로 …… 18
인체 손상의 세 가지 메커니즘 …… 20
에너지 방출 …… 22
부식성 …… 23
독성 …… 24
위험물질 법규, 정의, 통계 ―― 25
미국의 법규 및 정의 …… 29
캐나다의 법규 및 정의 …… 33
멕시코의 법규 및 정의 …… 34
위험물질 사고 통계 …… 38
Chapter Review ―― 40

Chapter 2 사고 분석: 위험물질의 존재 인식 및 식별

위험물질의 존재에 대한 7가지 단서 ―― 44
사고 사전 계획, 점유지 유형 및 위치 ―― 47
사고 사전 계획 …… 48
점유지 유형 …… 49
위치 …… 51
기본적인 컨테이너 형태 ―― 54
운송 방식 및 용량별 컨테이너 이름 …… 55
압력 컨테이너 …… 57
극저온 컨테이너 …… 59
액체 컨테이너 …… 64
고체 컨테이너 …… 67
방사성 물질 컨테이너 …… 68
파이프라인 …… 70
선박 화물 운반선 …… 71
항공운송용 화물적재장치 …… 74
운송 표지판, 표식 및 표시 ―― 75
네 자리 식별번호 …… 76
표지판 …… 78
표식 …… 85
표시 …… 86
캐나다의 표지판, 표식, 표시 ―― 88
멕시코의 표지판, 표식, 표시 ―― 89
기타 표시 및 색상 ―― 92
NFPA 704 체계 …… 93
GHS …… 95
위험물질 정보 체계 및 기타 미국 위험전달 표식 및 표시 …… 96
캐나다 작업장 위험물질 정보 체계 …… 97
멕시코 위험전달 체계 …… 100
CAS® 번호 …… 100
군사적 표시 …… 101
살충제 표식 …… 104
기타 상징 및 기호 …… 106
ISO 안전 상징 …… 106
색상 코드 …… 107
문서 참고자료 ―― 109
운송 문서 …… 109
보건안전자료 …… 112
비상대응지침서 …… 114
시설 문서 …… 114
전자적 전문 자료 …… 116
비상대응의 컴퓨터보조 관리 …… 116
비상대응자를 위한 무선 정보 설비 …… 116

911툴킷 앱 ······ 117
Hazmat IQ eCharts 앱 ······ 117
감각 ―― 118
탐지 및 식별 장치 ―― 121
Chapter Review ―― 122

Chapter 3 대응 실행: 위험물질 사고에서의 식별수준 대응

신고 ―― 126
비상대응지침 사용하기 ―― 128
ERG 지침(흰색 테두리 페이지) ······ 130
ERG 식별번호 색인(노란색 테두리 페이지) ······ 132
ERG 물질 이름 색인(파란색 테두리 페이지) ······ 133
ERG 초기대응 지침(오렌지색 테두리 페이지) ······ 134
잠재적 위험 ······ 136
공공 안전 ······ 136
비상대응 분야 ······ 138
ERG 초기 이격 및 방호 활동 거리 표(녹색 테두리 페이지) ······ 142
표 1: 초기 이격 및 방호 활동 거리 ······ 143
표 2: 금수성 물질(물과 반응 시 독성 기체 발생) ······ 145
표 3: 6개 TIH 기체의 서로 다른 양에 따른 초기 이격 및 방호 활동 거리 ······ 145
초기 방호 활동 ―― 146
테러리스트 사고 ―― 148
Chapter Review ―― 150
기술자료 ―― 151

Chapter 4 사고 분석: 잠재적 위험 식별

물질의 상태(상) ―― 156
기체 ······ 160
액체 ······ 163
고체 ······ 166
물리적 성질 ―― 168
증기압 ······ 169
끓는점 ······ 171
녹는점/어는점/승화 ······ 172
증기밀도 ······ 173
용해도 및 혼합성(혼화성) ······ 174
비중 ······ 176
잔류성 및 점도 ······ 178
외관 및 냄새 ······ 178
화학적 성질 ―― 181
인화성 ······ 181
인화점 ······ 182
자연발화온도 ······ 184
인화, 폭발, 연소 범위 ······ 184
부식성(산 · 염기성) ······ 186
반응성 ······ 188
방사능 활성도 ······ 194
이온화 방사선의 형태 ······ 195
방사성 물질 노출 및 오염 ······ 198
방사선 건강 위험 ······ 199
방사선으로부터의 보호 ······ 201
독성 ······ 203
생물학 위험 ······ 210
위험 분류 ―― 213
1류: 폭발물 ······ 214
2류 : 기체 ······ 217
3류 : 인화성 액체 및 가연성 액체 [미국] ······ 220
4류: 인화성 고체. 자연발화성 물질, 금수성 물질 ······ 222
5류: 산화제 및 유기과산화물 ······ 225
6류: 독성 물질, 독성 흡입 위험, 전염성 물질 ······ 228
7류: 방사성 물질 ······ 231
8류: 부식성 물질 ······ 233
9류: 기타 위험물질 ······ 234
추가 정보 ―― 237
위험 및 대응정보 수집 ······ 237
주변환경 조건 ······ 239
현장 위험 ······ 239
잠재적 발화원 ······ 240
잠재적 피해자(요구조자) 및 노출 ······ 241
기상(날씨) ······ 241
지형 ······ 242
건물 정보 ······ 242
비상대응센터 ······ 243
Chapter Review ―― 245

Chapter 5 사고 분석: 물질 거동 예측 및 컨테이너 식별

잠재적 결과 확인 248
일반적 위험물질 거동 모델 252
응력 254
파손 258
유출 260
확산 및 뒤덮임 262
노출/접촉 269
위해 270
일반 컨테이너의 유형 및 유출 시 거동 271
압력 컨테이너 272
극저온 컨테이너 277
액체 적재 컨테이너 279
고체 적재 컨테이너 280
벌크 시설 저장 탱크 281
압력 탱크 281
극저온 액체 탱크 282
저압 저장 탱크 284
무압/상압 저장 탱크 285
지하 저장 탱크 289
벌크 운송 컨테이너: 화물 탱크 트럭 290
고압 탱크 트럭 293
극저온 탱크 트럭 294
저압 화학 탱크 트럭 296
상압 화물 탱크 트럭 297
부식성 액체 탱크 트럭 299
압축 기체/튜브 트레일러 302
건조 벌크 화물 트레일러 303
벌크 운송 컨테이너: 탱크차 305
압력 탱크차 306
극저온 액체 탱크차 308
저압 탱크차 309
기타 철도차 313
북아메리카 철도 탱크차 표시 315
알림 표시 316
용량 스텐실 316
사양 표시 317
벌크 운송 컨테이너: 협동일관수송 탱크 319
압력 협동일관수송 탱크 324
저압 협동일관수송 탱크 324
특수 협동일관수송 탱크 또는 컨테이너 326
국제 협동일관수송 표시 327
벌크 운송 컨테이너: 톤 컨테이너 328
톤 컨테이너 328
Y 실린더/Y 톤 컨테이너 330
기타 벌크 및 비벌크 컨테이너 331
방사성 물질 컨테이너 331
파이프라인 및 배관 333
중간 크기 벌크 컨테이너 337
유연성 중간 크기 벌크 컨테이너 338
경화성 중간 크기 벌크 컨테이너 338
비벌크 컨테이너(포장) 339
자루(봉지) 341
내산병 및 제리캔 341
실린더 341
드럼 342
듀어병 343
Chapter Review 344
기술자료 345

Chapter 6 대응 계획: 대응방법 식별

사전 결정된 절차 350
사고 우선순위 353
평가 및 위험 평가 356
위험 평가 356
상황 인식 361
사고 수준 364
대응 유형 369
비개입 대응 370
방어적 대응 371
공격적 대응 372
초기 대응계획 374
대응 모델 375
위험기반 대응 378
사고대응계획 수립 378
위험물질 사고에서의 일반적인 대응목표 및 대응방법 381
가용한 개인보호장비의 적합성 결정 386
긴급 제독 필요 여부 확인 386
Chapter Review 387
기술자료 388

Chapter 7 대응계획 실행 및 평가 : 사고 관리, 대응 목표 및 대응 방법

사고 관리 시작 : 국가사고관리체계-사고지휘체계 조직 기능 — 392
- 지휘 부서 … 393
  - 사고현장 지휘관 … 394
  - 안전 담당관 … 395
  - 지휘소 … 397
- 대응 부서 … 398
- 계획 부서 … 399
- 지원 부서 … 399
- 예산/행정 부서 … 400

기타 국가사고관리체계-사고지휘체계 조직 기능 — 401
- 첩보 및 정보 부서 … 401
- 사고 지휘부 설치 및 이동 … 402
- 통합지휘 … 404
- 위험물질 분과 … 407

대응목표 및 대응방법 실행 — 408
- 지원 요청 및 신고 … 409
- 격리 및 사고현장 통제 … 412
- 위험 통제 구역 … 413
  - 위험 구역 … 416
  - 준위험 구역 … 416
  - 안전 구역 … 417
- 집결 … 418
- 대응요원 보호 … 419
  - 개인보호장비 착용 … 419
  - 책임체계 … 420
  - 2인조 활동체계 및 예비 대원 … 421
  - 시간, 거리, 차폐 … 421
  - 대피/피난 절차 … 422
- 대중 보호 … 423
  - 구조 … 423
  - 대피 … 424
  - 현장 내 대피행동 … 427
  - 현장 내 보호/방어행동 … 428
- 환경 및 재산의 보호 … 429
  - 환경 보호 … 430
  - 재산 보호 … 430
- 위험물질 제어 … 431
- 화재 제어 … 431
- 증거 식별 및 보존 … 432

경과 평가 — 435
- 경과 보고 … 435
- 철수 시기 … 436
- 복구 … 436
  - 현장 복구 … 437
  - 현장 결과보고 … 437
  - 운영 복구 … 438
- 종결 … 438
  - 사후 검토(평가) … 439
  - 사후 분석 … 439

Chapter Review — 441

기술자료 — 442

Chapter 8 대응 실행: 테러 공격, 범죄 활동 및 재난

테러란 무엇인가? — 446

테러 및 비상대응 — 448
- 표적과 비표적 사고 … 449
- 테러리스트 공격의 식별 … 450

테러 전술 및 공격 유형 — 452
- 잠재적인 테러리스트 표적 … 452
- 테러의 확장 … 454
- 대량살상무기 위협 영역 … 456
- 2차 공격 및 부비트랩 … 457

폭발물 공격 — 460
- 폭발물/소이탄 공격 징후 … 460
- 폭발 분석 … 461
- 폭발물의 분류 … 463
  - 고성능 폭발물 … 463
  - 저성능 폭발물 … 464
  - 1차 폭발물(기폭제) 및 2차 폭발물 … 464
- 상용/군사용 폭발물 … 465
- 수제/급조 폭발물 원료 … 466
  - 과산화물 기반 폭발물 … 469
  - 염소산염 기반 폭발물 … 470
  - 질산염 기반 폭발물 … 470
- 급조 폭발물 … 471
  - 급조 폭발물의 식별 … 472
  - 컨테이너에 따라 분류된 급조 폭발물의 유형 … 472
  - 우편물, 소포 및 편지 폭탄 … 475

인체 부착 급조 폭발물 ··· 476
차량탑재 급조 폭발물 ··· 478
폭발물/급조 폭발물 사고에 대한 대응 ··· 480
화학 공격 ··· 482
화학 공격 징후 ··· 484
신경 작용제 ··· 486
수포 작용제 ··· 488
혈액 작용제 ··· 489
질식 작용제 ··· 493
폭동 진압 작용제 ··· 494
독성 산업 물질 ··· 495
화학 공격 사고 대응(작전) ··· 498
생물 공격 ··· 499
생물 공격 징후 ··· 500
질병의 전염 ··· 502
전염성 ··· 503
생물 공격 사고 대응(작전) ··· 503
방사능 및 핵 공격 ··· 507
방사능 및 핵 공격 징후 ··· 508
방사능(방사선) 장비 ··· 508
방사선 방출 장치 ··· 509
방사성 물질 확산 장치 ··· 509
방사성 물질 확산 무기 ··· 510
방사능 공격 사고 대응(작전) ··· 511
불법 실험실 ··· 513
불법 위험물질 폐기 ··· 515
재난 중간 및 사후의 위험물질 ··· 516
Chapter Review ··· 520

Chapter 9 대응 실행 : 개인 보호 장비

호흡기 보호 ··· 524
위험물질/대량살상무기 사고 시
보호복 및 장비의 표준 ··· 526
자급식 공기호흡기 ··· 527
공기주입식 호흡보호구 ··· 530
공기정화식 호흡보호구 ··· 532
입자제거식 필터 ··· 534
증기 및 기체제거식 필터 ··· 536
전동 공기정화식 호흡보호구 ··· 536
복합식 호흡기 ··· 537
공기 공급 후드 ··· 538
호흡기 보호장치의 제한사항 ··· 538
보호복 개요 ··· 540
위험물질 대량살상무기 사고 시
보호복 및 장비의 표준 ··· 542
구조물 화재 소방관 보호복(방화복) ··· 542
고온 보호복 ··· 544
방염 보호복 ··· 546
화학 보호복 ··· 547
액체 비산 보호복 ··· 548
증기 보호복 ··· 550
화학 보호복 착용이 필수인 '전문대응-임무특화 수준' ··· 551
서면 관리 프로그램 ··· 552
삼투, 분해, 침투 ··· 552
수명 ··· 554
개인보호장비 복장, 분류 및 선택 ··· 555
보호 수준 ··· 556
A급 보호복 ··· 557
B급 보호복 ··· 558
C급 보호복 ··· 559
D급 보호복 ··· 561
개인보호장비 선택 요인 ··· 562
대응요원의 일반적인 복장 ··· 565
소방 복장 ··· 566
법집행기관 복장 ··· 567
구급 복장 ··· 569
개인보호장비와 관련된 스트레스 ··· 570
열로 인한 비상상황 ··· 570
열노출 예방 ··· 572
추위로 인한 비상상황 ··· 573
심리적 문제 ··· 575
의료적 모니터링 ··· 575
개인보호장비 사용 ··· 577
진입 전 검사 ··· 577
안전 및 비상 절차 ··· 579
안전 브리핑 ··· 579
공기 관리 ··· 580
오염 회피 ··· 581
통신 ··· 581
개인보호장비의 착용 및 탈의 ··· 583
개인보호장비의 착용 ··· 583
개인보호장비의 탈의 ··· 585
검사, 보관, 시험, 유지/보수 및 문서화 ··· 586
Chapter Review ··· 588
기술자료 ··· 589

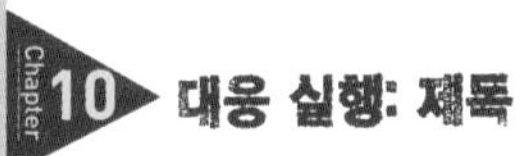

대응 실행: 제독

제독의 소개 ―― 598
제독의 방법 ―― 604
습식 및 건식 …… 605
물리적 및 화학적 …… 607
1차(필수) 제독 ―― 608
긴급 제독 ―― 610
2차(완전) 제독 ―― 612
2차(완전) 제독 기술 …… 614
흡수 …… 614
흡착 …… 614
솔질 및 긁어냄 …… 615
화학적 분해 …… 615
희석 …… 618
증발 …… 618
격리 및 폐기 …… 618
중화 …… 618
살균, 소독, 멸균 …… 618
응고 …… 619
진공흡입 …… 619
세척 …… 620
보행 가능 피해자에 대한 2차(완전) 제독 …… 620
보행 불가능 피해자에 대한 2차(완전) 제독 …… 621
다수인체 제독 ―― 624
보행 가능 피해자에 대한 다수인체 제독 …… 630
보행 불가능 피해자에 대한다수인체 제독 …… 633
제독 대응활동(작전) 중 피해자 관리 ―― 634
환자(중증도) 분류 …… 634
사망자 처리 …… 636
제독 대응활동(작전)에 대한 일반적인 지침 ―― 637
제독 실행 ―― 640
장소 선정 …… 640
제독 통로 배치도 …… 643
제독 보안 고려요소 …… 645
혹한기 제독 …… 648
증거 수집 및 제독 …… 649
제독 대응활동(작전)의 효과 평가 …… 649
제독 활동의 종료 ―― 651
Chapter Review ―― 653
기술자료 ―― 654

대응 실행: '전문대응-임무특화 수준'의 식별, 탐지 및 시료 수집

농도, 노출량(흡수량) 및 노출 한계 ―― 668
식별, 탐지 및 시료 수집의 기본 ―― 676
조치(대응) 수준 …… 683
개인보호장비의 결정 …… 684
식별, 탐지 및 시료 수집 장비의 선택 및 유지/보수 ―― 686
위험 탐지 장비 ―― 690
부식성 물질 …… 690
pH …… 691
농도 …… 692
강도 …… 692
pH 종이 및 pH 계측기 …… 693
불화물 시험지 …… 694
인화성 물질 …… 697
산화제 …… 700
산소 …… 701
방사선 …… 703
기체충전형 탐지기(검출기) …… 706
섬광 검출기 …… 707
탐지 장비 및 개인 선량계 …… 707
반응성 물질 …… 711
독성 물질 …… 712
치사량 …… 715
치사 농도 …… 716
무능화량 …… 717
특정(단일) 화학물질 탐지기 …… 717
광이온화 탐지기 …… 719
탐지관 및 탐지칩 …… 721
Chapter Review ―― 724
기술자료 ―― 725

Chapter 12

대응 실행 : '전문대응-임무특화 수준'의 피해자(요구조자) 구조 및 수습

구조 대응활동(작전) ──── 742

구조의 타당성 결정 ···· 747

구조 계획 ···· 749

구조 실행 ···· 752

가시선 내의 보행 가능 피해자 ···· 753

가시선 안의 보행 불가능 피해자 ···· 753

가시선 밖의 보행 가능 피해자 ···· 755

가시선 밖의 보행 불가능 피해자 ···· 755

중증도 분류의 실시 ···· 756

구조 장비 ──── 757

구조 방법 ──── 759

수습 작전 ──── 761

보고서 및 문서화 ──── 762

Chapter Review ──── 763

기술자료 ──── 764

Chapter 13

대응 실행 : '전문대응-임무특화 수준'의 위험물질 제어

유출 제어 ──── 770

흡수 ···· 777

흡착 ···· 778

덮기/씌우기 ···· 778

댐 쌓기, 둑 쌓기, 전환(우회), 격리 ···· 780

증기 억제 ···· 782

증기 분산 ···· 782

환기 ···· 782

분산 ···· 783

희석 ···· 783

중화 ···· 784

누출 제어 ──── 785

수송용 컨테이너 비상 차단 장치 ···· 786

화물 탱크 트럭 비상 차단 장치 ···· 786

협동일관수송 컨테이너 비상 차단 장치 ···· 788

고정 시설, 파이프라인, 배관 차단 밸브 ···· 789

화재 진압 ──── 791

인화성 및 가연성 액체 유출 제어 ···· 793

인화성 및 가연성 액체 화제 진압 ···· 804

인화성 기체 화재 ···· 807

Chapter Review ──── 810

기술자료 ──── 812

Chapter 14

대응 실행 : '전문대응-임무특화 수준'의 증거 보존 및 시료 수집/이송

구조 대응활동(작전) 위험물질/대량살상무기 관련 범죄현장의 위험 ──── 824

불법 실험실 ···· 825

대량살상무기 작용제의 유출 또는 공격 ···· 826

환경 범죄 ···· 828

수상한 편지 및 소포(택배) ···· 828

수사 기관 ──── 829

범죄 위험물질/대량살상무기 사고에서의 대응 단계 ──── 832

사고현장 확보 ──── 834

잠재적 증거의 식별, 보호 및 보존 ──── 836

증거물 보존의 연속성 ···· 837

잠재적 증거의 식별 ···· 838

증거 보호 ···· 839

증거 보존 ···· 839

문서화 ──── 841

공공 안전 판단용 시료 수집 ──── 843

사고(사건)현장 특정짓기 ···· 845

현장 간이시험 시료 ···· 846

시료 및 증거 보호 ···· 846

시료 수집 방법 및 장비 ···· 847

시료 수집 ···· 847

시료 및 증거 제독 ···· 849

표식하기 및 포장하기 ···· 849

증거 검식 연구소 ···· 851

Chapter Review ──── 852

기술자료 ──── 853

Chapter 15 대응 실행: '전문대응-임무특화 수준'의 불법 실험실 사고 대응

불법 실험실에서의 일반적 위험 — 858
위험물질 …… 862
부비트랩 …… 863
불법 약물 연구실 — 867
화학작용제 실험실 — 879
폭발물 실험실 — 880
생물 실험실 — 884
방사능(방사선) 실험실 — 888
불법 실험실에서의 대응활동(작전) — 892
개인보호장비 …… 896
제독 …… 897
불법 실험실 대응의 개선 — 899
Chapter Review — 900
기술자료 — 902

부록 A

표준작전(운영)지침의 예시 — 906

부록 B

UN 분류 표지판 및 표식 — 916

부록 C

GHS 요약 — 918

부록 D

사고지휘 직책에 대한 색상 코드 — 929

부록 E

현장 간이검사표(양식) — 930

용어정리 — 932

감사의 말
(Acknowledgements)

특수재난 초동대응 매뉴얼 5판The Fifth Edition of Hazardous Materials for First Responders은 'NFPA 1072 위험물질/대량살상무기 비상대응 요원 전문 자격에 대한 표준, 2017판NFPA 1072, Standard for Hazardous Materials/Weapons of Mass Destruction Emergency Response Personnel Professional Qualifications, 2017 Edition'의 요구사항을 완전히 충족시킬 수 있도록 기획 하에 작성되었습니다.

먼저 시간, 지혜, 그리고 지식을 이 매뉴얼의 작성에 제공한 IFSTA 검증위원회IFSTA validating committee의 구성원분들께 감사의 인사와 특별한 감사의 말을 전합니다.

특히 14장과 15장을 쓰는 데 도움을 준 Brian D. White 위원회 위원님에게 특별한 감사를 드립니다. 또한 '부록 C, 화학물질 분류 및 표시에 대한 국제일치화체계Global Harmonized System of Classification and Labeling of Chemicals; GHS'의 작성해 기여해주신 Barry Lindley에게도 감사드립니다.

FSTA Hazardous Materials for First Responders Fifth Edition Validation Committee

Chair
Scott D. Kerwood
Fire Chief
Hutto Fire Rescue
Hutto, TX

Vice Chair and Secretary
Rich Mahaney
Manager/Instructor
Mahaney Loss Prevention Services

Committee Members

Tyler Bones
Chief
Fairbanks North Star Borough Hazardous Materials Response Team
Fairbanks, AK

Dennis Clinton
Missouri HAZ-MAT Consultants, LLC
Ozark, Missouri

David Coates
Hazardous Materials Coordinator
South Carolina Fire Academy
Columbia, South Carolina

Brent Cowx
Program Coordinator, Hazardous Materials, Technical Rescue
Justice Institute of British Columbia
(Retd. Vancouver Fire Rescue Services)

Bryn Crandell
Training Developer
DoD Fire Academy
San Angelo, TX

Michael Fortini
Los Angeles Fire Department
Camarillo, CA

Doug Goodings
Continuing Education Coordinator
Blue River College
Missouri

CJ Haberkorn
Assistant Chief, Shift Commander
Denver Fire Department
Denver, CO

Butch Hayes
Firefighter/Hazmat Technician
Houston Fire Department
Conroe, TX

Steve Hergenreter
IAFF Haz Mat Training
Fort Dodge, IA

Robert Kronenberger
City of Middletown, CT Fire Department
Middletown, CT

Barry Lindley
Specialized Professional Services, Inc
Charleston, WV

IFSTA Hazardous Materials for First Responders Fifth Edition Validation Committee

Committee Members (cont.)

Tyler Bones
Chief
Fairbanks North Star Borough Hazardous Materials Response Team
Fairbanks, AK

Dennis Clinton
Missouri HAZ-MAT Consultants, LLC
Ozark, Missouri

David Coates
Hazardous Materials Coordinator
South Carolina Fire Academy
Columbia, South Carolina

Brent Cowx
Program Coordinator, Hazardous Materials, Technical Rescue
Justice Institute of British Columbia
(Retd. Vancouver Fire Rescue Services)

Bryn Crandell
Training Developer
DoD Fire Academy
San Angelo, TX

Michael Fortini
Los Angeles Fire Department

Much appreciation is given to the following individuals and organizations for contributing information, photographs, and technical assistance instrumental in the development of this manual:

- Rich Mahaney, for providing so many photos used throughout the manual, including in tables and skill sheets. Rich's photos have enriched IFSTA's hazmat manuals for several editions.
- Barry Lindley, for fixing the little details, providing pictures, and giving the editors valuable chemistry lessons. He also answered innumerable questions about product and container behavior.
- Carlos Rodriguez, for sharing his technical expertise, providing exceptional feedback, and troubleshooting. As well, Carlos kept us on task with reminders to make this text usable for the target audience.
- The entire NFPA 472/1072 technical committee for answering questions about the standards' intent, as well as random technical questions.
- Dennis Walus for letting us use his fabulous cover photo.

Thanks also to:

Boca Raton Fire Rescue

Canadian Centre for Occupational Health and Safety

CBRN Responder Training Facility, Fort Leonard Wood

CDC Public Health Image Library

FEMA News Photos

Fort Leonard Wood Fire Department

Hutto Fire Rescue
Rob Bocanegra
John Gibson
Joe Mayberry
Derek Rogers
Michael Pal Parks
Ivan Valenzuela

International Association of Fire Fighters

Mohave Museum of History and Arts

Moore Memorial Library, Texas City, TX

Moore (OK) Fire Department

MSA

New South Wales Fire Brigades

Oklahoma State Fire Service Training

Oklahoma Highway Patrol Bomb Squad

Owasso (OK) Fire Department

Round Rock Fire Department

Valentin Diaz

Dalton Everett

Andrew Heustis

Stillwater (OK) Fire Department
Wes Dotter
Ty Lewis

Texas Commission on Fire Protection

David Alexander

Sherry Arasim

Lucas M. Atwell

Jocelyn Augustino

Andrea Booher

Ben Brody

Brian Canady

Deborah Carter

Tom Clawson

Gary Coppage

Charles Csavossy

John Deyman

Ray Elder

Mark D. Faram

Matthew Flynn

Brent Gaspard

Robert R. Hargreaves, Jr.

Win Henderson

Greg Henshall

Joan Hepler

William Hester

Chiaki Iramina
Steve Irby
Ron Jeffers
David Lewis
Phil Linder
Todd Lopez
Chris E. Mickal
Ron Moore
Warren Peace
Todd Pendleton
Christopher D. Reed
Michael Rieger
Liz Roll
Antonio Rosas
Scott Kerwood
Bradley A. Lail
J.A. Lee, II
Walter Schneider
Alissa Schuning
Brian A. Tuthill
August Vernon
Doug Weeks
Brian White
Kirk Worley
Sean Worrell
Charlie Wright
Wayne Yoder

Thanks also go to the agencies and organizations producing various resources used throughout this manual: Health Canada

Los Alamos National Laboratory
Sandia National Laboratories
Transport Canada
Union Pacific Railroad
Oklahoma Highway Patrol Bomb Squad
U.S. Air Force
U.S. Army
U.S. Centers for Disease Control and Prevention
U.S. Coast Guard
U.S. Department of Defense
U.S. Department of Energy
U.S. Department of Homeland Security
U.S. Department of Justice
U.S. Department of Transportation; Pipeline, Hazardous Materials, and Safety Administration
U.S. Drug Enforcement Agency
U.S. Environmental Protection Agency
U.S. Federal Bureau of Investigation
U.S. Federal Emergency Management Agency
U.S. Fire Administration
U.S. Marines
U.S. National Institute for Occupational Safety and Health
U.S. National Nuclear Security Administration
U.S. Navy
U.S. Nuclear Regulatory Commission
U.S. Occupational Safety and Health Administration

Last, but certainly not least, gratitude is extended to the following members of the Fire Protection Publications staff whose contributions made the final publication of this manual possible.

Hazardous Materials for First Responders, Fifth Edition, Project Team

Lead Senior Editors
Alex Abrams, Senior Editor
Leslie A. Miller, Senior Editor
Libby Snyder, Senior Editor
Libby Snyder, Senior Editor

Director of Fire Protection Publications
Craig Hannan

Curriculum Manager
Lori Raborg
Leslie A. Miller
Colby Cagle

Editorial Manager
Clint Clausing

Production Manager
Ann Moffat

Editor(s)
Cindy Brakhage, Senior Editor
Tony Peters, Senior Editor
Rikka Strong, Senior Editor

Illustrator and Layout Designer
Errick Braggs, Senior Graphic Designer

Lead Instructional Developers
Simone Rowe, Curriculum Developer
David Schaap, Curriculum Developer

Photographer(s)
Jeff Fortney, Senior Editor
Leslie A. Miller, Senior Editor
Alex Abrams, Senior Editor

Editorial Staff
Tara Gladden, Editorial Assistant

Indexer
Nancy Kopper

Dedication

This manual is dedicated to the men and women who hold devotion to duty above personal risk, who count on sincerity of service above personal comfort and convenience, who strive unceasingly to find better and safer ways of protecting lives, homes, and property of their fellow citizens from the ravages of fire, medical emergencies, and other disasters

...The Firefighters of All Nations.

The IFSTA Executive Board at the time of validation of the **Hazardous Materials for First Responders, Fifth Edition** was as follows:

위험물질Hazardous Materials; HAZMAT은 모든 관할 구역jurisdiction, 지역사회community, 작업장workplace 및 현대 가정modern household에서 찾을 수 있다. 이러한 물질들은 다양한 유해한 특성을 가지고 있다. 일부 위험물질은 매우 치명적이거나 파괴적일 수 있으며, 테러리스트 및 기타 범죄자들은 고의적으로 해를 끼치기 위해서 이를 이용할 수도 있다. 위험물질은 이와 관련이 있는 비상사고emergency incidents를 복잡하게 하는 경향이 있기 때문에, 초동대응자first responder(사고현장에 최초에 도착할 가능성이 높은 인원)는 반드시 사고현장에서 위험물질의 존재에 주의를 기울이고 적절한 예방조치precautions를 취해야 한다. 초동대응자는 다양한 형태의 위험물질에 의해 나타나는 위험을 반드시 인식해야 한다. 따라서 그들은 안전하고 효과적인 방법으로 위험물질과 관련된 사고를 처리하는 데 필요한 기술technique을 가지고 있어야 한다.

목적 및 범위(Purpose and Scope)

이 책은 법률에 의해 위임되거나 필요에 따라 위험물질 및 대량살상무기WMD 사고에 대비하고 대응해야 하는 비상 초동대응자first responder를 대상으로 작성되었다. 이 초동대응자는 다음의 개인들을 포함한다.

- 소방관(firefighter)
- 법집행기관 경관(law enforcement officer)/직원(personnel)
- 구급대원(emergency medical services personnel)

• 군대응요원(military responder)

• 산업 및 운송에서의 비상대응 담당자(안전관리자 등 - 역주)(Industrial and transportation emergency response member)

• 공공근로자(public works employee)

• 공익 사업/설비 종사자(utility worker)

• 민간기업 사원(members of private industry)

• 기타 비상대응 전문가(other emergency response professional)

이 책의 목적은 이러한 초동대응자에게 대량살상무기 사고 및 위험물질 유출releases 또는 누출spills 시 적절한 초기 조치initial action를 취하는 데 필요한 정보를 제공하는 것이다. 그 범위는 초기 대응활동initial operations 및 주요한 방어적 대응활동(작전)defensive operations에 대한 자세한 정보를 제공하는 것으로 제한된다. 더욱 전문적인 절차에는 특수한 교육을 받은 위험물질 전문가Hazardous Materials Technician가 필요하다.

이 책은 대응자responder에게 'NFPA 1072, 위험물질/대량살상무기 비상대응요원 전문 자격에 대한 표준, 2017판NFPA 1072, Standard for Hazardous Materials/Weapons of Mass Destruction Emergency Response Personnel Professional Qualifications, 2017 Edition'의 식별Awareness 및 전문대응Operational 수준의 자격인증 요구사항들을 훈련시키기 위해 만들어졌다.

또한 대응자들이 훈련받은 대로의 전문대응operations을 통해 위험물질 유출hazardous materials releases 및 대량살상무기WMDs의 제어control에 대해서도 언급하고 있다.

이 책에서 다음과 같은 관련이 있는 법규(규정)regulation/표준standard 중 해당되는 것들이 참조되었다.

• 'NFPA 472, 위험물질/대량살상무기 사고 대응자의 표준 역량(2013판)'의 식별(Awareness) 및 전문대응(Operational) 수준[핵심 역량(Core Competencies) 및 임무특화(Mission-specific) 역량 포함] 부분 [NFPA 472, Standard for Competence of Responders to Hazardous Materials/Weapons of Mass Destruction Incidents(2013 edition), for the Awareness and Operations Levels(core competencies plus mission-specific competencies)]

• '미국 연방 법규(CFR) 제29조 1910.120, 위험폐기물 운영 및 비상 대응(HAZWOPER)'의 단락 (q) 안의 OSHA[미국 직업안전보건관리국(미국 노동성 예하 기관), 이하 OSHA로 통일] 법규, 식별(Awareness) 및 전문대응(Operational) 수준의 초동대응자에 대한 부분[OSHA regulations in Title 29 Code of Federal RegulationsCFR 1910.120, Hazardous Waste Operations and Emergency Response HAZWOPER, paragraph (q), for first responders at the Awareness and Operational Levels]

책 구성(Book Organization)

NFPA 1072에서 제시된 역량competencies과의 부합을 위하여 이 책을 다음과 같이 나누었다:

Part 1. 처음의 3개의 장에서는 NFPA 1072의 식별(Awareness) 수준의 요구사항을 다룬다.

Part 2. 4장~8장은 개인보호장비(PPE) 및 제독(Decontamination)을 제외한 모든 것에 대한 NFPA 1072의 전문대응(Operation) 수준 요구사항을 다룬다.

Part 3. 9장과 10장은 NFPA 1072의 '전문대응(Operation) 및 전문대응-임무특화(Mission-Specific) 수준'의 요구사항 중 개인보호장비(PPE) 및 제독(Decontamination) 분야를 다룬다.

Part 4. 11~15장은 엄격하게 '전문대응-임무특화(Operation Mission-Specific) 수준'의 요구사항을 다룬다.

Part 1. 식별(Awareness) 수준(NFPA 1072 4장)

1장 - 위험물질의 소개(Introduction to Hazardous Material)

2장 - 사고 분석: 위험물질의 존재 인식 및 식별(Analyzing the Incident: Recognizing and Identifying the Presence of Hazardous Material)

3장 - 대응 실시: 위험물질 사고에서의 식별 수준 대응(Implementing the Response: Awareness Level Actions at Hazmat Incidents)

Part 2. 전문대응(Operation) 수준(NFPA 1072 5장)

4장 - 사고 분석: 잠재적 위험 식별(Analyzing the Incident: Identifying Potential Hazards)

5장 - 사고 분석: 물질 움직임(거동) 예측 및 컨테이너 식별(Analyzing the Incident: Identifying Containers and Predicting Behavior)

6장 - 대응 계획: 대응 방법 식별(Planning the Response: Identifying Response Option)

7장 - 대응 계획 실행 및 평가: 사고 관리(Implementing and Evaluating the Action Plan: Incident Management)

8장 - 대응 실행: 테러 공격, 범죄 활동 및 재난(Implementing the Response: Terrorist Attack, Criminal Activities, and Disasters)

Part 3. 전문대응(Operation) 및 임무특화(Mission-Specific) 수준

[NFPA 1072 5장 및 6장, 개인보호장비(PPE) 및 제독(Decon) 요구사항(Requirement)]

9장 - 대응 실행: 개인보호장비(Implementing the Response: Personal Protective Equipment)

10장 - 대응 실행: 제독(Implementing the Response: Decontamination)

Part 4. 전문대응 – 임무특화(Mission-Specific) 수준(NFPA 1072 6장)

11장 - 대응 실행: '전문대응-임무특화 수준'의 식별, 탐지 및 시료수집(Implementing the Response: Mission-Specific Detection, Monitoring, and Sampling)

12장 - 대응 실행: '전문대응-임무특화 수준'의 피해자(요구조자) 구조 및 수습(Implementing the Response: Mission-Specific Victim Rescue and Recovery)

13장 - 대응 실행: '전문대응-임무특화 수준'의 위험물질 제어(Implementing the Response: Mission-Specific Product Control)

14장 - 대응 실행: '전문대응-임무특화 수준'의 증거 보존 및 시료수집/이송(Implementing the Response: Mission-Specific Evidence Preservation and Public Safety Sampling)

15장 - 대응 실행: '전문대응-임무특화 수준'의 불법 실험실 사고 대응(Implementing the Response: Mission-Specific Illicit Laboratories)

용어(Terminology)

이 매뉴얼은 전 세계의 국제적인 독자를 염두에 두고 작성했다. 이러한 이유로, 지역적 또는 기관별 전문용어terminology 대신(종종 특수 용어jargon로 불림), 일반적으로 기술되는general descriptive 언어를 사용하는 경우가 많다. 또한 문장을 깔끔하게 하고 읽기 쉽도록 하기 위해서 주state를 주 및 지방 정부 모두both state and provincial level governments(또는 그와 동등한 수준)를 대표하여 사용했다. 이러한 사용은 간결함을 목적으로 이 매뉴얼에 적용된 것으로 특정한 한 국가의 국경 내 지역정부regional governments within its borders 식별 방법에 대한 선호도preference를 나타내는 것이 아니다.

이 매뉴얼의 마지막에 있는 용어 목록Glossary은 소방fire services 및 비상 공공서비스emergency services에 소속을 두고 있지 않은 사람이 단어를 이해하는 데 도움이 될 것이다. 소방 및 비상 공공서비스 관련 용어 정의definitions offire-and-emergency-services-related term의 출처는 미국 국가소방협회 용어 사전NFPA Dictionary of Term, 국제소방훈련협회 소방 오리엔테이션 및 용어 매뉴얼IFSTA Fire Service Orientation and

Terminology manual이다. 또한 이 매뉴얼을 읽을 때 아래의 사항들을 기억하기 바란다.

1. 비상(상황)(emergency), 사고(incident) 및 위험물질 사고(hazmat incident)라는 용어들이 종종 이 책에서 다루는 사고의 유형(types of incidents)이라는 이해와 함께 비상(상황)(emergency)과 상호교환적으로 사용된다.
2. NFPA(미국 국가소방협회)와 OSHA(미국 직업안전보건관리국)는 식별(Awareness) 수준에 따라 교육을 받은 사람들에 대해 서로 다른 용어(term)를 사용한다. NFPA 1072는 이러한 개인을 대원(직원; personnel)으로 지칭하는 반면, 미 직업안전보건국(OSHA)의 '29 CFR 1910.120(미 연방 법규 — 역자)'은 대응자(대응요원; responder)라는 용어를 사용한다. 이 책에서 초동대응자라는 용어를 사용하는 경우, 일반적으로 미국 직업안전보건관리국(OSHA)이 정의한 식별 및 전문대응 수준 대응자(Awareness- and Operations-Level responder)를 모두 지칭한다. 관할당국(AHJ)은 그들이 훈련받은 표준(standard)에 의거하여 식별 수준(the Awareness Level)에 따라 훈련된 사람에게 허용될 수 있는 조치(대응, actions)를 정의할 책임이 있다.
3. 위험물질(haradous material)을 영문으로 쓰는 여러 가지 방법이 있다. 예를 들면 'hazmat', 'haz mat', 'dangerous goods', 또는 'hazardous materials'이다. 이 매뉴얼에서는 약어(abbreviation)로 hazmat(위험물질)을 사용했다.
4. 이 매뉴얼에서 다룬 대량살상무기(Weapons of Mass Destruction; WMDs)는 위험물질(hazardous material)로 간주된다. 이 매뉴얼 전반에 걸쳐 위험물질(hazmat)이라는 용어가 일반적으로 사용되는 경우 대량살상무기(WMD)가 포함되어 있음을 반드시 인지해야 한다.

주요 정보(Key Information)

이 책에서는 기호 또는 아이콘으로 표시된 음영 상자에 다양한 유형의 정보를 제공한다. 다음 정의를 참조하라.

사례 연구(Case Study)

사례 연구는 하나의 사고를 분석한다. 여기에서는 경과, 취해진 조치, 조사 결과 및 얻은 교훈을 기술하고 있다.

안전 경고(Safety Alert)

안전 경고 상자는 안전상의 이유로 중요한 정보를 강조 표시하는 데 사용했다.
(본문에서 안전 경고의 제목은 내용을 반영하여 변경되어 있다.)

정보(Information)

정보 상자는 그 자체로 완전하지만 문자 토론(text discussion)에 속하는 사실을 제공한다. 더 강조하거나 분리되어야 하는 정보이다. (본문에서 정보 상자의 제목은 내용을 반영하여 변경되어 있다.)

중점사항

이 글 상자는 본문에 제시된 정보를 취하여, 정보가 받아들여지기를 의도한 독자와 관련성이 있는(또는 적용될) 예시로서, 본질적으로 "이것은 당신에게 어떠한 의미인가?"라는 질문에 대답한다.

주요 용어key term[1](아래 각주 참조)는 핵심 개념, 기술 용어, 또는 초동대응자가 알아야 할 아이디어를 강조하도록 고안되었다.

책에는 경고(WARNING!), 주의(CAUTION) 및 참고(NOTE)라는 세 가지 중요한 신호어signal word가 쓰였다. 각각의 정의와 예는 다음과 같다.

- **경고(warning)**는 초동대응자가 사망하거나 중상을 입을 수 있는 정보를 나타낸다. 다음의 예를 참조.

경고(WARNING!)

열이나 화염에 의해 손상되거나 스트레스를 받으면,압력 용기가 폭발할 수도 있습니다! 거리를 유지하십시오!

- **주의(caution)**는 초동대응자가 자신의 임무를 안전하게 수행하기 위해 알아야 할 중요한 정보 또는 데이터를 나타낸다.

주의(CAUTION)

극저온 물질에 흠뻑 젖은 의류는 즉시 제거합니다.

- **참고(NOTE)**는 특정 권장 사항이 주어진 이유를 설명하거나 특정 절차에 대한 선택적 방법을 설명하는 데 도움이 되는 중요한 대응 정보를 나타낸다. 다음의 예를 참조.

참고

증기(vapor)는 상온과 상압에서(at room temperature and pressure) 일반적으로 고체 또는 액체 상태(solid or liquid state)에 있는 기체 형태(gaseous form)의 물질(material)이다. 액체로부터의 증발 또는 고체로부터의 승화(sublimation)에 의해 형성된다.

1 **인화점(Flash Point)** : 액체(liquid)가 액체 표면 근처의 공기(air)와 발화성 혼합물(ignitable mixture)을 형성하기에 충분한 증기(vapor)를 방출하는 최소 온도(minimum temperature)

단위 환산(변환)(Metric Conversions)

이 매뉴얼 전체에서, 미국 측정 단위U.S. units of measure는 전 세계 독자들의 편의를 위해 미터법 단위metric units로 변환된다. 그러나 캐나다 단위 체계Canadian metric system를 사용할 것을 권장한다. 표준 국제 체계Standard International System와 매우 유사하지만 약간 차이가 있을 수 있다.

이 매뉴얼에서 미터법 변환에 관하여서는 다음의 지침을 준수한다.

- 수치(number)가 수학 방정식(mathematical equation)에서 사용하지 않는 단위 환산(metric conversions)은 근사치이다.
- 센티미터(cm)는 캐나다 통계 표준의 일부가 아니기 때문에 사용하지 않는다.
- 정확한 변환(conversion)은 건설 단위(construction measurement)나 수력학(hydraulic) 계산과 같은 정확한 숫자가 필요할 때 사용된다.
- 호스 지름, 사다리 길이 및 노즐 크기와 같은 설정 값은 캐나다 표준 명명 규칙을 사용하며, 수학적으로 계산되지 않는다. 예를 들어, 1½ 인치(inch) 호스를 38 mm 호스라고 한다.

다음 표 두 개는 IFSTA의 변환 규칙conversion convention에 대한 자세한 정보를 제공한다. 첫 번째 표에는 소방서에서 사용된 여러 측정값에 대한 변환 계수conversion factor의 예가 나와 있다. 두 번째 표는 이 매뉴얼에서 볼 수 있는 대략적인 측정값과 정확히 일치하는 변환의 예를 보여준다.

미국식에서 캐나다식으로의 단위 환산

치수(크기/길이/양) (measurements)	통상(U.S.) (Customary)	미터법(Canada) (Metric)	환산 인수 (conversion factor)
길이/거리 (Legnth/Distance)	인치(in) Foot(ft)[3 이하 feet] [3 이상 foot] 마일(Mile; mi)	밀리미터(mm) 밀리미터(mm) 미터(m) 킬로미터(km)	1 in = 25 mm 1 ft = 300 mm 1 ft = 0.3 m 1 mi = 1.6 km
면적 (Area)	제곱피트(ft^2) 제곱마일(mi^2)	제곱미터(m^2) 제곱킬로미터(km^2)	1 ft^2 = 0.09 m^2 1 mi^2 = 2.6 km^2
질량/무게 (Mass/Weight)	고체(상용) 온스(oz) 파운드(lb) 톤(T)	그램(g) 킬로그램(kg) 톤(T)	1 oz = 28 g 1 lb = 0.5 kg 1 T=0.9 T
부피 (volume)	세제곱피트(ft^3) 액상 온스(fl oz) 쿼트(qt) 갤런(gal)	세제곱미터(m^3) 밀리미터(mL) 리터(L) 리터(L)	1 ft^3 = 0.03 m^3 1 fl oz = 30 mL 1 qt = 1 L 1 gal = 4 L
유속 (flow)	분당 갤런(gpm) 분당 세제곱피트(ft^3/min)	분당 리터(L/min) 분당 세제곱미터(m^3/min)	1 gpm = 4 L/min 1 ft^3/min = 0.03 m^3/min
면적당 유속 (Flow per Area)	제곱피트 및 분당 갤런 (gpm/ft^2)	제곱미터 및 분당 리터 [L/cm^2. min)]	1 gpm/ft^2 = 40L/(m^2.min)
압력 (Pressure)	제곱인치당 파운드(psi) 제곱피트당 파운드(psf) 수은 인치(inHg)	킬로파스칼(kPa) 킬로파스칼(kPa) 킬로파스칼(kPa)	1 psi = 7 kPa 1 psf = .05 kPa 1 inHg = 3.4 kPa
속도/속력 (Speed/Velocity)	시간당 마일(mph) 초당 피트(ft/sec)	시간당 킬로미터(km/h) 초당 미터(m/s)	1 mph = 1.6 km/h 1 ft/sec = 0.3 m/s
열 (Heat)	비티유(British Termal Unit; BTU)	킬로줄(kilojoule; kJ)	1 Btu = 1 kJ
열 흐름 (Heat Flow)	분당 비티유(BTU/min)	와트(watt; W)	1 Btu/min = 18 W
밀도 (Density)	세제곱피트당 파운드(lb/ft^3)	세제곱미터당 킬로그램(kg/m^3)	1 lb/ft^3 = 16 kg/m^3
힘 (Force)	파운드-포스(lbf)	뉴턴(newton; N)	1 lbf = 0.5 N
회전력(토크) (Torque)	파운드-포스 X 피트 (lbf ft)	뉴턴 X 미터(N • m)	1 lbf ft = 1.4 N • m
동적 점도 (Dynamic Viscosity)	1피트 및 1초당 파운드(lb/ft • s)	파스칼 X 초(Pa • s)	1 lb/ft.s = 1.5 Pa • s
표면장력 (Surface Tension)	피트당 파운드(lb/ft)	미터당 뉴턴 (N/m)	1 lb/ft = 15 N/m

환산 및 대략값 예시

치수(크기/길이/양)	미국 단위	환산(변환) 인수	국제표준단위	국제표준의 어림값
길이/거리	10 in 25 in 2 ft 17 ft 3 mi 10 mi	1 in = 25 mm 1 in = 25 mm 1 in = 25 mm 1 ft = 0.3 m 1 mi = 1.6 km 1 mi = 1.6 km	250 mm 625 mm 600 mm 5.1 m 4.8 km 16 km	250 mm 625 mm 600 mm 5 m 5 km 16 km
면적	36 ft^2 300 ft^2 5 mi^2 14 mi^2	1 ft^2 = 0.09 m^2 1 ft^2 = 0.09 m^2 1 mi^2 = 2.6 km^2 1 mi^2 = 2.6 km^2	3.24 m^2 27 m^2 13 km^2 36.4 km^2	3 m^2 30 m^2 13 km^2 35 km^2
질량/무게	16 oz 20 oz 3.75 lb 2 000 lb 1 T 2.5 T	1 oz = 28 g 1 oz = 28 g 1 lb = 0.5 kg 1 lb = 0.5 kg 1 T = 0.9 T 1 T = 0.9 T	448 g 560 g 1.875 kg 1 000 kg 900 kg 2.25 T	450 g 560 g 2 kg 1 000 kg 900 kg 2 T
부피	55 ft^3 2 000 ft^3 8 fl oz 20 fl oz 10 qt 22 gal 500 gal	1 ft^3 = 0.03 m^3 1 ft^3 = 0.03 m^3 1 fl oz = 30 mL 1 fl oz = 30 mL 1 qt = 1 L 1 gal = 4 L 1 gal = 4 L	1.65 m^3 60 m^3 240 mL 600 mL 10 L 88 L 2 000 L	1.5 m^3 60 m^3 240 mL 600 mL 10 L 90 L 2 000 L
유속	100 gpm 500 gpm 16 ft^3/min 200 ft^3/min	1 gpm = 4 L/min 1 gpm = 4 L/min 1 ft^3/min = 0.03 m^3/min 1 ft^3/min = 0.03 m^3/min	400 L/min 2 000 L/min 0.48 m^3/min 6 m^3/min	400 L/min 2 000 L/min 0.5 m^3/min 6 m^3/min
면적당 유속	50 gpm/ft^2 326 gpm/ft^2	1 gpm/ft^2 = 40 L/(m^2 • min) 1 gpm/ft^2 = 40 L/(m^2 • min)	2 000 L/(m^2 • min) 13 040 L/(m^2 • min)	2 000 L/(m^2 • min) 13 000 L/(m^2 • min)
압력	100 psi 175 psi 526 psf 12 000 psf 5 psi inHg 20 psi inHg	1 psi = 7 kPa 1 psi = 7 kPa 1 psf = 0.05 kPa 1 psf = 0.05 kPa 1 psi = 3.4 kPa 1 psi = 3.4 kPa	700 kPa 1 225 kPa 26.3 kPa 600 kPa 17 kPa 68 kPa	700 kPa 1 200 kPa 25 kPa 600 kPa 17 kPa 70 kPa
속도/속력	20 mph 35 mph 10 ft/sec 50 ft/sec	1 mph = 1.6 km/h 1 mph = 1.6 km/h 1 ft/sec = 0.3 m/s 1 ft/sec = 0.3 m/s	32 km/h 56 km/h 3 m/s 15 m/s	30 km/h 55 km/h 3 m/s 15 m/s
열	1200 Btu	1 Btu = 1 kJ	1 200 kJ	1 200 kJ
열 흐름	5 BTU/min 400 BTU/min	1 Btu/min = 18 W 1 Btu/min = 18 W	90 W 7 200 W	90 W 7 200 W
밀도	5 lb/ft^3 48 lb/ft^3	1 lb/ft^3 = 16 kg/m^3 1 lb/ft^3 = 16 kg/m^3	80 kg/m^3 768 kg/m^3	80 kg/m^3 770 kg/m^3
힘	10 lbf 1,500 lbf	1 lbf = 0.5 N 1 lbf = 0.5 N	5 N 750 N	5 N 750 N
회전력(토크)	100 500	1 lbf ft = 1.4 N·m 1 lbf ft = 1.4 N·m	140 N·m 700 N·m	140 N·m 700 N·m
동적점도	20 lb/ft.s 35 lb/ft.s	1 lb/ft·s = 1.5 Pa • s 1 lb/ft·s = 1.5 Pa • s	30 Pa • s 52.5 Pa • s	30 Pa • s 50 Pa • s
표면장력	6.5 lb/ft 10 lb/ft	1 lb/ft = 15 N/m 1 lb/ft = 15 N/m	97.5 N/m 150 N/m	100 N/m 150 N/m

NFPA 직무 수행 요구사항 (NFPA Job Performance Requirement)

이 장에서는 NFPA 1072의 직무 수행 요구사항을 다루는 정보를 제공한다. 『위험물질/대량살상무기 비상대응요원 전문 자격에 대한 표준(Standard for Hazardous Materials/Weapons of Mass Destruction Emergency Response Personnel Professional Qualifications』(2017판)

4.2.1

5.3.1

5.5.1

Chapter 1

위험물질의 소개

학습 목표

1. 위험물질 사고를 정의한다(4.2.1).
2. 위험물질 사고에서 초동대응자의 역할과 책임을 설명한다.
3. 위험물질이 사람들에게 해를 끼치는 방법들을 인식한다(4.2.1, 5.3.1, 5.5.1).
4. 위험물질 관련 법규, 정의 및 통계를 열거할 수 있다.

이 장에서는

▷위험물질 사고를 정의한다.

▷위험물질 사고 시 비상 대응자(emergency responder)의 역할과 책임을 알아본다.

▷위험물질이 어떻게 당신에게 해를 끼치는지 설명한다.

▷위험물질의 정의, 법규 및 통계에 대한 정보를 제공한다.

위험물질 사고란 무엇인가?

What Is a Hazardous Materials Incident?

화학물질, 재료, 제품은 매일 전 세계에서 저장, 제조, 사용 및 운송된다. 이러한 제품은 필요하고 유익한 용도로 사용되지만, 통제되지 않거나 격리되지 않으면 많은 경우에 대중과 환경에 상당한 위험을 초래하기도 한다. 이러한 위험물질과 관련된 비상사태 사고emergency incident는 다른 비상 사고와 크게 다를 수 있으며, 초동대응자는 반드시 안전하고 효과적으로 대응할 수 있도록 훈련받아야 한다.

유해한 특성을 가진 물질을 미국에서는 **위험물질**[1]이라고 하며, 캐나다 및 기타 국가에서는 **위험물**[2]이라 한다. 화학Chemical, 생물학Biological, 방사선학Radiological, 핵Nuclearl, 폭발성Explosive 물질(CBRNE)을 포함한 특히 위험한 위험물질이 무기로 사용되는 경우, 대량 인명 사상자 및 피해가 발생될 가능성이 있기 때문에 이러한 물질을 **대량살상무기**[3]라고도 한다.

위험물질/대량살상무기 사고는 사람, 환경 및/또는 재산에 심각한 위험을 초래하는 물질과 관련된 비상사태이다. 여기에는 컨테이너에서 방출된 물질(제품 또는 화

참고

간략함을 위해, hazmat이라는 용어(축약형의 영문)가 위험물질(hazardous material)/대량살상무기(WMD) 대신에 이 매뉴얼에서 사용되며, 대량살상무기(WMD)가 직접 언급되는 경우는 제외한다.

---

1 **위험물질(Hazardous Material 또는 Hazmat)** : 취급, 보관, 제조, 가공, 포장, 사용, 폐기 또는 운송 중에 적절하게 관리되지 않는 경우 건강, 안전, 재산 및/또는 환경에 심각한 위험을 초래하는 모든 재료 또는 물질

2 **위험물(Dangerous Good)** : (1) 그 자체의 본질(nature) 또는 9개의 U.N. 위험물질 분류 규정에 의한 모든 생산품(product), 물질(substance) 또는 유기체(organism). (2) 캐나다 및 기타 국가에서 사용되는 위험물질(hazardous material)에 대한 대체 용어(alternate term). (3) 미국 및 캐나다에서 항공기 탑재 위험물질(hazardous material aboard aircraft)에 대해 사용된 용어

3 **대량살상무기(Weapons of Mass Destruction; WMD)** : 유독하거나 독성이 있는 화학물질 또는 그 전구물질, 질병 유기체(disease organism) 또는 방사선/방사성 물질의 방출(release), 확산(dissemination), 영향(impact)을 통해 상당수의 사람들에게 사망 또는 심각한 신체 상해를 유발할 수 있는 능력을 가진 무기 또는 장치이며, 화학(chemical), 생물학(biological), 방사선(radiological), 핵(nuclear) 또는 폭발성(explosive) 유형의 무기를 포함할 수 있다.

그림 1.1 위험물질을 담고 있는 컨테이너가 파손되어 정화가 필요한 사고가 발생한다. Barry Lindley 사진 제공

학물질) 또는 가연성 물질이 포함될 수 있다. 다음은 위험물질 사고의 잠재적 원인이다.

- 인적 오류(또는 인재)
- 물리적 파손(mechanical breakdown)/오작동(malfunction)
- 컨테이너 파손(container failure)(그림 1.1)
- 교통사고(transportation accident)
- 고의적인 행위(deliberate act)
  - 화학물질 자살행위(Chemical suicide)
  - 대량살상무기(WMD) 사고

위험물질 사고는 종종 다른 유형의 비상 사고emergency incidents보다 복잡하다. 종종 위험물질/대량살상무기는 화재, 폭발, 범죄, 또는 테러에 연관되어 비상대응을 복잡하게 만든다. 예를 들어 위험물질은 다음과 같을 수 있다.

- 때로는 소량으로도 여러 위험을 초래한다.
- 가두거나 제어하기가 극히 어렵다

- 안전하게 **감경(완화)하기**[4] 위해 특별한 장비와 절차 및 개인보호장비(PPE)가 필요하다.
- 탐지하기가 어려우며, 심각성을 식별하고 예측하기 위해 정밀한 탐지(monitoring) 및 식별(detection) 장비가 필요하다.

주의(CAUTION)

초동대응자가 도착하기 전에는 위험물질 사고가 명확하게 구분되지 않는다. 위험물질의 존재와 사고에 미칠 수 있는 영향에 대해 끊임없이 경계해야 한다. 관련이 있든 없든 간에 단순히 위험물질의 존재만으로 사고의 역동성(dynamics)이 바뀔 수 있다.

사례 연구(Case Study)

2013년 4월 17일 텍사스 서부의 비료 저장 및 유통 시설에서 화재가 발생했다. 화재 발생 후 22분이 지나면서 20~30톤의 질산암모늄(ammonium nitrate)이 폭발하여 시설과 인근 지역이 초토화되었다. 소규모 지진으로 등록된 이 폭발로 인해 화재 진압을 돕던 자원봉사자 12명과 민간인 2명이 사망했고 수백 명이 부상을 입었다.

질산암모늄은 점화원(ignition source)으로부터 보호할 수 있는 내화 구조(fireproof structure) 컨테이너가 아닌 나무 상자에 벌크 입상 형태로 보관되어 있었다. 시설에는 화재를 진압할 수 있는 스프링클러 설비가 없었으며, 화재 및 폭발 발생을 방지하기 위한 안전 설비가 거의 없었다.

사고에 대한 텍사스주 소방관의 조사에 따르면, 지역 의용 소방서는 시설에 대한 화재 또는 사고사전계획(preincident plan)이 없었으며 비상 작전(운영)을 위한 '표준작전(운영)절차(SOP)' 또는 '표준작전(운영)지침(SOG)'도 없었다. 사고에서 시행된 전략과 전술은 부서가 일반적으로 대응하는 대부분의 사고[주거용 구조물 화재(residential structural fire)]에는 적절하지만, 위험물질이 있는 대규모 상업용 구조물(large commercial structure)에는 적합하지 않았다.

텍사스 서부의 폭발은 위험물질 사고가 얼마나 빠르게 치명적이 될 수 있는지를 보여주는 예이다. 많은 초동대응자는 해당 지역 사회에서 제품(product)이 나타내는 위험성을 잘 이해하지 못한다. 2013년 8월 미국 연방정부는 질산암모늄(ammonium nitrate)의 안전한 저장, 취급 및 관리에 대한 화학적 자문을 배포하였다. 비상대응 절에서는 이러한 사고를 관리하기 위한 대피 및 방어 전략을 강조하고, 모든 비상대응기관이 해당 관할 지역에서 위험물질 대응에 대해 사전 계획을 수립할 것을 권장하고 있다.

---

4 **감경(완화)하다(Mitigate)** : (1) 완화시키기 위하여 보다 덜 심각하거나, 덜 강렬하거나, 덜 고통스럽도록 하여 보다 덜 가혹하거나 어렵지(hostile)않게 함. (2) 비상(재난) 상황의 규모를 정하는 한 가지 방법으로, 3단계[위치(locate), 격리(isolate), 완화(mitigate)] 중 세 번째 단계

위험물질 사고에서의 역할과 책임

Role and Responsibility at Hazardous Materials Incident

초동대응자는 위험물질과 관련된 사고를 안전하고 효과적인 방법으로 처리하는 데 필요한 기술skill을 반드시 익히고 있어야 한다. 이러한 사고에서 수행해야 하는 역할을 이해하고, 더 이상 진행할 수 없는 상황을 파악하여 한계를 이해해야 한다. 부분적으로 이러한 역할은 비상 상황에 대응하는 대원(요원)에게 부과된 훈련 요구사항training requirement 및 대응response 제한을 설명하는 정부 법률로 확립되었다('정보' 참조).

또한 정부 규제 이외에도 **미국 국가소방협회**[5]에는 위험물질 비상사태에 대응하는 직원에게 적용되는 몇 가지 합의 표준consensus standard이 있다. 이 기준의 요구 사항은 **관할당국**[6]이 채택하지 않는 한 법이나 규정이 아닌 권고사항이다. 그러나 국가 표준이기 때문에 이를 수용할 수 있는 근거로 사용할 수 있다. 미 국가소방협회NFPA의 위험물질 대응 관련 요구사항은 다음의 표준에 자세히 설명되어 있다.

- NFPA 1072, 「위험물질/대량살상무기 비상대응요원 전문 자격에 대한 표준(Standard for Hazardous Materials/Weapons of Mass Destruction Emergency Response Personnel Professional Qualifications)」

참고

NFPA 1072를 충족하도록 훈련받은 개인은 식별(Awareness), 전문대응(Operations) 및 전문가(Technician) 수준에서 미국 직업안전보건관리국(OSHA) 요구사항을 충족하거나 능가한다.

---

5 **미국 국가소방협회(National Fire Protection Association; NFPA)** : 소방(화재 방호) 표준(fire protection standard)을 개발하고 일반 대중을 교육하여 화재로부터 생명 및 재산을 보호하기 위한 교육적이고 전문적인 비영리 협회이다. 매사추세츠 주의 퀸시에 위치하고 있다.

6 **관할당국(Authority Having Jurisdiction; AHJ)** : 코드(code) 또는 표준(standard)의 요구사항을 시행하거나 장비, 자료, 시설, 절차를 승인할 책임이 있는 기관, 사무실 또는 개인

위험물질/대량살상무기(WMD) 사고에 대한 비상대응을 관리(통제)하는 북미 법규(North American Regulation)

미국 직업안전보건관리국(OSHA)과 미국 환경보호청(EPA)은 위험물질 사고 대응자가 특정한 교육 표준을 충족하도록 요구한다. 이러한 입법 명령의 OSHA 버전은 'Title 29 (Labor) 미 연방 법규(CFR) 1910.120[Title 29 (Labor) Code of Federal Regulations(CFR) 1910.120], 위험 폐기물 운영 및 긴급 대응(HAZWOPER)의 단락 (q)'에 요약되어 있다. '29 CFR 1910.120(q)'에 있는 교육 요구사항은 'Title 40(환경보호; Protection of Environmen) CFR 311, 근로자 보호의 미 환경청(EPA) 법규'에 참조로 포함되어 있다. 이 미 환경청(EPA) 법규는 미국 직업안전보건관리국(OSHA)이 승인한 주정부 직업안전보건계획(OSHA-approved State Occupational Health and Safety Plan)의 적용을 받지 않는 이러한 대응자를 보호한다. 계획 및 비계획 주의 목록은 '부록 B, OSHA 계획이 수립된 주(미국)의 현황'을 참조한다.

당신이 미국에서 위험물질 사고에 대한 초동대응자인 경우 법적으로 고용주는 HAZWOPER 법규(29 CFR 1910.120)에 명시된 요구사항을 충족시켜야 한다. 또한 당신이 의용 소방 및 비상대응 공공기관에 속해 있다면, 역시 이 법규를 충족시켜야 할 것이다. '(미 연방 법규)40 CFR 311'에 따라 의용 대원은 직원으로 간주된다. 관할 당국(AHJ)이 법으로 해당 NFPA 표준을 정식으로 채택한 경우 고용주도 이를 충족시켜야만 한다.

캐나다에서는 노동부(대부분의 주에서), 그리고 브리티시 콜롬비아에서는 근로자 보상위원회(WCB; Workers Compensation Board)가 위험물질 사고에 대한 대응 및 초동대응자에게 필요한 훈련을 관할하는 규제 기관이다. 이 주정부 기관은 고용주가 직원을 보호하기 위해 '표준작전(운영)절차(SOP)' 또는 '표준작전(운영)지침(SOG)'을 제공하도록 요구한다. 캐나다의 소방관과 대부분의 비상대응기관 대원은 미국의 대응자와 동일한 NFPA 표준에 대해 교육을 받는다. 캐나다는 'OSHA 29 CFR 1910.120'에 해당하지 않지만 초동대응자를 위한 최소 허용 수준은 NFPA 472이다. 당신이 캐나다의 위험물질 사고에 대한 초동대응자인 경우, 고용주는 표준운영절차(SOP)/표준운영지침(SOG) 및 해당 주에서 요구(규제)하는 교육을 제공해야 한다. 소방관인 경우 NFPA 472의 요구사항에 따라 교육을 받아야만 한다.

멕시코는 위험물질 취급 및 규제를 다루는 다양한 국내법을 개발하고 시행했다. 그러나 현재 (미국의) 국내법은 비상 위험물질 초동대응자의 훈련에 적용되지 않는다. 지역 관할 구역은 자체 교육 표준을 가지고 있을 수 있다.

- NFPA 472, 「위험물질/대량살상무기 대응자의 역량에 대한 표준(Standard for Competence of Responders to Hazardous Materials/Weapons of Mass Destruction Incidents)」
- NFPA 473, 「위험물질/대량살상무기에 대응하는 구급대원의 역량에 대한 표준(Standard for Competencies for EMS Personnel Responding to Hazardous Materials/Weapons of Mass Destruction Incidents)」

NFPA 1072 및 472는 본 교재에서 다루는 세 가지 위험물질 대응 훈련 수준을 설명해준다(그림 1.2).

- **식별수준**[7] 식별수준 인원(awareness level personnel)은 일반적으로 사고가 발생한 순간에 그곳에 있는 사람들이다. 예를 들어, 사고를 목격한 산업 인력 또는 공익 사업/설비 종사자이다. 그들은 도움 요청, 위험 구역으로부터의 대피, 사고현장 확보와 같은 제한된 방어적 대응을 수행한다.
- **전문대응 수준**[8] 사고를 완화시키기 위해 전문대응 수준 대응요원(operations responder)이 사고현장에 파견된다. 이러한 대응자에는 소방관, 법집행기관, 산업계 대응요원 등이 포함될 수 있다. 그들은 방어적 조치를 취할 수 있지만 예외는 있을 수 있으며, 위험물질과 직접 접촉할 것으로 예상되지는 않는다.
- **전문대응-임무특화 수준**[9] 전문대응-임무특화 수준 대응요원(operations mission-specific level responder)은 추가적인 방어적 대응과 제한된 공격적 대응을 수행하기 위해 핵심 역량을 넘어서 훈련받는다. 여기에는 특별한 장비를 사용하고 위험물질과 접촉할 수 있는 과업을 수행하는 것이 포함된다.

위험물질 대응훈련 수준

식별수준(Awareness)

전문대응 수준(Operations)

전문대응-임무특화 수준(Mission-Specific)

그림 1.2 NFPA 1072 및 472는 세 가지 훈련 수준으로, 식별, 전문대응, 전문대응-임무특화를 나타낸다.

미 국가소방협회(NFPA)는 또한 다음을 포함하여 위험물질 사고에서 보다 복잡한 대응을 수행하는 대응요원을 식별한다.

- **위험물질 대응 전문가(Hazardous Materials Technician)** 위험물질 사고 시 유출을 제어하는 것을 포함하여 공격적 대응(offensive task)을 수행하고 '전문대응-임무특화 수준 대응요원의 과업

---

7 **식별수준(Awareness Level)** : 위험물질 사고 대응요원에 대한 미국 국가소방협회에서 수립한 최저 수준의 교육

8 **전문대응 수준(Operations level)** : 미국 국가소방협회(NFPA)에서 수립한 교육 수준으로 초동대응자는 위험물질 사고에 대한 방어적 대응(defensive action)을 취할 수 있다.

9 **전문대응-임무특화(Operations Mission-Specific Level)** : 미국 국가소방협회에 의해 수립된 훈련 수준으로, 위험물질 사고 시 추가적인 방어적 대응(additional defensive task)과 제한된 공격적 대응(limited offensive action)을 취하는 것을 대응자들에게 허용한다.

(Mission-Specific task)'을 감독할 수도 있다.

- **특화된 위험물질 대응 전문가(Hazardous Materials Technician With Specialty)** 방사선(radiation), 탐지 및 식별 장비(monitoring and detection equipment) 또는 특정 컨테이너 유형(certain container type)과 같은 분야에 대한 전문 기술/지식을 제공한다.
- **위험물질 사고현장 지휘관(Hazardous Materials Incident Commander)** 비상사태를 완화하기 위해 자원을 활용하고 전략(strategy)과 전술(tactic)을 결정하기 위한 명령을 내림으로써 사고를 관리한다.
- **위험물질 담당관(간부)(Hazardous Materials Officer)** 사고현장 지휘관(incident commander)의 지휘 하에 위험물질 대원 및 전문대응(작전)을 관리한다.
- **위험물질 안전 담당관(Hazardous Materials Safety Officer)** 위험물질 사고에서 인정된 안전 실무권장지침(recognized safe practice)을 준수하도록 한다.
- **(일반)전문가(Specialist)** 화학물질, 공정, 용기 및 특수 작전과 같은 전문 분야의 전문 지식(expertise)을 자문해준다.

복잡한 위험물질 사고에서 초동대응자는 많은 여러 기관의 관심사(또는 이익)를 대변하거나 다른 수준의 훈련을 받은 대응자와 상호작용하도록 요청받을 수 있다. 경우에 따라 사고는 초기대응 대원(요원)으로부터 다음 조직들을 포함하도록 확대될 수 있다.

- 지역 위험물질팀(local or regional hazmat team)
- 민간산업전문가(private industry specialist) 및/또는 대응팀(reponse team)
- 주 및 국가 기관(state and national agencies)의 자원(resource)

이 다양한 독립체들은 사고에서 중요한 역할을 하며, 초동대응자는 자신이 제공할 수 있는 전문기술과 장비로 인해 현장에 나타나는 추가적이고 잠재적으로 익숙하지 않은 자원[resource]을 보아도 놀랄 필요가 없다. 위험물질 사고에 대한 다른 대응요원에 대한 자세한 내용은 6장에서 다룬다.

APIE 절차(APIE Proce)

NFPA 472 표준을 개발할 때, 미국 국가소방협회NFPA의 위험물질 대응요원Hazadous Materials Response Personnel에 관한 미 국가소방협회의 전문가위원회Technical Committee on Hazardous Materials Response Personnel는 위험물질 사고에서 대응자의 대응을 지도할 수 있는 간단한 4단계 대응 모델을 고안했다. APIE라는 약자로 알려진 이 단계는 크기나 복잡성에 관계없이 모든 사고에서 사용할 수 있는 일관된 문제 해결 절차를 제공한다(그림 1.3).

- **1단계 : 사고 분석(Analyze the incident)** 문제 해결 절차 중 이 단계에서는 인원(직원)과 대응요원은 현재 상황을 이해하려고 시도한다. 예를 들어, 초동대응자는 관련된 위험물질의 식별, 컨테이너의 유형, 유출된 물질의 양, 노출된 횟수, 잠재적 유해성 및 안전하고 효과적인 대응을 계획하는 데 필요한 기타 관련 정보를 파악하려고 시도한다.
- **2단계 : 초기 대응 계획(Plan the initial response)** 이 단계에서 대응요원은 분석 단계에서 수집된 정보를 사용하여 사고를 완화하기 위해 취해야 할 조치를 결정한다. 예를 들어, **사고현장 지휘관**[10]은 사고 대응 계획(incident action plan)을 발전시키고 과업(task)을 초동대응자에게 할당한다.
- **3단계 : 대응 실행(Implement the response)** 이 단계에서 대응요원들은 계획 단계에서 결정된 과업을 수행한다. 대응을 실행할 때 대응요원은 사고를 완화하기 위한 조치를 지시한다.
- **4단계 : 경과 평가(Evaluate progress)** 대응이 종료될 때까지 사고 전체에서 계속해서 진행되는 이 단계에서는 대응요원은 진행 상황을 모니터링하여 대응 계획이 유효한지를 확인한다. 예를 들어, 초동대응자는 자신의 대응이 성공적으로 완료되었는지 또는 상황이 변화되었는지를 보고해야 한다.

참고

각 소방 및 비상대응 조직은 교육 수준에 맞는 적절한 조치를 설명하는 절차를 작성해야 한다. 그러한 가이드라인(지침)의 예시는 '부록 A. 서면화된 지침 예시'에 나와 있다.

APIE 사고 모델

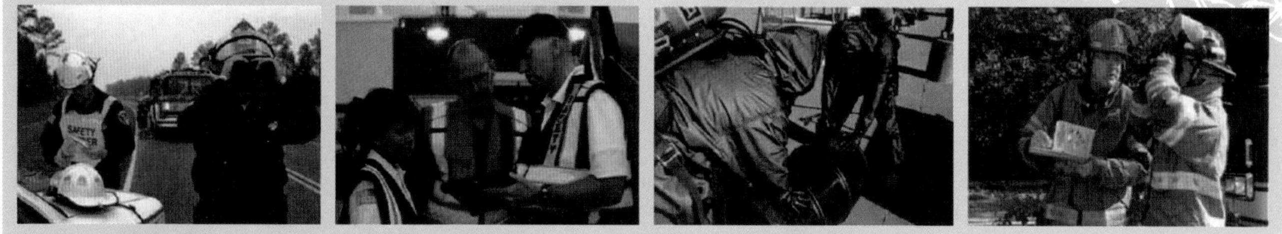

분석(Analyze) 계획(Plan) 실시(Implement) 평가(Evaluate)

그림 1.3 영문 앞글자의 조합인 APIE는 대응자가 어떠한 위험물질 사고에서도 4단계 대응을 할 수 있도록 도움을 준다.

10 **사고현장 지휘관(Incident Commander)** : 사고지휘체계(Incident Command System; ICS)를 맡고 있는 비상상황 동안에 모든 사고 대응의 관리에 대한 책임을 가지는 인원

각기 다른 수준의 교육을 받은 대응요원들은 각 단계마다 서로 다른 책임을 진다. 식별수준 인원 및 전문대응 수준 대응요원은 위험물질 사고에 대한 책임이 제한되어 있으므로 APIE의 모든 측면이 식별 및 전문대응 수준에서 다루어지지는 않는다. 책임이 증가함에 따라서 APIE의 구성요소 또한 증가한다. 이러한 책임은 APIE와 관련하여 이 매뉴얼 전체에서 다뤄진다.

식별수준 인원(Awareness Level Personnel)

식별수준에 대해 훈련되고 자격인증 받은 인원(직원)은 정상적인 직무를 수행하는 중에 가장 먼저 위험물질 사고에 직면하거나 목격할 수 있는 인원(직원)personnel이다(그림 1.4). 식별수준에 따라 교육을 받은 인원은 위험물질 관련 사고에 직면했을 때 다음과 같은 책임을 지게 된다.

- 위험물질이 사고에 존재하거나 잠재적으로 존재함을 식별
- 위험으로부터 자신과 타인을 보호
- 적절한 기관에 정보를 알리고 적절한 도움을 요청
- 위험 구역(hazardous area)을 고립시키고 진입을 통제함으로써 사고현장 제어(scene control)를 확립

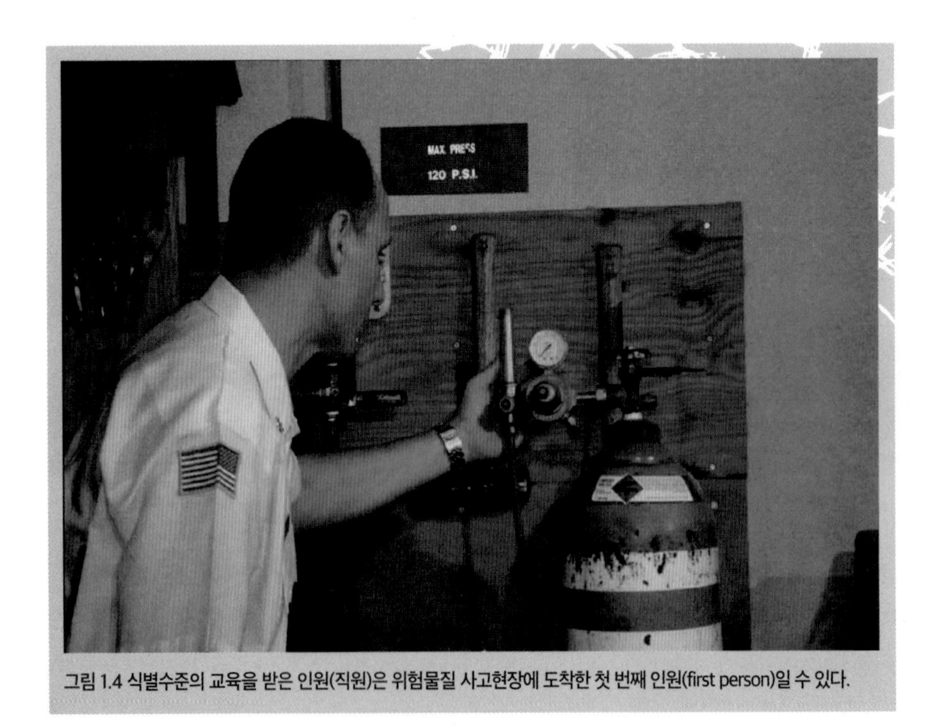

그림 1.4 식별수준의 교육을 받은 인원(직원)은 위험물질 사고현장에 도착한 첫 번째 인원(first person)일 수 있다.

사고 분석(Analyzing the Incident)

식별수준 인원Awareness Personnel은 반드시 항상 **상황 인식**[11]을 수행해야 한다. 공공장소에서든 고정된 시설에서든 상관없이 그들은 어디에 있는지, 주변에 무엇이 있는지를 알고 있어야 한다. 식별수준 대원(요원)은 사고에 위험물질hazardous material이 연관되어 있을 수 있음을 인식(식별)하는 데 도움이 되는 많은 단서clue를 갖고 있다. 일부 단서에는 장소location, 컨테이너 모양container's shape, 운송 또는 시설 표시transportation or facility marking, 계측 장치 또는 냄새, 맛 또는 외관과 같은 기타 감각 인식이 포함될 수 있다. 위험물질 존재에 대한 단서를 다룬 자세한 내용은 2장에서 제공된다.

대응 계획(Planning the Response)

식별수준 인원은 위험물질 사고에 대한 해당 대응을 계획할 책임이 없다. 그러나 **표준작전(운영)절차**[12], 표준작전(운영)지침 및/또는 사전 결정된 절차predetermined procedure는 비상상황 발생 시 식별수준 인원에게 그들이 취해야 할 초기 조치를 제공할 수 있다. 예를 들어, 식별수준 인원은 이격 거리isolation distance를 결정하기 위해 비상대응지침서Emergency Response Guidebook; ERG를 사용할 수 있다(3장 참조).

대응 실행(Implementing the Response)

식별수준 인원은 위험물질 사고에 중요한 역할을 하며, 초기 조치는 사고의 진행 과정에 좋거나 나쁘게 영향을 미칠 수 있다. 식별수준 인원은 위험물질 사고에서 다음을 수행할 것으로 기대된다(그림 1.5).

- 적절한 기관에 정보를 전달하고 적절한 도움을 요청한다.
- 위험으로부터 자신과 타인을 보호하기 위한 보호 조치를 취한다.
- 위험 구역을 격리하고 출입을 금지한다.

식별수준 인원의 책임

전파하기(Transmit)

보호하기(Protect)

격리시키기(Isolate)

그림 1.5 위험물질 사고현장에 도착한 후 식별수준 인원은 정보를 전송하고, 도움을 요청하고, 보호 조치를 취하고, 위험 구역을 격리하고, 진입을 거부해야 한다.

---

11 **상황 인식(Situational Awareness)** : 주변 환경에 대한 인식(perception)과 미래의 사고(future event)를 방지할 수 있는 능력

12 **표준작전(운영)절차(standard Operating Procedure; SOP)** : 일상적인 기능을 수행하기 위해 기관(조직)이나 소방서가 운영하는 표준 방법(standard method) 또는 규칙(rule). 일반적으로 이러한 절차는 정책 및 절차 핸드북에 기록되어 있으며 모든 소방관은 내용에 정통해야 한다.

경과 평가(Evaluating Progress)

대응을 계획할 때와 마찬가지로 식별수준 인원은 사고 대응을 평가하리라 기대되지 않는다. 그러나 해당 인원이 사고나 그 상태에 관한 적절한 정보를 가지고 있다면 그 정보를 적절한 당국에 전달해야 한다.

전문대응 수준 대응요원(Operations Level Responder)

전문대응 수준에 대해 훈련되고 인증된 대응요원은 정상적인 의무의 일부로 위험물질 유출(또는 잠재적 유출potential release)에 대응한다. 전문대응 수준 대응요원은 개인, 환경, 재산을 기본적으로 보호하고 해당 유출의 효과로부터 보호해야 한다(예외 사항은 '정보' 참조).

전문대응 수준에서 초동대응자의 책임에는 식별수준의 책임이 포함된다. 또한 전문대응 수준의 초동대응자는 반드시 다음 작업을 수행할 수 있어야 한다.

- 가능한 경우 사고와 관련된 잠재적 위험(potential hazard)을 식별한다.
- 가용한 대응 방법을 식별한다.
- 유해한 사고를 줄이기 위해 할당된 과업을 수행하여 안전거리에서 유출을 완화하거나 제어하기 위해 계획된 대응을 실행한다.
- 대응 목표를 안전하게 달성하기 위해 취해진 조치의 진행 상황을 평가한다.

정보(Information)

미국 직업안전보건청(OSHA) 및 캐나다가 허용한 공격적 과업(Offensive Task)

미국 직업안전보건청(OSHA)과 캐나다 정부는 적절한 수준의 훈련(역량 및 고용주에 의한 인증 포함), 적절한 보호복 및 적절한 자원을 갖춘 전문대응 수준의 초동대응자가 인화성 액체 및 기체(가스) 화재의 진압과 관련된 다음의 공격적 대응(작전)을 수행할 수 있음을 인정한다.

- ▶ 휘발유(gasoline)
- ▶ 디젤(diesel)
- ▶ 천연가스(natural gas)
- ▶ 액화석유가스(liquefied petroleum gas; LPG)

사고 분석(Analyzing the Incident)

전문대응 수준의 대응요원은 다음과 같은 사고에서 발생할 수 있는 잠재적 위험을 식별할 수 있어야 한다(그러나 이에 국한되지는 않음).

- 관련된 컨테이너의 유형
- 관련된 위험물질
- 물질에 의해 나타나는 위험
- 물질의 잠재적인 거동

전문대응 수준 대응요원은 가능한 경우 주변 조건을 분석하고 모든 유출의 장소와 양을 가늠하여 결정해야 한다(그림 1.6). 관련 물질과 위험에 대한 이해를 바탕으로 받은 훈련training, 표준운영절차SOP 및/또는 사전 결정된 절차predetermined procedure에 따라 적절한 대응을 계획할 수 있다.

그림 1.6 전문대응 수준 대응요원은 현장에 도착했을 때 모든 사실(fact)을 알고 있을 수는 없지만, 위험물질이 방출된 곳과 그 양을 파악할 수 있는 훈련(교육)을 받아야 한다. Barry Lindley 사진 제공.

대응 계획(Planning the Response)

전문대응 수준 대응요원은 위험물질 사고에 대한 가용한 대응 방법을 반드시 식별할 수 있어야 한다. 실제 대응을 계획하는 것은 책임지지 않을 수도 있지만 수행 과업과 그 이유를 반드시 이해해야 한다. 스스로를 보호하기 위해 전문대응 수준 대응요원은 안전 예방조치safety precaution, 사용 가능한 개인보호장비personal protective equipment의 적합성 및 긴급 제독 수요emergency decontamination need를 알고 있어야 한다. 위험물질 사고에서의 가용한 대응 방법은 5장에서 다룬다.

대응 실행(Implementing the Response)

전문대응 수준 대응요원은 사고관리체계Incident Management System; IMS를 구축하고 사고현장 통제scene control를 수행하며 대피evacuation와 같은 보호 조치를 실행해야 한다. 다음의 대응 활동을 반드시 할 수 있어야 한다.

- 안전 절차를 따른다.
- 개인보호장비는 적절한 방법으로 사용한다.
- 위험을 피하고 과업을 완료한다.
- 긴급 제독(emergency decontamination)을 실시한다.
- 사고가 의심되는 범죄일 경우 잠재적 증거(potential evidence)를 확인하고 보존한다.

경과 평가(Evaluating Progress)

전문대응 수준에서 대응요원에게는 할당된 과업의 경과progress를 평가하도록 기대된다. 대응요원은 필요한 경우 대응 계획을 조정(수정)할 수 있도록 감독관(관리자) 또는 기타 적절한 기관에 이 정보를 반드시 보고해야 한다.

전문대응-임무특화 수준(Operations Mission-Specific level)

전문대응 수준 대원은 특수한 개인보호장비의 사용 또는 2차(완전) 제독의 수행과 같은 임무특화 과업mission-specific task을 수행하도록 교육받을 수 있다(그림 1.7). 이러한 과업은 APIE 절차에도 적합하며 이후 장에서 다루게 될 것이다.

전문 역량specialized competency을 갖춘 임무특화 과업은 다음과 같다.

- 개인보호장비(Personal protective equipment)
- 다수인체 제독(Mass decontamination)
- 2차(완전) 제독(Technical decontamination)
- 증거 보존 및 시료수집(Evidence preservation and sampling)
- 위험물질 제어(Product control)
- 공기 측정 및 시료수집(Air monitoring and sampling)
- 피해자 구조 및 수습(Victim rescue and recovery)
- 불법 실험실(illicit laboratory) 사고에 대한 대응

그림 1.7 전문대응-임무특화 수준의 훈련(교육)에는 특별한 개인보호장비 사용이 포함될 수 있다.

위험물질은 어떻게 손상을 입히는가?

How Can Hazmat Hurt You?

위험물질/대량살상무기WMD는 다양한 방식으로 피해를 줄 수 있다. 신체에 접촉하거나 신체에 들어갔을 때 건강에 영향을 줄 수 있는데, 예를 들면 화상이나 폭발 등과 같이 거동behavior이나 물리적 특성physical property에 의해 위해harm를 입힐 수 있다.

위험물질 사고를 안전하게 완화mitigate시키려면 발생할 수 있는 다양한 위험물질의 잠재적 건강 영향 및 이와 관련된 물리적 **위험**[13]을 이해해야 한다. 이러한 기본 개념 중 일부를 알고 있으면 부상, 생명 손실 및 환경/재산 손실을 예방하거나 줄이는 데 도움이 된다.

이번 절에서는 다음의 내용을 다룬다.

- 급성 및 만성 영향(acute and chronic effect)
- 위험물질(hazardous material)이 신체에 접촉하여 들어갈 수 있는 경로
- 각종 위험물질에 의해 발생할 수 있는 위해(harm)의 특정 메커니즘

---

13 **위험(Hazard)** : 부상 또는 사망을 직접 일으킬 수 있는 상태, 물질, 장치, 또는 위험의 원천

급성(Acute) vs. 만성(Chronic)

많은 위험물질은 잠재적으로 건강에 영향을 미친다. 위험물질 노출은 **급성**[14](한 물질에 한 번 노출 또는 단기간에 여러 번 반복된 노출) 또는 **만성**[15](장기간, 반복적)일 수 있다(그림 1.8). 건강에 미치는 영향 역시 급성 또는 만성일 수 있다. **급성 건강 영향**[16]은 구토vomting, 설사diarrhea 같은 몇 시간 또는 며칠 이내에 나타나는 단기적 영향이다. **만성 건강 영향**[17]은 암과 같이 질병이 나타나는 데 수년이 걸릴 수 있는 장기적 영향이다.

일부 유해 물질은 신체를 즉시 해치지 않는다. 지연된 효과는 몇 시간 또는 며칠 후에 발생할 수 있다. 예를 들어, 포스겐phosgene은 노출 후 몇 시간 또는 며칠까지 명확하지 않을 수 있는 심각한 건강상의 문제를 일으킬 수 있다. 또 다른 경우에는 건강 문제가 발생하기까지 수년이 걸릴 수도 있다('정보' 참조).

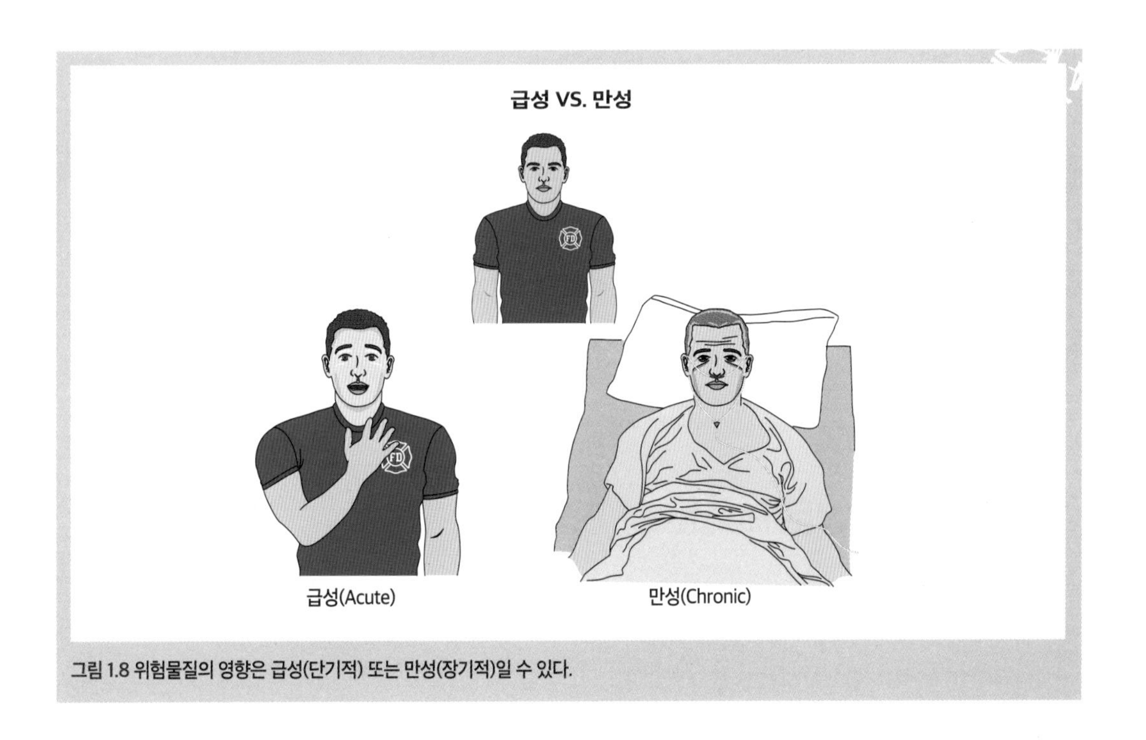

그림 1.8 위험물질의 영향은 급성(단기적) 또는 만성(장기적)일 수 있다.

---

14 **급성(Acute)** : 급박함(sharpness) 또는 심각도(severity)로 특징되며, 빠른 발병 및 상대적으로 짧은 지속 기간

15 **만성(Chronic)** : 긴 지속 시간으로 특징되며, 일정 기간 동안 반복됨

16 **급성 건강 영향(Acute Health Effect)** : 유해(화학)물질(hazardous substance)에 노출된 후 빠르게 발생하거나 발생하는 건강 영향

17 **만성 건강 영향(Chronic Health Effect)** : 유해(화학)물질(hazardous substance)에 대한 노출로 인한 장기적인 건강 영향

'건강 효과(Health Effect)' 인지에 대한 사회 전체의 지연

때때로 화학물질(chemical), 작용제(agent), 물질(substance) 등으로 인해 암과 같은 질병이 유발된다고 의심되지만 특정 물질에 노출된 것과 그 결과로 나타나는 질병 사이에 직접적인 원인과 결과의 연결성을 성립시키기가 어려울 수 있다. 이는 유해물질에 노출된 후 수년에 걸쳐 질병이 나타나기 때문이다[잠복기(laterncy period)라 함].

석면(asbestos)의 역사는 정부 개입의 형태로 조치를 취하기에 충분한 증거가 수집되기까지 얼마나 오래 걸릴 수 있는지를 보여준다. 석면은 스팀 엔진을 보온하기 위해 1900년대 초 미국에서 처음 사용되기 시작하여 1940년대에는 광범위하게 사용되었다. 특히, 2차 세계대전 중 증가하는 전함 함대를 보전하기 위해 미국 해군 조선소에서 사용했다.

석면(asbestos)의 유해한 영향을 문서화한 일부 기사가 1930년대 초 출판되었지만, 석면 섬유(asbestos fiber)의 흡입으로 인해 미국 해군 조선소 노동자들이 집단 폐암(lung cancer), 석면폐증(asbestosis) 및 중피종(mesothelioma)이라는 병에 걸린다는 의심할 여지 없는 명확한 관계가 나타나기 시작한 것은 1960년대(15~40년 지연)였다. 이러한 연구 결과와 위험에 대한 대중의 인식이 증대됨에 따라 미국 정부는 1970년대에 석면 규제를 시작했다.

유해물질의 만성 영향에 관한 증거 자료가 모아지면서 많은 물질[아세트알데히드(acetaldehyde), 클로로폼(chloroform), 프로게스테론(progesterone), 폴리클로라이드비페닐(PCBs)]은 미국 보건복지부에 의해 발암 물질 또는 발암 의심 물질로 합리적으로 예상 및 평가되었다. 예를 들어, 사카린(saccharin)은 암을 유발했다는 증거가 거의 없기 때문에 2000년에 목록에서 제거되기 전 거의 20년 동안 발암 의심 물질로 분류되었다. 같은 해, 디젤 배기 미립자(diesel exhaust particulate)가 목록에 추가되었다.

화학제품 및 물질과 관련된 건강 영향에 대한 이해는 종종 변화하고 있으며 새로운 제품이 지속적으로 개발되고 있다. 건강에 만성적인 영향을 끼치는 물질은 수년에 걸쳐 밝혀오고 있지만, 오늘날 안전하다고 간주되는 것도 내일은 안전하지 않을 수 있음을 초동대응자들은 명심해야 한다.

인체 유입 경로(Route of Entry)

다음은 위험물질이 인체에 진입하여 위해를 입힐 수 있는 주요 **유입 경로**[18](노출 경로 routes of exposure라고도 함)이다(그림 1.9).

- **흡입(Inhalation)** 코 또는 입을 통해 위험물질을 호흡하는 것. 위험한 증기(vapor), 연기(smoke), 기체(gas), 액체 에어로졸(liquid aerosol), 흄(fume) 및 부유 분진(suspended dust)이 몸에 흡입될 수 있다. 위험물질의 흡입 위협(inhalation threat)으로부터 호흡기 보호가 필요하다. 흡입은 가장 흔한 노출 경로이다.

18 **유입 경로(Routes of Entry)** : 위험물질(hazmat)이 체내로 들어가게 되는 경로

- **섭취(Ingestion)** 입으로 위험물질을 섭취하거나 삼키는 것. 알약을 복용하는 것은 고의적인 섭취(deliberate ingestion)의 간단한 예이다. 그러나 위험물질을 취급한 후 위생에 소홀히 하면 우발적인 섭취(accidental ingestion)로 이어질 수 있다. 다른 예는 다음과 같다.
  - 손에 든 화학물질 잔류물이 음식에 옮겨질 수 있으며 식사 중에 섭취될 수 있다. (손을 씻는 것은 위험물질의 우발적인 섭취를 방지하는 데 있어 중요하다.)
  - 입자가 점막(mucous membrane)에 갇혀서 호흡기(respiratory tract)에서 제거된 후 섭취될 수 있다.
- **흡수(Absorption)** 피부나 눈을 통해 물질이 들어오는 과정. 일부 물질은 피부의 가장 얇은 부분이나 점막을 통과하기 쉽기 때문에 침투에 대한 저항성이 최소화된다. 눈, 코, 입, 손목, 목, 귀, 손, 사타구니, 겨드랑이 등이 발생할 수 있는 영역이다. 많은 독극물(poison)이 이런 방식으로 몸에 쉽게 흡수된다. 다른 사람이 당신 모르는 사이에 오염된 손가락을 눈에 대면 신체에 쉽게 들어갈 수 있다.
- **주입(Injection)** 피부에 구멍(pucture)을 통해 물질이 들어오는 과정. 주입으로부터의 보호는 피부를 절단하거나 구멍을 뚫을 수 있는 오염된(또는 잠재적으로 오염된) 물체를 다룰 때 고려해야 한다. 이러한 항목은 다음과 같다.
  - 부서진 유리
  - 못
  - 날카로운 모서리 부분
  - 다용도 칼과 같은 도구 에너지 방출

안전 경고(Safety Alert)

참고하라!

일부 화학물질(chemical)은 여러 경로를 통해서 몸으로 들어올 수 있다(그림 1.10). 예를 들어, 용매인 톨루엔(toluene)은 적은 양이 피부에 흡수 및 접촉되었을 때는 약간의 자극을 유발하지만, 높은 농도로 흡입되었을 때에는 어지러움(dizziness), 부조정(lack of coordination), 혼수상태(coma), 호흡부전(respitory failure)을 유발할 수 있다. 여러 경로로 접촉이 가능한 기타 화학물질로는 메틸에틸케톤(methyl ethyl ketone; MEK), 벤젠(benzene) 및 기타 용매(solvent)가 있다.

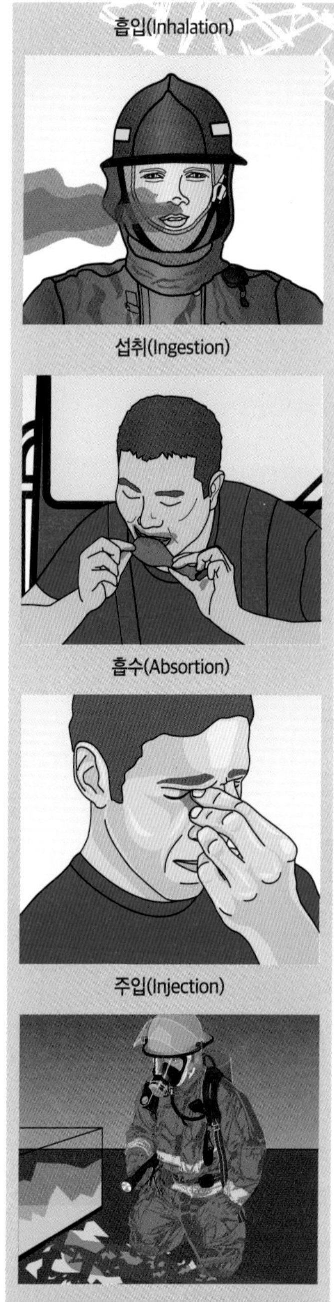

그림 1.9 흡입, 섭취, 흡수, 주입은 위험물질이 신체로 들어가는 주요 경로이다.

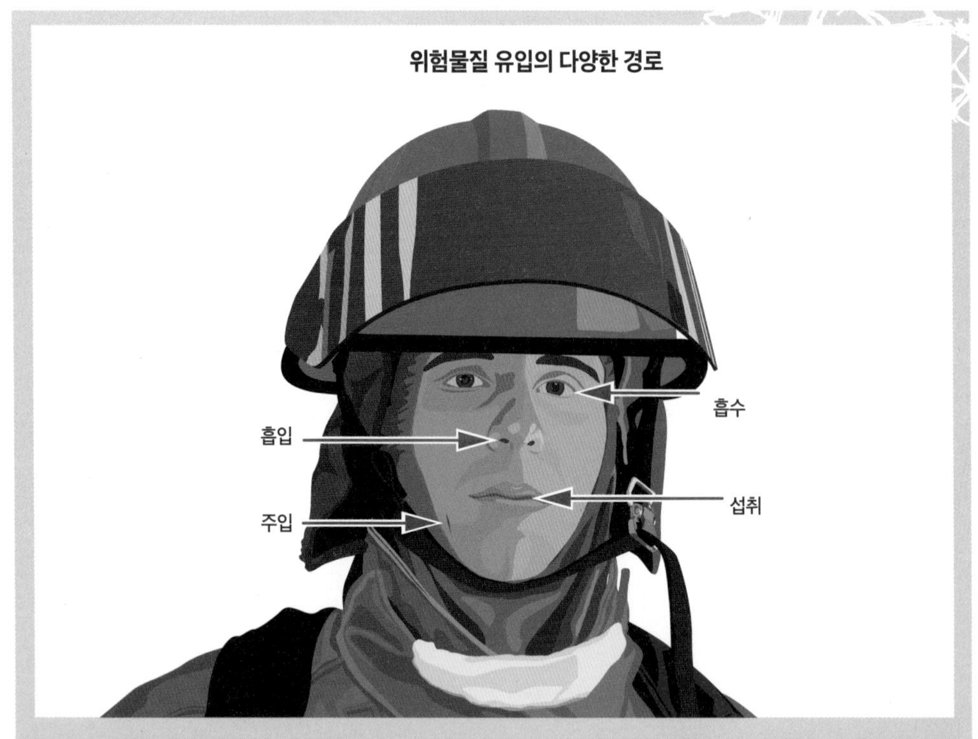

그림 1.10 많은 화학물질은 여러 경로로 인체에 진입한다. 초동대응자는 모든 자원들이 노출로부터 보호되는지 반드시 확인해야 한다.

인체 손상의 세 가지 메커니즘(Three Mechanism of Harm)

위험물질 및 위험물질 사고로 나타나는 위험은 화학적 위험chemical hazard(예: 독성toxicity)에서 물리적 위험physical hazard(예: 인화성flammability)까지 다양하다. 전기 위험electrical hazard과 같은 일부 위험 요소는 해당 위험물질 자체와 관련이 없을 수 있다. 다음에서는 위험물질 사고의 주요한 세 가지 인체 손상의 메커니즘을 살펴볼 것이다(그림 1.11).

- 에너지 방출(Energy release)
- 부식성(Corrosivity)
- 독성(Toxicity)

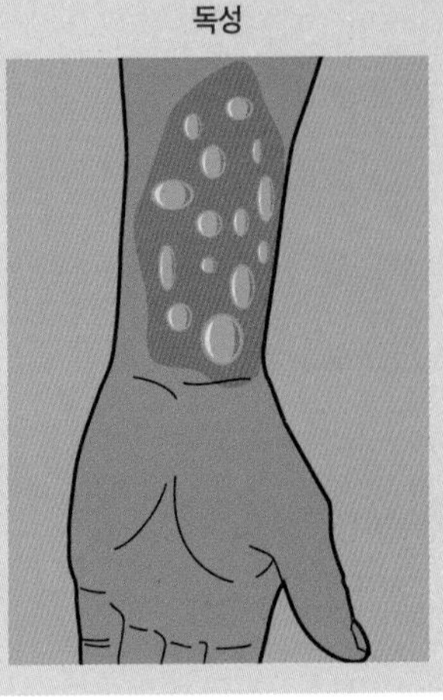

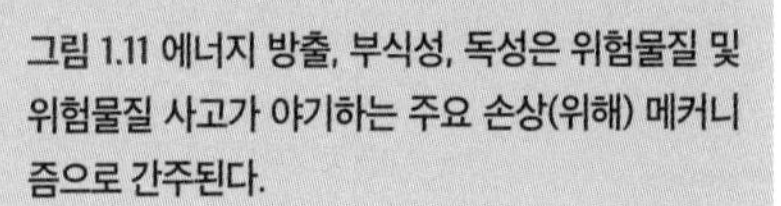

그림 1.11 에너지 방출, 부식성, 독성은 위험물질 및 위험물질 사고가 야기하는 주요 손상(위해) 메커니즘으로 간주된다.

정보(Information)

TRACEM

위험물질로 인한 피해 유형을 분류하는 또다른 방법으로 머릿글자 약자인 TRACEM을 사용한다. TRACEM은 Thermal(열), Radiological(방사선), Asphyxiation(질식), Chemical(화학적), Etiological(병인학적), Mechanical(역학적) 위험들을 나타낸다.

표 1.1은 TRACEM과 세 가지 인체 손상의 메커니즘 사이의 관계를 보여준다. TRACEM 위험 요소는 다음과 같이 요약된다.

- ▶ **열 위험(Thermal hazard)** : 열 위험은 극단적인 온도와 관련이 있다.
- ▶ **방사능(방사선학적) 위험(Radiological hazard)** : 많은 변수에 따라 방사성 물질(radiological material)에 노출되면 경증 및 심각한 건강상의 문제가 발생할 수 있다.
- ▶ **질식 위험(Asphyxiation hazard)** : 질식성 물질(asphyxiant)은 신체의 산소 공급에 영향을 미치고, 일반적으로 질식(suffocation)을 일으키는 물질이다.
- ▶ **화학적 위험(Chemical hazard)** : 유해 화학물질에 노출되면 광범위한 건강 문제가 발생할 수 있다.
- ▶ **병인학적/생물학적 위험(Etiological/biological hazard)** : 심각한 질병을 유발할 수 있는 바이러스 또는 박테리아[또는 독소(toxin)]와 같은 미생물(microorganism)
- ▶ **역학적 위험(Mechanical hazard)** : 역학적 위험은 물체와의 직접 접촉을 통해 외상을 유발하며, 가장 흔히는 타격이나 마찰을 통해 발생한다.

표 1.1
TRACEM 비교

TRACEM	위해의 세 가지 메커니즘
열 위험 (Thermal hazard)	에너지 방출 (energy release)
방사능 위험 (Radiological hazard)	에너지 방출 (energy release)
질식 위험 (Asphyxiation hazard)	독성 (toxicity)
화학 위험 (Chemical hazard)	부식성/독성 (corrosivity/toxicity)
병인학적/생물학적 위험 (Etiological/biological hazard)	독성 (toxicity)
역학적 위험 (Mechanical hazard)	에너지 방출 (energy release)

에너지 방출(Energy Release)

위험물질 사고 시 에너지 방출이 가장 큰 위협이 된다. 많은 위험물질은 화학적 또는 물리적 특성과 운송 및/또는 보관(저장) 방법으로 인해 에너지를 방출한다. 위험물질 사고에서 다음의 사항들을 언제나 주의해야 한다(그림 1.12).

- **열(Heat)** **열**[19] 위험(heat hazard 또는 thermal hazard라고도 함)은 위험물질 사고에서 일반적이다. 위험한 물질은 고온의 물질 또는 발열 반응(exothermic reaction)(급격한 열에너지 방출)과 같은 극한의 온도를 야기할 수 있다. 인화성 액체 및 폭발성 물질과 관련된 화재 및 폭발은 화상을 유발할 수 있다. 더운 날씨와 같은 환경 요인은 열사병(또는 열질병, heat illness)을 일으킬 수 있다. 반대로 열이 없어도 해를 입을 수도 있다. 예를 들어, 극저온 액체(cryogenic liquid) 및 액화 가스(liquefied gas)는 너무나 차가워서 접촉할 경우 상해 및 부상을 일으킬 수 있다. 차가운 공기 온도는 많은 위험물질 전문대응(작전)을 복잡하게 만드는데, 예를 들면 제독(decontamination)이 그렇다.
- **역학적 에너지(Mechanical Energy)** **역학적 에너지**[20]는 위치나 움직임으로 인해 물체가 가지게 되는 에너지다. 위험물질 사고에서 비상대응요원은 가압 컨테이너의 파손, 폭발물의 기폭, 용기 이동 또는 위험물질 자체의 반응성과 같이 물체가 날아가거나 떨어지는 경우 부상을 당할 수 있다. 마찰로 인해 피부 또는 기타 신체 부위가 보호복과 같은 마모성 표면에 문질러져 피부 까짐(찰과상), 물집(수포), 화상의 부상을 일으킬 수 있다.
- **압력(Pressure)** **압력**(가압)[21] 하에 보관된 위험물질은 용기가 손상되거나 잘못다루어질 경우 격렬하게 방출될 수 있다. 방출될 때 이 물질은 빠르게 팽창하여 잠재적으로는 넓은 지역에서 화학적 위험을 빨리 퍼뜨린다.
- **전기(Electricity)** 공익 설비, 가압된 컨테이너 및 휴대형 발전기나 전동 공구와 같은 전기 장비를 포함한 출처의 위험물질 사고에서 전기적 위험 및 **전기**[22]가 발생할 수 있다.
- **화학물질(Chemical)** 위험물질이 화학반응을 일으키면 **화학 에너지**[23]가 방출된다. 예를 들어, 어떤 물질은 물에 노출되면 격하게 반응한다. 그러나 모든 화학반응이 화염이나 폭발을 일으키는 것은 아니다. 일부는 열을 방출하거나 열을 사용하고, 일부는 원래 물질과 다른 위험한 새로운 위험물질을 생성시킨다.

---

19 **열(Heat)** : 몸체(body) 간의 온도차의 결과로 한 몸체에서 다른 몸체로 옮겨지는 에너지의 형태. 고체 또는 액체의 원자 또는 분자의 운동과 관련된 에너지의 형태. 강도를 나타내기 위해 온도 단위로 측정됨.

20 **역학적 에너지(Mechanical Energy)** : 물체가 가지고 있는 위치(potential)와 운동(kinetic) 에너지의 합

21 **압력(Pressure)** : 제곱미터당 힘(N/m2), 파스칼(Pa), 또는 킬로파스칼(kPa) 단위로 측정된 액체 또는 기체에 의해 적용되는 단위 면적당 힘

22 **전기(Electricity)** : 하전된 입자(charged particle)의 존재와 흐름으로 인한 에너지의 형태

23 **화학적 에너지(Chemical Energy)** : 화학반응(chemical reaction)이나 화학적 변환(chemical transformation) 중에 방출될 수 있는 물질의 내부 구조(internal structure)에 저장된 잠재적 에너지(potential energy)

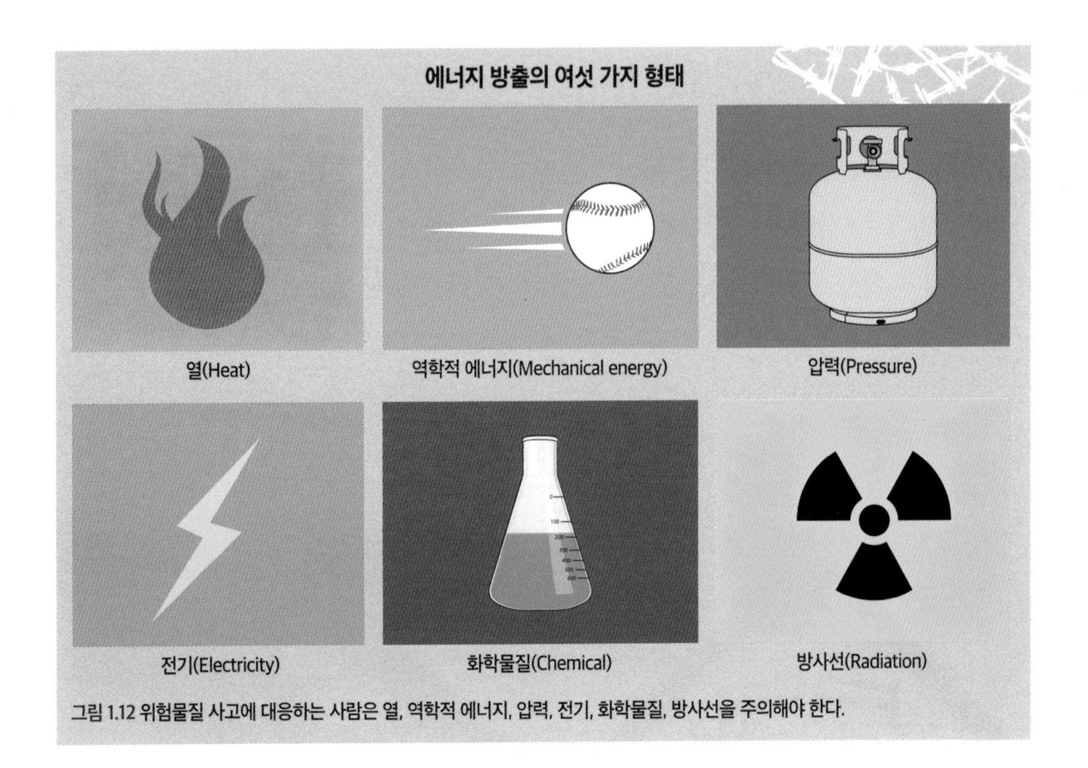

그림 1.12 위험물질 사고에 대응하는 사람은 열, 역학적 에너지, 압력, 전기, 화학물질, 방사선을 주의해야 한다.

- **방사선(Radiation)** 방사선[24] 은 입자(particle) 또는 파장(wave)으로 방출되는 에너지이다. 방사선 피폭의 가능성은 의료 센터, 특정 산업체, 원자력 발전소 및 연구 시설에서 발생하는 사고에 존재한다. 또한 테러 공격으로 인한 노출 가능성(잠재성)도 있다.

부식성(Corrosivity)

부식성 물질(부식제)[25]은 살아 있는 조직을 파괴하거나 태우는 화학물질이며 부식성(특히 금속에서 부식을 일으킬 수 있는 능력)에 대해 파괴적인 영향을 미친다(그림 1.13). 부식성 물질은 피부나 신체에 접촉하면 손상을 입힐 수 있으며 도구와 장비도 손상시킬 수 있다. 액체 및 기체 연료를 제외하고는 산업에서 부식제(부식성 물질)는 가장 많이 사용된다.

참고
부식성(corrosivity)에 대한 더 많은 정보는 2장과 4장에서 제공될 것이다.

---

24 **방사선(Radiation)** : 원자 핵(atomic nucleus)의 붕괴로 인해 파동(wave)이나 입자(particle) 형태로 방출되는 방사선원(radioactive source)의 에너지; 방사능(방사능 활성도, radioactivity)으로 알려진 과정(process)

25 **부식성 물질(부식제, Corrosive)** : 물질을 점진적으로 부식(eroding, rusting) 또는 파괴시켜(destroying) 손상을 줄 수 있는 것.

참고

독소(toxin)에 대한 더 많은 정보는 2장과 4장에서 제공될 것이다.

독성(Toxicity)

신체와 접촉할 때 분자 수준의 손상을 일으킴으로써 질병이나 상해를 유발하는 화학물질 또는 생물학 물질을 **독성**[26] 물질로 간주한다(그림 1.14). **바이러스**[27]나 **박테리아**[28]와 같은 생물학적 미생물microorganism은 심각한 질병을 유발할 수 있다. **독소**[29]는 장기나 신체의 다른 부위에 손상을 줄 수 있다. 대부분 독소는 빠른 작용으로 급성 독성 영향acute toxic effect을 미치지만 어떤 것들은 수년 후에 나타나는 만성 영향chronic effect을 미친다.

그림 1.13 부식성 물질(corrosive)은 금속(metal)과 피부(skin)에 손상을 준다.

그림 1.14 천연두 바이러스(Smallpox virus)는 해를 입히는 바이러스이다. 미 질병통제 및 예방센터(CDC)의 공공 보건 이미지 라이브러리(Public Health Image Library)에서 제공.

26 **독성(Toxic)** : 독성이 있는

27 **바이러스(Virus)** : 숙주(host)의 살아 있는 세포(living cell)에서만 스스로를 복제할 수 있는 가장 단순한 유형의 미생물(microorganism). 바이러스는 항생제(antibiotic)의 영향을 받지 않음

28 **박테리아(Bacteria)** : 현미경적, 단일 세포 유기체(미생물)

29 **독소(Toxin)** : 독성의 성질을 가진 물질(substance)

위험물질 법규, 정의, 통계

Hazmat Regulations, Definitions, and Statistics

이 절에서는 위험물질에 대한 규제를 담당하고 있는 여러 북미 정부 기관의 역할과 그러한 물질들에 대한 정의를 설명한다. 법률 및 규정은 너무 제한적이어서 종종 부정적으로 간주된다. 그러나 1986년 소방 전문가 기관은 노사 모두를 대표하여 미국 의회에서 증언했으며, 슈퍼펀드 수정 및 재승인법Superfund Amendment and Reauthorization Act; SARA 조항에 비상대응요원의 포함을 요청했다. 비상대응집단(공동체)에 영향을 준 치명적인 사고의 역사를 토대로 비상대응요원이 대상자에 포함되기를 요청했다.

정보(Information)

왜 우리는 이러한 모든 규정을 갖고 있는가?

텍사스주 텍사스시티(1947년 4월 16일)

미국 역사상 가장 큰 산업재해는 1947년 4월 텍사스주 텍사스시티에 있는 그랜드캠프에 프랑스 배가 선착하는 동안 발생했다. 근로자가 선박의 홀드 4에서 선적작업을 완료했을 때 배에는 이미 담배, 노끈, 면 등의 상품 및 2,300톤의 질산암모늄 비료가 실려 있었다. 또 저장고에는 800톤 이상의 질산암모늄 비료가 들어 있었고 화재가 발생했을 때에는 더 많은 양의 부하(무게)가 걸렸다(근로자가 담배를 피우는 것을 포함하여 느슨한 안전실무권장지침으로 인한 것으로 생각됨). 승무원들은 화재 진압을 시도했으나 두터운 연기로 인해 화물칸으로 다가갈 수 없었다. 승무원은 약 8시 30분에 항구 경보기를 울렸다.

8시 45분에 텍사스시티 소방서가 현장에 도착하여 호스를 배치했다. 9시까지 광범위한 화염이 배에서 나왔다. 9시 12분에 배가 부서지면서 텍사스시티 부서의 27명 소방관과 34명 선박 승무원이 모두 사망했고, 인근 정유소 및 인접 선박에서 추가 폭발 및 화재가 발생했다. 초기 폭발은 그랜드캠프호의 1,600 kg짜리 앵커를 2.5 km보다 멀리 내륙으로 날려보냈다. 초기 폭발과 후속 사고로 550명 이상이 사망했고, 3,000명이 넘는 부상자가 발생했다(그림 1.15).

그림 1.15 1947년 텍사스주 텍사스시티(Texas City, Texas)에서 질산암모늄 비료(ammonium nitrate fertilizer)를 운반하는 선박이 폭발하여 550명이 넘는 사람들이 사망하고 3,000명이 넘는 사람들이 다쳤다. Moore Memorial Library 1701 9th Avenue North, Texas City, TX 77590 제공.

이 사고의 결과로 미국해안경비대(USCG) 조사위원회는 다음을 수행하기 위한 연방사무소 설치를 권장했다.

- 상선에서의 화재 예방 및 진화에 관한 정보를 수집, 평가 및 보급한다.
- 상선에서 사용하기 위한 화재 예방 및 소화 매뉴얼을 준비하고 발간한다.
- 상선 운영자와 하역인의 핵심 운영 요원을 훈련시키기 위해 소방 학교를 설립하고 운영한다.
- 기타 관련 해양 안전 활동을 수행한다.

영국과 프랑스의 SS 토레이 캐니언 탱크선(1967년 3월 18일)

1967년 3월 18일, 세계 최초의 석유 슈퍼탱크(토레이 캐니언호) 중 하나가 잉글랜드 남부 해안에서 좌초되었다. 항해 착오로 인한 이 사고로 토레이 캐니언호에서는 쿠웨이트 석유가 약 125,000,000리터 유출되었다. 해당 유출로 인해 프랑스와 영국의 해양 생물과 해안선에 광범위한 피해가 발생했다. 또한 아무도 이러한 사고에 대한 대응을 계획해보지 않았기 때문에 완화(경감) 조치는 피해를 더 악화시켰을 뿐이다.

나중에는 석유 유출량을 줄이려는 시도로 석유 자체보다 더 유독한 1만 톤 이상의 분산제(dispersing agent)를 사용했다. 또 선박에 남아 있던 잔해와 기름은 석유를 태우려고 하는 시도 중에 폭발하고 연소되었다. 더 완전하게 연소되도록 하기 위해 항공기 연료가 해당 유출 지점에 투하되었다.

사고의 결과로, 많은 국가들은 그들의 해안에서 대량의 석유를 처리하기 위한 국가 계획을 수립하게 되었다. 미국은 그러한 계획을 제공하는 법안을 통과시켰고, 미국 해안경비대(USCG)를 석유 유출(oil spill) 및 기타 위험물질 긴급사태(other hazardous materials emergency)로부터 미국 해안선을 보호할 책임이 있는 기관으로 지정하였다. 또한 미국 해안경비대는 별도의 타격(대응)팀(strike team)을 배치했다.

미 애리조나주 킹맨시(1973년 7월 5일)

두 명의 노동자가 Kingman Doxol 가스공장에서 하역용 철도 차량을 준비하고 있었다. 그 과정에서 누출이 발견되었고 노동자들이 그것을 막으려고 하자 화재가 발화하여 노동자 중 한 명은 심각한 화상을 입었고 다른 한 명은 사망했다. 킹맨 소방서는 13시 57분에 파견되었고, 처음 팀이 14시에 현장에 도착했다. 소방서 대원은 초기에 호스를 배치하고 가장 가까운 소화전(약 360 m 떨어진 곳)에서 방수포 소화 전술(deck-gun operation)을 위한 물 공급을 확보하기 위해 노력했다.

화재가 발생한 지 20분이 채 지나지 않았을 때, 철도 차량의 탱크 껍데기가 파손되어 비등액체증기운폭발(BLEVE; boiling liquid expanding vapor explosion)로 프로판(propane) 내용물이 방출되었다. 비등액체증기운폭발로 인해 소방관 4명이 사망하고 7명이 심한 화상을 입었다. 무전을 듣기 위해 트럭에 올라온 한 소방대원은 심한 화상을 입었지만 살아남았다.

사고의 결과로 미 교통부는 유사한 화재 조건에서 탱크를 보호할 수 있는 열 방호 장치를 설치하도록 당시 인화성 가스 서비스(업체)의 모든 철도 차량에 요구했다. 이 사고의 직접적인 결과로 오늘날의 인화성 기체 철도 차량은 870℃의 화재에 100분, 1,200℃의 화재에서 최소 30분 동안 열로부터 보호된다.

나이아가라 폭포의 러브 운하(1978년)

환경 악몽이 세계의 주목을 받기 전, 러브 운하 전설(Love Canal saga)은 거의 100년 전에 시작되었다. 1890년대, 실업가인 William T. Love는 나이아가라 폭포 주변에 운하를 계획했다. 운하는 폭포 주변의 해양 교통을 가능하게 하고, 저렴한 수력 발전을 위한 수자원을 제공하며, 계획된 산업 공동체를 위한 명확한 경계를 만들 수 있다. 하지만 프로젝트가 시작된 직후 미국 경제가 급격한 하락세로 접어들면서 개발이 중단되었다. 운영되던 운하는 공개적으로 경매 처분되었으며, 1920년까지는 매립지와 수영 지역으로 사용되었다. 운하의 비워진 공간은 길이 900 m, 너비 18 m, 깊이 12 m이고, 운하 근처에 수심 7.5 m의 깊이의 해자(trench)가 만들어졌다.

1942년 Hooker 화학제품 회사(나중에 Occidental Chemical에서 인수)가 이 부지를 구입하여 나이아가라 폭포 공장의 쓰레기 처리장으로 사용했다. Hooker 사는 1942년에서 1954년 사이에 약 22,000톤 이상의 화학 폐기물(chemical waste)을 운하에 버렸다.

1952년에 지방 학교위원회는 막대한 인구 증가로 인해 새로운 학교를 짓기 위해 운하 땅의 일부를 위원회 이사회에 판매하도록 Hooker 사에 압력을 가하였다. Hooker 사는 처음에는 거절했지만, 1953년 Hooker 사의 운하 지역에 대한 어떠한 책임도 면제한다는 조건으로 1달러에 모든 운하 구역을 학교 부지로 제공하기로 동의했다. 또한 시공이 시작될 때까지 현장에 폐기물을 계속 버리는 것도 허용되었다.

증서 양도전 문서를 통해 부지의 일부분은 통제되어야 한다는 특정 경고를 학교위원회에 전달했다. 학교위원회는 이 부지에 학교를 지었고 주변 지역이 개발되었다.

1978년에 일련의 뉴스는 지역 건강 문제와 다이옥신 및 PCBs(polychlorinated biphenyls)를 포함한 독성 물질의 존재를 보도했다(그림 1.16). 기사에는 이 지역을 조사한 결과 높은 질병 발생률, 선천적 결함, 신경 및 호흡기 질환, 기형아 등이 발견되었다고 보도했다. 토지에는 많은 부식된 통이 널려있었고 지표면을 덮고 있는 많은 독성 물질로 인해 오염된 것으로 판명되었다. 그 발견은 전체 지역의 대피, 연방 비상사태 선언, 포괄적인 환경 대응, 보상 및 책임법의 발의로 이어졌다.

그림 1.16 러브 운하의 건강상 문제로 인해 이 지역의 최종 철수와 '포괄적인 환경 대응, 보상 및 책임법(Comprehensive Environmental Response, Compensation, and Liability Act; CERCLA)'이 통과되었다. 미국 환경 보호국(U.S. Environmental Protection Agency) 제공.

LA의 Shreveport(1984년 9월 17일)

1984년 9월 17일 Shreveport(LA) 소방서는 딕시 콜드 스토리지(Dixie Cold Storage)에서 무수 암모니아(anhydrous ammonia) 누출에 대응했다. 창고에서 누출을 제어하기 위한 작업 도중에 스파크에 의해 암모니아에 불이 붙었다. 폭발과 돌발적 화재로 인해 화학보호복을 입고 그 현장에서 작업하던 소방관 두 명이 심하게 화상을 입었고, 며칠 후 한 명이 부상으로 사망했다. 사고의 직접적인 결과로 화학보호복에 관한 미 국가소방협회 표준(NFPA Standard)은 돌발 화재의 위험을 다루었고, 유사한 상황에서 부상을 막을 수 있는 소재로 화학보호복(CPC)을 만들 것을 요구했다.

미주리주 캔사스시티(1988년 11월 29일)

캔자스시티 소방서의 피드차 분대 41 및 30은 1988년 11월 29일 이른 아침 시간에 고속도로 건설 현장에서 픽업트럭 화재 신고에 응답했다. 전화를 건 경비원이 폭발물이 현장에 보관되어 있다고 했고, 그 정보는 대응 부서들에게 전달되었다. 도착한 대원은 현장에서 폭발물이 실려 있는 두 대의 연기가 나는 트레일러를 포함하여 여러 개의 화재를 발견했다. 트레일러의 내용물(표시 또는 표시할 필요가 없는 것들)은 총 약 25,000 kg의 질산암모늄과 폭발에 기반이 된 연료유 혼합물(fuel oil mixture)이었다. 현장에 보관된 다른 폭발물에는 표지(label)가

그림 1.17 표지판에 관한 미 교통부 법규는 1988년 캔자스 시티에서 폭발한 질산암모늄 5만 파운드(22,680 kg)를 실은 표시가 없는 트레일러의 폭팔로 6명의 소방관을 사망케 한 후 변경되었다. Ray Elder 제공.

붙어 있었다. 도착 직후 연기가 나는 트레일러가 폭발했다(그림 1.17). 첫 폭발로 6명의 소방관이 현장에서 즉사했고, 두 대의 펌프 장치가 파괴되었다. 폭발로 직경 25 m, 깊이 2.5 m의 깊은 분화구가 생겨났다. 거의 10년 후에 차량의 표지판 제거 시기에 관한 미 교통부 법규가 사고의 직접적인 결과로 변경되었다.

미국의 법규 및 정의(U.S. Regulation and Definition)

미국에서 연방 차원의 위험물질 및/또는 위험 폐기물 규제에 관여하는 네 개의 주요 기관은 다음과 같다.

- **미 교통부(Department of Transportation, DOT)** 미 교통부(DOT)는 연방 법규(CFR) Title 49[교통(Transportation)]에 교통 법령을 제정한다. 이러한 법령은 때때로 Hazardous Materials Regulations(위험물질 법령) 또는 축약해 HMR이라고도 한다. 항공, 고속도로, 파이프라인, 철도 및 해상과 같은 모든 방식(mode)에서의 위험물질 운송(transportation of hazardous material)을 다룬다.
- **미 환경보호청(Environmental Protection Agency; EPA)** 미 환경보호청(EPA)은 다양한 환경 프로그램에 대한 표준을 연구하고 설정하는 일을 담당한다. 미 환경보호청(EPA)은 'Title 40 CFR'에서 환경을 보호하기 위한 법률을 제정하고 있다.
- **미 노동부(Department of Labor; DOL)** 미 노동부(DOL)의 일부인 미국 직업안전보건관리국(OSHA)은 'Title 29 CFR'에 따라 근로자 안전(worker safety)과 관련된 법률을 제정한다. 초동대응자(fist responder)에 대한 OSHA의 입법은 HAZWOPER 법규(29 CFR 1910.120), 위험성 전달 법규(Hazard Communication regulation)(29 CFR 1910.1200) 및 고위험성 화학물질 공정안전관리 법규(Process Safety Management of Highly Hazardous Chemicals regulation)(29 CFR 1910.119)를 포함한다. 위험성 전달 표준(Hazard Communication Standard; HCS)은 화학적 유해성 및 관련 보호 조치에 대한 정보가 노동자와 피고용자에게 보급되도록 하기 위해 고안되었다. 고위험성 화학물질(Highly Hazardous Chemical; HHC)의 공정안전관리(PSM) 표준은 공정에서 유독성(toxicity), 반응성(reactive), 인화성(flammable) 또는 폭발성(explosive)의 고위험성 화학물질(HHC)의 파멸적인 방출로 인한 결과를 예방하거나 최소화하기 위한 것이다.
- **미 원자력규제위원회(Nuclear Regulatory Commission; NRC)** 미 원자력규제위원회(NRC)는 미국의 상업용 원자력 발전소와 및 민간인의 핵물질 사용에 더불어 'Title 10(에너지) CFR 20, 방사능에 대한 보호의 표준(Standards for Protection Against Radiation)'을 통한 핵 물질(nuclear

material)의 소유, 사용, 저장, 운송을 규제한다. 미 원자력규제위원회의 주요 임무는 대중의 건강과 안전 및 환경을 원자로, 물질 및 폐기물 시설의 방사선 영향으로부터 보호하는 것이다.

표 1.2에는 주요 미국 기관의 책임 분야 및 중요한 법률 목록을 실었다. 또한 법규와 관련된 위험물질 용어 및 정의에 대해 자세히 설명한다.

위험물질에 관련된 미국의 다른 여러 기관은 다음과 같다.

- **미 에너지성(Department of Energy; DOE)** 고준위 핵 폐기물(high-level nuclear waste)의 저장을 포함한 국가 핵 연구 및 방어 프로그램(national nuclear research and defense program)을 관리한다. 미 에너지성(DOE)은 미국 및 해외에서의 핵 또는 방사능 사고에 대한 주요 대응 능력을 제공하는 미 국가핵안보국(National Nuclear Security Administration; NNSA)을 감독한다.
- **미 국토안보부(Department of Homeland Security; DHS)** 세 가지 주요(기본) 임무가 있다. (1) 미국 내 테러 공격(terrorist attack) 방지, (2) 테러(terrorism)에 대한 미국의 취약성 감소, (3) 잠재적 공격(potential attack) 및 자연 재해(natural disaster)로 인한 피해 최소화. 미 국토안보부(DHS)는 테러리스트 공격, 자연 재해, 또는 기타 대규모 비상사태 시 비상대응 전문가(emergency response professional)가 어떤 상황에서도 대비할 수 있도록 하는 1차적인 책임을 갖는다.

표 1.2
위험물질 규제에 관여하는 미국 기관

기관	책임 영역	중요 입법	위험물질(Hazardous Material) 용어/정의
미 교통부(DOT) 연구 및 특별 프로그램 본부 (Research and Special Programs Administration; RSPA)	운송 안전 (Transportation Safety)	Title 49 [Transportation(운송)] CFR 100-185 위험물질 및 법령(미 연방 법규) (Hazardous Materials and Regulation; HMR)	**위험물질(Hazardous Material):** 미국 교통부 장관이 상업적 운송 시 건강, 안전, 재산에 대한 부당한 위험을 초래할 수 있다고 판단한 물질[위험 폐기물(hazardous waste), 해양 오염물질(marine pollutant), 고온 물질(elavated temperature) 포함] 및 그렇게 지정된 것*
미 환경보호청(EPA)	공공 건강 및 환경 (Public Health and the Environment)	Title 40 [Protection of Environment(환경 보호)] CFR 302.4 유해(화학)물질 지정(미 연방 법규) (Designation of Hazardous Substance)	**유해물질(Hazardous Substance):** 일정량 이상 환경으로 방출 시 보고되어야만 하며, 환경에 대한 위협에 따라 사고를 처리하는 연방 정부의 개입이 승인될 수 있는 화학물질

표 1.2 (계속)			
기관	책임 영역	중요 입법	위험물질(Hazardous Material) 용어/정의
		40 CFR 355 슈퍼펀드 수정 및 재승인(법) (Superfund Amendments and Reauthorization Act; SARA)	**특정위험물질(Exremely Hazardous Substance):** 제한 보고량 이상으로 배출되면, 해당 당국에 신고해야 하는 모든 화학물질** **독성 화학물질(Toxic Chemical):** 목록화된 유독성 화학물질을 제조, 가공 또는 달리 사용하는 특정 시설 소유자 및 운영자가 매년 총 배출량 또는 유출량을 보고해야 하는 것***
		40 CFR 261 자원 보존 및 재생법 (Resource Conservation and Recovery Act; RCRA)	**유해 폐기물(Hazardous Waste):** 자원 보존 및 재생법('40 CFR 261.33'에서 위험폐기물 목록 제공)에 따라 규제되는 화학물질
미 노동부(DOL) 미국 직업안전보건관리국 (Occupational Safety and Health Administration; OSHA)	노동자(작업자) 안전 (Worker Safety)	29 (Labor) CFR 1910.1200 위험성 정보전달(미 연방 법규) (Hazard Communications)	**유해화학물질(Hazardous Chemical):** 작업장에 노출되면 직원에게 위험을 초래할 수 있는 모든 화학물질(유해화학물질은 다른 화학물질 목록보다 광범위한 화학물질을 포함함)
		29 CFR 1910.120 위험 폐기물 작전 및 비상대응 (Hazardous Waste Operations and Emergency Response; HAZWOPER)	**유해(화학)물질(Hazardous Substance):** 미국 교통부(DOT) 및 환경보호청(EPA)이 규제하는 모든 화학물질
		29 CFR 1910.1 19 고위험 화학물질의 안전관리 절차(미 연방 법규) (Process Safety Management of Highly Hazardous Chemicals)	**고위험화학물질(Highly Hazardous Chemical):** 독성, 반응성, 인화성, 폭발성이 있는 화학물질(이 화학물질의 목록은 '29 CFR 1910.119의 부록 A'에 기록되어 있음)
미 소비자안전위원회(Consumer Product Safety Commission; CPSC)	유해한 가정용 제품 (Hazardous Household Product) 소비자를 위한 화학제품 (chemical products intended for consumer)	Title 16 [Commercial Practices(상업 실무권장지침)] CFR 1500 유해(화학)물질 및 조항(미 연방 법규) (Hazardous Substances and Articles) 연방 유해(화학)물질법(Federal Hazardous Substances Act; FHSA)	**유해(화학)물질(Hazardous Substance):** 독성, 부식성, 자극성, 강한 증감제, 인화성 또는 가연성, 분해, 열 또는 다른 수단을 통해 압력을 발생시키는 물질이나 물질 혼합물 또는 그러한 물질 또는 물질 혼합물이 아동의 합리적으로 예측 가능한 섭취를 포함하여 관례적 또는 합리적으로 취급하거나 사용 중에 인체 상해 또는 심각한 질병을 유발할 수 있는 경우 특정한 종류의 완제품에 사용되거나 포장된 모든 방사성 물질(radioactive substance)과 관련하여 위원회는 공중 보건을 보호하기 위해 물질이 법에 따라 표시를 요구할만큼 충분히 위험하다는 것을 규제에 의해 결정할 경우****

표 1.2 (마지막)

기관	책임 영역	중요 입법	위험물질(Hazardous Material) 용어/정의
미 원자력규제위원회(Nuclear Regulatory Commission; NRC)	방사성 물질 (Radioactive Material) [사용, 저장, 운송 (use, storage, transfer)]	Title 10(Energy; 에너지) CFR 20 방사선으로부터의 보호에 대한 표준 (미 연방 법규) (Standards for Protection Against Radiation)	

* 미 교통부(DOT)는 위험물질(hazardous material)이라는 용어를 사용하여 9개의 위험분류(9 hazard classes)를 하였는데, 그 중 일부는 구분(division)이라고 하는 하위 분류(subcategory)가 있다. 미 교통부(DOT)는 위험물질 및 위험폐기물에 대한 법규를 포함하고 있으며, 둘 다 본질적으로 다른 특성이 적용되지 않는 한 미 환경보호청(EPA)이 규제한다.

** 각 물질에는 양(quantity)을 의미하는 임계값(threshold)이 있다. 극위험물질(extremely hazardous substance)의 목록은 1986년 'SARA의 Title III'에 명시되어 있다(40 CFR 355 참조).

*** 독성화학물질(toxic chemical)의 목록은 'SARA Title III'에 나와 있다(40 CFR 355 참조). 미 환경보호청(EPA)은 공중 보건 및 안전 문제로 인해 이러한 물질을 규제한다. 규제 당국은 자원 보존 및 복구법(Resource Conservation and Recovery Act)에 의거하여 권한이 주어지지만, 미 교통국(DOT)은 이러한 재료(물질)의 운송을 규제한다.

**** 5개의 장(A-E)을 포함한 연방유해화학물질법(FHSA)에서 유해화학물질(hazardous substance)의 온전한 정의(definition)를 확인할 수 있으며, 어린이가 사용하도록 만들어진 장난감 및 기타 물품과 같은 품목을 포함한다. 또한 오직 A와 C장만 여기에 인용하였다.

세부사항:

- 책임은 모든 대규모 위기에 따라 조정(coordinate)되고 포괄적인 연방 대응을 제공하여 신속하고 효과적인 복구 노력을 기울이는 것을 포함한다.
- 미 연방비상관리국(FEMA)과 미 해안경비대(USCG)는 2001년 9월 11일 테러 공격으로 인해 미 국토안보부(DHS) 내로 이전된 기관의 일부이다(그림 1.18).

• **미 소비자제품안전위원회(Consumer Product Safety Commission; CPSC)** 특정 유해 가정용 제품(위험물질)에 존재할 수 있는 잠재적인 위험을 경고하기 위해 경고 표지를 부착하도록 요구하는 연방유해(화학)물질법(Federal Hazardous Substances Act; FHSA)을 감독하고 강제하며, 이러한 위험으로부터 소비자가 스스로를 보호하기 위해 필요한 조치를 알린다.

• **미 국방부 폭발물 안전위원회(Department of Defense Explosives Safety Board; DDESB), 미 국방부(Department of Defense; DOD)** 전 세계의 미 국방부(DOD) 시설의 화학작용제(chemical agent)를 포함한 폭발물(explosives)의 개발(development), 제조(manufacturing), 테스트(test), 유지보수(maintenance), 해체(demilitarization), 취급(handling), 운송(transportation), 저장(storage)에 대한 감독을 제공한다.

• **미 주류·담배·화기 단속국(Bureau of Alcohol, Tobacco, Firearms and Explosives; ATF), 미 재무부(Department of Treasury)** 술, 담배, 총기, 폭발물 및 방화와 관련된 연방 법률 및 규정을 시행한다.

그림 1.18 위험물질/대량살상무기(WMD) 사고는 다른 유형의 비상 상황보다 완화시키기 어려울 수 있다. 미 공군 Sgt. Gary Coppage 사진 제공.

- **미 법무부(Department of Justice; DOJ)** 미국 및 그 영토 내의 위협 또는 테러 행위에 대한 전문(작전적) 대응에 대한 주요 책임을 미 연방수사국(FBI)에 위임한다. 미 연방수사국(FBI)은 연방 정부의 현장 감독으로 임무를 수행한다. 궁극적으로 테러리스트 사고현장의 주도 기관이다. 미 연방수사국은 위험물질 사고와 관련된 다음과 같은 임무를 수행한다.
  - 위험물질 도난 조사
  - 범죄에 대한 증거 수집
  - 연방 위험물질 법 및 규정에 대한 형법 위반 기소

캐나다의 법규 및 정의 (Canadian Regulation and Definition)

캐나다에서 국가 차원의 위험물질 및/또는 위험 폐기물 규제에 관여하는 네 개의 주요 기관은 다음과 같다.

- 캐나다 교통부(Transport Canada; TC)
- 캐나다 환경부(Environment Canada)
- 캐나다 보건부(Health Canada)
- 캐나다 핵안전위원회(Canadian Nuclear Safety Commission; CNSC)

표 1.3에는 주요 캐나다 기관, 책임 영역, 중요한 법률 및 법규와 관련된 위험물질 용어 및 정의를 나열해 두었다. 표 1.4는 화학물질과 관련하여 캐나다 정부 기관이 관리하는 규제 프로그램에 대한 간략한 요약을 제공한다.

멕시코의 법규 및 정의(Mexican Regulation and Definition)

멕시코의 국가 차원에서 위험물질 및/또는 폐기물의 규제에 관여하는 세 개의 주요 기관은 다음과 같다.

중점사항

서로 다른 위험물질 용어에 대한 구체적인 정의에 얽매이지 말아야 한다. 비상대응요원(emergency responder)으로서 위험물질은 모두 위험하며 잠재적인 위험성을 가지고 있음을 파악해야 한다. 그러나 서로 다른 용어가 사용될 수 있으므로, 위험물질 발견 장소와 그 물질의 사용방법에 따라 정부의 목적에 의해 부르는 항목이 결정될 수 있다.

예를 들어, 미국에서는 자일렌(크실렌, xylene)을 운송할 때 미 교통부(DOT)는 이를 규제하고 위험물질(hazardous material)이라고 한다[캐나다에서 운송 중일 경우 Dangerous Goods(위험화물)라 명한다]. 사용 또는 제조되는 사업소(또는 고용 장소)에서는 작업하는 직원을 보호하는 미 직업안전보건청(OSHA) 요구사항의 적용을 받으며, 그것은 유해화학물질(hazardous chemical)로 간주된다. 구매 및 사용을 위해 소비자에게 판매되었다면, 미 소비자안전위원회(Consumer Product Safety Commission)의 적용을 받으며 유해(화학)물질(hazardous substance)로 분류된다.

자일렌이 우연히 포장된 상태로 환경으로 배출되었다면 미 환경보호청(EPA)은 유해(화학)물질(hazardous substance)로 규제한다. 자일렌이 공장이나 작업장에서 유용한 수명을 완료하고 폐기되는 경우(어떤 방식으로든) 위험폐기물이 되어 미 환경보호청(EPA)과 미 교통국(DOT) 법규(운송 중)에 적용된다. 또한 자일렌이 테러 공격으로 많은 사람들을 죽이거나 다치게 하는 데 사용되었다면, 미 연방수사국과 같은 연방 법집행기관에 의해 대량살상무기(Weapon of Mass Destruction)로 불릴 수도 있다.

- **Secretaría de Comunicaciones y Transportes(SCT)** 통신 및 교통부
- **Secretaría de Medio Ambiente y Recursos Naturales(SEMARNAT)** 환경자원부
- **Secretaria del Trabajo y Previsi´n Social(STPS)** 노동사회복지부

표 1.5는 멕시코 기관, 책임 분야 및 중요한 입법 목록이다. 또한 초동대응자가 친숙해야 할 필요가 있는 위험물질 용어와 정의를 다루고 있다.

표 1.3
위험물질 규제에 관여하는 주요 캐나다 기관

기관	책임 영역	중요 입법	위험물질 용어/정의
캐나다 교통부(Transport Canada; TC) 캐나다 위험화물 수송(부서)[Transport Dangerous Goods(TDG) Directorate]	운송 안전 (Transportation Safety)	위험화물 운송법 (Transportation of Dangerous Goods Act)	**위험화물(Dangerous Goods):** 유엔(UN)의 9가지 위험물질 분류(hazardous material classes) 표에 열거된 분류 중 그 특성(nature) 또는 규정에 의해 포함된 모든 제품(product), 물질(substance), 유기체(organism)*
캐나다 환경부(Environmental Protection Agency; EPA)	공공 건강 및 환경 (Public Health and the Environment)	캐나다 환경 보호법, 1999년 (Canadian Environmental Protection Act 1999)	**독성물질(Toxic Substance):** 적당한 농도 및 조건 하에서 환경에 유입되거나 유입될 수 있는 다음의 물질 (a) 환경 또는 생물학적 다양성(environment or its biological diversity)에 즉각적 또는 장기적으로 해로운 영향을 미쳤거나 미칠 수 있는 것 (b) 생명이 의존하고 있는 환경에 위험성을 구성하거나 구성할 수 있는 것 (c) 캐나다에서 인간의 생명이나 건강에 대한 위험성을 구성하거나 구성할 수 있는 것
캐나다 국경이동(관리)부서 (Transboundary Movement Division)	위험폐기물의 운송 (Transportation of Hazardous Waste)	캐나다 환경 보호법, 1999년(Canadian Environmental Protection Act, 1999) 위험폐기물의 수출 및 수입(법)(Export and Import of Hazardous Wastes Regulations; EIHWR)	**위험폐기물(harardous waste):** 수출 또는 수입 통보를 요구하는 위험폐기물 목록의 별표 III에서 제 I, II, III, IV 항에 명시된 물질(단락을 결정할 수 없음)로, 1992년 위험화물 운송법(Transportation of Dangerous Goods Act, 1992) 제2절에 정의된 바와 같이 원래의 목적으로 더 이상 사용되지 않고 재활용 가능한 물질이거나 치료나 처분을 목적으로 하거나, 치료나 처분을 목적으로 사전에 저장하는 것을 포함한다. 그러나 다음의 제품, 물질 또는 유기체는 포함되지 않는다: (i) 본래 가정용품인 것 (ii) 제품, 물질 또는 유기체를 포함하여 재처리(reprocessing), 재포장(repackging), 재판매(resale)를 위해 제품, 물질 또는 유기체의 제조업체 또는 공급업체에 직접 반송되는 다음의 것 (A) 결함이 있거나 원래의 목적을 위해 사용할 수 없는 경우 (B) 잉여 수량이지만 원래 목적을 위해 여전히 사용할 수 있는 경우 (iii) 위험화물 운송 분류 1 또는 7에 포함되는 것

표 1.3 (계속)

기관	책임 영역	중요 입법	위험물질 용어/정의
캐나다 보건부(Health Canada)	노동자(작업자) 안전 (Worker Safety)	위험물질 생산품법 (Hazardous Product Act)	**위험제품(Hazardous Product):** 독성, 인화성, 폭발성, 부식성, 감염성, 산화성, 반응성의 제품, 재료, 물질(또는 유사 특성의 다른 제품, 재료, 물질)이거나 이를 포함하는 모든 제품, 재료, 물질로서 의회의 주지사가 건강 또는 대중의 안전에 위험이거나 위험을 초래할 수 있을 것이라고 인정하는 것
산업현장 위험물질 정보 시스템 부서 (Workplace Hazardous Materials Information System Division; WHMIS 부서)	노동자(작업자) 안전/산업현장 사용 목적의 화학물질 (Worker Safety/ Chemicals Intended for the Workplace)	위험물질 생산품법 (Hazardous Product Act) 산업현장 위험물질 정보 체계 (Workplace Hazardous Materials Information System; WHMIS)	**통제 생산품(Controlled Product):** 위험물질 생산품법(Hazardous Product Act) 별표 II에 열거된 분류에 포함되는 법규에 명시된 모든 제품, 재료, 물질

* 국제적으로 운송 중인 위험물질은 일반적으로 위험화물(dangerous goods)로 불린다.

표 1.4
위험물질과 연관이 있는 기타 캐나다 기관

캐나다 당국	프로그램
캐나다 보건부(Health Canada) 예하의 소비자제품 부서 (Consumer Products Division)	소매 시장의 화학물질(chemical)
캐나다 천연자원부(Natural Resources Canada) 예하의 폭발물 규제 부서(Explosives Regulatory Division)	폭발물(explosives)
캐나다 환경부(Environment Canada) 예하의 폐기물 관리 및 개선(부서)(Waste Management and Remediation)	위험폐기물(hazardous waste) 관리, 오염된 지역의 평가 및 개선, 해상에서의 폐기물 처분 통제
캐나다 핵 안전 위원회 (Canadian Nuclear Safety Commission)	핵 물질(nuclear substance)
캐나다 보건부(Health Canada) 예하의 해충 관리 규제부서 (Pest Management Regulatory Agency)	살충제(pesticide)
캐나다 보건부 예하의 방사선 부서 (Health Canada, Radiation)	방사성 물질(radioactive substance)
캐나다 국립 에너지 위원회 (National Energy Board)	파이프라인을 통한 화학제품(chemical product) (석유 및 천연가스) 운송

표 1.5
위험물질 규제에 관여하는 멕시코 기관

기관	책임 영역	중요 입법	위험물질 용어/정의
Secretaría de Communicaciones y Tranportes 멕시코 통신 및 교통부 (Ministry of Communications and Transportation)	운송 안전 (Transportation Safety)	멕시코 위험물질 육상 운송 법규 (Mexican Hazardous Materials Land Transportation Regulation) NOM-004-SCT-2000: 유해(화학)물질, 물질 및 폐기물 운송을 위해 고안된 유닛 식별 체계 (System of Identification of Units Designated for the Transport of Hazardous Substances, Materials, and Wastes) NOM-005-SCT 2000: 유해(화학)물질, 위험물질 및 위험폐기물 운송을 위한 비상(대응) 정보 (Emergency Information for the Transport of Hazardous Substances, Materials, and Wastes)	
Secretaría de Medio Ambiente y Recursos Naturales 멕시코 환경 및 천연자원부 (Ministry of the Environment and Natural Resources)	공공 건강 및 환경 (Public Health and the Environment)	La Ley General de Equilibrio Ecológico y Protección al Ambiente: 연방 일반 생태적 균형 및 환경 보호법(Federal General Law of Ecological Equilibrium and the Protection of the Environment; LGEEPA) 위험폐기물 분야에서의 LGEEPA 규제 (Regulation of LGEEPA in the area of hazardous wastes)	
Secretaría del Trabajo y Prevision Social 노동 및 사회적 복지 부 (Ministry of Labor and Social Welfare)	노동자(작업자) 안전 및 노동 (Worker Safety /Labor)	NOM-018-STPS-2000: 작업장 통신 폐기물의 위험한 화학물질에 대한 위해 및 위험의 식별 및 통신을 위한 체계(System for the Identification and Communication of Hazards and Risks for Dangerous Chemical Substances in the Workplace Communications Wastes)	Sustancias qui'micas peligrosas[유해화학물질(dangerous chemical substances)]: 취급, 운반, 보관, 처리 시 물리적, 화학적 성질로 인하여 화재, 폭발, 독성, 반응성, 방사능, 부식 작용 또는 유해한 생물학적 작용의 가능성을 나타내며, 또한 노출된 사람의 건강에 영향을 미치거나 시설 및 장비 손상을 초래할 수 있는 화학물질

표 1.5 (계속)

기관	책임 영역	중요 입법	위험물질 용어/정의
Secretaría del Trabajo y Prevision Social 노동 및 사회적 복지 부 (Ministry of Labor and Social Welfare)	노동자(작업자) 안전 및 노동 (Worker Safety /Labor)	NOM-005-STPS-1998: 유해화학물질의 취급, 운반 및 저장을 위한 작업장의 건강 및 안전 조건(Health and Safety Conditions in the Workplace for the Handling, Transport, and Storage of Hazardous Chemical Substances)	Sustancias tōxicas(독성물질): 고체, 액체, 기체 상태로 비교적 적은 양으로도 작업자에게 흡수되었을 시 건강에 해를 입히거나 사망에 이르게 하는 화학물질
		NOM-026-STPS-1998: 안전 및 보건을 위한 표시와 색상, 그리고 파이프에서 일어나는 유체에 의한 사고의 위험성 식별(Signs and Colors for Safety and Health, and Identification of Risk of Accidents by Fluids Conducted in Pipes)	Fluidos de bajo riesgo (위험유체): 인화성 물질, 폭발을 일으킬 수 있는 불안정한 가연성 물질, 자극물, 부식제, 독성물질, 반응물, 방사성 물질, 생물학 작용제 또는 극심한 압력이 가해지거나 과정의 일부로 극심한 온도가 주어진 것과 같은 본질적 위험으로 인해 직업인에게 상해 또는 질병을 일으킬 수 있는 액체 및 기체 상태의 것0 ㅈ

위험물질 사고 통계 (Hazardous Material Incident Statistic)

위험물질 사고는 자주 발생한다. 모든 비상 초동대응자는 근무 중 어떠한 시점에서든 위험물질에 대처해야 한다. 실제로 위험물질 유출 및 사고는 흔히 발생하므로 여러 미국 정부 기관이 데이터베이스를 구축하여 추적한다.

특정 위험물질은 다른 물질보다 일반적이기 때문에 통계적으로 사건 및 사고에 더 많이 관여되어 있다. 또한 위험물질 제품과 함께 은밀한 불법 실험실illegal lab[특히 메탐페타민(필로폰)methamphetamine과 관련된 실험실]은 많은 관할권에서 문제가 되고 있다. 기록에 따르면 대부분의 위험물질 사고에는 다음 제품이 관련되어 있다(반드시 아래의 순서는 아님).

- 인화성/가연성 액체 : 석유 제품, 페인트 제품, 수지 및 접착제
- 부식성 물질(부식제) : 황산, 염산, 수산화나트륨(sodium hydroxide)
- 무수 암모니아(anhydrous ammonia)
- 염소(chlorine)

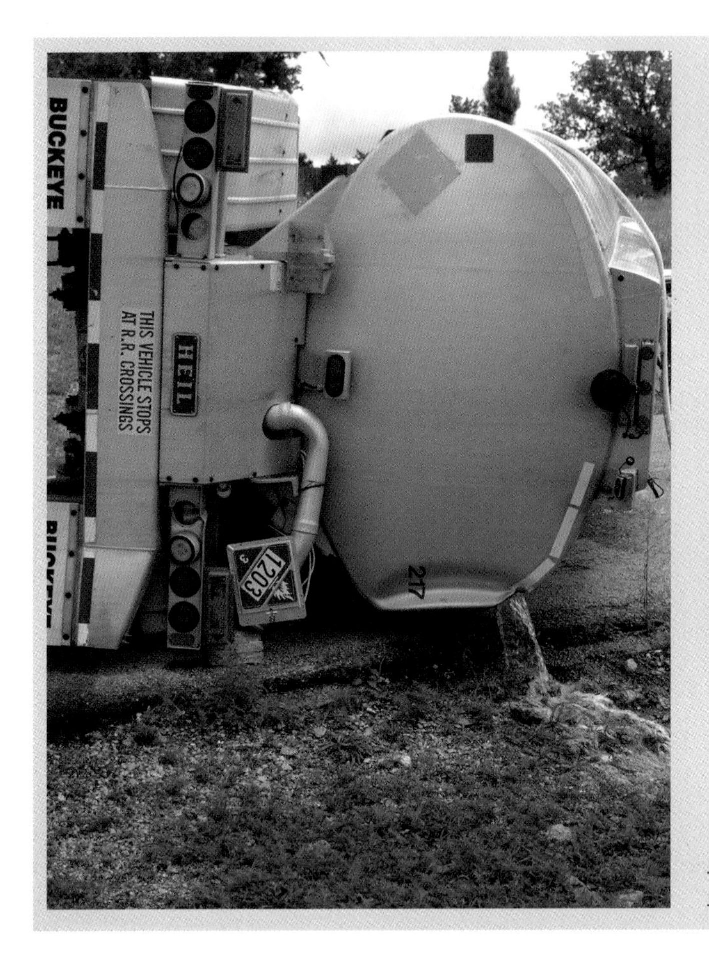

그림 1.19 대부분의 위험물질 사고는 이러한 물질들을 도로에서 운송하는 과정에서 발생한다.

위험물질은 운송 중에 많은 사고가 발생한다. 통계에 따르면 대부분의 교통사고는 항공, 철도, 해상보다는 고속도로를 통해 운송되는 동안 발생한다(그림 1.19).

정보(Information)

위험물질(HAZMAT) 사고 통계

각각의 미국 정부 기관은 위험물질 사고를 추적하는 데이터베이스를 갖고 있다. 이 기관에는 미 환경보호청(EPA), 미 교통부(DOT)의 파이프라인 및 위험물질 안전관리국(Hazardous Materials Safety Administration; PHMSA) 및 미 직업안전보건청(OSHA)이 포함된다. 독성물질 및 질병 등록 기구(Agency for Toxic Substances and Disease Registry; ATSDR)는 몇 개의 주로부터 데이터를 수집하는 유해(화학)물질 비상사고 정찰(Hazardous Substances Emergency Events Surveillance; HSEES) 데이터베이스를 유지(관리)한다.

이 장에 제공된 정보를 복습하기 위해 다음 질문에 답해보시오.

1. 위험물질 사고(hazamt incident)는 다른 유형의 비상사고(emergency incident)와 어떻게 다른가?

2. 세 가지 수준의 위험물질 대응자(hazmat responder)란 무엇이며 그들의 책임은 무엇인가?

3. 위험물질이 신체에 들어가서 위해를 끼칠 수 있는 네 가지 주요 경로는 무엇인가?

4. 위험물질로 인하여 신체에 해를 끼칠 수 있는 세 가지 기본 메커니즘은 무엇인가?

5. 왜 위험물질에 관한 많은 법규(규정)가 있는가?

NFPA 직무 수행 요구사항 (NFPA Job Performance Requirement)

이 장에서는 NFPA 1072의 직무 수행 요구사항을 다루는 정보를 제공한다. 『위험물질/대량살상무기 비상대응요원 전문 자격에 대한 표준(Standard for Hazardous Materials/Weapons of Mass Destruction Emergency Response Personnel Professional Qualifications)』(2017판)

4.2.1

4.3.1

Chapter 2

사고 분석 : 위험물질의 존재 인식 및 식별

학습 목표

1. 위험물질의 존재에 대한 7가지 단서를 말한다(4.2.1).
2. 사고 사전 계획, 점유지 유형 및 위치(장소)가 위험물질의 존재를 어떻게 나타낼 수 있는지 설명한다(4.2.1).
3. 위험물질의 존재와 위험을 나타내는 기본 컨테이너의 모양을 식별한다(4.2.1).
4. 미국의 운송 표지판, 표식 및 표시가 위험물질의 존재 및 위험을 나타내는 방법을 설명한다(4.2.1).
5. 캐나다의 운송 표지판, 표식 및 표시가 위험물질의 존재 및 위험을 나타내는 방법을 설명한다(4.2.1).
6. 멕시코의 운송 표지판, 표식 및 표시가 위험물질의 존재 및 위험을 나타내는 방법을 설명한다(4.2.1).
7. 위험물질의 존재를 나타내는 기타 표시 및 색상을 식별한다(4.2.1).
8. 위험물질과 그 위험성을 식별하기 위해 문서 참고자료를 사용하는 방법을 설명한다(4.2.1).
9. 위험물질 식별을 위한 오감의 제한된 역할에 대해 설명한다.
10. 식별수준 인원을 위한 탐지 및 식별 장치의 역할을 설명한다.

이 장에서는

▷위험물질의 존재에 대한 7가지 단서
▷사고 사전 계획, 점유지 유형 및 위치
▷기본 컨테이너의 형태
▷운송 표지판, 표식 및 표시
▷캐나다 표지판, 표식 및 표시
▷멕시코 표지판, 표식 및 표시
▷기타 표시 및 색상
▷문서 참고자료(written resource)
▷감각(sense)
▷탐지 및 식별 장치(Monitoring and detection device)

위험물질의 존재에 대한 7가지 단서

Seven Clues to the Presence of Hazardous Material

식별수준 인원과 초동대응요원은 위험물질의 존재를 탐지하고 식별하기 위해 반드시 모든 사고를 분석할 수 있어야 한다. 위험물질과 관련된 사고는 오직 관련 인원(대원)이 정보에 입각한 의사결정을 내리기에 충분한 정보가 있는 경우에만 제어할 수 있다. 건물, 차량 및 컨테이너의 내용물을 식별하는 데 시간과 노력을 충분히 들인다면 초동대응자 및 해당 지역사회는 훨씬 더 안전할 것이다. 역사적으로 초동대응자들이 사고, 화재, 누출 등의 비상상황에서 위험물질을 인식하지 못하여 불필요한 부상과 사망을 초래해왔다.

한 번 위험물질이 탐지되면 초동대응자는 잠재적인 위험을 식별하기 위하여 많은 자원을 사용할 수 있다. 이렇게 얻어진 정보를 사용하여 초동대응자는 적절한 대응 조치를 시작하고 자신감 있게 수행할 수 있어야 한다.

일부 위험물질의 식별 단서는 먼 거리에서도 쉽게 알 수 있지만 어떤 것들은 대응요원이 가까이 가야만 알 수 있다. 물질을 식별하기 위해 가까이 갈수록 유해한 영향에 노출될 가능성이 커진다. 일반적으로 거리는 위험물질이 관련되어 있을 때 안전과 동일시된다(비례한다).

위험물질의 존재에 대한 7가지 단서는 다음과 같다.

1. 점유지 유형, 위치 및 사고 사전 조사preincident survey
2. 컨테이너 모양
3. 운송 표지판placard, 표식 label, 표시marking
4. 기타 표시 및 색상(비운송non-transportation)

5. 문서(서면) 자료
6. 감각
7. 탐지 및 식별 장치

이 장에서는 7가지 단서를 자세히 설명한다. 일반적으로 단서의 순서는 대응요원에 대한 위험도 증가를 나타낸다(그림 2.1). 예를 들어, 탐지 및 식별 장비를 사용하여 위험물질을 확인할 필요가 있는 것은 정보를 제공하기 위해 점유지 유형이나 컨테이너 형태를 파악하는 것보다는 위험하며 위험 구역에 대응요원을 배치시킬 가능성이 크다. 테러리스트 공격과 대량살상무기에 대한 논의는 이 매뉴얼의 8장에서 다루게 될 것이다.

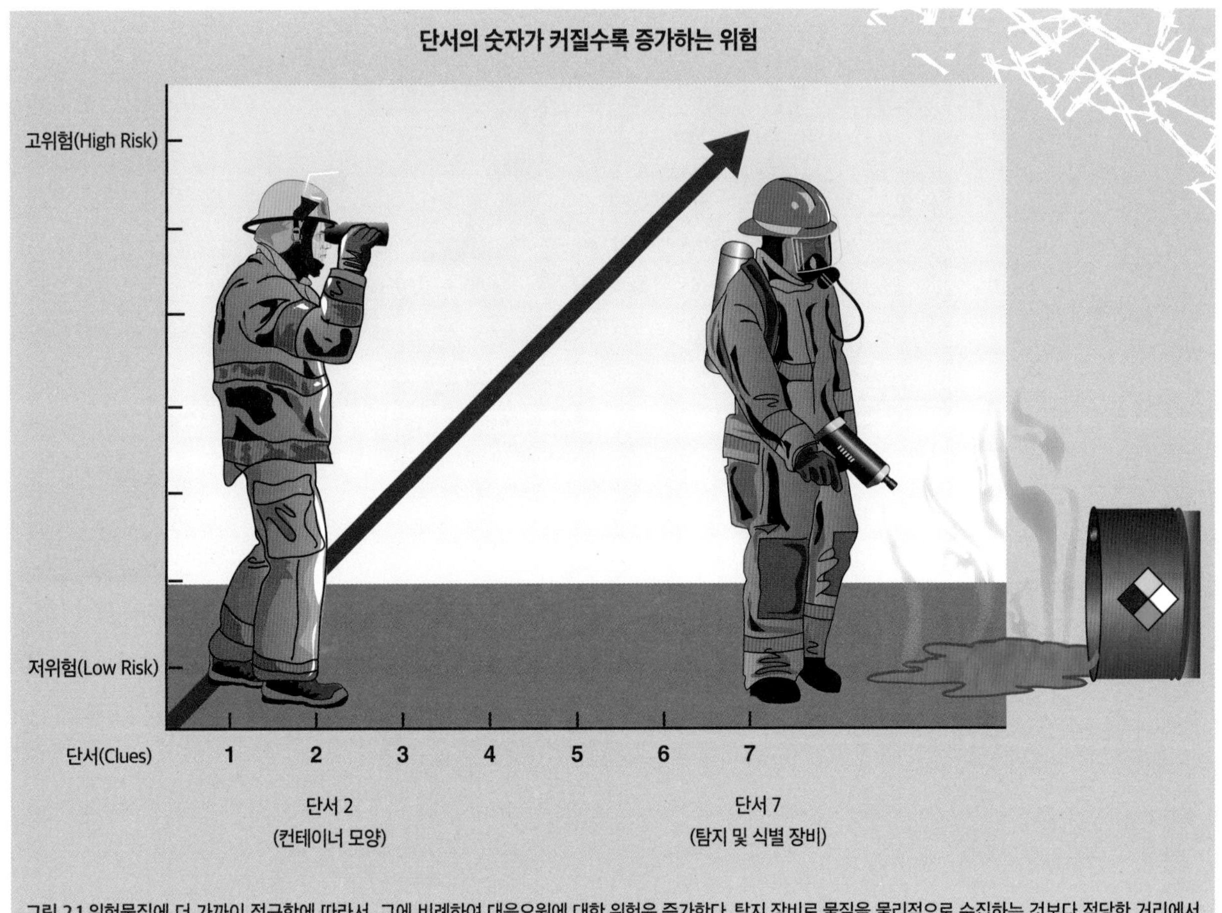

그림 2.1 위험물질에 더 가까이 접근함에 따라서, 그에 비례하여 대응요원에 대한 위험은 증가한다. 탐지 장비로 물질을 물리적으로 수집하는 것보다 적당한 거리에서 컨테이너 모양에 근거해 물질을 식별하는 것이 훨씬 안전하다.

예상 외의 상황에 대한 준비

7가지 단서는 위험물질을 인식하고 식별하는 많은 방법을 제공하지만 한계가 있다. 안전거리에서 표지판(placard), 표시(marking), 표식(label) 및 기호(sign)가 명확하게 보이지 않을 수 있다. 사고로 인해 식별 가능한 표시가 파괴되었을 수도 있다. 재고 조사는 사고 사전 조사(preincident survey)에서 확인된 것과 다를 수 있으며, 컨테이너가 부적절하게 분류되었을 수 있다. 교통사고에서 혼합 적재물은 전혀 표시되지 않았을 수 있다(그림 2.2). 또 운송 서류(shipping paper)에 접근하지 못할 수도 있다. 그러므로 항상 테러 공격을 포함하여 예상하지 못한 것들에 반드시 대비해야 한다.

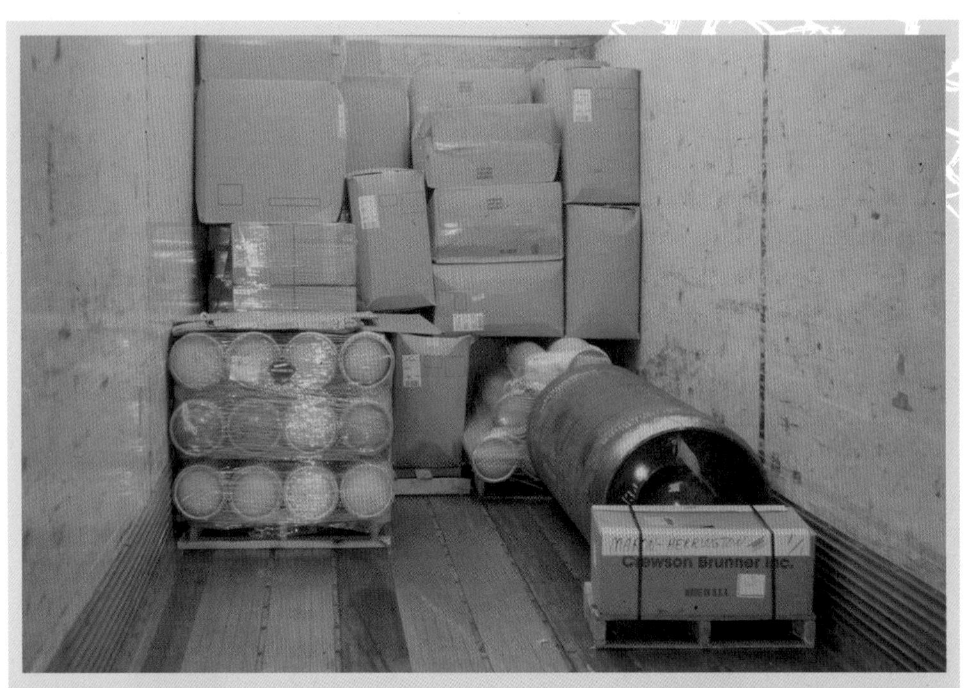

그림 2.2 초동대응자는 표지판(placard)이 없고 표시(marking)도 없는 트럭이 운반하는 것을 알아내는 데 어려움을 겪을 수 있다. Rich Mahaney 제공.

사고 사전 계획, 점유지 유형 및 위치

Preincident Plan, Occupancy Type, and Location

간단히 말해 위험물질은 어디에서나 발견될 수 있다. 모든 위치나 점유지occupancy에서 화학 제조 공장chemical manufacturing plant만큼이나 분명하게 위험물질을 식별할 수 없으며, 위험물질이 운송되는 도로나 철도 또는 수로가 지나가는 지역도 위험물질에 대해 전혀 경고를 받지 않는다. 그러나 사고 사전 조사preincident survey와 구조물의 점유지 유형 파악은 사고에 연루된 위험물질을 찾는 첫 번째 단서를 제공할 수 있다. 또한 위치와 점유지는 테러리즘(테러)이 관련되어 있다는 지표가 될 수도 있다.

오늘날 세계는 비밀 실험실과 불법 또는 합법적 마약 사업이 새로운 문젯거리로 부상하고 있다. 이러한 실험실은 차량, 캠프장 및 호텔 객실을 포함하여 어떤 곳에든 무턱대고 세워지고 있으며, 종종 부비트랩booby trap이 함께 설치되어 있다.

이 절에서는 다음의 내용을 다룬다.

- 위험물질의 사용, 저장 및 운송 장소를 식별하는 사고 사전 계획
- 위험물질을 내포할 가능성이 있는 점유지의 유형
- 위험물질 사고가 자주 발생하는 장소

정보(Information)

구두 보고

해당 사고현장에 대한 지식이 있거나 책임이 있는 사람(시설 관리자 등)은 종종 사고를 보고하거나 위험물이 존재한다고 대응요원에게 알린다. 이러한 사람은 긴급 상황을 초래한 사건, 관련된 물질 및 사람이나 재산이 노출된 사고에 대한 중요한 정보를 가지고 있을 수 있다. 원거리통신자/파견자가 전화로 이 사람에게 질문을 하든 또는 초동대응자가 현장의 사람에게 질문을 하든, 비상대응요원은 이러한 자원을 사용하여 사고를 이해하는 데 도움을 얻어야 한다.

사고 사전 계획(Preincident Plan)

위험물질 사고가 매우 휘발성일 수 있으므로 초동대응자는 신속하고 정확하게 의사결정을 내릴 필요가 있다. **사고 사전 조사**[1](사전 계획preplan이라고도 함)를 실시하고 지역 비상사태 대응 계획(3장에서 설명)을 숙지함으로써 현장에서 의사결정을 단순화하고 줄일 수 있다. 토대를 마련한 초동대응자는 상황에 집중하고 보다 안전하고 효율적으로 대응할 수 있다. 또한 사고 사전 계획은 실수, 혼란 및 노력의 중복을 줄이고 바람직한 결과를 가져온다.

사고 사전 조사에서는 다음 항목을 식별한다.

- 사람, 재산, 환경 등의 노출
- 위험물질 종류, 수량, 위험, 위치(장소)
- 고정 화재 진압 설비와 같은 건물 기능
- 장소의 특성
- 접근/탈출의 어려움
- 특정 유형의 위험물질 비상사태를 제어하려고 할 때 대응 조직의 고유 한계
- 책임 조직 및 현장 전문가의 24시간 가용한 전화번호
- 현장 또는 점유지 대응 역량

---

1 **사고 사전 조사(preincident survey)** : 적절한 비상사태 대응을 준비하기 위해 비상사태가 발생하기 전에 만들어진 시설 또는 위치에 대한 평가. 사전 계획(preplan)이라고도 함

계획은 조사를 검토하고 정기적으로 최신화하는 것을 포함하는 지속적인 과정이다. 그러나 내용물, 사업 및 기타 요인들은 예고 없이 변경될 수 있기 때문에 사고 사전 조사는 항상 정확하지는 않다. 따라서 기존의 보고 규칙 및 규정 준수를 보장할 수 없다. 예상치 못한 것을 발견하게 될 것을 항상 예상해야 한다.

점유지 유형(Occupancy Type)

특정 **점유지**[2]는 다음을 포함하여 위험물질을 포함할 가능성이 있다.

- 연료 저장 시설
- 가스/주유소 및 편의점
- 페인트 용품점
- 식물 종묘 공장, 정원 센터 및 농업 시설
- 해충 방제 및 잔디관리 회사
- 의료시설
- 사진 인화실
- 세탁소
- 플라스틱 및 첨단기술 공장
- 금속도금사업
- 철물점, 식료품점, 백화점과 같은 상점
- 교육 시설(고등학교 포함)의 화학(및 기타) 실험실
- 목재 저장소
- 사료/농장 점포(그림 2.3)
- 수의과 치료소(동물병원)
- 인쇄소
- 창고
- 산업 및 공공기능 플랜트

---

2 **점유지(Occupancy)** : (1) 건물, 구조물, 거주지에 대한 일반 화재 및 비상대응 용어. (2) 건물 소유주나 세입자가 사용하는 것에 기초한 건물 코드 분류. 다양한 건물 및 화재 법규에 의해 규제됨. 점유지 분류(occupancy classification)라고도 알려져 있음

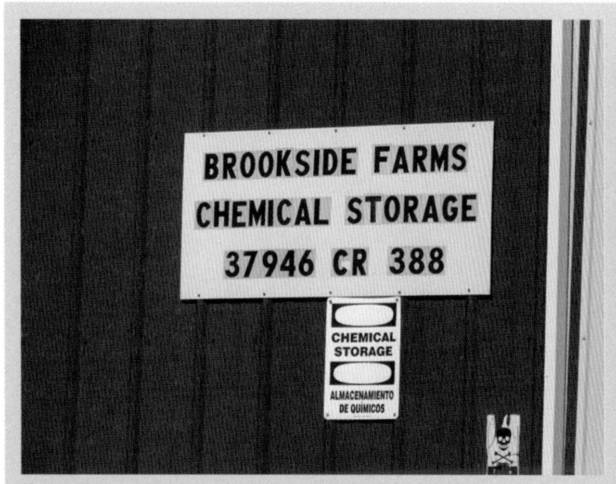

그림 2.3 사료/농장 점포는 고객을 위해 위험물질을 보유하고 있을 가능성이 있다. Rich Mahaney 제공.

그림 2.4 다량의 위험물질은 항구 시설을 통과할 수 있어 위험물질 사고의 일반적인 장소가 된다. 미국 관세 및 국경 보호청(U.S. Customs and Border Protection) 소속 Charles Csavossy 제공.

그림 2.5 일반적인 가정용 화학제품에는 휘발유, 모터오일, 페인트, 방충제 등이 있다.

그림 2.6 흄 후드(fume hood)의 배기 스택이 건물 지붕이나 옥외에 존재하면 위험물질이 내부에서 사용된다는 것을 알 수 있다.

- 항만 운송 시설(화물 위험성이 변화함)(그림 2.4)
- 처리저장폐기(treatment storage disposal; TSD) 시설
- 위험물질을 포함하거나 사용했을 수 있는 버려진 시설
- 큰 박스 소매점
- 출하 저장소
- 군사시설

거주자 점유지에는 예를 들면 살충제, 비료, 도료제품, 인화성 액체(예: 가솔린), 수영장 화학약품, 가스 그릴용 프로판 탱크 및 기타 일반 가정용 화학제품(그림 2.5)과 같은 제품 등의 위험물질이 있다. 프로판 탱크는 종종 난방 연료를 제공하며, 농가에는 살충제 및 무수 암모니아와 같은 위험한 제품이 있을 수 있다. 연구 및 개발 회사 또는 의료 사무실 건물과 같이 지붕에 흄 후드fume hood 배출(또는 굴뚝)이 있는 모든 건물에는 내부에 기능 시험실이 있을 것이다(그림 2.6).

위치(Location)

위험물질 운송 사고는 특정 지역에서 발생할 가능성이 크다. 화물운송 창고와 같이 위험물질이 옮겨지거나 취급되는 장소도 위험물질 사고의 장소가 될 가능성이 높다. 이러한 장소들은 다음과 같다.

- 항구(port)
- 부두(dock, pier)
- 철도 측선측(railroad siding)
- 비행기 격납고(airplane hangar)
- 트럭 터미널(truck terminal)

교통사고 조사를 바탕으로 잠재적인 문제 지역을 확인하고 판단하려면 현지 경찰관과 상의해야 한다. 각 **운송 수단**[3]마다 사고가 빈번하게 발생하는 특정 위치가 있다.

- 도로
  - 지정된 트럭 노선
  - 잘 보이지 않는 교차점
  - 잘못 표시되거나 제대로 설계되지 않은 인터체인지
  - 교통 혼잡이 빈번한 지역
  - 통행량이 많은 도로
  - 급한 회전지역(급커브)
  - 가파른 구배(비탈 또는 오르막)
  - 고속도로 인터체인지 및 경사로
  - 교량과 터널
- 철도
  - 창고, 터미널, 선로 변환기 또는 분류장
  - 잘못 놓인 보선구 및 잘못 관리된 선로
  - 가파른 구배 및 심한 커브
  - 조차장(shunt) 및 측선측(siding)

---

3 **운송 수단(Transportation Mode)** : 각기 다른 환경 속에서 사람 및/또는 물건을 이동시키는 데 사용되는 기술들. 예를 들면 철도, 자동차, 항공, 선박, 파이프라인 등

- 통제되지 않은 교차점
- 적재 및 하역 시설
- 교량, 가대, 터널(그림 2.7)

• 수로
- 항해에 있어 굴곡이나 다른 위협이 있는 어려운 항로
- 교량 및 기타 도하(횡단) 지점
- 부두
- 얕은 지역
- 수문
- 적재 및 하역 터미널

• 항공로
- 연료 공급 램프(항공기 등에 사용되는 경사면 · 경사계단)
- 수리 및 유지 보수 격납고
- 화물 터미널
- 작물 살포용 비행기 및 살포용 비축품

• 파이프라인
- 수로 또는 도로 위의 교차로
- 펌프장
- 건설 및 철거 지역
- 중간 또는 최종 보관 시설

그림 2.7 철도 교량 및 가설과 같이 일반적으로 교통사고가 많은 지역도 위험물질 사고가 빈번히 일어난다. Phil Linder 제공.

초동대응자는 강과 조수(바다) 지역의 수위에도 주의를 기울여야 한다. 다음 사실에 유의하라.

- 유량 및 조수 조건을 고려하지 않았기 때문에 많은 사고가 발생한다. 이러한 흐름 및 조석 변동은 교량 아래의 여유(공간)에도 영향을 미치며, 이들 중 다수에는 파이프라인, 수도 본관, 가스관 등이 부착되어 있다.
- 홍수 상황에 영향을 받을 수 있는 저지대 지역의 점유지는 위험물질을 격리하고 보호하기 위한 우발사태 계획을 가지고 있어야 한다(그림 2.8).
- 조수와 흐름의 상태는 끊임없이 변화한다. 한때 안전한 것으로 간주되었던 지역도 조수 방향, 유속 및 역회오리의 변화에 의해 바뀔 수 있다.
- 한번 위험물질이 외부의 수원에 도달하면 움직이는 사고가 되어버리고, 이를 억제하고 가두고 완화시키기가 극히 어렵다.

초동대응자는 관할 구역을 통과하는 위험물질 운송 유형을 잘 알고 있어야 한다. 예를 들어, 농업 지역은 무수 암모니아anhydrous ammonia가 통과하는 탱크차를 볼 가능성이 높고, 정유소refinery가 많은 산업 단지 인접의 항구에서는 석유 제품이 많이 있다.

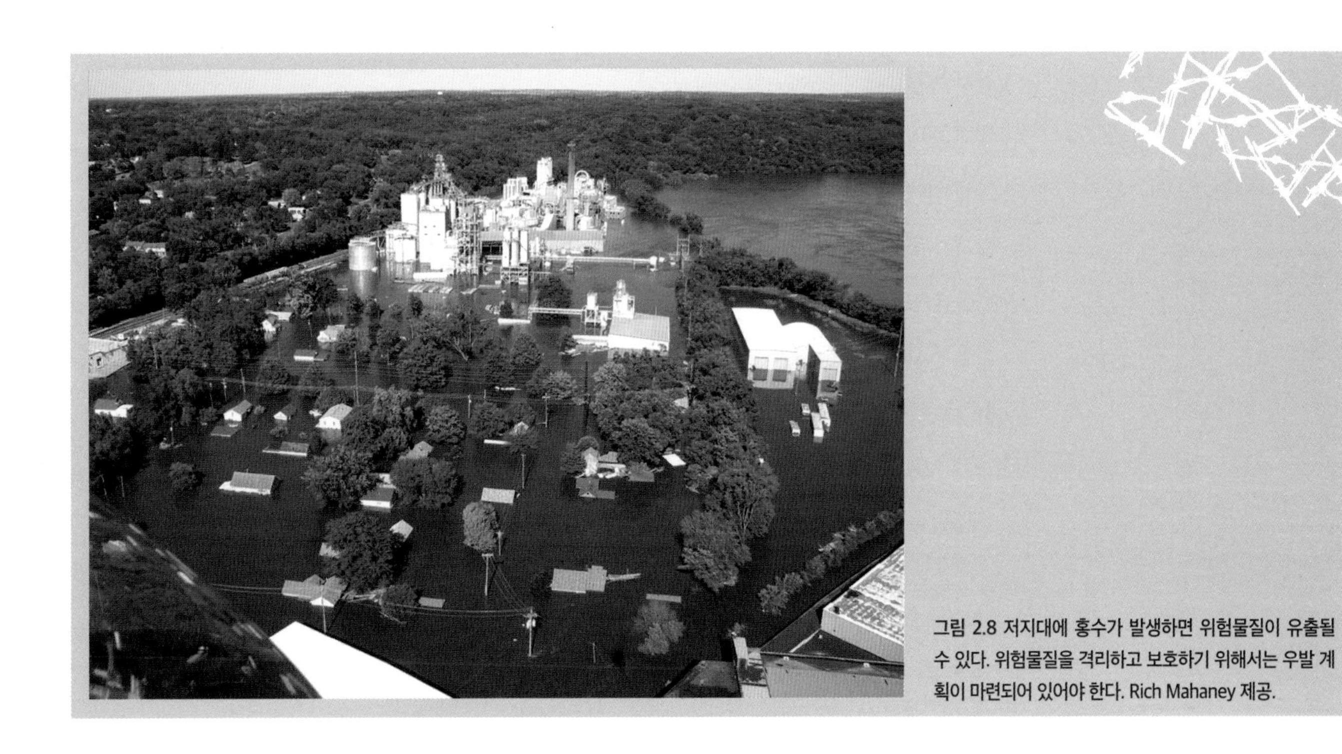

그림 2.8 저지대에 홍수가 발생하면 위험물질이 유출될 수 있다. 위험물질을 격리하고 보호하기 위해서는 우발 계획이 마련되어 있어야 한다. Rich Mahaney 제공.

기본적인 컨테이너 형태

Basic Container Shape

해당 장소나 점유지에 위험물질이 있을 수 있다는 것을 알고 나면, 특정 저장용기, 탱크, 컨테이너, 포장 또는 차량을 통해 위험물질의 존재 여부를 확실하게 확인할 수 있다. 이러한 컨테이너는 내부 물질에 대한 유용한 정보를 제공할 수 있으므로 위험물질이 저장되고 운반되는 다른 **컨테이너**[4] 및 **포장**[5]의 형태를 식별하는 것이 중요하다(그림 2.9).

이 절에서는 위험물질 컨테이너 정보를 소개한다.

- 운송 방식 및 용량(transport mode and capacity)별 컨테이너 이름
- 압력 컨테이너(pressure container)
- 극저온 컨테이너(cryogenic container)
- 액체 컨테이너(liquid container)
- 고체 컨테이너(solid container)
- 방사성 물질 컨테이너(radioactive material container)
- 파이프라인
- 선박 화물 운반선(vessel cargo carrier)
- 항공운송용 화물 적재 장치(unit loading device; ULD)

---

4 **컨테이너(Container)** : (1) 다음과 같은 운송 장비 조항(article of transport equipment): (a) 영구적인 특성 및 반복 사용에도 충분한 강도 (b) 중계하지 않고 하나 이상의 운송 수단에 의한 화물의 운송을 용이하게 할 수 있도록 특별히 고안된 것 (c) 준비된 취급, 특히 한 방식에서 다른 방식으로의 전환을 허용하는 장치를 갖춘 것. "container"라는 용어는 차량을 포함하지 않는다. 화물 컨테이너라고도 한다. (2) 육지 또는 해상 화물선을 통해 운송될 때 트럭 또는 철도 차량으로 화물을 운송하는 데 사용되는 표준화된 상자. 크기는 보통 2.5 m × 2.5 m × 6 m 또는 2.5 m × 2.5 m × 12m이다.

5 **포장(Packaging)** : 운송용 컨테이너 및 그것의 표시(marking), 표식(label) 및/또는 표지판(placard)

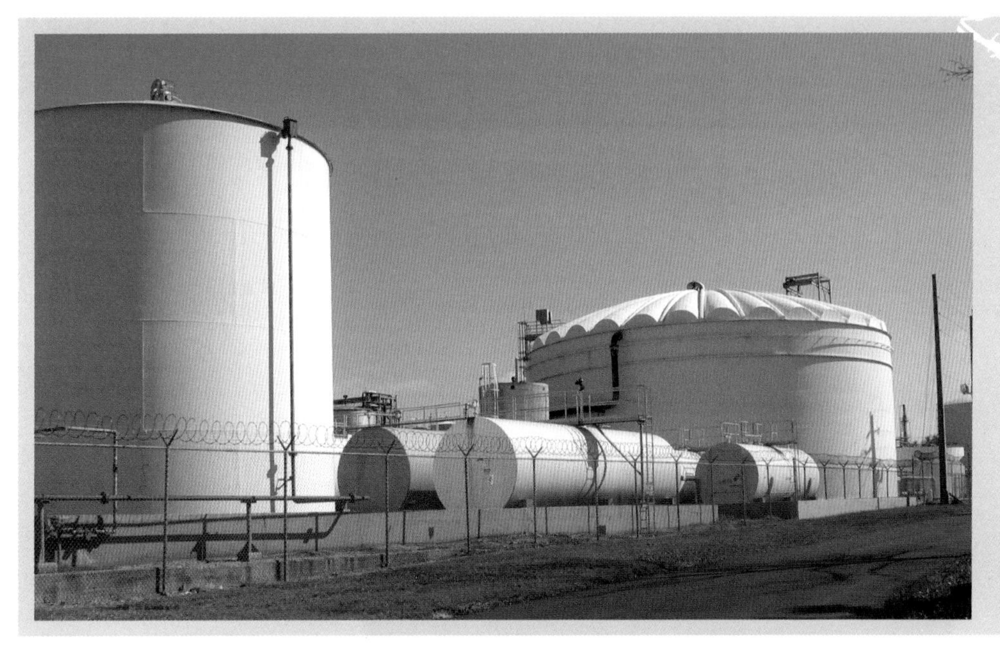

그림 2.9 컨테이너의 모양은 초동대응자에게 내부에 있을 수 있는 위험물질에 대해 많은 것을 알려준다. Rich Mahaney 제공.

운송 방식 및 용량별 컨테이너 이름 (Container Name by Transport Mode and Capacity)

위험물질 컨테이너는 때로는 운송 수단에 따라 분류된다(표 2.1).

- 고속도로 화물 트럭(highways cargo truck)
- 철도 차량(rail car)
- 선박 화물 운반선(vessel cargo carrier)
- 서로 다른 운송 방식 간에 운송하는 협동일관수송 컨테이너(Intermodal container)

컨테이너는 또한 용량에 따라 분류될 수 있다. 벌크 용기bulk packaging란 선박 또는 바지선 이외의 용기를 말하며, 중간 형태의 차단(봉쇄)물이 없는 상태로 재료(물질)가 적재된다. 이러한 컨테이너 유형에는 운송 차량 또는 화물 탱크차, 철도 차량 또는 이동식 탱크와 같은 화물 컨테이너가 포함된다. 중간 벌크 용기Intermediate Bulk Container; IBC 및 협동일관수송 용기Intermodal; IM도 동일한 예로 들 수 있다. 벌크 용기 기준을 충족하려면 다음 중 하나가 충족되어야 한다.

- 최대 용량이 액체용 용기로 475 L를 초과
- 최대 순질량이 440 kg 이상이거나, 최대 용량이 고체용 용기로 475 L 이상
- 물 용량이 기체용 용기로 500 kg 이상

표 2.1 운송 수단별 컨테이너 이름	
	**고속도로** 고속도로 화물 트럭 (화물 탱크차, 탱크 트럭)
	**철도** 철도 차량 (탱크차)
	**수로(해상)** 선박 화물 운반선 (선박)
	**다중 수단** 협동일관수송 컨테이너 [협동일관수송(intermodal)]

비벌크 용기는 벌크 포장을 위해 설정된 최소 기준보다 작다(그림 2.10). 드럼drum, 상자box, 내산병carboy, 주머니(봉지)bag가 그 예이다. 결합 포장(용기)composite package(외부 포장 및 내부 용기가 있는 용기) 및 복합 포장(용기)combination package(골판지 상자에 포장된 산이 담긴 병처럼 하나의 외부 용기에 함께 묶인 여러 개의 용기)도 비벌크 포장으로 분류할 수 있다(그림 2.11).

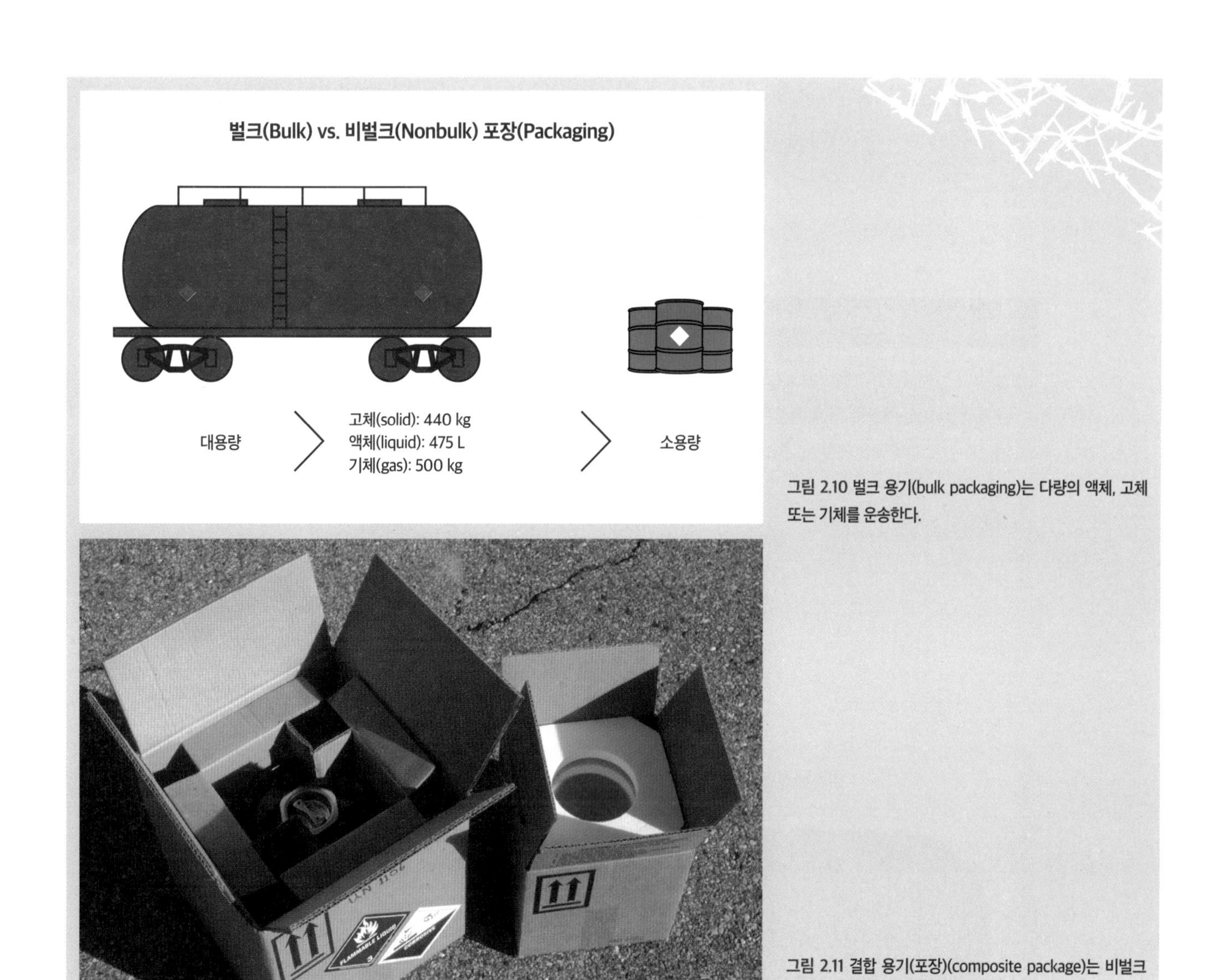

그림 2.10 벌크 용기(bulk packaging)는 다량의 액체, 고체 또는 기체를 운송한다.

그림 2.11 결합 용기(포장)(composite package)는 비벌크 용기(nonbulk packaging) 형태이다.

압력 컨테이너(Pressure Container)

대부분의 사람들은 압축가스 실린더compressed gas cylinder에 익숙하다. 압축가스 실린더는 압력 하에서 제품product이 고정되도록 고안된 압력 컨테이너이다. 제품은 기체gas, 액화 가스liquified gas 또는 액체에 용해된 가스gas dissolved in a liquid일 수 있다(그림 2.12). 압력 컨테이너는 사고와 연관될 경우 많은 양의 에너지를 방출할 가능성이 있다(그림 2.13). 예를 들어, 응력stress(충격 등)을 받으면 내부 압력으로 인해 압력 컨테이너가 심하게 파열될 수 있는데, 열이나 화염 또는 역학적 손상에 노출될 경우 파열이 가속될 수 있다. 방출 시 제품은 빠르게 팽창하여 제품의 물리적, 화학적 특성 및 환경 조건에 따라 이동한다(그림 2.14). 압력 컨테이너의 내용물이 새는지 또는 어디로 흘러가는지 알 수 없다.

경고(WARNING!)

정지!!!! 압력 컨테이너(pressure container)에 저장된 제품(product)으로 인해 당신은 사망할 수 있다. 대응요원으로서 당신의 일은, 이를 멈추고 다른 사람들을 멈추게 하는 것이다.
격리하고 진입을 통제하라!

그림 2.12 쉽게 볼 수 있는 압축가스 실린더(compressed gas cylinder)는 헬륨(helium)과 질소(nitrogen)와 같은 기체를 압력 하에서 담아 둘 수 있다.

그림 2.13 컨테이너의 내용물이 인화성(flammable)이 아닐지라도 가압 컨테이너(pressurized container)가 사고 중 열에 노출되면 언제나 비등액체증기운폭발(BLEVE)의 위험이 있다.

그림 2.14 기체는 컨테이너가 파열되거나 파손되어 환경으로 방출될 때 급속히 팽창한다.

경고(WARNING!)

열(heat)이나 화염(flame)에 의해 손상되거나 스트레스를 받으면 압력 컨테이너가 폭발할 수 있다.
거리를 유지하라!

경고(WARNING!)

압력 컨테이너의 내용물은 쉽게 발화될 수 있으며, 방출되면 신속하게 팽창할 것이다. 윗바람(upwind), 오르막(uphill), 상류(upstream) 쪽으로 거리를 유지하라!
안전하게 할 수 있다면 점화원(ignition source)을 제거하라!

경고(WARNING!)

압력 컨테이너의 내용물은 극도의 독성(toxic)이 있을 수 있으며 방출되면 신속하게 팽창한다.
윗바람, 오르막(언덕) 및 상류로 향하고 거리를 유지하라!

경고(WARNING!)

압력 컨테이너의 내용물은 부식성(corrosive)이 있으며 방출되면 신속하게 팽창한다.
윗바람, 오르막(언덕) 및 상류로 향하고 거리를 유지하라!

크기size, 운송 방식transportation mode, 내용물content에 관계없이 압력 컨테이너에 대한 단서에는 다음과 같은 특징을 갖고 있다.

- 둥근 형태, 끝부분 역시 구형(그림 2.15)
- 볼트로 고정된 **인원통로**[6](그림 2.16)
- 볼트로 고정된 보호 덮개(protective housing)(그림 2.17)
- 압력 제거 장치(pressure relief device)(그림 2.18 a 및 b)
- 압력 게이지(pressure gauge)(그림 2.19)

압력 컨테이너의 예는 표 2.2에 있으며, 압력 컨테이너는 4장에서 더 자세히 설명될 것이다.

극저온 컨테이너(Cryogenic Container)

극저온 컨테이너cryogenic container는 **냉동제**[7](또는 극저온물질)를 저장 및 운반하도록 고안되었다. 냉동제cryogen(냉장 액화 기체refrigerated liquefied gas라고도 함)는 1.01 bar(14.7 psi, 101 kPa)에서 −90℃ 이하의 액체로 변하는 기체이다.

---

6 **인원통로(Manway)** : (1) 사람이 지하 또는 밀폐 구조에 접근할 수 있는 입구[구멍(hole)]. (2) 탱크 트레일러 또는 건조 벌크 트레일러 안으로 사람이 통과하기에 충분한 크기의 개구부(opening). 이 개구부에는 일반적으로 착탈식 잠금덮개가 장착되어 있다. 일컬어 맨홀(manhole)이라고도 함

7 **냉동제(Cryogen)** : -90°C 이하로 냉각되면 액체로 변환되는 기체. 냉장 액체(refrigerated liquid) 및 극저온 액체(cryogenic liquid)라고도 함

압력 컨테이너

그림 2.15 압력 컨테이너는 종종 컨테이너의 끝부분이 둥글게(반구형) 된 것으로 식별할 수 있다. Rich Mahaney 제공.

그림 2.16 볼트체결 인원통로는 압력 컨테이너를 식별할 수 있는 특징이 된다. Rich Mahaney 제공.

그림 2.17 초동대응자는 압력 컨테이너를 식별하는 데 도움이 되는 볼트로 고정된 보호 하우징을 찾을 수 있다. Rich Mahaney 제공.

경고(WARNING!)

냉동제는 산소를 대체하고, 질식을 일으킬 수 있다!

주의(CAUTION)

냉동제가 묻은 의류는 즉시 벗는다.

경고(WARNING!)

냉동제(극저온 물질)는 매우 차가울 수 있으며, 접촉 시에는 심하게 부상을 입을 수 있다!

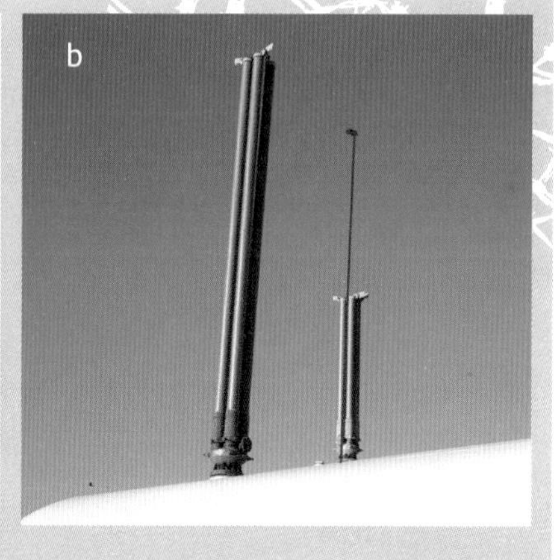

그림 2.18 a 및 b 컨테이너는 압력 제거 장치로 인해 쉽게 압력 컨테이너로 식별이 가능하다.

그림 2.19 대원(인원)은 압력 컨테이너에 압력 게이지가 있을 것이라 기대할 수 있다. Rich Mahaney 제공.

극저온 컨테이너는 압력 컨테이너 정도가 아니더라도 압력을 받을 수 있다. 방출되면, 냉동제는 액체 상태에서 증기 상태로 전환될 것이다. 이러한 반응은 빠르게 일어날 수 있으며, 유출spill이나 누출leak 시 엄청 큰 증기구름vaper cloud으로 끓어오르게 될 것이다(그림 2.20). 이 증기구름vapor clouds은 인화성, 독성, 부식성, 또는 **산화제**[8]일 수 있다. 일부 냉동제는 여러 가지의 위험을 동시에 가진다. 또한 극저온 증기는 극도로 차가우며, 그 심각성에 따라 냉기 손상으로 간주되는 동결 화상freeze burn을 일으킬 수 있다.

모든 극저온 물질이 의류에 묻었을 때는 반드시 즉시 벗어야 한다. 이는 증기가 인화성이거나 산화제인 경우에 특히 중요하다. 초동대응자는 불이 붙으면 의류에 둘러싸인 증기로 인해 화염을 피할 수 없게 된다.

8 **산화제(Oxidizer)** : 산소나 기타 산화 기체를 쉽게 생성하거나 가연성 물질의 연소를 촉진하거나 촉진하기 위해 쉽게 반응하는 물질(NFPA®400-2010, Hazardous Materials Code, Copyright ©2010, National Fire Protection Association®의 허가를 받아 복제함)

표 2.2
압력 컨테이너

고정 설비(fixed facility) [벌크(bulk)]	 	와이 실린더 (Y-Cylinder)	
		압력 가스 실린더 (Compressed Gas Cylinder)	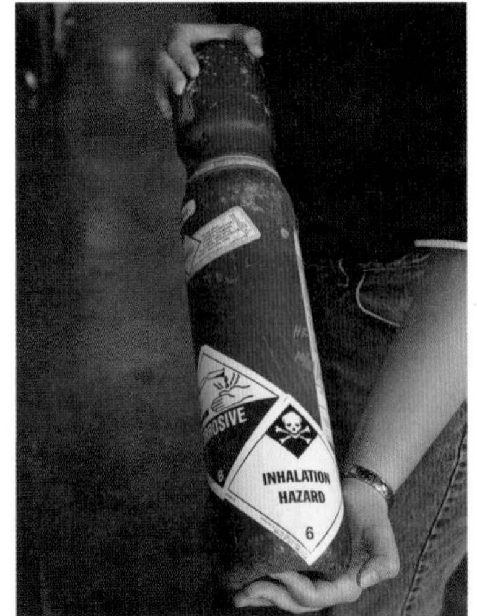 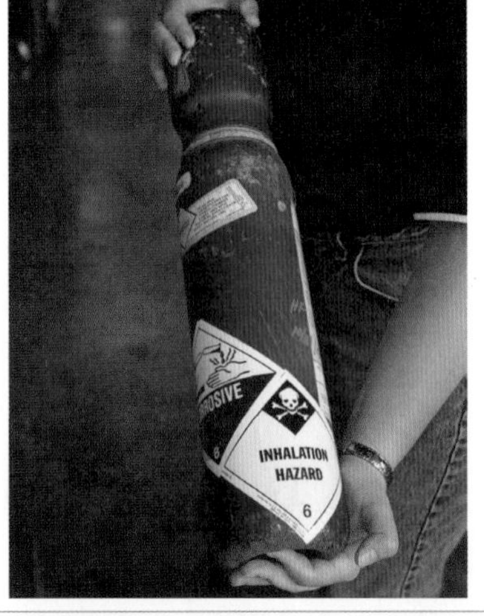
철도 유조(탱크)차 (Railway Tank Car)			
고속도로 화물 탱크 (Highway Cargo Tank)		이동식 프로판 실린더 (Portable Propane Cylinder)	
압력 가스 튜브 트레일러 (Compressed Gas Tube-Trailer)			
협동일관수송 (Intermodal)		차량 탑재형 (Vehicle Mounted)	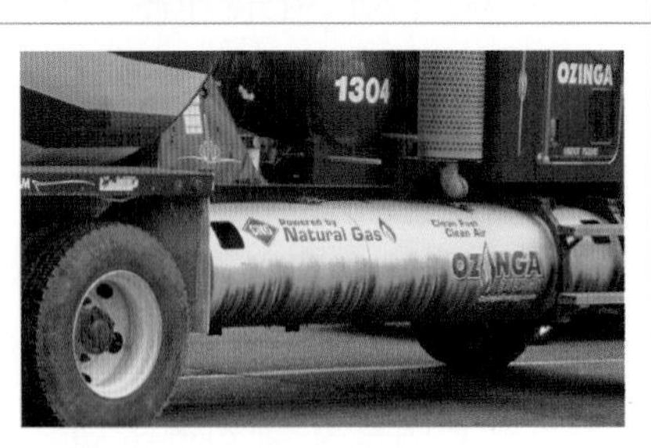
톤 컨테이너 (Ton Container)			

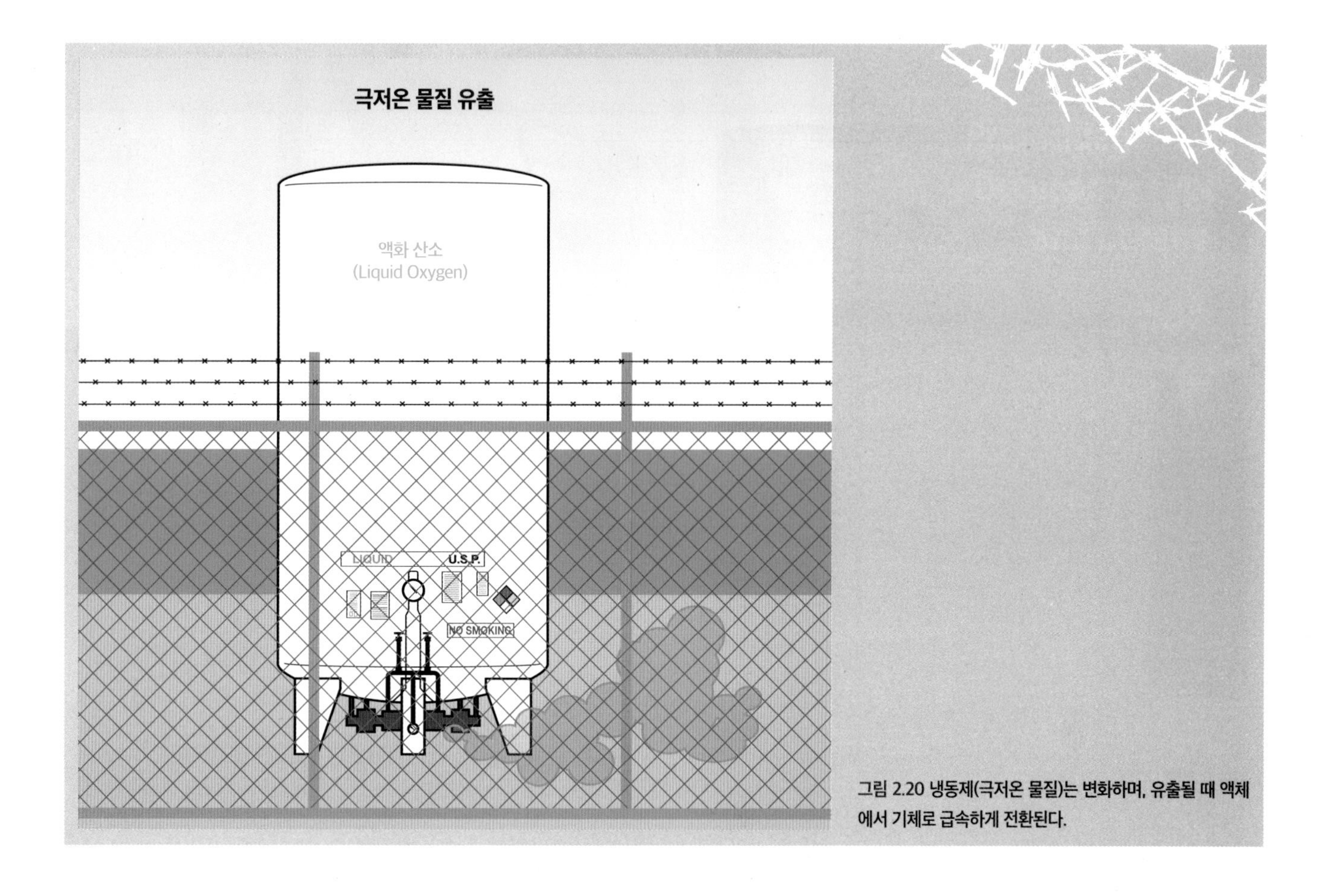

그림 2.20 냉동제(극저온 물질)는 변화하며, 유출될 때 액체에서 기체로 급속하게 전환된다.

크기나 운송 수단 또는 내용물에 관계없이 극저온 컨테이너는 다음과 같은 특징이 있다.

- 액체 산소(liquid oxygen, LOX), 질소(nitrogen), 헬륨(helium), 수소(hydrogen), 아르곤(argon) 및 액화 천연가스(liquefied natural gas; LNG)와 같은 내용물(그림 2.21)
- 운송 컨테이너에 박스 같은 형태의 적재 및 하역 스테이션이 부착됨(그림 2.22)

극저온 컨테이너의 예는 표 2.3에 있다. 추가적으로 극저온 위험은 이 장의 뒷부분과 4장에서 다룰 것이다.

극저온 컨테이너

그림 2.21 극저온 컨테이너는 이산화탄소, 질소, 산소 및 아르곤과 같은 액화 가스를 저장하는 데 사용된다.

그림 2.22 경우에 따라 극저온 컨테이너는 운반하기 쉽도록 상자 모양의 적재 및 하역 스테이션이 부착되어 있다. Rich Mahaney 제공.

액체 컨테이너(Liquid Container)

일반적인 액체 컨테이너에는 병, 가솔린 용기, 페인트 통 및 드럼이 포함된다. 그러나 고정 시설에서 액체는 수백만 리터를 담는 컨테이너에 저장될 수 있다. 또한 많은 양이 고속도로, 철도 및 기타 방식을 통해 탱크에 담겨 운반된다.

많은 액체 컨테이너는 액체의 화학적 및 물리적 특성으로 인해 약간의 압력을 갖지만 압력은 압력 컨테이너의 압력보다는 낮다. 그러나 압력이 낮을지라도 여전히 위험할 수 있다. 액체 컨테이너는 압력, 열(종종 내용물이 불타오름), 반응성, 부식성 및 독성과 같은 다양한 위험 요소가 있는 내용물이 담겼을 수 있다. 일

경고(WARNING!)

정지!!! 액체 컨테이너에 들어 있는 내용물로 인해 사망할 수 있다! 대응요원으로서 할 일은 하던 일을 멈추고 다른 사람들이 일을 멈추도록 하는 것이다. 격리하고 진입을 통제하라!

주의(CAUTION)

많은 액체 컨테이너는 적은 압력을 가질 것이다. 이 압력이 개방되면, 내용물이 튀거나 흩뿌려질 수 있다.

경고(WARNING!)

액체 컨테이너는 열이나 화염에 의해 손상되거나 스트레스를 받으면 폭발할 수 있다. 일정 거리를 유지하라!

부 액체 컨테이너는 열이나 화염에 노출되었을 때 격렬하게 파열되거나 폭발한다.

크기, 운송 방식 또는 내용물에 관계없이 액체 컨테이너는 다음과 같은 특징이 있다(그림 2.23).

- 탱크부의 납작한(또는 덜 둥글게 된) 끝 부분
- 잠금장치를 쉽게 제거할 수 있는 입구 해치
- 저압 레일 탱크차는 윗면에 여러 개의 부속(이음쇠 등)이 보일 수 있음
- 복합 운송(intermodal), 유연한 소재의 중간 벌크 컨테이너 및 단단한 소재의 **중간 벌크 컨테이너**[9]는 적층되도록(위에 쌓을 수 있도록) 설계되었음
- 유연한 소재의 블래더(bladder)는 유체로 채워짐
- 고속도로 화물 탱크는 압력 탱크보다 둥금이 적은 타원형으로, 거꾸로 된 말굽 모양 또는 원형 모양의 끝부분이 있음

액체 컨테이너의 몇 가지 특징

그림 2.23 초동대응자는 액체 컨테이너가 말굽 모양, 양쪽이 편평한 양쪽 끝 및 서로 맨 위에 적층되어 있는 형태와 같은 여러 가지 식별 가능한 특징을 목록화할 수 있어야 한다.

9 **중간 벌크 컨테이너(Intermediate Bulk Container; IBC)** : 실린더 또는 이동식 탱크가 아닌 단단한 소재(RIBC) 또는 유연한 소재(FIBC)의 이동식 용기(portable packaging)로, 최대 용량 3 m^3 이하(3,000 L) 및 최소 용량 0.45 m^3(450 L)이거나 최대 순질량이 400 kg 이상인 기계 조작을 염두에 두고 설계된 것

표 2.3 극저온 컨테이너	
고정 설비(벌크) (Fixed Facility)	
철도 유조(탱크)차 (Railway Tank Car)	
고속도로 화물 탱크 (Highway Cargo Tank)	
협동일관수송 (Intermodal)	
실린더 (Cylinder)	
듀어병(보온병) (Dewar Flask)	

고체 컨테이너(Solid Container)

뜨거운 액체를 담는 데 사용되는 많은 컨테이너는 고체에도 사용할 수 있다(예: 드럼, 병). 일부 운송 컨테이너는 고체(물질)의 적재 및 하역을 위해 특별히 고안되었으며, 특정 고정 시설은 일반적으로 "위험한hazardous" 것으로 간주되지 않는 고체(물질)를 저장하지만 곡물 저장고grain silo 및 저장 시설 같은 시설도 위협이 될 수 있다.

분진dust, 분말powder, 또는 작은 입자small particle는 위험 고체(물질)hazardous solid일 수 있다. 고체 컨테이너는 일반적으로 압력이 걸려 있지 않다. 분말 살충제는 잠재적인 독성 고체toxic solid의 한 예이다. 붕산boric acid 및 수산화나트륨sodium hydroxide은 부식성 고체이다. 다이너마이트는 에너지를 방출하는 고체이다. 칼슘카바이드calcium carbide는 물과 접촉할 때 인화성 기체를 방출하는 반응성 물질이다.

가연성(그러나 다른 의미로는 무해할 수 있는)의 작은 공기 중 입자airborne particle는 밀폐된 장소에서 발화되면 **분진 폭발**[10]을 일으키며 위험할 수 있다. 곡물, 밀가루, 설탕, 석탄, 금속 및 톱밥은 이러한 입자의 예이다. 그러므로 이러한 물질이 사용, 처리, 또는 저장되는 고정 시설을 이 절의 목적을 위한 "컨테이너"로 간주해야 한다는 것을 알고 있어야 한다.

고체 물질은 또한 질식 및/또는 충돌 부상을 일으킬 수 있다. 이러한 상황은 전형적으로 토양/흙, 모래 및 자갈과 관련이 있지만, 곡물, 분말 물질, 또는 모든 "유동적인" 고체(물질)의 대형 컨테이너에서도 관련된 사고가 우려된다.

크기, 운송 방식 또는 내용물에 관계없이 고체(물질) 컨테이너에 대한 단서에는 다음과 같은 특징이 포함될 수 있다.

- 공압적재 및 하역을 위해 설계된 운송 컨테이너 및 체계(그림 2.24 a 및 b)
- 때로는 방수포(tarp; tarpaulin) 또는 플라스틱으로 덮인 호퍼, 통 또는 기타 컨테이너의 윗부분이 열림(그림 2.25)
- 하단부 배출구에 V형 경사면이 있음

경고(WARNING!)

분진 폭발은 사망 사고를 일으킬 수 있다.

경고(WARNING!)

고체 물질은 당신을 질식으로 사망에 이르게 할 수 있다.

---

10 **분진 폭발(Dust Explosion)** : 모든 가연성 분진의 폭발력과 함께 발생하는 급속한 연소[폭연(deflagration)]. 분진 폭발은 일반적으로 두 가지 폭발로 이뤄진다. 작은 폭발 또는 충격파로 인해 대기 중에 분진(가루)이 추가로 발생하여 두 번째의 보다 큰 폭발이 발생한다.

그림 2.24 a 및 b 철도 차량에서는 건조 벌크 물질을 적재 및 하역할 수 있는 설비가 마련되어 있다. Rich Mahaney 제공.

그림 2.25 고체(물질) 컨테이너는 방수포로 덮어놓거나 내용물이 노출되도록 열어놓을 수도 있다. Rich Mahaney 제공.

방사성 물질 컨테이너(Radioactive Material Container)

모든 방사성 물질radioactive material; RAM 수송물shipment은 반드시 일반인과 비상대응요원을 방사선 위험으로부터 보호하기 위해 고안된 엄격한 법규에 따라 포장(용기 안에 넣음)되고 운송된다(그림 2.26). 방사성 물질을 운송하는 데 사용되는 용기(포장)는 운송되는 물질의 활성도activity, 유형type, 형태form에 따라 결정된다. 이러한 요소들에 따라 방사성 물질은 방사성 위험이 가장 적은 것으로부터 큰 것으로 나열된 5가지 기본 유형 중 하나로 수송된다.

1. **예외(excepted)** - 예외 용기(포장)는 방사능(활성도) 수준이 극히 낮아 대중이나 환경에 위험하지 않는 물질을 운반하는 데에만 사용된다.
2. **산업용(industrial)** - 실험실 샘플 및 연기감지기와 같은 일반적인 운송 활동 중에 내용물(방사성 물질)을 보관하고 보호하는 컨테이너
3. **A 유형(type A)** - 반드시 내용물을 유출시키지 않고 일련의 테스트를 견딜 수 있는 능력을 보여주어야 하는 컨테이너
4. **B 유형(type B)** - 용기(포장)는 반드시 정상적인 운송 조건을 모의하는 테스트를 견딜 수 있는 능력을 입증해야 하며, 내용물을 유출하지 않고 심각한 사고 조건을 견뎌야 한다.
5. **C 유형(type C)** - 항공기로 운송되는 고활성도 물질[플루토늄(plutonium) 포함]에 사용되는 매우 드문 용기

그림 2.26의 B 유형 용기 패키지는 심각한 사고 조건에 견딜 수 있도록 설계되었다. B 유형 패키지는 주요한 유출이 있는 경우 대중 또는 환경에 방사선 위험을 초래할 수 있는 높은 방사능 수준의 물질을 포함한다(미 국립핵안보국, 네바다 사무소 National Nuclear Security Administration, Nevada Site Office 제공).

그림 2.26 B유형 미국 및 캐나다의 파이프라인 표식(marking)에는 신호어(signal word), 운송된 상품을 설명하는 정보 및 운반사의 이름과 긴급 전화번호가 포함된다. Rich Mahaney 제공.

표 2.4 방사성 물질 컨테이너	
예외 (excepted)	
산업용 (industrial)	
A 유형 (type A)	
B 유형 (type B)	
C 유형 (type C)	

표 2.4는 방사성 물질 컨테이너의 예를 보여준다. 방사성 물질에 대해서는 제5장에서 보다 자세히 기술할 것이다.

경고(WARNING!)

방사선(radiation)은 먼 거리에서 모든 방향으로 이동할 수 있으며, 물질을 통과할 수 있다. 5가지 인간의 감각으로는 감지할 수 없으며, 탐지하기 위해 계측기가 필요하다.

그림 2.27 미국과 캐나다를 통과하여 뻗어있는 지하 파이프라인을 통해서 석유와 기타 위험물질들이 운송된다. Rich Mahaney 제공.

파이프라인(Pipeline)

많은 위험물질, 특히 석유류petroleum varieties는 지하 파이프라인을 통해 미국과 캐나다 전역으로 운송된다(그림 2.27). 파이프라인은 액체 또는 기체를 운송할 수 있다.

파이프라인이 도로, 철도 및 수로 아래에서 교차하는 곳에서는 파이프라인 회사가 반드시 표지marker를 제공해야 한다. 이러한 표지는 파이프라인이 존재하는지 확인하고, 그 내용물을 식별하는 가장 좋은 방법이다(그림 2.28). 표지는 파이프의 위치를 식별할 수 있도록 파이프라인을 따라 숫자로 표시한다. 그러나 파이프라인 표지가 파이프라인의 정확한 위치를 항상 표시하는 것은 아니므로, 파이프라인이 표지 사이에서 완벽하게 직선으로 이어져 있다고 가정하면 안 된다.

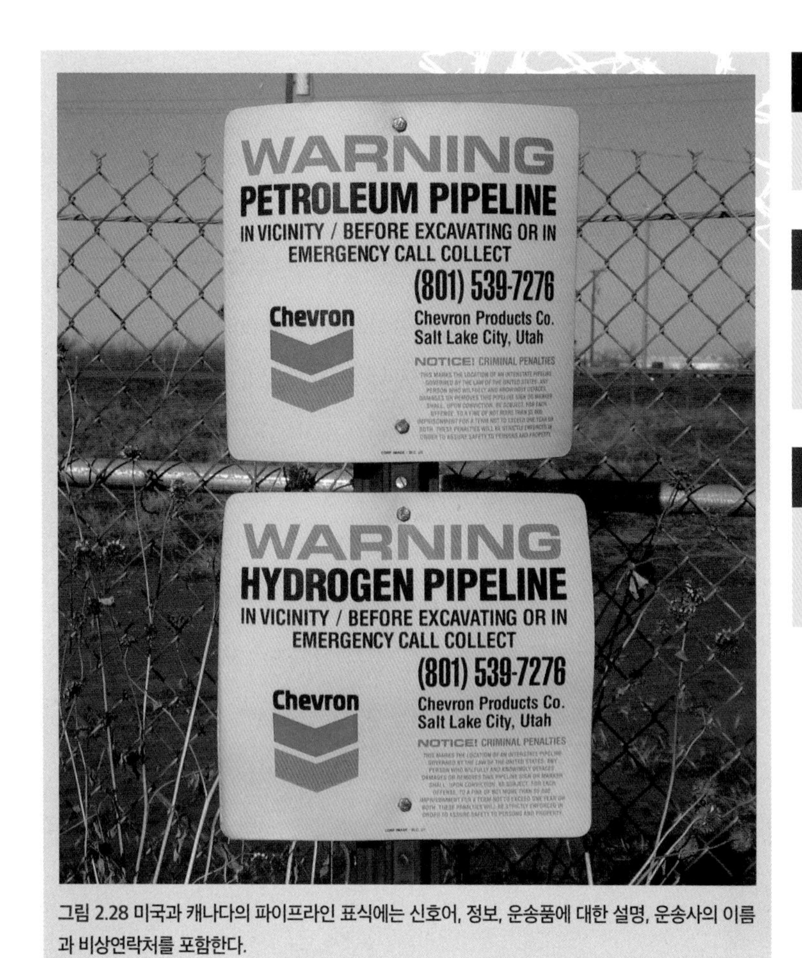

그림 2.28 미국과 캐나다의 파이프라인 표식에는 신호어, 정보, 운송품에 대한 설명, 운송사의 이름과 비상연락처를 포함한다.

주의(CAUTION)

파이프라인은 이웃 거주지에도 묻혀 있을 수 있다.

경고(WARNING!)

파이프라인에는 고압 물질이 운송 중일 수 있으며 폭발할 수도 있다.

경고(WARNING!)

파이프라인으로 다양한 매우 위험한 물질(dangerous material)을 운송할 수 있다.

선박 화물 운반선(Vessel Cargo Carrier)

해양 선박은 전 세계 화물의 90% 이상을 운송하며 그 양은 앞으로 증가할 것으로 예상된다. 선박과 관련된 위험물질 사고는 경미(예를 들면 항구에서의 적재 또는 하역 중 경미한 위험물질 유출)할 수 있지만 중대(예를 들면 강 또는 해안선 수역의 수 킬로미터를 오염시키는 유출)할 수 있다. 기름 유출에 관한 통계에 따르면 대부분의 유출은 상대적으로 규모가 작은 편이며, 적재 및 하역과 같은 일상적인 작업(보통 항구 또는 오

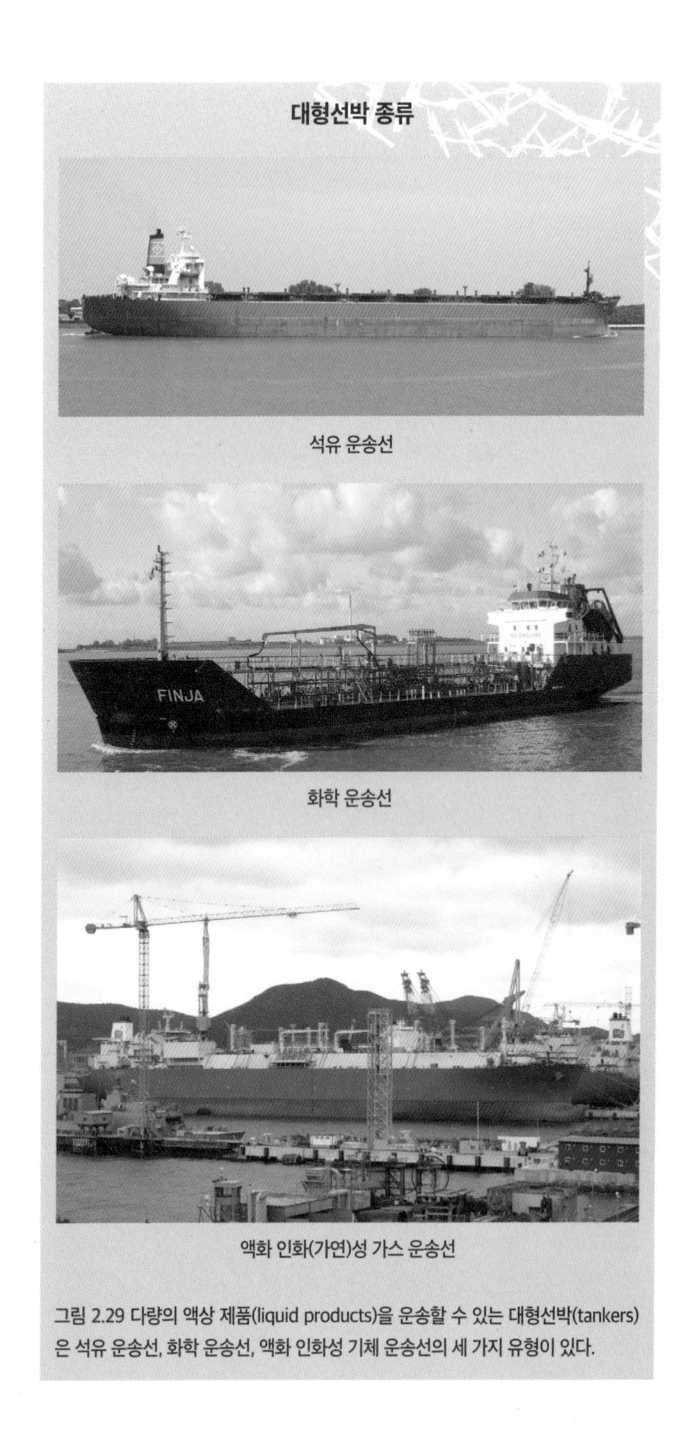

그림 2.29 다량의 액상 제품(liquid products)을 운송할 수 있는 대형선박(tankers)은 석유 운송선, 화학 운송선, 액화 인화성 기체 운송선의 세 가지 유형이 있다.

일/화학 터미널로부터 발생하는 것)으로 인해 발생한다. 위험물질을 운송하는 선박은 다음과 같다.

- **대형선박(Tanke, Tank Vessel)**

  이 컨테이너는 매우 많은 양의 액체 제품을 운송할 수 있다. 유조선은 종종 분리된 탱크에서 다른 제품을 운송한다. 세 가지의 유조선 유형이 있다(그림 2.29).

  - 석유 운송선(petroleum carrier) : 원유 또는 완제품 석유 제품을 운송
  - 화학 운송선(chemical carrier) : 다양한 화학제품을 운송
  - 액화 인화성 가스 운송선(liqfied flammable gas carrier) : 액화 천연가스(LNG) 및 액화 석유가스(LPG)를 운반

- **화물 운송선(Cargo Vessel)**

  화물은 다음 네 가지 유형의 선박으로 운송된다.

  - 벌크 운송선(bulk carrier) : 액체 또는 고체를 운반
  - 브레이크 벌크선(break bulk carrier, 화물을 도착지별로 따로 구분함) : 팔레트, 드럼, 봉지, 상자 및 나무상자와 같은 여러 용기로 다양한 재료를 운송
  - 컨테이너 선박(container vessel) : 표준 협동일관수송 컨테이너(standard intermodal conteiner)와 폭과 높이와 길이가 같은 형태로 화물을 운송(그림 2.30)
  - RO/RO(로로)선(Roll-on/Roll-off Vessel) : 선미 및 램프 경사 구조가 커서 차량이 선박 내외로 주행할 수 있도록 한다(그림 2.31).

경고(WARNING!)

선박의 밀폐된 공간에는 질식을 일으키는 산소가 부족한 공기가 있을 수 있다!

그림 2.30 컨테이너 선박(container vessel)은 협동일관수송 탱크를 포함한 협동일관수송 컨테이너를 운송한다.

그림 2.31 RO/RO선박(roll-on/roll-off vessel)은 선미 및 램프의 경사 구조가 크며, 차량이 선박 내외로 주행할 수 있다.

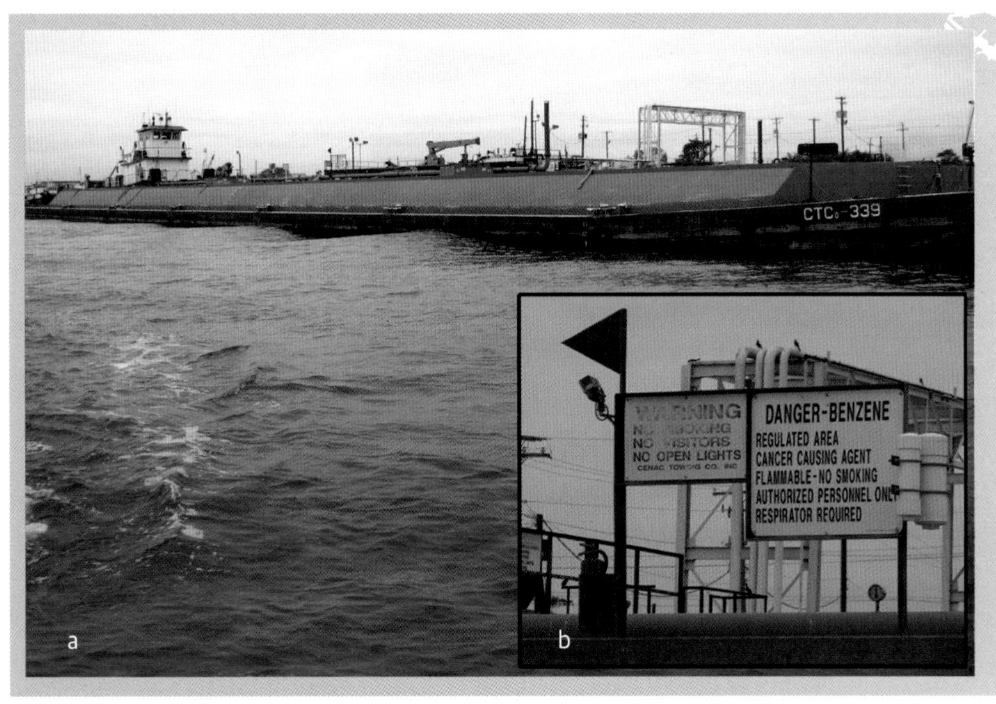

그림 2.32 (a) 바지선(barge)은 대형 선박이 갈 수 없는 수로를 이동할 수 있다. 화물은 다목적(거의 대부분 종류가 가능)이며, 일부 바지선은 특정 위험물질을 운반하도록 설계되었다. (b) 바지선에 위험물질이 운송되고 있는지 여부는 먼 거리에서는 알 수 없다. Rich Mahaney 제공.

• **바지선(Barge)**

바지선은 일반적으로 화물을 운송하는 데 사용되는 상자 모양의 평평한 갑판을 가진 선박이다(그림 2.32 a 및 b). 보통 바지선은 자체 추진(self-propelled)이 아니기 때문에 견인 또는 미는 선박(towing or pushing vessel)이 바지선을 이동시키는 데 사용된다. 거의 모든 종류의 내용물은 바지선으로 운반할 수 있다. 일부 바지선은 군사 또는 건설 요원(직원)을 위한 부유형 막사(병영)로 구성되기도 한다. 일부는 벌크 석유(bulk oil) 및 화학 유조선(tanker)으로 설계되었다. 또 다른 바지선은 사람이 탑승할 때까지 보이지 않을 수 있는 액화천연가스(LNG)를 실린더 내에 운반한다. 바지선은 위험물질, 차량 또는 철도가 들어갈 수 있는 부유형 창고(floating warehouse)로 사용할 수도 있다.

항공운송용 화물적재장치(Unit loading Device)

> **참고**
> 군용 항공기 또는 운송 차량은 위험물질을 포함한 모든 것을 수송하는 ISUs(Internal airlift and helicopter Slingable Units)를 싣고 있을 수 있다.

항공운송용 화물적재장치Unit Loading Device; ULD는 항공화물을 단일 운송 가능한 하나의 개체로 통합하는 데 사용되는 컨테이너 및 항공기 팔레트이다(그림 2.33). 항공운송용 화물적재장치ULD는 항공기 갑판 및 객실 칸(특히, 상업용 화물기)에 맞도록 설계되고 만들어지며, 경우에 따라 쌓을 수 있다. 위험물질이 용기 및 표식 요구사항을 포함하여 정부 법규에 맞게 실렸을 경우에 항공운송용 화물적재장치를 통해 운송될 수 있다.

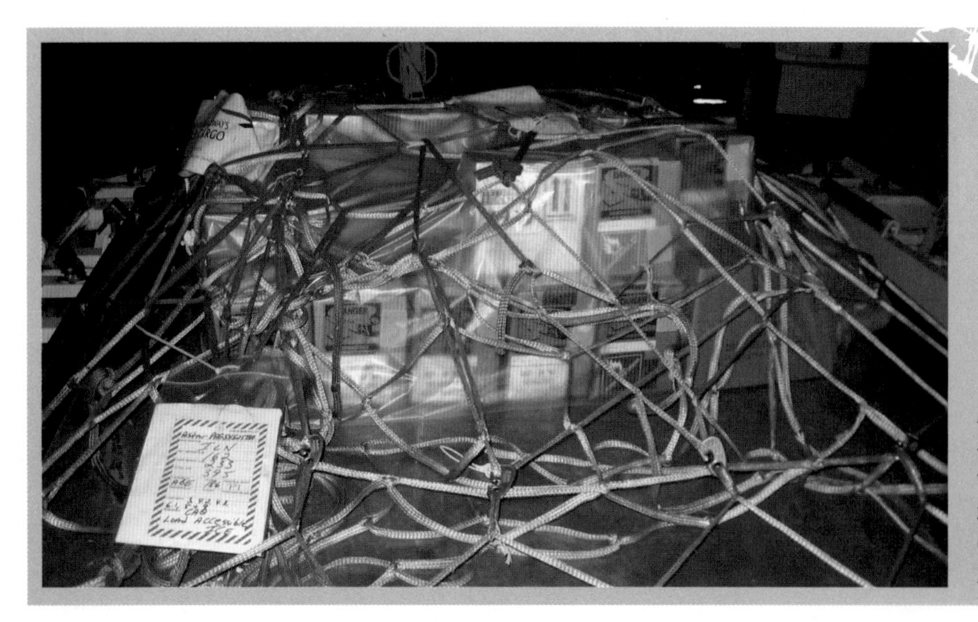

그림 2.33 항공화물용 화물적재장치(ULD)는 항공화물을 단일 운송 가능한 개체로 통합하는 데 사용된다. 위험물질이 포함된 화물적재장치는 반드시 적절하게 표지판(placard)과 표식(label)을 부착해야 한다. John Deyman 제공.

운송 표지판, 표식 및 표시

Transportation Placard, Label, and Marking

미국, 캐나다, 멕시코에서는 운송 중 위험물질을 식별하기 위해 **표지판**[11], **표식**[12] 및 표시marking 체계를 사용한다. 3개국 모두 UNUnited Nations에서 발행한 '위험화물 운송-모델 규정Transport of Dangerous Goods - Model Regulation(UN 권고안이라고도 함)' 체계를 사용한다. 따라서 운송 중인 위험물질을 식별하는 데 사용되는 표지판placard, 표식label, 표시marking가 몇몇의 특정 국가에서는 다르게 표현될지 모르겠지만, 미국, 캐나다, 멕시코에서는 매우 유사하다.

일반적으로 운송 표식은 비벌크 용기(포장)용으로 설계된 반면, 운송용 표지판은 벌크 용기(포장)용으로 설계되었다. 그들은 비슷해 보이고, 비슷한 정보를 전달한다. 그러나 이에 상응하는 표지판이 없는 특정한 고유의 표식이 있다.

UN의 체계하에서는 9가지 위험 분류hazard class가 위험물질을 분류하는 데 사용된다.

- 1류(Class 1): 폭발물(explosives)
- 2류(Class 2): 기체(gas)
- 3류(Class 3): 인화(가연)성 액체(flammable liquid)
- 4류(Class 4): 인화성 고체(flammable solid), 자연발화성 물질(substances liable to spontaneous combustion), 금수성 물질(substances that emit flammable gases on contact with water)

---

11 **표지판(Placard)** : 화재 위험, 생활 위험, 특수 위험 및 잠재적 반응성에 대해 대응요원에게 알리기 위해 위험물질을 운송하는 구조물 또는 차량의 양쪽에 부착하는 다이아몬드형의 기호(sign). 표지판은 물질의 기본 분류(primary class)를 나타내며, 경우에 따라서는 운송중(18 m^3 이상의 컨테이너에 한함)인 정확한 물질을 나타낸다.

12 **표식(Label)** : 4 in^2의 다이아몬드 모양의 표시는 위험물질이 들어 있는 개별운송 컨테이너에 대한 연방 법규(federal regulation)에 의해 요구되며, 크기는 18 m^3 미만임

- 5류(Class 5): 산화성 물질 및 유기과산화물(oxidizing substances and organic peroxide)
- 6류(Class 6): 독성 및 감염성 물질(toxic and infectious substance)
- 7류(Class 7): 방사성 물질(radioactive material)
- 8류(Class 8): 부식성 물질(corrosive substance)
- 9류(Class 9): 기타 위험성 물질 및 물품(miscellaneous dangerous substance and article)

대부분 북미의 초동대응자는 일차적으로 미 교통부DOT 또는 캐나다 교통부Transport Canada의 표지판, 표식, 표시를 다루기 때문에, 고유한 UN의 표지판은 이 절에서는 자세히 설명하지 않는다. 간략한 설명과 함께 UN 분류의 표지판 및 표식의 예는 '부록 B, UN 분류 표지판 및 표식'에 실었다. 다른 시스템과 관련된 표지판, 표식, 표시 및 색상(예: NFPA 704, 비상대응을 위한 위험물질 식별을 위한 표준 체계 및 군사 표시)은 '기타 표시 및 색상' 절에서 설명한다.

네 자리 식별번호(Four-Digit Identification Number)

위험 분류를 설정하는 것 외에도, UN은 각각의 위험물질에 특정한 네 자리의 번호(숫자)를 할당했다. 이 번호는 종종 화물 탱크, 이동식 탱크, 유조(탱크)차 또는 기타 컨테이너 및 포장으로 운송되는 물질과 관련있는 표지판, 오렌지색 패널(판) 및 특정 표시에 부여된다.

네 자리 식별번호ID는 그림 2.34의 세 가지 방법 중 하나로 벌크 용기에 표시해야 한다. 북미 지역에서는 다음의 컨테이너 및 포장에 반드시 식별번호를 표기해야 한다.

- 철도 유조(탱크)차
- 화물 탱크 트럭
- 이동식 탱크
- 벌크 용기
- 양에 관계없이 표 1의 물질[미 교통부(DOT) 도표 15 참조]
- 특정 비벌크 용기[예를 들면, 명시된 양의 유독 가스(poisonous gas)]

그림 2.34 UN 번호가 벌크 컨테이너[예: 화물 탱크 트럭 및 철도 유조(탱크)차] 및 특정 비벌크 컨테이너에 표시되는 방법의 예시이다.

비상대응지침서[13]는 노란색 테두리가 있는 부분의 네 자리 식별번호에 대한 실마리를 제공한다('3장, 위험물질 사고에서의 식별수준 대응' 참조). 따라서 네 자리 식별번호가 식별되면 초동대응자는 비상대응지침서ERG를 사용하여 관련된 해당 자료를 기반으로 적절한 초기 대응 정보를 파악할 수 있다. 네 자리 식별번호는 운송 문서에도 표시되며, 탱크 또는 운송 컨테이너 외부에 표시된 숫자와 일치해야 한다.

비상대응지침서ERG와 같은 일반적인 참고자료에는 네 자리 UN 식별번호가 모두 나와 있지 않다. 예를 들어, 비상대응지침서ERG는 1000 이하의 숫자를 포함하지 않는다. 미국에서는 전체 목록이 '49 CFR 172.101(법안)'에 포함되어 있다.

참고

DOT 번호(DOT numbers)로도 알려진 NA 번호(NA numbers)는 미 교통부에서 발급한다. UN 번호가 없는 일부 물질에는 NA 번호가 있을 수 있다는 것을 제외하고는 UN 번호와 동일하다. 이 추가적인 NA 번호는 NA8000~NA9999의 범위를 사용한다.

13 비상대응지침서(Emergency Response Guidebook; ERG) : 위험물질 표지판 및 표식 확인 시 비상상황(비상사태) 대응(response) 및 조사(inspection) 요원을 보조하는 매뉴얼. 또한 위험물질 사고 시 취할 초기대응지침을 제공한다. 캐나다 교통부(TC), 미 교통부(DOT), 멕시코 교통 및 교통사무국(SCT), CIQUIME(Centro de Información Química para Emergencias)이 공동 작업을 통해 공동 개발했다.

안전 경고(Safety Alert)

오렌지색 패널

협동일관수송(intermodal) 탱크와 컨테이너의 오렌지색 패널에 쓰여 있는 두 세트의 숫자에 혼동하지 말자. 네 자리 식별번호는 아래에 있다. 위에 있는 번호는 유럽 및 일부 남미 규정에서의 위험 식별번호(또는 코드)이다(그림 2.35). 이러한 숫자는 다음과 같은 위험 요소를 나타낸다.

2 - 압력 또는 화학반응에 의한 기체(가스) 배출
3 - 인화성 액체(증기) 및 기체(가스) 또는 자기가열 액체
4 - 인화성 고체 또는 자기가열 고체
5 - 산화 효과
6 - 독성 또는 감염 위험
7 - 방사능
8 - 부식성
9 - 기타 위험물질

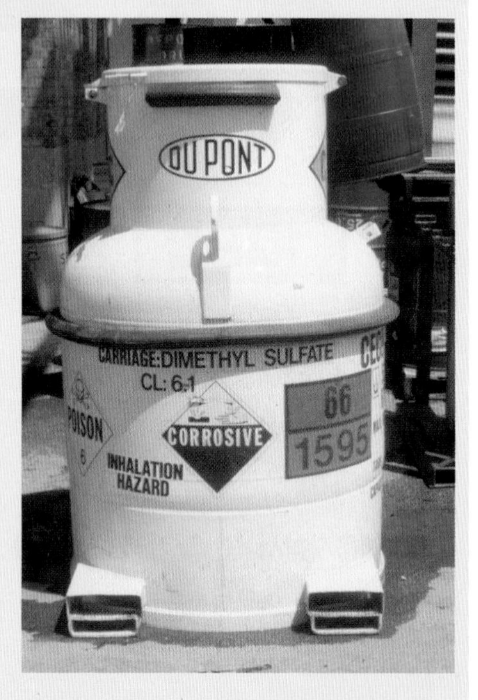

그림 2.35 UN 식별번호는 오렌지색 패널의 아래쪽에 있는 숫자이다. 위의 번호는 일부 유럽 및 남미에서 규정한 위험 식별번호(코드)이다. Rich Mahaney 제공.

숫자를 반복해서 쓰면(예를 들면 33, 44, 88) 해당 위험 요소의 강도가 높아진 것을 나타낸다. 물질과 관련된 위험 요소가 단일숫자로 표시되면 0이 뒤따른다(예를 들면 30, 40, 60). 문자 X가 붙은 위험 식별번호(예를 들면 X88)는 물질이 물과 위험하게 반응함을 나타낸다. 9가 두 번째 또는 세 번째 자리에 있다면 격렬한 자발적 반응을 일으킬 수 있는 위험물질이다.

표지판(Placard)

운송업체는 운송 컨테이너에 다이아몬드 모양의 색으로 구분된 기호를 부착하여 그 내용물을 알려준다. 각 위험 분류에는 내용물의 위험 분류를 나타내는 특정 표지판이 있다. 물질 위험 분류는 분류(또는 구분) 번호 또는 이름으로 표시된다. 그림 2.36은 운송 표지판transportation placard의 표준 크기(치수)와 운송 표지판이 전달하는 정보를 요약한 것이다. 표지판은 다음 유형의 컨테이너에서 볼 수 있다.

- 벌크 용기(포장)
- 철도 유조(탱크)차
- 화물 탱크차량
- 이동식 탱크
- 용량이 18 m^3를 초과하는 위험물질을 싣고 있는 항공운송용 화물적재장치(ULD)
- 특정 비벌크 컨테이너

아마도 하나 이상의 위험 또는 제품이 있음을 나타내는 표지판이 붙어 있는 컨테이너를 본적 있을 것이다. 그림 2.37은 미 교통부DOT의 '도표 15, 위험물질 표지판 부착 지침Chart 15, Hazardous Materials Placarding Guide'이다.

불행히도 부적절하게 표시했거나 표시를 지운 불법적인 운송물이 종종 존재한다. 이러한 운송물(수송품)에는 혼재할 수 없는 제품 및 지역, 주/도, 연방 법률에 위배되는 제품 또는 허가 없이 운송되고 버려지는 폐기물이 포함되어 있다.

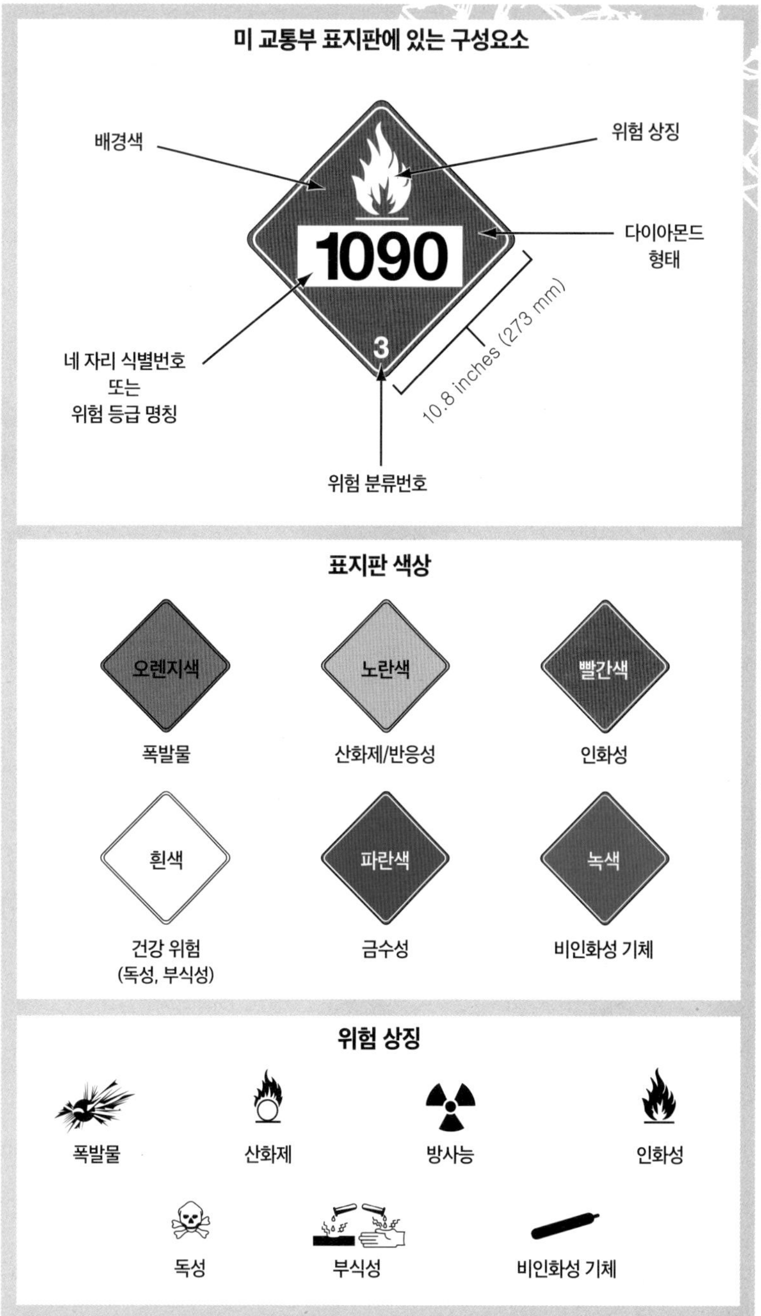

다음은 표지판placard에 관련된 중요한 사실들이다.

- 현물 운송 물질, 국내 운송용의 규제 물질(other regulated materials for domestic transport only; ORM-Ds), 무역 자재(materials of trade; MOTs), 제한된 수량, 소량의 용기(포장), 방사성 물질(백색 표식 I 또는 노란색 표식 II; 표식 부분 참조) 또는 비벌크 용기(포장)의 가연성 액체는 표지판 부착을 요구하지 않는다.

미 교통부 표지판에 있는 구성요소

배경색
위험 상징
1090
다이아몬드 형태
네 자리 식별번호 또는 위험 등급 명칭
10.8 inches (273 mm)
3
위험 분류번호

표지판 색상

오렌지색 — 폭발물
노란색 — 산화제/반응성
빨간색 — 인화성
흰색 — 건강 위험 (독성, 부식성)
파란색 — 금수성
녹색 — 비인화성 기체

위험 상징

폭발물
산화제
방사능
인화성
독성
부식성
비인화성 기체

그림 2.36 표지판은 물질이 가진 위험에 대한 많은 시각적 단서를 제공한다.

위험물질 경고 표지판
실제 표지판 크기: 모든 변에 최소 250 mm

1류 폭발물(Explosives)

* 분류 1.1, 1.2, 1.3의 경우, 필요한 경우 분류번호 및 호환성 그룹 문자를 입력한다(모든 양의 표지판에 해당). 분류 1.4, 1.5, 1.6의 경우, 필요한 경우 호환성 그룹 문자를 입력한다(표지판은 454 kg 이상 해당).

2류 기체(gas)

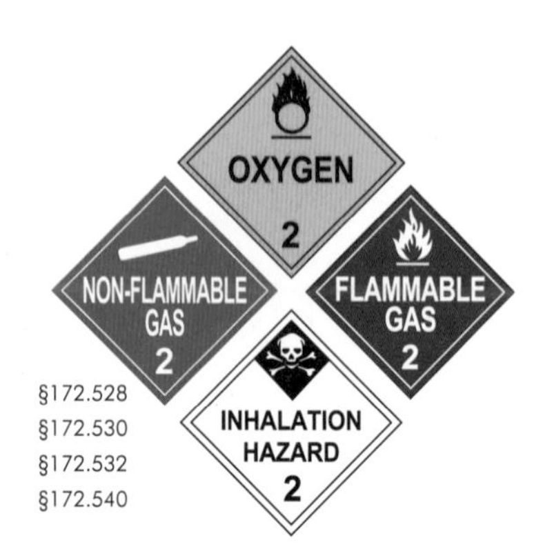

비인화성 기체의 경우, 산소(압축가스 또는 냉동 액체) 및 인화성 기체의 경우, 표지판은 총 무게가 454 kg 이상인 것이 해당된다. 독성 기체(poison gas)(분류 2.3)의 경우, 양에 상관 없이 표지판을 부착한다.

5류 산화제 및 유기과산화물
(Oxidizer & Organic Peroxide)

Organic Peroxide, Transition-2011 (rail, vessel, and aircraft)
2014 (highway)

§172.550, §172.552

산화제 및 유기과산화물의 경우(온도 조절된 유형 B 제외), 표지판은 454 kg 이상인 것이 해당된다. 유기과산화물(분류 5.2)의 유형 B(type B)의 표지판은 온도 조절된 모든 양이 해당된다.

6류 독성 물질(독성) 및 독성 흡입 위험
(Poison(Toxic) and Poison Inhalation Hazard)

§172.504(f)(10), §172.554, §172.555

독성(PG I 또는 PG II, 흡입 위험성 제외) 및 독성(PG III)의 경우, 표지판은 454 kg 이상이 해당된다. 독성 흡입 위험성(분류 6.1)은 흡입 위험의 경우에 모든 양에 대해 표지판이 해당된다.

안전은 소통에서 시작된다!

그림 2.37 미 교통부는 컨테이너에 게시될 수 있는 다양한 위험물질 표지판(placard)을 보여주는 도표(chart)를 가지고 있다.

3류 인화성 및 가연성 액체 (Flammable Liquid and Combustible Liquid)

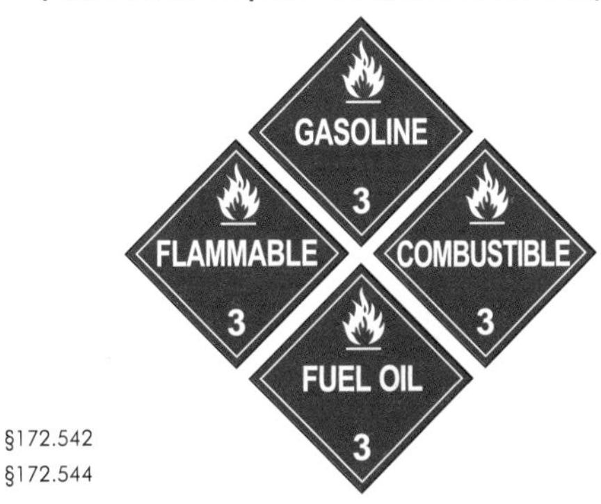

§172.542
§172.544

인화성의 경우, 표지판은 454 kg 이상이 해당된다. 가솔린은 고속도로로 가솔린을 운반하는 화물 탱크 또는 이동식 탱크에 표시된 인화성 표지판 대신 사용할 수 있다. 가연성 액체의 표지판은 벌크로 수송되는 경우이다. COMBUSTIBLE(가연성) 대신에 FLAMMABLE(인화성) 표지판 사용에 대해서는 §172.504(f)(2)를 참조하라. 고속도로에서 인화성 액체로 분류되지 않는 석유 연료를 운송하는 화물 또는 이동식 탱크에는 COMBUSTIBLE(가연성) 대신에 FUEL OIL(연료유) 표지판을 사용할 수 있다.

4류 인화성 고체(Flammable Solid), 자연발화성 (Spontaneously Combustible) 및 금수성 물질 (Dangerous When Wet)

§172.546, §172.547, §172.548

인화성 고체와 자연발화성 물질의 경우, 표지판은 454 kg 이상이 해당된다. 금수성 물질(dangerous when wet; 분류 4.3)의 위험성에 대해서는 모든 양에 대해 표지한다.

7류 방사능(Radioactive)

§172.556

어떤 양이든지 방사능 노란색-III (RADIOACTIVE YEllOW-III) 표식(label)이 있는 용기(포장)만 표지판을 부착한다. "전용" 용도의 특정 저준위 방사성 물질은 표식(label)을 부착하지 않지만, '§173.504(e) 표1 및 §173.427(a)(6)'에 따라 운송되는 저고유활성도 물질 및 표면 오염물질의 전용 운송의 경우에는 방사능 표지판이 필요하다.

8류 부식성(Corrosive)

§172.558

부식성 표지판의 경우, 표지판은 454 kg 이상이다.

9류 기타(Miscellaneous)

§172.560

국내 운송에는 필요하지 않다. 9류 물질이 들어 있는 벌크 용기에는 9류 표지판, 오렌지 패널, 또는 흰색 사각점 모양의 디스플레이에 적절한 번호가 표시되어야 한다.

제한량 표시 (Limited Quantity Marking)

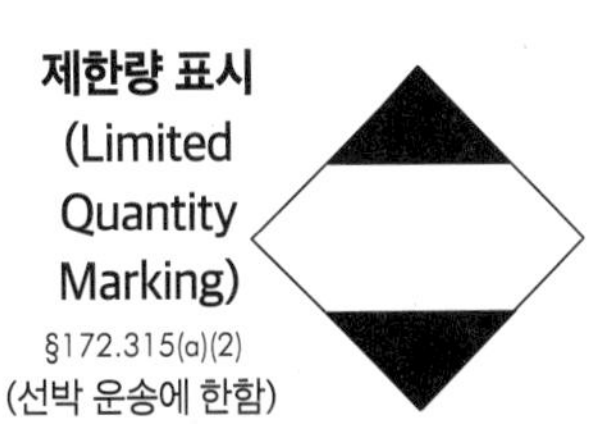

§172.315(a)(2)
(선박 운송에 한함)

위험(DANGEROUS)

§172.521

'§172.504(e)'에 명시된 두 개 이상의 카테고리가 있는 위험물질의 비벌크 용기(포장)가 포함된 화물 컨테이너, ULD, 운송 차량 및 철도차는 표 2에 각 물질에 요구되는 특정한 표지판 대신에 위험 표지판으로 표지되어야 한다. 그러나 1,000 kg 이상 또는 물질 카테고리에 한 개 이상이 저장 시설에 적재될 때 표 2에 명시된 표지판이 반드시 적용되어야 한다.

위험물질 경고 표식
실제 표지판 크기: 모든 변에 최소 100 mm

1류 폭발물(Explosives):
구분 1.1 , 1.2, 1.3, 1.4, 1.5, 1.6

2류 기체(gase):
구분 2.1, 2.2, 2.3

3류 인화성 및 가연성 액체
(Flammable Liquid and
Combustible Liquid)

§172.411

§172.405(b), §172.415, §172.416, §172.417

§172.419

* 호환성 그룹 문자를 포함한다.
* 구분 번호 및 호환성 그룹 문자를 포함한다.

6류 독성물질(독성) 및 독성 흡입 위험(Poison(Toxic) and Poison Inhalation Hazard): 구분 6.1 및 6.2

7류 방사능(Radioactive)

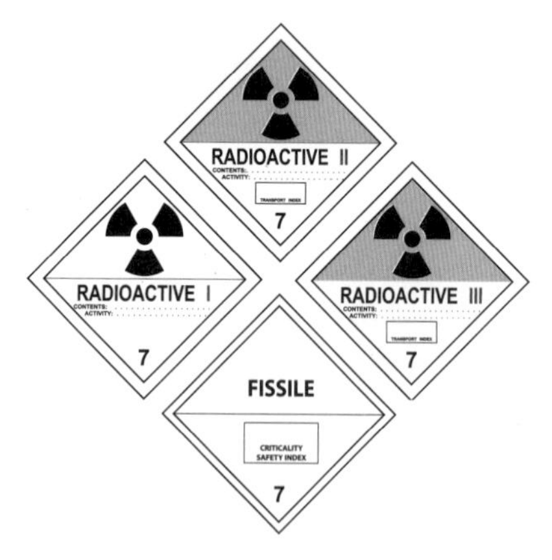

§172.323, §172.405(c), §172.429, §172.430, §172.432

§172.436, §172.438, §172.440, §172.441

규제 의료 폐기물(RMW)의 경우, 29 CFR 1910.1030(g)에 규정된 대로 OSHA 생물학 위험 표시(OSHA biohazard marking)가 사용되는 경우 외부 포장에 전염성 물질 표식이 필요하지 않다. RMW의 대량 용기(포장)에는 생물 위험(BIOHAZARD) 표시가 있어야 한다.

그림 2.38 미 교통부(Department of Transportation)는 용기(컨테이너)에 게시될 수 있는 다양한 위험물질 표지판(placards)을 보여주는 도표(chart)를 가지고 있다.

4류 인화성 고체(Flammable Solid),
자연발화성(Spontaneously Combustible)
및 금수성 물질(Dangerous When Wet):
구분 4.1, 4.2, 4.3

§172.420, §172.422, §172.423

5류 산화제 및 유기과산화물
(Oxidizer & Organic Peroxide)
구분 5.1, 5.2

§172.426, §172.427

8류 부식성(Corrosive)

§172.442

9류 기타(Miscellaneous)
위험물질

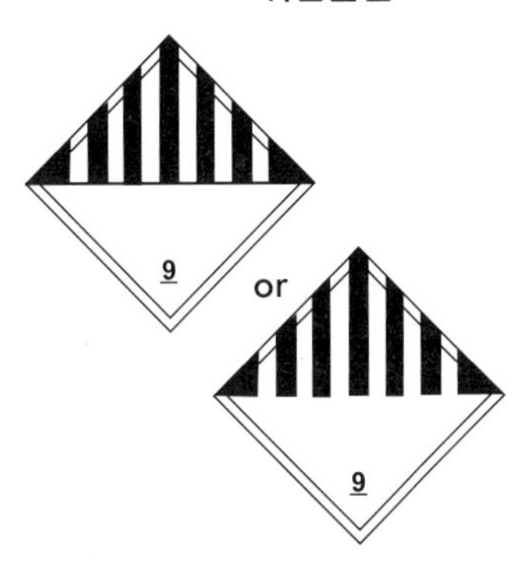

§172.446

항공 화물 전용
(Cargo Aircraft Only)

§172.448

표식 없음

표식 없음

§172.450

- 일부 민간 농업 및 군용 차량은 상당량의 위험물질을 운반하고 있지만 표지판을 달고 있지 않을 수 있다. 예를 들어, 농민들은 어떠한 표지판의 부착 없이 들판이나 농장으로 오고 가는 길에 비료, 살충제(농약) 및 연료를 운송할 수 있다.
- 물질의 주 또는 보조 위험 분류에 해당하는 위험 분류 또는 분류 번호는 표지판의 아래쪽 구석에 표시되어야 한다(그림 2.39).
- 위험(DANGEROUS) 표지판은 서로 다른 표지판을 요구하는 위험물질이 두 개 이상인 비벌크 용기(포장)를 실은 운송 차량의 혼합 적재에 사용된다(그림 2.40).
- 7류(Class 7) 또는 위험(DANGEROUS) 표지판 이외에 위험을 나타내는 문자[예를 들어 FLAMMABLE(인화성)]는 필요하지 않다. 특정 ID 번호가 표시된 경우에만 문자가 산소 표지판에서 생략될 수 있다.
- 운전자는 차량의 위험물질에 대해 다양한 수준의 정보를 보유할 수 있다.
- 컨테이너는 "깨끗한(clean)" 것으로 인증될 때까지는 "비어 있는(empty)" 것처럼 보이더라도 표지판이 있을 수 있다.

그림 2.39 표지판의 아래쪽 모서리에는 물질의 주 또는 보조의 위험 분류에 해당하는 위험 분류(hazard class) 또는 분류 번호(division number)가 표시된다.

그림 2.40 위험(DANGEROUS) 표지판은 차량에 서로 다른 표지판이 필요한 두 개 이상의 위험물질을 비벌크 용기(포장)에 포함하고 있음을 나타낸다. Rich Mahaney 제공.

표식(Label)

표식은 차량 표지판과 유사한 정보를 제공한다. 표식은 100 mm의 정마름 모형이며, 담당 부서장은 포장 내에 위험물질을 식별하는 문자를 쓰지 않았을 수 있다. 그림 2.38의 미 교통부DOT의 '도표 15, 위험물질 표식 가이드Chart 15, Hazardous Materials Labeling Guide'에 나와 있다.

7류Class 7 방사능 표식radioactive label은 항상 문자를 포함해야 한다. 9가지 위험 분류hazard classe와 보조 분류subdivision에 대한 대부분의 표식은 본질적으로 해당하는 상응하는 표지판과 동일하다.

두 개 이상의 표식이 있는 용기(포장)에는 하나의 위험 또는 제품보다도 더 많은 표식이 있다. 이러한 용기는 하나 이상의 위험분류 정의를 충족하는 물질에 대한 주 표식과 보조 표식을 포함한다. 그림 2.41에서 독성 표식은 주 표식primary label이며, 반면 인화성 액체 표식은 보조 표식subsidiary label이다.

"화물 항공기 전용Cargo Craft Only" 표식은 특별한 위험 분류와 관련이 없다. 이 표식은 여객기로 운송할 수 없는 물질을 표시하는 데 사용된다.

그림 2.41 독성 표식은 주 표식(위쪽과 왼쪽)이며, 인화성 액체 표식은 보조 표식이다.

표시(Marking)

표시는 서술적 이름, 식별번호, 무게, 세부사항을 나타내며, 위험물질의 외부 용기(포장)에 필요한 지침, 주의사항 또는 UN 표시를 포함한다. 그러나 이 절에서는 미 교통부DOT 도표 15에 있는 표시만을 보여준다(그림 2.42). 협동일관수송 용기, 탱크차 및 기타 용기(포장)에 관한 표시는 이후의 장에서 논의한다.

고온 물질에 대한 "고온Hot" 표시에 주목해야 한다. 용융 유황molten sulfur 및 용융 알루미늄molten aluminum과 같은 온도가 상승된 물질은 열의 형태로 열 위험을 일으킬 수 있다(그림 2.43). 예를 들어, 용융 알루미늄은 일반적으로 온도 705℃ 이상으로 운송된다. 초동대응자는 이러한 물질 주변이 불 붙지 않도록 반드시 매우 신중해야 한다. 용융 알루미늄 및 기타 고온 재료는 인화성 및 연소성 물질(목재 포함)을 점화시킬 수 있다. 고온의 물질 주위에서 작업(일)을 할 때는 높은 대기 온도로 인하여 개인 보호장비 착용의 부작용을 증가시킬 수 있다('8장, 개인보호장비' 참조).

미 교통부DOT는 운송용 또는 벌크 용기(포장)로 운송되는 **고온 물질**[14]을 다음의 특성으로 정의한다.

- 100℃ 이상의 온도에서 액체상태(액상) 물질
- 운송을 위해 의도적으로 가열시켜 인화점 이상으로 운송되는 인화점이 38 ℃ 이상인 액체상태(액상) 물질
- 240℃ 이상의 고온에서 고체상태 물질

그림 2.43 "고온(Hot)"이라고 표시된 물질은 고온에서 운송되므로 화상 위험물로 취급해야 한다. Rich Mahaney 제공.

14 **고온 물질(Elevated Temperature Material)** : 운송 목적 또는 벌크 용기(포장)로 운송되는 물질로 (a) 액상(liquid phase)이며 100℃ 이상의 온도인 것, (b) 의도적으로 38℃의 액상 인화점 이상으로 가열된 것, (c) 고체상으로 240℃ 이상의 온도인 것

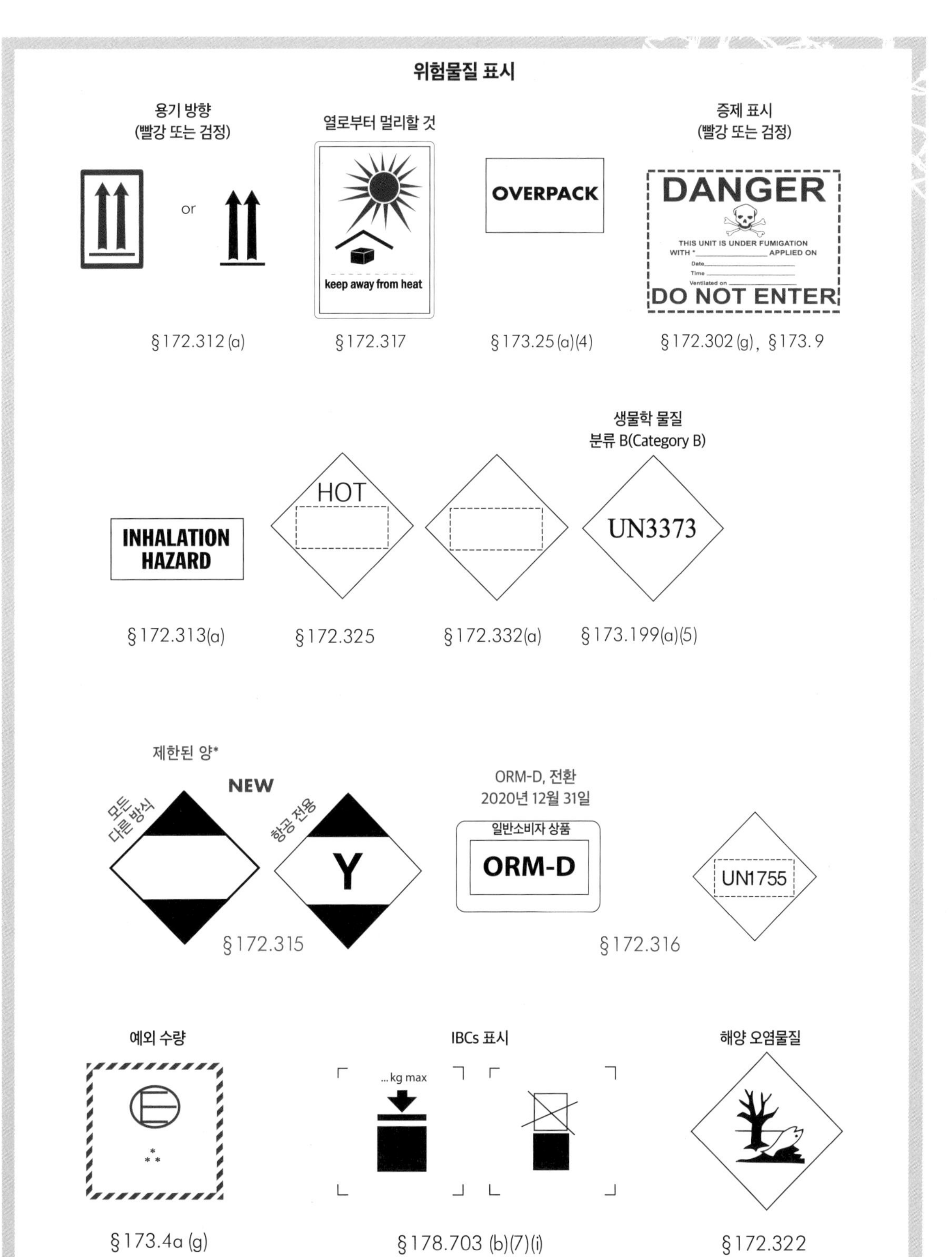

* 제한량 표시(limiled quantity marking)는 항공에 의한 운동 시 제한되는 양(Y표시)을 충족하거나 육상에 의한 운송 시 제한되는 양(Y표시가 아님)을 충족하는 요구사항에 부합되는 용기에 표시한다. 항공기로 장거리 운송을 해야하는 요구사항을 충족하는 Y표시가 있는 용기(포장)는 모든 수단으로 운송될 수 있다. 경우에 따라서 용기(포장)가 항공 운송과 관련된 모든 요구 사항(예: UN0012, UN0014, UN0055)을 충족하는 경우 표면 표시가 있는 패키지(Y표시 없음)도 항공 운송에 사용할 수 있다.

그림 2.42 미 교통부 위험물질 표시(hazmat marking)

캐나다의 표지판, 표식, 표시

Canadian Placard, Label, and Marking

캐나다 교통부 및 위험화물 운송법Dangerous Goods Act은 캐나다의 운송 표지판, 표식, 표시를 규율한다. 미국 HMR(위험물질 법령)과 마찬가지로 캐나다의 위험화물 운송법Dangerous Goods Act도 UN 권고안을 기반으로 하며, 따라서 매우 유사하다. 두 나라의 9가지 위험 분류hazard class는 동일하다. 표 2.5는 캐나다의 표지판, 표식, 표시를 유형별로 나누어 보여주고 있다. 그러나 캐나다와 미국의 표지판, 표식, 표시 사이에는 다음과 같은 약간의 차이가 있다.

- 대부분의 캐나다 운송 표지판에는 신호어(signal word)가 쓰여 있지 않다.
- 표식(label)과 표시(marking)는 영어와 불어 모두 가능하다.
- 캐나다는 무수 암모니아(anhydrous ammonia) 및 흡입 위험(inhalation hazard) 각각에 대한 고유한 표지판를 가지고 있다.
- 방사선 표시판에는 네 자리 숫자의 UN 번호가 있을 수 있다.

멕시코의 표지판, 표식, 표시

Mexican Placard, Label, and Marking

캐나다와 미국과 마찬가지로 멕시코의 운송 표지판, 표식, 표시는 UN 권고사항을 기반으로 하며, 동일한 위험 분류 및 하위 구분을 가지고 있다. 사실 멕시코는 흡입 표지판inhalation placard을 사용하지 않지만, 캐나다와 멕시코 표지판과 표식은 사실상 동일하다. 그러나 국제 법규는 위험물질 고유의 위험이나 취급 시 주의사항에 연관이 있는 문자(분류 또는 구분 번호는 제외)를 기호symbol 아래에 넣도록 허용하기 때문에, 멕시코의 표지판 및 표식은 스페인어로 된 문자가 들어 있을 수 있다(그림 2.44).

마찬가지로 표시에 제공된 정보도 스페인어로 작성되어 있다. 멕시코 또는 미국/멕시코 국경에서 영어 소통자인 초동대응자는 peligro[스페인어=danger(위험)]와 같은 보다 일반적인 스페인 위험 경고 용어에 익숙해져야 한다.

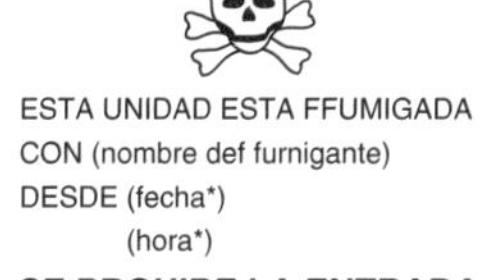

그림 2.44 멕시코의 표지판 및 표식에는 스페인어로 된 문자가 있을 수 있다. 영어로 소통하는 대응요원은 용기(포장) 또는 컨테이너의 내용물과 관련된 위험에 대한 정보를 제공하는 기호, 모양 및 색상을 인식할 수 있어야 한다.

표 2.5
캐나다 운송 표지판, 표식, 표시

표지판	설명
1류: 폭발물(Explosives)	
 표지판 및 표식	**1.1류** - 대규모 폭발 위험(mass explosion hazard)
 표지판 및 표식	**1.2류** - 대규모 폭발 위험은 아닌 사출 위험(projection hazard but not a mass explosion hazard)
	**1.3류** - 화재 위험과 경미한 충격파 위험이나 경미한 사출 위험 또는 둘 모두가 있지만 대규모 폭발 위험은 없는 것
 표지판 및 표식	**1.4류** - 운송 도중 점화하거나 시동 시 용기(포장)를 벗어나는 심각한 위험은 없음 * 호환성 그룹 문자
 표지판 및 표식	**1.5류** - 대규모 폭발 위험이 있는 매우(very) 둔감한 물질
 표지판 및 표식	**1.6류** - 대규모 폭발 위험이 있는 극도로(extremely) 둔감한 물질
2류: 기체(Gas)	
 표지판 및 표식	**2.1류 - 인화성 기체(flammable gas)**
 표지판 및 표식	**2.2류 - 불연성 및 무독성 기체(nonflammable and nontoxic gas)**
2류: 기체(Gas)	
	**2.3류** - 독성 기체(toxic gas)
 표지판 및 표식	무수 암모니아(anhydrous ammonia)
 표지판 및 표식	산화성 기체(oxidizing gas)
3류: 인화성 액체(Flammable Liquids)	
 표지판 및 표식	**3류** - 인화성 액체(flammable liquid)
4류: 인화성 고체, 자연발화성 물질 및 금수성 물질(물과 접촉 시 가연성 가스를 방출하는 물질, 물-반응성 물질)[Flammable Solids, Substances Liable to Spontaneous Combustion, and Substances that on Contact with Water Emit Flammable Gases(Water-Reative Substances)]	
 표지판 및 표식	**4.1류** - 인화성 고체(flammable solid)
 표지판 및 표식	**4.2류** - 자연발화성 물질(substances liable to spontaneous combustion)
 표지판 및 표식	**4.3류** - 금수성 물질(water-reactive substance)
5류: 산화성 물질 및 유기과산화물 (Oxidizing Substances and Organic Peroxides)	
 표지판 및 표식	**5.1류** - 산화성 물질(oxidizing Substance)

표 2.5 (계속)

5류: 산화성 물질 및 유기과산화물 (Oxidizing Substances and Organic Peroxides) (계속)

표지판/표식	설명
 표지판 및 표식	**5.2류** - 유기과산화물(organic peroxide)

6류: 독성 및 전염성 물질(Toxic and Infectious Substances)

표지판/표식	설명
 표지판 및 표식	**6.1류** - 독성 물질(toxic substance)
 표식만 사용	**6.2류** - 전염성 물질(infectious substance) 표식 내 문자: INFECTIOUS(전염성) In case of damage or leakage, Immediately notify local authorities AND INFECTIEUX En cas de Dommage ou de fuite communiquer Immédiatement avec les autorites locales ET CANUTEC(Canadian Transport Emergency Centre, 캐나다 운송 비상센터) (피해 또는 누출 시, 즉시 지자체 및 CANUTEC에 알리세요.) 613-996-6666(전화번호)
 표지판만 사용	**6.2류** - 전염성 물질(infectious substance)

7류: 방사성 물질(Radioactive Materials)

표지판/표식	설명
 표식 및 선택적 표지판	**7류** - 방사성 물질(radioactive materials) 구분 1(Category I) - 백색 RADIOACTIVE(방사능) CONTENTS(내용물) …… CONTENU ACTIVITY(활성도) ……… ACTIVITÉ
 표식 및 선택적 표지판	**7류** - 방사성 물질(radioactive material) 구분 2(Category II) - 노랑 RADIOACTIVE(방사능) CONTENTS(내용물) …… CONTENU ACTIVITY(활성도) ……… ACTIVITÉ INDICE DE TRANSPORT INDEX

7류: 방사성 물질(Radioactive Materials)

표지판/표식	설명
 표식 및 선택적 표지판	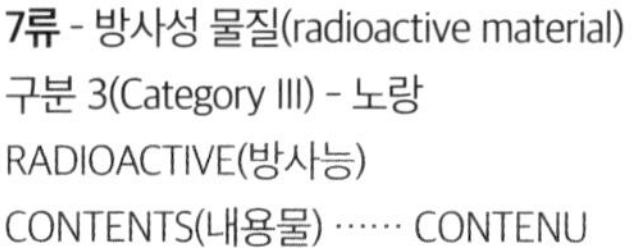 **7류** - 방사성 물질(radioactive material) 구분 3(Category III) - 노랑 RADIOACTIVE(방사능) CONTENTS(내용물) …… CONTENU ACTIVITY(활성도) ……… ACTIVITÉ INDICE DE TRANSPORT INDEX
 표지판	**7류** - 방사성 물질(radioactive material) '방사능(Radioactive)'이라는 문자 사용은 선택적임

8류: 부식성 물질(Corrosives)

표지판/표식	설명
  표지판 및 표식	**8류** - 부식성 물질(corrosives)

9류: 기타 위험성 물질 및 물품 (Miscellaneous Product, Substance, or Organism)

표지판/표식	설명
 표지판 및 표식	**9류** - 기타 위험성 물질 및 물품 (miscellaneous product, substance, or organism)

기타 표지판, 표식 및 표시(Other Placard, Label, and Marking)

표지판/표식	설명
DANGER	**위험 표지판(Danger Placard)**
	**고온 기호(Elevated Temperature Sign)**
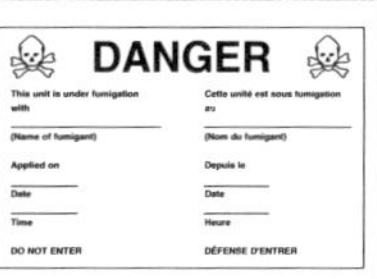	**훈증 기호(Fumigation Sign)** 문자는 영어와 프랑스어를 동시에 사용함
 MARINE POLLUTANT	**해양 오염물질 표시(Marine Pollutant Mark)** 사용 문자는 해양 오염물질(영문으로 MARINE POLLUTANT 또는 POLLUANT MARIN)

기타 표시 및 색상

Other Marking and Color

미 교통부DOT의 표지판, 표식, 표시에 더하여, 여러 가지 다른 표시, 표시 체계, 표식, 표식 체계, 색상, 색상 코드 및 기호는 고정된 시설, 파이프라인, 배관 설비 및 다른 컨테이너에 위험물질의 존재를 나타낼 수 있다. 이러한 다른 표시는 고정시설 탱크 바깥에 스텐실된 '염소chlorine'라는 단어처럼 간단할 수도 있고, 또는 표식, 표지판, 비상연락 정보 및 색상 코드의 고유한 조합을 사용하여 '특정 장소 위험성 전달 체계site-specific hazard communication system'처럼 복잡할 수도 있다(그림 2.45). 일부 컨테이너에는 특별한 정보(예를 들면, '냄새' 없음)가 표시될 수도 있다. 즉, 제품 자체가 강렬한 냄새가 나지 않음을 의미한다. 일부 고정시설 컨테이너에는 제품, 수량 및 기타 관련 정보에 대한 세부 정보를 제공하는 사이트 또는 비상 계획emergency plan에 해당하는 식별번호identification number가 있을 수 있다.

이 절에서는 북미 지역에서 가장 일반적으로 사용하는 전문적인 체계를 설명한다.

- NFPA 704 체계
- GHS(Globally Harmonized System)
- 위험물질 정보 체계(HMIS) 및 기타 미국 위험 소통(Hazard Communication) 표식 및 표시
- 캐나다 작업장 위험물질 정보 체계(Canadian Workplace Hazardous Materials Information System)
- 멕시코 위험 소통 체계(Mexican Hazard Communication System)
- CAS® 번호(CAS® numbers)
- 군사 표시

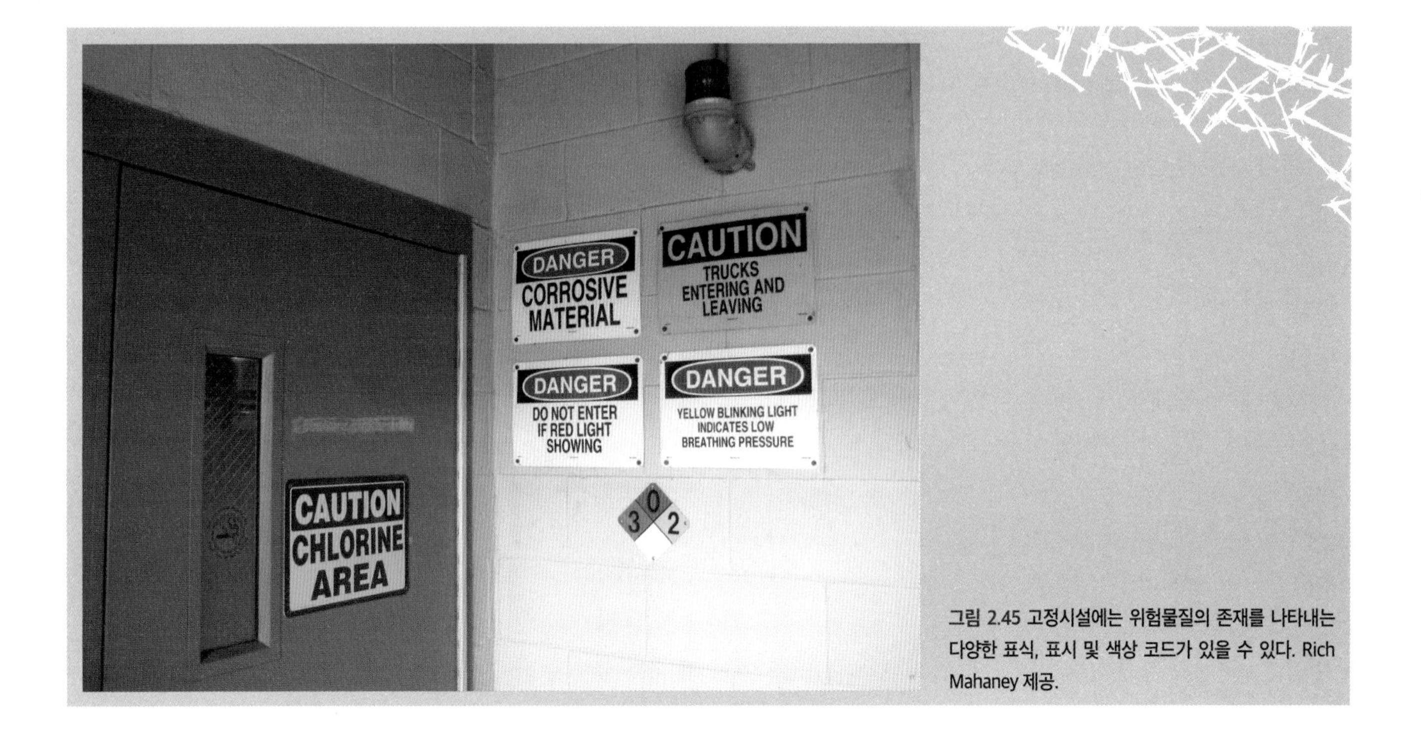

그림 2.45 고정시설에는 위험물질의 존재를 나타내는 다양한 표식, 표시 및 색상 코드가 있을 수 있다. Rich Mahaney 제공.

- 살충제 표식
- 기타 상징 및 기호
- ISO 안전 상징
- 색상 코드

NFPA 704 체계(NFPA 704 System)

'NFPA 704, 비상대응을 위한 위험물질 식별을 위한 표준 체계NFPA 704, Standard System for the Identification of the Hazards of Materials for Emergency Response'의 정보는 상업, 제조, 기관 및 기타 고정 보관 시설에서 위험물질의 존재를 나타내는 널리 인정받는 수단을 제공한다. 이 체계는 일반적으로 위험물질이 포함된 모든 작업장에 대한 지역(지자체) 법령(조례)을 사용한다. NFPA 704는 화재, 유출 또는 유사한 비상상황으로 인한 단기간의 급성 노출acute exposure로 나타날 수 있는 건강, 인화성, 불안정성instability 및 관련 위험[특히 산화제 및 물-반응성 물질(금수성)]에 대해 비상대응요원에게 경고하기 위해 고안되었다.

NFPA 704의 한계점

NFPA 704 표시는 매우 유용한 정보를 제공하지만, 체계에는 한계가 있다. 예를 들어, NFPA 다이아몬드는 특정 화학물질의 존재 또는 화학물질의 특정 양을 정확하게 알려주지 않는다. 또한 기호가 건물, 구조 또는 개별 컨테이너가 아닌 저장 장소와 같은 구역에 사용될 때에는 위험물질의 위치를 정확하게 알려주지 않는다. 물질의 확실한 식별은 컨테이너 표시, 직원 정보, 회사 기록 및 사고 사전 조사(preincident survey)와 같은 다른 수단을 통해 이루어져야 한다.

참고

NFPA 704 체계는 북미 이외의 국가에서 다르게 사용될 수 있다. 예를 들어 운송 컨테이너(transportation container)에 NFPA 704 기호가 사용될 수 있다.

구체적으로, NFPA 704 체계는 0에서 4까지의 등급 체계를 사용한다. 숫자 0은 위험 요소가 가장 적지만 숫자 4는 심각한 위험 요소를 나타낸다. 등급은 건강, 인화성 및 불안정성(반응성 가능)의 세 가지 범주로 지정된다. 등급 번호는 다이아몬드 모양의 표시 또는 기호로 나열된다. 건강 등급은 파란색 배경에, 인화성 위험 등급은 빨간색 배경에, 불안정성 위험 등급은 노란색 배경에 표시된다(그림 2.46). 대안으로 각 등급이 위치한 배경은 대조적인 색상일 수 있으며, 숫자(0~4)는 적절한 색상(파란색, 빨간색, 노란색)으로 나타낼 수 있다.

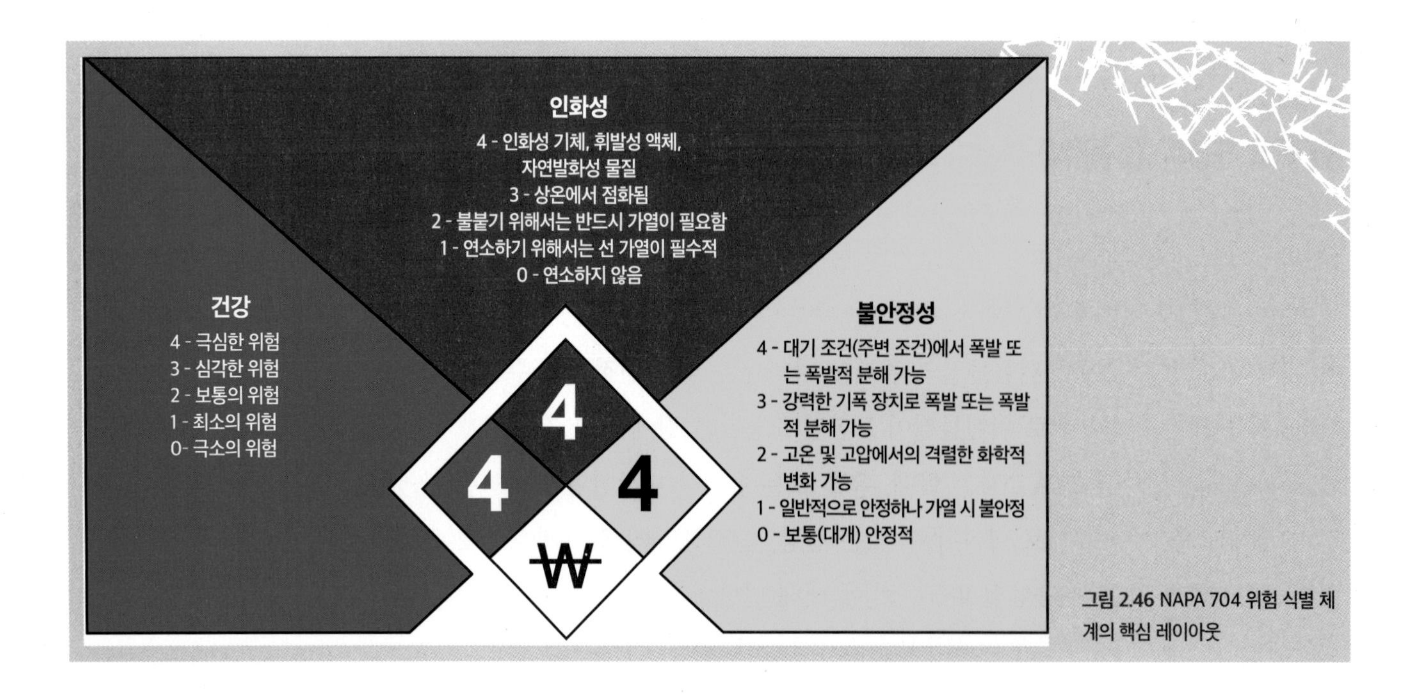

그림 2.46 NAPA 704 위험 식별 체계의 핵심 레이아웃

특별한 위험 요소는 6시 방향에 있으며, 배경색은 지정되어 있지 않다. 그러나 흰색이 가장 일반적으로 사용된다. 미 국가소방협회NFPA에 의해 이 위치에서 사용할 수 있는 특수 위험 기호는 현재 두 가지뿐이다. 문자 'W'는 물과의 비정상적인 반응성(물과의 반응성)을 나타내고, 'OX'는 해당 물질이 산화제임을 나타낸다. 그러나 흰색 사분면에 다른 기호가 표시될 수 있는데, 예를 들면 삼엽형 방사선 기호 같은 것이다. 여러 가지 특별한 위험special hazard이 있는 경우 여러 기호가 표시될 수 있다.

주의(CAUTION)

NFPA 704 다이아몬드는 현장의 각 유형별 최악의 위험 수준을 전달할 것이다. 이때 이 위험들이 모두 동일한 물질에서 나오는 것은 아니다.

GHS(Globally Harmonized System)

미국을 비롯한 전 세계 여러 나라는 **GHS**[15](화학물질 분류 및 표시에 대한 국제일치화체계)를 제정했다. GHS의 목적은 건강health, 신체physical 및 환경environmental 유해성hazards에 따라 화학물질을 분류하고, 호환성이 있는 위험 표식, 직원을 위한 **안전보건자료**[16][과거의 물질안전보건자료(MSDS)], 결과적인 분류에 기초한 위험 정보 전달의 사용을 장려하기 위한 공통되고 일관된 기준을 촉진하는 것이다. '부록 C'에는 GHS에 대한 심층 요약을 실었다.

GHS의 몇 가지 주요한 일치화된 정보 요소는 다음과 같다.

- 유해화학물질 및 혼합물의 단일 형태로의 분류
- 단일 형태의 표식의 표준
  - 표식 요소의 할당

15 **GHS(Globally Harmonized System of Classification and labeling of Chemical, 화학물질 분류 및 표시에 대한 국제일치화체계)** : 보건안전자료(Safety Data Sheets)와 같은 화학물질 및 기타 위험 정보에 대한 국제 분류 및 표식 체계(international classification and labeling system)

16 **보건안전자료(Safety Data Sheet; SDS)** : 화학물질 제조사, 유통업자 및 수입업자가 제공하는 형식으로, 화학적 구성, 물리적 및 화학적 특성, 건강 및 안전 위험, 비상대응 절차 및 폐기물 처리 절차에 대한 정보를 제공함

표 2.6
화학물질 분류 및 표시에 대한 국제일치화체계

 인화성/화재 위험	 산화제	 폭발물 또는 폭발 위험	 부식성	 압축 기체
 경고	 환경 위험	 독성	 다양한 건강 위험	

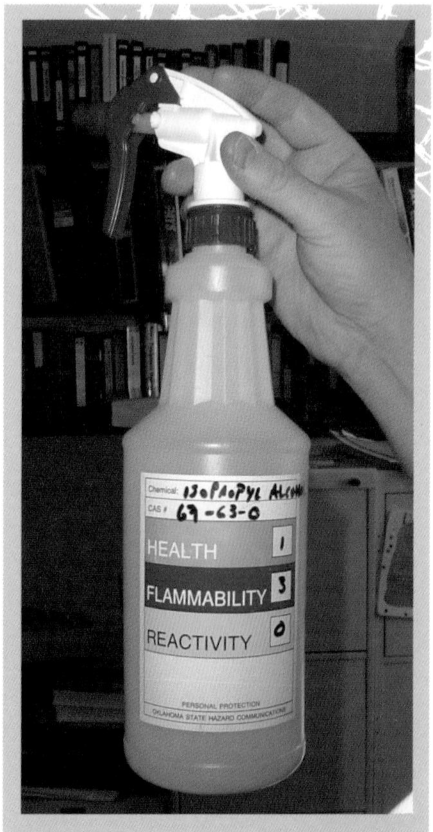

그림 2.47 미 직업안전보건관리국(OSHA) 위험전달표준(HCS)은 고용주가 작업장에서의 위험을 인식하도록 요구한다. 초동대응자는 고용주가 자신의 영역에서 사용하는 다양한 식별 체계를 접하게 될 것이다.

- 기호 및 그림문자(표 2.6)
- 신호어: 위험(danger, 가장 심각한 위험 범주) 및 경고(warning, 덜 위험한 범주)
- 위험 문구
- 예방조치 문구 및 그림 문자
- 제품 및 공급 업체 식별
- 정보의 여러 위험요소 및 우선순위
- GHS 표식 요소를 제시하기 위한 배열
- 특별 표식 조정 요소

• 단일형태의 안전보건자료(SDS) 내용 및 형식

위험물질 정보 체계 및 기타 미국 위험전달 표식 및 표시(HMIS and Other U.S. Hazard Communication label and Marking)

미국 직업안전보건관리국OSHA의 위험전달표준Hazard Communication Standard; HCS은 고용주가 작업장에서 위험을 식별하고 직원에게 위험 식별 방법을 교육하도록 요구한다. 또한 고용주는 모든 위험물질hazmat 컨테이너에 적절한 위험 경고와 함께 컨테이너에 담긴 물질을 식별할 수 있는 표식, 태그, 또는 표시가 되어 있는지 확인할 필요가 있다. 표준은 어떤 체계를 사용해야 한다는 기준은 없고, 개별 사용자에 의해 결정된다. 초동대응자는 각 관할 구역에서 다양한(때로는 고유한) 표식 및 표시 체계를 접할 수 있다(그림 2.47). 사고 사전 조사preincident survey를 실시하면 대응요원이 이러한 체계를 식별하고 이해하는 데 도움이 된다.

위험물질 정보 체계Hazardous Materials Information System; HMIS는 위험전달표준을 준수하기 위해 미국코팅협회에서 개발한 독점적인 체계이다. 이것은 NFPA 704와 유사한 수치 등급 및 색상 코드 체계를 사용하여 제품의 상대 위험 요소를 직원에게 전달한다.

캐나다 작업장 위험물질 정보 체계(Canadian Workplace Hazardous Material Information System)

미국 위험전달표준HCS과 마찬가지로 캐나다 작업장 위험물질 정보 체계Canadian Workplace Hazardous Material Information System; WHMIS에서는 유해 제품에 적절한 표시와 보건안전자료SDS에 의한 요구사항을 설명한다. 위험전달표준HCS과 마찬가지로 캐나다 고용주가 '작업장 위험물질 정보 체계WHMIS'의 요구사항을 충족시키기 위한 방법에는 여러 가지가 있지만 두 가지 유형의 표식이 가장 일반적으로 사용된다. 공급업체 표식supplier label과 작업장 표식workplace label이다(그림 2.48). 이 표식에는 제품 이름, SDS를 사용할 수 있다는 언급 및 표식 유형에 따라 달라질 기타 정보(공급자 표식에는 공급자에 대한 정보가 포함된다)와 같은 정보를 포함한다. 표 2.7은 GHS로 대체되는 '구 작업장 위험물질 정보 체계의 상징 및 위험 분류old WHMIS symbols and hazard classes'를 보여준다.

WHMIS 2015 표식(Label)

❶ **제품 식별명(Product Identifier)**
컨테이너 및 보건안전자료(SDS)에 표시된 제품 이름 그대로 표기

❷ **위험 그림문자(Hazard Pictogram)**
위험 그림문자는 제품의 위험 분류에 따라 결정된다. 어떤 경우에는 그림이 필요하지 않다.

❸ **신호어(Signal Word)**
"위험(Danger)"또는 "경고(Warning)"는 위험을 강조하고 위험의 심각성을 나타내는 데 사용된다.

❹ **위험 문구(Hazard Statement)**
제품의 위험성 분류에 근거한 모든 위험에 대한 표준화된 문구(언급)

❺ **예방조치 문구 (Precautionary Statement)**
이 문구는 보호 장비 및 비상조치를 포함하여 제품에 대한 부작용을 최소화하거나 예방하기 위한 권장 조치를 설명한다.

❻ **공급자 식별명(Supplier Identifier)**
제품을 제조, 포장, 판매, 수입한 회사로서 표식 및 보건안전자료(SDS)에 대한 책임을 진다.

❼ **안전 취급 예방조치 (Safe Handling Precaution)**
그림문자 또는 기타 공급자 표식 정보를 포함할 수 있다.

❽ **안전보건자료에 대한 언급 (Reference to SDS)**
가능하다면 제공

공급업체 표식

1 **Product K1 / Produit K1**

2

3 **Danger**	**Danger**
4 Fatal if swallowed. Causes skin irritation.	Mortel en cas d'ingestion. Provoque une irritation cutanée.
5 **Precautions:**	**Conseils :**
Wear protective gloves.	Porter des gants de protection.
Wash hands thoroughly after handling.	Se laver les mains soigneusement après manipulation.
Do not eat, drink or smoke when using this product.	Ne pas manger, boire ou fumer en manipulant ce produit.
Store locked up.	Garder sous clef.
Dispose of contents/containers in accordance with local regulations.	Éliminer le contenu/récipient conformément aux règlements locaux en vigueur.
IF ON SKIN: Wash with plenty of water.	EN CAS DE CONTACT AVEC LA PEAU : Laver abondamment à l'eau.
If skin irritation occurs: Get medical advice or attention.	En cas d'irritation cutanée : Demander un avis médical/consulter un médecin.
Take off contaminated clothing and wash it before reuse.	Enlever les vêtements contaminés et les laver avant réutilisation.
IF SWALLOWED: Immediately call a POISON CENTRE or doctor.	EN CAS D'INGESTION : Appeler immédiatement un CENTRE ANTIPOISON ou un médecin.
Rinse mouth.	Rincer la bouche.

6 ABC Chemical Co., 123 rue Anywhere St., Mytown, ON N0N 0N0 (123) 456-7890

작업장 표식*

1 **Product K1**

7 **Danger**

Fatal if swallowed. Causes skin irritation.

Wear protective gloves (neoprene). Wash hands thoroughly after handling. Do not eat, drink or smoke when using this product.

8 See SDS for more information.

* 요구 사항은 다를 수 있다. 해당 지역의 관할 기관에 문의하라.

CCOHS.ca 1-800-668-4284
Canadian Centre for Occupational Health and Safety
WHMIS.org

그림 2.48 캐나다 고용주는 작업장 위험물질 정보 체계(WHMIS) 요구사항을 충족시키기 위해 공급업체 표식 또는 작업장 표식 중 하나를 사용한다.

표 2.7
구 작업장 위험물질 정보 체계(old WHMIS) 상징(기호) 및 위험 분류

상징(기호)	위험 분류	설명
	A종: 압축 기체 (Compressed Gas)	내용물이 고압 하에 있음; 가열, 떨어뜨림 또는 손상 시 실린더가 폭발할 수 있음
	B종: 인화성 및 가연성 물질 (Flammable and Combustible Material)	열, 스파크 또는 화염에 노출되면 화재가 발생할 수 있음; 확 타오를 수 있음
	C종: 산화성 물질 (Oxidizing Material)	목재, 연료 또는 기타 가연성 물질과 접촉 시 화재나 폭발을 일으킬 수 있음
	D종, 구분 1: 독성 및 전염성 물질(Poisonous and Infectious Material): 즉각적이고 심각한 독성 효과	독성 물질; 단일 노출 독성 및 전염성 물질로 치명적일 수 있고, 심각할 수도 있으며, 건강에 영구적인 손상을 줄 수도 있음
	D종, 구분 2: 독성 및 전염성 물질(Poisonous and Infectious Material): 반복된 노출로 암이나 기타 독성 효과가 발생할 수 있음	독성 물질; 염증(자극)을 일으킬 수 있음; 반복된 노출은 암을 유발할 수 있으며, 선천적 결함 또는 기타 영구적 손상을 일으킬 수 있음
	D종, 구분 3: 독성 및 전염성 물질(Poisonous and Infectious Material): 생물학 위험의 전염성 물질	질병이나 중병를 초래할 수 있음; 과도한 노출로 사망할 수 있음
	E종: 부식성 물질 (Corrosive Material)	눈, 피부 또는 호흡기 체계에 화상을 유발할 수 있음
	A종: 폭발적(위험수준의) 반응성 물질 (Dangerously Reactive Material)	폭발적으로 반응할 수 있으며, 빛, 열, 진동 또는 극심한 온도에 노출되었을 때 폭발, 화재 또는 독성 기체 방출이 발생할 수 있음

출처: 캐나다 작업장 위험물질 정보 체계(WHMIS = Canadian Workplace Hazardo us Materials Information System). 캐나다 직업보건 및 안전센터(Canadian Centre for Occupational Health and Safety; CCOHS)의 표에 캐나다 보건부(Health Canada)의 그림문자(pictogram)를 적용시킨 것임

멕시코 위험전달 체계 (Mexican Hazard Communication System)

멕시코의 위험전달표준HCS에 해당하는 것은 'NOM-018-STPS-2000'이다. 이것 역시 고용주가 작업장의 유해화학물질이 적절하고 적합하게 표식되었는지 확인하도록 한다. 본질적으로 NFPA 704 및 관련된 위험전달 표식 체계hazard communication label system를 공식적인 표식 및 표시 체계로 채택한다. 그러나 고용주가 표준의 목적과 목표를 준수하고 노동 및 사회 복지부 장관의 승인을 받는다면 다른 체계를 사용할 수도 있다.

NOM-026-STPS-1998("안전 및 건강을 위한 표시 및 색상")은 위험 정보를 전달하기 위한 신호에 몇몇의 ISO 안전기호ISO safety symbol(ISO-3864, "안전 색상 및 안전 표지")의 사용을 허가한다. 멕시코에서 사용하는 '주의caution'에 대한 상징(기호)은 캐나다WHMIS와 같은 둥근 것이 아니라, 미국에서 일반적으로 볼 수 있는 사각형이다(그림 2.49).

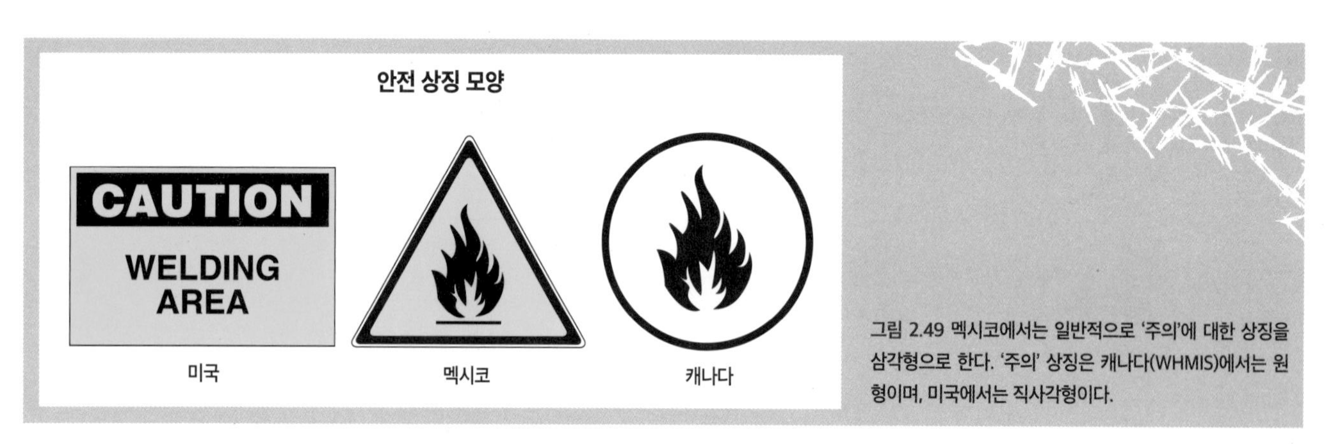

그림 2.49 멕시코에서는 일반적으로 '주의'에 대한 상징을 삼각형으로 한다. '주의' 상징은 캐나다(WHMIS)에서는 원형이며, 미국에서는 직사각형이다.

CAS® 번호

CAS® 번호[17]는 CAS® #s, CAS® RNs라고도 불린다. Chemical Abstract Service®(CAS®, 미국 화학학회American Chemical Society의 한 부서) 등록 번호registry number는 개별 화학물질 및 화합물, 고분자(폴리머), 혼합물 및 합금에 할당된 고유한 숫자 식별명으로(그림 2.50), 이들은 또한 생물학적 서열로 배정될 수도 있다. 1억 가지가 넘는

17 **CAS® 번호(CAS® Number)** : 특정 화합물을 고유하게 식별하는 미국 화학학회의 Chemical Abstract Service에 의해 지정된 번호

화학물질과 생물학적 순서가 이미 등록되어 있으며 대부분의 화학물질 데이터베이스는 CAS® 번호로 검색할 수 있다. 또한 일반적으로 보건안전자료(해당 절 참조) 및 미 국립직업안전건강연구소 포켓가이드NIOSH Pocket Guide와 같은 기타 화학물질 참고자료에도 포함되어 있다.

군사적 표시(Military Marking)

미국 및 캐나다 군대는 미 교통부DOT 및 캐나다 교통부TC의 운송 표시 외에 위험물질 및 화학물질에 대한 자체 표시 체계를 갖추고 있다(그림 2.51). 이러한 표시는 고정시설에서 사용되며 군용 차량에서도 볼 수 있다(필수는 아님). 그러나 군사 표지판 체계Military placard system가 반드시 일정하지는 않으므로 주의해야 한다. 보안상의 이유로 위험물질을 저장하는 건물 및 지역에는 표시가 되어 있지 않을 수 있다. 표 2.8은 폭발물 및 화재 위험, 화학 위험 및 개인보호장비PPE 요구사항에 대한 미국 및 캐나다의 군사 표시를 보여준다.

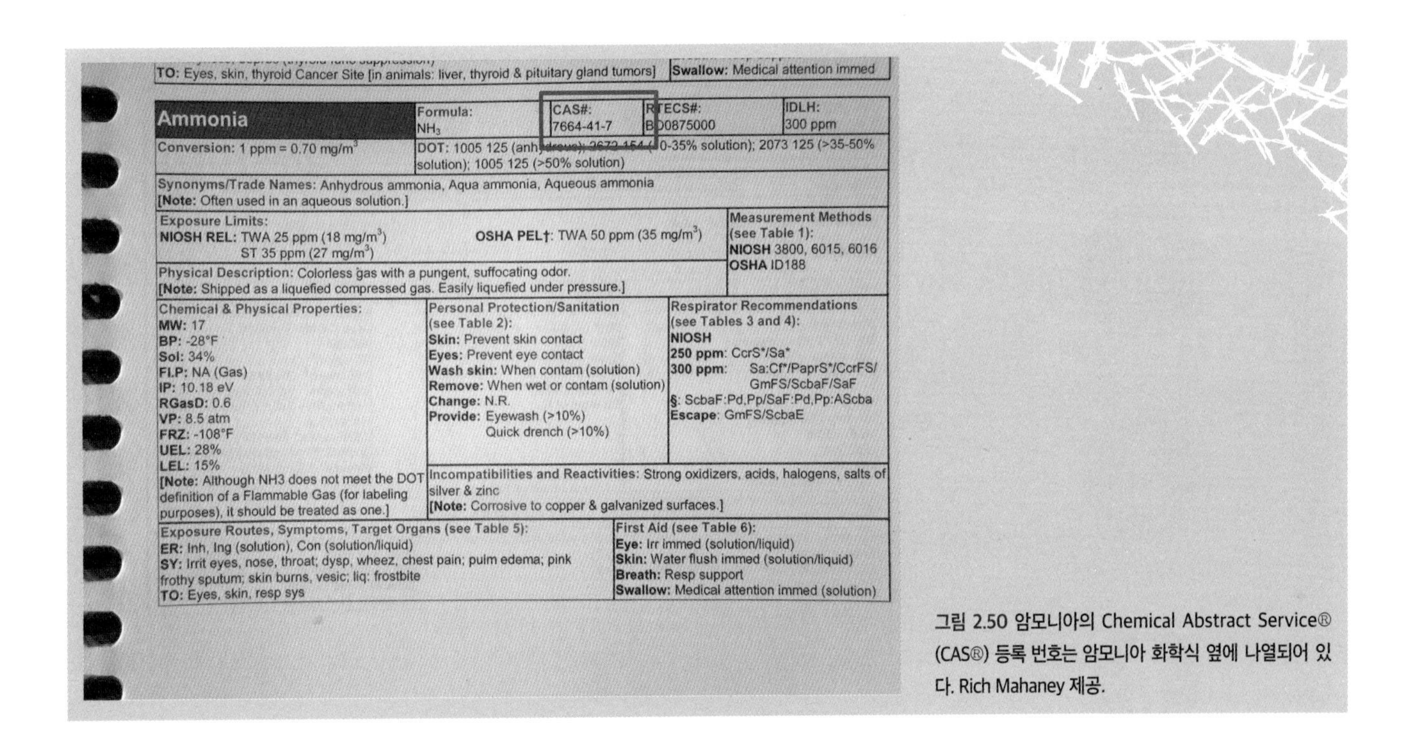

TO: Eyes, skin, thyroid Cancer Site [in animals: liver, thyroid & pituitary gland tumors] | Swallow: Medical attention immed

Ammonia | Formula: NH_3 | CAS#: 7664-41-7 | RTECS#: B 0875000 | IDLH: 300 ppm

Conversion: 1 ppm = 0.70 mg/m^3 | DOT: 1005 125 (anh[illegible] 0-35% solution); 2073 125 (>35-50% solution); 1005 125 (>50% solution)

Synonyms/Trade Names: Anhydrous ammonia, Aqua ammonia, Aqueous ammonia
[**Note:** Often used in an aqueous solution.]

Exposure Limits:
NIOSH REL: TWA 25 ppm (18 mg/m^3)
ST 35 ppm (27 mg/m^3)
OSHA PEL†: TWA 50 ppm (35 mg/m^3)

Measurement Methods (see Table 1):
NIOSH 3800, 6015, 6016
OSHA ID188

Physical Description: Colorless gas with a pungent, suffocating odor.
[**Note:** Shipped as a liquefied compressed gas. Easily liquefied under pressure.]

Chemical & Physical Properties:
MW: 17
BP: -28°F
Sol: 34%
Fl.P: NA (Gas)
IP: 10.18 eV
RGasD: 0.6
VP: 8.5 atm
FRZ: -108°F
UEL: 28%
LEL: 15%
[**Note:** Although NH3 does not meet the DOT definition of a Flammable Gas (for labeling purposes), it should be treated as one.]

Personal Protection/Sanitation (see Table 2):
Skin: Prevent skin contact
Eyes: Prevent eye contact
Wash skin: When contam (solution)
Remove: When wet or contam (solution)
Change: N.R.
Provide: Eyewash (>10%)
Quick drench (>10%)

Respirator Recommendations (see Tables 3 and 4):
NIOSH
250 ppm: CcrS*/Sa*
300 ppm: Sa:Cf*/PaprS*/CcrFS/GmFS/ScbaF/SaF
§: ScbaF:Pd,Pp/SaF:Pd,Pp:AScba
Escape: GmFS/ScbaE

Incompatibilities and Reactivities: Strong oxidizers, acids, halogens, salts of silver & zinc
[**Note:** Corrosive to copper & galvanized surfaces.]

Exposure Routes, Symptoms, Target Organs (see Table 5):
ER: Inh, Ing (solution), Con (solution/liquid)
SY: Irrit eyes, nose, throat; dysp, wheez, chest pain; pulm edema; pink frothy sputum; skin burns, vesic; liq: frostbite
TO: Eyes, skin, resp sys

First Aid (see Table 6):
Eye: Irr immed (solution/liquid)
Skin: Water flush immed (solution/liquid)
Breath: Resp support
Swallow: Medical attention immed (solution)

그림 2.50 암모니아의 Chemical Abstract Service® (CAS®) 등록 번호는 암모니아 화학식 옆에 나열되어 있다. Rich Mahaney 제공.

표 2.8 미국 및 캐나다 군사 상징(기호)	
상징(기호)	소방(병기) 부서
1	**구분 1: 대규모 폭발(Mass Explosion)** 소방 구분 1(Fire Division 1)은 가장 큰 위험을 나타낸다. 이 구분은 미 교통부(DOT)/UN의 1.1류(구분 포함) 폭발물과 동일하다. 또한 정확한 상징은 다음과 같은 경우에 사용될 수 있다. **구분 5: 대규모 폭발 - 매우 둔감한 폭발물(폭약)** 이 구분은 미 교통부(DOT)/UN의 1.5류 폭발물과 동일하다.
2	**구분 2: 파편 위험이 있는 폭발(Explosion with Fragment Hazard)** 이 구분은 미 교통부(DOT)/UN의 1.2류 폭발물과 동일하다. 또한 정확한 상징은 다음과 같은 경우에 사용될 수 있다. **구분 6: 비대규모 폭발(Nonmass Explosion) - 극도로 둔감한 폭약(탄)(extremely insensitive ammunition)** 이 구분은 미 교통부(DOT)/UN의 1.6류 폭발물과 동일하다.
3	**구분 3: 대규모 화재(Mass Fire)** 이 구분은 미 교통부(DOT)/UN의 1.3류 폭발물과 동일하다.
4	**구분 4: 보통 화재(Moderate Fire) - 폭발 없음(no blast)** 이 구분은 미 교통부(DOT)/UN의 1.4류 폭발물과 동일하다.
상징(기호)	화학적 위험
"빨간색은 죽음"	**완전한 보호복 착용(Wear Full Protective Clothing)(1번 세트)** 신체 기능에 사망 또는 심각한 손상을 초래할 수 있는 매우 유독한 화학 작용제(chemical agent)가 있음을 나타낸다.
"노란색은 여유로움"	**완전한 보호복 착용(Wear Full Protective Clothing)(2번 세트)** 억압 작용제(harassing agents)[폭동 진압 작용제(riot control agent) 및 연기]의 존재를 나타낸다.
"흰색은 밝음"	**완전한 보호복 착용(Wear Full Protective Clothing)(3번 세트)** 백색 인(white phosphorus) 및 기타 자연발화성 물질(spontaneously combustible material)의 존재를 나타낸다.

표 2.8 (계속)	
상징(기호)	**화학적 위험**
	호흡보호구 착용 격렬한 열 위험을 초래하는 인화성 및 인화되기 쉬운 화학 작용제가 있음을 나타낸다. 이 위험 및 기호는 기타 화재 또는 화학 위험/상징(기호)과 함께 있을 수 있다.
	물을 가하지 말 것 화재를 진압하기 위해 물을 사용하면 위험한 반응이 발생함을 나타낸다. 이 상징(기호)은 다른 위험 기호와 함께 게시될 수 있다.
상징(기호)	**보충의 화학적 위험**
G	**G계열 신경 작용제(G-Type Nerve Agent) -** 지속성(persistent) 및 비지속성(nonpersistent) 신경 작용제(nerve agent) 예: 사린(sarin; GB), 타분(tabun; GA), 소만(soman; GD)
VX	**VX 신경 작용제(VX Nerve Agents) -** 지속성(persistent) 및 비지속성(nonpersistent) V-신경 작용제(V-nerve agents) 예: V-작용제(VE, VG, VS)
BZ	**무능화 신경 작용제(Incapacitating Nerve Agent)** 예: 최루 작용제(lacrymatory agent, BBC), 구토 작용제(vomiting agent, DM)
H	**H계열 겨자 작용제/수포 작용제(H-Type Mustard Agent/Blister Agent)** 예: 지속성 겨자 작용제(persistent mustard)/루이사이트 혼합물(lewisite mixture; HL)
L	**루이사이트 수포 작용제(Lewisite Blister Agent)** 예: 비지속성 질식 작용제(nonpersistent choking agent, PFIB), 비지속성 혈액 작용제(nonpersistent blood agent; SA)

그림 2.51 고정된 시설과 차량에는 고유한 군사 표시(military marking)가 있지만, 군사 표지판 체계(military placard system)는 일정하지 않다. 위험물질이 들어 있는 확실한 위치가 표시되지 않을 수 있다. Rich Mahaney 제공.

살충제 표식(Pesticide Label)

미 환경보호청EPA은 살충제의 제조 및 표식을 규제한다. GHS에 따르면 미국과 캐나다의 살충제 표식에는 다음과 같은 내용이 포함된다(그림 2.52).

- **EPA 번호** 또는 **캐나다 PCP 번호**
- **위험 문구(Hazard statement)** - 위험의 본질을 설명하는 각 위험 분류에 지정된 문구. 위험 문구의 예는 다음과 같다: "삼키면 유해함", "인화성 액체 및 증기", "수생 생물에 유해함". GHS 위험 문구는 현재 미 환경보호청 요구사항에 부분적으로 기초하고 있으며, 일반적으로 유사하지만 약간의 차이가 있다.
- **그림문자(Pictogram)** - 급성 독성/치사율 및 피부 자극/부식과 같은 특정 위험 등급을 나타내는 빨간색 테두리가 있는 다이아몬드 모양 안의 상징(기호)
- **예방조치 문구(Precautionary statement)** - 위험 제품에 노출되거나 부적절하게 위험 제품을 보관 또는 취급하여 발생한 부작용(역효과)을 최소화 또는 방지하기 위해 취해야 하는 권장 조치를 설명하는 구절. 이 문구는 제품의 예방, 대응, 보관 및 폐기에 적용된다. GHS는 사전 경고 문구에 대한 지침을 제공하며, 사용될 수 있는 문구 목록을 포함하고 있다. 이 문구는 미 환경보호청(EPA)이 현재 사용하는 사전 주의 문구와 유사하다. 예방조치 문구의 표준화를 위한 작업이 앞으로 이뤄질 수 있다.

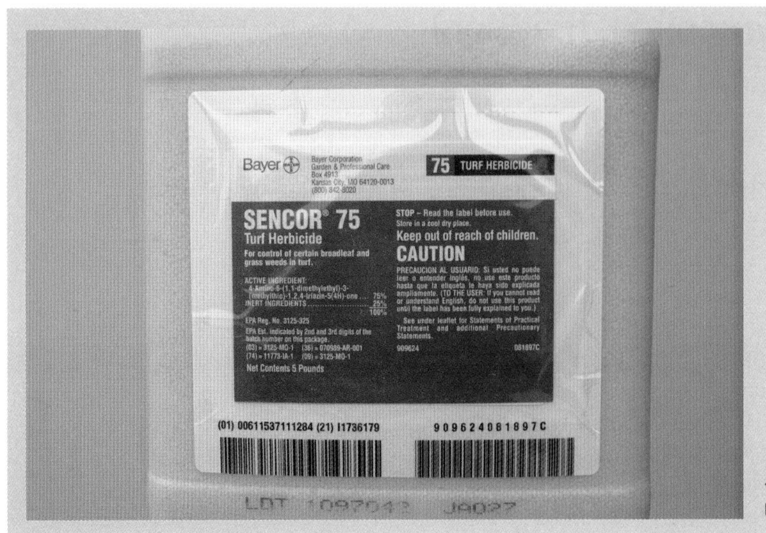

그림 2.52 제초제(turf herbicide)의 용기는 미 환경보호청(EPA) 법규에 따라 분류된다.

- **제품 식별명(Product identifier)** - 위험 제품 표식 또는 보건안전자료에 사용된 이름 또는 번호. 제품 사용자가 화학물질 또는 혼합물을 식별할 수 있는 고유한 방법을 제공한다. GHS 하에서, 물질에 대한 표식은 물질의 화학적 동질성을 포함해야 한다. 혼합물에 대한 표식에는 규제 당국이 성분 공개를 막는 비밀의 비즈니스 정보를 보호하기 위한 규칙을 제정할 수 있다는 것을 제외하고는, 표식 상의 특정 위험 요소에 책임이 있는 성분의 정체가 포함되어야 한다(위험성 정보는 성분이 표기되지 않은 경우에도 여전히 표식에 표시된다). 제품 식별명에 대한 현재 미 환경보호청(EPA)의 요구사항은 GHS와 일치한다.
- **신호어(Signal word)** - 하나의 단어는 위험의 상대적 심각성을 나타내며 표식 및 보건안전자료에 잠재적인 위험이 있음을 경고한다. GHS는 두 가지 신호어를 포함한다.
  - 덜 심각한 위험 범주에 대해서는 "경고(Warning)",
  - 더 심각한 위험 범주에 대해서는 "위험(Danger)".
- **공급자 식별명(Supplier identification)** - GHS 공급자 식별 정보(GHS supplier identification)에는 해당 물질의 제조업체 또는 공급자의 이름, 주소 및 전화번호가 포함된다. 제품 식별자에 대한 현재 미 환경보호청(EPA) 요구사항은 일반적으로 GHS와 일치한다. 미 환경보호청(EPA)은 살충제 표식에 전화번호를 요구(의무사항)하지는 않지만 권장한다.

참고

분류 등급이 낮거나 분류되지 않은 제품의 경우, GHS에서 그림문자 또는 신호어를 요구하지 않는다. 현재의 미 환경보호청(EPA) 체계는 "경고(Warning)"와 "위험(Danger)" 이외에 세 번째 신호 단어 "주의(Caution)"를 포함한다.

주의(CAUTION)

살충제의 불활성 물질(intert meterial)은 살충제 자체보다 더 강한 독성이 있거나 인화성이 있을 수 있다.

기타 상징(Symbol) 및 기호(Sign)

모든 시설에는 자체의 체계system와 자체 상징symbol, 기호sign, 표시marking가 있을 수 있다. 대응요원은 자신의 분야에서 사용되는 기호 및 상징을 숙지해야 한다.

미 환경보호청EPA은 암을 유발할 수 있으므로 위험한 것으로 간주되는 폴리염화 비페닐polychlorinated bipheny; PCB이 포함된 모든 컨테이너, 변압기 또는 컨덴서에 경고 표식을 요구한다. 그림 2.53 a에서는 전형적인 미국 PCB 경고 표식을, 그림 2.53 b에서는 캐나다 PCB 경고 표식을 보여준다.

ISO 안전 상징(ISO Safety Symbol)

국제표준화기구ISO는 표준 ISO-3864에서 국제안전기호의 고안 기준을 정의한다. 이 기호는 미국 직업안전보건관리국OSHA에서 요구하는 위험 신호(ANSI 표준 Z535.4,

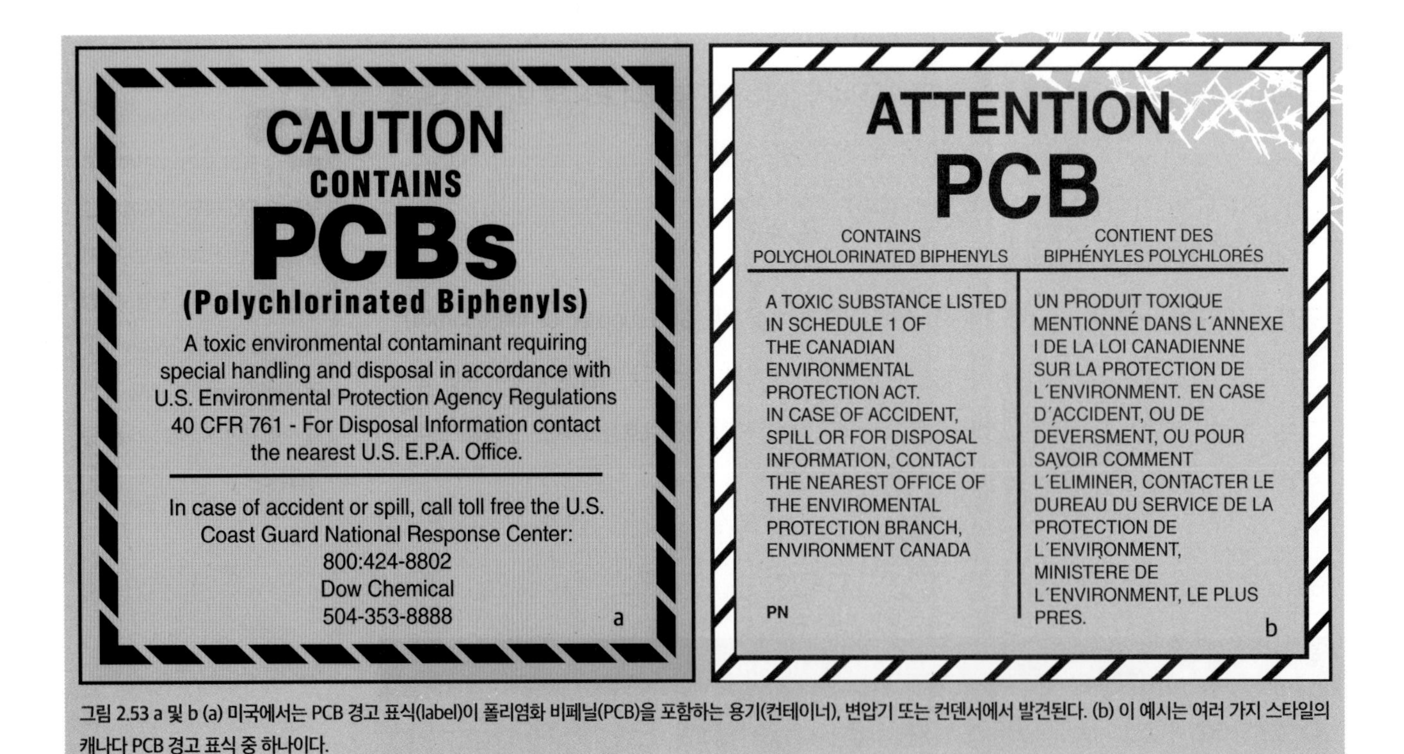

그림 2.53 a 및 b (a) 미국에서는 PCB 경고 표식(label)이 폴리염화 비페닐(PCB)을 포함하는 용기(컨테이너), 변압기 또는 컨덴서에서 발견된다. (b) 이 예시는 여러 가지 스타일의 캐나다 PCB 경고 표식 중 하나이다.

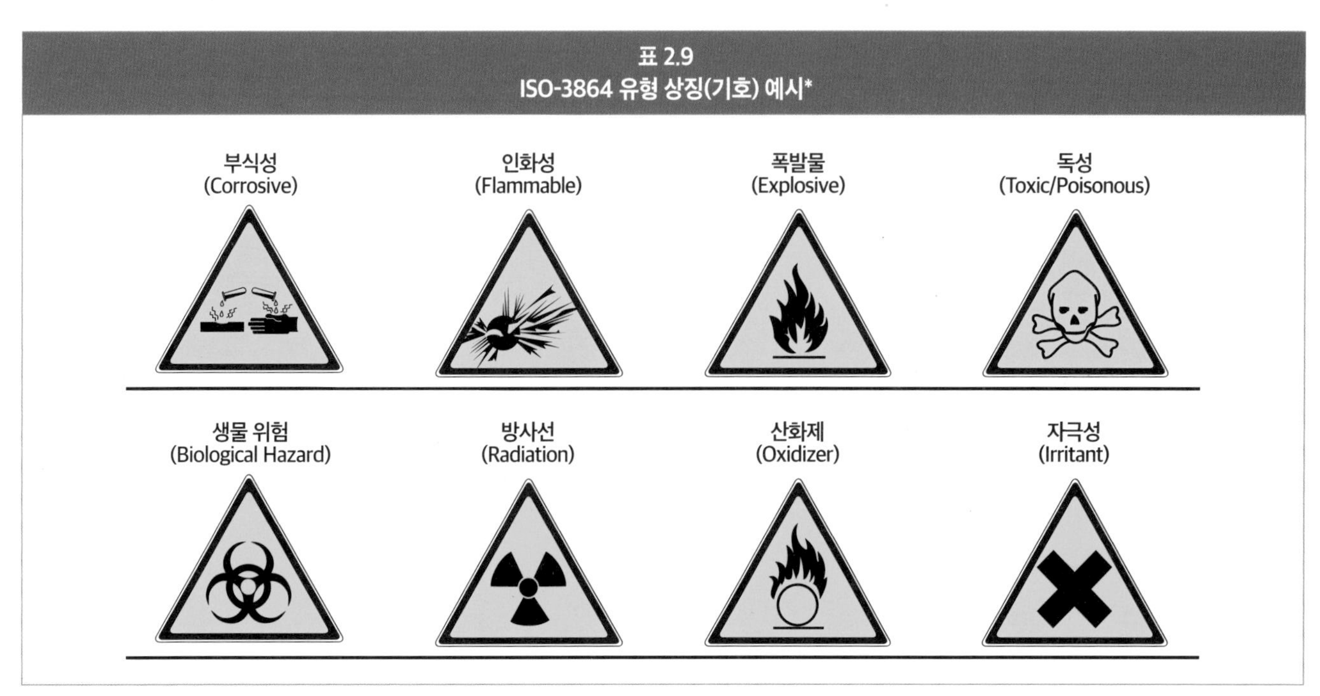

표 2.9
ISO-3864 유형 상징(기호) 예시*

* ISO = 국제표준화기구(International Organization for Standardization). 이 표는 포괄적이지 않다.

"제품 안전 표지 및 표식" 및 멕시코에서 고안됨)와 함께 미국뿐만 아니라 멕시코에서도 자주 사용되기 때문에 초동대응자는 위험물질 표시에 사용되는 보다 일반적인 상징에 대해 인식할 수 있어야 한다(표 2.9).

색상 코드(Color Code)

색상은 때때로 북미 지역의 위험물질 특성에 대한 단서를 제공한다. 예를 들어 미 교통부DOT의 표지판이 너무 멀리 떨어져 있어 숫자를 명확하게 읽지 못하는 경우, 초동대응자는 표지판 배경색이 노란색이면 내부의 물질이 일종의 산화제라고 추론할 수 있다. 표지판 색상이 빨간색이면 물질은 인화성이다. 사고 사전 조사에서는 예를 들어 배관 설비에 사용되는 물질을 식별하기 위해 지역 산업에서 사용되는 색상 체계를 보조(보강)할 수 있다.

ANSI Z535.1은 미국 및 캐나다에서 사용하기 위해 권장되는 다음의 안전 색상 코드safety color code를 제공한다.

- **빨간색(Red) -** 위험(Danger) 또는 중지(Stop)를 의미한다. 인화성 액체, 비상 정지바, 멈춤 버튼 및 소방 장비들의 컨테이너에 사용된다.
- **오렌지색(Orange) -** 경고(Warning) 수단이다. 통전 장치 또는 위험한 기계에 파쇄되거나 절단될 수 있는 부품에 사용된다.
- **노란색(Yellow) -** 주의(Caution)를 의미한다. 순수한 노란색, 노란색 및 검은색 줄무늬, 또는 노란색 및 검정색 체크무늬를 사용하여 발생 위험과 같은 물리적 위험을 나타낼 수 있다. 부식성 물질 또는 불안정한 물질의 컨테이너에도 사용한다.
- **녹색(Green) -** 응급처치소, 안전 샤워 및 피난 경로와 같은 안전 장비를 표시한다.
- **파란색(Blue) -** 필수 개인보호장비(PPE) 유형을 나타내는 표식 또는 표시와 같은 안전 정보 표지판에 표시한다.

문서 참고자료 Written Resources

대응요원에게는 고정시설과 교통사고 모두에서 위험물질을 식별하는 데 도움이 되는 다양한 문서(서면) 자료written resource가 제공된다. 고정시설fixed facility에는 기호sign, 표시marking, 컨테이너 모양container shape 및 기타 표식other label 외에도 보건안전자료 safety data sheets, 재고 기록 및 기타 시설 문서가 있어야 한다. 운송 사고가 발생하면 초동대응자는 즉석에서 비상대응지침서ERG와 운송 문서shipping paper를 활용할 수 있어야 한다.

운송 문서(Shipping Paper)

위험물질 운송shipment 시에는 위험물질을 설명하는 운송 문서shipping paper를 첨부해야 한다. **선하 증권**[18], 화물운송장, 또는 이와 유사한 문서에서 정보가 제공된다. 문서의 일반적인 위치와 유형은 운송 방식에 따라 다르다(표 2.10). 그러나 문서의 정확한 위치는 다양하다. 위험 폐기물은 일반적으로 운송 문서에 첨부된 통일된 위험 폐기물 운송화물 문서를 반드시 첨부해야 한다.

---

18 **선하 증권(Bill of Lading)** : 출발지, 목적지, 운송로 및 제품을 표시하는 트럭 운송 산업(및 기타)(trucking industry)에서 사용하는 운송 문서(shipping paper)로, 모든 트럭 트랙터(화물 트레일러를 끄는 트랙터)의 캡(운전석)에 놓는다. 이 문서는 화주와 운송 인간의 계약서를 규정한다. 그것은 제목, 운송 계약 및 물품 영수증의 문서로 사용된다. 항공화물운송장(air bill) 및 화물운송장(waybill)과 유사하다.

운송 문서에 제공된 기본 기재사항은 약어 'ISHP'가 가장 기억하기 쉬우며, 문자 순서를 따른다.

- I = 식별번호(Identification Number)
- S = 적절한 운송명(Proper Shipping Name)
- H = 위험 분류 또는 구분(Hazard Class or Division)
- P = 용기(포장) 그룹(Packing Group)

사고에 대한 접근이 안전하다는 것을 알고 나면, 화물 운송 문서cargo shipping paper를 검토해볼 수 있다. 잠재적인 화재, 폭발 및 건강 위험과 같은 위험을 식별하기 위해 적절한 운송명과 위험 분류와 같은 제공된 정보를 사용한다. 비상대응자emergency responders와 대중public을 보호하기 위한 예방 조치는 비상대응지침서('ERG: Emergency Response Guidebook' 절 참조) 또는 기타 참고자료를 사용하여 식별할 수 있다.

운송 문서를 찾으려면 책임그룹responsible party에게 확인을 해야 한다. 책임그룹이 가지고 있지 않으면, 해당 위치를 확인해야 한다. 트럭과 비행기에서 이 문서들은 운전자나 조종사 근처에 있다. 선박 및 바지선에서는 함교 또는 제어 예인선controlling tugboat의 조타실pilothouse에 있다.

열차 승무원은 열차 구성(열차의 전체 화물 목록), 열차 목록 및/또는 바퀴 보고서wheel report를 가지고 있어야 한다. 문서(차량 목록)를 봐야 하므로, 열차 승무원을 먼저 찾는다. 그러나 찾을 수 없는 경우 긴급 전화번호를 통해 철도에 연락하여 열차 목록 사본을 얻는다. 엔진에 현재 열차 목록의 사본이 있을 수도 있다. 기차 목록에

표 2.10
운송 문서의 식별

운송 방식	운송 문서명	문서의 위치	책임자
항공(Air)	항공화물 운송장	조종석	조종사
고속도로(Highway)	선하증권	운전석	운전사
기차(Rail)	열차 목록/구성	기관차(또는 승무원차)	승무원
해상(Water)	위험 운송화물 문서	선교루 또는 조타실	선장 또는 기장

STRAIGHT BILL OF LADING
ORIGINAL NOT NEGOTIABLE

Shipper No. ______
Carrier No. ______
Date ______

Page ____ of ____ ______ (Name of carrier) (SCAC)

On Collect on Delivery shipments, the letters "COD" must appear before consignee's name or as otherwise provided in Item 430, Sec. 1

TO:
Consignee ______
Street ______
City ______ State ______ Zip Code ______

FROM:
Shipper ______
Street ______
City ______ State ______ Zip Code ______
24 hr. Emergency Contact Tel. No. 1-800-555-2222

Route ______ Vehicle Number ______

No. of Units & Container Type	HM	BASIC DESCRIPTON Proper Shipping Name, Hazard Class, Identification Number (UN or NA), Packing Group, per 172.101, 172.202, 172.203	TOTAL QUANTITY (Weight, Volume, Gallons, etc.)	WEIGHT (Subject to Correction)	RATE	CHARGES (For Carrier Use Only)
1 Box		Carriage bolts	1000			
4 Drums	X	UN1805, Phosphoric acid solution, 8, PGIII	4 gal			
1 Drum	X	UN1993, Flammable liquids, n.o.s., (contains methanol); 3, PGIII; Cargo Aircraft Only	18 gal			

그림 2.54 운송 문서 요구사항(shipping paper requirement). 위험물질(hazardous material)에 대해서 "HM" 문자가 표시된 "X" 열에 주목하라. 미 교통부 산하의 파이프라인 및 위험물질 안전부(PHMSA) 제공.

서 대부분의 철도 회사는 열차 앞에서 열차의 뒤쪽으로 열차의 개수를 집계하여 나열한다. 사고 사전 조사에서 특정 철도 노선에 대한 문서의 위치(및 이를 읽는 방법)를 파악할 수 있다. 그림 2.54는 운송 문서 요구사항을 요약한 것이다.

참고
운송 문서 정보는 팩스 및 이메일과 같은 다양한 형식으로 제공될 수 있다.

정보(Information)

표준 운송상품 코드 번호(Standard Transportation Commodity Code Number)

모든 철도 차량에는 서로를 독립적으로 식별할 수 있는 일련번호인 식별 표시가 있다. 철도 차량의 이 번호를 보고 '표시(reporting mark)'라고 한다. 식별은 기차(열차) 자체, 소유주 및 철도의 소유 여부를 의미한다.

철도 및 철도 문서는 화학물질 식별을 위해 표준 운송상품 코드 번호(STCC 번호)를 사용하며, 이는 7자리 숫자이다. 7자리 숫자가 48로 시작하면 이는 위험 폐기물이다. 또 49로 시작하면 위험물질이다. 이 숫자는 일부 위험물질 참조 출처에서 찾을 수 있다. 스마트폰용 애플리케이션으로도 특정 차량에 대한 정보를 찾을 수 있다.

미국과 멕시코 간의 국경간이송화물에는 영어와 스페인어로 된 운송 문서가 첨부될 수 있다. 미국 또는 멕시코의 비상상황 대응 정보 요구사항을 충족시키기 위해 운송업체는 현재 비상대응지침서ERG의 해당 가이드 페이지 사본을 배송문서에 첨부할 수 있다. 이 자료는 멕시코로 배송될 때 반드시 스페인어로 제공되어야 하며, 각국의 비상대응요원이 위험물질 방출 시 적절한 초기대응 절차를 이해할 수 있도록 미국으로 운송될 때는 영어로 제공되어야 한다.

보건안전자료(Safety Data Sheet)

보건안전자료safety data sheet; SDS는 제품의 특정 정보를 제공하는 화학물질 제조업체 또는 수입업자가 준비한 자세한 정보 회람information bulletin이다. 보건안전자료SDS는 GHSGlobally Harmonized System 세부사항에 따라 형식이 지정된다.

보건안전자료SDS는 비상대응요원이 접근할 수 있는 특정 물질에 대한 세부 정보의 가장 좋은 출처이다. 자료는 물질 제조업체, 공급 업체, 화주, CHEMTREC®(미 화학위원회가 운영)과 같은 비상대응센터 또는 설비 위험성 소통 계획에서 얻을 수 있다(그림 2.55). 보건안전자료SDS는 때로는 운송 문서 및 컨테이너에 부착된다. 보건안전자료SDS는 전 세계적으로 사용된다.

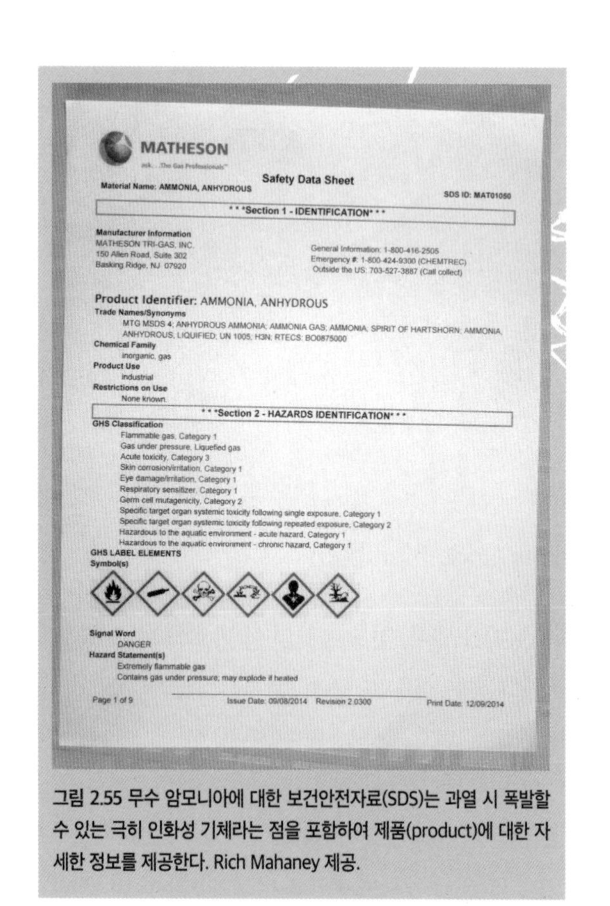
MATHESON
ask... The Gas Professionals™

Safety Data Sheet

Material Name: AMMONIA, ANHYDROUS

SDS ID: MAT01050

* * *Section 1 - IDENTIFICATION* * *

Manufacturer Information
MATHESON TRI-GAS, INC.
150 Allen Road, Suite 302
Basking Ridge, NJ 07920

General Information: 1-800-416-2505
Emergency #: 1-800-424-9300 (CHEMTREC)
Outside the US: 703-527-3887 (Call collect)

Product Identifier: AMMONIA, ANHYDROUS
Trade Names/Synonyms
MTG MSDS 4; ANHYDROUS AMMONIA; AMMONIA GAS; AMMONIA; SPIRIT OF HARTSHORN; AMMONIA, ANHYDROUS, LIQUIFIED; UN 1005; H3N; RTECS: BO0875000
Chemical Family
inorganic, gas
Product Use
industrial
Restrictions on Use
None known.

* * *Section 2 - HAZARDS IDENTIFICATION* * *

GHS Classification
Flammable gas, Category 1
Gas under pressure, Liquefied gas
Acute toxicity, Category 3
Skin corrosion/irritation, Category 1
Eye damage/irritation, Category 1
Respiratory sensitizer, Category 1
Germ cell mutagenicity, Category 2
Specific target organ systemic toxicity following single exposure, Category 1
Specific target organ systemic toxicity following repeated exposure, Category 2
Hazardous to the aquatic environment - acute hazard, Category 1
Hazardous to the aquatic environment - chronic hazard, Category 1
GHS LABEL ELEMENTS
Symbol(s)

Signal Word
DANGER
Hazard Statement(s)
Extremely flammable gas
Contains gas under pressure; may explode if heated

Page 1 of 9 Issue Date: 09/08/2014 Revision 2.0300 Print Date: 12/09/2014

그림 2.55 무수 암모니아에 대한 보건안전자료(SDS)는 과열 시 폭발할 수 있는 극히 인화성 기체라는 점을 포함하여 제품(product)에 대한 자세한 정보를 제공한다. Rich Mahaney 제공.

보건안전자료SDS의 관련 부분은 잠재적인 화재, 폭발 및 건강 위험뿐만 아니라 대응요원이나 대중을 보호하기 위한 예방책을 확인하는 데 사용될 수 있다. 미 직업안전보건관리국OSHA에 따른 아래 목록은 보건안전자료SDS 섹션을 설명한다.

1절: 화학제품과 회사에 관한 정보 Identification – 보건안전자료SDS의 화학물질과 권장용도를 식별한다. 또한 공급업체의 필수 연락처 정보를 제공한다.

2절: 위해성 · 위험성 Hazard(s) identification – 보건안전자료SDS에 제시된 화학물질의 위험성과 해당 위험성과 관련된 적절한 경고 정보를 확인할 수 있다.

3절: 구성성분의 명칭 및 함유량 Composition/information on ingredient – 불순물 및 안정화 첨가제를 포함하여 보건안전자료SDS에 명시된 제품에 포함된 성분을 확인할 수 있다. 이 절에는 영업 비밀이 요구되는 모든 물질, 혼합물 및 모든 화학물질에 대한 정보가 포함되어 있다.

4절: 응급조치 요령 First aid measure – 훈련받지 않은 대응요원이 화학물질에 노출된 개인에게 제공해야 하는 초기 치료에 대해 설명한다.

5절: 폭발 · 화재 시 대처방법 Fire fighting measure – 화학물질로 인한 화재의 진압에 대한 권장사항을 제공한다.

6절: 누출 사고 시 대처방법 Accidental release measure – 유출 또는 누출에 대한 적절한 대응 방법에 대한 권장사항을 제공한다. 또한 사람, 속성, 환경에 노출되는 것을 예방하거나 최소화하기 위한 봉쇄containment 및 정화clean-up 실무권장지침을 알려준다. 유출량이 위험에 큰 영향을 미치는 대규모 혹은 소규모 유출에 대한 대응을 구분하는 권장사항도 포함될 수 있다.

7절: 취급 및 저장 방법 Handling and storage – 안전한 취급 방법 및 화학물질의 안전한 저장을 위한 조건을 알려준다.

8절: 노출 방지 및 개인보호구 Exposure controls/personal protection – 작업자의 노출을 최소화하기 위해 사용될 수 있는 노출 제한, 기술작업 통제 및 개인 보호조치를 알려준다.

9절: 물리적 및 화학적 특성 Physical and chemical property – 물질 또는 혼합물과 관련된 물리적 및 화학적 특성을 나타낸다.

10절: 안정성과 반응성 Stability and reactivity – 화학물질의 반응 위험성과 화학적 안정성 정보를 설명한다. 이 부분은 반응성, 화학적 안정성, 기타의 세 부분으로 나뉜다.

11절: 독성 정보 Toxicological information – 독성 및 건강 영향 정보를 나타내거나 이러한 데이터를 사용할 수 없음을 나타낸다.

12절: 환경에 미치는 영향 Ecological information – 환경에 배출된 화학물질의 환경 영향을 평가하기 위한 정보를 제공한다.

13절: 폐기 시 주의사항 Disposal consideration – 적절한 폐기 실무권장지침, 화학물질, 또는 컨테이너의 재활용 또는 매립, 안전한 취급 방법에 대한 지침을 제공한다. 노출을 최소화하기 위해 보건안전자료SDS의 8절(노출 통제/개인 보호)을 참조하라.

14절: 운송에 필요한 정보 Transport information – 도로, 항공, 철도, 또는 항로 유해 화학물질을 선적 및 운송하기 위한 분류 정보에 대한 지침을 제공한다.

15절: 법적 규제 현황 Regulatory information – 보건안전자료SDS의 다른 곳에서는 표시되지 않는 제품에 대한 안전, 건강 및 환경 규제가 명시되어 있다.

16절: **그 밖의 참고사항**Other information – 보건안전자료SDS가 만들어지거나 마지막으로 알려진 개정이 만들어진 시기를 나타낸다. 보건안전자료SDS는 또한 이전 버전으로부터 다르게 변경된 사항을 명시할 수 있다. 다른 유용한 정보도 여기에 포함될 수 있다.

비상대응지침서(Emergency Response Guidebook)

참고

위험물질(hazmat) 사고현장에서의 전문대응 수준 대응요원(operations level responder)은 가능한 한 빨리 불명확한 물질에 대한 추가적인 상세한 정보를 찾아야 한다. 해당 비상대응 기관에 연락하거나, 운송 문서에 있는 비상대응 번호로 전화한다. 운송 문서에 첨부된 정보를 참조하여 받은 정보는 관련된 물질 관리에 대한 지시를 함께 제공한다면 지침서(ERG)보다 구체적이고 정확할 수 있다.

비상대응지침서Emergency Response Guidebook; ERG는 소방관, 법집행관 및 기타 위험물 관련 교통사고 현장에 처음 도착한 비상대응 공공기관 대원(요원)에게 지침guidance을 제공하기 위해 만들어졌다. 비상대응지침서ERG는 해당 물질의 특정 또는 일반적인 위험요소를 파악하는 데 도움을 줄 것이며, 사고의 초기 대응 단계initial response phase에서 자신과 일반 대중을 보호하는 방법에 대한 기본적인 정보를 제공한다. 비상대응지침서ERG 사용 방법에 대한 정보는 3장을 참조하라.

비상대응지침서ERG는 위험물질 사고와 관련된 모든 가능한 상황을 다루지는 않는다. 이것은 주로 고속도로나 철도에서 발생하는 사고에서 사용하도록 설계되었다. 고정 시설 장소에 적용할 때는 활용이 제한된다.

시설 문서(Facility Document)

위험전달표준Hazard Communication Standard; HCS은 미국 내 고용주가 모든 유해화학물질의 화학물질 재고목록Chemical Inventory Lists; CIL을 유지하도록 요구한다(그림 2.56). 화학물질 재고목록CIL에는 일반적으로 시설 내의 물질 위치에 대한 정보가 포함되어 있기 때문에 표식이나 표시가 손상되거나 누락되었을 수 있는 컨테이너를 식별하는 데 유용한 도구가 될 수 있다(예를 들면, 화재 손상으로 인해 표식 또는 표시가 판독 불가능한 경우). 기타 여러 문서 및 기록은 다음과 같은 시설에서 위험물질에 대한 정보를 제공할 수 있다.

• 발송 및 수령 문서

• 재고목록 기록

• 위험 관리 및 위험 소통 계획

• 화학물질 재고 보고서(Tier II 보고서로 알려진 것)

• 시설 사전 계획

지역비상계획위원회[19]는 또다른 잠재적인 정보의 출처이다. 지역비상계획위원회 LEPCs는 비상 관리 기관, 대응요원, 산업계 및 대중이 지역 사회의 화학적 위험성을 공동 평가, 이해 및 전달하고, 이러한 화학물질이 우발적으로 유출되는 경우 적절한 비상 계획을 수립하기 위해 함께 작업할 수 있는 포럼을 제공하기 위해 고안되었다. 이러한 계획들을 **지역비상대응계획**[20]이라고 한다.

Page 1 of 3

Dept:		OSU ENVIRONMENTAL HEALTH & SAFETY	Building Name:	
Invntry Supv:		Hazard Communications	Building Number:	
Campus Addr:	Phone #	Chemical Inventory	Date of Inventory:	

Act	Max			Container					N.F.P.A. Rating				Location	MSDS?	
Count	Amt	Chemical Name	Common Name	Size	Type	PS	CAS Number	Manufacturer	H	F	R	S	Room #	Yes	No

그림 2.56 고정된 시설 사고로 컨테이너 표시가 손상된 경우 화학물질 재고목록(CIL)은 기술자(전문가)가 제품을 식별하는 데 도움을 줄 수 있다.

19 **지역비상계획위원회(Local Emergency Planning Committee; LEPC)** : 지역비상대응계획을 담당하는 지역 사회 조직. SARA Title III에 의해 요구되는 LEPCs는 지방 공무원, 시민 및 산업체 대표로 구성되며, 비상계획 지역을 대상으로 포괄적인 비상계획을 수립하고, 검토하고, 업데이트(최신화)한다. 계획은 위험물질 목록, 위험물질 대응 훈련 및 지역 대응 역량 평가로 구성된다.

20 **지역비상대응계획(Local Emergency Response Plan; LERP)** : 지역비상대응기관이 지역사회 비상 상황에 어떻게 대응할 것인지 자세하게 설명하는 계획; 미국 환경보호청(EPA)에 의해 요구되며, 지역 비상계획위원회(LEPC)가 이를 준비한다.

전자적 전문 자료(Electronic Technical Resource)

전문 자료technical resource 및 참고 자료는 기술과 함께 발전했다. (기존의) 많은 일반적인 서면 자료와 참고 자료가 전자 형식[예: 비상대응지침서(ERG)]으로 제공된다. 전자식 자료에는 인쇄 자료보다 효율적인 방법으로 정보에 접근할 수 있는 검색 기능이 추가되어 있다. 제품이 확인되면, 대응요원과 대중을 보호하기 위해 취할 예방 조치를 결정하기 위해 이러한 자원 중 일부를 사용할 수 있다.

스마트폰이나 휴대기기에서도 많은 참조 정보에 접근할 수 있다. 전자 자원 사용이 증가하는 동안 전자 데이터에 접근하는 데 문제가 있으면 인쇄된 자료을 사용할 수 있어야 한다. 사용할 수 있는 다양한 모바일 기상 애플리케이션이 있다. 이들은 모바일 장치에 최신 기상 정보를 제공한다.

비상대응의 컴퓨터보조 관리 (Computer-Aided Management of Emergency Operations: CAMEO)

비상대응의 컴퓨터보조 관리[21]는 미 국가해양 및 대기관리처National Oceanic and Atmospheric Administration; NOAA가 고안한 자료이다. CAMEO는 비상대응요원이 안전한 대응 계획을 수립할 수 있도록 돕는 소프트웨어 응용 프로그램 시스템이다. 비상대응에 중요한 정보에 접근하고 이를 저장하고 또한 평가하는 데 사용할 수 있다.

비상대응자를 위한 무선 정보 설비 (Wireless Information System for Emergency Responder: WISER)

비상대응요원을 위한 무선 정보 설비[22]는 다음과 같은 다양한 정보를 위험물질 대응자에게 제공하는 전자적 자료이다.

- 화학물질 식별 지원
- 화학물질 및 화합물의 특성

---

21 **비상대응의 컴퓨터보조 관리(Computer-Aided Management of Emergency Operations; CAMEO)** : 비상대응요원이 안전한 대응 계획을 수립하는 데 도움을 주는 소프트웨어 응용 프로그램 시스템이다. 비상대응에 중요한 정보에 접근하고, 저장하고, 또한 평가하는 데 사용할 수 있다.

22 **비상대응요원을 위한 무선 정보 설비(Wireless Information System for Emergency Responder; WISER)** : 이 전자식 자료는 화학물질 식별 지원, 화학물질 및 화합물의 특성, 건강 위험 정보 및 (물질)고립 조언과 같은 위험물질 대응요원에게 광범위한 정보를 제공한다.

• 건강 위험 정보

• 봉쇄(고립) 조언

WISER는 운영 체제에 따라 다른 형식으로 사용할 수 있다. 무료로 다운로드할 수 있을 것이다.

911툴킷 앱(911 Toolkit)

애플 기기에서만 사용할 수 있는, 911툴킷 앱은 초동대응자에게 유용한 다양한 정보를 제공한다. 그것은 응용 유압식 기계hydraulics, 급수water delivery, 구급(응급의료서비스)EMS, 위험물질hazmat, 국가사고관리시스템NIMS/사고지휘시스템ICS에 대한 정보를 제공한다. 또한 체크리스트와 퀴즈도 제공한다.

Hazmat IQ eCharts 앱

인기 있는 HazMat IQTM 교육 과정을 기반으로 하는 Hazmat IQ eCharts 앱은 화학 사고에 대한 적절한 대응을 결정하는 데 사용되는 도표를 제공한다. 이 앱은 안드로이드 및 애플 기기에서 사용할 수 있다.

감각

Sense

시각은 위험물질을 감지하는 데 사용되는 오감 중 가장 안전하다. 청각은 멀리서 정보를 탐지하는 데에도 사용할 수 있다. 쌍안경으로 먼 거리에서 뒤집힌 화물 탱크를 관찰하는 것이 안전할 수 있지만, 냄새, 맛, 또는 촉감을 위해서 비상대응요원은 위험물질(또는 안개, 증기, 먼지, 또는 흄 등)에 가까이 다가가거나 실제로 물리적으로 접촉해야 한다. 많은 제품(위험물질)이 위험 수준을 인식하기에는 미미한 냄새를 내므로 위험물질을 확인하려면 가까울수록 좋겠지만 안전을 고려해야 한다.

또한 대부분 위험물질은 보이지 않으며, 냄새가 없고, 감각에 의해 쉽게 감지될 수 없다는 점에 유의해야 한다. 황화수소hydrogen sulfide 및 기타 특정 화학물질은 **후각 피로**[23]를 유발할 수 있다(즉, 여전히 존재하더라도 냄새를 맡을 수 없음). 그러나 피해자(피해자)victim와 목격자witness가 보고한 냄새, 맛, 또는 증상이 도움이 될 수 있다. 화학물질의 경고성 특성warning property으로는 눈에 보이는 가스 구름, 매운 냄새 및 자극적인 흄fume이 포함된다.

위험물질이 존재한다는 명백한 증거를 제공하는 시각적/물리적 화학적 지표visual/physical chemical indicator를 알고 있어야 한다. 비정상적인 소음(예를 들면, 고압에서 밸브를 벗어나는 기체의 '쉿~' 소리)은 위험의 존재를 경고한다. 일부 위험물질에는 탐지detection를 돕기 위해 냄새 물질(취기제)이 첨가되어 있다. 예를 들어, 천연가스(실제는 무취 가스)와 관련되어 있는 뚜렷한 냄새는 실제로 첨가제인 메르캅탄mercaptan에 의

---

23 **후각 피로(olfactory fatigue)** : 초기 노출 후 사람이 냄새를 감지하는 능력이 점진적인 무능력화 됨: 황화수소와 같은 독소(toxin)의 경우 극단적으로 빠르게 나타날 수 있다.

해 유발된 것이다.

물리적 및/또는 화학적 활동과 반응이 일어난다는 직접적이고 가시적인 증거는 다음을 포함한다.

- 증기구름(vapor cloud) 또는 연기(smoke)가 퍼짐(그림 2.57)
- 기이한 색의 연기
- 화염
- 개인보호장비의 이상
- 죽거나 변색된 식물
- 컨테이너의 이상(파손)
- 컨테이너의 부풀어오름
- 아픈 사람
- 죽은 또는 죽어가는 새, 동물, 곤충, 물고기
- 밸브 또는 배관의 변색

물리적 움직임은 관련 물질의 구성 요소가 변경되지 않는 과정이다. 물리적 움직임의 몇 가지 징후는 다음과 같다.

- 물 표면의 무지개 광택(그림 2.58)
- 휘발성 액체 위의 물결 모양 증기
- 누출 부근에 서리 또는 얼음(ice)의 쌓임(누적)
- 불의의 사고로 인해 변형된 컨테이너
- 활성화된 압력 제거 장치
- 열 또는 냉기에 노출된 선박의 '탱' 소리(금속 및 유리 등이 단단한 것에 부딪히는 소리) 또는 '펑' 소리가 남

그림 2.57 연기나 증기구름이 퍼지는 것은 화학반응이 일어나고 있음을 보여주는 시각적인 지표(visual indicator)이다.

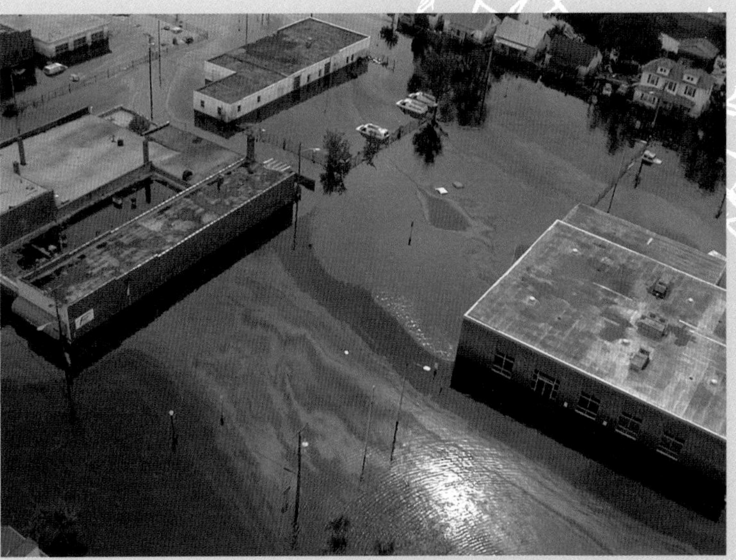
그림 2.58 물 표면의 무지개 광택은 위험한 물질이 존재한다는 좋은 지표(징후)이다. FEMA 뉴스 사진의 Liz Roll 제공.

화학반응은 한 물질을 다른 물질로 전환시킨다. 화학반응의 시각적 및 감각적 증거는 다음을 포함한다.

- 열(heat)
- 비정상적이거나 예상치 못한 온도의 하강(냉기)
- 일방적이진 않은 특이한 화재 조건
- 컨테이너 외부도장 등의 벗겨짐 또는 변색
- 비가열 물질의 튐(비산) 또는 끓음(비등)
- 독특한 색의 증기구름
- 연기 또는 자연발화성 물질
- 예상치 못한 장비의 성능 저하
- 특유의 냄새(peculiar smell)
- 일반 자료에서 설명이 없는 변화
- 화학물질 노출의 증상

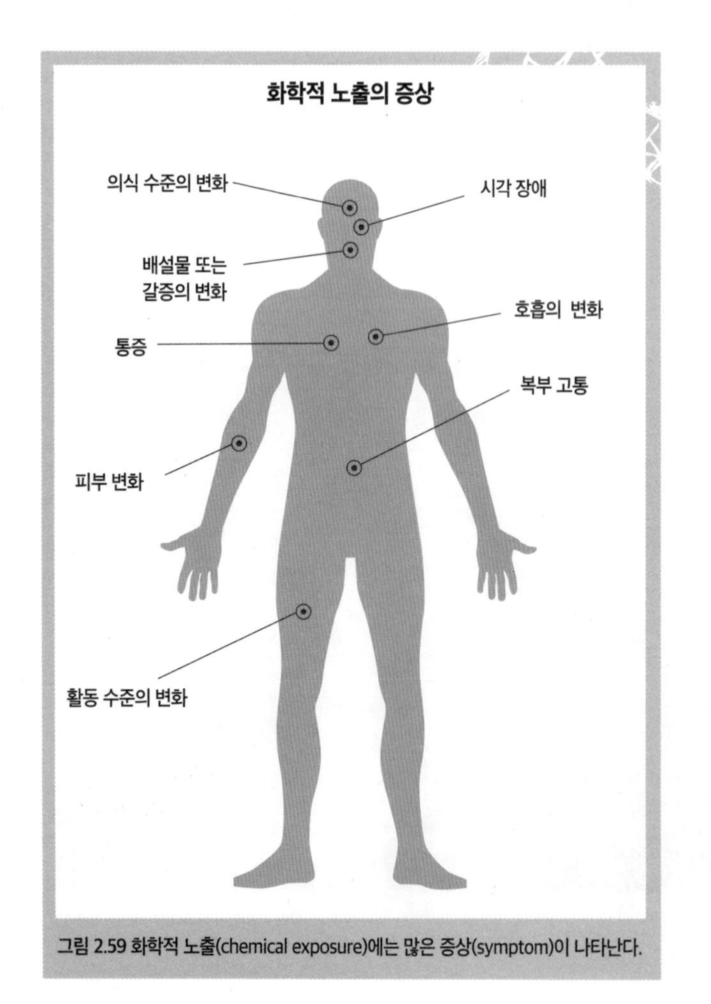

그림 2.59 화학적 노출(chemical exposure)에는 많은 증상(symptom)이 나타난다.

화학적 노출의 생리학적 징후 및 증상은 또한 위험물질의 존재를 나타낼 수 있다. 증상은 화학물질에 따라 개별적으로 또는 뭉쳐서 발생할 수 있다. 화학물질에 노출된 경우의 증상은 다음과 같다(그림 2.59).

- **호흡의 변화** - 호흡 곤란, 호흡의 증가 또는 감소, 가슴의 압박감, 코와 목의 자극, 호흡 정지
- **의식 수준의 변화** - 현기증, 가벼운 두통, 졸음, 혼란, 졸도 및/또는 의식불명
- **복부 고통** - 메스꺼움, 구토 및/또는 경련
- **활동 수준의 변화** - 피로, 연약함, 무감각, 과다 활동, 불안함, 불안, 현기증 및/또는 잘못된 판단
- **시각 장애** - 이중 시각, 흐린 시력, 뿌연 시력, 눈이 타는듯 함 및/또는 확장되거나 수축된 눈동자
- **피부 변화** - 불타는 감각, 붉어짐, 창백함, 발열 및 오한, 가려움, 물집
- **분비물 또는 갈증의 변화** - 통제되지 않는 눈물, 다량의 땀, 코에서 나오는 점액, 설사, 잦은 배뇨, 피가 나는 대변 및/또는 강렬한 갈증
- **통증** - 두통, 근육통, 복통, 가슴 통증 및/또는 물질 접촉 부위의 통증

탐지 및 식별 장치

Monitoring and Detection Device

탐지monitoring 및 식별detection 장치는 존재하는 농도뿐만 아니라 위험물질의 존재를 판단하는 데 유용할 수 있다. 또한 사고의 범위를 결정하는 데 사용할 수 있다. 감각과 마찬가지로 탐지 및 식별 장치를 효과적으로 사용하려면 위험물질(또는 연무mist, 분진dust, 증기vapor, 흄fume)을 측정하기 위해 실제 접촉이 필요하므로 이는 식별수준 인원의 행동범위를 벗어난다. '11장, 대응 실행-임무특화 수준의 식별, 탐지 및 시료수집Mission Specific Detection, Monitoring, and Sampling'에서 전문대응 수준 대응요원operations level responder의 탐지 및 식별 장치에 대해서 언급한다.

이 장에 제공된 정보를 복습하기 위해 다음 질문에 답해보시오.

1 위험물질의 존재에 대한 7가지 단서를 열거해보아라.

2 위험물질을 보유하고 있을 가능성이 가장 높은 점유지는 어떤 유형인가?

3 압력, 극저온, 액체 및 고체 컨테이너를 멀리서 구별할 수 있는 방법과 각각의 컨테이너가 담고 있을 가능성이 있는 위험물질의 유형은 무엇인가?

4 방사성 물질 운송에 사용되는 5가지 기본 유형의 컨테이너를 나열하고, 이들 컨테이너가 방사능을 견딜 수 있도록 어떻게 고안되었는지를 간략하게 설명하라.

5 파이프라인에서 운반되는 위험물질의 유형은 무엇인가?

6 항공운송용 화물 적재 장치(ULD)는 무엇이며, 이 안에 위험물질을 적재할 수 있는가?

7 위험물질을 분류하기 위해 UN에서 사용하는 9가지 위험 분류는 무엇인가?

8 미국의 운송 체계에서의 표지판, 표식, 표시는 운반하는 위험물질에 의해 초래된 위험을 어떻게 나타내는가?

9 캐나다의 표지판, 표식, 표시는 미국의 체계와 어떻게 다른가?

10 멕시코의 표지판, 표식, 표시는 미국의 체계와 어떻게 다른가?

11 위험물질의 존재를 나타내는 기타 유형의 표시, 표시 체계, 표식, 표식 체계, 색상, 색상 코드 및 기호를 어디에서 찾을 수 있는가?

12 NFPA 704, 비상대응을 위한 위험물질 식별을 위한 표준 체계에 사용된 색상 및 번호 체계를 설명해보아라.

13 GHS(Globally Harmonized System)의 핵심 요소는 무엇인가?

14 살충제 표식은 다른 위험물질 표시 체계와 어떻게 다른가?

15 위에 포함되지 않은 위험물질에 대한 다른 상징 및 기호는 어디에서 찾을 수 있는가?

16 ANSI 표준 Z535.4에서 규정한 위험물질의 존재를 나타내는 일반적인 기호와 색상을 기술하라.

17 초동대응자가 가장 활용할 가능성이 높은 문서 자료는 무엇이며, 그 이유는 무엇인가?

18 위험물질 식별을 위해 감각을 사용하는 것이 어떻게 위험할 수 있는가?

19 식별수준 인원이 탐지 및 식별 장치를 사용하지 않는 이유는 무엇인가?

NFPA 직무 수행 요구사항 (NFPA Job Performance Requirement)

이 장에서는 NFPA 1072의 다음 직무 수행 요구사항을 다루는 정보를 제공한다. 『위험물질/대량살상무기 비상 대응 요원 전문 자격에 대한 표준(Standard for Hazardous Materials/Weapons of Mass Destruction Emergency Response Personnel Professional Qualifications)』(2017판)

4.2.1

4.3.1

4.4.1

Chapter 3

대응 실행:
위험물질 사고에서의 식별수준 대응

학습 목표

1. 신고 절차를 인지한다(4.4.1).
2. 초동대응요원이 위험물질 사고시 비상대응지침서(ERG)를 사용하는 방법을 설명한다(4.2.1, 4.3.1).
3. 초기 방호활동을 취할 때, 초동대응요원의 역할을 설명한다(4.3.1).
4. 테러리스트 사고에 대응할 때, 식별수준 인원이 취해야 할 조치를 식별한다(4.2.1,4.3.1).
5. 기술 자료 3-1: 위험물질 사고에 대한 적절한 신고를 한다(4.4.1).
6. 기술 자료 3-2: 승인된 참고자료 출처를 활용하여 위험물질 사고에 나타나는 지표 및 위험 요소를 식별한다(4.2.1).
7. 기술 자료 3-3: 위험물질 사고시 보호 조치를 취한다(4.2.1, 4.3.1).

이 장에서는

비상 사고에서의 식별수준 인원(또는 직원)의 역할과 책임에 대해 설명한다.

식별수준 인원은 반드시 다음을 수행해야 한다.

▷ 신고 절차에서의 역할 이해

▷ 비상대응지침서(ERG)를 사용할 수 있는 기술의 보유

▷ 사고를 이격시키기 위한 기본적인 절차 제공

▷ 사고가 테러(테러리즘, terrorism) 또는 범죄 활동과 관련된 경우 취해야 할 단계의 이해

신고 Notification

표준작전(운영)절차standard operating procedure; SOP 및 비상대응계획emergency response plan과 같은 사전 결정된 절차들은 신고 절차notification process('6장, 대응 방법 식별' 참조) 및 의사소통 방법에서 역할을 정의해야 한다. 식별수준 인원의 경우, 신고는 사고를 보고하고 비상 지원을 요청하기 위해 9-1-1번으로 전화하는 것만큼 간단하다(그림 3.1). 고정시설 대응요원은 (자체 조직) 내부의 소방대 또는 위험물질 대응팀을 위해 무전기로 호출하는 등의 내부 절차를 자체적으로 수행할 수도 있다.

그림 3.1 위험물질 사고에 대한 식별수준 인원의 조치가 도움이 될 수 있다. 도움을 빨리 요청하고 사고지역을 이격하면 생명을 구할 수 있다. Rich Mahaney 제공.

범죄 또는 테러 활동이 의심되는 경우, 인원(요원)은 즉시 법집행기관에 신고해야 한다. 위험물질 사고에 대한 적절한 신고와 관련된 설명은 '기술자료 3-1'에 나와 있다.

부서의 '표준작전(운영)절차SOP'는 대개 라디오, 휴대전화, 수신호 등의 방법을 사용한 사고(외부 및 내부 공히)에 대한 통신(소통) 수단으로 삼는다. 인원(요원) 및 대응요원은 반드시 부서/조직의 통신 장비를 통해 지원의 필요성을 알릴 수 있어야 한다. 이러한 통신 중 일부는 추가 인력이나 특수 장비에 대한 요청이거나 명백한 위험성이 있는 사고를 다른 사람에게 알리는 것일 수 있다. 인원(요원)과 대응요원은 정책과 절차에 따라 지정된 통신장비를 사용할 수 있도록 교육을 받아야 한다.

참고

전문대응 수준 대응요원(operational level responder)에 대한 신고 관련 요구사항의 추가 정보는 '7장, 사고 관리'에서 다룬다.

이 장에서 설명하는 모든 대응은 전문대응 수준 대응요원에게도 적용된다.

비상대응지침(ERG) 사용하기

Using the Emergency Response Guidebook

비상대응지침서[ERG]는 비상 사태 대응요원이 교통 관련 비상 사고와 관련된 초기 위험물질[hazmat] 위험을 신속하게 파악할 수 있도록 돕는 안내서이다. 이를 통해 위험을 피하고 최소화함으로써 사고의 초기 대응 단계에서 자신과 타인을 보호할 수 있다.

비상대응지침서[ERG]는 주로 고속도로나 철도에서 발생하는 위험물질 사고에서 사용하도록 고안되었다. 비상대응지침서[ERG]의 이격 및 보호 거리[isolation and protective distance]는 공공장소에서의 교통사고와 관련된 조건에 따라 결정되며, 고정시설이나 도시 환경에 적용할 때는 유용하지 않다.

다음과 같은 여러 가지 방법으로 비상대응지침서[ERG]에서 적절한 초기 조치(활동) 지침 페이지를 찾을 수 있다.

- 표지판 또는 운송 문서에 있는 네 자리 UN 식별번호(UN identification number)를 확인한 다음 노란색 테두리가 있는 페이지에서 적절한 안내를 찾는다.
- 파란색 테두리가 있는 페이지에서 관련 자료의 이름(알려진 경우)을 참조하라. 많은 화학물질 이름은 몇 글자만 다른 경우가 있으므로 이 방법을 사용할 때는 정확한 철자가 중요하다(그림 3.2).
- 물질의 운송 표지판를 확인한 다음, 현장에서의 사용을 위해 비상대응지침서(ERG) 앞면에 있는 표지판 표 및 초기 대응 지침과 관련된 세 자리 숫자 안내 코드(three digit guide code)를 참조하라.
- 책 앞면의 흰색 페이지에 제공된 컨테이너 개요서(container profile), 운송문서 등을 참조하라. 초동 대응자는 컨테이너 모양을 식별한 다음, 가장 가까운 범위에 제공된 오렌지 테두리가 있는 페이지로 가서 안내 번호를 교차 참조한다(그림 3.3).

참고

비상대응지침서(ERG)는 위험화물/위험물질 사고(dangerous goods/hazardous materials incident)와 관련된 가능한 모든 상황을 다루지는 않는다.

네 자리 ID(식별) 번호 또는 화학물질 이름을 사용하면 대응요원이 원하는 가장 구체적인 초기 대응 지침을 찾을 수 있다. 승인된 참조 자료를 활용하여 위험물질 사고에 나타나는 지표 및 위험을 식별하는 것과 관련된 기술은 '기술자료 3-2'에 나와 있다.

이번 절에서는 비상대응지침서ERG의 디자인과 레이아웃에 대해 설명한다.

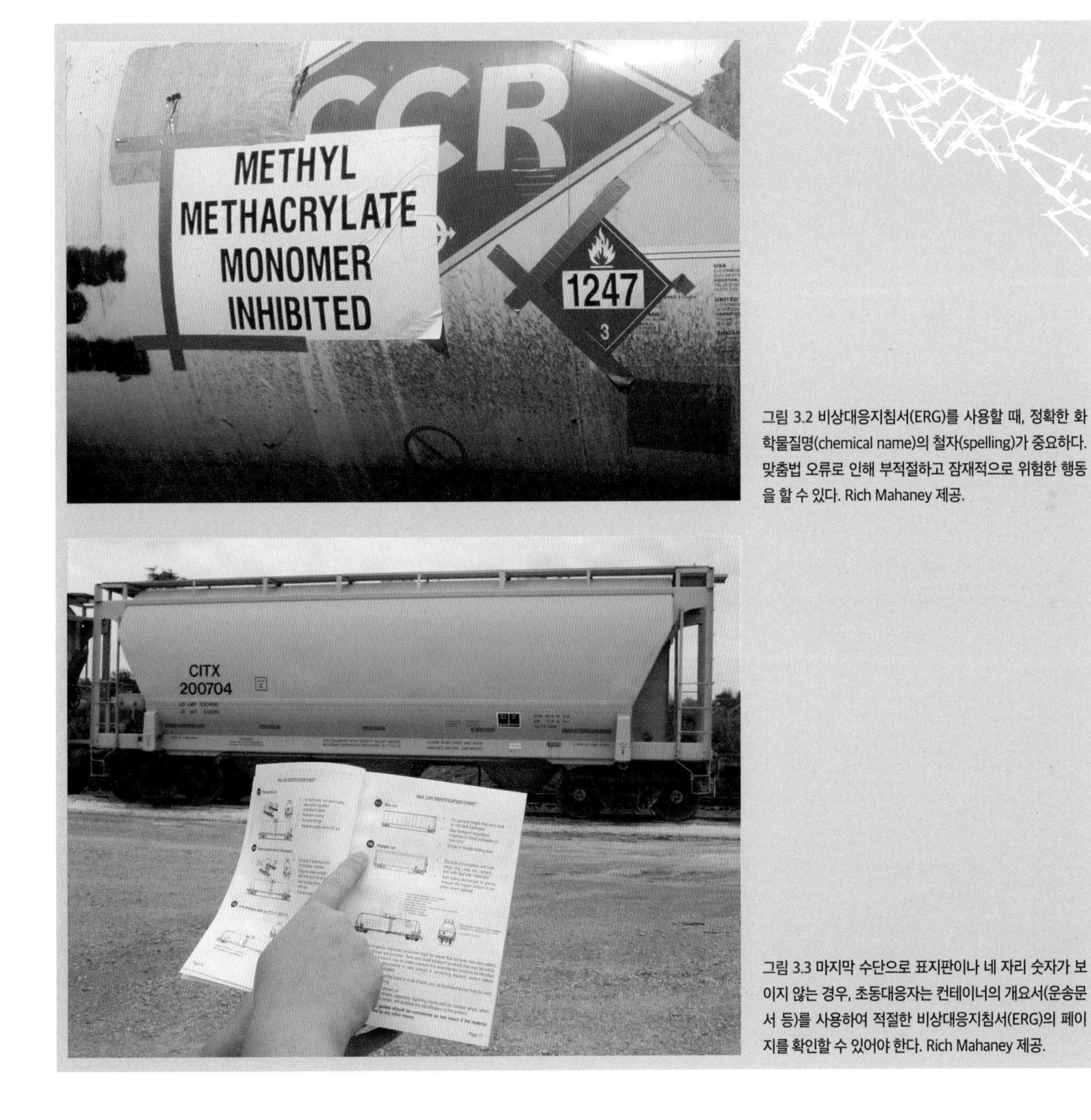

그림 3.2 비상대응지침서(ERG)를 사용할 때, 정확한 화학물질명(chemical name)의 철자(spelling)가 중요하다. 맞춤법 오류로 인해 부적절하고 잠재적으로 위험한 행동을 할 수 있다. Rich Mahaney 제공.

그림 3.3 마지막 수단으로 표지판이나 네 자리 숫자가 보이지 않는 경우, 초동대응자는 컨테이너의 개요서(운송문서 등)를 사용하여 적절한 비상대응지침서(ERG)의 페이지를 확인할 수 있어야 한다. Rich Mahaney 제공.

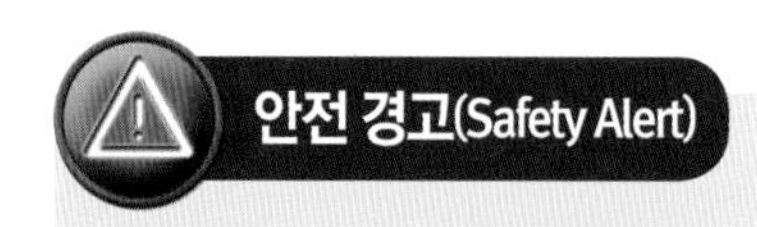

여러 가지 정보의 출처

사고 발생 시 초동대응자는 가능한 빨리 문제의 물질에 대한 상세한 정보를 찾아야 한다. 비상대응지침서(ERG)에만 의존하지 않는다. 대신 다음 조치 중 하나를 수행하면 관련 물질에 대한 정보를 얻을 수 있다. 이 정보는 가이드북보다 구체적이거나 정확할 수 있다.

▶ 적절한 비상대응 기관에 문의하기

▶ 운송 문서상의 비상대응 번호로 전화하기

▶ 컨테이너와 동반되는 운송 문서 참고하기

특정 물질에 대한 정보를 얻기 위해 화학물질 참고 자료를 참조할 때는 정보가 완전하고 정확하다는 것을 확인하기 위해 하나 이상의 참고 자료를 참조해야 한다. 참고문서에는 특정 목적을 위해 가장 위험한 작업장에서 사용하는 화학물질에 대한 정보를 수집하여 작성된 것일 경우 많은 화학물질들이 생략되었을 수 있다. 그러므로 참고문서에 없다고 해서 그 물질이 안전하다는 의미는 아니다. 여러 자료(출처)를 통해 확인해야 한다.

ERG 지침(흰색 테두리 페이지)

흰색 테두리 페이지는 비상대응지침서ERG 사용법을 제공한다. 한 권에서 앞쪽과 뒷쪽에 두 개의 흰색 테두리 페이지 부분이 있다.

앞 부분에서는 다음에 대한 정보를 제공한다 .

- 선적 서류(문서)[shipping document(paper)]
- 지침서(guidebook) 사용법
- 지역 긴급 전화번호
- 안전 예방조치(safety precautions)['안전 경고' 참조]
- 전문(기술) 정보(technical information) 알림 및 요청
- 위험 분류 체계(hazard classification system)
- 표시(marking), 표식(label), 표지판(placard)의 표 소개
- 표시(marking), 표식(label), 표지판(placard) 및 현장에서 사용하기 위한 초기 대응 지침(initial response guide)
- 철도 차량(rail car) 식별 도표

• 도로상의 트레일러(road trailer) 식별 도표
• 화학물질 분류 및 표시에 대한 국제일치화체계(GHS)
• 일부 협동일관수송 컨테이너(intermodal container)에 표시되는 위험 정보 번호(hazard information number)
• 파이프라인 운송(pipeline transportation)

뒷 부분에서는 다음에 대한 정보를 제공한다.

• 비상대응지침서(ERG) 사용자 안내
• 보호복
• 화재 진압 및 누출 제어
• 비등액체증기운폭발 안전 예방조치(BLEVE safety precaution)
• 화학/생물학/방사선(chemical/biological/radiological agent) 작용제의 범죄/테러리스트 사용
• 급조폭발물(IED)의 안전 이격 거리(safe standoff distance)
• 용어 목록
• 캐나다 및 미국 국립대응센터(Canada and United States National Response Center)
• 비상대응 지원 계획(Emergency Response Assistance Plan; ERAP)
• 비상대응 전화번호

안전 경고(Safety Alert)

비상대응지침서 안전 주의사항(ERG Safety Precautions)

무작정 달려들지 않는다!
윗바람, 오르막 또는 상류에서 조심스럽게 접근한다.

▶ 증기(vapor), 연기(smoke), 흄(fume) 및 유출(spill)로부터 피한다.
▶ 차량을 현장으로부터 안전한 거리에 둔다.

사고현장을 확보한다!

▶ 지역을 고립시키고, 당신과 다른 사람들을 보호한다.

다음의 어떠한 것이든 활용하여 위험을 식별하라!

▶ 표지판(placard)

▶ 컨테이너 표식(container label)

▶ 운송 문서(shipping document)

▶ 철도차 및 도로의 트레일러 식별 도표(rail car and road trailer identification chart)

▶ 보건안전자료(SDS)

▶ 현장에 있는 인원의 지식

▶ 적용 가능한 안내 부분의 참조

상황을 평가한다.

▶ 화재, 유출, 누출이 있는가?

▶ 기상 조건은 어떠한가?

▶ 지형은 어떠한가?

▶ 위험에 처한 사람이나 물건은 무엇인가: 사람, 재산, 환경?

▶ 어떤 조치를 취해야 하는가: 피난, 현장 내 대피행동 또는 둑 쌓기?

▶ 필요한 자원(사람 및 장비)은 무엇인가?

▶ 즉시 이뤄질 수 있는 일은 무엇인가?

도움을 받는다.

▶ 본부에 연락하여 책임 기관에 알리고 자격을 갖춘 대원(요원)에게 도움을 요청한다.

대응하라.

▶ 적절한 보호장비를 착용했을 때만 진입한다.

▶ 구조 시도 및 재산 보호 시에 당신에게 문제가 발생할 수 있다.

▶ 지휘소 및 통신을 개설한다.

▶ 상황을 지속적으로 재평가하고 그에 따라 대응을 수정한다.

▶ 자신의 안전을 포함하여 가장 긴급한 지역(구역)의 사람들의 안전을 우선 고려한다.

위의 모든 사항: 냄새가 없다고 기체 또는 증기가 무해하다고 생각하지 않는다. 증기는 유해할 수 있다. 일부 제품은 5가지 인간의 감각으로 감지가 안 될 수 있다. 빈 컨테이너를 취급할 때에는 주의가 필요하다. 빈 컨테이너를 청소하고 모든 잔류물이 제거될 때까지는 위험할 수 있기 때문이다.

ERG 식별번호 색인(노란색 테두리 페이지)

비상대응지침서ERG의 노란색 테두리가 있는 페이지는 번호순으로 네 자리 UN/NA 식별번호 색인 목록을 제공한다. 네 자리 ID 번호 다음에는 지정된 세 자리 비상대

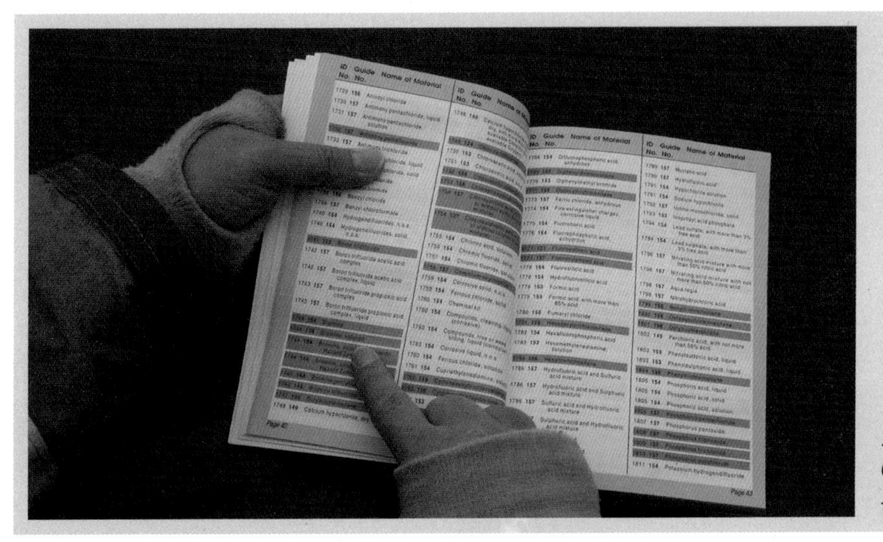

그림 3.4 노란색 테두리가 있는 안내 페이지는 위험물질에 대한 네 자리 숫자의 UN/NA ID 번호를 번호순으로 제공한다.

응지침 번호(이하 '지침')라는 오렌지색 테두리가 있는 페이지와 물질 이름이 나온다(그림 3.4).

비상대응지침서 ERG의 노란색 테두리가 있는 부분은 초동대응요원이 관련 물질에 대해 참조할 지침 번호를 확인할 수 있게 해준다. 노란색 테두리가 있는 색인의 녹색 강조 표시는 해당 물질이 **독성흡입위험**[1]인 기체를 방출함을 나타낸다. 이 물질은 비상대응 거리를 보다 강화해야 한다. 지침번호 다음의 "P" 표시는 물질이 **중합**[2]됨을 나타낸다. 중합polymerization은 대량의 열과 에너지를 방출하는 격렬한 반응이다.

ERG 물질 이름 색인(파란색 테두리 페이지)

파란색 테두리가 있는 ERG 페이지는 위험화물(위험물질) 색인을 물질 이름별 알파벳순으로 제공하므로 초동대응요원이 관련 물질의 이름을 참조하여 지침을 신속하게 식별할 수 있다. 이 목록에는 물질의 이름과 할당된 세 자리 숫자의 비상대응 안내 및 네 자리 숫자의 UN/NA ID 번호가 표시된다(그림 3.5). 제품(물질)명을 찾을

참고

많은 기관에서는 화학물질의 이름을 발음할 수 있도록 철자와 발음 기호를 함께 표기한다.

---

1 **독성흡입위험(Toxic Inhalation Hazard; TIH)** : 휘발성 액체 또는 운송 중에 인체 건강에 심각한 위험이 있다고 알려진 기체
2 **중합(반응)(Polymerization)** : 두 개 이상의 분자가 화학적으로 결합(화합)하여 더 큰 분자를 형성하는 화학반응. 이 반응은 종종 격렬할 수 있다.

때 사용자는 매우 조심해야 한다. 약간의 철자 실수로 인해 대응요원이 제품의 거동 특징을 잘못 파악할 수 있기 때문이다. 노란색 테두리가 있는 페이지에서와 같이 파란색 테두리가 있는 페이지에 있는 물질 중 녹색 음영 표시는 흡입 독성 위험TIH 기체의 누출을 나타내며, 지침번호 뒤에 나오는 "P" 표시는 해당 물질이 중합됨을 나타낸다.

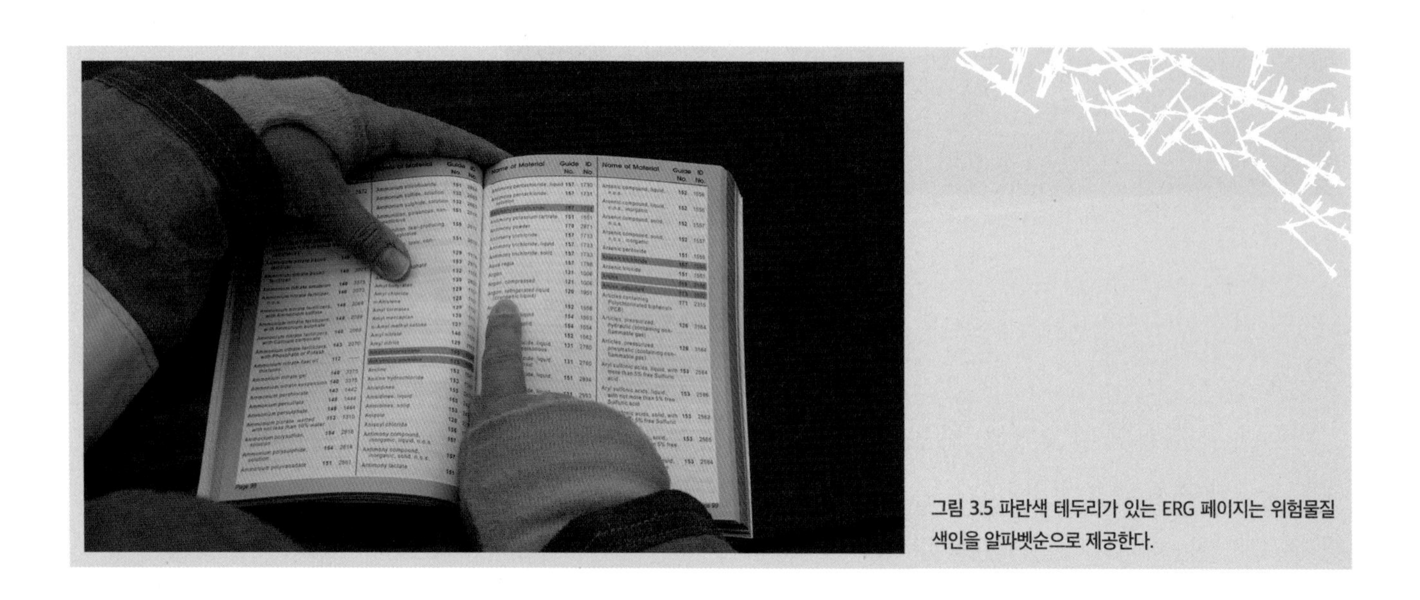

그림 3.5 파란색 테두리가 있는 ERG 페이지는 위험물질 색인을 알파벳순으로 제공한다.

ERG 초기대응 지침(오렌지색 테두리 페이지)

이 책의 오렌지색 테두리 분야는 안전 지침과 일반 위험 정보가 들어 있는 가장 중요한 부분이다. 이 분야의 페이지들은 펼침면 형식으로 개개인에 대한 지침으로 구성되며 세 개의 절로 나뉜다(그림 3.6). 펼침면에서 왼쪽 페이지에는 잠재적 위험 및 공공안전 정보를 실었고, 오른쪽 페이지에는 비상대응 정보를 실었다. 각 지침은 유사한 화학적 및 독성의 특성을 가진 물질군을 포괄적으로 구성하였다. 해당 지침의 제목을 통해 언급되고 있는 해당 물질 또는 위험물질(위험화물)에 대한 일반적인 위험을 알아볼 수 있다.

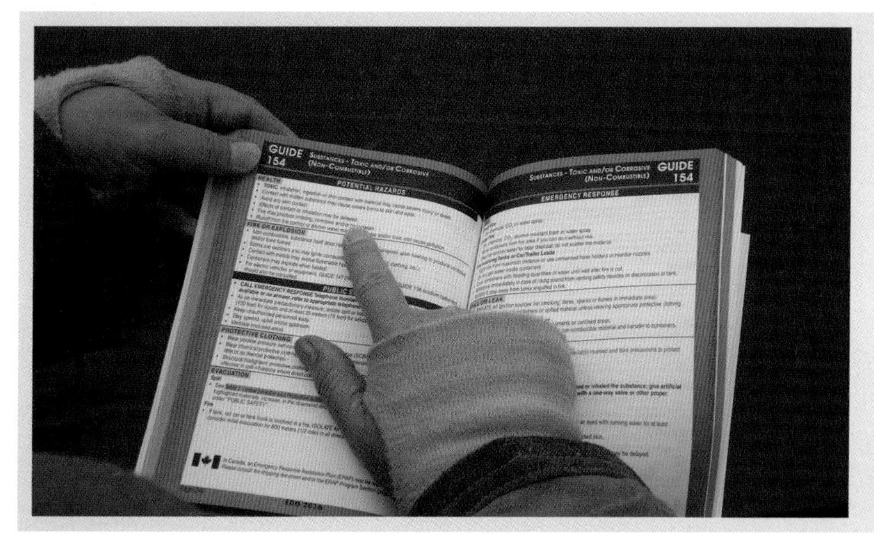

그림 3.6 오렌지색 테두리가 있는 안내 페이지는 안전 권장 사항, 일반적인 위험 정보 및 기본적인 비상대응 조치 방법을 제공한다.

GUIDE 117 GASES - TOXIC - FLAMMABLE (EXTREME HAZARD)

POTENTIAL HAZARDS

HEALTH

- **TOXIC; Extremely Hazardous.**
- May be fatal if inhaled or absorbed through skin.
- Initial odor may be irritating or foul and may deaden your sense of smell.
- Contact with gas or liquefied gas may cause burns, severe injury and/or frostbite.
- Fire will produce irritating, corrosive and/or toxic gases.
- Runoff from fire control may cause pollution.

FIRE OR EXPLOSION

- These materials are extremely flammable.
- May form explosive mixtures with air.
- May be ignited by heat, sparks or flames.
- Vapors from liquefied gas are initially heavier than air and spread along ground.
- Vapors may travel to source of ignition and flash back.
- Runoff may create fire or explosion hazard.
- Cylinders exposed to fire may vent and release toxic and flammable gas through pressure relief devices.
- Containers may explode when heated.
- Ruptured cylinders may rocket.

PUBLIC SAFETY

- **CALL EMERGENCY RESPONSE Telephone Number on Shipping Paper first. If Shipping Paper not available or no answer, refer to appropriate telephone number listed on the inside back cover.**
- As an immediate precautionary measure, isolate spill or leak area for at least 100 meters (330 feet) in all directions.
- Keep unauthorized personnel away.
- Stay upwind, uphill and/or upstream.
- Many gases are heavier than air and will spread along ground and collect in low or confined areas (sewers, basements, tanks).
- Ventilate closed spaces before entering.

PROTECTIVE CLOTHING

- Wear positive pressure self-contained breathing apparatus (SCBA).
- Wear chemical protective clothing that is specifically recommended by the manufacturer. It may provide little or no thermal protection.
- Structural firefighters' protective clothing provides limited protection in fire situations ONLY; it is not effective in spill situations where direct contact with the substance is possible.

EVACUATION

Spill

- See Table 1 - Initial Isolation and Protective Action Distances.

Fire

- If tank, rail car or tank truck is involved in a fire, ISOLATE for 1600 meters (1 mile) in all directions; also, consider initial evacuation for 1600 meters (1 mile) in all directions.

In Canada, an Emergency Response Assistance Plan (ERAP) may be required for this product. Please consult the shipping document and/or the ERAP Program Section (page 391).

Page 172 **ERG 2016**

그림 3.7 잠재적 위험 분야는 건강 위험을 기술하며, 가장 높은 잠재적 위험을 먼저 기술한다.

잠재적 위험

잠재적 위험 분야는 건강 위험과 화재 또는 폭발 위험의 두 가지 유형으로 제목이 구분되며(그림3.7), 잠재적 위험이 높은 것부터 먼저 나열된다.

이 분야는 사고 발생 시 각 개인의 보호에 관한 결정을 내리는 데 도움이 되므로 먼저 참조해야 한다. 이 분야에서는 '독성', '고인화성', '부식성'에 관하여 경고한다.

공공 안전

공공 안전 분야에서는 사고현장의 즉각적인 이격, 보호복 및 호흡기 보호 권고에 관한 일반적인 정보를 제공한다. 또한 이 분야에는 작거나 큰 유출과 폭발로 인해 탱크 파편의 위험 거리와 같은 화재 상황에 대해 제안된 대피 거리를 실었다.

이격 거리는 공공 안전 분야 제목 바로 아래에 정리되어 있다(그림 3.8). **초기 이격 거리**[3]는 모든 사람이 위험물질 유출이나 누출원으로부터 모든 방향으로 대피하는 것을 고려해야 하는 거리이다(그림 3.9). 이 거리는 **초기 이격 구역**[4]을 확인하고 설정하는 데 사용할 수 있다. 그렇게 하는 것이 안전하다면 사람들을 초기 이격 구역에서 최소한 거리 바깥으로 대피시켜야 한다(그림 3.10). 그런 다음 현장을 확보하고 외부의 모든 인원들로부터 이격 구역에 대한 진입/접근을 거부해야 한다.

참고

보호복(protective clothing)에 관한 더 많은 정보는 '9장, 전문대응 수준 대원 - 임무특화의 개인보호장비'에 나와 있다.

보호복 분야에서는 위험물질과 관련된 사고에서 착용해야 하는 개인보호복과 개인보호장비의 유형에 대해 설명한다(그림 3.11). 예를 들면 다음과 같다.

- **외출복**[5] 및 작업복
- **구조물 화재 소방관 보호복(방화복)**[6] [또한 소방복(bunker gear) 또는 출동복(turnouts)으로도 불림]

---

3 **초기 이격 거리(Initial Isolalion Distance)** : 위험물질 사고(hazardous material incident)로 모든 사람이 모든 방향(in all direction)으로 대피할 것으로 간주되는 거리

4 **초기 이격 구역(Initial Isolalion Zone)** : 초기 이격 거리(initial isolation distance)에 해당하는 반경의 원형 구역(circular zone)으로, 이 구역 내에서는 사람이 위험한 농도에 노출될 수 있으며, 위험원으로부터 불어 내려오는 바람에 의해 생명을 위협하는 농도에 노출될 수 있다.

5 **외출복(Street Clothes)** : 작업복 및 일반 시민 복장을 포함하여 화학보호복(chemical protective clothing) 또는 구조물 화재 소방관 보호복(structural firefighters' protective clothing) 이외의 것

6 **구조물 화재 소방관 보호복(방화복)(Structural Firefighters' Protective Clothing)** : 화재 및 비상대응 공공기관(공공서비스) 대응요원이 착용하는 장비에 대한 일반적인 용어로, 헬멧, 방화복 상의, 방화복 바지, 부츠, 눈 보호(고글 등), 장갑, 보호 후드, 자급식 공기호흡기(self-contained breathing apparatus; SCBA) 및 인명구조경보기(personal alert safety system; PASS)가 포함됨

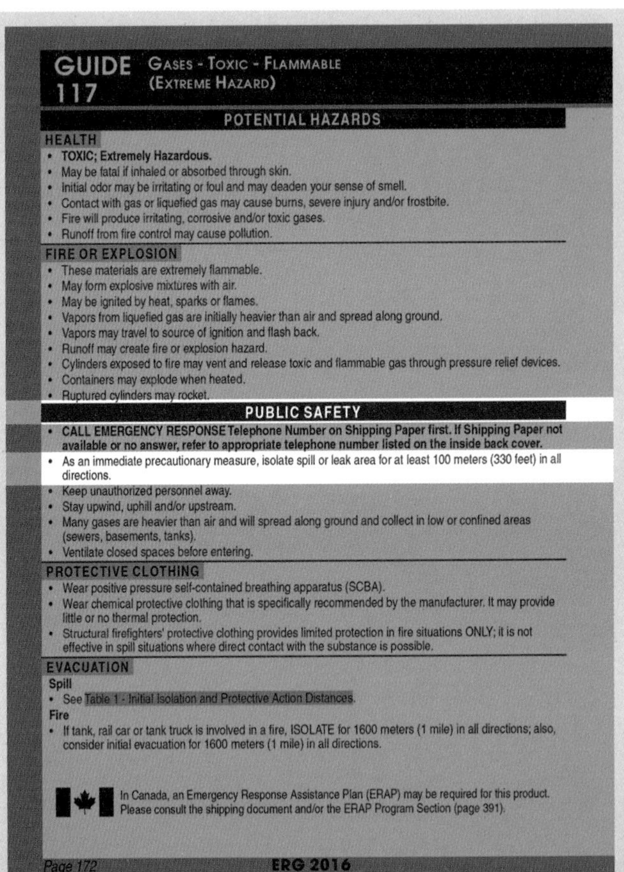

GUIDE 117 GASES - TOXIC - FLAMMABLE (EXTREME HAZARD)

POTENTIAL HAZARDS

HEALTH
- **TOXIC; Extremely Hazardous.**
- May be fatal if inhaled or absorbed through skin.
- Initial odor may be irritating or foul and may deaden your sense of smell.
- Contact with gas or liquefied gas may cause burns, severe injury and/or frostbite.
- Fire will produce irritating, corrosive and/or toxic gases.
- Runoff from fire control may cause pollution.

FIRE OR EXPLOSION
- These materials are extremely flammable.
- May form explosive mixtures with air.
- May be ignited by heat, sparks or flames.
- Vapors from liquefied gas are initially heavier than air and spread along ground.
- Vapors may travel to source of ignition and flash back.
- Runoff may create fire or explosion hazard.
- Cylinders exposed to fire may vent and release toxic and flammable gas through pressure relief devices.
- Containers may explode when heated.
- Ruptured cylinders may rocket.

PUBLIC SAFETY
- **CALL EMERGENCY RESPONSE Telephone Number on Shipping Paper first. If Shipping Paper not available or no answer, refer to appropriate telephone number listed on the inside back cover.**
- As an immediate precautionary measure, isolate spill or leak area for at least 100 meters (330 feet) in all directions.
- Keep unauthorized personnel away.
- Stay upwind, uphill and/or upstream.
- Many gases are heavier than air and will spread along ground and collect in low or confined areas (sewers, basements, tanks).
- Ventilate closed spaces before entering.

PROTECTIVE CLOTHING
- Wear positive pressure self-contained breathing apparatus (SCBA).
- Wear chemical protective clothing that is specifically recommended by the manufacturer. It may provide little or no thermal protection.
- Structural firefighters' protective clothing provides limited protection in fire situations ONLY; it is not effective in spill situations where direct contact with the substance is possible.

EVACUATION

Spill
- See Table 1 - Initial Isolation and Protective Action Distances.

Fire
- If tank, rail car or tank truck is involved in a fire, ISOLATE for 1600 meters (1 mile) in all directions; also, consider initial evacuation for 1600 meters (1 mile) in all directions.

In Canada, an Emergency Response Assistance Plan (ERAP) may be required for this product. Please consult the shipping document and/or the ERAP Program Section (page 391).

Page 172 ERG 2016

그림 3.8 초기 이격 거리는 공공 안전 분야에서 글머리점(•)을 이용하여 정리되어 있다.

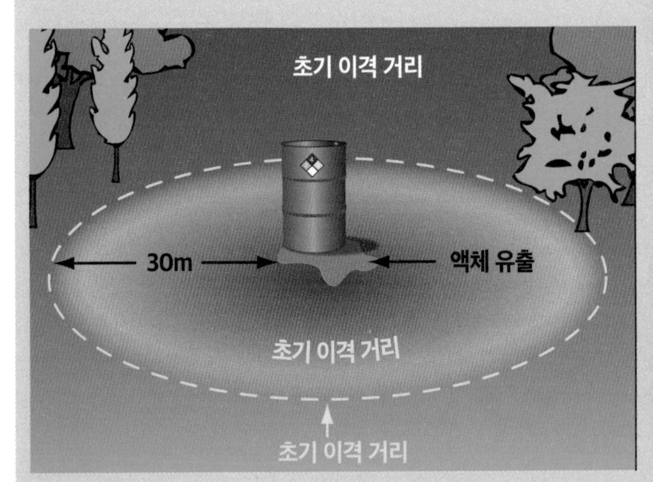

그림 3.9 초기 이격 거리는 모든 사람들이 모든 방향으로 대피하는 데 있어 고려해야 하는 거리이다.

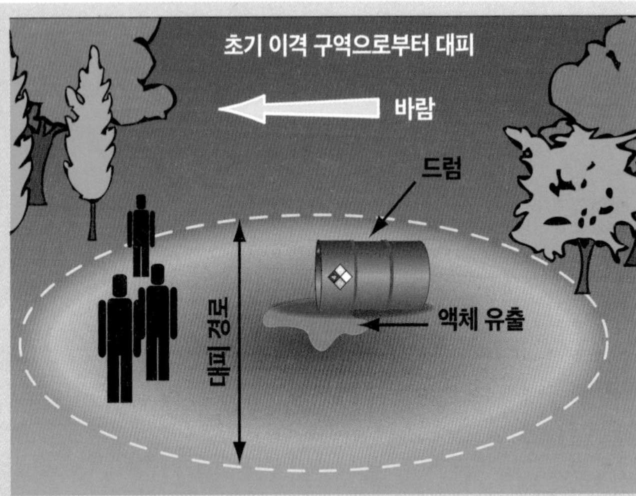

그림 3.10 사고현장에서 위험물질이 바람이 불어 내려오는 쪽에서 초기 이격 구역으로부터의 대피가 가능하다면 우세 풍향(prevailing wind direction)에 직각 방향으로 수행되어야 한다.

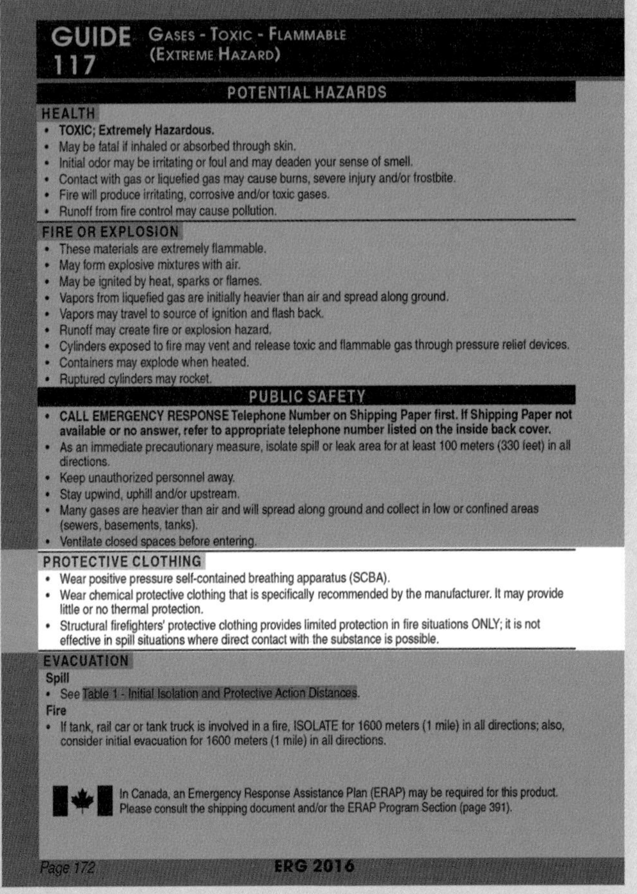

GUIDE 117 GASES - TOXIC - FLAMMABLE (EXTREME HAZARD)

POTENTIAL HAZARDS

HEALTH
- **TOXIC; Extremely Hazardous.**
- May be fatal if inhaled or absorbed through skin.
- Initial odor may be irritating or foul and may deaden your sense of smell.
- Contact with gas or liquefied gas may cause burns, severe injury and/or frostbite.
- Fire will produce irritating, corrosive and/or toxic gases.
- Runoff from fire control may cause pollution.

FIRE OR EXPLOSION
- These materials are extremely flammable.
- May form explosive mixtures with air.
- May be ignited by heat, sparks or flames.
- Vapors from liquefied gas are initially heavier than air and spread along ground.
- Vapors may travel to source of ignition and flash back.
- Runoff may create fire or explosion hazard.
- Cylinders exposed to fire may vent and release toxic and flammable gas through pressure relief devices.
- Containers may explode when heated.
- Ruptured cylinders may rocket.

PUBLIC SAFETY
- **CALL EMERGENCY RESPONSE Telephone Number on Shipping Paper first. If Shipping Paper not available or no answer, refer to appropriate telephone number listed on the inside back cover.**
- As an immediate precautionary measure, isolate spill or leak area for at least 100 meters (330 feet) in all directions.
- Keep unauthorized personnel away.
- Stay upwind, uphill and/or upstream.
- Many gases are heavier than air and will spread along ground and collect in low or confined areas (sewers, basements, tanks).
- Ventilate closed spaces before entering.

PROTECTIVE CLOTHING
- Wear positive pressure self-contained breathing apparatus (SCBA).
- Wear chemical protective clothing that is specifically recommended by the manufacturer. It may provide little or no thermal protection.
- Structural firefighters' protective clothing provides limited protection in fire situations ONLY; it is not effective in spill situations where direct contact with the substance is possible.

EVACUATION

Spill
- See Table 1 - Initial Isolation and Protective Action Distances.

Fire
- If tank, rail car or tank truck is involved in a fire, ISOLATE for 1600 meters (1 mile) in all directions; also, consider initial evacuation for 1600 meters (1 mile) in all directions.

In Canada, an Emergency Response Assistance Plan (ERAP) may be required for this product. Please consult the shipping document and/or the ERAP Program Section (page 391).

Page 172 ERG 2016

그림 3.11 보호복 분야에서는 착용해야 하는 개인보호복(personal protective clothing)과 장비(equipment)를 권장한다.

• 양압 **자급식 공기호흡기**[7](positive pressure **self-contained breathing apparatus; SCBA)**

• **화학보호복**[8]

참고

대피(evacuation), 현장 내 대피 행동(sheltering in place), 현장 내 보호/방어행동(protecting/defending in place)에 대해서는 '7장, 사고관리'에서 보다 자세히 설명한다.

대피 분야에서는 유출과 화재에 대한 **대피**[9] 권고사항을 제시한다(그림 3.12). 물질이 노란색 테두리 및 파란색 테두리가 있는 페이지에서 초록색으로 강조 표시된 화학물질의 경우에는 독자에게 흡입 독성 위험 물질 및 물 반응성(금수성) 물질이 나열된 녹색 테두리가 있는 페이지의 표를 참조하도록 안내한다(ERG 표의 이격 및 방호활동 거리, 녹색 페이지 부분 참조). 식별수준 인원은 초기 이격 단계 이후의 대피에는 아마도 관여하지 않을 것이다.

비상대응 분야

세 번째 분야인 비상대응은 화재, 유출 또는 누출 사고 및 응급처치에 대한 예방 조치를 포함한 비상사고 대응 주제를 설명한다. 의사결정 과정을 지원하기 위해 각 분야에는 몇 가지 권장사항들이 나열되어 있다. 응급처치 정보는 진료를 받기 전의 일반적인 지침을 제공한다. 식별수준 대응자는 이 부분의 정보를 알고 있어야 하지만, 사고를 완화시킬 자격은 없다. 이 부분은 '6장, 대응 방법 식별'에서 전문대응수준 대응요원에 대해 더욱 자세히 설명한다.

화재 분야에서는 대형 화재, 소형 화재 및 벌크 컨테이너와 관련된 화재 시 소화약제를 사용할 것을 권장한다(그림 3.13). 예를 들어 소형 화재 시에는 폼foam이나 물 또는 특정 유형의 소화기가 사용될 수 있다. 폼 소화기가 권장되는 경우 사용할 폼의 종류를 지정한다. 권장사항은 지침에 따라 다르지만, 넘칠 정도의 대량의 물로 컨테이너를 냉각시키거나 무인 호스홀더를 사용하는 것과 같은 내용들을 포함할 수 있다.

---

7 **자급식 공기호흡기(Self-Contained Breathing Apparatus; SCBA)** : 주변 환경과 독립적인 호흡기(호흡보호구, appatus)에 의해 전달되거나 만들어진 공기를 공급하는 호흡기(respirator). 호흡기로, 해당 사용자가 착용한다. 즉각적인 생명과 건강에 위험성이 있는 상황(Immediately Dangerous to Life and Health; IDLH)으로 여겨지는 모든 상황에서 호흡기 보호(respiratory protection) 장비를 착용한다. 에어 마스크(air mask) 또는 에어 팩(air pack)이라고도 한다.

8 **화학보호복(Chemical Protective Clothing; CPC)** : 위험물질과 관련된 작전(대응)(operations involving hazardous material) 중에 발생할 수 있는 화학적, 물리적 및 생물학적 위험으로부터 개인(indivisual)을 보호(shield)하거나 이격(isolate)하도록 고안된 복장(clothing)

9 **대피(Evacuation)** : 잠재적으로 위험한 위치(장소)(potentially hazardous location)로부터 이탈하거나 또는 이동시키는 통제된 절차(controlled process). 일반적으로 위험(hazard) 또는 잠재적 위험(potential risk)으로부터 보다 안전한 곳(safer place)으로 사람들을 재위치(이동)시키는(relocating) 것과 연관됨.

유출 또는 누출 분야에서는 유출spill 또는 누출leak과 관련된 조치를 제공한다(그림 3.14). 예를 들어 인화성 액체가 포함된 경우 모든 점화원을 제거하는 것이 좋다. 또한 유출을 흡착하기 위해서 어떤 물질을 사용할 것인가와 같은 유출을 완화하는 데 필요한 기본 정보를 제공한다.

응급 처치 분야에서는 위험물질의 영향을 받은 피해자를 돕는 기본 단계를 제공한다(그림 3.15). 일반적으로 응급의료 서비스(구급) 지원을 요청하고, 피해자를 신선

주의(CAUTION)

비상대응지침서(ERG) 권장 조치를 취하기 전에, 반드시 적절한 교육을 받고 올바른 장비를 갖추고 있어야 한다.

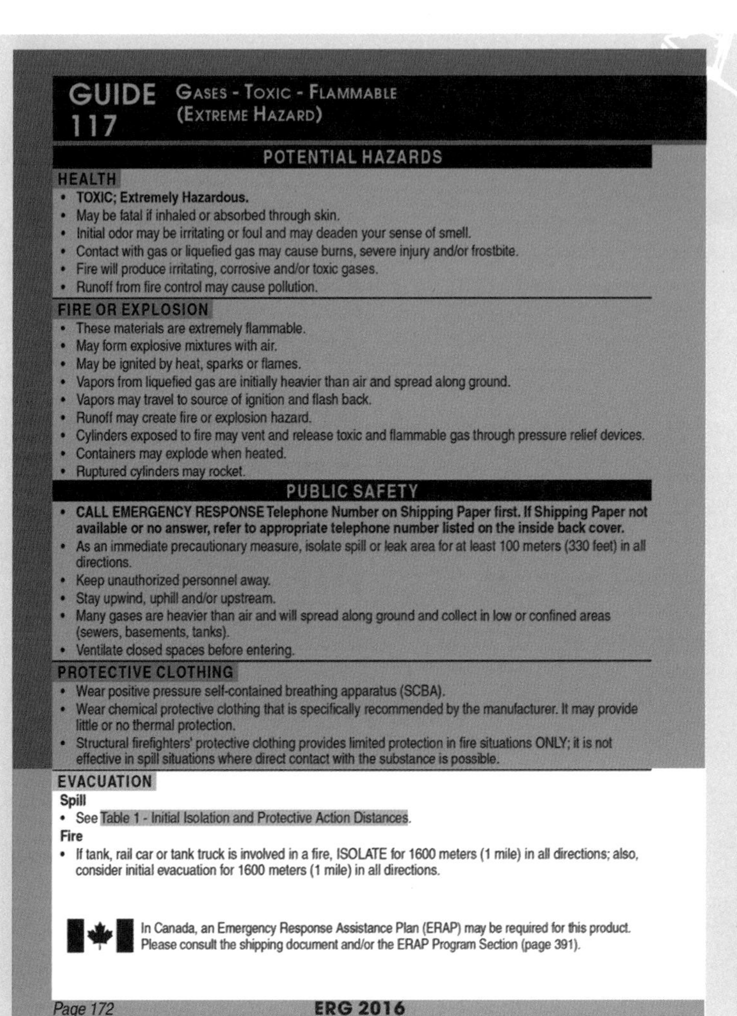

GUIDE 117 GASES - TOXIC - FLAMMABLE (EXTREME HAZARD)

POTENTIAL HAZARDS

HEALTH
- TOXIC; Extremely Hazardous.
- May be fatal if inhaled or absorbed through skin.
- Initial odor may be irritating or foul and may deaden your sense of smell.
- Contact with gas or liquefied gas may cause burns, severe injury and/or frostbite.
- Fire will produce irritating, corrosive and/or toxic gases.
- Runoff from fire control may cause pollution.

FIRE OR EXPLOSION
- These materials are extremely flammable.
- May form explosive mixtures with air.
- May be ignited by heat, sparks or flames.
- Vapors from liquefied gas are initially heavier than air and spread along ground.
- Vapors may travel to source of ignition and flash back.
- Runoff may create fire or explosion hazard.
- Cylinders exposed to fire may vent and release toxic and flammable gas through pressure relief devices.
- Containers may explode when heated.
- Ruptured cylinders may rocket.

PUBLIC SAFETY
- CALL EMERGENCY RESPONSE Telephone Number on Shipping Paper first. If Shipping Paper not available or no answer, refer to appropriate telephone number listed on the inside back cover.
- As an immediate precautionary measure, isolate spill or leak area for at least 100 meters (330 feet) in all directions.
- Keep unauthorized personnel away.
- Stay upwind, uphill and/or upstream.
- Many gases are heavier than air and will spread along ground and collect in low or confined areas (sewers, basements, tanks).
- Ventilate closed spaces before entering.

PROTECTIVE CLOTHING
- Wear positive pressure self-contained breathing apparatus (SCBA).
- Wear chemical protective clothing that is specifically recommended by the manufacturer. It may provide little or no thermal protection.
- Structural firefighters' protective clothing provides limited protection in fire situations ONLY; it is not effective in spill situations where direct contact with the substance is possible.

EVACUATION
Spill
- See Table 1 - Initial Isolation and Protective Action Distances.

Fire
- If tank, rail car or tank truck is involved in a fire, ISOLATE for 1600 meters (1 mile) in all directions; also, consider initial evacuation for 1600 meters (1 mile) in all directions.

In Canada, an Emergency Response Assistance Plan (ERAP) may be required for this product. Please consult the shipping document and/or the ERAP Program Section (page 391).

Page 172 ERG 2016

그림 3.12 알려진 누출이나 화재에 대한 대피 거리는 대피 분야에서 제공된다. 이 거리는 공공 안전 분야에서 제공된 거리와 다를 수 있다. 이 경우 누출 사고 발생 시에 사용자는 자세한 정보를 참고하기 위해 '초기 이격 및 방호 활동 거리 표(녹색 테두리가 있는 페이지)'를 참조한다.

GASES - TOXIC - FLAMMABLE (EXTREME HAZARD) GUIDE 117

EMERGENCY RESPONSE

FIRE

DO NOT EXTINGUISH A LEAKING GAS FIRE UNLESS LEAK CAN BE STOPPED.

Small Fire

- Dry chemical, CO_2, water spray or regular foam.

Large Fire

- Water spray, fog or regular foam.
- Move containers from fire area if you can do it without risk.
- Damaged cylinders should be handled only by specialists.

Fire involving Tanks

- Fight fire from maximum distance or use unmanned hose holders or monitor nozzles.
- Cool containers with flooding quantities of water until well after fire is out.
- Do not direct water at source of leak or safety devices; icing may occur.
- Withdraw immediately in case of rising sound from venting safety devices or discoloration of tank.
- ALWAYS stay away from tanks engulfed in fire.

SPILL OR LEAK

- ELIMINATE all ignition sources (no smoking, flares, sparks or flames in immediate area).
- All equipment used when handling the product must be grounded.
- Fully encapsulating, vapor-protective clothing should be worn for spills and leaks with no fire.
- Do not touch or walk through spilled material.
- Stop leak if you can do it without risk.
- Use water spray to reduce vapors or divert vapor cloud drift. Avoid allowing water runoff to contact spilled material.
- Do not direct water at spill or source of leak.
- If possible, turn leaking containers so that gas escapes rather than liquid.
- Prevent entry into waterways, sewers, basements or confined areas.
- Isolate area until gas has dispersed.
- Consider igniting spill or leak to eliminate toxic gas concerns.

FIRST AID

- Ensure that medical personnel are aware of the material(s) involved and take precautions to protect themselves.
- Move victim to fresh air.
- Call 911 or emergency medical service.
- Give artificial respiration if victim is not breathing.
- **Do not use mouth-to-mouth method if victim ingested or inhaled the substance; give artificial respiration with the aid of a pocket mask equipped with a one-way valve or other proper respiratory medical device.**
- Administer oxygen if breathing is difficult.
- Remove and isolate contaminated clothing and shoes.
- In case of contact with substance, immediately flush skin or eyes with running water for at least 20 minutes.
- In case of contact with liquefied gas, thaw frosted parts with lukewarm water.
- In case of burns, immediately cool affected skin for as long as possible with cold water. Do not remove clothing if adhering to skin.
- Keep victim calm and warm.
- Keep victim under observation.
- Effects of contact or inhalation may be delayed.

ERG 2016 Page 173

그림 3.13 화재 분야에서는 적절한 소화약제, 사용할 폼의 종류 및 취하거나 피해야 할 조치를 포함한 소방관을 위한 정보를 제공한다.

GASES - TOXIC - FLAMMABLE (EXTREME HAZARD) GUIDE 117

EMERGENCY RESPONSE

FIRE

DO NOT EXTINGUISH A LEAKING GAS FIRE UNLESS LEAK CAN BE STOPPED.

Small Fire

- Dry chemical, CO_2, water spray or regular foam.

Large Fire

- Water spray, fog or regular foam.
- Move containers from fire area if you can do it without risk.
- Damaged cylinders should be handled only by specialists.

Fire involving Tanks

- Fight fire from maximum distance or use unmanned hose holders or monitor nozzles.
- Cool containers with flooding quantities of water until well after fire is out.
- Do not direct water at source of leak or safety devices; icing may occur.
- Withdraw immediately in case of rising sound from venting safety devices or discoloration of tank.
- ALWAYS stay away from tanks engulfed in fire.

SPILL OR LEAK

- ELIMINATE all ignition sources (no smoking, flares, sparks or flames in immediate area).
- All equipment used when handling the product must be grounded.
- Fully encapsulating, vapor-protective clothing should be worn for spills and leaks with no fire.
- Do not touch or walk through spilled material.
- Stop leak if you can do it without risk.
- Use water spray to reduce vapors or divert vapor cloud drift. Avoid allowing water runoff to contact spilled material.
- Do not direct water at spill or source of leak.
- If possible, turn leaking containers so that gas escapes rather than liquid.
- Prevent entry into waterways, sewers, basements or confined areas.
- Isolate area until gas has dispersed.
- Consider igniting spill or leak to eliminate toxic gas concerns.

FIRST AID

- Ensure that medical personnel are aware of the material(s) involved and take precautions to protect themselves.
- Move victim to fresh air.
- Call 911 or emergency medical service.
- Give artificial respiration if victim is not breathing.
- **Do not use mouth-to-mouth method if victim ingested or inhaled the substance; give artificial respiration with the aid of a pocket mask equipped with a one-way valve or other proper respiratory medical device.**
- Administer oxygen if breathing is difficult.
- Remove and isolate contaminated clothing and shoes.
- In case of contact with substance, immediately flush skin or eyes with running water for at least 20 minutes.
- In case of contact with liquefied gas, thaw frosted parts with lukewarm water.
- In case of burns, immediately cool affected skin for as long as possible with cold water. Do not remove clothing if adhering to skin.
- Keep victim calm and warm.
- Keep victim under observation.
- Effects of contact or inhalation may be delayed.

ERG 2016 Page 173

그림 3.14 유출 또는 누출 분야에서는 물질을 흡수하는 데 사용하는 재료처럼 유출을 완화하는 데 취할 조치를 제공한다.

한 공기가 있는 지역으로 이동시키고 흐르는 물로 오염된 피부와 눈을 씻어내는 것(**제독**[10]) 등의 권고사항이 있다. 위험물질과 직접 접촉하는 것을 피하는 것 역시 강조된다.

이 분야에서 제공되는 많은 권장사항은 특수한 훈련 및 개인보호장비의 필요성, **교차(2차) 오염**[11]의 위험 및 응급처치 전 피해자에 대한 제독의 필요성으로 인해 식별 수준 인원의 범위를 벗어난다 ['10장, 제독', '12장 전문대응 – 임무특화 수준 피해자(요구조

---

10 **제독(Decontamination)** : 사람(person), 의복(clothing) 또는 지역(area)에서 유해한 이물질(hazardous foreign substance)을 제거하는 과정. 디컨(Decon)이라고도 한다.

11 **교차(2차) 오염(Cross Contamination)** : 1차 오염원과 접촉없이 위험 구역(hot zone) 외부의 사람(people), 장비(equipment), 환경(environment)이 오염되는 것을 일컫는다. 또한 2차 오염(Secondary Contamination)으로도 알려져 있다.

GASES - TOXIC - FLAMMABLE (EXTREME HAZARD) — GUIDE 117

EMERGENCY RESPONSE

FIRE

DO NOT EXTINGUISH A LEAKING GAS FIRE UNLESS LEAK CAN BE STOPPED.

Small Fire
- Dry chemical, CO_2, water spray or regular foam.

Large Fire
- Water spray, fog or regular foam.
- Move containers from fire area if you can do it without risk.
- Damaged cylinders should be handled only by specialists.

Fire involving Tanks
- Fight fire from maximum distance or use unmanned hose holders or monitor nozzles.
- Cool containers with flooding quantities of water until well after fire is out.
- Do not direct water at source of leak or safety devices; icing may occur.
- Withdraw immediately in case of rising sound from venting safety devices or discoloration of tank.
- ALWAYS stay away from tanks engulfed in fire.

SPILL OR LEAK
- ELIMINATE all ignition sources (no smoking, flares, sparks or flames in immediate area).
- All equipment used when handling the product must be grounded.
- Fully encapsulating, vapor-protective clothing should be worn for spills and leaks with no fire.
- Do not touch or walk through spilled material.
- Stop leak if you can do it without risk.
- Use water spray to reduce vapors or divert vapor cloud drift. Avoid allowing water runoff to contact spilled material.
- Do not direct water at spill or source of leak.
- If possible, turn leaking containers so that gas escapes rather than liquid.
- Prevent entry into waterways, sewers, basements or confined areas.
- Isolate area until gas has dispersed.
- Consider igniting spill or leak to eliminate toxic gas concerns.

FIRST AID
- Ensure that medical personnel are aware of the material(s) involved and take precautions to protect themselves.
- Move victim to fresh air.
- Call 911 or emergency medical service.
- Give artificial respiration if victim is not breathing.
- **Do not use mouth-to-mouth method if victim ingested or inhaled the substance; give artificial respiration with the aid of a pocket mask equipped with a one-way valve or other proper respiratory medical device.**
- Administer oxygen if breathing is difficult.
- Remove and isolate contaminated clothing and shoes.
- In case of contact with substance, immediately flush skin or eyes with running water for at least 20 minutes.
- In case of contact with liquefied gas, thaw frosted parts with lukewarm water.
- In case of burns, immediately cool affected skin for as long as possible with cold water. Do not remove clothing if adhering to skin.
- Keep victim calm and warm.
- Keep victim under observation.
- Effects of contact or inhalation may be delayed.

ERG 2016 Page 173

그림 3.15 응급 처치 분야에서는 의료 지원을 요청하고, 요구조자를 신선한 공기가 있는 곳으로 옮기고, 흐르는 물로 오염된 피부와 눈을 씻어내는 것과 같은 피해자(요구조자)를 돕기 위한 기본 단계를 제시한다.

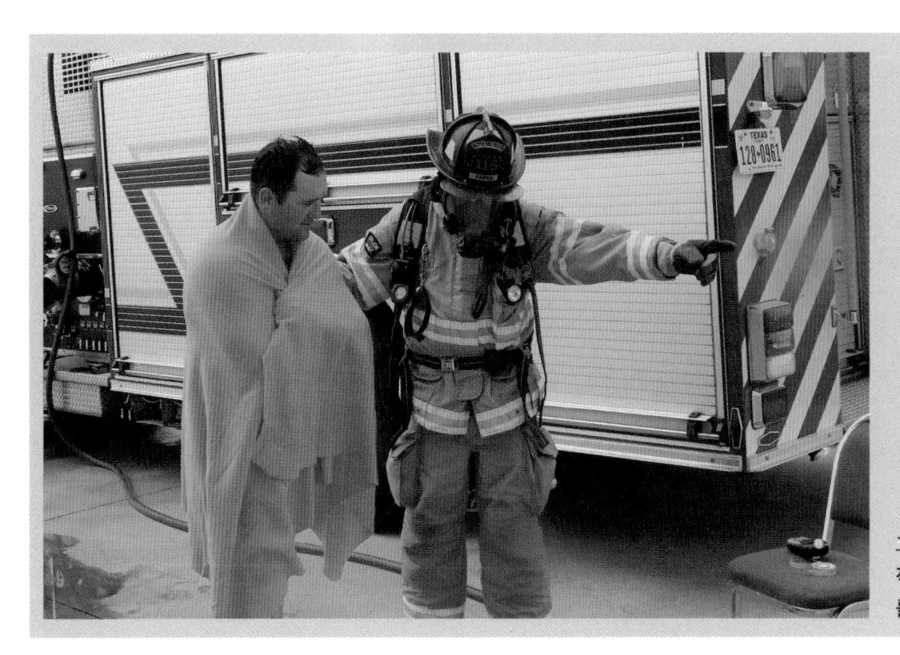

그림 3.16 개인은 위험물질 사고로 오염될 수 있으므로, 적절한 훈련을 받고 적절한 개인보호복과 개인보호장비를 착용한 대응요원만 피해자(요구조자)를 다룰 수 있다.

경고(WARNING!)

식별수준 인원은 오염되거나 잠재적으로 오염되었을 수 있는 요구조자(피해자, victim)를 다루거나 접촉해서는 안 된다.

자) 구조 및 수습' 참조]. 예를 들어 식별수준 인원은 절대 위험 대기 또는 잠재적으로 오염된 지역으로 들어가서는 안 된다.

피해자(요구조자)가 위험물질로 오염되어 있을 수 있기 때문에 구조자(인원)도 심각한 위험에 노출될 수 있다(그림 3.16). 적절한 훈련을 받고 적절한 개인보호복과 장비를 착용한 초동대응요원first responders만이 피해자를 접촉하거나 처리해야 한다. 식별수준 인원은 위험물질 사고로 오염된 또는 잠재적으로 오염된 피해자(요구조자)를 다루거나 접촉, 심지어 기본적인 응급 처치를 제공하는 것도 해서는 안 된다.

ERG 초기 이격 및 방호 활동 거리 표(녹색 테두리 페이지)

녹색 테두리 부분은 세 개의 표로 구성된다.

- 표 1: 초기 이격 및 방호 활동 거리
- 표 2: 금수성 물질 [물과 반응 시 독성 기체(가스) 발생]
- 표 3: 6개의 독성흡입위험(TIH; 미국에서는 PIH) 기체의 서로 다른 양에 따른 초기 이격 및 방호 활동 거리

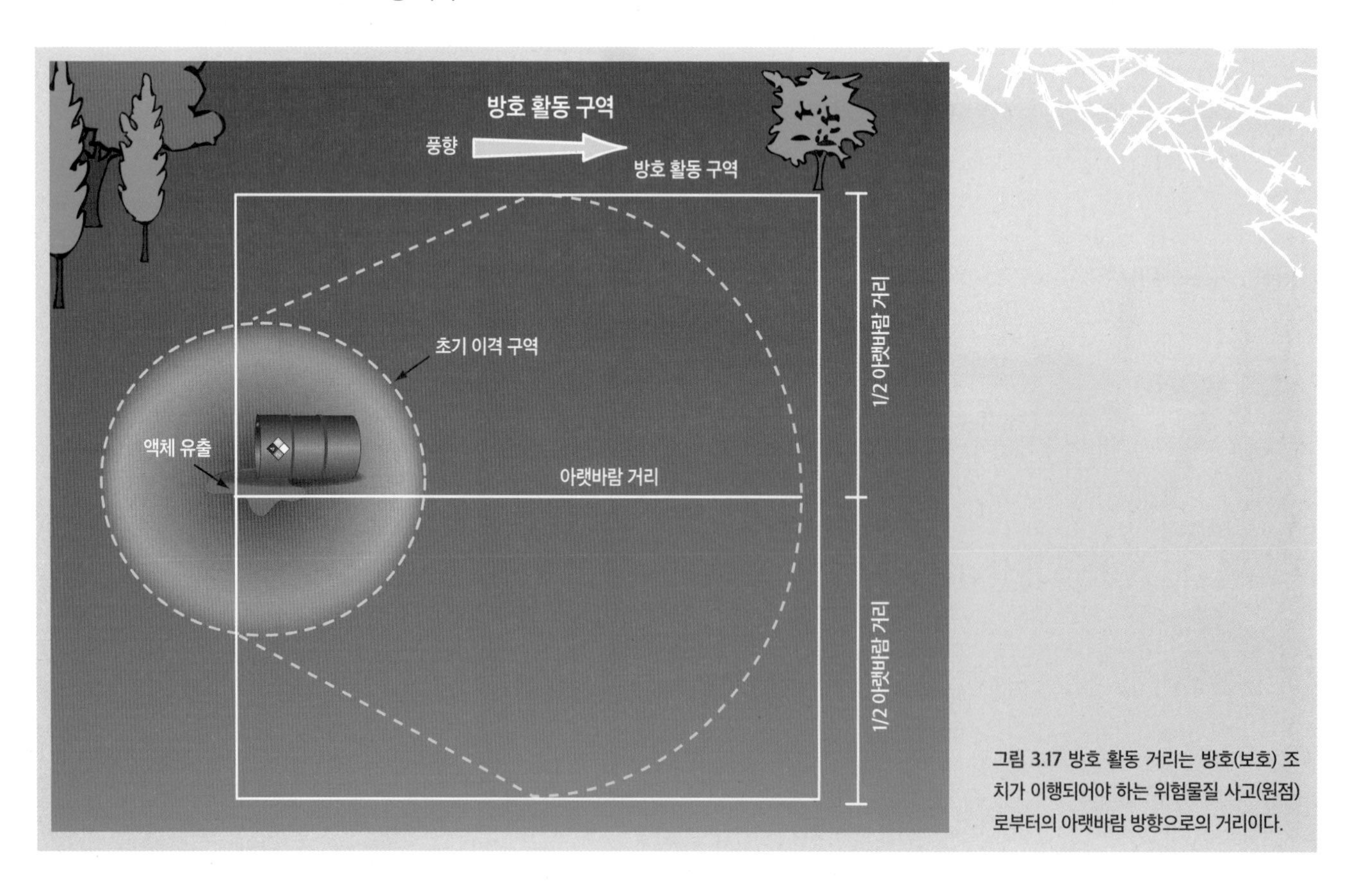

그림 3.17 방호 활동 거리는 방호(보호) 조치가 이행되어야 하는 위험물질 사고(원점)로부터의 아랫바람 방향으로의 거리이다.

표 1: 초기 이격 및 방호 활동 거리 (Initial Isolation and Protective Action Distance)

표1에는 독성흡입위험TIH 물질이 네 자리 UN/NA ID 번호로 나열되어 있다. 이 표는 두 가지 유형의 권장 안전 거리, 즉 초기 이격 거리initial isolation distance와 **방호 활동 거리**[12]를 제공한다(그림 3.17). 이 물질들은 숫자(노란색 테두리가 있는) 및 알파벳(파란색 테두리가 있는)으로 ERG 색인목록에서 쉽게 확인할 수 있도록 강조 표시되어 있다(그림 3.18).

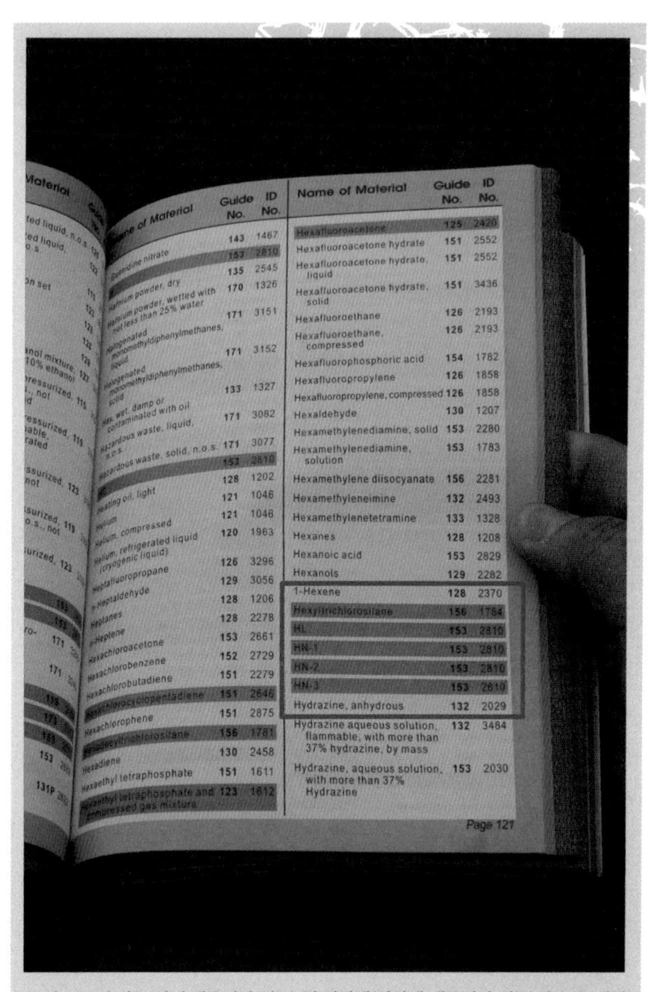

Name of Material	Guide No.	ID No.
Hexafluoroacetone	125	2420
Hexafluoroacetone hydrate	151	2552
Hexafluoroacetone hydrate, liquid	151	2552
Hexafluoroacetone hydrate, solid	151	3436
Hexafluoroethane	126	2193
Hexafluoroethane, compressed	126	2193
Hexafluorophosphoric acid	154	1782
Hexafluoropropylene	126	1858
Hexafluoropropylene, compressed	126	1858
Hexaldehyde	130	1207
Hexamethylenediamine, solid	153	2280
Hexamethylenediamine, solution	153	1783
Hexamethylene diisocyanate	156	2281
Hexamethyleneimine	132	2493
Hexamethylenetetramine	133	1328
Hexanes	128	1208
Hexanoic acid	153	2829
Hexanols	129	2282
1-Hexene	128	2370
Hexyltrichlorosilane	156	1784
HL	153	2810
HN-1	153	2810
HN-2	153	2810
HN-3	153	2810
Hydrazine, anhydrous	132	2029
Hydrazine aqueous solution, flammable, with more than 37% hydrazine, by mass	132	3484
Hydrazine, aqueous solution, with more than 37% Hydrazine	153	2030

Page 121

그림 3.18 숫자(노란색 테두리가 있는) 및 알파벳(파란색 테두리가 있는)의 ERG 색인은 모두 독성흡입위험(TIH) 물질을 쉽게 확인하는 데 도움이 될 수 있다.

이 표는 작고 큰 유출에 대한 이격 및 방호 활동 거리를 제공한다(그림 3.19). 소규모 유출small spill(약 220 L 미만)은 단일, 작은 용기, 작은 실린더 또는 대형 용기의 소규모 누출을 포함한다. 대형 유출(220 L 이상)은 대형 용기의 유출 또는 대규모의 소형 용기로부터의 유출과 관련된 것이다. 대기 조건은 종종 시간에 따라 다르므로 목록은 주간 및 야간 상황으로 더 세분화된다. 대기 조건은 화학적으로 위험한 지역의 크기에 상당한 영향을 줄 수 있다.

낮은 보다 따뜻하고 유동적인 대기 상태로, 일반적으로 밤의 시원하고 고정적인 대기 조건보다 화학 오염물질이 더 쉽게 분산된다. 그러므로 야간에는 독성이 더 좁은 지역에서 높은 농도를 유지하는 것에 비해, 낮 시간 동안에는 낮은 농도의 독성 물질이 더 넓은 지역으로 퍼질 수 있다. 유출된 또는 누출된 물질의 양과 영향을 받는 면적은 모두 중요하지만, 가장 중요한 단일 요인은 공기 중 오염물질의 농도이다.

오렌지색 테두리가 있는 페이지에서 제공되는 이격 거리와 마찬가지로 녹색 테

---

12 **방호 활동 거리(Protective Action Distance)** : 보호(방호) 조치가 이행되어야 하는 위험물질 사고로부터의 아랫바람 방향으로의 거리

표 1. 초기 이격 및 방호 활동 거리

Page 296

ID No.	Guide	NAME OF MATERIAL	SMALL SPILLS (From a small package or small leak from a large package)			LARGE SPILLS (From a large package or from many small packages)		
			First ISOLATE in all Directions	Then PROTECT persons Downwind during		First ISOLATE in all Directions	Then PROTECT persons Downwind during	
				DAY	NIGHT		DAY	NIGHT
			Meters (Feet)	Kilometers (Miles)	Kilometers (Miles)	Meters (Feet)	Kilometers (Miles)	Kilometers (Miles)
1005 1005	125 125	Ammonia, anhydrous Anhydrous ammonia	30 m (100 ft)	0.1 km (0.1 mi)	0.2 km (0.1 mi)	Refer to table 3		
1008 1008	125 125	Boron trifluoride Boron trifluoride, compressed	30 m (100 ft)	0.1 km (0.1 mi)	0.7 km (0.4 mi)	400 m (1250 ft)	2.2 km (1.4 mi)	4.8 km (3.0 mi)
1016 1016	119 119	Carbon monoxide Carbon monoxide, compressed	30 m (100 ft)	0.1 km (0.1 mi)	0.2 km (0.1 mi)	200 m (600 ft)	1.2 km (0.7 mi)	4.4 km (2.8 mi)
1017	124	Chlorine	60 m (200 ft)	0.3 km (0.2 mi)	1.1 km (0.7 mi)	Refer to table 3		
1026	119	Cyanogen	30 m (100 ft)	0.1 km (0.1 mi)	0.4 km (0.3 mi)	60 m (200 ft)	0.3 km (0.2 mi)	1.1 km (0.7 mi)
1040 1040	119P 119P	Ethylene oxide Ethylene oxide with Nitrogen	30 m (100 ft)	0.1 km (0.1 mi)	0.2 km (0.1 mi)	Refer to table 3		
1045 1045	124 124	Fluorine Fluorine, compressed	30 m (100 ft)	0.1 km (0.1 mi)	0.2 km (0.1 mi)	100 m (300 ft)	0.5 km (0.3 mi)	2.2 km (1.4 mi)
1048	125	Hydrogen bromide, anhydrous	30 m (100 ft)	0.1 km (0.1 mi)	0.2 km (0.2 mi)	150 m (500 ft)	0.9 km (0.6 mi)	2.6 km (1.6 mi)
1050	125	Hydrogen chloride, anhydrous	30 m (100 ft)	0.1 km (0.1 mi)	0.3 km (0.2 mi)	Refer to table 3		
1051	117	AC (**when used as a weapon**)	60 m (200 ft)	0.3 km (0.2 mi)	1.0 km (0.6 mi)	1000 m (3000 ft)	3.7 km (2.3 mi)	8.4 km (5.3 mi)
1051	117	Hydrocyanic acid, aqueous solutions, with more than 20% Hydrogen cyanide						

그림 3.19 초기 이격 및 방호 활동 거리 표. 밤과 낮에는 대규모 및 소규모 유출을 포함하여 여러 변수가 있다.

두리가 있는 페이지에서 제공되는 초기 이격 거리는 실제 위험물질의 유출/누출 원점으로부터 모든 사람을 모든 방향으로 철수시키기 위해 고려해야 하는 거리이다. 이 거리는 항상 최소 거리로 30 m가 적용된다.

방호 활동은 비상대응요원과 대중의 건강과 안전을 보호하기 위해 취해지는 조치들이다. 이 구역 내의 사람들은 대피하거나 사고현장 내 대피행동sheltered in-place을 할 수 있다.

위험물질이 화재가 발생하거나 30분 이상 누출된 경우에는 이 ERG 표를 적용하지 않는다. 관련 물질에 대한 더 자세한 정보는 ERG의 오렌지색 테두리 페이지를 참조하라. 또한 ERG의 오렌지색 테두리가 있는 페이지는 유독성 증기 및 컨테이너가 화재에 노출된 상황에서의 강조 표시가 없는 화학물질들에 대한 권장 이격 및 대피 거리를 제공한다.

표 1의 "물에 누출되었을 때"라는 텍스트가 있는 물질은 금수성(물과 반응성이 있는 것)으로 간주되며, 표 2에서 보다 자세히 설명된다. 표 1은 물질이 물에 쏟아졌을 때 생성(물과의 반응에 따른 새로운 생성물)되는 화학물질을 나열하고 있다. 일부 금수성 물질(물-반응성 물질)은 또한 흡입독성위험TIH 물질이기도 하다(삼플루오르화브롬bromine trifluoride, 염화티오닐thionyl chloride). 이 경우 표 1에 물 기반의 유출("물 위로 유출된 경우")과 육상 유출("땅 위로의 유출된 경우")을 구분하기 위한 항목이 제공된다.

표 2: 금수성 물질(물과 반응 시 독성 기체 발생)
(Water Reactive Material which Produce Toxic Gas)

표 2는 물질이 물에 쏟아졌을 때 다량의 흡입독성위험의 기체를 생성하는 금수성 물질을 나열하고 있다. 표 2에서는 유출의 결과로 생성된 흡입독성위험TIH 기체를 확인할 수 있다. 물질은 ID 번호 순서로 나열되어 있다. 금수성 물질이 흡입독성위험TIH이 아니고NOT, 이 물질이 물에 엎질러지지 않은 경우에는 '표 1'과 '표 2'는 적용되지 않으며 안전 거리는 해당 오렌지색 테두리 페이지의 안내 부분을 따른다.

표 3: 6개 TIH 기체의 서로 다른 양에 따른 초기 이격 및 방호 활동 거리
(Initial Isolation and Protective Action Distances for Different Quantities of Six Common TIH (PIH in the US) Gases)

표 3은 보다 일반적으로 발생할 수 있는 흡입독성위험TIH 물질 목록이다.
선정된 물질은 다음과 같다.

- 암모니아(ammonia, UN1005)
- 염소(chlorine, UN1017)
- 에틸렌옥사이드(ethylene oxide, UN1040)
- 염화수소(hydrogen chloride, UN1050), 염화수소(냉매제로 쓰인 경우, UN2186)
- 불화수소(hydrogen fluoride, UN1052)
- 이산화황(sulfur dioxide/sulphur dioxide, UN1079)

물질들은 알파벳 순서로 정리되어 있으며, 주간 및 야간 상황과 풍속에 따라서, 그리고 컨테이너의 유형(따라서 부피/용량이 서로 다른 경우로 구분됨)과 관련된 대규모 유출에 대해서 초기 이격 및 방호 활동 거리를 제공한다. 이격 및 사고현장 통제와 같은 방호 활동은 현장 모든 사람들의 안전을 보장할 수 있다. 이러한 기술은 사람들을 잠재적인 피해원으로부터 분리하고, 교차(2차) 오염을 통한 위험물질의 확산을 방지함으로써 사람들을 보호한다.

초기 방호 활동 Initiating Protective Action

이격은 이격 경계선 또는 차단선를 설정하고, 권한이 없는 사람들의 진입을 막아 비상상황(사고현장 통제)을 물리적으로 확보하고 유지하는 것을 포함한다(그림 3.20). 또한 위험물질의 확산을 막기 위해 오염되었거나 오염의 가능성이 있는 개인(또는 동물)이 현장을 떠나는 것을 방지하는 것을 포함한다. **이격 경계선**[13](외부 경계선 또는 외부 차단선)은 현장에 대한 무단 접근 및 출입을 방지하기 위해 설정된 경계이다. 사고가 건물 내부에서 일어난 경우, 출입구에 직원을 배치시켜 이격 경계를 설정하고, 건물 출입을 막는다. 사고가 실외에서 발생한 경우, 경계선은 대응 차량이나 법집행 교차로에 설정될 수 있다(그림 3.21). 밧줄, 콘, 경계선 테이프도 사용할 수 있다. 경우에 따라 보행자 통행은 허용하면서 허가되지 않은 차량 접근을 막기 위해 외부 차단선(경계선)을 넘어 교통 차단선을 설정할 수 있다. 이격 과정은 방호 조치 구역 내에 있는 사람들에게 대피, **현장 내 방어행동**[14] 또는 **현장 내 대피행동**[15]으로 이어질 수 있다('7장, 대응 계획 실행 및 평가: 사고 관리 및 대응 목표 및 가용 조치 사항' 참조).

이격 경계선은 필요에 따라 확장 또는 축소될 수 있다. 예를 들어, 추가 자원이 도착하면 새로운 장치apparatus, 장비equipment 및 인력personnel을 수용할 수 있도록 초기

---

13 **이격 경계선(Isolation Perimeter)** : 일반인 또는 허가받지 않은 사람의 진입을 막기 위해 통제되는 사고의 바깥 경계(선)

14 **현장 내 방어행동(Defending in Place)** : 위험물질 사고로 즉각적인 위험에 처한 사람들을 보호하기 위하여 공세적 대응(offensive action)을 취하는 것

15 **현장 내 대피행동(Sheltering in Place)** : 거주자를 화재나 위험한 가스 구름(hazardous gas cloud)과 같이 빠르게 접근하는 위험(hazard)으로부터 보호하기 위해 건축물이나 차량에 남아 있도록 하는 것. 대피의 반대 개념임. 현장 내 보호, 은신처 찾기(sheltering) 및 피난처 이동(taking refuge)으로도 알려져 있다.

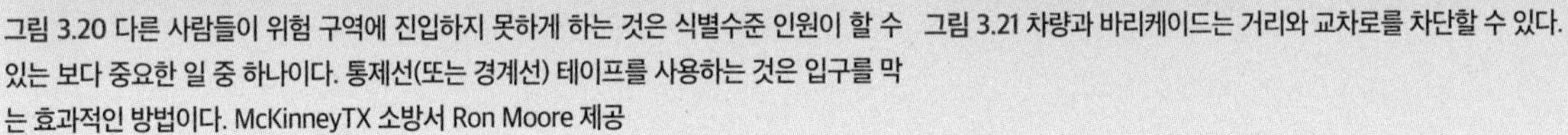

그림 3.20 다른 사람들이 위험 구역에 진입하지 못하게 하는 것은 식별수준 인원이 할 수 있는 보다 중요한 일 중 하나이다. 통제선(또는 경계선) 테이프를 사용하는 것은 입구를 막는 효과적인 방법이다. McKinneyTX 소방서 Ron Moore 제공

그림 3.21 차량과 바리케이드는 거리와 교차로를 차단할 수 있다.

이격 경계initial isolation perimeter를 확장시킬 수 있다. 종종 법집행관은 이격 경계를 설정하고 유지해야 한다.

해당 현장이 확보되고 이격 경계선이 설정되고 제어되었을 때, 식별수준 대응요원은 사고 완화에 필요한 수준까지 훈련되지 않았을 가능성이 크다. 그러나 예외적으로 **경미한 유출**[16]일 경우 식별수준 대응자는 추가 지원을 요청하지 않고 사고 완화를 할 수 있도록 교육받았을 수 있다. 경미한 유출 대응에 대한 자세한 내용은 '29 CFR 1910.120'을 참조하라. 위험물질 사고에서 방호 활동을 실행하는 것과 관련된 기술은 '기술자료 3-3'에 나와 있다.

16 **경미한 유출(Incidental Release)** : 위험물질이 누출된 시점에 고용자 또는 비상대응자가 아닌 유지보수 직원에 의해 해당 물질이 흡수되거나 중화 또는 제어될 수 있는 누출 또는 유출

테러리스트 사고

Terrorist Incident

테러리스트 및 범죄 사고terrorist and criminal incident는 일반적인 위험물질 사고와 다를 수 있으므로 법집행기관에 즉시 알리는 것과 같은, 반드시 취할 필요가 있는 특정한 고유의 조치가 있다(그림 3.22). 테러리스트와 범죄자가 초동대응요원first responder이나 대중public을 의도적으로 표적으로 삼을 수 있으므로 2차 장치secondary device 및 부비트랩booby trap에 대해서도 주의해야 한다. 테러terrorism는 이 매뉴얼의 8장에서 더 자세히 다뤄진다.

모든 위험물질 사고에서 식별수준 인원은 다음을 모두 수행해야 한다.

- 사고를 이격시키고 진입을 막음으로써 자신과 타인을 보호한다.
- 가능하다면 오염된 사람과 동물이 현장을 떠나는 것을 방지하고, 도움을 기다릴 수 있는 안전한 지역으로 안내하라.
- 오염물질이나 오염된 표면과의 접촉을 피한다.
- 대량살상무기 작용제(WMD agent)는 매우 소량으로도 치명적일 수 있으며, 생물학 작용제(biological agents)는 며칠 동안 증상을 일으키지 않을 수 있다.

마지막으로 사고나 공격이 발생했을 때 식별수준 인원은 현장이나 그 주변에서 중요한 목격을 했을 가능성이 있으므로 법집행기관에서는 목격한 것과 시기를 알고 싶어할 것이다. 또한 안전하게 수행할 수 있다면 다음을 수행해야 한다.

- 관찰사항을 문서화하라.
- 가능한 경우 사진을 찍어라.
- 현장에서 기타 목격자와 관찰자에 주목하라.
- 가능한 한 최선을 다해 범죄 현장에서 증거를 보호하라.

그림 3.22 대원(요원)이 위험물질 사고에서 범죄 또는 테러 공격을 의심할 경우 즉시 법집행기관에 통보해야 한다. August Vernon 제공.

정보(Information)

대량살상무기(WMD)/테러 사고 참고자료

초동대응자 공동체는 대량살상무기 조정자(WMD Coordinator)에 대해 알도록 권장받아야 한다. 모든 현장 사무소마다 적어도 한 명은 있다(미국 전역에 56개의 현지 사무소가 있음). 지역 연방수사국 사무소에 전화하여 연방정부의 대량살상무기/테러에 관한 모든 면에서의 전달자인 대량살상무기 조정자를 요청함으로써 언제든지 접촉(연락)할 수 있다. 대량살상무기 조정자는 미 연방수사국 및 기타 정부 기관의 자원을 활용할 뿐만 아니라 해당 공동체에 훈련을 제공할 수도 있다. 이러한 조정자들은 정보 및 지원을 위한 훌륭한 자원이다.

Chapter Review

이 장에 제공된 정보를 복습하기 위해 다음 질문에 답해보시오.

1. 식별수준 인원에 대한 신고(통보, notification) 절차는 어디에 정의되어 있는가?

2. 비상대응지침서(ERG)의 분야들은 어떻게 구성되어 있으며, 각 분야에는 어떤 정보가 포함되어 있는가?

3. 이격(isolation)과 사고현장 통제(scene control)의 차이점을 설명하라.

4. 테러리스트 사고에서 식별수준 인원의 책임은 무엇인가?

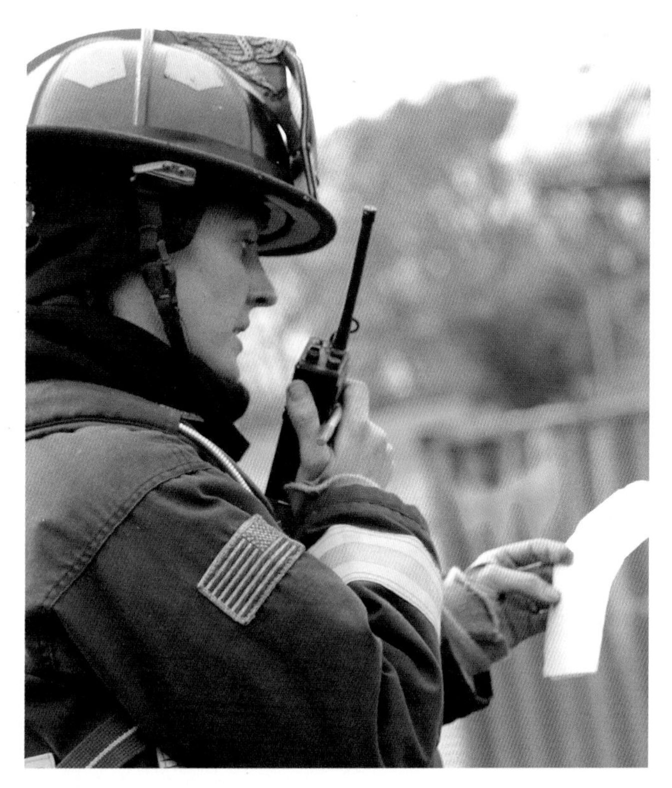

- **1단계:** 승인된 통신 장비를 작동시킨다.
- **2단계:** 사고에 관한 정책 및 절차에 관한 모든 필요한 정보에 관하여 소통(무전)한다.
- **3단계:** 신고 절차가 올바르게 시작되었는지를 확인한다.

3-2
승인된 참조 자료를 사용하여, 위험물질 사고에 나타나는 지표(indicator) 및 위험 요소(hazard)를 식별한다.

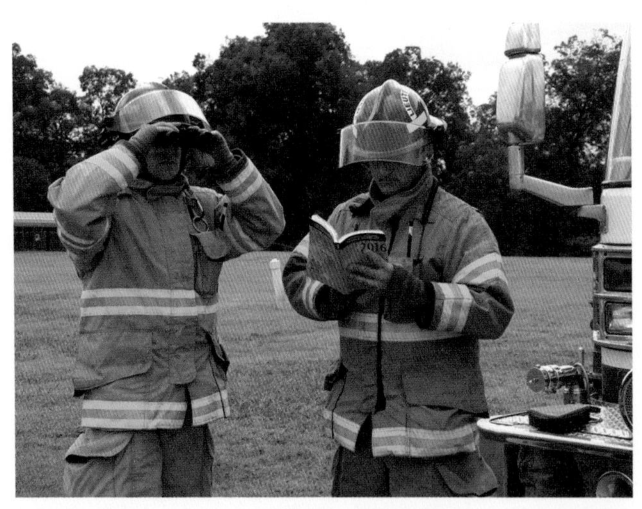

1단계: 위험물질/대량살상무기(WMD) 존재 여부에 대한 지표를 식별한다.

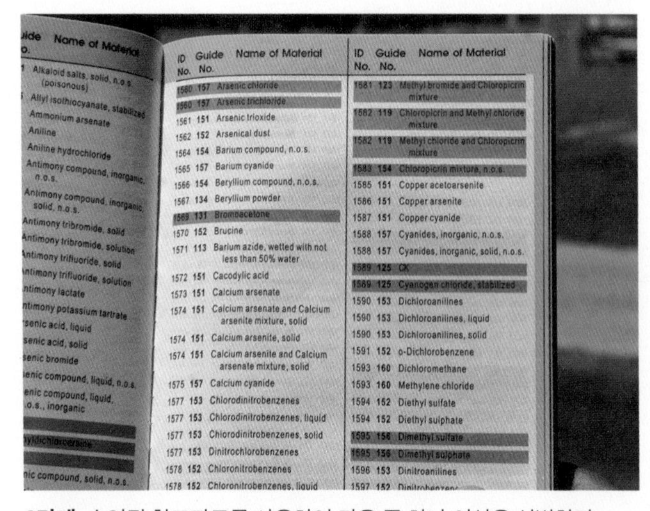

ID No.	Guide No.	Name of Material
1560	157	Arsenic chloride
1560	157	Arsenic trichloride
1561	151	Arsenic trioxide
1562	152	Arsenical dust
1564	154	Barium compound, n.o.s.
1565	157	Barium cyanide
1566	154	Beryllium compound, n.o.s.
1567	134	Beryllium powder
1569	131	Bromoacetone
1570	152	Brucine
1571	113	Barium azide, wetted with not less than 50% water
1572	151	Cacodylic acid
1573	151	Calcium arsenate
1574	151	Calcium arsenate and Calcium arsenite mixture, solid
1574	151	Calcium arsenite, solid
1574	151	Calcium arsenite and Calcium arsenate mixture, solid
1575	157	Calcium cyanide
1577	153	Chlorodinitrobenzenes
1577	153	Chlorodinitrobenzenes, liquid
1577	153	Chlorodinitrobenzenes, solid
1577	153	Dinitrochlorobenzenes
1578	152	Chloronitrobenzenes
1578	152	Chloronitrobenzenes, liquid

ID No.	Guide No.	Name of Material
1581	123	Methyl bromide and Chloropicrin mixture
1582	119	Chloropicrin and Methyl chloride mixture
1582	119	Methyl chloride and Chloropicrin mixture
1583	154	Chloropicrin mixture, n.o.s.
1585	151	Copper acetoarsenite
1586	151	Copper arsenite
1587	151	Copper cyanide
1588	157	Cyanides, inorganic, n.o.s.
1588	157	Cyanides, inorganic, solid, n.o.s.
1589	125	CK
1589	125	Cyanogen chloride, stabilized
1590	153	Dichloroanilines
1590	153	Dichloroanilines, liquid
1590	153	Dichloroanilines, solid
1591	152	o-Dichlorobenzene
1593	160	Dichloromethane
1593	160	Methylene chloride
1594	152	Diethyl sulfate
1594	152	Diethyl sulphate
1595	156	Dimethyl sulfate
1595	156	Dimethyl sulphate
1596	153	Dinitroanilines
1597	152	[illegible]

2단계: 승인된 참고자료를 사용하여 다음 중 하나 이상을 식별한다.

- 위험물질/대량살상무기(WMD)의 이름
- UN/NA 식별번호
- 적용된 표지판
- 컨테이너 모양

3단계: 승인된 참고자료를 사용하여 다음을 식별한다.

- 위험물질의 이름
- 비상대응 정보
- 잠재적인 화재, 폭발 및 건강 위험

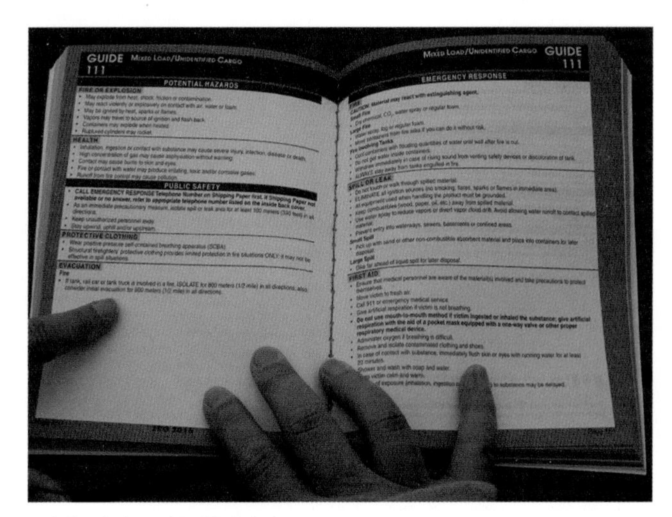

GUIDE 111 MIXED LOAD/UNIDENTIFIED CARGO

POTENTIAL HAZARDS

PUBLIC SAFETY

EMERGENCY RESPONSE

1단계: 이격 구역을 확인한다.

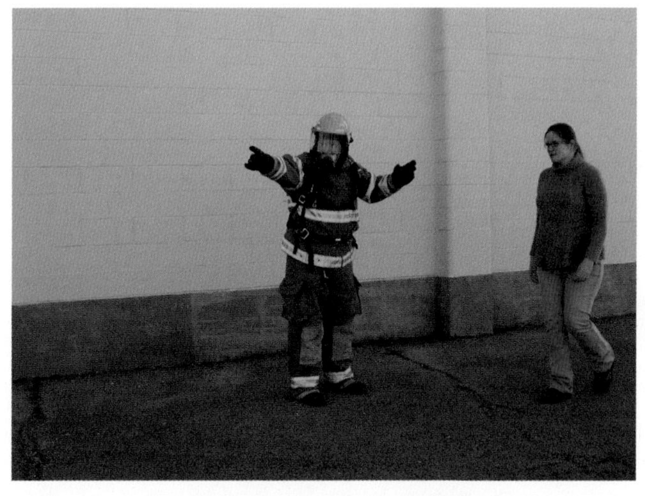

2단계: 이격 구역을 확보하고, 그곳으로부터 대피한다.

3단계: 대응요원과 대중을 보호하기 위한 예방 활동을 따른다.

4단계: 개인 안전 절차를 따른다.

5단계: 위험을 최소화 또는 피한다.

6단계: 추가적으로 사람이 피해를 입거나 다치지 않도록 확인한다.

7단계: 승인받지 않은 대원(요원)이나 대중이 이격 구역에 들어오지 않도록 확실히 한다.

NFPA 직무 수행 요구사항 (NFPA Job Performance Requirements)

이 장에서는 NFPA 1072의 다음 직무 수행 요구사항을 다루는 정보를 제공한다. 『위험물질/대량살상무기 비상 대응 요원 전문 자격에 대한 표준(Standard for Hazardous Materials/Weapons of Mass Destruction Emergency Response Personnel Professional Qualifications)』(2017판)

5.2.1

5.3.1

Chapter 4

사고 분석: 잠재적 위험 식별

학습 목표

1. 물질이 위험물질과 관련되어 있을 때 물질의 상태를 확인한다(5.2.1).
2. 잠재적 위험을 식별하고 위험물질의 움직임을 예측하는 데 도움이 되는 물리적 성질을 설명한다(5.2.1).
3. 잠재적 위험을 확인하고 위험물질의 행동을 예측하는 데 도움이 되는 화학적 성질을 설명한다(5.2.1).
4. 위험 분류를 정의한다(5.2.1).
5. 위험물질 사고에 관련된 위험물질을 확인하기 위한 충분한 정보를 수집하기 위해 취해지는 조치를 설명한다(5.2.1).

이 장에서는

▷ 물질의 상태(상)

▷ 위험 분류

▷ 물리적 성질

▷ 추가 정보

▷ 화학적 성질

물질의 상태(상)

State of Matter

컨테이너로부터의 제어(통제)되지 않은 위험물질 유출hazmat release은 많은 문제를 야기할 수 있다. 물질의 물리적 및 화학적 성질은 물질이 어떻게 거동하고behave, 그것이 야기할 수 있는 위해를 결정하며, 사람을 비롯한 다른 생물체와 화학물질 및 환경을 포함하여 접촉하는 모든 것에 영향을 미친다. 물질의 물리적 및 화학적 특성은 파손되었거나 파열된 경우 컨테이너가 어떻게 거동하는지에도 영향을 미친다.

초동대응요원first responder은 물질의 물리적 및 화학적 특성에 대한 정보를 제공하는 위험성 및 대응 자료를 수집하는 방법을 알아야 한다. 적절한 참고자료는 대응요원이 현재 위험hazard을 파악하고, 잠재적 위해를 예측하며, 사고가 어떻게 진행되는지 예측하는 데 크게 도움이 될 수 있다.

물질에는 세 가지 상태(상)가 있다(그림 4.1).

- **기체**[1]
- **액체**[2]
- **고체**[3]

---

1 **기체(Gas)** : 컨테이너의 모양에 따라 모양과 부피가 변하며, 압축 가능한 물질(compressible substance)로, 분자(molecule)는 기체상에서 가장 빠르게 움직인다.

2 **액체(Liquid)** : 컨테이너의 형태를 취하는 일정한 부피의 비압축성 물질(imcompressible substance)로, 분자는 자유롭게 흐르지만 물질(간)의 응집력(substantial cohesion)은 기체와 같은 팽창을 막는다.

3 **고체(Solid)** : 명확한 모양(shape)과 크기(size)를 가진 물질(substance)로, 고체의 분자는 일반적으로 이동성(mobility)이 거의 없다.

기체gas, 액체liquid, 고체solid 위험물질의 거동(움직임)은 각각 다르기 때문에, 위험물질 사고hazmat incident에서는 가능한 한 빨리 물질의 물리적 상태를 확인해야 한다. 물질의 거동은 물질의 잠재적 위험potential hazard에 영향을 미친다. 각 상태에서 물질이 어떻게 움직이는지 이해하고 나면, 위험물질이 어디로 가고 있는지, 노출exposure이 어떤 영향을 미칠지, 그리고 그 영향이 무엇인지 예측할 수 있다(그림 4.2). 물질의 상태는 그 물질이 얼마나 이동성이 있을 것인지를 알려주며, 원거리까지 영향을 끼치는 위험성이 있는지를 판단하는 데에도 도움이 될 것이다. 위험물질의 이동성에 대한 식별은 구조대원이 통제 구역control zone및 대피 거리evacuation distance를 결정하는 데 도움이 된다. 비상대응지침서ERG에서는 관련된 물질의 상태에 따라 별도의 초기 이격 거리를 설정한다.

- 고체 - 25 m
- 액체 - 50 m
- 기체 - 100 m

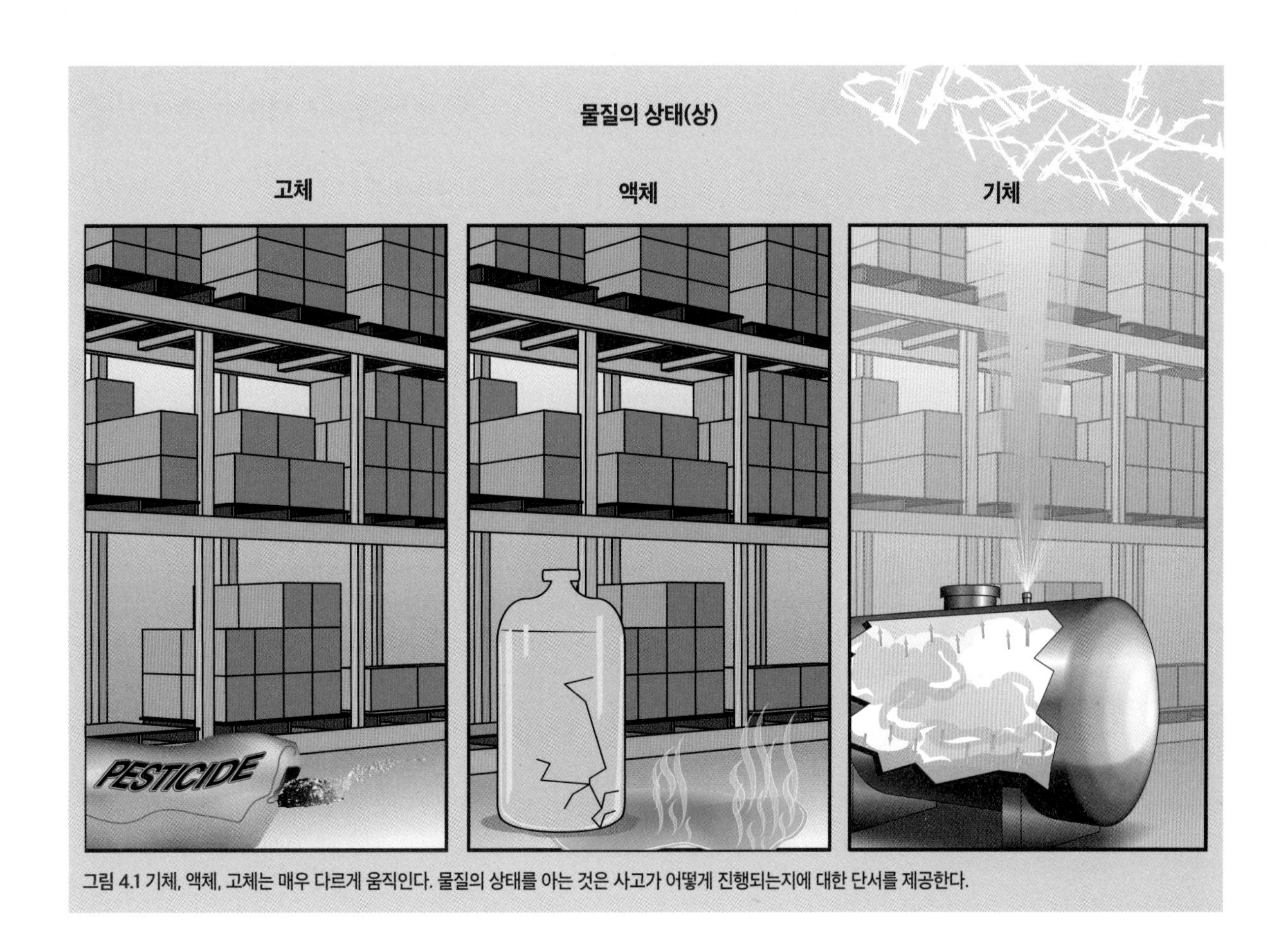

그림 4.1 기체, 액체, 고체는 매우 다르게 움직인다. 물질의 상태를 아는 것은 사고가 어떻게 진행되는지에 대한 단서를 제공한다.

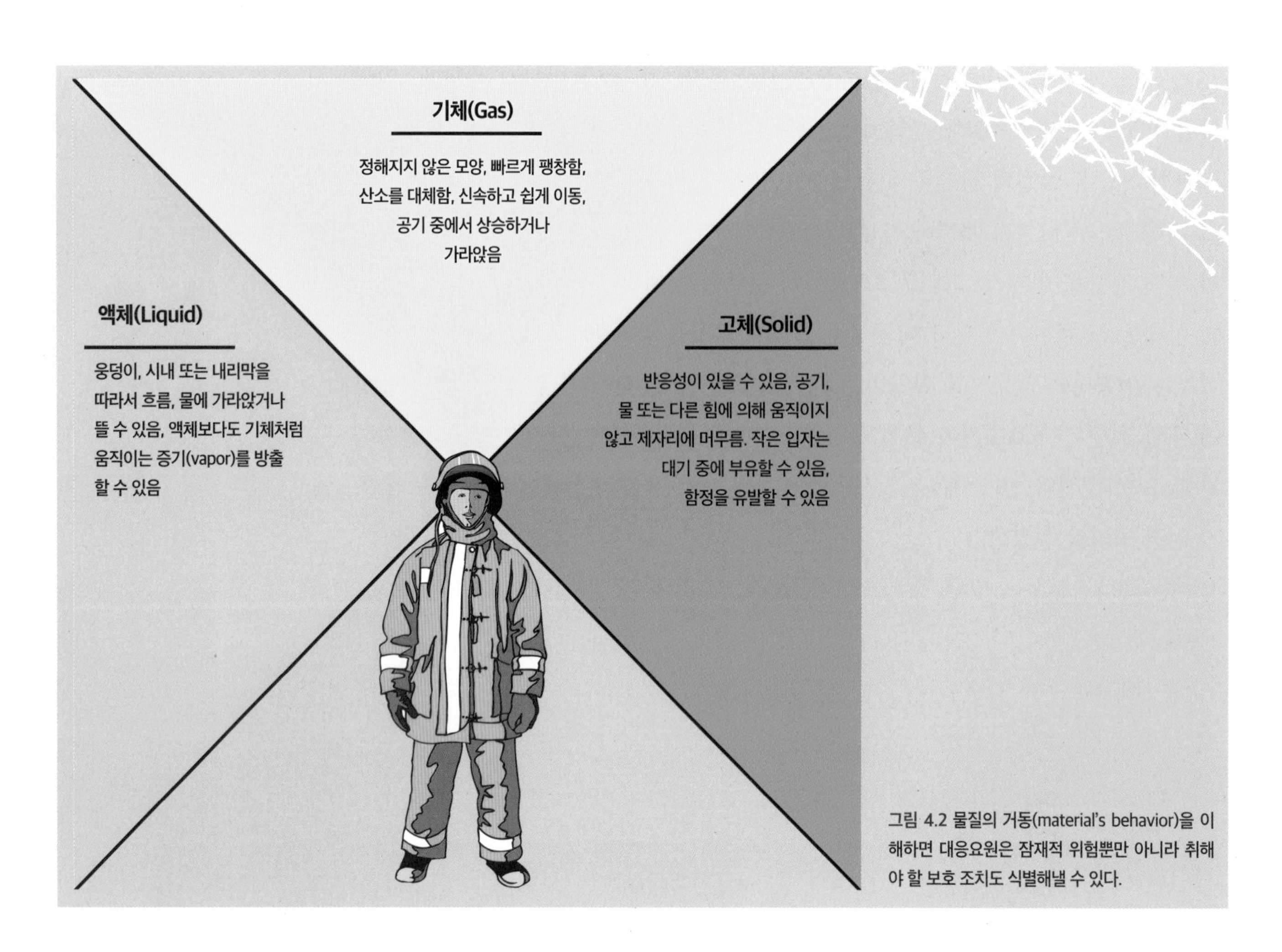

그림 4.2 물질의 거동(material's behavior)을 이해하면 대응요원은 잠재적 위험뿐만 아니라 취해야 할 보호 조치도 식별해낼 수 있다.

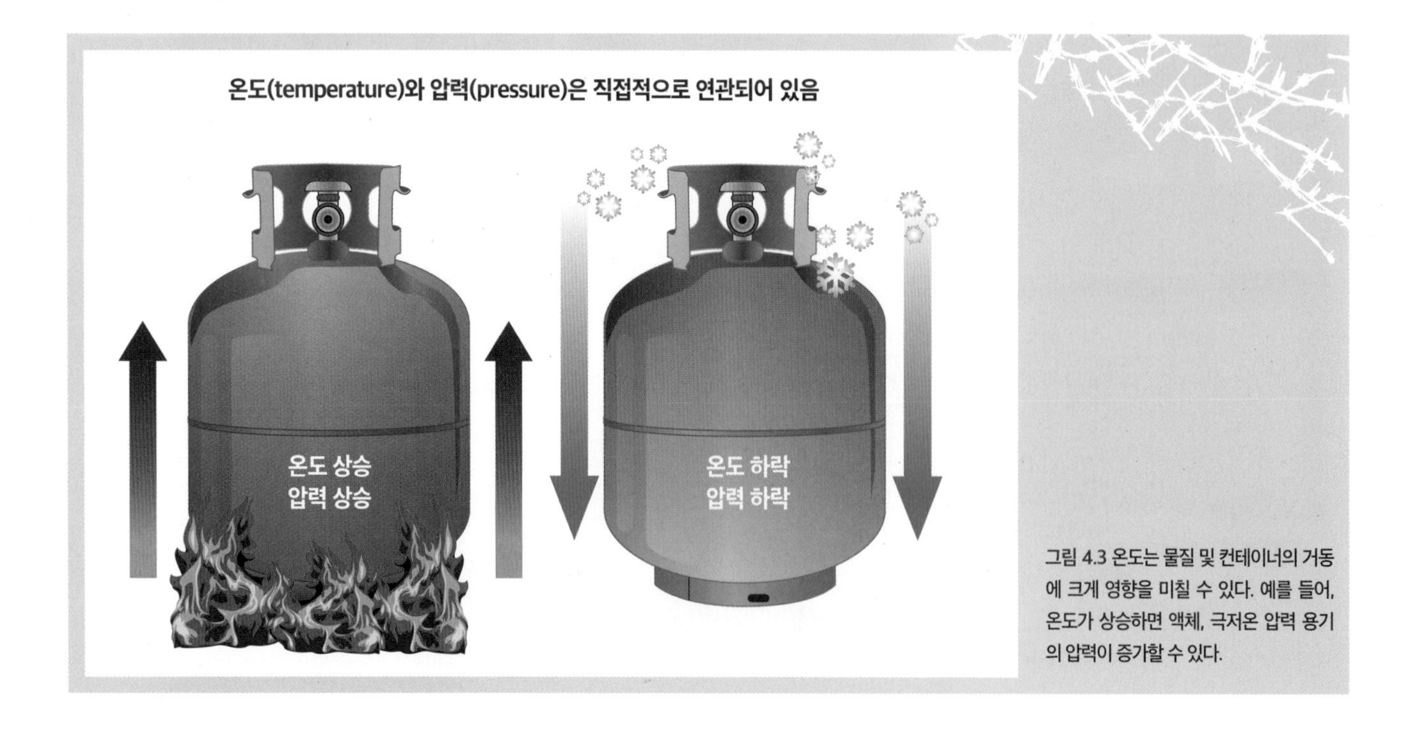

그림 4.3 온도는 물질 및 컨테이너의 거동에 크게 영향을 미칠 수 있다. 예를 들어, 온도가 상승하면 액체, 극저온 압력 용기의 압력이 증가할 수 있다.

일반적으로 고체는 가장 적은 이동성을 가지며, 기체는 가장 큰 이동성을 갖는다. 액체는 물질의 성질에 따라 이동성을 가질 수 있다. 온도가 변하면 물질의 상태(상)가 변할 수 있다. 온도가 상승하면 고체가 액체로 변할 수 있다. 대기 온도와 기상 요소가 물질의 상태와 그에 따른 거동에 크게 영향을 줄 수 있기 때문에 사고가 실외에서 발생한 경우 물질에 대한 온도의 영향을 고려해야 한다(그림 4.3).

정보(Information)

이 물질은 고체인가, 액체인가, 기체인가? 대기오염물질을 기술하는 산업 용어들(Industry Terms)

초동대응요원은 사고현장에서 오염물질의 유형을 구별하지 못할 수도 있다. 대기오염물질은 일반적으로 미립자(입자, particulate) 또는 기체 및 증기 오염물질(gas and vapor contaminant)로 분류되지만, 미립자(입자)의 가시적 방출물에는 다음이 포함될 수 있다.

▶ **분진(Dust)**: 분쇄(crushing), 연삭(griding), 드릴링(drilling), 연마(abrading), 또는 분사(blasting)와 같은 역학적 공정(mechanical process)을 통해 크기를 줄임으로써 고체 유기 또는 무기 물질(solid organic or inorganic material)로 형성되거나 생성되는 고체 입자(solid particle)
예: 공기 중의 곡물 분진(grain dust)이 있는 양곡기(대형 곡물 창고, grain elevator)

▶ **흄(Fume)**: 휘발(증기상태)된 고체(volatilized solid)의 물질이 서늘한 공기에서 응축될 때 형성되는 입자의 부유 상태(suspension of particle). 대부분 축합반응(condensation react)에 의해 생성된 고체의 연기와 같은 입자는 공기와 반응하여 산화물을 형성한다.
예: 페인트(paint), 연기(smoke)

▶ **연무(분무, Mist)**: 대기에 머물러 있는 잘게 분산된 액체. 연무는 증기로부터 액체로 응축되는 액체에 의해 생성되거나, 튀거나, 거품이 생기거나, 분무되어 액체가 분산된 상태로 분산되면서 생성된다. 연무는 기온 역전과 같은 온도 차이가 큰 동안 생성될 수도 있다. 연무는 일반적으로 가압되지 않는다.
예: 황산(sulfuric acid)과 같은 산(acid)

▶ **에어로졸(Aerosol)**: 호흡하기 쉬우며, 미세한 액체 또는 고체 입자 등으로 특징지어지는 가압된 연무의 형태(form of pressurized mist). 보통 빠른 속도로 이동 시에는 식별할 수 있다.
예: 무수 암모니아(anhydrous ammonia)의 누출, 고온의 에어로졸의 한 예로는 써미놀(therminol)의 누출을 들 수 있음.

▶ **섬유(Fiber):** 본래 상태의 분쇄(disruption)로 인해 길이보다 직경이 몇 배 크게 형성된 고체 입자. 대개 공중에서 시각적으로 식별되지 않는다.
예: 석면(asbestos)

▶ **증기(Vapor):** 상온 및 상압에서 일반적으로 고체 또는 액체 상태에 있는 기체 형태의 물질. 증기는 액체 또는 고체로부터의 승화에 의한 증발을 통해 형성되고, 어떠한 표면 위로의 대기요란(atmospheric disturbance; 물결 모양의 선)으로도 볼 수 있다. 증기는 휘발성이 있다.
예: 휘발유(gasoline), 용매(solvent)

▶ **안개(Fog):** 응축에 의해 형성된 액체의 가시적인 에어로졸(visible aerosol). 저압에서 자동 냉각되는 액화 기체(liquefied gas)는 안개를 형성한다. 안개 입자는 연무보다 작은 액적 크기를 갖는다. 풍속에 의존하는 상대적으로 낮은 이동 속도에 의해 에어로졸에서 식별 가능하다.
예 : 염소(chlorine), 무수 암모니아(anhydrous ammonia)

기체(Gas)

기체gas와 관련된 사고는 비상대응요원에게 잠재적으로 가장 위험하다. 많은 위험물질 관련 상해는 증기 또는 기체의 흡입으로 인한 것이다. 기체 물질은 다음과 같은 많은 변수와 위험 요소를 가질 수 있다.

- 냄새가 있을 수 있음[예: 염소(chlorine)]
- 무색, 무취, 무미일 수 있음[예: 일산화탄소(carbon monoxide)]
- 독성[예: 포스겐(phosgene)], 부식성[예: 암모니아(ammonia)], 인화성[예: 메탄(methane), 천연가스(natural gas)]
- 15,000 psi(103,421 kPa)를 초과하는 높은 압력을 가질 수 있음[예: 액체 헬륨(liquid helium)]
- 유출 시 극도로 차가울 수 있으며, 액화되었던 것일 경우 큰 팽창비(expansion ratio)를 가질 수 있음

기체는 정해지지 않은 모양 및 부피를 가지며, 밀폐되지 않은 경우 계속 확장된다. 결과적으로 기체가 어디에 있는지, 어디에 있지 않은지, 어디로 갈지를 탐지하는 것이 어렵다(그림 4.4). 건물에서의 기체 누출은 확산 가능성이 많다. 환기 및 기타 요인에 따라 기체가 퍼질 수도 있다.

- 건물 전체로(내부)
- 다른 건물로
- 점검구를 통해서
- 토양으로
- 거리로, 바람이 불어가는 곳이면 어디든 표류해 갈 것임

참고

연구에 따르면 개방 구역에서 1톤 및 2톤의 염소 및 무수 암모니아가 방출되는 경우, 일부가 아랫바람 방향으로 분산되는 경우를 제외하고는 360° 모든 반경으로 퍼져나간다.

기체는 완화 목적으로 억제(격리)하기가 불가능하지는 않지만 어렵다(그림 4.5). **압축 기체**[4] 및 **액화 기체**[5]는 유출될 경우 빠르게 팽창하여 넓은 지역을 잠재적으로 위험하게 한다. 기체가 보이지 않거나 냄새가 거의 없거나 전혀 없는 경우, **가연성 기체 탐지기**[6]나 특수 탐지 장비 없이는 탐지가 불가능할 수 있다(그림 4.6).

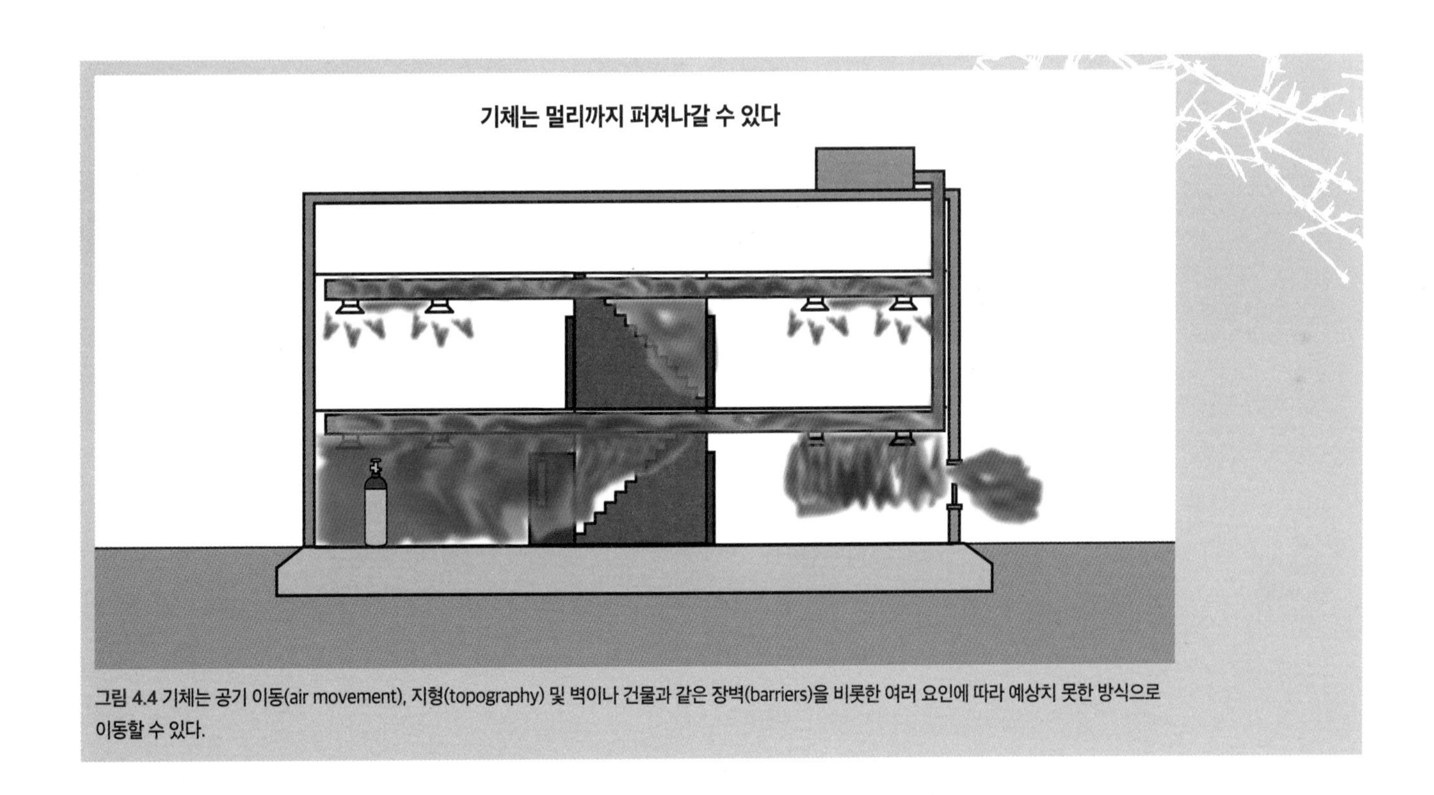

그림 4.4 기체는 공기 이동(air movement), 지형(topography) 및 벽이나 건물과 같은 장벽(barriers)을 비롯한 여러 요인에 따라 예상치 못한 방식으로 이동할 수 있다.

4 **압축 기체(Compressed Gas)** : 상온 압력 하에서 저장할 때 액체가 되는 기체와는 대조적으로, 용기에 압력이 가해질 때만 기체로 존재하는 기체

5 **액화 기체(Liquefied Gas)** : 상온에서 액체 및 기체 상태로 동시에 존재하는 밀봉된 기체

6 **가연성 기체 탐지기(Combustible Gas Detector)** : 구획된 구역에서 사전 입력된 가연성 기체의 존재 및/또는 농도를 탐지하는 장비(device). 작동자에게 결과를 표시하는 추가 기능이 필요할 수 있다.

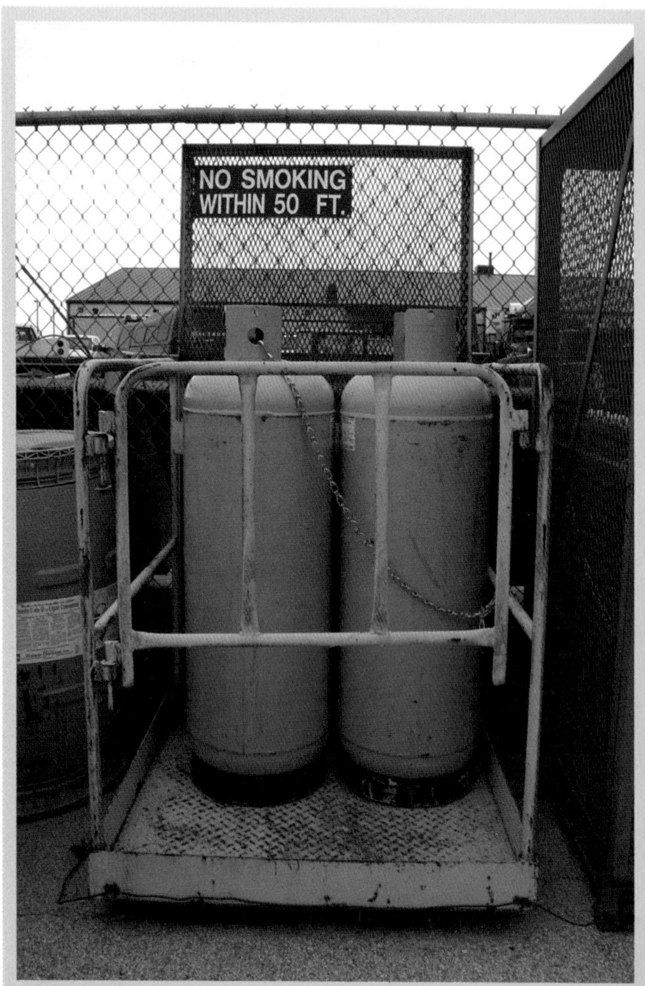

그림 4.5 기체가 연관된 사고는 쉽게 완화(mitigate)하기가 어렵다. 소형 컨테이너와 관련된 사고의 경우에도 넓은 구역이 필요할 수 있다.

그림 4.6 적절한 탐지 및 식별 장치(monitoring and detection device) 없이는 기체를 탐지하지 못할 수 있다.

그림 4.7 부식성이 있는 기체에는 브롬, 염소 및 무수 암모니아가 포함된다. Rich Mahaney 제공.

참고

기체의 거동에 대한 추가 정보는 5장을 참조하라.

주변 조건보다 높거나 낮은 기압 및/또는 온도로 유지되는 물질은 유출 시 상태가 변경될 수 있다. 액체 상태에서 기체가 팽창하는 비율(팽창비율expansion ratio)은 특정 조건(특히 극저온 액체cryogenic liquid 및 액화 기체liquefied gas) 하에 있는 물질과 연관된 위험물질 사고를 완화하는 중요한 요소이다.

경고(WARNING!)

팽창하는 기체(expanding gas)는 산소를 대신하여 공간을 차지할 수 있으므로, 질식성 대기(asphyxiating atmosphere)를 조성한다.

위험물질이 기체인 경우 공기 중에 존재하며 잠재적으로 호흡breathing/흡입inhalation 위험hazard이 있다. 일부 기체는 또한 접촉 위험contact hazard을 일으킬 수 있다(그림 4.7). 일반적으로 사고가 기체와 연관되는 경우, 물질의 다른 상태와 연관된 사고보다 더 큰 지역에서 영향을 미치며 완화시키기가 어렵다. 기체와 관련된 사고는 대응요원이나 대중을 보호하기 위해 복잡하고 어려운 조치가 필요하다.

액체(Liquid)

증기는 보이지 않지만 액체liquid는 일반적으로 눈에 보이므로 그 존재를 감지하고 위험 구역을 결정하는 것이 더 쉬울 수 있다(그림 4.8). 액체는 신속하고 효율적으로 액체를 이동시킬수 있는 빗물 배수관이나 하천, 강, 또는 기타 수로(주로 땅 속 및 강바닥)와 같은 경로로 유출되지 않는 한 일반적으로 기체처럼 빠르게 이동하지 못한다(그림 4.9). 대응요원은 아마도 유출된 액체가 흘러갈 경로를 예측할 수 있을 것이다.

액체는 표면 윤곽과 지형surface countour and topography에 따라 이동하거나 고여서 봉쇄containment 또는 고립confinement되기도 한다(그림 4.10). 또 액체는 튀거나 접촉 위험이 있다(그림 4.11).

액체는 증기vapor를 방출하여 추가적으로 기체의 특성을 나타낼 수 있기 때문에 고유한 문제가 발생할 수 있다(그림 4.12). 액체에서 증기로의 전환은 위험물질의 이동성과 물질을 처리할 때 대응요원이 직면해야 하는 어려움을 증가시킨다.

액체로부터 나오는 증기는 기체와 매우 흡사하게 움직일 수 있으며, 일반적으로 액체로부터 멀리 떨어져있는 것은 아니며 액체 자체보다 탐지하기가 더 어려울 수 있다(그림 4.13). 액체로 인해 발생하는 증기는 다음을 주의해야 한다.

- 접촉 위험
- 흡입 위험
- 인화성
- 부식성
- 독성

주의(CAUTION)

액체(liquid)로부터 나오는 증기(vapor)는 기체(gas)처럼 움직이며 인화성(flammable), 부식성(corrosive), 독성(toxic)이 있을 수 있다.

그림 4.8 액체는 일반적으로 보이며, 증기는 그렇지 않다. 이는 위험구역을 결정하는 데 도움이 될 수 있다. Rich Mahaney 제공.

그림 4.9 액체는 지형(topography)이 도와주지 않는다면 기체처럼 멀리까지 이동하지 못하는 경향이 있다. 예를 들면 빗물 배수관이나 하천에 이르는 경우에는 멀리까지 이동한다.

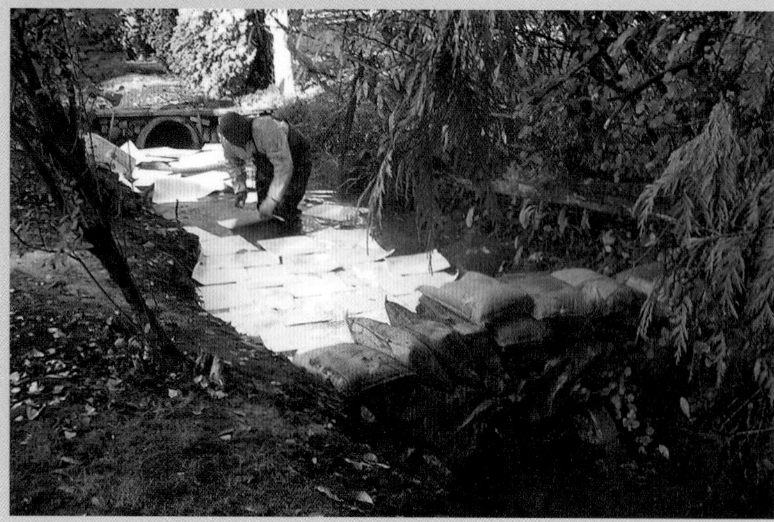

그림 4.10 액체는 지형을 따라 흐르므로, 봉쇄될 수 있다. Phil Linder 제공.

그림 4.11 액체는 비산(튐) 위험이 있을 수 있다.

그림 4.12 액체 증기(liquid vapor)는 액체보다 기체와 더욱 비슷하게 움직인다.

그림 4.13 액체 증기는 기체처럼 원점으로부터 멀리까지 이동하는 경향은 없지만, 탐지 및 식별 장치를 사용하여 위치를 확인해야 한다.

고체(Solid)

고체solid는 물질의 세 가지 상태 중 가장 적은 이동성을 가진다. 바람, 물, 중력과 같은 외력에 의해 힘을 받지 않는 한 일반적으로 그 위치에 그대로 남아 있다(그림 4.14). 분진dust, 흄fume, 분말powder과 같은 고체 입자의 크기는 고체의 거동behavior에 영향을 줄 수 있다. 더 큰 입자는 아마도 공기 중에서 상당히 빠르게 안정될 것이다. 더 작은 입자는 더 오래 부유하게 되어 큰 입자보다 더 멀리 이동할 수 있다(그림 4.15). **마이크론**[7]은 일반적으로 입자 크기를 표현하는 데 사용되는 측정 단위이다.

고체에는 다음과 같은 위험한 특성이 있을 수 있다.

- 흡입 또는 접촉 위험
- 점화된 경우, 폭발할 수 있는 작은 가연성의 입자
- 큰 컨테이너에 느슨한 형태로 밀봉되어 있어 함정 위험이 있음(그림 4.16)
- 인화성, 반응성, 방사성, 부식성, 유독성

그림 4.14 고체는 외력에 의해 영향 받지 않는 한 제위치에 머물러 있다. 텍사스 소방 위원회(David Commission for Fire Protection)와 David Alexander 제공.

7 **마이크론(미크론, Micron)** : 100만 분의 1미터와 같은 길이의 단위

그림 4.15 작은 입자는 공기 중에 부유하고 공기 흐름을 따라 이동하는 반면 큰 입자는 정착하는 경향이 있다.

미세입자microscopic particle가 아니라면, 일반적으로 고체는 시각적으로 탐지(확인)할 수 있다. 이러한 가시성은 기체 또는 액체로부터의 증기를 탐지하는 것보다는 고체의 존재를 쉽게 감지할 수 있도록 한다. 드라이아이스dryice, 원소 요오드elemental iodine, 나프탈렌naphthalene과 같은 고체는 승화(고체에서 기체로 상 변화)될 수 있다. 승화 물질sublimating material은 증기를 방출하는 액체와 동일한 위험 및 우려를 나타낸다.

몇 가지 예외를 제외하고는, 고체 물질과 관련된 사고는 제한된 지역에 국한되어 탐지되지 않고 이동될 확률은 적다.

고체 물질 사고는 기체 및 액체 사고보다 완화 및 보호 조치가 덜 복잡하다. 이 경우 대응은 연관된 물질의 화학적 및 물리적 특성에 달려 있다.

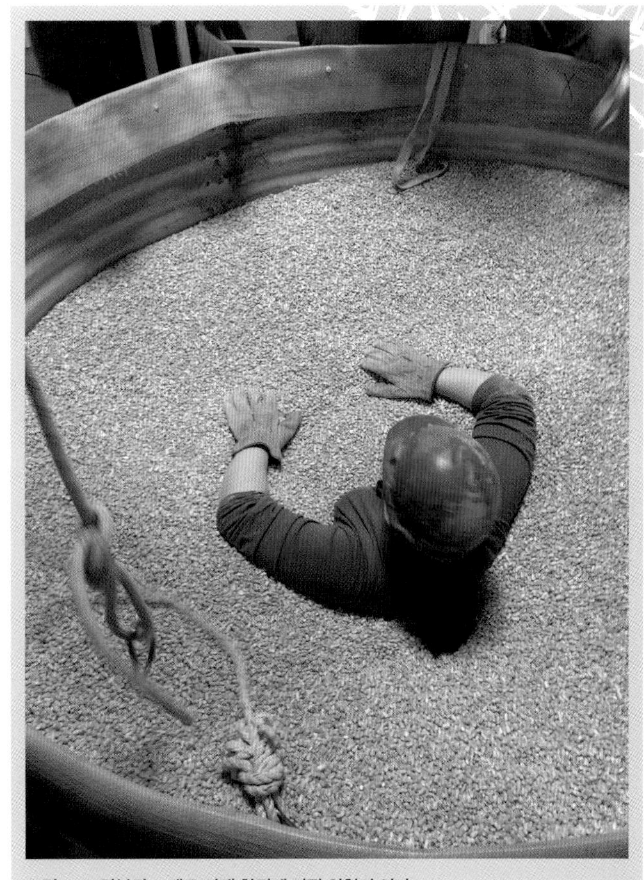

그림 4.16 밀봉된 고체로 인해 함정에 빠질 위험이 있다.

물리적 성질 Physical Property

물리적 성질[8]은 물질의 화학적 성질 및 화학적 특성은 포함하지 않는 물질의 성질이다. 물리적 성질은 온도 및 압력과 같은 물리적인 영향과 관련하여 물질이 어떻게 움직이는지(거동하는지), 또는 다른 재료와 혼합되거나 비교될 때 물질이 어떻게 움직이는지를 나타낸다. 물질은 다음의 물리적 특성에 의해 특징지을 수 있다.

- 증기압(Vapor pressure)
- 끓는점(Boiling point)
- 녹는점(Melting point)/어는점(Freezing point)/승화(Sublimation)
- 증기밀도(Vapor density)
- 용해도(Solubility)/혼합성(Miscibility)
- 비중(Specific gravity)
- 지속성(Persistence)
- 외관 및 냄새(Appearance and odor)

8 **물리적 성질(Physical Properties)** : 물질의 화학적 성질(chemical identity)에는 변화가 없지만 물질의 상태 변화와 관련된 용기 내부 및 외부 물질의 물리적 거동에 영향을 미치는 특성. 예로는 끓는점, 비중, 증기밀도 및 수용성 등이 있다.

증기압(Vapor Pressure)

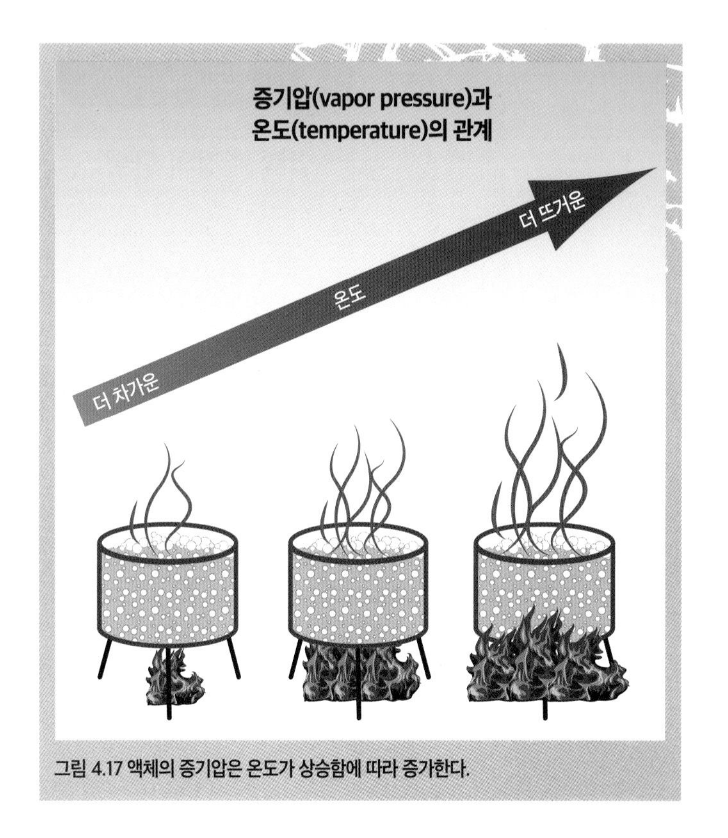

그림 4.17 액체의 증기압은 온도가 상승함에 따라 증가한다.

증기압[9]은 밀폐된 컨테이너 안에서 내부에 있는 액체의 포화 증기saturated vapor에 의해 가해지는 압력이다. 간단히 말해서, 이것은 액체에 의해 방출되는 증기에 의해 생성되거나 가해진 압력이다. 증기압은 물질이 증발하는 경향을 측정하는 것으로 볼 수 있다.

참고자료들에서 사용하는 증기압의 단위는 다음과 같다.

- 제곱인치당 파운드(psi)
- 킬로파스칼(kPa)
- 바(bar)
- 수은 밀리미터(mmHg; 과거 버전의 물질안전보건자료에서 사용됨)
- 기압(atm)
- 헥토파스칼(hPa)[새로운 GHS의 안전보건자료(SDS)에서 사용됨]

증기압에 관하여서는 다음의 사실을 유의하라.

- 증기압이 760 mmHg를 초과하는 물질은 정상 상태의 기체이다.
- 물질의 온도가 높을수록 증기압이 높아진다(그림 4.17). 즉, 38℃에서 물질의 증기압은 항상 20℃에서 동일한 물질의 증기압보다 높다. 높은 온도는 액체에 더 많은 에너지를 제공하여 더 많은 액체가 기체 형태로 빠져나갈 수 있도록 한다. 기체는 액체 위로 상승하여 하향 압력을 가한다.
- 대기압은 압력의 기본 단위이다. 기타 측정치는 다음의 '정보' 상자에 나열되어 있다.
- 액체의 끓는점(액체가 기체로 변하는 온도)이 낮을수록 증기압이 높아진다. 물질의 끓는점이 낮은 경우 액체에서 기체로 상변화되기 위해 더 적은 열을 필요로 한다.

참고

물은 끓일 때 많은 열이 필요하지만(100℃) 일부 물질은 실온(20℃)에서도 끓는다.

---

9 **증기압(Vapor Pressure)** : 주어진 온도에서 증기가 액체 상태와 평형을 이룰 때의 압력으로, 증발 경향이 더 큰 액체는 주어진 온도에서 보다 높은 증기압을 갖는다.

압력 측정의 단위

- 1 기압(atmosphere)
  - 760 mmHg = 760 torr (1 mmHg = 1 torr)
  - 29.9 inHg(수은 인치, inches of mercury)
  - 407 inches of water(물 인치)
  - 14.7 psi(제곱인치당 파운드)
  - 1.01 bar(바)
  - 101.3 kPa
  - 1013.25 hPa(hPa = millibar)
- 1 bar = 14.5 psi
- 1 bar = 100,000 pascals
- 1 foot water = 0.43 psi

중점사항

증기압(vapor pressure)은 증발(evaporation)의 지표이다.

물질의 증기압을 알고 있는 경우, 이를 일반의 기준으로 사용하여 일반적인 환경에서 제품(위험물질)이 얼마나 빨리 증발하는지 알 수 있다. 비교적 높은 증기압을 갖는 아세톤(acetone)과 같은 생성물은 상대적으로 낮은 증기압을 갖는 물보다 실온 및 정상 대기압에서 훨씬 더 신속하게 증발한다. 같은 조건에서 모터 오일은 쉽게 증발하지 않는다.

그림 4.18 염소는 매우 높은 증기압을 가지고 있다. 염소가 컨테이너에서 쏟아지면 대체로 기체(gas)로 될 것이다. Rich Mahaney 제공.

대부분의 정상적인 조건에서 증기압이 높은 액체[예: 이소프로필아민(isopropylamine)]가 유출되면, 증기압이 낮은 물질[예: 사린(sarin)]보다 증기 농도가 훨씬 더 높아진다. 이러한 흄(fume) 또는 증기(vapor)는 바람에 의해 운반되거나 기류에 의해 멀리 이동될 수 있다. 액체 위의 증기의 이동성 증가로 인해 위험한 증기는 유출물 원점으로부터 멀리까지도 문제를 일으킬 수 있다(예: 독성 또는 인화성 증기가 거주 지역으로 날아가는 경우).

증기압은 제품의 물질 상태를 나타낼 수 있다. 예를 들어, 매우 높은 증기압을 갖는 염소는 대기압과 상온에서 즉시 증발하므로 기체로 방출될 가능성이 크다(그림 4.18).

증기압은 물질의 흡입 위험 정도(inhalation hazard)를 나타낼 수 있다. 증기압이 낮은 물질은 흄이나 증기를 생성할 가능성이 적다. 증기압이 높은 물질은 흄이나 증기를 생성할 가능성이 훨씬 크다.

끓는점(Boiling Point)

끓는점[10]은 액체가 주어진 압력에서 기체gas로 변하는 온도이다. 끓는점은 보통 대기압(해면기압)에서 화씨나 섭씨로 표시된다(그림 4.19). 혼합물mixture의 경우에는 초기 끓는점 또는 끓는점 범위로 나타낸다. 끓는점이 낮은 인화성 물질은 일반적으로 특별한 화재 위험이 있다.

용기 내부의 액체liquid가 가열되어 내부의 물질이 끓거나 증발하게 되면(예를 들면, 액화 석유 가스 탱크가 화재에 노출된 경우) 끓는 액체가 증기폭발을 확대시키는 현상인 **비등액체증기운폭발**[11](격렬한 파열이라고도 함)이 일어날 수 있다. 결과적으로 내부 증기압이 증가하면서 컨테이너가 초과 압력을 유지할 수 있는 능력을 초과하게 되어 컨테이너는 파국적으로 파괴될 것이다. 증기가 방출되면서 급격히 팽창하고 점화되어 불꽃을 내보내며 탱크 파편들은 날아가게 된다. 비등액체증기운폭발BLEVE은 화염이 액체 수준 위의 탱크 외판에 접촉하거나, 탱크 외벽을 냉각시키기에 불충분한 물이 공급될 때 가장 흔하게 발생한다.

---

10 **끓는점(Boiling Point)** : 증기압(vapor pressure)이 대기압(atmosphiric pressure)과 같을 때 물질의 온도(temperature of a substance). 이 온도에서의 증발 속도(rate of evaporation)는 응축 속도(rate of condensation)를 뛰어넘는다. 이 시점에서는 기체(gas)가 액체(liquid)로 되돌아가는 것보다 더 많은 액체가 기체로 변하고 있다.

11 **비등액체증기운폭발(Boiling Liquid Expanding Vapor Explosion; BLEVE)** : 보관 컨테이너의 심각한 파괴(major failure)를 동반하는 압력(pressurized)에서 저장된 액체의 신속한 기화(rapid vaporization of a liquid). 파괴(failure)는 액체의 온도가 일반 대기압에서 끓는점보다 훨씬 높을 때, 컨테이너가 두 개 이상의 조각으로 폭발하는 외부 열원(external heat source)에 의한 과압의 결과(result of over-pressurization)이다.

녹는점/어는점/승화 (Melting Point/Freezing Point/Sublimation)

녹는점melting point은 고체 물질이 정상 대기압에서 액체 상태liquid state로 변하는 온도이다. 얼음 조각은 녹는점인 0℃ 바로 위에서 녹는다.

어는점freezing point은 정상 대기압에서 액체가 고체가 되는 온도이다. 물의 어는점은 0℃이다. 어떤 물질들은 실제로 액체 상태로 변하지 않고 고체에서 기체로 직접 승화sublimation할 수 있다(그림 4.20). 드라이아이스(고체 상태의 이산화탄소)와 나프탈렌은 녹기보다는 승화한다.

날씨의 패턴과 태양빛의 노출로 인해 하루의 기온은 변화한다. 하루의 시작 때에 고체 상태로 시작한 물질이 충분히 가열되면 액체로 변할 수 있다. 물질은 일반적으로 액체보다 고체를 제어하는 것이 더 쉽기 때문에 이는 완화 전략에 영향을 줄 수 있다.

그림 4.19 끓는점은 해수면에서 액체가 끓는 온도이다. 끓는점이 낮은 인화성 액체는 상온에서 기체로 변하기 때문에 특히 위험하다. 끓는점이 높은 액체는 끓기 시작하기 전에 가열된다.

그림 4.20 드라이아이스는 고체에서 액체로 전환되지 않고 기체로 바로 승화된다.

증기밀도(Vapor Density)

증기밀도[12]는 동일한 온도 및 압력에서 동일한 부피의 건조한 공기의 질량과 비교한 순수한 증기 또는 기체의 주어진 부피에 대한 질량이다. 1 미만의 증기밀도는 공기보다 가벼운 증기임을 나타낸다. 증기밀도가 1보다 크면 공기보다 증기가 무거움을 나타낸다. 공기 기체 및 증기보다 가벼우면 떠오르고, 공기 기체 및 증기보다 무거우면 가라앉는다(그림 4.21). 증기밀도가 1 미만인 물질의 예로는 헬륨helium, 네온neon, 아세틸렌acetylene, 수소hydrogen가 있다('정보' 참조). 증기밀도가 1 미만인 기체는 빠르게 상승하여 넓은 지리적 영역으로 퍼진다.

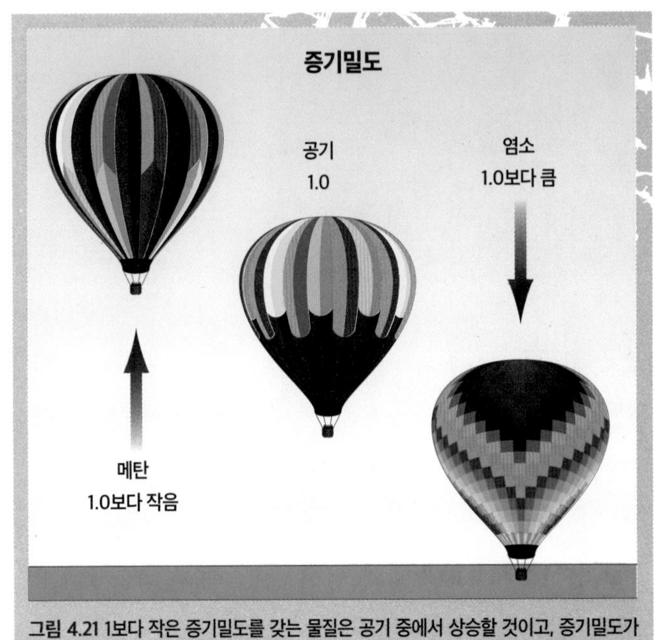

그림 4.21 1보다 작은 증기밀도를 갖는 물질은 공기 중에서 상승할 것이고, 증기밀도가 1보다 큰 물질은 가라앉을 것이다.

정보(Information)

공기보다 가벼운 기체

공기보다 가벼운 기체는 공기보다 무거운 기체에 비해 적다. (다음의) 13가지 보편적인 화학물질들은 증기밀도가 공기보다 가볍거나 같다.

- ▶ 아세틸렌(acetylene)(.9)
- ▶ 암모니아(ammonia)(.59)
- ▶ 일산화탄소(carbon monoxide)(.96)
- ▶ 다이보레인(diborane)(.96)
- ▶ 에틸렌(ethylene)(.96)
- ▶ 헬륨(helium)(.14)
- ▶ 수소(hydrogen)(.07)
- ▶ 시안화수소(hydrogen cyanide)(.95)
- ▶ 불화수소(hydrogen fluoride)(.34)
- ▶ 조명 가스(illuminating gas)(.6)
- ▶ 메탄(methane)(.55)
- ▶ 네온(neon)(.34)
- ▶ 질소(nitrogen)(.96)

12 **증기밀도(Vapor Density)** : 동일 온도 및 압력에서 동일한 부피(의 건조한 공기의 질량과 비교한 순수한 증기 또는 기체의 질량. 1 미만의 증기밀도는 공기보다 가벼운 증기를 나타낸다. 1보다 큰 증기밀도는 공기보다 더 무거운 증기를 나타낸다.

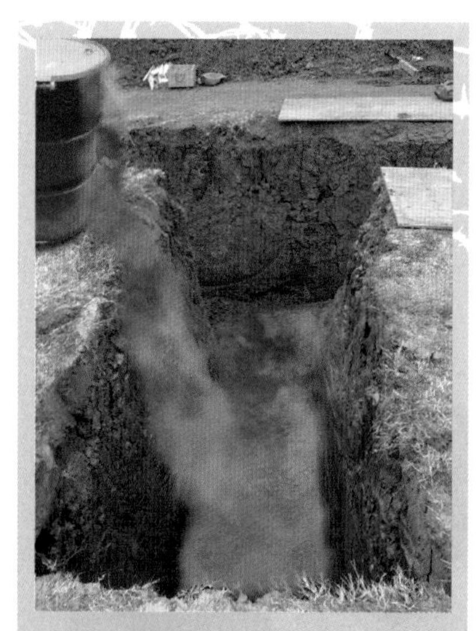

그림 4.22 공기보다 무거운 증기와 기체는 도랑, 하수구, 맨홀 및 기타 좁은 공간과 같은 저지대 지역으로 모인다

대부분의 기체는 증기밀도가 1보다 크다. 따라서 주변 공기와 연관되어 가라앉고 낮은 높이(고도)에서는 산소를 대체한다. 더 무거운 증기와 기체는 바닥이나 바닥 아래의 낮은 곳으로 모인다. 따라서 물웅덩이, 하수구 및 맨홀에서, 도랑이나 배수로에서 화재가 발생하거나 건강상의 위험이 초래될 수 있다(그림 4.22). 증기밀도가 1보다 큰 보편적인 물질의 예는 다음과 같다.

- 프로판(propane)
- 황화수소(hydrogen sulfide)
- 에탄(ethane)
- 부탄(butane)
- 염소(chlorine)
- 이산화황(sulfur dioxide)

참고

모든 증기와 기체는 공기와 혼합되지만, 더 가벼운 물질(밀폐된 경우는 제외)은 상승하고 흩어지는 경향이 있다.

증기밀도는 증기 또는 기체의 온도에 따라 달라진다. 뜨거운 증기는 상승하지만, 완전히 분산되지 않은 경우 냉각되면 가라앉는다. 차가운 증기는 밀도가 높으면 낮게 유지되지만 따뜻해지면 상승한다.

지형, 기상 조건 및 공기와의 증기 혼합물이 증기에 영향을 미치기 때문에 대원은 증기밀도로부터 증기의 확산을 정확하게 예측할 수 없다. 그러나 증기밀도를 아는 것은 특정 기체 또는 증기로부터 무엇을 기대해야 할지에 대한 일반적인 아이디어를 제공한다.

용해도 및 혼합성(혼화성)(Solubility/Miscibility)

물에 대한 **용해도**[13]는 상온에서 물에 용해될 물질의 비율 무게 기준을 나타낸다. 물질의 용해도는 물에 섞일지 여부에 영향을 준다. 용해도 정보는 유출 정화 방법과 소화약제를 결정할 때 유용할 수 있는다. 탄화수소(휘발유, 디젤 연료, 펜탄)와 같은 비수용성 액체가 물과 섞이면 두 액체는 분리되어 남아 있는다(그림 4.23).

---

13 **용해도(Solubility)** : 고체, 액체, 기체가 용매(solvent: 일반적으로 물)에 용해(dissolve)되는 정도.

극성 용매[14](알코올, 메탄올, 메틸에틸케톤)와 같은 수용성 액체가 물과 결합하면 두 액체는 혼합된다. 수용성은 현상이 벌어지는 데 중요한 기여를 한다. 수용성인 자극제는 대개 조기 상부 기도 염증을 유발하여 기침과 목의 자극을 유발한다. 부분적으로 수용성인 화학물질은 하부 호흡기에 침투하여 호흡곤란, 폐부종 및 혈액 기침을 포함하는 지연증상(12~24시간)을 유발한다.

참고

탄화수소(hydro-carbon)[휘발유(gasoline), 석유(oil)]와 같은 일부 물질이 처음에는 부유하지만 시간이 지나면 가라앉을 것이다. 분해(degration), 화학반응, 노출(exposure) 및 시간(time)은 모두 물질에 영향을 미치고 성상을 바꾼다.

그림 4.23 대부분의 탄화수소(hydrocarbon)를 포함한 비수용성 액체(non-water-soluble liquid)는 물에 용해되지 않는다.

정보(Information)

용해도

용해도가 높은 물질은 물을 사용하여 쉽게 제어할 수 있다.

다음 용어는 용해도를 나타낸다.

- ▶ 무시할 수 있는(Negligible)[불용성(insoluble)] – 0.1% 미만
- ▶ 약간(Slight)[약간 용해됨(slightly soluble)] – 0.1~1 %
- ▶ 보통(Moderate)[적당히 용해됨(moderately soluble)] – 1~10 %
- ▶ 상당히(Appreciable)[부분 용해성(partly soluble)] – 10 ~25 % 이상
- ▶ 완전히(Complete) – 완전히 용해 가능

참고

일부 물질들은 100% 이상의 비율로 용해될 수 있다. 예를 들어, 미 국립직업안전건강연구소(NIOSH)에서는 용해도가 300%를 초과하는 물질을 목록화하고 있다.

---

14 **극성 용매(Polar Solvent)** : (1) 양전하와 음전하가 영구히 분리되어 있는 물질로, 용액(solution) 내에서 이온화(ionizing)하고 전기전도성(electrical conductivity)을 만드는 능력을 가진다. 예로는 물, 알코올(alcohol), 에스테르(ester), 케톤(ketone), 아민(amine), 황산(sulfuric acid)이 있다. (2) 물에 대한 인력이 있는 인화성 액체

혼합성(혼화성)[15]이란 두 가지 이상의 기체 또는 액체가 서로 섞이거나 서로 용해되는 능력을 말한다. 두 가지 액체 또는 기체가 어떤 비율로든 서로 섞이거나 녹을 수 있는 경우, 혼합성miscible을 갖는다고 말할 수 있다. 전형적으로 서로 쉽게 용해되지 않는 두 물질은 **혼합될 수 없다**[16]. 예를 들어, 물과 연료 오일은 섞이지 않는다. 기름(물보다 가벼움)이 물 위에 뜨고 점화되어 연소될 수 있기 때문에 혼합될 수 없는 물질로 인해 위험이 발생할 수 있다(그림 4.24).

그림 4.24 대부분의 탄화수소는 섞이지 않는다. 석유는 물보다 가볍기(비중이 작기) 때문에 수면 위에 떠서 발화될 수 있다. 미국 해안 경비대(U.S. Coast Guard) 제공.

비중(Specific Gravity)

비중[17]은 압력과 온도의 표준 조건에서 표준 물질의 밀도(일반적으로 동일한 부피의 물)에 대한 해당 물질의 밀도(부피당 질량)의 비율이다. 어떤 물질의 부피의 무게가 3.6 kg이고 같은 부피의 물의 무게가 4.5 kg인 경우, 이 물질의 비중은 0.8이다. 비중이 1 미만인 물질은 물 위에 뜨고, 비중이 1보다 큰 물질은 물 아래로 가라앉는다.

---

15 **혼합성(혼화성, Miscibility)** : 두 가지 이상의 액체(liquid)가 서로 혼합(mix)될 수 있는 것

16 **혼합할 수 없는(Immiscible)** : 다른 물질과 혼합되거나(mix) 섞일(blend) 수 없음

17 **비중(Specific Gravity)** : 주어진 온도에서 같은 부피의 물의 무게와 비교한 물질의 질량(무게). 비중이 1보다 작으면 물보다 가벼운 물질이다. 비중이 1보다 크면 물보다 무거운 물질이다.

용해도solubility는 비중specific gravity에서 중요한 역할을 한다. 고 용해성highly soluble 물질은 비중에 따라서 가라앉거나 뜨지 않고(물에 녹아들지 않고) 물에 더 잘 섞이거나 용해된다. 대부분의(전부는 아님) 인화성 액체는 1보다 작은 비중을 가지며 물 위에 뜬다(그림 4.25).

화재진압 활동에 대한 중요한 고려사항은 인화성 액체가 물 위에 뜰 것이라는 점을 반드시 고려해야 한다.

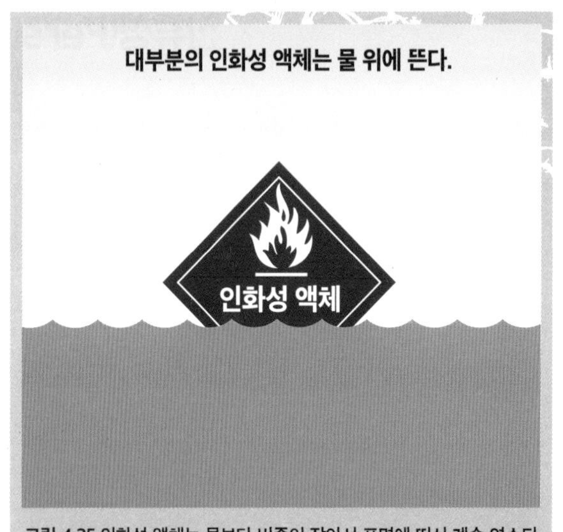

그림 4.25 인화성 액체는 물보다 비중이 작아서 표면에 떠서 계속 연소되기 때문에 물만으로는 인화성 액체의 화재를 진압하는 데 충분하지 않다.

중점사항

헵탄(Heptane)

헵탄은 휘발유(가솔린)의 주요 성분이며, 다음과 같은 물리적 및 화학적 성질을 갖는다.

- 증기압(vapor pressure) : 45 mmHg
- 인화점(flash point) : −4°C
- 끓는점(boiling point) : 98 °C
- 증기밀도(vapor density) : 3.5
- 물 용해도(수용성, solubility in water): 무시할 수 있음
- 비중(specific gravity) : 0.7

이 정보를 해석하는 방법을 이해함으로써 물질이 어떻게 움직일지(거동할지)를 예측할 수 있다. 상당량의 헵탄이 연못이나 수로로 유출되면 다음과 같은 일련의 생각을 따라갈 수 있다.

- 첫째, 헵탄이 물에 유출되었다. 물질이 물과 상대적으로 어떻게 움직일지를 고려하라. 물과 섞일 것인가? 가라앉을 것인가? 헵탄의 물 용해도는 무시할 수 있으므로 물에 녹지 않거나 섞이지 않을 것이다. 또한 헵탄은 비중이 1보다 작기 때문에 물의 표면에 뜰 것이다.
- 헵탄은 물과 섞이지 않고 물 위에 떠 있을 것이며 연소할 것이다. 실수로 발화될 수 있는 증기 또는 흄이 방출되는지 여부를 살펴봐야 한다. 물질의 증기압이 45 mmHg(물의 압력보다 높음)이라는 것은 대부분의 정상적인 조건에서 증발될 가능성이 높다는 것이다. 물질의 인화점이 4°C인 경우 대부분 점화원에 노출되면 그 증기가 연소된다. 따라서 우선순위를 매기고 점화원을 증기로부터 멀리하라.
- 증기는 무엇이고 어디로 이동할까? 공중으로 떠오르거나 물 표면 가까이에 머무를까? 헵탄의 증기밀도는 3.5이고, 이는 바람이나 다른 방해가 없다면 헵탄이 물 표면 가까이 또는 낮게 머무를 것임을 알려준다.

잔류성(Persistence) 및 점도(Viscosity)

참고
잔류성(지속성, persistence)은 안전보건자료(SDS)에 때때로 나와 있지 않다.

화학물질의 **잔류성(지속성)**[18]은 환경에 남아 있을 수 있는 능력을 의미한다. 환경에 오랫동안 남아 있는 화학물질은 빠르게 분산되거나 파괴되는 화학물질보다 더 지속적이다(그림 4.26). 잔류성(지속성) 신경 작용제는 비지속성 신경 작용제보다 훨씬 오랜 시간 동안 **분산**[19](방출) 지점에서 효과가 있다.

점도[20]는 주어진 온도에서 액체의 두께thickness 또는 유동성(분산성)flowability을 측정한 값이다(그림 4.27). 점성을 나타내는 수치가 클수록 점도가 높다. 점도는 제품의 유동성을 결정하며, 온도에 크게 영향을 받는다.

보통 액체는 뜨거울수록 더 얇거나 더 유체처럼 보인다. 마찬가지로 액체가 냉각될수록 액체는 더 두꺼워지거나 덜 유체와 같아진다. 중유와 같은 고점도 액체의 유동성을 높이기 위해서는 가열해야만 한다. 점성물질은 보다 지속성이 있으며 증기압이 낮을 수 있다. 점도의 차이가 있는 물질의 예로는 아세톤, 물, 석유 및 꿀 등이 있다. 초동대응자는 점성물질을 사용하여 이러한 물질의 점도가 제독 또는 퇴적에 영향을 미칠 수 있는 방법을 참고한다.

외관(Appearance) 및 냄새(Odor)

안전보건자료SDS에는 물질의 외관appearance(예를 들면, 물리적 상태 또는 색상) 및 냄새에 대한 설명을 포함한다. 안전보건자료SDS를 참조하면 초동대응자가 물질의 상태(상)나 물질의 잠재적인 거동potential behavior에 대한 중요한 정보를 신속하게 얻을 수 있다.

외관은 물질을 탐지하는 데 도움이 될 수 있다. 재료 또는 물질의 움직임(거동) 변화를 나타내는 외관 변화를 평가해야 한다. 많은 산업 제품에 대하여 안전보건자료SDS에 표시된 색상은 "평균"을 나타내며, 동일한 제품이라도 운송 중인 제품은 색상

---

18 **잔류성(지속성, Persistence)** : 화학 작용제(chemical agent)가 분산되지 않고 효과가 지속되는 시간

19 **분산(Dispersion)** : 널리 확산되는 움직임(act) 또는 과정(process)

20 **점도(Viscosity)** : 주어진 온도에서 액체의 내부 마찰(internal friction) 척도. 이 개념은 비공식적으로 두께(thickness), 딱딱함(stickiness) 및 유동성(ability to flow)으로 표현되기도 한다.

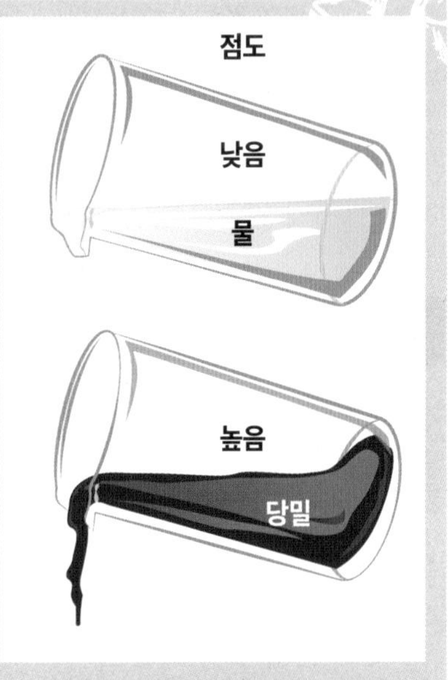

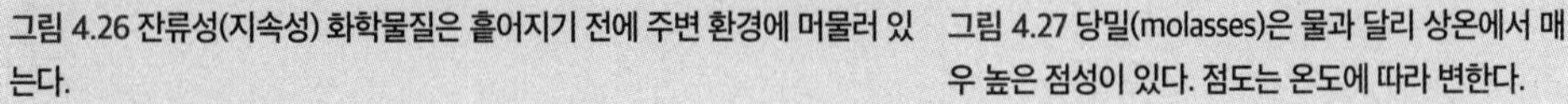

그림 4.26 잔류성(지속성) 화학물질은 흩어지기 전에 주변 환경에 머물러 있는다.

그림 4.27 당밀(molasses)은 물과 달리 상온에서 매우 높은 점성이 있다. 점도는 온도에 따라 변한다.

이 크게 다를 수 있다. 다른 경우, 색상의 유의미한 차이는 물질의 위험한 오염이나 높은 수준의 불순물이 들어 있음을 나타내는 것이다.

대응요원이 냄새를 통해 화학물질을 탐지했다면, 그것은 위험에 가까이 있음을 나타낸다. 일부 화학물질은 냄새가 거의 또는 전혀 없지만 어떤 화학물질은 강한 특징적인 냄새가 있다(그림 4.28). 일부 특징적인 냄새는 물질을 식별하는 데 도움이 될 수 있다. 첨가제additive인 **메르캅탄**[21]을 기본으로 하는 천연가스의 냄새는 썩은 달걀이나 오물과 비슷하다. 예기치 않은 냄새는 물질이 용기에서 누출되었다는 경고일 수 있다.

냄새 맡기 또는 냄새 감각 능력은 개인에 따라 크게 다르다. 냄새 역치odor threshold는 "보통 사람"이 특정 화합물의 냄새를 공기 중에서 맡을 수 있는 농도이다. 어떤 사람들은 극히 낮은 수준에서도 주어진 화합물의 냄새를 맡을 수 있고, 다른 어떤 사람들은 공기 중에서 매우 높은 농도에서도 특정 화합물의 냄새를 맡지 못할 수도 있다.

---

21 **메르캅탄(Mercaptan)** : 종종 천연가스에 부취제(odorant)로 첨가되는 황 함유 유기화합물. 천연가스는 무취이며, 메르캅탄으로 처리된 천연가스는 강한 냄새가 남. 티올(thiol)이라고도 알려져 있음

참고

시각적 단서(visual indicator)와 화학적 냄새(chemical odor)에 대해서는 '2장, 감각' 절에서 자세히 설명한다.

안전한 또는 안전하지 않은 지역을 판단하기 위해 냄새를 사용하지는 않는다. 일부 독성이 강한 제품은 냄새 역치 이하의 농도에서도 심각한 손상을 입힐 수 있다. 대응요원이 이러한 화학물질에 노출되는 데 너무 많은 시간을 소비하면, 다른 화학물질의 냄새에 덜 민감해지고 더 이상 화학물질의 존재를 확인할 수 없게 될 수 있다.

경고(WARNING!)

만약 화학물질의 냄새를 맡았다면 당신은 노출된 것이다. 해당 지역(구역) 밖으로 이탈하여 상황을 재평가하라.

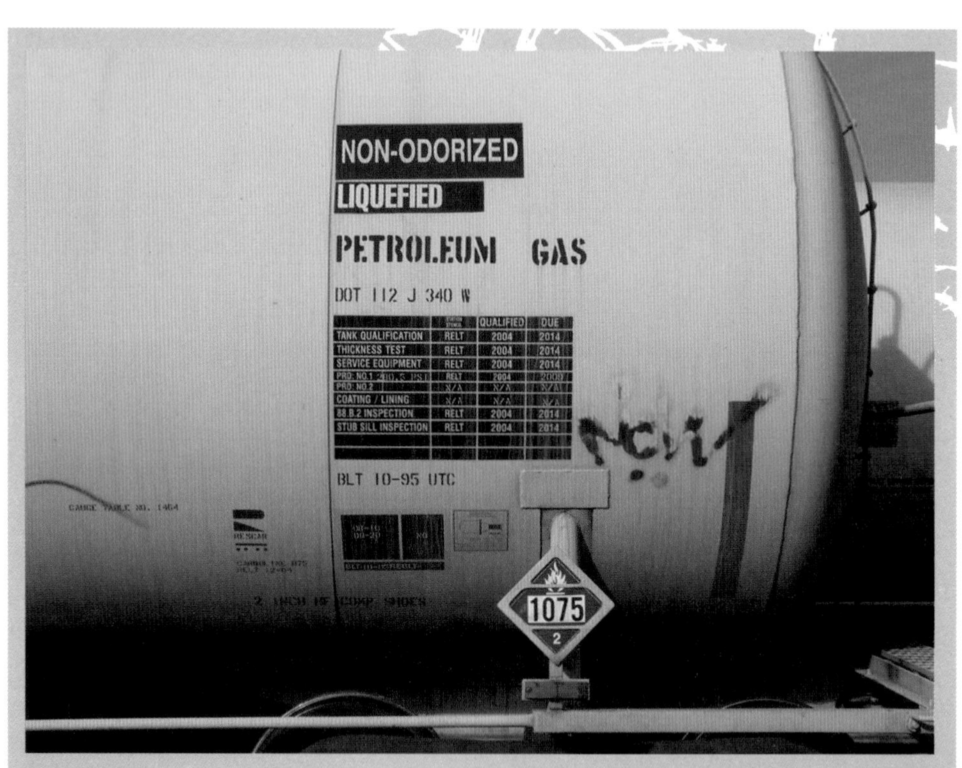

그림 4.28 부취제(odorant)는 일부 위험물질(hazardous material)에 첨가되어 쉽게 검출(detect)할 수 있지만 많은 제품에는 냄새가 없다. Rich Mahaney 제공.

화학적 성질 Chemical Property

화학적 성질[22]에서는 물질의 화학적 본질을 설명하고, 분자 수준에서 발생하는 거동과 상호작용을 묘사한다. 화학적 성질로 분류되지는 않지만 독성toxicity 및 생물학 위험biological hazard도 이 장에서 1장보다 더욱 자세히 다룰 것이다. 이 절에서는 사고 시 공통점의 순서대로 다음과 같은 중요한 화학적 성질에 대해서도 설명한다.

- 인화성(Flammability)
- 반응성(Reactivity)
- 부식성(Corrosivity)
- 방사능(Radioactivity)

인화성(Flammability)

대부분의 위험물질 사고는 인화성 물질을 포함한다. 인화성 물질이 발화, 연소, 또는 폭발하면 생명과 재산이 손상될 수 있다. 사고에 대한 전략과 전술을 결정할 때 위험 요소의 인화성을 생각하라. 인화성 위험은 특성에 따라 달라지며 그 특성은 다음과 같다.

- 인화점(flash point)
- 자연발화온도(autoignition temperature)[때로는 자연발화점(autoignition point)으로 불림]
- 인화(flammable)[폭발(explosive) 또는 연소(combutible)] 범위(range)

---

22 **화학적 성질(Chemical Property)** : 물질이 다른 물질로 변할 수 있는 방법에 관한 것. 화학적 성질은 사람이나 환경에 유해한 연소, 반응, 폭발, 또는 독성 물질 생성 능력을 반영한다.

인화점(Flash Point)

인화점[23]은 액체liquid 또는 휘발성 고체volatile solid가 그 표면 근처의 공기와 발화 가능한 혼합물을 형성하기 위해 폭발하한계lower explosive limit:LEL에서 충분한 증기를 방출하는 최소 온도이다(그림 4.29). 인화점에서 물질의 증기는 점화원이 있을 때 발화하지만 연소가 계속되지는 않는다. 인화점flash point과 연소점fire point을 혼동하면 안 된다. **연소점**[24]은 액체 또는 휘발성 물질이 연속적인 연소를 지원하기에 충분한 증기를 방출하는 온도이다. 물질의 연소점은 보통 인화점보다 10~30℃ 정도 높다.

증기만이 연소한다. 증기를 생성하는 액체 또는 휘발성 고체는 타지 않는다. 액체의 온도가 올라감에 따라 더 많은 증기가 방출된다. 증기는 인화점 아래에서 방출되지만 점화하기에 충분한 양은 배출되지 않는다. 인화점이 아닌 곳에서는 물질이 연소되지 않는다. 인화성 기체는 인화점이 매우 낮기 때문에 항상 인화성이 있다.

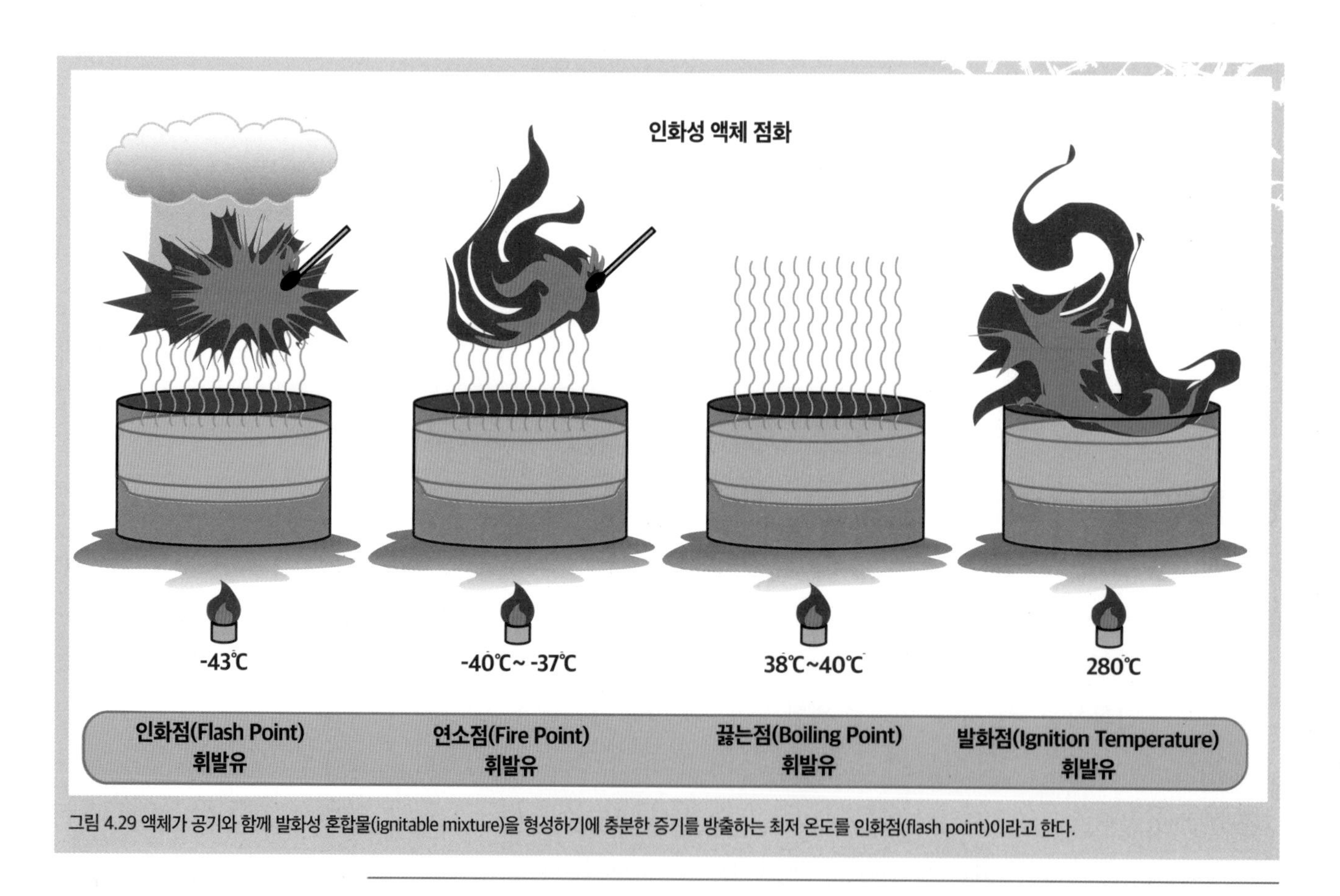

그림 4.29 액체가 공기와 함께 발화성 혼합물(ignitable mixture)을 형성하기에 충분한 증기를 방출하는 최저 온도를 인화점(flash point)이라고 한다.

---

23 **인화점(Flash Point)** : 액체(liquid)가 액체 표면 근처의 공기와 발화가 가능한 혼합물을 형성하기에 충분한 증기(vapor)를 방출하는 최소 온도

24 **연소점(Fire Point)** : 연료가 점화(ignited)되면 연소(combution)를 지원하기 위해 액체 연료가 증기(vapor)를 생성하는 온도. 시험에서 연소가 지속되는 시간이 5초를 초과해야 연소점이라 할 수 있다. 연소점은 일반적으로 인화점보다 몇 도 높다.

Flammable(인화성)인가, Inflammable(인화)인가, 또는 가연성(Combustible)인가?

일상에서 인화성(flammable) 및 가연성(combustible)이란 용어는 연소될 물질을 나타내기 위해 서로 맞바꾸어 사용할 수 있다. 하지만 이러한 용어들이 위험물질(hazardous material), 특히 액체(liquid)를 언급할 때는 보다 전문적인 의미를 지닌다. 인화점은 일반적으로 액체의 인화성을 파악하는 데 사용된다. 인화점이 낮고 쉽게 연소되는 액체는 **인화성 액체**[25]로 지정되는 반면, 쉽게 인화되지 않는 인화점이 높은 액체는 **가연성 액체**[26]라고 한다. 그러나 미국의 여러 기관에서는 인화성 물질 및 가연성 물질을 지정하기 위한 임계값을 지정함에 있어 서로 다른 인화점을 사용하고 있다.

"Inflammable(인화물질)"이라는 용어는 세계의 많은 지역에서 "Flammable(인화성 물질)"과 동일한 의미로 사용된다. 반대로 **불연성 물질**[27]은 쉽게 점화되지 않는 물질이다. 예를 들어, 멕시코에서는 인화성 액체를 싣고 있는 탱크 트럭에 "인화성 물질(flammable)" 또는 "인화물질(inflammable)"이라 쓰여 있다(그림 4.30). 캐나다 교통부(TC)는"Flammable(인화성)"이라는 용어만 허용하지만, 프랑스권에서는 "Inflammable(인화물질)"이란 "Flammable(인화성 물질)을 의미한다.

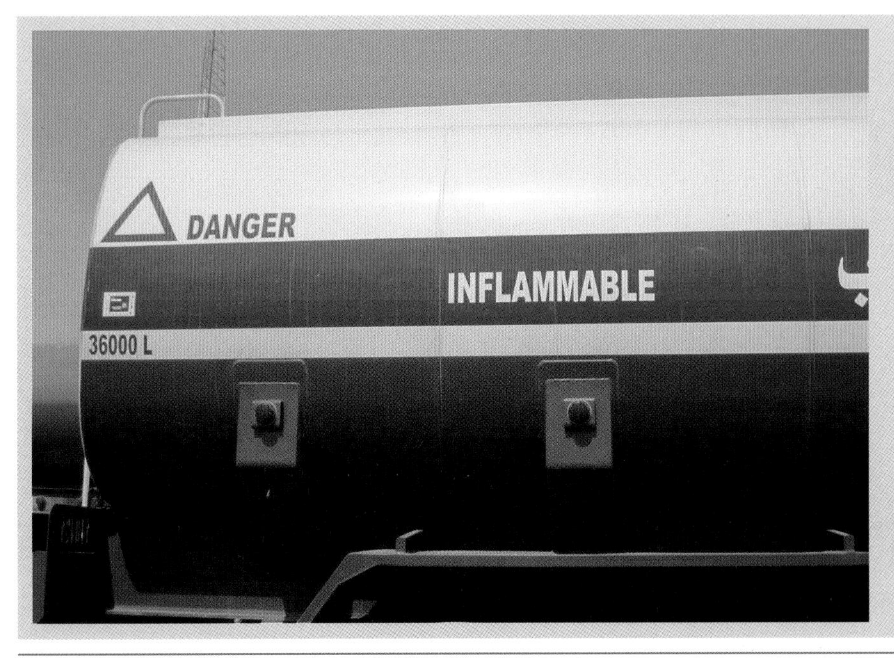

그림 4.30 Inflammables(인화물질)은 많은 국가에서 Flammables(인화성)과 동일한 의미로 쓰인다. Rich Mahaney 제공.

25 **인화성 액체(Flammable Liquid)** : 미 국가소방협회(NFPA)에 의하면, 37.8℃ 이하의 인화점(flash point)과 절대압력 40 psi (276 kPa;12.76 bar)를 초과하지 않는 증기압을 갖는 모든 액체

26 **가연성 액체(Combustible Liquid)** : 미 국가소방협회(NFPA)에 의하면, 인화점이 37.8℃ 이상이고 93.3℃ 미만인 액체

27 **불연성 물질(Nonflammable)** : 정상적인 환경에서 연소할 수 없는 것으로, 일반적으로 액체 또는 기체를 언급할 때 사용됨

자연발화온도(Autoignition Temperature)

물질의 **자연발화온도**[28]는 공기 중의 연료가 독립적인 발화원으로부터 시작하지 않고 자체 연소를 시작하기 위해 가열되어야 하는 최소 온도이다. **발화온도**[29]라고도 하는 이 온도는 연료가 자연 발화하는 시점이다. 모든 인화성 물질은 자연발화온도가 있으며 인화점 및 연소점보다 상당히 높다. 예를 들어, 휘발유(가솔린)의 자연발화온도는 280℃이지만 휘발유의 인화점은 −43℃이다. 이 차이는 −43℃에서 휘발유가 증기를 통해 물결 무늬를 나타내면서 일시적으로 발화하고, 반면 280℃에서는 물질이 스스로 발화한다는 것을 의미한다. 자연발화온도autoignition temperature 및 발화온도ignition temperature의 용어들은 동의어로 사용되는 경우가 많다. 이것들은 항상 같은 온도이다. 그러나 미국 국가소방협회NFPA는 이 조항들을 각개(별도)로 정의하고 있다.

인화, 폭발, 연소 범위

인화flammable, 폭발explosive, 연소combustible 의 범위range는 점화될 경우 타거나 폭발할 공기 중 기체 또는 증기 농도의 백분율이다. 증기나 기체의 폭발하한계LEL 또는 **인화하한계**[30]는 발화원이 있을 때 연소를 발생시킬 수 있는 최저 농도(또는 공기 중 가장 낮은 백분율)이다. 폭발하한계LEL보다 낮은 농도에서는 해당 혼합물이 너무 적어서 연소하지 않는다.

증기 또는 기체의 폭발상한계upper explosive limit; UEL 또는 **인화상한계**[31]는 점화원이 있을 때 연소를 일으키는 최고 농도(또는 공기 중 가장 높은 백분율)이다. 고농도의 혼합물은 물질이 너무 많아서 연소될 수 없다(그림 4.31). 상한 및 하한 내에서 점화되면 기체 또는 증기 농도는 급속히 연소되므로 인화성 범위 내의 공기는 특히 위험하다. 표 4.1은 일부 선택된 물질에 대한 폭발 범위(인화 범위)를 나타낸 것이다.

---

28 **자연발화온도(Auto Iginition Temperature)** : 가연성 물질이 불똥 또는 화염없이 공기 중에서 점화하는 최저 온도(NFPA 921)

29 **발화온도(Ignition Temperature)** : 열원과 독립적으로 자체 연소를 시작하기 위해 공기 중의 연료(액체가 아닌 것)를 가열해야 하는 최소 온도(minimum temperature)

30 **인화하한계(Lower Flammable (Explosive) Limit; LFL)** : 인화성 기체(gas) 또는 증기(vapor)가 점화되어 연소를 도울 수 있는 하한선으로, 이 한계 이하에서는 기체 또는 증기가 너무 적거나 엷어서 연소할 수 없다(산소 및 기체가 충분치 않기 때문에 적절한 양의 연료가 부족하다). 또한 폭발하한계(Lower Explosive Limit; LEL)라고도 한다.

31 **인화상한계(Upper Flammable Limit; UFL)** : 인화성 기체 또는 증기가 점화되는 상한선. 이 한계를 초과하면 기체 또는 증기가 너무 많아 연소할 수 없다(적절한 양의 산소가 부족함). 또한 폭발상한계(Upper Explosive Limit; UEL)라고도 한다.

중점사항

폭발하한계(Lower Explosive Limit) 및 폭발상한계(Upper Explosive Limit)

폭발하한계(LEL)가 낮은 제품과 폭발하한계(LEL)와 폭발상한계(UEL) 사이의 범위가 넓은 제품이 특히 위험하다. 폭발상한계(UEL) 이상의 농도는 안전성을 보장하지 않는다. 어떤 이유로든 농도가 떨어지면 여전히 폭발성 공기(explosive atmosphere)가 될 수 있으며, 신선한 공기가 주어지면 농도가 희석되기 때문이다. 또한 농도를 측정하지 않은 곳에서는 농도가 폭발상한계(UEL)보다 낮을 수 있다.

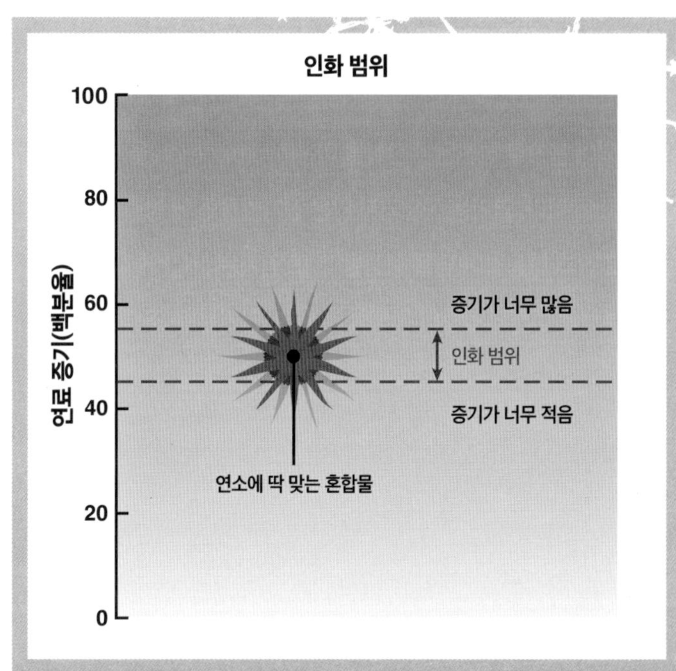

그림 4.31 인화성 증기 및 기체는 적당한 농도의 공기와 혼합되면 연소되거나 폭발할 수 있다. 증기가 너무 적으면 혼합물은 너무 옅어서 점화되지 못한다. 반면 너무 많은 가연성 증기 또는 기체가 있는 경우 혼합물은 너무나 짙어서 점화되지 못한다.

표 4.1
몇 가지 물질의 폭발 범위(인화 범위)

물질	폭발하한계 (Lower Flammable Limit; LFL) (용적%)	폭발상한계 (Upper Flammable Limit; UFL) (용적%)
아세틸렌 (Acetylene)	2.5	100.0
일산화탄소 (Carbon Monoxide)	12.5	74.0
에틸알코올 (Ethyl Alcohol)	3.3	19.0
1번 연료유 (Fuel Oil No.1)	0.7	5.0
휘발유 (Gasoline)	1.4	7.6
메탄 (Methane)	5.0	15.0
프로판 (Propane)	2.1	9.5

*출처: 미 국립직업안전건강연구소(NIOSH) 화학 위험 포켓 가이드(Pocket Guide to Chemical Hazards)

부식성(산 · 염기성) (Corrosivity)

1장에서는 부식성corrosivity 물질에 대해 생체 조직을 파괴하고 금속을 손상시키거나 파괴하는 물질로 소개했다. 부식성 물질은 일반적으로 크게 두 가지 범주로 나뉜다. 산acid과 염기base(염기는 알칼리alkali 또는 부식성caustic 물질이라고도 함). 그러나 일부 부식성 물질(예를 들면, 과산화수소hydrogen peroxide)은 산도 염기도 아니다. 산과 염기의 부식성은 종종 **pH**[32]로 측정되거나 표현된다(그림 4.32).

산과 염기는 다음과 같은 특성을 가지고 있다.

- **산**[33]: 물에서 수소 **이온**[34][히드로늄(hydronium)]을 생성하기 위해 이온화(ionize)[해리(dissociate)]하는 모든 화학물질. 산의 pH 값은 0에서 6.9 사이이다. 산은 심한 화학적 화상(chemical burn)을 일으켜 피부와 눈에 영구적인 손상을 일으킬 수 있다. 산과의 접촉은 일반적으로 즉각적인 통증을 유발한다. 염산(hydrochloric acid), 질산(nitric acid), 황산(sulfuric acid)은 일반적인 산의 예이다.
- **염기**[35]: 물에서 화학적으로 **해리**[36]되어 음으로 하전된 수산화물 이온(hydroxide ion)을 형성하는 수용성 화합물(water-soluble compound)이다. 염기는 공유되지 않은 전자쌍을 산에 방출하거나 산에서 양성자(수소 이온)를 받는 식으로 산과 반응하여 염을 형성한다. 또 염기는 pH값이 7.1에서 14 사이이다. 또 염기는 지방 피부 조직을 분해하여 신체 깊숙이 침투할 수 있다. 염기는 눈 조직에 달라붙는 경향이 있어 제거하기 어렵다. 염기는 장기간의 노출로 인해 종종 산보다 더 큰 눈 손상을 일으킨다. 염기와의 접촉은 일반적으로 즉시 고통을 일으키지 않는다. 염기에 노출된 흔한 징후는 **가수분해(비누화)**[37] 및 지방 조직의 파괴로 인해 피부에 기름기가 많거나 미끌미끌한 느낌을 주는 것이다. 염기의 예로는 가성 소다(caustic soda), 수산화칼륨(potassium hydroxide) 및 배수관 청소용품에 일반적으로 사용되는 알칼리성 물질이 있다.

---

32 **pH** : 용액의 산성 또는 염기성의 정도

33 **산(Acid)** : 수소 이온(hydrogenion)을 생성하기 위해 물과 반응하는 수소를 함유하는 화합물(compound). 양성자 기증자(proton donor)라고도 함. 액체 화합물의 pH값은 7 이하임. 산성 화학물질(acidic chemical)은 부식성임

34 **이온(Ion)** : 전자(electron)를 잃거나 얻은 원자(atom)로, 따라서 양극(positive charge) 또는 음극(negative charge)을 가짐

35 **염기(Base)** : 알칼리성 또는 부식성 물질로, 부식성 수용성 화합물 또는 산과 반응하여 염을 형성하는 수용액에서 그룹 형성, 수산화 이온을 포함하는 물질

36 **해리(가역적 분해)[Dissociation(화학 관련)]** : 분자(molecule) 또는 이온 화합물(ionic compound)을 작은 입자로 분할하는 과정으로, 특히 과정이 가역적인(reversible) 경우를 말함. 재결합(recombination)의 반대 개념

37 **가수분해(비누화, Saponification)** : 비누를 생성하는 알칼리(alkaline)와 지방산(fatty acid) 간의 반응

pH 척도		
증류수와 비교된 수소 이온의 농도	pH 척도	pH의 용액의 예
산	0	염산(Hydrochloric Acid)
	1	배터리 산(Battery Acid)
	2	식초(Vinegar)
	3	오렌지주스
	4	산성비, 와인
	5	블랙 커피
	6	우유
중성	7	증류수(Distilled Water)
염기	8	바닷물
	9	베이킹 소다(Baking Soda)
	10	마그네시아유(Milk of Magnesia)
	11	암모니아(Ammonia)
	12	라임(Lime)
	13	잿물, 알칼리액(Lye)
	14	수산화나트륨(Sodium Hydroxide, 가성소다)

그림 4.32 pH는 산성(산도, acidity) 및 알칼리성(염기성도, alkalinity)을 측정한다.

정보(Information)

부식성(Corrosive, Caustic), 산(Acid), 염기(Base), 또는 알칼리(Alkali)?

일부 사람들은 산은 Corrosive(산에 의한 부식성)이며, 염기는 Caustic(염기에 의한 부식성)이라 구별한다. 그러나 비상대응 분야(world of emergency response)에서는 산과 염기를 Corrosive(부식성 물질)이라고 한다. 예를 들어, 미 교통부(DOT)와 캐나다 교통부(TC)는 두 가지를 구분하지 않는다. 이 기관들은 피부 조직이나 금속을 파괴하는 모든 물질을 Corrosive(부식성 물질)이라고 생각한다.

염기(base)와 알칼리(alkali)라는 용어는 종종 같은 의미로 사용되지만, 일부 화학 사전에서는 알칼리를 강력한 염기(strong base)로 정의한다. **염기성 용액**[38]은 일반적으로 염기가 아닌 알칼리라고도 하지만, 여전히 이 두 용어는 동의어로 사용되는 경우가 많다. 부식성(caustic), 알칼리(alkali), 또는 알칼리성(alkaline)이라는 용어가 들리면 염기(base) 또는 염기성 용액(basic solution)을 언급하는 것임을 기억해야 한다.

참고

이 매뉴얼의 목적을 위해 염기성 용액이란 염기 및 알칼리성인 용액을 모두 의미한다.

38 **염기성 용액(Basic Solution)** : pH 범위가 7~14인 용액(solution)

반응성(Reactivity)

물질의 화학적 **반응성**[39]은 자체 또는 다른 물질과 화학반응chemical reaction을 하는 상대적인 능력relative ability을 나타낸다. 결과적으로 유해한 독성 또는 부식성 부산물의 압력 증가, 온도 상승 및/또는 형성이 발생할 수 있다. **반응성 물질**[40]은 일반적으로 공기, 물, 열, 빛 등의 물질(에너지)과 격렬하게violently 또는 활발하게vigorously 반응한다.

많은 초동대응자는 화재의 사면체(흔히 파이어 다이아몬드라고 함) 또는 연소를 생성하는 데 필요한 네 가지 요소인 산소oxygen, 연료fuel, 열heat, 화학적 연쇄반응chemical chain reaction에 대해 잘 알고 있다. 화재는 화학반응의 한 유형일 뿐이다. 반응성 삼각형reactivity triangle은 산화제oxidizing agent(산소), 환원제reducing agent(연료), 활성화 에너지원activation energy source(항상은 아니지만 대게 '열')을 비롯한 많은 화학반응의 기본 구성요소를 설명하는 데 사용할 수 있다(그림 4.33).

그림 4.33 많은 반응들은 산화제, 환원제, 활성화 에너지를 필요로 한다.

39 **반응성(Reactivity)** : 물질이 다른 물질과 화학적으로 반응할 수 있는 능력과 그 반응이 일어나는 속도

40 **반응성 물질(Reactive Material)** : 다른 물질과 화학적으로 반응할 수 있는 물질(material)로, 예를 들어 공기 또는 물과 결합할 때 격렬하게 반응하는 물질

모든 반응에는 시작하기 위해 약간의 에너지(일반적으로 **활성화 에너지**[41]라고 함)가 필요하다(그림 4.34). 얼마나 많은 에너지가 필요한지는 특정 반응에 따라 다르다. 경우에 따라 외부 원천의 열은 외부 원천으로부터의 에너지가 추가된 열을 제공한다(예를 들면, 성냥으로 불을 켤 때). 어떤 경우에는 전자파radio waves, 방사선radiation, 또는 다른 에너지 파형waveform of energy이 분자에 활성화 에너지를 제공할 수 있다(예를 들면, 전자레인지에서 음식물을 가열할 때). 다른 반응에서는 에너지가 충격이나 압력 변화로부터 나올 수 있다(예를 들면, 니트로글리세린nitroglycerin이 충격받을 때 발생할 수 있음).

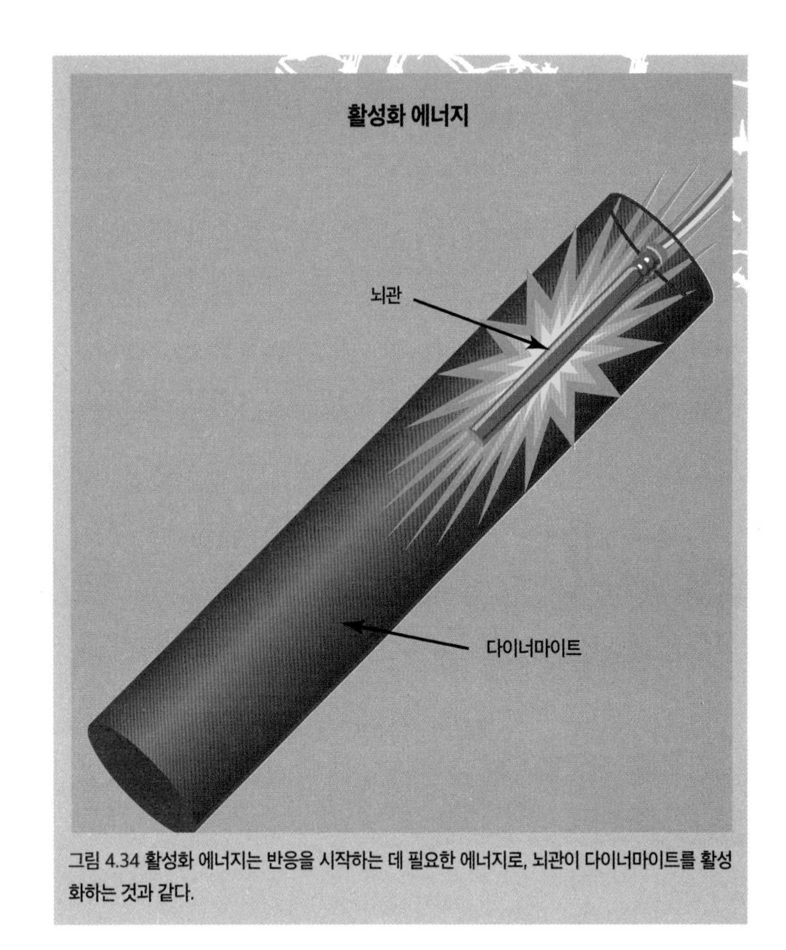

그림 4.34 활성화 에너지는 반응을 시작하는 데 필요한 에너지로, 뇌관이 다이너마이트를 활성화하는 것과 같다.

낮은 활성화 에너지를 가진 반응은 반응을 시작하는 데 거의 도움이 필요하지 않다. 일반적으로 금수성(물-반응성)으로 분류되는 물질은 상온에서 반응을 시작하기에 충분하기 때문에 상온에서 쉽게 물과 반응한다. 초동대응자는 보건안전자료 및/또는 제조업체의 표식에서 '빛 주의(빛에 민감함)light-sensitive', '열 주의(열에 약함)heat-sensitive ', 또는 '충격 주의shock-sensitive'와 같은 용어를 볼 수 있다. 이러한 제품은 이러한 활성화 에너지원에 대해 민감성이 증가함을 나타낸다. 화학물질이 반응할 수 있는 다양한 방법에 대한 요약은 표 4.2를 참고하라. 이 표에서는 9개의 반응 위험 분류nine reactive hazard classes의 정의와 화학적 예를 제공한다.

41 **활성화 에너지(Activation Energy)** : 원자(atom) 또는 분자(molecular) 시스템에 부가(added)될 때 화학반응(chemical reaction)을 시작하는 최소 에너지(minimum energy)

표 4.2 9가지 반응성 위험 분류		
반응성 위험 분류 (Reactive Hazard Class)	정의	화학물질 예
고인화성 **(Highly Flammable)**	인화점(flash point)이 38℃ 미만인 물질(substance) 및 인화점이 38℃ 미만인 물질을 포함하는 혼합물	휘발유(Gasoline), 아세톤(Acetone), 펜탄(Pentane), 에틸에테르(Ethyl Ether), 톨루엔(Toluene), 메틸에틸케톤[Methyl Ethyl Ketone(MEK)], 테레빈유(Turpentine)
폭발성 **(Explosive)**	화학 에너지(chemical energy)의 매우 빠른 방출을 가능토록 하기 위해 의도적으로 합성되거나 혼합된 물질로, 본질적으로 불안정하고 합리적으로 조우될 수 있는 조건에서 폭발할 수 있는 화학물질	다이너마이트, 니트로글리세린(Nitroglycerin), 과염소산(Perchloric Acid), 피크린산(Picric Acid), 뇌산염(Fulminates), 아지드화물(Azide)
중합반응성 **(Polymerizable)**	에너지를 방출하는 자가 반응(self-reaction)을 일으킬 수 있으며, 일부 중합반응(polymerization reaction)은 많은 열을 발생시킨다. 중합반응의 생성물은 일반적으로 반응 물질이다(최초 반응 시작 전의 물질보다 반응성이 작다).	아크릴산(Acrylic Acid), 부타디엔(Butadiene), 에틸렌(Ethylene), 스티렌(Styrene), 염화비닐(Vinyl Chloride), 에폭시(Epoxy)
강산화제 **(Strong Oxidizing Agent)**	산화제(oxidizing agent)는 다른 물질로부터 전자(electron)를 얻고 그로 인해 화학적으로 환원(reduced)되지만 강산화제(strong oxidizing agent)는 넓은 범위의 다른 물질들로부터 전자를 잘 받아들인다. 계속되는 산화-환원 반응(oxidation-reduction reaction)은 활발하거나 격렬할 수 있으며 , 차후의 추가적인 반응에 참여할 수 있는 새로운 물질을 방출할 수 있다. 강산화제를 강환원제와 잘 분리하여 보관하라. 경우에 따라 강산화제가 있으면 화재로 인해 화재가 더 커질 수 있다.	과산화수소(Hydrogen Peroxide), 불소(Fluorine), 브롬(Bromine), 염소산칼슘(Calcium Chlorate), 크롬산(Chromic Acid), 과염소산암모늄(Ammonium Perchlorate)
강환원제 **(Strong Reducing Agent)**	환원제(reducing agent)는 전자를 다른 물질이 갖도록 포기하여 다른 물질을 산화시키지만, 강환원제(strong reducing agent)는 전자를 넓은 범위의 다른 물질에 특히 잘 공여한다. 계속되는 산화-환원 반응(oxidation-reduction reaction)은 활발하거나 폭력적일 수 있으며, 차후의 추가 반응에 참여하는 새로운 물질을 생성할 수 있다.	알칼리 금속(Alkali metals)[나트륨(Sodium), 마그네슘(Magnesium), 리튬(Lithium), 칼륨(Potassium)], 베릴륨(Beryllium), 칼슘(Calcium), 바륨(Barium), 인(Phosphorus), 라듐(Radium), 리튬(Lithium), 수소화알루미늄(Aluminum Hydride)
금수성(물반응성) **(Water-Reactive)**	액체상태의 물 및 수증기와 빠르게 반응하거나, 격렬하게 반응하여 열(또는 화재)을 유발하고 종종 독성이 있는 반응 생성물을 생성한다.	알칼리 금속(나트륨, 마그네슘, 리튬, 칼륨), 과산화수소(Sodium Peroxide), 무수화물(Anhydride), 탄화물(Carbide)
공기반응성 **(Air-Reactive)**	건조한 공기 또는 습한 공기와 빠르게 또는 격렬하게 반응할 가능성이 있으며, 공기에 노출되거나 화재가 나면 독성 및 부식성 흄을 생성할 수 있다.	잘게 분쇄된 금속 분말[니켈(Nickel), 아연(Zinc), 티타늄(Titanium)], 알칼리 금속(나트륨, 마그네슘, 리튬, 칼륨), 수소화물[디보란(Diborane), 수소화바륨(Barium Hydrides),디이소부틸알루미늄수소화물(Diisobutyl Aluminum Hydride)]
과산화물 변환 가능 화합물 **(Peroxidizable Compound)**	실온에서 산소와 자발적으로 반응하여 과산화물(peroxides) 및 기타 생성물을 형성하기 쉽다. 그러한 대부분의 자동 산화(auto-oxidation)는 미량의 불순물에 의해 촉진된다. 많은 과산화물은 폭발성이 크므로 과산화 화합물은 특히 위험물질로 취급된다. 에테르(ether) 및 알데히드(aldehyde)는 특히 과산화물 형성에 민감하다(과산화물은 일반적으로 과산화물 변환 가능 물질이 저장된 용매의 증발 후 천천히 생성된다).	이소프로필에테르(Isopropyl Ether), 푸란(Furan), 아크릴산(Acrylic Acid), 스티렌(Styrene), 염화비닐(Vinyl Chloride), 메틸이소부틸케톤(Methyl Isobutyl Ketone), 에테르(Ether)
방사성 물질 **(Radioactive Material)**	자발적으로 그리고 지속적으로 이온(ion) 또는 이온화된 방사선(ionizing radiation)을 방출한다. 방사능(방사능 활성도; radioactivity)은 화학적 성질이 아니라 물질의 화학적 성질 이외에 존재하는 추가적인 위험 요소이다.	라돈(Radon), 우라늄(Uranium)
출처: 미 환경보호청(U.S. Environmental Protection Agency)의 화학 비상사태 대비 및 예방 사무소(CEPPO; Chemical Emergency Preparedness and Prevention Office)의 비상대응의 컴퓨터보조 관리(CAMEO) 소프트웨어를 사용하여 이 정보를 확인하였음.		

중점사항

화학적 상호작용 예측하기

안정성(stability)과 반응성(reactivity)은 화학적 상호작용(chemical interaction)에서 중요한 요소이다. 다른 화학물질의 알려진 양 사이의 반응을 알고 화학물질이 얼마나 안정적인지 아는 것은 위험물질 사고현장을 안정화하는 데 도움이 된다. 안전보건자료(SDS)와 미 국립직업안전건강연구소 포켓가이드(NIOSH Pocket Guide)는 방어 공간 확보(securing defensible spaces)에 대한 지침을 제공한다. 현장 경계선을 설정하는 것 이외에도 위험물질의 확보는 전문대응 수준 대응요원(operations level responder)의 범위를 벗어난다.

반응성 삼각형 내의 산화제는 화학반응에 필요한 산소를 제공한다. **강산화제**[42]는 환원제(연료)로부터 강력한 반응(전자를 손쉽게 받아들임으로써)을 촉진하는 물질이다. 대기에 존재하는 산소의 농도가 클수록 더 뜨겁고, 더 빠르며, 더 밝게 불이 날 것이다. 같은 원리가 산화반응에 적용된다. 일반적으로 산화제가 강할수록 반응은 강하다. 많은 유기물질은 강산화제와 접촉하면 자연발화한다. 액체 산소(극저온 액체)가 쏟아지면 아스팔트 도로가 폭발할 수 있으며, 이는 충분한 활성화 에너지(그 위를 발로 밟는 충격이나 마찰)를 동반할 수 있기 때문이다(그림 4.35).

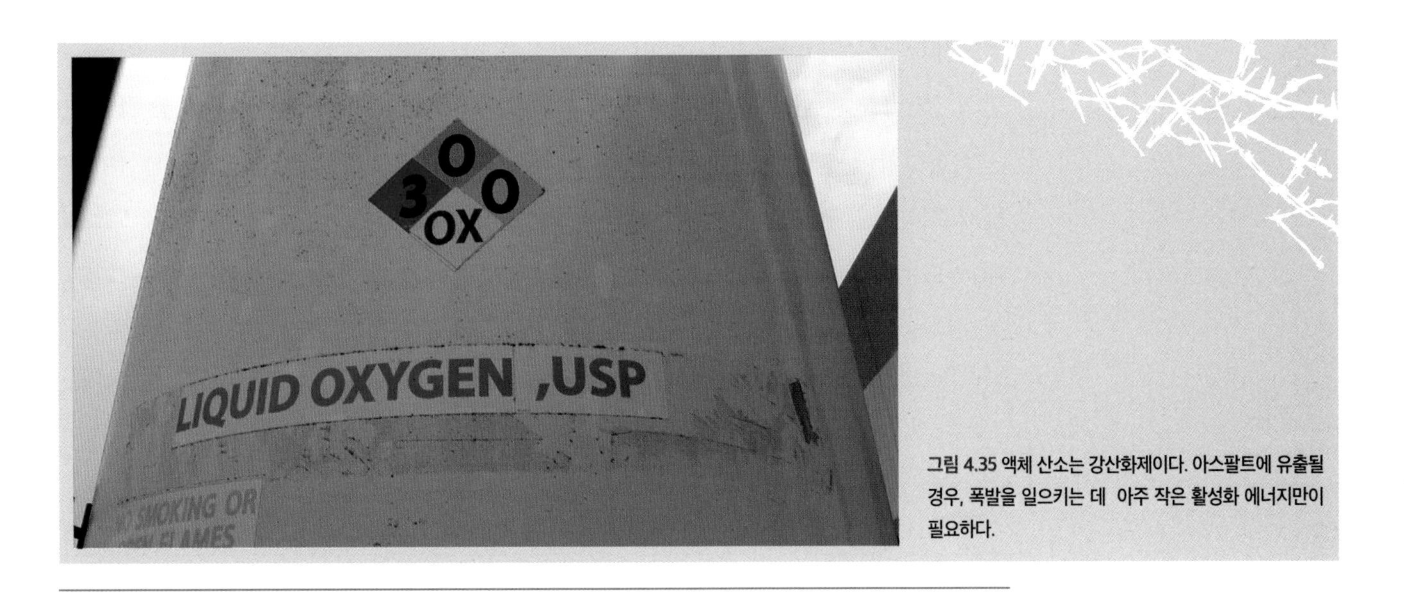

그림 4.35 액체 산소는 강산화제이다. 아스팔트에 유출될 경우, 폭발을 일으키는 데 아주 작은 활성화 에너지만이 필요하다.

42 **강산화제(Strong Oxidizer)** : 대량의 산소를 쉽게 방출하는 물질로, 따라서 연소를 자극한다. 환원제(reducing agent)[연료(fuel)]로부터 전자를 용이하게 받아들여 강한 반응(strong reaction)을 일으킨다.

화재의 사면체에서 **환원제**[43]는 반응의 연료원으로 작용한다. 에너지가 방출되는 방식으로 산소와 결합(또는 산화제가 전자를 잃음)한다. 산화-환원반응oxidation-reduction, redox은 엄청난 양의 에너지를 방출하기 때문에 극도로 격렬하고 위험할 수 있다. 일부 환원제(연료)는 다른 것보다 휘발성이 있다.

중합반응polymerization은 단순한 분자simple molecule가 결합하여 장쇄분자(긴 사슬분자) long chain molecule를 형성하는 화학반응이다. 촉매catalyst는 중합 속도를 증가시키고 추가 중합에 필요한 활성화 에너지activation energy를 감소시킨다. 촉매의 예로는 빛, 열, 물, 산, 또는 다른 화학물질을 포함한다. 제어되지 않은 중합반응은 종종 엄청난 에너지를 방출한다. 열이나 오염물질에 노출되었을 때 폭발적으로 중합될 수 있는 물질은 ERG의 파란색과 노란색 테두리 부분에 문자 P를 추가로 붙여 지정한다(그림 4.36).

참고
중합반응에 대한 가능성(잠재력)은 비상대응지침서(ERG) 이외의 다른 참고자료에는 포함되어 있지 않을 수 있으며, ERG는 모든 중합반응 물질을 완전히 포함하고 있지 않을 수 있다.

억제제[44]는 원하지 않는 반응을 제어하거나 방지하기 위해 쉽게 중합되는 제품에 첨가되는 물질이다. 억제제는 필요한 활성화 에너지를 증가시킨다. 억제제는 일정 기간에 걸쳐서 열이나, 다른 반응유발물질reaction trigger에 노출되는 것과 같은 예상치 못한 오염이나 환경에 노출되었을 때 더 빨리 소진될 수 있다. 운송이나 사고에 연루되어 지연되는 경우 중합물질polymerizing material의 운송은 불안정해질 수 있다. 예를 들어, 운송 중에 스티렌styrene이 중합되는 것을 방지하기 위해 선적하기 전에 시간에 민감한 억제제time-sensitive inhibitor를 액체 스티렌liquid styrene에 첨가한다(그림 4.37). 스티렌을 싣고 있는 컨테이너가 파열되거나 비상대응요원이 사고현장에 물을 가하면, 억제제가 고갈되고(종종 20~30일) 중합반응이 시작된다. 중합으로 인해 컨테이너 봉인의 갑작스러운 손실은 외부의 열원을 필요로 하지 않을 수 있는 화학적 과정이다.

비상상황에서 반응성 물질은 매우 파괴적이며 위험할 수 있다. 타당한 사실이 수립되고 확실한 계획이 수립될 때까지 사람들과 장비를 윗바람방향upwind이나 오르막에 있도록 하고, 안전한 거리를 유지하거나 보호받을 수 있는 장소에 있도록 한다. 현대 기술의 발달로 인해 점점 더 많은 반응성 및 불안정한 물질들이 다양한 공정에서 사용되고 있으며, 이들에 대처할 준비를 해야 한다.

---

43 **환원제(Reducing Agent)** : 연소 중에 산화(oxidized)되거나 연소되는 연료(fuel). Reducer라고도 한다.

44 **억제제(Inhibitor)** : 원하지 않는 반응을 제어하거나 예방하기 위해 쉽게 중합되는 제품에 첨가되는 물질. 안정제(stabilizer)라고도 한다.

ID No.	Guide No.	Name of Material
1086	**116P**	Vinyl chloride, stabilized
1087	**116P**	Vinyl methyl ether, stabilized
1088	**127**	Acetal
1089	**129P**	Acetaldehyde
1090	**127**	Acetone
1091	**127**	Acetone oils
1092	**131P**	Acrolein, stabilized
1093	**131P**	Acrylonitrile, stabilized
1098	**131**	Allyl alcohol

그림 4.36 비상대응지침서(ERG)에서 문자 P가 함께 쓰여 있는 지정된 물질은 격렬한 중합반응을 일으킬 수 있다.

그림 4.37 시간에 민감한 액체 스티렌에는 출하하기 전에 억제제를 첨가한다. 비상상황의 사고에서 억제제(inhibitor)가 얼마 동안 효과를 내는지 아는 것은 매우 중요하다. Rich Mahaney 제공.

방사능 활성도(Radioactivity)

초동대응자는 2장에서 설명한 것처럼 방사성 물질 용기radioactive material packaging를 식별하는 방법과 함께 사고 시 발생한 방사성 물질radioactive material과 방사선radiation에 대한 방사선 방호 전략을 이해해야 한다. 방사선은 에너지를 가지며, 다양한 형태로 존재한다(그림 4.38). 가장 에너지가 낮은 형태의 방사선은 가시광선visible light과 무선주파수radio wave와 같은 **비이온화 방사선**[45]이다. 또 가장 높은 에너지를 가짐에 따라 위해성이 높은 형태의 방사선은 **이온화 방사선**[46]이다.

이번 절에서는 다음의 내용을 다룬다.

- 이온화 방사선(ioinizing radiation)의 형태
- 방사성 물질에의 노출 및 오염

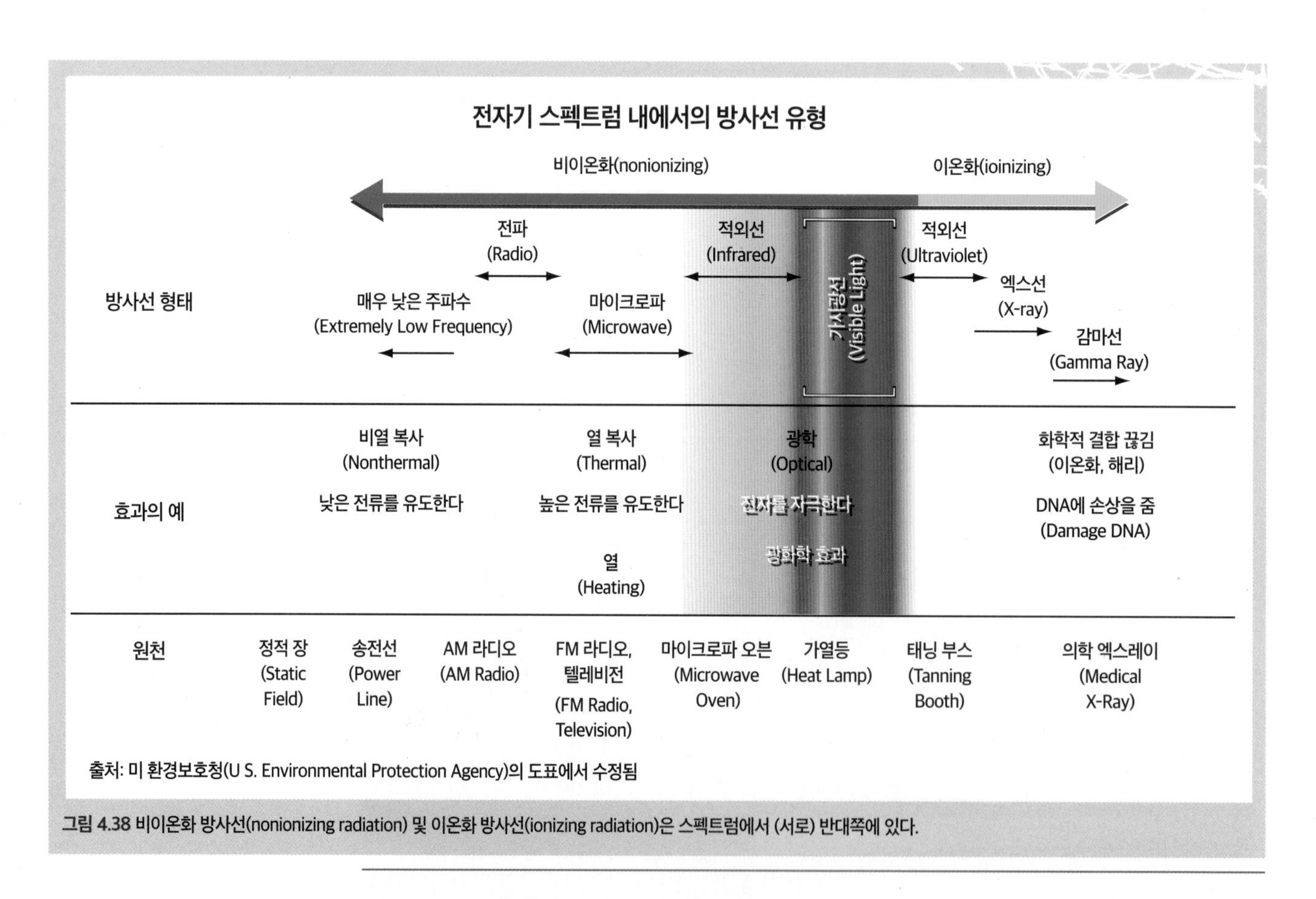

그림 4.38 비이온화 방사선(nonionizing radiation) 및 이온화 방사선(ionizing radiation)은 스펙트럼에서 (서로) 반대쪽에 있다.

---

45 **비이온화 방사선(비전리 방사선; Nonionizing Radiation)** : 빛의 속도로 이동하는 전기장과 자기장(electric and magnetic field)을 진동시키는 일련의 에너지 파동(series of energy wave)
예: 자외선(ultraviolet radiation), 가시광선(visible light), 적외선(infrared radiation), 마이크로파(microwave), 라디오주파수(radio wave), 극저주파 방사선(extremely low frequency radiation)

46 **이온화 방사선(전리 방사선, Ionizing Radiation)** : 전자(electron)를 제거하여 원자의 화학적 변화를 일으키는 방사선

이온화 방사선의 형태(Type of Ionizing Radiation)

이온화 방사선ionizing radiation(방사선은 '복사radiation'와 동의어로 쓰이기도 함)은 알파alpha, 베타beta, 감마gamma, 중성자neutron의 네 가지 유형으로 나눌 수 있다. 각 유형에 대한 설명은 다음과 같다(그림 4.39).

- **알파(Alpha)** 물질을 통과할 때 에너지를 빠르게 잃으며, 양전하를 띠고 있는 알파 입자(헬륨 핵)가 핵(nucleus)으로부터 방출되는 것을 뜻한다(그림 4.40). 보통 인공 원소의 방사성 붕괴와 우라늄(uranium) 및 라듐(radium)과 같은 가장 무거운 방사성 원소에서 방출된 알파 입자는 공기 중에서 멀리 이동하지 않는다. 따라서 입자를 탐지하기 위해서는 장비를 가지고 방사선원(source)에 아주 가까이 가야 할 수도 있다.

  세부사항은 다음과 같다.

  - 알파 입자(alpha particle)는 물질을 통과할 때 에너지를 빠르게 잃고 깊이 관통하지 않는다. 알파 입자들은 인체 조직(human tissue)을 짧은 경로로 손상을 일으킬 수 있지만, 이들은 일반적으로 사람 피부의 바깥층(outer layer), 죽은 층(dead layer)에 의해 완전히 차단(completely block)되므로 알파 방출 방사성 동위원소(alpha-emitting radioisotope)는 신체 외부에 위험 요소가 아니다. 그러나 알파 입자를 방출하는 물질이 섭취되거나 흡입되면 매우 유해할 수 있다.
  - 알파 입자는 종이만으로 완전히 멈출 수 있다.

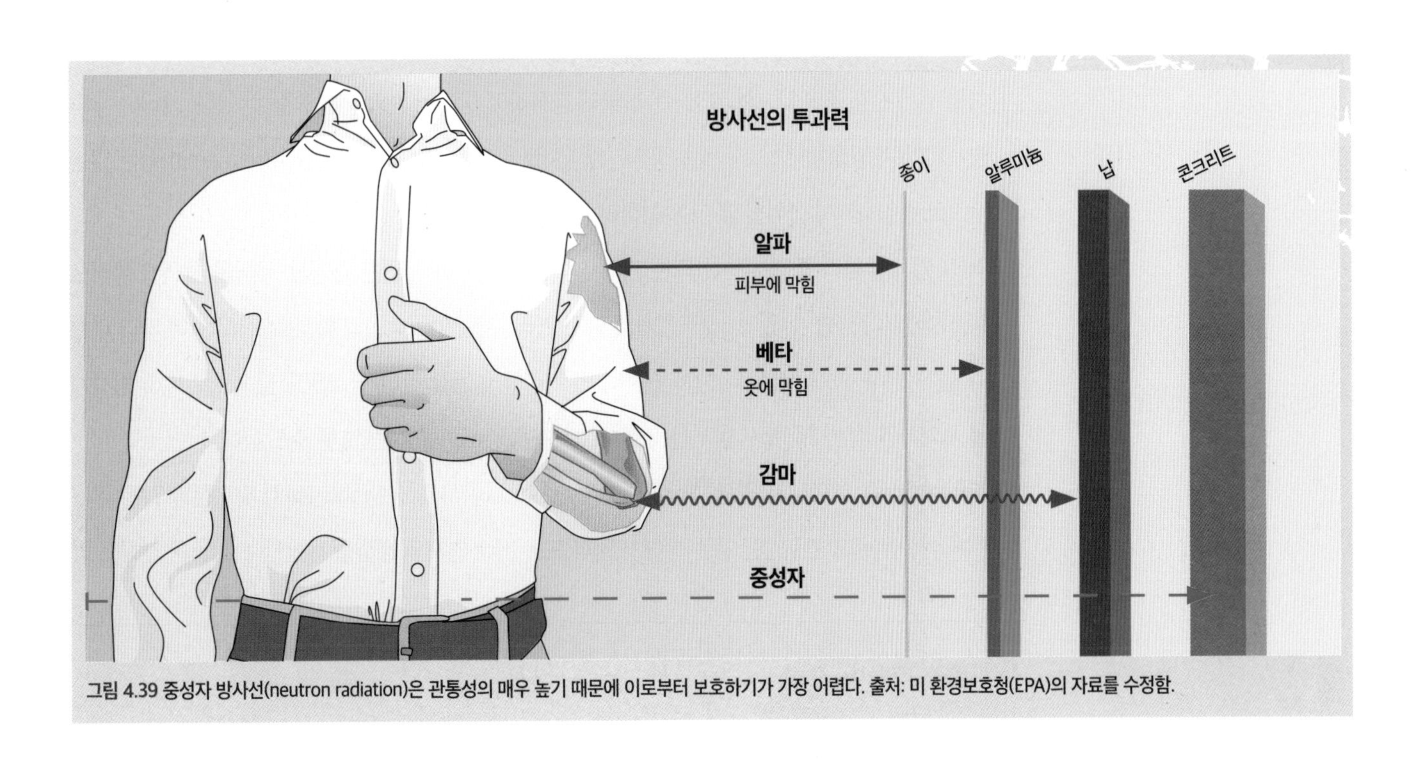

그림 4.39 중성자 방사선(neutron radiation)은 관통성의 매우 높기 때문에 이로부터 보호하기가 가장 어렵다. 출처: 미 환경보호청(EPA)의 자료를 수정함.

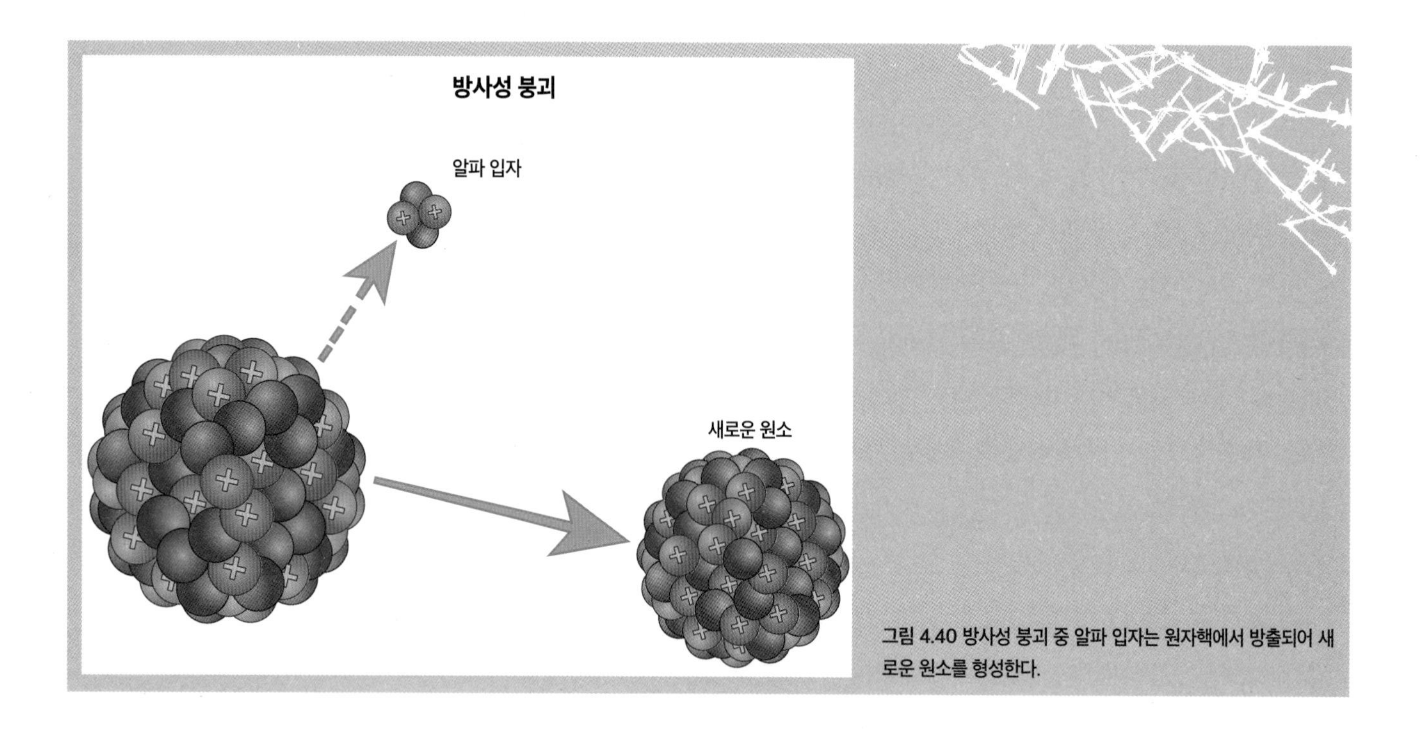

그림 4.40 방사성 붕괴 중 알파 입자는 원자핵에서 방출되어 새로운 원소를 형성한다.

- **베타(Beta)** 방사성 붕괴 동안 원자핵에서 방출되는 빠르게 움직이는 양전하를 띠는 양성자 또는 음전하를 띠는 **전자**[47]. 인간은 삼중수소(tritium), 탄소-14(carbon-14), 스트론튬-90(strontium-90)과 같은 인공 및 천연 선원(source)으로부터 베타 입자에 노출된다.
  세부사항은 다음과 같다.
  - 베타 입자(beta particle)는 알파 입자보다 더 많이 침투할 수 있지만, 동등하게 이동한 거리와 비교하면 적은 손상을 준다. 베타 입자는 피부에 침투하여 방사선 손상을 일으킬 수 있다. 그러나 알파 방사체(알파 방출체, alpha emitter)와 마찬가지로 베타 방사체(베타 방출체, beta emitter)는 일반적으로 흡입하거나 섭취될 때 더 위험하다.
  - 베타 입자는 공기 중에서 눈에 띄는 거리를 이동하지만 의류, 얇은 금속판, 두꺼운 플렉시 유리로 축소시키거나 멈출 수 있다. 베타 입자의 탐지 거리는 원천(source)의 활성도(activity)에 따라 다르다. 알파 방사선에 비해 베타 방사선은 더 먼 거리를 이동할 것이다. 고밀도 금속으로 베타 방사체를 차폐하면 X선(제동 복사 방사선, bremsstrahlung radiation)이 방출될 수도 있다.
- **감마(gamma)** 고에너지 **광자**[48](high-energy photon)[가시광선(visible light) 및 X선과 같은 무거운 에너지 덩어리]. 감마선은 종종 핵에서 알파 또는 베타 입자의 방출을 동반한다. 그들은 전하도 없

---

47 **전자(Electron)** : 물리적 질량과 음전하를 가진 아원자 입자(원자의 구성요소, subatomic particle)

48 **광자(Photon)** : 전자(electron)를 제거하여 원자의 화학적 변화를 일으키는 방사선

고 질량도 가지지 않지만 관통력을 가진다. 환경에서 감마 방사선의 한 가지 원천(source)은 자연적으로 발생하는 칼륨-40(potassium-40)이다. 일반적인 산업용 감마선 방사선원으로는 코발트-60(cobalt-60), 이리듐-192(iridium-192), 세슘-137(cesium-137)이 있다.

세부사항은 다음과 같다.

- 감마 방사선(gamma radiation)은 인체를 쉽게 통과하고, 조직에 흡수될 수 있다. 그리고 감마 방사선은 전신 방사선 피폭을 야기시킬 수 있다.
- 감마 방사선의 수준은 동위원소와 활성도에 따라 다양하다(그림 4.41). 콘크리트, 흙, 납과 같은 물질은 방사선 차폐에 유용할 수 있다. 표준 방화복은 감마 방사선에 대한 보호를 제공하지 않는다.

그림 4.41 활성도는 1초 안에 붕괴하고 방사선을 방출하는 방사성 물질의 원자의 수(number of atom)를 말한다. 숫자가 높을수록 방출되는 방사선이 많아진다.

- **중성자(Neutron)** 물리적 질량은 있지만 전기적 전하가 없는 입자. 중성자는 매우 관통성이 크다. 핵분열 반응은 감마선과 함께 중성자를 생성한다. 중성자 방사선은 특별한 장비를 사용하여 현장에서 측정할 수 있다.

  세부사항은 다음과 같다.

  - 건설 현장에서 흔히 사용되는 토양 수분 (핵) 밀도계(soil moisture density guage)는 중성자 방사선의 일반적인 출처이다. 중성자는 연구 실험실이나 운영 중인 원자력 발전소에서도 발생할 수 있다.
  - 중성자 방사선을 차폐하는 것은 석유, 물, 콘크리트처럼 다량의 수소를 가진 물질을 필요로 한다.

X선 및 감마선은 일반적으로 광자photon라고도 불리는 고에너지 전자기 방사선electromagnetic radiation이다. 이러한 유형별 방사선의 위해성은 방사선이 물질을 전리시키는 능력과 직접적으로 관련이 있다. 이 매뉴얼의 목적상 광자 및 고에너지 전자기 방사선은 동일하게 취급해야 한다. 의료시설과 공항에서 활용하는 방사선 발생장치는 전원을 가동하였을 때만 X선을 생성하기 때문에 사고발생 시 X선을 고려해야 할 가능성은 낮다.

방사성 물질 노출 및 오염

방사성 물질[49]은 이온화 방사선ionizing radiation을 방출한다. 방사성 물질 관련 사고가 매우 드문 이유는 사용, 포장 및 운송에 있어 엄격히 통제되기 때문이다. 그러나 방사성 물질이 테러리스트의 공격에 사용될 수 있다는 우려가 있다(그림 4.42).

방사선 **노출**[50]은 사람이 방사선원 근처에 있고, 그 근원으로부터 에너지에 노출되었을 때 발생한다. 그럼에도 불구하고, 발생한 피해를 방사선 피폭에 의한 것으로 단정할 수는 없다. 초동대응자는 손상의 원인이 될 방사선의 유형과 근접 또는 노출 수준이 어떤 종류의 해를 초래할 것인지를 알아야 할 것이다(그림 4.43).

사람은 노출(시간), 에너지 및 선원 유형(알파, 베타, 감마, 중성자)의 길이에 따라 방사선 **흡수량**[51]에 영향을 받을 수 있다. 방사성 물질에의 노출은 사람이나 물건을 방사성으로 만들지 않는다. 손상은 물질에 의해 흡수되는 에너지의 양을 나타내는 방사선량의 측면에서 종종 기술된다.

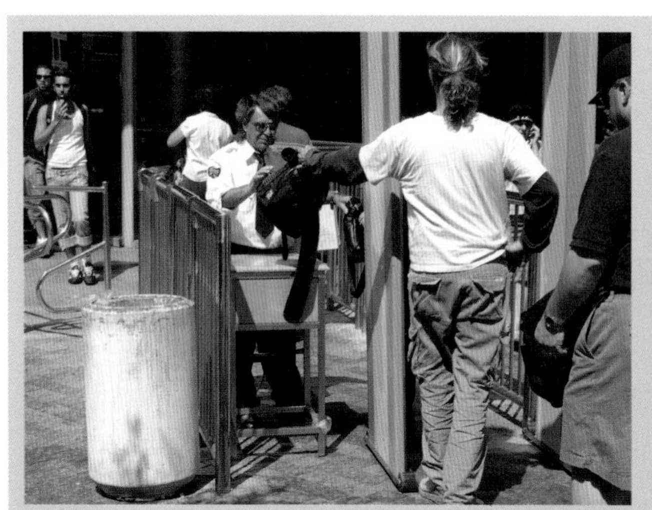

그림 4.42 방사선 관련 사고는 드물지만 방사성 물질이 테러 공격에 사용될 수 있다는 우려가 있다.

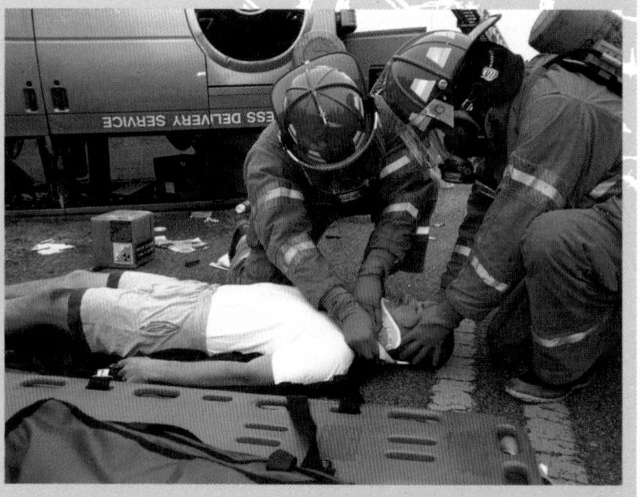

그림 4.43 초동대응자는 방사성 물질이 사고에 연루되었을 때 노출로부터 스스로를 보호하는 방법을 이해해야 한다. Tom Clawson 제공.

---

49 **방사성 물질(Radioactive Material; RAM)** : 자발적 붕괴(decay) 또는 해체(disintegrate)되는 원자핵(atomic nucleus)을 가진 물질로, 입자(particle) 또는 전자기파(electromagnetic wave) 방사선(radiation)을 0.002 microcuries/gram (Ci/g) 이상의 속도로 방출한다.

50 **노출(Exposure)** : (1) 일반적으로 삼키거나, 호흡하거나, 만지는 것에 의해 생물학적 손상(biological damage)을 일으키는 위험 물질(hazardous material)과의 접촉. 단기간(short-term)[급성(acute) 노출], 중기간(intermediate duration), 또는 장기간(long-term)[만성(chronic)] 노출 일 수 있다. (2) 위험물질 비상상황(hazardous material emergency)의 유해 영향에 노출되거나 노출될 수 있는 사람, 재산, 체계, 또는 자연환경

51 **흡수량(Dose)** : 독성(toxicity) 측정을 위해 피부 접촉을 통해 섭취되거나(ingested) 흡수된(absorbed) 화학물질의 양(quantity)

방사성 물질이 표면, 피부, 의복, 또는 원하지 않는 곳에 쌓이면 방사능 오염이 발생한다. 방사선은 퍼지지 않지만, 방사성 물질 및 **오염**[52]은 확산된다.

오직 방사선에만 노출되는 것으로 사람을 오염시키지는 않는다. 오염은 **오염 물질**[53]과 접촉한 이후에 방사성 물질이 사람이나 사람의 의복에 남아 있을 때에만 발생한다. 사람은 외부, 내부 또는 둘 모두로 오염될 수 있다. 방사성 물질은 하나 이상의 진입 경로를 통해 신체로 유입될 수 있다. 방사성 물질로 오염된 보호받지 않은 사람은 방사선원(방사성 물질)이 제거될 때까지 방사선에 노출된다. 알파 및 베타 오염을 탐지할 수 있는 방사선 탐지기는 방사성 오염을 탐지할 수 있다. 다음 예시를 참고한다.

- 방사성 물질이 피부 또는 의복에 묻으면 사람의 외부가 오염된다[외부 노출(external exposure)됨].
- 방사성 물질이 호흡, 삼킴, 상처를 통해 흡수될 때 사람의 내부가 오염된다[내부 노출(internal exposure)됨].
- 방사성 물질이 제한없이 확산될 경우, 환경오염이 야기될 수 있다.

참고

알파 오염 (alpha contamination)과 같은 일부 오염은 종종 탐지기가 거의 선원(source)에 닿아야 한다.

방사선 건강 위험

이온화 방사선의 효과는 세포 수준cellular level에서 발생한다. 이온화 방사선은 사람의 장기를 구성하는 세포의 정상적인 활동에 부정적인 영향을 미칠 수 있다.

방사선은 해당 물질의 원자를 이온화하는 방식으로 모든 물질에 손상을 줄 수 있다. 원자가 이온화되면, 그 원자의 화학적 성질이 변한다. 이러한 화학적 특성의 변화는 세포 내의 원자 및/또는 분자의 화학적 거동chemical behavior을 변화시킬 수 있다. 사람이 충분히 높은 방사선량을 받고 많은 세포가 손상되면 유전적 돌연변이 및 암을 포함해 건강에 현저한 나쁜 영향을 미칠 수 있다.

이온화 방사선의 생물학적 효과는 방사선량을 얼마나 많이 그리고 얼마나 빨리 받았느냐에 달려 있다. 방사선 피폭의 두 가지 범주는 급성 및 만성이다.

급성 (방사)선량 Acute dose. 단기간에 받은 방사선에 대한 노출은 급성 선량이다. 급성 노출은 일반적으로 다량의 선량과 관련이 있다. 일부 허용할만한 수준의 급성 방사선은 장기간 건강에 영향을 미치지 않는다. 그러나 짧은 시간에 높은 수준의 방

52 **오염(Contamination)** : 이물질과의 혼합(mixture) 또는 접촉(contact)으로 생기는 불순물(impurity)

53 **오염물질(Contaminant)** : 어떤 물질의 순도(purity)를 떨어뜨리는 이물질(foreign substance)

사선을 받으면 (적/백혈구) 수치 감소, 탈모, 메스꺼움, 구토, 설사, 피로감 등 건강에 심각한 영향을 줄 수 있다. 극심한 수준의 급성 방사선 노출(예: 핵 폭탄 피해자가 받은 방사선 노출)은 몇 시간, 며칠 또는 몇 주 내에 사망에 이를 수 있다.

만성 (방사)선량 Chronic dose. 소량의 방사선이 장기간에 걸쳐 체내에 누적되어 있는 것이 만성 선량이다. 신체는 급성 (방사)선량보다 만성 (방사)선량을 잘 처리할 수 있다. 만성 선량은 방사선을 흡수한 후에 체내에서 죽은 세포나 활동하지 않는 세포를 건강한 세포로 대체할 충분한 시간을 갖는다. 만성 선량은 급성 선량과 동일하게 눈에 띄게 건강에 영향을 초래하지 않는다. 그러나 방사선에 만성적으로 노출되는 것은 암을 유발한다. 만성 방사선 선량의 예로는 자연방사선으로부터 얻은 일상 선량 및 원자력 및 의료시설의 근로자(직원)가 받은 방사선 선량이 포함된다.

대부분의 위험물질 사고에서의 초동대응자에게는 특히 적절한 예방조치를 취해 건강에 영향을 미칠 노출을 막아야 한다. 테러리스트 사고에서도 초동대응자가 위험하거나 치명적인 방사선량에 직면할 가능성을 사전에 예방해야 한다(그림 4.44).

그림 4.44 특히 탐지 및 식별이 적절하게 이뤄진다면, 대응요원들은 치명적인 방사선량에 노출되지 않을 것이다. 미 에너지성(U.S. Department of Energy) 제공.

방사능 측정을 위해 사용되는 단위

▶ 방사능(방사능 활성도, Radioactivity) – 시간 경과에 따른 물질 표본의 활성도(activity)의 정량적 측정(quantifiable measurement). 큐리(curie, Ci)와 베크렐(becquerel, Bq)로 측정

▶ 노출량(Exposure) – 특정 장소의 대기 중 방사선량(amount of radiation in the ambient air). 뢴트겐(roentgen, R) 및 쿨롱/킬로그램(culomb/kilogram, C/kg)으로 측정

▶ 흡수선량(Absorbed dose) – 물질에 누적된(deposited) 방사선 에너지의 양(amount of radiation energy). 방사선 흡수선량(rad)과 그레이(Gy)를 단위로 측정

▶ 선량당량(Dose equivalent) – 흡수선량(absorbed dose)에 의료 효과(medical effect)를 더한 것. 렘(roentgen equivalent man, rem)과 시버트(sievert, Sv)를 단위로 측정. 생물학적 선량당량(biological dose equivalent)은 렘(rem) 또는 시버트(Sv)로 측정됨

방사선으로부터의 보호

방사선은 보이지 않기 때문에, 방사선이 사고와 관련되어 있는지를 판단하기가 어려울 수 있다.

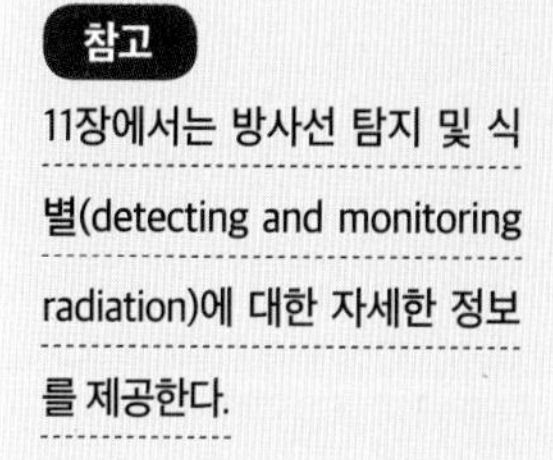

7류의 방사성 물질 컨테이너(패키지)radioactive materials package에는 운송 시 적절한 표지판 또는 표식이 있어야 한다(그림 4.45). 대응요원이 사고에서 방사선(방사성 물질)의 존재를 알게 되면, 방사선 탐지 및 식별radiation detection and monitoring을 시작해야 한다. 대응요원은 사고가 테러 공격이나 폭발로 의심되는 경우 방사선 탐지를 실시해야 한다.

방사성 물질과 관련된 대부분의 사고는 비상대응요원에게 최소한의 위험이 있지만, 불필요한 노출을 예방하기 위해 적절한 예방조치를 취하는 것이 여전히 필요하다. 한 가지 기본적인 보호 전략은 시간, 거리, 차폐를 사용하는 것이다(그림 4.46).

- **시간(Time)** 방사선이 있는 곳에서 보내는 시간을 줄인다. 최소한의 필요한 시간은 다음을 포함한다.
  - 구역 진입
  - 구역 안에서의 체류(머무름)
  - 구역 이탈

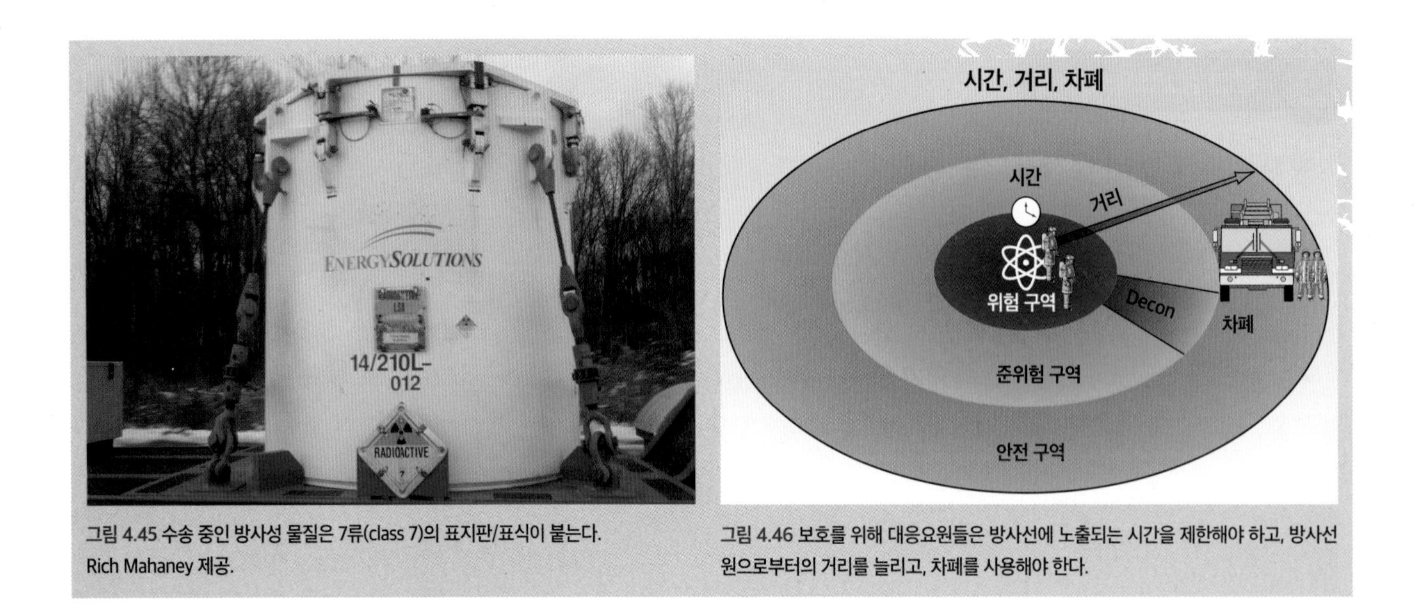

그림 4.45 수송 중인 방사성 물질은 7류(class 7)의 표지판/표식이 붙는다. Rich Mahaney 제공.

그림 4.46 보호를 위해 대응요원들은 방사선에 노출되는 시간을 제한해야 하고, 방사선원으로부터의 거리를 늘리고, 차폐를 사용해야 한다.

- **거리(Distance)** 방사성 물질로부터 안전한 거리를 알기 위해 선량률(선율)dose rate을 알고 있어야 한다. 방사선원으로부터 거리를 늘려야 한다. 선원으로부터의 거리를 두 배로 늘리면, (흡수되는) 선량은 ¼로 줄어든다. 이 계산은 **역제곱 법칙**[54]이라고도 한다. 반지름(radius, r)이 두 배가 되면 방사선은 4배 넓은 구역(area)으로 퍼지므로 방사선량은 단지 ¼에 불과하게 된다(그림 4.47).

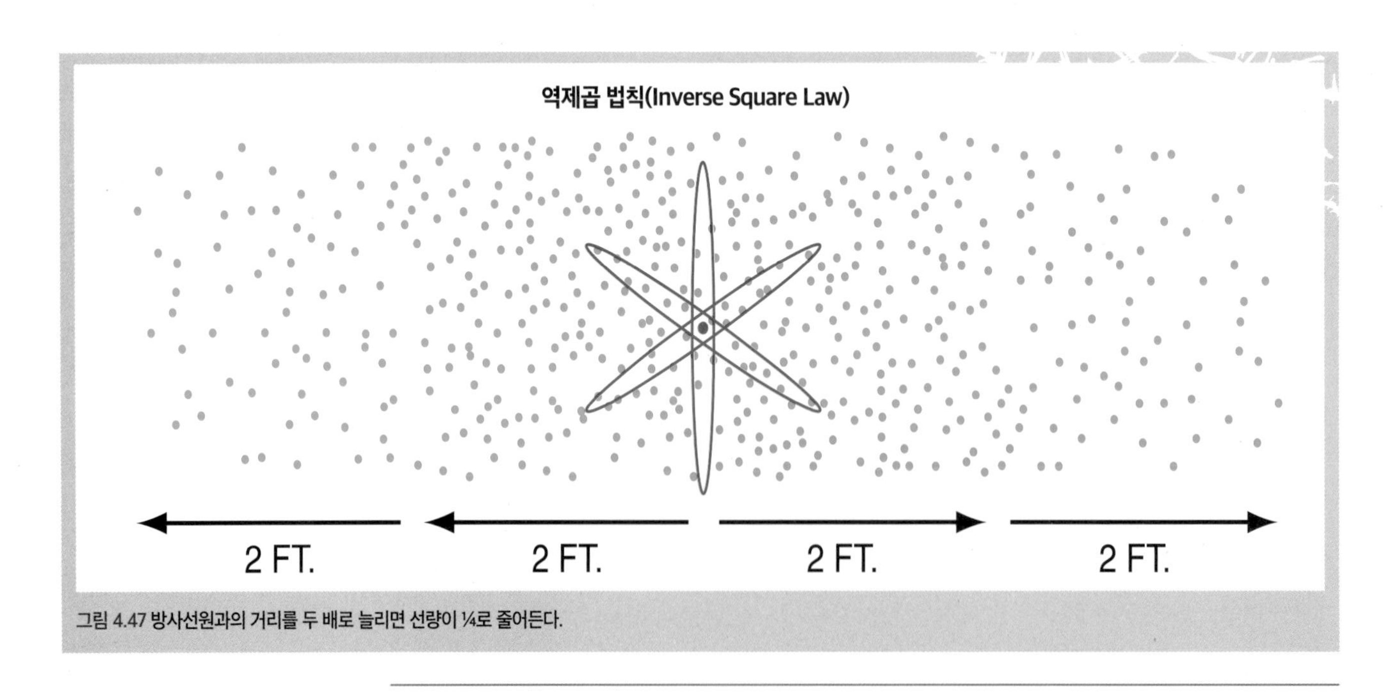

그림 4.47 방사선원과의 거리를 두 배로 늘리면 선량이 ¼로 줄어든다.

54 **역제곱 법칙(Inverse Square Law)** : 존재하는 방사선의 양이 방사선원(radiation source)으로부터의 거리의 제곱에 반비례한다고 규정하는 물리 법칙

오염된 지역에서 대피하면, 외벽과 지붕으로부터 일정 거리를 두어야 한다. 이 계산은 대략적인 경험일 뿐이며, 정보에는 측정기의 정보가 보충되어야 한다.

- **차폐(Shielding)** 대응요원과 방사선원 사이에 건물, 흙더미, 또는 차량으로 장벽(장애물)을 만든다. 특히 벽돌이나 콘크리트로 만들어진 건물은 방사선으로부터 상당한 차폐를 제공한다. 예를 들어 낙진(fallout)으로부터의 노출이 1층 빌딩 내부에서 약 50%라면, 그 지하 1층에서는 약 90% 정도 감소한다.

참고

방사선 노출을 제한하기 위해 시간, 거리, 차폐를 사용하는 것은 ALARA(As Low As Reasonably Archievable; 합리적으로 달성 가능한 만큼 낮게) 방법 또는 원리라고도 한다

주의(CAUTION)

▶ 방사선량을 제한하기 위해 시간을 제한한다!

▶ 방사선으로부터 최대한 멀리 떨어져 방사선량을 제한한다!

▶ 방사선량을 제한하기 위해 차폐를 사용한다!

독성(Toxicity)

물질이 신체 내에서 해를 일으키는 정도를 **독성**[55]이라고 한다. 접촉 부위(일반적으로 눈, 코, 입, 또는 호흡기의 피부 및 점막)의 화학적 손상을 국소 독성 효과local toxic effect라고 한다. 염소chlorine 및 암모니아ammonia와 같은 자극성 기체irritant gas는 예를 들어 호흡기에서 국소적인localized 독성 효과를 일으킬 수 있다. 또한 독성 물질toxic material은 혈류로 흡수되어 신체의 다른 부위로 전달되어 **전신 작용**[56]을 일으킬 수 있다. 많은 살충제가 피부를 통해 흡수되고, 신체의 다른 부위로 퍼지고, 발작이나 심장, 폐 등에 여러 가지 문제를 일으키는 부작용을 유발한다.

독성 물질에 대한 노출은 단일 전신 작용single systemic effect의 발전뿐만 아니라 복합 전신 작용multiple systemic effect의 발달 또는 전신 및 국소 영향의 조합combination of systemic and local effect을 초래할 수 있다. 이러한 효과 중 일부는 수초에서 수십 년 사이의 범위에서 지연될 수 있다. 표 4.3은 화학물질 독소(독성물질)의 유형과 각 독소들의 표적 기관target organ 및 그 화학물질의 예를 보여준다.

---

55 **독성(Toxicity)** : 물질[독소(toxin) 또는 독(poison)]이 사람이나 동물에게 해(harm)를 줄 수 있는 정도(degree). 신체 내에서 해를 입히는 물질의 능력

56 **전신 작용(Systemic Effect)** : 손상은 전체 시스템(entire system)을 통해 확산된다. 단일 위치로 제한되는 국소 작용효과(local effect)와 반대이다.

표 4.3
독성물질의 유형 및 그 표적 신체 기관

독성물질 (Toxin)	표적 기관	화학물질 예
신장 독성물질 (Nephrotoxicant)	신장(콩팥; Kidney)	할로겐화 탄화수소(Halogenated Hydrocarbon), 수은(Mercury), 사염화탄소(Carbon Tetrachloride)
혈액 독성물질 (Hemotoxicant)	혈액(Blood)	일산화탄소(Carbon Monoxide), 시안화물(Cyanide), 벤젠(Benzene), 질산염(Nitrate), 아르신(Arsine), 나프탈렌(Naphthalene), 코카인(Cocaine)
신경 독성물질 (Neurotoxicant)	신경체계(Nervous System)	유기인산 화합물(Organophosphate), 수은(Mercury), 이황화탄소(Carbon Disulfide), 일산화탄소(Carbon Monoxide), 사린(Sarin)
간 독성물질 (Hepartoxicant) * hepar는 간(liver)과 동일의미로 번역됨	간(Liver)	알코올(Alcohol), 사염화탄소(Carbon Tetrachloride), 트리클로로에틸렌(Trichloroethylene), 염화비닐(Vinyl Chloride), 염소화탄화수소(Chlorinated, HC)
면역 독성물질 (Immunotoxicant)	면역체계(Immune System)	벤젠(Benzene), 폴리브롬화비페닐(Polybrominated Biphenyl; PBBs), 폴리염화비페닐(Polychlorinated Biphenyl; PCB), 다이옥신(Dioxin), 딜드린[Dieldrin(살충제의 일종-역주)]
내분비 독성물질 (Endocrine Toxicant)	내분비체계(Endocrine System) [뇌하수체(pituitary), 시상하부(hypothalamus), 갑상선 부신(thyroid adrenal), 췌장(pancreas), 흉선(thymus), 난소(ovary), 고환(testis)을 포함]	벤젠(Benzene), 카드뮴(Cadmium), 클로르덴(Chlordane), 클로로포름(Chloroform), 에탄올(Ethanol), 등유(석유; Kerosene), 요오드(Iodine: 옥소), 파라티온(Parathion; 살충제의 일종)
근골격 독성물질 (Musculoskeletal Toxicant)	근육/뼈(Muscle/Bone)	플루오르화물(Fluoride), 황산(Sulfuric Acid), 포스핀(Phosphine: 수소화인)
호흡기 독성물질 (Respiratory Toxicant)	폐(Lung)	황화수소(Hydrogen Sulfide), 자일렌(Xylene), 암모니아(Ammonia), 붕산(Boric Acid), 염소(Chlorine)
피부 위험 (Cutaneous Hazard)	피부(Skin)	휘발유(가솔린; Gasoline), 자일렌(Xylene), 케톤(Ketones), 염화 화합물(Chlorinated Compound)
눈 위험 (Eye Hazard)	눈(Eye)	유기 용매(Organic Solvent), 부식성 물질(Corrosives), 산(Acid)
돌연변이 유발원 (Mutagen)	DNA	염화알루미늄(Aluminum Chloride), 베릴륨(Beryllium), 다이옥신(Dioxin)
(태아)기형 발생 물질 (Teratogen)	태아(Embryo/Fetus)	납(Lead), 납 화합물(Lead Compound), 벤젠(Benzene)
발암물질 (Carcinogen)	모든 신체 기관	담배 연기(Tobacco Smoke), 벤젠(Benzene), 비소(Arsenic), 라돈(Radon), 염화비닐(Vinyl Chloride)

독성물질에 노출된 후 유해한 건강 영향이 발생할 가능성과 그 영향의 심각성은 다음에 달려 있다.

- 화학물질 또는 생물학적 물질의 독성
- 노출 통로 또는 경로
- 노출의 본질과 정도
- 연령이나 기타 건강상의 문제(만성질환 포함)에 영향을 받는 질병이나 부상에 대한 사람의 민감성

주의(CAUTION)

위험물질 사고에 종사하는 모든 인원은 적절한 호흡보호장비(respiratory protection equipment)를 포함한 적절한 개인보호장비(personal protective equipment)를 사용해야 한다.

안전 경고(Safety Alert)

먹고 마시는 것 또한 위험할 수 있다.

특히 위험물질 사고의 현장에서, 사고현장의 위험물질로 인해 음식이나 물이 오염되면 화학물질이 신체에 섭취되어 해를 입힐 수 있다. 그러므로 위험물질이 있는 곳에서는 절대로 먹거나 마시지 않는다. 물은 깨끗한 수원에서 나오는 물을 일회용컵으로 마셔야 한다. 항상 모든 오염원으로부터 멀리 떨어진 곳에 회복 구역(rehabilitation area)을 둔다. 마지막으로 먹거나 마시기 전에는 손을 씻고 나서 완전히 제독되었는지를 확인한다.

다음은 몇 가지 특정 독성 화학물질 위험성 분류specific toxic chemical hazard category이다.

- **질식제**[57]: 질식제(asphyxiant)는 충분한 양의 산소에 대한 접근을 막는다. 질식제는 단순 질식제와 화학 질식제의 두 종류로 나눌 수 있다. 단순 질식제(simple asphyxiant)는 산소(oxygen)를 대체하

---

57 **질식제(Asphyxiant)** : 체내에서 산소(oxygen)가 혈액(blood)과 충분한 양으로 결합되거나 신체 조직에서 사용되는 것을 막는 모든 물질

그림 4.48 질소는 산소를 희석하고 치환할 수 있기 때문에 단순 질식제이다.

그림 4.49 자극제는 종종 피부, 눈, 코, 입, 목구멍(인후) 및 폐를 공격한다.

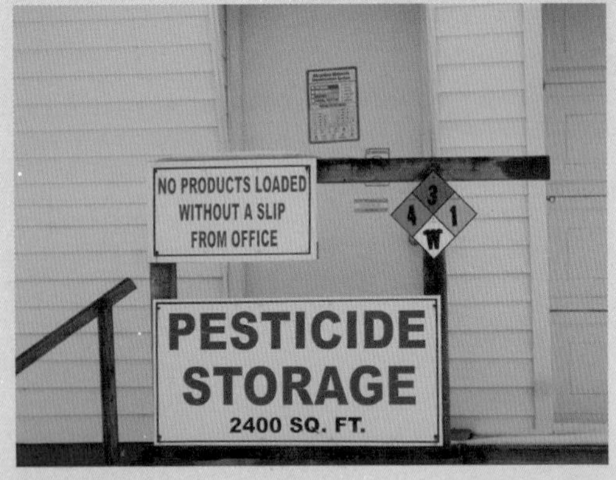

그림 4.50 일부 유기 인계 농약(organophosphate pesticide)에 노출되면 경련이 발생할 수 있다. Rich Mahaney 제공.

는 기체이다(그림 4.48). 이러한 기체는 수명을 유지하는 데 필요한 수준 이하로 산소 농도를 희석시키거나 대체할 수 있다. 화학 질식제(chemical asphyxiant)는 신체의 세포가 산소를 사용하지 못하도록 막는 물질이다. 일부 화학 질식제는 테러리스트 공격에 사용된다.

- **자극제[58]:** 자극제(자극성 물질; irritant)는 눈, 피부, 또는 호흡기에 일시적이거나 때로는 심한 염증(inflammation)을 일으킬 수 있다(그림 4.49). 자극제는 눈의 표면이나 코, 입, 목구멍 및 폐의 내벽(lining)과 같은 신체의 점막(mucous membrane)을 공격한다.
- **경련유인제(경련독)[59]:** 경련유인제(convulsant)는 경련(convulsion)[무의식적인 근육 수축(involuntary muscle contraction)]을 일으킨다. 경련을 일으키는 피해자는 질식하거나 쓰러져 사망에 이를 수 있다. 경련유인제의 예로는 스트리키닌(strychnine), 유기인산염(organophosphate), 카르바민산염(carbamate), 피크로톡신(picrotoxin) 등이 있다(그림 4.50).
- **발암물질[60]:** 암을 일으키는 요인이 되는 물질 또는 의심되는 물질을 발암물질(carcinogen)이라 한다. 대부분의 발암물질에 대한 정확한 노출 자료는 알려져 있지 않지만, 단지 몇몇 물질에 대한 소량의 노출만으로도 장기적인 결과를 초래할 수 있다. 질병 및 합병증은 노출 후 10~40년 후에 발생할 수 있다. 통계에 따르면 소방관 3명 중 1명은 임기 중 암을 진단받고 나머지 소방관의 45%는 은퇴 후 7년 이내에 암 진단을 받는다(그림 4.51). 미국과 호주의 메타 연구에 따르면 소방관은 백혈병(leukemia)과 고환암(testicular cancer)으로 고생할 위험이 두 배로 높다(각각 114%, 202%). 알려진 또는 의심되는 발암물질은 다음과 같다.
  - 비소(Arsenic)
  - 석면(Asbestos)
  - 벤젠(Benzene)
  - 많은 종류의 플라스틱

---

58 **자극제(Irritant)** : 화재 또는 공기에 노출되었을 때 위험하거나 강렬한 자극성의 흄(fume)을 내뿜는 액체 또는 고체. 자극성 물질로도 알려져 있음.

59 **경련유인제[경련독(Convulsan)]** : 경련(convulsion)을 유발하는 독(poison)

60 **발암물질(Carcinogen)** : 암-유발 물질(Cancer-producing substance)

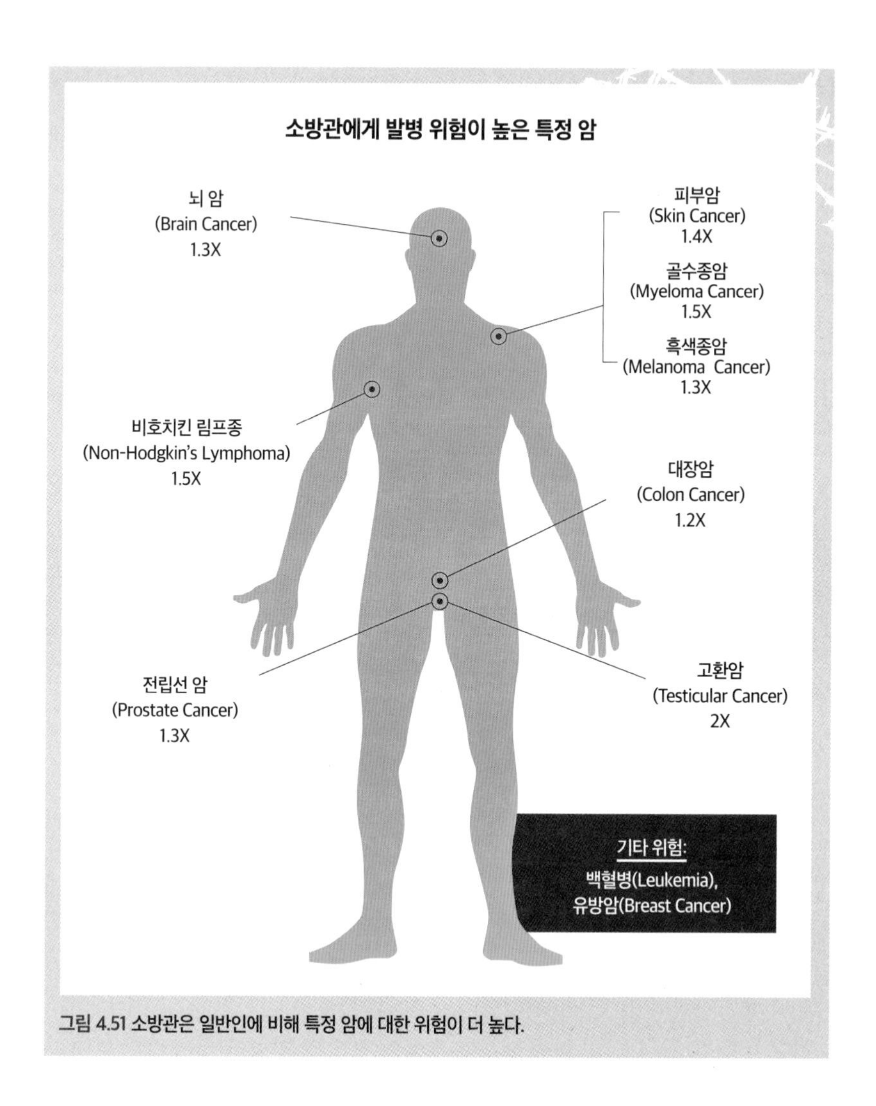

그림 4.51 소방관은 일반인에 비해 특정 암에 대한 위험이 더 높다.

- 니켈(Nickel)
- 폴리염화비닐(Polyvinyl chloride)
- 몇몇 염화탄화수소(chlorinated hydrocarbon)
- 몇몇 살충제(pesticide)

• **알레르기 유발 항원(알레르겐)[61] 및 증감제:** 알레르기 유발 항원(알레르겐)은 사람이나 동물에게 알레르기 반응을 일으킨다. 증감제(sensitizer; 적확하게는 chemical sensitizer - 위키피디아 영문판 참조)는 노출된 사람이나 동물의 상당수가 해당 화학물질에 1회 이상의 노출 후에 알레르기 반응을 일으키는 화학물질이다. 물질에 노출된 일부 개인은 처음에는 비정상적인 영향을 받지 않지만, 다시 물질에 노출되면 중대하고 위험한 효과를 받게 될

그림 4.52 표백제에 반복적으로 노출되면 일부 사람들은 표백제에 민감해진다.

61 **알레르기 유발 항원(알레르겐, Allergen)** : 피부(skin) 또는 호흡기(respiratory system)에 알레르기 반응(allergic reaction)을 일으킬 수 있는 물질

수 있다. 증감제 및 알레르기 유발 항원의 일반적인 예로는 라텍스(latex), 표백제(bleach), 우르시놀(urushiol)[덩굴 옻나무(poison ivy), 옻나무(poison oak) 및 미국산 독있는 옻나무(poison sumac)의 수액(sap)에서 발견되는 화학물질]이 있다(그림 4.52).

연소 시 독성 생성물

화재로 인한 열에너지에 직접적으로 노출된 사람들은 즉각적으로 위험을 인지할 수 있지만 독성 연기(toxic smoke)에 노출되면 급성(acute) 및 만성(chronic)으로 건강에 영향을 줄 수 있다. 연기는 기체(gas), 증기(vapor) 및 고체 미립자(solid particulate)로 구성된 에어로졸(aerosol)이다. 일산화탄소(carbon monoxide)와 같은 화재 시 발생 기체(fire gas)는 일반적으로 무색이지만, 증기 및 입자들(미립자)은 연기가 내는 다양한 색상을 나타낸다. 대부분의 연기 성분은 독성이며, 많은 성분이 발암성(carcinogenic)이다. 거의 모든 물질(성분)이 인간의 건강에 중대한 위협이 된다. 연기를 구성하는 물질은 연료(fuel)마다 다르다. 일반적으로 모든 연기는 독성 및 발암성이 있다고 간주한다. 아래 열거된 기체에 추가하여 화재 및 연기는 석면(asbestos), 그을음(soot) 및 크레오소트(creosote)와 같은 광범위한 잠재적인 발암성 물질에 대응요원들을 노출시킨다. 표 4.4는 보다 일반적인 연소 생성물과 그 독성 효과를 나열한 것이다. 일반적인 연소생성물 중 세 가지는 다음과 같다.

- **일산화탄소**[62]는 유기물질[organic material; 탄소 함유(carbon-containing) 물질]의 불완전 연소(incomplete combustion)의 부산물인 화학 질식제(chemical asphyxiant)이다. 이 기체는 아마도 기본 화재에서 발생하는 연소의 가장 일반적인 생성물일 것이다. 일산화탄소는 민간인 화재 사상자 및 자급식 공기호흡기(SCBA)의 공기가 소진된 소방관의 사망 원인으로 자주 식별되고 있다.
- **시안화수소**[63]는 질소(nitrogen)를 함유한 물질의 연소에서 생성되는 물질로, 일산화탄소(CO)보다 낮은 농도이지만 일반적으로 연기에 섞여있다. 시안화수소(HCN)는 또한 화학 질식제(chemical asphyxiant)로 작용한다. 시안화수소는 가구 및 침구류에 일반적으로 사용되는 폴리우레탄 발포체(polyurethane foam) 연소 시 발생하는 중요한 부산물이다.
- **이산화탄소**[64]는 유기물질의 완전 연소 생성물이다. 이것은 산소를 대체함으로써 단순 질식제(simple asphyxiant)가 된다. 이산화탄소는 또한 호흡수를 증가시킨다.

---

62 **일산 화탄소(Carbon Monoxide; CO)** : 탄소(carbon)의 불완전 연소(incomplete combustion)로 인해 무색, 무취의 위험한 기체(독성 및 인화성)가 형성됨. 일산화탄소는 헤모글로빈(hemoglobin)과 산소(oxygen)보다 200배 이상 빠르게 결합하여 산소를 운반하는 혈액의 능력을 감소시킨다.

63 **시안화수소(Hydrogen Cyanide; HCN)** : 260℃에 도달할 때까지 무색, 독성 및 인화성 액체로. 260℃ 이상의 온도에서는 쓴 아몬드와 비슷한 희미한 냄새가 나는 기체(gas)가 된다. 질소 함유 물질의 연소에 의해 생성된다.

64 **이산화탄소(Carbon Dioxide; CO_2)** : 무색, 무취의 기체로, 연소 또는 화재를 돕지 않으며(조연성이 없음), 대기보다 무겁다. 또한 휴대용 소화기에서 산소를 억제하거나 뒤덮거나 대체하여 B급(유류 화재-역주) 또는 C급(전기 화재-역주)의 화재를 진압하는 소화제로 사용된다. CO_2는 호기성 신진대사(aerobic metabolism)의 폐기물이다.

표 4.4
일반적인 연소 생성물 및 각각의 독성 효과

물질	독성 효과
아세트알데히드 (Acetaldehyde)	몹시 자극적인 숨막히는 냄새가 나는 무색 액체로 점막과 특히 눈을 자극한다. 호흡 시 증기(vapor)는 메스꺼움, 구토, 두통 및 의식불명을 일으킬 수 있다.
아크롤레인 (Acrolein)	불쾌한 숨막히는 냄새가 나는 무색에서 노란색의 휘발성 액체. 이 물질은 눈과 점막에 자극적이며 매우 강한 독성이 있다. 10 ppm의 농도로 흡입 시 몇 분 내에 사망할 수 있다.
석면 (Asbestos)	가늘고 강한 연질 섬유로 생성되는 규산마그네슘 광물(magnesium silicate mineral). 석면 먼지(분진)(asbestos dust)를 호흡하면 석면폐(asbestosis)와 폐암(lung cancer)이 발생한다.
벤젠 (Benzene)	석유와 같은 냄새가 나는 무색의 액체. 벤젠에 급성 노출되면 현기증, 흥분, 두통, 호흡 곤란, 메스꺼움 및 구토를 유발할 수 있다. 벤젠은 또한 발암물질이다.
벤즈알데히드 (Benzaldehyde)	쓴맛의 아몬드 냄새가 나는 무색의 투명한 액체. 농축된 증기의 흡입은 눈, 코, 목을 자극한다.
일산화탄소 (Carbon Monoxide)	무색, 무취의 기체. 일산화탄소를 흡입하면 두통, 현기증, 약화, 혼란, 메스꺼움, 의식불명 및 사망을 유발할 수 있다. 0.2%의 일산화탄소에 노출되면 30분 이내에 의식을 잃을 수 있다. 고농도의 흡입은 즉각적인 기력상실 및 무의식을 초래할 수 있다.
포름알데히드 (Formaldehyde)	코가 매우 자극되는 얼얼하고 자극적인 냄새가 나는 무색의 기체. 50~100ppm은 호흡기 경로에 심각한 염증(자극)을 일으킬 수 있으며 심각한 부상을 입힐 수 있다. 고농도로 노출되면 피부에 상해를 입힐 수 있다. 포름알데히드는 발암 의심 물질(suspected carcinogen)이다.
글루타르알데히드 (Glutaraldehyde)	눈의 심한 자극과 피부의 자극을 유발하는 담황색 액체
염화수소 (Hydrogen Chloride)	톡 쏘는 듯한 몹시 자극적인 냄새가 나는 무색의 기체. 물과 섞이면 염산(hydrogen chloride)을 형성한다. 염화수소는 인체 조직에 부식성이 있다. 염화수소에 노출되면 피부 자극 및 호흡 곤란을 유발할 수 있다.
이소발레르 알데히드 (Isovaleraldehyde)	약한 숨막히는 냄새를 지닌 무색의 액체. 흡입하면 호흡 곤란, 메스꺼움, 구토 및 두통이 유발된다.
이산화질소 (Nitrogen Dioxide)	적갈색의 기체 또는 황갈색의 액체로, 독성이 크고 부식성을 갖는다.
미립자 (Particulates)	흡입이 가능하고 입, 기관 또는 폐에 침전될 수 있는 작은 입자. 미립자에 노출되면 눈 자극(염증), 호흡 곤란[특히 특정 물질과 관련된 건강 위험성(health hazard) 이외에]이 발생할 수 있다.
다륜성 방향족 탄화수소 (Polycyclic Aromatic Hydrocarbons; PAH)	다륜성 방향족 탄화수소는 일반적으로 연소 과정의 일부로 복잡한 혼합물로서 발생하는 100가지가 넘는 다양한 화학물질군이다. 이 물질은 일반적으로 무색, 흰색 또는 연한 황록색의 고체이며 냄새가 좋다. 이 물질 중 일부는 인체 발암물질(human carcinogen)이다.
이산화황 (Sulfur Dioxide)	숨막히는 또는 질식성의 무색의 기체. 이산화황은 독성과 부식성이 있으며 눈과 점막을 자극할 수 있다.

출처: '비상대응의 컴퓨터보조 관리(Computer Aided Management of Emergency Operations; CAMEO)' 및 '다륜성 방향족 탄화수소에 대한 독물학 개요(Toxicological Profile for Polycyclic Aromatic Hydrocarbons)'

생물학 위험(Biological Hazard)

생물학biological(또는 병인학etiological) 위험은 장애를 일으키는 질병disabling disease이나 질환illness을 일으킬 수 있는 바이러스나 세균bacteria(또는 그것의 독소toxin)과 같은 미생물microorganism에 의한 위험이다. 이러한 위험의 대부분은 감염된 개인의 혈액blood이나 기타 체액bodily fluid으로부터 옮겨질 수 있다. 또한 일부 생물학 위험은 독성toxicity을 통해 질환을 유발한다. 잠재적 전파potential transmission를 막기 위해 항상 적절한 개인보호장비PPE를 착용해야 한다. 생물학 위험biological hazard의 유형은 다음과 같다.

- **바이러스(Viruse)** 바이러스는 숙주(hosts)의 살아 있는 세포(living cell)에서만 자기 복제를 할 수 있는 가장 단순한 유형의 미생물(microorganism)이다(그림 4.53). 바이러스는 항생제(antibiotic)에 반응하지 않는다.
- **세균(Bacteria)** 세균은 미시적인 단세포 유기체(single-celled organism)이다(그림 4.54). 세균은 조직(tissue)에 침입하거나 독소를 생성하여 사람들에게 질병을 일으킬 수 있다.
- **리케치아(Rickettsia)** 리케치아는 절지동물[진드기(tick) 및 벼룩(flea)과 같은] 매개체(arthropod carrier)의 위장기관(gastrointestinal tract)에서 살고 번식하는 특수 박테리아(specialized bacteria)이다(그림 4.55). 그들은 대부분의 박테리아보다 작지만 바이러스보다 더 크다. 박테리아처럼 그들은 자신의 신진대사(metabolism)가 있는 단세포 유기체이며, 다양한 범주의 항생제에 취약하다. 그러나 바이러스처럼 그들은 살아 있는 세포에서만 번식한다. 대부분의 리케치아는 감염된 절지동물에 물림으로써 전파되며 사람 간 접촉을 통해서는 전파되지 않는다. 리케치아의 두 가지 유형이 생물테러 작용제(bioterrorism agent)로 무기화되었다.
- **생물학 독소(Biological toxin)** 생물학적 독소는 살아 있는 생물(유기체; organism)에 의해 생성된다. 그러나 생물체 자체는 대개 사람에게 해롭지 않다(그림 4.56).

주로 공기를 통한 **전염**[65]병은 번식과 미생물(**병원균**[66])의 전파를 통해 발생된다. 그들은 주로 접촉을 통한 **전염성**[67]이 있을 수 있다.

---

65 **전염(Infectious)** : 전파 가능(transmittable)하며, 사람에게 감염될 수 있다.
66 **병원균(Pathogen)** : 질병(disease)이나 병(illness)을 일으키는 생물학 작용제(biological agent)
67 **전염성(Contagious)** : 접촉(contact) 또는 인접을 통해 한 사람에게서 다른 사람으로 전파(trasmission) 가능함

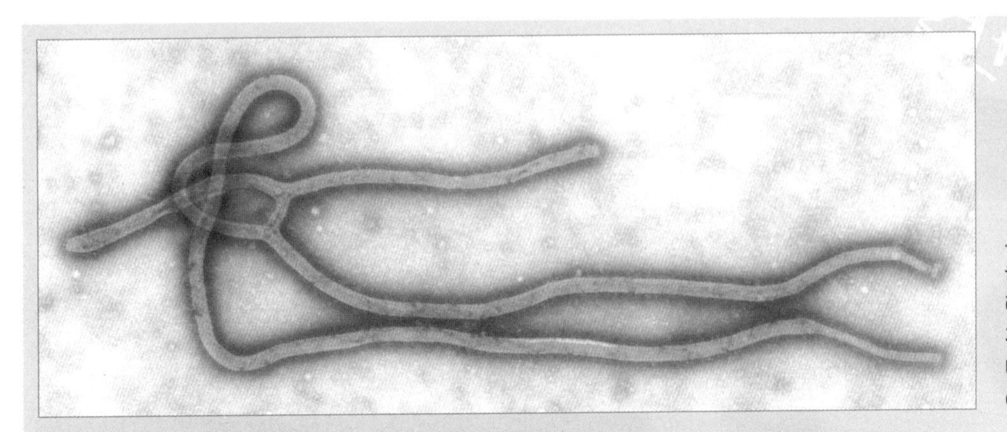

그림 4.53 여기에 묘사된 치명적인 에볼라 바이러스(Ebola virus) 같은 바이러스는 항생제(antibiotic)의 영향을 받지 않는다. 미국 질병 통제 및 예방 센터(CDC) 공중보건 이미지 라이브러리(Public Health Image Library) 제공.

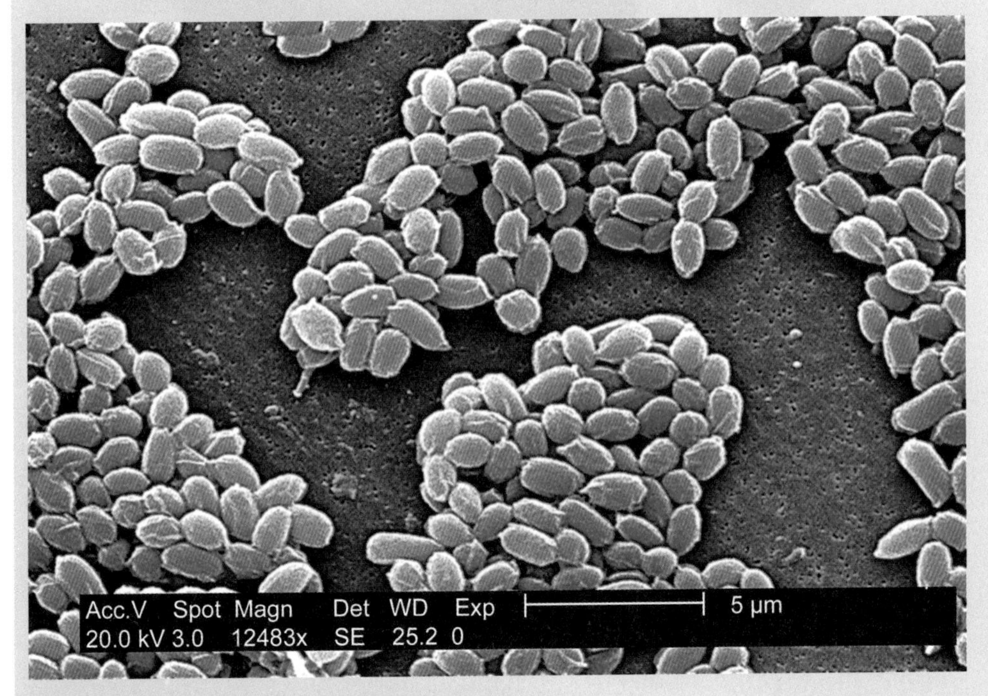

그림 4.54 탄저균은 일종의 세균(박테리아, bacteria)이다. 박테리아 감염은 항생제(antibiotic)로 치료될 수 있다. 미국 질병 통제 및 예방 센터(CDC) 공중보건 이미지 라이브러리(Public Health Image Library) 제공.

그림 4.55 진드기, 벼룩 등의 절지동물은 세균(리케치아, rickettsia)을 옮길 수 있다. 미 농무부(U.S. Department of Agriculture) 제공.

그림 4.56 생물학 독소인 리신(ricin)은 캐스터 콩(castor bean)에서 만들어진다.

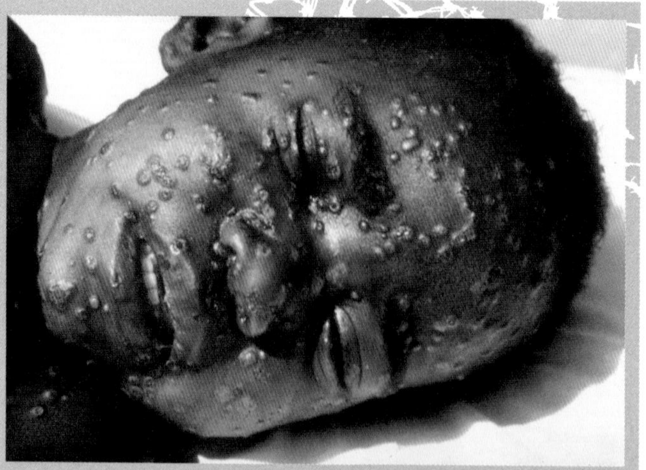

그림 4.57 천연두 바이러스는 생물학 무기로 사용될 수 있다. 미국 질병 통제 및 예방 센터(CDC) 공중보건 이미지 라이브러리(Public Health Image Library) 제공.

생물학 및 의학 실험실이나 농업 보조 시설 또는 전염성 질병의 운반자인 사람이나 동물을 다루는 시설인 경우 생물학 위험biological hazard에 노출될 수 있다. 이러한 질병의 일부는 체액에 의해 옮겨져, 체액과의 접촉에 의해 전파된다. 예를 들어, 2014년 텍사스주 달라스에 있는 의료서비스 제공업체는 아프리카에서 발생한 한 명의 환자와 접촉한 후 자연적으로 발생하는 에볼라균에 감염되었다. 생물학 위험 또는 위협과 관련된 질병의 예는 다음과 같다.

- 말라리아(Malaria)
- 결핵(Tuberculosis)
- B형 간염(Hepatitis B)
- 홍역(Measles)
- 에볼라(Ebola)
- 인플루엔자(Influenza)
- 장티푸스(Typhoid)

초동대응자는 테러리스트 공격 및 범죄 활동에서 무기로 사용되는 생물학 작용제에 노출될 수도 있다. 이러한 생물학 공격은 사람, 동물, 식물에 죽음과 질병을 일으킬 수 있다. 2001년 미국에서의 탄저균 공격은 생물학 공격의 한 사례였다. 생물학 공격은 무기화된 형태의 질병을 유발하는 생물(유기체organism) 및/또는 독소를 사용한다. 잠재적 생물 무기potential biological weapon의 예는 다음과 같다.

- 천연두(Smallpox)[바이러스](그림 4.57)
- 탄저(Anthrax)[박테리아; bacteria]
- 보툴리눔중독증(보툴리즘, 보툴리누스중독; Botulism)[클로스트리디움 보툴리늄균(bacteria clostridium botulinum)의 독소]

위험 분류 Hazard Classes

2장에서 소개한 운송 위험 분류transportation hazard classes는 앞 절에서 설명한 기본 물리적, 화학적 특성을 잘 이해하면 이해하기 쉽다. 일반적으로 해당제품(위험물질)의 위험 분류hazard classe는 그것의 가장 위험한 화학적 및/또는 물리적 특성에 따라 결정된다. 인화성 기체는 인화성과 함께 빠르게 팽창하고, 쉽게 퍼지고, 고립시키기 어려운 기체 상태의 물리적 위험을 동시에 갖는다(복합적이다).

이 절에서는 다음을 설명한다.

- 1류(Class I) - 폭발물(explosives)
- 2류(Class 2) - 기체(gas)
- 3류(Class 3) - 인화성 액체(flammable liquid)(및 가연성 액체(combustible liquid)[미국])
- 4류(Class 4) - 인화성 고체(flammable solid), 자연발화성(spontaneously combustible), 금수성(dangerous when wet) 물질
- 5류(Class 5) - 산화성 물질(oxidizer) 및 유기과산화물(organic peroxide)
- 6류(Class 6) - 독성 물질(poison), 독성흡입위험(poison inhalation hazard), **전염성 물질**[68]
- 7류(Class 7) - 방사능(radioactive)
- 8류(Class 8) - 부식성(corrosive)
- 9류(Class 9) - 기타 위험물질(miscellaneous hazardous material)

참고
2장에서 표지판(placard)과 표식(label)의 차이점에 대해서 설명한다.

---

68 **전염성 물질(Infectious Substance)** : 병원균(pathogen)을 보유(포함)하고 있다고 알려진 또는 합리적으로 예상되는 물질

1류: 폭발물(Explosives)

폭발물[69]은 반응성reactive이 있다. 폭발물이란 기폭 시 확장 및 발산이 일어날 수 있는 많은 양의 잠재 에너지potential energy를 가진 물질material 또는 물품article을 말한다(그림 4.58). 폭발물은 빛, 기체, 열의 형태로 에너지를 방출할 수 있다. 일부 폭발물은 특별히 이들에 의해 폭발하지 않도록 고안되었다. 8장에서 대응요원이 직면하는 위험으로 폭발물을 설명한다.

폭발물 표지판explosive placard은 **분류번호**[70]와 **호환성 그룹문자**[71]를 모두 표시한다. 초동대응자는 폭발 위험 수준을 제품에 지정하는 분류번호에 특히 주의해야 한다. 호환성 그룹문자는 적재 및 분리 목적으로 여러 종류의 폭발성 물질과 폭발성 물품을 분류한다(그림 4.59).

폭발물은 일반적으로 개별 컨테이너 또는 상자에 고체로 포장된다. 그러나 일부 폭발물은 **이원료 폭발물**[72]과 같이 액체이다. 일부 운송 차량 및 보관 장소는 폭발물 전문으로 특별히 설계되었다(그림 4.60).

폭발물의 주요 위험은 열적인 것과 역학적인 것이 있다. 이러한 위험은 다음과 같은 조건에서 나타날 수 있다.

폭발물 표지판

1.4 EXPLOSIVES * 1

EXPLOSIVES * 1

1.5 BLASTING AGENTS * 1

1.6 EXPLOSIVES * 1

그림 4.58 폭발물은 필요한 활성화 에너지를 받으면 매우 빠른 자체- 전파 반응(self-propagation reaction)이 일어난다.

그림 4.59 폭발물 표지판에는 분류번호와 호환성 그룹문자가 포함되어 있다. 이 차량은 폭죽를 운반하는 데 사용된다. Rich Mahaney 제공.

---

69 **폭발물(Explosives)** : 어떤 형태의 에너지가 주어졌을 때, 매우 빠른 자체-전파 반응(self-propagation reaction)을 일으키는 모든 물질 또는 혼합물

70 **분류번호(Division Number)** : 해당 제품(product)의 폭발 위험 수준(level of explosion hazard)을 지정하는 폭발물 표지판(explosives placard) 내의 하위 분류(subset of a class)

71 **호환성 그룹문자(Compatibility Group Letter)** : 적재 및 분리 목적으로 여러 종류의 폭발성 물질(explosives substance)과 폭발성 물품(explosives article)을 분류하는 문자로 표현된 폭발물 표지판(explosives placard)에 표현된 표시말

72 **이원료 폭발물(Binary Explosives)** : 따로 떨어져 있을 때는 그렇지 않지만 합쳐졌을(결합되었을) 경우에 폭발성이 있는 두개의 구성요소로 이뤄진 폭발 장치(explosives device) 또는 폭발(성) 물질(explosives material)의 유형

- **폭발-압력파[Blast-pressure wave(충격파; shock wave)]** 빠르게 방출되는 기체는 중심에서 바깥쪽으로 이동하는 충격파(shock wave)를 생성할 수 있다. 파(wave)가 멀어질수록 강도(strength)는 감소한다. 이 폭발-압력파가 부상과 손상의 주요 원인이다. 이 폭발-압력파는 양과 음의 단계를 가지며 두 가지 모두 손상을 일으킬 수 있다(그림 4.61 a, b, c).
- **파편(Shrapnel) 및 파쇄(Fragmentation)** 봉쇄 또는 제한된 폭발 압력으로 인한 폭발 동안 파열되는 컨테이너 또는 구조물에서 발생하는 작은 파편 조각. 파편 및 파쇄가 넓은 지역과 큰 거리에 날려서 인명 부상 및 주변 구조물이나 물체에 기타 유형의 손상을 유발할 수 있다. 파편과 파쇄는 사람을 타격 시에 타박상, 구멍남(천자, puncture), 심지어는 찢겨나감(avulsion, 신체의 일부가 찢겨나가는 것)을 초래할 수 있다.

그림 4.60 일부 컨테이너 및 보관 장소는 폭발물 전용으로 특별히 고안된 것이다. David Alexander 및 소방 방호 텍사스 위원회(Texas Commission of Fire Protection) 제공.

- **지진 효과(Seismic effect)** 진동은 지진(earthquake)과 유사하다. 폭발은 진동 효과의 원인이 될 수 있다. 폭발이 지면에서 발생하면, 충격파로 인해 지면 충격(ground shock)이나 분화구(crater)가 생긴다. 충격파가 가로지르거나 지하로 움직이면서 지진파(seismic disturbance)가 발생한다. 충격파가 이동하는 거리는 폭발의 유형과 크기(type and size of the explosion) 및 토양 유형에 따라 다르다.
- **소이 열 효과(Incendiary thermal effect)** 열에너지는 화구(fire ball)를 형성하는 폭발 중에 발생한다. 화구는 고온에서 가연성 기체 또는 인화성 증기와 주변 공기의 상호 작용으로 발생한다. 열 화구는 폭발 사고 이후 제한된 시간 동안 존재한다.

폭발과 무관한 추가 위험은 다음과 같다.

- 화학적 위험이 유독성 기체 및 증기의 생성으로 인해 발생할 수 있다.
- 폭발물은 노화됨에 따라 자체 오염(self-contaminate)될 수 있으며, 이는 폭발물의 민감도(sensitivity)와 불안정성(instability)을 증가시킨다.
- 폭발물은 충격과 마찰에 매우 민감하다.

표 4.5는 미 교통부DOT의 폭발물 구분explosive division의 정의와 예시를 제공한다.

그림 4.61 a 폭발의 폭발 압력은 주변 대기를 급격히 팽창시켜 충격파 전면부로 압축시킨다. 힘에 따라서 이 양압파는 매우 파괴적일 수 있다.

그림 4.61 b 일반적으로 양압(정압) 단계보다 파괴력이 약하며, 음압 단계에서는 특히 초기 폭발로 손상된 건물 및 구조물에 추가 손상이 발생할 수 있다.

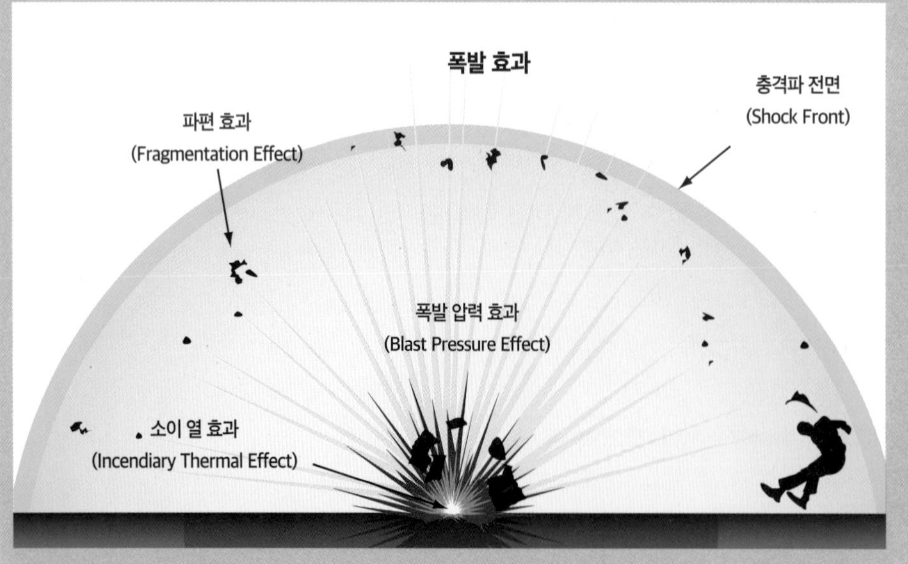

그림 4.61 c 폭발 효과(effect of an explosion)에는 폭발 압력 효과(blast pressure effect), 소이 열 효과(incendiary themel effect), 충격파 전면(shock front) 및 파편 효과(fragmentation effect)가 포함된다.

표 4.5 1류 구분(Class1 Division)		
구분 번호	정의	예시
구분 1.1 (Division 1.1)	대규모 폭발 위험(mass explosion hazard)이 있는 폭발물. 대규모 폭발(mass explosion)은 거의 모든 하중(entire load)에 즉시 영향을 미치는 폭발이다.	다이너마이트, 지뢰(mines), 젖은 뇌산수은(wetted mercury fulminate)
구분 1.2 (Division 1.2)	사출 위험(projection hazard)은 있지만 대규모 폭발 위험(mass explosion hazard)은 없는 폭발물	기폭선(Detonation cord), 로켓(rocket)[작약(bursting charge) 포함], 조명탄(신호탄, flare), 불꽃(firework)
구분 1.3 (Division 1.3)	화재 위험(fire hazard) 및 경미한 폭발 위험(minor blast hazard) 또는 경미한 사출 위험(projection hazard) 또는 둘 모두가 있는 폭발물. 대규모 폭발 위험은 없다.	액체연료 로켓 엔진(liquid-fueled rocket motor), 무연 화약(smokeless powder), 훈련용 수류탄(practice grenade), 공중 조명탄(신호탄)(aerial flare)
구분 1.4 (Division 1.4)	경미한 폭발 위험(minor explosion hazard)이 있는 폭발물. 폭발 효과(explosive effect)는 크게 컨테이너에 국한되어 있으며, 상당한 크기 또는 범위의 파편의 사출은 없어야 한다. 외부 화재로 인해 컨테이너의 모든 내용물이 거의(사실상) 즉각 폭발하지 않아야 한다.	신호탄(signal cartridge), 캡형 뇌관(cap type primer), 점화장치 퓨즈(igniter fuse), 불꽃(firework)
구분 1.5 (Division 1.5)	대규모 폭발 위험성(mass explosion hazard)이 있으나 매우 민감하지 않으므로 정상적인 운송 조건에서 연소가 폭발로 기폭되거나 전환될 확률이 거의 없는 물질	작은 구슬형(프릴된) 질산암모늄(ammonium nitrate) 비료(fertilizer) 또는 연료유(ANFO) 혼합물(mixture) 및 폭약(blasting agent)
구분 1.6 (Division 1.6)	대규모 폭발 위험이 없는 극도로 둔감한 물품. 이 구분에는 극도로 민감하지 않은 폭발물질만(only extremely insensitive detonating substances) 포함하며, 우발적인 기폭(initiation) 또는 전파의 가능성이 거의 없는 물품으로 구성된다.	취약성이 낮은 군사적 무기
출처: 49 CFR 173.50(미 행정법)		

2류 : 기체(Gas)

기체는 정상 온도와 압력에서 기체 상태에 있는 물질이다(그림 4.62). 기체는 압력 컨테이너pressure container 또는 극저온 컨테이너cryogenic container 내에 운송 또는 저장된다(그림 4.63 a 및 b). 기체 구분 번호gas division number는 인화성과 같은 잠재적 위험 기체의 유형에 따라 지정된다. 잠재적 기체 위험에는 에너지, 독성(질식성을 포함) 및

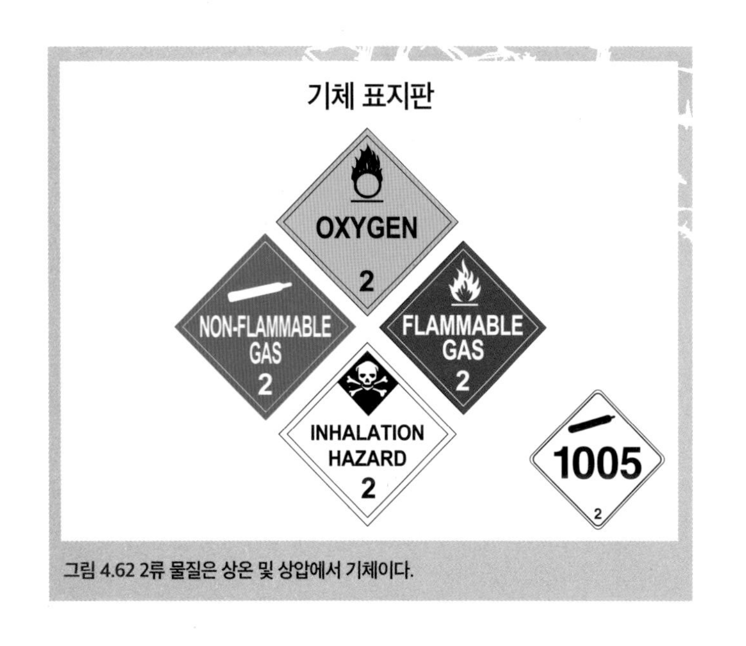

그림 4.62 2류 물질은 상온 및 상압에서 기체이다.

부식성이 포함된다(그림 4.64). 기타 잠재적 위험적potential hazard은 다음과 같다.

- **열 위험(Heat hazard)** 화재, 특히 구분 2.1(Division 2.1) 및 산소(oxygen)와 관련된다. 기체가 발화원으로부터 멀리까지 이동할 수 있다.
- **질식 위험(Asphyxiation hazard)** 밀폐된 공간에서 산소를 대체하는(displacing) 기체의 누출(leak) 또는 유출(release)
- **저온 위험(Cold hazard)** 구분 2.2(Division 2.2) 극저온 물질(cryogen)에 노출되는 것
- **역학적 위험(Mechanical hazard)** 열이나 화염에 노출된 컨테이너에 대한 비등액체증기운폭발(BLEVE; 끓는 액체가 증기 폭발의 확대)로, 열이나 화염에 노출된 후 파열된 실린더가 로켓처럼 날아가는 것
- **화학 위험(Chemical hazards)** 특히 구분 2.3(Division 2.3)과 관련된 독성 및/또는 부식성 기체 및 증기

표 4.6은 미 교통부의 2류 구분Class 2 division 표지판placard의 정의 및 예시를 제공한다.

그림 4.63 a 및 b 기체는 (a) 압력 컨테이너와 (b) 극저온 컨테이너로 운반된다.

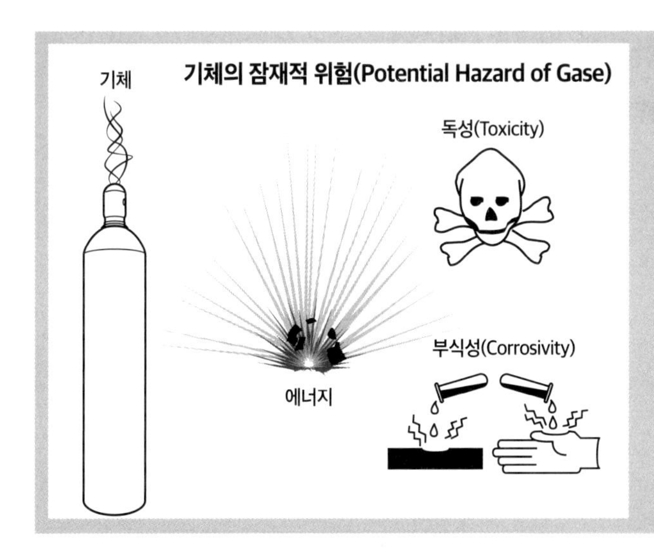

그림 4.64 기체(gas)는 에너지 방출(energy release), 독성(toxicity) 및 부식(corrosivity)을 통해 해를 입힐 수 있다.

표 4.6
2류 구분 표지판의 정의 및 예

구분번호 및 표지판	정의
구분 2.1 (Division 2.1) FLAMMABLE GAS 2	**인화성 기체(Flammable Gas)** 정상 대기압에서 20℃ 이하의 기체 또는 정상 대기압에서 끓는점이 20℃ 이하인 모든 물질로 구성 (1) 공기와의 부피비가 13 % 이하인 경우 정상적인 대기압에서 발화 가능하다. (2) 하한(lower limit)에 관계없이 정상 대기압에서 연소 범위가 12% 이상이어야 한다. 예: 압축 수소(compressed hydrogen), 이소부탄(isobutene), 메탄(methane), 프로판(propane)
구분 2.2 (Division 2.2) NON-FLAMMABLE GAS 2	**불연성, 비독성 기체(Nonflammable, Nonpoisonous Gas)** 압축 가스(compressed gas), 액화 가스(liquefied gas), 압축 극저온 기체(pressurized cryogenic gas), 용액 내의 압축 가스, 질식성 기체(asphyxiant gas) 및 산화 기체(oxidizing gas)를 포함하는 불연성, 비독성 압축 가스(compressed gas) 또한 20℃에서 280 kPa 이상의 절대압력(absolute pressure)을 컨테이너에 적용하고 구분 2.1 또는 2.3의 정의를 충족하지 않는 모든 물질[또는 혼합물(mixture)]을 의미한다. 예: 이산화탄소(carbon dioxide), 헬륨(helium), 압축 네온(compressed neon), 냉장 액체 질소(refrigerated liquid nitrogen), 극저온 아르곤(cryogenic argon)
구분 2.3 (Division 2.3) INHALATION HAZARD 2	**흡입독성기체(Gas Poisonous by Inhalation)** 20℃ 이하의 압력과 14.7 psi(101.3 kPa) 의 압력을 갖는 물질(101.3 kPa에서 20℃ 이하의 끓는점을 갖는 물질) 및 운송 중에 건강에 위험을 초래할 정도로 사람에게 독성이 있는 것으로 알려져 있는 것이다. 또는 인체 독성(human toxicity)에 대한 적절한 자료가 없는 경우 실험 동물에 대한 특정 시험 기준으로 인하여 사람에게 독성이 있는 것으로 추정된다. 구분 2.3에는 대기 중 기체의 농도에 따라 결정되는 비상대응지침서(ERG) 지정 위험 구역(ERG-designated hazard zone)이 있다. 위험 구역 A(Hazard Zone A) - 200 ppm 이하의 LC50 위험 구역 B(Hazard Zone B) - 200 ppm 초과 1,000 ppm 이하의 LC50 위험 구역 C(Hazard Zone C) - 1,000 ppm 초과 3000 ppm 이하의 LC50 위험 구역 D(Hazard Zone D) - 3,000 ppm 초과 5,000 ppm 이하의 LC50 예: 시안화물(cyanide), 디포스겐(diphosgene), 저메인(germane), 포스핀(phosphine), 육플루오르화셀레늄(selenium hexafluoride), 시안화수소산(hydrocyanic acid)
OXYGEN 2	**산소 표지판(Oxygen Placard)** 산소는 2류에서 별도의 구분은 아니지만 초동대응자는 압축 가스 또는 냉장 액체의 총 중량이 454 kg 이상의 컨테이너에서 이 산소 표지판을 볼 수 있다.

출처: 49 CFR 173.115(미 연방 법규)

3류: 인화성 액체 및 가연성 액체 [미국] (Flammable liquid and Combustible liquid [U.S.])

인화성 및 가연성 액체는 비교적 쉽게 발화되고 연소된다(그림 4.65). 휘발유 및 디젤 연료 유출과 같은 대부분의 위험물질 사고는 이러한 위험 분류를 포함한다. 연소 이외에 모든 인화성 및 가연성 액체는 다양한 정도의 독성을 보인다. 일부 인화성 액체는 또한 부식성이 있다.

이러한 물질들은 액체 컨테이너로 운송되지만, 기체와 마찬가지로 액체는 위험한 증기hazardous vapor를 배출할 수 있다(그림 4.66). 이러한 증기는 점화되면 연소할 것이다.

인화성 및 가연성 액체의 주요 위험 요소는 에너지, 부식성, 독성이다. 그들은 종종 다음과 같은 조건에서 나타난다.

- **열적 위험(Thermal hazard)[열(heat)]** 화재 및 **증기 폭발**[73](그림 4.67)
- **질식(Asphyxiation)** 저지대 및/또는 밀폐된 공간에서 산소를 대체하는 공기보다 무거운 증기(heavier-than-air vapor)
- **화학적 위험(Cheical hazard)** 독성 및/또는 부식성 기체 및 증기로, 이들은 화재에 의해 생성될 수 있음
- **역학적 위험(Mechanical hazard)** 열이나 화염에 노출된 컨테이너에 대한 비등액체증기운폭발로 인한 증기 폭발(vapor explosion)로 발생
- **증기(vapor)** 공기와 혼합되어 점화원까지 먼 거리를 이동할 수 있음
- **환경 위험(Environmental hazard)[공해(pollution)]** 화재 진압으로 인한 유수(runoff)로 인한 것

73 **증기 폭발(Vapor Explosion)** : 고온의 액체 연료가 더 차갑고 더 휘발성이 높은 액체 연료에 열에너지를 전달할 때 발생한다. 더 차가운 연료가 기화함에 따라 압력이 컨테이너 내부에 형성되고 운동에너지(kinetic energy)의 충격파(shock wave)를 생성할 수 있다.

그림 4.65 3류 물질(Class 3 material)은 쉽게 점화되고 연소한다.

그림 4.66 액체는 대부분의 조건에서 3류 물질(class 3 material)이 기체와 비슷한 움직임을 일으키는 인화성 증기를 방출한다.

그림 4.67 인화성 액체는 부식성 및/또는 유독성이 있을 수 있지만 그 주요 위험 요소는 인화성이다. 윌리엄스 화재 및 위험 제어 회사(Williams Fire & Hazard Control Inc.)의 Brent Gaspard 제공.

표 4.7은 미 교통부의 3류 구분 표지판의 정의 및 예를 제공한다.

표 4.7
3류 구분(Class 3 Divisions) 표지판의 정의 및 예

표지판	정의
FLAMMABLE 3	**인화성(Flammable)** 인화성 액체(flammable liquid)는 일반적으로 인화점이 60℃ 이하인 액체 또는 의도적으로 가열되어 운송을 위해 제공되거나 벌크 컨테이너에서는 인화점 이상으로 운송되는 인화점이 37.8℃ 이상인 액체 상태의 물질이다. 예: 휘발유(gasoline), 메틸에틸케톤(methyl ethyl ketone)
GASOLINE 3	**휘발유 표지판(Gasoline Placard)** 고속도로로 가솔린을 운반하는 데 사용되는 화물 탱크(cargo tank)나 이동식 탱크(portable tank)에 인화성 표지판(flammable placard) 대신 사용된다.
COMBUSTIBLE 3	**가연성(Combustible)** 가연성 액체(combustible liquid)는 다른 위험 분류(hazard class)의 정의를 충족하지 못하고 인화점이 60℃ 이상이고 93℃ 미만인 액체이다. 다른 위험 분류의 정의를 충족시키지 않는 인화점이 37.8℃ 이상인 인화성 액체는 가연성 액체로 재분류될 수 있다. 이 조항은 선박이나 항공기의 운송에는 적용되지 않는다. 이것들 외의 다른 운송수단이 가용하지 않은 경우는 제외이다. 의도적으로 가열되어 운송을 위해 제공되거나 인화점 이상으로 운송되기 때문에, 3류 물질(class 3 material)의 정의를 충족하는 고온 물질은 가연성 액체로 재분류될 수 없다. 예: 디젤(diesel), 석유 연료(fuel oil), 송유(pine oil)
FUEL OIL 3	**연료유 표지판(Fuel Oil Placard)** 고속도로에서 연료유(fuel oil)를 운송하는 데 사용되는 화물 탱크(cargo tank)나 이동식 탱크(portable tank)에 가연성 표지판(combustible placard) 대신 사용할 수 있다. 예: 벙커유(Bunker fuel), 난방유(heating fuel)

출처: 49 CFR 173.120(미 행정법)

4류: 인화성 고체, 자연발화성 물질, 금수성 물질 (Flammable Solid, Spontaneously Combustible, and Dangerous When Wet)

4류 물질class 4 material은 세 가지의 다른 구분으로 나뉜다(그림 4.68).

- 구분 4.1 인화성 고체(Flammable Solid)
- 구분 4.2 자연발화성 물질(Spontaneously Combustible Material)
- 구분 4.3 금수성 물질(Dangerous When Wet)

대응요원들이 4류 물질과 관련된 화재를 진압하기는 어려울 수 있다. 4류 물질은 예상치 못한 방식으로 격렬하게 반응하는 고체(금속metal)인 경우가 많다. 예를 들면 다음과 같다.

- 일부 인화성 고체는 마찰에 반응한다.
- 자연발화성 물질은 공기와 접촉한 후에 발화한다.
- 금수성 물질이 화재에 연루되었다면 소방관이 물로 불을 끄려고 할 경우에 더 격렬하게 화재가 일어날 수 있다(그림 4.69).
- 4류 물질(class 4 material)과 관련된 화재는 소화하기 어려울 수 있다.
- 위의 물질들과 관련된 사고는 감당하기(관리하기) 어려울 수 있다. 심지어는 경험이 풍부한 대응요원들도 위험을 완전히 이해하지 못할 수 있으며, 일반적인 대응은 상황을 악화시킬 수 있다.

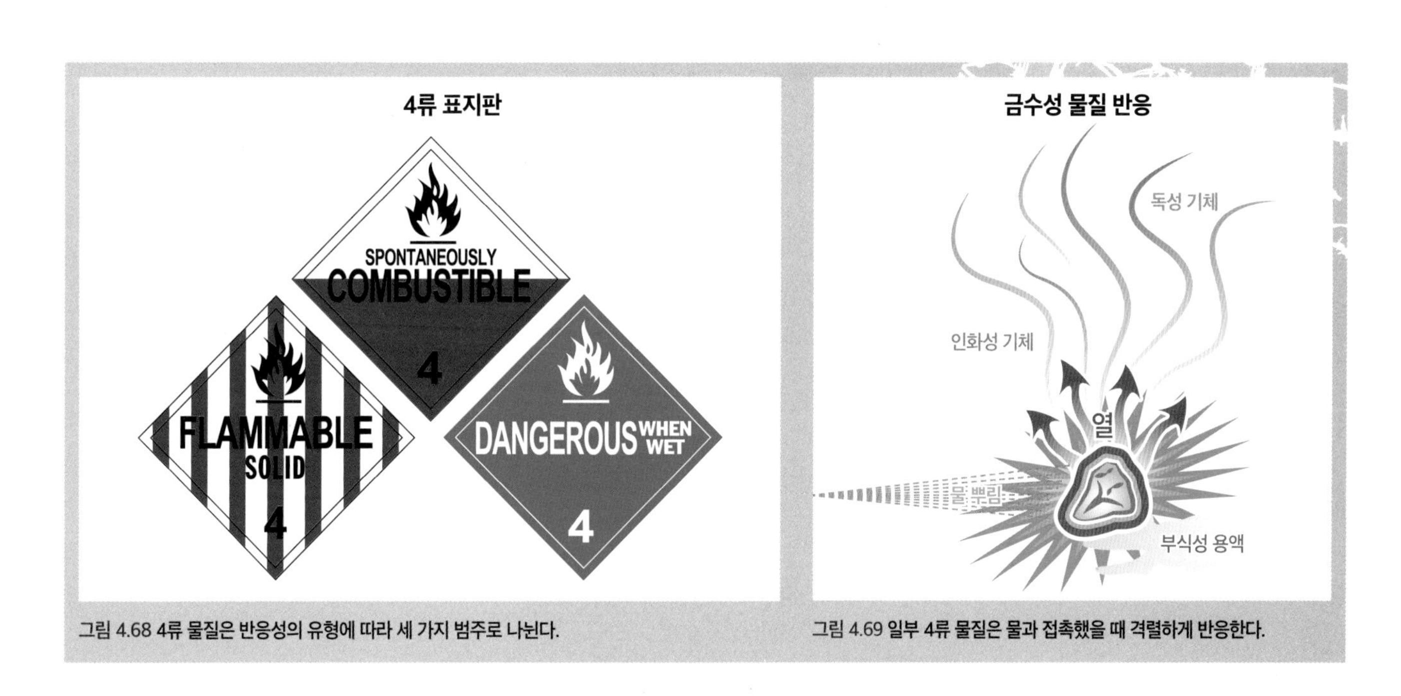

그림 4.68 4류 물질은 반응성의 유형에 따라 세 가지 범주로 나뉜다.

그림 4.69 일부 4류 물질은 물과 접촉했을 때 격렬하게 반응한다.

4류 물질의 주요 위험 요소는 화학적 에너지, 역학적 에너지, 부식성 및 독성이다. 몇 가지 예는 다음과 같다.

- 열 위험(thermal hazard)[열]
- 자연적으로 공기 또는 물과의 접촉 시에 발화 또는 재점화할 수 있는 화재
- 용융된 물질(고온으로 인해 녹은 물질)
- 화재 또는 분해로 인해 생성되는 자극성, 부식성 및/또는 높은 유독성 기체 및 증기로 인한 화학적 위험
- 심한 화학적 화상

- 비등액체증기운폭발로 인한 역학적 효과(컨테이너가 열 또는 화염에 노출되거나 물에 오염된 구분 4.3에 노출된 경우) 또는 기타 예상치 못한 격렬한 화학반응 및 폭발
- 화학적 위험은 다음으로부터 온다.
  - 금속과의 접촉으로 수소 기체 생성
  - 구분 4.3 물질이 물과 접촉으로 부식성 용액의 생성
  - 구분 4.3(탄화칼슘과 같은)과 접촉을 통해 인화성 기체의 생성
- 화재 진압으로부터의 유수로 인한 환경 위험(오염)

표 4.8은 미 교통부의 4류 구분의 표지판의 정의와 예를 제공한다.

표 4.8
4류 구분 표지판 정의 및 예

구분 번호 및 표지판	정의
구분 4.1(Division 4.1) FLAMMABLE SOLID 4	**인화성 고체 물질** (1) 젖은 폭발물(wetted explosive), (2) 강한 발열 분해(strongly exothermal decomposition)가 이뤄질 수 있는 심한 자기반응성 물질(self-reactive material), (3) 마찰로 인해 화재가 발생할 수 있는 가연성 고체, 한 표본이 점화되어 전체 길이에 걸쳐 10분 이내에 반응할 수 있는 금속 분말 또는 2.2 mm/s보다 더 빨리 연소되는 가연성 고체 · 젖은 폭발물 : 충분한 알코올(alcohol), 가소제(plasticizer) 또는 물에 젖음으로써 폭발성 속성이 억압된 폭발물 · 자기반응성 물질: 지나치게 높은 운송 온도 또는 오염으로 인해 정상 또는 고온에서 강한발열 분해(strong exothermic decomposition)를 일으키는 물질 · 이연성 고체(쉽게 연소되는 고체, readily combustible solid) : 마찰 또는 점화될 수 있는 금속 분말(metal powder)을 통해 점화될 수 있는 고체 예 : 칠황화인(phosphorus heptasulfide), 파라포름알데히드(paraformaldehyde), 마그네슘 합금(magnesium alloy)
구분 4.2(Division 4.2) SPONTANEOUSLY COMBUSTIBLE 4	**자연발화성 물질(Spontaneously Combustible Material)** (1) 외부 발화원 없이 공기와 접촉한 후 5분 이내에 점화될 수 있는 자연발화성 물질(pyrophoric material)[액체 또는 고체], (2) 공기의 접촉과 에너지 공급없이 자체 열을 내는 자체 발열 물질(self-heating meterial) 예: 황화나트륨(sodium sulfide), 황화칼륨(potassium sulfide), 인(phosphorus)[흰색(white) 또는 노란색, 건식(dry)], 알킬알루미늄 및 마그네슘(aluminum and magnesium alkyl), 대량 운송 시의 목탄덩이(charcoal briquette)
구분 4.3(Division 4.3) DANGEROUS WHEN WET 4	**금수성 물질(Dangerous-When-Wet Material)** 물과 접촉하여 자발적으로 인화성이 되거나 인화성 또는 독성 기체를 시간당 물질 1 kg당 1리터 이상의 속도로 방출하는 물질 예: 마그네슘 분말(magnesium powder), 리튬(lithium), 에틸디클로로실란(ethyldichlorosilane), 탄화칼슘(calcium carbide), 칼륨(potassium)
출처: 49 CFR 173.124(미 연방 법규)	

5류: 산화제 및 유기과산화물 (Oxidizer and Organic Peroxide)

5류는 두 가지 구분으로 나뉜다(그림 4.70).

- 5.1 산화제(Oxidizer) - 일반적으로 고체(solid) 또는 수용액(aqueous solution)
- 5.2 유기과산화물(Organic Peroxide) - 액체 또는 고체

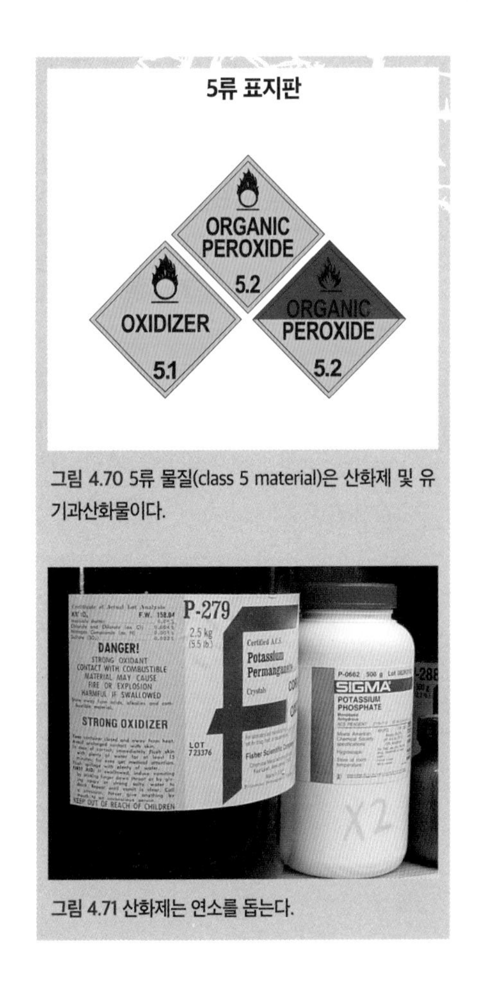

그림 4.70 5류 물질(class 5 material)은 산화제 및 유기과산화물이다.

그림 4.71 산화제는 연소를 돕는다.

산화제는 연소를 강력하게 지원하고 폭발성이 있을 수 있으며 연료와 결합되면 지속적으로 연소할 수 있다(그림 4.71). 일부 산화제는 연료와 함께 공기가 없어도 지속적으로 연소할 수 있다. 산화제는 또한 폭발성이 있을 수 있다. 산소는 산화제의 한 예이다. **유기과산화물**[74]은 특정 화학적 조성을 지닌 산화제로 반응성을 가지기 쉽다. 이러한 물질이 사고에 연루되면, 화재나 폭발을 시작하기 위해 소량의 열이 필요하다. 유기과산화물은 동시에 연료fuel이자 산화제oxidizer이다. 이 때문에 유기과산화물은 반응성이 있다. **최대 안전 저장 온도**[75] 이하로 유기과산화물organic peroxide을 보관한다.

유기과산화물이 **자체 가속분해 온도**[76]에 도달하면 화학적 변화를 겪게 되고 컨테이너에서 격렬하게 방출될 수 있다. 반응 전의 시간은 자체 가속분해 온도SADT가 얼마나 초과되었는지에 따라 달라지므로 분해를 크게 가속화할 수 있다.

경고(WARNING!)

즉시 자체 가속분해 온도(SADT)에 도달하면 대피하라. 분해가 시작되면 안전한 거리에서 관찰하고 인명 및 주변 재산을 보호하는 데 필요한 조치만 취해야 한다.

---

74 **유기과산화물(Organic Peroxide)** : 무기화합물 과산화수소(inorganic compound hydrogen peroxide)의 여러 유기 유도체(organic derivative) 중 하나이다.

75 **최대 안전 저장 온도(Maximum Safe Storage Temperature; MSST)** : 제품(product)이 안전하게 보관될 수 있는 온도. 이것은 보통 자체 가속분해 온도(SADT)의 온도보다 20~30℃ 낮지만 물질에 따라 훨씬 더 차가울 수 있다.

76 **자체 가속분해 온도(Self-Accelerating Decomposition Temperature; SADT)** : 일반적인 컨테이너(포장)의 제품이 자체 가속분해(self-accelerating decomposition)를 거치는 최저 온도. 반응은 격렬할 수 있으며, 일반적으로 컨테이너를 파열시켜 원물질(original material), 액체(liquid) 및/또는 기체 분해 생성물(gaseous decomposition product)을 상당한 거리까지 분산확산시킨다.

자체 가속분해 온도(SADT)와 최대 안전 저장 온도(MSST)의 관련성

과산화벤조일(benzoyl peroxide)은 산업 및 대학의 화학실험실에서 여러 가지 다른 제재(formulation) 및 화학반응에 사용된다. 이것은 71℃의 녹는점(melting point)에서 자체 가속분해 온도(SADT)를 갖으며, 최대 안전 저장 온도(MSST)는 30℃ 이다. 실험실에서는 방폭 냉장고(explosion-proof refrigerator)에 물질을 저장한다.

한 대학에서 대학원 조교가 과산화벤조일을 실험에 사용하고 있었다. 해당 물질은 4.5℃로 설정된 보통의 소형 실험실 냉장고에 보관되었다. 조교는 과산화벤조일과 함께 용기에 스테인리스스틸 스쿠풀라(scoopula; 숟가락형 실험기구의 일종)를 두었다. 어느날 저녁 화학실험실에서 화재경보기가 울렸다.

대학과 지역 소방서(local fire department)가 신속히 대응했다. 대응요원들은 출동복과 공기호흡기를 착용하고 3층의 실험실로 들어갔다. 3층은 연기로 가득 차 있었지만 진행 중인 화재는 없었다. 인명 피해는 없었지만 실험실의 피해는 광범위했다. 냉장고 문은 실험실 뒤쪽 벽의 나무 벤치 사이로 심하게 날아갔고 실험실에서 먼쪽의 벽은 약 12 m 떨어진 곳에서 발생한 돌발적 화재(flash fire)로 인해 검게 변해 있었다.

조사에 따르면 냉장고의 전원이 끊기면서 냉장고의 온도가 실내 온도인 21℃에 도달했다. 비록 온도가 최대 안전 저장 온도(MSST)인 30℃ 이하였지만, 금속 스쿠풀라가 촉매제(catalyst)로 작용해서 과산화벤조일의 자체 가속분해 온도(SADT)를 엄청나게 낮추었다. 대응요원은 과산화물(peroxides)과 관련된 위험물질 사고에 대응할 때 오염방지 조치를 취해야만 했다.

유기과산화물이 자체 가속분해 온도[SADT]를 갖는 유일한 물질은 아니다. 많은 중합 개시제[polymerization initiator] 또는 반응성 화학물질은 자체 가속분해 온도[SADT]를 갖는다. 대응요원은 이러한 물질을 인식하기 위해 안전보건자료[SDS]나 기타 참고자료를 사용해야 한다. 여러 차례 자체 가속분해 온도[SADT]가 분해 온도로 안전보건자료[SDS]에 기록되어 있다.

5류 물질의 주요 위험 요소는 열적, 역학적, 화학적인 것이다. 몇 가지 예는 다음과 같다.

- 폭발을 통한 화재, 뜨겁고 빠른 연소를 통한 화재, 열, 마찰, 충격 및 오염에 대한 물질의 민감도에 의한 화재로부터의 열적 위험(thermal hazard)[열]
- 탄화수소(hydrocarbon)[연료]와 접촉하는 폭발 반응
- 역학적 위험(mechanical hazard)
  - 격렬한 반응과 폭발

- 열, 마찰, 충격 및/또는 기타 물질과의 오염(contamination)에 대한 민감성

• 화학적 위험(chemical hazard)

- 독성 가스, 증기, 먼지(분진)로 인함
- 연소 생성물로 인함
- 화상 초래

• 가연물(종이, 천, 목재 등)의 발화로 인한 열 위험(thermal hazard)

• 밀폐된 공간에서의 독성 흄(toxic fume)과 먼지(분진)의 축적으로 인한 질식 위험(asphyxiation hazard)

표 4.9에서는 미 교통부DOT의 5류 구분 표지판의 정의 및 예를 제공한다.

표 4.9
5류 구분 표지판의 정의 및 예

구분 번호 및 표지판	정의
구분 5.1(Division 5.1) OXIDIZER 5.1	**산화제(Oxidizer)** 일반적으로 산소를 내어줌으로써 다른 물질의 연소를 유발하거나 촉발시킬 수 있는 물질 예: 질산크롬(chromium nitrate), 염소산구리(copper chlorate), 과망간산칼슘(calcium permanganate), 질산암모늄 비료(ammonium nitrate fertilizer)
구분 5.2(Division 5.2) ORGANIC PEROXIDE 5.2 ORGANIC PEROXIDE 5.2	**유기과산화물(Organic Peroxide)** 2가의 -O-O- 구조에서 산소(O)를 함유하고 하나 이상의 수소 원자가 유기 라디칼(organic radical)로 대체된 과산화수소의 유도체로 간주될 수 있는 모든 유기화합물 예: 액체 유기과산화물 유형 B(liquid organic peroxide type B)

출처: 49 CFR 173.124(미 연방 법규)

6류: 독성 물질, 독성 흡입 위험, 전염성 물질 (Poison, Poison Inhalation Hazard, and Infectious Substances)

6류 물질에는 **독성 물질**[77], 독성 **흡입 위험**[78], 전염성 물질이 포함된다(그림 4.72). 독성 물질은 인간에게 독성이 있는 것으로 알려져 있는 것으로, 이 물질들과의 접촉을 피해야 한다(그림 4.73).

흡입 위험은 흡입 시 치명적일 수 있는 독성 증기이다. 이 물질들은 먼 거리를 이동할 수 있으며 호흡하는 모든 사람을 해치거나 죽일 수 있기 때문에 위험물질 사고에서 매우 위험할 수 있다(그림 4.74).

전염성 물질Infectious substance 및 생물학 위험물질bio-hazard은 사람이나 동물에 질병disease을 유발할 수 있는 물질이다. 전염성 물질은 일반적으로 작은 용기에 담겨 있으므로 표지판placard은 없으며 오직 표식label만이 있다. 생물학 위험 표식은 대량 및 소량의 규제된 의료 폐기물에 사용된다.

6류 물질의 2차 위험secondary hazard은 다음과 같다.

- 독성 위험
- 연소 생성물의 유독성 및/또는 부식성으로부터의 화학적 위험
- 용융된(녹은) 형태로 운반되는 물질의 열 위험(열)
- 인화성 및 화재로 인한 열 위험(열)

경고(WARNING!)

6류 물질을 흡입하거나 접촉하지 마시오.

표 4.10에서는 미 교통부의 6류 구분 표지판 정의 및 예를 제공한다. 표 4.11은 미 교통부의 6류의 고유한 표식, 정의, 예를 제공한다.

---

77 **독성 물질(Poison)** : 몸에 들어갔을 때 건강에 해를 끼치는 기체를 제외한 모든 물질

78 **흡입 위험(Inhalation Hazard)** : 흡입 시 유해할 수 있는 모든 물질

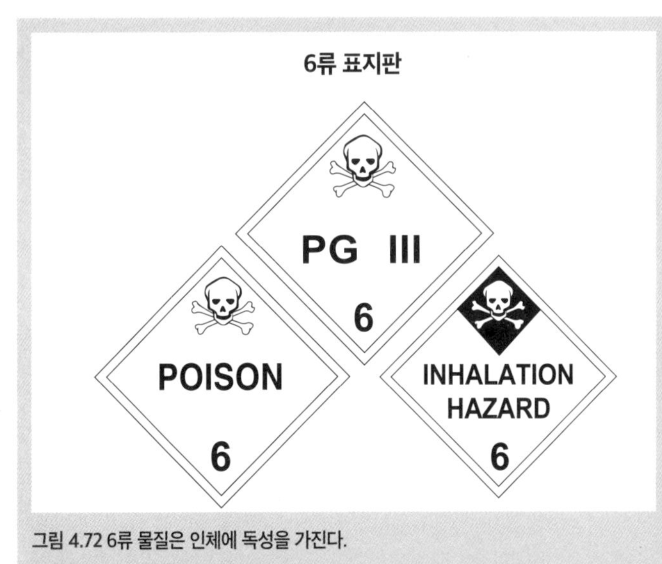

그림 4.72 6류 물질은 인체에 독성을 가진다.

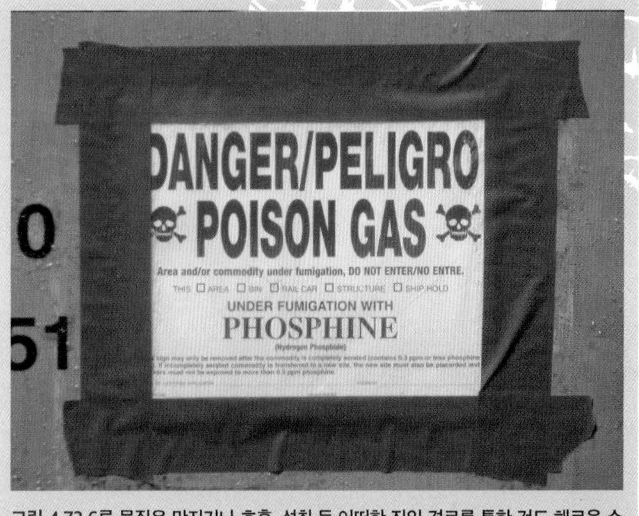

그림 4.73 6류 물질은 만지거나 호흡, 섭취 등 어떠한 진입 경로를 통한 것도 해로울 수 있다. Rich Mahaney 제공.

그림 4.74 흡입했을 때 흡입 위험이 치명적일(lethal) 수 있다. Rich Mahaney 제공.

표 4.10
6류 구분 표지판의 정의 및 예

구분번호 및 표지판	정의
구분 6.1(Division 6.1) POISON 6	**독성 물질(Poisonous Material)** 운송 중에 건강에 해를 끼치기 충분하기 때문에 인간에게 독성이 있다고 알려진 것, 또는 실험 동물의 독성 시험(toxicity test)에 근거하여 사람에게 독성이 있는 것으로 알려진 기체 이외의 물질 예: 아닐린(aniline), 비소(arsenic), 액체 테트라에틸납(liquid tetraethyl lead)
PG III 6	**PG III** 구분 6.1(Division 6.1)에서, 용기 그룹 III(packing group III*; PG III) 물질의 경우 독성 표지판(POISON placard)은 "POISON(독)"이라는 단어가 아닌 표지판의 중간선 아래에 "PG III"라는 문자를 표시하도록 수정될 수 있다. * 포장 그룹은 위험물질이 제시하는 위험 정도에 따른 미 교통부의 용기 범주(유형)(packaging category)이다. 용기 그룹 I(Packing Group I)은 큰 위험을 나타내며, 용기 그룹 II(Packing Group II)는 중간 위험을, 용기 그룹 III(Packing Group III)은 경미한 위험을 나타낸다. 그리고 용기 그룹 III(PG III) 표지판은 "POISON(독)" 표지판으로 표기되기에는 위험하지 않은 물질에 사용될 수도 있다. 예: 클로로포름(chloroform), 알칼로이드 고체(alkaloid solid)
INHALATION HAZARD 2	**흡입 위험 표지판(Inhalation Hazard Placard)** 구분 6.1(Division 6.1), A 또는 B 구역의 흡입 위험에 한해 사용됨 [위험 구역(hazard zone)에 대해서는 구분 2.3(Division 2.3) 참조] 예: 신경작용제(nerve agent), 시안화물(cyanide)
출처: 49 CFR 173.124(미 연방 법규)	

표 4.11
6류 고유한 표식의 정의 및 예

구분번호 및 표지판	정의
구분 6.2(Division 6.2) INFECTIOUS SUBSTANCE 6	**전염성 물질(Infectious Material)** 병원균(pathogen)을 함유하고 있거나 함유하고 있는 것으로 알려진 물질. 병원균은 바이러스나 미생물[바이러스(virus), 플라스미드(plasmid) 또는 기타 유전 요소가 있는 경우]이나 인간 또는 동물에 질병을 일으킬 수 있는 단백질 감염성 입자(proteinaceous infectious particle)[프리온(prion)]이다. 예 : 탄저병(anthrax), B형 간염 바이러스(hepatitis B virus), 대장균(escherichia coli, 또는 e coli)
BIOHAZARD	**생물위험 표식(Biohazard Label)** 49 CFR 173.134(a)(5)(미 행정법—역주)에 포함된 대로 규제된 의료 폐기물(regulated medical waste)이 담긴 벌크 용기에 표시 예: 사용된 바늘/주사기, 사람 혈액 또는 혈액제제, 인체 조직 또는 해부학적 폐기물, 의료 연구를 위해 인간 병원균에 의도적으로 감염된 동물의 시체

7류: 방사성 물질 (Radioactive Material)

방사성 물질radioactive material은 오감으로 감지할 수 없다(그림 4.75). 7류 표지판 및 표식은 방사성 물질이 있음을 나타낼 수 있지만, 특수 탐지 및 식별 장비 없이는 실제로 컨테이너가 방사선을 방출하는지 여부를 판단할 수는 없다. 표지판이나 표식이 분명하지 않은 테러 공격과 같은 사고에서 방사선이 관련되어 있는지 여부는 알 수 없다.

소량의 방사성 물질 용기(포장)에는 두 개의 반대면에 눈에 띄는 경고 표식을 부착해야 한다. 방사능 백색-IRADIOACTIVE WHITE-I, 방사능 노란색-IIRADIOACTIVE YELLOW-II, 방사능 노란색-IIIRADIOACTIVE YELLOW-III의 세 가지 표식 범주는 각각 방사선에 대한 고유한 삼엽형 상징을 포함한다.

7류 방사능 I, II, III 표식Radioactive I, II, III label에는 항상 다음과 같은 추가 정보가 포함되어야 한다(그림 4.76).

- **동위원소**[79] 이름(그림 4.77)
- 방사능 활성도(radioactive activity)

방사능 II 및 III 표식은 운송 중 운송인의 제어 정도carrier's degree of control를 나타내는 운송지수Transport Index; TI도 제공한다. 상자에 있는 운송지수의 숫자는 포장 표면에서 1 m 거리에서 측정한 최대 방사능 수준(mrem/hr)을 나타낸다. 방사능 I 표식이 있는 용기(포장)의 전송지수TI는 0이다.

표 4.12에서는 미 교통부 의 7류 구분의 표지판의 정의 및 예를 제공한다. 표 4.13은 미 교통부의 7류의 고유한 표식의 정의 및 예를 제공한다.

7류 표지판

그림 4.75 7류 물질은 방사능을 가지며, 감각으로 감지할 수 없다.

7류 방사능 표지판 정보

그림 4.76 7류 표식(Class 7 label)은 항상 동위원소 이름(isotope name), 활성도 수준(activity level), 운송지수(transport index; TI) 및 방사능 수준(radioactive level)을 제공한다.

일반적인 동위원소

산업용	의료용
Cs-137(세슘-137) Co-60(코발트-60) Ir-192(이리듐-192) Am-241(아메리슘-241)	Tl-201(염화탈륨-201) Tc-99m(테크네튬-99m) I-131(요오드-131) I-125(요오드-125) Pd-103(팔라듐-103) Ru-106(루테늄-106)

그림 4.77 7류 방사성 물질 분류에서 볼 수 있는 일반적인 동위원소

79 **동위원소(Isotope)** : 핵이 가지고 있는 일반적인 양성자(proton)의 수는 같지만 예외적인(일반적이지 않은) 수의 중성자(neutron)를 가진 원소. 또한 동일한 원자번호(atomic number)를 갖지만 보통의 화학 원소와는 다른 원자질량(atomic mass)을 갖는다.

참고

방사성 물질 II 및 III 로 표지판이 부착된 품목은 1m에서 최대 허용된 운송지수 등급(TI rating) 50 mrem/hr을 가진다

표 4.12
7류 구분 표지판의 정의 및 예

구분번호 및 표지판	정의
구분 7(Division 7) RADIOACTIVE 7	**방사능 표지판** 방사성 표지판은 몇몇 방사성 물질의 운송에 필요하다. 이 표지판이 있는 차량은 "고속도로 경로 통제량"의 방사성 물질을 실어나르고 있으며, 사전에 정해진 운송 경로를 따라야만 한다. 예: 고체 질산토륨(solid thorium nitrate), 육불화우라늄(uranium hexafluoride)
출처: 49 CFR 173.403(미 연방 규정)	

표 4.13
7류의 고유한 표식의 정의 및 예

구분 번호 및 표지판	정의
구분 7(Division 7) RADIOACTIVE I 7	**방사능 I 표식(Radioactive I Label)** 외부 방사능 수준(external radiation level)이 낮고 특별한 적재 통제 또는 취급이 필요 없음을 나타내는 완전 흰 배경색의 표식
구분 7(Division 7) RADIOACTIVE II 7	**방사능 II 표식(Radioactive II Label)** 표식의 상부 절반은 노란색이며 포장에 운송 중에 적재하는 동안 고려해야 할 외부 방사선 수준(external radiation level) 또는 핵분열성(fissile)[핵 안전임계(nuclear safety criticality)] 특성이 있음을 나타낸다.
구분 7(Division 7) RADIOACTIVE III 7	**방사능 III 표식(Radioactive III Label)** 빨간색 삼선 줄무늬가 있는 노란색 표식은 수송 차량이 반드시 'RADIOACTIVE(방사능)'이라고 문자로 표지함을 나타낸다.
구분 7(Division 7) FISSILE 7	**핵분열성 표식(Fissile I Label)** 핵분열 물질(fissile material)[우라늄-233(uranium-233), 우라늄-235(uranium-235), 플루토늄-239(plutonium-239)와 같은 핵분열이 가능한 물질]의 용기에 사용된다. 이 표식에는 임계안전지수(Criticality Safety Index; CSI)가 기재되어 있어야 한다. 임계안전지수(CSI)는 핵분열성 물질을 담고 있는 용기, 과다 적재물, 화물 컨테이너의 적재를 통제하기 위해 사용된다.
구분 7(Division 7) EMPTY	**비어 있음 표식(Empty Label)** 방사성 물질이 없이 비어 있지만 여전히 잔류 방사능(residual radioactivity)을 함유하고 있는 컨테이너에 사용된다.

방사능

방사선 에너지(energy of radiation)는 방사선이 물질을 관통할 수 있는 능력을 부여한다. 더 높은 에너지를 갖는 방사선은 낮은 에너지를 갖는 방사선보다 더 큰 부피와 높은 밀도의 물질을 관통할 수 있다. 방사선원(방사성 선원, radioactive source)의 강도(strength)를 활성도(activity)라고 한다. 방사능원의 활성도는 1초 안에 많은 수의 원자가 붕괴되어 방사선을 방출하는 비율(rate)로 정의할 수 있다.

활성도에 대한 국제체제(International System; SI)의 단위는 1초당 변환하는 방사성 물질의 양인 베크렐(Becquerel; Bq)이다. 베크렐은 작은 단위를 쓰는 경향이 있다. 퀴리(큐리, curie; Ci)는 특정 선원 물질의 활성도 단위로도 사용된다. 퀴리(curie)는 1Ci = 3.7×10^{10} 의 원자가 초당 분해(disintegrate)되는 방사성 물질의 양이다.

8류: 부식성 물질(Corrosive)

부식성 물질(부식제)은 특정 시간 내에 접촉 부위에서 사람 피부를 완전히 파괴시킬 수 있는 액체나 고체 또는 강철이나 알루미늄을 엄청난 속도로 부식시킬 수 있는 액체 또는 고체이다(그림 4.78). 부식 작용corrosive action으로 화재가 발생하기에 충분한 열이 발생할 수 있기 때문에, 부식성 물질은 다른 물질과 접촉하면 화재나 폭발을 일으킬 수 있다. 부식성 물질의 일부는 금속과 반응하여 (폭발성의) 수소 기체를 형성할 수 있다. 서로 다른 유형의 부식성 물질(산acid과 염기base)은 함께 혼합되거나 물과 함께 결합될 때 격렬하게 반응할 수 있다.

부식성 물질은 독성, 인화성, 반응성 및/또는 폭발성일 수 있으며, 일부는 산화제일 수 있다(그림 4.79). 부식성 물질에 의해 나타나는 다양한 위험 때문에, 이러한 물질과 관련된 사고에서 적절한 조치를 취할 때 부식성에만 집중하지 않는다. 8류 물질의 주요 위험요소는 화학적, 독성, 열적 및 역학적 위험이다. 몇 가지 예는 다음과 같다.

- 화학적 화상(chemical burn)과 같은 화학적 위험(chemical hazard)
- 신체의 모든 진입 경로를 통한 노출로 인한 독성 위험(toxic hazard)
- 열을 발생시키는 화학반응으로 인한 화재를 포함한 열 위험(thermal hazard)[열]
- 비등액체증기운폭발(BLEVE) 및 격렬한 화학반응으로 인한 역학적 위험(mechanical hazard)

그림 4.78 부식성 물질은 금속과 피부에 손상을 준다.

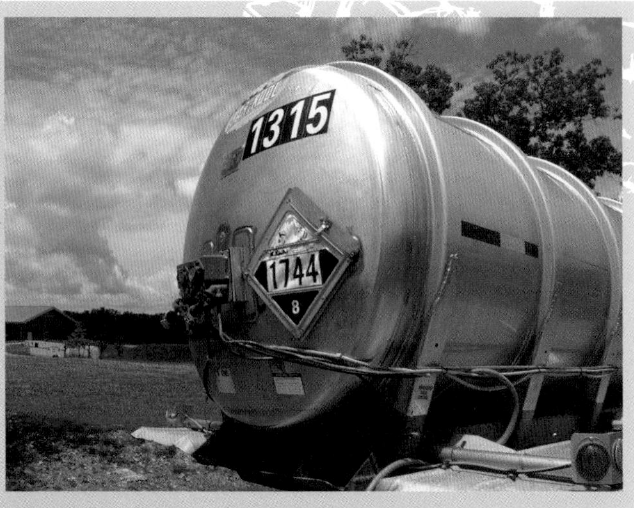

그림 4.79 8류 부식성 물질은 액체 또는 고체이다.

표 4.14는 미 교통부의 8류 구분 표지판의 정의 및 예를 제공한다.

표 4.14
8류 구분 표지판의 정의 및 예

	**부식성 표지판(Corrosive Placard)** 부식성 물질(corrosive material)이란 특정 시간 내에 접촉 부위에서 사람 피부를 완전히 파괴시킬 수 있는 액체나 고체 또는 강철 알루미늄을 엄청난 속도로 부식시킬 수 있는 액체 또는 고체를 의미한다. 예: 배터리액(battery fluid), 크롬산 용액(chromic acid solution), 소다 석회(soda lime), 황산(sulfuric acid), 염산(hydrochloric acid, muriatic acid), 수산화나트륨(sodium hydroxide), 수산화칼륨(potassium hydroxide)

9류: 기타 위험물질(Miscellaneous Hazardous Material)

기타 위험물질miscellaneous dangerous good은 다음과 같은 물질이다(그림 4.80).

- 마취성(anesthetic), 유독성(noxious) 또는 운송 중 승무원에게 혼란이나 불쾌감을 줄 수 있는 비슷한 특성
- 유해 화학물질(hazardous substance) 또는 유해 폐기물(hazardous waste)
- 고온 물질(elevated temperature material)
- 해양 오염물질(marine pollutant)

기타 위험물질은 주로 열적 및 화학적 위험이 있다. 예를 들어, 고온 물질은 열에 의한 위험을 나타낼 수 있으며, 폴리염화비페닐은 발암성이다. 그러나 유해 폐기물은 정상적인 사용 중에서도 물질과 연관된 위험을 나타낼 수 있다.

표 4.15는 미 교통부의 9류 구분 표지판의 정의 및 예를 제공한다.

<table>
<tr><th colspan="2">표 4.15
9류 구분 표지판의 정의 및 예</th></tr>
<tr><td colspan="2">기타 위험물질은 (1) 마취성(anesthetic), 유독성(noxious) 또는 탑승 승무원에게 극도의 성가심이나 불쾌감을 줄 수 있으며 할당된 의무를 올바르게 수행하지 못하게 하는 기타 유사한 속성을 지니고 있는 것, (2) 유해 화학물질(hazardous substance) 또는 유해 폐기물(hazardous waste), (3) 고온 물질, (4) 해양 오염물질

기타 위험물질은 주로 열적 및 화학적 위험이 있다. 예를 들어, 폴리염화비페닐(PCBs)은 발암성이며, 고온 물질은 열 위험을 나타낼 수 있다. 그러나 위험 폐기물은 정상적인 사용 상태에서 물질과 관련된 위험을 나타낼 수 있다.</td></tr>
<tr><td></td><td>기타 표지판(miscellaneous placard)
예: 푸른 석면(blue asbestos), 폴리염화비페닐(polychlorinated biphenyls; PCBs), 고체 이산화탄소(solid carbon dioxide)[드라이아이스(dry ice)]</td></tr>
<tr><td></td><td>위험 표지판Dangerous Placard)
위험물질 중 미 교통부(DOT) 도표 12의 표 2 범주에 두 개 이상의 물질이 포함되는(있는) 비벌크 용기를 포함하는 화물 컨테이너, 항공운송용 화물적재장치(ULD), 운송 차량 또는 철도 차량은 "DANGEROUS(위험)" 표지판이 달려 있을 수 있다. 그러나 한 범주의 물질 중 1,000 kg 이상이 하나의 적하 시설(loading facility)에 적재될 때는 미 교통부(DOT) 도표 12의 표 2에 명시된 표지판이 적용되어야 한다.</td></tr>
</table>

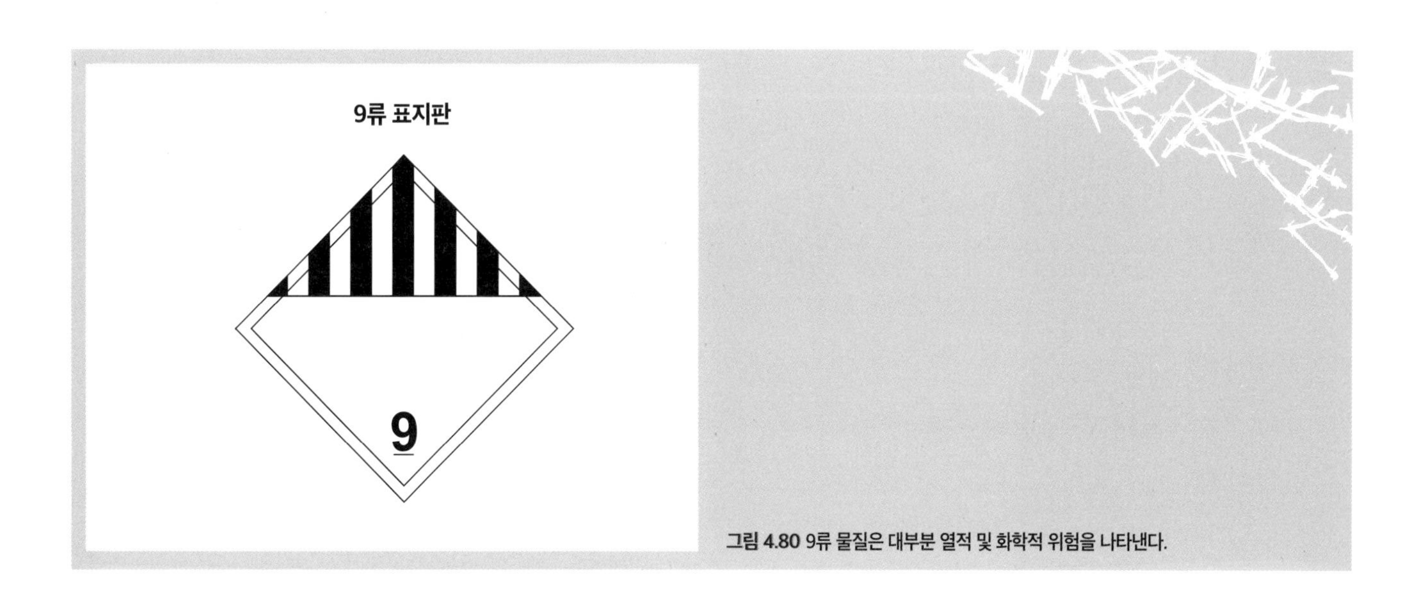

그림 4.80 9류 물질은 대부분 열적 및 화학적 위험을 나타낸다.

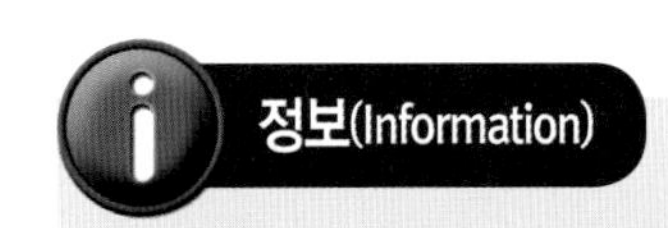

기타 규제물질(Other Regulated Material; ORM-D)과 무역물질(Materials of Trade; MOT)

기타 규제물질(ORM-D)은 운송 중에 형태, 수량 및 용기로 인해 제한된 위험을 나타내는 소비자 상품이다. 기타 규제물질(ORM-D)에는 표지판이 필요하지 않지만 반면에 위험물질법규(Hazardous Materials Regulation; HMM)의 요구사항을 준수해야 한다. 기타 규제물질(ORM-D)의 예로 소비자 상품 및 소형 무기 탄약통이 있다.

무역물질(MOT)은 아래에 열거된 목적을 위해 자동차를 통해 운반되는 유해 폐기물을 제외한 위험물질이다. 무역물질(MOT)은 표지판, 운송 서류, 비상대응정보, 공식 기록 유지 또는 공식 교육을 요구하지 않는다. MOT의 목적은 다음과 같다.

▶ 자동차 운전자 또는 승객의 건강과 안전을 보호해야 한다.
  예 : 방충제, 소화기, 자급식 공기호흡기
▶ 보조 장비를 포함하여 자동차의 작동 또는 유지보수를 지원한다.
  예 : 예비 배터리, 휘발유, 엔진시동 유체
▶ 주요 비운송 사업을 직접 지원한다(민간 자동차 운송 업체에 의해).
  예 : 잔디 관리, 해충 구제, 배관 공사, 용접, 페인팅 및 방문 판매

많은 기타 규제물질(ORM-Ds)(예: 헤어스프레이)이 무역물질(MOT)이 될 자격이 있다. 그러나 자기반응성 물질(self-reactive material), 독성흡입위험물질 및 유해 폐기물은 결코 무역물질의 자격이 없다.

추가 정보

Additional Information

초동대응자가 사고를 위험물질 사고로 확인하자마자 관련된 위험물질(들)을 확인하기 위한 추가 정보를 수집하고, 주변 상황으로 인한 추가 위험이나 문제(상황을 더 복잡하게 만드는–역주)를 고려하여 추가적인 전문 정보technical information를 제공할 수 있는 모든 추가적인 자료에 접촉해야 한다(그림 4.81). 이 절에서는 이러한 문제를 다룬다.

- 위험 및 대응정보 수집
- 주변환경 조건
- 비상대응센터

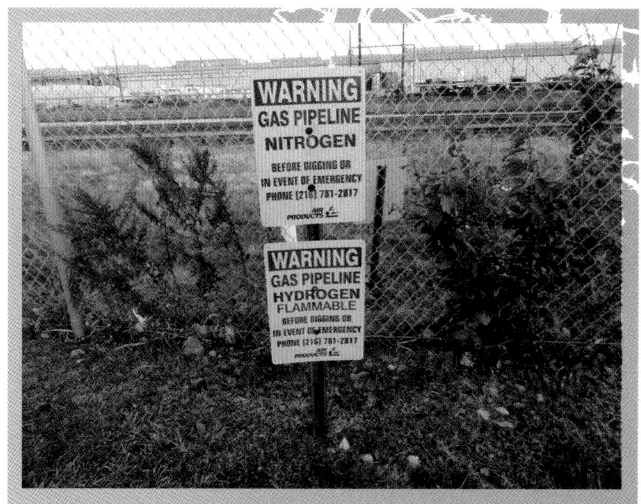

그림 4.81 대응요원들은 전문 정보를 제공할 수 있는 추가 자료에 접촉해야 한다.

위험 및 대응정보 수집 (Collecting Hazard and Response Information)

위험물질을 확인한 후 물리적 및 화학적 성질에 관한 정보를 모으기 위해 다음의 출처를 사용한다(2장에서 설명함).

- 비상대응지침서(ERG)
- 운송업체 및 운송서류(일반적인 장소는 표 2.11 참조)
- 보건안전자료(SDS)(제품을 보관하거나 사용하는 고정 시설에서 사용 가능)

참고

지방정부, 주정부 및 정부 기관도 지원을 제공할 수 있으며, '6장, 신고전파; Notification'에서 설명한다.

• 파이프라인 운용자(pipeline operator)

• CAMEO 및 Wiser와 같은 컴퓨터 앱

• 표지판 및 표식

• 제조사

대응요원은 나열된 기존 출처를 사용하여 제품의 위험과 화학적 및 물리적 특성에 따른 물질의 움직이는 방식을 예상하여 파악할 수 있다. 이러한 출처에서 수집된 추가 정보는 다음과 같다.

• 잠재적 건강 위험

• 노출의 징후 및 증상

• 책임 기관 연락 정보

• 개인보호장비 및 유출정화 절차를 포함한 안전한 취급 및 제어 조치에 관한 주의사항

• 비상 및 응급처치 절차

그림 4.82 공중 전력선, 다가오는 차량, 철도선, 날씨 및 지형과 같은 위험에 대한 주변환경 조건을 항상 조사한다. Rich Mahaney 제공.

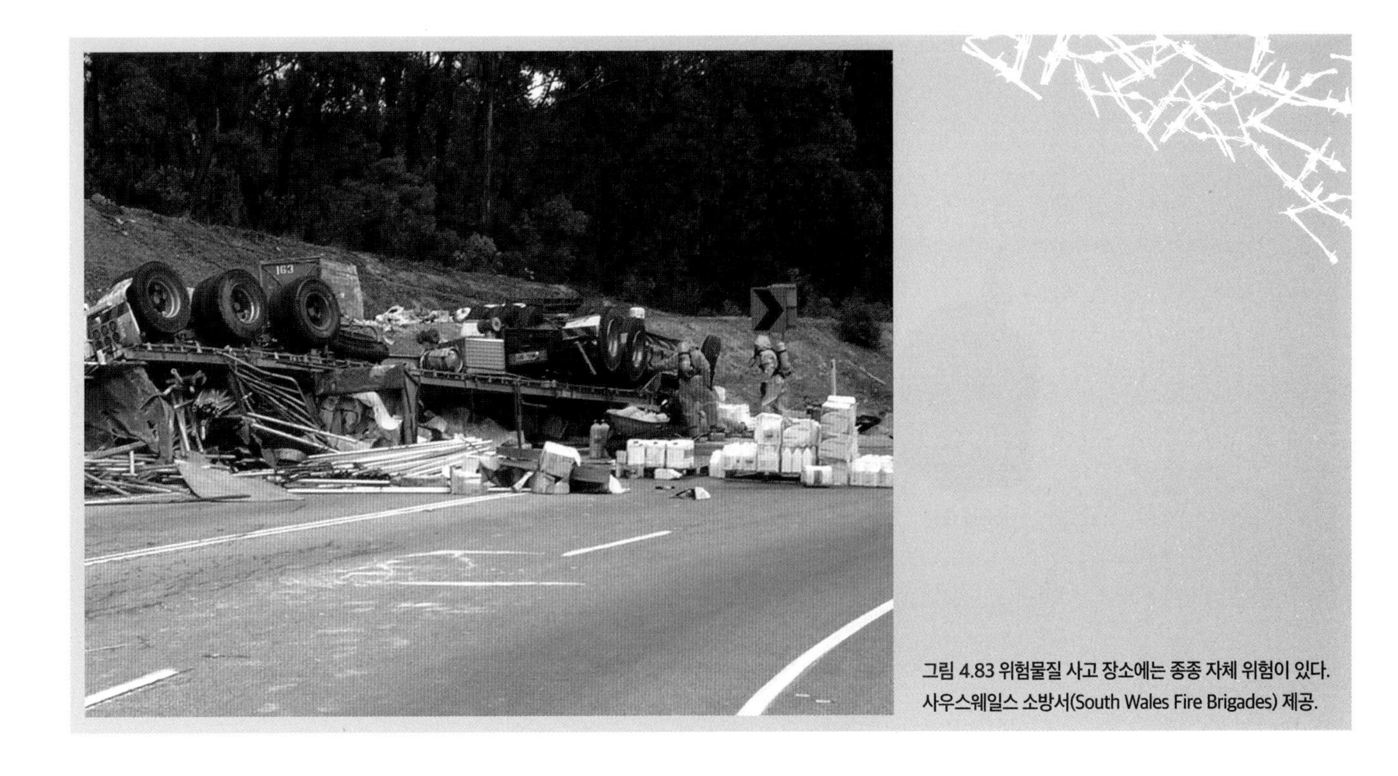

그림 4.83 위험물질 사고 장소에는 종종 자체 위험이 있다. 사우스웨일스 소방서(South Wales Fire Brigades) 제공.

주변환경 조건(Surrounding Condition)

위험물질 용기와 그 내용물을 확인하는 것 외에도, 초동대응자는 주위환경 조건을 조사해야 한다. 이 조사를 수행하는 동안 초동대응자는 다음을 포함하여 관련 정보를 확인해야 한다(그림 4.82).

- 공중 전력선, 고속도로 차량 및 철도선과 같은 잠재적 현장 위험
- 잠재적 발화원
- 잠재적 피해자(요구조자) 및 노출
- 기상 및 시각
- 지형
- 옥내의 경우 건물 및 건물 구성요소에 대한 정보

현장 위험(Site Hazard)

위험물질 사고는 어디에서나 발생할 수 있으며 종종 위치(장소) 자체가 위험을 가지고 있다(그림 4.83). 예를 들어 도로 및 고속도로에서 사고가 발생하면 대응요원은 육교, 교량과 같은 추락의 위험이 있는 교통(차량) 및 기타 고속도로 위험에 대한

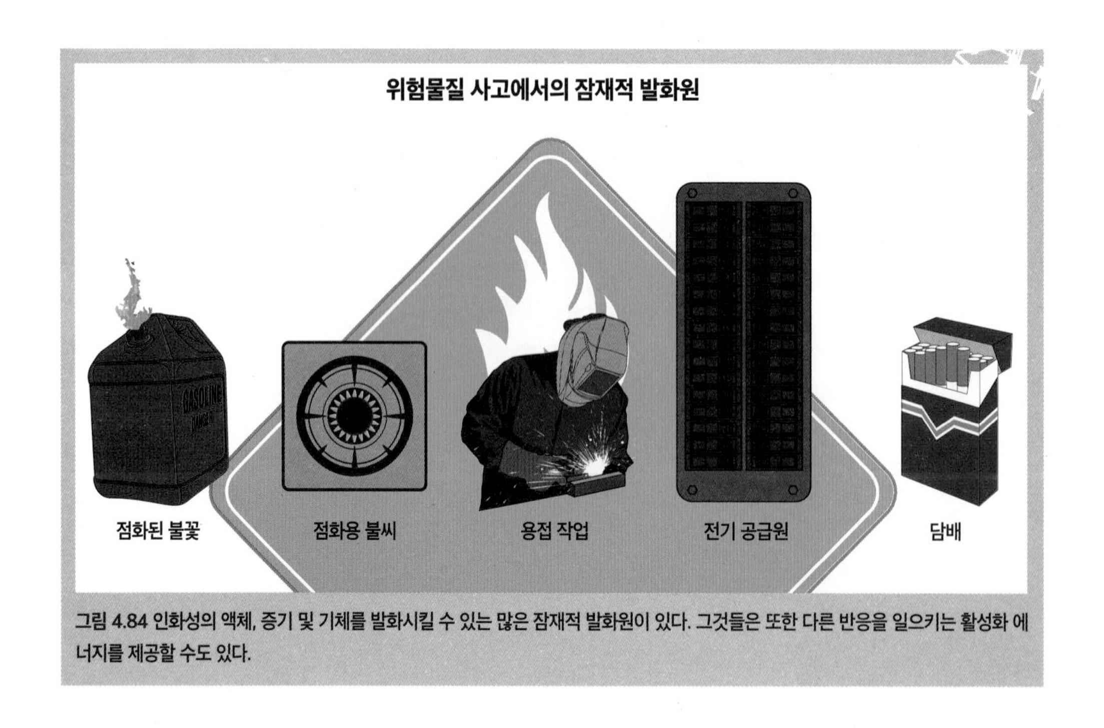

그림 4.84 인화성의 액체, 증기 및 기체를 발화시킬 수 있는 많은 잠재적 발화원이 있다. 그것들은 또한 다른 반응을 일으키는 활성화 에너지를 제공할 수도 있다.

보호 조치를 취해야 한다. 사고가 철도선로 위 또는 근처에서 발생하는 경우, 대응요원 자신을 비롯하여 피해자(요구조자)와 재산을 기차 및 기타 철도의 위험으로부터 보호해야 한다. 사고 중에 공중 전력선이 쓰러졌거나 공중 장비나 크레인과 같은 승강 장비에 위험이 있을 수 있다. 기타 현장 고유 위험은 사고와 관련된 위험물질에 특정한 잠재적 오염, 환경 또는 열 위험을 나타낼 수 있다.

잠재적 발화원(Potential Ignition Source)

사고가 인화성 또는 연소성 물질과 연관되면(대부분의 위험물질 사고가 그러함), 대응요원은 이러한 물질의 발화를 피해야 한다. 사고와 관련된 물질이 확인되지 않았더라도 가능한 한 많은 발화원을 제거한다. 인화성 기체 및 증기는 예기치 않은 곳으로 이동할 수 있으며 저지대 지역에 정착하는 경향이 있다.

잠재적 발화원은 다음을 포함한 위험물질 사고 현장에 존재할 수 있다(그림 4.84).

- 점화된 불꽃
- 정전기
- 점화용 불씨
- 방폭 전기 장치를 포함한 전기 공급원
- 차량 및 발전기의 내연 기관
- 가열된 표면

• 절단 및 용접 작업
• 복사열
• 마찰(friction)이나 화학반응으로 인한 열
• 담배 및 기타 발연성 물질
• 카메라/휴대폰
• 도로용 조명탄

그림 4.85 일반적인 조치는 인화성/폭발성 공기를 발화시킬 수 있다.

다음의 행위로는 인화성/폭발성 공기가 발화될 수 있다(그림 4.85).

• 스위치 또는 전기 스위치(예 : 전등 스위치) 켜기 또는 끄기
• 손전등 켜기
• 무전기 작동
• 휴대폰 켜기

잠재적 피해자(요구조자) 및 노출

대응요원은 잠재적 피해자(요구조자)와 노출을 신속하게 식별해야 한다. 잠재적 노출은 사람, 재산 및 환경을 포함한다. 잠재적 노출은 구조 및 보호 조치의 필요성을 결정한다. 상해의 성질과 범위는 관련된 제품(위험물질과 동일한 의미)과 현존하는 위험에 대한 단서뿐만 아니라 제독 및 의료 치료의 필요성을 파악할 수 있다. 노출은 이 장의 '노출/접촉' 절에서 보다 자세하게 다루어지며, 보호 조치는 7장에서 자세히 설명한다.

기상(날씨)

사고가 야외(실외)에서 일어난 경우 날씨는 사고가 어떻게 진행되고 완화되는지에 대해 큰 영향을 미칠 수 있다. 예를 들어, 온도가 0℃ 이하이면 제독decontamination 또는 희석dilution 과정에 물을 사용하는 것이 비현실적이거나 불가능할 수 있다. 고온의 날씨는 액체를 더 빨리 증발시켜 더 많은 증기를 생성하거나, 가연성 물질의 온도를 발화점까지 상승시킬 수 있다. 풍향에 따라 기체, 증기, 또는 고체 입자(미립자)가 어디서 얼마나 멀리까지 이동하는지를 파악할 수 있다. 비가 오거나 습도가 높으면 금수성(물 반응성) 물질이 타거나 폭발할 수 있다.

3장의 표 1에서 설명했듯이, 시간은 일반적으로 존재하는 조건으로 인한 화학적

움직임(거동)에 영향을 줄 수 있다. 밤에는 바람이 더 가벼워지기 때문에 기체와 증기는 일반적으로 멀리 이동하지 않는다. 밤은 또한 기온이 내려가므로 액체는 빠르게 증발하지 않는 경향이 있다. 또한 온도 변화도는 지형과 수역(많은 물이 모여 있는 곳)으로 인해 한 지역에서 크게 다를 수 있다.

지형(Topography)

위험으로부터 적절한 이격 거리isolation distance를 결정하는 데 지형은 필수 고려사항으로 중요한 차이를 만든다. ERG(녹색 테두리 페이지)에서는 이격 거리를 정의하고 있다. 지형은 고층 빌딩과 화학물질 공정 구역 사이의 바람굴wind tunnel과 같은 도시 환경뿐만 아니라 평지 또는 산을 가로지르는 고개와 같은 농촌(시골) 환경요소이다. 지형은 액체 및 기체의 위험물질이 이동하는 곳에서 중요한 역할을 한다. 야외 사고에 액체가 관련되어 있으면 지형과 중력에 의해, 예를 들면 지하 배수로 및 배수로와 같은 '아마도 액체가 이동될 곳'이 결정된다. 이러한 배수 지역은 보호가 필요한 다음과 같은 환경적으로 민감한 지역으로 이어질 수 있다.

- 개천 및 강
- 연못, 호수, 또는 습지
- 폭풍 및 하수구 배수관

지형은 또한 가스 및 증기의 이동에도 영향을 줄 수 있으며, 즉 땅의 윤곽을 따라 이동하는 공기보다 무거운 증기 및 기체들이 영향을 받는다. 위험 증기 및 기체의 잠재적 움직임을 파악할 때는 다음을 고려한다.

- 현지 열풍
- 오르막 방향 바람
- 내리막 방향 바람
- 산들바람
- 양상(예: 사고 양상상 태양을 향하고 있는 경우 온도가 상승하면 물질 및/또는 컨테이너에 영향을 줄 수 있음
- 증기밀도와 관련하여 문제가 될 수 있는 산 또는 계곡의 고도

건물 정보

실내에서 발생하는 사고의 경우 다음 정보가 연관이 있을 수 있다.

- 바닥 배수의 위치
- 공기 조화 관련(관덕트), 반환기 및 장치
- 소방 및 탐지 설비의 위치 및 구성요소
- 가스, 전기, 수도 차단 위치
- 잠재적 예비 발전기의 존재

비상대응센터 (Emergency Response Center)

비상대응센터emergency response centers는 초동대응자에게 유용한 정보와 지침을 제공할 수 있다. 비상대응지침서ERG은 미국, 캐나다, 멕시코, 아르헨티나, 브라질, 콜롬비아의 비상대응센터에 대한 연락처 정보를 제공한다. 연락처 번호는 ERG의 앞면과 뒷면 양쪽의 흰색 테두리 페이지에 있다.

미국의 경우는 화학운송 비상센터CHEMTREC®와 같은 여럿의 비상대응센터는 정부가 운영하지는 않는다. 화학운송비상센터CHEMTREC®은 소방관, 법집행기관 대응요원 및 기타 비상 대응 공공기관 대원(요원)에게 화학물질 및 위험물질 관련 비상사고에 대한 정보 및 지원을 제공하는 공공 서비스 전화(핫라인)로 화학 산업계에 의해 설립되었다(그림 4.86). 이러한 센터에 근무하는 전문가들은 위험물질 사고에 대응하는 대원에게 24시간 지원을 제공할 수 있다.

캐나다 교통부는 캐나다 운송비상센터CANUTEC, Canadian Transport Emergency Center를 운영하고 있다. 이 국립의 이중 언어(영어 및 프랑스어) 자문 센터는 위험물질(위험물품) 관리 이사회Transportation of Dangerous Goods Directorate의 일부이다. 캐나다 운송비상센터CANUTEC는 캐나다에서 제조, 보관 및 운송되는 화학물질에 대한 과학자료은행scientific data bank을 보유하고 있으며 비상대응에 관한 특별한 전문가 과학자들professional scientist로 구성되어 있다.

멕시코에는 두 개의 비상대응센터가 있다. (1) 민간보호기관Civil Protection Agency, CENACOM, (2) 두 화학산업의 국가협회National Association of Chemical Industry에 의해 운영되는 '화학 산업을 위한 비상운송체계Emergency Transportation System for the Chemical IndustrySETIQ'.

비상대응센터에 연락하기 전에 다음의 정보를 가능한 한 많이 수집한다.

- 발신자 이름, 회신 전화번호 및 팩스 번호

참고

민간보호기관(CENACOM)은 멕시코 시티와 그 일대의 대도시 지역에서 발신되는 전화 전용 번호를 가지고 있다. 그 지역 안에 없다면 이 번호로 전화하지 않는다.

그림 4.86 많은 제조업체와 화주는 비상대응 연락처로 화학운송비상센터(CHEMTREC) 및 캐나다 운송비상센터(CANUTEC)를 사용한다. Rich Mahaney 제공.

- 사고의 위치 및 특성(유출 또는 화재와 같은)
- 관련된 물질의 이름과 식별번호
- 운송업체/수취인/원산지
- 운송인 이름, 철도차 보고 표시(문자 및 숫자), 또는 트럭 번호
- 컨테이너의 형태 및 크기
- 운송/출하된 물질의 양
- 지역 조건(예: 날씨, 지형, 학교나 병원 또는 수로와의 근접성)
- 상해, 노출 및 현 상태(유출, 화재, 폭발 및 증기운과 관련된)
- 신고(통보)된 지역 비상대응 공공기관(서비스)의 유무

비상대응센터는 아래와 같은 일을 할 것이다.

- 화학물질 비상상황 유무 확인
- 전자 및 서면으로 세부사항 기록
- 발신자에게 즉각적인 전문적(기술적) 지원(technical assistance)을 제공
- 물질의 운송업체 또는 기타 전문가에 연락
- 운송업체/제조업체에 발신자 이름과 회신 번호를 제공하여 직접 관련 기관과 업무할 수 있도록 함

이 장에 제공된 정보를 복습하기 위해 다음 질문에 답해보시오.

1. 기체, 액체, 고체에 대한 서로 다른 위험성은 무엇인가?

2. 물질의 물리적 특성을 열거하고, 이러한 특성들이 위험을 파악하는 데 어떻게 도움이 되는지 설명하라.

3. 물질의 화학적 특성을 열거하고, 이러한 특성들이 위험을 파악하는 데 어떻게 도움이 되는지 설명하라.

4. 위험 분류를 열거하고, 초동대응자가 아마도 일반적으로 마주하게 될 각 분류의 예를 제시하라.

5. 위험물질 사고에서 수집해야 하는 정보 유형은 무엇인가?

NFPA 직무 수행 요구사항 (NFPA Job Performance Requirement)

이 장에서는 NFPA 1072의 다음 직무 수행 요구사항을 다루는 정보를 제공한다. 『위험물질/대량살상무기 비상 대응 요원 전문 자격에 대한 표준(Standard for Hazardous Materials/Weapons of Mass Destruction Emergency Response Personnel Professional Qualifications)』(2017판)

5.2.1

Chapter 5

사고 분석: 물질 거동 예측 및 컨테이너 식별

학습 목표

1. 잠재적 결과를 확인하는 방법을 설명한다(5.2.1).
2. 컨테이너의 움직임(거동)을 예측할 때 일반적 위험물질 거동 모델(General Hazardous Materials Behavior Model)의 역할을 설명한다(5.2.1).
3. 일반적인 컨테이너 유형(type) 및 관련 움직임(거동, behavior)을 인식한다(5.2.1).
4. 벌크 설비 저장 탱크(bulk facility storage tank)의 유형(type)과 그와 관련된 위험을 기술한다(5.2.1).
5. 화물 탱크 트럭(cargo tank truck)의 유형(type)과 그와 관련된 위험을 설명한다(5.2.1).
6. 탱크차(tank trucks)의 유형(type)과 그와 관련된 위험을 설명한다(5.2.1).
7. 협동일관수송 탱크(intermodal tanks)의 유형(type)과 그와 관련된 위험을 설명한다(5.2.1).
8. 벌크 운송 컨테이너(bulk transportation containers)의 유형(type)과 그와 관련된 위험을 설명한다(5.2.1).
9. 벌크 및 비벌크 컨테이너(bulk and nonbulk container)의 유형(type)과 그와 관련된 위험을 설명한다(5.2.1).
10. 위험물질 시나리오(hazardous materials scenario)를 분석하여 잠재적 위험성(potential hazard)을 확인한다 [5.2.1, 기술 자료 5-1].

이 장에서는

▷잠재적 결과 확인
▷일반적 위험물질 거동 모델
▷컨테이너 및 위험물질 움직임(거동)
▷일반 컨테이너 유형 및 움직임(거동)
▷벌크 시설 저장 탱크(Bulk facility storage tank)
▷벌크 운송 컨테이너화물 탱크(Cargo tank)
▷벌크 운송 컨테이너탱크차(Tank car)
▷벌크 운송 컨테이너협동일관수송 탱크
▷벌크 운송 컨테이너(톤 컨테이너)
▷기타 벌크 및 비벌크 컨테이너

잠재적 결과 확인

Identifying Potential Outcome

4장에서 설명했듯이 컨테이너에서 발생하는 제어되지 않은 유출은 인명, 동물 및 환경을 많은 위험에 노출시킬 수 있다. 초동대응자가 방출된 위험물질의 물리적 및 화학적 성질에 대한 정보를 수집할 때 다음을 수행할 수 있다.

- 현재의 위험을 판단하여 결정
- 잠재적 피해 추정
- 사고가 어떻게 진행될 수 있을지 예측

유출 시 위험을 초래하는 물질의 물리적 및 화학적 성질은 컨테이너가 파손되거나 파열되었을 때 어떻게 거동할 것인지에 영향을 끼친다. 초동대응자가 위험물질 hazmat 사고로 인한 문제를 이해하려 한다면 이러한 요소들을 설명하는 방법을 알아야 한다.

위험물질 사고를 완화하거나 해결하기 위한 첫 번째 단계는 사고 우선순위incident priority, 사고 관리체계IMS 및 사전 결정된 절차predetermined procedure의 틀 안에서 문제를 이해하는 것이다. 초동대응자는 문제와 전체 구성요소를 이해하여 전체적인 대응(조치) 계획을 수립할 수 있어야 한다.

중점사항

사고 이해하기

일어난 일, 일어나고 있는 일, 그리고 비상사고 시 발생할 수 있는 일을 이해하는 것은 직접적인 과정이 아니다. 모든 각개의 사고는 고유하며, 모든 변수를 수용할 수 있는 단일한 체크리스트는 없다.

당신은 시각적, 청각적 및 때때로 충돌하는 정보들로 충격에 빠질 수 있다. 그럼에도 불구하고 당신은 당신에게 주어진 것을 반드시 이해할 수 있어야 한다. 이러한 분석은 상황을 이해하고 잠재적 결과를 확인하는 데 필수적이다. 숙련된 사고현장 지휘관은 관련 정보를 신속하게 식별하고, 사고의 명확한 그림을 만들기 위하여 정보들을 분석한다(그림 5.1).

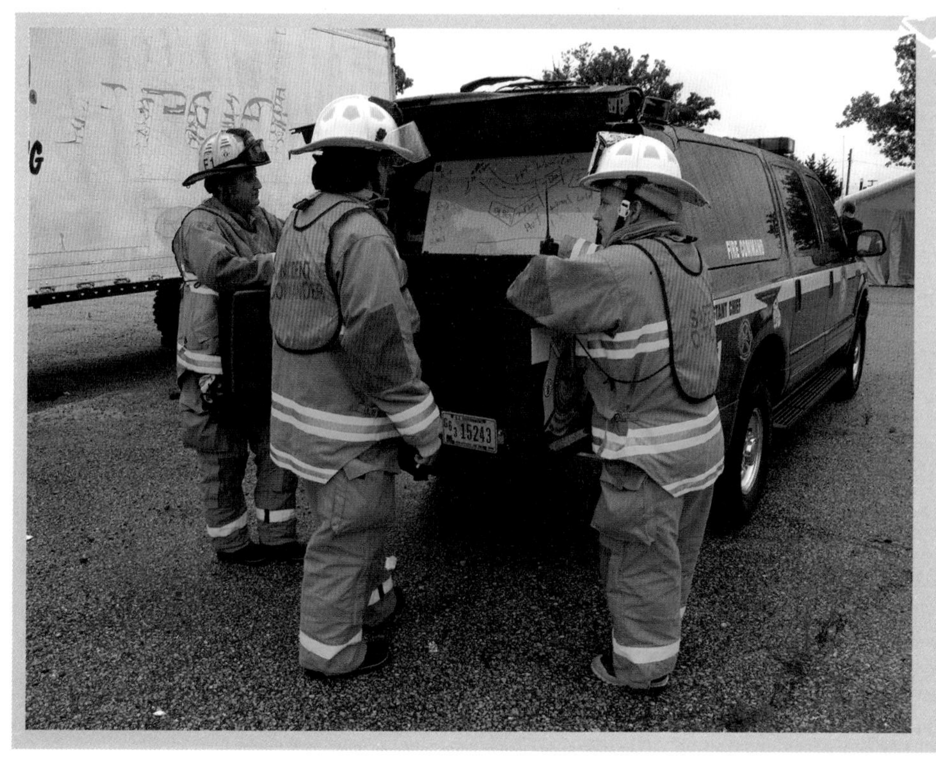

그림 5.1 숙련된 사고현장 지휘관은 사고의 전반적인 그림을 그릴 수 있도록 신속하게 정보를 종합한다.

초기 조사는 다음 질문에 답할 수 있어야만 한다.

- 주민과 환경 그리고 재산의 노출과 관련된 사고현장은 어디인가?
- 관련 위험물질은 무엇인가?
  - 위험물질은 어떻게 분류되는가?
  - 위험물질의 양은 얼마나 되는가?
  - 위험물질의 농도는 무엇인가?

- 위험물질은 어떻게 반응하는가?
- 위험물질은 어떻게 거동할 것 같은가?
  - 물질은 액체, 고체, 기체인가?
  - 무언가가 타고 있는가?
- 어떤 종류의 컨테이너가 그 물질을 담고 있는가?
- 컨테이너의 상태는 어떠한가?
- 사고가 시작된 이래 얼마나 많은 시간이 경과되었는가?
- 가용한 자원은 무엇이 있는가?
  - 어떠한 인력, 장비 및 소화약제를 사용할 수 있는가?
  - 사설 소방 조력 등의 도움을 받을 수 있는가?
- 사고현장에는 어떠한 위험 요소가 있는가?
  - 기상은 어떤 영향을 끼칠 수 있는가?
  - 인근에 호수, 연못, 개천과 같은 수역이 있는가?
  - 공중 전력선, 지하 파이프라인 등의 공공설비가 있는가?
  - 가장 가까운 빗물 및 하수 배수시설은 어디에 있는가?
  - 사고현장은 건물의 실내인가 혹은 실외인가?
- 이미 이뤄진 조치사항들은 무엇인가?

앞에서 설명한 요인 및 다른 요소들이 모두 사고에 영향을 미칠 수 있다. 초동대응자는 현재 위험의 중요성이나 수준 또는 사고대응(처리)과 관련된 위협에 대해 합리적인 결정을 내려야 한다. 사고현장 분석incident scene analysis 또는 **평가**[1] 중에 정보를 수집한 다음 위험 및 위협 평가 모델hazard and risk assessment model을 통해 분석한다.

위험 구역endangered area을 확인하려면 반드시 대원(요원)은 다음을 포함하여 정보를 수집하고, 이를 올바르게 해석해야 한다.

- **크기(Size)** 위험 구역이 변화하거나 움직이는가, 즉 팽창하는가, 바람에 날리는가, 흐르는가? 초기 이격 구역은 얼마나 넓어야 하는가?
- **형태(Shape)** 위험 구역이 건물의 정사각형 방이나 바닥인가? 아랫바람(downwind)이 부는 원추(원뿔) 모양의 지역인가? 적재설비가 딸린 부두인가? 고속도로와 주변 배수로는 작은 직선코스인가?

---

1 **평가(Size-up)** : 사고현장에서 영향 요인에 대한 지속적인 평가

- **노출(Exposures)** 위험 구역에 사람, 동물, 또는 재산이 있는가? 오염되었거나 손상될 위험이 있는 환경인가? 구조가 필요한가?
- **물리적, 건강 및 안전 위험** 물질과 그것의 컨테이너는 현재 어떠한 잠재적 위험이 있는가? 기타 위험 요소는 무엇인가? 주변 조건은 어떠한가?

가능하면 비상대응 기관, 제조업체, 운송업체 및/또는 취급 절차, 제품 식별 및 적절한 대응 정보를 확인할 수 있는 기타 자원에 접촉(연락)하여 모든 정보를 확인한다. 이러한 자원은 종종 초동대응자가 위험 구역 및 물질과 컨테이너에 의해 유발될 수 있는 잠재적 위해의 크기를 추정하는 데 있어서 도움이 될 수 있다(예를 들면, 비상대응지침서ERG에 권장 이격 거리가 목록화되어 있음).

일반적 위험물질 거동 모델

General Hazardous Material Behavior Model

초동대응자가 자신과 다른 사람을 보호하려면 위험물질과 컨테이너가 주어진 상황에서 어떻게 거동할 수 있는지를 이해해야 한다. 이러한 거동behavior은 통상적으로 일반적인 양상general pattern을 따른다. **일반 비상 상황 거동 모델**[2]이라고도 불리는 일반 위험물질 거동 모델General Hazardous Materials Behavior Model은 이 일반적인 양상을 설명한다. 이 모델model은 루드비히 베너 주니어Ludwig Benner Jr.가 말한 위험물질에 대한 정의로서 "컨테이너에서 빠져나갈 수 있는 것들things 및 그것들이 접촉하게 된 것들에 상해를 입히거나 해를 끼칠 수 있는 것들things"이라고 한 것에 기반한다.

이 모델은 위험물질 사고가 다음과 같은 공통 요소를 가지고 있다고 가정한다.

- 사람, 환경, 또는 재산에 위해를 나타내는 물질
- 파손됐거나 파손될 가능성이 있는 컨테이너
- 사람, 환경 및/또는 재산에 대한 노출 또는 잠재적 노출

세 가지 요소(위험물질, 컨테이너, 노출)가 주어지면 위험사고는 일반적으로 공통된 순서로 발생한다(그림 5.2).

- **응력(Stress)** 컨테이너는 물리적, 열적 또는 기타 유형의 손상을 받아 기능이 저하되고 파손 또는 고장을 초래한다.
- **파손(구멍 뚫림, Breach)** 컨테이너가 환경에 개방된 것이다. 이 개구부(opening)는 건축 자재, 주어

2 일반 비상 상황 거동 모델(General Emergency Behavior Model; GEBMO) : 위험물질이 컨테이너로부터 우발적으로 어떻게 방출되는지와 방출 후 어떻게 거동하는지를 설명하는 데 사용되는 모델

지는 응력의 유형 및 파손 시 컨테이너 내부의 압력에 따라 달라진다. 컨테이너의 파손 또는 고장은 부분적으로[구멍(pucture)] 또는 전체적으로[분열(disintegration)] 발생할 수 있다.

- **유출(Release)** 컨테이너가 파손되거나 고장난 경우, 내용물과 저장된 에너지 및 컨테이너 조각이 환경으로 방출(배출)될 수 있다(유출). 유출은 항상 위험물질 제품이 연관되며(제품, 컨테이너 및 사고 조건에 따라 다름), 에너지 및 컨테이너 부품이 방출될 수 있다.
- **확산(Dispersion)/뒤덮임(Engulf)** 이는 컨테이너 내부의 위험물질 및 모든 저장된 에너지 방출로 인해 발생하며, 컨테이너에서 멀리까지 이동하게 된다. 분산 방식은 화학, 물리학, 환경 요인 및 제품의 화학적 및 물리적 특성에 의해 영향을 받는다.
- **노출(Exposure)/접촉(contact)** 방출 지역에 있는 모든 것(예를 들면 사람, 환경, 재산 등)은 위험물질에 노출된다.
- **위해(Harm)** 컨테이너, 위험물질 및 에너지에 따라서 노출로 인해 위해를 입거나 상해를 입을 수 있다.

이전의 순서는 다음 단락으로 확장된다. 테러 공격을 목적으로 사용되는 폭발물, 화학 및 생물학 작용제 및 방사성 물질의 거동은 '8장, 대응 실행 : 테러리스트 공격, 범죄 활동 및 재난'에서 설명한다.

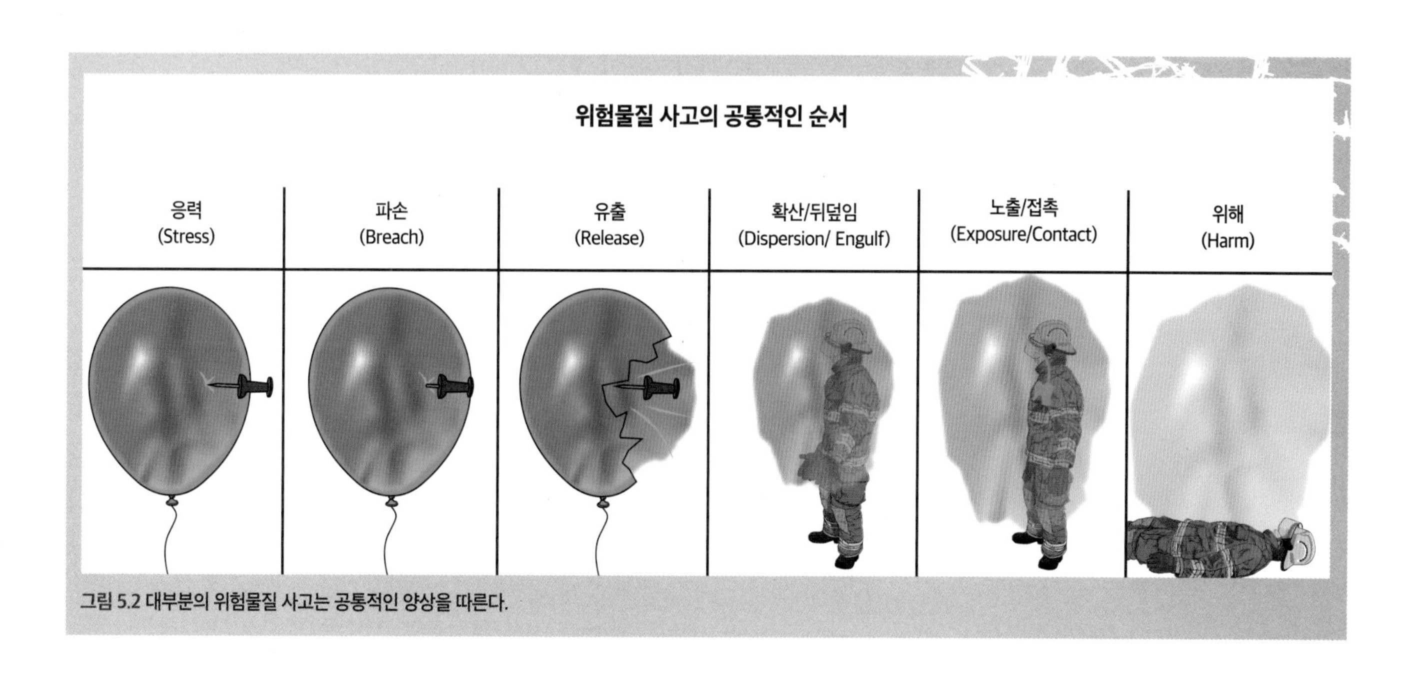

그림 5.2 대부분의 위험물질 사고는 공통적인 양상을 따른다.

> **중점사항**
>
> **사고 읽기**
>
> 대응요원이 사고에서 알 필요가 있는 모든 것을 알 수는 없지만, 측정 가능한 조건과 거동을 기반으로 합리적인 대응을 파악할 수 있는 충분한 정보를 확인할 수 있다. 항상 상황식별(situational awareness)을 강조하라. 또한 사고의 위험 거동에 대한 압력, 온도, 소리 또는 일반적인 조건의 변화와 같은 변경사항을 기록하고 인식해야 한다.

응력(Stress)

컨테이너 응력stress은 열 에너지thermal energy, 화학 에너지chemical energy, 역학적 에너지mechanical energy로 인해 발생한다.

- **열 에너지(Thermal energy)** 과도한 열이나 추위는 견딜 수 없는 팽창(expansion), 수축(contraction), 약화(weakening)[성질(temper)의 상실], 또는 컨테이너 및 그 부품의 소모(consumption)를 야기할 수 있다. 열 응력(thermal stress)은 내부 압력을 증가시키고 컨테이너 외판(container shell)의 무결성을 감소시켜 갑작스러운 파손을 일으킬 수 있다. 컨테이너의 가열 또는 냉각으로 인해 열응력(thermal stress)이 발생할 수 있다.
  - 과도한 열을 받는 컨테이너는 다음과 같을 수 있다.
    - 화염에 매우 가까움
    - 안전장치(relief device)의 작동이 이뤄짐
    - 팽창 또는 수축의 소음이 만들어짐
    - 변화하는 환경조건에 지배를 받음(예: 상승된 온도)
  - 추위에 압도된 컨테이너는 다음과 같을 수 있다.
    - 과도한 서리가 낌(그림 5.3)
    - 가시적인 차가운 증기[백운(white cloud)]
    - 강철 구조물에서의 변동(부드러운 것에서 거친 것으로)
    - 차가운 액체의 고임(pool)
- **화학적 에너지(Chemical energy)** 컨테이너와 내용물의 제어되지 않은 반응이나(uncontrolled reaction) 상호 작용(interaction). 화학반응이나 상호작용은 다음과 같은 결과를 초래할 수 있다.

그림 5.3 서리 낀 외관은 컨테이너가 열 응력을 받고 있음을 나타내는 지표이다. Barry Lindley 제공.

그림 5.4 화학반응으로 컨테이너가 부풀어오를 수 있으며, 이는 심각한 응력의 징조일 수 있다. Barry Lindley 제공.

그림 5.5 역학적 에너지로 인해 컨테이너가 찌그러지거나 손상될 수 있다. Phil Linder 제공.

- 컨테이너의 급격한 또는 장기간의 이상(파손)
- 과도한 열 및/또는 압력으로 인해 컨테이너가 파손됨
- 위험물질(hazmat)과 컨테이너 물질 간의 부식성 또는 기타 혼재 불가능한 상호작용
- 튀어나옴, 균열 및/또는 뻥 터지는 소음을 비롯하여 육안으로 보이는 컨테이너 표면의 부식 또는 기타 이상(파손)(그림 5.4)
- 컨테이너의 내부는 화학적 응력이 일어날 수 있음

• **역학적 에너지(Mechanical energy)** 에너지의 물리적 적용은 컨테이너 부착물의 손상으로 이어질 수 있다. 역학적 응력(mechanical stress)은 다음과 같은 결과를 초래할 수 있다.
  - 컨테이너 모양의 변동(찌그러짐)

- 컨테이너 표면 두께의 감소(연마 또는 긁힘)
- 균열 또는 둥근 홈이 생김
- 밸브와 배관이 분리되거나 컨테이너 벽이 관통됨(그림 5.5)

역학적 응력의 일반적인 원인은 충돌collision, 충격shock, 또는 내부 과압internal overpressure 때문이다. 역학적 응력의 단서로는 물리적 손상, 손상 메커니즘(컨테이너에 가해지는 힘), 또는 안전장치(입력제거 장치 등)의 작동이 포함된다.

2006~2014년 미국 교통부 기록에 따르면 모든 보고된 위험물질 사고 중 41%가 컨테이너 파손으로 인한 것이었다. 대응요원은 모든 위험물질 발생 사고에서 하나 이상으로 응력 요인에 직면할 수 있다. 예를 들어, 열(열 응력)은 컨테이너를 약화시키고, 내부 압력을 증가시키면서, 화학반응을 개시하거나 가속시킬 수 있다. 유사하게 역학적 타격은 불안정한 화학물질에서 격렬한 화학반응을 일으키면서 동시에 컨테이너를 손상시킬 수 있다.

컨테이너 응력을 평가할 때 다음을 고려한다.

- 컨테이너 유형
- 컨테이너 내부의 제품(위험물질)
- 응력의 유형 및 양
- 응력의 잠재적 지속시간

컨테이너 응력은 컨테이너에 동시에 작용하는 단일 요인 또는 여러 가지 응력 요인을 포함할 수 있다. 컨테이너의 파손을 방지하려면 컨테이너에 응력를 가하는 요인을 줄이거나 없애야 한다. 이러한 요소는 컨테이너 표면에 부딪히는 충돌이나 화재와 같이 쉽게 볼 수 있는 경우도 있지만, 직접 관찰할 수 없는 경우에는 조건 또는 기타 간접 지표를 기반으로 예측해야 한다. 컨테이너가 이미 파손된 경우, 노출되었을 수도 있는 다른 컨테이너들에 대해 생각하고 위험물질과 제품의 접촉으로 인한 영향을 평가한다.

물질의 상태는 컨테이너가 받는 응력에 영향을 미친다. 예를 들어, 기체를 담고 있는 컨테이너는 본질적으로 응력을 받는다. 가열 또는 냉각은 이 응력을 증가시키거나 감소시킬 수 있다. 이러한 컨테이너는 손상되거나 추가 응력(예: 화재 또는 뜨거운 낮 시간대의 온도로 인한 열)에 노출될 경우, 재난에 가깝게 파손되거나 비등액체증기운폭발이 일어날 수 있다. 액체 컨테이너, 특히 증기압이 높은 액체를 담고 있는 액체 컨테이너는 화재에 압도되었을 시 파손될 수 있다.

또한 액체 컨테이너는 또한 중합하는 물질이 들어 있을 수 있다. 제어되지 않은 중합반응(화학적 응력)으로 인해 생기는 응력은 컨테이너의 파손을 일으킬 수 있다. 이러한 파손은 폭발을 일으킬 수 있다. 대부분의 고체 컨테이너는 그 안에 들어 있는 물질의 물리적 특성보다는 역학적 응력 요인을 통해 손상을 입는다. 예외 사항으로는 폭발물, 산화제, 과산화물 및 금수성 물질(물 반응성 물질)과 같은 위험 분류의 반응 물질이 있다.

경고(WARNING!)

사고에 연루된 컨테이너 작업 시 극도의 주의를 기울여라.

사례 연구(Case Study)

웨이벌리 과압 사고(1978년)

1978년 2월 22일 오후 10시 30분경, 루이스빌과 내쉬빌(L&N) 철도화물열차 24대가 테네시주 웨이버리시에서 탈선했다. 처음에는 위험물질 누출의 흔적을 찾기 위해 사고 잔해를 검사하는 것을 포함하여 지역 비상대응 공공기관(local emergency services)이 사고를 처리했다.

2월 23일 오전 5시 10분에 테네시 민방위국[현재의 테네시 비상관리국(Emergency Management Agency)]이 상황을 평가하기 위해 위험물질팀(hazmat team)을 보냈다. 그 팀은 탱크차에 물줄기를 뿌려 탱크를 시원하게 유지하기로 한 지방 관료들의 결정에 동의했다. 탈선 지역 주변에서 0.4 km까지 대피를 실시하고 이 지역으로의 가스 및 전기 공급을 차단하기로 결정했다. 이 시간까지 L&N 철도회사의 직원들은 잔해를 치우기 시작했다. 직원들이 철도차 잔해를 제거하는 동안에 물 뿌리기는 중단되었다. 결국 폭발하게 될 철도차 UTLX 83013은 선로를 정리하기 위해 움직였다. 철도 노선은 2월 23일 오후 8시경에 부분적으로 재개되었다.

사고 첫 이틀 동안의 기온은 얼어붙어 있었고 눈이 내렸다. 그러나 2월 24일 정오에는 맑은 하늘로 인해 기온이 12.5℃까지 상승했다.

액화 석유가스 정화를 전문으로 하는 탱크 트럭과 직원들이 오후 1시경에 현장에 도착했다. 대응요원들은 LPG 제거가 시작되기 20분 전쯤에 이 지역을 검사해 보았으며 누출이 없음을 알았다. 그런 다음 오후 2시 58분에 현장의 웨이벌리 경찰과 소방 지휘관 및 위험물질 대원이 이동을 위해 장비를 이동시키면서, 탐지장치가 탱크차량에서 증기가 새는 것을 발견했다. 하지만 어떤 행동을 취하기 전에 비등액체증기운폭발이 발생했다.

폭발은 수백 미터까지 느껴졌으며 수킬로미터 떨어진 곳에서도 보였다. 폭발 결과로 16명이 사망했다. 그 중 6명은 그 자리에서 사망하였으며 43명이 크고 작은 부상을 입었다. 폭발로 현장의 소방장비 대부분이 파괴되었다. 탱크차의 한 조각이 100 m 이상 날아가 집 앞에 떨어졌다. 이 폭발로 인근 건물에서 수많은 화재가 발생하였고 다수의 도로 차량 및 기타 철도차량이 타격을 입었다. 폭발로 인해 웨이벌리에서 16개의 건물이 파괴되었고, 또 다른 20개의 구조물도 심각한 손상을 입었다.

교훈:

국립 운송안전이사회(National Transportation Safety Board; NTSB)는 결론적으로 철도차량 자체에서 일어난 폭발을 비난했다. 차가 탈선하는 동안 균열이 발생했고, 이 균열은 자동차가 궤도에서 떨어졌을 때보다 확장되었으며, 온도의 상승으로 탱크의 과압(over-pressurization)이 야기되었다고 생각되었다. 이 사고로 기인하여 테네시 민방위국(TOCD)은 여러 해 동안 적극적으로 활용해온 '위험물질 대응요원에 대한 표준 및 훈련(standards and training for hazmat responders)'을 개발했다.

파손(구멍 뚫림, Breach)

컨테이너가 **복구 한계**[3]를 넘어서는 응력을 받으면 컨테이너는 열리거나 **파손**[4]되고, 그 내용물이 유출된다(그림 5.6). 다양한 컨테이너 유형은 다양한 요소(내부 압력 포함)를 기반으로 다양한 방식으로 손상된다. 파손 유형 및 정도는 컨테이너의 유형과 적용되는 응력에 따라 다르다. 초동대응자는 응력이 가해지거나 적용되었을 때 발생할 수 있는 파손의 유형을 예측하려고 시도해야 한다. 파손 특징은 공격적 위험물질 제어 대응(작전)을 계획하는 주요 요인이 된다. 파손의 유형은 다음과 같다.

- **분열, 붕괴(Disintegration)** 부서지기 쉬운 물질(brittle material)로 만들어진(또는 어떤 형태의 응력에 의해 더욱 부서지기 쉬운) 컨테이너에서 발생한다. 컨테이너는 일반적인 온전성의 상실로 악화된다. 분열의 예로는 유리병이 산산조각나는 것이나 폭발하는 수류탄이 있다(그림 5.7).
- **폭발적 균열(급격한 균열, Runaway Cracking)** 컨테이너가 둘 이상의 상대적으로 큰 조각(large piece)[파편화]이나 크게 찢어진 것(large tear)으로 파괴된다(그림 5.8). 균열은 컨테이너에서 발생하고 빠르게 커진다. 급격한 균열은 드럼, 탱크차, 또는 실린더와 같은 밀폐 컨테이너에서 종종 발생

3 **복구 한계(Limit of Recovery)** : 컨테이너의 설계 강도(design strength) 또는 압력에서 내용물을 적재하고 있을 수 있는 능력

4 **파손(구멍 뚫기, Breach)** : 구조(rescue), 호스라인 작업(hose line operation), 환기(ventilation) 또는 기타 기능 수행을 위해 구조물(structure) 안팎으로 접근할 수 있도록 하기 위해서 벽체의 전반적인 무결성(integrety)을 손상시키지 않으면서 구조물의 장벽(예: 벽돌 벽)에 구멍(틈, opening)이 생기는 것

한다. 폭발적 선형 균열(runaway linear cracking)은 일반적으로 비등액체증기운폭발(BLEVE)과 관련이 있다.

- **부착물(Attachment)[접합된 개패구(closure)가 열리거나 부숴짐]** 응력을 받았을 때 파손되거나 열리거나 끊어져 컨테이너가 완전히 파손될 수 있다(그림 5.9). 부착물[예: 압력 방출 장치(pressure-relief device), 배출 밸브(discharge valve) 또는 기타 관련 장비]을 평가할 때 초동대응자는 전반적 체계와 해당 지점에서의 파손의 영향을 고려해야 한다.
- **구멍(Puncture)** 이물질이 컨테이너를 통과할 때 발생한다. 예: 포크리프트(forklift; 지게차의 지게 부분)로 드럼에 구멍을 내는 것이나 연결기(coupler)가 철도탱크차를 뚫고 나오는 것(그림 5.10)
- **(길게 찢어진) 틈(찢어짐, Split or tear)** 컨테이너는 탱크의 용접된 이음새 또는 드럼이 파손될 때와 같이, 틈을 통해 파손될 수도 있다. 역학적 또는 열적 응력 요인은 비료 자루의 이음새가 찢어지는 경우와 같이 찢어질 수 있다(그림 5.11).

그림 5.6 컨테이너는 복구 한계를 넘어서는 응력을 받으면 파손된다. Barry Lindley 제공.

그림 5.7 이 염소 적재 실린더는 부식으로 인해 분해되었다. Barry Lindley 제공.

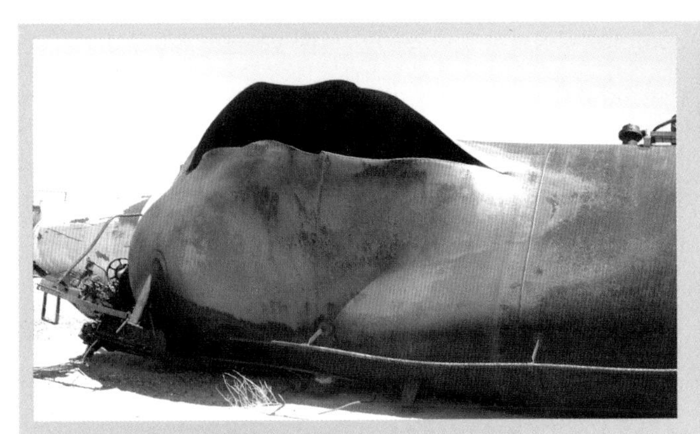

그림 5.8 이 컨테이너는 폭발적 선형 균열(runaway linear crack)을 입었다. Barry Lindley 제공.

그림 5.9 부착물에 대한 손상은 일반적으로 파손(breach)에 해당한다. Barry Lindley 제공.

그림 5.10 이 탱크차는 구멍이 났다. Barry Lindley 제공.

그림 5.11 협동일관수송 컨테이너(intermodal container)에서 용접된 이음새(welded seam)가 갈라졌다. Rich Mahaney 제공.

유출(Release)

컨테이너가 파손되면 그 내용물과 에너지 및 컨테이너 자체(전체 또는 일부)가 유출될 수 있다. 실린더가 가압되면, 인화성 기체는 역학적 응력으로 인해 밸브에서 부착물 파손을 겪게 되며, 제품은 밸브 및/또는 실린더를 반대 방향으로 빠르게 가속시키는 상당한 양의 에너지(저장된 압력으로 인한 것)와 함께 방출된다(그림 5.12). 상황에 따라 이 유출은 빠르게 또는 장기간에 걸쳐 발생할 수 있다. 일반적으로 많은 양이 저장된 화학적/역학적 에너지가 보다 빠른 유출로 이어지며, 초동대응자에게 더 큰 위험을 준다. 유출은 발생 속도에 따라 분류된다.

- **폭굉(Detonation)** 위험물질에 저장된 화학에너지의 즉각적이고 폭발적인 방출(유출), 폭굉의 지속시간은 1초의 1/100 또는 1/1000 단위로 측정될 수 있다. 폭발은 '폭발적 유출'의 예이다. 이 유출은 파편화, 분해 또는 컨테이너의 산산조각남 또한 극심한 과압 및 상당한 열 방출로 나타날 수 있다.
- **격렬한 파열(Violent rupture)** 폭발적 균열로 인한 화학적 또는 역학적 에너지의 즉각적 방출. 격렬한 파열은 1초 이내에 발생한다. 이러한 유출은 컨테이너와 그 내용물 및/또는 컨테이너 조각/부품과 위험물질의 국부의 사출을 초래한다. 비등액체증기운폭발은 격렬한 파열의 한 예이다.
- **신속한 경감(Rapid relief)** 적절하게 작동하는 안전장치를 통해 가압된 위험물질의 신속한 배출이 일어난다. 이러한 동작은 수초에서 수분 동안 발생할 수 있다. 손상된 밸브, 손상된 배관, 손상된 부착물 또는 컨테이너의 구멍을 통해 신속한 경감이 이뤄질 수 있다(그림 5.13).

• **누출(Spill/leak)** 구멍, 찢긴 곳, 뜯어진 곳 또는 일반적인 구멍/부착물을 통한 대기압 또는 **출구 압력**[5] 하에서의 위험물질의 느린 유출. 누출은 몇 분에서 며칠 동안 지속될 수 있다.

그림 5.12 가압된 인화성 기체의 실린더는 유출로 인해 불규칙한 로켓처럼 움직일 수 있다.

그림 5.13 신속한 경감은 가압된 위험물질이 적절하게 작동하는 안전장치를 통해 유출될 때 발생한다. Rich Mahaney 제공.

5 **출구 압력(Head Pressure)** : 정체된(변동 없는) 물기둥(column of water)에 의해 가해진 압력으로, 물기둥의 높이에 직접 비례함

유출 가능성

유출 가능성(release potential)을 평가할 때, 컨테이너 제품의 총량을 기억한다. 가압 컨테이너의 밸브 파열 구멍은 신속한 유출을 유발한다. 이 파손(구멍 뚫림)이 68 kg 실린더에서 발생하면, 내용물은 빨리 방출된다. 이러한 동일한 유형의 유출이 톤컨테이너(ton container), 화물탱크(cargo tank), 탱크차(tank car)에서 발생하는 경우, 유출은 더 오랜 시간에 걸쳐 발생하며 실질적으로 더 큰 위험을 일으킬 수 있다.

확산 및 뒤덮임(Dispersion and Engulfment)

물질의 확산dispersion은 때로는 **뒤덮임**[6]을 의미한다(그림 5.14). 위험물질, 에너지 및 컨테이너 구성요소의 확산은 다음을 포함하는 유출 유형에 따라 다르다.

- 고체, 액체, 기체/증기
- 역학적, 열, 화학적 에너지 및 이온화(전리) 방사선
- 제품 특성 및 환경 조건(예를 들면, 날씨 및 지형)
  - 물리적/화학적 특성(physical/chemical property)
  - 지배적인 기상 조건(prevailing weather condition)
  - 현지 지형(local topography)
  - 유출 지속시간(duration of the release)
  - 대응요원의 제어 노력(control effort)

확산되는 위험물질의 모양shape과 크기size는 순간적인 내뿜음puff, 연속적인 플룸plume 또는 산발적인 변동fluctuation과 같이 물질이 컨테이너에서 어떻게 분출되는지에 따라 달라진다. 확산되는 위험물질의 요점outline of the dispersing hazardous material(때로는 확산 양상dispersion pattern이라고도 함)은 여러 가지 방법으로 설명할 수 있다. 공통적인 확산 패턴으로는 다음과 같다.

---

6 **뒤덮임(Engulfment)** : 일반 비상상황 거동 모델(GEBMO)에 정의된 물질의 확산(dispersion)으로, 물질 및/또는 에너지가 확산되어 위험 구역(danger zone)을 형성할 때 뒤덮임 현상이 발생한다.

그림 5.14 제품이 확산되어 위험 구역을 형성할 때 뒤덮임이 발생한다.

- **반구형 유출(확산)**[7] 부분적으로 여전히 지면 또는 물과 접촉 상태인 공기 중 위험물질(airborne hazardous material)의 반원형(semicircular) 또는 돔형(dome-shaped) 방식(패턴)(그림 5.15). 반구형 유출은 일반적으로 에너지의 급속한 방출[폭발(폭굉)detonation, 폭연(deflagration) 및 격렬한 파열(violent rupture)과 같은]에서 비롯된다. 다음 요소는 반구형 유출의 공통 요소들이다.
  - 에너지 : 일반적으로 유출 지점으로부터 바깥쪽의 모든 방향으로 이동한다.
  - 에너지의 확산 : 지형과 구름 덮개층(cloud cover; 구름이 마치 하나의 막과 같이 형성된 모습 - 역주)의 영향을 받는다. 단단한 구름 덮개층은 폭발 충격파를 반사함으로써 폭발한다.
  - 에너지 유출 : 위험물질 및 컨테이너의 부품(부분)을 날려보낼 수 있으며, 단 이러한 확산은 반구형이 아닐 수 있다. 대형 컨테이너 부품은 일반적으로(항상 그런 것은 아니며) 컨테이너의 장축을 따라 이동한다.
- **구름형 확산(Cloud)**[8] 집합적으로 지면 또는 물 위에 상승한 공기 중의 위험물질(airborne hazardous material)의 공 모양패턴(그림 5.16). 기체, 증기 및 빠르게 방출되는[내뿜는 유출(puff release)] 미세한 고체는 최소한의 바람 조건에서 구름 형태로 확산될 수 있다. 지형 및/또는 바람 효과는 구름을 연기형 확산으로 변환시킬 수 있다.

그림 5.15 반구형 유출은 지면이나 물과 부분적으로 접촉하고 있는 반원형 또는 돔형의 공기 중 위험물질이다.

그림 5.16 집합적으로 구름형 확산은 물질이 지면이나 물 위에 상승한 공중의 위험물질의 패턴이다.

---

7 **반구형 유출(확산)(Hemispheric Release)** : 지면 또는 물과 부분적으로 여전히 접촉 상태인 공중의 위험물질(airborne hazardous material)의 반원형(semicircular) 또는 돔모양(domeshaped)의 방식(패턴, pattern)

8 **구름형 확산(Cloud)** : 위험물질 사고에서, 집합적으로 물질이 땅이나 물 위에 상승한 공기 중의 위험물질로 이루어진 공 모양의 패턴

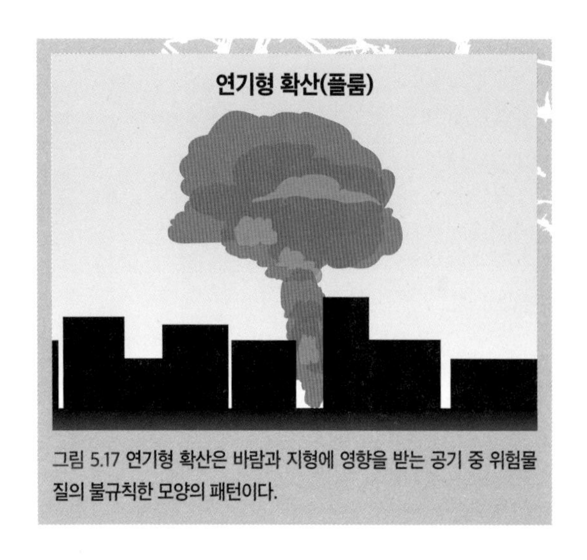

그림 5.17 연기형 확산은 바람과 지형에 영향을 받는 공기 중 위험물질의 불규칙한 모양의 패턴이다.

- **연기형 확산(Plume)** 바람 및/또는 지형이 유출 지점에서 하강 구간에 영향을 미치는 공기 중 위험물질(airborne hazardous material)의 불규칙한 모양(irregularly shaped)의 패턴(그림 5.17). 기체와 증기로 구성된 **연기형 확산(플룸)**[9]은 증기밀도와 지형(특히 증기밀도가 1보다 큰 경우)과 풍속 및 풍향의 영향을 받는다. 그림 5.18은 도시 환경에서의 플룸 모델링 거동(plume modeling behavior)에 관한 몇 가지 일반적인 지침(general guideline)을 제공한다. 기타 연기형 확산 요소(other plume dispersion element)는 다음을 포함한다.
  - 뿜기형 유출(Puff release) : 한 번에 모든 물질이 유출되면 구름형(cloud)이나 연기형(plume)의 기체 또는 증기의 농도(concentration)가 시간이 지남에 따라 감소한다.
  - 지속형 유출(Ongoing release) : 누출이 중지될 때까지 또는 모든 제품이 유출될 때까지 농도는 계속 증가하며, 그러고 나서 감소한다.
- **원추형 확산**[10] 구멍 뚫린 곳(breach)과 넓은 하강 지면(wide base downrange)에 유출 원점이 있는 대기 중(부유) 위험물질(airborne hazardous material)의 삼각형 모양패턴(그림 5.19). 에너지 방출은 유도될 수 있으며(파손의 성격에 따라), 고체, 액체, 기체 물질을 3차원 원추형 확산 방식(three-dimensional cone-shaped dispersion)으로 내뿜을 수 있다. 원추형 확산의 예로는 비등액체증기운 폭발 또는 가압된 액체 또는 기체 유출로부터의 컨테이너 파손(고장)을 포함한다.
- **개울형 확산(Stream)** 중력 및 지형 윤곽선에 영향을 받은 액체 위험물질이 표면을 따라 흐르는 패턴(그림 5.20). 액체 유출은 유출 지점에서 경사도가 있을 때마다 내리막으로 흐른다.
- **웅덩이형 확산(Pool)** 3차원(깊이 포함)의 느리게 흐르는 액체 확산. 액체는 저지대에서 물질의 컨테이너 및 웅덩이(못, pool)의 형태를 취한다(그림 5.21). 액체 수위가 지형에서 형성되는 제한 높이 이상으로 올라가면, 물질은 유출 지점으로부터 바깥쪽으로 흐른다. 지형으로 인해 상당한 경사면 또는 제한이 생기는 경우 이러한 흐름은 개울을 형성한다.
- **불규칙형 확산(Irregular)** 오염 물질(예를 들면, 오염된 대응자가 전파시킨 물질)의 불규칙하거나 무분별한 누적(그림 5.22)

---

9 **연기형 확산(플룸, Plume)** : 바람 및/또는 지형이 유출 지점에서 하강 구간에 영향을 미치는 공기 중의 위험물질의 불규칙한 모양(패턴)

10 **원추형 확산(Cone)** : 구멍 뚫린 곳(파손, breach) 및 넓은 하강 지면에 유출 원점이 있는 공중의 위험물질의 삼각형 모양(패턴)

유출이 발생한 경우, 시설 사고사전조사facility pre-incident survey에는 위험 구역의 크기를 추정하는 데 도움이 되는 '연기형 확산 모델'이 포함될 수 있다. CAMEO(비상대응의 컴퓨터보조 관리)Computer-Aided Management of Emergency Operation, ALOHA(위험 공기의 지역 위치)Area Locations of Hazardous Atmospheres 및 HPAC(위험 예측 및 평가 능력)Hazard Prediction and Assessment Capability과 같은 컴퓨터 소프트웨어는 또한 연기형 확산 양상 예측에 도움을 줄 수 있다. 초동대응자는 이격 및 대피 거리에 대해 비상대응지침서ERG를 참고할 수 있다.

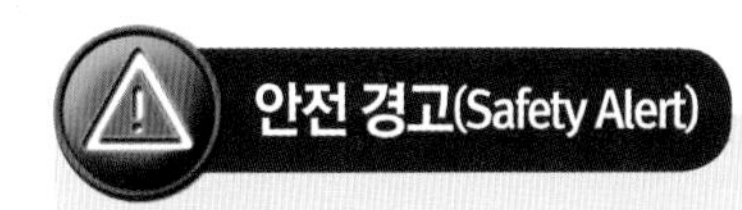

고체의 확산

먼지(분진), 분말(powder), 또는 작은 입자형태(small particle)의 고형물도 확산 양상을 보일 수 있다. 바람, 움직이는 액체나 물체와의 접촉으로 유출된 제품은 분산된다. 예로는 다음을 포함한다.

- ▶ 살충제 분말의 방출 및 연기형 확산
- ▶ 개울형 확산 방식의 액체의 이동에 의한 고체의 확산
- ▶ 구름형 확산 내부 또는 공기 중에 장시간 머무르는 상태의 미세 석면 섬유(airborne microscopic asbestos fiber)와 같은 위험물질도 고체 형태로 존재할 수 있으며, 고체 상태의 확산 가능성이 있으므로 초동대응자는 적절한 대응계획을 세울 때 이에 최우선 순위를 두어야 한다.

도시환경에서 대기 중 독성물질 유출(Air Toxics Release)에 대한 "경험획득법칙(Rules of Thumb)"

명백해 보이는 바람(Apparent Wind)의 예외들

국지적으로 측정된 바람은 건물에 의한 순환으로 인해 광범위 지역 바람과 일치하지 않을 수 있다.

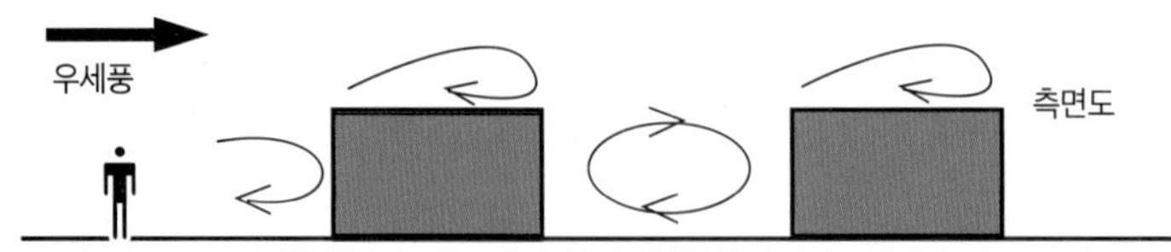

교훈: 건물 주변에서 발생하는 복잡한 흐름으로 인해 지표면에서 측정된 바람의 측정치가 상위 수준의 우세풍과 같은 수치를 보여주지 않을 수 있다. 아랫바람 방향으로 멀리있는 피난 구역(evacuation zone)들은 반드시 국지풍(local wind)이 아니라 우세풍(prevailing wind)을 따르는 광범위 지역의 (위험물질)연기형 확산체 이동(larger scale plume transport)을 고려하여 결정되어야 한다.

소용돌이 속에 갇힌 작용제(위험물질)

빌딩 벽면으로 직면하는 바람에 의해, 건물 사이에 위험물질이 집중적으로 모여서 사라지기까지비교적 오랜 시간이 걸릴 수 있다.

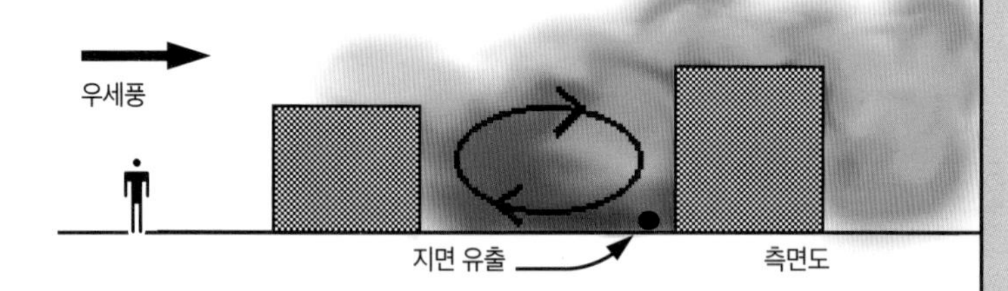

교훈: 공기 중 오염물질은 느리게 움직이는 소용돌이(slow moving vortice)가 있는 건물 사이에 갇히게 되어, 깨끗한 공기와 섞여 사라지기까지 더 오래 걸릴 수 있다. 대부분의 경우 넓은 건물일수록 그리고 좁은 거리일수록 오염물질을 더 오래 가둬둘 것이다.

작용제 거동 현상

오목한 형태의 건물진입부 쪽 또는 건축 벽감(architectural alcove; 벽면을 우묵하게 들어가게 해서 만든 공간)은 위험물질의 연기형 확산이 지나간 후 얼마 동안 공기 중 오염물질을 잡아두거나 가둘 수 있다.

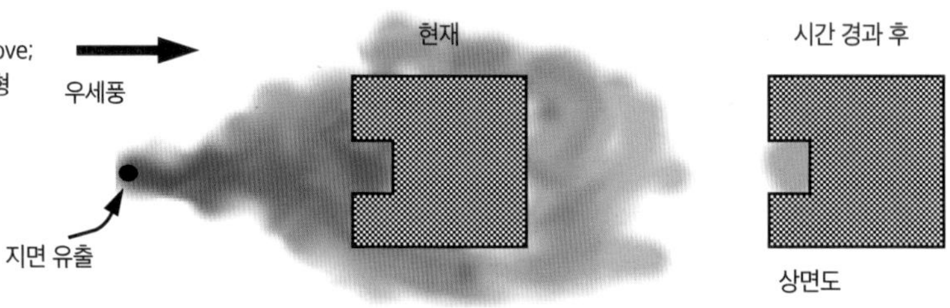

교훈: 플룸(plume)의 주요 부분이 사라졌다는 것을 명확히 확인한 후라도, 후에도, 공기 중 오염물질 중 일부가 벽감(alcove) 및 기타 정체 구역에서 집적해 있을 수 있음을 인식한다.

축상 채널링 효과(on-axis channeling effect)

거리와 평행한 바람의 경우, 플룸은 거리 협곡(street canyon) 안에 가둬질 수 있다. 단 플룸(위험물질 연기형 확산체)은 거리 측면을 따라서 더 이동될 수 있다.

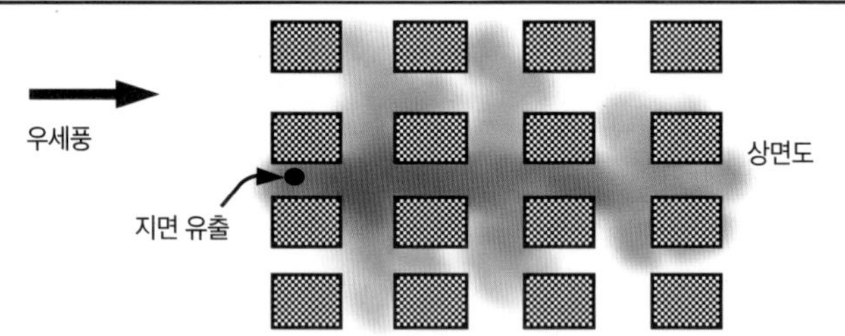

교훈: 유출을 포함하여 거리에 수평하게 우세풍(prevailing wind)의 방향이 형성된 것임을 결정한 후, 오염된 공기가 거리를 따라서 여러 개의 블럭 사이마다 각각의 방향으로 이동할 경향이 있다는 것을 인식해야 한다.

축외 채널링 효과(off-axis channeling effect)

위험물질 연기형 확산은 출처 근처의 거리에 의해 이동되며 우세풍 풍향 축에서 벗어나 이동할 수 있다.

교훈: 대규모 피난 구역(larger-scale evacuation zone)을 결정할 때 사용된다. 플룸이 초기에는 우세풍(prevailling wind)으로부터 축에서 벗어난 방향으로 이동될 수 있다는 것을 알아야 한다. 일단 플룸이 건물 위로 흩어지면 우세풍을 따라서 이동할 것이다. 그러나 플룸의 중심축은 유출 지점으로부터 상쇄될 것이다.

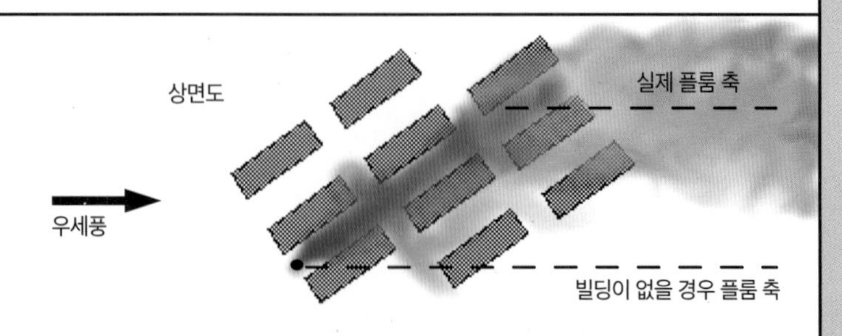

그림 5.18 지속성 화학물질은 흩어지기 전에 주변 환경에 머물러 있다.

도시 환경에서 대기 중 독성물질 유출(Air Toxics Release)에 대한 "경험획득법칙(Rules of Thumb)"

위험물질의 회오리에 의한 이동(eddy transport)

공기 중 오염물질은 건물의 측면과 상단의 재순환 구역에서는 우세풍 방향의 반대쪽으로 짧은 거리를 이동할 수 있다.

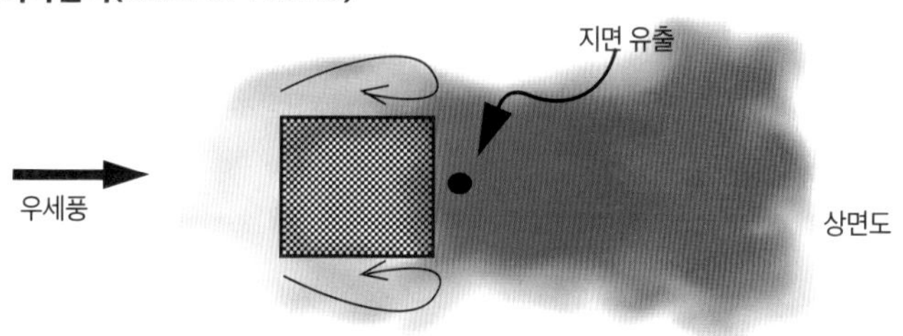

교훈: 원점(source)이 당신을 기준으로 아랫바람에 있다고 판단되는 경우, 원점의 건물 상승기류(upstream) 근처의 위치(location)에 주의한다. 플룸(위험물질 연기형 확산체)은 우세풍과 반대 방향으로 짧은 거리를 이동할 수 있기 때문이다.

대규모 바람 변동성(variability)

우세풍(prevailing wind)은 때때로 방향이 바뀐다. 따라서 윗바람 지역의 안전 구역(safe zone)이 아랫바람 지역이 될 수 있다.

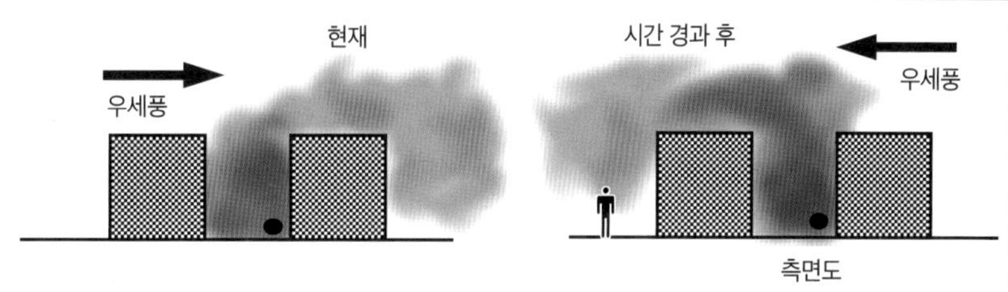

교훈: 우세풍(prevailing wind)은 고정되어 있지 않으며, 몇몇 상황에서는 방향이 빠르게 바뀔 수 있다. 따라서 안전 구역을 유지할 수 있도록 우세풍을 모니터링(감시)한다.

소규모 바람의 변동성(variability)

현지 바람은 매우 빠르게 방향을 전환할 수 있으며, 플룸이 건물의 한쪽 면에서 다른 쪽으로 수초 만에 방향 전환할 수 있다.

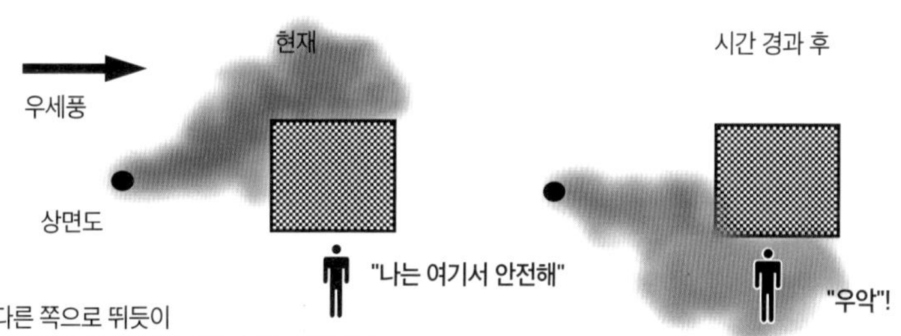

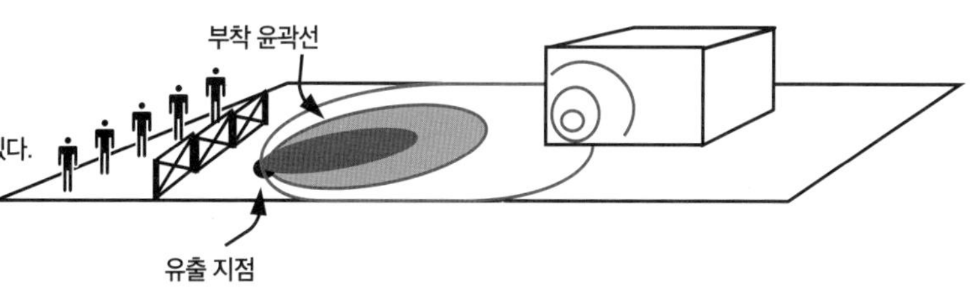

교훈: 바람의 난기류(turbulent) 때문에, 한 플룸이 건물 한쪽에서 다른 쪽으로 뒤듯이 바뀌는 것은 매우 일반적이다. 따라서 단지 플룸이 현재 건물의 다른 면에서 존재한다고 해서 건물 한쪽 면에 있는 당신이 안전할 것이라고 안심하지 않는다.

위험물질 부착(deposition)

플룸(위험물질 연기형 확산체)이 유출 영역을 벗어났어도, 독성 작용제(toxic agent)는 지면 및 건물 표면에 부착(deposition)되어 있어 여전히 오염되었을 수 있다.

부착 윤곽선

유출 지점

교훈: 오염 물질이 표면에 달라붙어 있을 수 있기 때문이다.
제독(decontamination)이 완료될 때까지 유출 지점 부근의 표면을 만지면 안 된다.

실내 효과(indoor effect)

플룸(위험물질 연기형 확산체)이 지나갈 때에는 실내에 머물러 있는 것이 더 안전하다.
플룸이 지나간 후에는 실외(outdoor)로 이동하는 것이 더 안전할 수 있다.

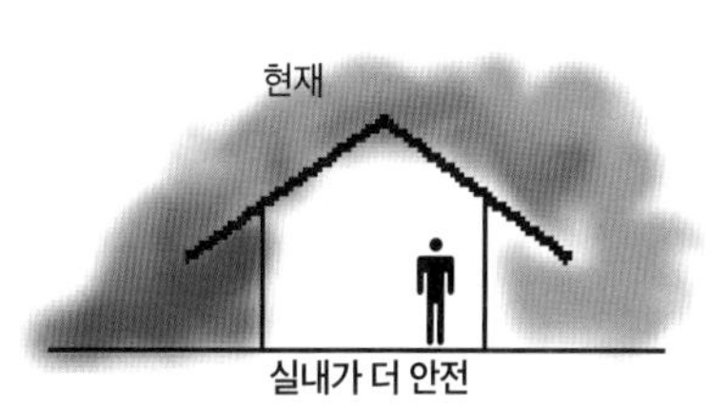

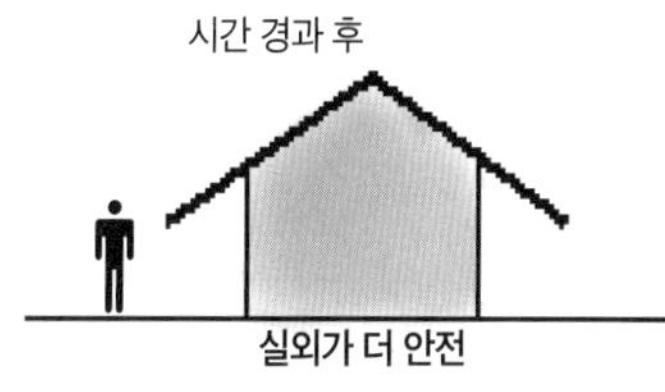

교훈: 실외 유출의 경우, 모델링 연구에 따르면 실내에서는 농도가 낮을 수 있지만, 나중에는 실외의 농도가 낮아지는 것으로 나타났다. 그러나 이러한 관계는 건물 환기(ventilation)의 세부사항에 달려 있다.

그림 5.18 (계속)

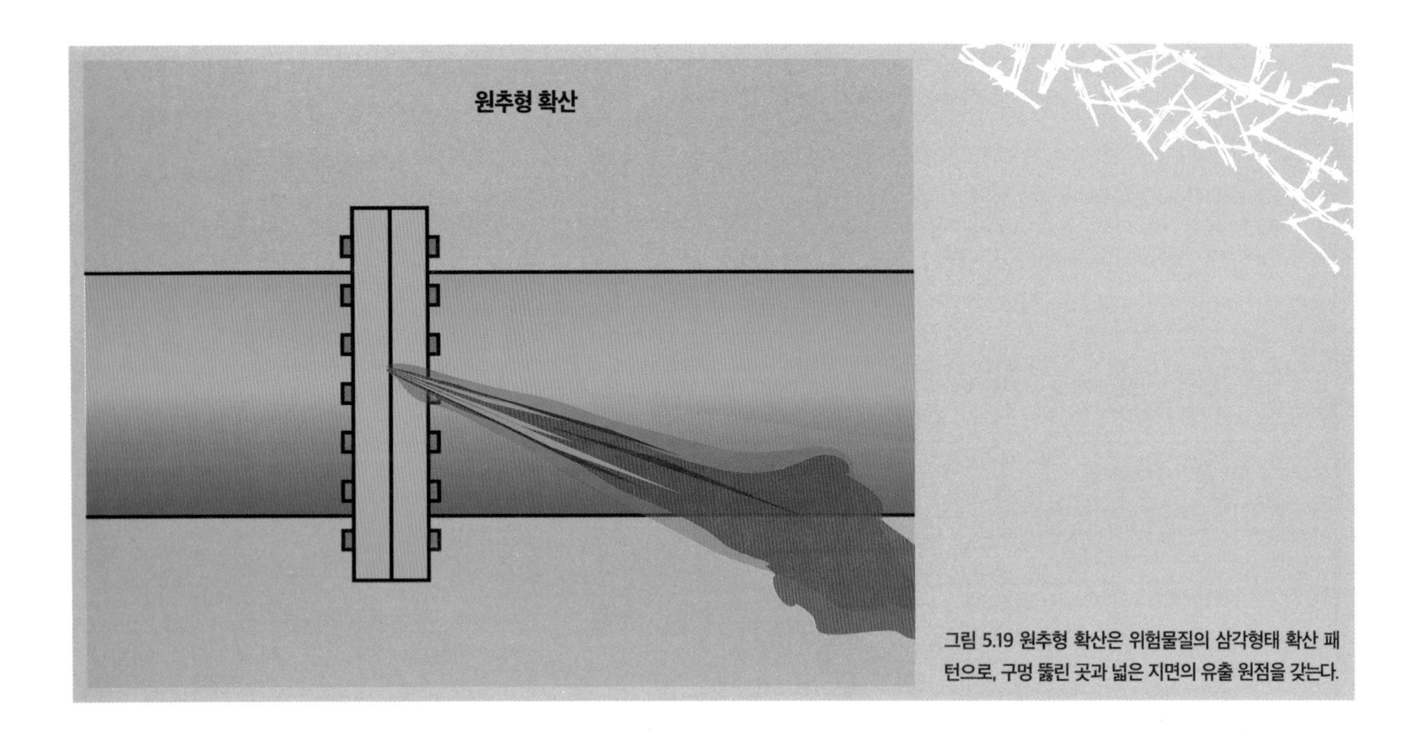

그림 5.19 원추형 확산은 위험물질의 삼각형태 확산 패턴으로, 구멍 뚫린 곳과 넓은 지면의 유출 원점을 갖는다.

그림 5.20 개울형 확산은 중력에 의해 표면의 지형 윤곽을 따라 흘러 내려간다.

그림 5.21 웅덩이형 확산에서 액체는 컨테이너의 모양을 취하며, 일반적으로 저지대에 축적된다.

그림 5.22 불규칙형 확산은 오염된 차량이나 대응요원에 의한 위험물질의 무차별적인 침전(누적)으로 인해 발생한다.

노출(Exposure)/접촉(Contact)

컨테이너가 유출되면 내용물과 컨테이너 자체가 사람, 환경, 재산과 같은 다양한 노출의 유형으로 확산될 위험이 있다. 경우에 따라 비상대응지침서ERG를 사용하여 위험 구역endangered area의 크기를 추정할 수 있다. 일부 위험물질hazardous material은 특정 노출 유형(예를 들면, 어류 및 기타 해양 식물과 동물을 위협하는 해양 오염물질marine pollutant)에 위협을 나타낼 수 있으며, 다른 것들도 모든 유형에 위협이 될 수 있다.

노출의 심각성을 평가할 때 현존하는 위험hazards present, 물질의 농도concentration 및 접촉지속시간duration of contact을 고려한다. 위험성 및 위험요인 평가에서는 다음과 같은 노출을 고려한다(그림 5.23).

- **사람(People)** 대응요원 및 기타 사람들을 위험물질의 경로에 포함시킨다.
- **환경(Environment)** 인간 이외의 공기, 물, 땅, 생명체가 포함된다. 환경에 대한 잠재적 영향은 제품이 출시되는 위치와 특성에 따라 다르다.
- **재산(Property)** 유출되었을 때 해방된 위험물질 또는 에너지에 의해 직접적으로 위협이 되는 것들을 포함한다.

접촉contact(충돌impingement)은 다음과 같은 일반적인 시간(기간)과 관련된다.

- **즉시(Immediate)** 밀리초(millisecond), 초(second) – 폭연(deflagration), 폭발(explosion) 또는 폭굉(detonation)
- **단기(Short-term)** 분(minute), 시간(hour) – 기체 또는 증기운
- **중기(Medium-term)** 일(day), 주(weak), 달(month) – 오래 지속되는 살충제
- **장기(Long-term)** 년(year), 세대(generation) – 영구 방사선원

위험 및 위험요소 평가에서의 노출

사람(people)

환경(environment)

재산(property)

그림 5.23 잠재적 노출은 사람, 환경 및 재산을 포함한다.

위해(Harm)

위해harm는 위험물질에 노출되어 발생된 부상injury이나 손상damage으로 정의된다. 위험물질 사고에서의 세 가지 위해 메커니즘mechanisms of harm은 1장에서 설명한다.

- 에너지 방출(Energy release)[열적(thermal), 역학적(mechanical), 화학적(chemical), 압력(pressure), 전기(electrical), 방사능(radiological)]
- 부식성(Corrosity)
- 독성(Toxicity)

일반 컨테이너의 유형 및 유출 시 거동

General Container Type and Behavior

2장에서는 컨테이너 형태(모양)container shape를 소개하고 기본 컨테이너 유형basic container type 및 식별수준 인원(직원)에 대한 기본 정보를 제공했다. 이 장에서는 교통수단transportation mode 또는 고정 시설fixed facility에 대한 추가 컨테이너 식별 정보를 제공하여 파손(구멍 뚫림)breach 및 유출release로 이어지는 공통적 응력 요인에 대한 간략한 설명을 제공한다. 연관된 컨테이너의 유형에 기초한 위험물질 사고hazmat incident에 대해 몇 가지 기본적인 일반화가 이루어질 수 있다. 예를 들어 사고가 압력 컨테이너와 관련된 경우, 방출된 제품(위험물질)은 기체 또는 증기로 빠르게 증발 및 팽창하는 기체 또는 액체일 가능성이 크다. 일단 유출(방출)release되면, 위험물질은 그 특성 및 환경 조건에 따라 기체처럼 거동한다. 표 5.1은 네 가지 주요 유형의 컨테이너에 대한 기본 개요 및 일반 거동 모델general behavior model과의 관계를 제공한다. '기술자료 5-1'은 잠재적 위험을 식별하기 위해 위험물질 사고를 분석하는 단계를 제공한다.

참고

표 5.1은 포괄적 의도를 가지고 만든 것은 아니다.

경고(WARNING!)

각 위험물질 사고 간의 공통점들에 관계 없이 각 상황을 고유한 상황으로 가정하고 접근하라!

일반적인 컨테이너 모양 외에도 초동대응자는 압력 및 측정에 대한 기본 개념을 잘 알고 있어야 한다.

- **제곱인치당 파운드(psi), 킬로파스칼(kPa), 바(bar)** 영국식 또는 관습(관례) 체계(CS), 국제단위계(SI) 및 미터법(비SI) 단위의 압력에 대한 일반적인 측정값(표 5.2). 여기서는 압력을 설명하기 위해 kPa을 사용한다.
- **대기압(Atmospheric pressure)** 지구의 표면에서 대기의 무게에 의해 발휘되는 힘. 대기압은 저고도에서 가장 크다. 따라서 해수면 압력이 표준으로 사용된다. 해수면에서 대기의 압력은 14.7 psi(101 kPa)이다. 대기압을 측정하는 일반적인 방법은 대기의 무게와 수은 기둥의 높이(height)를 비교하는 것이다. 대기압이 클수록 수은 기둥의 높이가 높아진다(그림 5.24).
- **압력계에서의 압력(Pressure at gauge)** 이것은 주변 대기에 대한 상대적인 압력 단위를 나타낸다. 관례 체계 단위(CS unit)는 제곱인치당 파운드(psi)이다. 국제단위계(SI) 단위는 kPa이다. 미터법(비SI) 단위는 바(bar)이다. 예를 들어, 해수면에서 타이어 압력수치의 30 psi(207 kPa, 2.07 bar) 판독값은 대략 대기압에서 게이지가 0[대기압은 약 14.7 psi(101 kPa, 1.01 bar)]으로 조정되었기 때문에 44.7 psi(308 kPa, 3.08 bar)의 절대압력(absolute pressure)을 나타낸다.

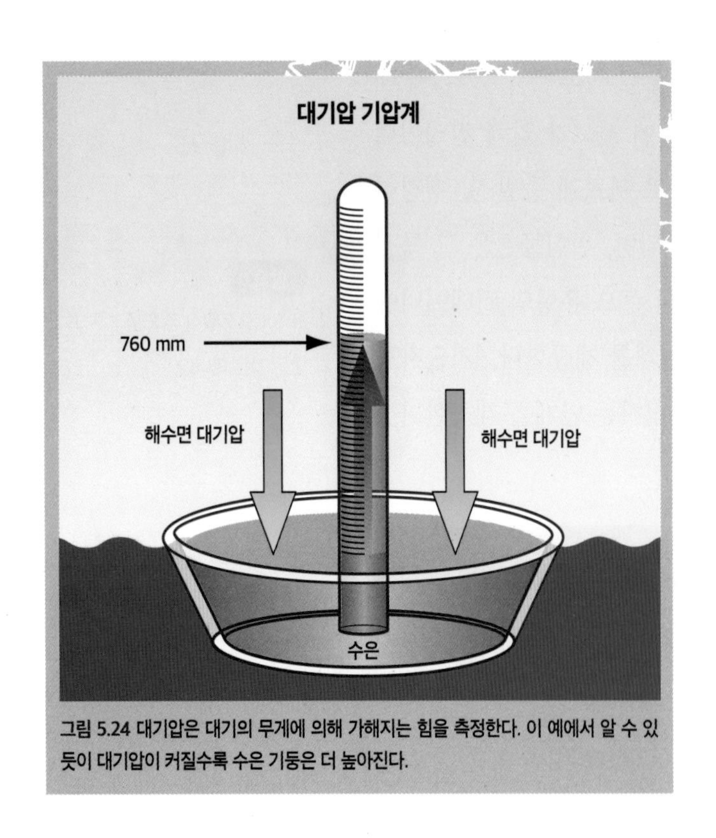

그림 5.24 대기압은 대기의 무게에 의해 가해지는 힘을 측정한다. 이 예에서 알 수 있듯이 대기압이 커질수록 수은 기둥은 더 높아진다.

압력 컨테이너 (Pressure Container)

압력 컨테이너pressure container는 기체 또는 액체를 운반한다. 일반적으로 모든 압력 컨테이너는 사고에 의한 유출을 예방할 수 있도록 제작된다. 압력 컨테이너는 물질 적재 시 응력을 받으며, 가열 또는 냉각은 이 응력을 증가시키거나 감소시킬 수 있다. 압력 컨테이너가 손상되거나 추가 응력이 가해지면 파손될 수 있다. 압력 컨테이너와 관련된 위험물질 사고는 비상대응요원 및 일반인에게 위험하다.

압력 컨테이너와 관련된 위험물질 사고에서의 초동대응자는 다음과 같은 공통된 응력 요인을 고려해야 한다.

- **열적(Thermal)** 열이나 화염에 노출되면 압력 컨테이너가 비등액체증기운폭발을 일으킬 수 있다.
- **화학(적)(Chemical)** 유출된 부식성 기체는 컨테이너에 추가적인 손상을 일으킬 수 있다. 컨테이너에 대한 압력은 내용물의 반응(reaction)에 의해 증가할 수 있다.
- **역학적(Mechanical)** 사고로 인하여 역학적 응력를 받을 수 있으며, 특히 컨테이너 부품들에 응력이 작용할 수 있다. 심각한 사고는 컨테이너 외벽을 손상시킬 수 있다.

압력제거장치[11] 및/또는 손상된 부품에서 방출이 일어나는 배출되는 것이 가장 일반적이지만 압력 컨테이너에서는 모든 유형의 파손breach이 일어날 수 있다. 급격한 균열runaway cracking은 비등액체증기운폭발과 관련이 있다. 철도 탈선이나 고속도로 사고와 같은 심각한 사고는 용접된 이음매(용접선)를 손상시키거나 압력 컨테이너 벽에 구멍을 내는 데 충분한 힘을 줄 수 있지만, 구멍, 균열 및 찢김은 거의 발생하지 않는다.

압력 컨테이너는 급속하게 팽창하는 기체 또는 액체를 유출시켜 기체 또는 증기vapor로 빠르게 증발 및 팽창시킨다. 유출은 압력제거장치pressure relief device (신속한 경감rapid relief이 이루어짐) 또는 손상된 부속 장치attachment 및 부속품fitting을 통한 누출leak을 통해 발생할 수 있다. 압력 컨테이너의 일반적 확산 양상은 다음과 같다.

- **반구형 양상** 비등액체증기운폭발
- **구름형 확산** 바람이 거의 없고 유출이 간헐적이거나 지속 시간이 짧을 경우에 컨테이너 위에 생기는 구름 형태의 것
- **연기형 확산** 증기밀도, 지형(특히 증기밀도가 1보다 큰 경우) 및 풍속
- **원추형 확산** 압력 컨테이너가 유출 지점에서 바깥쪽으로 팽창할 때 제품이 안정적으로 유출된다. 원추형은 바람의 방향에 따라 바람이 불어가는 방향으로 향하게 된다.

경고(WARNING!)

사고와 관련된 압력 컨테이너를 다룰 때에는 각별히 주의하라!

---

11 **압력제거장치(Pressure Relief Device; PRO)** : 과도한 압력(excess pressure)을 배출하여 체계(시스템) 또는 컨테이너의 압력을 제어하거나 제한하는 데 사용하도록 제작된 밸브 또는 기타 장치

표 5.1 컨테이너에 따른 일반적 위험물질 거동 모델				
유출 물질의 상태(상)	**압력 컨테이너**	**극저온 컨테이너**	**액체 적재 컨테이너**	**고체 적재 컨테이너**
기체 유출	있음	따뜻해짐에 따라서 팽창하는 차가운 증기	증기압 및 온도에 따른 액체 증기	반응성 고체(reactive solid)는 증기/기체를 방출할 수 있음
액체 유출	기체/증기로 급속하게 팽창하는 차가운 액체	기체/증기로 급속하게 팽창하는 차가운 액체	있음	없음
고체 유출	없음	없음	없음	없음
일반적 응력 요인	**압력 컨테이너**	**극저온 컨테이너**	**액체 적재 컨테이너**	**고체 적재 컨테이너**
열적	고온으로 인한 극심한 응력	내용물이 극도로 차가워, 누출이 컨테이너 또는 컨테이너 부속에 냉기 응력을 유발할 수 있음	- 고온으로 인해 극심한 응력을 유발할 수 있음 - 중합반응(polimerization)으로 열이 발생할 수 있음	고온으로 인한 극심한 응력이 있을 수 있음
화학(적)	부식성 물질로 인해 컨테이너 구성요소가 손상될 수 있음	높은 산화성 또는 인화성 일 수 있음	- 유출 시, 부식성 물질로 인해 컨테이너 구성요소가 손상될 수 있음 - 중합반응(polymerization)이 일어날 수 있음	- 유출 시, 부식성 물질로 인해 컨테이너 구성요소가 손상될 수 있음 - 분해(decomposition)가 일어날 수 있음
역학적	- 내용물이 고압 하에 있음 - 사고로 인해 역학적 손상이 발생할 수 있음	사고로 인해 역학적 손상(mechanical damage)이 발생할 수 있음	- 사고로 인해 역학적 손상이 발생할 수 있음 - 중합반응 으로 인해 압력이 발생할 수 있음	사고로 인해 역학적 손상이 발생할 수 있음
일반적 파손 요인	**압력 컨테이너**	**극저온 컨테이너**	**액체 적재 컨테이너**	**고체 적재 컨테이너**
분해* (disintegration)	있음	드물게 일어남	있음	드물게 일어남
급격한 균열* (runaway cracking)	있음	드물게 일어남	있음	있음
부착물 (attachment)	있음	있음	있음	있음
구멍남 (puncture)	드물게 일어남	드물게 일어남	있음	있음
찢김 (split or tear)	있음	있음	있음	있음

* 컨테이너의 압력이 높으면 높을수록 컨테이너가 손상될 심각한 파손이 발생할 가능성이 높다.

표 5.1 (계속)				
일반적 유출	**압력 컨테이너**	**극저온 컨테이너**	**액체 적재 컨테이너**	**고체 적재 컨테이너**
폭발적 유출	없음	없음	액체 폭발물 (liquid explosives)	고체 폭발물 (explosives solid)
격렬한 파열	있음	있음	있음	있음
신속한 경감	있음	있음	있음	드물게 일어남
누출	있음	있음	있음	있음
일반적 확산 패턴	**압력 컨테이너**	**극저온 컨테이너**	**액체 적재 컨테이너**	**고체 적재 컨테이너**
반구형	있음	파열(rupture) 발생 시 있음	있음	있음 (폭발물이 있을 시)
구름형	있음	있음	있음	있음
연기형	있음	있음	있음	없음
원추형	있음	있음	있음	있음
개울형	있음	없음	있음	없음
웅덩이형	있음	있음	있음	없음
불규칙형	없음	없음	있음	있음

표 5.2 일반적인 벌크 저장 탱크의 압력	
탱크의 유형	**psi, kPa, bar 단위의 압력 수치**
압력 탱크	15 psi, 103 kPa, 1.03 bar 이상임
극저온 탱크	압력은 매우 낮거나 매우 높음
저압식 탱크	0.5 psi, 3.45 kPa, 0.03 bar에서 15 psi, 103 kPa, 1.03 bar 사이임
상압/대기압 탱크	0.5 psi, 3.45 kPa, 0.03 bar 이하임

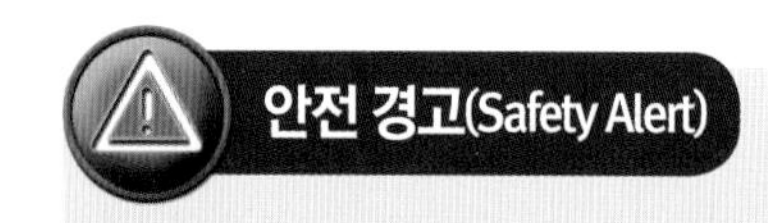

NFPA에서의 압력 탱크 정의

미국 국가소방협회(NFPA)는 저압 저장 탱크(low pressure storage tank)와 압력 컨테이너(pressure vessel)(더 높은 압력)를 모두 포괄하여 압력 탱크(pressure tank)라는 용어를 사용한다. NFPA의 정의에 따르면 저압 저장 탱크는 작동 압력이 0.5~15 psi(3.45~103 kPa)이다. 압력 컨테이너[많은 대형 극저온 액체 저장 탱크(large cryogenic liquid storage tank)를 포함함]의 압력은 15 psi(103 kPa) 이상이다.

안전 경고(Safety Alert)

폭발하는 압력 컨테이너

2003년 1월 19일 텍사스에서 32세의 의용 소방관이 특수 차량 정비(복구) 상점에서 구조물 화재 진압 중 사망했다. 네 명으로 구성된 대원들이 현장에 대응하였고, 내부 진압 작전을 시작했다. 곧 화재가 더욱 심해져 화염이 머리 위로 구르기 시작하였다(화재의 롤-오버 현상). 몇 분 안에 노즐(분사기)을 잡고 있던 대원의 손에 불이 붙어 건물을 나와야 했고, 다른 소방관이 노즐을 잡았다. 처음 노즐을 들었던 대원이 나가고 있을 때, 대원들 모두가 건물에서 나가라는 경고음이 울렸다. 나머지 세 명의 대원 중 두 명은 안전을 확보했다. 그들이 탈출한지 1분이 채 안 되어 건물 안의 경주용 자동차에 부착된 아산화질소 실린더(nitrous oxide cylinder)가 폭발하였다(그림 5.25). 실종된 소방관(희생자)을 구하기 위해 신속투입팀(Rapid Intervention Team; RIT)이 꾸려졌다. 신속투입팀(RIT)은 희생자를 구출하려는 두 번의 시도를 하였지만 화재의 강도 때문에 철수해야만 했다. 약 40분 간 방수포(master stream)를 쏜 후에야 세 개의 팀이 구조물에 들어가 희생자가 사무실 문 가까이에 누워 있는 것을 발견했다. 그의 인명구조경보기(Personal Alert Safety System; PASS)의 경보는 작동했지만, 그의 위치가 취약한 곳이어서 잘 들리지 않았다.

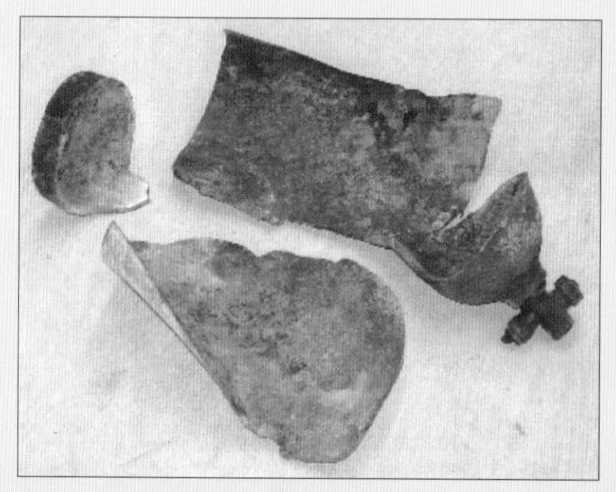
그림 5.25 텍사스의 소방관은 이 아산화질소 실린더의 폭발에 의해 사망했다. 국립직업안전건강연구소(NIOSH) 제공.

교훈:

예비 부검 결과, 피해자는 심각한 충격파로 인해 부상을 입었음을 알 수 있었다. 두 고막이 모두 파열되었고, 폐에 진탕성 손상이 있었다. 이후의 미 국립직업안전보건연구소(NIOSH) 조사에 따르면 아산화질소 실린더가 파손되면서

TNT(폭발물의 대표적인 종류)의 무게 2 kg에 해당하는 힘을 가지고 폭발했다는 것을 알게 되었다. 폭발하는 실린더에서 3 m 떨어진 거리에 있던 소방관은 30 psi(207 kPa)까지의 충격파에 노출되었고, 이는 고막 파열 및 내부 폐 손상의 기준치를 훨씬 상회하였을 것으로 추정된다. 건물이나 차량 내부와 같이 폐쇄된 공간이나 밀폐된 공간에서 폭발이 발생할 경우, 폭발 과압 충격파(blast overpressure shock wave)의 영향은 증가한다. 또한 충격파(blast)는 고체 표면에 의해 반사된다. 결과적으로 벽이나 차량 옆에 서 있는 사람이 주요한 폭발파 손상(blast injury)을 입을 수 있다.

출처: 미 국립 직업안전보건연구소(NIOSH)

극저온 컨테이너(Cryogenic Container)

압력 컨테이너와 마찬가지로, 극저온 컨테이너 cryogenic container는 우연한 사고로 유출되는 것을 방지하기 위해 견고하게 제작된다. 극저온 컨테이너는 내용물을 격리시키고, 차갑게 유지시키는 내구성 있는 컨테이너이다. 두 개의 컨테이너 벽 사이에 단열재insulating material와 진공 공간vacuum space을 사용하여 차가운 온도를 유지한다(그림 5.26). 컨테이너의 외벽과 내벽 사이의 단열은 제품을 냉각시키지만 파손breach을 방지하지는 못한다. 컨테이너의 외부 지지 구조external support structure는 컨테이너 내부의 온도를 유지하도록 설계되지 않았다.

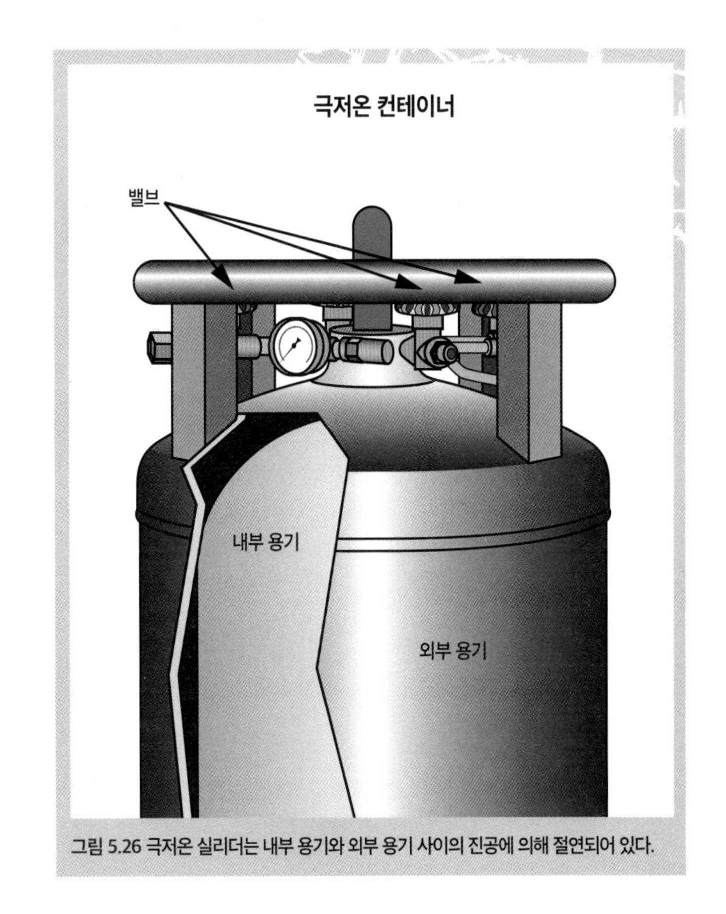

그림 5.26 극저온 실리더는 내부 용기와 외부 용기 사이의 진공에 의해 절연되어 있다.

극저온 컨테이너와 관련된 위험물질 사고에서 고려해야 할 공통적 응력 요인은 다음과 같다.

- **열적(Thermal)** 파손이 발생하면 유출된 제품의 극심한 냉기로 인해 컨테이너나 부속품이 손상될 수 있다. 열이나 화염에 노출되었을 때 극저온 컨테이너가 비등액체증기운폭발이 일어날 수 있으나 통상적이진 않다. 진공이 사라지면 제품이 빠르게 가열되어 파열된 디스크/안전밸브를 날려버릴 수 있다. 설비(압력 제거 밸브 등)가 압력을 충분히 빠르게 경감시킬 수 없

참고

배출은 일부 극저온 컨테이너의 기능이며, 설비 파손을 나타내는 것이 아닐 수 있다.

으면 컨테이너가 파열될 수 있다. 외부 덮개 및 단열이 손상되면, 진공이 손실될 수 있다.

- **화학(적)(Chemical)** 정상적인 응력은 컨테이너 상에 외부 접촉으로부터의 노출로 인한 것이다. 극저온 탱크에 잘못된 화학물질을 적재하면 부식이 발생할 수 있다.
- **역학적(Mechanical)** 사고로 인하여 역학적 응력을 받을 수 있으며, 특히 컨테이너 설비에 응력이 발생할 수 있다. 심각한 사고는 컨테이너 벽에 손상을 일으켜 컨테이너의 진공 공간 내 진공을 손실시킬 수 있다.

압력제거장치 및/또는 손상된 부품들에서 유출이 일어나는 것이 가장 일반적이지만, 극저온 컨테이너에서는 모든 유형의 파손이 일어날 수 있다. 철도 탈선이나 고속도로 사고와 같은 심각한 사고는 외부 및 내부 컨테이너 벽을 손상시킬 수 있는 충분한 힘을 줄 수 있지만, 펑크, 균열 및 찢김은 거의 발생하지 않는다.

경고(WARNING!)

냉기 응력과 열응력은 유사한 파손(failure)을 일으킬 수 있다.

정보(Information)

표 5.3은 여러 가지 일반적인 극저온 물질의 팽창비(expasion ratio)를 제공한다.

표 5.3 일반적인 극저온 물질의 팽창비

기체(Gas)	질소(Nitrogen)	산소(Oxygen)	아르곤(Argon)	수소(Hydrogen)	헬륨 (Helium)
끓는점(℃)	-196	-183	-186	-253	-268
부피 확장 (Volume Expansion)	696	860	696	850	745

극저온 컨테이너는 매우 추운 온도에서 작동하도록 설계되었다. 그러나 컨테이너의 외부 지지 구조는 그렇게 설계되지 않는다. 극저온 물질이 누출되면 응력에 의한 파손으로 인해 경고 없이 지지 구조가 파손될 수 있다. 기타 컨테이너가 파손으로 인해 극저온 컨테이너와 연관되면, 극저온 컨테이너로부터 누출된 냉기 응력으로 인해 다른 컨테이너가 파손될 수 있다.

그림 5.27 유출된 극저온 물질은 빠르게 기체로 끓는다. Steve Irby, 오클라호마 주 오와쏘 소방저[Owasso(OK) Fire Department] 제공.

극저온 컨테이너는 빠르게 끓고 팽창하는 기체인 차가운 액체 또는 증기를 유출한다(그림 5.27). 일반적으로 유출은 압력제거장치(빠른 경감) 또는 손상된 부착물 및 부속품을 통한 누출을 통해 발생한다. 극저온 컨테이너의 전형적인 확산 양상은 다음과 같다.

- 반구형 확산
- 연기형 확산(플룸)
- 구름형 확산
- 웅덩이형 확산

액체 적재 컨테이너(Liquid-Holding Container)

액체 적재 컨테이너liquid-holding container는 다음에 따라 다양한 디자인 및 제작 유형으로 만들어진다.

- 크기
- 용도
- 운송 수단
- 기타 요인
- 적재(저장)되는 물질

액체 적재 컨테이너는 다음의 특징을 갖고 있을 수 있다.

- 극도로 내구성이 있음, 예를 들면 탱크차
- 취약함, 예를 들면 유리병
- 화재 발생 시 파손될 수 있음
- 비등액체증기운폭발 발생 시 쉽게 조각나지 않음

- 중합반응하는 운송 물질
- 제어되지 않은 중합반응(화학적 응력)은 컨테이너 파손을 일으키기에 충분한 응력을 발생시킬 수 있음
- 폭발성 성질 보유

개울형 확산과 웅덩이형 확산은 액체의 일반적인 확산 패턴이지만, 많은 액체들은 마치 기체처럼 활동하는 증기도 방출한다. 모든 확산 패턴은 제품 및 컨테이너에 따라 액체와 연관될 수 있다.

고체 적재 컨테이너(Solid-Holding Container)

또한 고체 적재 컨테이너solid-holding container는 크기, 운송 방식, 적재 물질, 용도 및 기타 요소에 따라 다양한 디자인 및 제작 유형을 갖는다. 드럼과 같은 액체용으로 사용되는 많은 컨테이너도 고체용으로도 사용된다. 그러나 몇몇 단단한 위험물질에는 고유한 컨테이너가 있다.

대부분의 고체 적재 컨테이너는 그 안에 들어 있는 물질의 물리적 특성보다는 역학적 응력 요인을 통해 손상을 입는다. 산화제, 과산화물, 폭발물 및 금수성 물질(물-반응성 물질)과 같은 반응성 물질은 예외이다.

그림 5.28 고체는 일반적으로 누출에 의해서 유출된다. Barry Lindley 제공.

고체 적재 컨테이너의 일반적 파손에는 구멍, 균열, 찢김이 포함된다. 공기압 적재 및 하역 부속장치가 사고로 손상될 수 있다. 일반적 유출의 결과는 다음과 같다.

- 누출(spill and leak)(그림 5.28)
- 폭굉(detonation): 산화제, 과산화물, 폭발물 및 금수성 물질이 연관되어 있을 때 발생
- 격렬한 파열(violent rupture): 반응성 고체 유출
- 구름형, 원추형, 또는 불규칙형 확산: 고체가 확산될 수 있음
- 폭발: 기폭된 폭발물은 반구형 확산을 통해 확산됨

벌크 시설 저장 탱크 Bulk Facility Storage Tank

벌크 설비 저장 탱크는 저장될 물질의 유형(들) 및 유지되어야 하는 압력에 따라 다양한 종류가 있다. 일반적인 벌크 저장 탱크에 관하여 이번 절에서 설명을 한다.

압력 탱크(Pressure Tank)

압력 탱크pressure tank(압력 컨테이너 또는 압력 용기라고도 함)는 압력 하에 내용물을 보관하도록 설계되어 있다. 압력 탱크의 압력은 15 psi(103 kPa) 이상이다. 압력 컨테이너의 예로는 수평형 압력 컨테이너와 구형 압력 컨테이너가 있다(표 5.4).

이러한 탱크는 일반적으로 신속한 경감 상황rapid relief event, 밸브valve 및 부속품fitting으로부터의 누출leak 또는 격렬한 파열violent rupture 중에 기체 및 증기로 제품을 유출한다(그림 5.29). 압력 탱크에는 다양한 인화성, 독성 및/또는 부식성 기체가 적재되어 있을 수 있다. 가압 탱크는 가열이나 화재가 있을 때 특히 위험한데, 비등액체증기운폭발을 일으킬 수 있기 때문이다.

이러한 컨테이너에서 누출된 내용물은 급속하게 팽창하여, 특히 밀폐된 공간에서 산소를 대체할 수 있다. 인화성 기체는 먼 거리를 이동할 수도 있으며, 점화원에 노출될 경우 점화될 수 있다. 독성 기체는 먼 거리를 이동할 수도 있으며, 사고현장의 사람과 동물에 영향을 끼칠 수 있다.

컨테이너 형태	설명
	수형평 압력 컨테이너(Horizontal Pressure Vessel)* 고압(high pressure)이며 용량은 500~40,000갤런(1,893 ~151,416 L 이상) 이다. 컨테이너는 끝부분이 둥글며 일반적으로 절연되지 않는다. 또한 대개 흰색이나 기타 반사가 심한(고반사성, higly reflective) 색을 칠한다. **내용물:** 액화 석유가스(LPG), 무수 암모니아(anhydrous ammonia), 염화비닐(vinyl chloride), 부탄(butane), 에탄(ethane), 압축 천연가스(compressed natural gas; CNG), 염소(chlorine), 염화수소(hydrogen chloride) 및 기타 유사 제품
	**구형 압력 컨테이너(Spherical Pressure Vessel)** 고압(high pressure)이며 용량은 최대 600,000갤런(2,271,240 L)이다. 컨테이너는 종종 일련의 콘크리트나 강철 다리로 지면으로부터 지지를 받는다. 또한 대개 흰색이나 반사가 심한(고반사성, higly reflective) 색을 칠한다. **내용물:** 액화 석유가스(Liquefied petroleum gas), 염화비닐(vinyl chloride)

표 5.4 압력 컨테이너

*수평형 프로판 탱크(horizontal propane tanks)가 지하에 묻히는 것이 점점 더 보편화되고 있다. 지하 주거 탱크(underground residential tank)는 보통 500 또는 1,000갤런(1,893 L 또는 3,785 L)의 용량을 가지고 있다. 한번 매설되면, 탱크는 지상에서 몇 밀리미터 튀어나와 있는 작은 접근 돔(small access dome)만이 오직 눈에 띌 것이다.

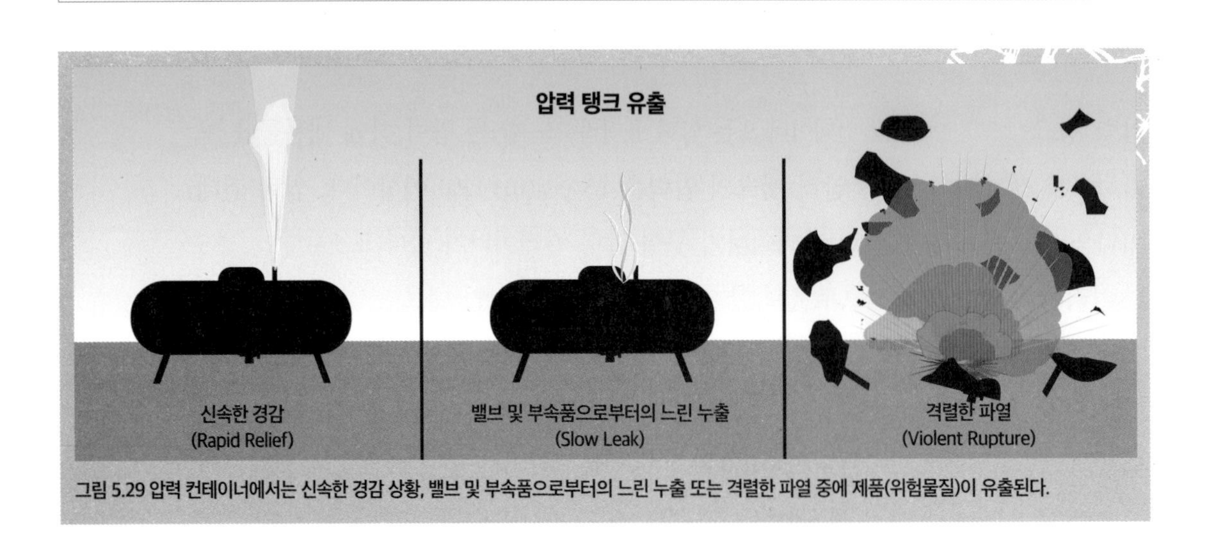

그림 5.29 압력 컨테이너에서는 신속한 경감 상황, 밸브 및 부속품으로부터의 느린 누출 또는 격렬한 파열 중에 제품(위험물질)이 유출된다.

극저온 액체 탱크(Cryogenic Liquid Tank)

극저온 액체 저장 탱크cryogenic liquid storage tank는 15 psi(103 kPa, 1.03 bar) 이상의 압력을 갖으며, 용량은 300~400,000갤런(1,136~1,514,165 L) 이다. 이 탱크 유형은 안전 경

감 밸브safety relief valve와 파열 디스크rupture dis (압력 안전 디스크pressure safety disc라고도 함)가 있는 절연된 진공 덮개 탱크가 있다. 이러한 탱크에는 극저온 이산화탄소cryogenic carbon dioxide, 액체 산소liquid oxygen, 액체 질소liquid nitrogen, 또는 기타 물질이 적재되어 있을 수 있다(그림 5.30 a, b,c).

벌크 극저온 액체 탱크bulk cryogenic liquid tank에서 유출된 물질은 매우 차가우며, 바닥면에 가깝게 웅덩이를 형성하는 경향이 있다. 일반적으로 처음에는 안개나 구름으로 보이게 된다. 대부분의 극저온 누출 유형은 산소를 대체하고, 일부는 폭발성 환경을 조성한다.

참고

몇몇 신형의 액화 천연가스(Liquified Natural Gas; LNG) 탱크는 30~60백만 갤런(114~227 백만 리터) 용량을 가지고 있다.

그림 5.30 a, b, c 극저온 탱크는 극저온 이산화탄소, 액체 산소, 액체 질소 또는 기타 제품을 적재하고 있을 수 있다. (a) 및 (c) Rich Mahaney 제공; (b) Barry Lindley 제공

경고(WARNING!)

눈에 띄는 표시가 없다고 해서 위험이 사라졌다는 것을 의미하지는 않는다.

경고(WARNING!)

아스팔트에서의 극저온 산소(oxygen cryogenic; LOX) 누출은 아스팔트를 충격에 약하게(shock-sensitive) 만든다.

저압 저장 탱크(Low Pressure Storage Tank)

저압 저장 탱크low pressure storage tank는 작동 압력이 0.5~15 psi(3.45~103 kPa)이다. 저압 저장 탱크의 유형은 다음을 포함한다(표 5.5).

- 돔형 탱크(dome roof tank)
- 타원체형 탱크(spheroid tank)
- 쏠린 타원체형 탱크(noded spheroid tank)

저압 저장 탱크는 일반적으로 용제와 같이 증기압이 낮은 인화성 및 가연성 액체를 포함한다. 인화성 및/또는 독성은 종종 이러한 컨테이너에 적재된 제품과 관련이 있다. 저압 탱크는 적재된 제품에 따라 제품을 액체 또는 기체 및 증기로 유출할 수 있다. 가장 우선적인 것은 이 컨테이너와 관련된 사고에서 발화원을 제거하는 것이다.

표 5.5
저압 저장 탱크

탱크 형태	설명
	돔형 탱크(Dome Roof Tank) 일반적으로 저압 탱크는 작동 압력이 15 psi(103 kPa)인 것으로 분류된다. 저압 탱크 상부에 돔이 있다. **내용물:** 인화성 액체(flammable liquid), 가연성 액체(combustible liquid), 비료(fertilizer), 용제(solvent) 등
	타원체형 압력 컨테이너(Spherical Tank) 저압 저장 탱크로 3,000,000갤런(11,356,200 L) 이상의 액체를 저장할 수 있다. **내용물:** 액화 석유가스(Liquefied petroleum gas; LPG), 메탄(methane) 및 몇몇 인화성 액체[예: 휘발유(gasoline), 원유(curde oil)]
	쏠린 타원체형 압력 컨테이너(Noded Spherical Tank) 저압 저장 탱크로 타원체 탱크와 사용상 유사하지만, 실질적으로 더 크고 형태가 더 평평할 수 있다. 이 탱크는 외벽(external shell)의 응력을 줄이는 일련의 내부 결속 및 지지대(support)에 의해 함께 유지된다. **내용물:** 액화 석유가스(LPG) 및 몇몇 인화성 액체[예: 휘발유(gasoline), 원유(curde oil)]

무압/상압 저장 탱크 (Nonpressure/Atmospheric Storage Tank)

무압/상압 저장 탱크nonpressure/atmospheric storage tank는 내용물을 거의 또는 전혀 가압하지 않도록 고안(설계)되었다(표 5.6). 상압 탱크atmospheric tank가 내용물을 적재(저장)할 수 있는 최대 압력은 0.5 psi(3.45 kPa)이다.

무압 탱크의 일반적인 유형은 다음과 같다.

- 수평형 탱크(horizontal tank)
- 리프터 지붕형 탱크(lifter roof tank)
- 일반 원추형 지붕 탱크(ordinary cone roof tank)
- 증기 돔형 탱크(vapordome roof tank)
- 개폐식 지붕 부유형 탱크(open and closed roof floating-roof tank)

무압/상압 저장 탱크는 일반적으로 액체, 그 중에서도 대부분은 주로 탄화수소hydrocarbon를 저장한다. 이 액체는 연료유 또는 기타 석유 제품과 같은 인화성/가연성 제품이거나 황산sulfuric acid 및 아닐린aniline과 같은 부식성 및/또는 유독성 제품일 수 있다.

손상된 무압/상압 저장 탱크는 컨테이너 벽, 밸브, 부속품 및 부속장치를 통해 누출되어 내용물을 유출한다. 제품에 따라서 공기보다 무거울 수 있는 증기가 액체 원점liquid source(증기가 발생되기 시작한 액체)으로부터 일정 거리를 이동할 수 있다.

벌크 무압/상압 저장 탱크bulk non pressure/atmospheric storage tank의 내부는 **밀폐된 공간**[12]으로 취급한다. 비어 있는 경우에도 이러한 컨테이너는 위험한 대기를 가질 수 있다(그림 5.31). 그러므로 컨테이너 내부나 그 주변에서 작업할 때에는 특별한 절차를 따른다.

---

12 **밀폐된 공간(Confined Space)** : 연속된 점유를 목적으로 하지 않는 공간 또는 밀폐된 구역으로, 출입을 위하여 제한된(접근 제한) 통로가 있으며, 자연환기는 바람직하지 않다. 유독성, 폭발성(explosive) 또는 산소 결핍성(oxygen-deficient)의 공기를 품고 있을 가능성이 있는 공간이다.

그림 5.31 벌크 컨테이너의 내부는 밀폐된 공간이다.

정보(Information)

대기압 저장 탱크의 파손(고장)

지상의 대기압 저장 탱크의 재난에 가까운 파손(고장)(catastrophic failure)은 탱크의 인화성 증기(flammable vapor)가 폭발하여 컨테이너 외벽으로부터 바닥 또는 측면 이음매(접합선)가 파괴되었을 때 발생할 수 있다. 이러한 파손으로 인해 탱크는 찢어져 개방되고(드문 경우에), 공중으로 파편이 날아다니게 된다. 컨테이너 외벽으로부터 바닥의 이음매(접합선) 파손(shell-to-bottom seam failure)은 오래된 저장 탱크들에서 더욱 일반적이다. 1950년 이전에 만들어진 강철 저장 탱크(steel storage tank)는 일반적으로 폭발 및 화재 배출 상황에 대한 현재의 산업 표준을 따르지 않았다. 적절하게 설계되고 유지관리되는 저장 탱크는 컨테이너 외벽으로부터 상부의 이음매(접합선)(shell-to-top seam)를 따라 파괴되어 손상된 탱크에 대한 화재를 제한하고 컨테이너가 누출되는 것을 방지할 수 있다.

인화성 및 가연성 액체를 저장하는 데 사용되는 대기압 탱크는 탱크에서 폭발이 발생할 때 컨테이너 외벽에서 지붕의 이음매(접합선)(shell-to-roof seam)를 따라 파괴되도록 설계되어야 한다. 이러한 특징은 탱크가 위쪽으로 날아가거나 측면선을 따라서 쪼개지지 않도록 한다.

대기압 탱크가 화재에 연루되거나 화재에 노출되면 많은 안전 문제가 발생한다. 화재 및 비상상황으로 인해 특별한 문제로 인한 부상이나 사망을 예방하려면 비상대응계획(emergency response planning)이 필요하다.

표 5.6
무압/상압 저장 탱크

탱크 형태	설명
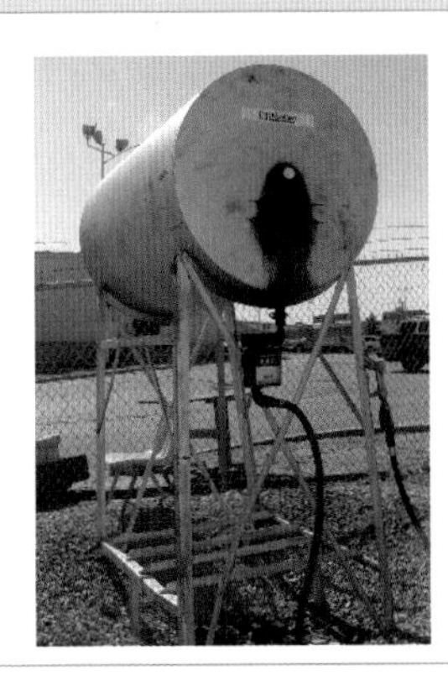	**수형평 탱크(Horizontal Tank)** 원통형 탱크(cylindrical tank)는 다리, 블록(block), 시멘트 패드 또는 유사한 무언가의 위에 놓여지며, 일반적으로 평평한 끝을 가진 강철로 만들어졌다. 수평형 탱크는 일반적으로 연료 분배 작업(fuel-dispensing operation)을 포함한 대량 저장(bulk storage)에 사용된다. 오래된 탱크(1950년대 이전)는 이음매가 볼트로 체결된 반면, 신형 탱크는 일반적으로 용접되었다. 보호되지 않은 강철 받침대 또는 지주[대부분의 현행 화재 코드(fire code)에 의해 금지됨]에 지지받는 수평형 탱크는 화재 상황에서 빠르게 파손(파손)될 수 있다. **내용물:** 인화성 및 가연성 액체, 부식성 물질, 독성 물질 등
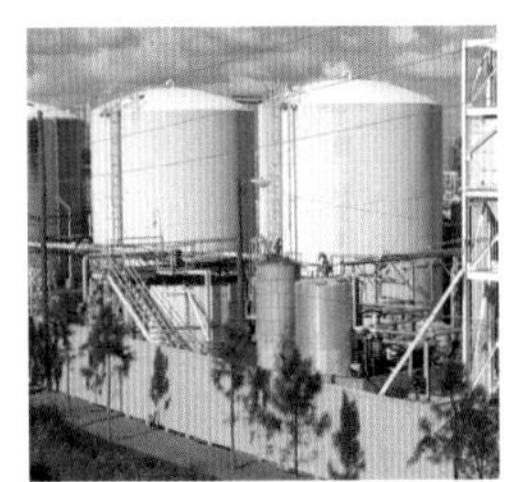	**원추형 지붕 탱크(Cone Roof Tank)** 컨테이너가 과압되어 파손될 경우 취약한 지붕에서 컨테이너 외벽으로 이어지는 이음새가 끊어지는 원뿔 모양(원추형)의 뾰족한 지붕을 갖고 있다. 부분적으로 채워지면, 탱크의 나머지 부분에는 잠재적으로 위험한 증기 공간이 생긴다. **내용물:** 인화성, 가연성 및 부식성의 액체
 	**상부 개방 지붕 부유식 탱크(Open Top Floating RoofTank)** 대용량의 지상 저장 탱크. 이러한 탱크는 보통 높이에 비해서 너비가 훨씬 넓다. 모든 지붕 부유식 탱크와 마찬가지로, 지붕은 실제로 액체 표면에 떠다니며 액체 (높이)수준(liquid's level)에 따라 위아래로 움직인다. 이러한 지붕은 원추형 지붕 탱크에서 생기는 잠재적으로 위험한 증기 공간을 제거한다. 지붕 둘레에 직물이나 고무로 밀폐하여 기상에 영향 받지 않는 밀폐 공간을 제공한다. **내용물:** 인화성 및 가연성 액체
테두리, 주위에 있는 통풍구(vents)로 인해 원추형 지붕 탱크와 차별화된다.	**상부 폐쇄 지붕 부유식 탱크(Covered Top Floating Roof Tank)** 이 탱크는 제품 표면에 직접 올려지는 팬이나 데크형 플로트가 내부에 있는 고정된 원추형 지붕을 갖고 있다. 이 탱크는 상부 개방 지붕 부유식 탱크와 일반 원추형 지붕 탱크의 조합이다. **내용물:** 인화성 및 가연성 액체

표 5.6 (계속)	
탱크 형태	설명
	**측지선(디오데식) 돔의 상부 폐쇄 지붕 부유식 탱크** **(Covered Top Floating Roof Tank with Geodesic Dome)** 측지선(디오데식) 돔(geodesic dome)으로 덮인 지붕 부유식 탱크(floating roof tank)는 인화성 액체를 저장하는 데 사용된다.
	**리프터 지붕형 탱크(Lifter Roof Tank)** 이 탱크는 지붕에 일련의 수직 가이드(series of vertical guides) 내에서 수미터의 거리만 이동하도록 하는 떠 있는 지붕을 갖는다. 지붕은 증기압이 어떠한 지정된 한계를 초과하여 지붕이 약간 들어 올려져도 과도한 압력을 완화할 수 있게 설계되었다. **내용물:** 인화성 및 가연성 액체
	**증기 돔형 탱크(Vapordome Roof Tank)** 경량의 알루미늄 측지선(디오데식) 돔이 상부에 설치된 수직형 저장 탱크. 돔의 아래쪽에 부착된 것은 증기압의 변화와 함께 움직이는 유연한 가로막이다. **내용물:** 중 휘발성 및 기타 비위험물질의 가연성 액체
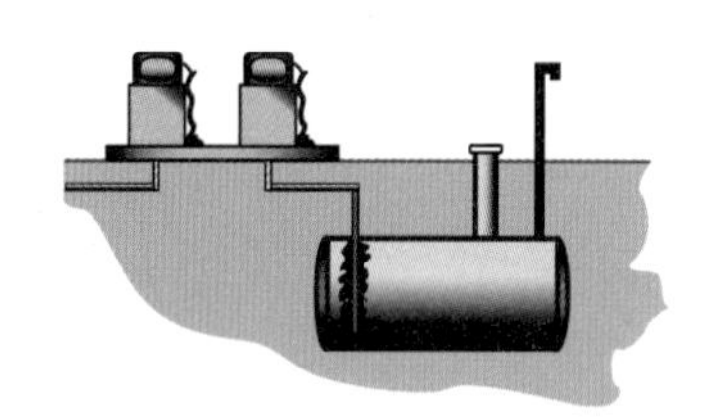 충전 연결부 덮개 	**대기압 지하 저장 탱크(Atmospheric Underground Storage Tank)** 강철, 유리 섬유 또는 유리 섬유로 코팅된 강철로 제작된다. 지하 탱크는 표면의 10% 이상이 지하에 있다. 건물이나 차도 아래 또는 인근 점유지 아래에 묻혀 있을 수 있다. 이 탱크에는 탱크 근처에 충전 및 배출 연결부가 있다. 통풍구, 충전 지점 및 점유 유형(주유소, 개인 차고 및 차량 정비소)은 시각적인 단서를 제공한다. 많은 상업용 탱크와 민간 탱크가 버려졌으며 일부는 아직 제품이 남아 있다. 이러한 탱크들은 많은 지역사회에 큰 문제점을 제시한다. **내용물:** 석유 제품 매우 드물며 기술적으로는 "탱크(tank)"가 아니다. 초동대응자는 천연가스를 저장하기 위해 일부에서 천연 및 인공 동굴(natural and manmade cavern)을 사용한다는 사실을 알고 있어야 한다. 그러한 동굴의 위치는 지역비상대응계획(local emergency response plan)에 기록되어 있어야 한다.

지하 저장 탱크(Underground Storage Tank)

지하 저장 탱크underground storage tank는 일반적으로 강철, 유리, 섬유, 또는 유리 섬유로 코팅된 강철로 구성된다(그림 5.32). 지하 저장 탱크의 다른 특징은 다음과 같다.

- 대게 액체를 적재함(일반적으로 휘발유)
- 몇몇 수평형 프로판 압력 탱크(horizontal propane pressure tank)는 지하에 묻혀 있음
- 저압(low pressure) 또는 무압/상압(non-pressure/atmospheric)으로 분류됨
- 탱크 표면의 10% 이상은 지하에 매설되어 있음
- 건물 혹은 차도 아래에 인접하여 매설되어 있을 수 있음

지하 탱크에는 근처에 충전 및 배출 연결부fill and vent connection가 있다(그림 5.33). 통풍구, 충전 지점fill point 및 점유 유형(주유소, 개인 차고 및 차량 정비소)은 시각적인 단서를 제공한다.

많은 상업용 및 개인용 지하 탱크가 버려졌으며 일부에는 아직 제품이 남아 있다. 지하 저장 탱크가 누출되면, 액체 또는 증기 형태로 바람직하지 않은 위치에 누출될 때까지 탐지되지 않을 수 있다. 인화성 물질이 점화원과 접촉하면 화재 및/또는 폭발이 발생할 수 있다.

그림 5.32 지하 저장 탱크. 일반적으로 이들은 휘발유와 같은 액체를 저장한다

그림 5.33 지하 탱크는 근처에 통풍구가 있다.

벌크 운송 컨테이너: 화물 탱크 트럭

Bulk Transportation Container: Cargo Tank Truck

위험물질을 운송하는 고속도로 차량에는 다음이 포함된다(그림 5.34).

- 화물 탱크 트럭(cargo tank truck) - 탱크차(tank motor vehicles), 화물 탱크(cargo tank), 탱크 트럭(tank truck)이라고도 함
- 건조 벌크 컨테이너(dry bulk container)
- 압축 기체 튜브 트레일러(compressed gas tube trailer)
- 혼합 적재 컨테이너(mixed load container) - 박스 트럭(box truck) 또는 건조 밴 트럭(dry van truck)이라고도 함

이러한 차량들은 모든 종류의 위험물질을 다양한 양으로 운송한다. 위험물질의

그림 5.34 화물 탱크는 도로 및 고속도로를 통해 위험물질을 운송한다. Rich Mahoney 제공.

종류와 양에 따라 이 차량에는 미 교통부DOT/캐나다 교통부TC의 표지판을 부착할 수 있다. 표지판이 없는 고속도로 차량unplacarded highway vehicle조차도 안장형 탱크saddle tank에 싣는 연료나 표지판 요구사항 이하 수준의 기타 물질 같은 위험물질을 운반할 수 있다.

화물 탱크 트럭cargo tank truck은 제작 특징, 부속품, 부착물, 또는 용도 특유의 모양을 가지므로 쉽게 인식할 수 있다. 초동대응자가 이 절에서 설명된 화물 탱크 트럭 중 하나를 식별했다 하더라도 표지판placard에서 운송 서류shipping paper 또는 기타 공식적인 정보formal sources of information에 이르기까지 추가적인 확인절차를 거쳐야 한다.

화물 탱크 트럭은 일반적으로 대량bulk amounts의 위험물질을 도로를 통해 운송한다. 위험물질을 운반하는 대부분의 화물 탱크 트럭은 정부의 탱크 안전사양tank-safety specification을 충족시키도록 설계되어 있다. 이러한 사양은 탱크 제작 재료의 최소 두께minimum tank construction material thickness, 필수 안전기능 및 최대 허용작동압력maximum allowable working pressure을 설정한다.

화물 탱크의 사양specification 및 명판name plate은 컨테이너/탱크가 제작되는 표준standard에 대한 정보를 제공한다(그림 5.35). 이러한 판들은 일반적으로 착수 장치dolly leg(landing gear) 근처의 차량의 길가 쪽/운전자 측에서 발견된다.

사용 중인 두 가지 사양은 자동차운송업자motor carrier; MC 표준 및 미 교통부/캐나다 교통부 표준standard이다. 주어진 사양에 따라 제작된 화물 탱크 트럭은 자동차운송업자MC 또는 미 교통부DOT/캐나다 교통부TC 머릿글자 다음에 사양 식별을 나타내는 세 자리 숫자를 사용하여 지정된다(예를 들어 MC306 및 DOT/TC 406 등). 비상대응요원은 부식성 액체 탱크의 환형 경화재ring stiffener 및 고압 탱크의 볼트로 체결된 통로 또는 구멍과 같은 필수적인 제작 특징construction feature, 부속품fitting, 밸브valve, 부착물attachment 및 모양shape으로 이 화물 탱크 트럭을 식별할 수 있다.

자동차운송업자 또는 미 교통부/캐나다 교통부 사양 중에서 하나를 충족시키지 못하는 탱크를 일반적으로 비사양 탱크non-spec tank라고 한다. 탱크가 특정 목적을 위해 설계되어 미 교통부/캐나다 교통부 요구사항으로부터 면제된 경우, 비사양 탱크는 비규제 위험물질nonregulated hazardous material을 운반할 수 있다. 규제되지 않은 위험의 예로는 용융 유황molten sulphur, 아스팔트asphalt 및 우유milk가 있다. 비위험물질은 비사양 화물 탱크 트럭 또는 지정된 사양을 만족하는 화물 탱크 트럭으로 운송될 수 있다(그림 5.36).

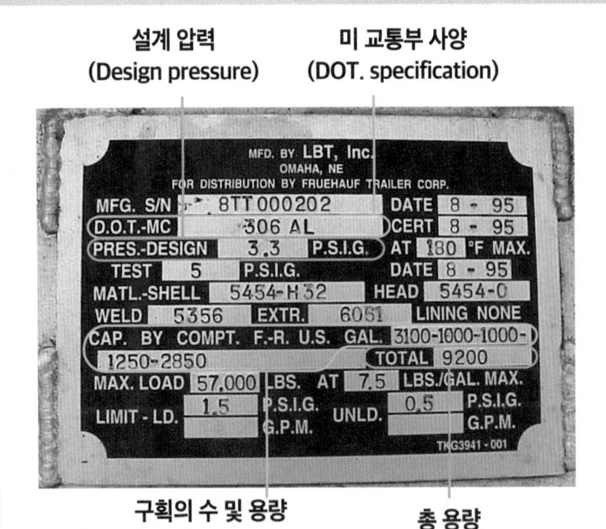

그림 5.35 제조업체의 사양 판(manufacturers' specification plates)은 탱크의 압력, 용량 및 구획 수에 대한 정보를 제공한다. Rich Mahaney 제공.

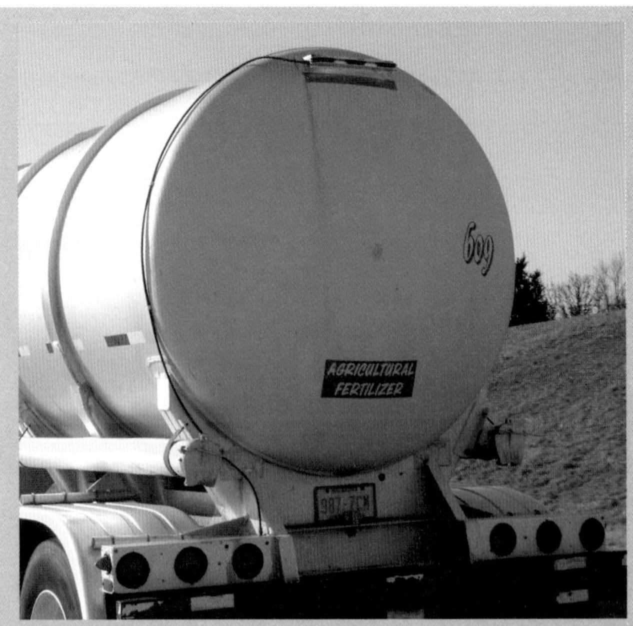

그림 5.36 비위험물질(nonhazardous material)은 화물 탱크를 통해 운송될 수 있다.

안전 경고(Safety Alert)

2002년 우유 유출 사고

무해한 것처럼 보이지만, 실제로 우유는 환경 및 생물학적 위험(environmental and biological hazard)이 될 수 있다. 대량의 우유가 수로로 유입되었을 때 즉시 제거하지 않으면, 박테리아가 우유를 먹고 물고기가 생존하는 데 필요한 산소를 고갈시킬 것이다.

2002년 7월 유제품 탱크 트럭이 개울 위의 교량에 부딪혀 5,000갤런(약 19,000리터)의 우유가 누출되자 소방관들은 환경적 위험(environmental hazard)에 직면했다. 우유는 루드야드 호수로 흘러 들어갔다. 우유가 호수에 유입된다면 그곳의 물고기들은 위험에 빠지게 될 것이며 박테리아가 먹이(우유)를 먹기에 충분한 시간을 갖게 될 것이다.

소방관들은 몇 시간에 걸쳐 펌프를 사용하여 하천에서 우유를 제거하고 우유가 호수로 쏟아지는 것을 막기 위해 댐(dam)을 건축하였다. 이 정화 작업으로 약 5만 마리의 어류가 서식하는 유명한 호숫가에서의 환경적 위험을 피할 수 있었다.

고압 탱크 트럭(High Pressure Tank Truck)

고압 탱크 트럭high pressure tank truck은 MC-331(또는 이와 동등한) 화물 탱크라고도 알려져 있다. 이러한 탱크 트럭은 일반적으로 3,000~11,000갤런(11,356~41,640 L) 용량으로 100~500 psi(690~3,448 kPa)의 압력을 가지고 있다. 고압 화물 탱크에는 하나의 강철 칸막이(구획)compartment가 있다.

그림 5.37 밥테일 탱크는 프로판 및 기타 제품을 운반하는 데 사용된다.

그림 5.38 고압 탱크 트럭에는 하부 부품을 보호하는 우리 형태의 가드 가 있다. Barry Lindley의 의례.

고압 탱크 트럭은 프로판propane, 무수 암모니아anhydrous ammonia 및 부탄butane과 같은 액화 가스liquefied gas 또는 고압 액체high pressure liquid와 파라티온parathion과 같은 고위험물질highly hazardous material을 운반한다. 고압 "밥테일 탱크Bobtail Tank(앞쪽 트레일러 한 대만 있는 탱크)"는 액화 석유가스LPG와 무수 암모니아anhydrous ammonia를 지역 내에 운반한다(그림 5.37).

MC-331 화물 탱크 트럭cargo tank truck의 특징은 다음과 같다.

- 볼트로 체결된 출입구
- 주입 및 배출 밸브
- (일반적으로) 흰색 또는 기타 반사적 도료 사용
- 대형의 반구형 헤드(hemispherical head)가 탱크의 양쪽에 달림
- 하부 적재/하역 파이프(bottom loading/unloading piping) 주변에 우리형 가드 (guard cage)가 있음(그림 5.38)
- 비절연 탱크(uninsulated tank), 단일 외벽 용기(single-shell vessel)
- 비상전원 차단장치(emergency shut-off)(일반적으로 좌측 전방 및 우측 후방에 위치함)
- 인화성 기체, 압축 기체, 발송명 또는 식별 가능한 제조업체 또는 배급자 이름은 영구 표시

참고

표시(marking), 표식(label), 표지판(placard)에 대해서는 2장과 4장 참고.

고압 탱크 트럭은 분해, 급격한 균열, 부착물의 파손, 구멍, 찢김이 발생할 수 있다. 고압 탱크 트럭은 격렬한 파열, 신속한 경감 또는 누출을 통해 위험물질을 유출할 수 있다. 열이나 화염에 노출되었을 때, 비등액체증기운폭발이 일어날 수 있다(그림 5.39). 인화성 기체/증기는 점화원과 접촉 시 폭발/발화할 수 있다.

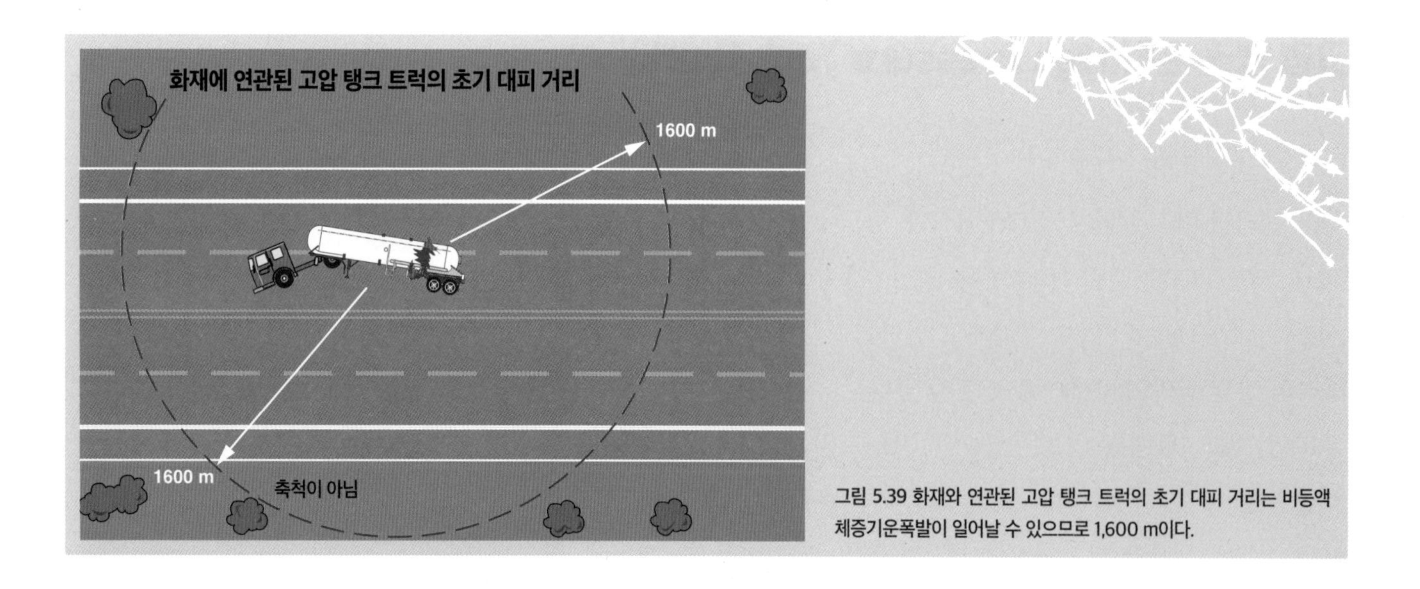

그림 5.39 화재와 연관된 고압 탱크 트럭의 초기 대피 거리는 비등액체증기운폭발이 일어날 수 있으므로 1,600 m이다.

극저온 탱크 트럭(Cryogenic Tank Truck)

극저온 탱크 트럭cryogenic tank truck은 MC-338, TC-338, 또는 SCT-338(또는 이와 동등한) 화물 탱크로도 알려져 있다. 이 탱크 트럭은 25~500 psi(172~3,447 kPa), 8,000~10,000갤런(30,283~37,854 L)의 용량을 갖는다. 이 트럭에는 진공 밀봉 외벽이 있는 잘 단열된 알루미늄 또는 강철 탱크가 있다.

이러한 탱크 트럭들은 온도를 낮추어 액화된 다음과 같은 기체를 운송한다.

- 액화 산소(liquefied oxygen)
- 액화 질소(liquefied nitrogen)(그림 5.40)
- 액화 이산화탄소(liquefied carbon dioxide)
- 액화 수소(liquefied hydrogen)

위의 것들이 유출되었을 때 제품은 극도로 차가울 것이고, 따라서 땅바닥 가까이에 모이는 경향을 가질 것이다. 일반적으로 제품은 응축으로 인해 습기와 얼음이 형성되어 처음에는 안개나 구름처럼 보일 것이다. 이 액체들은 점차 온도가 올라가면서 기체 상태로 변하고 팽창할 것이다. 기체는 따뜻해지면 팽창한다.

MC-338 극저온 탱크 트럭의 특징은 다음과 같다.

- 질소(nitrogen) 또는 산소(oxygen)와 같은 비위험 증기를 배출할 수 있는 압력제거밸브(relief valve)(그림 5.41)
- 끝부분이 평평한 원형 탱크(round tank)

그림 5.40 극저온 탱크 트럭은 매우 낮은 수준에서 매우 높은 수준까지 다양한 압력 범위를 가지고 있다.

경고(WARNING!)

기체(gas)가 유출될 때 산소를 대체할 것이다.

경고(WARNING!)

유출된 대량의 액화 가스는 질식으로 이어지는 산소 결핍으로 인해 한 번의 호흡으로 사람이 죽을 수도 있다.

- 크고(large) 부피가 큰(bulky) 이중 외벽(double shelling)과 두터운 단열재
- 이중의 뒷바퀴의 후방측 또는 전방측에 부착된 적재/하역 장치
- 냉장 액체 또는 식별 가능한 제조업체 이름, 적절한 발송명은 영구 표시됨
- 좌측-전방 및 우측-후방에 비상 차단 장치가 있음

극저온 탱크 트럭은 분해, 급격한 균열, 부착물의 파손, 구멍, 찢김이 발생할 수 있다. 또한 내용물이 격렬한 파열, 신속한 경감 또는 누출을 통해 유출될 수 있다. 열이나 화염에 노출되었을 때 비등액체증기운폭발이 일어날 수 있다(그림 5.42).

그림 5.41 극저온 탱크 트럭에서 안전밸브(relief valve)를 통해 비위험 증기가 배출될 수 있다. Rich Mahaney 제공.

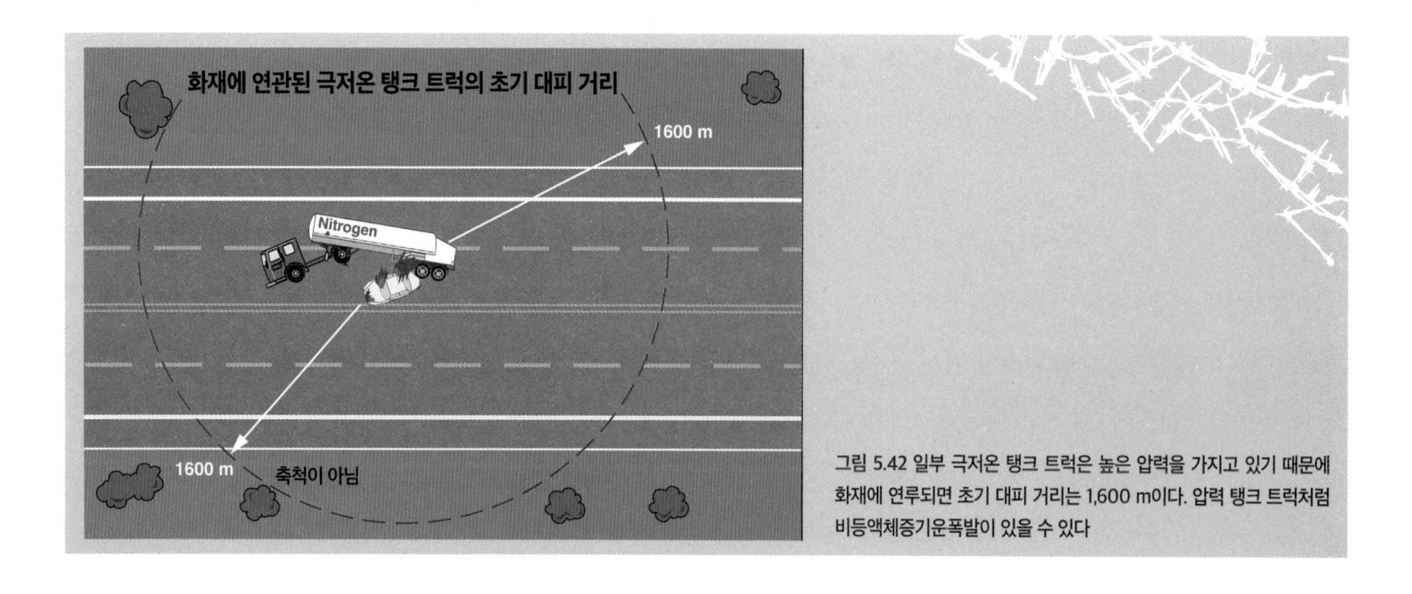

그림 5.42 일부 극저온 탱크 트럭은 높은 압력을 가지고 있기 때문에 화재에 연루되면 초기 대피 거리는 1,600 m이다. 압력 탱크 트럭처럼 비등액체증기운폭발이 있을 수 있다

저압 화학 탱크 트럭 (Low Pressure Chemical Tank Truck)

저압 화학 탱크 트럭low pressure chemical tank truck은 제작 당시의 사양에 따라 MC-307 또는 DOT/TC-407(또는 이와 동등한) 화물 탱크로도 알려져 있다(그림 5.43). 이러한 탱크 트럭은 일반적으로 25~35 psi(172~241 kPa)의 압력을 가지며 5,500~7,000갤런(20,820~26,500 L)의 용량을 갖는다. 재질 대부분은 스테인리스 스틸stainless steel, 연강mild steel, 또는 알루미늄 탱크aluminum tank이며, 일부는 고무 라이닝rubber lining, 고무 코팅rubber coating, 또는 고분자(폴리머) 코팅polymer coating이 있다.

저압 화학 탱크 트럭은 인화성/가연성 액체, 약한 부식성 물질 및 일부 독성 물질을 포함하는 액체를 운반한다. 액체 및 증기는 운송되는 제품에 따라 다양한 위험이 있을 수 있다.

MC-307 또는 DOT/TC-407 화물 탱크에는 다음과 같은 특징이 있다.

- 탱크 양쪽 끝은 둥근형(rounded) 또는 말발굽형(horseshoe-shaped)
- 보이거나 덮여 있는 보강 링(stiffening ring)(그림 5.44)
- 전복(사고)(rollover)/전도(turnover)에 대한 보호(장치)(protection)
- 단일 또는 여러 개로 구획됨(compartment)
- 탱크의 출입구 조립체(부분)가 전복(사고)/전도에 대한 보호(장치)에 의해 보호됨

- 중앙부 또는 후방부에 배출 배관(discharge piping)
- 후방부 또는 중앙부에서 하역
- 압력 및 진공의 보호
- 전복(사고)/전도에 대한 보호 장치인 드레인 호스가 탱크 측면 아래에 있음
- 비상전원 차단장치(emergency shutoff)[유압식(hydraulic) 또는 공압식(pneumatic)]가 탱크 좌측 전면에 있음

저압 화학 탱크는 부착물에 대한 손상, 구멍, 찢김으로 인해 파손될 수 있다. 화재 또는 비정상적인 화학반응에 관여되었을 때 심하게 파열되지는 않는다. 보다 일반적으로 이러한 화물 탱크는 액체 누출에 연관된다(그림 5.45).

그림 5.43 저압 화학 탱크 트럭에는 인화성 액체, 약한 부식성 물질 및 일부 독성 물질을 운반한다. Rich Mahaney 제공.

그림 5.44 이 저압 화학 탱크 트럭에서는 보강 링이 보인다. Rich Mahaney 제공.

그림 5.45 일반적으로 저압 화학 탱크 트럭은 격렬한 파열보다는 누출에 연관된다. Barry Lindley 제공.

상압 화물 탱크 트럭 (Nonpressure Cargo Tank Truck)

상압 화물 탱크 트럭nonpressure cargo tank truck은 제작 당시의 사양에 따라 MC-306 또는 DOT/TC-406(또는 이와 동등한) 화물 탱크라고도 불린다. 신형 탱크는 알루미늄이나 강철로 만들어졌지만, 구형 탱크는 강철로 만들어졌다.

이러한 탱크의 일반적인 압력은 4 psi(28 kPaG) 미만이다. 이 탱크의 최대 용량은 미국에서 14,000갤런(53,000 L)이며, 일반적인 용량 범위는 1,500~10,000갤런(5,678~37,854 L)이다.

상압 화물 탱크는 거의 항상 휘발유, 연료유, 알코올, 또는 기타 비위험 액체와 같은 인화성/가연성 액체를 싣고 있다. 개별 구획마다 다른 제품을 운송할 수도 있다. 화재 진압은 이러한 차량과 관련된 사고에서 주요 관심사가 될 것이다(그림 5.46).

그림 5.46 상압 화물 탱크는 일반적으로 휘발유와 같은 인화성 및 가연성 액체를 싣고(운송하고) 있다. Rich Mahaney 제공.

MC-306 또는 DOT/TC-406 화물 탱크에는 다음과 같은 특징이 있다.

- 타원형 형태
- 전도 보호 부분에 출입구가 있음
- 바닥(하부) 밸브
- 세로상 전복 보호(장치)(rollover protection)
- 탱크 하부에 밸브 뭉치(valve assembly) 및 하역 제어 박스(unloading control box)(그림 5.47)
- 둥근 면(curb) 측면 및 후면에 증기 회수 장치(vapor-recovery system)가 있을 수 있다.
- 여러 구역으로 구획(multiple compartment)
- 각 구획 상단에 출입구 뭉치(manway assembly) 및 증기 회수 밸브(vapor-recovery valve)
- 비상전원 차단장치(Emergency shut-off system)

그림 5.47 상압 화물 탱크는 탱크 아래에 하역 제어 박스가 있다.

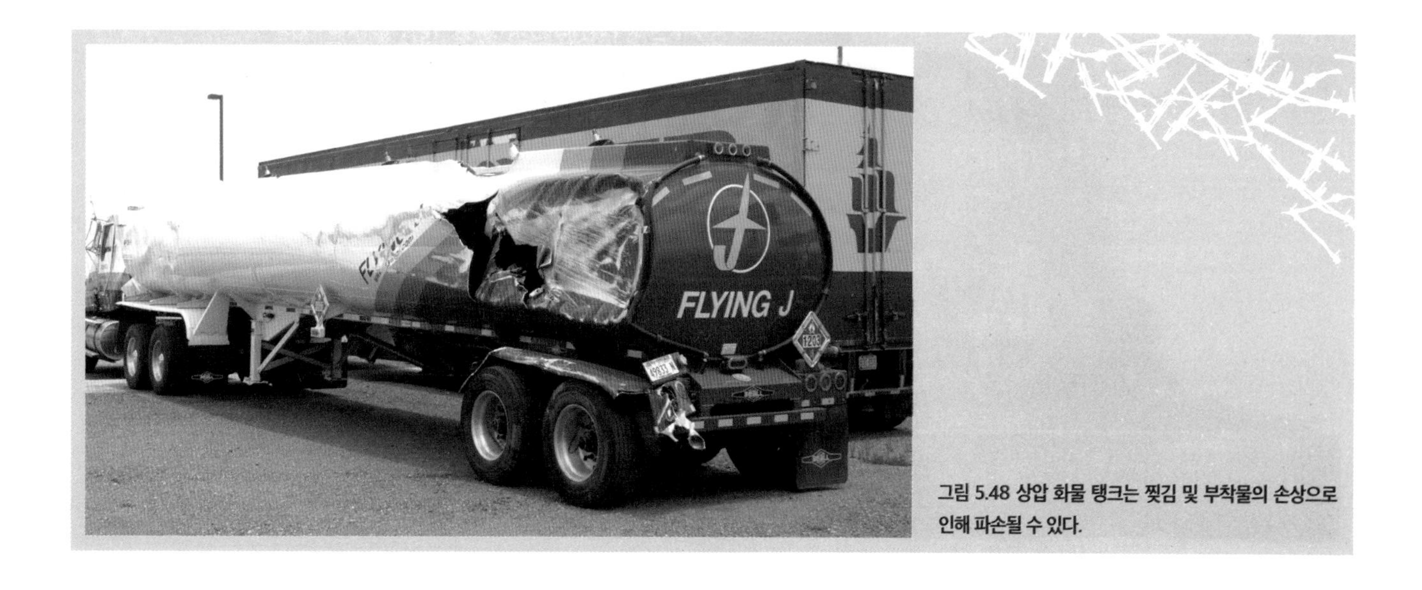

그림 5.48 상압 화물 탱크는 찢김 및 부착물의 손상으로 인해 파손될 수 있다.

상압 화물 탱크는 구멍, 찢김, 또는 부착물의 손상으로 인해 파손될 수 있다(그림 5.48). 화재에 연루되면 강철 탱크가 격렬하게 파열될 수 있으며, 알루미늄 탱크가 녹아내릴 것이다. 더 일반적으로 이러한 화물 탱크는 액체 누출과 관련이 있다.

부식성 액체 탱크 트럭(Corrosive Liquid Tank Truck)

부식성 액체 탱크 트럭corrosive liquid tank truck은 사양에 따라 MC-312 또는 DOT/TC-412(또는 이와 동등한) 화물 트럭으로도 알려져 있다. 이러한 탱크 트럭은 일반적으로 35~55 psi(241~379 kPa)의 압력 범위를 가지며 훨씬 높은 **최대허용작동압력**[13]을 가질 수 있다. 일반적인 탱크 용량은 3,300~6,300갤런(12,492~23,848 L)이다. 알루미늄, 연강, 스테인리스 스틸 및 유리섬유 강화 플라스틱 탱크는 고무 또는 고분자(폴리머) 라이닝이 가능하다. 외부 덮개는 알루미늄 또는 스테인리스 강일 수 있으며, 종종 절연층을 덮고 있다. 일반적으로 이러한 탱크 트럭에는 단일 구획만 있다.

주의(CAUTION)

배수(드레인) 호스에서 액체가 나오면 탱크 상단에 누출이 있음을 나타내는 것일 수 있다.

---

13 **최대허용작동압력(Maximum Allowable Working Pressure; MAWP)**: 컨테이너 시험 압력(test pressure)의 백분율(percentage). 용기나 컨테이너의 가장 약한 부분이 안전하게 유지될 수 있다고 계산된 압력

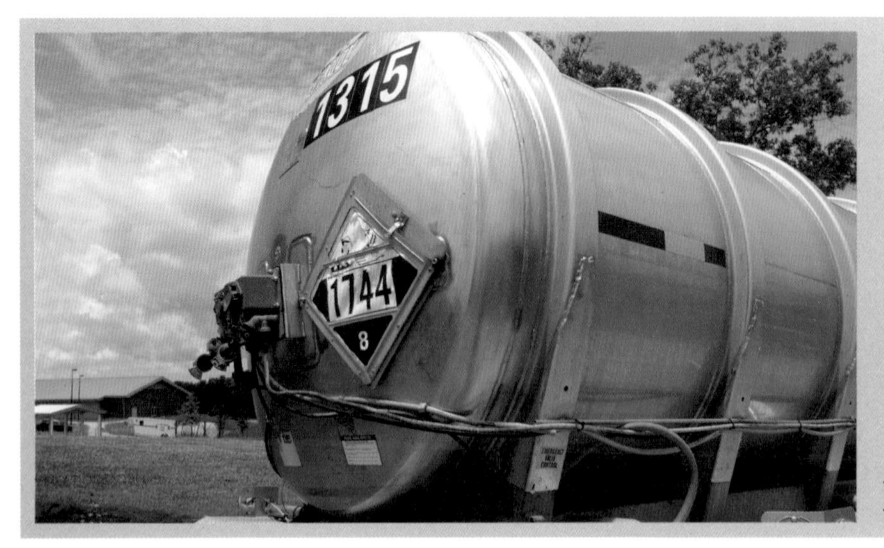

그림 5.49 부식성 액체 탱크 트럭은 염산 및 수산화나트륨과 같은 부식성 액체를 운반한다.

부식성 액체 탱크 트럭은 염화아세틸acetyl chloride, 염산hydrochloric acid 및 수산화나트륨sodium hydroxide과 같은 부식성 물질 및 산을 운송한다(그림 5.49). 부식성 액체 및 증기와의 접촉을 피한다. 부식성 물질은 소방관 방호복을 포함하여 공구 및 장비에 손상을 줄 수 있음에 유의한다.

MC-312 또는 DOT/TC-412 부식성 액체 탱크 트럭의 특징은 다음과 같다(그림 5.50).

- 작은 직경의 원형
- 외부 보강 링(exterior stiffening ring)(비절연 탱크에서는 보일 수 있음)

그림 5.50 부식성 액체 탱크 트럭에는 다른 색상으로 페인트칠/코팅된 하역 부분이 있다. Rich Mahaney 제공.

- 외부 배관이 탱크의 바닥까지 뻗어있으며 탱크 후방부의 상단에 하역(장치)
- 밸브 뭉치 주변에 전복보호(장치)(rollover protection)
- 압력제거장치(pressure relief device; PRD)는 일반적으로 전복보호장치 내부에 위치함
- 적재/하역 부분이 변색되어 있음
- 내부식성 물질로 페인트칠 또는 코팅된 부분이 있음

경고(WARNING!)

대부분의 DOT/TC-412 유형은 차단 밸브가 없다.

부식성 액체 탱크 트럭은 부착물의 손상, 구멍, 찢김으로 인해 파손될 수 있다(그림 5.51). 대부분 일반적으로 이러한 화물 탱크는 액체 누출에 연관되지만, 드문 경우에 화학반응이 격렬한 파열을 야기할 수 있다.

그림 5.51 부식성 액체 탱크 트럭의 유출 시 누출된/누출 중인 내용물에 액체 및 증기/흄이 포함될 수 있다. 드물게, 이 탱크 트럭은 화학반응으로 인해 격렬하게 파열될 수 있다. Barry Lindley 제공.

압축 기체/튜브 트레일러 (Compressed-Gas/Tube Trailer)

압축 기체/튜브 트레일러compressed-gas/tube trailer는 함께 적재된 개별 강철 실린더individual steel cylinder를 운반한다. 튜브의 일반적인 압력 범위는 2,400~5,000 psi(16,547~34,474 kPa)이다(기체만 해당). 각 실린더에는 일반적으로 과압제거장치overpressure device(안전장치)가 있다.

압축 기체/튜브 트레일러는 헬륨helium, 수소hydrogen, 메탄methane, 산소oxygen 및 기타 기체를 운반한다. 종종 이러한 기체들은 반영구적인 저장 탱크와 같이 기체가 사용되는 시설에 저장된다(그림 5.52).

그림 5.52 압축 기체/튜브 트레일러의 실린더 밸브는 박스와 같은 형태의 하우징을 통해 보호받는다. Rich Mahaney 제공.

그림 5.53 압축 기체/튜브 트레일러의 각 숫자들은 각 실린더의 압력제거장치에 연동되어 있다.

그림 5.54 압축 기체/튜브 트레일러의 실린더 밸브(cylinder valve)는 박스와 같은 형태의 하우징(housing)으로 보호받는다. Rich Mahaney 제공.

그림 5.55 압축 기체/튜브 트레일러의 실린더 밸브(cylinder valve)는 함께 집적되어 있다.

압축 기체/튜브 트레일러에는 일반적으로 다음과 같은 특징이 있다.

- 각 실린더에 압력제거장치(PRD)(그림 5.53)
- 전면 또는 후방부에 볼트로 체결된 출입구
- 보호된 하우징(기계 부품을 덮는 단단한 덮개) 안에 밸브(그림 5.54)
- 함께 다기관으로 집적된 밸브(그림 5.55)
- 적절한 선적명(발송명)을 포함하여 현지에서 식별 가능한 물질 또는 소유권은 영구적 표시

압축 기체/튜브 트레일러는 분해, 급격한 균열, 부착물의 파손, 구멍, 찢김이 발생할 수 있다. 내용물은 격렬한 파열, 급격한 경감 또는 누출을 통해 유출될 수 있다. 열이나 화염에 노출되었을 때 비등액체증기운폭발이 발생할 수 있다. 인화성 기체는 점화원과 접촉 시 폭발/발화할 수 있다. 튜브 내 압력이 높기 때문에 트레일러의 우연한 사고에 의한 방출은 격렬할 수 있으며, 유출된 기체는 급속하게 팽창할 것이다.

건조 벌크 화물 트레일러(Dry Bulk Cargo Trailer)

건조 벌크 화물 트레일러dry bulk cargo trailer는 산화제, 부식성 고체, 시멘트, 플라스틱 알갱이 및 비료와 같은 위험 고체 물질를 포함한 고체를 운송한다(그림 5.56). 내용

그림 5.56 건조 벌크 화물 트레일러는 산화제, 부식성 고체 및 기타 물질을 운송할 수 있다. Rich Mahaney 제공.

그림 5.57 건조 벌크 화물 트레일러는 V형 또는 W형의 하부 하역 부분이 있을 수 있다. Rich Mahaney 제공.

그림 5.58 건식 벌크 화물 트레일러에는 이 그림에서 화살표로 표시된 부분처럼 출입구 조립체가 있을 수 있다. Barry Lindley의 의례.

물에는 압력이 가해지지 않지만 일반적으로 15~20 psi(103~138 kPa)의 저압을 사용하여 컨테이너에서 제품을 배출 또는 이송할 수 있다. 이러한 화물 트레일러들은 무거운 화물을 운반하기 위해 제작되었지만, 사고에 연루된 경우 부착물 손상, 구멍, 찢김이 발생할 수 있다. 건식 벌크 화물 트레일러는 다음과 같은 특징을 가지고 있다.

- 일반적으로 압력이 걸리지 않음(상압)
- 종종 V자 모양 또는 W자 모양의 하단 하역 구획(bottom unloading compartment)과 함께 하단 밸브를 포함하여 다양한 형태를 가짐(그림 5.57)
- 후방 장착, 보조엔진동력의 공기 압축기(auxiliary-engine-powered compressor) 또는 트랙터-장착 동력-인출식 공기 압축기(tractor-mounted power-take-off air compressor)
- 공기-보조(air-assisted), 외장 하역 및 하단 하역 파이프
- 상단 출입구 조립체(그림 5.58)

벌크 운송 컨테이너: 탱크차

Bulk Transportation Container: Tank Car

탱크차tank car는 철도로 운송되는 대량의 위험물질을 운반한다. 일부 철도 탱크차의 용량은 4,000~34,000갤런(15,142~128,704 L)으로(그림 5.59), 대량으로 위험물질을 운반하기 때문에 기체나 액체가 우발적으로 방출되면 대응요원이 많은 어려움을 겪을 수 있다. 확연히 구분되는 철도 차량을 식별함으로써 초동대응자는 가능한 가장 먼 거리에서부터 식별 절차를 시작할 수 있다. 차량의 종류는 물질의 무게와 부피뿐만 아니라 어떤 물질이 적재되어 있는지에 대한 단서도 알 수 있도록 제공한다.

탱크차는 다음 세 가지 주요 범주로 나뉜다.

- 저압력 탱크차, 일반 서비스 탱크차 및 상압 탱크차로도 알려져 있음
- 압력 탱크차
- 극저온 액체 탱크차

참고

철도 차량에 대한 대부분의 정보는 2003년 4월 유니온 퍼시픽 철도사가 작성한 탱크차 일반 지침서(General Guide to Tank Cars)에서 호평을 받았다.

그림 5.59 철도 탱크차의 용량은 화물 탱크 트럭보다 훨씬 크다. Rich Mahaney 제공.

정보(Information)

철도로 위험물질 운송

이전에 설명한 자동차 유형 이외에 다른 유형의 철도 차량으로도 위험물질을 운송할 수 있다.

- ▶ 개저식 화물차(hopper car; 공압식으로 하역되는 개저식 화물차 포함)
- ▶ 유개 화물차(boxcar)
- ▶ 위험물질을 적재한 기타 컨테이너를 운송하는 무개 화물차(flat car; 협동일관수송 컨테이너 포함, '협동일관수송 컨테이너' 절 참조)
- ▶ 대형 화물차(well car)
- ▶ 스파인 차(spine car; 무개 화물차의 한 형태)
- ▶ 특별 서비스 (또는 특수) 차량

압력 탱크차(Pressure Tank Car)

참고
일반적이지는 않지만 일부 구형 특대형(점보) 차의 경우 최대 50,000갤런(189,271 L)의 용량까지 있을 수 있다.

압력 탱크차pressure tank car는 일반적으로 20℃에서 25 psi(172 kPa) 이상의 압력으로 인화성, 불연성 및 독성의 기체를 운반한다(그림 5.60). 이러한 탱크차는 또한 인화성 액체 및 액화 압축가스를 운송한다. 이러한 유형의 탱크차의 탱크 테스트 압력 범위는 100~600 psi(689~4,137 kPa)이다. 압력 탱크차의 용량은 4,000~34,000갤런(15,142~ 128,704 L)이다.

압력 탱크차에는 종종 다음과 같은 특징이 있다.

- 원통형
- (탱크 내부에) 구획되어 있지 않음
- 금속 재질(강철 또는 알루미늄)
- 탱크의 양쪽 끝(머리)이 둥글게 되어 있음
- 상부로 적재하는 차량(top-loading car)
- 부속품(적재/하역, 압력 제거장치 및 게이지). 탱크의 상단 중앙에 있는 출입구 덮개에 장착된 보호 하우징이 보이지 않게 위치한다. 압력 탱크차는 일반적으로 탱크 상부에 있는 단일 보호 하우징 아래에 모든 부속품들을 보이게 위치시킨다(그림 5.61).
- 절연 및/또는 열적 보호 장치가 되어 있음(그림 5.62)

참고
몇몇 고위험성 액체(highly hazardous liquid)는 증기압이 거의 없거나 또는 없는 압력차량에 의해 운송된다.

신형 압력 탱크 차량은 사고 보호 기능이 뛰어나며 누출 없이 더 큰 손상을 견딜 수 있다. 이는 외벽이 더 두껍고, 보호 하우징이 잘 보이지 않으며, 보다 높은 탱크 테스트 압력을 갖는 특징이 있다. 신형 압력 탱크 차량은 구형 차량보다 훨씬 무겁고 GPS 추적 장치GPS tracking device 및 조작 방지 장치anti-tampering mechanism가 장착되어 있을 수 있다(그림 5.63).

압력 탱크는 팽창하는 기체 또는 증기를 유출하는 열적, 역학적 및 화학적 손상을 입을 수 있다. 용량이 너무 크기 때문에 영향을 받는 구역과 대피 구역이 매우 클 수 있다. 열 또는 화염에 노출되면 압력 탱크차가 비등액체증기운폭발을 일으킬 수 있다. 비상대응지침서ERG에 따르면, 화재와 관련된 압력 탱크차의 초기 이격 구역은 1.6 km이다(그림 5.64).

그림 5.60 압력 탱크차는 인화성, 불연성 및 독성 기체를 운송한다. Rich Mahaney 제공.

그림 5.61 압력 탱크차는 부속품들이 탱크 상단의 단일 하우징으로 보호되고 있다. Walter Schneider 제공.

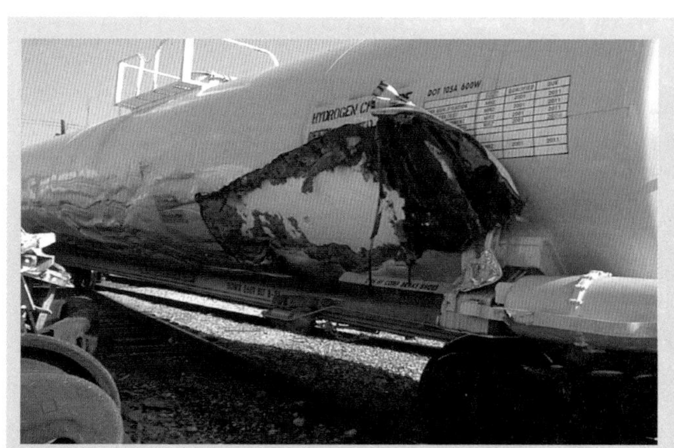
그림 5.62 압력 탱크차는 단열재가 있을 수 있다. Barry Lindley 제공.

그림 5.63 압력 탱크차에는 GPS 추적 장치가 장착되어 있을 수 있다. Rich Mahaney 제공.

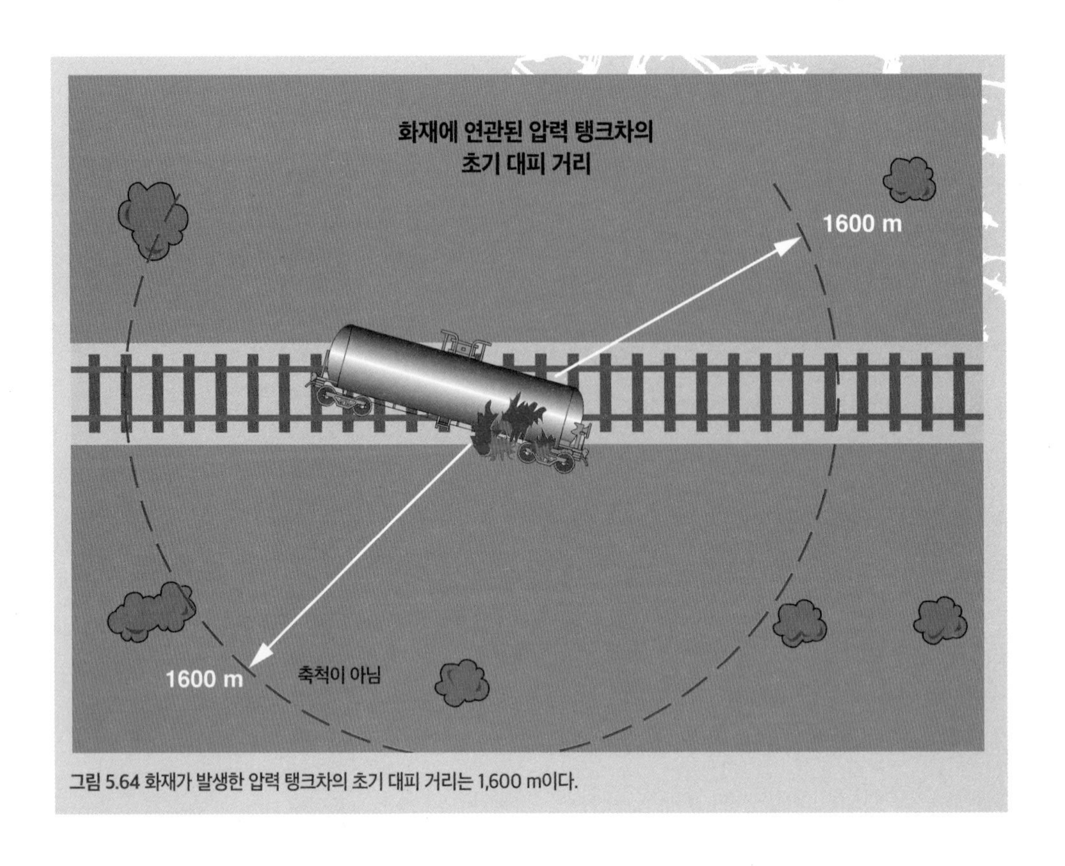

그림 5.64 화재가 발생한 압력 탱크차의 초기 대피 거리는 1,600 m이다.

극저온 액체 탱크차(Cryogenic liquid Tank Car)

극저온 액체 탱크차cryogenic liquid tank car는 저압[일반적으로 25 psi(172 kPa) 이하]의 냉장 액체refrigerated liquid(−90℃ 이하)를 운반한다. 이 탱크에서 발견할 수 있는 물질은 아르곤argon, 수소hydrogen, 질소nitrogen 및 산소oxygen를 포함한다. 액화 천연가스LNG와 에틸렌ethylene은 다소 높은 압력에서 이러한 컨테이너에서 발견될 수 있다. 극저온 액체 탱크차는 종종 차량의 측면이나 차의 끝부분이 지면에 가까이 위치한 함(캐비닛) 안에 적재/하역, 압력 제거 및 배출을 위한 부속품이 있다(그림 5.65).

극저온 액체 탱크차는 강한 외부 탱크 내에 스테인리스 강으로 제작된 내부 탱크를 가지고 있는 형태인 탱크-인-탱크tank-in-tank로 분류된다. 내부 탱크와 외부 탱크 사이의 공간은 절연물로 채워져 있다. 이 공간은 또한 진공상태로 유지된다. 단열과 진공의 조합은 30일 동안 주변 온도로부터 내용물을 보호한다. 운송업체는 이러한 시간에 민감한 화물을 추적한다. 비상대응지침서에 따르면 극저온 액체 탱크차의 초기 이격 영역은 1 km이다.

그림 5.65 극저온 액체 탱크차는 저압 상태로 운반하며, 차의 측면이나 끝에 있는 지면에 가까이 위치한 함(캐비닛)으로 식별할 수 있다. Rich Mahaney 제공.

저압 탱크차 (Low Pressure Tank Car)

저압 탱크차low pressure tank car는 41~46℃에서 25 psi (172 kPa) 이하의 증기압을 갖는 비위험 고체 및 액체를 운송한다(그림 5.66). 저압 탱크차의 탱크 테스트 압력은 60~100 psi(414~689 kPa)이다. 알루미늄aluminum, 연강mild steel 또는 스테인리스 강stainless steel으로 제작된 신형인 탱크의 용량은 4,000~34,000갤런(15,142~128,704 L)이다.

저압 탱크차는 다음과 같은 위험물질을 운송한다.

- 인화성 액체
- 인화성 고체
- 반응성 액체
- 반응성 고체
- 산화제(그림 5.67)
- 유기과산화물
- 독성 물질(poison)
- 자극제
- 부식성 물질

그림 5.66 저압 탱크차량은 위험 및 비위험 액체와 고체를 운반한다.

그림 5.67 산화제가 저압 탱크차를 통해 운송될 수도 있다. Rich Mahaney 제공.

참고

일반적이지는 않지만, 일부 구형 대형차(older jumbo car)는 최대 45,000 갤런(170,344 L)의 용량(capacity)까지 있을 수 있다.

그림 5.68 이 저압 탱크차에는 두 개의 탱크가 있다. 이들은 각각 별도의 제품을 운송할 수 있다. Rich Mahaney 제공.

그림 5.69 많은 저압 탱크차에는 차(철도차)의 상단 및/또는 하단에 여러 개의 부속품이 있다.

또한 다음과 같은 비위험물질을 운송한다.

- 과일 및 야채주스
- 와인 및 기타 주류
- 토마토 페이스트
- 기타 농산물

저압 탱크차의 특징은 다음과 같다.

- 양쪽 끝(머리)이 둥근 원통형
- 탱크 내부로 접근을 위한 최소 하나의 출입구
- 별개의 탱크로 최대 6개까지 구획되어 있으며, 각 구획은 고유한 부속품 세트, 용량 및 다른 상품을 운송할 수 있는 능력을 갖추고 있다(그림 5.68).
- 차량의 상부 및/또는 하부에 적재/하역, 압력 및/또는 진공 안전(장치), 게이지 및 기타 목적을 위한 부속품이 보인다(그림 5.69).

수년 동안 저압 탱크차를 식별하는 한 가지 방법은 탱크차 상단에서 여러 부속품 및 장비를 찾는 것이었다. 그러나 일부 새로운 DOT/TC 111 탱크차는 압력차와 유사한 보호 하우징 안에 이러한 부속품의 일부 또는 전부를 넣는다(앞 절 참조). 초동대응자는 이제 반드시 차량의 상부를 살펴보아야 하며, 단일 보호 하우징이 있는 경우 오른쪽에 스텐실로 표시된 미 교통부/캐나다 교통부 사양을 확인하여 고압 탱크차인지 DOT 111 탱크차인지를 반드시 확인하여야 한다(그림 5.70 a, b).

에탄올ethanol, 원유crude oil 및 기타 3류 제품을 싣고 있는 여러 개의 저압 탱크차를 운송하는 기차는 **고위험성 인화성 물질 수송 기차**[14]라고 할 수 있다(그림 5.71 a, b).

사고에 연관되었을 경우, 이러한 탱크차는 제품을 유출하고 발화하며 격렬하게 파열될 수 있다. 이러한 유형의 사고는 주로 사람의 실수로 인한 것이다. DOT-/TC-III 탱크차 이외에도 신형 DOT-/TC-117 및 DOT-/TC-120 탱크차가 있다(그림 5.72 a, b c).

그림 5.70 a 및 b 저압 DOT/TC 111 탱크차는 압력 탱크차와 마찬가지로 단일 하우징으로 보호되는 부속품을 가지고 있다. 의심스러운 경우 사양 표시를 확인한다. Rich Mahaney 제공.

그림 5.71 a 및 b 고위험 인화성 물질 수송 기차(HHFT)는 종종 에탄올과 원유를 운송한다. 사고에 연관되었을 경우, 수송 중인 제품이 유출되고 발화하며 파열될 수 있다. Rich Mahaney 제공.

---

14 **고위험 인화성 물질 운송 기차(High-Hazard Flammable Trains; HHFT)** : 인화성 액체가 저장(운송)된 20여 개 이상의 탱크 차량 또는 인화성 액체가 한 기차 전체에 35개 이상 차량에 흩어져있는 기차

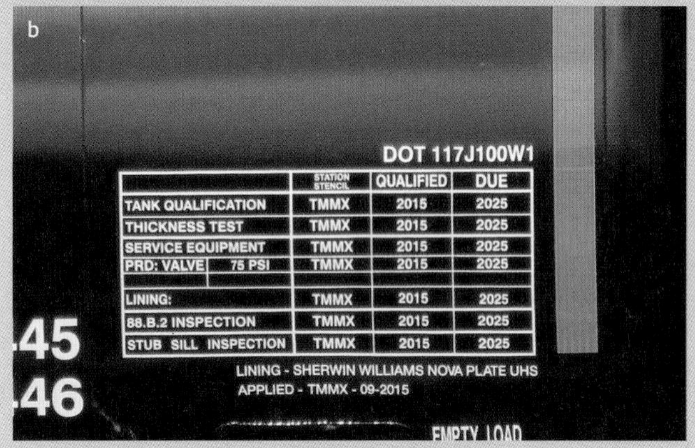

그림 5.72 a, b, c 대응요원은 신형 DOT/TC 117 탱크차와 마주칠 수도 있다. 이 차(철도차)의 부속품은 또한 보호 하우징 안에 있다. (a) 및 (c) Barry Lindley 제공, (b) Rich Mahaney 제공.

사례 연구(Case Study)

메간틱 기차 탈선 사고(2013년)

고위험 인화성 물질 운송 기차(HHFT)는 몇몇 세간의 이목을 끄는 사고들에 연루된 적이 있다. 2013년 캐나다 퀘벡의 메간틱에서는 약 2백만 갤런(770만 리터)의 석유 원유(petroleum crude oil)를 적재하고 달리던 72대의 열차가 탈선하는 사고가 있었다. 이 사고로 47명이 사망하고 시내의 많은 지역이 파괴되었다.

2013년 7월 5일 저녁 몬트리올 메인 및 대서양 철도(MMA) 사의 열차가 낭트시에 도착한 후, 엔지니어는 열차의 핸드브레이크를 적용시켜 공기브레이크(air brake) 상태에 놓았다. 내리막 경사에 주차한 이 기차가 핸드브레이크만으로 유지되어야 한다는 철도 규정을 충족하고 있다고 생각했다.

그후 얼마 지나지 않아서, 낭트 소방서는 기차 화재에 관한 911 신고전화를 받았다. 소방관들은 비상 상황에 신속하게 대응하여, 기관차의 연료 공급을 차단하고 운전실 내부의 전기를 차단했다. 철도 회사 관리직들과 이야기한 후, 소방관들은 역의 위협은 처리되었고 열차는 양호한 상태가 되었다고 생각했다.

그러나 그것은 사실이 아니었다. 소방관이 기관차를 차단했을 때 에어컴프레서는 공기브레이크로의 공기 공급을 중단하였고, 따라서 열차는 주행 트랙에 멈춰 있을 수 없게 되었다. 기차는 이른 아침에 굴러가기 시작하여 최대 시간당 104,6 km로 메간틱(Lac Megantic)을 향해 나아갔다.

이로 인해 열차의 탱크차 중 63대가 메간틱 시내에서 탈선하여 수십 명의 사람이 사망하였고, 건물이 붕괴되었으며, 열차의 원유가 점화되면서 대규모 화재가 발생했다. 소방서는 대형사고현장에 대응하였으며, 소방관들은 화재를 진압하고 지역을 보호하기 위해 잘 조정된 계획을 사용했다.

탈선 사고를 조사한 결과, 특히 한 가지가 아니라 여러 요인이 다발적으로 거대한 사고에 영향을 미친 것으로 나타났다. 그 요인들 가운데 조사관들은 수송 중이던 원유가 열차의 수송 문서에 기술된 것보다 더 큰 휘발성이 있음을 발견했다. MMA 사는 열차에 대한 테스트를 강화하였고 엔지니어 단 한 명으로 운영되던 열차 운행을 중단했다.

기타 철도차(Other Railroad Car)

기타 철도차에는 개저식 화물차 hopper car 와 유개 화물차 boxcar 그리고 대형 무개 화물차(곤도라)와 같은 기타 철도차가 포함된다. 이러한 철도차에 대한 설명은 다음과 같다.

- **유개(상부 덮개) 개저식 화물차(covered hopper car)** 곡물, 탄산칼슘(calcium carbide), 질산암모늄(ammonium nitrate), 시멘트와 같은 건조 벌크 물질(dry bulk material)을 운반하는 경우가 종종 있다(그림 5.73).
- **무개(상부 개방) 개저식 화물차(uncovered (or open top) hopper car)** 석탄, 모래, 자갈, 암석을 운반할 수 있다(그림 5.74).
- **공압 하역 및 개저식 화물차(pneumatically unloaded hopper car)** 공기압력(air pressure)에 의해 하역되며, 질산암모늄 비료(ammonium nitrate fertilizer), 건조 가성소다(dry caustic soda), 플라스틱 알갱이, 시멘트(cement)와 같은 건조 벌크 화물(dry bulk load)을 운반하는 데 사용된다. 하역 시 압력 범위는 20~80 psi(69~552 kPa)이다(그림 5.75 a 및 b 참조).
- **기타 철도차(miscellaneous car)** 유개 화물차(boxcar)와 대형 무개 화물차(gondola), 대형 화물차(well car), 사파인 차(spine car)는 종종 위험물질 컨테이너를 운반하는 데 사용된다. 이 철도차들은 다양한 유형의 컨테이너에 대한 다양한 종류의 혼합화물(mixed cargo)을 포함할 수 있다(그림 5.76).

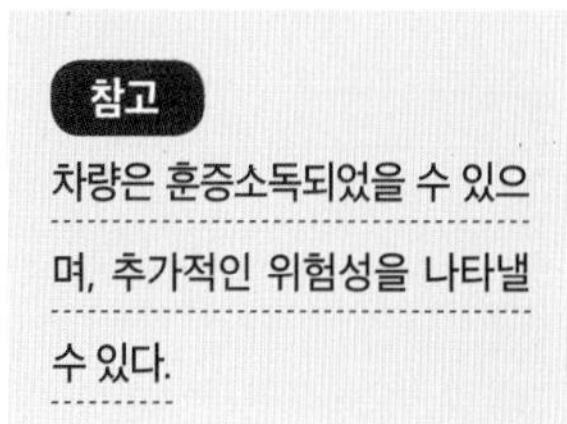

그림 5.73 유개(상부 덮개) 개저식 화물차는 산화제를 포함하여 고체를 적재한다. Rich Mahaney 제공.

그림 5.74 무개 개저식 화물차는 종종 석탄을 운반한다. Rich Mahaney 제공.

그림 5.75 a 및 b 고공압 하역 및 개저식 화물차는 질산암모늄 비료, 건조 가성소다 및 기타 고형물을 운송한다. Rich Mahaney 제공.

그림 5.76 유개 화물차는 위험물질 컨테이너를 포함하여 다양한 혼합화물을 운송한다. Barry Lindley 제공.

북아메리카 철도 탱크차 표시 (North American Railroad Tank Car Marking)

대응요원은 철도 차량의 표시와 내용물에서 중요한 정보를 얻을 수 있다.

- 알림 표시(reporting mark) [**철도차 머릿글자(이니셜) 및 숫자**[15]]
- 용량 스텐실(스텐실로 표시된 용량, capacity stencil)
- 사양 표시(specification marking)

비상대응지침서ERG는 철도 차량 식별 도표에서 이러한 표시에 대한 주요한 힌트를 제공하며, 자세한 정보는 이 절에서 제공한다. 또한 제조업체의 이름은 일부 연락처 정보를 차량에 제공할 수도 있다. 철도 차량은 일반적으로 단일 물질운송 전용이다. **전용 탱크차**[16]에는 차량에 그 물질의 이름이 칠해져 있을 수 있다. 미 교통부DOT/캐나다 교통부는 차(량)에 스텐실로 붙일 수 있는 한정된 수의 선적명만을 요구한다. 일부 회사는 해당 정보를 의례상 포함하도록 할 수도 있다.

---

15 **철도차 머릿글자(이니셜) 및 숫자(Railcar Initials and Numbers)** : 철도사의 컴퓨터 또는 운송업체가 (철도)차량의 내용물에 대한 정보를 얻는 데 사용될 수 있는 철도 차량에 부착된 문자와 숫자의 조합. 또한 알림 표시(reporting mark)로도 알려져 있음.

16 **전용 탱크차(Dedicated Tank Car)** : 압력제거장치(안전장치), 라이닝, 밸브, 부속품 및 부착물을 포함하여 제품 고유의 요소(특성)를 충족시키도록 설계된 철도 탱크차. 이 유형의 차량은 종종 차의 수명을 위하여 단일 용도로 사용되며, 정확한 목적을 나타내기 위해 표시가 부착될 수 있다.

알림 표시(Reporting Mark)

다른 모든 화물 차량과 마찬가지로 탱크차는 고유한 일련의 알림 표시가 되어 있다. 알림 표시(이니셜과 숫자로 표시)는 (철도)차량의 내용물에 대한 정보를 철도사의 컴퓨터, 운송업체, CHEMTREC(화학운송비상센터), CANUTEC(캐나다 운송비상센터) 또는 SETIQ(화학산업을 위한 비상운송체계)로부터 얻는 데 있어서 사용될 수 있다. 알림 표시는 차량용 운송 문서에 제공된 이니셜 및 숫자와 일치해야 한다. 탱크차 탱크(그림 5.77 a 및 b)의 양쪽(차의 측면에서 왼쪽)과 양 끝(상단 중앙) 양면에 스텐실이 있다. 일부 운송업체와 차량 소유자는 차를 식별하는 데 도움이 되는 차량의 알림 표시로 차 상단에 스텐실을 한다.

용량 스텐실(Capacity Stencil)

용량 스텐실[17]은 탱크차 탱크의 용량을 나타낸다. 갤런(때로는 리터) 단위의 용량은 차량의 알림 표시 아래에 차량의 양쪽 끝에 스텐실되어 있다. 파운드(때때로 킬로그램) 단위의 용량은 차량의 알림 표시 아래에 자동차 양 측면에 스텐실되어 있다. 하중 제한이란 용어는 용량(파운드 또는 킬로그램)과 동일한 의미로 사용되었을 수 있다. 특정 탱크차의 경우, 탱크의 물 용량(물 중량)은 파운드(일반적으로 킬로그램)로 차 중앙 부근의 탱크 양 측면에 스텐실된다(그림 5.78).

그림 5.77 a 및 b 알림 표시가 이러한 탱크차에서 강조 표시되어 있다. Rich Mahaney 제공.

17 **용량 스텐실(Capacity Stencil)** : 탱크의 용량을 나타내기 위해 탱크차의 외장에 스텐실된 숫자(번호)

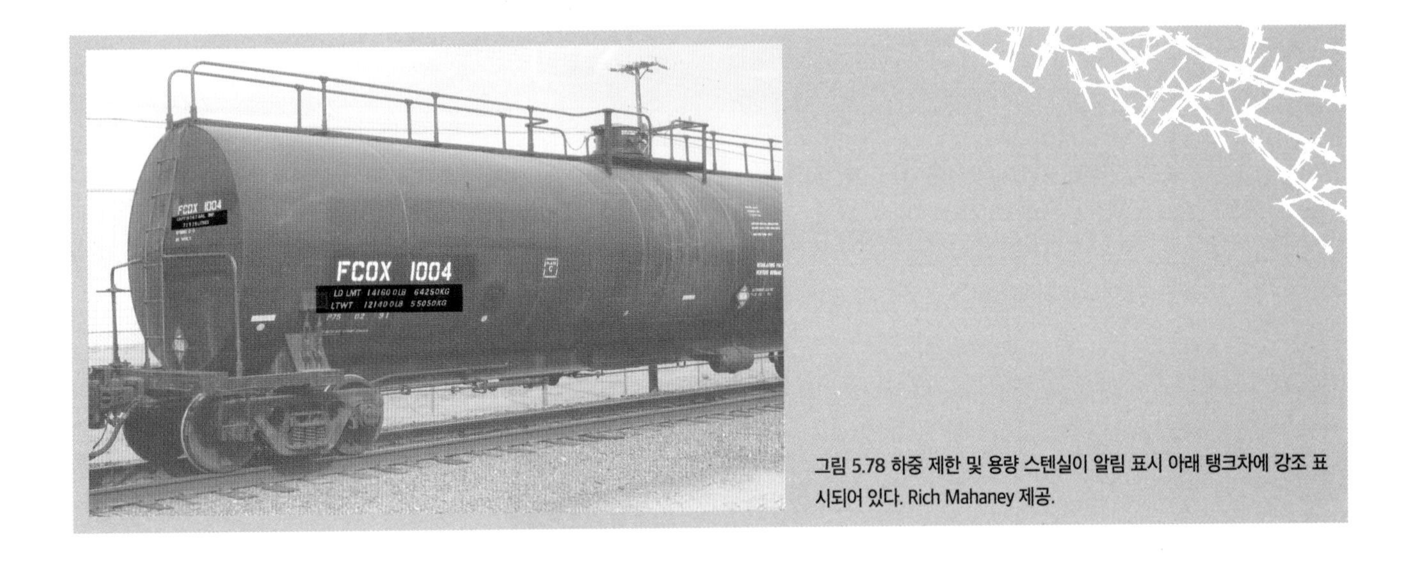

그림 5.78 하중 제한 및 용량 스텐실이 알림 표시 아래 탱크차에 강조 표시되어 있다. Rich Mahaney 제공.

사양 표시(Specification Marking)

사양 표시[18]는 탱크차가 제작된 표준을 나타낸다. 표시는 탱크의 양면에 스텐실된다. 차량 측면을 마주 볼 경우, 표시가 오른쪽(알림 표시와 반대)으로 표시된다(그림 5.79). 초동대응자는 차량의 알림 표시를 사용하여 해당 철도, 운송업체, 화물 운송업체 또는 미국 철도협회Association of American Railroads로부터 사양 정보specification information를 얻을 수도 있다. 그림 5.80은 탱크차 사양 표시에 대한 간략한 설명을 제공한다.

안전 경고(Safety Alert)

연방 철도국(FRA) 규정 최신정보

2012년 6월 25일 이후 연방철도국(FRA) 규정에 따르면, 탱크가 모든 사양 요구사항(specification requirement)을 준수함을 증명하기 위하여 (철도)차량 프레임에 있는 금속판에는 탱크 사양(tank specification)을 스탠실해야만 한다. 사양 표시는 쉽게 볼 수 없는 탱크 머리부(tank head)에도 찍혀 있다.

18 **사양 표시(Specification Marking)** : 탱크차가 만들어진 표준을 나타내는 탱크차의 외면에 스텐실된 것으로 협동일관수송 컨테이너(intermodal container) 및 화물 탱크 트럭(cargo tank truck)에서 찾을 수 있다.

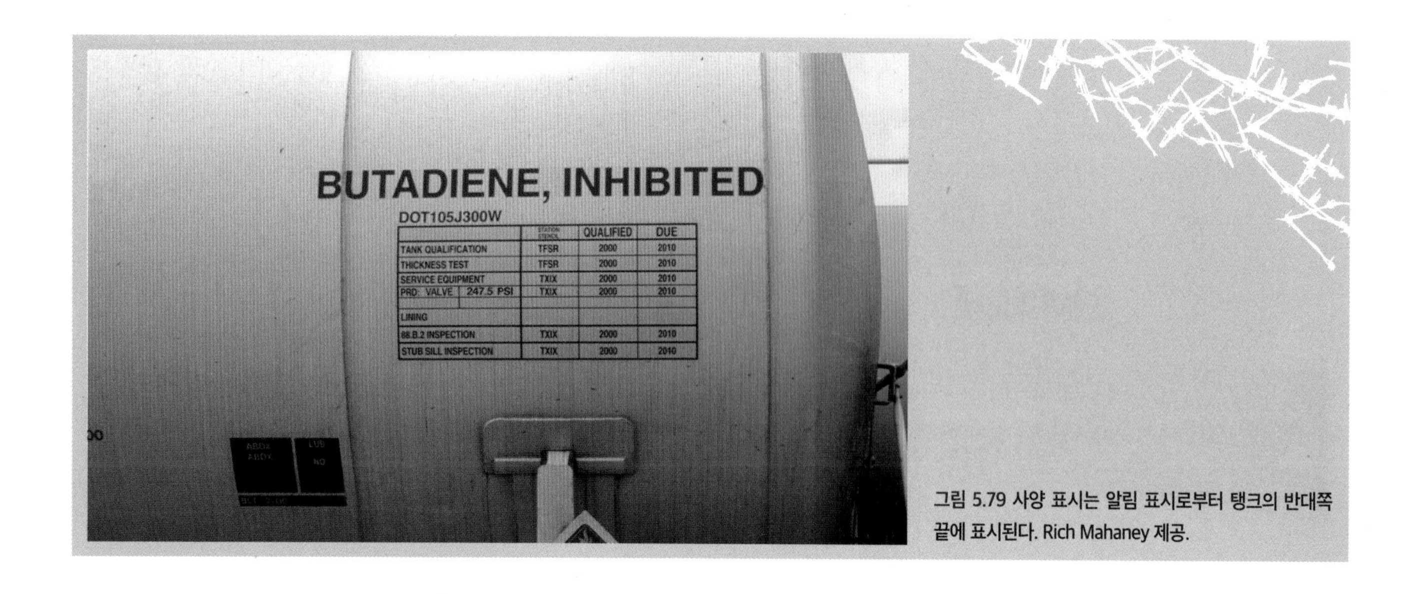

그림 5.79 사양 표시는 알림 표시로부터 탱크의 반대쪽 끝에 표시된다. Rich Mahaney 제공.

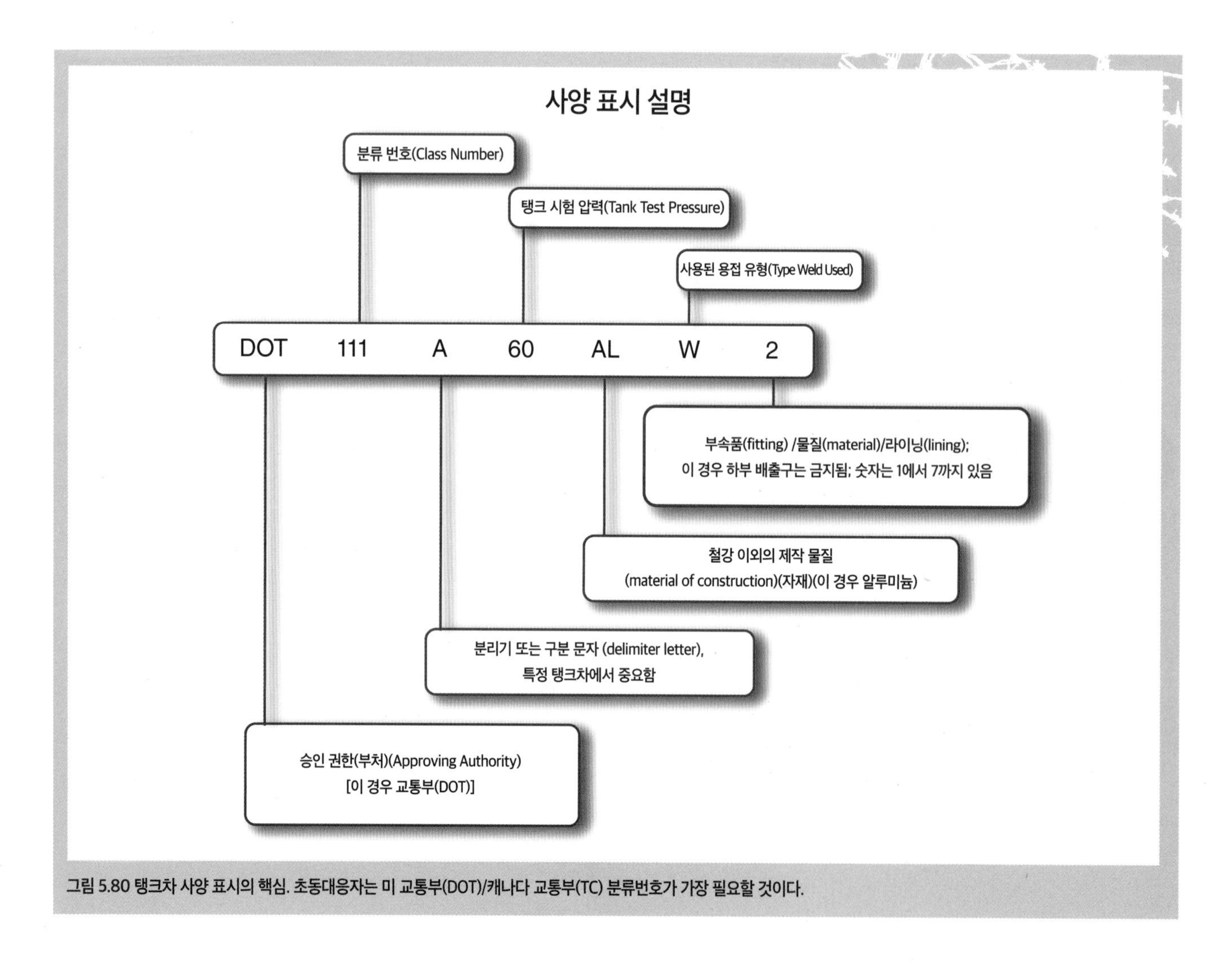

그림 5.80 탱크차 사양 표시의 핵심. 초동대응자는 미 교통부(DOT)/캐나다 교통부(TC) 분류번호가 가장 필요할 것이다.

벌크 운송 컨테이너: 협동일관수송 탱크

Bulk Transportation Container: Intermodal Tank

협동일관수송 컨테이너[19]는 철도, 고속도로, 선박과 같은 여러 운송수단에서 상호교환 가능하게 사용되는 화물 컨테이너freight container이다. 다양한 형태의 협동일관수송 컨테이너는 다음과 같은 두 가지 주요 범주로 나눌 수 있다.

1. 화물 컨테이너(freight container)

협식품에서부터 건조한 제품에 이르기까지 광범위한 제품을 운송한다. 다양한 유형과 크기가 있으며, 가장 일반적으로는 6 m, 12 m, 14 m, 15 m, 16 m 길이가 있다. 몇 가지 일반적인 화물 컨테이너 유형은 다음과 같다(그림 5.81)

- 드라이밴 협동일관수송 컨테이너(dry-van intermodal container)[종종 박스 컨테이너(box container)라고도 불림]
- **냉장 협동일관수송 컨테이너**[20] [냉장고(refrigerator)라고도 불림]
- 무개 협동일관수송 컨테이너(open top intermodal container)
- 평판-협동일관수송 컨테이너(flat-intermodal containers)

2. 탱크 컨테이너(tank container)

협동일관수송 탱크(intermodal tank)라고도 한다(그림 5.82). 협동일관수송 탱크 컨테이너의 세 가지 일반적인 분류는 다음과 같다.

---

19 **협동일관수송 컨테이너(Intermodal Container)** : 두 개 이상의 운송 수단에서 상호교환 가능하게(interchangeably) 사용되도록 설계되고 제작된 화물 컨테이너(freight containers). 협동일관수송 탱크(intermodal tank), 협동일관수송 탱크 컨테이너(intermodal) 및 협동일관수송 화물 컨테이너(intermodal freight container)라고도 한다.

20 **냉장 협동일관수송 컨테이너(Refrigerated Intermodal Container)** : 자체 냉장기(냉동기)가 있는 화물 컨테이너(cargo container). (대형)냉장고(Reefer)라고도 한다.

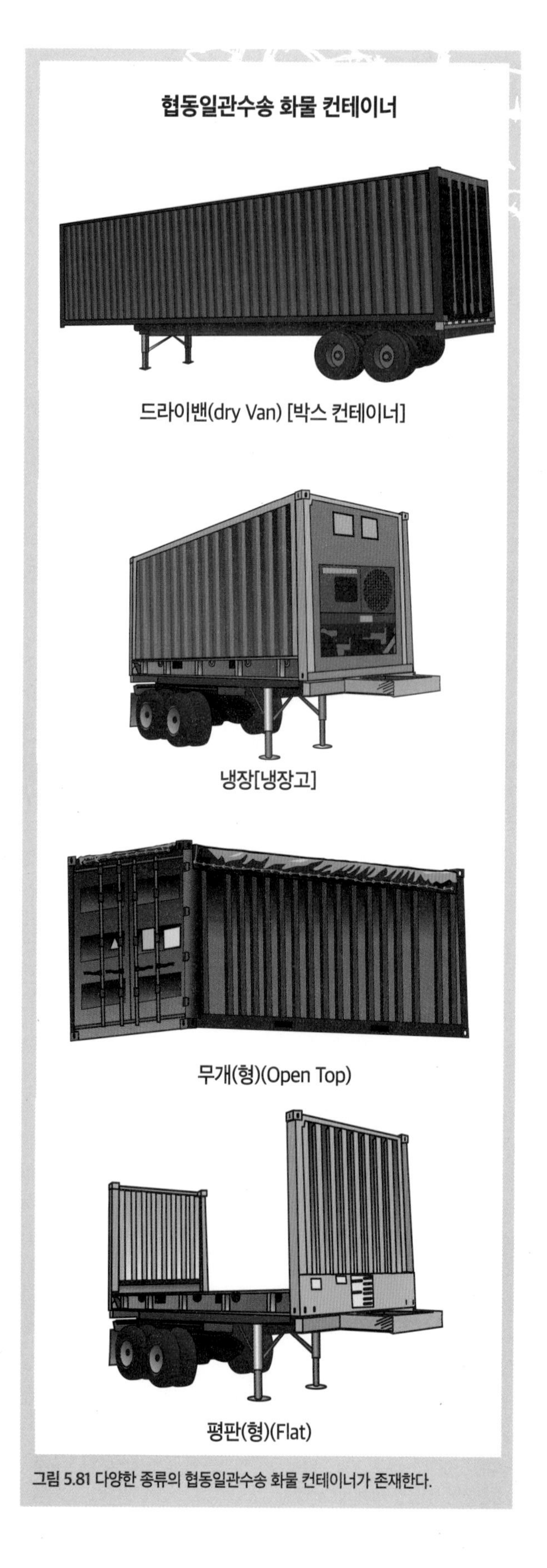

그림 5.81 다양한 종류의 협동일관수송 화물 컨테이너가 존재한다.

- 압력 협동일관수송 탱크(pressure intermodal tank)
- 특수 협동일관수송 탱크(specialized intermodal tank)로, 예를 들면 극저온 협동일관수송 탱크(cryogenic intermodal tank) 및 튜브 모듈(tube module)
- 저압 협동일관수송 탱크(low pressure intermodal tank)[상압 협동일관수송 탱크(nonpressure intermodal tank)라고도 불림]

일부 협동일관수송 화물 컨테이너에는 위험물질이 포함될 수 있다(그림 5.83 a 및 b). 기타 협동일관수송 화물 컨테이너는 위험물질 및 비위험물질을 모두 포함하는 혼합 화물mixed load를 적재할 수도 있다. 많은 화물 컨테이너의 경우 위험물질이 포함되어 있는지 여부를 컨테이너의 형태만으로 판단할 수는 없다. 대신 대응요원은 이러한 컨테이너의 내용물을 확인하기 위해서 협동일관수송 컨테이너 표시 또는 운송 서류를 사용해야 한다(이 장의 뒷부분에서 설명). 운송 서류는 정확하지 않을 수 있으며, 위험물질은 적절한 확인(절차)없이 협동일관수송 컨테이너를 통해 불법적으로 운송될 수도 있다.

협동일관수송 탱크 컨테이너는 일반적으로 실린더의 양쪽 끝이 밀봉되어 있다. 초동대응자는 튜브 모듈, 극저온 탱크, 구획된 탱크 또는 기타 형태를 마주하게 될 수 있다. 표 5.7은 가장 일반적인 형태의 협동일관수송 탱크에 대한 예를 보여준다. 탱크 컨테이너는 탱크를 보호하기 위해서 프레임 안에 들어 있으며, 이를 통해 쌓기stacking, 인양lifting 및 고정securing을 할 수 있다. 이러한 컨테이너의 용량은 일반적으로 6,340갤런(24,000 L)을 초과하지 않는다(표 5.8).

그림 5.82 협동일관수송 탱크 컨테이너를 통해 전 세계로 위험물질을 운송한다. Rich Mahaney 제공.

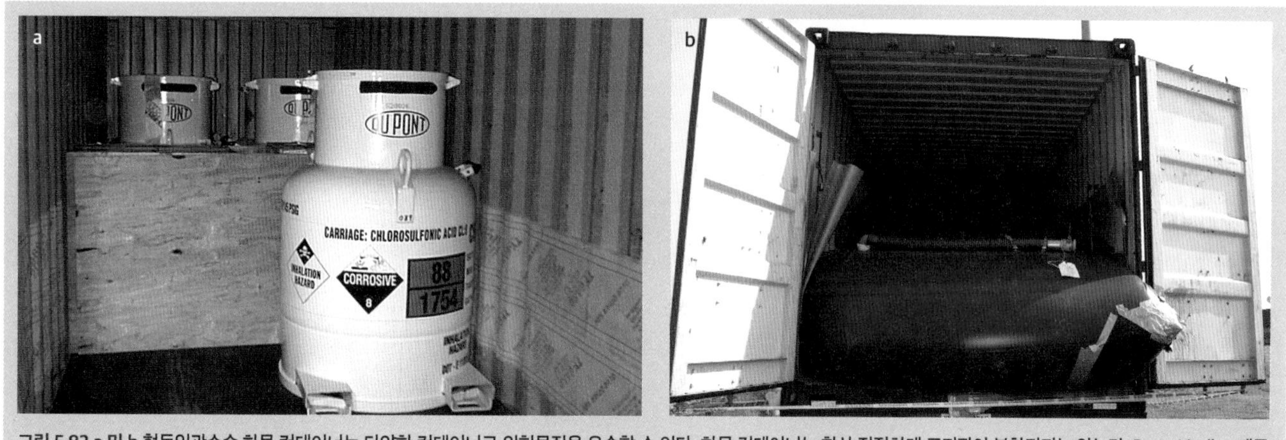

그림 5.83 a 및 b 협동일관수송 화물 컨테이너는 다양한 컨테이너로 위험물질을 운송할 수 있다. 화물 컨테이너는 항상 적절하게 표지판이 부착되지는 않는다. Barry Lindley 제공.

표 5.7
협동일관수송 탱크

탱크 형태	설명
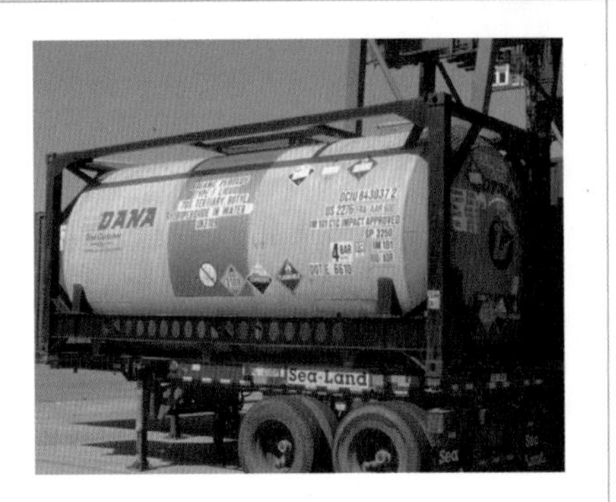	**상압 협동일관수송 탱크(Nonpressure Intermodal Tank)** • IM-101: 25.4~100 psi(175~689 kPa) • IM-102: 14.5~25.4 psi(100~175 kPa) **내용물:** 액체 또는 고체(위험 및 비위험물질 모두)
	**압력 협동일관수송 탱크(Pressure Intermodal Tank)** 100~500 psi(689~3 447 kPa) **내용물:** 액화 가스(liquefied gas), 액화 석유가스(liquefied petroleum gas), 무수 암모니아(anhydrous ammonia) 및 기타 액체
	**극저온 협동일관수송 탱크(Cryogenic Intermodal Tank)** **내용물:** 냉각된 액화 가스(refrigerated liquid gas), 아르곤(argon), 산소(oxygen), 헬륨(helium)
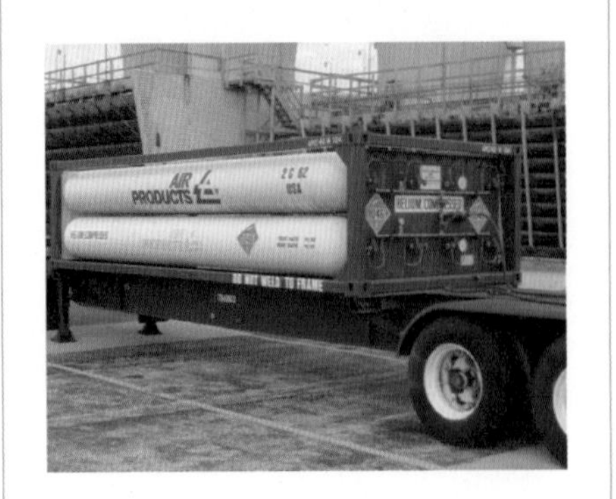	**튜브모듈 협동일관수송 탱크(Tube Module Intermodal Container)** **내용물:** 프레임에 고정된 고압실린더(high-pressure cylinder)[3,000~5,000 psi(20,684~34,474 kPa)] 안의 기체(gas)

표 5.8 협동일관수송 탱크 컨테이너 설명			
사양	운송된 물질	용량	설계 압력
IM 101 이동식 탱크 (Portable Tank)	인화점이 0℃ 미만인 유독성 물질, 부식성 물질 및 인화성 물질을 포함한 위험물질 및 비위험물질	일반적으로 5,000~6,300갤런 (18,927~23,848 L)	25.4~100 psi (175 ~ 689kPa; 1.75~6.89 bar)
IM 102 이동식 탱크 (Portable Tank)	인화점이 0~60℃인 위스키, 알코올, 일부 부식제, 살충제(pesticides, insecticides), 수지류(resins), 공업용제(industrial solvents) 및 인화성 물질	일반적으로 5,000~6,300갤런 (18,927~23,848 L)	14.5~25.4 psi (100~175 kPa; 1~1.75 bar)
Spec. 51 이동식 탱크 (Portable Tank)	액화 가스(liquefied gas) LPG, 무수 암모니아(anhydrous ammonia), 고증기압 인화성 액체 (high vapor pressure flammable liquid), 자연 발화성 액체 (pyrophoric liquid [예; 알루미늄 알킬] 및 기타 고도로 규제된 물질	일반적으로 4,500~5,500갤런 (17,034~20,820 L)	100~500 psi (689~3447 kPa; 6.89~34.5 bar)

주의(CAUTION)

협동일관수송 화물 컨테이너는 거의 모든 것을 담을 수 있다.

안전 경고(Safety Alert)

협동일관수송 컨테이너 사양

2003년부터 제작된 신형 협동일관수송 컨테이너 사양(specification)에는 구형의 IMO 유형 대신 "T" 코드가 포함되어 있다(그림 5.84). 미 교통부(DOT)/캐나다 교통부(TC) 사양 51, 1M 101, 또는 1M 102 이동식 탱크는 2003년 1월 1일 이후에 제작되었을리 없지만, 이러한 탱크는 물질 컨테이너 최소 요구사항 및 특정 탱크의 정기적인 검사를 포함한 조항의 적용을 받으면서 위험물질의 운송에 계속 사용될 수 있다.

참고 "T" 코드는 별도의 IFSTA 매뉴얼인 'Hazardous Materials Technician (본 매뉴얼의 다음/상위 편에 해당)'에 자세히 설명되어 있다.

그림 5.84 신형 협동일관수송 컨테이너 사양에는 "T" 코드가 포함된다. 이 탱크는 T14 사양을 충족한다. Barry Lindley 제공.

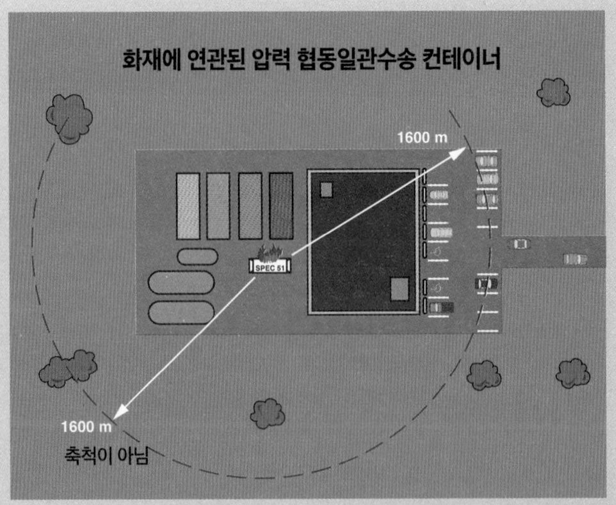

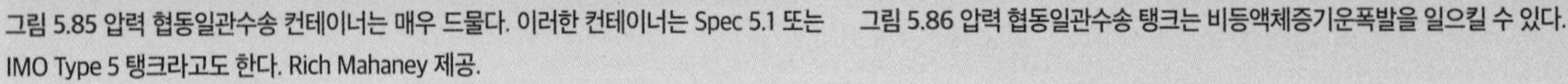

그림 5.85 압력 협동일관수송 컨테이너는 매우 드물다. 이러한 컨테이너는 Spec 5.1 또는 IMO Type 5 탱크라고도 한다. Rich Mahaney 제공.

그림 5.86 압력 협동일관수송 탱크는 비등액체증기운폭발을 일으킬 수 있다.

압력 협동일관수송 탱크(Pressure Intermodal Tank)

압력 협동일관수송 탱크 컨테이너pressure intermodal는 운송에도 드물게 사용된다. 미 교통부/캐나다 교통부는 이 탱크를 Spec 5.1로 분류한다. 국제적으로 IMO Type 5 탱크 컨테이너로 알려져 있다(그림 5.85). 이 유형의 컨테이너는 최대허용작동압력MAWPs이 100~500 psi(689~3,447 kPa)로 설계되었으며, 일반적인 압력 하에서 액화가스를 운반한다.

운송, 적재, 하역 중 압력 협동일관수송 탱크가 손상될 수 있다. 누출은 급속하게 팽창하는 기체 또는 증기의 유출과 함께 부속품과 자주 연관된다. 열 및/또는 화염에 노출된 압력 협동일관수송 탱크는 비등액체증기운폭발이 일어날 수 있다(그림 5.86).

저압 협동일관수송 탱크(Low Pressure Intermodal Tank)

이 탱크는 운송에 사용되는 가장 일반적인 협동일관수송 탱크이다. 종종 상압 협동일관수송 탱크라고도 불리지만, 이러한 탱크는 100 psi(689 kPa)의 높은 압력을 가질 수 있다. 그들은 또한 협동일관수송 이동식 탱크intermodal portable tank 또는 1M 이동식 탱크portable tank라고도 한다. 저압/상압 협동일관수송 탱크 컨테이너의 두 가지 일반적인 그룹은 다음과 같다.

1. 1M 101 이동식 탱크(Portable Tank)

국제적으로, 이러한 탱크를 IMO(International Maritime Organization) Type 1 탱크 컨테이너라고 한다(그림 5.87). 이러한 탱크 컨테이너는 25.4~100 psi(175~689 kPa)의 최대허용작동압력(MAWP)을 견딜 수 있도록 제작되었다. 또한 이들은 위험물질과 비위험물질 모두를 운송한다.

2. 1M 102 이동식 탱크(Portable Tank)

국제적으로 IMO Type 2 탱크 컨테이너라고 한다. 이러한 탱크 컨테이너는 14.5~25.4psi(100~175 kPa)의 최대허용작동압력(MAWP)에서 작동하도록 설계되었다. 이러한 컨테이너는 점차 사용에서 제외되어가고 있다. 이들은 0~60℃의 인화점을 가진 알코올, 살충제, 수지류, 공업용제, 인화성 물질과 같은 물질을 운반한다. 가장 일반적으로는 식품류와 같은 비규제 물질(특별히 규제를 받지 않은 것들)을 운송한다.

부속품 및 컨테이너 벽의 손상을 포함하여 운송, 적재 및 하역 중 저압 협동일관수송 탱크가 손상될 수 있다. 유출은 일반적으로 액체의 누출 형태이며, 흔히 인화성 또는 가연성이다.

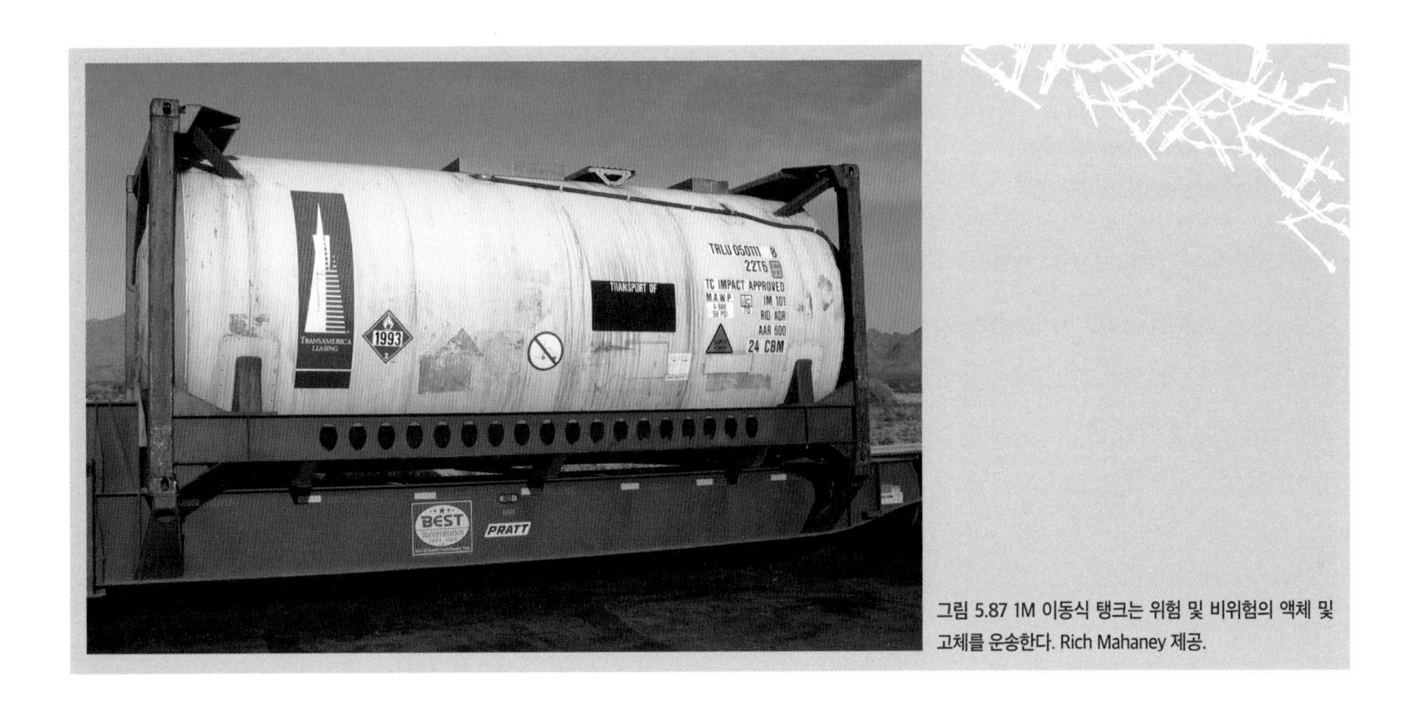

그림 5.87 1M 이동식 탱크는 위험 및 비위험의 액체 및 고체를 운송한다. Rich Mahaney 제공.

특수 협동일관수송 탱크 또는 컨테이너 (Specialized Intermodal Tank or Container)

여러 종류의 특수 협동일관수송 탱크 컨테이너specialized intermoda가 있다. 극저온(형) 컨테이너cryogenic-type container는 IMO Type 7 사양으로 제작되었다(그림 5.88). 튜브 모듈tube module은 최대허용작동압력MAWP이 2400~5,000 psi(16,547~34,474 kPa)인 고압 실린더high-pressure cylinder를 통해 기체를 운반한다. 극저온 액체 탱크 컨테이너는 냉장(냉동) 액체 가스refrigerated liquid gas, 아르곤argon, 산소oxygen 및 헬륨helium을 운송한다. 건식 벌크 협동일관수송 컨테이너dry bulk intermodal container는 비료, 시멘트 및 플라스틱 알갱이plastic pellet와 같은 물질을 적재한다(그림 5.89).

그림 5.88 IMO Type 7 협동일관수송 컨테이너는 극저온 물질을 운송한다. Rich Mahaney 제공.

그림 5.89 건식 벌크 협동일관수송 컨테이너는 비료, 시멘트 및 기타 고체 물질을 운송할 것이다. Rich Mahaney 제공.

안전 경고(Safety Alert)

2014년 플라스틱 알갱이 유출 사고

텍사스 소방관이 8대의 열차가 탈선한 사고현장에 도착했을 때 눈처럼 땅을 덮고 있는 플라스틱 폴리에틸렌 알갱이를 보았다. 이른 아침에 플라스틱 알갱이를 운반 중이던 여러 대의 철도 차량이 탈선으로 뒤집혀 고속도로는 양방향으로 폐쇄되었다. 이 사고 동안에 샴푸 및 화장품 생산에 사용되는 약 4,000리터의 화학물질을 담은 탱크차도 주요 정화시설의 필요성을 일깨웠다.

대원들은 차량 및 기타 열차를 해당 지역에서 멀리 떨어지도록 유도하였으며, 또한 철도 회사에서 고용한 계약업체 직원들이 정화를 도왔다. 노동자들은 불도저와 평상형 트럭을 사용하여 철도 차량을 이동시키고, 육로에 대량으로 떨어진 유출된 화학물질과 플라스틱 알갱이를 정화했다.

지방 공무원은 소방관들의 신속한 대응과 비상 계획의 이행을 칭찬했다. 곧 노동자들이 잔해를 제거한 후, 탈선한 날로부터 하루만에 철도 운행이 재개되었다.

국제 협동일관수송 표시 (International Intermodal Marking)

의무적인 표지판뿐만 아니라 협동일관수송 탱크 및 컨테이너intermodal tanks and container의 식별 표시identifying marking는 알림 표시reporting mark를 포함한다(그림 5.90). 알림 표시는 일반적으로 양쪽 측면이나 양쪽 끝부분에서 바라볼 때 탱크 또는 컨테이너의 오른쪽에 있다. 탱크차의 알림 표시reporting mark와 마찬가지로 이 정보를 운송 서류 또는 컴퓨터 데이터와 함께 사용하여, 탱크 또는 컨테이너의 내용물을 확인하고 검증할 수 있다. 협동일관수송 컨테이너의 기타 표시는 사양 정보specification information를 제공할 수도 있다(그림 5.91). 위험물질을 운반하는 협동일관수송 컨테이너는 양 측면에 스텐실로 표시된 적절한 발송명shipping name이 있어야 한다.

주의(CAUTION)

협동일관수송 컨테이너 표시를 읽고 제공된 모든 정보를 이해해야 한다.

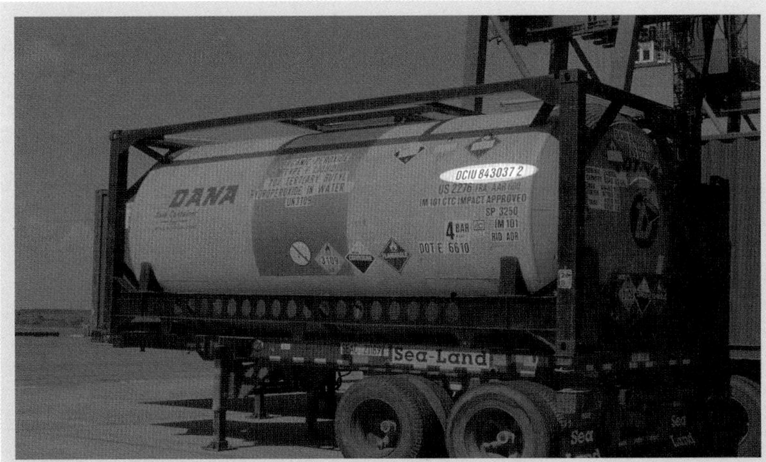

그림 5.90 협동일관수송 알림 표시는 특정 컨테이너를 식별할 수 있게 한다. Rich Mahaney 제공.

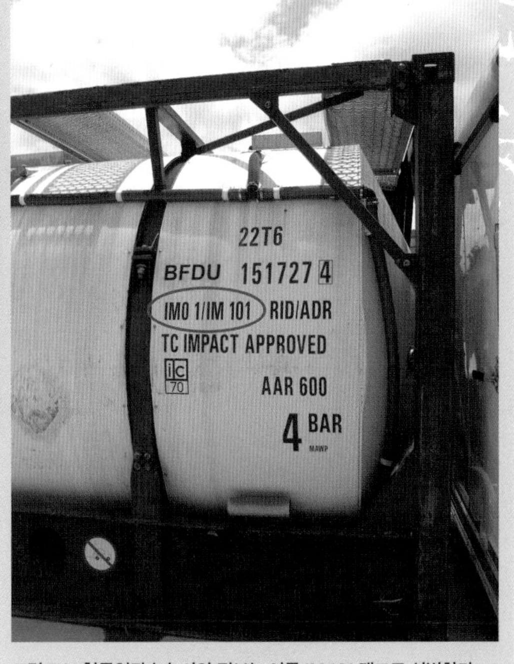

그림 5.91 협동일관수송 사양 정보는 이를 IM 101 탱크로 식별한다.

벌크 운송 컨테이너: 톤 컨테이너

Bulk Transportation Container: Ton Container

일부 화물 운송업체 및 시설에서는 벌크 운송bulk transportation 및 벌크 저장bulk storage을 위해 특대 용량의 컨테이너especially large capacity container를 사용한다. 이러한 대용량 컨테이너는 톤 컨테이너ton container 및 Y 실린더Y cylinder/Y 톤 컨테이너Y ton container로 분류될 수 있다.

톤 컨테이너(Ton Container)

톤 컨테이너ton container는 1톤 또는 약 907 kg 또는 0.91톤의 용량을 갖는 압력 탱크이다. 이러한 컨테이너는 일반적으로 컨테이너 양 측면에 저장한다(그림 5.92). 컨테이너의 양 끝부분(머리)은 볼록하거나 오목하고, 한쪽 끝 중앙에 두 개의 밸브가 있다. 하나의 밸브는 액체 공간으로 연장되는 튜브tube에 연결된다. 다른 밸브는 위쪽의 증기 공간vapor space으로 연장된 튜브에 연결된다(그림 5.93). 화재나 고온에 노출된 경우에는 톤 컨테이너에 압력제거장치pressure-relief device 또는 안전(가용) 플러그fusible plug가 있을 수 있다.

염소chlorine를 적재한 톤 컨테이너는 수처리 설비 및 상업목적의 수영장과 같은 장소에서 종종 쓰인다. 톤 컨테이너에는 또한 이산화황sulfur dioxide, 무수 암모니아anhydrous ammonia, 또는 프레온 냉매freon® refrigerant와 같은 제품을 실을 수 있다.

압력 컨테이너로서 톤 컨테이너는 일반적으로 그 내용물을 기체 또는 증기로 유

그림 5.92 톤 컨테이너는 일반적으로 양 측면에 저장하여 운반한다. Rich Mahaney 제공.

그림 5.93 톤 컨테이너는 증기 공간에 연결된 하나의 밸브와 액체 공간에 연결된 하나의 밸브를 가지고 있다.

출시킨다. 대응요원과 민간인을 항상 안전 거리로 대피시켜, 이러한 컨테이너에서 빠져나온 증기 구름을 피한다.

톤 컨테이너에 보관된 제품은 종종 독성이 높고(높거나) 부식성이 있기 때문에, 이러한 컨테이너와 관련된 사고 발생 시 가용한 개인보호장비PPE가 물질에 대해 방호가 되는지 평가해 보아야 한다(그림 5.94).

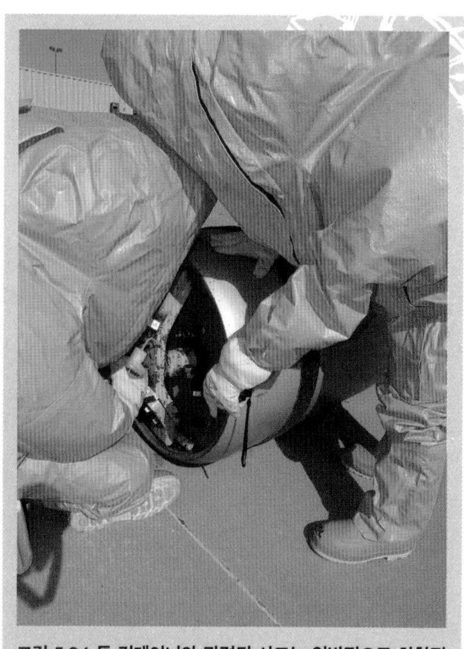

그림 5.94 톤 컨테이너와 관련된 사고는 일반적으로 화학적 보호복(chemical protective clothing)을 필요로 한다. 그 이유는 이러한 컨테이너가 독성 및/또는 부식성의 기체를 방출하기 때문이다.

경고(WARNING!)

구조물 화재 출동 복장은 톤 컨테이너에 일반적으로 보관되는 위험물질에 대해 적절한 보호를 제공하지 못한다.

Y 실린더/Y 톤 컨테이너(Y Cylinders/Y Ton Containers)

Y 실린더Y cylinder는 벌크bulk 또는 비벌크nonbulk일 수 있는 압축 가스 실린더의 일종이지만, 일반적으로 벌크로 분류된다(그림 5.95). 일반적인 Y 톤 컨테이너는 DOT/TC 3AA−2400 또는 DOT/TC 3AA−480(압력은 제품에 따라 다름)과 같은 사양을 갖는다. 이 컨테이너는 길이 2 m, 지름 0.6 m, 벽 두께가 약 15 mm, 비어 있을 때의 무게가 약 544 kg이다. 이러한 컨테이너는 약 454 L 또는 0.5 m^3의 물 용량을 가진다. 종종 냉매로 사용되며, 일반적으로 케스케이드 시스템cascade system으로 운용한다. Y 실린더/Y 톤 컨테이너에는 크기에 따라 두 가지 사양이 있다.

- **DOT/ TC-3AA** 454 kg 이상의 물 용량(명목상)과 160 psig(1,034 kPaG) 이상의 사용 압력을 갖는 이음매(용접선)가 없는 강철 실린더(seamless steel cylinder)이다.
- **DOT/TC-3AAX** 454 kg 이상의 물 용량과 최소한 500 psig(3,447 kPaG)의 사용 압력을 갖는 이음매(용접선)가 없는 강철 실린더(seamless steel cylinder)이다.

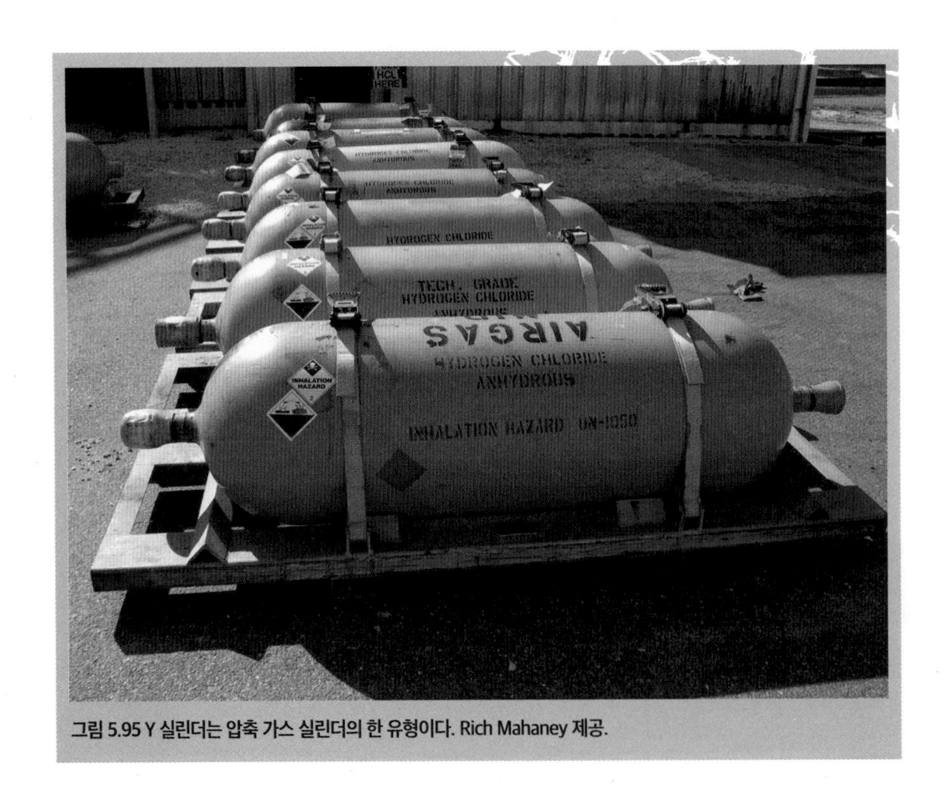

그림 5.95 Y 실린더는 압축 가스 실린더의 한 유형이다. Rich Mahaney 제공.

기타 벌크 및 비벌크 컨테이너

Other Bulk and Nonbulk Container

초동대응자가 직면하게 될 유형의 컨테이너가 앞서 언급한 시스템에 따라 모두 분류될 수 있는 것은 아니다. 이번 절에서는 다음과 같은 추가 유형의 벌크 및 비벌크 컨테이너bulk and nonbulk container를 소개한다.

- 방사성 물질 컨테이너(Radioactive material container)
- 파이프라인(Pipeline)
- 협동일관수송 벌크 컨테이너(Intermediate bulk container)
- 비벌크 컨테이너(Nonbulk container)

방사성 물질 컨테이너(Radioactive Material Container)

방사성 물질(RAM이라고도 함)의 모든 운송은 반드시 포장(컨테이너에 적재하는 것을 포함하는 개념임 – 역주)되어야 하며 엄격한 법규에 따라 운송되어야 한다. 이러한 법규는 대중, 운송 근로자 및 환경을 방사선 노출 가능성으로부터 보호한다. 방사성 물질을 운송하는 데 사용되는 포장(컨테이너) 유형은 운송되는 물질의 활성도activity, 유형type 및 형태form에 따라 결정된다. 이러한 요소들에 따라, 방사성 물질은 방사능 위험 수준이 증가하는 순서로 나열된 다음의 5가지 기본 유형 중 하나에 실려 운송된다.

1. **예외(excepted)** 이 컨테이너는 천연 또는 열화 우라늄(uranium) 또는 천연 토륨(natural thorium)으로 제조된 물품과 같이 방사능이 제한적인 물질을 운송하는 데 사용된다. **예외 컨테이너**[21]는 일반인이나 환경에 위험이 없는 방사능 수준이 낮은 물질을 운반하는 용도로만 사용된다. 빈 컨테이너는 제외된다. 예외 컨테이너는 표시 또는 표식이 부착되어 있지 않다. 위험성이 낮으므로 예외 컨테이너는 여러 가지 표식 및 문서 요구사항이 면제된다.
2. **산업용(Industrial)** 이 컨테이너 디자인은 일반적인 운송 활동 중에 내용물을 보관하고 보호한다. 산업용 컨테이너는 또는 운송 문서로 식별되지 않는다. 산업용 컨테이너에는 대중과 환경에 대한 제한된 위험을 나타내는 물질이 들어 있다. 이러한 물질의 예는 다음과 같다.
   - 약간 오염된 의복류
   - 실험실 샘플
   - 연기 감지기
3. **A 유형(Type A)** 이 컨테이너 디자인은 운송 중에 일반적으로 발생하는 조건에서 내용물을 보호하고 충분한 차폐(shielding)를 유지한다. 이러한 컨테이너는 내용물을 유출시키지 않으면서 일련의 테스트를 견딜 수 있는 능력을 입증해야 한다. 컨테이너(표면상-역주)와 운송 문서에는 A 유형이라는 단어가 표시된다. 상대적으로 높은 고유 활성도 수준을 갖는 방사성 물질은 A 유형 컨테이너에서 운송된다. 이러한 물질의 예는 다음과 같다.
   - 방사성 의약품(의료용의 방사성 물질)
   - 특정 규제 대상 산업 제품
4. **B 유형(Type B)** 이러한 컨테이너는 정상적인 운송 조건의 모의 테스트를 견딜 수 있는 능력을 보여줄 뿐만 아니라 내용물을 유출시키지 않으면서 심각한 사고 조건을 견딜 수 있어야 한다. B 유형 컨테이너는 운송 문서뿐만 아니라 컨테이너 자체에서도 식별된다. 이 컨테이너의 크기는 소형 컨테이너에서 100톤(91톤)을 초과하는 것까지 다양하다. 이 크고 무거운 컨테이너는 방사선에 대한 차폐를 제공한다. A 유형 컨테이너 요구조건의 한도를 초과하는 방사성 물질은 B 유형 컨테이너(type B package)를 통해 운송해야 한다. 이러한 물질의 예는 다음과 같다.
   - 주요한 유출이 있는 경우, 대중 또는 환경에 방사선 위험(radiation hazard)을 초래할 수 있는 물질
   - 원자력발전소에서 사용한 핵연료 등 방사능이 높은 물질
5. **C 유형(Type C)** 이들은 항공기로 운송되는 고활성도 물질(high-activity material)[플루토늄(plutonium)을 포함함]에 사용되는 드문 컨테이너이다(그림 5.96 a-c). 이러한 컨테이너는 격납

21 **예외 컨테이너(Excepted Packaging)**: 매우 제한적인 방사능을 가진 물질의 운송에 사용되는 예외 포장용기(Excepted Packaging-Container)

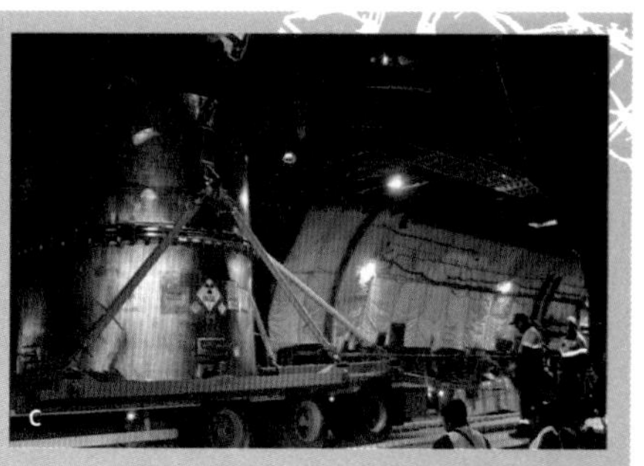

그림 5.96 a-c C 유형 컨테이너는 극심한 스트레스와 심각한 비행기 사고를 견딜 수 있도록 제작되었다. 미 국가 핵 안보 행정청(National Nuclear Security Administration) 제공.

(containment)의 손실(손상)이나 외부 방사선 수준의 현저한 증가 없이 항공 운송과 관련된 심각한 사고 조건을 견디도록 고안되었다. C 유형 컨테이너 성능 요구조건(performance requirement)은 B 유형 컨테이너보다 훨씬 엄격하다.

파이프라인 및 배관 (Pipelines and Piping)

미 파이프라인 및 위험물질 안전 행정청Pipeline and Hazardous Materials Safety Administration;PHMSA (미 교통부 산하 기관)에 따르면 2015년 현재 북미 지역에는 400만 km 이상의 파이프라인pipeline이 있다(그림 5.97). 이 파이프라인은 다음과 같은 다양한 인화성 및 불연성 위험을 가진 기체 및 액체를 운송한다.

그림 5.97 북미에는 수백만 킬로미터의 지하 파이프라인이 있다. Rich Mahaney 제공.

- 천연가스(natural gas)
- 프로판(propane)
- 수소(hydrogen)
- 원유(crude oil)
- 디젤(diesel)
- 휘발유(가솔린, gasoline)
- 제트 연료(jet fuel)

- 가정용 난방 오일(home heating oil)
- 이산화탄소(carbon dioxide)
- 무수 암모니아(anhydrous ammonia)

파이프라인은 일반적으로 묻혀 있지만 지상에 위치할 수도 있다. 특히 추운 날씨에는 땅이 종종 얼어붙는 경우가 많다. 경우에 따라서 여러 제품이 동일한 파이프라인을 통해 동시에 이송되거나 파이프라인 피그pig를 통해 분리되어 이송될 수 있다. 탄화수소hydrocarbon가 종종 혼합된다(그림 5.98).

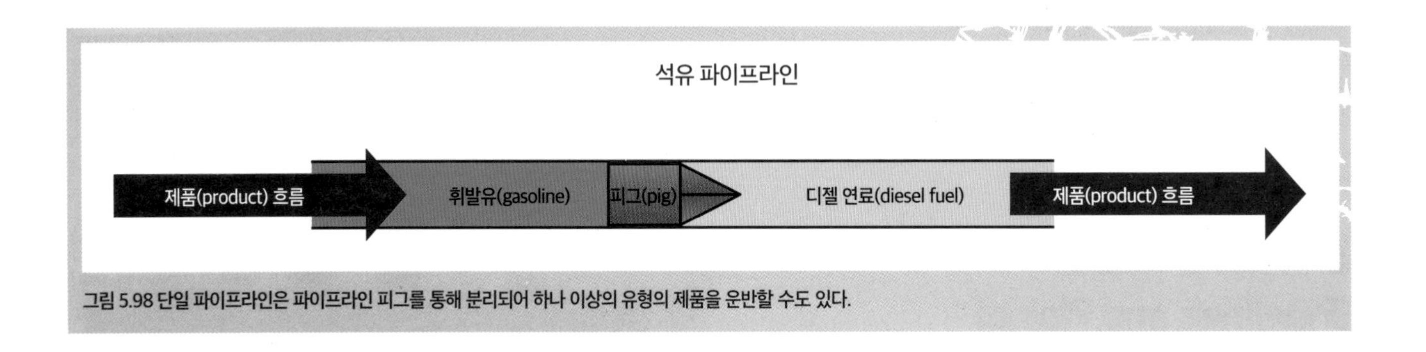

그림 5.98 단일 파이프라인은 파이프라인 피그를 통해 분리되어 하나 이상의 유형의 제품을 운반할 수도 있다.

파이프라인은 또한 제품 및 라인의 기능에 따라 다양한 크기와 압력으로 판매된다. 예를 들어, 대형 천연가스 전달 파이프라인은 극한 압력extreme pressure 하에서 작동하지만, 더 작은 분배 라인은 일반적으로 훨씬 낮은 압력 하에서 운용된다. 그림 5.99는 원유 및 천연가스의 기본 파이프라인 체계basic pipeline system에 대한 개요를 제공한다.

파이프라인 손상(구멍 뚫림)은 다음을 통해 발생할 수 있다.

- 굴착(작업)
- 부식
- 장비, 물질, 접합 또는 용접의 실패
- 작업 실수
- 자연 재해(예를 들면, 지진 및 홍수)
- 차량 충돌

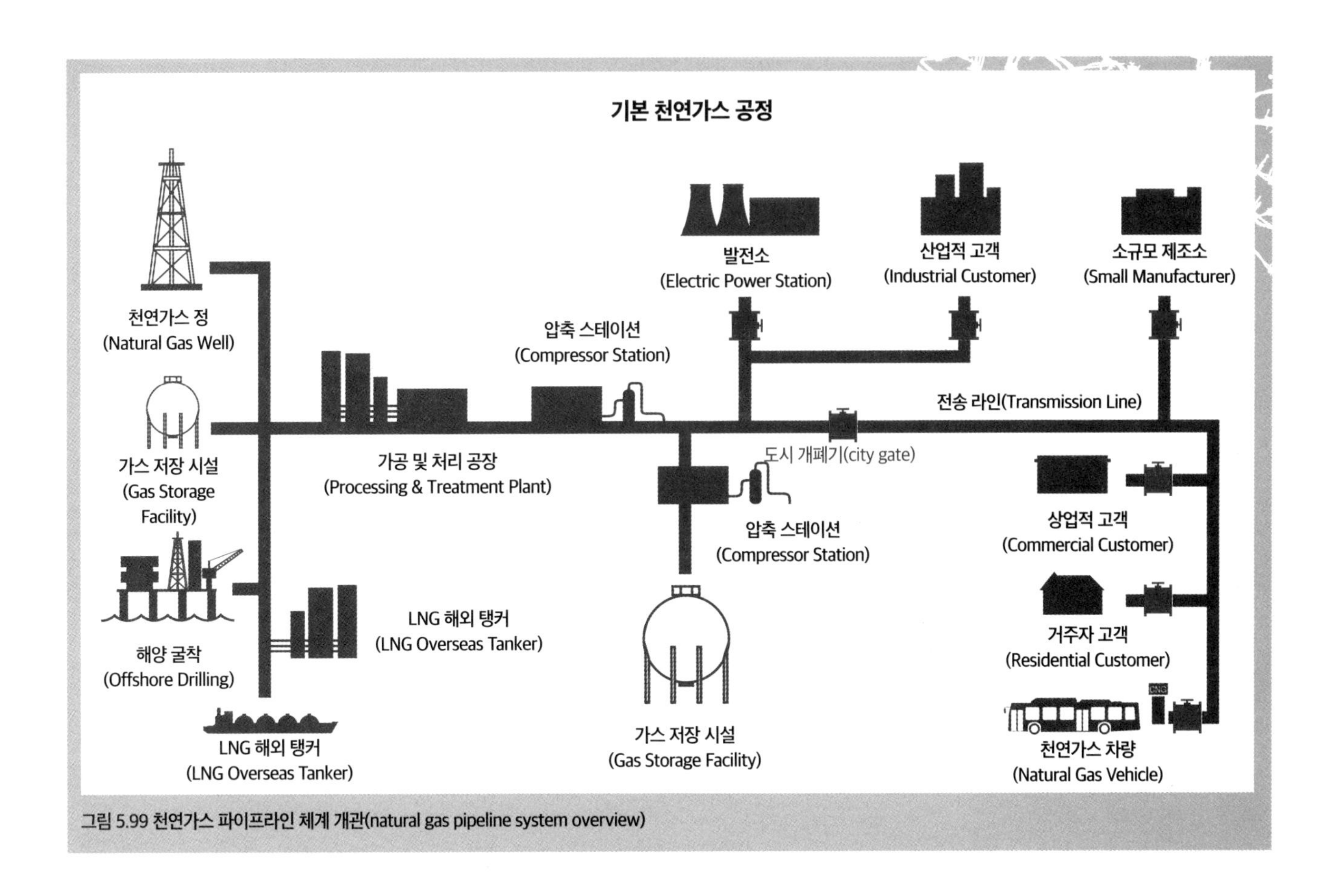

그림 5.99 천연가스 파이프라인 체계 개관(natural gas pipeline system overview)

비상대응요원은 해당 지역의 전송 파이프라인transmission pipeline을 온라인으로 국가 파이프라인 지도 시스템National Pipeline Mapping System을 통해 볼 수 있다. 이 시스템은 수집 및 분배 라인gathering and distribution line에 대한 데이터는 제공하지 않는다.

특히 기체 및/또는 고압 전송 라인pressure transmission line이 연관된 경우에는, 파이프라인 유출이 격렬하게 이뤄질 수 있다. 누출은 다량의 제품일 수 있다. 파이프라인을 통해 운송되는 대부분의 제품은 인화성 또는 가연성이므로 파이프라인 사고의 경우 화재 진압이 항상 우선시되어야 한다. 파이프라인 누출 및 파열의 징후는 다음과 같다.

- 가시적인 증기구름 또는 액체 누출
- 쉿쉿하는 소리, 웅웅거리는 소리 또는 폭발음
- 썩은 달걀 또는 석유 냄새와 같은 강한 냄새
- 명백한 출처가 없는 물이나 토양에서 나오는 액체
- 물이나 토양으로부터 고압가스가 나오는 경우
- 파이프라인 우측에 죽은 초목이나 변색된 눈

미국 및 캐나다의 파이프라인 표시에는 위험 수준이 높아짐을 의미하는 주의Caution, 경고Warning, 또는 위험Danger의 신호어가 포함된다. 또한 그러한 파이프라인 표시에는 운송된 상품, 운송업체carrier(운영자operator)의 이름 및 비상 전화번호 정보가 들어 있다.

비상 상황이 발생하기 전에 파이프라인 운영자와의 원활한 의사소통 및 협력을 확립하는 것은 비상대응 대비emergency response preparedness의 중요한 요소이다. 파이프라인 조작자는 다음을 포함하여 실제 유출의 영향을 줄이는 데 도움이 될 수 있는 풍부한 정보를 비상대응요원에게 제공해야 한다.

- 해당 지역을 가로지르는 전송 파이프라인(transmission pipeline)의 위치
- 파이프라인 운영자(operator) 이름 및 긴급 연락처 정보
- 운송된 제품(product carried) 및 그것의 위험성
- 파이프라인 비상대응계획의 위치
- 질문, 고려사항 또는 비상 상황과 관련하여 파이프라인 운영자(operator)에게 연락하는 방법
- 파이프라인 비상 상황에 안전하게 대응하는 방법

참고
파이프라인 비상 상황(pipeline emergency)에 대응하기 위한 일반적인 고려사항은 2016년 비상대응지침서(ERG)의 23~25 페이지에 나와 있다[미국 기준으로 국내는 상이함 - 역주].

많은 산업, 상업 및 기관의 시설에는 물과 증기에서부터 위험물질에 이르기까지 모든 것을 운반하는 배관이 있다. 위험물질을 담고 있는 파이프는 적절하게 표시되고 표식되어야 한다. 파이프라인에 표시와 표식을 붙이기 위해 미국과 캐나다의 많은 시설이 미국 국립표준협회ANSI의 'A13.1-1981, 배관 체계 식별 제도Scheme for Identification of Piping Systems'를 따른다.

중간 크기 벌크 컨테이너(Intermediate Bulk Container)

미 교통부DOT에 따르면, 중간 크기 벌크 컨테이너intermediate bulk container; IBC는 기계 취급을 위해 설계된 경화성rigid 또는 유연성flexible 소재의 이동식 컨테이너portable packaging(실린더cylinder 또는 이동식 탱크portable tank 제외)이다(그림 5.100). 미국, 캐나다 및 멕시코 IBC의 설계 표준은 위험물질(위험화물)dangerous goods운송에 관한 UN 권고안United Nations Recommendations을 기반으로 한다. 중간 크기 벌크 컨테이너IBC의 최대 용량은 3 m³(3,000 L) 이하이다. 최소 용량은 0.45 m³(450 L) 이상이거나, 최대 순중량maximum net mass이 400 kg 이상이어야 한다.

참고

이러한 수치는 UN에 의해 수립되었으며, 미터법 단위를 주로 사용한다. 고체 제품에는 무게 제한이 없다.

- 항공 연료(aviation fuel)[터빈 엔진(turbine engine)용]
- 휘발유(gasoline)
- 염산(hydrochloric acid)
- 메탄올(methanol)
- 톨루엔(toluene)
- 부식성 액체(corrosive liquid)
- 분말, 조각(특히 다른 큰 것에서 떨어져 나온 얇은 조각 - 역주) 또는 입상(알갱이) 형태(granular form)의 고체 물질

그림 5.100 중간 크기 벌크 컨테이너는 위험 및 비위험 액체와 고체를 적재하고 있다. Rich Mahaney 제공.

중간 크기 벌크 컨테이너IBCs는 유연성 중간 크기 벌크 컨테이너flexible intermediate bulk containers; FIBC와 경화성 중간 크기 벌크 컨테이너rigid intermediate bulk containers; RIBC의 두 가지 유형으로 구분된다. 두 유형 모두를 함께 종종 토트totes(대형가방 등 의미–역주) 라고도 한다.

유연성 중간 크기 벌크 컨테이너 (Flexible Intermediate Bulk Container: FIBC)

유연성 중간 크기 벌크 컨테이너Flexible Intermediate Bulk Container; FIBC는 때로 벌크 백bulk bag, 벌크색bulk sack, 슈퍼색supersack, 큰 백big bag, 또는 토트백tote bag(대형 백)이라고도 한다. 그것들은 유연하며 접을 수 있는 자루bag 또는 부대sack로서 고체 물질과 유체를 운송하는 데 사용된다(그림 5.101). 유연성 중간 크기 벌크 컨테이너FIBC의 디자인은 그것이 휴대할 수 있는 제품 만큼이나 다양하다. 젖어 있거나 위험물질을 운반하는 데 사용되는 자루에는 폴리프로필렌polypropylene 또는 기타 고강도 섬유high-strength fabric가 배열되어 있다. 다른 것들은 다중막 종이 또는 기타 직물로 만들 수 있다. 일반적인 크기의 슈퍼색은 55갤런(208 L) 드럼 4~5개를 운반할 수 있으며(디자인 및 적재 물질에 따라 다름), 서로 쌓을 수 있다. 때때로 유연성 중간 크기 벌크 컨테이너FIBC는 골판지 또는 목재로 만들어진 단단한(경화성) 외부 컨테이너 안에 운반된다.

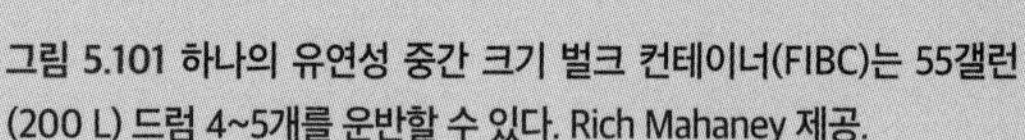
그림 5.101 하나의 유연성 중간 크기 벌크 컨테이너(FIBC)는 55갤런 (200 L) 드럼 4~5개를 운반할 수 있다. Rich Mahaney 제공.

경화성 중간 크기 벌크 컨테이너 (Rigid Intermediate Bulk Container: RIBC)

경화성 중간 크기 벌크 컨테이너Rigid Intermediate Bulk Container; RIBC는 일반적으로 강철steel, 알루미늄aluminium, 목재wood, 섬유판fiberwood, 또는 플라스틱plastic으로 만든다. 이러한 컨테이너들은 종종 적재할 수 있도록 설계된다. 경화성 중간 크기 벌크 컨테이너RIBC는 고체 물질과 액체 모두를 적재할 수 있다. 일부 액체 컨테이너liquid container

는 직사각형 상자틀 안에 금속 또는 플라스틱의 탱크가 있는 협동일관수송 비압력 탱크의 보다 소형 버전처럼 보일 수 있다. 기타 경화성 중간 크기 벌크 컨테이너RIBC는 크고, 정사각형 또는 직사각형의 상자box나 통bin일 수 있다(그림 5.102). 경화성 이동식 탱크rigid portable tank는 액체, 비료fertilizer, 용제solvent 및 기타 화학물질을 운반하는 데 사용될 수 있다, 최대 용량은 400갤런(1,514 L)이며, 압력은 최대 100 psi(689 kPa)이다.

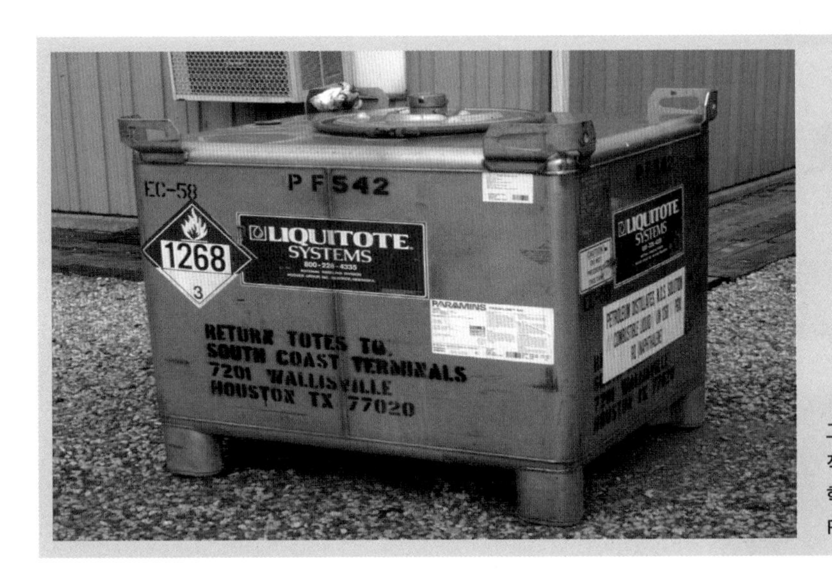

그림 5.102 경화성 중간 크기 벌크 컨테이너(RISC)는 정사각형 또는 직사각형의 상자 또는 통 일 수 있으며 액체, 비료, 용제 또는 기타 화학물질을 운반할 수 있다. 그들은 종종 적재될 수 있도록 설계된다. Rich Mahaney 제공.

비벌크 컨테이너(포장)(Nonbulk Packaging)

벌크 또는 중간 크기 벌크 컨테이너IBC보다 적은 양의 위험물질을 운송하는 데 사용되는 컨테이너를 비벌크 컨테이너Nonbulk Packaging라고 한다. 이것들은 보통 고속도로 운송이나 기타 일상적 운송 시에 사용된다. 표 5.9는 다음과 같은 종류의 컨테이너를 포함하여 일반적인 비벌크 컨테이너를 보여준다.

- 자루(bag)
- 내산병(carboy) 및 “제리캔(jerrican)”
- 실린더(cylinder)
- 드럼(drum)
- 듀어병[듀어플라스크(Dewar flask; 보온병) - 극저온 액체(cryogenic liquid)를 담을 때]

표 5.9
비벌크 컨테이너

포장형태	설명
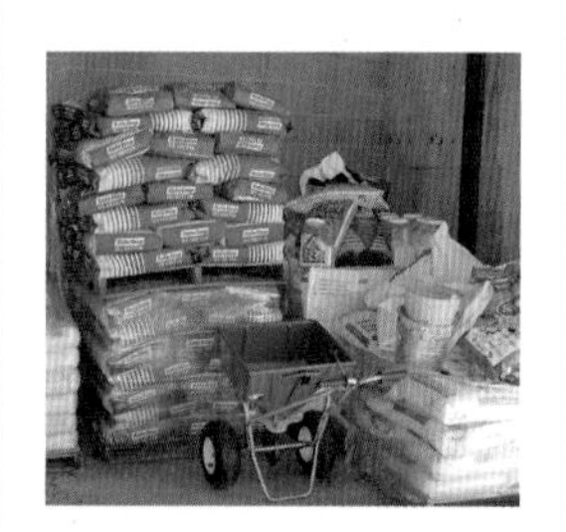	**자루(봉지)** • 종이, 플라스틱, 필름, 직물 등으로 제작 • 크기가 다양함 **내용물:** 폭발물, 인화성 고체, 산화제, 유기 과산화물, 비료, 살충제 및 기타 규제 물질
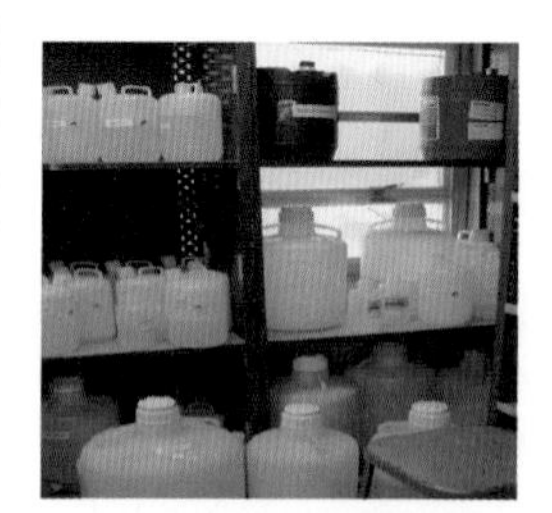	**내산병 및 제리캔** • 유리 또는 플라스틱 재질 • 바구니 또는 박스 등에 넣을 때가 많음 • 크기가 다양함 **내용물:** 인화성 및 가연성 액체, 부식성 물질
	**실린더(Cylinder)** • 압력은 40 psi(276 kPa, 2.76 bar)보다 높으나 다양함 • 크기는 작은 압축 기체 실린더(lecture bottle) 크기부터 매우 큰 것까지 다양함 **내용물:** 냉각된 액화 가스(refrigerated liquid gas), 아르곤(argon), 산소(oxygen), 헬륨(helium)
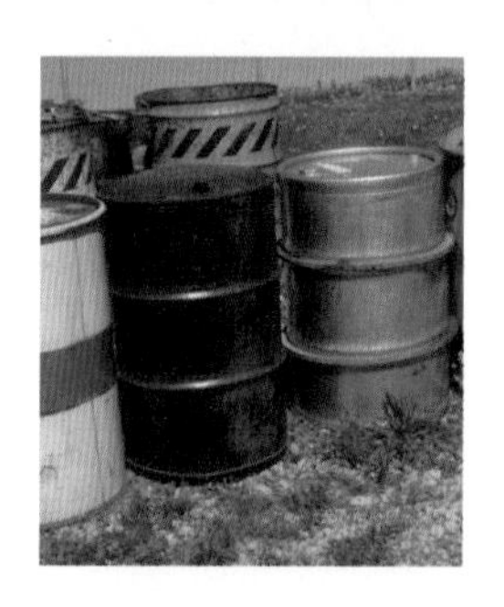	**드럼** • 금속, 섬유판, 플라스틱, 합판 또는 기타 물질로 만들어 짐 • 작은 구멍이 있는 개방형 헤드 또는 단단히(밀폐된) 헤드가 있을 수 있다. • 크기는 55 갤런(208 L)에서 100갤런(379 L)까지 다양하다. **내용물:** 위험 및 비위험 액체, 고체, 액체
	**듀어병(듀어플라스크, 보온병)** • 진공 절연됨 • 공기가 제거된 중공 벽(안이 비어 있는 벽)이 있는 유리, 금속 또는 플라스틱으로 만들어짐 • 크기가 다양함 **내용물:** 극저온 액체. 보온병은 비위험 액체를 담았을 수 있다.

자루(봉지)(Bag)

자루는 종이, 플라스틱 필름, 직물 또는 기타 유사한 물질로 만들어진 유연성 컨테이너(포장)이다. 자루(봉지) 등으로는 다음을 운송할 수 있다.

- 폭발물
- 인화성 고체
- 산화제
- 유기과산화물
- 비료
- 살충제
- 기타 규제된 물질

자루는 묶기, 꿰맴, 접착, 열 밀봉 및 금속으로 압착하는 등 다양한 방법으로 봉인(밀폐)할 수 있다. 일반적으로 자루는 팔레트(창고·공장 등에서 화물을 운반·저장하기 위한 받침대 – 역주) 위에 보관 및 운송된다.

내산병 및 제리캔(Carboy and Jerrican)

내산병는 큰 유리 또는 플라스틱 병으로 바구니나 상자에 담겨 있으며, 부식성 액체를 저장하고 운반하는 용도로 주로 사용된다. 하지만 최근에는 용도가 비위험 물질(물과 같은)까지로 확대되었다. 외부 컨테이너(포장)는 폴리스티렌 또는 목재와 같은 물질로 이루어질 수 있으며, 내산병은 원형 또는 직사각형일 것이다. 용량은 20갤런(76 L)을 초과할 수 있지만 5갤런(19 L) 컨테이너가 더 일반적이다.

제리캔jerrican은 직사각형 플라스틱 내산병의 또 다른 이름으로 UN 규정에서 사용되는 용어이다. 일부 기관에서는 제리캔을 일반적으로 인화성 및 가연성 액체를 운송하는 직사각형 금속 컨테이너로, 부식성 물질을 운송하는 것으로 정의하여 구분하기도 한다.

실린더(Cylinder)

실린더cylinder는 40 psi(276 kPa)보다 높은 압력을 위해 설계된 압력 용기pressure vessel이며, 원형 단면이 있지만 이전 절에서 설명한 컨테이너, 탱크, 또는 용기는 포함하지 않는다. 실린더는 다량의 기체 물질을 저장, 운반 및 분배하는 데 사용된다.

압축 기체 실린더compressed gas cylinder는 작은 수업용 시약병lecture bottle(수업시연에 사용되는 작은 병)에서부터 큰 실린더까지 크기가 다양하고 다양한 범위의 압력을 갖는다.

상점에서 판매하는 독극물을 저장하는 일부를 제외한 승인된 모든 실린더에는 안전경감(압력제거)장치safety-relief device가 장착되어 있다. 이러한 장치는 작동 후 재밀폐되는 '스프링 장착형 밸브spring-loaded valve', '열 안전 플러그heat-fusible plug', 또는 '압력 작동식 파열판pressure-activated bursting disk'일 수 있어 컨테이너가 완전히 비워지도록 할 수 있다. 모든 부속품 및 나사산은 실린더에 저장된 물질에 따라 표준화된다.

아직까지 색상별로 실린더 재질을 시각적으로 식별할 수 있는 국가 규정 색상코드nationally regulated color code는 없다. 일부 제조업체는 모든 실린더에 단일 색상을 사용하지만, 일부 제조업체는 자체 색상-코딩 체계color-coding system를 사용한다. 국내 제조업체 및 유통 업체가 식별체계identification system를 사용하는 경우, 그것은 반드시 비상대응계획에서 확인되어 있어야만 한다.

드럼(Drum)

드럼drum은 다음과 같은 물질로 만들어진 편평한 또는 볼록한 끝부분(머리)의 원통형 컨테이너이다.

- 금속(metal)
- 섬유판(fiberboard)
- 플라스틱(plastic)
- 합판(plywood)
- 기타 적합한 물질(other suitable material)

드럼 용량은 최대 119갤런(450 L)이지만 55갤런(208 L) 드럼이 가장 일반적이다. 드럼은 액체 및 고체 형태의 다양한 종류의 위험 및 비위험물질을 적재할 수 있다. 일반적으로 금속 드럼에는 인화성 물질과 용제solvent가 들어 있으며, 플라스틱/폴리드럼plastic/poly drum에는 부식성 물질이 들어 있다.

드럼은 두 가지 형태의 상판이 있다.

- 개방형 헤드(open heads) : 개폐식(제거 가능한) 상판(removable top)
- (단단한) 밀폐형 헤드[tight(closed) heads] : 마개(bung)[스토퍼(stopper)]로 막혀 있는 작은 구멍이 있는 고정식(개폐 불가식) 상판(nonremovable top)

듀어병(Dewar)

듀어병[22](듀어플라스크 dewar flask, 진공 플라스크vacuum flask)은 외부 통과 내부 컨테이너 사이에 진공 공간이 있는 가압되지 않은nonpressurized 절연 용기 insulated container이다. 듀어병은 액체 질소liquid nitrogen, 액체 산소liquid oxygen 및 헬륨helium과 같은 극저온 물질cryogenic material의 저장 및 분배용으로 설계되었다(그림 5.103).

듀어병dewer은 극저온 물질을 원하는 온도로 유지하는 데 사용되는 단열재로 인해 부피가 커진다. 듀어병의 부피는 보통 4~125갤런(15~500 L) 사이이다. 일부 듀어병은 1,250갤런(5,000 L)만큼 클 수 있다.

3단계: 어떠한 누출이 있는지 확인한다.

4단계: 유출의 위치를 확인한다.

5단계: 사고현장 주변환경 조건을 확인한다.

6단계: 해당되는 회사의 운용자 또는 대표와 연락한다.

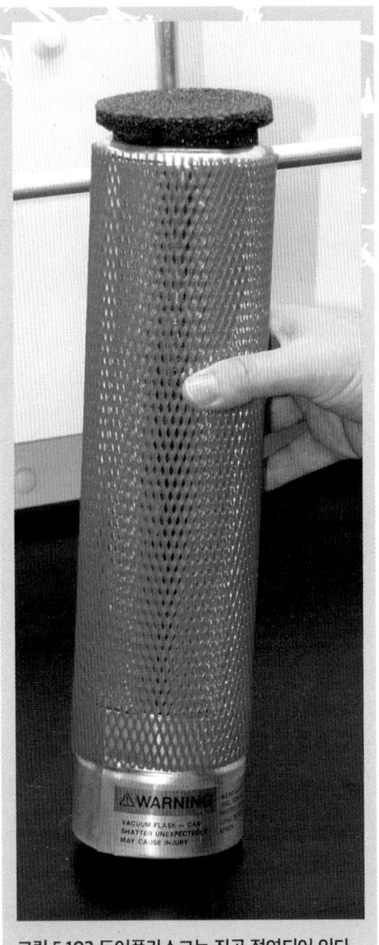

그림 5.103 듀어플라스크는 진공 절연되어 있다.

---

22 **듀어병(Dewar)** : 시설 내에 작은 양의 움직임을 고려하여 만들어진 모든 금속재질의 컨테이너(용기). 극저온 물질(crygenic material)의 수송에 대해서 미 교통부(DOT)의 요구사항에 충족되지 않는다.

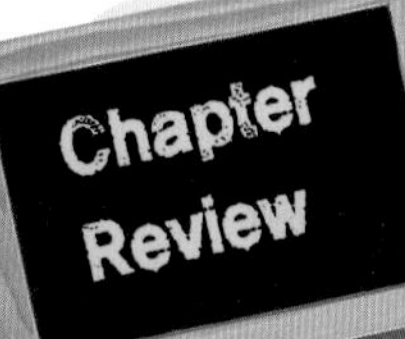

이 장에 제공된 정보를 복습하기 위해 다음 질문에 답해보시오.

1. 잠재적 결과를 확인하는 데 도움이 되는 몇 가지 질문은 무엇인가?

2. 일반적 위험물질 거동 모델(GHMBM)은 위험물질 사고에서의 위험을 어떻게 예측하는가?

3. 위험물질을 담고 있는 주요 컨테이너의 유형은 무엇인가?

4. 벌크 시설 저장 탱크의 유형과 초동대응자에게 나타날 수 있는 위험성을 열거하라.

5. 화물 탱크 트럭의 유형과 초동대응자에게 나타날 수 있는 위험성을 열거하라.

6. 열차 화물차의 유형과 초동대응자에게 나타날 수 있는 위험성을 열거하라.

7. 협동일관수송 탱크의 유형과 초동대응자에게 나타날 수 있는 위험성을 열거하라.

8. 톤 컨테이너와 Y 실린더/Y 톤 컨테이너의 차이점은 무엇인가?

9. 초동대응자가 접할 수 있는 기타 유형의 컨테이너와 그것들이 운송하고 있을 수 있는 위험물질의 유형을 열거하라.

1단계: 컨테이너의 유형을 식별한다.

ID No.	Guide No.	Name of Material
1184	**131**	Ethylene dichloride
1185	**131P**	Ethyleneimine, stabilized
1188	**127**	Ethylene glycol monomethyl ether
1189	**129**	Ethylene glycol monomethyl ether acetate
1190	**129**	Ethyl formate
1191	**129**	Ethylhexaldehydes
1191	**129**	Octyl aldehydes
1192	**129**	Ethyl lactate
1193	**127**	Ethyl methyl ketone
1193	**127**	Methyl ethyl ketone
1194	**131**	Ethyl nitrite, solution
1195	**129**	Ethyl propionate
1196	**155**	Ethyltrichlorosilane
1197	**127**	Extracts, flavoring, liquid
1197	**127**	Extracts, flavouring, liquid
1198	**132**	Formaldehyde, solution, flammable
1198	**132**	Formalin (flammable)
1199	**132P**	Furaldehydes
1199	**132P**	Furfural
1199	**132P**	Furfuraldehydes
1201	**127**	Fusel oil
1202	**128**	Diesel fuel
1202	**128**	Fuel oil
1202	**128**	Gas oil
1202	**128**	Heating oil, light
1203	**128**	Gasohol
1203	**128**	Gasoline
1203	**128**	Motor spirit
1203	**128**	Petrol

ID No.	Guide No.	Name of Material
1204	**127**	Nitroglycerin, solution in alcohol, with not more than 1% Nitroglycerin
1206	**128**	Heptanes
1207	**130**	Hexaldehyde
1208	**128**	Hexanes
1208	**128**	Neohexane
1210	**129**	Ink, printer's, flammable
1210	**129**	Printing ink, flammable
1210	**129**	Printing ink related material
1212	**129**	Isobutanol
1212	**129**	Isobutyl alcohol
1213	**129**	Isobutyl acetate
1214	**132**	Isobutylamine
1216	**128**	Isooctenes
1218	**130P**	Isoprene, stabilized
1219	**129**	Isopropanol
1219	**129**	Isopropyl alcohol
1220	**129**	Isopropyl acetate
1221	**132**	Isopropylamine
1222	**130**	Isopropyl nitrate
1223	**128**	Kerosene
1224	**127**	Ketones, liquid, n.o.s.
1228	**131**	Mercaptan mixture, liquid, flammable, poisonous, n.o.s.
1228	**131**	Mercaptan mixture, liquid, flammable, toxic, n.o.s.
1228	**131**	Mercaptans, liquid, flammable, poisonous, n.o.s.
1228	**131**	Mercaptans, liquid, flammable, toxic, n.o.s.
1229	**129**	Mesityl oxide
1230	**131**	Methanol

2단계: 연관된 물질을 식별한다.

7단계: 승인된 참조 자료를 사용하여 위험 정보를 수집하고 파악한다.

8단계: 물질 및 컨테이너의 잠재적인 거동을 설명하라.

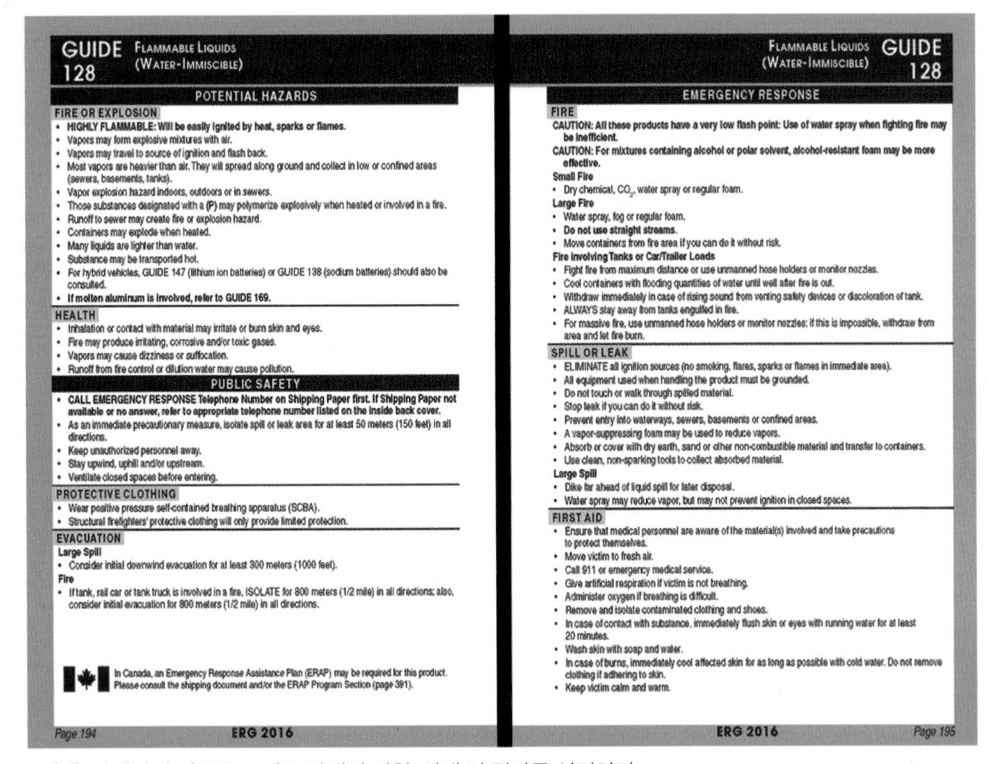

GUIDE 128 FLAMMABLE LIQUIDS (WATER-IMMISCIBLE)

POTENTIAL HAZARDS

FIRE OR EXPLOSION
- **HIGHLY FLAMMABLE: Will be easily ignited by heat, sparks or flames.**
- Vapors may form explosive mixtures with air.
- Vapors may travel to source of ignition and flash back.
- Most vapors are heavier than air. They will spread along ground and collect in low or confined areas (sewers, basements, tanks).
- Vapor explosion hazard indoors, outdoors or in sewers.
- Those substances designated with a **(P)** may polymerize explosively when heated or involved in a fire.
- Runoff to sewer may create fire or explosion hazard.
- Containers may explode when heated.
- Many liquids are lighter than water.
- Substance may be transported hot.
- For hybrid vehicles, GUIDE 147 (lithium ion batteries) or GUIDE 138 (sodium batteries) should also be consulted.
- **If molten aluminum is involved, refer to GUIDE 169.**

HEALTH
- Inhalation or contact with material may irritate or burn skin and eyes.
- Fire may produce irritating, corrosive and/or toxic gases.
- Vapors may cause dizziness or suffocation.
- Runoff from fire control or dilution water may cause pollution.

PUBLIC SAFETY
- **CALL EMERGENCY RESPONSE Telephone Number on Shipping Paper first. If Shipping Paper not available or no answer, refer to appropriate telephone number listed on the inside back cover.**
- As an immediate precautionary measure, isolate spill or leak area for at least 50 meters (150 feet) in all directions.
- Keep unauthorized personnel away.
- Stay upwind, uphill and/or upstream.
- Ventilate closed spaces before entering.

PROTECTIVE CLOTHING
- Wear positive pressure self-contained breathing apparatus (SCBA).
- Structural firefighters' protective clothing will only provide limited protection.

EVACUATION
Large Spill
- Consider initial downwind evacuation for at least 300 meters (1000 feet).

Fire
- If tank, rail car or tank truck is involved in a fire, ISOLATE for 800 meters (1/2 mile) in all directions; also, consider initial evacuation for 800 meters (1/2 mile) in all directions.

In Canada, an Emergency Response Assistance Plan (ERAP) may be required for this product. Please consult the shipping document and/or the ERAP Program Section (page 391).

Page 194 ERG 2016

FLAMMABLE LIQUIDS (WATER-IMMISCIBLE) GUIDE 128

EMERGENCY RESPONSE

FIRE
CAUTION: All these products have a very low flash point: Use of water spray when fighting fire may be inefficient.
CAUTION: For mixtures containing alcohol or polar solvent, alcohol-resistant foam may be more effective.

Small Fire
- Dry chemical, CO_2, water spray or regular foam.

Large Fire
- Water spray, fog or regular foam.
- **Do not use straight streams.**
- Move containers from fire area if you can do it without risk.

Fire involving Tanks or Car/Trailer Loads
- Fight fire from maximum distance or use unmanned hose holders or monitor nozzles.
- Cool containers with flooding quantities of water until well after fire is out.
- Withdraw immediately in case of rising sound from venting safety devices or discoloration of tank.
- ALWAYS stay away from tanks engulfed in fire.
- For massive fire, use unmanned hose holders or monitor nozzles; if this is impossible, withdraw from area and let fire burn.

SPILL OR LEAK
- ELIMINATE all ignition sources (no smoking, flares, sparks or flames in immediate area).
- All equipment used when handling the product must be grounded.
- Do not touch or walk through spilled material.
- Stop leak if you can do it without risk.
- Prevent entry into waterways, sewers, basements or confined areas.
- A vapor-suppressing foam may be used to reduce vapors.
- Absorb or cover with dry earth, sand or other non-combustible material and transfer to containers.
- Use clean, non-sparking tools to collect absorbed material.

Large Spill
- Dike far ahead of liquid spill for later disposal.
- Water spray may reduce vapor, but may not prevent ignition in closed spaces.

FIRST AID
- Ensure that medical personnel are aware of the material(s) involved and take precautions to protect themselves.
- Move victim to fresh air.
- Call 911 or emergency medical service.
- Give artificial respiration if victim is not breathing.
- Administer oxygen if breathing is difficult.
- Remove and isolate contaminated clothing and shoes.
- In case of contact with substance, immediately flush skin or eyes with running water for at least 20 minutes.
- Wash skin with soap and water.
- In case of burns, immediately cool affected skin for as long as possible with cold water. Do not remove clothing if adhering to skin.
- Keep victim calm and warm.

ERG 2016 Page 195

9단계: 잠재적인 거동을 토대로 잠재적 위험, 위해 및 결과를 설명하라.

NFPA 직무 수행 요구사항 (NFPA Job Performance Requirement)

이 장에서는 NFPA 1072의 다음 직무 수행 요구사항을 다루는 정보를 제공한다. 『위험물질/대량살상무기 비상 대응 요원 전문 자격에 대한 표준(Standard for Hazardous Materials/Weapons of Mass Destruction Emergency Response Personnel Professional Qualifications)』(2017판)

5.3.1

Chapter 6

대응 계획: 대응방법 식별

학습 목표

1. 사전 결정된 절차를 설명한다(5.3.1).
2. 위험물질 사고의 우선순위를 나열한다(5.3.1).
3. 평가 및 위험 평가 절차를 설명한다(5.3.1).
4. 위험물질 사고 수준을 정의한다(5.3.1).
5. 위험물질 사고에 대한 3가지 대응(작전) 유형을 설명한다(5.3.1).
6. 초기대응계획의 수단을 식별한다(5.3.1).
7. 위험물 사고에서의 일반적인 대응목표와 대응방법을 구분한다(5.3.1).
8. 위험물질 사고에서 가용한 조치사항을 확인한다(기술자료 6-1, 5.3.1).

이 장에서는

위험물질 사고(hazmat incident) 시 사고대응계획(incident action planning)과 관련된 다음의 주제들을 소개한다.

▷사전 결정된 절차(Predetermined procedure)

▷사고 우선순위(Incident priority)

▷평가 및 위험 평가(Size-up and hazard and risk assessment)

▷사고 수준(Incident level)

▷대응(작전) 유형(Modes of operation)

▷초기 대응 계획(Planning the initial response)

▷위험물질 사고에서의 일반적인 대응목표 및 대응방법(Common response objectives and options at hazmat incidents)

사전 결정된 절차 Predetermined Procedure

위험물질 사고hazmat incident가 진행되는 동안, 적절한 사고대응계획Incident Action Plan; IAP을 수립하는 것은 매우 중요하다. 왜냐하면 초기 대응에서 실수를 하게 되면 문제를 해결하는 것과 문제의 일부가 되어버리는 차이를 만들어내기 때문이다(그림 6.1). 사고현장 지휘관Incident Commander; IC은 사고대응계획Incident Action Plan을 수립하고 대응 목표response objective 및 대응방법action option을 확인하는 책임을 가지며, 반면에 모든 대응요원은 해당 절차들을 이해하고 수행하도록 요구받은 과업에 대해서 알고 있어야 한다.

그림 6.1 사고의 초기 단계에서 대응요원이 실수를 한다면 그 결과는 심각할 수 있다. 미 공군(U. S. Air Force.) 제공.

분명한 차이점에도 불구하고, 위험물질 사고들은 일반적으로 몇 가지 유사점을 공유한다. 이러한 유사점은 조직의 사전 결정된 표준작전(운영)절차standard operating procedures; SOPs, 표준작전(운영)지침standard operating guidelines; SOGs, 또는 작전(운영)지침operating instructions; OIs에 대한 기초가 되며, 이들을 묶어서 이 매뉴얼의 나머지 부분에서는 '표준작전(운영)절차 및 지침SOP/G'이라 지칭한다. 여기에는 비상사태 대응계획도 포함될 수 있다. 표준작전(운영)절차 및 지침SOP/G은 다음의 사항을 고려해야 한다.

- 화학 사고 대응
- 생물 사고 대응
- 방사능/핵 사고 대응
- 폭발물/폭발성 물질 사고 대응
- 대량살상무기 사고 대응
- 중대 사고 대응

표준 지침standard guideline에는 예기치 않은 상황이 발생할 경우에 적절한 정당성을 가지고 조정할 수 있는 융통성이 포함되어 있다. 사고현장에 도달한 초동대응자는 대부분 사전 결정된 조치predetermined action들을 시작한다. 초기대응 조치는 전문적인 판단, 평가, 또는 지휘를 기반으로 한 사고 평가size-up 및 기타 의사 결정을 보완하지만 대체하지는 않는다(초기대응에 따른 결정보다는 전문가의 판단, 평가 및 지휘가 우선시됨). 또한 사고의 심각성, 위치 및 선착대가 제어를 얻어낼 수 있는 능력에 따라서 몇 가지 사전 결정된 절차를 가용할 수도 있다.

사전 결정된 절차에 따름으로써 위험물질 사고현장에서는 혼란이 감소된다. 모든 자원들은 피해자(요구조자)를 구조하고, 사고를 안정화시키며, 환경과 재산을 보호하기 위한 조직화된 노력에 사용될 수 있다. 각 부서/조직 구성원에게 표준화되고, 명확히 작성되고, 위임된 대응(작전)절차operational procedure는 책임성을 갖게 하고 지휘 및 통제 효과를 증대시킨다.

또한 사전 결정된 절차는 모든 위치의 구성원에게 할당되고 적용되기 때문에 노력의 중복과 조정되지 않은 대응(작전)을 방지하는 데 도움이 된다. 게다가 사전 결정된 절차는 지휘, 통신 절차 및 전술적 절차의 가정 및 전달을 설명해준다.

표준작전(운영)절차 및 지침SOP/G은 위험물질이 연관된 사고를 포함하여 비상사고에 대한 훈련 수준에 따라서 대원의 역할이 정해져야 한다. 절차들은 지역에 따라서 상당히 다를 수 있으나 원칙은 동일하다. 대원은 기관의 비상대응계획emergency response plan과 표준작전(운영)절차 및 지침written SOP/G 문서의 위치를 알고 있어야 한다(그림 6.2).

그림 6.2 대응요원은 비상대응계획 및 SOP(표준작전절차)/SOG(표준작전지침)에 대해 잘 알고 있어야 한다. 미 공군(U.S. Air Force) 제공.

정보(Information)

비상대응계획(Emergency Response Plan)

미국에서는 'OSHA 29 CFR 1910.120(q)(2)'에서 위험물질 배출에 대한 비상대응 프로그램(emergency response program)에 비상대응계획이 있는 관할 구역에 다음과 같은 요소를 포함하는 것을 요구한다.

- ▶ 사전 비상계획(pre-emergency planning) 및 외부 기관들과의 조정(coordination)
- ▶ 대원(요원)의 역할(role), 지휘계통(lines of authority), 훈련(training) 및 통신(의사소통, communication)
- ▶ 긴급 승인 및 예방(emergency recognition and prevention)
- ▶ 안전거리(safe ditances)와 피난 장소(places of refuge)
- ▶ 장소(위치) 보안 및 통제(site security and control)
- ▶ 피난(대피) 경로 및 절차(evacuation routes and procedure)
- ▶ 제독(decontamination)
- ▶ 응급 의료처치 및 응급처치(emergency medical treatment and first aid)
- ▶ 비상 경고(emergency alerting) 및 대응 절차(response procedure)
- ▶ 대응(response) 및 사후 검토(follow-up critique)
- ▶ 개인보호장비 및 비상대응장비(emergency response equipment)

사고 우선순위

Incident Priorities

모든 위험물질 사고에는 세 가지의 사고 우선순위가 있다[법집행, 화재진압, 응급의료서비스(구급; EMS) 등 기타 모든 비상대응 공공조직에 대해 동일함]. 위험물질 사고의 세 가지 우선순위(순서대로)는 다음과 같다.

1. 인명 안전(Life Safety)
2. 사고 안정화(Incident Stabilization)
3. 재산 및 환경 보호(Protection of Property and the Environment)

모든 계획은 이러한 우선순위를 염두에 두고 작성되어야 한다. 그러나 사고는 동적이며 우선순위는 상황에 따라 변경될 수 있다.

> **참고**
> 중대 사고의 복구 단계가 처음부터 고려되도록 하기 위해 네 번째 우선순위인 사회 복원(societal restoration)이 이 목록에 추가되기도 한다.

> **참고**
> 대체할 수 있거나(replaceable), 구조될 수 없는 자산(인적 및 물적 요소를 포함하는 개념)을 구하기 위해 목숨을 걸지 않는다.

사례 연구(Case Study)

노스캐롤라이나주(州), 에이펙스에서의 염소(chlorine) 사고

2006년 10월 5일 목요일 오후 9시 38분, 노스캐롤라이나주(NC)의 에이펙스 소방서는 운송 및 처리를 위해 산업폐기물을 수집, 처리 및 재포장하는 사업장으로부터 염소(chlorine) 냄새 신고를 받고 출동했다. 에이펙스 소방서(AFD)는 두 대의 펌프차와 책임간부(chief officer)[교대 지휘관(shift commander)]로 편성된 표준 대응을 시작했다. 그후 보고서에 따르면 살충제(pesticide), 산화제(oxidizer), 오염된 금속(contaminated metal), 인화성 및 가연성 물질(flammable and combustible material), 납(lead) 및 황(sulfur)과 연관된 화재가 발생했다.

도착하자마자 에이펙스 소방서는 큰 증기구름(vapor cloud)을 보고하였고, 추가 자원의 지원을 요청했다. 대원은 구름의 출처를 파악하기 위해 정찰을 시작하였으며, 사고현장 지휘관(IC)은 지역사회에 대피를 명령했다. 적하목록 일지가 구조물 내부에 있어서 어떤 화학물질이 연소되고 있는지, 구름이 무엇을 포함하고 있는지 확인할 수가 없었다.

사고현장 지휘관은 화재 진압을 하지 않기로 결정하고, 회사에는 부지 경계 근처에서 액체 유출물을 막고, 대피를 계속하도록 명령했다. 바람의 변화와 폭발의 위협으로 인해 사고 지휘소(ICP)와 피난 장소 및 비상대응(운영)센터를 이전시켰다. 또한 노스캐롤라이나주의 롤리와의 기존 상호지원 협약을 통해 이동식 지휘차량(mobile command vehicle)을 요청했다.

사고의 영향을 받은 노출은 다음과 같다.

▶ 비번 대원(요원)에 할당된 일부 차량을 포함한 경찰 장비
▶ CSX 화물 철도 및 Amtrak 승객 서비스
▶ 화재로 인한 영공. 미 연방 항공국(FAA)은 영공 통제 요청을 받는다.

합동 정보 센터와 미디어 사이트가 사고 지휘소(ICP) 근처에 설치되었다. 언론 브리핑은 매시간 열렸다. 언론은 대중에게 위험, 피난 명령 및 피난 경로와 관련된 비상 대중 정보(emergencye public information)를 제공했다.

피난민(evacuee)을 위한 대피는 학교 버스를 피난처로 10월 5일 밤새도록 계속되었다. 에이펙스 소방서 구급대는 대중교통, 학교 및 지역 응급의료서비스와 협조하여 100명의 양로원 거주자를 휠체어를 이용하여 대피시켰다. 환자들은 세 개의 지역 병원으로 이송되었다. 이 대피는 부상 없이 4시간만에 완료되었다.

진료소(Medical Branch)에는 결국 16대의 응급의료서비스(EMS) 차량, 두 대의 버스 및 두 개의 엔진 컴퍼니(engine company; 소방차량 한 대와 소방관 네 명으로 구성된 최소 출동 단위로, 엔진은 펌프차를 의미함)가 배치되었다. 상호-지원 소방서들은 병원들의 지원과 함께 세 개 지역에 제독소(decontamination station)를 설치했고, 세 개의 학교가 피난처로 사용되었다.

공격적 대응(작전)(offensive operation)은 2006년 10월 6일 금요일 오전 9시부터 시작되었다. 오후 5시에 에이펙스 소방서 지휘가 종료되었고, 현장은 회사에서 계약한 소방관들에게 넘겨졌다. 마지막 화재는 10월 7일 토요일 오전 1시에 소멸되었으며, 동시에 사고가 종료되었다.

▶ 약 17,000명의 사람들이 화학 구름에 의한 위협으로 집에서 대피했다.
▶ 사망자는 발생하지 않았다.
▶ 30명의 민간인이 호흡 곤란 및 피부 염증 치료를 받았다.
▶ 12명의 경찰관과 1명의 소방관이 최루 가스 노출과 유사한 호흡 곤란으로 치료를 받았다.
▶ 250,000개 이상의 공기 및 물 시료에서는 유출수로 인한 합병증을 나타내지 않았다.

10월 6일 오후 5시 에이펙스 경찰은 대피한 지역으로 재진입할 수 있도록 교통 통제를 조정하는 책임을 맡았다. 재진입은 적절한 신분증을 가진 사람들만이 그 지역으로 들어갈 수 있도록 단계적으로 교통 통제를 진행했다.

교훈

이 작전(operation)(여기에서는 우리의 실정에 맞게 많은 부분에서 대응으로 의역함)에는 성공에 기여한 많은 요소가 있다. 공식적인 서면 사고조치계획(IAP) 절차는 화재 당시에 이미 시작되어, 구두와 서면 계획 사이의 간격을 줄여주었다. 이러한 실무권장지침은 에이펙스 소방서가 지역 대응으로부터 많은 상호-지원 기관들이 참여하는 형태로 전환이 원활히 이뤄지도록 도와주었다.

이 마을은 경찰, 화재, 응급의료서비스(구급), 공공 사업 및 선출된 지역 관료들이 모두 마을에서 16 km 떨어진 셰런 해리스 원자력발전소에서 연방 정부가 요구하는 1년에 두 차례 실시하는 훈련에 참가했기 때문에 대피 준비가 잘 되어 있었다.

"응급 상황 시 대처 방법(what to do in case of an emergency)"에 대한 지침은 일상적으로 물과 세금 계산서가 포함된 우편으로 발송된다. 또한 도시의 비상작전(대응)계획(Emergency Operations Plan)에는 최근 피난처에 대한 조항을 포함한 모든 위험 요소를 포함하도록 개정되었다.

대피 및 대응에 도움이 되는 시스템은 다음과 같다.

▶ 911 센터에서 사전 녹음된 메시지를 위협이 있는 지역으로 보내는 역방향 911 시스템의 활성화(가동)

▶ 경찰관 배치(파견)를 통해 시설로부터 아랫바람 지역(downwind)에 있는 사람들에게 체계적으로 경고

▶ 지역 위험물질 자원 및 마을의 비상대응계획(EOP) 가동, 마을의 비상대응(운영)센터(EOC) 개설

에이펙스 현상이 성공할 수 있었던 요소는 '국가사고관리체계(NIMS)'를 훈련 및 사고(incident) 시 모든 도시의 기관들에 적용하였기 때문이다. 소방서 교관은 민간 근로자를 포함하여 기타 도시 기관에 '사고지휘체계(ICS) 훈련'을 제공하였다.

출처: Daryl Sensenig와 Patrick Simpson에 의해 보고된 미국 소방 행정(Fire Administration)/전문가(technical) 보고 시리즈(Report Series), 노스캐롤라이나주(North Carolina), 에이펙스(Apex)시의 화학 화재(chemical fire), USFA-TR-163/2008년 4월(April 2008)

평가 및 위험 평가

Size-Up and Hazard and Risk Assessment

사고현장에 도착하면 사고현장 지휘관IC은 현안문제 또는 잠재적인 문제를 나타내는 단서를 인식하기 위해 사고 상황을 평가한다. 이 과정은 평가size-up라고 지칭되며, 대응(작전) 과정 중 사고에 영향을 줄 수 있는 모든 요인을 고려하는 사고현장 지휘관의 정신적인 과정이다. 평가에서 얻은 정보는 계획 단계 및 구현 단계에서 사고에 적용되는 대응목표response objective(전략strategy) 및 대응방법action option(전술tactic)을 결정하는 데 사용된다.

위험 평가(Hazard and Risk Assessment)

위험 평가[1]는 사고 발생 시 위험에 중점을 둔 평가 절차size-up precess의 일부이다. 위험 평가assessing hazard는 지속적인 평가이다. 사고 사전계획으로부터 시작하여 사고 전문대응으로 이어진다. 현장에 첫 번째로 도착한 사고현장 지휘관IC은 확장된 평가extensive size-up를 수행한 다음, 사고 전반에 걸쳐 위험 평가를 계속하고, 적절하게 위험을 최소화하고 이득을 최대화하기 위해서 경감 절차mitigation process를 변경한다.

---

1 **위험 평가(Hazard and Risk Assessment)** : 소방관 또는 비상대응요원이 직면할 수 있는 위험(hazard and risk)에 대한 정식 검토(formal review)로서, 반드시 착용해야 할 개인 및 호흡기 보호장비의 적절한 수준과 유형을 결정하는 데 사용된다. 위험 평가(hazard assessment)라고도 알려져 있다.

정보(Information)

위험성(Hazard)과 위험도(Risk)의 차이점은 무엇인가?

위험성 평가(hazard assessment)에서 중요한 부분은 위험물질(hazmat)과 관련된 신체 및 건강에 위험성이 있는지 판단하는 것이다. 물론 위험물질 사고현장(hazmat scene)에서는 위험물질 자체와 아무런 관련이 없는 다른 위험 요소가 있을 수 있다. 교통 위험 또는 전기적 위험은 위험 평가 시 고려해야 할 위험의 예이다.

반면에 위험도(risk)는 현존하는 위험(present hazard) 때문에 상처를 입거나 부상을 당하거나 위해(damage), 상해(harm), 또는 손상(loss)을 입을 개연성(확률, probability)에 대해 더 많은 주안을 둔다. 위험물질 사고 시 위험을 평가하는 것은 상황의 '가정(if)'을 결정하는 문제이다. 예를 들면 "내가 이렇게 하면, 이러한 일이 발생할 거야." "이런 일이 발생하면, 이것을 수행할 거야." "내가 이것을 하지 않으면, 이것이 일어날 수 있어."와 같은 것들이다.

위험(위험성, hazard)[또는 잠재적 위험(potential hazard)]을 알게 되면 위험(harm) 또는 인명손실(loss)이 실제로 발생할 가능성이 얼마나 큰지 예측할 수 있다. 위험도(risk)를 평가하는 것은 종종 위험(hazard) 자체를 평가하는 것보다 어렵다. 경험과 지식은 미래의 사고를 신속하게 예측할 수 있는 중요한 자산이다. 사고의 과정을 평가하는 데 숙련된 사고현장 지휘관(IC)[및 위해 가능성(potential harm)]은 위험성/이점 분석(risk/benefit analysis)을 수행하고 잠재적인 위험(potential risk)보다 이점이 더 큰 대응목표를 선택할 수 있다.

중점사항

지속적인 위험 평가

평가(size-up)/위험 평가(hazard and risk assessment)는 사고현장에 도착했을 때 사고현장 지휘관(IC)에 의해서만 수행되지 않는 지속적인 과정이다. 대응요원들은 주변 상황을 인식하고 있어야 한다. 또한 적절한 경로를 통하여 이러한 정보를 사고현장 지휘관(IC)에게 보고한다. 조건(상황)은 빠르게 변할 수 있으므로 계속해서 주의를 기울여야 한다. 바람의 방향이 예기치 않게 바뀌어 녹색 기체(가스) 구름이 대응요원의 방향으로 이동하기 시작할 때, 대응요원은 이를 알아차리고 그에 따라 반응한 다음 보고해야 한다!

위험물질 평가size-up 동안에 사고현장 지휘관IC은 사고의 모든 면을 고려해야 한다(그림 6.3). 위험물질 평가는 제한된 정보 또는 현존하는 위험hazard으로 인해 현장에 접근할 수 없기 때문에inability 자주 복잡해진다. 사고에 대한 사고현장 지휘관IC의 관점은 위험 구역의 크기 또는 유출 위치(예를 들면, 차량 또는 구조물의 내부일 경우)에 따라 제한적일 수 있다. 또한 관련 제품 또는 위험물질에 대하여 제한적이거나 상충되는 정보가 있을 수 있다. 초기 평가는 예상되는 조건을 기반으로 하며, 추가 정보가 있을 때마다 최신화한다.

위험 평가hazard and risk assessment에 필요한 다음의 정보들은 사고에 대한 보고가 이뤄졌을 때 얻어질 것이다.

- 부상자의 수 및 유형
- 점유지 유형
- 사고 유형
- 가능하다면 제품(위험물질과 동격, 완제품을 의미) 및 컨테이너에 대한 정보
- 사고의 위치
- 대응 장비 및 자원
- 시간대
- 기상(날씨)

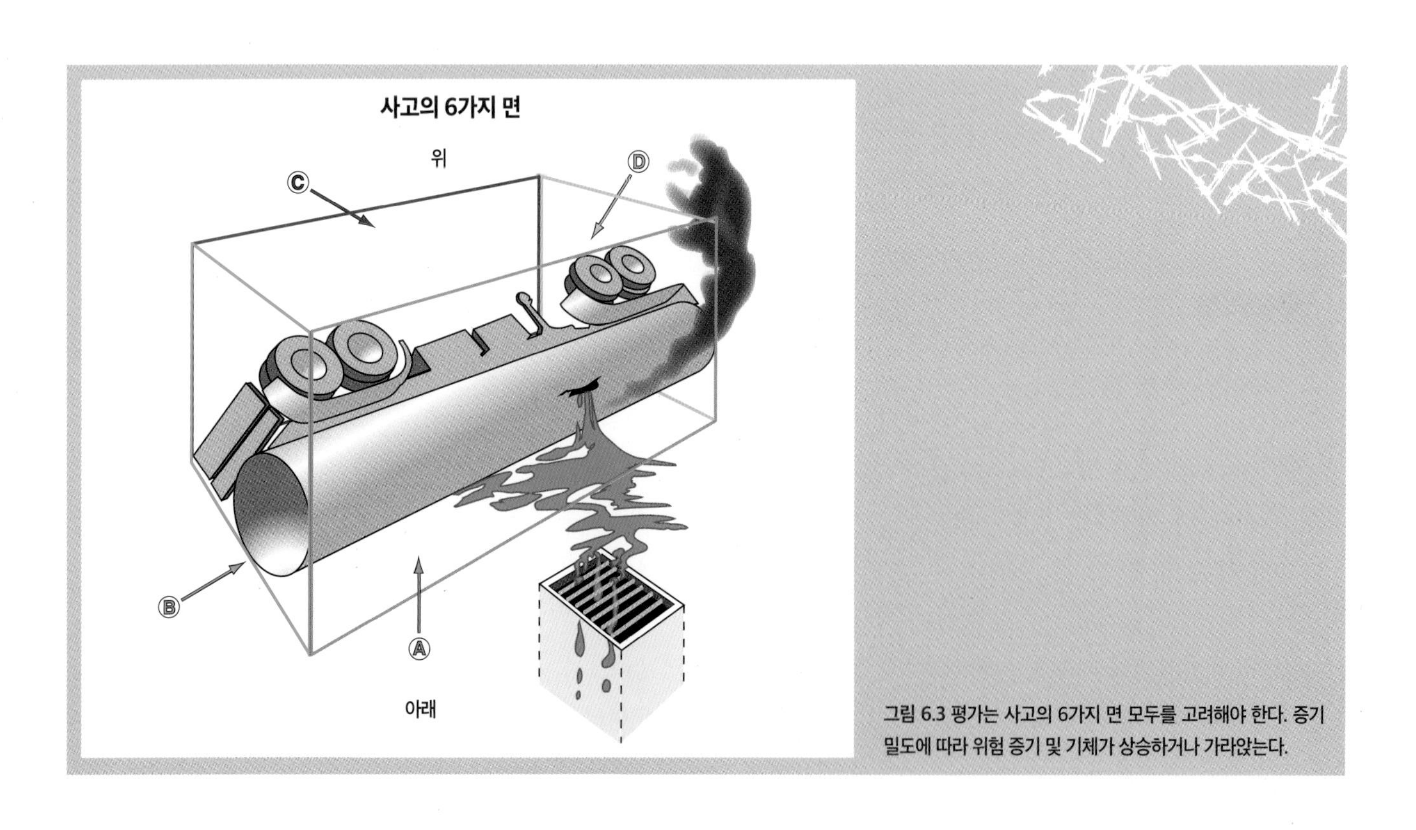

그림 6.3 평가는 사고의 6가지 면 모두를 고려해야 한다. 증기 밀도에 따라 위험 증기 및 기체가 상승하거나 가라앉는다.

현장에 도착하게 되면 도착하기 전에 만들어진 가용한 정보에 위험 평가로 인한 추가적인 부분들이 더해진다. 다음과 같은 요소가 상황에 영향을 미칠 수 있다.

- 풍향
- 지형
- 토지 용도
- 피해자(요구조자)의 존재 여부
- 장비 접근성
- 가용 대응요원

적절하다면 초기 조사initial survey는 다음을 고려해야 한다.

- 인구, 환경 및 재산의 노출과 관련된 사고현장(incident scene)은 어디인가?
- 사고현장이 빌딩 내부인가, 외부인가?
- 위험물질은 무엇인가?
- 테러 공격 또는 기타 범죄 사고인가?
- 어떤 위험 분류가 연관되어 있는가?
- 얼마나 많은 양이 연관되어 있는가?
- 농도는 어떠한가?
- 그 물질은 어떻게 반응을 일으키는가?
- 어떠한 컨테이너가 연관되어 있는가?
- 물질이 어떻게 거동할 것 같은가?
- 액체 또는 고체 유출, 기체 유출인가?
- 무언가가 타고 있는가?
- 어떠한 유형의 컨테이너가 적재되어 있는가?
- 컨테이너의 상태는 어떠한가?
- 사고가 시작된 이후 얼마나 많은 시간이 흘렀는가?
- 제품이 이동하게 될 위치를 예측할 수 있는가? 10분, 30분, 60분 안에 어디에 있을까?
- 어떠한 인원, 장비 및 소화제가 가용한가?
- 사설 화재 진압대(private fire protection) 또는 다른 지원을 받을 수 있는가?
- 현재 날씨는 어떠한 영향을 끼칠 수 있는가?
- 근처에 호수, 연못, 개울 또는 기타 수역이 있는가?
- 공중 전력선, 지하 파이프라인 또는 기타 공공시설이 있는가?

• 가장 가까운 빗물 배수관 및 하수구는 어디인가?
• 이미 취해진 조치는 무엇인가?
• 조치를 취하지 않을 경우, 최종 결과는 어떨 것 같은가?

사고에 있어 구조rescue가 필요할 경우, 잠재적인 위험 가능성이 있는 상황에 진입하기 전에 다음의 변수들을 고려한다.

• 구조대원에 위험
• 구조대원이 스스로를 보호할 수 있는 능력
• 구조의 가능성
• 구조의 난이도(어려움)
• 현장 조직의 보유 역량과 자원
• 폭발 또는 갑작스러운 물질 유출 가능성
• 가용한 대피 경로(탈출로) 및 안전 피난처
• 시간과 거리의 제약

참고

위험물질 사고 시 구조에 관한 더 자세한 정보는 12장을 참조하라.

물질이 확인되면 대응요원은 보건안전자료SDS, 비상대응정보가 포함된 운송문서, 기타 서면 또는 컴퓨터 참고자료 및 비상대응지침서ERG에서 제공하는 일반 정보와 같은 참고자료들을 사용하여 위험물질에 의해 나타나는 건강 및 신체적 위험 정도를 결정한다. 이것은 위험물질 자체가 나타내는 위험 수준level of risk을 결정하는 데 도움이 된다.

제조업체manufacturer, 운송업체shipper 및 운송자carrier는 연락 시 위험, 거동 및 기타 권장사항과 같은 추가 대응정보를 제공할 수 있다. 긴급 연락처 정보는 운송문서, 파이프라인 표시 또는 기타 컨테이너 표시에 제공될 수 있다. CHEMTREC, CANUTEC, SETIQ와 같은 비상대응센터emergency response center는 제조업체, 운송업체 및 운송자에도 연락할 것이다.

초동대응자은 비상대응지침서ERG 및 기타 출처(예를 들면, 사용 가능한 경우 플룸모델링 소프트웨어plume-modeling software: 기체 구름 등이 풍향, 시간 경과에 따라 어떻게 확산되어 나갈지를 예측하기 위해 모델링 등으로 예측도를 보여주는 프로그램)를 사용하여 위험물질이 어디로 갈지 예측할 수 있어야 한다. 대응요원은 물질의 물리적 상태(액체, 기체, 고체) 및 환경 조건(야간 또는 낮, 바람이 불거나 불지 않는, 실내 또는 실외)이 주어지면 위험물질이 어디로 이동할 것인지 예측할 수 있다(그림 6.4). 대응요원은 탐지 및 식별 장치를 사용하여 물질의 농도와 확산을 파악할 수 있다. '기술자료 6-1'은 승인된 출처를 사용하여 대응 정보를 수집하는 절차를 제공한다.

다음과 같은 정보가 주어지면 대응요원은 위험 구역의 크기를 평가하고, 잠재적인 노출을 예측할 수 있다(그림 6.5).

- 사람의 수
- 건물
- 재산
- 하수구, 하천, 호수, 연못 및 우물과 같은 지역의 환경적 염려

그림 6.4 환경 조건 및 제품의 화학적, 물리적 특성에 따라 위험물질의 거동이 어떠할지가 결정된다. 오클라호마 주(OK) 오와쏘(Owasso) 소방서 Steve Irby 제공.

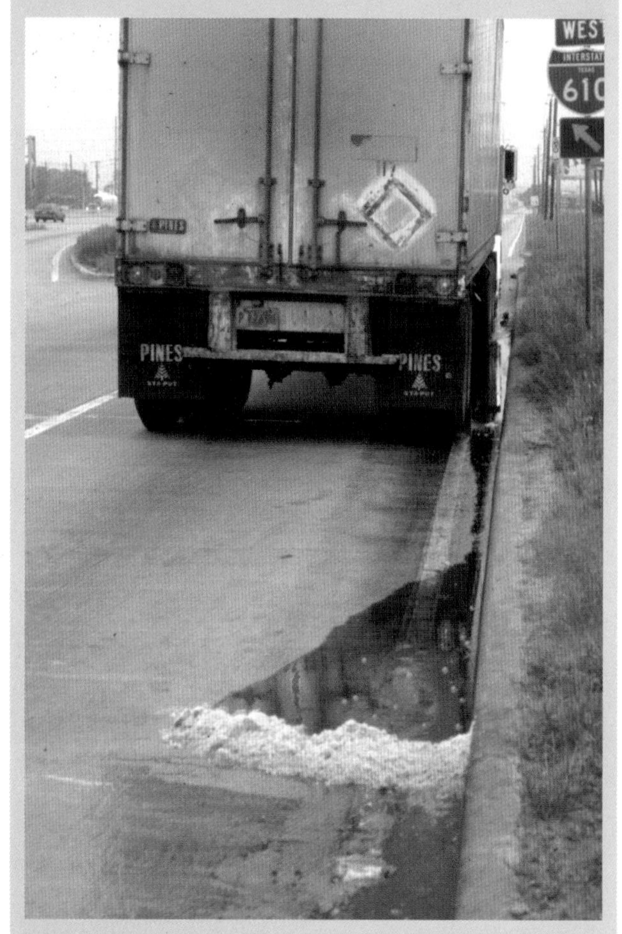

그림 6.5 위험물질이 어디에 있는지 이해하면, 잠재적 노출을 예측하고, 이로부터 보호를 제공하는 데 도움이 될 것이다. Rich Mahaney 제공.

상황 인식(Situational Awareness)

위험물질 사고의 효과적인 경감을 위해서는 비상대응요원이 사고의 상황 인식을 세우고 유지해야 한다. 상황 인식situational awareness은 사고에 대한 평가 이상의 의미가 있다. 상황 인식은 다음을 포함하는 연속적인 절차이다.

- 평가(size-up)
- 기호(sign) 해석(그림 6.6)
- 사고 진행 과정에서 일어나는 일에 대한 평가(assessing)
- 조치 계획(plan of action)에 따른 결과 예측

비상대응요원에게 있어 상황 인식을 유지하는 것은 우선순위 정하기, 혼란 및 정보 과부하와 같은 장벽에 마주하게 되기 때문에 가장 큰 어려움 중 하나이다. 사고의 상황 인식을 확립하고 유지하지 못하면, 원하는 결과를 달성하지 못할 수 있다.

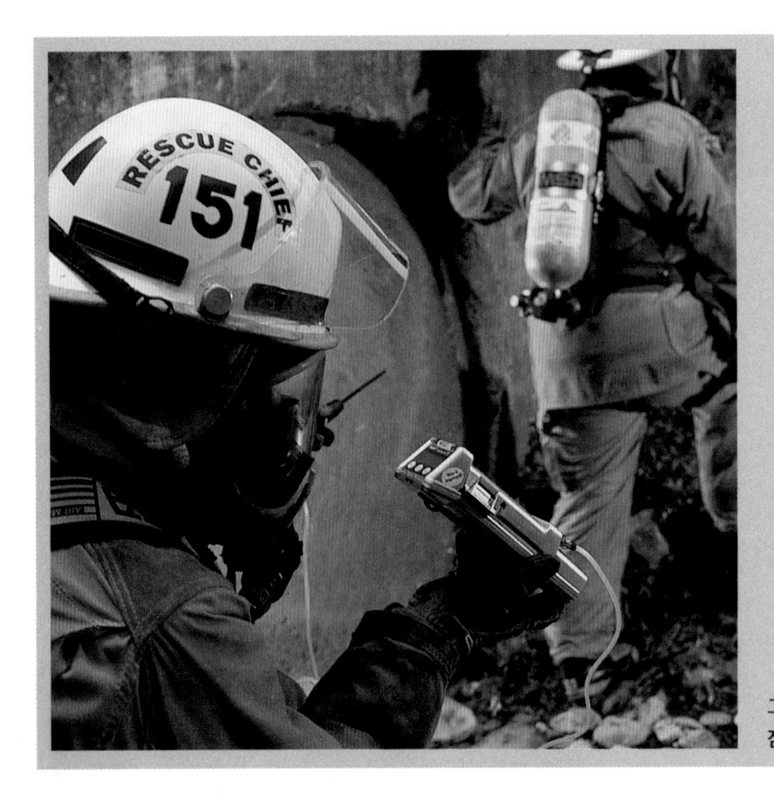

그림 6.6 상황 인식에는 이용 가능한 정보의 해석, 일어나는 것에 대한 평가, 잠재적 결과의 예측이 포함된다. 미국 상호안전보장본부(MSA) 제공.

상황 인식은 때로 3단계로 진행되는 절차로도 불린다.

1단계: 지각(Perception) - 주변의 상황을 감지한다.

2단계: 이해(Comprehension) - 지식과 과거 경험을 인식에 적용시키고, 상황의 의미에 대한 이해를 발전시킨다.

3단계: 응용(Application) - 상황에 대한 이해를 바탕으로 미래에 적용함으로써 어떻게 언제 상황이 바뀔 것인지를 예측하고, 어떤 조치가 적절할지 예측한다.

상황 인식을 잃어버림으로 인해 오류가 발생하고 부적절한 결정을 내릴 수 있다. 다음의 8가지 요소는 상황 인식의 상실을 초래할 수 있다.

1. **모호함(Ambiguity)** - 얻은 정보가 혼란스럽거나 불명확함
2. **산만함(Distraction)** - 적절한 근거 없이 원래 임무의 중심을 상실하는 것
3. **집착(Fixation)** - 상황의 단일 요소에 지나치게 집중하여 다른 모든 요소를 제외하는 것. 이러한 지표에는 재정적 문제 또는 가족 문제와 같은 개인적인 문제가 포함된다.
4. **과부하(Overload)** - 임무(task) 또는 정보가 너무 많은데도 혼자서 모든 작업을 수행하려고 시도하는 것.

5. 자기만족(Complacency) - 겉보기에는 비슷한 과거의 경험을 바탕으로, 때로는 위험(hazard, risk)이나 상황에 대한 오해를 토대로 한 위안의 거짓 감각

6. 부적절한 절차(Improper procedure) - 방침이나 절차가 정당하지 않게 위반되거나 무시되는 것

7. 불일치의 미해소(Unresolved discrepancy) - 둘 이상의 정보들이 일치하지 않음

8. 포괄적 위험 정찰(확인)의 부재(Lack of comprehensive hazard surveillance) - 대원들이 한 가지 세부 사항에 너무 집착하여 다른 모든 것을 무시하는 것

적절한 상황 인식은 다음의 조치에 달려 있다.

- 효과적인 의사소통(통신 등)을 유지한다.
- 표준작전(운영)절차 및 지침(SOP/G) 또는 방침(policy)으로부터의 이탈을 인식하고 다른 사람들에게 알린다.
- 대원(요원)의 과업수행을 모니터링(지속 확인)한다.
- 모든 잠재적 문제 또는 현존하는 위험요소를 확인한다.
- 요구되는 조치 과정에 대하여 의사소통한다.
- 임무의 상태에 대하여 지속적으로 의사소통한다.
- 모든 상황 변화에 대하여 지속적으로 평가한다.
- 대원들의 기대(요구)를 명확히 한다.

중점사항

사고 평가 기술

비상사고(emergency incident)에서 일어나는 일(그리고 일어난 일)을 이해하는 것은 순차적인 과정이 아니다. 불행하게도 당신이 따를 수 있는 '당신이 알아야만 할 모든 것들(All the Things You Need to Know)'에 대한 체크리스트는 없으며, 적용되는 모든 것들을 체크하고 그 후에 행동할 수 있다. 모든 사고는 각기 서로 다를 것이다. 시각적인 것들, 청각적인 것들, 때로 서로 상충하는 정보들로부터 당신은 폭격당할 것이다. 그러나 당신은 상황을 이해하기 위해 당신에게 주어진 것들을 이해할 수 있어야만 한다. 숙련된 사고현장 지휘관(IC)은 사고를 명확하게 파악하기 위하여 관련 정보들을 신속하게 식별하고 분석한다.

사고 수준 Incident Level

초기 평가initial size-up에 의해 사고의 범위scope를 결정한 후, 지역 비상대응계획Local Emergency Response Plan; LERP의 정의에 따라 사고의 수준이 결정될 수 있다. 대부분의 사고 수준 모델incident level model에서는 1단계(가장 심각하지 않은 수준)부터 3단계(가장 심각한 수준)까지 세 단계의 대응으로 정의한다. 대응 수준을 정의함으로써, 사고의 심각성을 기준으로 유관 기관의 동원(참여) 수준과 필요한 자원을 확인할 수 있다. 이러한 수준들은 다음과 같이 설명된다.

- **1단계(Level I)** 소방 또는 비상대응 공공기관(emergency services organization)이나 관할권을 보유한 기타 초동대응자의 역량 안에서 대응할 수 있는 수준. 1단계 사고는 가장 심각하지 않으며 조치하기 쉽다. 이 단계는, 대게는 그렇지 않지만 생명이나 재산에 심각한 위협이 될 수도 있다. 대피(필요한 경우)는 사고의 직접적인 영역으로 제한된다. 다음은 1단계 사고의 예이다.
  - 자동차에서 휘발유 또는 디젤 연료의 소량 유출(그림 6.7)
  - 계량기가 소비자 측인 가정용 천연가스 라인에서의 누출
  - 페인트, 희석제, 표백제, 수영장용 화학약품 및 비료와 같은 소비재 컨테이너의 파손[소유자 또는 소유주가 정화(cleanup) 및 폐기(disposal)를 담당하는 경우]
- **2단계(Level II)** 사고현장이 초동대응자의 역량을 넘어서며, 초동대응 기관(first response agency)/관할 기관(organization having jurisdiction)의 역량을 초월하는 수준. 2단계 사고는 공식적인 위험물질 대응팀(formal hazmat response team)의 출동이 필요할 수 있다. 적절하게 훈련되고 준비된 대응팀은 다음 작업을 수행한다.
  - 화학보호복(chemical protective clothing)을 사용한다(그림 6.8).
  - 오염된 지역 내에 둑을 쌓고 고립시킨다.

- 마개막기(plugging), 부분 보수(patching) 및 기본 누출 제어 활동을 수행한다.

- 미지 물질을 수집하고 테스트한다(그림 6.9).

- 다양한 수준의 제독을 수행한다.

다음은 2단계 사고의 예이다.

- 제한된 규모의 대피가 요구되는 유출 또는 누출

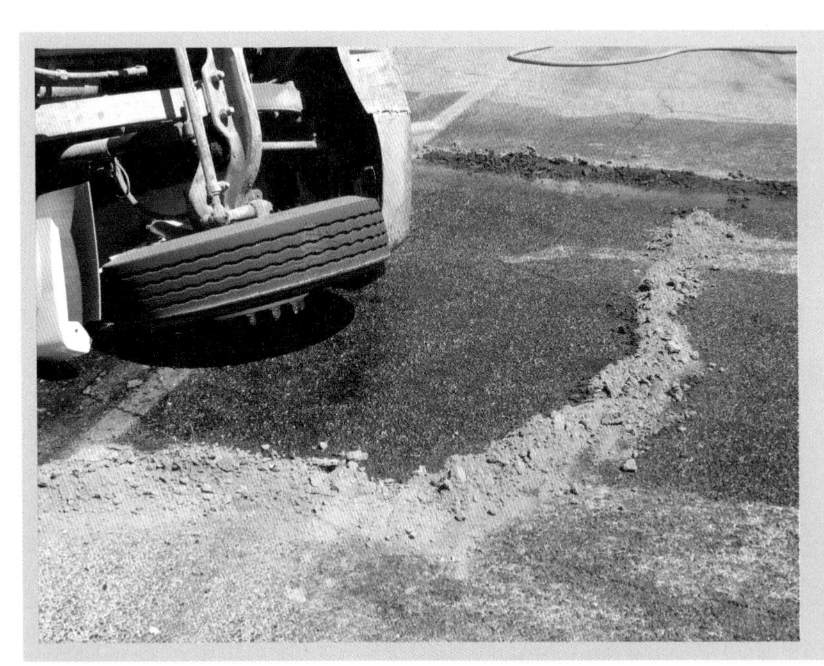

그림 6.7 소규모 휘발유 유출은 1단계 사고이다. Rich Mahaney 제공.

그림 6.8 2단계 사고에서는 화학보호복이 필요할 수 있다. 뉴 사우스웨일스 소방서(New South Wales Fire Brigades) 제공.

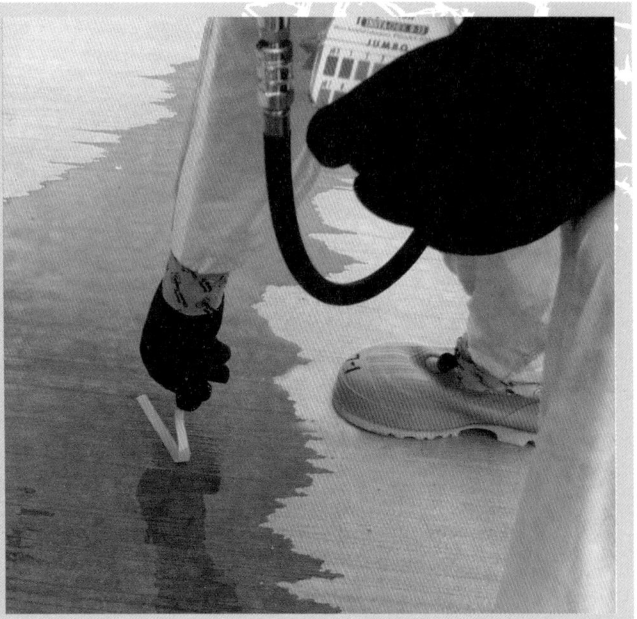

그림 6.9 2단계 사고에서는 미지 물질에 대한 테스트가 요구될 수 있다.

- 인화성 액체의 모든 주요한 사고나 누출 또는 범람
- 익숙하지 않거나 알려지지 않은 화학물질의 유출 또는 누출
- 극도로 유해한 물질과 연관된 사고
- 지하 파이프라인의 파열
- 저장 탱크에서 비등액체증기운폭발(BLEVE)의 위험성이 있는 화재

• **3단계(Level III)** 주/정부기관(state/provincial agency), 연방기관(federal agency) 및/또는 민간 업계의 자원이 필요하며 통합지휘(unified command)가 필요하다. 3단계 사고는 모든 위험물질 사고 중 가장 심각한 사고이다. 대규모 대피가 필요할 수 있다. 대부분의 경우, 이 단계의 사고는 어떠한 기관에 의해서도 종결되지 않을 것이다(그림 6.10). 사고를 성공적으로 처리하려면, 다음과 같은 자원/절차 중 몇몇의 집합적 노력(유관기관 합동대응)이 필요하다.
  - 산업계 및 정부 기관의 전문가(specialist)
  - 정교한 시료수집 및 탐지 장비
  - 특별한 누출 및 유출 제어 기술
  - 대규모 제독

다음은 3단계 사고의 예이다.
- 관할 경계를 넘어서는 대피
- 지역 위험물질 대응팀(local hazardous material response team)의 역량을 넘어서는 경우
- 연방 정부의 대응 계획(federal response plan)을 (부분적으로 또는 전체적으로) 활성화하는 경우

그림 6.10 대부분의 3단계 사고를 완화(경감)시키기 위해서는 하나 이상의 기관이 필요하다. 미국 국방부(U. S. Department of Defense) 제공.

정보(Information)

국가사고관리체계 사고 유형

국가사고관리체계(NIMS)에 따라 사고(incident)를 분류하여 자원 요구사항(resource requirement)에 대한 결정을 내릴 수 있다. 사고 유형(incident type)은 다음과 같은 5가지 수준의 복잡성(complexity)을 기반으로 한다.

유형 5

- ▶ 사고현장 지휘관(IC)을 포함하여 최대 6명의 인력으로 구성된 하나 또는 두 개 팀의 단일 자원으로 처리할 수 있는 사고
- ▶ 지휘 및 참모부(Command and General Staff position)[사고현장 지휘관(IC) 제외]는 활성화되지 않는다.
- ▶ 서면상의 사고대응계획(Incident Action Plan; IAP)은 필요하지 않다.
- ▶ 사고는 초동 대응 시간(first operational period) 안에 처리될 수 있으며, 자원이 현장에 도착한 후 한 시간에서 몇 시간 이내에 처리된다.
- ▶ 예로는 차량 화재, 부상당한 사람 수송, 또는 경찰의 차량 검문 등이 포함된다.

유형 4

- ▶ 지휘 및 참모부 기능은 필요한 경우에 활성화한다.
- ▶ 사고를 완화하기 위해 여러 가지 자원이 필요하다.
- ▶ 사고는 일반적으로 제어 단계(control phase)에서 한 번의 운영(대응) 시간(operational period)으로 제한된다.
- ▶ 기관 관리자(agency administrator)가 복잡성 분석(complexity analysis) 및 권한 위임(delegation of authority)을 위해 브리핑(briefing)(간략한 회의 등)을 가질 수 있다.
- ▶ 서면의 사고대응계획(IAP)은 필요하지 않지만, 대신 투입된 모든 자원에 대한 문서화된 대응 브리핑(operational briefing)이 완료되어야 한다.
- ▶ 기관 관리자의 역할에는 목표 및 우선순위를 포함된 대응 계획(operational plan)이 포함된다.

유형 3

- ▶ 초기 공격(초기 사고)이 역량을 초과할 경우, 사고의 복잡성에 따라서 적절한 사고지휘체계(ICS) 직위들을 추가한다.
- ▶ 지휘부 및 참모부 일부 또는 전체가 활성화될 수 있으며, 부서(division)/집단(group) 관리자 및/또는 단체 지도자(unit leader level position)가 포함될 수 있다.
- ▶ 유형 3 사고관리팀(Incident Management Team, IMT) 또는 사고지휘 조직(Incident Command organization)은 확장된 공격적인 사고(extended attack incident)가 고립(containment)/제어(control)될 때까지, 또는 사고가 유형 1 또는 유형 2로 확장되기 전까지 상당한 수의 자원을 가지고 사고에 대한 초기 대응을 관리한다.

▶ 사고는 여러 개의 대응 시간(multiple operational period)으로 확장될 수 있다.

▶ 각 대응 시간마다 서면 사고대응계획(IAP)이 필요할 수 있다.

유형 2

▶ 지역(지방)의 제어(local control) 역량을 넘어설 정도로 확장되며, 여러 개의 운영 기간으로 진행될 것이 예상된다. 유형 2 사고는 작전(대응), 지휘 및 참모 조직을 효과적으로 관리하기 위해 지역 및/또는 국가 자원을 포함한 해당 지역 밖의 자원 대응까지 요구할 수 있다.

▶ 지휘 및 참모부서의 대부분 또는 전부가 동원된다.

▶ 각 대응 시간마다 서면 사고대응계획(IAP)이 필요하다.

▶ 많은 기능 조직이 필요하고, 인력이 필요하다.

유형 1

▶ 가장 복잡한 경우로, 안전하고 효과적으로 관리하고 운영할 수 있는 국가적 차원의 자원(national resource)이 필요하다.

▶ 모든 지휘 및 참모부서가 활성화된다.

▶ 대응요원은 때로 대응 시간당 500명을 초과하며, 총 요원은 일반적으로 1,000명을 초과한다.

▶ 각 분과(branch)(부서)들이 설립되어야 한다.

▶ 기관 관리자는 복잡성 분석 및 권한 위임을 위해 브리핑을 열 것이다.

▶ 사고 본부에서 자원 담당 고문(resource advisor)을 운용하는 것을 추천한다.

▶ 지역 사법권에 미치는 영향이 크므로, 사무관리(office administrative) 및 지원 기능(support function)을 위한 추가 직원이 필요하다.

출처: 미 소방본부(U.S. fire Administration)

대응 유형

Mode of Operation

전략은 대응(작전) 유형mode of operation과 관련된 세 가지 선택지option로 나뉜다.

- **비개입(Nonintervention)** - 사고가 자체적으로 흘러가도록 한다(내버려둔다).
- **방어적 대응(Defensive)** - 둑 쌓기(diking), 댐 쌓기(damming), 전환(우회) 등의 대응을 수행하여 주어진 지역에 위험 요소를 고립(봉쇄)시킨다.
- **공격적 대응(Offensive)** - 사고를 제어하는 것으로, 마개막기(plugging, 파손의 한 유형)와 같은 조치가 포함된다(그림 6.11).

그림 6.11 누출 제어는 공격적 대응이다.

전략적 유형의 선택은 대응요원의 위험, 대응요원들의 훈련 수준, 그리고 필요한 자원과 이용 가능한 자원 간의 균형을 기반으로 한다. 대응(작전) 유형을 선택할 때에는 초동대응자의 안전이 최우선 고려 사항이다. 대응 유형은 사고 과정 중간에 변경될 수 있다. 사고 우선순위는 사고에서 어떤 유형을 사용할 것인지 결정하는 데 도움이 될 것이다. 사고의 역동성incident dynamic을 기반으로, 사고현장 지휘관IC은 동일한 사고 속에서도 서로 다른 유형을 동시에 사용하기로 결정할 수도 있다.

비개입 대응(Nonintervention Operation)

비개입 대응[2]은 대응요원이 실제의 문제에 직접적인 조치를 취하지 않는 대응 유형이다. 어떠한 조치도 취하지 않는 것은 여러 사고의 유형에서 유일하게 안전한 전략이며, 완화가 계속해서 실패하거나 불가능할 때 특정 유형의 사고에서 취할 수 있는 최고의 전략이다. 비개입 상황의 예로는 화재에 노출되어 있기 때문에 적절히 냉각시킬 수 없는 상황의 압력 용기를 들 수 있다. 그러한 사고에서 대응요원은 해당 지역의 인원을 대피시켜 안전거리 이상으로 철수시켜야 한다. 비개입 대응은 다음 상황 중 하나 이상이 존재할 때 선택한다.

그림 6.12 비개입은 몇몇 사고에서는 수용 가능한 전략이다. 미 육군 공병단(U.S. Army Corps of Engineers) 제공.

- 시설이나 지역 비상대응계획(Local Emergency Response Plan; LERP)은 현장에 존재하는 위험 요소에 대한 사고 사전 평가(pre-incident evaluation)를 토대로 이를 요구한다.
- 상황이 명백히 대응요원의 역량을 초월할 경우(그림 6.12)
- 폭발이 임박하였을 경우
- 심각한 컨테이너 손상으로 대량 유출(massive release) 위험이 있을 경우

2 **비개입 대응(Nonintervention Operation)** : 대응요원(responder)이 실제의 문제에 대해 직접적인 조치(direct action)를 취하지 않는 대응(작전, operation) 유형

이러한 비개입 상황에서 초동대응자는 다음과 같은 조치를 취해야 한다.

- 안전거리로 철수한다.
- 상황실(telecommunications center)에 현장 상황을 보고한다.
- 사고관리체계(IMS)를 개시한다.
- 필요한 만큼 추가적인 자원를 요청한다.
- 위험 구역(hazard area)을 격리시키고, 진입을 거부한다.
- 필요한 경우 대피를 시작한다.

방어적 대응(Defensive Operation)

방어적 대응[3]은 대응요원이 관련 위험물질에 직접 접촉하지 않고, 해당 지역(구역)의 비상 상황을 고립(봉쇄)하고자 하는 것이다. 방어적 유형은 다음 두 가지 상황 중 하나가 존재할 때 선택한다.

- 시설이나 지역 비상대응계획(LERP)은 현장에 존재하는 위험 요소에 대한 사고 사전 평가를 토대로 이를 요구한다.
- 사고를 원점지역(area of origin)으로 고립(국한)시키기 위해 필요한 훈련을 받은 대응요원과 장비를 갖추고 있다.

방어적 대응defensive operation에서 전문대응 수준operation level의 초동대응자는 다음과 같은 조치를 취해야 한다.

- 상황실(telecommunication center)에 현장 상황을 보고한다.
- 사고관리체계(IMS)를 개시한다.
- 필요한 만큼 추가적인 자원를 요청한다.
- 위험 구역(hazard area)을 격리시키고, 진입을 거부한다.
- 구역 경계(zone boundary)를 설정하고 표시한다.
- 필요한 경우 대피를 시작한다.

---

3 **방어적 대응(Defensive Operation)** : 대응요원이 연관된 위험물질에 직접 접촉하지 않고 주어진 지역(구역)에 비상 상황을 고립(봉쇄)하고자 하는 대응(작전, operation)

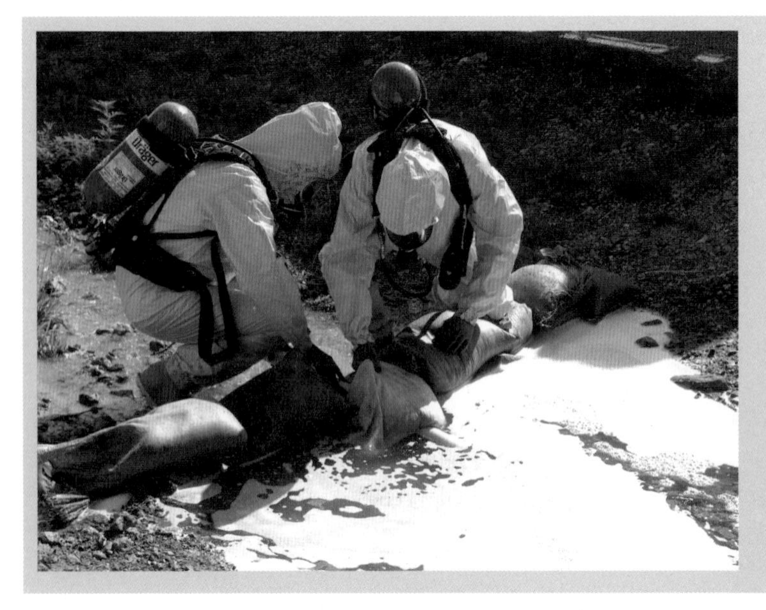

그림 6.13 방어적 대응은 연관된 위험물질에 직접 접촉하지 않고 비상 상황을 고립(국한)하는 것을 목표로 한다.

- 점화원을 통제한다.
- 적절한 방어적 제어 전술(defensive control tactic)을 사용한다(그림 6.13).
- 노출로부터 보호한다.
- 안전하고 적절한 경우에 구조를 실시한다.
- 사고 경과(incident progress)를 평가하고 보고한다.
- 긴급 제독 절차(emergency decontamination procedure)를 수행한다.

공격적 대응(Offensive operation)

공격적 대응[4] 이란 대응요원들이 사고와 관련된 물질이나 컨테이너 또는 공정 장비에 대해 매우 적극적이고(공격적인) 직접적인 조치를 취하는 것이다(그림 6.14). 이러한 대응(작전)으로 인해 물질과 접촉할 수 있으므로 대응요원들에게는 적절한 화학 보호복과 호흡기 보호구를 착용할 것이 요구된다. 일부 공격적 대응은 초동대응자의 책임 범위를 벗어나므로 보다 고도로 훈련된 위험물질 특수기술대응 수준 대원에게 수행을 맡긴다.

---

4 **공격적 대응(offensive Operation)** : 대응요원이 사고와 관련된 물질, 컨테이너 또는 공정 장비(process equipment)에 대해 매우 적극적이고(공격적인), 직접적인 조치를 취하는 대응(작전, operation)

그림 6.14 공격적 대응 시 사고를 경감시키기 위해 직접적인 조치을 취하면서 위험물질에 접촉하는 경우도 있다.

정보(Information)

미 직업안전보건청(U.S. OSHA) 및 캐나다 공중 안전국(Public Safety Canada)에서 승인한 공격적 대응 과업(Offensive Task)

미국 및 캐나다 정부는 보호복과 자원을 지원받고 자격인증을 포함한 적절한 교육을 받은 전문대응 수준(operation level)의 초동대응자가 다음의 물질에 대한 인화성 액체 및 기체 화재 진압과 관련된 공격적 대응(offensive operation)을 수행할 수 있음을 인정한다.

- ▶ 휘발유(gasoline)
- ▶ 디젤 연료(diesel fuel)
- ▶ 천연가스(natural gas)
- ▶ 액화석유가스(LPG)

초기 대응계획 Planning the Initial Response

사고 분석incident analysis이 진행되고 연관된 위험요소hazard 및 제품product에 대한 기본적인 이해가 이루어지면, 사고현장 지휘관IC은 대응계획을 세우는 데 필요한 정보를 사용해야 한다. 현실적인 대응목표와 함께 통과해 나아가야 할 상황을 생각하고 견고한 전략을 수립한다면, 성공적이고 안전한 결과를 얻을 수 있을 것이다. 이번 절에서는 초기 대응계획planning the initial response과 관련된 측면을 다룬다.

정보(Information)

미 연방비상관리국 사고 대응 계획 절차(FEMA Incident Action Planning Process)

미 연방비상관리국(FEMA)은 사고 대응 계획 절차(incident action planning process)에 있어 다음의 단계들을 확인한다.

- ▶ 사고 목표(incident objective) 및 전략(strategy)을 수립한다.
- ▶ 전술(tactics) 및 자원 할당(resource assignment)을 수립한다.
- ▶ 사고 및 자원 평가(incident and resource assessment)를 실시한다.
- ▶ 필요한 군수(병참) 지원(logistical support)을 확인한다.
- ▶ 대중 제공 정보(public information) 및 기관 간 문제점(이슈)(interagency issue)을 고려한다.
- ▶ 문서를 할당하고 요구받은 지원을 한다.
- ▶ 실행사항을 모니터링(지속 확인)한다.

대응 모델(Response Model)

사고현장 지휘관IC에게는 결정을 내리고 문제를 효과적으로 해결할 수 있는 능력이 필요하다. 문제 해결과 의사 결정은 위험물질 사고에서 유동적인 과정이므로, 사고현장 지휘관IC의 문제에 대한 이해(그리고 이에 대한 해결 계획)는 더 많은 정보가 이용 가능해지고 조건이 바뀌면서 바뀔 수 있다. 하지만 현존하는 문제를 살펴보고 질서 정연한 방법으로 성공적인 완화(경감) 전략을 이행해야 한다. 대응 모델response model을 사용하면 대부분의 대응 모델이 전체적인 문제 해결 절차를 통합하기 때문에 문제 해결 절차를 단순화할 수 있다.

- 정보(information)의 수집 또는 입력 단계
- 처리(processing) 또는 계획(planning) 단계
- 실행(implementation) 또는 산출(output) 단계
- 재검토(review) 또는 평가(evaluation) 단계

선택할 수 있는 모델이 많이 있다. 대부분의 모델은 문제 해결과 의사 결정의 기본 단계를 거치며, 사용되는 모델은 종종 기관(부서) 정책에 의해 규정된다. 1장에서 설명한 것처럼 APIE는 기본적인 4단계 문제해결 절차 모델을 포함하는 간단한 대응 모델response model이다.

1. 사고를 분석한다.
2. 초기 대응을 계획한다.
3. 대응을 실행한다.
4. 과정을 평가한다.

정보(Information)

기타 위험물질 대응 모델

APIE는 위험물질/대량살상무기(WMD) 사고에서 사용되는 하나의 대응 모델이다. 다음을 포함하여 많은 다른 모델들이 있다.

GEDAPER

David Resak가 개발한 GEDAPER 대응 모델은 미 국립소방학교(National Fire Academy)의 교육 과정에 포함되었다. GEDAPER는 다음을 의미하는 머릿글자이다.

G – 정보 수집(Gather information)

E – 잠재적 경과와 위해 예측(Estimate potential course and harm)

D – 전략적 목표 결정(Determine strategic goal)

A – 전술적 선택지 및 자원 평가(Assess tactical options and resource)

P – 대응 계획 실행(Plan of action implementation)

E – 대응(운영) 평가(Evaluate operation)

R – 절차 검토(Review the proces)

Eight Step Process©(8단계 사고 관리 절차)

Gregory G. Noll, Michael S. Hildebrand 및 James G. Yvorra는 위험물질/대량살상무기(WMD) 사고 안전 대응(운영) 실무권장지침(incident safe operating practice)에 중점을 둔 전술적 의사 결정 모델인 8단계 사고 관리 절차(Eight Step Incident Management Process©)를 개발했다. 8단계는 다음과 같다.

1. 현장 관리 및 통제(Site management and control)
2. 문제 식별(Identify the problem)
3. 위험성 평가(Hazard assessment and risk evaluation)
4. 보호복 및 장비 선택(Select protective clothing and equipment)
5. 정보 관리 및 자원 조정(Information management and resource coordination)
6. 대응목표 실행(Implement response objective)
7. 제독(Decontamination)
8. 사고 종결(Incident termination)

HazMatIQ©

HazMatIQ©는 미국 전역의 주요 소방 및 법집행기관에서 사용하는 4단계 의사 결정 대응 모델이다. HazMatIQ© 시스템은 대응요원에게 4단계 절차를 통해 도움을 줄 수 있는 독점적인 위험기반 대응체계(proprietary risk-based response system)이다.

▶ 제공된 도표를 사용하여 신속한 화학물질 평가(A quick chemical size-up using supplied chart)

▶ 간소화된 화학 위험 조사 절차(A streamlined chemical hazard research process)

▶ 탐지 및 식별 예측(Detection and monitoring prediction)

▶ 임무별 개인보호장비 선택(Selection of mission specific PPE)

DECIDE

Ludwig Benner는 DECIDE 대응 모델을 개발했다. DECIDE는 다음을 의미하는 머릿글자이다.

D – 위험물질의 존재를 탐지한다(Detect the presence of a hazardous material).

E – 개입하지 않을 경우 해를 입을 가능성을 평가한다(Estimate likely harm without intervention).

C – 대응목표를 선택한다(Choose response objective).

I – 대응방법을 확인한다(Identify action option).

D – 최선의 대응책을 실행한다(Do best option).

E – 절차를 평가한다(Evaluate progress).

미 교통부(DOT)

미 교통부(DOT)는 사고 평가 및 안전(incident size-up and safety)에 대한 8단계 대응 모델(eight-step response model)을 고안했다. 이 대응 모델은 낮은 수준의 위험물질 대응에는 좋지만, 특수기술대응 수준 대응요원(technician level responder)에게는 실용적이지 않을 수 있다. 이 모델은 2016년판 비상대응지침서(ERG) 4페이지에 있다. 다음은 미 교통부(DOT) 대응 모델에서 사용되는 단계이다.

▶ 윗바람지역(upwind), 오르막(uphill), 또는 상류(upstream)에서 조심스럽게 접근한다.

▶ 사고현장(scene)을 확보한다.

▶ 위험(hazard)을 식별한다.

▶ 상황(situation)을 평가한다.

▶ 지원(help)을 요청한다.

▶ 현장 진입(site entry)을 결정한다.

▶ 대응(respond)한다.

▶ 무엇보다도 냄새가 없다고 해서 기체(gas)나 증기(vapor)가 무해하다고 가정하지 않는다.

위험기반 대응(Risk-Based Response)

위험기반 대응[5]은 정보, 과학 및 기술을 사용하여 위험물질 사고를 완화(경감)한다. 핵심은 좋은 결정을 내리는 데 필요한 중요한 정보를 대응요원에게 제공하는 동시에 범람하는 정보들에 압도되지 않도록 하는 것이다.

제품product 식별이 위험물질 사고hazmat incident의 성공적인 완화mitigation에 필수적인 요소이지만, 현실 속의 상황은 항상 가능하지 않을 수도 있다. 제품(위험물질)의 식별이 가능하든 그렇지 않든 간에, 모든 위험물질 사고에 대해 위험기반 대응risk-based response을 구현해야 한다.

위험기반 대응은 대응요원을 보호하는 데 필요한 결정 체계이다. 대부분의 성공사례에서와 마찬가지로, 대응response은 즉각적인 위험을 파악하여 논리적이면서 교육받은 방식으로 의사결정을 내릴 수 있도록 철저한 평가size-up를 통해 대응하기 시작한다. 존재하지 않거나 발견되지 않을 수 있는 자산(인적 자산(인명)을 포함함)을 조사하기 위해 너무나 많은 시간이 낭비될 수 있다. 강력한 평가는 예측에는 도움이 되지만, 대응요원을 보호하는 데 도움이 되는 것은 식별 및 탐지 장비이다. 위험기반 대응은 정보를 '세세히 분할하여thin slice' 신속하고 효율적인 방법으로 숙달된 인명구조life-saving 우선의 결정을 내릴 수 있게 한다.

사고대응계획 수립(Developing the Incident Action Plan: IAP)

사고대응계획Developing the Incident Action Plan; IAP은 비상대응(운영)의 신속하고 효과적인 통제에 중요하다. 사고대응계획IAP은 정해진 시간 내에 사고 제어의 모든 단계를 다루기 위해 개발된 면밀하고 조직화된 사고의 과정이다. 정해진 기간은 최소한의 부정적 조치가 지속될 수 있는 기간이다. 서면의 사고대응계획IAP은 단기간의 일상적인 대응에는 필요하지 않을 수 있지만, 대규모 또는 복잡한 사고는 각 대응 기간 동안 서면 계획을 수립하고 유지해야 한다(그림 6.15).

5 **위험기반 대응(Risk-Based Response)** : 위험 평가(hazard and risk assessment)를 사용하여 사고의 상황을 기반으로 적절한 완화 노력을 결정하는 방법

대응계획은 대면한 문제에 대한 해결책을 달성하기 위해 대응목표(전략)를 파악하는 것으로부터 시작된다. 대응목표는 본질적으로 광범위하며, 수행되어야 할 것을 정의한다. 일단 전략이 수립되면, 지휘부는 목표를 달성하기 위한 대응방법(전술, 방법, 장소 및 시기)을 선택해야 한다. 대응방법은 시간과 성과 모두에서 측정 가능하다. 또한 사고대응계획IAP은 물 공급, 공공시설 제어 또는 자급식 공기호흡기SCBA 실린더 충전과 같은 필요한 자원 지원을 제공한다.

사고대응계획IAP은 분석 결과가 무엇인지, 계획이 무엇인지, 그리고 어떻게 안전하게 구현되어야 하는지를 기술함으로써 전반적인 문제 해결 절차를 하나로 묶는다. 계획이 수립되고 자원이 확약되면, 그 효과를 평가할 필요가 있다. 필요한 경우 계획을 개선하기 위해 필요한 수정이 이루어질 수 있도록 정보를 수집하고 분석한다. 이 단계는 지속적인 평가 절차의 일부이다. 사고대응계획IAP의 요소는 다음과 같다.

- 전략 및 사고 목표(strategies/incident objective)
- 현재 상황 요약(current situation summary)
- 자원 할당 및 수요(resource assignment and need)
- 기량(accomplishment)
- 위험 문구(hazard statement)
- 위험 평가(risk assessment)
- 안전 계획 및 전파(safety plan and message)
- 보호 조치(protective measure)
- 현재 및 예상 기상 조건(current and projected weather condition)
- 부상자의 상태(status of injury)
- 통신 계획(communications plan)
- 의료 계획(medical plan)

그림 6.15 규모가 크고 복잡한 사고에서는 서면 사고대응계획(IAP)이 필요할 수 있다. Phil Linder 제공.

모든 사고대응 인원은 반드시 사고대응계획[IAP]에 따라서 기능해야 한다. 회사 임원이나 담당 간부는 사전 결정된 절차를 따라야 하며, 모든 대응는 계획에 명시된 목표를 달성할 수 있도록 지휘되어야 한다.

실용적인 목적으로 모든 초동대응자는 비상사고현장에서 취해지는 대응에 직접적인 영향을 주기 때문에, 사고대응계획[IAP] 및 현장안전계획[site safety plan]의 개념에 익숙해야 한다. 사고현장 지휘관[IC]의 역할인 초동대응자는 사고대응계획를 수립하고 구현해야 한다.

위험물질 사고에서의 일반적인 대응목표 및 대응방법

Common Response Objective and Action Optionat Hazmat Incident

초동대응자가 문제에 대한 기본적인 이해를 하면, 이들이 대응목표(전략)와 대응방법(전술)을 수립하여 해결책을 계획할 수 있다. **대응목표**[6]는 사고를 해결하기 위해 해야 할 일에 대한 광범위한 진술이다. **대응방법**[7]은 이러한 목표를 달성하기 위해 수행해야 하는 특정한 대응(작전)들이다.

대응목표는 다음 기준에 따라 선택되어야 한다.

- 달성할 수 있는 능력
- 추가적인 부상 및/또는 사망을 예방하는 능력
- 안전, 시간, 장비 및 인원의 제약 속에서 환경 및 재산 피해를 최소화할 수 있는 능력

위험기반 대응의 목표는 사고 시 발생하는 위험을 기반으로 한다. 예를 들어 보다 높은 수준의 독성toxicity이 관련되어 있다면, 보다 높은 수준의 개인보호장비를 사용하여 조심스럽게 대응한다. 기체 또는 증기 형태의 위험물질을 포함하는 사고는 고체 또는 액체 형태의 위험물질이 포함된 사고보다 제어를 위해 다른 전략이 필요할 수 있다.

---

6 **대응목표(Response Objective)** : 적절한 전략(strategy)과 자원(resource)의 전술적 방향을 선택하기 위한 지침과 지시를 제공하는, 모든 할당된 자원이 효과적으로 배치되었을 때 달성할 수 있는 것에 대한 현실적인 기대에 근거한 서술

7 **대응방법(Action Option)** : 대응목표(response objective)의 목적을 달성하기 위해 특정 순서로 수행되는 특정한 대응(작전, operation)

몇 가지 추가적인 위험기반 대응의 원칙은 다음과 같다.

- 대원(요원)의 안전에 중대한 위험을 초래하는 활동은 위험에 처한 생명을 구할 수 있는 가능성이 있는 상황으로 국한된다.
- 재산을 보호하기 위해 일상적으로 이뤄지는 활동들은 대원(요원)의 안전에 내재된 위험으로 인식되어야 하며, 이러한 위험을 줄이거나 피하기 위한 조치가 취해져야 한다.
- 생명이나 재산을 구할 가능성이 없는 경우, 대원(요원)의 안전에 대한 어떠한 위험도 받아들이지 않는다.

발생할 수 있는 다양한 상황으로 인해 위험물질 사고에서 올바른 전략적 결정을 내리는 것이 중요하다. 잘못 수립된 의사결정절차decision-making process는 더 큰 문제로 이어질 수 있다. 비상대응지침서ERG의 오렌지색 테두리가 있는 페이지, 관련 있는 안전보건자료 절(부분), 비상대응 정보가 포함된 운송 문서shipping paper 및 기타 자원과 같은 참고자료는 일부 대응정보 및 지침을 제공해줄 수 있다.

위험물질 사고에 대한 몇 가지 일반적인 대응목표common response objective는 다음과 같다.

- 격리(isolation)
- 신고/전파(notification)
- 식별(identification)
- 보호(protection)[인명 안전(life safety)]
- 구조(rescue)(그림 6.16)
- 유출 제어/고립(spill control/confinement)
- 누출 제어/봉쇄((leak control/containment)
- 범죄 현장 및 증거 보존(crime scene and evidence preservation)
- 화재 진압(fire control)
- 복구/종결(recovery/ termination)

이러한 대응목표 중 일부는 이 매뉴얼에 이미 설명되어 있다. 위험물질 식별은 이전 장에서 다루었다. 다른 대응목표는 다음 장에서 다루게 될 것이다.

이것들은 일반적인 대응목표 중 일부이지만, 사고현장 지휘관IC은 그들이 선호하는 용어를 사용하여 적절하다고 생각하는 목표를 설정할 수 있다. 구조는 한 사고에서 중요한 대응목표로 간주될 수 있겠지만, 또 다른 사고에서는 중요하지 않을 수 있다. 사고의 상황이 갑자기 바뀌어 급히 대피하는 것이 우선순위 목록 중 가장 중요한 대응목표가 될 수 있다.

대응목표는 가용한 자원 및 사고의 특정 세부사항에 따라 우선순위가 정해진다. 사고 발생 시 위험 요소가 없으면 일부 대응목표는 필요하지 않을 수 있다. 관련된 물질이 불연성인 경우, 화재 진압은 문제가 되지 않을 수 있다. 일부 목표는 아직 사용할 수 없는 특수한 자원(예를 들면, 화학보호복 또는 특정 흡착제)의 사용이 필요할 수 있으므로 연기되거나 취소되어야 한다. 다른 조직의 대원들의 서로 다른 요구로 인해서 서로의 목표가 상충되는 자원의 사용이 필요할 수도 있다. 이 장에 나열된 대응목표는 매우 광범위한 전략 범주이며, 실제 사고의 경감(완화)에 있어서는 현장에서 제기된 문제들을 기반으로 다양한 대응목표들이 요구될 수 있다.

대응방법acton option은 대응목표를 달성하는 데 사용되는 특정 전술이다. 이것들은 사고를 경감(완화)하기 위해 수행해야 하는 과업들이다. 예를 들어, '격리'가 행동 목표인 경우, 위험 구역에서 사람들을 대피시키는 것이 적절한 대응 선택(방법)일 수 있다. 표 6.1은 일반적인 위험물질 사고에 대한 잠재적 대응목표 및 대응방법을 보다 좁게 정의한 전략과 전술을 통해 위험물질 사고에서 나타나는 공통적인 문제점들을 제시한다.

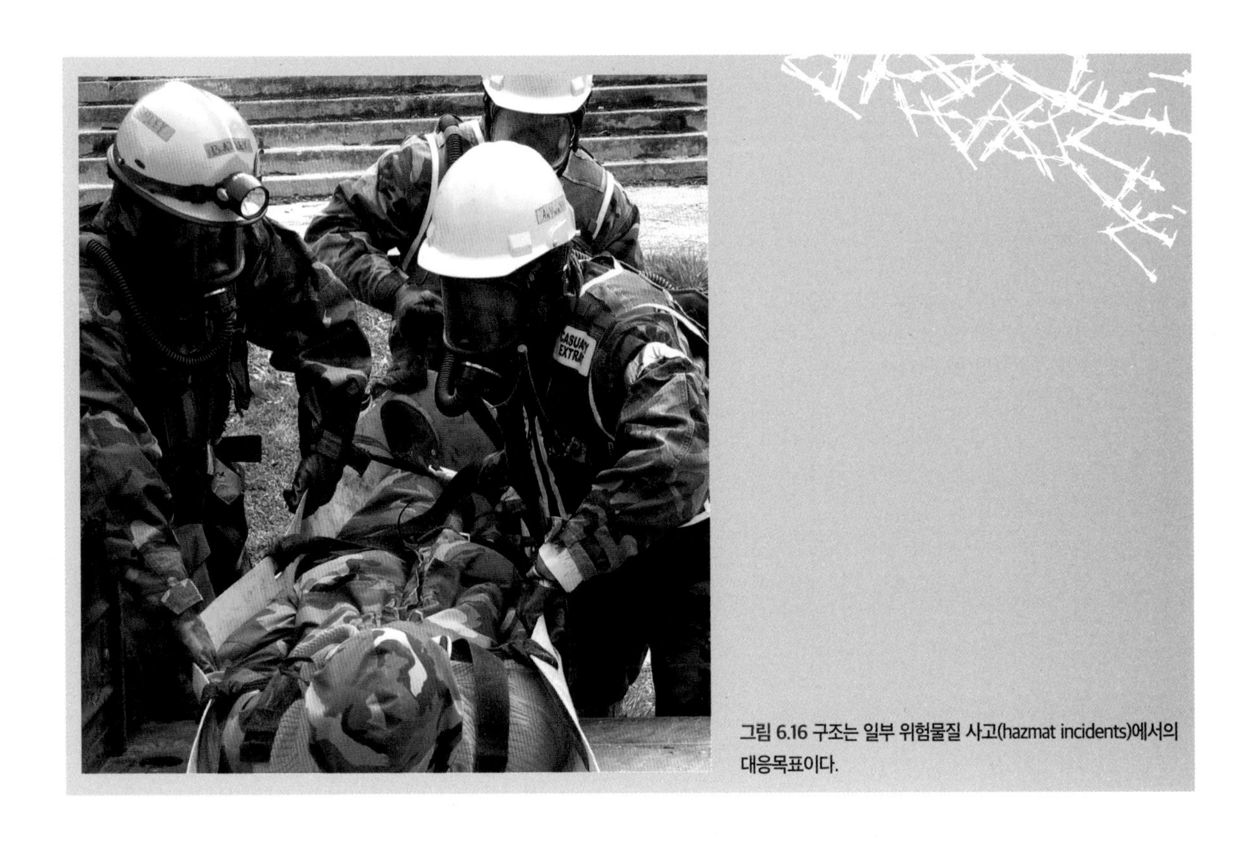

그림 6.16 구조는 일부 위험물질 사고(hazmat incidents)에서의 대응목표이다.

표 6.1 일반적인 위험물질 사고에 대한 잠재적 대응목표 및 대응방법

문제점	전략	전술
접근: 접근 문제는 접근(권)을 얻거나 [민간인 또는 비방호 대응요원(보호구를 착용하지 않은 대응요원)에게] 접근이 거부되는 것과 관련된 것일 수 있다. 일반적으로 제시된 첫 번째 문제는 민간인과 비방호 대응요원들의 접근을 제한하는 것이다.	격리 및 진입 거부	· 통제 구역(control zone) 설정하기(위험 구역 및 안전 구역) · 교통 통제하기
응력 하의 컨테이너: 대응요원이 쉽게 영향을 줄 수 있는 두 가지 유형의 컨테이너 응력은 일반적으로 열응력(가열)과 역학적 응력(과압)이다.	무시	노출로부터 보호(보호적 대응만 실시함)
	냉각	· 방수포(차량용) 사용하기 · 호스 사용하기
	소화	· 연료 제거하기 · 방수포(차량용) 사용하기 · 호스 사용하기 · 폼 방수포(차량용) 사용하기 · 폼 호스 사용하기
	유출 압력	· 제품 이동시키기 · 제품을 공기 중에 유출시키기 · 흘리고 태우기
컨테이너 손상(구멍 뚫림, Breach)/유출(Release): 손상/유출을 관리하기 위한 능동적 전략으로, 일반적으로 위험 구역 내부에서의 대응이 필요하다.	무시	노출로부터 보호(보호적 대응만 실시함)
	봉쇄	· 밸브 잠그기 · 부착물 조이기 · 마개 막기(plug) · 덧대기(patch) · 제품 이동시키기 · 제독하기(진입 시 필요)
확산: 확산(dispersion)을 제어하는 능동적 전략은 공격적이거나 방어적일 수 있다(수행 위치에 따라 다름). 확산 제어 전략(dispersion control strategy)은 유출된(또는 유출 중인) 물질의 형태에 따라서 상이하다.	무시	노출로부터 보호(보호적 대응만 실시함)
	고립(봉쇄): 고체	덮기(cover)
	고립(봉쇄): 액체	· 흡수(adsorb) 또는 흡착(absorb) · 방조제(dike)(원 또는 V자 형태) · 전환(우회, divert) · 잔류(retain) · 댐(dam)[하부흐름(underflow) 또는 상부흐름(overflow)] · 증기 억제[폼]
	고립(봉쇄): 에너지	차폐(shield)
	고립(봉쇄): 기체	증기 분산[물 안개(fog) 또는 송풍기]

표 6.1 (계속)		
문제점	**전략**	**전술**
화재: 화재(fire) 문제는 생명 안전과 노출에 대한 직접적인 위협, 컨테이너의 온전성에 영향을 줄 가능성, 독성 연소 생성물 방출 등을 포함한다. 그러나 어떤 경우(살충제)에는 화재가 화재 진압 활동보다 덜 위협적일 수 있다.	무시	노출로부터 보호(보호적 대응만 실시함)
	소화	· 방수포(차량용) 사용하기 · 호스 사용하기 · 폼 방수포(차량용) 사용하기 · 폼 호스 사용하기 · 건조 화학물질(dry chemical) 사용하기 · 특수 소화약제(specialized extinguishing agent) 사용하기
피해자 존재 가능성: 피해자 존재 가능성(possible victim)은 보고되거나(명백하게 알려진 급박한 생명의 위협이 있음), 사고 상황에 따라서 추측할 수 있다. 위험 구역(hot zone)으로부터 이동된 피해자는 제독이 필요할 수 있다.	존재 여부 밝혀냄	묻기
	전파	· 장내 방송 설비 사용 · 전화기 사용
	위치 식별	· 1차 탐색(primary search)/발견(extraction) · 제독(decontamination) 수행 · 2차 탐색(secondary search) 수행
보이는/알려진 피해자: 피해자(요구조자)는 위험 구역 내부에 있는 것이 보이거나 알려질 수 있다. 이 피해자(요구조자)들은 자신 스스로를 구조할 수도(또는 할 수 없을 수 있음) 있을 것이다. 초동대응자는 개인보호장비 및 훈련의 제한으로 인해 스스로 구조(rescue)를 수행할 수 있는 능력이 있는지 주의를 기울여 평가해야 한다. 위험 구역에서 구조된 피해자(요구조자)는 제독이 필요할 수 있다.	구조	· 피해자(요구조자)가 스스로를 구조함 · 안전한 피난처로 이동 · 탐색 중 발견 수행 · 제독 수행
잠재적 인명 피해: 잠재적 피해자(요구조자)(potential victim)는 확산[내리막(downhill) 또는 아랫바람(downwind)]으로 인해 노출될 수 있다. 대응요원은 잠재적 인명 피해를 평가할 때, 확산, 시간 및 사고 상황을 고려해야 한다.	현장 내 보호	· 대면 전파 · 전화기를 통한 전파 · 언론을 통한 전파
	대피	· 대면 전파 · 전화기를 통한 전파 · 언론을 통한 전파 · 대피소 · 교통 통제 · 보안 수행
환경/재산 피해: 환경/재산 피해(environmental/property damage)를 최소화하기 위한 능동적 전략은 일반적으로 본질적인 공격적 대응이다.	무시	스스로 경감
	화학물질 제어	· 희석시키기(dilute) · 중화하기(neutralize)
	냉각	· 방수포(차량용) 사용하기 · 호스 사용하기 · 폼 방수포(차량용) 사용하기 · 폼 호스 사용하기

가용한 개인보호장비의 적합성 결정 (Determining the Suitability of Available Personal Protective Equipment)

참고

개인보호장비는 9장에서 훨씬 자세하게 검토된다.

위험물질 사고의 특성으로 인해, 대응요원은 표준작전(운영)절차 및 지침SOP/G과 기타 참고자료를 사용하여 개인보호장비personal protective equipment가 사고 시 할당된 과업을 수행하기에 적합한지 여부를 파악할 수 있어야 한다. 개인보호장비가 부적절하다고 파악되면 사고대응계획IAP이 수정될 필요가 있다. 개인보호장비 요구사항은 다음에 따라 다를 수 있다.

- 대응요원의 임무/과업
- 연관된 제품(위험물질)
- 예를 들면 사고의 경우에 따른 밀폐된 공간 등

긴급 제독 필요 여부 확인 (Identifying Emergency Decontamination Needs)

대응요원 또는 대중이 위험물질에 접촉(또는 잠재적으로 접촉)할 경우 가능한 빨리 위험물질을 제거하는 것이 필요할 수 있다. 이 과정을 **긴급 제독**[8]이라고 한다. 대응요원 또는 대중의 피부나 옷에서 위험물질이나 제품에 대한 노출의 징후sign 및 증상symptom이 보인다면 긴급 제독emergency decontamination을 고려해야 한다. 긴급 제독에 대해서는 10장에서 자세히 다룰 예정이다.

8 **긴급 제독(Emergency Decontamination)** : 제독 통로(제독소, decontamination corridor)를 공식적으로 설치(개설, establishment)했는지 여부에 관계없이 잠재적으로 생명이 위협받는 상황(potentially life-threatening situations)에서 개개인의 오염을 즉각적으로 감소시키는 물리적인 과정(physical process)

이 장에 제공된 정보를 복습하기 위해 다음 질문에 답해보시오.

1. 사전 결정된 절차가 위험물질 사고에서 초동대응자를 어떻게 도울 수 있는가?

2. 위험물질 사고의 세 가지 우선순위는 무엇인가?

3. 지각 인식의 세 가지 수준을 설명하라.

4. 1, 2, 3단계 위험물질 사고 사례를 제시하라.

5. 대응(운영)방법를 결정할 때 고려해야 할 요소는 무엇인가?

6. 사고대응계획(IAP)의 요소를 열거하라.

7. 대응목표와 대응방법의 차이점은 무엇인가?

1단계: 사고의 범위와 가용한 자원을 기반으로 대응목표(response objective)를 식별한다.

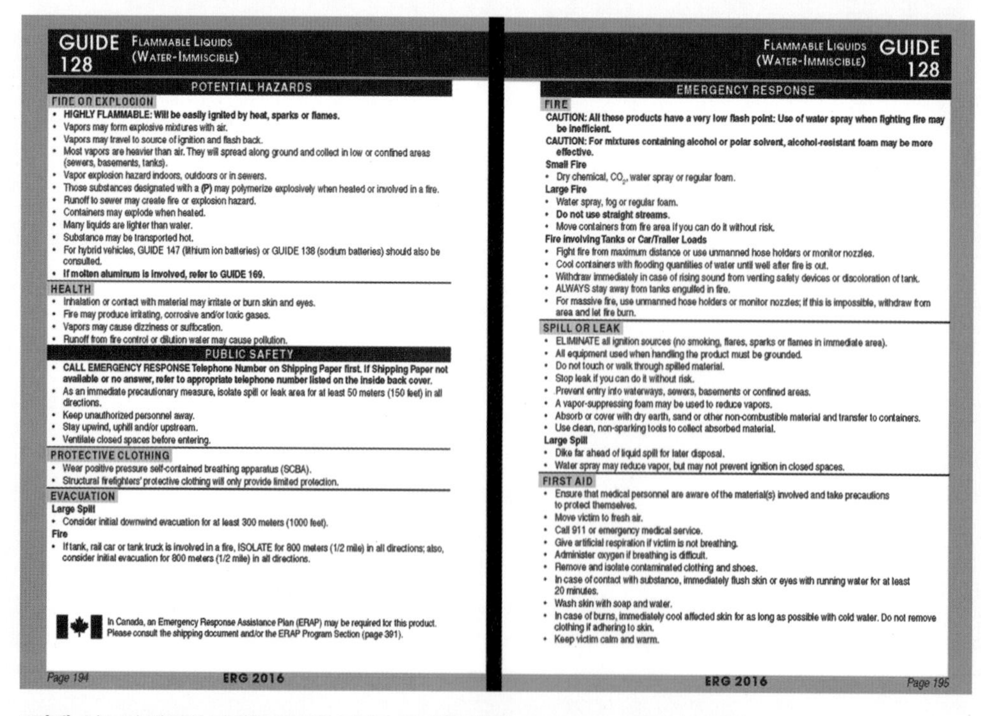

GUIDE 128 FLAMMABLE LIQUIDS (WATER-IMMISCIBLE)

POTENTIAL HAZARDS

FIRE OR EXPLOSION
- **HIGHLY FLAMMABLE: Will be easily ignited by heat, sparks or flames.**
- Vapors may form explosive mixtures with air.
- Vapors may travel to source of ignition and flash back.
- Most vapors are heavier than air. They will spread along ground and collect in low or confined areas (sewers, basements, tanks).
- Vapor explosion hazard indoors, outdoors or in sewers.
- Those substances designated with a **(P)** may polymerize explosively when heated or involved in a fire.
- Runoff to sewer may create fire or explosion hazard.
- Containers may explode when heated.
- Many liquids are lighter than water.
- Substance may be transported hot.
- For hybrid vehicles, GUIDE 147 (lithium ion batteries) or GUIDE 138 (sodium batteries) should also be consulted.
- **If molten aluminum is involved, refer to GUIDE 169.**

HEALTH
- Inhalation or contact with material may irritate or burn skin and eyes.
- Fire may produce irritating, corrosive and/or toxic gases.
- Vapors may cause dizziness or suffocation.
- Runoff from fire control or dilution water may cause pollution.

PUBLIC SAFETY
- **CALL EMERGENCY RESPONSE Telephone Number on Shipping Paper first. If Shipping Paper not available or no answer, refer to appropriate telephone number listed on the inside back cover.**
- As an immediate precautionary measure, isolate spill or leak area for at least 50 meters (150 feet) in all directions.
- Keep unauthorized personnel away.
- Stay upwind, uphill and/or upstream.
- Ventilate closed spaces before entering.

PROTECTIVE CLOTHING
- Wear positive pressure self-contained breathing apparatus (SCBA).
- Structural firefighters' protective clothing will only provide limited protection.

EVACUATION

Large Spill
- Consider initial downwind evacuation for at least 300 meters (1000 feet).

Fire
- If tank, rail car or tank truck is involved in a fire, ISOLATE for 800 meters (1/2 mile) in all directions; also, consider initial evacuation for 800 meters (1/2 mile) in all directions.

In Canada, an Emergency Response Assistance Plan (ERAP) may be required for this product. Please consult the shipping document and/or the ERAP Program Section (page 391).

Page 194 ERG 2016

FLAMMABLE LIQUIDS (WATER-IMMISCIBLE) GUIDE 128

EMERGENCY RESPONSE

FIRE

CAUTION: All these products have a very low flash point: Use of water spray when fighting fire may be inefficient.

CAUTION: For mixtures containing alcohol or polar solvent, alcohol-resistant foam may be more effective.

Small Fire
- Dry chemical, CO_2, water spray or regular foam.

Large Fire
- Water spray, fog or regular foam.
- **Do not use straight streams.**
- Move containers from fire area if you can do it without risk.

Fire involving Tanks or Car/Trailer Loads
- Fight fire from maximum distance or use unmanned hose holders or monitor nozzles.
- Cool containers with flooding quantities of water until well after fire is out.
- Withdraw immediately in case of rising sound from venting safety devices or discoloration of tank.
- ALWAYS stay away from tanks engulfed in fire.
- For massive fire, use unmanned hose holders or monitor nozzles; if this is impossible, withdraw from area and let fire burn.

SPILL OR LEAK
- ELIMINATE all ignition sources (no smoking, flares, sparks or flames in immediate area).
- All equipment used when handling the product must be grounded.
- Do not touch or walk through spilled material.
- Stop leak if you can do it without risk.
- Prevent entry into waterways, sewers, basements or confined areas.
- A vapor-suppressing foam may be used to reduce vapors.
- Absorb or cover with dry earth, sand or other non-combustible material and transfer to containers.
- Use clean, non-sparking tools to collect absorbed material.

Large Spill
- Dike far ahead of liquid spill for later disposal.
- Water spray may reduce vapor, but may not prevent ignition in closed spaces.

FIRST AID
- Ensure that medical personnel are aware of the material(s) involved and take precautions to protect themselves.
- Move victim to fresh air.
- Call 911 or emergency medical service.
- Give artificial respiration if victim is not breathing.
- Administer oxygen if breathing is difficult.
- Remove and isolate contaminated clothing and shoes.
- In case of contact with substance, immediately flush skin or eyes with running water for at least 20 minutes.
- Wash skin with soap and water.
- In case of burns, immediately cool affected skin for as long as possible with cold water. Do not remove clothing if adhering to skin.
- Keep victim calm and warm.

ERG 2016 Page 195

2단계: 사고의 범위와 가용한 자원을 기반으로 대응방법(action options)을 식별한다.

3단계: 사고에 대한 안전 예방조치(safety precaution)를 확인한다.

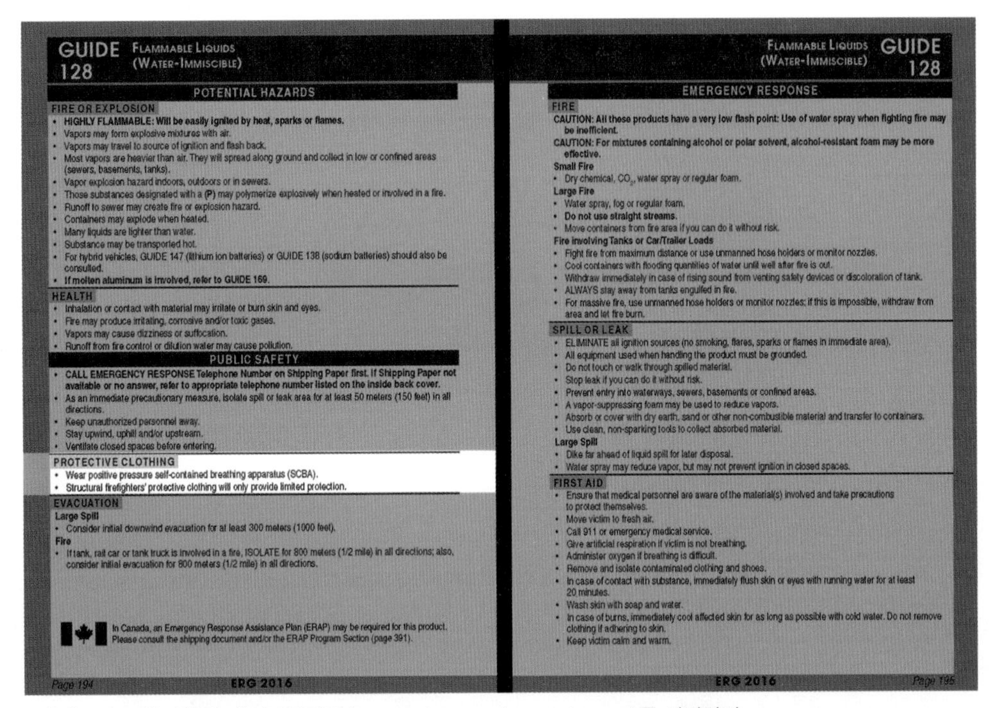

GUIDE 128 FLAMMABLE LIQUIDS (WATER-IMMISCIBLE)

POTENTIAL HAZARDS

FIRE OR EXPLOSION
- **HIGHLY FLAMMABLE: Will be easily ignited by heat, sparks or flames.**
- Vapors may form explosive mixtures with air.
- Vapors may travel to source of ignition and flash back.
- Most vapors are heavier than air. They will spread along ground and collect in low or confined areas (sewers, basements, tanks).
- Vapor explosion hazard indoors, outdoors or in sewers.
- Those substances designated with a **(P)** may polymerize explosively when heated or involved in a fire.
- Runoff to sewer may create fire or explosion hazard.
- Containers may explode when heated.
- Many liquids are lighter than water.
- Substance may be transported hot.
- For hybrid vehicles, GUIDE 147 (lithium ion batteries) or GUIDE 138 (sodium batteries) should also be consulted.
- **If molten aluminum is involved, refer to GUIDE 169.**

HEALTH
- Inhalation or contact with material may irritate or burn skin and eyes.
- Fire may produce irritating, corrosive and/or toxic gases.
- Vapors may cause dizziness or suffocation.
- Runoff from fire control or dilution water may cause pollution.

PUBLIC SAFETY
- **CALL EMERGENCY RESPONSE Telephone Number on Shipping Paper first. If Shipping Paper not available or no answer, refer to appropriate telephone number listed on the inside back cover.**
- As an immediate precautionary measure, isolate spill or leak area for at least 50 meters (150 feet) in all directions.
- Keep unauthorized personnel away.
- Stay upwind, uphill and/or upstream.
- Ventilate closed spaces before entering.

PROTECTIVE CLOTHING
- Wear positive pressure self-contained breathing apparatus (SCBA).
- Structural firefighters' protective clothing will only provide limited protection.

EVACUATION
Large Spill
- Consider initial downwind evacuation for at least 300 meters (1000 feet).

Fire
- If tank, rail car or tank truck is involved in a fire, ISOLATE for 800 meters (1/2 mile) in all directions; also, consider initial evacuation for 800 meters (1/2 mile) in all directions.

In Canada, an Emergency Response Assistance Plan (ERAP) may be required for this product. Please consult the shipping document and/or the ERAP Program Section (page 391).

Page 194 ERG 2016

FLAMMABLE LIQUIDS (WATER-IMMISCIBLE) GUIDE 128

EMERGENCY RESPONSE

FIRE
CAUTION: All these products have a very low flash point: Use of water spray when fighting fire may be inefficient.
CAUTION: For mixtures containing alcohol or polar solvent, alcohol-resistant foam may be more effective.

Small Fire
- Dry chemical, CO_2, water spray or regular foam.

Large Fire
- Water spray, fog or regular foam.
- **Do not use straight streams.**
- Move containers from fire area if you can do it without risk.

Fire involving Tanks or Car/Trailer Loads
- Fight fire from maximum distance or use unmanned hose holders or monitor nozzles.
- Cool containers with flooding quantities of water until well after fire is out.
- Withdraw immediately in case of rising sound from venting safety devices or discoloration of tank.
- ALWAYS stay away from tanks engulfed in fire.
- For massive fire, use unmanned hose holders or monitor nozzles; if this is impossible, withdraw from area and let fire burn.

SPILL OR LEAK
- ELIMINATE all ignition sources (no smoking, flares, sparks or flames in immediate area).
- All equipment used when handling the product must be grounded.
- Do not touch or walk through spilled material.
- Stop leak if you can do it without risk.
- Prevent entry into waterways, sewers, basements or confined areas.
- A vapor-suppressing foam may be used to reduce vapors.
- Absorb or cover with dry earth, sand or other non-combustible material and transfer to containers.
- Use clean, non-sparking tools to collect absorbed material.

Large Spill
- Dike far ahead of liquid spill for later disposal.
- Water spray may reduce vapor, but may not prevent ignition in closed spaces.

FIRST AID
- Ensure that medical personnel are aware of the material(s) involved and take precautions to protect themselves.
- Move victim to fresh air.
- Call 911 or emergency medical service.
- Give artificial respiration if victim is not breathing.
- Administer oxygen if breathing is difficult.
- Remove and isolate contaminated clothing and shoes.
- In case of contact with substance, immediately flush skin or eyes with running water for at least 20 minutes.
- Wash skin with soap and water.
- In case of burns, immediately cool affected skin for as long as possible with cold water. Do not remove clothing if adhering to skin.
- Keep victim calm and warm.

ERG 2016 Page 195

4단계: 사고에 적합한 개인보호장비(personal protective equipment)를 식별한다.

NFPA 직무 수행 요구사항 (NFPA Job Performance Requirement)

이 장에서는 NFPA 1072의 다음 직무 수행 요구사항을 다루는 정보를 제공한다. 『위험물질/대량살상무기 비상대응 요원 전문 자격에 대한 표준(Standard for Hazardous Materials/Weapons of Mass Destruction Emergency Response Personnel Professional Qualifications)』(2017판)

5.2.1

5.4.1

5.6.1

Chapter 7

대응계획 실행 및 평가 : 사고 관리, 대응 목표 및 대응 방법

학습 목표

1. 사고 관리를 시작하는 데 도움이 되는 국가사고관리체계-사고지휘체계 조직 기능을 설명한다(5.4.1).
2. 2차 국가사고관리체계-사고지휘체계의 조직 기능을 설명한다(5.4.1).
3. 대응 목표 및 대응 방법을 구현하는 방법을 설명한다(5.2.1, 5.3.1, 5.4.1).
4. 경과를 평가하기 위한 절차를 식별한다(5.4.1, 5.6.1).
5. 위험물질 사고에서의 사고현장 통제를 제공한다(5.4.1, 기술자료 7-1).
6. 위험물질 사고에서의 경과를 평가하고 보고한다(5.4.1, 기술자료 7-2).

이 장에서는

▷사고관리체계 시작(Initiating the Incident Management System)
▷대응 목표 및 대응 방법 실행(Implementing response objectives and action options)
▷경과 평가(Evaluating progress)
▷위험물질 사고에서의 일반적인 대응 목표 및 대응방법(Common response objectives and options at hazmat incidents)

사고 관리 시작 : 국가사고관리체계–사고지휘체계 조직 기능

Initiating Incident Management: NIMS-ICS Organizational Function

대응계획을 실행하는 것은 분석 및 계획에 따르는 것으로서 APIE 절차의 세 번째 단계이다. 대응계획을 실행하는 데 있어 중요한 단계는 사고관리체계를 시작하는 것이다. **사고관리체계**[1]는 비상 사고를 대응하는 데 사용되는 관리체계management framework이다. 비상대응요원은 비상 상황에 대처할 때마다 소속된 관할당국AHJ이 사용하는 사고관리체계IMS 하에서 대응을 시작하고 운영해야 한다. 사고관리체계IMS는 모든 비상 사고에서 사용할 지휘체계와 관리에 관한 용어를 제공한다.

명령(권한)에 의하여, 미국의 모든 비상대응 공공기관emergency service organization은 국가사고관리체계–사고지휘체계NIMS-ICS를 사용한다. 국가사고관리체계–사고지휘체계NIMS-ICS는 수분 안에 사고가 종결될 수 있는 소규모, 단일–단위 사고single-unit incident와 아마도 여러 기관 및 상호지원 단체mutual-aid unit들이 연관되어 며칠 또는 몇 주간 지속될 수 있는 대규모 사고large-scale incident 양쪽 모두에 적용할 수 있도록 고안(설계)되었다. 국가사고관리체계–사고지휘체계NIMS-ICS는 조직 절차와 지휘 전략command strategy을 결합한다. 그것은 통신망과 지휘 계통을 명확하게 보여주는 기능적이고 체계적인 조직 구조를 제공한다. 국가사고관리체계–사고지휘체계NIMS-ICS는 사고에 있어서 다음을 제공한다.

---

1 **사고관리체계(Incident Management System; IMS)** : 'NFPA 1561, 비상대응 공공기관(공공서비스)의 사고관리체계 및 지휘 안전에 관한 표준(Standard on Emergency Services Incident Management System and Command Safety)'에서 설명되어 있는 체계로서, 비상대응(작전)(emergency operation)을 관리하는 데 사용되는 역할, 책임 및 표준작전(운영)절차(standard operating procedure)를 정의한다. 이러한 체계는 사고지휘체계(Incident Command Systems; ICS)라고도 한다.

• 모듈형 조직(modular organization)

• 관리 가능한 범위(manageable span of control)

• 지휘소(command post) 및 집결지(staging area)와 같은 조직 시설

• 표준화된 직위명(standardized position title)

• 통합된 통신(integrated communication)

• 자원에 대한 책임(accountability of resource)

위험물질 사고의 특성으로 인해, 모든 사고에서 국가사고관리체계-사고지휘체계NIMS-ICS의 조직 기능이 필요하지는 않을 수 있다. 화재 사고와 마찬가지로, 위험물질 사고의 지휘 구조command structure는 비상 상황의 규모와 복잡성에 따라 결정된다. NFPA 1026과 NFPA 1561은 모두 사고지휘체계ICS 구조structure와 적용application에 관한 더 많은 정보를 포함하고 있다.

국가사고관리체계-사고지휘체계NIMS-ICS는 5가지의 주요 조직 기능major organizational function과 연관되어 있다.

• 지휘(Command)

• 대응(운영)(Operation)

• 계획(Planning)

• 지원(Logistic)

• 예산(Finance)/행정(Administration)

지휘 부서(Command Section)

지휘(권)commad는(은) 자원을 지휘, 지시 및 통제하는 위임된 권한을 가지고 있다(그림 7.1). 지휘계 라인lines of authority은 모든 관련자에게 분명해야 하며, 합법적인 명령(지휘)은 의문의 여지없이 즉시 따라야 한다. 대응요원은 명령 계통chain of command에 따라야 하며, 올바른 통신 규약(프로토콜)을 사용해야 한다. 신속하게 변화하는 상황에서 혼란을 피하기 위하여, 대응요원들은 누구에 대해서도 이름, 계급, 또는 직책으로 불러서는(다뤄서는) 안 된다. 그러므로 누가 무선 메시지에 응답하는지는 중요하지 않다. 기본적인 지휘 조직 구성에는 다음 세 가지 수준이 포함된다.

- **전략 수준(strategic level)** 전반적인 지휘 및 사고의 목표를 수반한다.
- **전술 수준(tactical level)** 전략적 목표를 달성하기 위해 전술적 관리자/간부가 달성해야 하는 목표를 식별한다.
- **과업 수준(task level)** 전술적 수준의 요구사항을 충족하는 데 필요한 특정 과업(specific task)을 설명하고, 이러한 과업을 운영(대응) 단위(operational unit), 단체(company), 또는 개인(individual)에 할당한다.

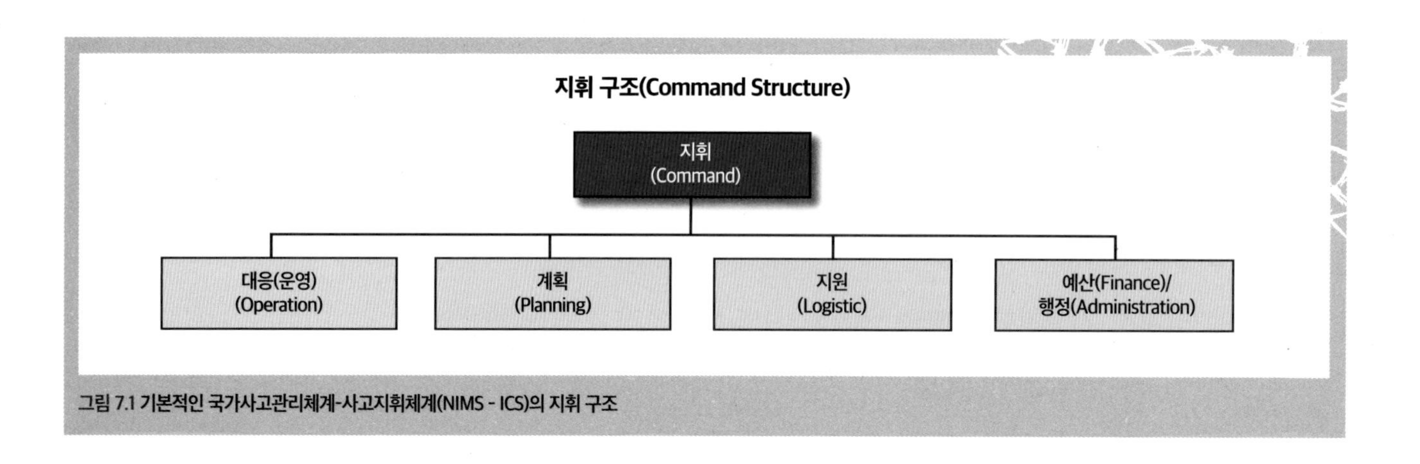

그림 7.1 기본적인 국가사고관리체계-사고지휘체계(NIMS - ICS)의 지휘 구조

사고현장 지휘관(Incident Commander)

사고현장 지휘관Incident Commander; IC은 지휘계통chain of command의 상단에 있으며 사고를 전반적으로 책임진다. 사고 지휘관IC의 책임은 다음을 포함한다.

- 비상 사고현장(emergency scene)에 대한 최신 보고서(up-to-date report) 유지
- 지휘소(command post; CP) 설치 및 사고대응계획(incident action plan) 수립
- 계획(plan)을 실행하고 목표(goal)와 목적(objective)을 달성하기 위해 모든 사고에 동원된 자원을 조정하고 지시한다.
- 명령이 상정되거나 전달될 때, 원거리 통신송신장치를 통해 알리거나 기타 대응요원에게 알린다.

위험물질 사고에 대한 사고현장 지휘관IC은 표준 사고현장 지휘관 기능 외에도 특정한 책임이 있다. 사고현장 지휘관IC은 실제로 각 기능을 수행하거나 감독할 필요는 없지만, 이러한 것들을 다른 사람에게 위임할 수 있다. 사고현장 지휘관IC은 위험물질 사고에서 다음의 기능을 수행해야 한다.

> **참고**
> 부록 D에서 'NFPA 1561'에서 권장하는 사고지휘체계(ICS) 색상 코드를 제공한다.

- 현장 안전(site safety, scene safety) 계획 수립
- 통제 구역(control zone)에서 대응하는(작전을 수행하는) 대원의 수를 제한하는 현장 보안 및 통제 계획(site security and control plan) 실행
- 안전 담당관(safety officer) 지정
- 사고와 관련된 물질(material) 또는 상황(condition) 확인
- 적절한 비상사태 대응활동(작전)(emergency operation) 실행
- 모든 비상대응대원(요원)(emergency responder)(자체 조직의 대원만이 아닌)의 제한 구역 내에서의 적절한 개인보호장비(PPE) 착용 확인
- 제독 계획(decontamination plan) 및 제독 작전(decontamination operation) 실행
- 사후 비상대응 절차(post-incident emergency response procedure)[사고 종결(incident termination)] 실행

논리적 결정을 내리기에 충분한 정보가 없고 작전(대응)의 안전한 조정이 이루어지지 않을 경우, 공격적인 계획을 세워서는 안 된다. 사고의 규모가 크거나 복잡한 경우, 사고현장 지휘관IC은 다음과 같은 지휘부 직위들에게 권한을 위임할 수 있다.

- 안전 담당관(safety officer)[미 직업안전보건청(OSHA)은 위험물질 사고에서 **안전 담당관**[2]을 임명할 것을 요구한다.]
- 연락 담당관(liaison officer)
- 공보 담당관(public information officer)

안전 담당관(Safety Officer)

안전 담당관safety officer의 책임은 다음을 포함한다.

- 위험하고 안전하지 않은 상황 식별 및 모니터링
- 대응(작전) 및 대원 안전 확보

---

2 **안전 담당관(Safety Officer)** : 사고현장 지휘관(Incident Commander; IC)이 위험하고 안전하지 않은 상황(hazardous and unsafe condition)을 모니터링 및 평가하는 것과 사고에서의 인적 안전(personnel safety)을 평가하기 위한 조치를 취하는 것에 대해서 책임이 있는 사고관리체계(IMS)의 지휘부 참모(command staff). 사고 안전 담당관(incident safety officer)이라고도 한다.

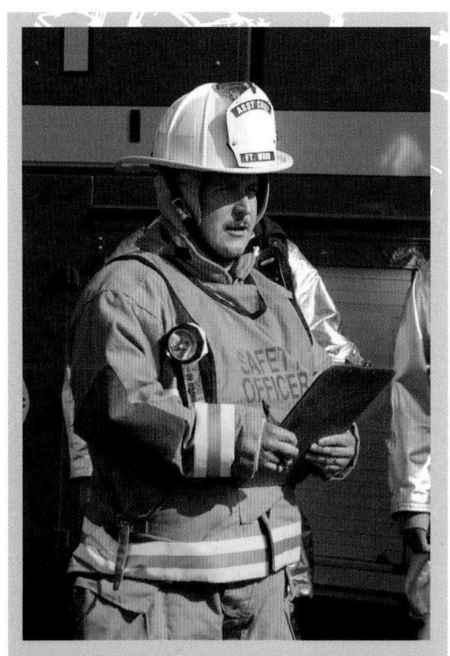

그림 7.2 안전 담당관(safety officer)은 사고현장의 안전하지 않은 상황을 지속 확인(monitoring)한다.

안전 담당관은 즉각적인 조치가 필요할 때 안전하지 않은 행동을 중단 또는 예방하기 위해 긴급 권한emergency authority을 행사할 수 있지만, 일반적으로는 정식 명령계통을 통해 정정하는 편을 선택한다. 안전 담당관은 전문대응 수준까지 훈련받아야 하며, 다음과 같은 임무를 수행하도록 요구받는다.

- 사고현장 지휘관(IC)으로부터 브리핑을 받음
- 안전 문제(safety issue)에 대한 사고대응계획(IAP) 검토
- 사고현장에서 위험 상황 확인
- 진입 전후로 진입팀 대원(요원)의 의료 모니터링을 포함하여 사고 안전 고려사항(incident safety consideration)의 준비 및 모니터링 참여(그림 7.2).
- 사고현장 지휘관(IC)과 통신을 유지하고, 사고 안전 고려사항으로부터의 이탈 및 모든 위험한 상황에 대한 조언
- 안전하지 않다고 판단되는 활동을 변경, 중지, 또는 종료
- 안전 브리핑(safety briefing) 주도

안전 담당관은 진입 전에 진입팀 대원(요원)을 대상으로 안전 브리핑을 실시해야 한다(그림 7.3). 안전 브리핑에는 사고에 대한 다음의 정보들이 포함된다.

- 위험 요소 식별
- 사고현장 설명
- 수행할 과업
- 예상 과업 수행 기간
- 개인보호장비(PPE) 요구사항
- 지속 확인(모니터링) 요구사항
- 확인된 위험 전파
- 추가적인 적절한 정보

잠재적 범죄나 테러 활동과 관련된 사고의 안전 브리핑에서는 다음 지침이 포함되어야 한다.

- 2차 폭발물 장치(secondary device) 주의
- 의심스러운 물건(예를 들면, 가방, 상자, 서류가방, 음료캔)을 만지거나 옮기지 말 것
- 모든 축축하거나, 젖었거나, 기름칠 된 구역을 만지거나 진입하는 것 금지

그림 7.3 안전 담당관은 진입팀 대원(요원)이 위험 구역에 진입하기 전에 안전 브리핑을 실시한다.

- 자급식 공기 호흡기(SCBA)를 포함한 완전한 보호복 착용
- 범죄 현장에 진입하는 대원(요원)의 수 제한
- 모든 대응 문서화
- 사고현장의 모든 물품을 집거나 취하지 말 것
- 수상한 모든 것을 사진 찍거나 녹화할 것
- 증거가 될 수 있는 어떠한 것도 파괴하지 말 것
- 범죄 현장 지원의 전문가 요청

지휘소(Command Post: CP)

지휘소command post; CP는 안전한 장소에 설치되어야 한다(가능한 경우 사고현장에서 오르막uphill, 풍상upwind 및 상류upstream인 장소). 사고현장 지휘관IC은 (직접 또는 간접적으로) 연락 가능해야 하며, 지휘소CP는 이러한 접근성이 보장되어야 한다. 지휘소CP는 시설이나 편리한 위치에 있는 건물 또는 안전한 구역에 있는 무전radio 장착 차량을 미리 정한 곳에 위치시킨다(그림 7.4). 이상적인 지휘소의 위치는 현장 지휘관IC이 현장을 관측할 수 있는 곳이지만, 그러한 위치가 절대적으로 꼭 필요한 것은 아니다. 지휘소CP의 위치는 원거리통신장치 사용자/파견자 및 비상대응요원에게 전달된다. 지휘소CP는 다음과 같은 공통 식별요소common identifier를 통해 쉽게 식별할 수 있어야 한다.

- 맞춤형 지휘 차량(custom designed command vehicle) 또는 탈착식 차량의 표지
- 표시된 건물 또는 텐트
- 페넌트(pennant, 길고 좁은 삼각깃발), 깃발 또는 간판
- 차량 위험 표시등과 같은 표시등

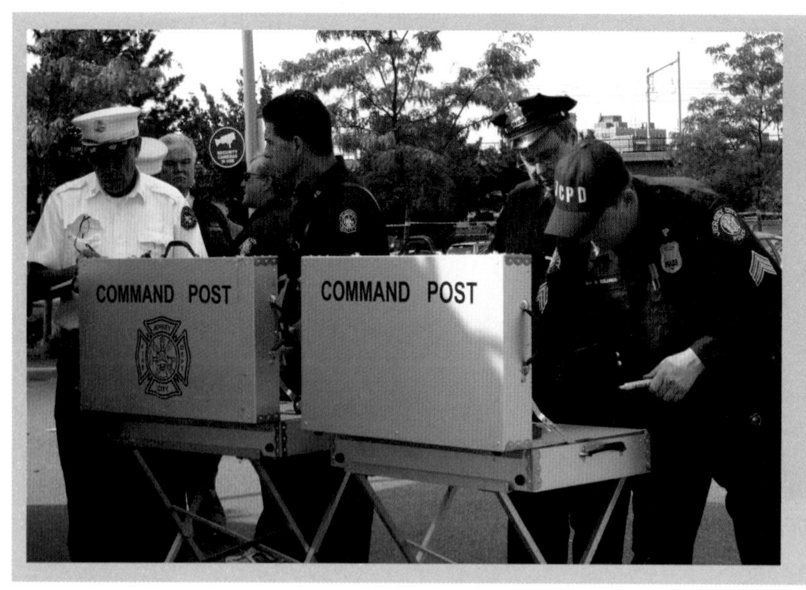

그림 7.4 많은 부서에는 이동 지휘소(mobile command post)가 있다. 그러나 지휘소는 시설이나 편리한 위치의 건물, 또는 안전한 지역에 위치한 무선 장착 차량이 미리 정해진 곳에 위치할 수 있다. Ron Jeffers 제공.

대응 부서(Operation Section)

대응 부서operation section에서는 모든 사고 전술 활동incident tactical activity, 전술적 우선 순위tactical priority 및 대응 부서에서 일하는 대원(요원)의 안전과 복지를 직접 관리한다(그림 7.5). 대응 담당 부서장operations section chief은 사고현장 지휘관IC에 직접 보고하고, 문제의 사고를 근본적으로 제거하는 주요 임무에 직접적으로 영향을 미치는 모든 대응(작전)을 관리할 책임이 있다. 대응 담당 부서장은 사고현장 지휘관IC의 전략적 목표들을 달성하기 위해 전술적 작전(대응)tactical operation을 지시한다.

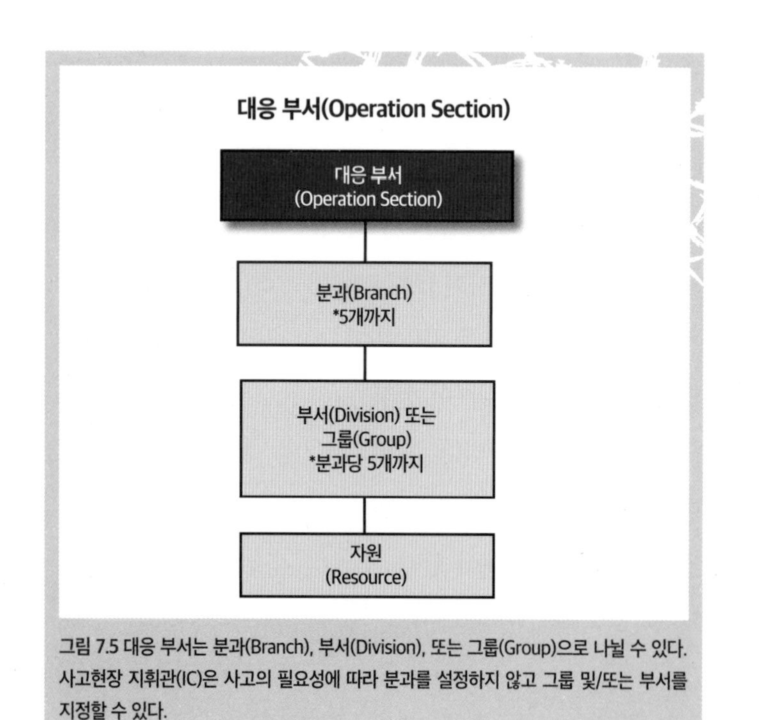

그림 7.5 대응 부서는 분과(Branch), 부서(Division), 또는 그룹(Group)으로 나뉠 수 있다. 사고현장 지휘관(IC)은 사고의 필요성에 따라 분과를 설정하지 않고 그룹 및/또는 부서를 지정할 수 있다.

운영 부서의 기능 중 하나는 집결지staging area의 설치 및 유지관리이다. 집결지는 과업을 기다리는 대원(요원)과 장비가 있는 곳이다. 이러한 실무권장지침에는 대응요원과 장비가 현장에서 필요할 때를 대비하여 사고현장에서 가까운 거리에 있도록 하며, 이는 현장에서의 혼란을 최소화한다.

계획 부서(Planning Section)

계획 부서planning section는 효과적인 의사 결정에 필요한 정보를 수집, 이해, 분석 및 처리한다(그림 7.6). 정보 관리information management는 대규모 사고 시 상근 과업이다. 계획 부서는 사고현장 지휘관IC의 직원이 수십 개의 정보 출처를 다루지 않고도 정보를 지휘관에게 제공할 수 있도록 사고현장 지휘관IC의 사고의 처리소 역할을 한다. 지휘부는 계획 부서에서 수집한 정보를 사용하여 전략적 목표strategic goal 및 비상 계획contingency plan을 수립한다. 계획 부서 예하의 세부적 구성 단위는 다음과 같다.

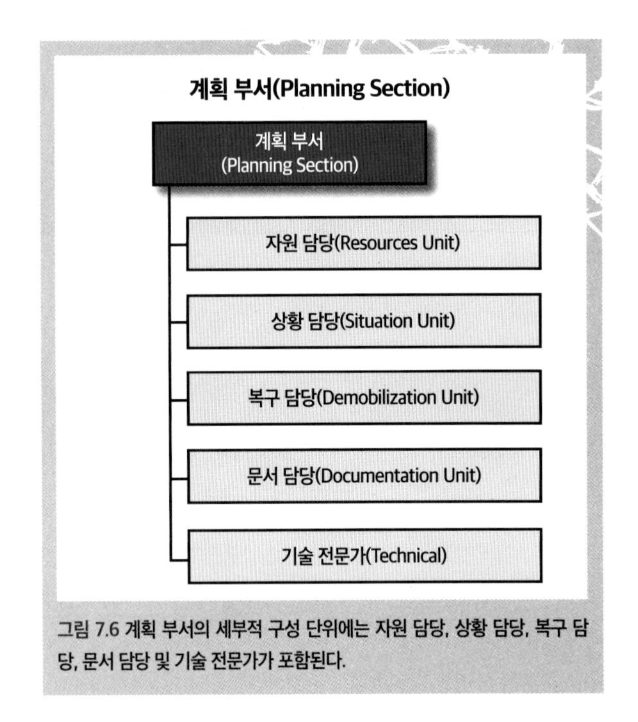

그림 7.6 계획 부서의 세부적 구성 단위에는 자원 담당, 상황 담당, 복구 담당, 문서 담당 및 기술 전문가가 포함된다.

- 자원 담당(resources unit)
- 상황 담당(situation unit)
- 문서 담당(documentation unit)
- 복구 담당(demobilization unit)
- 요구되는 기술 전문가(technical specialist)

지원 부서(Logistic Section)

지원 부서logistic section는 조직을 위한 지원 메커니즘이다. 다음과 같은 사고에 관련된 모든 조직 구성요소에 서비스 및 지원 체계support system를 제공한다.

- 시설(facility)
- 운송 수요(transportation need)
- 보급(supply)
- 장비(equipment)
- 유지관리(maintenance)
- 연료 보급(fueling supply)
- 식사(meal)
- 통신(communication)

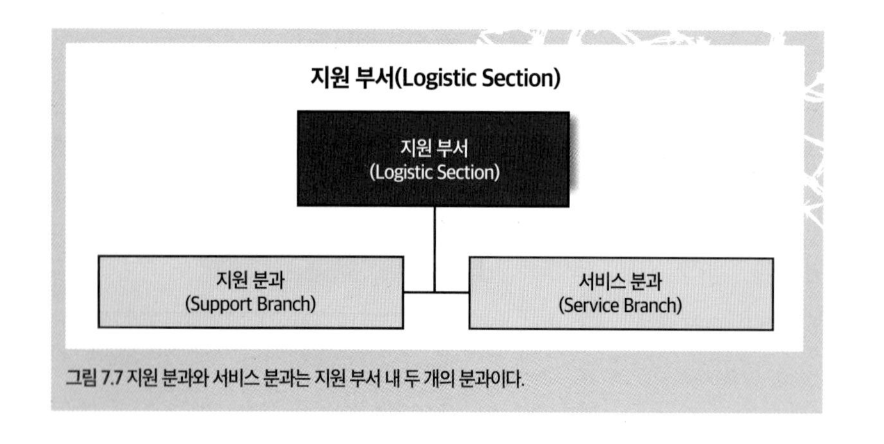

그림 7.7 지원 분과와 서비스 분과는 지원 부서 내 두 개의 분과이다.

- 대응요원 의료 서비스(responder medical service)

지원 부서에는 지원 분과와 서비스 분과 두 개의 분과가 있다(그림 7.7). 서비스 분과에는 의료, 통신 및 음식 서비스가 포함된다. 지원 분과에는 보급품, 시설 및 지상 지원(차량 서비스)이 포함된다.

예산/행정 부서(Finance/Administration Section)

예산/행정 부서finance/administration section는 사고에 대응하는 기관이 금융 서비스에 대한 특정 필요성을 가질 때 수립된다(그림 7.8). 모든 기관이 별도의 예산/행정 부서를 설립해야 하는 것은 아니다.

비용 분석과 같은 일부 경우에는, 해당 기능은 계획 부서의 기술 전문가로 설정될 수 있다. 예산/행정 부서의 세부적 구성 단위는 다음과 같다.

- 시간 담당(time unit)
- 조달 담당(procurement unit)
- 보상 청구 담당(compensation claims unit)
- 비용 담당(cost unit)

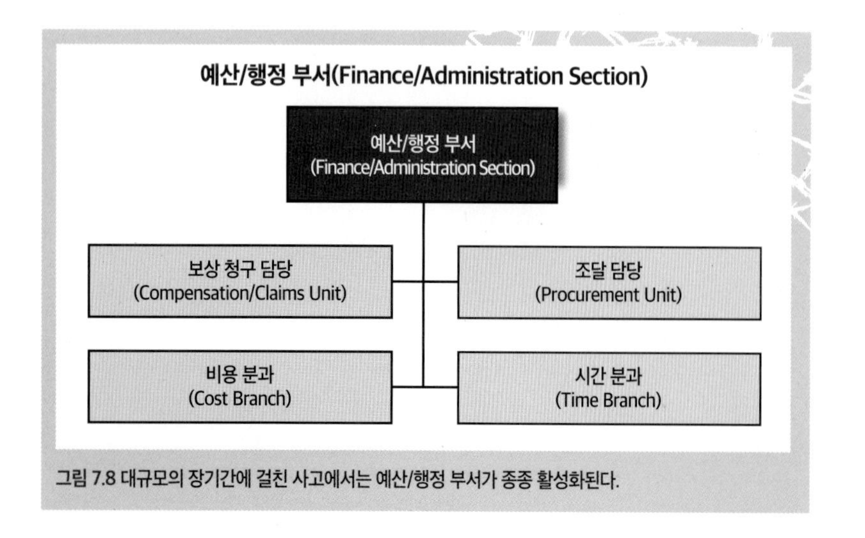

그림 7.8 대규모의 장기간에 걸친 사고에서는 예산/행정 부서가 종종 활성화된다.

위험물질팀hazmat team은 사고 발생 후 비용 회수를 처리할 수 있으며, 개인이 현장에 배치될 필요가 없을 수 있다. 관할당국AHJ은 관련 법령에 근거하여 사고 발생 시 또는 사고 이후에 이러한 부서를 어떻게 다룰지에 대해 참작할 것이다.

기타 국가사고관리체계-사고지휘체계 조직 기능

Other NIMS-ICS Organizational Function

앞에서 설명한 국가사고관리체계-사고지휘체계NIMS-ICS 조직 기능 외에도, 국가사고관리체계-사고지휘체계NMS-ICS의 다른 구성요소 및 기능은 다음을 포함한다.

- 첩보 및 정보 부서(intelligence and information section)
- 사고 지휘부 설치 및 이동(incident command establishment and transfer)
- 통합 지휘부(unified command)
- 위험물질 분과(hazmat branch)

첩보 및 정보 부서(Intelligence and Information Section)

첩보 및 정보 부서intelligence and information section는 대량살상무기WMDs 또는 범죄 활동criminal activity이 의심되는 사고에 설치된다. 이 부서는 여러 다른 조직 중 하나에 배치될 수 있는데, 사고현장 지휘관IC의 결정에 따라서 지휘 부서command, 대응 부서operation, 계획 부서planning 또는 다른 조직 구조에서 역할을 할 수 있다. 첩보 및 정보 부서는 모든 정보/조사 작전과 활동을 적절하게 관리, 조정 및 감독한다. 이러한 작전 및 활동은 당국에 도움이 된다.

- 잠재적 불법 활동, 사고 및/또는 공격을 예방/억지한다.
- 정보와 첩보를 수집, 처리, 분석, 보호 및 적절하게 전파한다.
- 입증 증거(probative evidence)를 확인, 문서화, 처리, 수집, 증거물 보존의 연속성(chain of custody)

생성, 보호, 조사, 분석 및 보관한다.

- 가해자의 신원 파악, 체포 및 기소로 이어지는 철저하고 포괄적인 조사를 실시한다.
- 사고과 관련된 상황 인식(지역 및 국가적)을 제공하는 역할을 한다.
- 모든 대응요원의 안전과 보안을 포함하여 일상 안전 작전에 정보를 제공하고 지원한다.

사고 지휘부 설치 및 이동 (Incident Command Establishment and Transfer)

사고관리체계IMS 하에서는 사고현장에 온 첫 번째 사람first person on the scene이나 회사의 상급자가 사고의 지휘를 맡는다. 이러한 사람은 더 높은 직위를 가진 사람이나 보다 광범위하게 훈련받은 대응요원이 현장에 도착하여 지휘를 맡을 때까지 지휘권을 유지한다. 사고현장 지휘관은 사고관리체계 훈련IMS training을 받아야 하며, 위험물질 전문대응 수준까지 훈련받아야 한다(그림 7.9). 지휘권이 이양되기 전에, 사고현장 지휘관은 새로운 현장 지휘관이 지휘권을 가질 능력(즉, 필요한 자격qualification)이 있고 지휘권을 기꺼이 수락하는지 확인해야 한다. 지휘권은 대면face-to-face 또는 무전을 통해 이양될 수 있지만, 사고현장에 있는 사람에게만 가능하다. 사고가 더욱 커진다면 상황 통제에 들어가기 전에 지휘권이 여러 번 이양될 수 있다. 지휘권을 원활하고 효율적으로 이양하면 사고를 시의적절하고 성공적인 결론으로 이끌 수 있다.

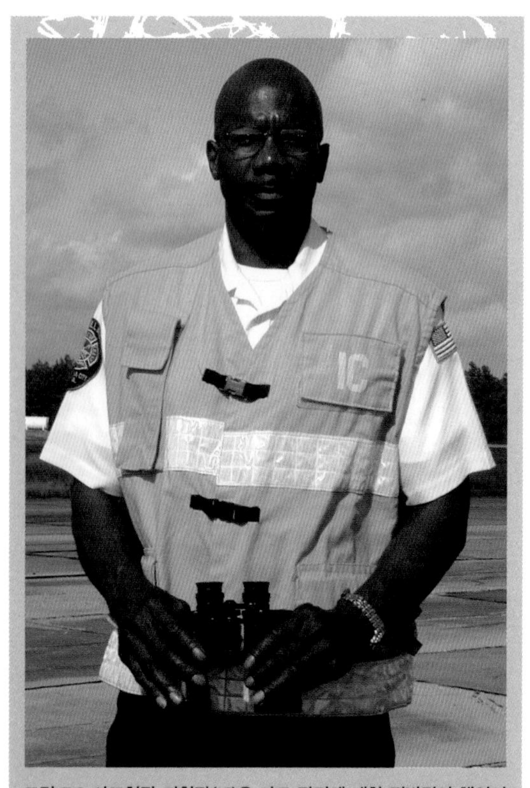

그림 7.9 사고현장 지휘관(IC)은 사고 관리에 대한 전반적인 책임이 있으며, 위험물질 전문대응 수준의 훈련을 받아야 한다.

지휘권을 양도하는 사람은 지휘권을 받는 사람에게 상황의 전반을 가능한 한 분명하게 제공해야 한다. 도착해서 수행한 사고 평가 중 최신버전의 사고상황 보고서situation status report를 브리핑하고 사고상황 상태를 보고한다. 지휘권을 이양받는 사람은 기존의 사고현장 지휘관에게 받은 정보를 다시 말해줌으로써 정보를 잘 전달받았음을 확인시킨다. 반복된 정보가 정확하다면, 새 현장 지휘관은 사고 관리에 대한 통제 및 책임을 수락할 준비가 된 것이다. 그런 다음 이전

사고현장 지휘관을 대응 담당operating unit으로 재배치하거나, 지휘소command post에 남게 하여 지휘부 보좌관이나 지휘부 일원으로 활동할 수 있도록 한다.

지휘권이 이양될 때, 기존의 사고현장 지휘관IC이 메시지를 전달하고 명령을 내렸던 목소리와 달라져서 사람들이 혼란을 겪지 않도록 지휘권이 이양되었음을 공표해야 한다. 지휘권의 이양을 공표하면, 급속하게 변화하는 상황 내에서도 모든 대응요원이 필수 정보를 알 수 있다.

정보(Information)

국가사고관리체계(NIMS) 사고 지휘권 이양 단계(Command Transfer Step)

국가사고관리체계(NIMS)에 따라서 지휘권(command)의 이양(transfer) 시 다음의 단계를 반드시 수행해야 한다.

1단계: 지휘권을 받는 사고현장 지휘관은 가능하다면 기존 사고현장 지휘관(IC)과 함께 개인적으로 사고 상황에 대한 평가를 수행해야 한다.

2단계: 지휘권을 받는 사고현장 지휘관(IC)은 적절한 브리핑을 받아야 한다. 이 브리핑은 기존 사고현장 지휘관(IC)에 의한 것이어야 하며, 가능하다면 대면(face-to-face)을 통해 이뤄져야 한다. 브리핑에는 반드시 다음의 내용이 포함되어야 한다.

- ▶ 사고 경과(incident history) - 무엇이 일어났는가
- ▶ 우선순위(priority) 및 목표(objective)
- ▶ 현재 계획(current plan)
- ▶ 자원 할당(resource assignment)
- ▶ 사고 조직(incident organization)
- ▶ 주문/필요한 자원(resources ordered/needed)
- ▶ 설치된 시설
- ▶ 통신망 상태
- ▶ 모든 제약 또는 제한사항
- ▶ 사고 가능성
- ▶ 권한 위임

3단계 : 사고 브리핑이 끝나면, 지휘권을 받는 사고현장 지휘관(IC)은 지휘권을 이양받을 적절한 시간을 결정해야 한다.

4단계: 적절한 시기에 사고 지휘권 이양을 공지해야 한다.

▶ 각 기관 본부(파견자를 통해서)

▶ 참모 부서 대원(지시되었을 경우)

▶ 지휘부 대원(지시되었을 경우)

▶ 모든 사고대응대원

5단계: 지휘권을 받는 사고현장 지휘관(IC)은 기존 사고현장 지휘관(IC)에게 사고에 관한 또 다른 지시(과제)를 줄 수 있다. 이러한 행동의 몇 가지 장점은 다음과 같다.

▶ 초기 사고현장 지휘관은 사고현장에 관한 직접적인 지식을 보유하고 있다.

▶ 이러한 전략은 초기 사고현장 지휘관(IC)이 관찰한 사고의 경과 및 경험을 얻을 수 있게 해준다.

사고지휘체계 양식 201(ICS Form 201)은 사고 브리핑(2단계)을 돕기 위해 특별히 만들어졌다. 준비된 시간에 사고의 문서상 기록(written record)을 제공하기 때문에 가능할 때마다 사용해야 한다. 사고지휘체계 양식 201은 다음을 포함한다.

- 사고 목표
- 약도를 만들기 위한 장소
- 현재 대응의 요약
- 조직 체계
- 자원 요약

출처: 국가사고관리체계(NIMS)

통합지휘(Unified Command)

다중 관할 사고multi-jurisdictional incident(한 사고에서 관할 기관이 하나가 아닌 여러 기관이 중복되는 경우)는 한 조직 기관의 관할권을 넘어서는 공공서비스(예를 들면, 화재진압, 법집행 및 응급의료서비스)와 연관된다. 이러한 상황 속에서 지휘체계는 명확하게 정의되어야 한다. 권한과 책임이 중복되는 여러 기관이 관련된 사고에 대한 통제는 통합지휘unified command를 사용하여 수행된다. 통합지휘 구조unified command structure 하에서는 몇 명의 지휘관이 있을지 모르지만, 궁극적으로는 단 한 명만이 작전(대응)에 지휘를 맡을 것이다. 통합지휘의 개념은 단순히 다중 관할 사고에서 관할 책임이 있는 모든 기관이 다음과 같은 조치를 취함으로써 과정에 기여한다는 것을 의미한다.

- 전반적인 사고 목표를 결정한다.
- 전략을 선택한다.
- 전술적 활동을 위한 공동 계획(joint planning)을 수립한다.
- 통합 전술 대응(integrated tactical operation)을 보장한다.
- 할당된 모든 자원을 효과적으로 사용한다.

상황을 앞서서 주도하는 조직proactive organization은 해당 관할 영역에서 대상(목표) 위험target hazard을 식별하며, 해당 대상 위험에 대한 권한과 책임이 있는 다른 모든 기관을 식별한다. 이상적으로, 관련된 이러한 기관들은 각 기관의 사고관리체계 실무 권장지침IMS practice의 차이점을 파악하고, 통합 명령에 대한 **양해각서**[3](통합지휘 구조 내에서 역할과 책임을 정의하는 서면 합의)를 체결한다. 해당 기관의 최상위(간부)는 양해각서에 서명하고, 이를 통해 각 해당 기관의 대원(요원)을 관할하는 정책을 하게 된다.

위험물질 사고를 통제하려면, 다음과 같은 여러 기관/조직의 통합된 노력이 필요하다.

- 소방
- 법집행기관
- 구급(응급의료서비스)(EMS)
- 관련된 민간기업
  - 물질의 제조사(manufacturer)
  - 물질의 운송업체(shipper)
  - 시설관리자(facility manager)
- 보건 및 환경 문제에 대한 의무가 있는 정부기관(지방, 주/도, 연방)
- 민간 계약된 정화 및 인양 회사(cleanup and salvage company)
- 특수한 비상대응 집단(emergency response group and organization), 조직 및 기술적(전문적) 지원 집단(technical support group)
- 공익 시설 및 공공 토목 공사 기관

3 **양해각서(Memorandum of Understanding; MOU)** : 각 조직의 대원들이 참여와 협력의 중요성을 인식하도록 하기 위해 제휴(연합)를 통해 만들어진 서면 합의 양식

사고가 발생하기 전에, 기관들은 관할 및 지휘(권) 분쟁jurisdictional and command dispute을 피하기 위해 다음을 수행해야 한다.

- 대응 활동을 처리하고 조정하는 책임이 있는 특정 기관/조직을 식별한다.
- 상호지원계약(mutual-aid contract)이 적용되는 내용을 안다.
- 지역 수준에서 사고 사전 조정을 계획한다. 주변 지원 가능 기관의 정체성과 기능을 문서화한다.

적절한 계획 및 대비가 위험물질 사고에 대한 안전하고 성공적인 대응으로 이끈다. 심각한 위험물질 사고 발생 당시는 필사적으로 필요한 장비, 인력 또는 기술 전문지식을 제공할 수 있는 인접 소방서나 산업체를 찾을 시기가 아니다. 비상대응 공공기관은 위험물질 사고 사전 조사를 위해 협력함으로써 다음과 같은 목표를 달성할 수 있다.

- 필수적인 자원 정보 공유
- 사고 대응에 참여하는 비상대응 공공기관 간의 관계(조화) 발전
- 필요한 자원을 확인하고 모은다.

정보(Information)

지휘 구조의 형태

당신의 조직은 국가사고관리체계-사고지휘체계(NIMS-ICS) 또는 몇몇의 기타 사고관리체계를 사용할 수 있다. 초동대응자(first responder)는 체계가 무엇이든 지휘 구조(command structure)에서 역할과 책임을 이해해야 한다. 사고현장 지휘관(IC)의 동의나 알림 없이 자유롭게 행동하거나 자신만의 행동을 취하는 것은 용납될 수 없으며, 이는 잠재적으로 위험할 수 있다.

대규모의 복잡한 위험물질(hazmat)/대량살상무기(WMD), 사고현장에 온 익숙하지 않은 팀이나 대원(요원)은 지원을 받을 수 있다. 사고의 여러 측면을 관리하기 위해 국가적 대응 및/또는 사고관리팀이 올 수 있다. 이러한 개인들과 함께 일을 해야 할 수도 있으므로, 큰 그림에서 자신의 역할을 이해해야 한다. 비록 당신이 소속된 기관이 사고현장에 처음 도착했을지라도, 결국에는 다양한 조직의 다방면의 전문 지식을 가진 사람들과 함께 일하게 될 수도 있다.

위험물질 분과(Hazmat Branch)

위험물질 기능hazmat function은 관할당국AHJ과 실제 현장에서의 사고현장 지휘관IC의 요구에 기반을 두고 있다(그림 7.10). 'OSHA(미 직업안전보건청) 1910.120(법령)'을 시행하는 주에서는 (해당 법령에) 위험물질 직책에 대한 책임이 정의되어 있다.

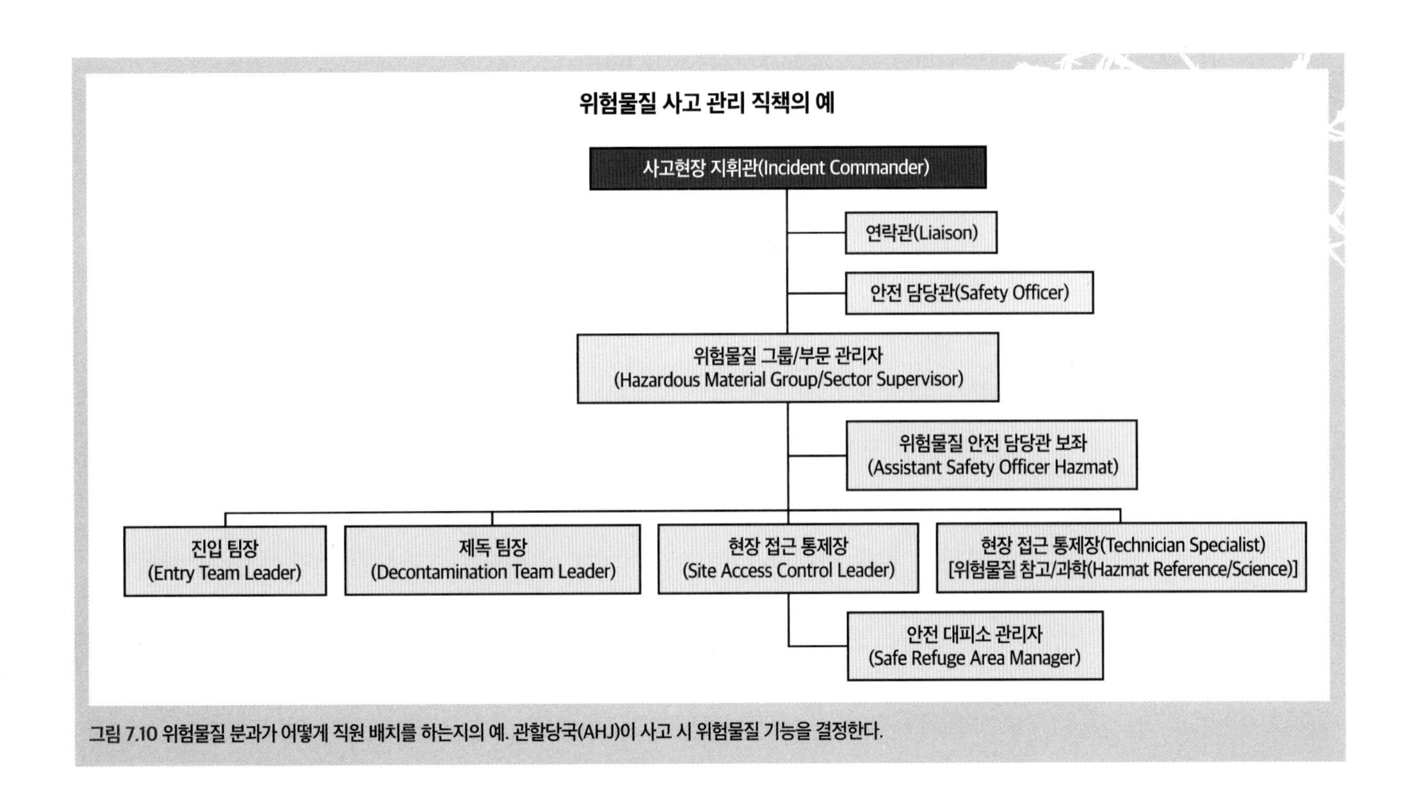

그림 7.10 위험물질 분과가 어떻게 직원 배치를 하는지의 예. 관할당국(AHJ)이 사고 시 위험물질 기능을 결정한다.

대응목표 및 대응방법 실행

Implementing Response Objective and Action Option

사고대응계획IAP의 목적은 긍정적이고 안전한 결과에 영향을 미치기 위해 필요한 전략과 전술을 발전시키는 것이다. 일단 전략이 마련되면 전술이 세워진다. 전술은 전략을 수행하는 데 사용되는 대응(작전) 과업operational task이다. 전술은 시간time과 성과performance 모두에서 측정 가능해야 한다. 전술은 그것이 수행되었을 때 전략적 목표를 달성할 수 있는지를 중심으로 평가되어야 한다.

실행을 위해 선택할 수 있는 몇 가지 일반적인 위험물질 전략 및 전술typical hazmat strategy and tactic은 다음을 포함하여 이번 절에 나와 있다.

- 신고(notification)
- 격리(isolation) 및 사고현장 통제(scene control)
- 위험 통제 구역(Hazard-control zone)
- 대응요원 보호(protection of responder)
- 대중 보호(protection of the public)
- 환경 및 재산 보호(protection of the environment and property)
- 위험물질 제어(product control)
- 화재 진압(fire control)
- 긴급 제독(emergency decontamination)
- 증거 보존(evidence preservation)

지원 요청 및 신고(Notification and Request for Assistance)

비상대응계획을 위해 대응요원은 신고 절차 및 표준작전절차SOPs와 같은 사전 결정된 절차에서 자신의 역할을 반드시 이해해야 한다. 신고에는 사고 수준 식별incident-level identification 및 대응비상 상용 관련 정보/전파public emergency information/notification와 같은 조치가 포함될 수 있다. 사고 상황에 대항하는 공격의 적절한 가중치를 보장하기 위해 초기 대응에 필요한 것보다 더 많은 자원resource을 파견하는 것이 좋다. 대응요원은 자신의 관할 지역에서 사용할 수 있는 자산asset에 대해 잘 알고 있어야 한다.

위험물질 사고가 현지 자원을 압도할 가능성이 있기 때문에, 대응요원은 추가 자산을 요청하는 절차를 알아야 한다. 이 절차는 지역, 지방, 주, 국가 비상대응계획 및 상호/자동 지원 협약mutual/automatic aid agreement에 서술되어 있어야 한다.

신고는 테러 또는 범죄에 의한 사고가 의심될 때마다 법집행기관은 물론 공공 기관 및 지역 비상대응(운영)센터local emergency operations center와 같은 기타 기관에 사고(사건)가 발생했음을 알리는 것이다. 신고 절차는 관할당국AHJ에 따라 다르다. 표준작전절차SOP와 신고 절차에 대한 비상계획emergency plan은 항상 준수해야 한다.

미국에서는 신고 절차가 '미 국가대응체계National Response Framework; NRF(미 연방비상관리국FEMA에서 제공)'에 자세히 설명되어 있으며, 모든 지역, 주 및 연방의 비상대응계획은 반드시 이러한 조항을 준수해야 한다. 사고가 가장 낮은 수준에서 처리되는 동안 지역 기관인 경우 지리적, 조직적 및 관할구역 수준을 초과하는 추가 지원이 필요한 경우에 위험물질 사고현장 지휘관이나 관할당국AHJ은 도움을 요청할 수 있다.

미국의 초동대응자가 사고에 대한 외부 지원을 요청해야 하는 경우, 지역 비상대응계획LERP으로 전환해야 한다(그림 7.11). '미 국가대응체계NRF'에 따르면, 지역 대응기관은 지역 사회의 비상대응(운영)센터Emergency Operations Center; EOC와 긴밀히 연결되어야 한다. 지역 자산으로 비상사태를 관리하기에 부족한 경우, 주 방위군 병력National Guard units의 활성화와 같은 추가 지원 요청을 주 비상대응(운영)센터EOC에 제출한다. 주에서는 '미 국토안보부Department of Homeland Security'를 통해 연방정부에 지원요청을 할 수 있다. 사고에 대한 추가 지원이 필요하지 않더라도, 적절한 당국(지방, 주 및 연방)에 사고가 발생했음을 반드시 알려야 한다.

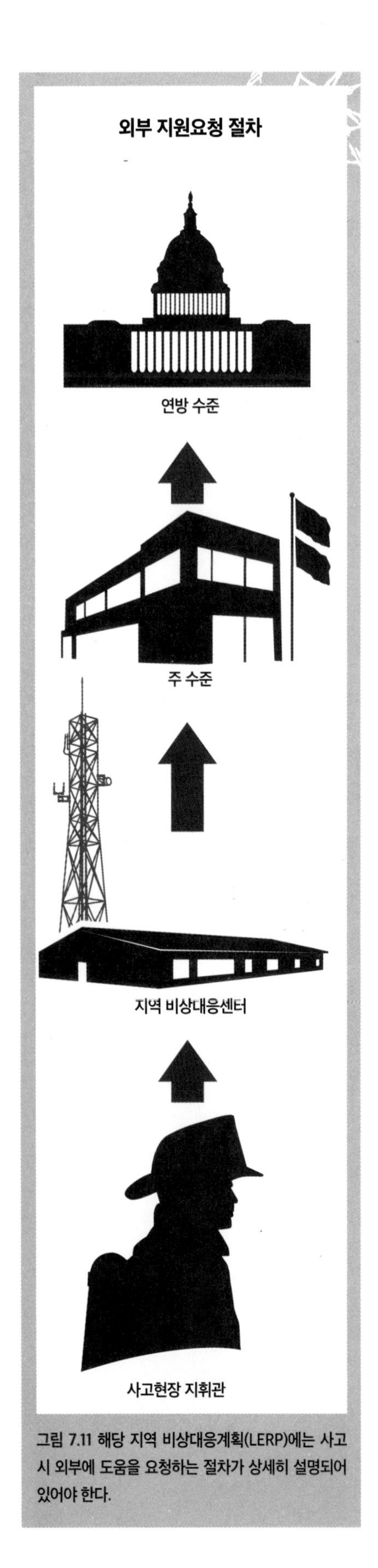

그림 7.11 해당 지역 비상대응계획(LERP)에는 사고 시 외부에 도움을 요청하는 절차가 상세히 설명되어 있어야 한다.

다음은 미국의 위험물질/대량살상무기[WMD] 사고에 도움이 될 수 있는 자원이다.

- **대량살상무기-민간지원팀(Weapon of Mass Destruction-Civil Support Team; WMD-CST)** 이 팀은 CBRNE 작용제/물질을 확인함으로써 국내에서의 화학(chemical), 생물학(biological), 방사능(방사선학)(radiological), 핵(nuclear), 또는 고성능 폭발물(high-yield explosive) 사고현장에서 민간당국을 지원한다. 주 방위군국(The National Guard Bureau)은 대량살상무기-민간지원팀(WMD-CST)의 발전을 촉진한다. 각 주마다 적어도 하나의 민간지원팀(CST)이 있다. 그들의 임무는 다음과 같다.
  - 현재 및 예상 결과 평가
  - 대응조치에 대한 조언
  - 주의 지원 요청에 대한 적절한 지원
  - 광범위한 통신 역량 제공
- **재난의료지원팀(Disaster Medical Assistance Team; DMAT)** 이들은 재난이나 기타 사고 중에 응급 의료를 제공하는 전문가 및 준전문가의 의료인력집단(물류 및 행정 부서 간부에 의해 지원 받음)이다(그림 7.12). 미국 공중보건서비스(PHS)를 통한 국가재난의료체계(NDMS)는 재난의료지원팀(DMAT)의 발전을 장려하고 육성한다.
- **재난임시시체안치소 작전대응팀(Disaster Mortuary Operational Response Team; DMORT)** 이러한 팀들은 지방당국의 지도 하에 일하며, 사망한 희생자를 복구, 식별 및 처리하기 위한 기술적(전문적) 지원 및 인력을 제공한다. 팀들은 재난발생 시 활성화되는 특정 전문 분야의 민간 시민으로 구성된다. 국가재난의료체계(NDMS)는 미 공중보건서비스(PHS)와 국가 탐색 및 구조 협회(National Association for Search and Rescue; NASAR)를 통해 재난임시시체안치소 작전대응팀(DMORT)의 발전을 장려하고 육성한다.
- **대량살상무기(에 대한) 국가의료대응팀(National Medical Response Team-Weapon of Mass Destruction; NMRT-WMD)** 이들은 핵(nulear), 생물(biological) 및/또는 화학(chemical) 사고에 대해 의료 서비스를 제공하는 전문대응기관이다. 네 개의 대량살상무기 국가의료대응팀(NMRT-WMD)이 미국 전역에 지리적으로 분산되어 있다. 미 공중보건서비스(PHS)를 통해 국가재난의료체계(NDMS)는 대량살상무기 국가의료대응팀(NMRT-WMD) 발전을 촉진한다. 이러한 단체는 다음 서비스를 제공할 수 있다.

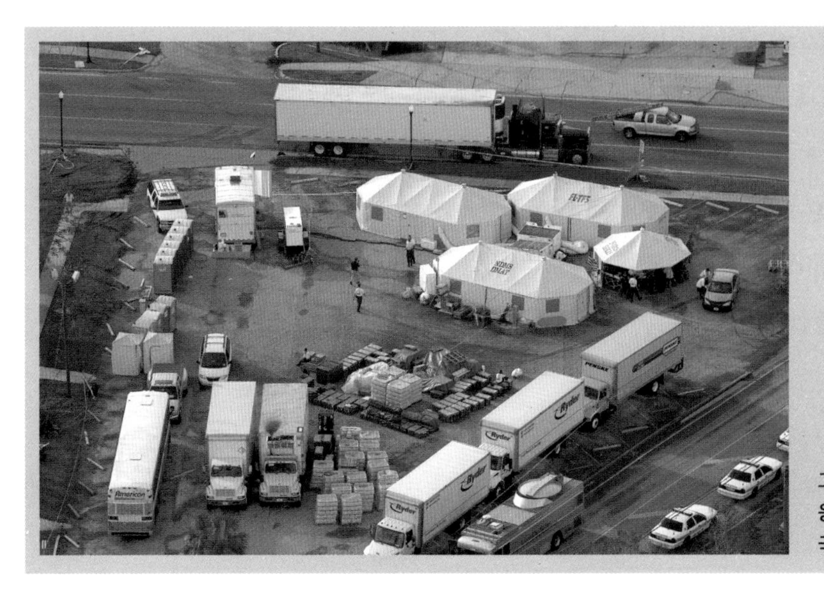

그림 7.12 재난의료지원팀(DMAT)은 재해 또는 기타 사고 발생 시 응급의료(emergency medical care)를 제공한다. 미 연방비상관리국 뉴스 사진(FEMA news photo)(Andrea Booher 촬영) 제공.

- 대량 사상자 제독(mass-casualty decontamination)
- 의료 중증도 분류(medical triage)
- 위험물질 환경의 3차 의료 시설로의 수송을 위해 피해자(요구조자)를 안정화시키기 위한 1차 및 2차 의료

• **주 방위군 CBRNE(화학, 생물학, 방사능, 핵 및 고성능 폭발물) 강화대응단(Enhanced Response Force Package; CERFP)** (미 주방위군) CBRNE 강화대응단(CERFP) 및 민간지원팀(CST)은 단계별 역량을 제공한다. 민간지원팀(CST)은 CBRNE 작용제/물질을 탐지 및 식별하고, 그것들의 영향(효과)을 평가하고, 공격에 대한 대응을 관리하는 지방당국에 조언하고, 다른 부대에 대한 지원을 요청한다. (미 주방위군) CBRNE 강화대응단(CERFP)은 오염된 환경에서 피해자(요구조자)의 위치를 찾아내고, 대량 환자/사상자에 대한 제독을 수행하며, 대피를 위해 환자를 안정화시키는 데 필요한 치료를 제공한다.

• **도시탐색 및 구조(US&R) TF(Task Force)** 이러한 고도로 숙련된 팀은 손상되거나 붕괴된 구조물(damaged or collapsed structure)에서 구조물의 탐색 및 구조 작전(search-and-rescue operation)을 제공하며 손상된 구조물을 안정화시킨다. 그들은 또한 부상자에게 응급의료를 제공할 수 있다. 현재 훈련, 장비 및 인력에 관한 미 국토안보부-연방비상관리국(DHS-FEMA) 도시 탐색 및 구조(US&R) 모델을 따르는 28개의 연방(federal) US&R 팀과 수많은 주에 팀이 있다. TF는 다음의 독립 기관들 간의 파트너 관계이다.
- 지역 소방서
- 법집행기관
- 연방 및 지방정부 기관
- 민간기업

- **사고관리팀(Incident Management Teams; IMT)** 고도로 숙련되고, 경험이 풍부한 이 팀은 대규모 및/또는 복합 사고(complex incident)를 관리하기 위해 구성된다. 이들은 수령 및 유통센터에 대한 완벽한 물류 지원을 제공한다. 지리적 구역조정센터(Geographic Area Coordination Centre)가 국가 사고관리팀(IMT)을 주관하고 관리한다. 황무지 산불 시에는 미국 산림청(USFS)이 팀을 주관한다. 주와 지역 모두에 사고관리팀(IMT)이 있을 수 있다. 다음의 특징들이 사고관리팀을 구분한다.
  - 많은 소방 및 비상 공공서비스에서 미 산림청 모델을 기반으로 하는 '지역/대도시 사고관리팀'를 개발하려 한다.
  - 사고관리팀(IMT)은 사고지휘체계(ICS)의 지휘 및 참모 기능을 지원하기 위해 훈련한다.
  - 많은 주 및 지방 수준에서 사고관리팀(IMT)을 조직했다. 예를 들어, 오레곤주의 튜알라틴 협곡 소방서는 주간 단위로 통화 대기상태로 교대하는 5개의 사고관리팀(IMT)을 유지한다. 이러한 팀들은 대규모 영역, 긴 기간, 전문적 또는 정치적 복잡성 또는 일상적인 대응 능력을 넘어서는 기타 측면과 관련된 사고에 대한 전략적 사고 관리 및 지원을 제공한다. 사고관리팀(IMT) 파견과 관련된 사고는 드문 경우이기 때문에 거의 발생하지 않는다. 예외를 증명하는 사례는 텍사스주 서부 비료 공장 폭발 사고가 있다. 사고의 범위를 복잡하게 만드는 요인이 많아서, 사고 대응에 사고관리팀(IMT)이 포함되었다.

격리 및 사고현장 통제(Isolation and Scene Control)

> **참고**
> 위험 관리 관점에서 2차 폭발물 장치, 미확인 위험물질 및 대기 탐지와 같은 위험에 대해 일단 사고현장 조건을 평가한 후에는 격리 구역의 크기를 줄일 수 있도록 최초에 보다 넓은 구역을 포괄하는 것이 좋다.

격리 구역isolation perimeter은 내부 및 외부 경계inner and outer perimeter로 구성될 수 있으며, 필요에 따라 크기가 확장되거나 축소될 수 있다. 대부분의 경우 현장 위험도 평가on-site risk assessment의 결과에 따라 초기 격리 경계선initial isolation perimeter이 결정된다.

일단 자원resource이 사고에 투입되면, 자원의 규모를 확장하는 것보다 격리 구역을 줄이는 것이 더 쉽다. 자원이 도착하여 사고에 대한 임무를 부여받은 경우, 초기 구역 경계가 부적합하더라도 자원을 분리시키고 재배치하는 것이 어려울 수 있다.

사고현장 지휘관IC은 격리 구역의 알맞은 크기를 결정하기 위해서 사고의 위험 평가 또는 판단size-up을 수행해야 한다. 구역 크기를 결정하기 위해 사고현장 지휘관IC은 기타 현장의 기관 지휘관들과 협의하여 공간적 요구사항 및 전술적 목표를 충족시킬 수 있도록 해야 한다.

격리 구역은 사고현장의 출입구를 통제하는 데 있어서도 사용된다. 허가받지 않은 대원(요원)은 퇴거될 수 있을 것이며, 목격자와 사고에 대한 정보가 있는 사람들은 면담 및 해방될 때까지 안전한 장소로 이동될 수 있다. 위험물질/대량살상무기WMD 사고에서의 사고현장 통제의 또 다른 중요한 측면은 다음에서 설명되는 위험 통제 구역과 집결지 설정이다. '기술자료 7-1'에서는 위험물질 사고에서 사고현장 통제에 관한 내용을 제공하며, 다양하게 부여되는 과업을 수행하기 위한 기본 단계들을 제공한다.

위험 통제 구역(Hazard-Control Zone)

위험 통제 구역[4]은 다음과 같은 것들을 위해서 위험물질 및 테러 사고에서 요구되는 사고현장 통제를 제공한다.

- 권한이 없는 사람(unauthorized person)에 의한 간섭을 받지 않도록 예방한다.
- 구역 내에서의 초동대응자의 행동을 통제할 수 있다.
- 노출되었거나 노출될 가능성이 있는 피해자(요구조자)의 2차 오염(secondary contamination, 간접오염)을 포함하여 오염을 최소화한다.
- 대규모의, 다기관 대응 사고(large, multiagency response incident)에서 대응(작업)하는 모든 대원(요원)의 책임 보장을 돕는다.

위험 통제 구역은 사고의 위험 수준으로 나뉜다. 구역은 일반적으로 종종 **위험 구역**[5], **준위험 구역**[6], **안전 구역**[7]으로 표현된다(그림 7.13). 보통 구역은 동심원을

---

4 **위험 통제 구역(Hazard-Control Zone)** : 비상사고현장(emergency scene)에서 지정된 구역을 둘러싼 경계선 체계(barrier system)로, 위험에 노출되는 사람의 수를 제한하고 경감(완화)을 용이하게 하기 위한 체계이다. 주요 사고에는 '위험[통제(된), restricted] 구역(hot zone)', '준위험[제한(된), limited] 구역((warm zone)' 및 '경계[지원, support] 구역(cold zone)'의 세 구역이 있다. 미 환경부(EPA)/미 직업안전위생관리국(OSHA)의 용어로 사고현장 작업 구역(site work zone), 통제 구역(control zone) 및 사고현장 통제 구역(scene control zone)이라고도 한다.

5 **위험 구역(Hot Zone)** : 사고현장을 즉시 둘러싼 잠재적으로 위험한 지역으로, 내부 진입을 위해서는 적절한 보호복과 장비 및 기타 안전 예방조치가 필요하다. 일반적으로 특수기술대응 수준의 대원(technician-level personnel)만으로 진입이 제한된다. 차단 지역(exclusion zone)이라고도 한다.

6 **준위험 구역(Warm Zone)** : 일반적으로 제독소(제독 통로, decontamination corridor)를 포함하는 위험(Hot) 및 안전(Cold) 구역 사이의 지역으로, 일반적으로 위험 구역(hot zone)보다 개인보호장비의 수준이 더 낮아야 한다. 또한 오염 저감 구역(contamination reduction zone) 또는 오염 저감 통로(contamination reduction corridor)로도 알려져 있다.

7 **안전 구역(Cold Zone)** : 장비 및 인원이 오염되지 않았을 것이라고 기대되며 특별한 보호복이 필요하지 않은 준위험 구역(warm zone) 외부의 안전한 지역으로, 사고 지휘소 및 기타 지원 기능은 일반적으로 이 지역에 위치한다. 지원 구역(support zone)이라고도 한다.

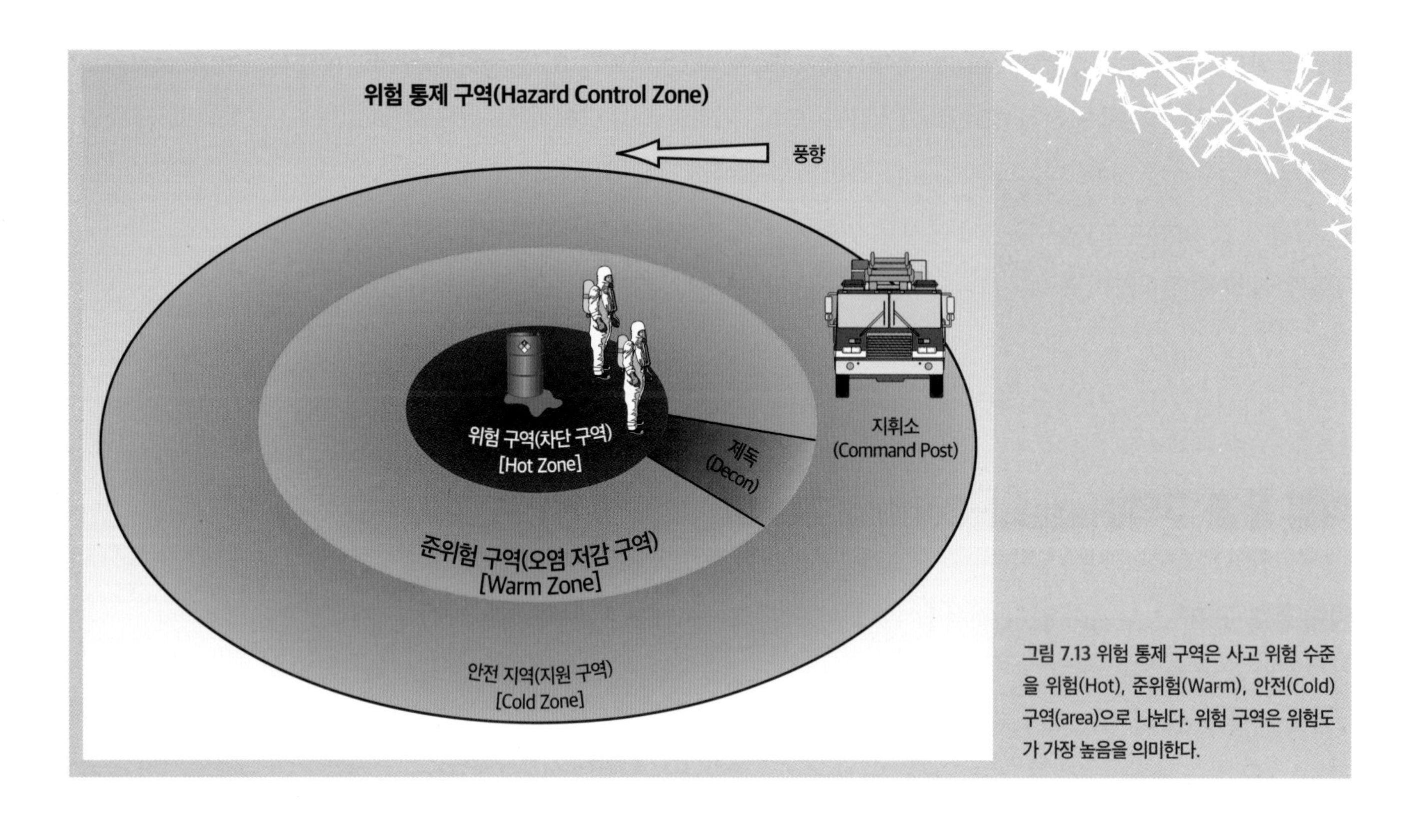

그림 7.13 위험 통제 구역은 사고 위험 수준을 위험(Hot), 준위험(Warm), 안전(Cold) 구역(area)으로 나뉜다. 위험 구역은 위험도가 가장 높음을 의미한다.

그려 표현되는 반면, 통제 구역은 위치 및 사고의 특징에 따라 종종 요구되는 모양을 취한다. 통제 구역은 반드시 정적인 것은 아니며 사고의 변화에 따라서 조정될 수 있다.

미 직업안전위생관리국OSHA과 미 환경보호청EPA은 이러한 구역들을 집합적으로 사고현장 작업 구역site work zone으로 지칭한다. 이러한 구역은 때로는 사고현장 통제 구역scene-control zone이라고도 한다. 다른 국가에서는 이러한 구역들에 대해 다른 용어를 사용할 수 있다.

서로 다른 기관들은 서로 다른 통제 구역을 필요로 할 수 있다. 범죄와 관련된 사고에서 법집행기관은 범죄 현장 전체를 통합 구역으로 지정할 수 있으며, 이러한 구역들은 전통적인 소방 활동과 일치하지 않을 수 있다. 예를 들어, 미국의 테러 사고에서 미 연방수사국은 알려진 가장 멀리 떨어져 있는 증거 조각까지 거리의 1.5배로 증거 탐색 구역evidence search perimeter을 설정한다(그림 7.14). 이러한 법집행 구역law enforcement zone들은 증거가 처리되고 범죄 현장이 공개되면 바뀔 수 있다. 이러한 구역들을 설정함에 있어 범죄 현장의 변동성은 통합 지휘 내에서 모든 기관의 구성원에게 유연성(융통성)에 대한 필요성을 만들어낼 수 있다.

폭탄과 관련된 사고는 전통적인 통제 구역traditional control zone과 그 구역 내에서 일반적으로 수행되는 작전(대응)이 다를 수 있는 예시이다. 충격파 효과blast effect 때문에 붕괴 위험에 있는 건물이 여럿 있을 수 있다. 이러한 상황에서는 더욱 큰 위험 구역hot zone의 지정이 필요하다. 폭파 사고에서 증거를 보존하기 위해 법집행기관은 위험 구역을 파편 장소debris field(폭발 등의 파편이 날려진 구역의 장소)의 경계선까지 연장되도록 요구할 수 있다. 이러한 경우에는 다루기 힘든 경계 구역뿐만 아니라 더 큰 위험 구역이 있을 것이다(그림 7.15). 이러한 실행계획(특히 많은 사람 및 장비가 동원되는 복잡한 작업 관련)으로 인해 대응요원은 위험 구역으로 지정된 지역에서 환자(중증도) 분류, 치료 및 운송과 같은 대응(작전)을 수행해야 할 수도 있다.

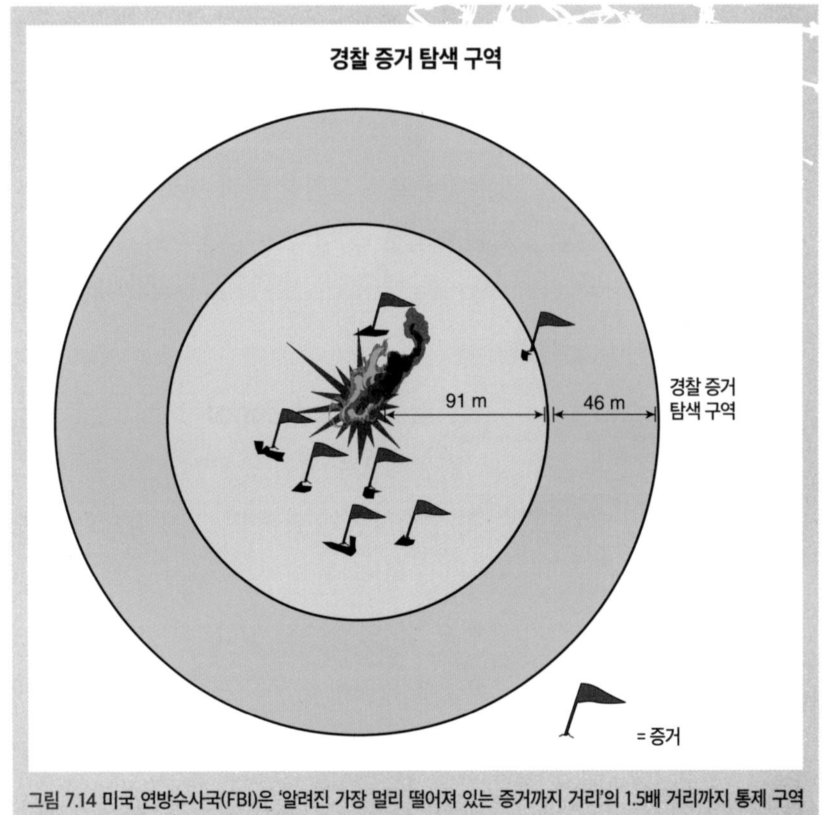

그림 7.14 미국 연방수사국(FBI)은 '알려진 가장 멀리 떨어져 있는 증거까지 거리'의 1.5배 거리까지 통제 구역(control perimeter)으로 설정한다.

여러 개의 장치device 또는 유출release 지점이 있는 사고에서는 테러 사고처럼 특이

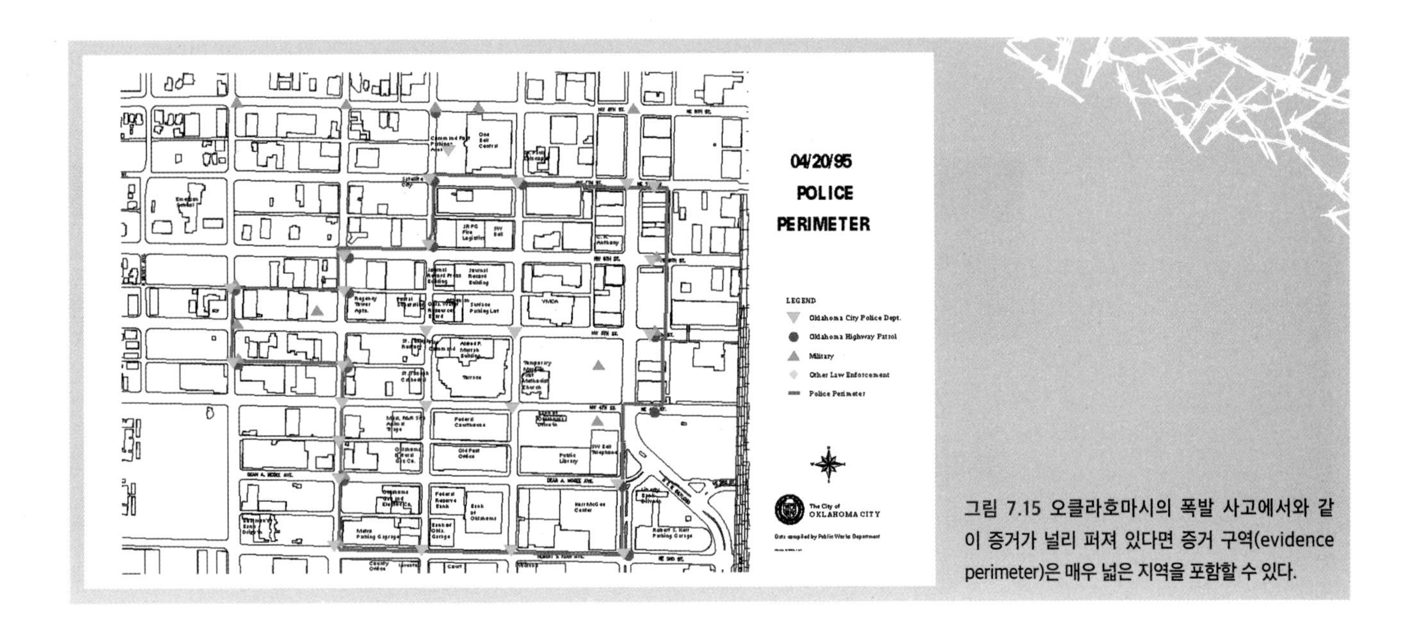

그림 7.15 오클라호마시의 폭발 사고에서와 같이 증거가 널리 퍼져 있다면 증거 구역(evidence perimeter)은 매우 넓은 지역을 포함할 수 있다.

하며 비전통적 사고현장 관리 계획이 필요할 수 있다. 이러한 경우 주어진 사고에 대해 하나 이상의 위험 구역hot zone이 있을 수 있다. 사고가 폭탄과 연관이 있든 다른 여러 장치와 연관되어 있든 간에, 사고현장 지휘관Incident Commander은 유연한 태도를 유지하고 사고현장 관리 계획scene management plan을 수립하며 모든 대응자의 요구사항을 충족할 수 있도록 통제 구역을 설정해야 한다. 사고현장의 대응요원은 설정된 대로 통제 구역을 반드시 인식해야 한다.

위험 구역(Hot Zone)

전통적으로 위험 구역hot zone(또는 차단 구역이라고도 함)은 사고를 둘러싼 지역으로, 위험물질의 위협 및 그 영향으로 인해 잠재적으로 위험하다. 해당 구역은 군사 화학 작용제chemical warfare agents에 의해 오염되었을 수도 있고, 유출된 위험물질에 의해 오염되었을 수도 있다. 이 구역은 기체gas, 증기vapor, 연무mist, 먼지(분진), 또는 위험물질 유출액runoff에 노출되었거나 노출될 수 있다. 대응요원은 적절한 교육을 받아야 하며, 위험 구역 내에서 일하거나 수행되는 작업을 지원할 수 있는 적절한 개인보호장비PPE를 반드시 착용해야 한다. 진입하기 전에 출납 책임과 지정된 개인보호장비의 안전함을 보장하기 위해 출입구(지점)access and egress point가 설치될 것이다.

위험 구역은 구역 밖의 사람들이 유출된 물질, 폭발 또는 기타 위협으로 인한 부작용을 예방할 수 있을 정도로 충분히 확장되어야 한다. 위험 구역 내부에서 수행되는 작업은 예를 들면 (미 FBI의) 특수공격대SWAT 팀, 도시탐색구조US&R 팀, 위험물질 전문가hazardous materials technician, 합동위험평가 팀Joint Risk Assessment Team; JHAT, 전문대응-임무특화 수준mission specific operations 및 폭탄 전문가bomb technician와 같이 고도로 숙련된 인력에 의한 것으로 제한되는 경우가 많다.

경고(WARNING!)

대응요원이 위험 구역 내에서 일하거나 수행되는 작업을 지원하려면 반드시 적절한 교육을 받고 적절한 개인보호장비를 착용해야 한다.

준위험 구역(Warm Zone)

준위험 구역warm zone(오염 저감 구역 또는 통로contamination reduction zone or corridor라고도 함)은 위험 구역hot zone에 인접하여 안전 구역cold zone(다음 절 참조)까지 이어지는 지역이

그림 7.16 제독은 일반적으로 준위험 구역 내에서 실시한다.

다. 준위험 구역은 위험 및 안전 구역 사이의 완충buffer 역할을 하며, 위험 구역을 나가는 인원과 장비의 제독 장소 역할을 한다. 제독은 일반적으로 준위험 구역에 위치한 제독 통로 내에서 실시한다(그림 7.16). 범죄와 관련된 사고에서 준위험 구역 일부는 범죄 현장의 일부일 수 있으며, 대응요원은 방해를 최소화해야 한다. 일반적으로 이 구역에서 개인보호장비가 필요하지만, 일부의 경우를 제외하고는 위험 구역의 보호 수준보다는 낮다. 탐지 및 식별은 위험 범위(규모)를 파악하기 위해 준위험 구역의 경계 구역에서 수행될 수 있다. 통합 지휘부 또는 사고현장 지휘관IC은 다른 사람으로부터의 정보를 얻은 후, 준위험 구역 내에서의 작업에 필요한 개인보호장비 수준을 승인할 것이다.

안전 구역(Cold Zone)

안전 구역cold zone(지원 구역support zone이라고도 함)은 준위험 구역을 둘러싸고 있으며, 사고의 모든 물류 지원 기능logistical support function을 수행하는 곳으로 사용된다. 안전 지역에서는 안전하다고 판단되기 때문에 작업자에게는 개인보호장비 착용을 요구하지 않는다. 그러나 일부 대원(요원)은 위험 구역의 급격한 팽창의 경우 안전한 대피를 보장하기 위해서 2차 폭발 장치secondary devices 및/또는 공격attack에 대비하여 개인보호장비(예를 들면, 방탄복body armor)를 착용할 수 있다.

안전 구역은 다음을 위한 장소이다.

- 다기관 지휘소(multiagency command post)
- 집결지(staging area)

• 탈의 장소(donning/doffing area)

• 예비팀(backup team)

• 연구팀(research team)

• 물류지원(logistical support)

• 범죄수사팀(criminal investigation team)

• 중증도 분류(triage)/치료(treatment)/회복[rehabilitation(rehab)]

• 운송 지역(transportation area)

집결(Staging)

집결지[8]는 거주자occupant가 진행 중인 작전(대응)을 방해할 수 없는 안전 지역의 격리된 지점에 위치할 필요가 있다. 집결은 혼란과 자유행동을 최소화한다. 집결지는 점유자가 진행 중인 작전(대응)을 방해할 수 없는 안전 구역 내의 지점에 위치해야 한다. 집결지로 가는 안전한 방향은 사고에 대응하는 모든 자원에 공지되어야 한다.

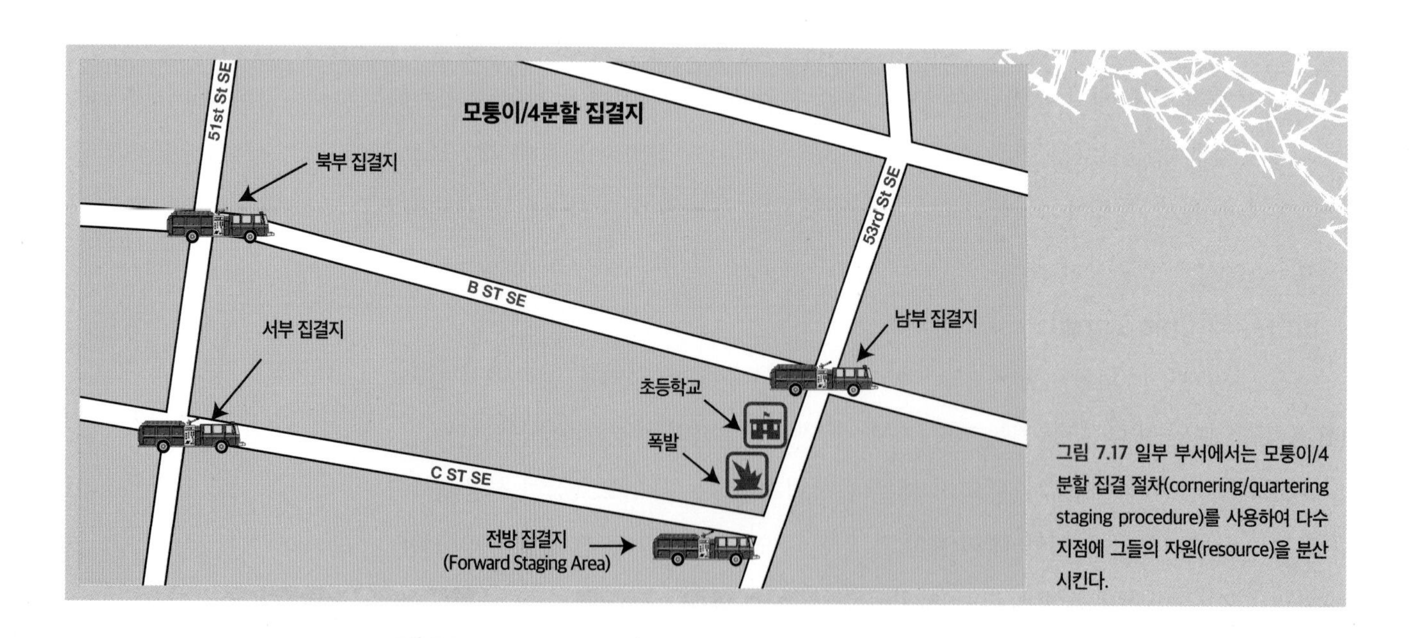

그림 7.17 일부 부서에서는 모퉁이/4분할 집결 절차(cornering/quartering staging procedure)를 사용하여 다수 지점에 그들의 자원(resource)을 분산시킨다.

8 **집결지(Staging Area)** : 비상 사고 현장에서 떨어진 미리 조정된 임시적인 전략적 장소에 위치하며, 단체가 집합하여 비상 사고현장에서의 위치(직책)가 배정될 때까지 대기하는 곳이다. 이러한 자원(resource) [인력(personnel), 기기(apparatus), 도구(tool) 및 장비(equipment)]은 반드시 위치(역할)를 배정받고 3분 이내에 대응할 수 있어야 한다. 집결지 관리자(staging area manager)는 사고현장 지휘관(incident commander) 또는 대응(작전) 부서장(operations section chief)에게 보고한다.

이상적으로, 집결지가 공격받을 경우를 대비하여 테러 사고 발생 시에는 비상 대응요원 및 장비를 여러 위치들 사이에 배치해야 한다. 일부 부서에서는 모퉁이conering/4분할quartering 집결 절차staging procedure 개념을 사용한다(그림 7.17). 여기에는 두 가지 기본 목적이 있다.

- 비상대응 대원(요원)을 서로 서로 분산시킴으로써 그들이 목표물로서 노출되는 것을 제한시키고, 2차 형태의 공격/장치의 영향을 최소화한다.
- 대원(요원)들이 사고현장을 둘러쌀 수 있도록 하며, 다수의 치료 구역(multiple treatment area) 또는 작전 기능 지점(operation function point)들을 제공한다.

대응요원 보호(Protection of Responder)

모든 사고에서 최우선 사항은 비상대응자emergency responder의 보호protection와 안전safety이다. 부상당하거나 무능화된 대응요원은 완화(경감) 노력이나 대중 보호protection of the public를 제공할 수 없다.

대응요원을 보호하기 위한 조치에는 다음이 포함된다.

- 위험물질로부터 오르막(uphill), 상류(upstream) 및 윗바람 지역(upwind)에 머무르기
- 적절한 개인보호장비 착용
- 보호를 위해 시간(time), 거리(distance), 차폐(shielding)의 원칙을 사용하기
- 필요한 경우 대응요원 제독하기
- 각 모든 대원의 책무(책임) 확실히 하기
- 사고현장에서 일하는 모든 대원(요원)의 추적 및 신원 확인
- 팀 또는 2인조 활동 체계 내에서만 작업하기
- 안전 담당관 지정하기
- 대피 및 탈출 절차 수행

이번 절에서는 이러한 몇몇 조치에 대해 훨씬 더 자세히 설명한다.

개인보호장비 착용(Wearing PPE)

위험 기반 대응 동안에, 대응요원은 위험으로부터의 보호를 위해 적절한 개인보호장비를 착용해야 한다. 관할당국AHJ은 개인보호장비를 보급하며, 대응요원은 그

것의 선택, 사용 및 유지보수에 대한 교육을 받아야 한다. 그들은 열응력과 같은 열 관련 문제thermal issue를 알고 있어야 한다. 개인보호장비에 대해서는 9장에서 더욱 자세히 다룬다.

책임체계(Accountability System)

사고에 배치된 모든 인력과 장비는 책임체계accountability system를 통해 반드시 추적되어야 한다(그림 7.18). 사고에 대응하는 대부분의 단체는 완전한 인력을 확보하고 작전 목표를 할당받을 준비가 되어 있으며, 기타 인원이 사고현장에서 단체로 형성될 수도 있다. 사용 가능한 자원들 내에서 여러 차이점들을 처리하기 위해서는, 사고대응계획IAP에 다음의 요소가 포함된 추적 및 책임체계tracking and accountability system를 포함하고 있어야 한다.

- 사고현장 진입수속의 절차
- 각 단체 및 사고현장의 모든 대원(요원)에 대한 신원 확인 및 추적하는 방법
- 더 이상 필요치 않은 사람, 장비 및 기기의 이탈을 위한 절차

참고

'NFPA 1500 및 1561'은 책임체계(accountability system) 요구사항을 설명한다.

책임체계는 다수의 기관들 및 조직들이 연관된 사고에서 특히 중요하다. 모든 기관들은 개인보호장비와 훈련의 수준이 서로 다를 수 있다. 지휘를 하는 기관/조직은 자신의 기관만이 아닌 모든 대응요원을 추적해야 할 책임이 있다. 따라서 사전계획의 책임 추적 방법을 파악하여 사고현장에서 최대한 빨리 구현한다. 책임체계의 유형은 다음과 같다.

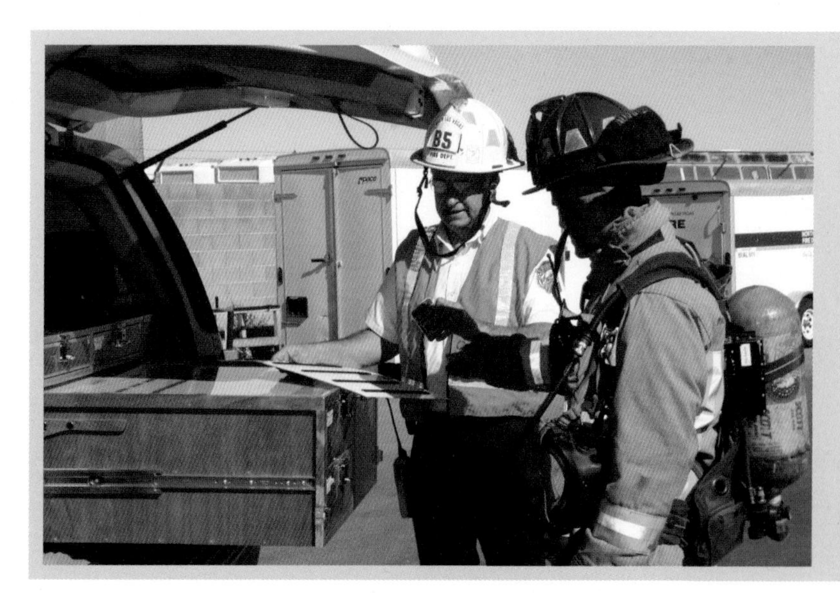

그림 7.18 사고에 배정된 모든 대원(요원)은 설치된 책임체계를 통해 진입수속 및 이탈수속을 해야 한다.

• 소방의 입장권 시스템(passport system)

• 황무지 사고를 위한 T-카드 시스템(T-card system)

• 전(全) 지구 위치 파악 시스템(GPS)과 지리정보시스템(GIS)

2인조 활동체계(Buddy System) 및 예비 대원(Backup Personnel)

'미 국가소방협회NFPA'와 '미 직업안전보건관리국OSHA'은 위험물질사고 시 2인조 활동체계buddy system와 예비 대원backup personnel의 사용을 요구한다. 2인조 활동체계는 최소한 두 명의 구성원이 포함된 작업 그룹으로 대원(요원)을 구성함으로써 아무도 혼자 작업하지 못하도록 하는 것이다. 2인조 활동체계의 주요 이점은 비상 상황이 발생하면 신속한 도움을 제공할 수 있다는 것이다. 한 사람이 무능력해지면 다른 사람은 도움을 요청하고 즉각적인 도움을 줄 수 있다.

2인조 활동체계를 사용하는 것 외에도 예비 대원이 있어야 하며, 필요한 경우 지원이나 구조를 제공할 수 있는 적절한 장비로 위험 구역hot zone에 진입할 준비가 되어 있어야 한다. 예비 대원은 진입 대원과 같은 수준의 개인보호복personal protective clothing을 착용해야 한다(그림 7.19).

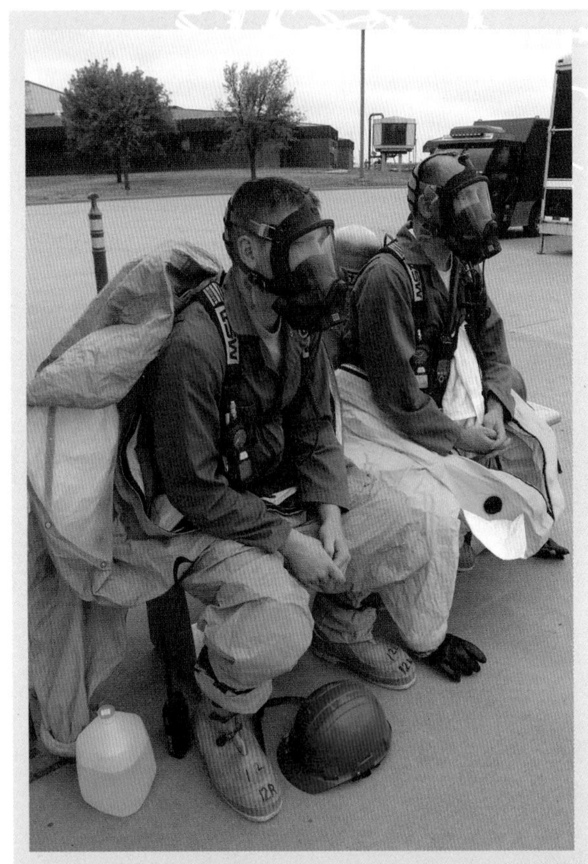

그림 7.19 예비 대원은 진입 대원과 동일한 수준의 개인보호장비(PPE)를 착용해야 하며, 필요할 경우 위험 구역으로 신속하게 진입할 준비가 되어 있어야 한다.

주의(CAUTION)

위험 구역(hot zone)에서 작업을 수행하는 경우 최소한 네 명의 적절하게 훈련되고 준비된 대응요원이 필요하다. 두 명은 사고 지역에서 일하고, 두 명은 예비로 대기한다.

시간(Time), 거리(Distance), 차폐(Shielding)

시간, 거리, 차폐(특히, 방사능 사고/테러 대응 분야에서 3원칙으로도 알려져 있음)를 사용하는 것은 위험물질 사고에서 초동대응자를 보호하는 효과적인 전략이다. 다음은 이러한 전략이 대응요원을 보호하는 방법을 설명한다.

- **시간(Time)** 대응요원이 위험 및 위험물질에 노출되는(또는 노출될 가능성이 있는) 시간을 제한하면, 심각한 피해를 입을 가능성이 줄어든다. 위험 노출 시간을 제한하려면 위험 구역에서의 작업 시간을 제한하고 작업 그룹의 대원(요원)을 자주 교대시킨다.
- **거리(distance)** 잠재적 위험으로부터의 거리를 최대한으로 늘리면 위해를 예방하거나 줄일 수 있다. 대응요원이 폭발의 출처에 가까울수록 유해한 영향이 커진다. 위험 구역에서 멀리 떨어져 있으면 유해한 노출을 예방할 수 있다. 위험 통제 구역을 구현(설정)함으로써 거리를 제어할 수 있다.
- **차폐(shielding)** 차폐는 대응요원과 위험 사이에 물리적 장벽(physical barrier)을 둔다. 차폐는 개인보호장비의 착용 및 벽, 건물 또는 장비와 같은 또 다른 물체를 대응요원과 위험 사이에 둠으로써 접촉 또는 유해한 영향을 최소화할 수 있다.

대피/피난 절차(Evacuation/Escape Procedure)

위험물질 사고발생 시에 대피를 할 경우 위험 구역 내부의 대원에게 조언을 하려면 신호체계signaling system를 사용해야 한다. 미 연방비상관리국FEMA 도시 탐색 및 구조US&R TFtask force 프로그램은 위험 구역dangerous area(위험물질 관련이 아닌 지진, 건물 붕괴 등과 연관된 구역 – 역주)에서 구조대원(구조자)을 대피시키는 시스템을 개발했다. 알림은 다음과 같은 장치를 사용하여 만들 수 있다.

- 휴대용 이산화탄소(CO_2) 보트용 경적
- 소방 장비에서의 경적
- 차량용 경적

비상사태 시 다른 통신 방법으로는 휴대용 라디오, 음성, 수신호 및 기타 사전 결정된 신호를 사용할 수 있다. 도시 탐색 및 구조US&R의 지정 신호와 그 의미는 다음과 같다.

- 대응(작전) 중지/전원 침묵: 한 번 길게 불기(3초)
- 지역으로부터 대피: 세 번 짧게 불기(각각 1초씩)
- 대응(작전) 재개: 길게 한 번 그리고 짧게 한 번 불기

대응요원은 또한 여러 개의 탈출 절차를 계획해야 한다. 출구의 주요 수단이 막히는 경우, 구조대원은 대체 경로를 사용할 가능성을 알아내야 한다.

대중 보호(Protection of the Public)

대중을 보호하기 위한 조치에는 구조rescue, 다수 인체제독mass decontamination, 응급의료emergency medical care 및 응급처치first aid의 수행과 같은 운영(작전)을 포함한다. 추가 조치에는 대피evacuation, 현장 내 대피행동sheltering in place 및 현장 내 방어행동protecting/defending in place이 포함된다. 사고현장 지휘관IC은 사고에 따라 최상의 선택지(또는 선택지의 조합)를 선택한다.

구조(Rescue)

사고의 특성에 따라 피해자(요구조자)는 다양한 위치에서 발견될 수 있다, 예를 들면 공개된 장소, 구조물, 밀폐된 공간과 같은 곳이다. 구조를 시도하기 전에 피해자(요구조자)의 위치와 생존 능력뿐만 아니라 사용 가능한 도구와 장비를 평가한다. 구조를 시도하기로 결정되면 안전이 가장 중요한 관심사가 되어야 한다.

사고현장 지휘관은 사고 발생 시 다양한 요인에 따라 구조를 결정한다. 다음의 요소들은 대원이 구조를 수행하는 능력에 영향을 미친다.

- 위험물질의 성질과 사고의 심각성
- 훈련
- 적절한 개인보호장비의 가용 여부
- 탐지 장비의 가용 여부
- 피해자(피해자, victim)의 수(number) 및 그들의 상태
- 구조(rescue)를 완료하는 데 필요한 시간
- 구조(rescue)에 필요한 도구(tool), 장비(equipment) 및 기타 장치(other device)

참고

12장은 구조(rescue)의 수행을 위해 위험 구역(hot zone)에 들어가는 전문대응 수준의 대응요원에게 필요한 정보를 다룬다. 4장에서는 각 미 교통부 위험 분류와 관련된 위험에 대한 정보를 제공하므로 초동대응자는 위험물질과 관련된 사고에서 잠재적 위험을 평가할 수 있다(예를 들면 부식성 물질이 연관된 사고에서 화학적 화상이 주요 위험요소 중 하나임을 파악할 수 있음).

전문대응–임무특화 수준 훈련mission-specific training을 받지 않은 초동대응자는 위험물질과의 접촉을 피해야 한다. 오염된 스스로 움직일 수 있는 피해자(요구조자)는 가능한 한 조심스럽게 움직여야 하며, 초기 격리 구역initial-isolation zone 또는 위험 구역hot zone 내에 있는 의료대응요원(구급대원)의 관리에 따라 이동해야 한다.

경고(WARNING!)

관할당국(AHJ)의 지시를 따라야 하며 적절한 개인보호장비, 계획 및 조직 없이 구조를 서두르면 안 된다.

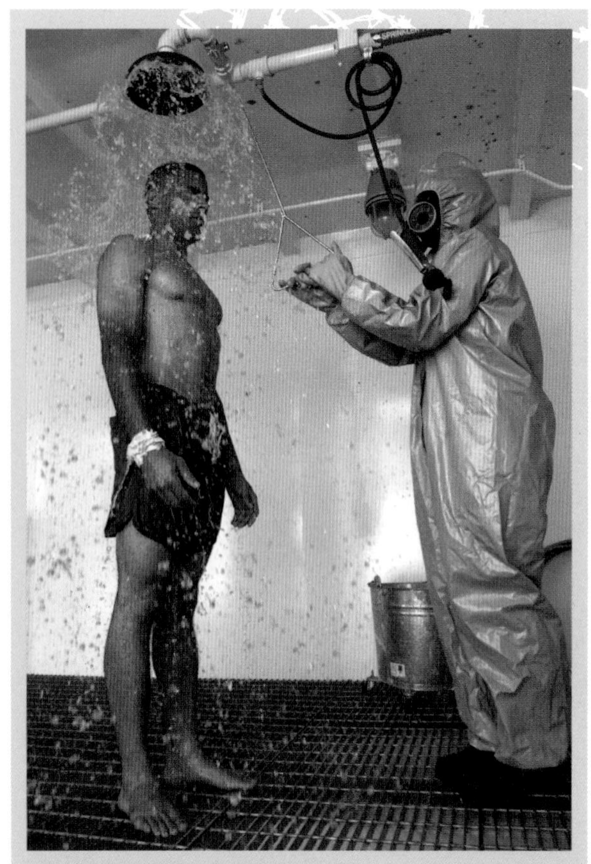

그림 7.20 초동대응자는 오염된 또는 오염될 가능성이 있는 피해자(요구조자)를 안전 샤워시설 또는 안전 대피소로 안내할 수 있다. 미 해병대(U.S. Marine Corps) 제공(Sgt J.A. Lee II 사진 촬영).

오염될 위험 없이 취할 수 있는 조치들은 다음과 같다.

- 위험 구역(hot zone) 내의 윗바람지역(upwind) 및 오르막(uphill)인 안전한 장소에 있는 안전 대피소 또는 피난 장소로 사람들을 이끔
- 피해자(요구조자)가 완전한 안전을 제공받는 지역으로 이동하기 전에 덜 위험한 지역으로 이동하도록 지시
- 오염된 또는 오염될 가능성이 있는 피해자(요구조자)를 격리 지점, 안전 대피 지역, 안전 샤워시설, 세수 시설 또는 제독 구역으로 유도(그림 7.20)
- 다수 인체제독(mass decontamination)을 위해 많은 수의 사람들에게 위치(방향)를 알려줌
- 정찰 또는 방어 활동 중 탐색 실시
- 위험 구역의 경계선 부근에서 탐지 활동을 수행

현장에 부상당한 피해자(요구조자)가 있는 경우 초동대응자는 잠재적인 오염의 위험과 처리 과정의 일부로서 제독의 필요성을 항상 인식하고 있어야 한다('10장. 대응 실행: 제독' 참조). 그들은 반드시 응급 의료 및 제독의 우선순위 결정을 위한 지역(현지) 절차를 따라야 한다.

대피(Evacuation)

대피evacuation는 위협받는 지역의 모든 사람들을 보다 안전한 장소로 이동시키는 것을 의미한다. 대피를 수행하려면 사람들에게 경고를 하고, 떠날 준비를 하고, 안전한 경로(오르막uphil, 윗바람지역upwind 등)로 그 지역을 떠날 수 있기 위한 충분한 시간을 반드시 확보한다. 일반적으로 대피를 위한 시간이 충분하다면, 그것은 최상의 보호 조치에 해당한다. 비상대응요원은 비상대응지침서ERG에서 권장하는 거리, 사고사전조사 또는 기타 출처에 따라 사고로 인해 가장 큰 위협을 받는 사람들을 대피시켜야 한다. 심지어 사람들이 이러한 권장 거리를 이동한 후에도 위험으로부터 완전히 안전한 것은 아니다. 피난자가 사고현장에 모이는 것을 허용하지 말아야 한다. 대신 특정 경로를 따라 지정된 장소(또는 안전한 대피 지역)로 보낸다.

대피를 수행하는 데 필요한 대응요원의 수는 대피할 지역의 크기 및 사람의 수에 따라 다르다. 대피는 비용이 크고 노동집약적인 작전일 수 있다. 그러므로 그것을 수행하기에 충분한 인적 자원을 할당하는 것이 중요하다.

아랫바람 쪽으로의 대피와 교통 통제 활동은 대응요원과 대피자가 오염되어 결국 제독이 필요할 수 있다. 대응요원은 안전하게 대피를 수행하기 위해 개인보호장비를 착용해야 할 수도 있다. 지역 비상대응계획에는 경기장 및 기타 다중이용 시설과 같은 테러 목표물이 될 수 있는 곳을 대상으로 대피(사상자 포함)를 위한 사전 계획이 포함되어야 한다.

사고현장 지휘관은 대규모 대피와 관련하여 다음 요소를 다루어야 한다.

- **전파(notification)** 대중에게 대피의 필요성을 경고하고 어디로 가야 하는지를 알려준다. 지역 비상대응계획은 전파 방법을 상세하게 설명한다. 혼동 또는 추가적인 공포를 피하기 위해 명확하고 간결한 정보를 전달한다. 전파 방법은 다음과 같다.
  - 집집마다 노크하기
  - 장내 방송 설비
  - 라디오
  - TV
  - 사이렌
  - 건물 경보
  - 휴대 전화(문자 메시지)를 통한 단문 메시지 서비스(SMS)
  - 리버스(reverse) 911(대중 안전 통신 기술로 비상상황 전파 등에 쓰임 — 역주)
  - 비상 경보 시스템[Emergency Alerting System; EAS(미국에서 쓰임)]
  - 헬리콥터 또는 비상대응 차량에 장착된 확성기
  - 전자 간판
- **운송(transportation)** 학교 통학버스, 대중교통체계(public transit system), 비행기, 기차, 배, 바지선 및 여객선과 같은 대체 교통수단을 미리 계획한다(그림 7.21).
- **격리수용 시설(relocation facility) 및 임시 대피소(temporary shelter)** 지역 비상대응계획에 적절한 대피소를 지정한다. 사전에 대원(요원) 배치를 결정한다. 대피소는 식량, 물, 약품, 욕실 및 샤워 시설, 잠자리를 제공할 수 있어야 한다[장기간의 대피(피난)에 대비한다](그림 7.22). 대피자(피난민)의 행방을 추적하여 친구와 친척이 그들을 찾을 수 있도록 정보/등록 시스템을 구축한다.
- **재진입(reentry)** 사람들이 어떻게 대피 지역으로 돌아갈 수 있도록 승인받을 수 있을지 숙고한다.

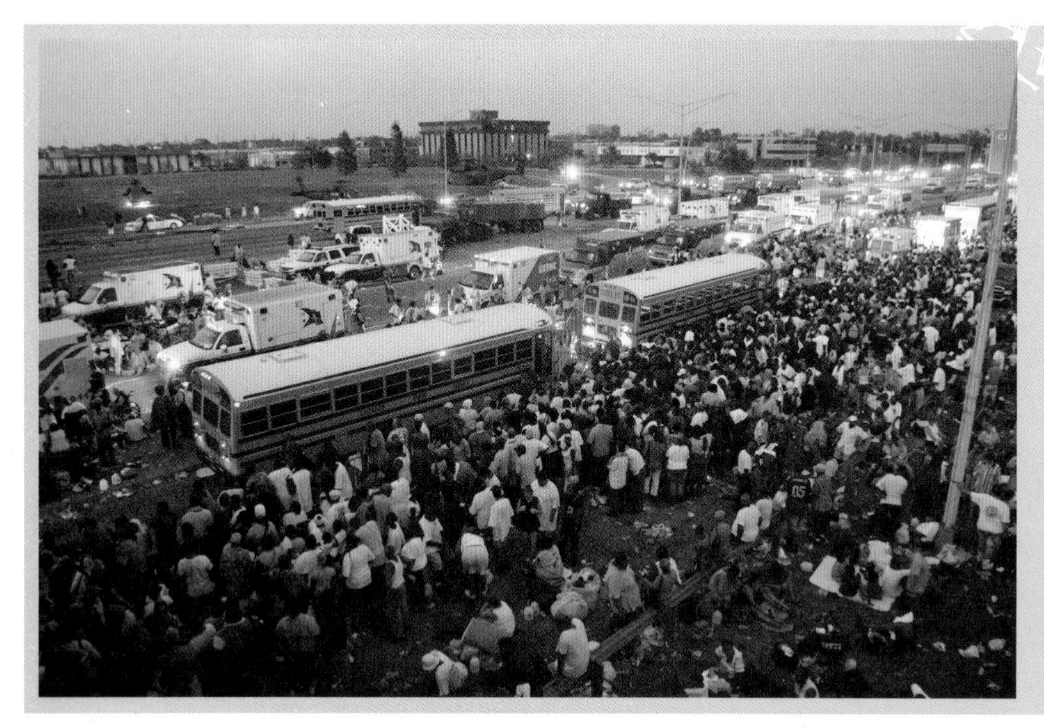

그림 7.21 일부 사람들은 스스로 대피할 수 없다. 따라서 위험 지역을 벗어날 수단이 없는 개인에게 운송 수단을 제공하기 위한 계획이 사전에 반드시 만들어져야 한다. 미 연방비상관리국 뉴스 사진(FEMA News Photos) 제공(Win Henderson 사진 촬영).

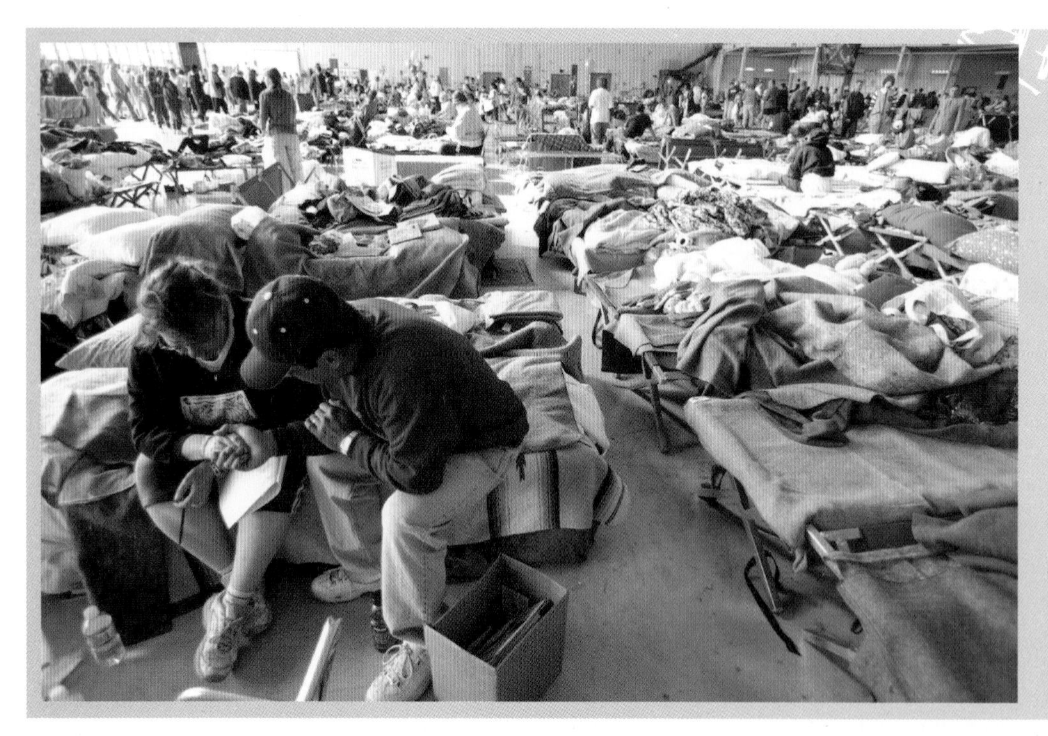

그림 7.22 대피자(피난민)는 반드시 머무를 곳이 있어야만 한다. 미 연방비상관리국 뉴스 사진(FEMA News Photos) 제공(Andrea Booher 사진 촬영).

정보(Information)

오염된 피해자(요구조자)의 대피

화학, 생물학 또는 방사능 작용제(agent)에 노출되었거나 노출되었을 가능성이 있는 사람들은 반드시 제독을 해야 한다(10장 참조). 이러한 사람들을 사고현장에 그대로 있도록 하는 것은 불가능할 수도 있지만, 유해하거나 잠재적으로 치명적인 물질이 다른 지역으로 퍼지는 것을 방지하기 위해 현장에 이들을 묶어두려는 노력이 이루어져야 한다. 오염되었거나 오염되었을 가능성이 있는 사람들은 제독(decontamination)을 기다리기 위해 격리 구역 내의 안전한 피난 대피소[또는 적절한 경우 환자(중증도) 분류(triage) 및 치료(treatment) 구역]로 대피시킨다. 비상대응요원들이 도착하기 전에 피해자(요구조자)가 사고현장을 떠날 수 있기 때문에(또는 제독을 받기 위해 머무르라는 요청을 무시함), 대피소, 병원 및 기타 공공 보건시설에서는 스스로 혹은 타인의 도움을 받아 걸을 수 있는 사람들에 대한 제독을 수행할 준비가 되어 있어야 한다.

현장 내 대피행동(Sheltering in Place)

현장 내 대피행동sheltering in place은 사람들을 실내 안으로 빠르게 들어가게 하거나, 건물 안에 머무르게 하여 위험이 지나갈 때까지 실내에 머무르게 하는 것을 의미한다. 어떤 상황에서는 대피보다 현장 내 대피행동이 더 나을 수 있다. 현장 내 대피행동을 결정하는 것은 다음 요인들에 의해 이뤄질 수 있다.

- 해당 주민들은 의료 서비스, 저지(구금) 또는 교육을 위한 점유(educational occupancy) 때문에 피난을 시작할 수 없다.
- 물질이 너무 빨리 퍼지고 있어, 대피를 위한 시간이 충분하지 않다
- 물질이 너무 독성이 강하여 약간의 노출도 감수할 수 없다.
- 증기가 공기보다 무거울 때, 사람들은 고층건물(high-rise) 또는 다층 구조물 안에 있는 것이 더 안전하다(그림 7.23).

구조물(건물 포함–역주) 내부에서 사람들을 보호할 때에는 모든 문, 창문, 난방장치, 환기장치 및 에어컨 설비를 닫거나 끈다. 차량은 현장 내 대피행동을 하기에는 건물만큼 효과적이지는 않지만, 창문을 닫고 환기 시스템을 끄면 일시적으로 보호를 제공할 수 있다.

초동대응자는 현장 내 대피행동을 지시하기 전에 주변 건물의 상태에 주의를 기

울여야 한다. 일부 구역은 낡았으며, 에어컨이 없거나 바닥판들 사이에 구멍이 있는 허물어져가는 구조물이 있을 수 있다. 이러한 경우에는 현장 내 대피행동은 충분한 보호를 제공하지 못하며, 대피가 더 나은 선택일 수 있다.

유사하게 폭발성의 증기 또는 기체가 관련되어 있을 때에는 현장 내 대피행동보다 대피가 더 좋은 선택일 수 있으며, 그 이유는 다음의 두 가지이다.

- 이러한 증기 또는 기체는 주변 환경으로부터 완전히 소멸되는 데 오랜 시간이 걸릴 수 있다.
- 외부 대기를 밀폐할 수 없는 건물에 증기 또는 기체가 침투할 수 있다.

대피 또는 현장 내 대피행동을 하든 간에, 가능한 한 일찍 대중에게 필요사항을 알리고 비상상황 시 추가 지침과 정보를 제공해야 한다. 비상계획을 통해 대중 교육이 사고보다 앞서 실시되었다면 현장 내 대피행동이 보다 효과적일 수 있다.

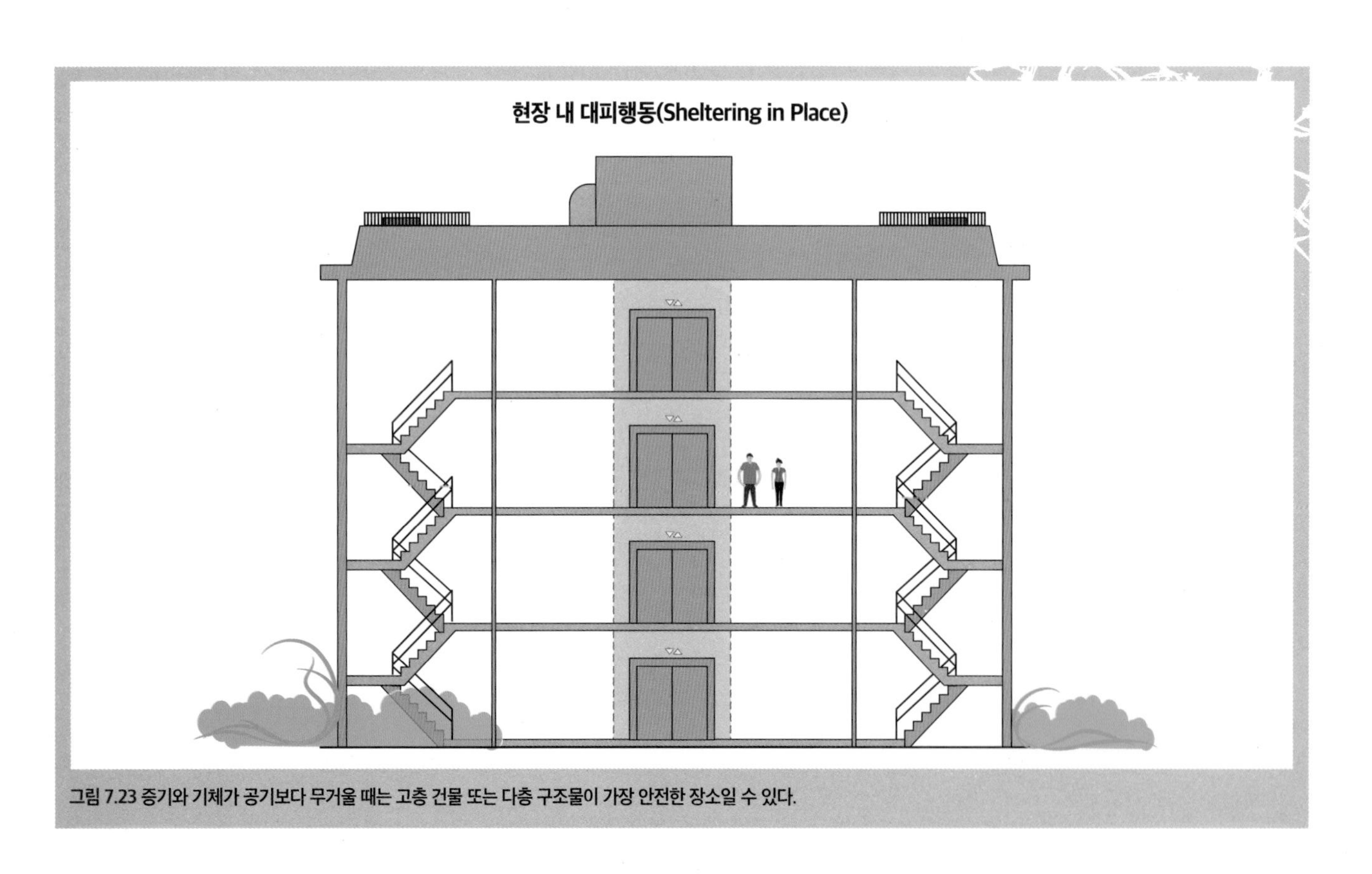

그림 7.23 증기와 기체가 공기보다 무거울 때는 고층 건물 또는 다층 구조물이 가장 안전한 장소일 수 있다.

현장 내 보호/방어행동(Protecting/Defending in Place)

현장 내 보호/방어행동protecting/defending in place은 능동적(공격적)인 역할 또는 공격적인 태도로 위해의 방향에 있는 개인들을 물리적으로 보호한다. 적절하고 안전한 곳에서 현장 내 보호/방어행동을 하면 불필요한 대피가 필요 없으며, 만약 현장 내 보호/방어행동이 시작되었다면 보호받는 민간인의 건강과 안전을 보장하기 위해 추가적인 물류 지원이 필요할 것이다. 이러한 종류의 대응(작전) 중에 취할 수 있는 조치는 다음과 같다.

- 호스 물줄기를 사용하여 플룸(plume)을 확산(그림 7.24)
- 이웃이나 지역 확보하기
- 오염물질의 확산을 최소화하기 위해 난방 · 환기 · 에어컨 시스템(heating, ventilating, and air conditioning system; HVAC)을 끈다.

그림 7.24 현장 내 방어행동(defending in place)은 위해의 방향(harm's way)에 있는 사람들을 물리적으로 보호하기 위해 공격적 전술(aggressive tactic)을 사용한다.

환경 및 재산의 보호 (Protection of the Environment and Property)

노출 보호는 방어제어전술이다. 대부분의 소방관은 화재 상황에서의 노출 보호 개념에 익숙해야 하며, 일반적으로 화재에 노출된 재산을 보호하기 위해 화재가 확산되지 않도록 해야 한다. 그러나 위험물질 사고현장에서 동일한 개념은 확장된 사고(밀폐된 컨테이너 및 배관 포함)로 인해 위협받는 환경과 재산을 보호하는 것을 포함한다.

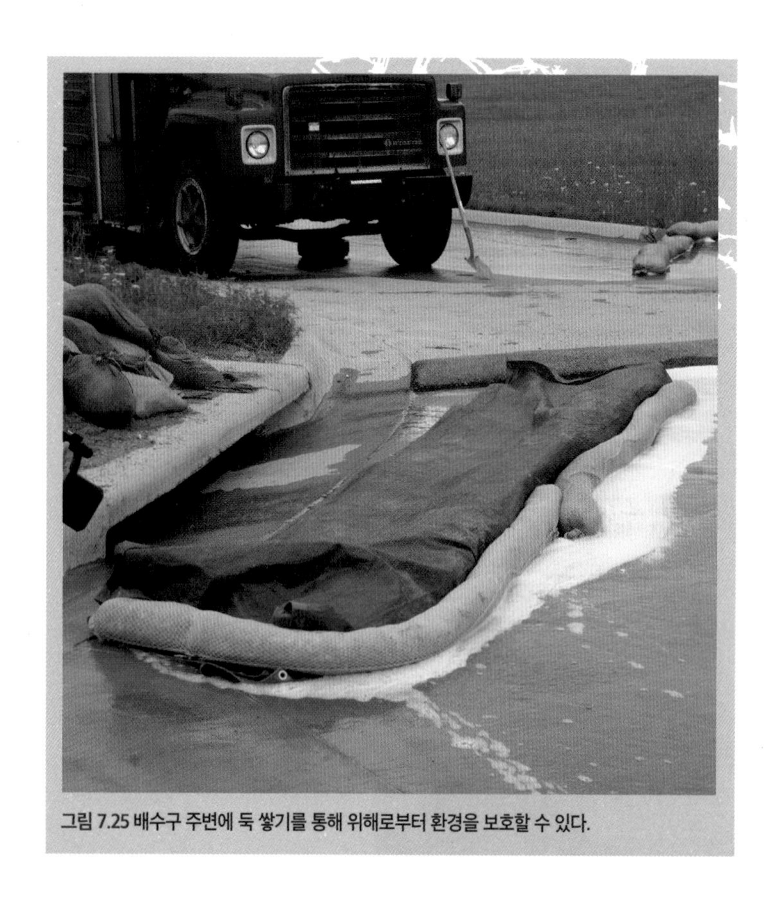

그림 7.25 배수구 주변에 둑 쌓기를 통해 위해로부터 환경을 보호할 수 있다.

환경과 재산을 보호하는 것은 위험물질과 관련된 화재로부터의 노출을 보호하고, 타지 않는 위험물질의 유해한 영향으로부터 환경을 보호하는 것을 모두 포함한다. 예를 들어, 배수구 주변에 둑 쌓기는 잠재적인 유독물질에 노출(및 유해)되는 것을 방지하는 방법이다(그림 7.25).

환경 보호 (Protecting the Environment)

환경 피해도 중요한 관심사다. 사고를 둘러싼 대기, 지표수, 야생 생물, 지하수면 및 땅은 유출된 물질에 의해 심각하게 영향을 받을 수 있다. 화재 진압 활동에서 사용된 물은 오염물질이나 기타 위험물질들과 섞여 환경을 오염시킬 수 있다. 오염의 결과로 많은 물질이 생분해되지 않는 특징non biodegradable nature으로 인해 완전히 복구되려면 수년이 걸릴 수 있다. 오염의 결과는 그것을 다시 바로잡는 데 엄청난 돈이 필요할 수도 있다. 유출된 모든 물질과 유출수runoff는 환경에 미치는 영향을 파악할 때까지 수용하고 고립시켜야 한다.

재산 보호(Protecting Property)

위험물질 사고에서의 재산 위험은 위협적인 물질이 항상 쉽게 나타나지 않을 수도 있다는 것을 제외하고는 다른 화재 위험에 의해 발생하는 위험과 유사하다. 인화성 및 독성 기체, 연무 및 증기는 눈에 보이는 징후 없이 점화 위협을 일으키고 오염시킬 수 있다. 보호 조치는 물질의 특성 및 제시된 보호 매개에 대한 모든 반응에 맞게 조정되어야 한다. 사고현장 지휘관은 재산을 구하는 것이 더 위험하다고 판단되면 재산을 구하지 않기로 적절히 결정할 수 있다. 재산을 구하기 위해 생명이나 환경이 과도하게 손상되어서는 안 된다.

위험물질 제어(Product Control)

위험물질이 컨테이너에서 빠져 나오는 사고가 발생했을 때, 비상대응요원은 위험물질 제어product control를 해야 할 수도 있다. 위험물질 제어 전략product control strategy에는 방어적 전략defensive과 공격적 전략offensive 두 가지가 있다. 유출 제어spill control는 컨테이너에서 유출된 위험물질을 고립시키려고 시도하는 방어 전략이다. 누출 제어leak control는 원래의 컨테이너에 물질을 담아두거나 다른 컨테이너로 옮기는 것을 시도하는 공격적 전략이다(그림 7.26). 위험물질 제어는 13장에서 보다 상세하게 다룬다.

그림 7.26 누출 제어는 원래의 컨테이너에 물질을 담아두려고 시도한다.

화재 제어(Fire Control)

대부분의 위험물질 사고는 인화성 물질을 포함한다. 화재 제어fire control는 위험물질이 연관되어 있을 때, 점화를 방지하거나 화재를 진압하는 데 사용되는 전략이다. 전술에는 상황과 연관된 제품에 따라 소방 소화용 폼이나 물이 포함될 수 있다. 화재 제어는 13장에서 보다 자세하게 다룬다.

증거 식별 및 보존(Evidence Recognition and Preservation)

대량살상무기나 기타 불법 활동과 관련된 사고는 범죄이며, 발생한 장소는 범죄 현장이다. 범죄가 의심되는 즉시 법집행기관에 알린다. 소방 초동대응자는 **증거**[9]를 수집해서는 안 된다.

초동대응자는 증거를 확인하고 보존하여 조사관이 관할당국별로 증거를 수집하고 적절히 문서화할 수 있도록 해야 한다. 지역 비상대응계획에는 이러한 사고에 대한 개별 기관의 책임과 수용 가능한 절차 및 기법들을 자세히 기술하여 사용될 수 있도록 해야 한다.

초동대응자는 조사관이 유죄를 확인하고 기소할 수 있도록 증거를 보존해야 한다. 사고현장이 많이 어지럽혀질수록 조사관은 사건 발생 원인을 명확하고 정확하게 파악하는 데 어려움을 겪는다. 법집행기관은 법원에서 사용되는 범죄에 대한 정확하고 수용 가능한 정보를 수집해야 한다. 심지어 외견상으로 관계없는 것조차도 법의학 전문가forensic expert 및 기타 법집행 수사관law enforcement investigator에게는 엄청난 의미를 줄 수 있다.

- 발자국
- 포장지
- 컨테이너
- 파편 배치
- 피해자 위치
- 주변 차량
- 목격자 및 구경꾼의 위치

증거는 다양한 형태를 취할 수 있다. 쓰레기처럼 보이는 품목이 폭탄이나 소이탄일 수 있다. 증거에는 체액부터 타이어 자국, 담배 꽁초까지 모든 것이 포함될 수 있다. 흩어진 파편의 양상이 조사관들에게 폭발의 힘을 알려줄 수 있다(결과적으로 폭탄이 얼마나 큰 것이었는지). 파편에 있는 잔유물은 어떠한 폭발성 물질이 사용되었는지를 확인하는 데 도움이 될 수 있다. 피해자에게서 얻은 의복과 보석류는 증거로 간주된다. 불법 비밀 실험실illegal clandestine lab에 있는 지문, 무기, 화학물질 컨테이너, 노트, 편지 및 종이가 증거물이 될 수 있다. 증거는 무엇이든 될 수 있다. 따라서 대응요원은 가능한 한 현장을 어지럽히지 않아야 한다. 그러나 생명 보전이 증거 보존보다 더 중요하므로 구명 작전을 최우선시해야 한다.

---

9 **증거(Evidence)** : 조사관(수사관)이 수집하고 분석한 정보.

범죄 또는 테러 활동이 사고에 연관있다고 알려지거나 의심되면 초동대응자는 즉시 증거를 보존하고 법집행을 돕기 위해 다음을 수행해야 한다.

- 필요하지 않으면 아무것도 만지지 않는다(DO NOT touch).
- 구조 활동과 직접적으로 관련이 없으면 어지럽혀진 구역(disturbing area)을 피한다.
- 처음 도착했을 때 사고현장이 어떻게 보였는지 뿐만 아니라 사고 진행 경과에 대한 세부사항도 기억한다. 가능한 한 많은 W(Who, What, When, Where, Why)를 기억한다. 가능한 경우 다음 사항에 유의한다.
  - 누가 있었는가? (희생자, 사고현장에서 돌아다니는 사람들, 의심스러운 행동을 하는 사람들, 구경꾼 및 잠재적 목격자 포함)
  - 무엇이 일어났는가?
  - 언제 중요한 사고가 일어났는가?
  - 어디에 물체/사람/동물이 위치하고 있었는가?
  - 왜 사고가 발생하게 되었는가?
- 가능한 한 빨리 관찰 결과를 문서화한다. 대응요원이 문서화할 기회를 갖기까지 꽤 시간이 걸릴 수 있지만, 문서화가 빠를수록 정보가 더 정확할 수 있다. 이러한 문서는 법적 절차의 증거로 사용될 수 있다.
- 가능한 한 빨리 사고현장의 사진과 비디오를 찍는다(그림 7.27).
- 무언가를 만졌거나 움직였을 때는 이를 기억하고 문서화한다. 그것이 어디에 있었고, 다시 그것이 어디로 옮겨졌는지를 보고서에 문서화한다. 가능하면 무엇인가를 하기 전에 먼저 사진을 찍는다. 무언가를 만지거나 움직이기 전에 보였던 것처럼 사고현장을 재현하지 않는다. 즉, 만약에 당신이 이미 이동시킨 것이 있는 경우, 그것을 원래 위치로 다시 이동시키지 않는다.
- 가능한 경우 해당 지역에서 일하는 사람의 수를 최소화한다. 어지럽힘(disturbance)을 최소화하는 이동 경로를 마련한다(그림 7.28).

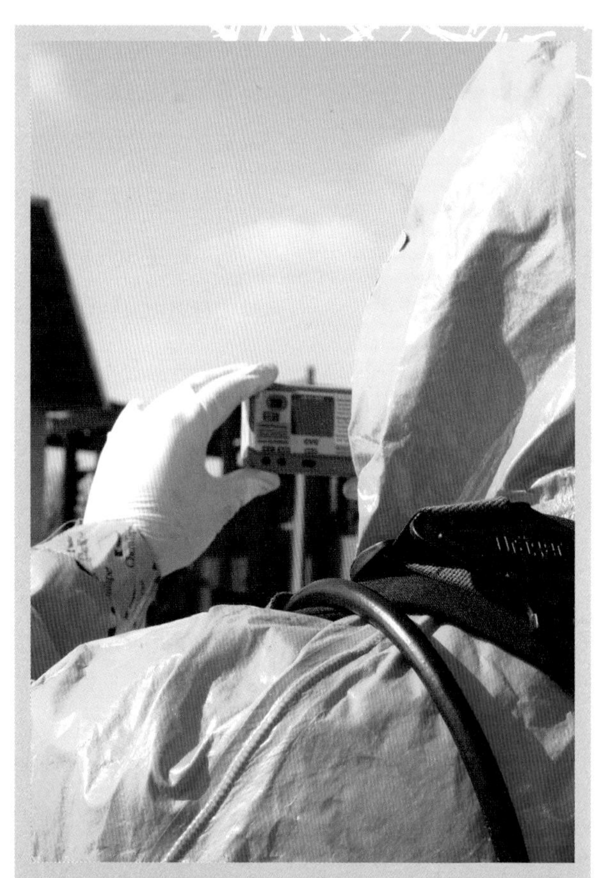

그림 7.27 범죄가 의심되는 경우, 가능한 빨리 사고현장의 사진을 찍고 현장이 어리럽혀지는 것을 최소화한다.

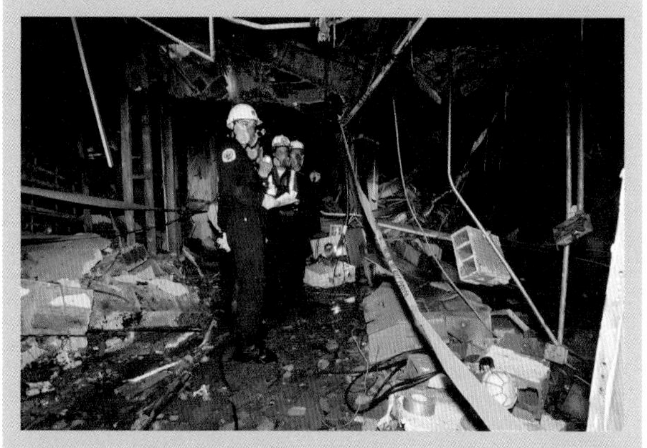

그림 7.28 사고현장을 통과하는 어지럽힘을 최소화할 수 있는 이동경로를 설정한다. 미 연방비상관리국 뉴스 사진(FEMA News Photos)(Jocelyn Augustino 사진 촬영) 제공.

- 사망자와 그 주변 환경을 그대로 유지한다.
- 증거가 발견된 구역을 격리하고 확보하여, 발견물을 법집행기관에 보고한다.
- 목격자, 피해자(요구조자) 및 증거가 있는지를 확인한다. 수사관은 목격자와 피해자를 수사의 일환으로 면담하기 원할 것이다. 목격자를 면담하고 돌려보낼 때까지 사고현장 부근의 안전한 장소에 남아 있도록 조언한다.
- 기상 조건에 의해 손상될 수 있는 잠정적으로 일시적인 물리적 증거(피해자에게 존재하는 증거 또는 화학물질 잔유물, 체액, 또는 발자국과 같은 증거)를 보존한다.
- 증거 수집 지점[예를 들면, 지상 방수포(방수천)]이 제독 통로(decontamination corridor)와 위험 구역 출구(hot zone exit) 근처에 위치한 경우, 제독이나 탈의 중에 증거를 수집한다.
- 화학적 또는 생물학적 사고에서 사고 중에 오염된 음식물이 증거로 사용될 수 있는 경우, 인근 지역의 식당이나 식품공급업체를 확보하고 격리할 수 있다.
- 범죄 현장에서의 작전과 관련하여 사전 결정된 절차를 따른다.

증거 보존 및 시료수집에 대한 추가 정보는 '14장, 대응 실행: 전문대응–임무특화 수준의 증거 보존 및 시료 수집/이송'에 나와 있다. 현장에서 발견된 정보는 증거 수집, 시료 수집 및 증거물 보존의 연속성을 위해 문서화를 책임지는 대원(요원)에게 알린다.

경과 평가

Evaluating Progress

APIE 절차의 마지막은 진행 경과를 검토하거나 평가하는 것이다. 이러한 평가는 사고 전반에 걸쳐 수행되고 종결될 때까지 계속된다. '기술자료 7-2'에서는 위험물질 사고 시 경과를 평가하고 보고하는 기본 단계를 제공한다. 이번 절에서 다루는 내용은 다음과 같다.

- 경과 보고
- 철수 시기
- 복구
- 종결

경과 보고(Progress Report)

사고대응계획IAP이 효과적이라면 사고현장 지휘관IC은 전술 및/또는 과업 관리자로부터 우호적인 경과 보고서progress report를 받아야 하며 사고가 안정되기 시작해야 한다. 새로운 정보를 사용하게 되고 상황이 바뀌면 사고현장 지휘관IC은 또한 계획을 재평가해야 한다. 초기 계획이 효과가 없다면, 새로운 전략을 선택하거나 이를 달성하기 위해 사용된 전술을 변경해야 한다. 사전 결정된 통신 절차에 따라 초동대응자는 계획된 대응의 상태와 자신(들)의 조치 경과를 사고현장 지휘관IC에게 알려야 한다. 대응요원은 보급된 통신 장비와 관할당국AHJ의 통신 절차에 익숙해지도록 반드시 훈련받아야 한다.

철수 시기(When to Withdraw)

완화(경감) 노력이 실패하거나 상황이 악화된(또는 심해진) 경우, 사고대응계획IAP을 반드시 재평가하고 가능하다면 수정한다. 비등액체증기운폭발이나 기타 위험한 상황의 위협이 커지면 즉시 철수해야 할 수도 있다. 철수해야 할 지표로는 다음과 같은 것들이 있다(그림 7.29).

- 급격한 온도 변화
- 급격한 압력 변화
- 압력제거장치에서 들리는 소리의 활성화
- 급격한 화염 증가

복구(Recovery)

일반적으로 위험물질 비상상황에서의 마지막 전략 목표는 복구recovery 및 종결termination 노력이다. 복구는 사고현장과 대응요원을 사고 이전의 대비 수준으로 복귀시키는 것을 말한다. 종결termination은 사고를 문서화하고 이 정보를 사용하여 대응을 평가하는 것과 연관된다. 복구 단계의 주요 목표는 다음과 같다.

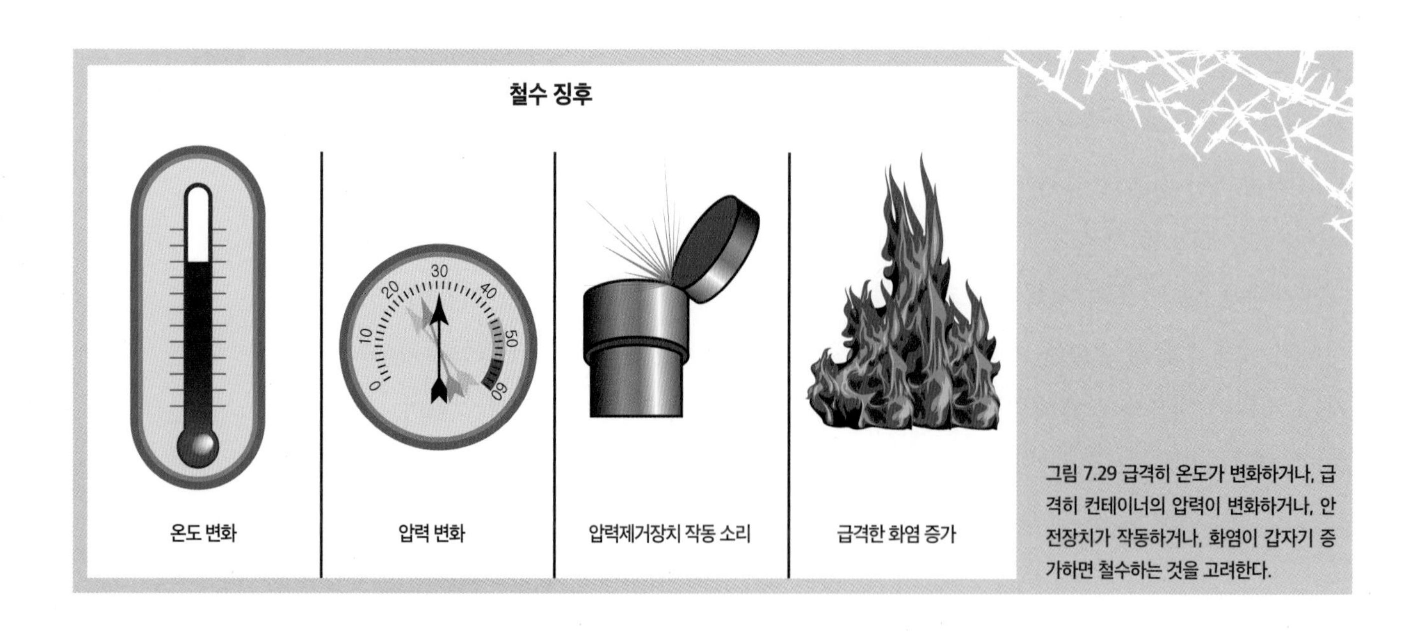

그림 7.29 급격히 온도가 변화하거나, 급격히 컨테이너의 압력이 변화하거나, 안전장치가 작동하거나, 화염이 갑자기 증가하면 철수하는 것을 고려한다.

- 작전 구역을 안전한 상태로 되돌린다.
- 사고현장을 떠나기 전에 대원(요원)에게 보고한다.
- 모든 관련 기관의 장비와 인원을 사고 이전의 상태로 되돌린다.

현장 복구(On-Scene Recovery)

현장 복구 노력on-scene recovery effort은 사고현장을 안전한 상태로 되돌리는 것을 목표로 한다. 이러한 활동에는 여러 기관, 기술 전문가 및 계약자가 공동으로 노력해야 할 경우도 있다. 일반적으로 소방 및 비상대응 공공기관은 공중보건 및 안전에 대해 절박하게 위협을 받아 절대적으로 조치를 취해야 하는 경우를 제외하고는, 정화 작업을 수행하지 않는다. 절박한 위협이 존재하지 않는다면, 지역, 주/도 및 연방의 환경규제당국의 감독 하에 계약된 복구 회사가 정화 활동을 실시한다. 이러한 상황에서 소방 및 비상대응 공공기관은 지역 표준작전절차에 따라 통제 및 안전 감독을 제공할 수도 있다.

현장 결과보고(디브리핑)(On-Scene Debriefing)

그룹 토의의 형태로 진행되는 현장 결과보고on-scene debriefing는 법집행기관, 공공사업자public work 및 구급(응급의료서비스) 대응요원을 포함한 모든 전문대응 수준 대원에게 정보를 수집한다. 결과보고 단계에서 대응요원은 다음의 정보를 얻어야 한다.

- 중요 관찰 내용
- 취해진 조치
- 그러한 조치의 시각표

위험정보전달보고(미 직업안전보건청OSHA에 의해 요구됨) 중에 사고와 관련된 위험물질에 과다 노출 징후 및 증상에 관한 정보를 대원(요원)에게 제공한다. 이러한 결과보고 절차를 철저히 문서화하는 것이 중요하다. 참석하는 모든 사람은 반드시 지시를 받고 이해해야 하며, 정보를 수신하였고 이해하였다는 것을 증명하는 문서에 서명해야 한다. 대응요원들이 사고현장을 떠나기 전에 이들에게 다음의 정보를 제공한다.

- 연관된 물질의 정체(identity of material involved)
- 물질에 대한 노출의 잠재적 악영향(potential adverse effect)

- 추가적인 제독을 위해 취해야 할 조치
- 노출의 징후(sign) 및 증상(symptom)
- 대응요원이 의학적 평가(medical evaluation)와 치료(treatment)를 얻을 수 있는 메커니즘(mechanism)
- 노출 시 문서화 절차(exposure documentation procedure)

운영 복구(Operational Recovery)

운영 복구operational recovery에는 자원 조직들을 사고 사전 준비상태로 되돌리기 위해 필요한 조치가 포함된다. 이러한 조치에는 다음이 포함된다.

- 단체(조직)들의 복귀
- 물자 및 장비의 재공급
- 장비 및 개인보호장비의 제독
- 재정적 배상을 얻는 데 필요한 예비 조치

위험물질 비상상황의 재정적 결과는 소방 및 비상대응 공공서비스가 수행하는 다른 활동의 재정적 결과를 크게 초과할 수 있다. 일반적으로 화재 및 비상대응 공공서비스 조직은 세금이나 가입자 수수료로 얻은 수익으로 화재 진압 및 기타 비상대응 활동을 수행하는 데 필요한 장비 및 인원을 구비한다.

지역 사회는 비상사태로 인한 비용의 복구를 위해 필요한 법령을 제정해야 한다. 이러한 절차의 핵심은 단체(조직) 상황(활동) 일지 및 기타 추적 메커니즘을 통해 비용을 문서화하는 것이다.

종결(termination)

사고를 결론짓기 위해 사고현장 지휘관IC은 모든 전략적 목표가 달성되고 그로 인한 법적인 요구사항이 충족되었는지를 반드시 확인해야 한다. 문서화documentation, 분석analysis 및 평가evaluation가 반드시 완료되어야 한다. 종결 단계termination phase에는 두 가지 절차상 조치가 포함된다. 즉, **사후 검토(비평)**[10]와 사후 분석이다.

사후 검토(평가)(Postincident Critique)

'미 직업안전보건청OSHA(법령) Title 29 CFR 1910.120'은 대응(작전)상의 결함operational deficiency을 식별하고 실수로부터 배우기 위해 사고를 평가하도록critique 요구한다. 소방 및 비상대응 공공서비스fire and emergency services에 의해 수행된 모든 것에 대한 평가뿐만 아니라 위험물질 사고에 대한 평가는 사고 후 가능한 빨리 개최되어야 하며, 법집행기관, 공공 사업자 및 구급(응급의료서비스) 대응요원을 포함한 모든 대응요원이 참석해야 한다. 기타 행정 및 비상대응 기능과 마찬가지로 평가 목록에 대한 문서화는 참석한 개인뿐만 아니라 확인된 모든 대응상의 결함을 열거한다.

사후 분석(Postincident Analysis)

사후 분석[11] 절차는 운영 강도 및 약점과 관련된 추세를 파악하기 위해 사고 결과 보고debriefing, 사후 보고서post-incident report 및 평가critique에서 얻은 정보를 수집한다. 일단 동향이 확인되면 개선 권고recommendations for improvement가 내려진다.

이러한 분석을 하는 동안 권장 사항으로는 다음과 같은 몇 가지 범주가 포함될 수 있다.

- 대응상의 약점
- 훈련(교육) 필수 사항
- 필수적인 절차 변경 필요 사항
- 필요한 추가적인 자원
- 필요한 최신화 및/또는 필수적인 변화

사후 분석은 또한 다음을 포함한다.

- 개인의 노출(personal exposure)을 문서화하는 데 필요한 보고 절차 완수

---

10 **사후 검토(비평)(Postincident Critique)** : 대응 종결(종료) 단계(termination phase) 동안의 사고에 대한 검토(discussion)로 대응자(responder), 이해관계자(stakeholder) 및 지휘부 대원(요원)(command staff)이 성공적인 대응 측면과 개선할 수 있는 영역을 파악하는 내용이 포함된다.

11 **사후 분석(Postincident Analysis; PIA)** : 모든 대응 기관의 대원(요원)에게 의견을 포함한 사고의 개요(overview) 및 평가(critique)를 얻는다. 일반적으로 사고 발생 2주 이내에 실시한다. 훈련 환경에서는 교육 진행 중에 학생 및 교관의 성과를 평가하는 데 사용할 수 있다.

• 장비 노출(equipment exposure)

• 사고 보고서(incident report)

• 참모 분석 보고서(staff analysis report)

• 추가 고려를 위해 벤치마킹한 변화 또는 개선

• 후속 분석(follow-up analysis) 또는 훈련(교육)

사후 분석은 향상된 대응improved response의 기초를 제공한다. 따라서 성공적인 실행을 보장하기 위해 후속 분석follow-up analysis 또는 교육훈련training을 계획한다.

이 장에 제공된 정보를 복습하기 위해 다음 질문에 답해보시오.

1. 사고 관리를 시작하고 주요 책임 또는 활동을 파악하는 데 도움이 되는 국가사고관리체계-사고지휘체계(NIMS-ICS)의 5가지 주요 조직 기능을 나열하라.

2. 국가사고관리체계-사고지휘체계(NIMS-ICS)의 4가지 2차 조직 기능을 나열하고, 그것들의 주요 책임 또는 활동을 식별하라.

3. 일반적인 위험물질 대응목표 및 대응방법으로 할당할 수 있는 것은 무엇인가?

4. 사고 복구 및 사고 종결이 사고 평가에 도움이 될 수 있는 방법을 설명하라.

1단계: 방호(보호) 조치(protective action)를 취한다.

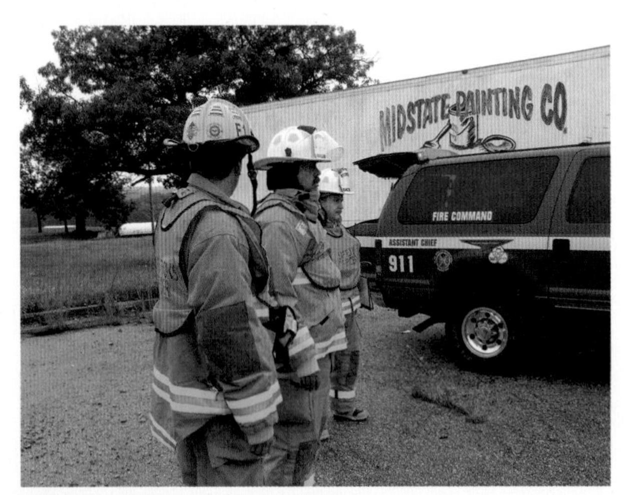

2단계: 사고관리체계(IMS)를 구축한다.

3단계: 사고대응계획(IAP)을 수립하고 실행한다.

4단계: 사고현장 통제(scene control)를 구축하고 확실시한다.

5단계: 개인보호장비를 선택하고 착용한다.

6단계: 노출된 것과 사람을 보호한다.

7단계: 안전 절차가 지켜지는지 확실히 한다.

8단계: 위험을 최소화하거나 피한다.

9단계: 잠재적 증거를 식별한다.

10단계: 잠재적 증거를 보존한다.

11단계: 과업을 완료한다.

1단계: 사고 상태(incident status)를 파악한다.

2단계: 사고대응계획(IAP)을 평가한다.

3단계: 대응목표(action objective)가 합당한지 여부를 파악한다.

4단계: 부여된 과업의 효율성을 평가한다.

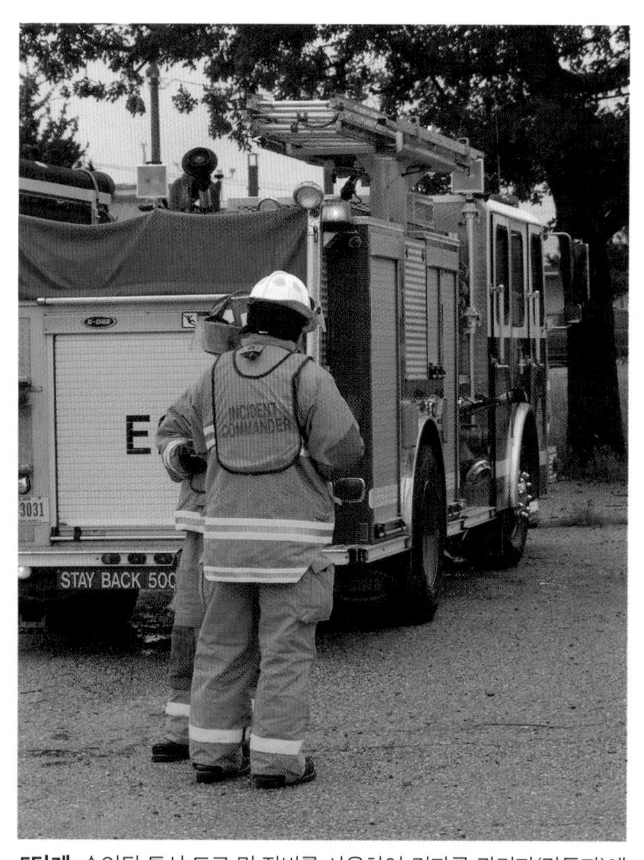

5단계: 승인된 통신 도구 및 장비를 사용하여 경과를 관리자(감독자)에게 알린다.

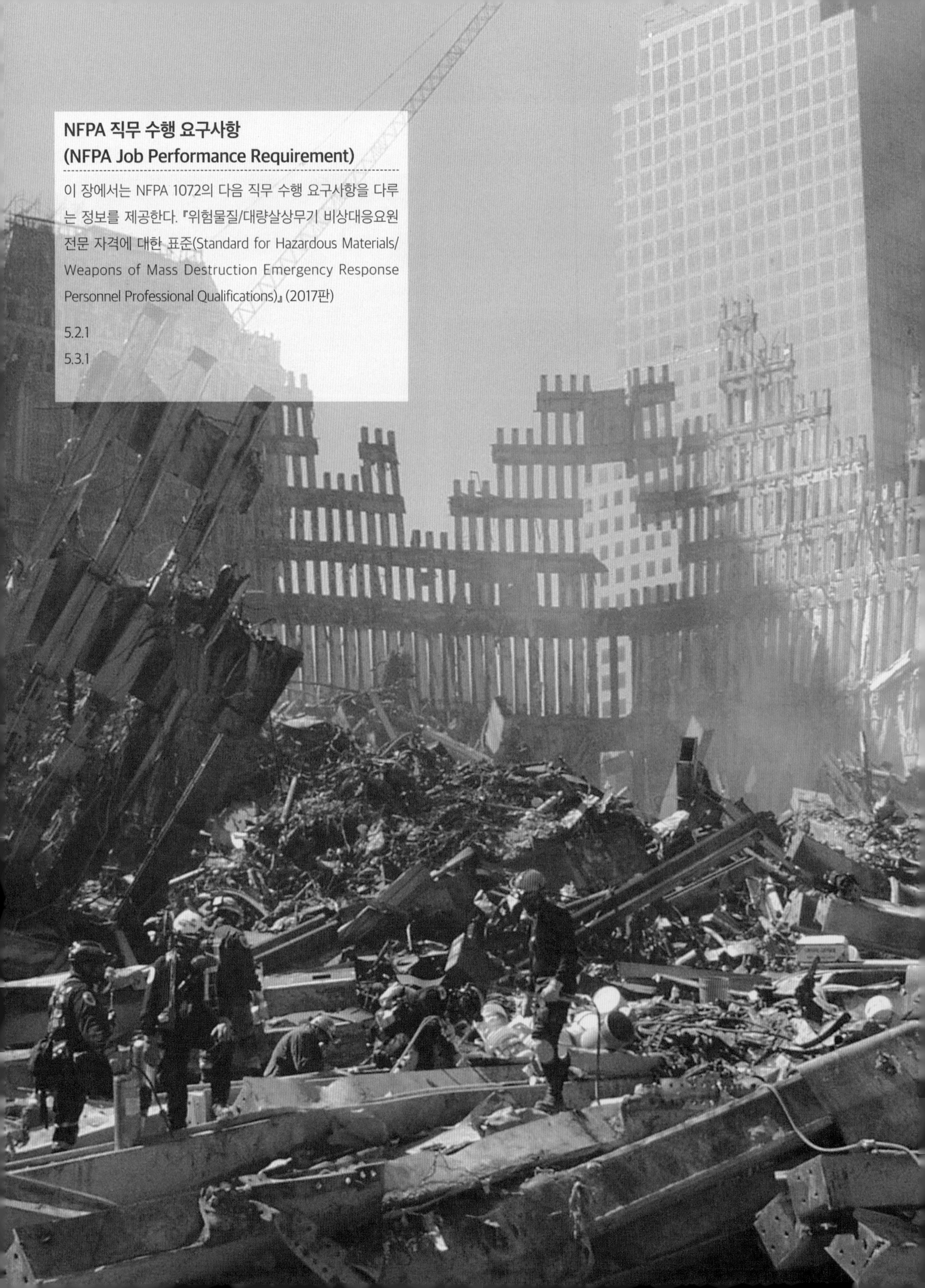

NFPA 직무 수행 요구사항 (NFPA Job Performance Requirement)

이 장에서는 NFPA 1072의 다음 직무 수행 요구사항을 다루는 정보를 제공한다.『위험물질/대량살상무기 비상대응요원 전문 자격에 대한 표준(Standard for Hazardous Materials/Weapons of Mass Destruction Emergency Response Personnel Professional Qualifications)』(2017판)

5.2.1

5.3.1

Chapter 8

대응 실행 : 테러 공격, 범죄 활동 및 재난

학습 목표

1. 테러를 정의한다(5.2.1).
2. 테러 공격을 식별하는 방법을 설명한다(5.2.1).
3. 테러 공격 시 사용될 수 있는 전술 범위를 설명하라(5.2.1).
4. 폭발물 공격 및 장치의 징후 및 유형을 식별한다(5.2.1).
5. 화학 공격의 징후 및 유형을 식별한다(5.2.1).
6. 생물학 공격의 징후 및 유형을 식별한다(5.2.1).
7. 가능한 방사능 공격의 징후 및 유형을 식별한다(5.2.1).
8. 불법 실험실에서 일반적인 위험을 확인한다(5.2.1).
9. 불법 위험물질 폐기를 식별한다(5.2.1).
10. 재난 발생 후 위험물질 대응(작전)을 기술한다(5.2.1).

이 장에서는

▷ 테러(Terrorism)란 무엇인가?
▷ 테러(terrorism) 및 비상대응(emergency response)
▷ 테러 전술(terrorist tactic) 및 공격 유형(types of attacks)
▷ 폭발물 공격(explosive attack)
▷ 화학 공격(chemical attack)
▷ 생물학 공격(biological attack)
▷ 방사능 공격(radiological attack)
▷ 불법 위험물질 폐기(illegal hazmat dump)
▷ 재난 중간 및 사후의 위험물질(hazmat during and after disaster)

테러란 무엇인가? What Is Terrorism?

테러리스트들은 세계 곳곳을 공격할 수 있는 지식과 능력을 가지고 있으며, 의도적으로 민간인이 있는 장소를 목표로 삼는다. 갈등을 겪고 있는 나라들이 특히 취약하기는 하지만, 모든 사회는 테러와 관련된 사고에 취약하다.

미 연방수사국은 미국정부기관을 대상으로 하는 미 본토에서의 테러에 대하여 조사하고 이를 예방하려고 힘쓰고 있다. 테러(테러리즘)의 정의에는 여러 가지가 있다. 그러나 미 연방수사국은 '정치적 또는 사회적 목표를 달성하기 위하여 정부, 민간의 모든 주민 또는 그 일부를 협박하거나 강압하기 위해 사람 또는 재산에 대한 무력 사용'을 테러로 정의한다. 이러한 정의에 따르면 모든 테러 활동은 다음의 세 가지의 개입을 공통적으로 갖는다.

1. 불법 활동(illegal activitiy)과 관련된 무력 사용
2. 협박(intimidation) 또는 강압(coercion)
3. 정치적 또는 사회적 목표(political or social objective) 지원

다른 정의에 따르면, 테러는 무력 사용을 요구하지 않을 수도 있다. 테러는 '정부나 사회를 강압하고 위협하기 위해 개인이나 재산에 대한 불법적 또는 위협적인 힘을 사용하는 것'으로 정의되며, 정치적, 종교적, 또는 사상적인 목적을 달성하기도 한다. 목표 달성을 위한 범죄의 협박적인 활동에 참여하느냐에 따라 결정은 테러 조직terrorist organization과 합법적인 조직legitimate organization이 분리된다. 그러나 합법적이든 그렇지 않든 간에 모든 조직은 정치적 또는 사회적 협의사항을 달성하기 위해 테러

그림 8.1 테러리스트들은 육지, 공중, 바다 어디든 취약이 발견된 곳이면 공격할 것이다. 테러리스트들은 예멘의 아덴 항에서 연료를 보급하면서 미 군함 콜호(USS Cole)를 공격했다. 미국 국방부(U.S. Department of Defense) 제공.

리스트의 수단에 의지할 수 있다. 테러리스트는 단체로 활동하거나 혼자 행동할 수 있다.

테러리스트 조직은 표적 주민target population들에게 감정적 영향emotional effect을 미칠 활동을 계획한다. 그들은 목표를 달성하기 위한 방법으로 그들의 공격과 요구에 반응하는 표적 주민을 원한다. 테러는 혼란disruption, 두려움fear 및 공황상태panic을 조성하기 위해 의도되었다. 테러리스트들은 자신들의 대의명분으로 주의를 끌고, 정부가 자신들의 요구를 받아들이도록 강요나 협박 또는 정부에 억압받는 대중이 반란을 일으키도록 유도할 수 있다.

테러는 막기가 어렵다. 안보 예방조치security precaution가 이뤄지고 공격attack이 예상되는 경우에도 그렇다. 테러 행위는 언제 어디서나 발생할 수 있다. 테러리스트들은 육지, 바다, 또는 공중의 표적을 공격할 것이다(그림 8.1). 어떠한 관할권(도시, 교외 또는 시골)도 테러 행위로부터 자유롭지 않다.

테러 및 비상대응

Terrorism and Emergency Response

대응의 초기 부분에서 비상대응요원은 사고가 테러 행위terrorist act인지 아니면 다른 것인지 알 수가 없을 것이다. 모든 사고(테러 등)는 생명 안전life safety, 사고 안정화incident stabilization 및 재산과 환경 보호protecting property and the environment 순서의 동일한 우선순위를 가진다. 동일한 사고관리체계가 모든 작전(대응)에 적용된다. 비상대응요원은 항상 현장에 가장 먼저 도착할 것이며, 사고현장을 관리하기 위해 기존의 전략과 전술을 고려하여 대응할 것이다. 대응요원은 스스로와 대중의 안전과 보호를 보장하기 위해 동일한 위험 기반 대응 절차risk-based response procedure를 사용할 것이다. 사고의 규모와 유형은 대응을 관리하는 방식에 핵심적인 역할을 한다. 대응요원이 사고를 테러리스트 공격으로 식별하기까지는 다소 시간이 걸릴 수 있다.

많은 비상대응 조직emergency response organization은 테러리스트 사고terrorist incident에 효과적인 기타 재난에 대비한 보급품, 장비 및 비상대응계획을 가지고 있을 수 있다. 불법 마약 실험 대응illicit drug lab response 및 기타 위험물질 사고에 사용되는 개인보호장비PPE는 연관된 물질에 따라 테러리스트 사고terrorist incident에서도 보호장비로 사용될 수 있다. 마찬가지로 제독용 텐트, 트레일러 및 장비는 위험물질 사고와 같이 테러리스트 사고에서 동일한 목적으로 사용될 수 있다. 대응요원은 테러 사고 발생 시 만들어진 조건에 맞게 기존의 대피 계획을 조정할 수 있다.

표적과 비표적 사고 (Targeted Versus Nontargeted Incident)

많은 유사점에도 불구하고 테러리스트 사고terrorist incident와 기타 비상 상황 사이에는 중요한 차이점이 있다. 비표적 비상 상황과 표적 공격의 차이점은 다음과 같다.

- **의도(Intent)** 테러 행위는 손상을 입히고, 해를 가하고, 죽이기 위한 것이다. 테러리스트는 명확하게 대중, 초동대응자, 또는 양쪽 모두를 표적으로 삼는다. 대부분의 기타 비상 사고는 본질적으로 범죄가 아니다. 2차 공격(secondary attack)은 모든 대상을 목표로 삼으며 의도와 상관없이 광범위한 위해를 초래할 수 있는 고의적인 위험물질을 유출하는 것이다.
- **심각성(Severity) 및 복잡성(Complexity)** 테러리스트 사고는 많은 사상사를 수반할 수 있다. 초동대응자가 거의 경험하지 못한 방사성 물질과 같은 물질이 포함될 수 있다. 환자를 다루는 데 따른 교차(2차) 오염(secondary contamination)이 위험을 초래할 수 있다. 구조적 붕괴 및 기타 위험이 초기 공격 이후 크게 발생할 수 있다. 사고현장 확보(securing the scene) 및 사고관리(managing the incident)와 같은 문제는 대규모 지역이 연관되어 특히 복잡하고 어려울 수 있다(그림 8.2).
- **범죄 현장 관리(Crime Scene Management)** 테러리스트 사고에서 대응요원은 증거를 보존하고 법집행기관에 가능한 한 빨리 증거를 전달해야 한다(그림 8.3). 대응요원은 신속하게 테러 공격을 인식(식별)해야 한다. 신속하게 행동하지 않으면, 귀중한 정보가 손실되거나 실수로 파괴될 수 있다. 증거 보존은 14장에서 설명한다.
- **지휘 구조(Command Structure)** 대부분의 테러 사고에는 통합 지휘 구조(unified command structure)가 필요하다. 법집행기관은 테러와 관련된 모든 사고(사건)에 대해 관할권(jurisdiction)을 갖는다.

그림 8.2 테러 공격 사고현장은 대응요원들에게는 매우 위험할 수 있다. 미 연방비상관리국 뉴스 사진(FEMA News Photos)제공(Mike Rieger 사진 촬영).

그림 8.3 대응요원은 반드시 잠재적 증거를 인식하여야 하며, 가능한 경우 그것을 어지럽히지 않도록 해야 한다. 미국 해군(U.S. Navy)[1등급 기자(Journalist 1st Class) Mark D. Faram 사진 촬영] 제공.

중점사항

표적 vs. 비표적 사고

표적 사고(targeted incident)와 비표적 사고(non-targeted incident)의 차이점은 '초동대응자의 대응 범위'를 벗어난다. 사고가 테러를 조장하기 위해 의도된 것인지 여부를 초등대응자가 결정할 필요는 없다. 대신에 초동대응자는 위험 구역이 어디인지, 누가 위험에 처해 있는지, 어떻게 위험으로부터 사람들을 안전하게 구조할 것인지를 결정해야 한다.

사고가 돌발적인 사고로 발생했는지 아니면 범죄의 의도로 발생했는지에 관계없이, 모든 위험물질 대응은 모든 위험을 고려하고 평가한다. 정보가 수집되고 사고가 조사될 때 기억되는 범주는 바뀔 것이다. 그러나 사고현장의 위험은 당신이 생각하는 것과 상관없이 실시간으로 나타난다.

테러리스트 공격의 식별 (Identification of Terrorist Attack)

다음은 테러리스트의 공격terrorist attack일 가능성으로 보이는 몇 가지 신호의 예이다.

- 쇼핑몰, 교통의 요지, 대중교통 시스템, 사무실 빌딩, 집회 점거 또는 기타 공공건물과 같은 공공장소에서 두 개 이상의 의료 응급상황에 대한 보고
- 유사한 의료 징후와 증상을 가지고 의사의 진료실(physician's office)이나 의료 응급실에 당도하는 비정상적으로 많은 사람들
- 영화극장, 백화점, 사무실 빌딩, 정부 청사, 또는 역사적 상징적 의미(중요도)가 있는 장소에서의 폭발 발생 보고

추가 정보는 공격 유형에 대한 단서를 제공할 수 있다. CBRNE[1] 공격[화학, 생물학, 방사능(방사선학), 핵 및 폭발물 공격]에는 각각 고유한 징후unique indicator가 있다(표 8.1). 탐지 및 식별 장치는 사고현장에 이러한 물질이 있는지 여부를 파악하는 데 중요한 역할을 한다. 사고에서 범죄 또는 테러리스트 활동이 의심되는 경우, 초동대응자는 즉시 해당 정보를 법집행기관에 전달해야 한다.

표 8.1
테러리스트 공격 요약

화학 공격(Chemical Attack)	생물 공격(Biological Attack)
• 집중된 지역 안에 피해자들 존재 • 즉각적인 증상(symptoms immediate)(노출 후 수초에서 수시간) • 매우 비슷한 증상(symptom)[SLUDGEM; 타액분비, 눈물, 배뇨, 배변, 속쓰림, 구토, 동공수축임의 약어-역주] • 화학물질 잔류물(chemical residue), 죽은 잎(dead foliage), 죽은 동물/곤충 및 매운 냄새(pungent odor)와 같은 관찰 가능한 특징이 있을 수 있음	• 피해자가 넓은 지역에 퍼져 있음 • 증상이 지연되어 나타남(노출 후 며칠에서 몇 주 후에 관찰) • 모호하며 독감같은 증상(flu-like symptoms) • 관찰 가능한 특징이 없음
폭발물 공격(Explosive Attack)	**방사능 공격(Radiological Attack)**
• 자명한 폭발 흔적[파편 장소(debris field), 화재 등] • 집중된 지역 안에 피해자(victim) 존재 • 역학적 및 열 손상(mechanical and thermal injurie) • 잠재적인 방사선 및 화학 작용제의 위험- 양쪽 모두에 대한 탐지가 필요함	• 자명한 폭발 흔적[파편 장소, 화재 등] • 집중된 지역 안에 피해자 존재 • 초기에는 역학적 및 열 손상이 나타나며, 방사선학적 증상(radiological symptom)은 (있다면) 지연되어 나타날 것이다. • 탐지를 통해 방사선이 탐지됨

1 CBRNE : 화학(Chemical), 생물(학)(Biological), 방사능(방사선학)(Radiological), 핵(Nuclear) 및 폭발물(Explosives)의 약어(abbreviation). 이러한 분류들은 종종 대량살상무기(WMDs) 및 기타 위험물질 특성을 설명하는 데 사용된다.

테러 전술 및 공격 유형

Terrorist Tactic and Type of Attack

전통적 테러 전술traditional terrorist tactic에는 암살assassination, 무장공격armed assault, 폭파bombing(자살 폭탄suicide bombing 포함)가 포함된다. 일부 재래식 공격은 대량살상무기WMD의 사용으로 만들어진 피해와 동일하거나 그것을 초과하는 파괴적인 효과를 가져올 수 있다. 예를 들어, 정치 지도자의 암살은 정권의 안정에 영향을 미칠 수 있으며, 재래식 무기의 사용은 공동체의 대응 역량을 초과하는 대량의 사상자 및 파괴mass casualty and destruction를 초래할 수 있다. **사이버 테러**[2]와 **농산물 테러**[3](농업 테러agricultural terrorism라고도 함)와 같은 새로운 전술은 컴퓨터/네트워크 보안 및 식량 공급에 위협이 되고 있다.

잠재적인 테러리스트 표적(Potential Terrorist Target)

특정 점유지는 다른 곳들보다 테러리스트 표적terrorist target이 될 가능성이 더 크다. 테러리스트들은 가장 큰 피해를 줄 수 있는 장소를 공격의 표적으로 삼을 가능성이 높다.

---

2 **사이버 테러(Cyber Terrorism)** : 정보(information), 컴퓨터 시스템(computer system), 컴퓨터 프로그램(computer program) 및 데이터(data)에 대한 계획적이고 정치적으로 동기부여된 공격으로, 하위국가 집단(subnational group)이나 비밀 요원(clandestine agent)에 의한 비전투원 목표(표적)(noncombatant target)에 대한 폭력(violence)을 초래한다.

3 **농산물 테러(Agroterrorism)** : 식량 공급(food supply)이나 가축(livestock)과 같은 농업(agriculture)에 대한 테러리스트 공격(terrorist attack)

테러리스트의 공격의 예는 다음과 같다.

- 사람을 죽이거나 상해 입히기
- 공황 및/또는 혼란을 야기함
- 경제에 손상 입히기
- 재산 파괴하기
- 지역 사회의 혼란

가능한 한 많은 사람들을 죽이는 것이 목표인 경우 축구 경기장, 스포츠 경기장, 극장, 쇼핑몰과 같은 대중이 대규모로 모이는 장소나 점유지가 잠재적 표적이 될 수 있다. 테러리스트들은 또한 지역 기념물, 고층 건물, 또는 교통량이 많은 다리와 같은 역사적, 경제적, 또는 상징적 의미가 있는 장소를 표적으로 삼을 수 있다. 잠재적인 테러리스트 표적의 예는 다음과 같다.

- **대중교통** 공항, 여객선 터미널 및 건물, 해상 항구 시설, 비행기, 지하철, 버스, 통근 열차 및 대중교통 역
- **기간시설** 댐, 수처리시설, 발전소, 전기변전소, 원자력발전소, 해저 케이블 이음매(trans-oceanic cable landing), 통신 교환국[텔레콤 호텔(통신장비만 설치된 건물 — 역주)], 금융기관, 철도 및 도로 교량, 터널, 제방, 액화 천연가스(LNG) 터미널, 천연가스(NG) 압축소(compressor station), 석유 펌프장(petroleum pumping station) 및 석유 저장 탱크 집합 지역(petroleum storage tank farm)
- **다중이용 및 레크레이션 지역** 컨벤션센터, 호텔, 카지노, 쇼핑몰, 경기장, 테마파크
- **고층건물 및 장소** 역사적 또는 국가적 중요성을 지닌 기념물, 건물/구조물
- **공장지대** 화학 제조 공장, 선적 시설 및 창고
- **교육시설** 대학, 대학교, 지역 전문대학, 직업/훈련 시설(vocational/training facility), 초등 및 중등학교
- **의료 및 과학시설** 병원, 진료소, 핵연구실험실, 기타 연구시설, 무동력 원자로 및 국가의료 비축 기지

잠재적으로 테러리스트가 활동할 가능성이 있으므로 위와 같은 점유지에서 보고된 사고를 면밀히 조사한다. 테러가 의심되는 경우 즉시 법집행기관에 알린다.

테러의 확장(Expansion of Terrorism)

전문가들은 테러리스트들이 대량살상무기WMD 사용을 포함하여 전술을 확장할 수 있는 수단이 있음을 두려워하고 있다. 미국정부(미국 법전, Title 50, Chapter 40, Section 2302, Title 18, Part I, Chapter 113B, Section 2332a)에 따르면, 대량살상무기weapon of mass destruction라는 용어는 유출release, 유포dissemination, 충격impact 중 하나의 수단을 통해 많은 사람들을 사망케 하거나 신체에 심각한 상해를 유발시킬 수 있는 능력을 의도하거나 가지고 있는 무기weapon 또는 장치device를 의미한다.

- 독성물질(toxic) 또는 독성 화학물질(poisonous chemical) 또는 그 전구체(precursor)
- 질병 유기체(disease organism)
- 방사선(radiation) 또는 방사능(radioactivity)

또한 미국 법전의 다른 부분에는 대량살상무기의 정의에서 폭발물explosives 및 소이탄incendiary device이 포함된다.

정보(Information)

WMD(대량살상무기)에 대한 다른 두문자어들

이 장에서는 CBRNE 두문자어(acronym)에 기반한 공격의 유형에 대해 설명하지만, 다른 조직에서는 본질적으로 동일한 것을 나타내는 데 있어 다른 두문자어를 사용할 수 있다. 이러한 용어들로는 COBRA[화학(Chemical), 군수품(Ordinace), 생물(학)(Biological), 방사능(방사선선학)(Radiological) 작용제(Agent)], B-NICE[생물(학)(Biological), 핵(Nuclear), 소이탄(Incendiary), 화학(Chemical), 폭발물(Explosives)] 및 NBC[핵(Nuclear), 생물(학)(Biological), 화학(Chemical)] 등이 있다. 이 매뉴얼에서는 화학(Chemical), 생물학(Biological) 및 방사능(방사선학)(Radiological) 공격을 설명할 때는 종종 화생방 물질(CBR material)을 언급한다.

많은 대량살상무기WMD를 성공적으로 배치하기 전에 극복해야 할 중요한 장애물들이 있다. 일부는 저장이 어려워서 아주 빨리 사용해야 한다. 보툴리늄 독소botulism toxin와 같은 물질들은 온도가 조절되는 환경에서 보관해야 한다. 이러한 문제는 대

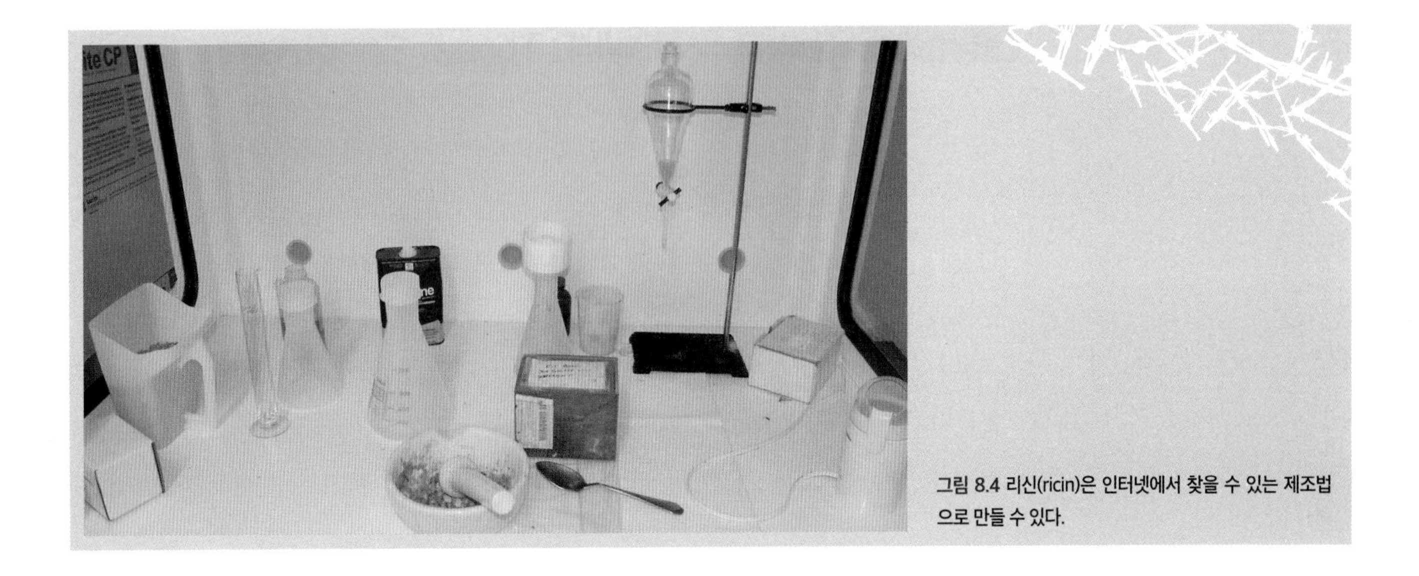

그림 8.4 리신(ricin)은 인터넷에서 찾을 수 있는 제조법으로 만들 수 있다.

량살상무기 생산에 장벽이 되고 있다. 예를 들어, 고도로 정교한 무기를 생산하려면 높은 수준의 자원과 지식이 필요하다. 따라서 대량 생산된 대량살상무기WMD 작용제의 가장 큰 위협은 고립된 테러리스트 집단이 아닌 국가나 조직에서 인프라와 재정 및 과학 지식을 제공함으로써 발생한다. 심지어는 필요한 자원을 보유한 조직도 대량살상무기를 쉽게 생산할 수 없다. 수십 년 동안 대량살상무기WMD는 통제불가의 조건에서는 만들기가 어려웠다. 하지만 불행히도 기술이 진화하면서 이러한 종류의 위험이 더 많이 퍼질 수 있게 되었다. 일부 대량살상무기는 다음과 같이 상대적으로 쉽게 생산 및/또는 획득된다.

- **리신(Ricin)** 캐스터 콩(castor bean)으로 만든 생물학적 독소(biological toxin). 독소(toxin)를 만들기 위한 제조법(recipe)은 인터넷에서 찾을 수 있다(그림 8.4).
- **트리아세톤 트리페록사이드**[4] 고가의 실험실 장비없이 일반 가정용 제품으로 만들 수 있는 폭발물
- **구제역(Foot-and-mouth disease)** 사실상 자연적 저장기(natural reservoir)가 있는 생물 농업의 위협적인 존재(biological agricultural threat)
- **방사성(방사선학) 물질(radiological material)** 다양하게 접근 가능한 의료계 및 건설계의 원천으로부터 해당 물질을 훔치거나 획득할 수 있다.
- **독성산업 화학물질(toxic industrial chemical)** 화학물질(chemical)은 모든 관할권에서 사용할 수 있다.

---

4 **트리아세톤 트리페록사이드(Triactone Triperoxide; TATP)** : TATP(Triacetone triperoxide)는 전형적으로 독특한 냄새[표백제(bleach)]가 있는 백색 결정성 분말이며, 황색에서 백색까지 다양하다. Hexamethylene triperoxide diamine(HMTD)와 유사하다

대량살상무기 위협 영역(WMD Threat Spectrum)

전문가들은 초동대응자가 마주할 가능성이 가장 높은 대량살상무기의 유형에 대한 합의에 도달하지 못했다. 그러나 부품의 가용성, 생산의 상대적 용이성 및 배치 용이성을 감안할 때, 다음 목록은 대량살상무기로 사용될 가능성이 가장 높은 것으로부터 가장 낮은 것의 유력한 위협 영역이다.

1. **폭발물(Explosives)** 급조폭발물(IEDs), 차량 폭탄(vehicle bomb), 자살폭탄범(suicide bomber)과 같은 것들이다. 또한 산업화학 물질(industrial chemical), 생물학 물질(biological material), 또는 방사성(방사선학적) 물질(radiological material)과 같은 기타 물질과 잠재적으로 결합된 폭발물이다(그림 8.5)
2. **생물학 독소(Biological toxin)** 리신(ricin)과 같은 것들이다.
3. **산업화학 물질(Industrial chemical)** 염소(chlorine) 및 포스겐(phosgene)과 같은 것들이다.
4. **생물학 병원균(Biological pathogen)** 전염병(contagious disease)과 같은 것들이다.
5. **방사성 물질(Radiological material)** 방사성 물질 확산 장치(radiological dispersal device)에 사용되는 물질과 같은 것들이다.
6. **군사 등급의 화학 무기(Military-grade chemical weapons)** 신경작용제(nerve agent)와 같은 것들이다.
7. **핵무기(Nuclear weapon)** 핵폭탄(nuclear bomb)과 같은 것들이다.

참고

납치, 저격 공격 및/또는 총격과 같은 재래식 공격 역시 가능성이 높지만, 이 목록의 목적상 대량살상무기 위협(WMD threat)으로 간주되지는 않는다.

폭발물과 재래식 공격conventional attack은 테러리스트들의 무기 선택이었으며, 대부분의 전문가들은 폭발물이 오늘날 가장 큰 대량살상무기 위협WMD threat이라는 데 동의한다. 이 매뉴얼에서는 다음과 같은 순서로 테러의 위협을 설명할 것이다.

그림 8.5 폭발물은 기타 대량살상무기(WMD)보다 더욱 일반적으로 사용된다.

- 폭발물 공격(explosive attack)
- 화학 공격(chemical attack)
- 생물 공격(biological attack)
- 방사능 및 핵 공격(radiological and nuclear attack)

안전 경고(Safety Alert)

대량살상무기 위협의 랭킹

어떤 유형의 테러리스트 또는 대량살상무기 공격이 어떤 빈도로 발생할지 예측할 수 있는 방법은 없다. 여러 조직에서 이러한 주제를 가르치는 방법을 안내하는 체계(framwork)를 개발했지만, 하나의 체계가 다른 어떤 것들보다 더 정확하지는 않다.

2차 공격 및 부비트랩(Secondary Attack and Booby Trap)

테러 공격terrorist attack이나 불법 실험실illicit laboratory에서 2차 장치secondary device를 사용하는 것은 언제나 가능하다. 2차 장치는 종종 더 많은 혼란을 만들고, 대응요원과 방관자를 다치게 하고, 진행 중인 비상대응에 영향을 주기 위해 만들어진다.

부비트랩booby trap은 불법 실험실을 보호하기 위해 설치될 수 있다(그림 8.6). 일반적으로 2차 장치는 일종의 폭발물이며, 급조폭발물IED에 가장 가깝다. 다른 무기를 이용하는 부비트랩도 가능하며, 일부는 화학, 생물학, 또는 방사성 물질을 사용하기도 하고, 일부 사람들은 뱀이나 감시견 같은 동물을 사용하기도 한다. 2차 장치는 비상대응요원을 주요 공격 지역으로부터 멀리 떨어지도록 하는 주의전환(양동) 전술diversionary tactic로 사용될 수도 있다.

그림 8.6 이러한 산성 용액이 담긴 병(acid jar)과 같은 부비트랩이 불법 실험실을 보호하기 위해 설치될 수 있다. 2차 장치는 테러리스트 공격 시 대응요원을 죽이거나 손상시킬 수 있다.

2차 장치는 숨기거나 위장된다. 지연식time delay으로 장치를 기폭시킬 수 있지만, 무선 작동식radio-controlled 및 휴대폰 작동식cell-phone-activated과 같은 기타 장치도 사용된다. 어떤 경우에는

주의(CAUTION)

한 장치(one device)가 발견되거나 폭발하면, 항상 또 다른 장치(another device)가 있을 것이라고 생각해야 한다.

아주 잘 보이는 급조폭발물IED을 이용하여 눈에 잘 띄지 않는 급조폭발물IED이 숨겨진 특정 구역으로 대원(인원)을 유인하기도 한다. 부비트랩이나 2차 장치가 발견되거나 의심되는 경우에는 법집행기관 또는 폭발물 처리반EOD/폭탄 처리반 요원에게 연락한다.

있을 수 있는 2차 장치로부터 보호하려면 다음 지침을 따른다.

- 의심스러운 사건이 발생했을 때에는 항상 2차 장치의 존재를 예상한다.
- 사고현장으로 이동하기 전에 2차 장치(또는 의심스러운 모든 것)를 시각적으로 검색한다.
- 추가 장치가 없다는 것을 검사하여 확인하기 전까지는 중요한 작업(구조 등)을 수행하는 비상대응요원의 수를 제한한다.
- 폭발성 장치를 은폐할 수 있는 물건(배낭 및 지갑과 같은 물품 포함)을 만지거나 옮기지 않는다.
- 경계선 및 사고현장 통제 구역을 사용하여 사고현장을 관리한다.
- 피해자와 불필요한 인원을 최대한 빨리 대피시킨다.
- 증거 수집과 수사를 위해 최대한 사고현장을 보존한다.

경고(WARNING!)

의심스러운 물건에 접근하거나 옮기지 마라. 적절한 인원(법집행기관/폭발물 처리반/폭탄 처리반 대원)에게 알리고 즉시 대피하라.

2차 장치와 부비트랩은 사실상 거의 모든 것으로 위장될 수 있으므로, 대응요원은 상황에 맞지 않아 보이는 것을 찾아내야만 한다(그림 8.7). 의심스러운 것이 발견되면 대응자는 해당 품목을 기록하고, 주의를 기울여 해당 품목을 취급하고, 적절한 요원(법집행기관law enforcement/폭발물 처리반EOD/폭탄 처리반 요원bomb squad personnel)에게 알린다. 그리고 즉시 그 지역에 있는 사람들을 대피시켜야 한다. 다음을 포함하여 호기심을 일으키는 모든 품목에 주의한다.

- 미지의 액체 또는 물질이 든 용기
- 다음과 같은 전자 부품이 있는 생소한 장치 또는 용기
  - 와이어
  - 회로기판
  - 핸드폰
  - 안테나
  - 부착되거나 노출되어 있는 기타 품목
- 다음의 품목이 다량(다수) 든 장치
  - 퓨즈(fuse)
  - 폭죽(firework)
  - 성냥 머리 부분
  - 흑색 화약(black powder)
  - 무연의(연기가 없는) 분말(smokeless powder)
  - 소이성 물질(incendiary material)
  - 기타 생소한 물질들

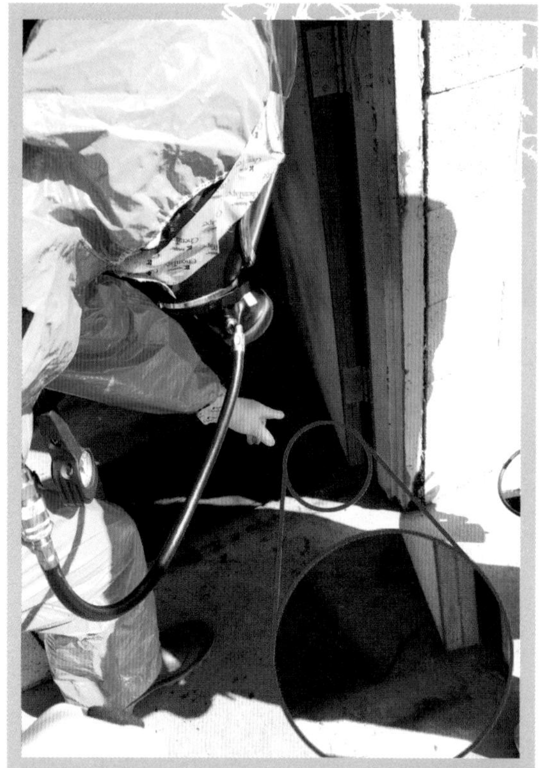

그림 8.7 부비트랩 및 2차 장치를 숨길 수도 있다. 따라서 대응요원은 바닥 매트 아래로 이어져 있는 이러한 와이어와 같은 상황에 맞지 않아 보이는 것을 찾아야 한다.

그림 8.8 이 복제품은 이스라엘에서 '기타 IED'에서 파편으로 사용된 견과류와 깨진 유리를 보여준다.

- 날카로운 파편으로 사용될 수 있는 물품에 부착되어 있거나 그 주변에 있는 못, 볼트, 드릴용 날 및 대리석과 같은 물질로 둘러싸인 물건(그림 8.8).
- 뇌관(blasting cap), 기폭선(detonation cord, detcord), 군용 폭발물(military explosives), 상용 폭발물(commercial explosives) 및 수류탄(grenade)과 같은 군수품
- 컨테이너 위의 면도날 및 철사로 만든 덫과 같은 장치 또는 핸들, 밸브, 사다리 또는 위치 상의 기타 품목
- 전기가 연결되어 전원이 공급되는 노출되어 있는 전기 배선 또는 금속 면
- 위의 설명한 항목들이 조합된 모든 형태

폭발물 공격

Explosive Attack

폭발물 장치explosives device는 수제 파이프 폭탄homemade pipe bomb부터 정교한 군사 무기military ordnance에 이르기까지 무엇이든 될 수 있다. 예를 들어, 168명이 사망하고 많은 사람들이 부상당한 1995년 4월 19일 오클라호마 시티Oklahoma City의 머라 연방 건물 외곽에서 폭발된 트럭 폭탄truck bomb 사고는 단순한 자원의 잠재적 파괴력에 대한 증거가 되었다. 이 절에서는 폭발물 공격에 대해 설명한다.

폭발물/소이탄 공격 징후 (Explosive/Incendiary Attack Indicator)

테러리스트 공격의 대부분은 폭발물explosive 및 소이탄 장치incendiary device의 사용과 관련되며, 일반적으로는 재래식 공격conventional attack으로 간주된다(그림 8.9). 그러나 점유한 건물을 파괴하는 차량 폭탄car bomb 또는 트럭 폭탄truck bomb과 같은 폭발물이 다수의 사상자를 발생시키기 위해 사용되었다면, 이는 대량살상무기WMD로 분류될 수 있다. 폭발물은 또한 화학, 생물학 및 방사선학 물질을 확산시키기 위해 사용될 수도 있다.

폭발물/소이탄 공격의 징후는 다음과 같다.

- 공격의 경고, 위협 또는 수집된 정보
- 폭발의 보고

- 폭발
- 촉매 냄새(accelerant odor)[휘발유(gasoline)]
- 다수의 화재 또는 폭발
- 소이탄 장치(incendiary device) 또는 폭탄 구성요소[예를 들면, 화염병(molotov cocktail)의 깨진 유리 또는 자동차 폭탄(car bomb)의 잔해]
- 예상과 다른 심한 연소 또는 고온
- 비정상적으로 빠르게 불타는 화재
- 비정상적인 색의 연기(smoke) 또는 화염(flame)
- 비정상적인 장소에 있는 프로판(propane) 또는 기타 인화성 기체(flammable gas) 실린더
- 내버려둔 짐, 백팩, 또는 교통량이 많은 장소/공공장소에 남겨진 물건(object)
- 파편화 손상/부상(fragmentation damage/injury)
- 기체 폭발(gas explosion) 중 일반적으로 나타나는 수준을 초과하는 손상으로 산산이 부서진 철근 콘크리트 또는 드러난 구부러진 구조용 강철(그림 8.10).
- 폭발에 의한 큰 구멍(crater)
- 파편으로 사용되는 너트, 볼트 및/또는 못과 같은 작은 금속 물체의 산재

그림 8.9 대부분의 테러 공격은 이 사진에서 보이는 급조 폭발물(IED)과 같은 폭발물 및 소이탄과 같은 재래식 무기를 사용한다. 미국 국방부(U.S. Department of Defense) 제공.

그림 8.10 자동차 및 트럭 폭탄(car and truck bomb)은 우발적 기체 폭발(gas explosion)보다 더 큰 피해를 줄 수 있다. 이들의 징후로는 산산이 부서진 철근 콘크리트 및 구부러진 구조용 강철이 드러난다. 미 공군(U.S. Air Force) 제공 [상병(Senior Airman) Sean Worrell 사진 촬영].

폭발 분석(Anatomy of an Explosion)

폭발성explosive(또는 에너지energetic) 물질은 어떤 형태의 에너지를 받았을 때 극도로 빠르게 자체전파반응self-propagating reaction을 일으키는 물질material 또는 혼합물mixture이다(그림 8.11 a 및 b). 4장에서 설명한 것처럼 폭발성 물질은 산화제 성분oxidizing component과 연료 성분fuel component이 결합되었을 때 반응한다.

폭발은 급격하게 팽창하는 기체를 방출하는 물질이 물리적 또는 화학적 반응을

그림 8.11 a 및 b 흑색 화약(a)과 TNT(b)는 각각 저성능 폭발물과 고성능 폭발물의 예이다.

겪을 때 발생한다. 이러한 기체들은 거의 순간적으로 형성된다. 팽창하는 기체의 압력은 주위 대기를 때로는 가시적인 충격파 전면visible shock front으로 압축하여 폭발 지점에서 바깥쪽으로 확장시킨다. 형성된 압력파pressure wave는 그 경로상의 거의 모든 것을 파괴할 수 있다.

폭발 압력파blast-pressure wave에는 실제로 양압(정압) 단계positive-pressure phase와 음압(부압) 단계negative-pressure phase(때로 흡입 단계suction phase라고 함)의 두 단계가 있다. 두 단계 모두 손상을 초래한다.

양압(정압) 단계에서는 다음이 발생한다.

- 충격파 전면(shockwave front)은 양압파를 이끌며, 그 경로상의 모든 것을 타격한다.
- 양압파는 에너지가 감소할 때까지 확장 반경 안에서 바깥쪽으로 계속된다.
- 에너지는 거리 때문에 또는 경로상에 서있는 물체(예를 들면, 건물)로 전파되기 때문에 소멸한다.

초기 팽창 에너지initial expansion energy가 소실된 이후 다음의 것들이 발생하면 음압(부압)negative 또는 흡입sunction 단계가 발생한다.

- 양압파로 인해 밀려난 대기는 다시 폭발의 중심에 발생하게 된 진공을 채우기 위해 쇄도한다. 이러한 공기의 쇄도는 양압파와 같은 정도는 아니지만 역시 파괴적인 힘을 가지고 있다.
- 초기 폭발로 손상된 구조물은 부압(정압) 단계에서 더욱 손상될 수 있다.
- 폭발의 음압 단계는 양압 단계보다 약 3배 더 오래 지속된다.

4장에서 설명한 것처럼 폭발의 여러 구성요소가 파괴를 일으킨다. 폭발 압력 단계blast pressure phase는 이러한 구성요소들 중 하나 일뿐이다. 에너지가 급속하게 방출되면위험 구역은 작은 지역으로 한정되거나, 블록 단위로 확장될 수도 있다. 폭발은 또한 유리 깨짐 및 구조적 붕괴structural collapse 정도와 같은 2차적인 위험을 초래할 수도 있다.

그림 8.12 C3는 플라스틱 폭발물이다.

폭발물의 분류(Classification of Explosives)

가장 일반적으로 폭발물은 화학반응chemical reaction 또는 분해 속도rate of decomposition에 따라 분류된다. 폭발물 공격에는 오직 '구분 1.1Division 1.1 및 구분 1.4Division 1.4 폭발물'만 사용된다. 일반적으로 고성능 폭발물high explosives은 저성능 폭발물low explosives보다 소리와 크기에서 더욱 큰 효과를 만들어낸다.

그림 8.13 TNT는 음속보다 빠른 폭굉을 일으킨다.

고성능 폭발물(High Explosives)

고성능 폭발물[5]은 음속보다도 빠른 속도의 **폭굉**[6] 중에 빠르게 거의 순간적으로 분해된다. 고성능 폭발물은 미 교통부 구분 1.1Division 1.1로 표기된다.

합법적인 구매가 가능한 고성능 폭발물의 예는 다음과 같다.

- C4 및 C3과 같은 플라스틱 폭발물(plastic explosives)(그림 8.12)
- 니트로글리세린(nitroglycerin)
- TNT(그림 8.13)
- 뇌관(blasting cap)
- 다이너마이트
- **ANFO 폭발물**[7] 및 폭약(blasting agent)(그림 8.14)

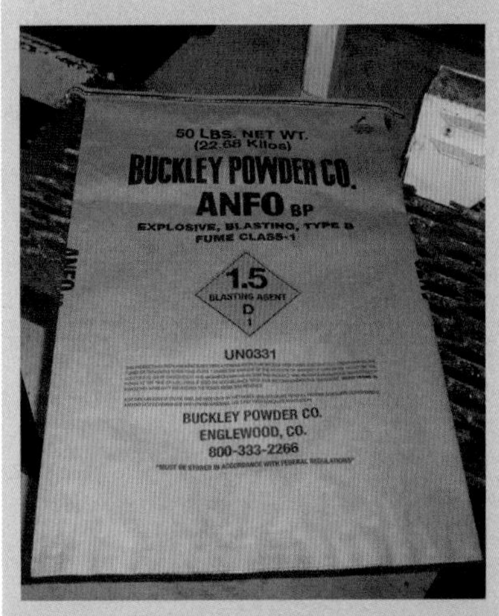

그림 8.14 ANFO 폭발물(ANFO)은 합법적으로 구매할 수 있다. 텍사스 소방 위원회(Texas Commission on Fire Protection)의 David Alexander 제공.

---

5 **고성능 폭발물(High Explosives)** : 극도의 빠른 속도로 분해되며(거의 순간적으로), 폭발 속도(detonation velocity)가 음속(speed of sound)보다 빠른 폭발물임

6 **폭굉(Detonation)** : 음속(speed of sound)보다 빠르게 이동하는 에너지 전단(energy front)을 가진 폭발(explosion)

7 **ANFO 폭발물(Ammonium Nitrate and Fuel Oil; ANFO)** : 디젤 연료(diesel fuel) 또는 석유(oil)와 혼합된 일반적인 비료(fertilizer)로 만들어진 고성능 폭약(high explosive blasting agent)으로 폭발을 시작하려면 보조 장약(booster)이 필요함

저성능 폭발물(Low Explosives)

저성능 폭발물[8]은 급속히 분해되지만, 밀폐되어 있지 않으면 폭발 효과explosive effect가 발생하지 않는다. 즉, 음속보다 느린 속도로 **폭연**[9]을 일으킨다. 작은 공간이나 컨테이너에 밀폐된 저성능 폭발물은 일반적으로 추진제propellant로 사용된다. 저성능 폭발물은 미 교통부 구분 1.4 Division 1.4로 표기된다.

흑색 화약은 저성능 폭발물로서 총알과 폭죽을 추진시키는 데 사용된다. 저성능 폭발물(폭약)의 기타 예로는 폭죽 및 도로용 조명탄road flare에 사용되는 불꽃제조용 물질pyrotechnic substance이 있다. 일부 기관에서는 밀폐(밀전)되지 않은 저성능 폭발물unconfined low explosives을 소이성 물질로 부르기도 한다. 많은 전문가들은 **소이탄**[10]/소이성 물질incendiary material을 다른 저성능 폭발물low explosive과 구별하지 않는다.

1차 폭발물(기폭제) 및 2차 폭발물(Primary and Secondary Explosives)

1차 폭발물(기폭제)primary explosives은 2차 폭발물secondary explosives보다 일반적으로 더 민감하다(그림 8.15). 비상대응요원은 고성능 폭발물high explosives의 기폭 가능성susceptibility to initiation(또는 민감도sensitivity)에 근거한 다음과 같은 분류에 대해서 잘 알고 있어야 한다.

- **1차 폭발물(기폭제)**[11] 쉽게 기폭될 수 있고, 열에 매우 민감하며, 일반적으로 **기폭 장치(detonator)**[12]로 사용된다. 소량의 1차 폭발물(기폭제), 심지어는 단일 입자(single grain) 또는 결정체(crystal)도 폭발을 일으킬 수 있다. 1차 폭발물의 예로는 아지드화납(lead azide), 뇌산수은(mercury fulminate), 스티픈산납(lead styphnate) 등이 있다.
- **2차 폭발물**[13] 1차 폭발물(기폭제)은 활성화 에너지(activation energy)에 의해 특정 상황에서만 폭

---

8 **저성능 폭발물(Low Explosive)** : 폭연하는(deflagrate) 폭발성 물질(explosive material)로 음속(speed of sound)보다 느린 반응을 일으킴.

9 **폭연하다(Deflagrate)** : 음속(speed of sound)보다 느린 속도로 폭발(explode)[빠르게 연소(burn quickly)]하는 것

10 **소이탄(Incendiary Device)** : (1) 화재를 일으키기 위해 고안된 장치(contrivance). (2) 연소(combution) 및 화재를 일으키기 위해 의도적으로 사용되는 역학적(mechnical), 전기적(electrical) 또는 화학적(chemical) 장치(device). 또한 폭발 장치(explosive device)로도 알려져 있음.

11 **1차 폭발물(기폭제)(Primary Explosive)** : 쉽게 기폭될 수 있고 열에 매우 민감한 고성능 폭발물로서, 때때로 기폭 장치(detonator)로 사용된다. 기폭 장치(initiation device)라고도 함.

12 **기폭 장치(Detonator)** : 보통 덜 민감한 폭발물을 기폭시키는 데 사용되는 장치로, 주로 1차 폭발물(primary explosive)로 구성되며, 예로는 뇌관(blasting cap)이 있음. 기폭 장치는 역학적(mechanical), 전기적(electrical) 또는 화학적(chemical)으로 기폭될 수 있음.

13 **2차 폭발물(주장약)(secondary explosives)** : 1차 폭발물(기폭제)(primary explosives)의 작동으로 인한 폭발을 포함하여 특정 상황에서만 폭발하도록 설계된 고성능 폭발물(high explosives). 또한 주장약 폭발물(main charge explosives)로도 알려져 있음.

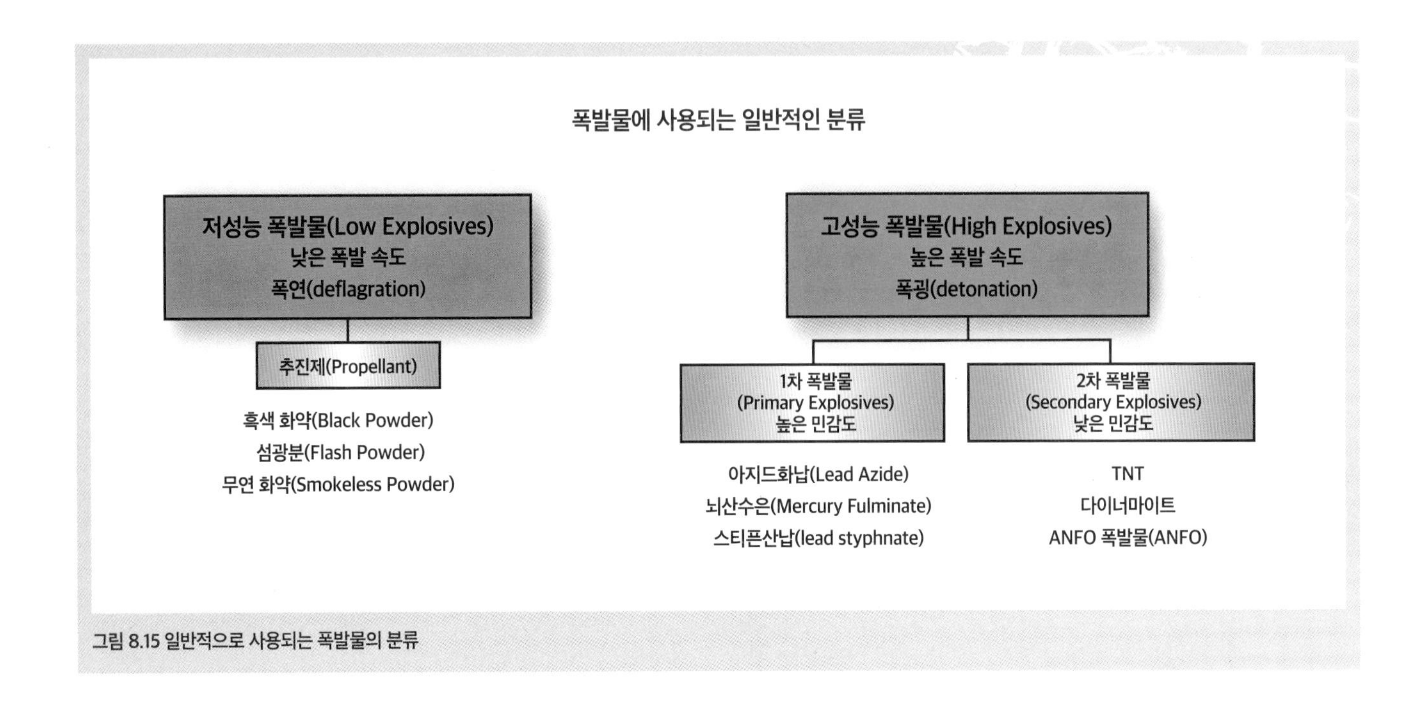

그림 8.15 일반적으로 사용되는 폭발물의 분류

발하도록 설계되었다. 2차 폭발물은 1차 폭발물보다 기폭됨에 있어 열이나 불꽃과 같은 자극에 덜 민감하다. TNT는 2차 폭발물 중 하나의 예이다.

- **3차 폭발물**[14] 질산암모늄(ammonium nitrate; AN)을 주원료로 가지는 둔감한 물실(insensitive material)로, 일반적으로 2차 폭발물을 통해 기폭된다. 모든 전문가가 이러한 분류를 인식하는 것은 아니며, 이러한 경우 폭약(blasting agent)을 2차 폭발물(secondary explosives)로 간주한다.

상용/군사용 폭발물(Commercial/Military Explosives)

상용 및 군사용 폭발물commercial and military explosives은 일반적으로 광산mining, 철거, 굴착, 건설 및 군사적 응용과 같이 합법적인 목적으로 사용된다(표 8.2). 불행히도 범죄자나 테러리스트가 폭발물을 훔쳐 사용하려고 시도할 수 있다.

테러리스트들은 폭탄물 공격에 군사용 **탄약(군수품)**[15]을 사용할 수도 있다.

---

14 **3차 폭발물(주장약)(Tertiary Explosive)** : 2차 폭발물(주장약)(secondary explosive)로 기폭해야 하는 고성능 폭발물(high explosive). 3차 폭발물(tertiary explosive)은 종종 2차 폭발물로 분류되기도 한다. 또한 뇌관(blasting cap)으로도 알려져 있음.

15 **탄약(군수품)(Munition)** : 무기(weapon), 장비(equipment) 및 탄약(ammunition)과 같은 군사적 비축품(military reserves)

• 박격포(mortar)

• 수류탄(grenade)

• 대인 지뢰(antipersonnel mine)

• 지대공 미사일(surface-to-air missile)

• 로켓 추진 수류탄(rocket propelled grenade)

• 기타 유형의 군용 폭발물(other type of military explosives)

수제/급조 폭발물 원료 (Homemade/Improvised Explosive Material)

참고

2016년판의 비상대응지침서(ERG; Emergency Response Guidebook)의 374페이지에는 급조 폭발물(IED)에 대한 안전 이격 거리 거리(Safe Stand-Off Distance)에 대한 표를 제공하고 있다.

민간인 초동대응자들은 일상적인 대응 활동에서 군용 무기보다 수제homemade 또는 급조improvised 폭발물과 조우할 가능성이 더 크다. 대응요원들은 일반적으로 의심되는 폭발성 물질 사고로부터 300 m 떨어진 곳에 집결한다.

급조 폭발물improvised explosive의 원료는 일반적으로 산화제oxidizer와 연료fuel를 결합하여 만든다(그림 8.16). 이러한 원료들 중 상당수는 만들기가 매우 쉽고 기술적 전문지식이나 특수 장비가 거의 필요하지 않다. 그러나 만들어진 폭발물은 종종 매우 불안정하기 때문에 잠재적인 테러리스트가 **수제 폭발물**[16]을 만들다가 사망하기도 했다.

이번 절에서는 과산화눌peroxlde 기반의 폭발물, 염소산염chlorate 기반의 폭발물 및 질산염nitrate 기반의 폭발물에 대해 설명한다. 이러한 분류가 모든 폭발물을 포함하고 있는 것은 아니며, 다른 많은 종류의 산화제와 연료를 결합시켜 급조 폭발물 원료를 만들어낼 수 있다.

경고(WARNING!)

사용 또는 군사용 폭발물은 절대 손대지 마시오.

16 **수제 폭발물[Homemade Explosive(HME)]** : 일반적인 가정용 화학물질(common household chemical)을 사용하여 제작된 폭발성 물질(explosive material). 일반적으로 완성된 생성물은 매우 불안정함.

표 8.2
상용 폭발물

질산암모늄(Ammonium Nitrate)

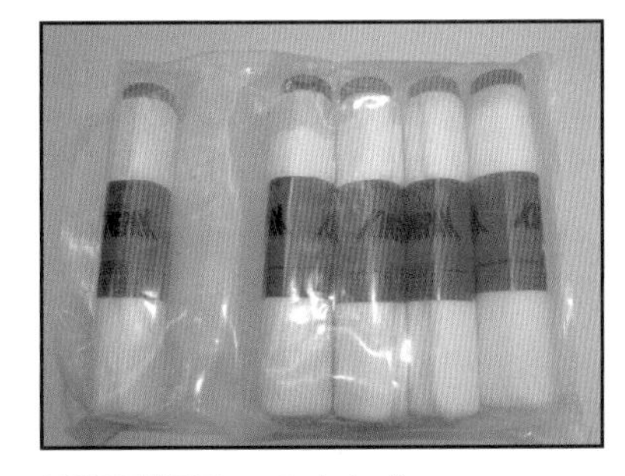

이원료 폭발물(Binary Explosives)

흑색 화약(Black Powder)

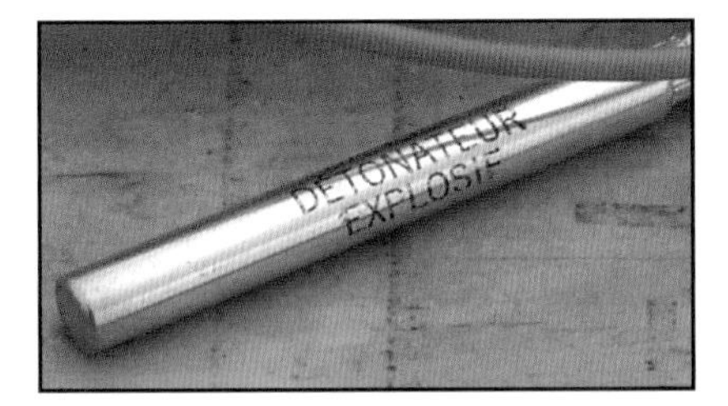

뇌관(Blasting Cap)

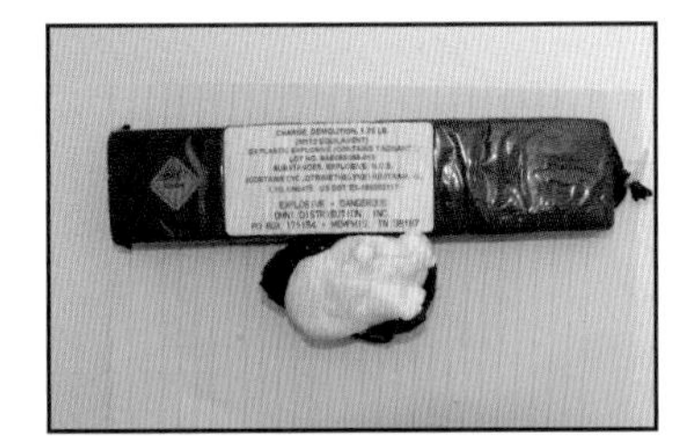

C-4

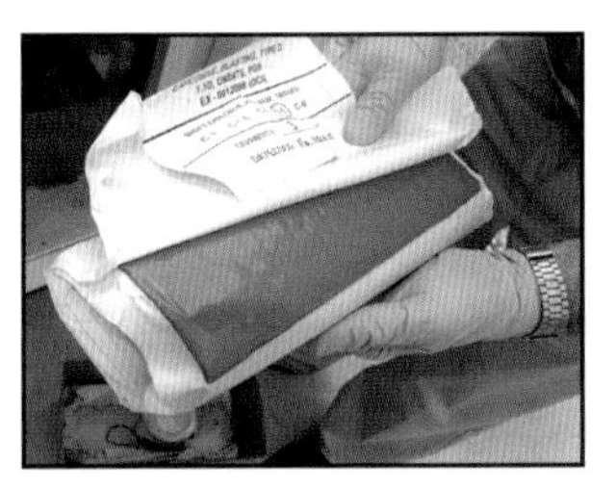

C-3 시트형 폭발물(C-3 Sheet Explosive)

기폭선 - RDX 폭약(DET Cord-RDX)
*Detongating Cord 및 Research Development Explosive의 약어-역주

기폭선 - PETN 폭약
(DET Cord-PETN)
* PETN= Pentaerythritol tetranitrate

다이너마이트

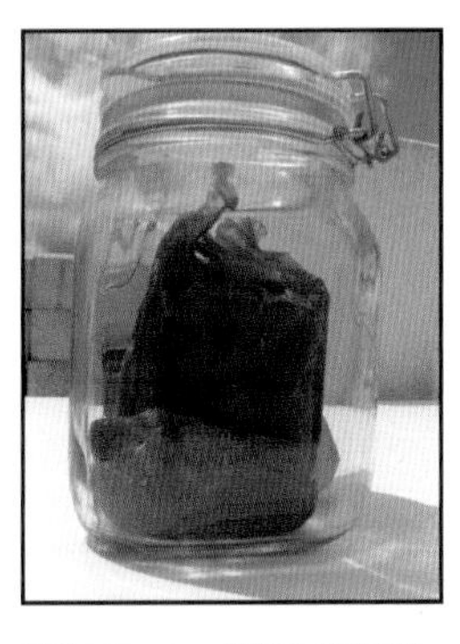

셈텍스(Semtex, 강력한 플라스틱 폭탄으로 상표명이기도 함 - 역주)

펜타에리트리톨
테트라니트레이트(PETN)

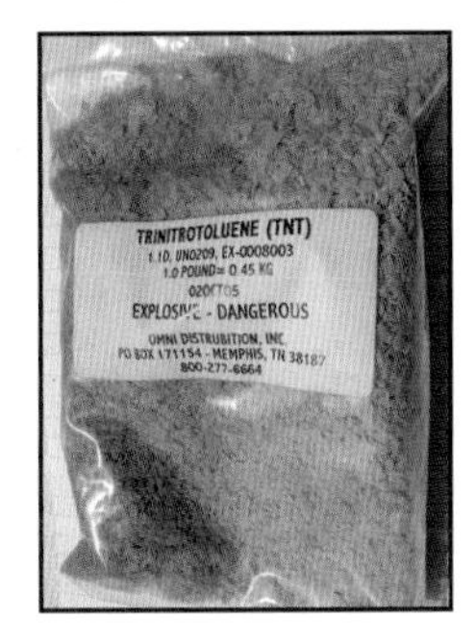

TNT

HMX[옥토겐(octogen)이라고도 하며, RDX(나이트로아민)과 연관-역주]

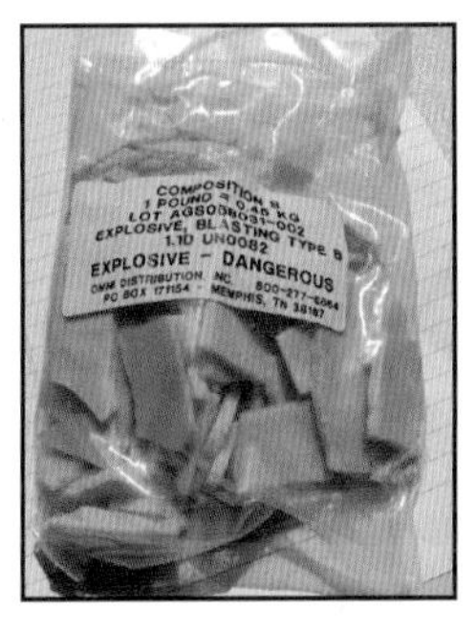

Composition B
(60% RDX, 40% TNT)

급조 폭발물의 구성요소

 잠재적 연료 (Potential Fuel) +  잠재적 산화제 (Potential Oxidizer) =  폭발성 혼합물(산화제 + 연료) [Explosive Blends(Oxidizer + Fuel)]

탄화수소 (Hydrocarbon):
알코올(Alcohol)
카본 블랙 (Carbon Black)
숯(Charcoal)
덱스트린(호정, Dextrin)
디젤(Diesel)
에틸렌글리콜 (Ethylene Glycol)
가솔린(휘발유, Gas)
등유(Kerosene)
나프타(Naphtha)
로진(Rosin)
톱밥(Sawdust)
셀락(도료)(Shellac)
설탕(Sugar)
바셀린(Vaseline)
왁스(Wax)/파라핀 (Paraffin)

강력한 탄화수소 (Energetic Hydrocarbon):
니트로벤젠(Nitrobenzene)
니트로메탄(Nitromethane)
니트로셀룰로오스 (Nitrocellulose)

강력한 원소 연료 (Elemental "Hot" Fuel):
분말 금속 (Powdered Metal)
- 알루미늄(Aluminum)
- 마그네슘(Magnesium)
- 지르코늄(Zirconium)
- 구리(Copper)
인(Phosphorus)
황(Sulfur)
삼황화 안티몬 (Antimony Trisulfide)

산화제(Oxidizer):
과염소산염(Perchlorate)
염소산염(Chlorate)
차아염소산염(Hypochlorite)
질산염(Nitrate)
과산화물(Peroxide)
요오드(Iodate)
크롬산염(Chromate)
중크롬산염(Dichromate)
과망가니즈산염 적정(Permaganate)
염소산칼륨(Potassium Chlorate)
질산암모늄(Ammonium Nitrate)
질산칼륨(Potassium Nitrate)
과산화수소(Hydrogen Peroxide)
과산화바륨(Barium Peroxide)
과염소산암모늄(Ammonium Perchlorate)
하이포아염소산칼슘 (Calcium Hypochlorite)
질산(Nitric Acid)
요오드산납(Lead Iodate)
염소산나트륨(Sodium Chlorate)
과망간산칼륨(Potassium Permanganate)
크롬산리튬(Lithium Chromate)
중크롬산칼륨(Potassium Dichromate)

질산염 혼합물(Nitrate Blend):
ANFO[질산암모늄(Ammonium Nitrate) + 디젤 연료(Diesel Fuel)]
ANAl[질산암모늄(Ammonium Nitrate) + 알루미늄 분말(Aluminum Powder)]
ANS[질산암모늄(Ammonium Nitrate) + 황 분말(Sulfur Powder)]
ANIS[질산암모늄(Ammonium Nitrate) + 가루 설탕(Icing Sugar)]
흑색 화약(Black Powder) [질산칼륨(Potassium Nitrate) + 숯(Charcoal) + 황(Sulfur)]

염소산염(Chlorate)/과염소산염(Perchlorate) 혼합물(Blend):
섬광분(Flash Powder) [염소산칼륨(Potassium Chlorate)/ 과염소산염(Perchlorate) + 알루미늄 분말 (Aluminum Powder) + 마그네슘 분말(Magnesium Powder) + 황(Sulfur)]
빈자의 C-4(Poor Man's C-4) [염소산칼륨 (Potassium Chlorate) + 바셀린 (Vaseline)]
암스트롱의 혼합물(Armstrong 's Mixture) [염소산칼륨(Potassium Chlorate) + 적린(Red Phosphorus)]

액체 혼합물(Liquid Blend):
헬호피테(Hellhoffite)[질산(Nitric Acid) + 니트로벤젠(Nitrobenzene)]

폭발물을 만드는 데 사용되는 일반적인 전구체

 **전구물질(전구체, Precursors):**
과산화수소(Hydrogen Peroxide)
황산(Sulfuric Acid)[배터리산(battery acid)]
질산(Nitric Acid)
염산(Hydrochloric Acid)(muriatic acid)
요소(Urea)
아세톤(Acetone)
메틸에틸케톤(Methyl Ethyl Ketone)
알코올(Alcohol)[에틸(Ethyl) 또는 메틸(Methyl)]
에틸렌 글리콜(Ethylene Glycol)[부동액(antifreeze)]
글리세린[Glycerin(e)]
헥사민(Hexamine)(캠프용 휴대난로 연료)
구연산(Citric Acid)(신맛나는 소금)

 **질산염 폭발물(Nitrated Explosives):**
니트로글리세린(Nitroglycerine)(글리세린(Glycerine) + 혼합 산(Mixed Acid)[질산(Nitric Acid) + 황산(Sulfuric Acid)])
에틸렌글리콜디니트레이트(Ethylene Glycol Dinitrate; EGDN)(에틸렌글리콜(Ethylene Glycol) + 혼합산(Mixed Acid)[질산(Nitric Acid) + 황산(Sulfuric Acid)])
질산메틸(Methyl Nitrate)(메틸알코올(Methyl Alcohol)[메탄올(methanol)] + 혼합 산(Mixed Acid) [질산(Nitric Acid) + 황산(Sulfuric Acid)])
질산요소(Urea Nitrate)[요소(Urea) + 질산(Nitric Acid)]
질화면(면화약, Nitrocotton)(Gun Cotton)(면(Cotton) + 혼합 산(Mixed Acid)[질산(Nitric Acid) + 황산(Sulfuric Acid)])

과산화물 폭발물(Peroxide Explosives):
TATP(Triacetone Triperoxide)(아세톤(Acetone) + 과산화수소(Hydrogen Peroxide) + 강산(Strong Acid)[황산(Sulfuric), 질산(Nitric) 또는 염산(Hydrochloric)])
HMDT(Hexamethylene Triperoxide Diamine)[헥산(Hexamine) + 과산화수소(Hydrogen Peroxide) + 구연산(Citric Acid)]
메틸에틸케톤퍼옥사이드(Methyl Ethyl Ketone Peroxide; MEKP)(메틸에틸케톤(Methyl Ethyl Ketone) + 과산화수소(Hydrogen Peroxide) + 강산(Strong Acid)[황산(Sulfuric), 질산(Nitric) 또는 염산(Hydrochloric)]

그림 8.16 대부분의 수제 폭발물(homemade explosives)은 산화제(oxidizer)와 연료(fuel)를 혼합하여 만든다.

과산화물 기반 폭발물(Peroxide-Based Explosives)

과산화물 기반 폭발물peroxide-based explosives은 농축 과산화수소concentrated hydrogen peroxide, 아세톤aceton 및 염산hydrochloric acid 또는 황산sulfuric acid을 혼합하여 만든다. 과산화물 기반 폭발물에는 아세톤 과산화물(트리아세톤 트리퍼옥사이드triacetone triperoxide 또는 TATP)과 **HMTD 폭발물**[17]이 포함된다(그림 8.17). TATP와 HMTD는 모두 제조 공정뿐만 아니라 완성된 생성물도 모두 불안정하다. 이러한 불안전성으로 인해 제작 및 취급이 위험하다. 반면 TATP와 HMTD의 제조에는 특수한 장비가 필요 없기 때문에 어떠한 곳에서든 만들 수 있다(그림 8.18 a 및 b).

그림 8.17 TATP는 일반적인 백색의 분말형 물질처럼 보이지만 매우 불안정하다.

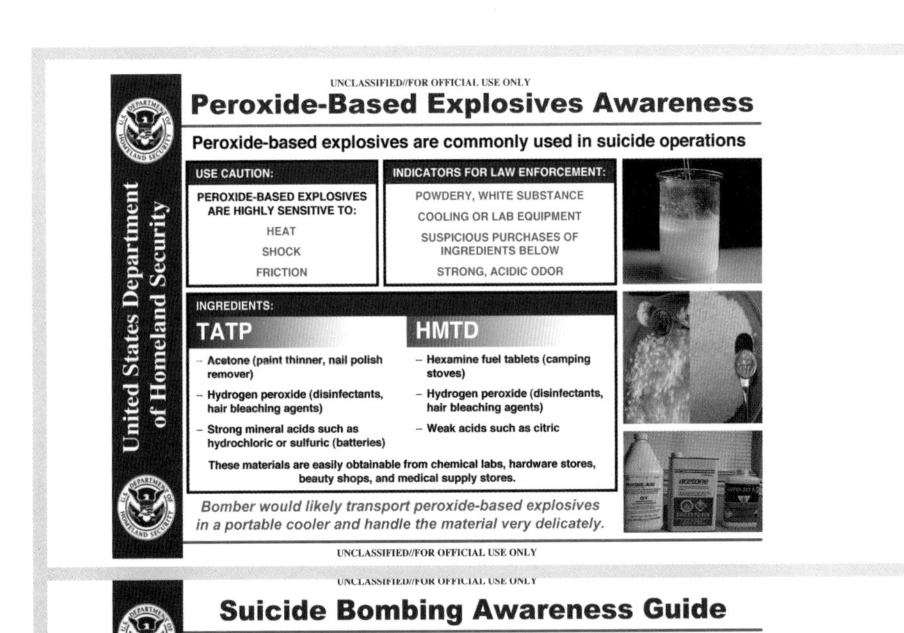

그림 8.18 (a) 과산화물 기반 폭발물 실험실은 아세톤과 과산화수소를 다량 보유하고 있을 것이다. (b) 대응요원은 자살폭탄범의 일반적인 징후들을 알 필요가 있다. 미국 국토안보부(U.S. Department of Homeland Security) 제공.

17 **HMTD 폭발물(Hexamethylene Triperoxide Diamine; HMTD)** : 통상의 장비를 사용하여 제작할 수 있는 과산화물계 백색 분말 고폭발성 유기 화합물(peroxidebased white powder high explosive organic compound). 제조 및 취급 중에 충격과 마찰에 민감하다. 아세톤퍼옥사이드(acetone peroxide; TATP)와 유사함.

염소산염 기반 폭발물(Chlorate-Based Explosives)

급조 폭발물에는 염소산염계 산화제chlorate-based oxidizer가 포함된다. 염소계 산화제chlorate-based oxidizer는 일반적으로 연료 공급원fuel source과 혼합되어야 하는 백색 결정 또는 백색 분말 형태를 띠고 있다. 염소산염chlorate은 폭죽firework의 공통된 성분으로, 폭죽 및 화학물질 공급업체에서 대량 구매할 수 있다. 인쇄, 염색, 철강산업, 제초제, 성냥, 폭발물을 포함한 많은 제조 공정 및 제품 생산에 염소산염chlorate을 사용한다.

질산염 기반 폭발물(Nitrate-Based Explosives)

일부 급조 폭발물IED은 질산염계 산화제nitrate-based oxidizer를 원료로 사용했을 수 있으며, 일부는 이미 흑색 화약black powder 및 무연 분말smokeless powder과 같은 연료 공급원을 포함하고 있을 수 있다. 기타 폭발물들은 별도의 연료 공급원을 추가해야 할 수도 있다. 질산염nitrate은 일반적으로 질산암모늄ammonium nitrate과 비료fertilizer에서 사용된다(그림 8.19).

그림 8.19 질산암모늄은 질산염의 원천이다. 텍사스 소방 위원회(Texas Commission on Fire Protection) 제공.

급조 폭발물(Improvised Explosive Device; IED)

정교함에 따라 다르지만, 급조 폭발물improvised explosive device; IED은 비교적 쉽게 만들 수 있으며 거의 모든 장소나 환경에서 제작할 수 있다. 급조 폭발물IED을 상업적인 목적으로 제작하는 경우는 없으며 모두 수제작home-made한 폭발물이다. 급조 폭발물은 보통 특정 목표물을 겨냥하여 제작되며, 어떤 물건이어도 상관없이 그 내부에 장착시킬 수 있다(그림 8.20 a–d).

폭탄 제작자의 경험 부족으로 폭발물이 폭발하지 않거나 일부의 경우에는 제작 과정 중이나 이동 또는 배치 중에 폭발해 버릴 수도 있다. 반면 일부 전문 폭탄 제작자는 급조 폭발물을 보다 정교하게 제작한다. 이러한 정교한 장치들은 재래식 군수품이나 스피커 선, 휴대전화 또는 차고문 개폐기 같은 일반 소비자용 전자제품 등에서 끌어모은 부속들로 만든다(그림 8.21). 급조 폭발물에는 종종 손톱, 압정, 깨진 유리, 볼트 같은 품목들을 포함시켜 파편 손상과 파편화 부상fragmentation injury을 유발한다.

다양한 물건의 내부에 장착된 급조 폭발물들

그림 8.20 a-d 급조 폭발물(IED)은 이러한 급조 폭발물 모조품(replica)들이 보여주는 있는 것처럼 어떤 것으로든 숨길 수 있다.

중점사항

표적이 정해진 공격(Targeted Attack)

현대의 세상에서 표적이 정해진 공격(targeted attack)에서 일상적으로 사용되는 품목들은 독특하게 조합해서 사용한다. 다른 종류의 위협과 마찬가지로, 초동대응자는 한 물품이 위장된 위험(disguised danger)인지 여부를 평가하면서 전반적인 현장을 고려해야 한다. 물품들이 주변환경에 부적절하지는 않은지 항상 의심을 가져야 한다.

그림 8.21 차고문 개폐장치, 전선 및 기타 전자제품 구성요소와 같은 일반적인 물체를 사용하여 급조 폭발물(IED)을 만들 수 있다. 미 육군(U.S. Army) 제공(Spc. Ben Brody 사진 촬영).

급조 폭발물의 식별

폭발물 제작자의 상상력만이 급조 폭발물의 설계 및 구현에 대한 유일한 제한사항이다. 주변환경에 맞지 않거나, 주변과 비교해볼 때 변칙적이거나, 비정상적이거나 호기심이 생기거나, 의심스럽거나, 흐름에서 벗어나거나, 특이한 것으로 보여서 주의를 끄는 품목들에는 주의를 기울인다.

급조 폭발물[IED]은 어느 곳에나 설치할 수 있다. 일반적으로 폭발물 제작자는 급조 폭발물[IED]을 설치함에 있어 탐지를 피하려 노력한다. 일반 대중, 보안 조직(경비 조직), 및 직원들의 보안 및 식별 수준은 테러리스트가 급조 폭발물을 설치할 위치와 방법에 영향을 미친다.

경고(WARNING!)

무엇이든 급조 폭발물(IED)이 될 수 있다.

그림 8.22 강철(steel) 또는 폴리염화비닐(PVC) 재질의 파이프(pipe)는 파이프 폭탄(pipe bomb)을 만드는 데 사용할 수 있다. August Vernon 제공.

컨테이너에 따라 분류된 급조 폭발물의 유형

급조 폭발물[IED]은 일반적으로 컨테이너 및 급조 폭발물이 기폭되는 방식에 따라 분류된다. 외부 컨테이너를 기반으로 하는 폭탄 유형에는 다음 설명과 유사한 기능이 포함될 수 있다. 운송 또는 이동 방법에 따라 급조 폭발물의 유형[IED type]을 식별할 수 있다.

- **파이프 폭탄(pipe bomb)** 미국에서 가장 일반적인 유형의 급조 폭발물(IED)이다(그림 8.22). 파이프 폭탄의 특성과 파이프 폭탄 제작자의 특성은 다음과 같다.
  - 길이(length)는 102~356 mm임
  - 강철(steel) 또는 폴리염화비닐(PVC) 재질의 파이프. 부분이 폭발물로 채워지며 끝부분은 뚜껑으로 덮거나 밀봉함

- 흑색 화약(black powder) 또는 성냥 머리(match head)와 같은 얻기 쉬운 물질을 활용
- 폭탄이 폭발할 때 파편이 될 손톱(nail)과 같은 물질로 채우거나 주변을 둘러쌈
- 파편은 살상력을 지닌채로 최대 90 m까지 날아갈 수 있음
- 수제 퓨즈 또는 상용 퓨즈로 기폭함
- 폭발성 내부충진제(explosive filler)가 파이프 나사산 부위에 들어갈 수 있어 충격이나 마찰에 매우 민감함(그림 8.23)

• **책가방, 백팩, 배낭, 더플백, 서류가방 또는 상자 폭탄** 일부 테러리스트는 이러한 가방에 폭발물이나 폭발 장치를 채운다(그림 8.24). 이러한 종류의 가방을 들고 다니는 사람들을 흔히 볼 수 있으므로 테러리스트들은 이런 가방 안에 폭발 장치를 넣어 사용한다. 이러한 급조 폭발물(IED)에는 전자 타이머 또는 라디오로 제어되는 기동 장치가 포함되어 있어 외부로 보이는 선 또는 기타 품목들이 보이지 않을 것이다. 이러한 폭탄들은 모든 스타일, 색상 또는 크기로 제작될 수 있다(심지어는 담배갑 만큼 작을 수도 있음).

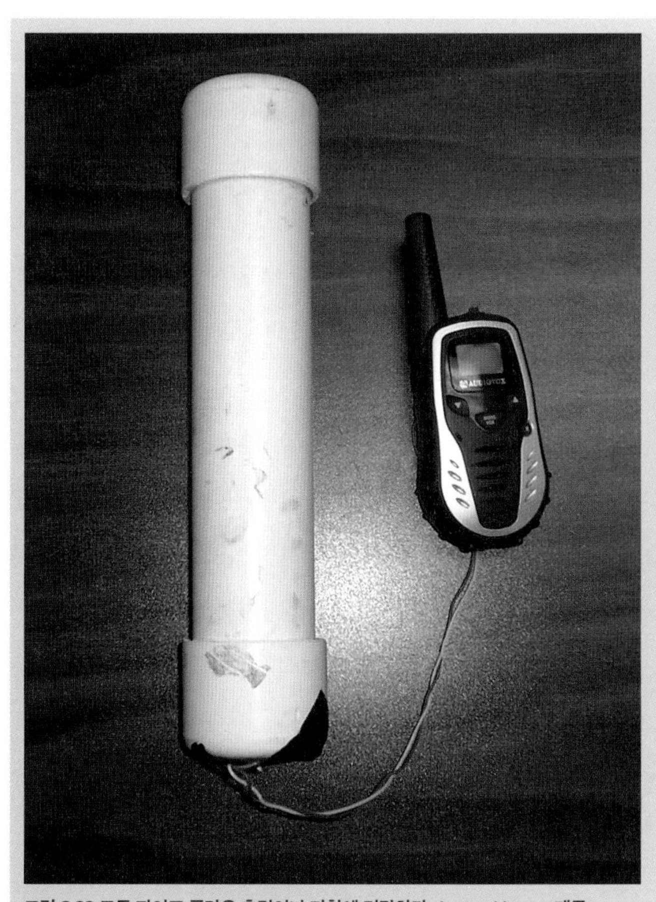

그림 8.23 모든 파이프 폭탄은 충격이나 마찰에 민감하다. August Vernon 제공.

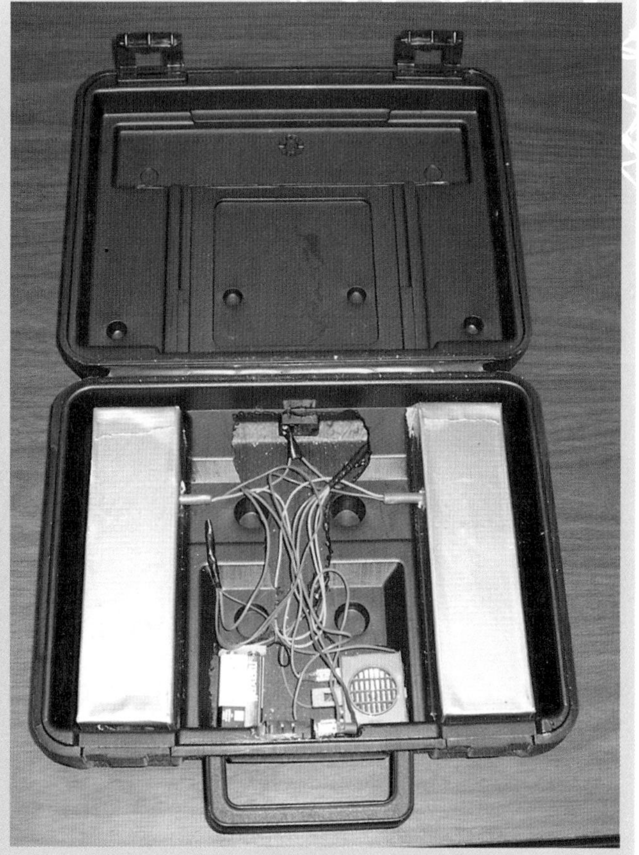

그림 8.24 자살 폭탄범들은 백팩과 서류가방에 폭발 장치를 채워 폭파할 수 있다. 또한 백팩과 서류가방을 혼잡한 장소에 두고 타이머나 원격 신호를 이용해 폭파시키는 방법을 사용할 수도 있다. August Vernon 제공.

- **플라스틱병 폭탄(Plastic bottle bomb)** 이러한 폭탄의 제작자는 플라스틱 음료병(또는 플라스틱 병 크기의 모든 것)에 드라이아이스 같은 물질이나 급속하게 팽창하여 컨테이너를 폭발시킬 수 있는 반응성 물질들로 채운다. 인터넷에서 많은 유형의 플라스틱병 폭탄들을 열람할 수 있다. 다층으로 된 액체(multi-layered liquid) 및 흐려 보이는 외형을 가진 흰색 또는 회색 액체가 들어 있는 플라스틱 용기(plastic container) 주변에서는 특별히 조심한다. 플라스틱병 폭탄(plastic bottle bomb)을 이동시키거나 열려고 시도하지 않는다. 일단 설치되면, 그러한 폭탄은 언제든지 폭파될 수 있다. 폭탄 제작자는 다음과 같은 물질을 사용할 수 있다.
  - 수영장용 화학물질(pool chemical)
  - 드라이아이스(dry ice)
  - 알코올(alcohol)
  - 산성 물질(acid)
  - 알루미늄(aluminum)
  - 화장실 변기 청소제(toilet bowl cleaner)
  - 배수관 청소제(drain cleaner)
  - 차도 청소제(driveway cleaner)
- **폭죽(firework)** 일부 폭탄 제조자는 합법적으로 획득한 폭죽을 개조 및/또는 조합하여 보다 위험한 폭발 장치로 만들 수 있다.
  - **M 장치(M-Device)[폭음탄(firecracker, pyrotechnic)으로도 널리 알려져있음 — 역주]** 골판지 튜브(cardboard tube)[종종 적색]로 제작된 소형 장치는 섬광분(flash powder)으로 채워지고 양단이 밀봉되고 퓨즈에 의해 점화된다. 가장 일반적으로 사용되는 것은 'M-80'이며, 16 mm x 38 mm이다. 한때 'M-80'은 판매용 폭죽으로 미국에서 판매되었다. 그러나 안전상의 이유로 1966년에 판매금지되었다.
  - **일산화탄소(Carbon Dioxide; CO) 수류탄(Grenade):** 이러한 장치들은 사용된 CO_2 용기(예를 들면, 펠릿 권총 등에 사용되는 것들)에 구멍을 뚫어 폭발성 분말로 채우는 방법으로 만들며, 보통은 퓨즈에 의해 기폭된다. 파편을 용기 외부에 부착하기도 한다. 크리켓으로도 알려진 이 장치는 위험 범위가 작지만, 해당 범위 내에서는 큰 파괴를 일으킬 수 있다.
  - **테니스공 폭탄(tennis ball bomb)** 테니스 공을 폭발성 혼합물로 채우고 간단한 퓨즈를 사용하여 점화시킨다.
  - **기타 물체** 소화기, 프로판 통, 쓰레기통, 휘발유 통 및 서적과 같은 일반적인 용도로 보이는 품목들이 폭탄 용기로 대체되거나 사용될 수 있다(그림 8.25).

그림 8.25 이스라엘에서 사용된 소화기 폭탄(fire extinguiser bomb)의 복제품.

> **경고(WARNING!)**
>
> 급조 폭발물(IED)을 발견했을 때 이동시키거나 취급하거나 어지럽히지 마시오!

우편물, 소포 및 편지 폭탄

폭발성 장치 또는 물질을 숨기기 위해 소포 또는 편지를 이용할 수 있다. 일반적으로 소포나 편지를 열면 폭탄이 기폭된다.

소포 또는 편지 폭탄의 징후로는 다음을 포함한다(그림 8.26).

- 소포 또는 편지에 우표가 아예 없거나, 반송할 수 없거나 우표가 과도하게 붙어 있다.
- 소포는 비전문적으로 테이프로 여러 번 감아서 자체적으로 보호되어 있으며, '깨지기 쉬움', '조심히 다루시오', '서두르세요', '지연되어서는 안 됩니다' 등이 쓰여 있다.
- 보낸 사람을 알 수 없거나, 반환 주소가 없거나, 반환 주소가 아니다.
- 우편물에 '개인적인' 또는 '비공개'와 같은 제한적인 의미를 가지는 문구가 있을 수 있다. 이러한 작성문구는 수취인들이 일반적으로 근무처에서는 개인 우편을 받지 못하도록 사전에 명시된 경우 특히 중요하다.
- 소인이 찍힌 주소가 반송 주소와 다른 곳일 수 있다.
- 일반적인 단어의 철자가 잘못되어 있다.
- 우편물에 일그러진 손글씨가 보이거나, 이름과 주소가 수제 라벨 또는 잡지 등을 잘라붙인 듯한 글자로 작성되어 있을 수 있다.

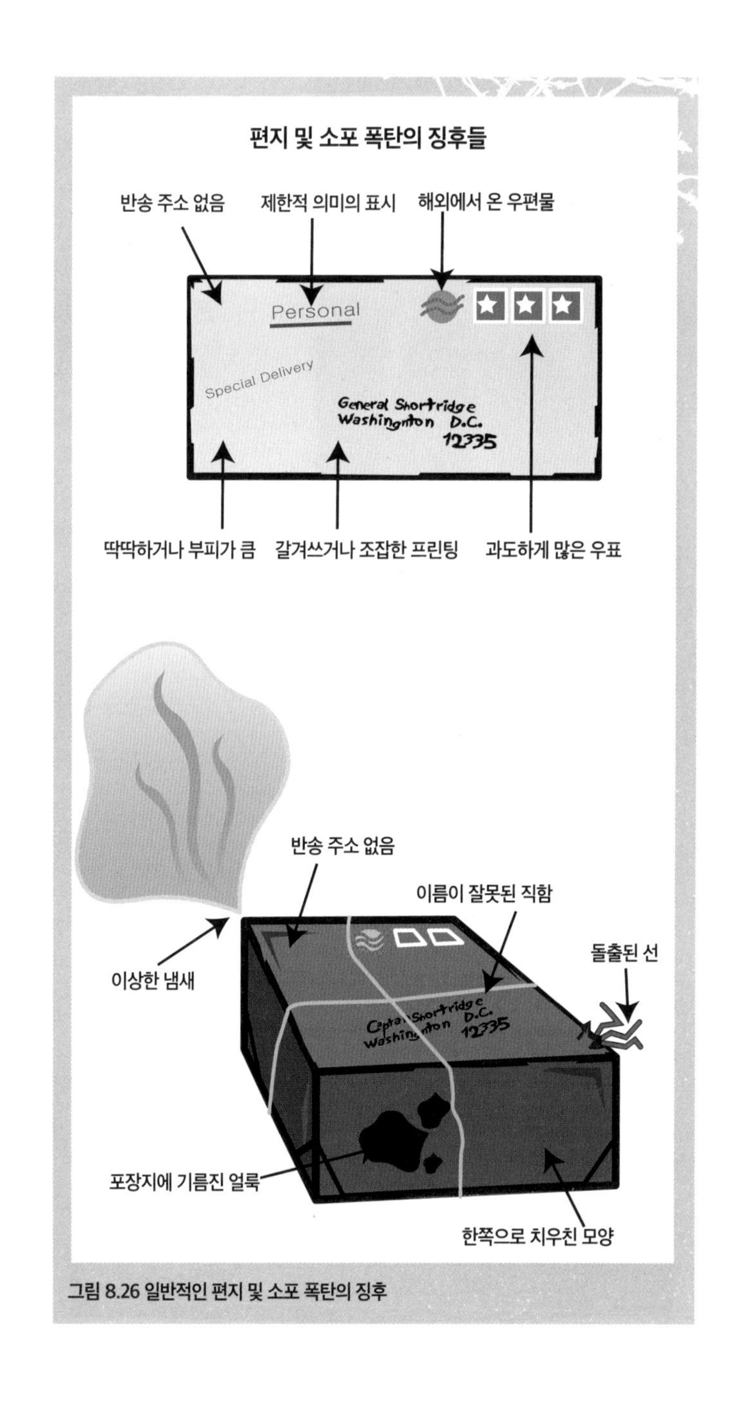

그림 8.26 일반적인 편지 및 소포 폭탄의 징후

- 소포가 특이하거나 의심스러운 냄새를 풍긴다.
- 우편물에 기름진 얼룩이나 변색이 나타난다.
- 편지 또는 소포가 무겁거나 부피가 커 보이며, 불규칙한 모양, 연한 얼룩 또는 돌출부가 있다.
- 편지 봉투가 단단하게 혹은 고르지 않다고 느껴지거나, 한쪽이 불룩해 보인다.
- 우편물에 돌출된 선 또는 알루미늄 호일이 있다.

• 소포에서 똑딱거리는 소리가 나거나, 윙윙거리거나, 소음이 울린다. 신원을 알 수 없는 사람이 편지나 소포를 받았는지 여부를 물어온다.

그림 8.27 인체 부착 폭탄(person-borne bomb)은 자살 폭탄범(suicide bomber)과 폭발물을 운반하도록 강요받은 개인들(individuals)을 포함한다. August Vernon 제공.

인체 부착 급조 폭발물

인체 부착 급조폭발물[18]은 일반적으로 자살폭탄범suicide bomber이 착용하거나 운반한 폭탄들로 구성되어 있다. 자살폭탄범은 인체 부착 급조폭발물person-borne improvised explosives device; PBIED을 폭발성 물질을 담을 수 있는 많은 주머니가 달린 조끼 형태로 착용한다(그림 8.27). 테러리스트들은 또한 인체 부착 급조 폭발물PBIED을 소지할 수도 있고, 강요당했거나 원치 않는 피해자에게 붙일 수도 있다.

서류가방이나 소포(포장물)를 소지한 개인들은 보안 요원, 특히 보안 검색대를 통과해야 하는 곳에서는 본질적으로 의심스럽게 행동한다. 가방, 소포(포장물), 통, 의류에는 폭탄을 숨길 수 있다. 부피가 큰 자살 조끼suicide vest 또는 자살 벨트suicide belt는 폭발 전에 눈에 띌 수 있다(그림 8.28). 테러리스트들은 따뜻한 날씨에도 코트(자살 벨트를 숨길 수 있음)를 입는 등 날씨에 맞지 않거나 비정상적인 복장을 입기도 한다. 신체 위로 또는 몸을 둘러싼 주변으로 노출된 선이나 기타 물질들도 폭탄의 징후일 수 있다.

자살 폭탄범일 가능성이 있는 사람들의 행동 징후는 다음과 같다.

• 두려움, 불안감, 또는 과민 반응
• 땀 투성이
• 주머니에 손을 넣고 있음
• 옷을 반복적으로 또는 초조하게 만지거나 가볍게 두드림
• 눈을 왼쪽과 오른쪽으로 일정하게 이동하면서 천천히 걷기
• 보안요원을 피하기 위한 주요 시도들
• 군중과 섞여 있으려는 명백하거나 어색한 시도
• 명백한 외관의 위장
• 표적(target)에 도달하겠다는 강한 의지를 나타내는 행동

---

18 **인체 부착 급조폭발물(Person-Borne Improvised Explosives Device; PBIED)** : 사람에 의해 운반된 급조 폭발 장치(폭발물)(improvised explosive device). 이러한 유형의 급조 폭발물(IED)은 종종 자살 폭탄범(suicide bomber)에 의해 사용되지만, 폭탄을 운반하도록 강요받은 개개인들에 의해 운반될 수도 있음.

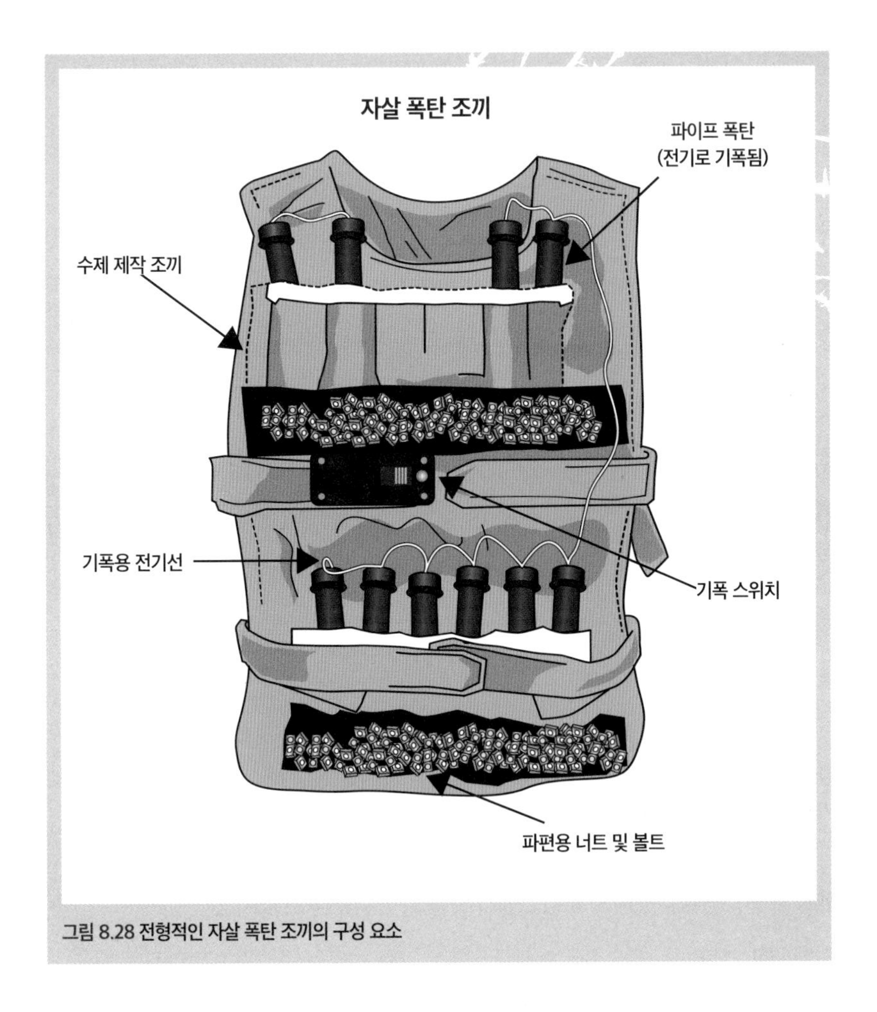

그림 8.28 전형적인 자살 폭탄 조끼의 구성 요소

- 정찰(recon)/표적 획득(target acquisition) 단계에서 고위험 구역을 반복적으로 방문
- 주변 환경과 맞지 않거나 호기심을 불러일으키는 장소에 물품을 놓아둠

안전 경고(Safety Alert)

ALERT(자살폭탄범의 징후에 대한 두문자어)

미 연방수사국은 가능성이 있는 자살폭탄범의 징후를 지정하기 위해 두문자어 ALERT를 사용한다.

- ▶ Alone and nervous(혼자있으며 불안해 함)
- ▶ Loose and/or bulky clothing(느슨하거나 부피가 큰 의복)
- ▶ Exposed wires(노출되어 있는 선)[소매(sleeve)를 통한 것일 수도 있음]
- ▶ Rigid mid-section(몸의 중앙부가 딱딱함)[폭발성 장치 또는 라이플로 인한]
- ▶ Tightened hands(손을 꽉 쥐고 있음)[기폭 장치를 쥐고 있을 수 있음]

부상당했거나 사망한 자살폭탄범으로 의심되거나 확인된 사람에게는 절대 접근하지 않는다. 자살폭탄범으로 볼 수 있는 몇 가지 강력한 징후가 있는 경우, 가장 우선적으로 해당 지역으로부터 모두 대피 및 격리시키고 쌍안경 또는 스팟팅스코프를 사용하여 폭탄범을 관찰한다. 장비를 갖춘 **폭발물 처리반**[19]의 숙련된 요원이 반드시 최초의 접근을 수행해야 한다. 이러한 조직에서는 폭탄 처리 로봇bomb disposal robot을 사용할 수도 있다(그림 8.29).

차량탑재 급조 폭발물(VBIED)

차량탑재 급조 폭발물[20]에는 대량 파괴massive destruction를 일으킬 수 있는 수천 킬로그램의 폭발물이 있을 수 있다(그림 8.30). 폭발물은 차량의 어느 곳에나 설치할 수 있다. 승용차와 같은 소형 차량이 사용되었을 때에는 폭발물은 종종 해당 트렁크에 숨긴다.

가능성이 있는 차량탑재 급조 폭발물Vehicle-Borne Improvised Explosive Device; VBIED의 징후는 다음과 같다.

- 의심스러운 차량을 지목하는 사고 사전 정보 또는 911 신고
- 전략적 또는 중앙부의 위치에서 의심스럽게 오랜 시간 동안 주차된 차량
- 공공 집회, 관광 지역, 보행자 구역, 재래시장 또는 대중교통 시설에 있는 버려진 차량
- 다층 건물의 기둥 사이, 가까이 또는 주변에 주차된 차량
- 정지 상태에서 차체가 내려간 것처럼 보이거나, 비정상적으로 차량 좌석부가 낮춰진 것으로 보이는 차량
- 도난된 번호판, 등록된 것과 일치하지 않는 번호판, 또는 번호판이 없는 차량
- 차량 내에 보이는 선, 꾸러미, 전자부품, 소포(포장물), 비정상적인 용기, 액체 또는 물질 등이 차량 안에서 보임
- 차량 아래로 알 수 없는 액체 또는 물질이 새어나옴(누출됨)
- 차량의 차체에 장착(설치)된 비정상적으로 박힌 나사, 리벳, 또는 용접한 부분이 있음
- 차량의 후드 아래 또는 기타 위치에서 발견된 비정상적으로 큰 배터리 또는 여분의 배터리가 있음

---

19 **폭발물 처리반(Explosive Ordnance Disposal; EOD)** : 비상대응자(emergency responder)로서 폭발성 장치를 다루고 (무언가를 없애기 위한-역주) 처리할 수 있도록 특별히 훈련받고 장비를 갖추고 있다. 위험 장치 전문대응반(Hazardous Devices Unit) 또는 폭탄 처리반(Bomb Squad)이라고도 함.

20 **차량탑재 급조 폭발물(Vehicle-Borne Improvised Explosive Device; VBIED)** : 자동차, 트럭 또는 기타 차량에 탑재(설치)된 급조 폭발물(improvised explosive device). 이러한 유형의 급조 폭발물(IED)은 일반적으로 대규모 폭발을 일으킴

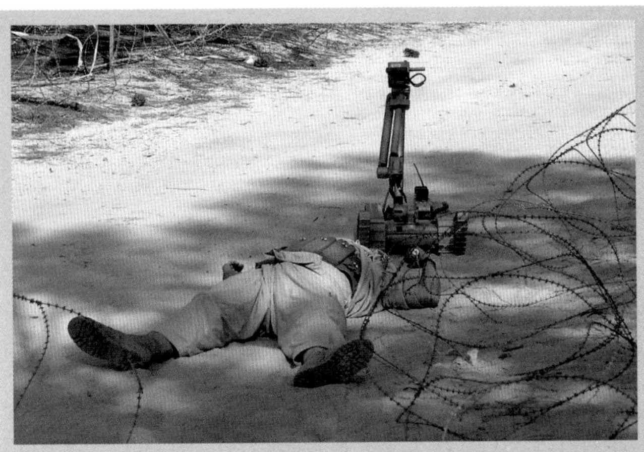

그림 8.29 부상당하거나 사망하거나 또는 항복한 자살폭탄범에게 절대로 접근하지 않는다. 폭발물 처리반(EOD) 요원이 최초의 접근 방식을 조정하도록 한다. 미국 해병대(U.S. Marine Corps) 제공.(Sgt. Lukas M. Atwell 사진 촬영)

그림 8.30 차량탑재 급조 폭발물(VBIED)은 대량 파괴를 일으킬 수 있다. 미국 공군(U.S. Air Force) 제공. (Master Sgt.Robert R. Hargreaves Jr.)

- 검게 된 창 또는 가려져 있는 창이 있는 차량
- 앞쪽 또는 뒤쪽 범퍼를 테이프로 감싸거나, 밀봉하였거나, 또는 기타 접촉할 수 없는 부분의 빈 공간이 있음
- 공기가 넣어진 대신에 딱딱해 보이는 타이어
- 신차에 밝은 색의 화학물질 얼룩 또는 비정상석인 녹을 때운 흔적이 있음
- 차량 하부에서의 화학물질 냄새 또는 비정상적인 화학물질 누출(새어나옴)
- 특히 트렁크 또는 엔진실에 차량으로부터 배선이 돌출되어 있음
- 전선 또는 선이 엔진실로부터 탑승부를 거쳐서 차량 후방부로 연결됨
- 차량 내 차광판(태양빛 가리개, sun visor) 뒤의 스위치로 이어지는 선 또는 전선
- 운전자의 외관이나 성격이 차량의 용도나 종류와 일치하지 않음
- 운전자는 차량 조작에 불안감을 느끼거나, 어쩔 줄 모르거나, 익숙하지 않은 것처럼 보임
- 주변 환경에 맞지 않거나, 비정상적이거나, 평소와 다르거나, 호기심을 불러일으키는 모든 차량

경고(WARNING!)

일단 가능성이 있는 차량탑재 급조 폭발물(VBIED)의 징후가 보이는 의심스러운 차량에는 절대 다가가지 마시오.

폭발물/급조 폭발물 사고에 대한 대응 (Response to Explosive/IED Events)

모든 작전operation은 사고지휘체계Incident Command System 내에서 수행되어야 하며, 위험risk/이익benefit 분석analysis에 의해 결정되어야 한다.

추가적으로 다음을 수행한다.

- 지정된 표준작전(운영)절차 및 지침(SOP/G)을 따른다.
- 항상 주의를 기울여 진행하고, 폭발이 발생했거나 폭발물이 사고에 연루되어 있는 것으로 의심되는 경우 더욱 주의한다.
- 2차 장치(secondary device)가 관련되어 있을 수 있음을 이해한다.
- 필요 시 폭발물 처리반(EOD) 요원, 위험물질(hazmat) 및 기타 전문 인력(specialized personnel)을 요청한다(그림 8.31).
- 완전히 입증될 때까지 사고현장을 범죄 현장으로 간주한다.
- 절대(NEVER) 의심되는 장치를 만지거나 다루지 않는다. 비록 이미 다른 사람이 만지는 등의 행동을 했다고 해도 그렇게 행동해야 한다. 오직 인증되고 훈련된 폭탄 기술자(bomb technician)만이 폭발성 장치를 만지거나, 이동시키거나, 해체하거나, 또는 다른 취급을 할 수 있다.
- 모든 장치(any devices) 또는 의심되는 장치의 최소 90 m 이내에서는 양방향 라디오(two-way radio), 휴대폰(cell phone) 또는 **차량용 정보 단말기**[21]를 사용하지 않는다. 의심스러운 장치가 크면 클수록 이격 거리는 더 커야 한다.
- 이격 구역(isolation zone) 내에서 본질적으로 안전한(승인된) 통신 장비를 사용한다.
- 현장의 비정상적인 활동이나 사람을 기록하고 법집행기관에 관찰 사항을 보고한다.

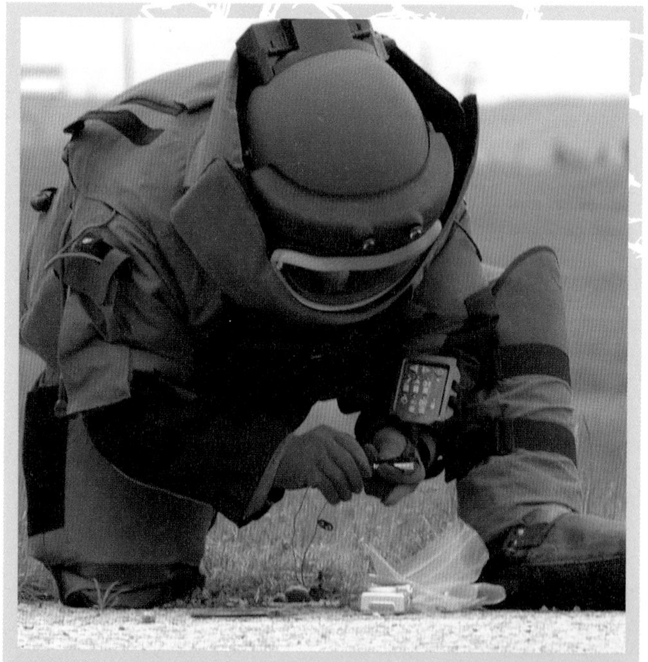

그림 8.31 오직 인증된 EOD 기술자(전문가)만이 폭발성 장치를 만지거나, 이동시키거나, 분해하거나, 기타의 취급을 할 수 있다. 미국 공군(U.S. Air Force) 제공(Airman Matthew Flynn 사진 촬영).

---

21 **차량용 정보 단말기(Mobile Data Terminal; MDT)** : 무선체계(radio system)를 통해 기타 컴퓨터들과 통신하는 이동식 컴퓨터(mobile computer)

전문 폭탄 처리 대원의 훈련

가능하다면 현지의 폭발물 처리반(EOD)[폭탄 처리반(bomb squad)]에게 훈련 및 계획에 대해 도움을 요청한다. 대부분의 폭탄 기술자(bomb technician)는 사고가 일어났을 때 도움이 필요하기 때문에 자신의 절차와 장비를 훈련과 함께 기꺼이 제공할 것이다. 소방 및 구급(EMS) 부서는 지역 폭탄 처리반 작전(local bomb squad operation) 및 진입 복장(entry suit)에 익숙해져야 한다. 왜냐하면 비상상황 발생 시 대응요원은 부상당한 폭탄 기술자로부터 이러한 특수장비(복장)를 벗기는 방법을 알아야 하기 때문이다.

대응요원은 폭탄(폭발물) 사고에 대응할 때에는 반드시 1차 탐색(primary search)을 완료해야 한다. 이러한 상황에서는 지역 규범(local protocol)을 따른다. 1차 탐색 및 후속 구조 작업(subsequent rescue operation)을 완료한 대원인지 여부와 관계없이, 사고현장 지휘관은 폭발 구역(blast area) 내에서 중요한 구명 활동을 수행할 대원을 필요한 최소한의 인원수로 제한해야 한다. 위험(risk)을 파악할 때에는 추가 폭발의 가능성(potential for additional explosion)과 구조적 안정성(structural stability)을 동시에 평가한다.

경고(WARNING!)

폭발물 또는 소이탄을 은폐할 수 있는 정원, 쓰레기통 또는 기타 차량 근처에 집결하지 마시오. 2차 장치 위험이 제거될 때까지는 최대한 노출을 피하시오.

화학 공격 Chemical Attack

화학 공격[22]은 사람들과 환경을 오염시킬 수 있는 독성 기체, 액체, 고체를 고의적으로 유출하는 것이다. 공격자는 화학 작용제chemical agent 또는 독성 산업 물질toxic industrial material; TIM을 사용할 수 있다. **화학 작용제**[23]는 전쟁이나 테러 활동에서 생리학적 영향physiological effect을 통해 사람들을 죽이거나, 심각하게 상해를 입히거나, 심각하게 무력화시키는 용도로 사용된다. 독성 산업 물질TIM은 일반적으로 산업상의 목적industrial purpose으로 사용되는 특히 유독한 위험물질이지만, 의도적으로 사람을 죽이거나 상해를 입히거나 무능력하게 하는 목적으로 테러리스트가 사용할 수 있다.

이 절에서는 다음과 같은 유형의 화학 작용제에 대해 설명한다.

- 신경 작용제(nerve agent)
- 수포 작용제(blister agent)[발포제(vesicant)]
- 혈액 작용제(blood agent)[시안화물 작용제(cyanide agent)]
- 질식 작용제(choking agent)[폐 작용제(pulmonary agent) 또는 폐 손상 작용제(lung-damaging agent)]
- 폭동진압 작용제(riot control agent)[자극제(irritant)]
- 독성 산업 물질(toxic industrial material)[테러의 목적으로 사용될 수 있는 일반적인 위험물질]

---

22 **화학 공격(Chemical Attack)** : 사람과 환경을 오염시킬 수 있는 독성 기체, 액체, 고체의 고의적 유출

23 **화학 작용제(Chemical Agent)** : 생리학적 효과를 통해 사람을 죽이거나, 심각하게 상해를 입히거나, 무능력하게 하는 전쟁이나 테러에 사용되는 화학물질(chemical substance). 또한 화학무기작용제(chemical warfare agent)라고도 함

표 8.3은 일반적인 화학 무기 작용제의 일부에 대한 UN 및 미 교통부[DOT] 식별번호[identification number] 및 위험 분류[hazard class]뿐만 아니라 대응요원이 사고의 초기대응단계를 관리하기 위한 추가 정보를 얻을 수 있는 ERG(비상대응지침서[ERG] 내의 정보)를 제공한다.

영문 이름 옆에 있는 괄호 안의 문자(글자)는 화학식(chemical formula)이 아닌 군사적 지정(군에서 단순 표기를 위해 지정하여 쓰임-역주)을 나타낸다.

표 8.3
선정된 화학작용제에 대한 UN/DOT 식별번호, 위험 분류 및 ERG 지침번호

작용제 (Agent)	UN/미 교통부 식별번호 (UN/DOT 10 #)	UN/미 교통부 분류 (UN/DOT Class)	ERG 지침(미국 내 해당) (ERG Guide U.S.)	군사 기호 (Military Symbol)
신경 작용제(Nerve Agent)				
타분[Tabun(GA)]	2810	6.1	153	GA
사린[Sarin(GB)]	2810	6.1	153	GB
소만[Soman(GD)]	2810	6.1	153	GD
V계열 작용제(VX)	2810	6.1	153	VX
수포 작용제(Blister Agent)/발포제(Vesicant)				
겨자 작용제[Mustard(H)]	2810	6.1	153	H
증류 겨자 작용제[Distilled mustard(HD)]	2810	6.1	153	HD
질소 겨자 작용제[Nitro mustard(HN)]	2810	6.1	153	
루이사이트[Lewisite(L)]	2810	6.1	153	L
포스겐 옥심[Phosgene Oxime(CX)]	2811	6.1	154	
혈액 작용제(Blood Agent)				
시안화수소[Hydrogen Cyanide(AC)]	1051	6.1	117	
염화시안[Cyanogen Chloride(CK)]	1589	2.3	125	
질식 작용제(Choking Agent)				
염소[Chlorine(CL)]	1017	2.3	124	
포스겐[Phosgene(CG)]	1076	2.3	125	
폭동 진압 작용제(Riot Control Agent)/자극제(Irritant)				
최루가스[Tear Gas(CS)]	1693	6.1	159	
최루가스[Tear Gas(CR)]	1693	6.1	159	
최루 신경가스[Mace(CN)]	1697	6.1	153	
최루 스프레이 [Pepper Spray(OC)]		2.2(6.1)*	159	
아담사이트 [Adamsite(DM)]	1698	6.1	154	DM

* 위험 분류는 최루 스프레이를 용기에 담는 방법에 따라 2.2 또는 6.1 일 수 있다.

화학 공격 징후(Chemical Attack Indicator)

화학 공격chemical attack은 대개 매우 빠르게 진전되는 징후sign 및 증상symptom을 포함하여, 쉽게 관찰 가능한 특징을 나타낸다. 화학 공격 징후chemical attack indicator에는 다음이 포함된다.

- 공격의 경고나 위협 또는 수집된 정보
- 점유지와 관련이 없는 위험물질 또는 실험실 장비의 존재
- 위험물질의 고의적 유출
- 비슷한 비정신적(외상성) 질환이나 갑작스러운 사망 등 불명의 양상(양상은 지리적, 고용주 또는 작용제 확산 방식과 관련되었을 수 있음)
- 주변환경과 성격이 다른 설명할 수 없는 냄새 또는 맛
- 원인 불명의 피부, 눈, 또는 기도에 자극(염증)을 느끼는 다수의 개개인들
- 불명의 폭탄이나 군수품 같은(munition-like) 물질, 특히 액체가 들어 있는 경우
- 불명의 증기구름(vapor cloud), 연무(mist) 및 플룸(plume), 특히 그 주변환경과 일치하지 않는 경우
- 다음과 같은 불명의 건강 문제를 나타내는 다수의 개개인들
  - 메스꺼움
  - 구토
  - 근육수축
  - 가슴의 압박감

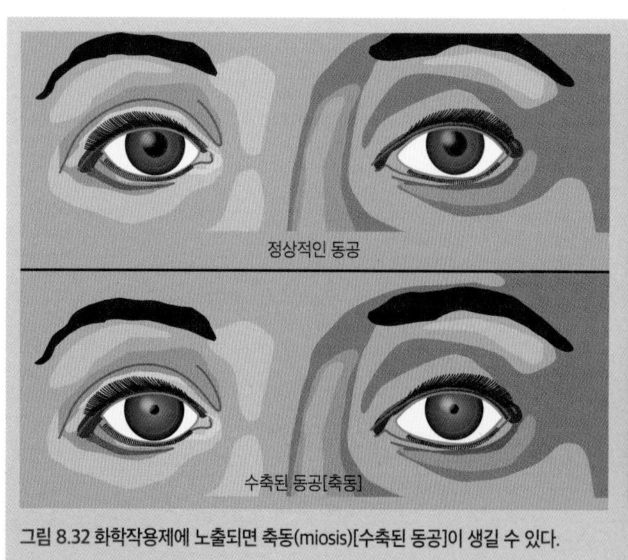

그림 8.32 화학작용제에 노출되면 축동(miosis)[수축된 동공]이 생길 수 있다.

그림 8.33 산성 유출과 같은 화학작용제는 나무와 식물을 죽이거나 시들게 한다. Barry Lindley 제공.

- 땀흘림
- 동공 수축(축동)(그림 8.32)
- 콧물(비루)
- 혼미(방향감각 상실, disorientation)
- 호흡곤란
- 경련

• 불명의 사망자들 및/또는 대량 사상자
• 아랫바람(실외) 또는 환기 시스템(실내) 부근에 분산된 사상자
• 다수의 개개인에 물집(수포)이나 발진 발생
• 죽었거나(죽은 잡초 부스러기가 아닌 것), 변색되었거나, 외관이 비정상이거나 시든 나무, 관목, 수풀, 식량 작물 및/또는 잔디(가뭄이 없는)(그림 8.33)
• 물 표면 위로 기름진 방울 또는 얇은 막 및 불명의 기름진 얇은 막이 보이는 표면
• 비정상적인 숫자의 아프거나 죽은 새, 동물 및/또는 물고기
• 비정상적인 보안, 자물쇠, 창문 빗장, 덮개가 있는 창문 및 가시 철조망 울타리

화학 무기로 사용되는 독성 산업 물질TIM은 다음과 같은 전통적인 방법을 통해 식별할 수 있다.

• 점유 유형 및 장소의 확인
• 컨테이너의 모양
• 위험물질의 표지판, 표식 및 표시
• 문서상 참고자료
• 감각적 징후
• 탐지 및 식별 장비의 사용

SLUDGEM 또는 DUMBELS

두문자어(acronyms)인 SLUDGEM과 DUMBELS는 화학 무기 작용제(chemical warfare agent)에 노출되었을 때의 증상(symptom)을 가르쳐준다. 이러한 증상은 희생자에게 시간 순서대로 나타나지 않는다.

SLUDGEM이 나타내는 징후는 다음과 같다.

▶ Salivation(타액 분비)[침 흘림(drooling)]
▶ Lacrimation(눈물 흘림)[눈물남(tearing)]
▶ Urination(배뇨)
▶ Defecation(배변)
▶ Gastrointestinal upset(위장장애)/악화(aggravation)[경련(cramping)]
▶ Emesis(구토)(vomiting)
▶ Miosis(축동)[동공 축소(pinpointed pupil)] 또는 근육수축(Muscular twitching)/경련(쥐, spasm)

DUMBELS가 나타내는 징후는 다음과 같다.

▶ Defecation(배변)
▶ Urination(배뇨)
▶ Miosis(축동) 또는 Muscular twitching(근육수축)
▶ Bronchospasm(기관지 경련)[천명음(wheezing)]
▶ Emesis(구토)
▶ Lachrimation(눈물 흘림)
▶ Salivation(타액 분비)

신경 작용제(Nerve Agent)

신경 작용제[24]는 가장 유독한 화학 무기 작용제이다. 심지어는 미세한 양에 노출되는 것만으로도 신경계를 공격하여 빠르게 죽음에 이르게 할 수 있다. 안정적이고, 쉽게 확산되며, 독성이 강한 신경 작용제는 피부 또는 호흡계통을 통해 흡수되었을 때 빠른 효과를 나타낸다. 신경 작용제nerve agent는 일반적으로 투명하고 무색이지만, 색과 냄새는 불순물에 따라 달라질 수 있다. 불순물이 섞인 "G" 계열 작용제는 약간의 과일향이 있을 수 있다. VX는 냄새가 없다. 사람들이 때때로 신경 가스nerve gas라는 용어를 사용하기는 하지만, 이 용어는 잘못된 명칭이다. 신경 작용제는 상온에서 액체이며, 에어로졸화 액체aerosolized liquid(기체gas가 아닌 증기vapor)의 형태로 확산된다.

경고(WARNING!)

냄새를 통해 위험의 징후를 파악하는 것은 안전하지 않다.

초동대응자는 다음의 신경 작용제에 익숙해져야 한다(군사적 지정은 괄호 안에 표시되어 있음).

- **타분[Tabun(GA)]** 일반적으로 낮은 **휘발성**[25]을 가지며, 피부 접촉(skin contact) 또는 증기(vapor) 흡입(inhale)을 통해 흡수되는 **지속성 화학 작용제**[26]이다.
- **사린[Sarin (GB)]** 일반적으로 휘발성(volatile)을 가지며, 주로 흡입(inhale)을 통한 **비지속성 화학 작용제**[27]이다.
- **소만[Soman(GD)]** 일반적으로 보통의 휘발성(moderately volatile)을 가지며, 피부 접촉(skin contact) 또는 흡입(inhale)을 통해 흡수될 수 있는 화학 작용제(chemical agent)이다.
- **시클로헥실사린[Cyclohexyl sarin(GF)]** 피부 접촉(skin contact) 및 증기 흡입(inhale)을 통해 흡수되는 저휘발성 지속성 화학 작용제(low-volatility persistent chemical agent)이다.
- **V계열 작용제[V-agent(VX)]** 오랜 기간 동안 소재(material), 장비(eqipment) 및 지형(terrain)에 남

---

24 **신경 작용제(Nerve Agent)** : 신경이 기관에 신호를 전달하는 방식을 방해하여 효과를 나타내는 독성 화학물질의 한 유형이다.

25 **휘발성(Volatility)** : 비교적 낮은 온도에서 물질이 쉽게 증발할 수 있는 능력

26 **지속성 화학 작용제(Persistent Chemical Agent)** : 일반적으로 10분 이상의 상당한 시간 동안 개방된 공간(in the open)에서(확산이 시작된 시점으로부터) 효과가 지속적으로 유지되는 화학 작용제

27 **비지속성 화학 작용제(Non-Persistent Chemical Agent)** : 일반적으로 10분 이내로 빠르게 증발 및 확산되는 화학 작용제

아 있을 수 있는 저휘발성 지속성 화학 작용제(low-volatility persistent chemical agent)로서, 일반적으로 피부(접촉)를 통해 흡수되지만 흡입될 수도 있다. 초동대응자는 VE, VG 및 VS를 포함한 기타 V계열 작용제(V-agent)에 대한 참고자료(reference)를 볼 수도 있지만, 가장 일반적인 것은 VX이다. VX는 주로 접촉 노출 위험(contact exposure hazard)이 있다.

신경 작용제의 휘발성은 매우 다양하다. 예는 다음과 같다.

- **G계열 작용제**[28]는 제조자가 지속성(persistency)을 높이기 위해 기타 작용제로 농도를 짙게 하지 않는 한 비지속성(nonpersistent)(빠른 속도로 증발 및 확산됨)의 경향을 갖는다.
- 작용제(agent)는 지속적(persistent)이다(상당한 시간 동안 개방된 공간에서 유효한 상태로 남아 있다). 예를 들어, VX의 지속성(persistency)은 엔진(모터) 오일(motor oil)과 유사한다. 주요 유입 경로(primary route of entry)는 피부에 대한 직접 접촉(direct contact with the skin)이다.
- 사린(GB)은 고휘발성 액체이며, 주로 흡입 위험(inhalation hazard)이 있다.
- GD, GA 및 GF의 휘발성(volatilities)은 GB와 VX 휘발도 사이에 포함되며, 각각의 증기(vapor)는 공기(air)보다 무겁다.

낮은 증기압에서, 신경 작용제의 증기는 표준 상태에서는 멀리 이동하지 않을 것이다. 따라서 위험 구역endangered area의 크기는 상대적으로 작을 것이다. 그러나 액체가 고온상에 노출된다면 증기 위험은 넓은 지역으로 퍼지거나 에어로졸화aerosolized될 수 있다. 표 8.4는 노출되었을 경우에 대한 설명과 증상을 포함하여 신경 작용제들에 대한 정보를 제공한다.

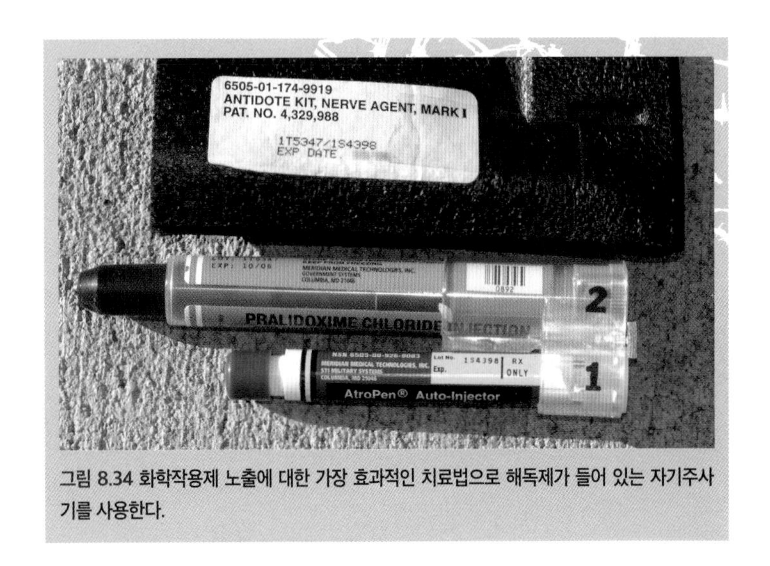

그림 8.34 화학작용제 노출에 대한 가장 효과적인 치료법으로 해독제가 들어 있는 자기주사기를 사용한다.

신경 작용제에 노출된 경우에 그 효과가 나타나는 속도가 매우 빠르기 때문에, 개인에 대한 의료 관리에 있어서 속도가 가장 중요하다. 효과적인 치료법은 **해독제**[29]가 포함된 **자기주사기**[30]를 즉시 사용하는 것이 가장 좋다(그림 8.34).

---

28 **G계열 작용제(G-Series Agent)** : 비지속성 신경 작용제(nonpersistent nerve agent)는 최초 독일 과학자들에 의해 합성되었음
29 **해독제(Antidote)** : 독(poison) 또는 독소(toxin)의 영향을 막는 물질
30 **자기주사기(Autoinjector)** : 인명구조 약품(lifesaving drug)의 단일 복용량으로 가득 차 있는 스프링이 들어 있는 주사기

표 8.4
신경 작용제 특성

신경 작용제 (상징)	설명	증상 (모든 목록상의 작용제에 해당됨)
타분(Tabun) [GA]	• 투명하고 무색이며 맛이 없는 액체 • 약간의 과일 냄새가 있을 수 있지만, 이러한 특성이 독성 노출에 대한 충분한 경고로 사용하려 해서는 안 됨 • **예상 확산 방법**: 에어로졸화 액체(aerosolized liquid)	**흡입, 섭취(삼킴) 또는 피부 흡수에 의한 낮거나 중간 정도의 흡입**: 수초에서 수시간 이내에 다음 증상의 일부 또는 전부를 겪을 수 있음 • 콧물 • 눈물 • 작게 동공 수축 • 눈 통증 • 시력저하(몽롱) • 침흘림 및 과도한 땀흘림 • 기침 • 가슴 압박감 • 빠른 호흡 • 설사 • 배뇨 증가 • 혼란 • 졸음 • 약화 • 두통 • 메스꺼움, 구토, 및/또는 복통 • 심박수의 느려짐 또는 빨라짐 • 비정상적으로 낮거나 높은 혈압
사린(Sarin) [GB]	• 원액은 투명하고 무색이며 맛이 없는 액체 • **예상 확산 방법**: 에어로졸화 액체(aerosolized liquid)	
소만(Soman) [GD]	• 원액은 투명하고 무색이며 맛이 없는 액체이며, 시간이 흐름에 따라서 짙은 갈색으로 변색이 일어남 • 약간의 과일이나 녹나무 냄새가 날 수 있지만, 이러한 특성이 독성 노출에 대한 충분한 경고로 사용하려 해서는 안 됨 • **예상 확산 방법**: 에어로졸화 액체(aerosolized liquid)	
시클로헥실사린 (Cyclohexyl sarin) [GF]	• 원액은 투명하고 무색이며 맛이 없는 액체 • 오직 소량만이 물에 용해됨 • **예상 확산 방법**: 에어로졸화 액체(aerosolized liquid)	
V계열 작용제 (VX)	• 투명하고 황색이며 유성의 액체 • 물에 용해되며 모든 용매에 용해됨 • 휘발성이 가장 작은 신경 작용제 • 증발이 매우 느림(엔진 오일만큼 느림) • 주로 액체 노출 위험(liquid exposure hazard)을 보이며, 매우 높은 온도로 가열되면 소량의 증기(기체)로 바뀔 수 있다. • **예상 확산 방법**: 에어로졸화 액체(aerosolized liquid)	**피부 접촉한 경우** 피부에 신경 작용제가 작은 한 방울만 떨어졌다 해도, 이로 인해 피부에 닿은 부분에 발한과 근육 경련이 있을 수 있음 **어떠한 경로를 통해서든 다량이 신체에 흡입(기타 섭취 등)된 경우** 다음과 같은 추가적인 건강 영향이 나타날 수 있음 • 의식 불명 • 경련 • 마비 • 호흡 부전으로 사망할 가능성이 있음 **회복 기대:** • 경미하거나 보통으로 노출된 사람들은 대개 완전히 회복됨 • 심하게 노출된 사람들은 생존하지 못함 • 일부 유기인산 화합물 살충제(organophosphate pesticide)와 달리, 신경 작용제는 노출 후 1~2주 이상 지속되는 신경학적 문제들과는 관련이 없다.

출처: 증상에 대한 정보는 미국 질병 통제 및 예방 센터(Centers for Disease Control and Prevention; CDC)에서 제공되었다.

수포 작용제(Blister Agent)

수포 작용제[31](발포제vesicant)는 접촉하는 피부 또는 신체의 기타 부위에 화상을 입히거나 물집을 일으킨다. 이러한 작용제는 눈, 점막, 폐, 피부 및 혈액 생성 기관blood-

31 **수포 작용제(Blister Agent)** : 접촉하는 피부 또는 신체의 기타 부위에 화상을 입히거나 물집을 일으키는 화학 무기 작용제(chemical warfare agent). 발포제(vesicant) 및 겨자 작용제(mustard agent)로도 알려져 있다.

forming organ에 작용한다. 또한 흡입 시에는 호흡기를 손상시키고, 섭취 시에는 구토와 설사를 유발할 수 있다. 수포 작용제blister agent는 사망자보다는 사상자를 더 많이 발생시키긴 하지만 이러한 작용제에 대한 노출 역시 치명적일 수 있다.

수포 작용제는 일반적으로 지속성이며, 순도에 따라 무색으로부터 옅은 황색, 어두운 갈색까지도 나타나기도 하는 유성 액체이다. 수포 작용제는 완전히 증발하기까지 며칠 또는 몇 주가 걸릴 수 있다. 제독에 있어서 작은 점도의 제품(위험물질)보다 이러한 수포 작용제를 제거하는 것이 더욱 어렵다. 표 8.5는 수포 작용제에 대한 정보를 제공한다.

수포 작용제는 다음의 집단으로 분류할 수 있다.

- 겨자 작용제(mustard agent)
  - 황겨자 작용제(sulfur mustards)(H, HD[증류겨자 작용제(distilled mustard)라고도 함] 및 HT)
  - 질소겨자 작용제(nitrogen mustard)(HN, HN-1, HN-2, 및 HN-3)
- 비소 발포제(arsenical vesicant)
  - 루이사이트(lewisite)(L, L-1, L-2 및 L-3)
  - 겨자/루이사이트 혼합물)[HL][루이사이트(lewisite; L)와 증류겨자 작용제(distilled mustard; HD)의 혼합물]
  - 페닐디클로로아르신(phenyldichloroarsine; PD)
- 할로겐화 옥심(halogenated oximes) - 포스겐 옥심(phosgene oxime; CX)

혈액 작용제(Blood Agent)

혈액 작용제blood agent는 질식성 화학물질chemical asphyxiant이다. 적혈구가 신체의 다른 세포로 산소를 운반하는 것을 막거나 신진대사metabolism에 필요한 에너지를 생산하기 위해 산소를 사용하는 세포의 능력을 억제함으로써 신체가 산소를 사용하는 능력을 방해한다. 일부 출처에서는 혈액 작용제blood agent와 시안화 작용제cyanogen agent를 동의어로 사용하지만, 모든 혈액 작용제가 시안화 작용제인 것은 아니다(예를 들면, 아르신arsin은 아님). 마찬가지로 모든 시아노겐cyanogen이 혈액 작용제도 아니다. 혈액 작용제는 때로는 독성 산업 물질TIM로 분류되기도 한다.

표 8.5
일반적인 수포 작용제의 특성

수포 작용제 [상징]	설명	증상
황겨자 작용제 (Sulfur Mustard) [H/HD]	• 액체 또는 고체 형태인 경우 황색 또는 갈색으로 투명할 수 있음 • 때로는 마늘 냄새, 양파 냄새, 겨자 냄새가 나며, 때때로 냄새가 없음 • 수증기, 기름기를 띤 액체 또는 고체일 수 있음 • 증기는 공기보다 무거움 • **예상 확산 방법:** 에어로졸화 액체(aerosolized liquid)	• **피부:** 피부 발적과 가려움증은 노출 후 2~48시간 후에 발생할 수 있으며, 결국 피부가 노란색 물집으로 변함 • **눈:** 경미한 노출로부터 3시간 이내에 염증, 통증, 붓기 및 찢어짐이 발생할 수 있다. 중증 노출은 1~2시간 내에 증상을 유발할 수 있으며, 경증 또는 중증 노출 시의 증상과 심한 통증 또는 실명(최대 10일간 지속)이 포함될 수 있음 • **호흡기:** 경미한 노출 시 12~24시간 및 심각한 노출 시 2~4시간 동안 콧물, 재채기, 쉰 목소리, 코 출혈, 부비강(코 안쪽의 구멍-역주) 통증, 호흡 곤란 및 기침 • **소화기:** 복통, 설사, 발열, 메스꺼움 및 구토 기타 증상들은 다음과 같다. • 일반적으로 징후와 증상은 즉시 발생하지 않음 • 노출의 정도에 따라 2~24시간 동안 증상이 나타나지 않을 수도 있음 • 일부 사람들은 다른 사람들보다 더욱 민감함 • 노출은 일반적으로 치명적이지 않음
질소겨자 작용제 (Nitogen Mustard) [HN]	• 비린내, 곰팡내, 비누 또는 과일 냄새(향) 등 각기 다른 종류가 있음 • 기름기를 띤 액체(oily-textured liquid), 증기(액체의 기체 형태) 또는 고체 상태일 수 있음 • 실온 (21℃)에서 액체임 • 액체 또는 고체 형태인 경우 황색 또는 갈색으로 투명할 수 있음 • 증기는 공기보다 무거움 • **예상 확산 방법:** 에어로졸화 액체(aerosolized liquid)	• **피부:** 발적은 보통 노출 후 몇 시간 내에 발생하며 6~12시간 이내에 물집이 생김 • **눈:** 염증, 통증, 붓기 및 찢어짐이 발생할 수 있음. 높은 농도는 화상과 실명을 일으킬 수 있음 • **호흡기:** 코 및 부비동 통증, 기침, 인후 통 및 숨가쁨이 몇 시간 내에 발생할 수 있음. 폐 내 체액이 차는 경우(흉막 삼출, fluid in the lung)가 드물게 발생할 수 있음 • **소화기:** 복통, 설사, 발열, 메스꺼움 및 구토. • **뇌:** 다량 노출 시에는 떨림, 동요 및 발작이 있을 수 있음 기타 요소들은 다음과 같다. • 일반적으로 징후와 증상은 즉시 발생하지 않음. • 노출의 정도에 따라 수시간 동안 증상이 나타나지 않을 수도 있음
루이사이트 (Lewisite) [L]	• 원액은 투명한 액체이며, 불순물 추가에 따라서 황색에서 검은색이 나타날 수 있음 • 제라늄과 같은 냄새 • 증기는 공기보다 무거움 • **예상 확산 방법:** 에어로졸화 액체(aerosolized liquid)	징후 및 증상들은 다음의 노출에 따른 증상과 함께 즉시 나타난다. • **피부:** 몇 초에서 몇 분 안에 통증과 자극이 발생하며, 15~30분 이내 발적 발생 후 몇 시간 안에 물집이 생김 - 물집은 붉게 된 부위의 가운데에서부터 작게 시작한 다음, 피부의 붉어진 부분 전체를 덮음 - 병변(염증)은 다른 수포 작용제(유황 겨자 작용제 및 질소 겨자 작용제)로 인한 병변보다 훨씬 빨리 치료됨 - 나중에 발생하는 피부 변색은 훨씬 눈에 띄지 않음 • **눈:** 접촉 시 염증, 통증, 붓기 및 찢어짐이 발생할 수 있음 • **호흡기:** 콧물, 재채기, 쉰 목소리, 코 출혈, 부비동 통증, 숨가쁨, 기침이 발생함 • **소화기:** 설사, 메스꺼움 및 구토 • **심혈관계:** 루이스사이트 쇼크 또는 저혈압

출처: 증상에 대한 정보는 미국 질병 통제 및 예방 센터(Centers for Disease Control and Prevention; CDC)에서 제공되었다.

표 8.5 (계속)		
수포 작용제 [상징]	설명	증상
포스겐 옥자임 (Phosgene Oxime) [cx]	• 고체 상태에서는 무색이며, 액체 상태에서는 황갈색을 띰 • 기분 나쁜 자극적인 냄새 • 증기는 공기보다 무거움 • **예상 확산 방법:** 에어로졸화 액체(aerosolized liquid)	징후 및 증상들은 다음의 노출에 따른 증상과 함께 즉시 나타난다. • **피부:** 몇 초 내에 통증이 발생하고, 노출 부위가 30초 이내로 빨간색 원으로 둘러싸여 피부가 백화됨 -약 15분 이내에 피부에 두드러기가 발생함. -24시간이 지나면 피부의 희끄무레한 부분이 갈색으로 되며 죽어 버리고 딱지가 생김 -치유 과정에서 가려움과 통증이 계속 될 수 있음. • **눈:** 심한 통증, 염증 및 일시적 실명이 발생할 수 있음 • **호흡기:** 상부 호흡기를 즉시 자극하여 콧물, 쉰 목소리 및 부비동 통증을 유발함 • **소화기:** 설사, 메스꺼움 및 구토 • 피부 또는 호흡을 통한 흡수는 호흡곤란과 기침을 동반한 폐 내 체액이 차는 경우(흉막 삼출, fluid in the lung)를 유발할 수 있음.
출처: 증상에 대한 정보는 미국 질병 통제 및 예방 센터(Centers for Disease Control and Prevention; CDC)에서 제공되었다.		

표 8.6 아르신(Arsin [SA])	
설명	증상
• 중독을 유발하는 데 필요한 것보다 높은 수준에서만 탐지되는 약한 마늘 냄새를 가진 무색의 비자극성 유독성 기체 • 비소(arsenic)가 산(acid)과 접촉할 때 형성됨 • **예상 확산 방법:** 증기 유출(vapor release)	**흡입에 의한 낮거나 보통의 노출량인 경우:** 노출된 사람들은 2~24시간 이내에 다음 증상 중 일부 또는 전부를 경험할 수 있다. • 약화 • 두통 • 혼란 • 빠른 호흡 • 붉거나 어두운 색 소변 • 근육 경련 • 피로 • 졸음 • 호흡 곤란 • 메스꺼움, 구토 및/또는 복통 • 노란 피부 및 눈(황달) **어떠한 경로를 통해서든 다량의 노출량인 경우:** 건강 영향은 다음과 같은 결과를 초래할 수 있다. • 의식불명 • 경련 • 마비 • 호흡 부전, 사망으로 이어질 가능성 있음 기타 요소들은 다음과 같다. • 이러한 징후와 증상을 나타내는 것이 반드시 사람에게만 해당되는 것이 아님. • 사람들이 초기 노출에서 살아남은 경우, 다음과 같은 만성 영향을 받을 수 있음. - 신장 손상 - 사지 마비 및 통증 - 기억상실, 혼란 및 과민반응과 같은 신경심리학적 증상
출처: 증상에 대한 정보는 미국 질병 통제 및 예방 센터(Centers for Disease Control and Prevention; CDC)에서 제공되었다.	

표 8.7 AC 및 CK에 대한 혈액 작용제의 특성		
혈액 작용제 [상징]	설명	증상
시안화수소 **(Hydrogen cyanide)** **[AC]**	• 무색의 기체 또는 액체 • 독특한 쓴 아몬드 냄새 • 공기보다 약간 가벼움 • 혼화성 있음 • 극도의 인화성 • 폭발성 기체/공기 혼합물 • 알코올 혼합물에서 산화제 및 염화수소와 격렬하게 반응하여 화재 및 폭발 위험이 있음 • **예상 확산 방법**: 에어로졸화 액체(aerosolized liquid)	피부와 눈을 통해 흡수될 수 있으며, 증상들로는 다음을 포함한다. • **흡입**: 두통, 현기증, 혼란, 메스꺼움, 숨가쁨, 경련, 구토, 약화, 불안, 불규칙한 심장박동, 가슴 압박감, 의식불명. 효과는 지연되어 나타날 수 있음 • **피부**: 피부를 통해 흡수될 수 있으며, 흡입 시 증상과 동일함 • **눈**: 증기가 흡수될 경우, 발적이 발생할 수 있음. 나머지 증상은 흡입 시 증상과 동일함 • **섭취**: 불타는 감각(burning sensation). 나머지 증상은 흡입 시 증상과 동일함
염화시안 **(Cyanogen chloride)** **[CK]**	• 무색의 기체 • 자극적인 냄새 • 공기보다 무거움 • **예상 확산 방법**: 에어로졸화 액체(aerosolized liquid)	증상들로는 다음을 포함한다. • **흡입**: 콧물, 인후통, 졸음, 혼란, 메스꺼움, 구토, 기침, 의식불명, 지연되어 나타날 수 있는 증상이 있는 부종 • **피부**: 손상되지 않은 피부를 통해 쉽게 흡수되어 피부에는 자극을 주지 않으면서 전신 효과(systemic effect)를 일으킨다. 액체에 직접 접촉 시 동상이 발생할 수 있으며, 액체가 흡수되었을 시 발적과 통증이 있을 수 있음 • **눈**: 액체와 직접 접촉 시 동상이 발생하여 발적, 통증 및 과도한 눈물이 동반됨
출처: 증상에 대한 정보는 미국 질병 통제 및 예방 센터(Centers for Disease Control and Prevention; CDC)에서 제공되었다.		

초동대응자는 다음의 혈액 작용제에 대해 잘 알고 있어야 한다.

- **아르신(Arsine; SA)** 비소(arsenic)가 산(acid)과 접촉하면 아르신 기체(arsine gas)가 형성된다. 아르신은 가벼운 마늘 냄새가 나는 무색의 자극성이 없는 독성 기체(toxic gas)이다. 대부분의 사람들은 중독을 유발하는 수준보다도 높은 수준에서만 이러한 냄새를 감지할 수 있다(표 8.6).
- **시안화수소(Hydrogen cyanide; AC)** 시안화수소는 무색의, 극도로 높은 인화성을 가지며, 용해도가 높고, 물과 반응하지 않는, 휘발성이 높은 액체이다. 증기와 공기의 혼합물은 폭발성이 있을 수 있다(표 8.7). 증기는 공기보다 밀도가 낮으며, 희미한 냄새는 쓴 아몬드와 비슷하다고 보고되어 있다, 인구의 약 25%가 시안화수소의 냄새를 맡지 못한다.
- **염화시안(cyanogen chloride; CK)** 염화시안은 무색의 휘발성 액체로, 유기 용매(organic solvent)에는 쉽게 용해되지만 물에는 약간만 용해된다(표 8.7 참조). 염화시안의 증기(vapor)는 공기보다 무겁다. 또한 자극적이고 통렬한 냄새(pungent, biting odor)가 난다. 일반적으로 염화시안은 비지속성 위험이 있다. 염화시안에 대한 노출 효과는 시안화수소(cyanogen chloride)와 유사하지만, 눈과 점막에 대한 추가 자극이 있다.

질식 작용제(Choking Agent)

질식 작용제[32]는 폐를 공격하여 폐 조직 손상을 유발한다. 때로는 이들을 폐 손상 작용제pulmonary or lung-damaging agent라고 부르기도 한다. 혈액 작용제와 마찬가지로 질식 작용제는 산업적 용도로 사용되며, 일반적인 위험물질 사고에서도 대응요원들은 이러한 물질들과 마주칠 수 있다. 질식 작용제choking agent로는 디포스겐diphosgene, DP, 클로로피크린chloropicrin, PS, 암모니아ammonia, 염화수소hydrogen chloride, 포스핀phosphine 및 원소 인elemental phosphorus과 같은 화학물질들이 포함된다. 가장 일반적인 질식 작용제의 두 가지는 염소chlorine와 포스겐phosgene이다.

- **염소(chlorine)** 황록색의 염소 기체(chlorine gas)는 일반적으로 저장 및 운송을 위해 액체 상태로 가압되고 냉각된다. 염소는 표백제와 같은 자극적인 냄새가 난다. 액체 염소가 유출되면, 공기보다 더 무거운 기체로 빠르게 변화된다. 염소는 액체 형태로 오래 머물러 있지 않으므로, 대체로 제독은 필요하지 않다. 노출로 인해 발생할 수 있는 영향은 다음과 같다.
  - 기침
  - 흉부 압박
  - 눈, 코, 목에 타는 듯한 느낌
  - 눈물남
  - 시력 저하
  - 메스꺼움 및 구토
- **포스겐(phosgene)** 무색의 불연성 기체이며, 갓 자른 건초 냄새가 난다. 포스겐의 냄새 임계값(odor threshold)은 허용 가능한 노출 한도를 훨씬 상회하기 때문에, 누군가가 냄새를 맡았을 때는 이미 유해 농도(harmful concentration)에 처해 있는 것이다. 포스겐의 끓는점(boiling point)은 8.2℃이지만, 증기밀도는 공기보다 훨씬 크다. 그러므로 참호(trenche) 및 기타 저지대 지역(low-lying area)에서는 오랜 시간 동안 머물러 있을 수 있다. 포스겐은 오랜시간 동안 액체 상태로 남아 있지 않으므로, 보통 제독은 필요하지 않다. 노출 증상은 염소와 비슷하지만, 포스겐은 피부에 화상과 발진을 일으킬 수 있다.

---

32 질식 작용제(Choking Agent) : 폐를 공격하여 조직 손상을 일으키는 화학 무기 작용제(chemical warfare agent)

폭동 진압 작용제(Riot Control Agent)

폭동 진압 작용제[33](최루 가스tear gas 또는 자극제irritating agent라고도 함)는 눈, 입, 목, 폐 및 피부에 즉각적인 자극을 유발시켜 일시적으로 사람들을 무능력하게 만드는 화학물질 화합물이다. 몇 가지 서로 다른 화합물들이 폭동 진압 작용제로 간주된다.

모든 폭동 진압 작용제는 고체이며, 에어로졸화된 입자aerosolized particle로서 확산된다. 일반적으로 불꽃놀이 폭죽(예를 들면, 폭발성 최루가스통)이나 액체에 입자가 부유되어 있는 추진 스프레이를 통해 방출된다. 일부는 단일 작용제나 혼합물을 넣은 호신용 장치로 작은 용기에 담아서 판매한다. 일부 장치에는 스프레이된 가해자를 시각적으로 표시하기 위한 염료가 포함되어 있다. 확산되면 폭동 진압 작용제는 일반적으로 공기보다 무겁다.

표 8.8은 일반적인 폭동 진압 작용제의 특성을 제공한다. 노출 시의 증상은 모든 작용제가 매우 유사하기 때문에 한 번만 표시했다.

최루 가스tear gas, 메이스mace(호신용 스프레이 등에 쓰이는 자극성 물질-역주), 후추 스프레이pepper spray 및 기타 자극제irratant 외에도 때로는 다음과 같은 작용제들이 폭동 진압 작용제로 분류된다.

- **무능화 작용제(incapacitant)** 노출된 후 몇 시간에서 며칠 동안 지속되는 일시적인 무능화(활동 불능화) 상태(disabling condition)로 만든다(대부분의 폭동 진압 작용제가 만들어내는 것과는 다름). 무능화 작용제(incapacitant)의 예는 다음과 같다.
  - 중추신경계(central nervous system; CNS) 억제제[항콜린성 약(anti-cholinergic)]
  - 중추신경계 각성제(CNS stimulant)[리세르산 디에틸아미드(lysergic acid diethylamide; LSD)]
- **구토 작용제(vomiting agent)** 격렬하고 통제가 되지 않는 재채기(sneezing), 기침(coughing), 메스꺼움(nausea), 구토(vomiting) 및 신체적 불편감(bodily discomport)을 유발한다. 이것은 에어로졸(aerosol)로 확산되며 흡입(inhalation)이나 눈에 직접 작용하여 그 효과가 나타난다. 주요 구토 작용제는 다음과 같다.
  - 디페닐클로르아르신(diphenylchlorarsine; DA)
  - 염화디페닐아민아르신(diphenylaminearsine chloride)[아담사이트(adam site; DM)]
  - 디페닐시안아르신(diphenylcyanarsine; DC)

---

33 **폭동 진압 작용제(Riot Control Agent)** : 눈, 입, 목, 폐 및 피부에 즉각적인 자극을 유발하여 일시적으로 사람들을 무능화(활동불능) 상태로 만드는 화학물질 화합물

<table>
<tr><th colspan="3">표 8.8
폭동 진압 작용제의 특성</th></tr>
<tr><th>폭동 진압 작용제
[상징]</th><th>설명</th><th>증상
(모든 목록상의 작용제에 해당됨)</th></tr>
<tr><td>클로로벤질리덴
말로노니트릴
(chlorobenzylidene
malononitrile; CS)</td><td>• 백색 결정성 고체(white crystalline solid)
• 후추 같은 냄새</td><td rowspan="5">노출(exposure) 직후: 노출된 사람들은 다음 증상(symptom) 중 일부 또는 전부를 경험할 수 있다.
• 눈(eye): 과도한 눈물, 화상, 시력저하(몽롱, blurred vision) 및 발적(redness)
• 코(nose): 콧물, 화상 및 붓기(swelling)
• 입(mouth): 화상, 자극, 삼키기 어려움, 침흘림
• 폐(lungs): 가슴 압박감(chest tightness), 기침, 숨막히듯한 감각(choking sensation), 격한 호흡(noisy breathing)[천명음(wheezing)], 호흡 곤란
• 피부(skin): 화상 및 발진(rash)
• 기타: 메스꺼움(nausea) 및 구토(vomiting)

장시간 노출이나 다량에 노출된 경우, 특히 밀집된 환경(closed setting)에서는 다음과 같은 심각한 영향을 받을 수 있다.
• 실명(blindness)
• 녹내장(glaucoma)(실명을 야기할 수 있는 심각한 눈 상태임)
• 목구멍(throat)과 폐(lungs)의 심각한 화학적 화상(chemical burns)으로 인해 즉시 사망함
• 호흡 부전(respiratory failure)으로 사망할 수도 있음

특히 밀폐된 구역에서, 장기간 노출되면 다음과 같은 장기적 영향(long-term effect)을 초래할 수 있다.
• 흉터(scarring), 녹내장(glaucoma) 및 백내장(cataracts)을 포함한 눈(eye)의 문제
• 천식(asthma)과 같은 호흡 곤란을 일으킬 수 있음

회복 기대(Recovery Expectation): 사람이 노출로부터 벗어난 후 곧 증상이 사라졌다면, 장기적인 건강 영향(long-term health effect)이 발생하지 않을 것임</td></tr>
<tr><td>클로로아세토페논
(Chloroacetophenone;
CN; mace)</td><td>• 투명한 황갈색 고체(clear yellowish brown solid)
• 물에는 잘 녹지 않지만, 유기 용매(organic solvent)에는 용해됨
• 흰 연기가 사과 꽃 냄새를 풍김</td></tr>
<tr><td>올레오레신 고추
(Oleoresin Capsicum;
OC; pepper spray)</td><td>• 일반적으로 스프레이 분무제(spray mist)로 판매되는 유성의 액체(oily liquid)
• 예상 확산 방법: 에어로졸(aerosol)</td></tr>
<tr><td>디벤족새제핀
(Dibenzoxazepine; CR)</td><td>• 담황색 결정질 고체(pale yellow crystalline solid)
• 후추 같은 냄새
• 예상 확산 방법: 에어로졸(aerosol)</td></tr>
<tr><td>클로로피크린
(Chloropicrin; PS)</td><td>• 유성의 무색 액체(liquid)
• 강렬한 냄새
• 열에 노출 시 격렬히 분해됨(violent decomposition)</td></tr>
<tr><td colspan="3">출처: 증상에 대한 정보는 미국 질병 통제 및 예방 센터(Centers for Disease Control and Prevention; CDC)에서 제공되었다.</td></tr>
</table>

독성 산업 물질(Toxic Industrial Material; TIM)

독성 산업 물질toxic industrial material; TIM은 특정 농도에서 독성이 있고 한 생산 시설에서 연간 30.5톤을 초과하는 양으로 생산되는 산업용 화학물질이다. 독성 산업 물질TIM은 매우 독성이 강한 신경 작용제highly toxic nerve agent만큼이나 치명적이지는 않다. 그러나 독성 산업 물질TIM은 대량(멀티톤multi-ton)으로 생산되며 손쉽게 사용할 수 있기 때문에 화학 무기 작용제chemical warfare agent보다 훨씬 위협적이다. 예를 들어, 황산sulfuric acid은 신경 작용제만큼 치명적이지는 않지만 대량의 황산이 매일 제조되고 운송되기 때문에, 다량의 황산을 확산시키는 것은 아주 쉽다.

표 8.9
위험성 등급화 지수에 따른 독성 산업 물질 목록
(Toxic Industrial Materials Listed by Hazard Index Ranking)

고위험	중간위험	저위험
암모니아(ammonia)	아세톤시아노히드린(acetonic cyanohydrin)	아이소타이오사이아산알릴(allyl isothiocyanate)
아르신(arsine)	아크롤레인(acrolein)	삼염화비소(arsenic trichloride)
삼염화붕소(boron trichloride)	아크릴로니트릴(acrylonitrile)	브롬(bromine)
삼불화붕소(boron trifluoride)	알릴알코올(allyl alcohol)	염화브롬(bromine chloride)
이황화탄소(carbon disulfide)	알릴아민(allylamine)	오플루오르화브롬(bromine pentafluoride)
염소(chlorine)	알릴클로로카보네이트(allyl chlorocarbonate)	삼플루오르화브롬(bromine trifluoride)
디보란(diborane)	삼브롬화붕소(boron tribromide)	플루오르화카르보닐(carbonyl fluoride)
산화에틸렌(ethylene oxide)	일산화탄소(carbon monoxide)	오불화염소(chlorine pentafluoride)
플루오르(불소, fluorine)	황화카르보닐(carbonyl sulfide)	삼플루오르화염소(chlorine trifluoride)
포름알데히드(formaldehyde)	클로로아세톤(chloroacetone)	클로로아세트알데히드(chloroacetaldehyde)
브롬화수소(hydrogen bromide)	클로로아셀로니트릴(chloroacelonitrile)	염화클로로아세틸(chloroacetyl chloride)
염화수소(hydrogen chloride)	클로로설폰산(chlorosulfonic acid)	크로톤알데히드(crotonaldehyde)
시안화수소(hydrogen cyanide)	디케톤(diketene)	염화시안(cyanogen chloride)
불화수소(hydrogen fluoride)	1,2-디메틸히드라진(1,2-dimethylhydrazine)	디메틸황산(dimethyl sulfate)
황화수소(hydrogen sulfide)	이브롬화에틸렌(ethylene dibromide)	디페닐메탄-4,4'-디이소시아네이트 (diphenylmethane-4,4'-diisocyanate)
(발연 중인) 질산(nitric acid, fuming)	셀렌화수소(hydrogen selenide)	클로로포름산에틸(ethyl chloroformate)
포스겐(phosgene)	염화메탄설포닐(methanesulfonyl chloride)	에틸클로로시오포메이트(ethyl chlorothioformate)
삼연화인(phosphorus trichloride)	브롬화메틸(methyl bromide)	에틸포스포노시오익 디클로라이드(ethyl phosphonothioic dichloride)
이산화황(sulfur dioxide)	클로로탄산메틸(methyl chloroformate)	포스포닉 2염화물(ethyl phosphonic dichloride)
황산(sulfuric acid)	메틸클로로실란(methyl chlorosilane)	에틸렌이민(ethyleneimine)
육플루오르화텡스텐(tungsten hexafluoride)	메틸히드라진(methyl hydrazine)	헥사클로로씨클로펜타디엔 (hexachlorocyclopentadiene)
	메틸이소시아네이트(methyl isocyanate)	요오드화수소(hydrogen iodide)
	메틸메르캅탄(methyl mercaptan)	철펜타카보닐(iron pentacarbonyl)
	이산화질소(nitrogen dioxide)	이소부틸크로로포름(isobutyl chloroformate)
	포스핀(phosphine)	이소프로필크로로포름(isopropyl chloroformate)
	옥시염화인(phosphorus oxychloride)	이소시안산이소프로필(isopropyl isocyanate)
	오플루오르화인(phosphorus pentafluoride)	노말-부틸크로로포름(n-butyl chloroformate)
	육플루오르화셀레늄(selenium hexafluoride)	노말-부틸이소시아네이트(n-butyl isocyanate)
	사불화규소(silicon tetrafluoride)	일산화질소(nitric oxide)
	수소화안티몬(stibine)	노말프로필 알코올(n-propyl chloroformate)
	삼산화황(sulfur trioxide)	파라티온(parathion)
	염화설퍼릴(sulfuryl chloride)	과염화메르캅탄(perchloromethyl mercaptan)
	플루오르화설퍼릴(sulfuryl fluoride)	sec-부틸클로로포름(sec-butyl chloroformate)
	육플루오르화텔루륨(tellurium hexafluoride)	tert-부틸이소시안산(tert-butyl isocyanate)
	노말-옥틸메르캅탄(n-octyl mercaptan)	테트라에틸납(tetraethyl lead)
	사염화티타늄(titanium tetrachloride)	피로 인산 테트라에틸(tetraethyl pyrophosphate)
	염화트리클로로아세틸(trichloroacetyl chloride)	사메틸납(tetramethyl lead)
	염화트리플루오로아세틸(trifluoroacetyl chloride)	톨루엔 2,4-디이소시안(toluene 2,4-diisocyanate)
		톨루엔 2.6-디이소시안(toluene 2,6-diisocyanate)

출처: 1999년 4월 15일, "국제 태스크포스 25의 최종 보고서 요약: 산업 화학물질로부터의 위험(Summary of the Final Report of the International Task Force 25: Hazard from Industrial Chemicals)"

미 직업안전보건청OSHA이 제공하는 위험 지수 순위hazard index ranking(고, 중, 저 위험도)에 근거하여 독성 산업 물질은 세 가지 위험군으로 나뉜다(표 8.9). 해당 분류는 다음과 같이 정의된다.

- **고위험(high hazard)** 독성이 높고, 쉽게 증발되는 광범위하게 생산, 저장, 운송되는 독성 산업 물질을 나타낸다.
- **중간위험(medium hazard)** 일부 분류에서는 높은 순위를 갖지만 생산자 수, 물리적 상태, 독성과 같은 기타 항목은 낮을 수 있는 독성 산업 물질을 나타낸다.
- **저위험(low hazard)** 이 독성 산업 물질은 특정 작업 요소가 다르게 표시하지 않는 한 위험이 아닐 수 있다.

비상대응요원들은 다른 위험물질 사고와 마찬가지로 물질의 식별을 시도해야 한다. 독성 산업 물질TIM과 연관된 비상상황에 대비하여 비상대응지침서ERG 및 기타 출처에서 제공된 모든 사전결정된 절차 및 지침을 따른다.

중점사항

무기로서의 독성 산업 물질

독성 산업 물질(TIM)은 훨씬 저렴하고 얻기 쉽기 때문에 화학 무기 작용제(chemical warfare agent)보다 무기로 독성 산업 화학 물질(toxic industrial chemical)이 더 많이 사용될 가능성이 훨씬 크다. 사린(sarin)과 같은 화학 무기 작용제는 생산하기가 어렵다고 알려져 있다. 예를 들어, Aum Shinrikyo는 3000만 달러를 들여 일본 공격에 사용된 사린을 생산한 것으로 추정된다. 반대로 염소 실린더(chlorine cylinder)는 지역 공공 수영장에서 도난당할 가능성이 있다. 또한 일부 독성 산업 물질은 무기 작용제만큼 위험하고 치명적이다. 예를 들어 포스겐은 산업상 사용성을 가지고 있지만, 동시에 화학 무기 작용제로서 지정되어 있기도 한다. 시중에서 판매되는 일부 살충제는 신경 작용제와 같은 방식으로 신경 자극을 방해하며 화학적으로 매우 유사한다.

독성 산업 물질은 다양한 요소로 인해 테러 공격에 사용하기에 적합한다. 일부는 경고적 속성이 좋지 않을 수 있다. 어떤 것들은 매우 낮은 노출량으로도 치명적일 수 있다. 일부는 이상적인 확산 특성을 가졌을 수 있다. 더욱이 테러 공격에 독성 산업 물질을 사용하는 경우, 특히 대량으로 널리 쓰이는 경우 다른 화학 작용제보다도 위험물질 사고에 더 많이 연관될 가능성이 높다.

지역 사회의 독성 산업 물질에 주의를 기울이고 관할 구역 내에서 테러 목적으로 사용될 화학물질을 파악해야 한다. 그런 다음 해당 독성 산업 물질과 관련된 사고에 대응할 준비를 한다.

화학 공격 사고(Chemical Attack Incident) 대응(작전)

화학 공격chemical attack에서의 주요 작전 목표는 가장 많은 숫자에 가장 큰 타격을 주는 것이다. 대응요원은 화학 테러 공격 및 위험물질 사고에 대응하기 위해 표준작전(운영)절차 및 지침에 대해 반드시 잘 알고 있어야 한다.

화학 공격은 다음과 같은 방법으로 다른 위험물질 사고와 다를 것이다.

- 위험성(hazard)의 심각성[예를 들면 치명적인 신경 작용제(nerve agent)와 같은] 및 이것들로부터 보호받기 위한 적절한 개인보호장비의 필요성
- 2차 장치(secondary device)의 존재 가능성
- 다수 사상자(mass casualties)
- 신속한 제독(decon)의 필요성
- 해독제(antidote) 투여

생물 공격 Biological Attack

미국 질병통제 및 예방센터The Centers for Disease Control and Prevention; CDC는 생물 테러를 "시민들에 위해를 가하거나 살해하기 위한 의도적인 바이러스, 박테리아 또는 이들의 독소 유출"이라고 정의한다. **생물 작용제**[34]의 네 가지 유형은 다음과 같다.

1. **바이러스 작용제(viral agent)** 바이러스(virus)는 숙주(host)의 살아 있는 세포(living cell) 안에서만 증식(자기복제)할 수 있는 가장 단순한 유형의 미생물(microorganism)이다. 바이러스는 **항생제**[35]에 반응하지 않으므로 매력적인 무기이다.
2. **박테리아 작용제(bacterial agents)** 박테리아는 미시적인 단세포 유기체(organism)이다. 대부분의 박테리아는 사람들에게 질병을 일으키지 않지만, 일으키게 되는 경우에는 조직에 침입하거나 독(poison)[독소(toxin)]을 생산해내는 두 가지 메커니즘이 가능하다.
3. **리케치아(rickettsia)** 리케치아는 절지동물(arthropod)[진드기과 벼룩]의 위장관 내(gastrointestinal tract)에서 살고 번식하는 특수 박테리아(specialized bacteria)이다. 이것들은 대부분의 박테리아보다 더 작지만 바이러스보다는 더 크다. 박테리아처럼 이들은 그 자신의 신진대사가 있는 단세포 유기체(single-celled organism)이며, 광범위한 항생제에 취약하다. 그러나 바이러스와 마찬가지로 리케치아는 살아 있는 세포 안에서만 성장할 수 있다. 대부분의 리케치아는 감염된 절지동물에 물림으로써 감염되며 사람 간의 접촉으로는 전파되지 않는다.

---

34 **생물 작용제(Biological Agent)** : 사람, 동물, 또는 작물에 해를 끼치는 바이러스(viruse), 박테리아 또는 독소(toxin). 의도적으로 해를 입히는 데 사용될 경우, 생물 무기(biological weapon)로 간주될 수 있다.

35 **항생제(Antibiotic)** : 박테리아의 성장을 죽이거나 감속시키는 곰팡이(mold) 또는 박테리아(bacterium)로 만든 항균제(antimicrobial agent). 예로는 페니실린(penicilin)과 스트렙토마이신(streptomycin)이 있다. 항생제는 바이러스(virus)에 효과가 없음

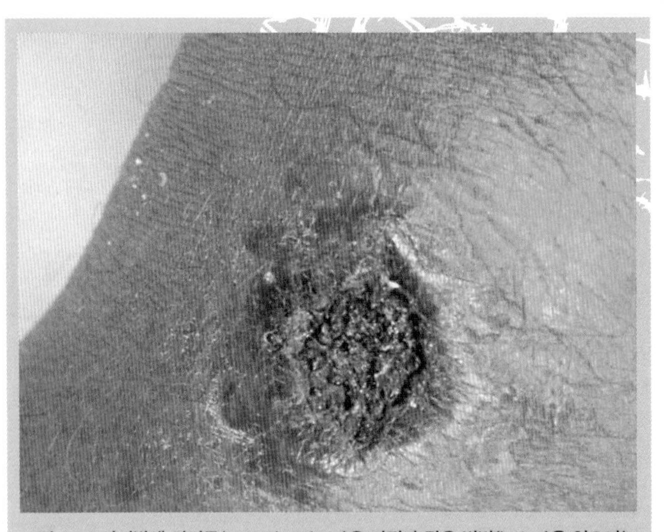

그림 8.35 자연발생 탄저균(natural anthrax)은 사진과 같은 병변(lesion)을 일으키는 피부 위험(skin hazard)이 더 많다. 무기화 탄저균(weaponized anthrax)은 보다 위험한 흡입 위험(inhalation hazard)이다. 미 질병 통제 및 예방 센터(CDC) 제공.

4. **생물 독소(biological toxin)** 생물 독소는 살아 있는 유기체에 의해 만들어진 독(poison)이다. 그러나 생물 유기체 자체는 대개 사람에게 해롭지 않다. 일부 생물 독소(biological toxin)는 합성하여 제조되거나 실험실에서 유전적으로 변형된 것이다(그림 8.35). 이러한 독소들은 퍼지는 방식과 생물학 무기(biological weapon)로서의 효과면에서 화학 작용제(chemical agent)와 유사하다. 생물학 작용제(biological agent)는 다음을 통해 전파될 수 있다.
   - 에어로졸화(aerosolization)
   - 음식
   - 물
   - 벌레(곤충)

생물 무기biological weapon를 사용하는 공격은 폭탄이나 산업용 화학물질을 사용하는 공격만큼이나 명백하지 않을 수 있다. 일반적으로 생물 무기 작용제biological weapons agent는 즉각적으로 건강상에 영향을 주지는 않는다. 대부분의 생물 작용제는 작용제의 잠복기incubation period에 따라 누군가를 아프게 하는 데 몇 시간, 며칠 또는 몇 주가 걸린다. 이러한 지연(잠복기) 때문에 질병의 원인이 즉각적으로 분명하지 않을 수 있으며, 공격의 원인을 추적하기 어려울 수 있다.

생물 무기 공격이 시작되면 오직 소수의 환자만 증상이 나타날 수 있다. 질병이 사람에게서 사람으로 계속 전염되면 감염된 사람들의 수가 증가할 것이다(예를 들면 천연두smallpox에서 이러한 경우가 일어날 수 있음). 문제가 되는 작용제의 위험 범위는 수일 또는 수주 동안 분명하지 않을 수 있다. 그러나 특정 생물 독소biological toxin(예를 들면 색시톡신saxitoxin은 해양 생물에 의해 생성된 신경독neurotoxin임)는 잠재적으로 더 빠르게 효과가 나타날 수 있다(수분에서 수시간).

생물 공격 징후(Biological Attack Indicator)

생물 공격biological attack은 바이러스, 박테리아 및/또는 생물 독소를 이용한다. 생물

중점사항

생물 사고의 숨겨진 위험들

일반적인 화학 사고에서는 빠른 발현(몇 분에서 몇 시간)이 나타나며, 색색의 잔유물, 죽은 잎, 자극적인 냄새, 죽은 곤충 및 동물과 같은 특징을 볼 수 있다. 생물 사고의 경우, 증상의 발현에는 보통 며칠에서 수주가 걸린다. 생물 작용제는 일반적으로 무취 및 무색이며, 생물 공격은 감염된 시기와 증상의 발현 사이의 감염된 개개인의 이동으로 인해 넓은 지역에 영향을 줄 수 있다. 그러한 시간 동안 감염된 사람들은 그 질병을 다른 사람들에게 전염시킬 수 있다. 구급(응급의료서비스, EMS) 및 공중 보건 요원은 생물 공격과 구별되는 비정상적인 양상의 질병을 발견할 가능성이 높기 때문에 생물 공격을 먼저 감지할 수 있다.

공격은 쉽게 눈에 띄지 않는 효과가 있다. 징후와 증상이 발현되는 데 며칠이 걸릴 수 있다.

생물 공격 징후들로는 다음을 포함한다.

- 공격의 경고나 위협 또는 수집된 정보
- 천연두(smallpox)와 같은 특이한 질병의 발표
- 병이 나거나 죽어가는 사람 또는 동물(때때로 서로 다른 종이 함께)의 비정상적인 수
- 유사한 징후 또는 증상을 가진 복수의 사상자
- 예정에 없던 또는 비정상적인 액상 분사를 통한 (병 등의) 전염
- 버려진 분무(분사) 장치(장치에는 분명한 냄새가 없을 수 있음)
- 해당 지리적 영역에서의 풍토성(한 지방 특유의) 질병이 아닌 경우(nonendemic illness)[예를 들면 유럽 내에서 베네수엘라에서만 발병하는 베네수엘라 뇌척수염(venezuelan equine encephalitis)의 발병]
- 풍향에 일치하는 사상자 분포
- 병원, 약국 및 기타 보건 기관에 보고된 징후 및 증상[증후군 감시(syndromic surveillance)]에 대한 전자적 추적(electronic tracking)
- 식량, 물 또는 장소의 일반적인 출처와 관련된 질병
- 독감 유행시기가 아닌 기간에 독감 같은 증상(flu-like symptom)을 보이는 다수의 사람들

사용된 작용제 및 사고의 범위에 따라 다르지만, 구급대원(대응자) 및 보건요원이 생물 공격이 있었음을 최초로 인식할 가능성이 크다. 일부의 경우에는 공격에 대

한 목격자, 테러리스트 활동을 암시하는 것과 같은 믿을만한 증거가 나타나거나 오염된 확산장치contaminated dissemination device의 발견과 같이 작용제 확산(운송)장치delivery system의 발견으로 이어지고, 이를 통해서 감염성 작용제infectious agent가 나중에 격리되고 식별되는 경우가 있다. 생물 공격이 의심되는 경우, 초동대응자들은 즉시 해당 지역 보건 기관에 이를 알려야 한다.

질병의 전염(Disease Transmission)

전염병 전파infectious disease transmission의 구체적인 방법은 다음과 같다(그림 8.36).

- **공기 중 전염(airborne transmission)[공기 중 유기체(organism) 또는 독소의 흡입(inhalation)]** 질병이 장시간 동안 공중에서 부유 상태로 남아 있었고 흡입되었을 경우 호흡 깊숙이 침투했을 수 있다. 인플루엔자(influenza), 폐렴(pneumonia) 및 소아마비(polio)와 같은 공기 중 전염(공기 매개) 질병은 일반적으로 신체 외부에서도 장시간 동안 생존할 수 있다.
- **감염된 작은 물방울(비말)(infected droplet)과의 접촉** 풍진(rubella), 결핵(tuberculosis) 및 사스(SARS)와 같은 감염된 작은 물방울을 통한 전염은 눈, 코 및 입의 점막과의 접촉을 통해 질병을 전염시킨다. 물방울은 일반적으로 오랜 시간 동안 공중에 머무를 수 없다.
- **직접 접촉(direct contact)[예를 들면 감염된 사람(infected person)을 만지거나 키스하는 것]** 에이즈바이러스(HIV)와 같은 대부분의 성 매개 질병(sexually transmitted diseases)이 이 범주에 해당된다. 이와 동일하게 전염되는 에볼라(Ebola) 같은 기타 질병들은 대개 인체 외부에서 오랫동안 생존하지 못한다.
- **간접 접촉(indirect contact)[예를 들면 오염된 표면에 접촉하는 것]** 간접 접촉 질병은 일반적으로 장기간 노출된 표면에서 생존할 수 있다. 노르월크 바이러스(norwalk virus)는 간접 접촉으로 전염되는 질병의 예이다.

참고
많은 질병들에는 하나 이상의 전염 경로(route of transmission)가 있다.

- **오염된 음식물 또는 물 섭취** 일반적으로 이러한 방식은 감염된 분변(배설물) 물질과의 접촉으로 발생한다. 오염된 음식 또는 물을 통해 전염되는 질병의 예로는 아메바성 이질(amoebic dysentery)과 콜레라(cholera)가 있다.
- **매개체**[36] 라임 병(lyme disease)이나 림프절 페스트(bubonic plague)와 같은 질병은 곤충(벼룩, 파

---

36 매개체(Vector) : 보균 숙주(보균체, reservoir)로부터 감염되기 쉬운 숙주로 작용제(agent)를 옮기는 간접 전염(indirect trasmission) 과정에서의 생물의 매개자(animate intermediary)

리, 모기)과 설치류(생쥐 및 쥐 및 가축과 같은 동물)에 의해 전염된다.

생물 무기를 개발할 때 전염 수단(방법)은 중요한 고려사항이 된다. 공기 중 전염질병들(예를 들면 천연두)은 직접 접촉(예를 들면 에이즈 바이러스HIV 또는 에볼라Ebola)을 통해서만 전염되는 질병들보다 더 빨리 많은 사람들을 감염시킬 수 있다.

전염성(Contagiousness)

전염성 질병infectious disease은 다른 사람에게 옮길 가능성이 있는 미생물microorganism에 의한 질병으로 사람에서 사람으로 빠르게 퍼질 수 있는 질병이다. 천연두smallpox 또는 사스SARS와 같은 전염성 작용제에 의한 공격은 유행병이 될 가능성이 있다. 비전염성 질병은 질병 작용제disease agent 자체에 직접 노출된 사람들에게만 영향을 준다. 비전염성 질병은 질병 작용제의 직접 접촉을 제외하고는 다른 사람들에게는 퍼지지 않는다. 탄저병anthrax 및 생물 독소biological toxin와 같은 비감염성 작용제noncontagious agent로 인한 생물 공격은 전염성이 없다.

생물 공격 사고(Biological Attack Incident) 대응(작전)

생물 테러 사고bioterrorism incident는 대부분 관할 구역 경계를 넘어설 것이므로 계획 수립 시에는 자원 공유, 핵심 정보 및 관리 책임에 대한 조항들이 포함되어야 한다.

초동대응자는 상처나거나 촉촉한 피부, 혈액 또는 체액에 접촉할 때마다 항상 보편적 예방조치를 준수해야 한다. 이러한 예방조치들을 통해 많은 생물 작용제 및/또는 감염된 개개인들로부터 보호를 받을 수 있다. 보편적 예방조치들은 다음과 같다.

- 일회용 장갑을 사용한다(그림 8.37).
- 환자들 간에 전염을 막기 위해 각 환자마다 장갑을 교체한다.
- 장갑을 제거한 즉시 손을 씻는다.
- 튐(비산, 비말)이 예상될 경우, 일회용 개인보호장비와 안면 보호구를 사용한다.

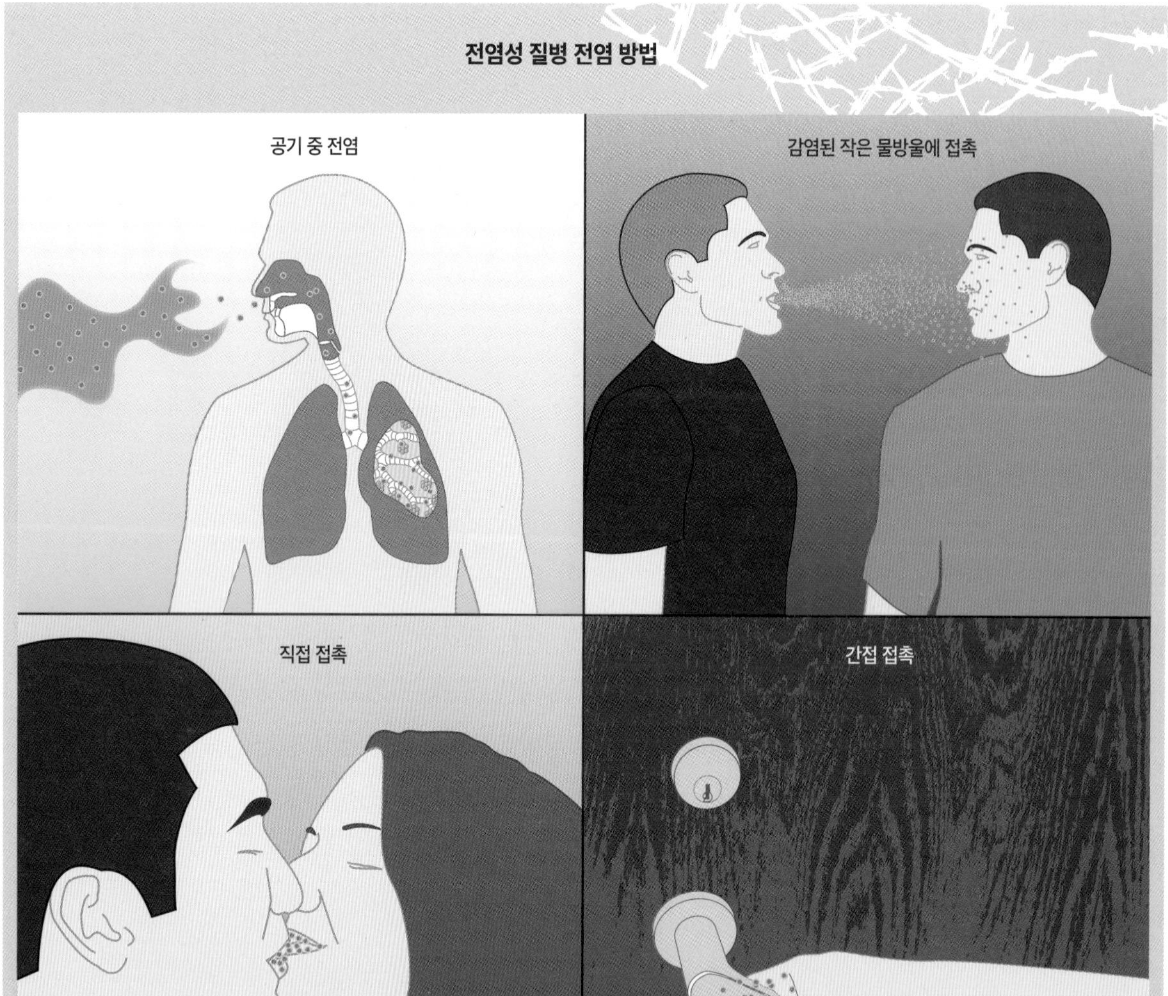

전염성 질병 전염 방법

공기 중 전염

감염된 작은 물방울에 접촉

직접 접촉

간접 접촉

섭취

매개체

그림 8.36 질병 전염의 6가지 방법(수단)

- 백신 접종, 예방 항생제 치료 또는 특정 질병에 대한 기타 적절한 조치 및 추가 지침은 지역 보건 기관(부서)에 문의한다.

명백한 공격이나 사고가 발생한 경우, 대응요원들은 병원균pathogen이나 독소toxin의 확산을 막기 위해 생물 작용제biological agent의 격리 및 고립에 집중해야 한다. 공공연한 공격으로는 의심스러운(혐의가 있는) 생물학 실험실이 발견되거나 분무(분사) 장치spray device의 사용이 목격된 백색 분말 사고(확실한 위협이 있는 경우)가 포함될 수 있다.

다음은 실내 공격에 대한 조치를 포함한다.

- 환기 설비(ventilation system) 끄기
- 문 및 창문 닫기
- 엘리베이터 끄기
- 공기의 흐름을 제한시키기 위해 테이프(tape), 플라스틱 시트(plastic sheet) 및 팽창성 폼(expanding foam)을 사용하여 덕트, 창문 및 문 밀폐(sealing)

다음의 조치들은 공공연한 야외 공격을 저지하는 데 도움이 될 수 있다.

- 확산을 방지하기 위해 장치 또는 확산된 작용제를 방수포(tarp) 또는 기타 물리적 포장재(physical barrier)로 덮는다.

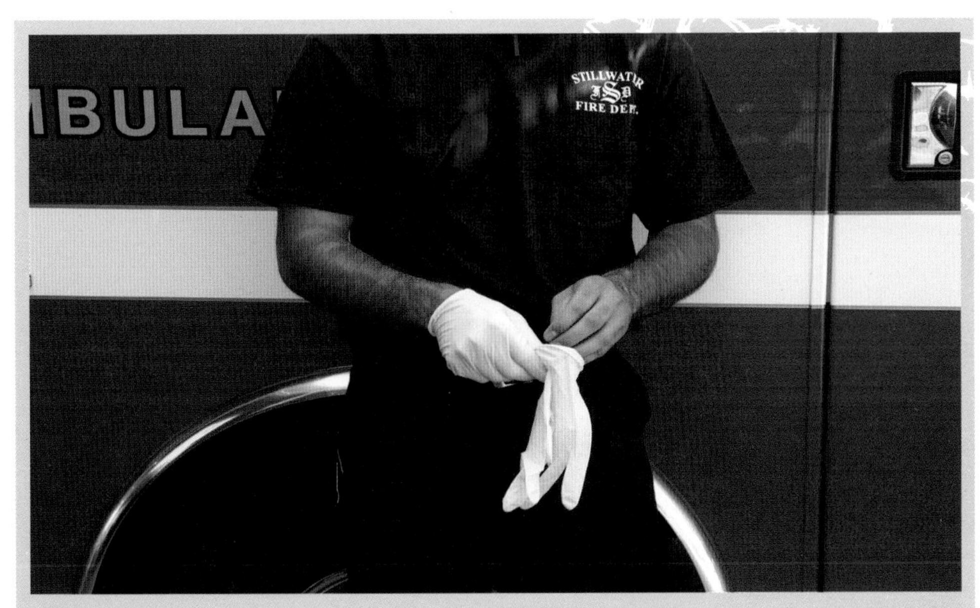

그림 8.37 대응요원은 스스로를 생물 작용제로부터 보호하기 위해 일반적인 감염 통제 절차(common infection control procedure)를 사용해야 한다.

- 물과 표백제를 약하게 살포(분무)하여 해당의 확산된 작용제를 제독한다.
- 의심스러운 물품, 포장물, 물건 또는 물질을 확보하여 밀봉된 위험물질 회수병 또는 용기에 담아서 확산을 경감시킨다.

가능하다면 철저한 위험성 평가risk assessment가 이루어지고 적절한 조치가 취해질 때까지 생물 작용제에 노출된 사람들은 현장을 떠나지 않도록 한다(아마도 지역 보건 당국과의 협의 하에 이뤄질 것임). 피해자들이 질병의 증상이나 징후를 보이는지 여부에 관계없이 에어로졸 또는 잠재적으로 유해한 물질과의 접촉과 연관된 모든 확실한 위협에 대해서 제독을 권장한다.

봉쇄containment를 확실히 하기 위해서는 다음의 지침들을 따른다.

- 최초에 영향을 받았을 수 있는 사람들을 격리한다.
- 치료 및 의료시설로의 이송 전에 필요성이 있는지의 상황에 따라 피해자들을 제독시킨다.
- 후속 조치가 필요할 경우, 사고에서 노출되었을 가능성이 있는 모든 사람을 기재(이름 및 연락처 정보)한다.

생물 공격 사고biological attack incident에서 격리isolation 및 봉쇄containment 문제는 주로 감염된 피해자 관리와 관련되며, 공중 보건당국이 이러한 문제를 관리할 가능성이 높다. **전국(전 세계적) 유행성(유행병의)**[37] 독감pandemic flu에 대처하기 위한 지역 계획은 다른 전염병 발병들로 이어질 수 있다.

중점사항

에볼라의 발병(Ebola Outbreak)

표적 공격(targeted attack)은 아니었지만, 위험물질 공동체(hazmat community)는 2014~2015년에 에볼라 바이러스 발병에 대한 국제적 대응으로부터 배움을 얻었다. 에볼라의 발병은 적절한 개인보호장비의 사용과 효과적인 제독 대응을 발전시키고 사용해야 할 필요성에 초점을 맞출 필요가 있음을 보여주었다. 이러한 것들은 여러 가지 위험에 대한 전세계적인 고려사항이며, 최근의 에볼라 위기는 이러한 절차들을 적절하게 따르지 않았던 경우의 결과를 보여주었다.

---

37 **전국(전 세계)적 유행성(유행병의)(Pandemic)** : 대다수의 인구에 영향을 미치는 매우 넓은 지역[여러 국가 또는 대륙]에 걸쳐서 발생하는 전염병

방사능 및 핵 공격

Radiological and Nuclear Attack

지금까지 역사적으로 방사능 테러radiological terrorism(정확하게는 '방사선 테러'가 맞다고 생각하지만 사회적으로 방사능이란 용어에 대한 인식이 더 크다고 생각하여 의역함 — 역주)에 대한 시도는 거의 없었다. 여러 방사능 및 핵 관련 위협들theats이 있었고 핵 공격nuclear attack을 수행할 계획은 실패했지만, 방사능 테러 공격radiological terrorism attack은 아직까지 발생하지 않았다.

방사능 사고에 대한 대응은 다른 비상사고에 대한 대응과 유사하다. 예를 들면 방사성 물질radioactive material의 선적 공격에 대한 대응은 방사성 물질에 대한 비상대응지침서ERG 의 지침을 따라야 하며, 여기에는 2차 장치secondary device 및 증거 보존에 대한 추가 고려사항이 있을 수 있다. 대응요원은 방사성 물질의 존재 또는 연관성을 즉시 감지하지 못할 수 있다. 비상대응기관은 모든 화재 및/또는 폭발 사고에 대한 대응의 정상적인 부분으로서 방사선 탐지를 반드시 포함해야 한다. 사고현장에 방사선radiation이 있는지 확인할 수 있는 유일한 방법은 방사선 탐지 장비radiological monitoring equipment를 사용하는 것이다.

핵 공격의 경우, 초기 대응요원이 재난의 규모와 범위에 압도될 수 있다. 대응요원은 의심할 여지없이 사고를 성공적으로 완화시키기 위해 외부 지원을 요구해야 한다. 통신, 운송, 물 공급 및 자원은 제한적이거나 존재하지 않을 수 있다. 사상자들과 파괴된 것들의 수는 압도적으로 많을 것이다. 조직된 대응이 가능할 때, 대응요원들은 핵/방사능(방사선) 위험을 특별히 고려하여 모든 비상대응에 있어 동일한 체계를 적용해야 한다. 핵 공격은 극히 드물기 때문에 이번 절에서는 방사능(방사선) 장치에 대해서만 다룬다.

방사능 및 핵 공격 징후 (Radiological and Nuclear Attack Indicator)

방사능 공격radiological attack은 방사성 물질을 방출하는 무기를 사용하며, 대부분 먼지(분진)dust 또는 분말powder 형태이다. 확산은 폭탄 또는 폭발 장치, 즉 방사성 물질 확산 장치radiological dispersal device, RDD에 물질을 포함시킴으로써 달성될 수 있다. 방사능 공격 징후로는 다음을 포함한다.

- 공격의 경고나 위협 또는 수집된 정보
- 방사선 피폭(노출)의 증상 및 징후를 보이는 개개인들
- 공공장소에 방치되거나 버려진 방사성 물질 용기
- 당연히 그래야만 할 외관보다도 무게가 더욱 나가 보이는 의심스러운 상자(이러한 상자 등에는 납 차폐물 등을 집어넣어 방사선을 차폐시킬 수 있다)
- 폭발의 유무에 관계없이, 방사선 탐지 장치의 방사선(방사능) 탐지
- 외부 열원의 흔적 없이 뜨겁거나 열을 발산하는 물질
- 빛나는 물질(강한 방사성 물질이 방사선 발광을 방출하거나 유발하는 것일 수 있음)

핵 공격은 방사능 공격과는 조금 다르다. 핵 공격은 핵무기의 의도적인 폭발이다. 징후들로는 다음이 포함된다.

- 공격의 경고나 위협 또는 수집된 정보
- 버섯 구름(mushroom cloud)
- 이례적으로 크고 강력한 폭발
- EMP(electromagnetic pulse)

방사능(방사선) 장비(Radiological Device)

방사선 장치radiological device는 몇 가지 유형의 설계가 존재한다. 모든 설계design는 사람을 방사선radiation에 노출시키거나 방사성 물질을 확산시킨다. 방사선 장치는 때로는 더러운 폭탄dirty bomb이라고도 한다. 이러한 장치가 확산시킨 오염으로 인해 자산, 농작물 및 가축이 엉망이 되고, 넓은 지역이 황폐해진다. 이러한 장치들로는 방

사선 방출 장치radiation-exposure devices; RED, 방사성 물질 확산 장치radiological-dispersal devices; RDD 및 방사성 물질 확산 무기radiological-dispersal weapons; RDW가 포함된다.

방사선 방출 장치(Radiation-Exposure Device: RED)

방사선 방출 장치[38]는 강력한 감마선 방출 선원gamma-emitting radiation source이다. 테러리스트들은 많은 사람들이 강렬한 방사선원에 노출될 수 있는 장소, 예를 들면 교통량이 많은 도심 지역, 오락시설(무대) 또는 쇼핑센터와 같은 세간의 이목을 끄는 장소high-profile location에 방사선 방출 장치를 설치할 것이다(그림 8.38).

테러리스트들은 또한 특정 개인을 표적으로 및/또는 오랜 기간 동안 제한된 수의 사람들에게 위해를 끼치기 위해 방사선 방출 장치RED를 사용할 수 있다.

방사성 물질 확산 장치(Radiological-Dispersal Device: RDD)

미 국방부는 방사성 물질 확산 장치RDD를 방사성 물질의 붕괴decay에 의해 생성된 방사선 파괴, 손상, 또는 상해를 유발하도록 특별히 고안된 무기 또는 장비(핵 폭발 장치nuclear explosive device 제외)를 포함한 모든 장치로 정의한다. 방사성 물질 확산 장치RDD는 넓은 지역에 방사성 물질을 확산시키기 위한 것이지만, 핵 위력nuclear yield을 만들어낼 수는 없다. 테러리스트들은 방사성 물질 확산 장치RDD를 사용하여 사람들을 방사성 물질에 노출시키거나 지역과 건물을 오염시켜 오염이 제거될 때까지 사용할

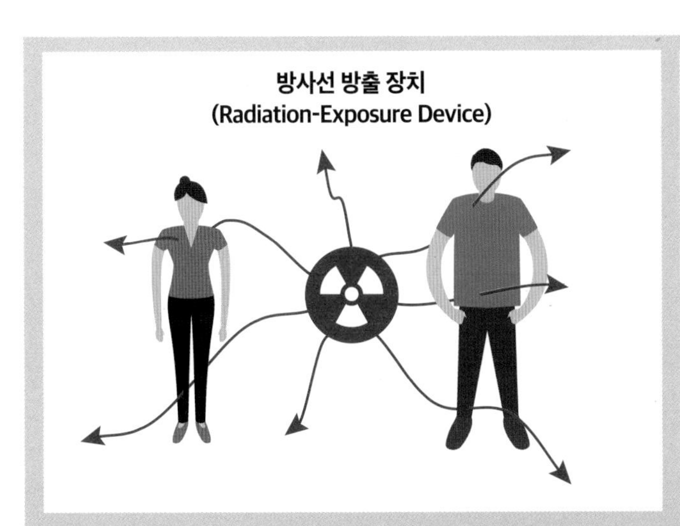

그림 8.38 방사선 방출 장치는 감마선을 방출한다. 이러한 장치들은 특정한 개인을 표적으로 삼거나, 오랜 기간 동안 제한된 수의 사람들에게 위해를 끼칠 수 있다.

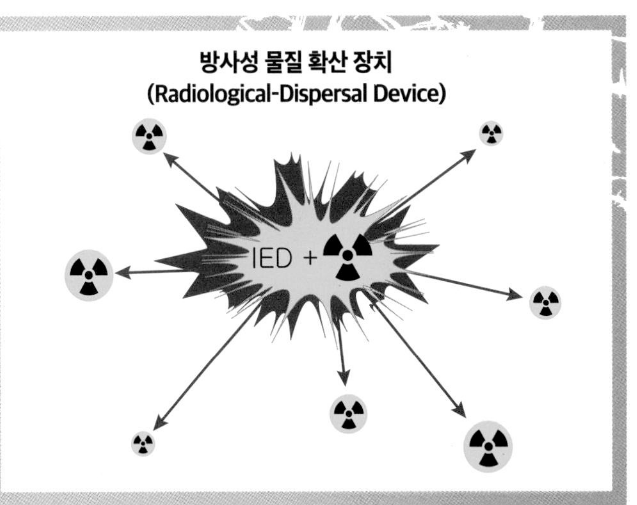

그림 8.39 방사성 물질 확산 장치는 폭발물을 사용하여 한 지역에 방사성 물질을 흩뿌린다.

38 방사선 방출 장치(Radiation -Exposure Device; RED : 무기(weapon)로 사용되는 강력한 감마선 방출선원

수 없게함으로써 공포와 두려움을 유발시킨다.

방사성 물질 확산 장치RDD는 일반적으로 재래식 폭발물conventional explosive의 힘을 이용하여 방사성 물질을 확산시킨다(그림 8.39).

방사성 물질 확산 무기(Radiological-Dispersal Weapon; RDW)

방사성 물질 확산 무기[39] 또는 단순 방사성 물질 확산 장치Simple Radiological Dispersal Device; SRDD는 비폭발성 방사성 물질 확산 장치nonexplosive RDD이다. 방사성 물질 확산 무기RDW는 가압 용기, 건물 환기설비, 환풍기 및 기계장치mechanical device와 같은 값싸고 일상적인 물품들을 사용하여 방사능 오염을 확산시킬 수 있다(그림 8.40). 예를 들어, 방사성 물질을 환기설비 사이에 집어넣은 다음 건물의 시스템을 작동시키면 건물 전체에 확산시키는 것이 가능하다. 이러한 수단에 의한 확산은 방사성 물질을 확산 가능한 형태(분말powder 또는 액체liquid)로 만드는 것이 필요하며, 일단 확산시켜 위험을 초래하기 위해서는 다량의 방사성 물질이 필요할 것이다.

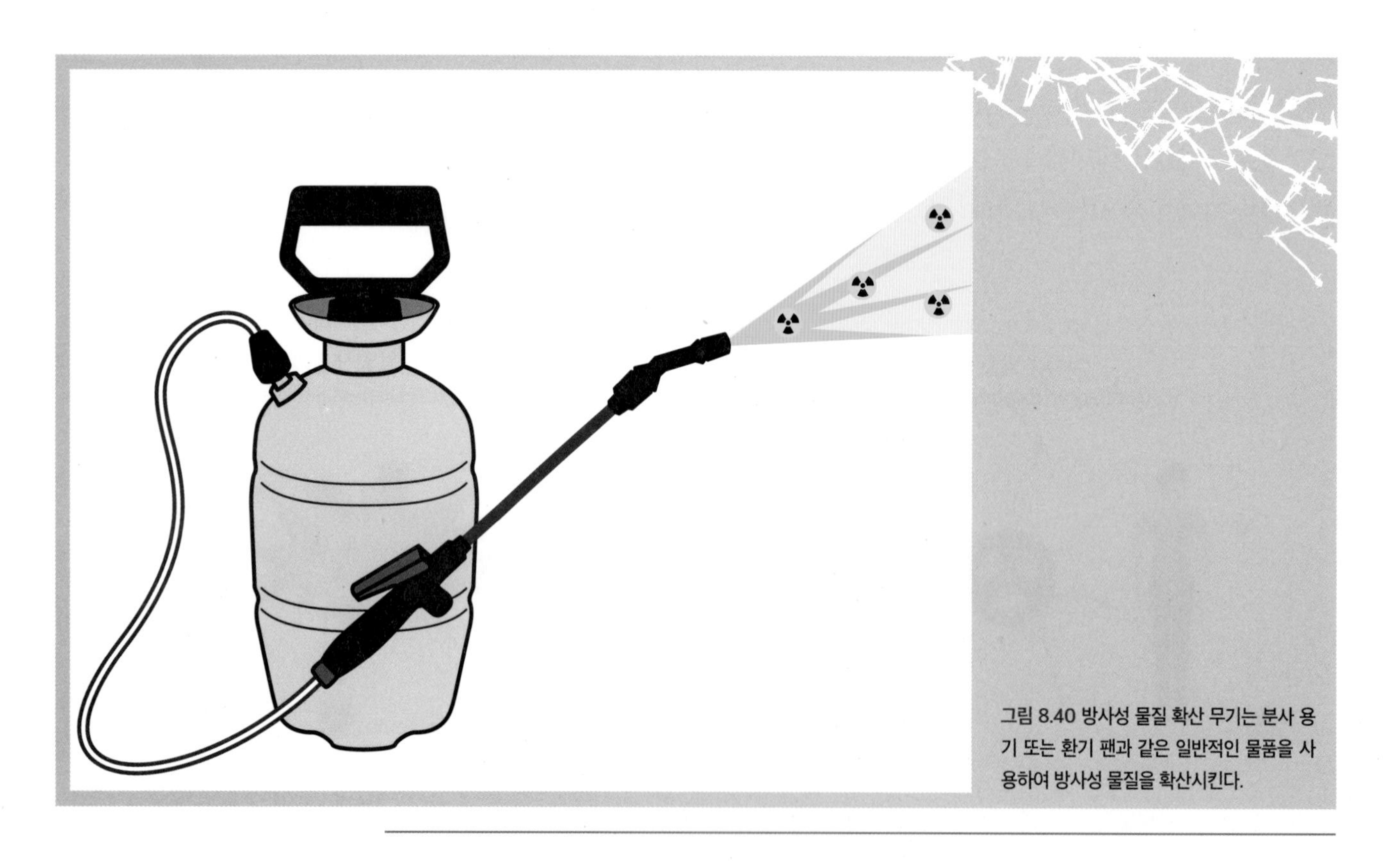

그림 8.40 방사성 물질 확산 무기는 분사 용기 또는 환기 팬과 같은 일반적인 물품을 사용하여 방사성 물질을 확산시킨다.

39 **방사성 물질 확산 무기(Radiological Dispersal Weapons; RDW)** : 폭발물(explosive)을 사용하지 않고 대신에 가압 용기(pressurized container), 건물 환기설비(building ven tilat ion system), 팬 및 기계장치(fan and mechanical device)를 사용하여 방사성 오염(radioactive contamination)을 퍼뜨리는 장치(device)이다.

방사능 공격 사고 대응(작전)
(Operation at Radiological Attack Incident)

사고지휘체계[ICS] 및 지역/관할 절차[local/jurisdictional procedure]를 통해서 방사능 사고에 우선순위가 결정된다. 대부분 테러 사고의 경우 개별 소방서는 결국 더욱 큰 사고지휘체계[ICS] 내로 들어오게 된다. 중첩되는 권한[overlapping authority]을 가진 여러 기관들이 도착한 후 통합 지휘 구조[Unified Command Structure]가 사고 제어를 담당한다. 여러 기관들이 도착할 때까지 관할당국[AHJ]의 사고관리체계[IMS]가 사고를 가장 낮은 수준으로 관리하는 데 필요한 체계를 제공한다. 지휘부의 주체에 상관없이, 대응요원들은 도착하는 기관들에게 필요한 사고현장 평가를 수행하는 것을 포함하여 필수 정보를 수집해야 한다.

사고현장 평가[size-up]를 수행하는 대응요원들은 다음을 찾아야 한다.

- 비정상적이거나 주변 상황과 맞지 않는 사고현장 징후
- 연기 플룸(smoke plume)의 크기 및 모양
- 냄새
- 거대한 파편 장소
- 폭발로 인한 구멍

사고현장에서는 위험요소 식별 및 특성 파악이 중요하다. 대응요원은 새로운 위험, 기상 변화 또는 변화하는 상황을 알기 위해 항상 해당 지역을 평가해야 한다.

대응요원들이 테러를 의심한다면, 반드시 조심스럽게 진행하면서 사고현장의 방사선을 평가하고, 2차 장치의 잠재적 위치를 기록해야 한다. 대응요원들은 또한 사고현장 통제 구역을 지정하고 통제해야 한다. 다음과 같은 지리적 및 환경적 요소들은 방사능 테러 사고을 복잡하게 만든다.

- 대기 중 방사성 입자들(radioactive particulates)을 이동시킬 수 있는 우세풍
- 부서진 수도 본관
- 차량 및/또는 보행자 통행 흐름
- 환기설비
- 항공 및 철도 복도

방사능 사고radiological incident에서의 전술에는 다음이 포함된다.

- 사고의 윗바람(upwind) 지역에 조직을 위치시키기
- 해당 구역 확보 및 허가받지 않은 출입 막기
- 경계상태를 유지하고, 작용제(agent)가 유포되도록 설계된 소형 폭발 장치 찾기
- 보호 조치로서 시간(time), 거리(distance) 및 차폐(shielding) 사용
- 자급식 공기호흡기(SCBA)를 포함한 완전한 개인보호장비(full PPE) 착용
- 눈에 보이는 연기(smoke)나 흄(fume)이 있는 곳 피하기
- 방사선 및 오염 수준을 지속 탐지(monitoring)
- 의심스러운 오염 지역 밖의 배경 방사선 수준(background radiation level) 설정
- 부상당하지 않은 사람이나 장비는 대기시키거나 격리
- 피해자(요구조자)를 고위험 지역(high hazard area)으로부터 대피
- 정신적 외상 피해자(trauma victim)의 중증도 분류, 치료 및 제독을 수행하는 의료 인력에 지원 제공
- 관할당국 표준작전(운영)절차에 따라 전문가의 지도 요청
- 이후의 형사 및 법의학 수사에 필요한 가능성 있는 증거 보존
- 가능한 한 사고현장을 방해하지 않도록 분해 검사 및 청소 작업 수행

비상대응지침서에서는 지침번호 163번에서 방사선 수준이 낮은 것부터 높은 수준까지의 일반적인 방사선(방사능) 사고에 대한 대응 정보를 제공한다. 방사성 물질은 UN/미 교통부DOT 위험 분류 7류에 해당된다.

정보(Information)

도움(지원) 요청을 위한 출처들

방사능 테러 사건에 대한 정보 및 지원의 출처들은 다음과 같다(미국만 해당됨 – 역주).

▶ 미 연방수사국 대량살상무기 조정관(WMD Coordinator)

▶ REACTS, https:llorise.orau.gov/reacts/

▶ 미국 주(state)/지역 방사선 안전청(local radiation safety office)

불법 실험실 Illicit Lab

불법 실험실illicit lab은 마약drug, 폭발물explosive, 리신ricin과 같은 생물 무기biological weapon 또는 화학 무기 작용제chemical warfare agent를 제조(제작)manufacture하는 데 사용될 것이다. 마약 실험실drug lab은 특히 호텔 객실과 개인 주택, 차량과 캠프장의 이동식 실험실portable lab에 이르기까지 거의 모든 곳에서 찾을 수 있다(그림 8.41). 이러한 실험실lab은 매우 위험할 수 있으며, 발견하면 즉시 중지시키고, 밖으로 나가서 당국authority에 보고해야 한다. 다음은 불법 실험실illicit laboratory임을 알 수 있는 단서들이다.

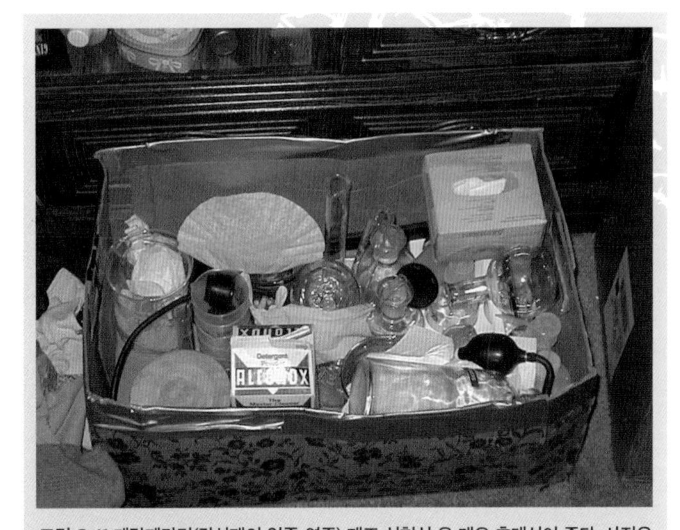

그림 8.41 메탐페타민(각성제의 일종-역주) 제조 실험실 은 매우 휴대성이 좋다. 사진은 작은 박스형 실험실이다. 미국 상호안전보장본부(MSA) 제공.

- 비정상적인 장소의 실험실 유리기구
- 다량의 가정용 화학물질 및 의약품의 다량 발견
- 전기곤로(풍로)
- 호텔 객실과 같은 예기치 않은 장소에서의 비정상적인 냄새
- 커피 필터, 물병, 커피 그라인더와 같은 일반적인 재료들의 비정상적인 사용
- 빗장달린 창과 같은 증강된 보안건물
- 보행자 및 차량의 비정상적인 통행 양상
- 비정상적인 행동 및 의심스러운 활동

참고

불법 실험실에 대한 더 많은 정보와 단서는 15장에서 제공된다.

• 장갑, 마스크와 같은 개인보호장비(personal protective equipment)

• 소독제(disinfectant)

표 8.10은 불법 실험실 유형의 주요한 징후들을 제공한다. 실험실 유형 간에 몇 가지 유사점이 있을 수 있지만, 단서들은 전반적으로 합쳐져서 한 유형의 실험실을 나타내게 된다.

표 8.10
불법 실험실 사고 시 징후

메탐페타민 (제조) 실험실	폭발물 실험실 징후	생물 실험실 징후(리신 포함)	화학 무기 실험실 징후
감기약 포장	뇌관(blasting cap)	작용제 견본: 토양, 혈액 또는 기관, 상업적 공급업체의 유리약병	화학 작용제 탐지 키트
비정상적인 수량의 성냥	기폭선(detonation cord)	한천 접시, 페트리 접시, 액체 증식 배지	신경제 작용제(nerve agent)용의 자기 주사기 해독제(auto injector antidote)
파란색 부속품이 있는 프로판 탱크	전선, 퓨즈, 배터리, 스위치	아주까리 씨(피마자) 또는 식물 (castor beans or plant)	시안화염 (cyanide salt)
전기곤로(풍로), 캠프 스토브, 깊은 튀김냄비, 덮개(가스 덮개 등 - 역주)	튜브, 파이프, 잠재적 파편 구성품(못, 볼트, 깨진 유리 등)	발효기(fermenter)	다음을 포함한 화학물질 • 포스겐(phosgene) • 티오디글리콜(thiodiglycol) • 염화티오닐(thionyl chloride) • 삼염화인(phosphorous trichloride)
뚜껑이 닫힌 "원 포트" 방법에 사용되는 투명(가장 일반적임)하거나 불투명한 액체가 담긴 2리터 또는 쿼트(용량 단위의 하나 - 역주) 컨테이너	질산암모늄 (ammonium nitrate)	건조 및 제재소 장비	상업용 화학 유리 및 화학물질 용기
적인 (red phosphorous)	헥사민 연료제 (hexamine fuel tablet)	멸균 장비 (sterilization equipment)	화학 교과서 (chemistry textbook)
리튬 (lithium)	연료유 (fuel oil)	인큐베이터 (incubator)	확산을 위한 가압 스프레이병(pressurized spray bottle)
요오드화산 (hydriodic acid)	질산 요소 (urea nitrate)	우리 안에 들어 있는 동물들(생존 또는 사망)	우리 안에 들어 있는 동물들(생존 또는 사망)

불법 위험물질 폐기 Illegal Hazmat Dump

불법 화학물질 폐기illegal chemical dump는 모든 관할권 내에서 발생할 수 있다. 일부 불법 폐기자들은 합법적인 처분이 너무 비싸거나 복잡하다고 생각할 수 있다. 다른 경우, 폐기자들은 불법 실험실 또는 기타 불법적인 활동에서 해당 물질들을 사용했을 수 있다. 몇몇 화학물질 폐기장소는 불법 폐기물을 금지하는 규정이 있기 전에 존재했을 수 있다. 불법 실험실들은 15장에 더욱 자세히 설명되어 있다.

연관된 화학물질 및 현장의 위치에 따라 불법 폐기가 발견되면 비상상황으로 간주될 수 있다. 초동대응자는 현장에 도착한 첫 번째 사람일 것이다. 합법적인 쓰레기 폐기장소들은 정화cleanup 비용이 비쌀 수 있으며, 일소(폐기)에는 때로 주/도 및/또는 연방/국가적 개입이 필요하다.

종종 불법 폐기는 다음과 같은 중대한 문제와 위험을 초래한다.

- **표식이 없는 컨테이너** 폐기자가 폐기한 화학물질의 원래 컨테이너나 표식을 제거했을 수 있다. 식별 정보(identification information)를 의도적으로 제거했을 수 있다.
- **혼합된 화학물질** 컨테이너와 폐기 장소에는 위험 평가(hazard and risk assessment)를 어렵게 만드는 많은 다른 혼합된 물질[또는 잠재적인 혼촉금지(incompatible chemical) 물질]이 있을 수 있다.
- **오래된 화학물질** 많은 화학물질이 야외 기후에서 노후화 및 풍화 작용을 받아 불안정해진다.
- **환경오염** 화학물질이 연못, 하천, 강, 습지 및 호수에 버려지면 심각한 환경오염문제가 발생할 수 있다. 화학물질이 물 속에 버려지지 않더라도, 누출되는 드럼통 및 기타 컨테이너는 수생 자원에 위협이 될 것이다.

재난 중간 및 사후의 위험물질

Hazmat During and After Disasters

홍수, 허리케인, 토네이도 및 지진과 같은 자연재해로 인해 위험물질 사고가 발생할 수 있다. 예를 들어, 범람한 물(홍수)은 모든 모양, 크기 및 내용물의 컨테이너를 이동시킬 수 있다(그림 8.42). 홍수로 인해 탱크가 바닥에서 떠다니고, 화학물질 저장소 전체가 휩쓸리게 된다. 일부 컨테이너는 내용물이 홍수로 인해 유출될 수 있으며, 이로 인해 죽는 동물도 있을 수 있다. 토네이도 및 지진은 컨테이너를 손상시키거나, 배관을 찢거나, 컨테이너를 이동시켜 버릴 수 있다. 허리케인과 같은 대규모 사고에서는 대량의 버려진 가정용 위험 폐기물household hazardous waste이 문제를 일으킬 수 있다(예를 들면 프레온freon이있는 냉장고는 현지 매립지로 가져갈 수 없다)(그림 8.43). 공장지대(산업단지)에 영향을 줄 수 있으며, 화학물질이나 기름 유출이 발생할 수 있다. 재난 발생 후 많은 위험물질 용기들에 정확하게 표지판이 부착되거나 표식이 붙어있지 않아 식별이 어려울 수 있다.

자연재해로 인한 문제는 지역 대응 능력을 압도할 수 있다. 또한 현장 상황으로 인해 방어적 및 공격적 대응(조치)defensive and offensive action이 제한될 수 있다. 지원을 요청할 사람과 방법을 알아두고, 고립된 위험물질의 폐기를 위해 모든 위험 폐기물 규정을 준수해야 한다는 점을 염두에 두어야 한다. 많은 경우에 있어서 연방정부의 도움이 필요할 것이다. 사고사전조사pre-incident survey 및 사전계획preplanning을 할 때 잠재적 재난에 대한 고려사항을 포함시킨다.

그림 8.42 자연재해로 인해 위험물질 컨테이너가 원래 위치로부터 멀리까지 이동될 수 있다. 종종 용기들은 이러한 와중에 손상을 입는다. 미 연방비상관리국 뉴스 사진(FEMA News Photos) 제공(Liz Roll 사진 촬영).

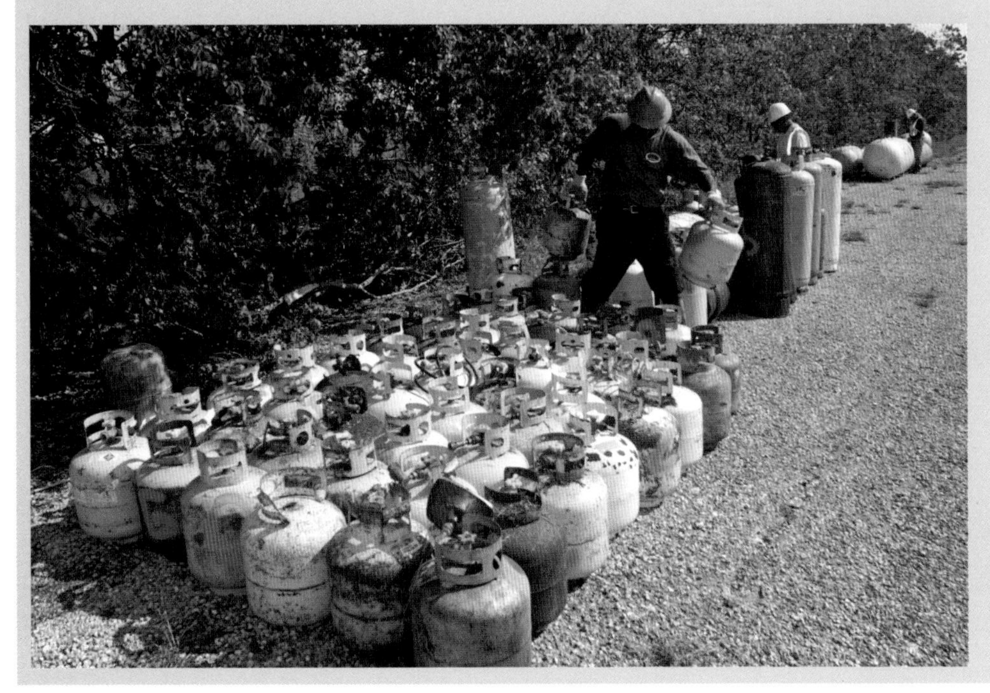

그림 8.43 재해 발생 후 대량의 생활 쓰레기가 발생할 수 있다. 사진의 프로판은 미국에서 발생한 한 재난사고 이후에 수집된 것들이다. 미 연방비상관리국 뉴스 사진(FEMA News Photos) 제공(Greg Henshall 사진 촬영).

2008년 아이오와주 시더 래피즈시 홍수

2008년 6월 10일부터 6월 18일까지 아이오와주의 시더 래피즈시는 엄청난 홍수를 겪었다. 미 연방비상관리국(FEMA)은 홍수를 미국 역사상 최악의 재해와 비용이 많이 드는 재해 중 하나라고 했다. 약 15 m^2 범위의 홍수가 발생했으며, 2008년 6월 13일 금요일 아침에는 강 깊이가 9 m를 넘었다. 홍수는 시의 5,000개 넘는 주택, 기업, 산업체 및 정부 건물에 영향을 끼쳤다. 시더 강의 상류와 하류 지역의 다른 공동체들도 동일하게 파괴적인 손상과 피해를 겪었다.

많은 가정, 기업, 산업체 및 정부 건물에는 위험물질이 있다. 컨테이너들은 페인트통, 휘발유 용기, 압축 실린더, 200 L 드럼, 1,893 L LPG 탱크에서부터 지하 휘발유 저장 탱크에 이르기까지 크기와 용량이 다양하다. 위험물질 컨테이너는 건물로부터 휩쓸려나와 홍수를 통해 이동하여 원래 위치로부터 멀리 옮겨졌다.

홍수로 건물이 물에 잠기자 부동산 소유주들은 홍수 피해 건물들을 청소하기 시작하였고, 청소 직원들을 데리러 가는 길에 길 위에 떨어진 잔해들도 운반했다. 도로 양쪽에는 수거가 필요한 다양한 크기의 컨테이너와 매립지에 폐기하기 전에 냉매(refrigerant)를 제거해야 하는 냉장고들이 줄지어 널부러져 있었다. 기타 품목들로는 잔디깍이 및 기타 휘발유 연료 장비가 포함되어 있어, 매립지에 폐기하기 전에 연료 탱크를 비워야 했다. 또한 기타 컨테이너들은 상류로부터 지역사회로 떠내려가 시더 강의 시더 래피즈 지역에서 문제들을 야기했다(그림 8.44).

그림 8.44 홍수동안 하류로 떠내려온 일부 드럼통(drum) 및 위험물질 컨테이너들이 보이는 다리. Rich Mahaney 제공.

시더 래피즈 소방서 위험물질 대응팀(Hazardous Materials Response Team)과 카운티의 위험물질 대응팀은 엄청난 수의 위험물질 출동 신고를 접수했다. 신고에 압도당했다. 그들은 또한 다음과 같은 도전을 받았다.

- 모든 위험물질 용기 수집
- 컨테이너 안의 제품 식별
- 적은 양의 제품을 더 큰 수거 컨테이너로 옮기기
- 위험 폐기물(hazard waste) 수집 작전 운영
- 폐기물 전체 처리(처분) 계획 수립

또한 누가 정화를 위한 자금을 조달할 것인지를 결정해야 하는 문제도 있었다. 린 카운티 긴급 대응(운영)센터(Emergency Operations Center)는 미 환경보호청 7번 지역 위험물질 대응팀(EPA Region 7 Hazardous Materials Response Team)에 연락하여 도움을 요청하기로 결정했다. 미 환경보호청 7번 지역팀은 시더 래피즈 소방서와 린 카운티 위험물질 대응팀((Linn County hazardous Materials Response Team) 및 미 환경보호청 7번 지역팀(EPA Region 7 Team)이 지원을 위해 부른 계약자들의 도움과 지원을 받으며 위험물질 문제에 대한 대부분의 책임을 맡았다.

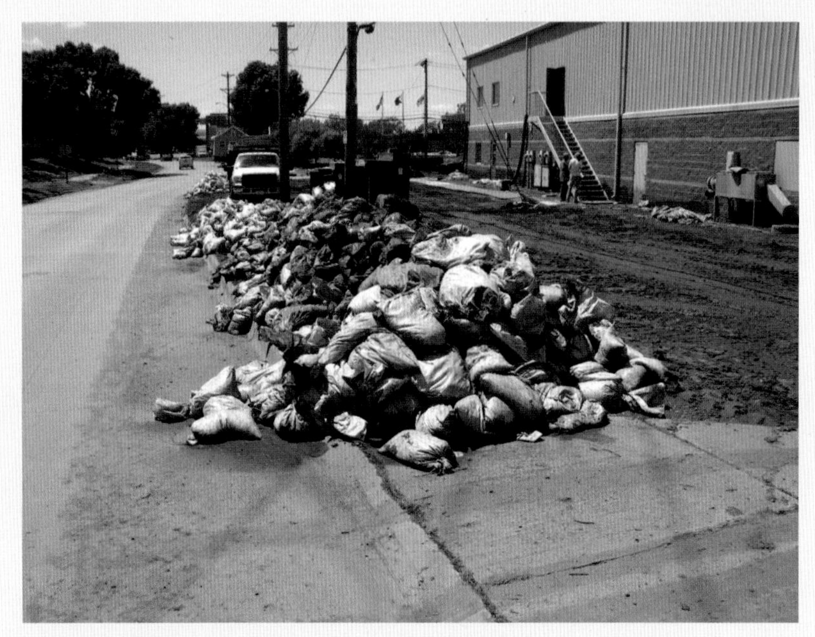

그림 8.45 수천 개의 모래주머니(sandbag)가 오염된 홍수(contaminated flood water)에 닿았다. Rich Mahaney 제공.

도착하자마자 지역 위험물질 (대응)팀은 미 환경보호청 (대응)팀(EPA team)에게 문제점들에 대해 요약보고를 했다. 미 환경보호청 팀은 계획을 세우고, 책임을 떠맡고, 안전한 울타리가 있는 위치 내에 컨테이너와 제품들을 수집, 저장 및 확인(식별)하기 위한 장소를 마련했다. 해당 팀은 컨테이너 및 제품 폐기 계획을 수립했다. 이 위치는 미 교통부(DOT) 위험 분류(hazard classes)에 의해 구분된 컨테이너가 제방으로 둘러싸인 지역에 보관된 위험 폐기물 수집소가 되었다. 이 장소는 '미 직업안전보건국 규정 1910.120(OSHA 1910.120)'의 모든 규칙에 충족했다. 이러한 작업은 미 환경보호청(EPA)이 임무를 완수할 때까지 수개월 동안 계속되었다.

또 다른 위험물질로 인한 어려움은 홍수 제어에 도움이 된 수천 개의 모래주머니를 어떻게 처리할 것인지를 결정하는 것이었다(그림 8.45). 이 모래주머니는 시더 강에서 더러운 물에 노출되었기 때문에 홍수가 끝난 후 위험 폐기물로 간주되었다. 그 폐기물들은 매립식으로 처분되었다.

– Rich Mahaney에 의해 제공되었음

이 장에 제공된 정보를 복습하기 위해 다음 질문에 답해보시오.

1. 테러리스트 조직(terrorist organization)은 합법적인 조직(legitimate organization)과 어떻게 다른가?

2. 테러리스트 공격(terrorist attack)을 고려해야 하는 몇몇 단서는 무엇인가?

3. 테러리스트가 표적(target)으로 삼을만한 장소의 유형은?

4. 쉽게 이용할 수 있거나 만들 수 있는 대량살상무기(WMD) 유형은 무엇인가?

5. 부비트랩(booby trap)이나 2차 장치(secondary device)가 의심될 경우 어떻게 해야 하는가?

6. 초동대응자들이 가장 마주할 가능성이 높은 비군사적 폭발물(nonmilitary explosives)의 유형은 무엇인가? 왜 그런가?

7. 폭발물 공격(explosive attack)의 징후들은 무엇인가?

8. 화학 공격(chemical attack)의 징후들은 무엇인가?

9 초동대응자들이 가장 마주할 가능성이 높은 화학 공격 작용제(chemical attacks agent)의 유형은 무엇인가? 왜 그런가?

10 화학 공격은 다른 위험물질 사고(hazmat incident)와 어떻게 다른가?

11 생물 공격(biological attack)에 사용될 것으로 예상되는 생물 작용제(biological agent)의 4가지 유형은 무엇인가?

12 잠재적 생물 공격의 징후는 무엇이며, 화학 또는 폭발물 공격 징후와 어떻게 다른가?

13 방사능(방사선) 장비(radiological device)의 종류를 나열하라.

14 불법 실험실(illicit laboratory)의 단서는 무엇인가?

15 불법 위험물질 폐기(illegal hazmat dump) 사고에서 자주 접하게 되는 위험은 무엇인가?

16 재해(disaster)가 야기할 수 있는 몇 가지 문제점과 위험으로는 어떤 것들이 있는가?

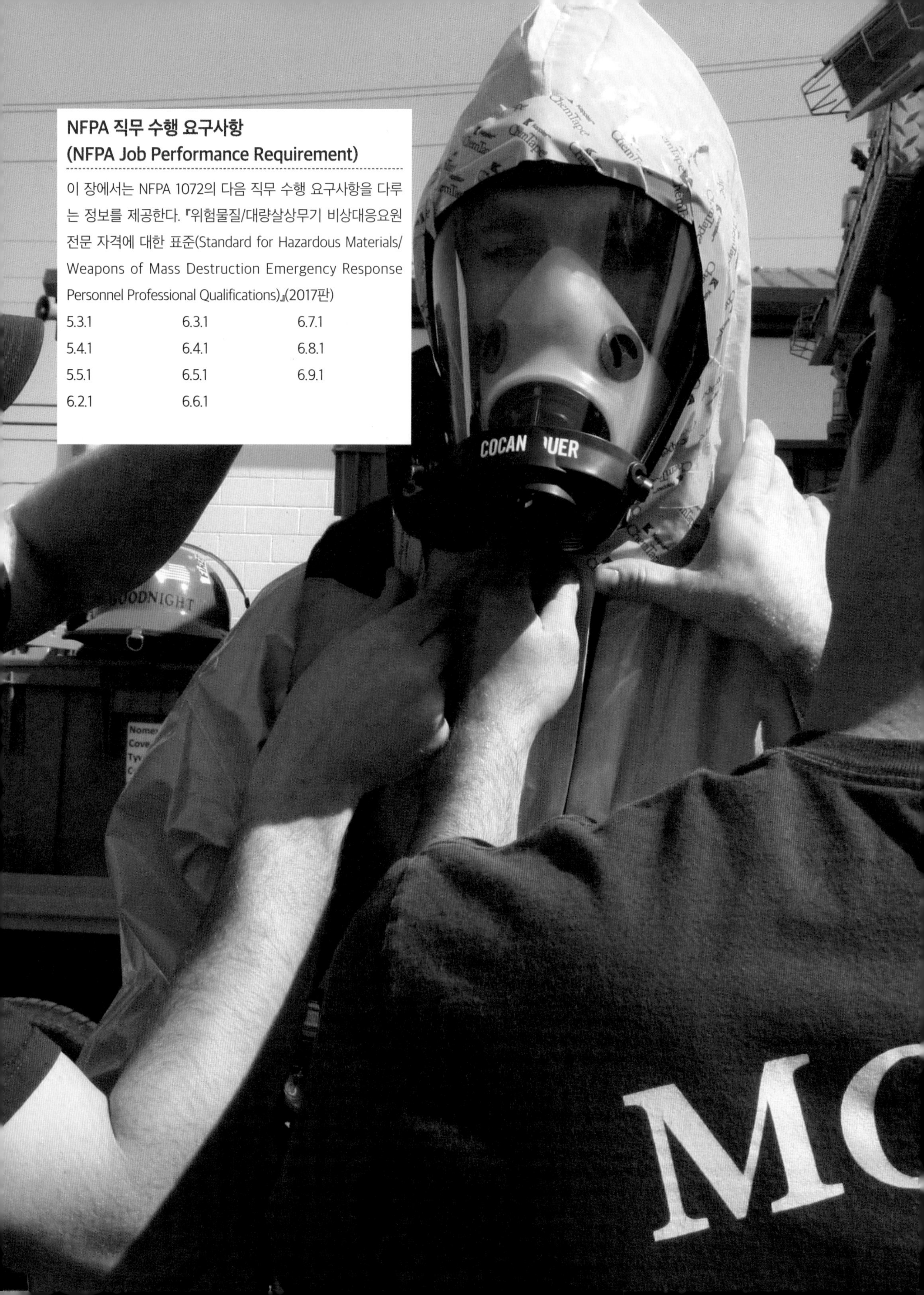

NFPA 직무 수행 요구사항 (NFPA Job Performance Requirement)

이 장에서는 NFPA 1072의 다음 직무 수행 요구사항을 다루는 정보를 제공한다. 『위험물질/대량살상무기 비상대응요원 전문 자격에 대한 표준(Standard for Hazardous Materials/Weapons of Mass Destruction Emergency Response Personnel Professional Qualifications)』(2017판)

5.3.1	6.3.1	6.7.1
5.4.1	6.4.1	6.8.1
5.5.1	6.5.1	6.9.1
6.2.1	6.6.1	

Chapter 9

대응 실행: 개인 보호 장비

학습 목표

1. 위험물질 사고 시 사용된 호흡 보호구를 설명한다(NFPA 1072, 5.3.1, 5.4.1, 6.2.1).
2. 위험물질 사고 시 착용할 수 있는 보호복의 종류를 설명한다(NFPA 1072, 5.3.1, 5.4.1, 6.2.1).
3. 위험물질 사고 시 사용된 개인보호장비 복장[앙상블(세트)]을 설명한다(NFPA 1072, 5.3.1, 6.2.1, 6.3.1, 6.4.1, 6.5.1, 6.6.1, 6.7.1, 6.8.1, 6.9.1).
4. 개인보호장비(PPE) 관련 스트레스들을 설명한다(NFPA 1072, 5.4.1, 6.2.1).
5. 개인보호장비를 안전하게 사용하기 위한 절차를 설명한다(NFPA 1072, 5.3.1, 5.4.1, 5.5.1, 6.2.1, 6.3.1, 6.4.1, 6.5.1, 6.6.1, 6.7.1, 6.8.1, 6.9.1).
6. 개인보호장비의 검사, 보관, 시험, 유지/보수 및 문서화를 위한 절차를 식별한다(NFPA 1072, 5.4.1, 6.2.1).
7. 기술자료 9-1: 위험물질 사고 행동계획을 실행할 적절한 개인보호장비를 선택한다(NFPA 1072, 5.4.1, 6.2.1, 6.3.1, 6.4.1, 6.5.1, 6.6.1, 6.7.1, 6.8.1, 6.9.1).
8. 기술자료 9-2: 소방관 기본 개인보호장비를 착용하고, 탈의한다(NFPA 1072, 5.4.1, 6.2.1, 6.3.1, 6.4.1, 6.5.1, 6.6.1, 6.7.1, 6.8.1, 6.9.1).
9. 기술자료 9-3: 레벨 C 복장을 착용하고, 탈의한다(NFPA 1072, 5.4, 6.2, 6.3, 6.4, 6.5, 6.6, 6.7, 6.8).
10. 기술자료 9-4: 액체 비산 보호복을 착용하고, 탈의한다(NFPA 1072, 5.4, 6.2, 6.3, 6.4, 6.5, 6.6, 6.7, 6.8, 6.9).
11. 기술자료 9-5: 증기 보호복을 착용하고, 탈의한다(NFPA 1072, 5.4, 6.2, 6.3, 6.4, 6.5, 6.6, 6.7, 6.8, 6.9).

이 장에서는

▷ 호흡기 보호(respiratory protection)

▷ 보호복(protective clothing)의 유형(type)

▷ 개인보호장비 복장(세트)(PPE ensemble)

▷ 개인보호장비와 관련된 스트레스(stress)

▷ 개인보호장비 사용(use)

▷ 개인보호장비의 분류(classification), 선택(selection), 검사(inspection), 시험(testing) 및 유지보수(maintenance)

호흡기 보호 Respiratory Protection

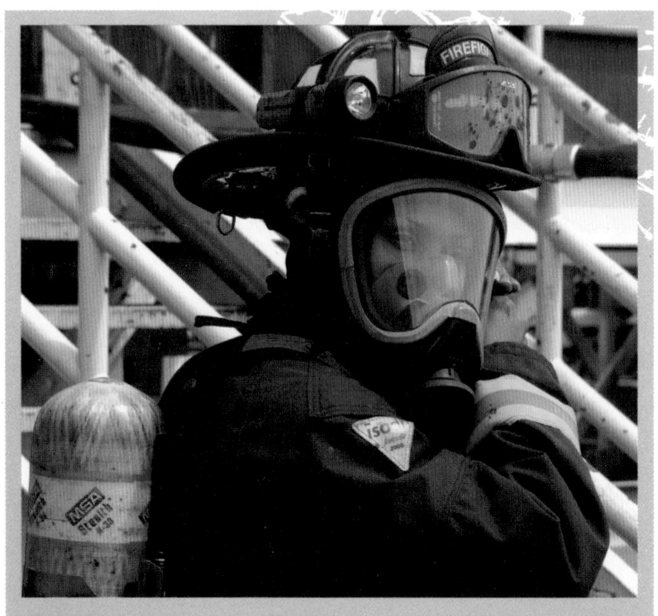

그림 9.1 흡입(inhalation)은 많은 위험물질(hazardous material)에 대한 가장 위험한 유입 경로(routes of entry) 중 하나이기 때문에 호흡기 보호(respiratory protection)는 매우 중요하다.

흡입inhalation은 위험물질hazardous material에 대한 가장 중요한 유입 경로route of entry이므로 호흡기 보호respiratory protection는 초동대응자first responder의 주요 관심사다. 호흡보호장비protective breathing equipment를 올바르게 착용하고 사용하면 위험물질hazardous substance 흡입을 막고 신체를 보호할 수 있다. 그러므로 호흡기 보호는 위험물질hazmat/대량살상무기WMD 사고에서 사용되는 개인보호장비 복장PPE의 핵심 부분이다(그림 9.1).

대응요원들은 위험물질/대량살상무기WMD 사고 시 다음과 같은 기본 유형의 호흡보호장비를 사용한다.

- 자급식 공기호흡기(self-contained breathing apparatus; SCBA)
  - 폐쇄식 자급식 공기호흡기(closed circuit SCBA)
  - 개방식 자급식 공기호흡기(open circuit SCBA)
- 공기주입식 호흡보호구(supplied air respirators; SARs)
- 공기정화식 호흡보호구(air-purifying respirators; APRs)
  - 입자 제거식(particulate-removing)
  - 증기 및 기체 제거식(vapor-and-gas-removing)

- 입자제거식 및 증기/기체제거식의 복합식(combination particulate- and vapor-and-gas-removing)

• **전동 공기정화식 호흡보호구**[1]

경고(WARNING!)

테러/위험물질 사고 발생 시 비상대응(작전) 중에는 자급식 공기호흡기(SCBA)를 반드시 착용해야 하며, 대기 탐지 및 시료수집을 통해 다른 보호장비 선택이 가능한지를 결정할 수 있다.

각 유형의 호흡보호장비는 그 기능에 한계가 있다. 예를 들어, 개방식 자급식 공기호흡기SCBA는 장치의 실린더 내에 포함된 공기량(SCBA 절 참조)을 기준으로 제한된 작동 시간limited working duration을 제공한다.

보급받은 개인보호장비에 따라 전동식 공기후드powered-air hood, 탈출 시 호흡기escape respirator, 복합 호흡기combined respirator에 대해 잘 알고 있어야 할 것이다. 이 절에서는 호흡 보호 장비(기본적인 제한사항 포함)와 미국 및 국제 표준의 호흡기 보호U.S. and international standards for respiratory protection에 대해 설명한다.

사례 연구(Case Study)

캘리포니아주 베니시아시의 개인보호장비 파손 사고

1983년 8월 12일, 캘리포니아주 베니시아시에서 산-저항성 보호복(acid-resistant suit)을 착용한 비상대응요원이 누출 중인 철도 탱크차에는 접근하여 해당 누출에 대한 평가(size-up)를 수행했다. 탱크차에 부착된 표지판(placard)으로 초기 확인한 바에 의하면 탱크차에는 무수 메틸아민(anhydrous methylamine)이 실려 있었다. 그러나 열차의 편성차량에는 무수 디메틸아민(dimethylamine anhydrous)이 실려 있다고 되어 있었다. 초기 평가 후, 샌프란시스코 소방서에서 상호 지원을 요청했으며, 소방대원과 위험물질 대응요원의 합동팀(combined team)은 누출을 막고 더 안전한 운송을 위해 기체를 실린더로 옮겼다.

---

1 **전동 공기정화식 호흡보호구(Powered air-purifying respirator; PAPR)** : 필터를 사용하여 주위 공기를 정화한 후 착용자에게 호흡할 수 있도록 전달하는 전동형 호흡기(motorized respirator)로, 일반적으로 면체 부분(head piece), 호흡 튜브 벨트에 착용된 송풍기/배터리 상자가 포함됨

사고 대응 동안에 공기 오염을 방지하기 위한 조치가 취해졌으며, 모든 위험물질팀 구성원은 누출 중인 탱크차의 뒤편에 있는 조작 장치들 사이에서 제독(decontamination)을 받았다. 그러나 사고가 발생하지 않은 지역을 3회 왕복한 이후 4인 팀의 장비가 파손됐다. 4명의 모든 구성원의 면체(facepiece)가 파손되어 보호복 안으로 증기(vapor)가 유입되었다. 소방관은 즉시 제독을 요청하고, 손상된 복장을 즉시 제거했다. 자급식 공기호흡기(SCBA)로 팀 구성원의 호흡계는 보호할 수 있었지만, 피부 노출로 인해 대원들은 심한 피부염을 앓았다. 각 면체가 기능 파손을 일으켰을 뿐만 아니라 화학물질이 용매제(solvent)로 작용하여 신발의 발뒤꿈치 부분이 벗겨져 나올 정도까지 보호복의 구성물질과 이음매의 접착제 기능이 저하되었다.

또한 팀의 보호장비 파손과 더불어 손전등 및 기타 사용된 도구가 손상되어 사용할 수 없게 되었다. 추가 지원 인력이 화학물질전문 회사(chemical specialist company)로부터 요청을 받아 도착하였고, 추가 장비 파손 없이 누출이 마침내 중단되었다. 일단 누출이 제어되면서 사고현장 지휘관(incident commander)은 베네시아시에서 개최되는 한 박람회로 인해 예상되는 방문객의 대규모 유입을 고려하여 추가 작업을 24시간 동안 일시 정지하도록 했다. 결과적으로, 탱크차 누출 사고는 해당 기체(gas)를 안전하게 담기 위해 5개 기관의 작업이 더 필요했다.

교훈:

이 사고는 생명을 위협하는 상황에서 비상대응요원에게 화학 보호복 산업(chemical-protective suit industry)의 표준(standard) 부족으로 인한 심각한 문제에 대한 관심을 일으켰다. 보호장비의 적절한 사용에 대한 품질(quality) 및 훈련의 표준은 비상대응요원의 안전에 매우 중요하며, 꼭 그렇게 간주되어야만 한다.

위험물질(hazmat)/대량살상무기(WMD) 사고 시 보호복(Protective Clothing) 및 장비(Equipment)의 표준(standard)

미 국토안보부U.S. Department of Homeland Security는 위험물질hazmat/대량살상무기WMD 사고 시 대응요원들을 보호하기 위해 미 국립직업안전건강연구소NIOSH 및 미 국가소방협회NFPA가 호흡보호장비respiratory equipment에 관해 권고한 표준standard을 채택했다. 이러한 표준들은 테러 공격에 사용될 수 있는 화학(예를 들면 군사 신경 작용제military nerve agent), 생물(학), 방사능(방사선학) 및 핵물질들과 관련된 심각한 위험 때문에 제정되었다. 또한 미 국립직업안전건강연구소NIOSH는 자급식 공기호흡기SCBA를 인증하고, 생물(학) 사고 시 보호복 및 호흡 보호구를 선택 및 사용하는 방법을 권고한다. 장소에 따라서 대응요원은 국제표준기관ISO, 유럽연합European Union 또는 기타 기관에서 발행한 호흡기 장비에 관한 표준을 잘 알고 있어야 한다.

'미 직업안전보건청 규정 1910.134OSHA 29 CFR 1910.134'는 미국 내에서의 '의무적인 호흡기(보호) 표준mandatory respiratory standard'이다.

자급식 공기호흡기 (Self-Contained Breathing Apparatus; SCBA)

자급식 공기호흡기self-contained breathing apparatus; SCBA는 사용자가 호흡 공기 공급장치breathing-air supply를 휴대하고 있는 공기 공급 호흡보호구atmosphere-supplying respirator이다. 자급식 공기호흡기SCBA는 유해한 물질에 대한 위험한 노출을 방지하는 측면에서 위험물질 사고 시 착용할 수 있는 가장 중요한 개인보호장비이다. 이 장치는 다음과 같이 구성된다.

- 면체(facepiece)
- 압력 조정기(pressure regulator)
- 공기 호스(air hose)
- 압축 공기 실린더(compressed air cylinder)
- 등지게(뭉치)(harness assembly)
- 사용 종료시간 지시기(end-of-service-time indicator)(낮은 공기 공급 또는 저압 시 알람)

미국 내에서는 미 국립직업안전건강연구소NIOSH 및 광산안전 및 보건국MSHA이 IDLH[2] 환경에서의 모든 자급식 공기호흡기SCBA에 대해서 인증을 해야만 한다. 미 국립직업안전건강연구소NIOSH/광산안전 및 보건국MSHA 인증certification이 아닌 자급식 공기호흡기SCBA는 사용하지 않는다. 해당 장치들은 또한 법률이나 조례에 의해 이 표준을 채택한 관할 구역의 '국가소방협회 1981'의 설계 및 시험 기준을 충족해야 한다. 또한 눈 보호를 위한 미 국립표준협회American National Standards Institute; ANSI 표준이 면체 렌즈 설계 및 테스트에 적용된다.

미 국립직업안전건강연구소NIOSH는 자급식 공기호흡기SCBA를 폐쇄순환식closed-

---

2 **IDLH(Immediately Dangerous to Life and Health)** : 생명에 즉각적인 위험(immediate hazard)을 초래하거나 건강상 즉각적인 회복 불가능하고, 쇠약하게 하는 영향을 만들어내는 모든 공기에 대한 설명으로, 호흡기 보호가 반드시 요구되는 농도(concentration) 이상을 나타낸다. ppm 또는 mg/m^3을 사용하여 표현하며, 허용 노출 한계(permissible exposure limit; PEL)와 동등한 단위로도 쓰인다.

circuit 또는 개방순환식open-circuit으로 분류한다. 현재 폐쇄순환식 또는 개방순환식 설계design(양압positive-pressure식의 압력 요구식)의 두 가지 유형의 자급식 공기호흡기SCBA가 생산되고 있다. 자급식 공기호흡기SCBA는 고압 또는 저압 중 하나의 유형일 것이다. 그러나 대원(직원, 요원)이 위험물질에 노출되는 사고에서는 양압 개방순환식 또는 폐쇄순환식 자급식 공기호흡기SCBA만 사용할 수 있다(그림 9.2).

개방순환식 자급식 공기호흡기open-circuit SCBA 유형의 호흡기 보호장비 사용의 장점으로는 독성 및/또는 질식 공기toxic and/or asphyxiating atmosphere로부터 독립성, 기동성 및 보호이다. 그러나 몇 가지 단점들이 있으며 다음과 같다.

- 장치의 무게
- 제한된 공기 공급 시간
- 등지게(뭉치)의 구성 및 공기 실린더 위치로 인해 이동성을 방해받을 수 있는 외형 윤곽의 변화
- 김서림으로 인한 제한된 시야
- 면체에 마이크 또는 음성진동판이 장착되지 않은 경우에 제한되는 의사소통

미 국립직업안전건강연구소NIOSH는 미 국가표준 및 기술연구소National Institute of Standards and Technology; NIST, 미 직업안전보건청OSHA 및 미 국가소방협회와 양해 각서MOU를 체결하여, 테러 공격에 비상대응할 때 사용되는 자급식 공기호흡기 인증 프

그림 9.2 대원(요원)이 위험물질에 노출될 수 있는 위험물질 사고 시에는 양압 자급식 공기호흡기(positive SCBA)를 반드시 착용해야 한다.

로그램certification program을 공동 개발했다. 미 육군U.S. Army 및 생물화학사령부Soldier and Biological Chemical Command; SBCCOM와 협력하여 대량살상무기WMD와 연관된 상황에서 사용되는 새로운 '자급식 공기호흡기에 대한 호흡 보호 표준 및 시험 절차respiratory protection standards and test procedures for SCBA'를 정립했다. 이 자발적 프로그램에 따라서 미 국립직업안전건강연구소NIOSH는 자급식 공기호흡기SCBA를 화학chemical, 생물(학)biological, 방사능(방사선학)radiological 및 핵 작용제(물질)nuclear agent에 대해 사용하기에 적합한 것으로 승인하는 특별 승인special approval 및 표식label을 발행한다. 이 프로그램에 따라 인증된 자급식 공기호흡기SCBA는 다음의 최소 요구사항을 반드시 충족해야 한다.

- '42 CFR 84, Subpart H(미 연방정부 기관 법규 - 역주)'에 의한 승인
- '국가소방협회 1981' 준수
- '42 CFR 84.63(c)(미 연방 법규 - 역주)'에 따른 특별 테스트
  - 농축 황 겨자 작용제(HD)[군 지정] 및 사린(GB)[군 지정]에 대한 화학 작용제 삼투 및 침투 저항력(chemical agent permeation and penetration resistance)
  - 실험실 호흡기 보호 수준(Laboratory Respirator Protection Level; LRPL)

미 국립직업안전건강연구소NIOSH는 이 프로그램에 의해 승인된 자급식 공기호흡기SCBA 목록을 유지 및 보급하며, "CBRN 자급식 공기호흡기CBRN SCBA"라 명명한다. 이 목록에는 승인 보유사approval holder, 모델model, 구성품 부품component part, 부속품accessory 및 평가 내구도rated duration가 포함되어 있다. 미 국립직업안전건강연구소NIOSH 인증 장비 목록Certified Equipment List 내의 별도 분류에 CBRN SCBA 기준이 유지되어 있다.

미 국립직업안전건강연구소NIOSH는 CBRN 자급식 공기호흡기 기준CBRN SCBA criteria을 준수함을 입증하는 장치에 추가적인 승인 표식approval label을 사용할 수 있는 권한을 부여한다. 이 표식은 자급식 공기호흡기SCBA 뒷면 위(상부 구석 또는 실린더 넥 부분)에 위치한다(그림 9.3). 이 표식을 추가하면 장비의 적절한 사용을 위해 쉽게 식별할 수 있다.

그림 9.3 CBRN 기준에 충족됨을 나타내는 미 국립직업안전건강연구소 표식(NIOSH label).

그림 9.4 비상호흡 보조시스템(EBSS)이 장착된 일반적인 공기주입식 호흡보호구(SAR). 비상호흡 보조시스템은 비상상황 시 위험 구역을 탈출하여 안전한 대기 지점으로 벗어날 수 있기에 충분하도록 최소 5분 이상의 공기를 제공할 수 있어야만 한다. 미국 상호안전보장본부(MSA) 제공.

공기주입식 호흡보호구(Supplied Air Respirator)

공기주입식 호흡보호구[3] 또는 공기호스 호흡보호구airline respirator는 사용자가 호흡용 공기공급원을 운반하고 있지 않은 경우에도 공기공급이 가능한 호흡보호구이다. 이 장치는 일반적으로 다음으로 구성되어 있다(그림 9.4).

- 면체(facepiece)
- 벨트 또는 면체 장착식 조정기(belt- or facepiece-mounted regulator)
- 음성 통신 시스템(voice communications system)
- 최대 90 m의 공기공급 호스(air supply hose)

---

3 **공기주입식 호흡보호구(Supplied Air Respirator; SAR)** : 호흡용 공기공급원(source of breathing air)이 사용자에 의해 운반되도록 고안되지 않은 대기호흡용 호흡 보호구로서, 소방 대응(작전)용으로 인증되지는 않았다. 공기호스 호흡기 보호장비(airline respirator system)라고도 한다.

- 비상 탈출 배낭(emergency escape pack) 또는 **비상호흡 보조장비**[4]
- 호흡 공기공급원(breathing air source)[손수레 또는 휴대용 호흡 공기 압축기]에 장착된 실린더

공기공급 호스가 손상될 가능성이 있기 때문에 비상호흡 보조시스템EBSS은 사용자가 위험한 공기를 벗어날 수 있도록 보통 5, 10, 15분 정도의 충분한 공기를 공급한다. 공기주입식 호흡보호구SAR 장치는 열, 화재, 또는 파편으로 인한 공기호스의 잠재적인 손상 우려로 인해 화재진압 대응(작전)에 대한 인증을 받지 못했다.

미 국립직업안전건강연구소NIOSH는 공기주입식 호흡보호구SAR을 C형 호흡보호구Type C respirator로 분류한다. C형 호흡보호구는 다시 두 가지 승인 유형으로 나뉜다. 한 가지 유형은 조절기regulator와 면체facepiece로만 구성되어 있다. 두 번째 유형은 조절기, 면체 및 비상호흡 보조시스템EBSS으로 구성되어 있으며, 탈출(이탈) 기능escape (egress) capabilities이 있는 공기주입식 호흡보호구SAR라고도 한다. 두 번째 유형은 밀폐 공간 환경, IDLH 환경(IDLH 용어 정의 참조-역주) 또는 IDLH 환경의 가능성이 있는 곳에서 사용된다. 위험물질 또는 화생방CBR 사고에 사용되는 모든 유형의 공기주입식 호흡보호구SAR는 반드시 면체에 양압을 형성해줘야 한다.

공기주입식 호흡보호구SAR 장치는 자급식 공기호흡기SCBA의 무게를 감당하지 않아도 됨으로써 착용자에게 물리적 스트레스를 줄이는 이점이 있다. 공기공급호스는 역학적 또는 열 손상 가능성 때문에 제한적이다. 또한, 공기호스 길이(공기 공급원으로부터 90 m 미만이어야 함)가 이동성을 제한한다. 호스 얽힘 문제 역시 반드시 해결되어야 한다. 기타 제한사항들은 제한된 시야와 통신으로 자급식 공기호흡기SCBA의 제한사항과 동일하다.

---

4 **비상호흡 보조장비(Emergency Breathing Support System; EBSS)** : 착용자가 위험 구역을 안전하게 출입할 수 있도록 충분한 자급식 호흡공기가 있는 탈출 전용 호흡보호구로, 대개 공기호스 공기공급 호흡기 보호장비(airline supplied-air respirator system)에 통합되어 있다.

공기정화식 호흡보호구(Air-Purifying Respirator)

공기정화식 호흡보호구[5]는 공기정화 필터air-purifying filter, 정화통canister 또는 카트리지cartridge가 있어 공기정화요소air-purifying element를 통과할 때 주위 공기에 있는 특정 오염물질을 제거한다. 카트리지, 정화통 또는 필터가 사용되는지에 의거하여, 이러한 정화 요소들은 일반적으로 다음 세 가지 유형으로 나뉜다.

- 입자 제거형(particulate-removing) 공기정화식 호흡보호구(APR)
- 증기 및 기체 제거형(vapor-and-gas-removing) 공기정화식 호흡보호구(APR)
- 입자 제거 및 증기/기체 제거 복합형(combination particulate-removing and vapor-and-gas-removing) 공기정화식 호흡보호구(APR)

공기정화식 호흡보호구APR는 전동식PAPR(전동 공기정화식 호흡기) 또는 비전동식nonpowered일 것이다. 공기정화식 호흡보호구APR는 별도의 공급원으로부터 산소나 공기를 공급하지 않으며, 특정 농도 이하의 특정 오염물질에 대해서만 보호한다(그림 9.5). 복합필터combination filter는 동일한 카트리지 또는 정화통 내의 입자 제거 요소와 증기 및 기체 제거 요소를 결합시킨 것이다.

그림 9.5 알 수 없는 대기상태가 존재하는 곳에서는 공기정화식 호흡보호구(APR)를 사용하지 말아야 한다. 이들은 별도의 공급원에서 산소를 공급하지 않으며, 특정한 위험요소만 여과할 수 있다. 미 해병대(U.S. Marine Corp)제공(Cpl. Alissa Schuning 사진 촬영).

5 **공기정화식 호흡보호구(Air-Purifying Respirators; APRs)** : 필터, 카트리지 또는 정화통을 통해 주위 공기를 통과시켜서 오염물질을 제거하는 호흡보호구로, 전면형 또는 부분 면체를 사용함.

공기정화 필터가 장착된 호흡보호구는 얼굴을 완전히 밀폐시키고 눈, 코, 입을 보호하는 전면형 면체full facepiece와 얼굴을 완전히 밀봉하고 코와 입을 보호할 수 있는 반면형 면체half facepiece가 있다. 반면형 호흡보호구는 피부 또는 눈을 통해 흡수될 수 있는 화생방 물질을 보호하지 않으므로 매우 특정한 상황[주요 위험요소가 먼지(분진)dust 또는 입자(미립자)particulate인 폭발 공격]을 제외하고는 위험물질/대량살상무기WMD 사고 시 사용하도록 권장되지 않는다.

일회용 필터, 정화통 또는 카트리지는 면체의 한쪽 또는 양쪽 면에 장착된다. 정화통 또는 카트리지 호흡보호구는 필터, 흡착제, 촉매 또는 이들 항목의 조합을 통해 공기를 통과시켜 특정 오염물질을 제거한다.

공기는 외부 대기가 필터 또는 흡착제를 통과하거나 사용자의 호흡기가 촉매와 결합하여 호흡 가능한 공기를 제공할 때 장비 내로 유입될 수 있다.

단일 정화통, 필터 또는 카트리지로 모든 화학 위험요소chemical hazard를 막을 수는 없다. 따라서 적절한 정화통, 필터 또는 카트리지를 선택하기 위해서는 대기에 존재하는 위험요소를 반드시 알아야 한다. 대응요원은 사고에서 보호를 받기 위해 공기정화식 호흡보호구APR를 사용하기로 결정하기 전에 반드시 다음 질문에 답할 수 있어야 한다.

- 산소 수준(oxygen level)은 얼마인가?
- 해당 위험(hazard)은 증기(vapor)인가 또는 기체(gas)인가?
- 해당 위험은 입자(particle)인가 또는 먼지(분진, dust)인가?
- 일부라도 먼지(분진)와 증기가 조합된 것(combination)이 있는가?
- 현재 농도(concentration)는 어떤가?
- 물질에 맛 또는 냄새가 있는가?

경고(WARNING!)

알 수 없는 대기 조건이 있는 비상대응(작전) 중에는 공기정화식 호흡보호구(APR)를 착용하지 마시오. 현재의 위험요소를 완전히 이해하고, 최소 19.5% 이상의 산소가 존재하는 통제된 조건의 대기(controlled atmospher) 내에서만 공기정화식 호흡보호구(APR)를 착용하시오.

공기정화식 호흡보호구APR는 산소가 부족하거나, IDLHImmediately Dangerous to Life and Health 조건에서는 전혀 보호를 제공하지 않는다. 위험물질에 맛이나 냄새가 있는 경우에만 공기정화식 호흡보호구APR를 사용할 수 있다. 공기정화식 호흡보호구APR의 세 가지 기본적인 제한사항은 다음과 같다.

- 필터 및 정화통의 제한된 사용기간
- 오염된 대기의 지속적인 모니터링(탐지) 필요
- 사용 전 해당 대기 중의 정상 산소 함량 필요

공기정화식 호흡보호구APR를 사용하기 전에 다음과 같은 예방조치를 취한다.

- 대기 중의 화학물질/공기 오염물질이 무엇인지 알아야 한다.
- 대기 중에 화학물질/공기 오염물질이 얼마나 많은지 알아야 한다.
- 산소 수준이 19.5~23.5%인지를 확실시 해야 한다.
- 대기 위험이 IDLH 조건 이하인지 확실시한다.

위험물질/대량살상무기 사고에서 공기정화식 호흡보호구APR는 현장의 위험요소가 적절하게 식별된 이후에 사용될 것이다. 경우에 따라 공기정화식 호흡보호구APR는 기타 상황(사고현장의 경계선 부근에서 일하는 법집행기관 또는 응급서비스 요원)에서도 사용될 수 있다. 이러한 화학 · 폭발물 · 방사능 · 핵 상황CERN situation에 사용되는 공기정화식 호흡보호구APR는 유기 증기organic vapor/고효율 입자(미립자) 공기high efficiency particulate air(OV/HEPA) 복합식 카트리지를 사용해야만 한다(다음 절 참조).

입자제거식 필터(Particulate-Removing Filter)

입자 필터particulate filter는 공기 중의 생물(학) 위험biological hazard을 포함하여 입자(미립자)particulates로부터 사용자를 보호한다. 이러한 필터들은 반면형 면체 또는 전면형 면체full facepiece mask와 함께 사용될 것이다. 전면형 면체를 착용하지 않을 때에는 반드시 눈을 보호하기 위한 별도의 장치(장비)가 필요하다.

입자제거식 필터particulate-removing filters는 아홉 가지 분류, 즉 세 가지 수준의 여과(95, 99, 99.97%) 및 세 가지 범주의 필터 분해filter degradation로 구분된다. 필터 분해의 다음 세 가지 범주는 필터 사용의 제한사항을 나타낸다.

- **N** - 석유류에 내성이 없음(Not resistant to oil)
- **R** - 석유류에 내성이 있음(Resistant to oil)

그림 9.6 연기, 석면 및 유리섬유와 같은 기타 입자를 비롯한 위험물질/대량살상무기(WMD) 사고 시 대기 중에 많은 양의 오염물질이 있을 수 있다. 미 연방비상관리국 뉴스 사진(FEMA News Photos) 제공(Andrea Booher 사진 촬영).

- **P** – 석유류 또는 비유성 윤활유가 사용되었을 때 제시됨(present when oil or nonoil lubricants are used)

입자제거식 필터는 유독성 분진toxic dust, 연무, 금속 흄metal fume, 석면asbestos 및 일부 생물(학) 위험biological hazard으로부터 보호를 제공할 수 있다(그림 9.6). 의료 비상사태medical emergency에 사용되는 HEPAhigh efficiency particulate air 필터는 99.97%의 효율을 가져야 하며, 건강 위험에 따라 95%와 99% 효율의 필터가 사용될 수 있다.

입자 마스크particle mask(또한 분진 마스크dust mask로도 알려져 있음) 역시 입자제거식 공기정화 필터로 분류된다(그림 9.7). 이러한 일회용 마스크disposable mask는 큰 입자로부터 호흡기를 보호한다. 입자 마스크는 매우 제한된 보호 기능을 제공하므로, 화학 위험 또는 석면 섬유asbestos fiber와 같은 작은 입자로부터 보호받기 위해 사용해서는 안 된다.

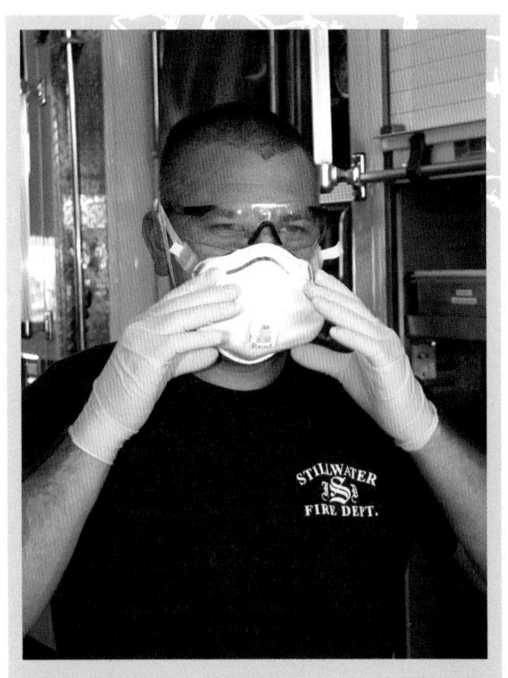

그림 9.7 입자 마스크는 N-100 등급이며, 이는 석유에 내성이 없음을 의미한다. 입자 마스크는 매우 제한된 보호 기능을 제공하므로, 화학물질이나 석면과 같은 작은 입자로부터 보호받기 위해서는 사용하지 않는다.

그림 9.8 대부분의 제조업체는 쉽게 식별할 수 있도록 필터/정화통의 색상 코드를 지정한다. 미국 상호안전보장본부(MSA) 제공.

증기 및 기체제거식 필터(Vapor-and-Gas-Removing Filter)

이름에서 알 수 있듯이, 증기 및 기체제거 카트리지 및 정화통은 특정 증기 및 기체로부터 보호를 제공하도록 설계되었다. 이러한 장치들은 일반적으로 공기 중에서 표적으로 삼은 증기 혹은 기체를 제거하기 위해 몇몇 종류의 흡착 물질sorbent material을 사용한다.

개별 카트리지 및 정화통은 일반적으로 유기(성) 증기organic vapor 또는 산성 기체와 같은 연관된 화학물질 그룹으로부터 보호를 제공하도록 설계되었다. 많은 제조업체들이 그러한 정화통과 카트리지를 색상코드color-code로 구분하므로, 정화통 또는 카트리지가 보호를 제공하는 오염물질을 쉽게 알 수 있다(그림 9.8). 제조업체는 오염 농도 한계에 대한 정보도 제공한다.

전동 공기정화식 호흡보호구(Powered Air-Purifying Respirator: PAPR)

전동 공기정화식 호흡보호구PAPR는 송풍기blower를 사용하여 오염된 공기를 정화통 또는 필터에 통과시켜 오염물질을 제거하고 정화된 공기를 전면형 면체에 공급한다. 면체에는 양압으로 공기가 공급되기 때문에, 전동 공기정화식 호흡보호구PAPR는 누출 또는 안면부 밀폐의 경우 표준 공기정화식 호흡보호구보다 더 높은 수준의 안전성을 제공한다(그림 9.9). 이러한 이유로 전동 공기정화식 호흡보호구PAPR는 제독 작전decontamination operation과 장기간 작전을 수행하는 인원에 대한 위험물질/대량살상무기WMD 사고에 사용될 수 있다. 공기 흐름으로 인해 많은 사람들이 전동식 공기정화식 호흡보호구PAPR를 더 편안하게 착용할 수 있다.

몇 가지 유형의 전동 공기정화식 호흡보호구PAPR가 사용 가능하다. 일부 장치는

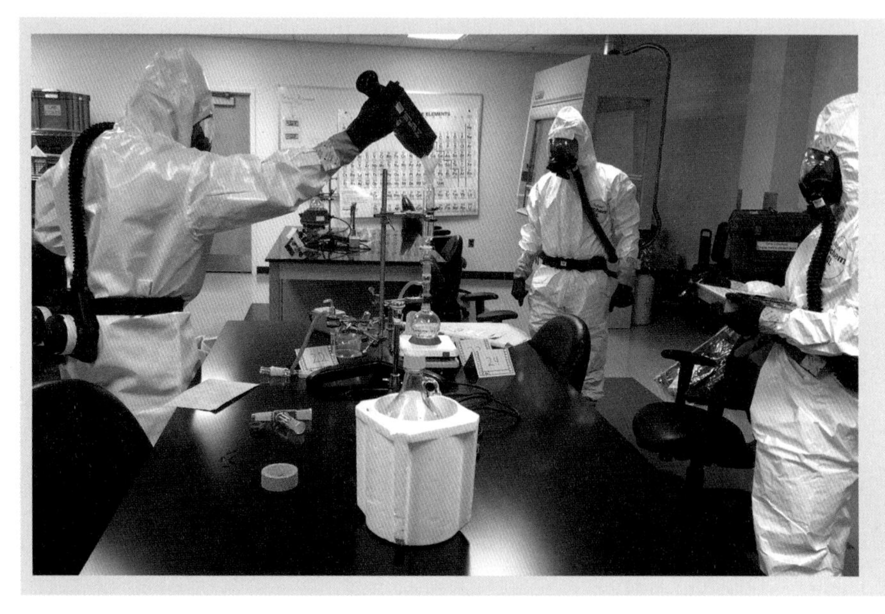

그림 9.9 전동 공기정화식 호흡보호구(PAPR)는 면체에 양압을 제공하기 때문에 공기정화식 호흡보호구(APR)보다 더 높은 수준의 안전성을 제공한다.

소형 송풍기와 함께 제공되며 배터리로 작동한다. 이러한 유형은 작은 크기로 인해 사용자는 허리띠에 이 장비를 장착할 수 있다. 다른 장치는 고정식 송풍기(일반적으로 차량에 장착됨)가 길고 유연한 튜브를 통해 호흡기 면체에 연결되어 있다.

경고(WARNING!)

폭발성이 있거나 폭발 가능성이 있는 공기 내에서는 전동 공기정화식 호흡보호구(PAPR)를 사용하지 마시오.

모든 공기정화식 호흡보호구APR와 마찬가지로, 전동 공기정화식 호흡보호구PAPR는 대기 위험이 무엇인지 식별되었고 최소 19.5%의 산소가 존재하는 상황에서만 사용해야 한다. 전동 공기정화식 호흡보호구PAPR는 잠재적으로 호흡기 착용으로 인해 발생할 수 있는 위험이 있는 식별되지 않은 대기 중에서는 착용하기에 안전하지 않으며, 대기 위험이 확인되기 전에 초기 비상 작전 중에는 사용하지 않아야 한다. 또한 대응요원의 안전을 보장하기 위해, 지속적인 대기 탐지(모니터링)atmospheric monitoring가 필요하다.

복합식 호흡기(Combined Respirator)

복합 호흡기에는 '공기주입식 호흡보호구SAR/자급식 공기호흡기SCBA 복합식', '전동 공기정화식 호흡보호구PAPR/자급식 공기호흡기SCBA 복합식' 및 '공기주입식 호흡

보호구SAR/공기정화식 호흡보호구APR 복합식'이 포함된다(그림 9.10). 이러한 호흡보호구는 위험 구역 내에서 적응성을 제공하고, 작업 지속시간을 연장할 수 있게 해준다. '공기주입식 호흡보호구SAR/자급식 공기호흡기SCBA 복합식'은 공기주입식 호흡보호구SAR 또는 자급식 공기호흡기SCBA 모드에서 작동한다(예를 들면, 진입 및 철수 시에는 자급식 공기호흡기SCBA 모드 사용 등). '전동 공기정화식 호흡보호구PAPR/자급식 공기호흡기SCBA 복합식'은 부피가 큰 조합(복합)이다. '전동 공기정화식 호흡보호구PAPR/자급식 공기호흡기SCBA 복합식'을 사용할 때에는 대기의 조성을 알아야 한다. 전동 공기정화식 호흡보호구PAPR 모드는 사용 조건이 안전하게 지켜질 수 있는 경우 더 긴 작동 시간을 제공한다. '공기주입식 호흡보호구SAR/공기정화식 호흡보호구APR 복합식'은 어느 쪽 모드에서도 작동 가능하지만, 공기정화식 호흡보호구APR 모드에서 작동할 때에 일반 공기정화식 호흡보호구APR에 적용되는 것과 동일한 제한사항이 있다. 모든 복합식은 사용을 위해 특정한 훈련이 필요하다.

공기 공급 후드(Supplied-Air Hood)

전동식 및 공기 공급 후드powered- and supplied-air hood는 안경, 수염, 턱수염이 있어도 착용할 수 있는 느슨한 착용감 및 경량 호흡기 보호lightweight respiratory protection를 제공한다(그림 9.11). 병원, 응급실 및 기타 기관에서는 이러한 후드 방식을 다른 호흡보호장치 대신에 사용할 수 있다. 또한 부분적으로는 신체에 맞는지 시험해볼 필요가 없고 사용하기가 쉽다.

호흡기 보호장치의 제한사항(Respiratory Equipment Limitation)

다음은 장비 및 공기 공급의 제한사항들이다.

- **제한된 시야(limited visibility)** 면체는 주변 시야를 감소시키고, 면체 김서림(facepiece fogging)은 전반적인 시력을 감소시킬 수 있다.
- **의사소통 능력 저하(decreased ability to communicate)** 면체는 음성 의사소통을 방해할 수 있다.
- **무게 증가(increased weight)** 모델에 따라 호흡보호장비는 12.5~17.5 kg의 무게를 비상대응요원에게 추가적으로 부담지울 수 있다.
- **이동성 감소(decreased mobility)** 무게 증가 및 어깨끈 등의 부목 효과(splinting effect)는 착용자의 이동성을 감소시킨다.
- **불충분한 산소 수준(inadequate oxygen levels)** IDLH 또는 산소결핍 환경에서는 공기정화식 호흡보호구(APR)를 착용할 수 없다.

- **화학적 특성(chemical specific)** 공기정화식 호흡보호구(APR)는 특정 화학물질로부터의 보호만을 제공할 수 있다. 카트리지 착용 유형은 착용자가 노출되는 화학물질에 따라 다르다.
- **심리적 스트레스(psychological stress)** 면체는 일부 사용자가 갇혔다고 느끼거나 밀실 공포증(claustrophobic)을 느낄 수 있다.

추가적으로 개방 및 폐쇄순환식open- and closed-circuit 자급식 공기호흡기SCBA는 시간을 제한하는 최대 공기공급 지속 시간maximum air-supply duration이 있어 초동대응자가 당면한 작업을 수행하는 데 제한을 받는다. 미 국립직업안전건강연구소NIOSH가 인증하지 않은 자급식 공기호흡기SCBA는 화학 무기 작용제가 있는 환경에서만 제한적인 보호를 제공할 수 있을 것이다.

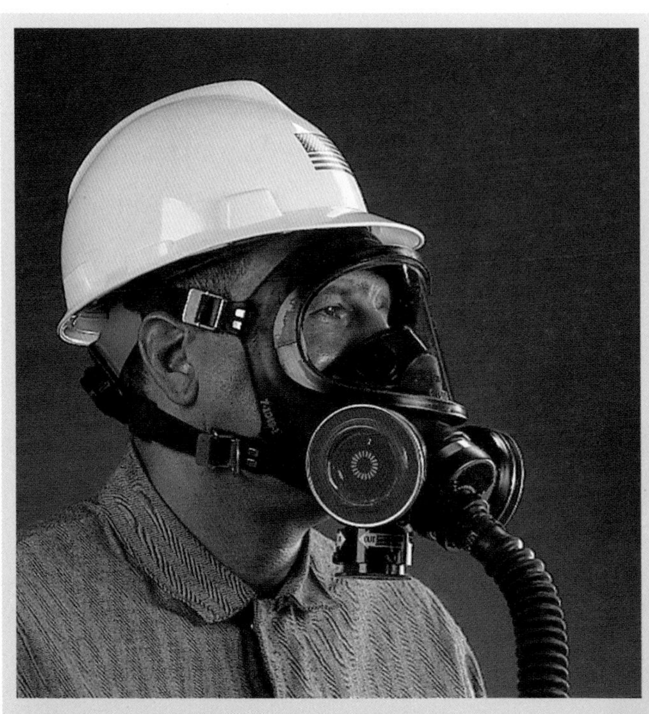

그림 9.10 복합식 호흡보호구는 사용자가 장비의 설계에 기초하여 공기주입식 호흡보호구(SAR), 공기정화식 호흡보호구(APR), 전동 공기정화식 호흡보호구(PAPR) 및 자급식 공기호흡기(SCBA)의 조합들 사이에서 작동 모드를 전환할 수 있게 해준다. 미 상호안전보장본부(MSA) 제공.

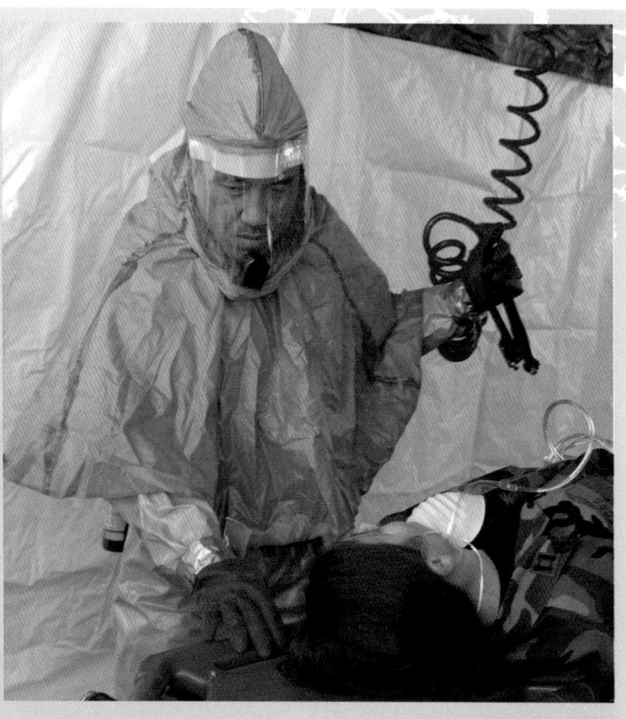

그림 9.11 전동(식) 및 공기주입식 후드는 안경, 수염, 턱수염이 있어도 착용할 수 있다. 미 공군(U.S. Air Force) 제공(Airman First Class Bradley A. Lail 사진 촬영).

주의(CAUTION)

호흡보호장비를 착용하는 사람은 개인보호장비 착용의 생리적, 심리적 스트레스 우려로 신체 조건, 정신 건강 및 감정적 안정성이 반드시 양호한 상태여야 한다.

보호복 개요

Protective Clothing Overview

비상대응요원은 열 위험 및 화학, 생물(학) 또는 방사능(방사선학) 노출로 인한 잠재적 위험에 직면하였을 때에 반드시 보호복protective clothing을 착용해야 한다. 위험물질과의 피부 접촉은 화학적 화상, 알레르기 반응 및 발진, 질병, 독성 물질의 신체 흡수 등 다양한 문제를 일으킬 수 있다. 보호복은 이러한 문제들을 막을 수 있도록 설계되었다. 폭발물로부터 발사체 위험ballistic hazard 및 파편으로부터 보호받기 위해서는 방탄복과 폭발물 방호복을 착용한다(그림 9.12).

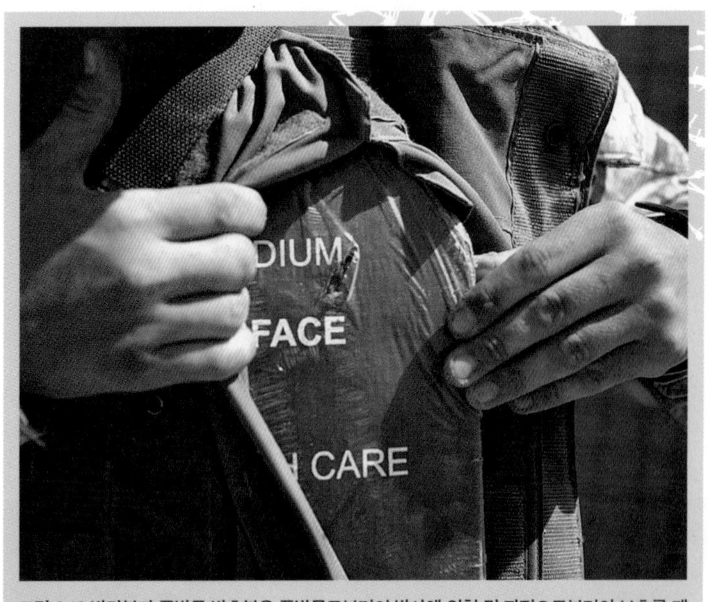

그림 9.12 방탄복과 폭발물 방호복은 폭발물로부터의 발사체 위험 및 파편으로부터의 보호를 제공한다. 미국 해병대(U.S. Marine Corps) 제공(Cpl. Antonio Rosas 사진 촬영).

보호장비의 단일 조합 또는 앙상블ensemble(복장; 우리나라에서는 세트와 유사한 개념–역주)(호흡기 보호 포함)로 모든 위험요소를 보호할 수는 없다. 예를 들어 흄fume과 화학물질 증기chemical vapor는 소방복 상의 및 바지에 침투해 들어갈 수 있으므로 제공하는 보호가 완전하지 않다. 마찬가지로 화학 보호복chemical-protective clothing; CPC은 화재에 대한 보호를 제공하지 않는다(그림 9.13 a 및 b).

적절한 개인보호장비 복장은 피부, 눈, 얼굴, 청각계, 손, 발, 신체, 머리 및 호흡기를 보호한다. 모든 유형의 개인보호장비의 다목적성을 향상시키기 위한 기술 발전이 이루어지고 있지만(예를 들면, 더 많은 내화학성 출동복chemical-resistant turnouts 및 내화화학 보호복fire-resistant CPC 개발), 개인보호장비의 한계를 반드시 이해해야 안전을 보장받을 수 있다.

주의(CAUTION)

위험물질/대량살상무기(WMD) 사고에 대응할 때, 당신의 임무를 안전하고 효율적으로 수행하기 위하여 반드시 적절한 개인보호장비를 착용하여야 한다.

개인보호장비를 올바르게 사용하려면 특수한 훈련 및 지도가 필요하다. 사고현장에서 작업할 때에는 표준작전절차standard operating procedure 및 제조업체 권장사항에 따라 위험물질 전문가 또는 관련 전문가(정확한 지침을 제공할 수 있는 지식, 기술 및 역

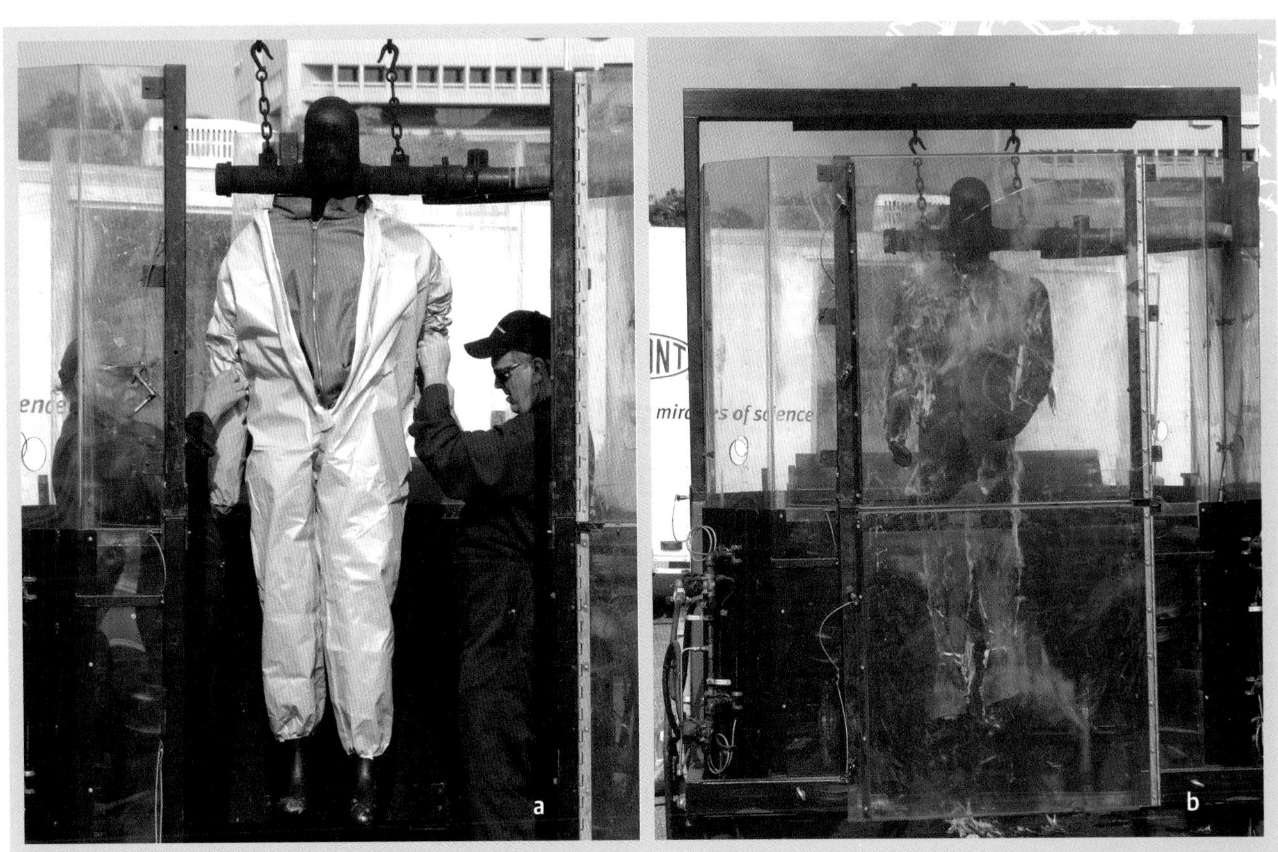

그림 9.13 a 및 b 화학 보호복(CPC)이 항상 방염성(화염에 내성을 가진-역주)인 것은 아니다. (a) 마네킹이 화학 보호복(CPC)을 착용하고 있고 아주 짧은 순간의 화염에도 연소한다. (b) 화학 보호복(CPC)이 계속해서 불타고 녹아내린다.

량이 있는 사람)의 감독하에 개인보호장비를 사용한다. 이번 절에서는 보호복과 함께 일반적으로 위험물질/대량살상무기WMD 사고에서 사용되는 서로 다른 보호복의 유형에 적용되는 다양한 표준에 대해 설명한다.

위험물질 대량살상무기 사고 시 보호복 및 장비의 표준 (Standard for Protective Clothing and Equipment at Hazmat/WMD Incident)

호흡기 보호respiratory protection와 마찬가지로, 미 국토안보부는 위험물질hazmat/대량살상무기WMD 사고에 사용되는 보호복protective clothin에 미 국립직업안전건강연구소NIOSH 및 미 국가소방협회 표준standard을 채택했다. 대개는, 이러한 것들은 화학 및 생물(학) 사고 시의 화학 보호복CPC에 적용된다. 그러나 방탄복body armor, 소방 기본 착용복장structural fire fighting gear 및 폭발물 방호복bomb suit을 포함한 모든 유형의 보호복 디자인, 인증 및 시험 요구사항에 관한 모든 표준을 잘 알고 있어야 한다. 장소에 따라 대응요원은 국제표준화기구ISO, 유럽연합European Union 또는 기타 기관에서 발행하는 호흡장비에 관한 표준을 잘 알고 있어야 할 수도 있다.

구조물 화재 소방관 보호복(방화복) (Structural Firefighters' Protective Clothing)

소방관 기본 복장structural fire fighting clothing은 화학 보호복chemical-protective clothing의 대체품이 아니다. 하지만 기본 복장 역시 많은 위험물질에 대해 약간의 보호를 제공한다. 어쨌든 화재가 난 건물 내부의 공기는 유독한 기체로 채워지며 '자급식 공기호흡기를 포함한 현대식 기본 소방관 보호복modern structural firefighters'protective clothing with SCBA'은 그러한 위험요소 중 일부에 대해 적절한 보호를 제공한다(그림 9.14). 상의와 바지의 다층의 겹은 액체 화학물질과 같은 물질로부터 잠시 노출 보호를 제공할 수 있지만, 이러한 보호에는 한계가 있다. 예를 들어, 구조물 화재 소방관 보호복(방화복)structural

그림 9.14 구조물 화재 소방관 보호복(방화복)(structural fire fighting clothing)은 많은 위험물질(hazardous material)에 대해 제한된 보호를 제공한다.

그림 9.15 일부 관할구역에서는 구조물 화재 소방관 보호복(방화복)(structural fire fighting clothing)과 자급식 공기호흡기(SCBA)를 사용하여 구조(rescue)를 수행할 수 있다.

fire fighting clothing은 내부식성corrosive-resistant이나 증기밀폐성vapor-tight이 없다. 액체는 흡수될 수 있고, 산과 염기는 외피를 분해시키거나 약화시킬 수 있으며, 기체와 증기는 의류에 침투될 수 있다(그림 9.15). 구조물 화재 소방관 보호복(방화복)의 틈은 목, 손목, 허리 및 바지와 부츠가 겹치는 지점에서 발생한다.

일부 위험물질은 침투(분자 수준molecular level에서 통과)하여 구조물 화재 소방관 보호복(방화복)structural fire fighting clothing에 남아 있을 수 있다. 장비에 흡수된 화학물질은 이로 인해 화학물질에 대한 반복적인 노출을 초래하거나, 다른 화학물질과 나중에 반응할 수도 있다. 또한 화학물질은 장화, 장갑, 무릎보호대 및 자급식 공기호흡기 면체의 고무, 가죽 또는 네오프렌neoprene 사이로 침투하여 사용하기에 안전하지 않도록 만들 수도 있다. 침투하는 화학물질에 노출된 장비는 폐기해야 한다.

위험물질/대량살상무기WMD 사고에서 구조물 화재 소방관 보호복(방화복) 및 자급식 공기호흡기SCBA가 제공하는 보호 수준에 관해서는 전문가들 사이에서도 많은 논쟁이 있지만, 예를 들면 즉각 구조와 같은 단기간의 작전에는 제한된 보호를 제공할 수 있는 상황이 있을 수 있다(그림 9.16). 기관 비상대응계획agency emergency response plan 및 표준작전절차SOP는 비상대응요원이 위험물질/대량살상무기WMD 사고 시 작전 중에 구조물 화재 소방관 보호복(방화복) 및 자급식 공기호흡기SCBA에 의존하는 것이 적합한 조건과 상황을 명시해야 한다.

그림 9.16 일부 관할구역에서는 구조물 화재 소방관 보호복(방화복)(structural fire fighting clothing)과 자급식 공기호흡기(SCBA)를 사용하여 구조를 수행할 수 있다.

구조물 화재 소방관 보호복(방화복)은 폭발물 공격에서 열 손상에 대한 보호를 제공하지만 발사체, 파편 및 폭발로 인한 기타 역학적 영향에 대해 제한된 보호를 제공하거나 전혀 보호를 제공하지 못한다.

또한 구조물 화재 소방관 보호복(방화복)은 일부 유형의 방사성 물질에 대해서는 적절한 보호를 제공하지만, 나머지 다른 방사성 물질에 대해서는 적절한 보호를 제공하지 않는다. 생물 작용제가 엄격하게 호흡기 위험인 경우, 자급식 공기호흡기SCBA를 이용한 구조물 화재 소방관 보호복(방화복)은 적절한 보호를 제공할 수 있다. 그러나 피부 접촉이 잠재적으로 위험한 경우에는 충분히 보호를 제공하지 않는다. 이러한 결정을 내리기 위해서는 물질을 적절하게 식별해내야 한다. 테러리스트의 공격이 의심스럽지만 확실하게 밝혀지지 않은 경우, 대응요원들은 단지 구조물 화재 소방관 보호복(방화복)만을 자급식 공기호흡기SCBA와 함께 착용하며, 폭발물, 방사성 물질 및 화학 또는 생물(학) 무기와 같은 잠재적 위험으로부터의 어떤 증가된 수준의 위험이 있다고 가정한다.

고온 보호복(High-Temperature Protective Clothing)

고온 보호복high-temperature protective clothing은 열 수준heat level이 표준 구조물 화재 소방관 보호복(방화복)의 능력을 초과하는 상황에서, 고온에 대한 단기간 노출short-term exposure로부터 보호하기 위해 고안되었다. 이러한 종류의 복장은 일반적으로 화학 위험chemical hazard을 다루는 데 있어서는 제한적이다. 다음은 사용 가능한 두 종류의 고온 보호복이다.

1. **근접 방화복(Proximity suit)** 항공기 구조 및 소방 또는 인화성 액체와 관련된 기타 소방 작전과 같은 구조에 사용되고 화재 진압 및 재산 보전 활동을 위한 화재에 근접 접근을 가능하게 해준다(그림 9.17). 이러한 복장은 표준 구조물 화재 소방관 보호복(방화복)보다 훨씬 더 큰 열 보호(heat protection)를 제공한다.
2. **화재진입 방화복(Fire-entry suit)** 한 사람이 짧은 시간 동안 완전한 화염 환경에서도 작업할 수 있도록 해주며, 1100℃의 높은 복사열 온도에서 짧은 보호 지속시간과 근접 접근 시 보호를 제공한다. 각 보호복에는 특정 용도가 있으며, 상호교환은 가능하지 않다.

경고(WARNING!)

고온 보호복은 화학물질 위험(chemical hazard)으로부터의 보호를 제공하도록 고안되지 않는다.

고온 보호복에 대한 몇 가지 제한사항은 다음과 같다.

- 신체가 과도한 열을 방출하지 못하게 하여 열 스트레스 가중
- 부피가 큼
- 착용자의 시야 제한
- 착용자의 이동성 제한

그림 9.17 근접 방화복(proximity suit)은 항공기 구조(aircraft rescue) 및 소방(fire fighting)에 자주 사용된다. 미국 해병대(Cpl. William Hester 사진 촬영) 제공.

- 통신 제한
- 효율적이고 안전한 사용을 위해 자주 또한 격렬한 훈련이 필요함
- 구매(구입) 비용이 비쌈
- 제한된 노출 시간으로 인해 보호복의 완전성을 추구함

방염 보호복(Flame-Resistant Protective Clothing)

많은 위험물질 대응요원이 매일 **방염**[6] 작업복을 착용한다. 이 복장은 다음과 같은 위험에 노출될 수 있는 최소한의 위험이 있는 지정된 구역에서 작업하는 동안 지속적으로 착용할 수 있도록 설계되었다.

- 뜨겁거나 녹은 물질
- 뜨거운 표면(hot surface)
- 복사열(radiant heat)
- 돌발 화재(flash fire)
- 화염(flame)
- 전기 아크 방전(electrical arc discharge)

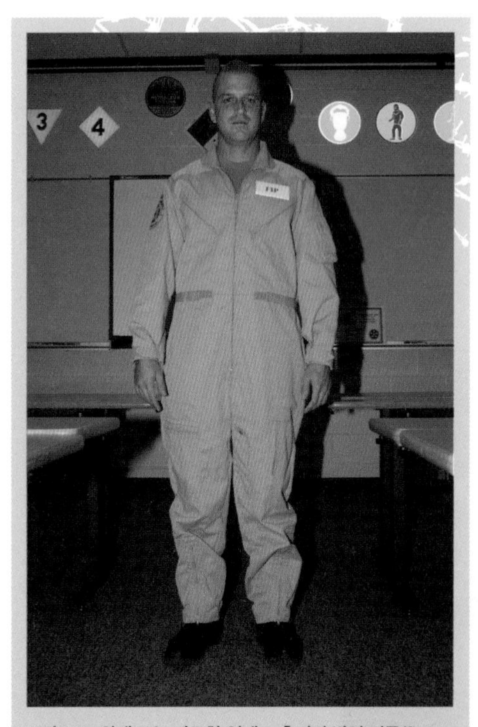

그림 9.18 화재 또는 과도한 열에 노출되면 방염 의류(flame-resistant clothing)는 발화하거나 녹아내리지 않는다.

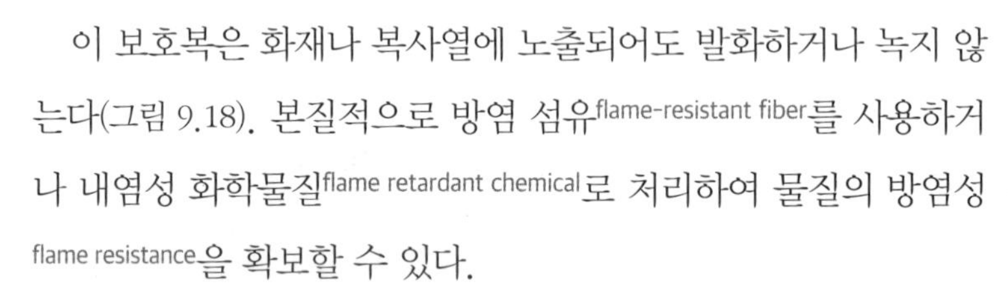

이 보호복은 화재나 복사열에 노출되어도 발화하거나 녹지 않는다(그림 9.18). 본질적으로 방염 섬유flame-resistant fiber를 사용하거나 내염성 화학물질flame retardant chemical로 처리하여 물질의 방염성flame resistance을 확보할 수 있다.

- **본질적 방염성(섬유)(Inherently Flame-Resistant; IFR)** 화학적 구조(chemical structure)로 인해 연소를 돕지 않는 섬유이다. 이러한 섬유들은 화학 첨가물 없이도 화염에 강하다. 본질적 방염성 섬유(IFR fiber)의 고온 내성 고분자(high-temperature-resistant polymer)는 착용자와 위험 사이에 불활성 장벽(inert barrier)을 제공한다. 직물의 보호 성질은 영구적으로, 씻겨나가거나 제거되지 않는다.

---

6 **방염(Flame-Resistant; FR)** : 연소(combution)를 지원하지 않으며 외부 점화원을 제거한 후 자체 소화(self-extinguishing)되는 물질

- **내염성(Flame Retardant)** 인화성을 줄이기 위해 제조 과정에서 직물 품목에 혼입되거나 섬유, 직물 또는 기타 직물 품목에 더해질 수 있는 화학적 화합물(chemical compound). 이러한 난연제(fire retardant)는 세탁과 같은 일부 경우를 통해 제거될 수 있다.

화학 보호복(Chemical-Protective Clothing; CPC)

화학 보호복chemical-protective clothing; CPC의 목적은 위험물질 대응(작전) 중에 발생할 수 있는 화학, 물리적 및 생물(학) 위험으로부터 개인을 보호(차폐)하거나 격리시키는 것이다. 화학 보호복CPC은 서로 다른 다양한 물질들로 만들어지며, 모든 종류의 화학물질로부터 보호를 제공하지는 못한다. 각 물질은 특정 화학물질 또는 제품에 대한 보호를 제공하지만, 나머지 다른 물질이나 제품에 대한 보호는 제한적이거나 전혀 제공하지 않는다. 특정 화학 보호복의 제조업체는 보호복에 보호 효과가 있는 화학물질 목록을 제공해야 한다. 적절한 화학 보호복CPC의 선택은 특정 화학물질과 착용자가 수행해야 하는 특정 과업task에 따라 다르다.

경고(WARNING!)

화학 보호복(CPC)은 소방 활동, 고온의 액체, 증기, 용융 금속, 용접, 전기 아크, 인화성 대기, 폭발 위험이 있는 환경 또는 복사열로부터는 보호를 제공하지 않는다.

화학 보호복CPC은 위험물질에 대해 식별된 유형, 농도 및 노출 시간으로부터 알 수 있는 보호 수준을 착용자에게 제공할 수 있도록 설계되었지만, 이는 적절하게 몸에 맞고 올바르게 착용된 경우에만 가능하다. 부적절하게 착용한 장비는 해당 착용자를 노출시키고 위험에 빠뜨릴 수 있다.

대부분의 보호복은 습기에 대해 불침투성으로 설계되어 있어, 자연적 증발을 통해 몸에서 열이 방출되는 것을 제한한다. 이것은 뜨거운 환경에서 열 장애를 일으킬 수 있다. 다른 요인으로는 의복성능 저하degradation, 삼투permeation 및 침투 능력penetration ability과 그 수명service life이 포함된다. 화학 보호복CPC의 선택 및 사용에 관한 서면 관리 프로그램이 필요하다. 한 사고에서 어떠한 유형의 화학 보호복CPC을 착용했는가와 관계없이 보호복은 제독되어야 한다. 화학 보호복CPC 착용을 요청받을 수 있는 대응요원은 2차(완전) 제독에 대한 현지의 절차에 반드시 익숙해져야 한다(10장 참조).

설계 및 테스트 표준design and testing standard은 일반적으로 두 가지 유형의 화학 보호복CPC을 인정하고 있으며, 그 두 가지 유형은 각각 액체 비산 보호복liquid splash-protective clothing 및 증기 보호복vapor-protective clothing이다. 다음에서는 이 두 가지 유형을 설명하고, '화학 보호복CPC이 필수인 대응(작전)operation', '화학 보호복CPC 사용법을 명시한 서면 관리 프로그램written management program', '화학 보호복CPC 손상 요인' 및 '화학 보호복CPC의 수명 관련 고려사항'들에 대해 설명한다.

경고(WARNING!)

단일 유형의 화학 보호복(CPC)은 모든 화학(적) 위험으로부터 보호하지는 못한다.

경고(WARNING!)

화학 보호복을 사용해야 하는 환경(조건)에서 대응하려면, 반드시 충분한 훈련을 받아야 한다.

액체 비산 보호복(Liquid Splash-Protective Clothing)

액체 비산 보호복[7]은 사용자를 화학(적) 액체chemical liquid의 비산(튐)splash으로부터 보호를 제공하지만, 화학 증기 또는 기체에 대해서는 보호를 제공하지 않는다(그림 9.19). 'NFPA 1992(미 국가소방협회의 표준 코드 중 하나-역주)'에서 한 종류의 액체 비산 보호복에 대한 최소 제작 기준을 정하고 있다. 액체 비산 보호복은 **전신피복**[8] 또는 비전신피복일 수 있다(그림 9.20).

전신피복 보호복은 비산splash에 대한 방호를 제공하며, 증기 보호 전신피복 보호복vapor protective encapsulating suit의 경우에는 증기와 기체에 대한 방호를 제공하는 단일

---

7 **액체 비산 보호복(Liquid Splash-Protective Clothing)** : 'NFPA 1992, 유해 화학물질 비상사태 시 액체 비산 방호복에 대한 표준(Standard on Liquid Splash-Protective Suits for Hazardous Chemical Emergencies)'에 따라 액체 비산(튐)(liquid splash)에 대해 보호를 할 수 있도록 고안된 화학 보호복(chemical-protective clothing)으로, 미 환경보호청(EPA) B급(level B) 복장(ensemble)의 일부이다.

8 **전신피복(Encapsulating)** : 캡슐(capsule) 안에 있는 것처럼, 완전히 밀폐되거나(enclosed) 감싸지는(surrounded) 것

의 일체형 의복이다.

1. 근로자의 이동성, 시력 및 의사소통에 장애가 됨
2. 특히 자급식 공기호흡기(SCBA)를 착용하였을 경우 체열(body heat)을 사로잡아 냉각 시스템이 필요할 수 있음

비전신피복 보호복nonencapsulating suit은 일반적으로 전신 일체형one-piece coverall으로 구성되어 있지만, 때로는 상의, 후드, 바지 또는 전신 작업복과 같은 개별 부분들로 구성된다. 바지 접단과 신발 사이 및 장갑과 소매 사이의 벌어지는 부분은 대개 테이프로 감는다. 비전신피복 보호복의 제한사항들은 다음과 같다.

- 기체 및 증기에 대해서가 아닌, 비산(튐, splash) 및 분진(dust)으로부터 보호함
- 완전한 전신 보호를 제공하지 않음. 머리와 목 부분이 종종 노출됨
- 체열을 가두어 못나가게 하므로 열 스트레스를 높임

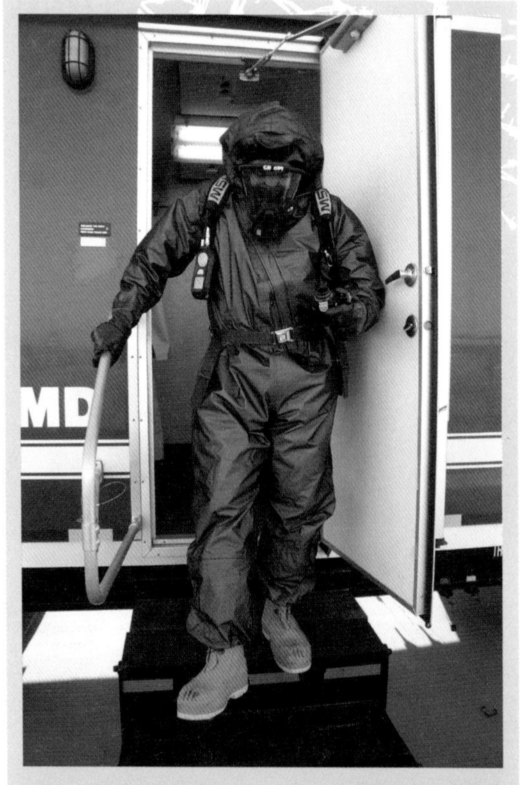

그림 9.19 액체 비산 보호복(liquid-splash protective clothing)은 완전히 기체 및 증기 기밀(tight)을 유지하도록 설계되어 있지 않다.

전신피복encapsulating 및 비전신피복non-capsulating 액체 비산 보호복liquid splash-protective clothing은 열 또는 화염에 내성이 없으며, 발사체 또는 파편으로부터의 보호를 제공하지도 않는다. 액체 비산 보호복은 증기 보호복vapor-protective suit에 쓰인 것과 동일한 재질로 만든다(다음 절 참조).

보호복의 일부로 사용되는 경우, 액체 비산 보호복에는 자급식 공기호흡기SCBA, 공기호스(공기주입식 호흡보호구SAR) 또는 통풍구가 있는 공기 정화통이 장착된 호흡보호구가 포함되었을 수 있다. 'NFPA 1994'에 기술된 분류 3 복장은 액체 비산 보호복을 사용한다. 이 유형의 보호복은 미 환경보호청EPA B급 화학 보호복Level B chemical protection ensemble의 구성 요소이기도 하다.

그림 9.20 전신피복 보호복은 몸 전체와 자급식 공기호흡기(SCBA)를 덮는다.

증기 보호복(Vapor-Protective Clothing)

증기 보호복[9]은 화학물질의 증기 또는 기체로부터 착용자를 보호하고 액체 비산 보호복보다 더 큰 보호 수준을 제공한다(그림 9.21). 'NFPA 1991'은 특정 화학물질 노출에 직면하는 대응요원에 대한 최소한의 보호 수준에 대한 요구사항을 규정하고 있다. 이 표준은 증기 밀폐vapor-tight, 전신피복 화학보호totally encapsulating chemical-protective; TECP 보호복에 대한 성능 요구사항을 설정하고, 엄격한 내화학성 및 방염 시험과 21가지 위협적인 화학물질에 대한 투과 시험을 포함한다. 또한 'NFPA 1991'에는 모의된 조건에서의 성능 시험 표준이 포함되어 있다.

증기 보호복vapor-protective ensemble은 반드시 '양압자급식 공기호흡기SCBA' 또는 '자급식 공기호흡기SCBA/공기주입식 호흡보호구SAR 복합식'과 함께 착용해야 한다. 증기 보호복은 화학 및 생물(학)의 위험물질/대량살상무기WMD 사고에서 사용되는 복장의 구성요소이다.

그림 9.21 증기 보호복은 독성 및 부식성 기체와 같은 위험 기체 및 증기에 대해 최상의 보호를 제공한다.

이러한 복장은 또한 주로 위험 증기, 기체, 입자, 갑작스러운 튐(비산), 침수 또는 위험물질과의 접촉으로부터의 호흡기, 눈, 피부 손상에 대한 보호를 제공할 수 있는 A급 보호복의 일부로 주로 사용된다.

증기 보호복에는 다음과 같은 제한 사항이 있다.

- 불에 노출되었을 때 녹으며 연소한다. 잠재적 인화성 공기에서는 사용할 수 없다.
- 모든 화학물질 위험으로부터 착용자를 보호하지는 않는다.
- 이동성, 시야 및 의사소통에 지장을 준다(그림 9.22).
- 체열이 빠져 나갈 수 없으므로 열 스트레스가 발생하며, 따라서 냉각 조끼(cooling vest)를 사용해야 할 수 있다.

증기 보호복은 다양한 특수 물질로 만들어진다. 보호장비와 의복의 단일 조합으로 한 사람을 모든 위험으로부터 보호할 수는 없다.

---

9 **증기 보호복(Vapor-Protective Clothing)** : 'NFPA 1991, 위험물질 비상사태에 대한 증기 보호복 표준(Standard on Vapor-Protective Ensembles for Hazardous Materials Emergencies)'의 2016판을 충족시키도록 설계된 기체 밀폐 화학 보호복(gas-tight chemical-protective clothing)으로 미 환경청(EPA) A급 복장의 일부이다.

그림 9.22 증기 보호복은 시야, 이동성, 의사소통에 제한이 많다.

화학 보호복 착용이 필수인 '전문대응-임무특화 수준'(Mission Specific Operation Requiring Use of Chemical-Protective Clothing)

화학 보호복chemical-protective clothing은 특정 상황에서 반드시 착용해야 한다. 수행하는 데 필요한 훈련 수준에 관계없이 화학 보호복CPC의 사용이 필요할 수 있는 작전은 다음과 같다.

- 현장 조사(site survey)
- 구조(rescue)
- 누출 경감(spill mitigation)
- 비상 탐지(emergency monitoring)
- 제독(decontamination)
- 대피(evacuation)

대응요원이 이러한 모든 활동들에 관여하는 경우, 현장의 알려진known 및/또는 알려지지 않은unknown 장소를 가야 할 때 어떤 유형의 보호장비protective equipment가 필요한지 반드시 고려해야 한다. 화학 보호복CPC을 사용해야 하는 작전에서는 항상 관할당국 표준작전절차 및 지침AHJ SOP/G을 따른다.

서면 관리 프로그램(Written Management Program)

화학 보호복CPC을 일상적으로 사용하는 모든 비상대응 조직은 서면 화학물질 보호복 프로그램written chemical-protective clothing Program 및 호흡기 보호장비 관리 프로그램respiratory protection management program을 수립해야 한다. 서면 관리 프로그램에는 정책 성명policy statement, 절차procedure 및 지침guideline이 포함된다. 직무에 있어 화학 보호복CPC을 사용할 수 있는 모든 대원(요원)은 사본(복사본)copy을 보유하고 있어야 한다.

모든 관리 프로그램의 두 가지 기본 목표는 사용자를 안전 및 건강 위험으로부터 보호하고, 사용자의 부적절한 사용 또는 오작동으로 인한 사용자의 부상을 방지하는 것이다. 이러한 목표를 달성하기 위한, 포괄적인 화학 보호복 관리 프로그램comprehensive CPC management program에는 다음의 요소들이 포함된다.

- 위험 식별(hazard identification)
- 의학적 지속 확인(모니터링)(medical monitoring)
- 환경 감시(environmental surveillance)
- 선택, 관리, 테스트 및 유지 보수(selection, care, testing, and maintenance)
- 훈련(training)

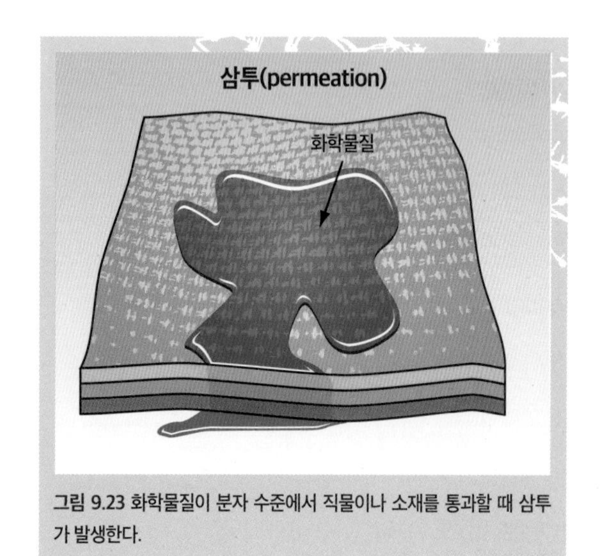

그림 9.23 화학물질이 분자 수준에서 직물이나 소재를 통과할 때 삼투가 발생한다.

삼투(permeation), 분해(degradation), 침투(penetration)

화학 보호복CPC의 효율성effectivness은 삼투permeation, 분해degradation, 침투penetration의 세 가지 작용을 통한 감경에 있다. 또한 이러한 요소들은 보호복을 선택하고 사용할 때 반드시 고려해야 하는 특성들이다.

삼투[10]는 화학물질이 분자 수준에서 직물을 통과할 때 발생하는 과정이다(그림 9.23). 대부분의 경우, 화학물질이 어떠한 소재에 스며드는 것에 대한 가시적 증거는 없다(그림 9.24 a 및 b). 화합물compound이 화학 보호복CPC에 스며드는(삼투하는) 정도는 화합물의 화학적 성질, 화학 보호복 내의 보호 장벽의 성질 및 화학 보호복의 표면상의 화학물질의

---

10 **삼투(Permeation)** : 화학물질이 분자 수준(molecular level)에서 화학 보호복 등의 보호 소재(protective material)에 스며드는 과정

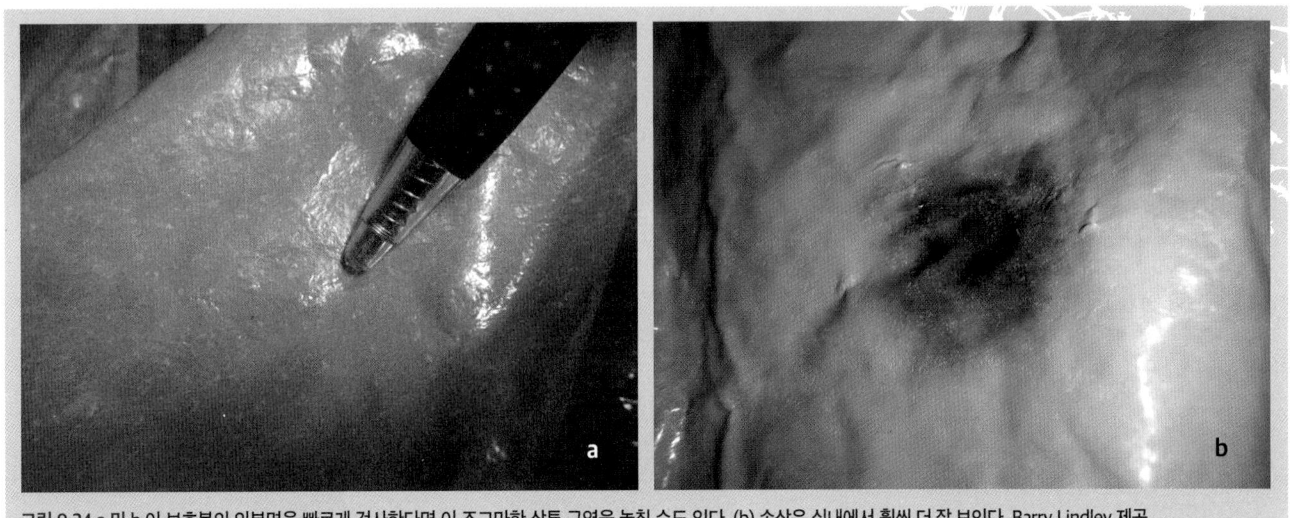

그림 9.24 a 및 b 이 보호복의 외부면을 빠르게 검사한다면 이 조그마한 삼투 구역을 놓칠 수도 있다. (b) 손상은 실내에서 훨씬 더 잘 보인다. Barry Lindley 제공.

농도와 같은 요인들에 의존한다. 대부분의 화학 보호복CPC 제조업체는 광범위한 화학물질에 대해 침투(삼투) 시간breakthrough time(화학물질이 보호복 소재에 스며드는 데 걸리는 시간)에 대한 도표를 제공한다. 삼투 실험 자료(데이터)에는 화학물질이 스며든 후 화학 보호복 소재를 통과하는 화학물질의 투과 정도에 대한 정보도 포함된다.

경고(WARNING!)

제독으로는 삼투가 일어나는 것을 멈출 수 없다.

화학적 분해[11]는 물질의 특성이 화학물질과의 접촉을 통해 변경될 때 발생한다. 예를 들면 균열cracking, 취성brittleness 및 의복의 구조적 특성structural characteristic에 기타 변화들이 있을 때 발생한다(그림 9.25). 물질 분해material degradation의 가장 일반적으로 관찰할 수 있는 사항으로는 변색discoloration, 팽창swelling, 물리적 강도의 상실 또는 품질 저하deterioration가 있다.

침투[12]는 위험물질이 보호복의 소재의 개구부opening 또는 구멍puncture에 들어갈 때 발생하는 과정이다(그림 9.26). 보호복 소재의 찢어짐 및 절단뿐만 아니라 밀봉되지

---

11 **화학적 분해(Chemical Degradation)** : 화학물질과의 접촉을 통해 물질의 특성이 변경되는 과정

12 **침투(Penetraion)** : 위험물질이 보호복 소재의 개구부 또는 구멍에 들어가는 과정. 진입 경로를 참조할 것

않은 이음새, 단추구멍 및 지퍼는 침투형 파손으로 간주된다. 이러한 개구부들은 결함 있는 제조 또는 보호복 고유의 설계 문제로 인해 종종 발생한다.

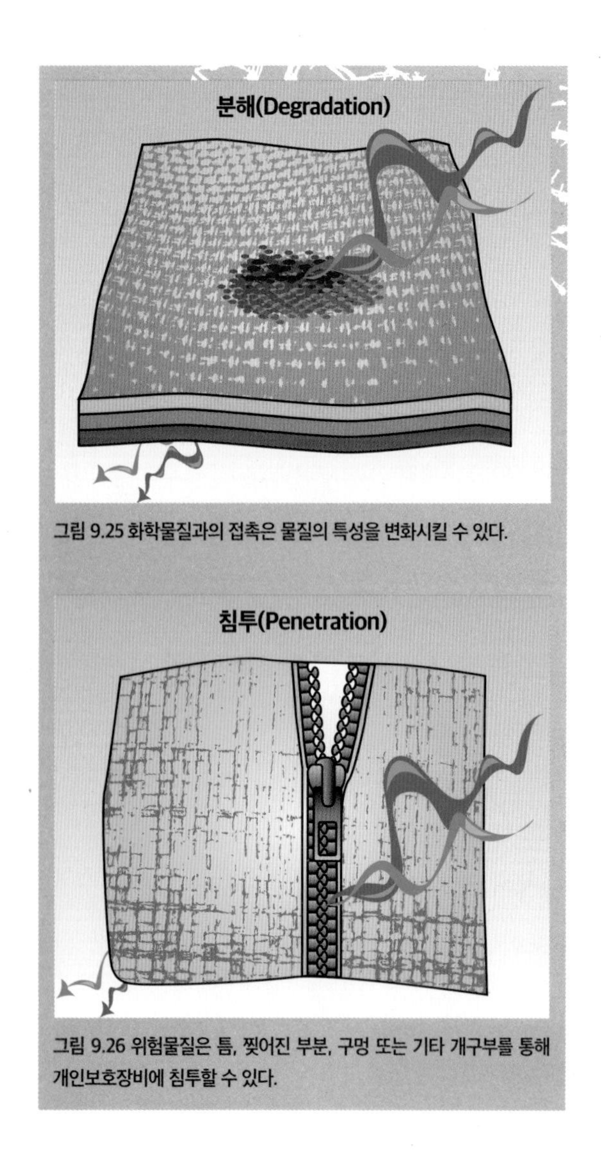

그림 9.25 화학물질과의 접촉은 물질의 특성을 변화시킬 수 있다.

그림 9.26 위험물질은 틈, 찢어진 부분, 구멍 또는 기타 개구부를 통해 개인보호장비에 침투할 수 있다.

수명(Service Life)

화학 보호복CPC은 각 부위별로 의류가 착용자를 적절히 보호할 수 있는 특유의 수명service life이 있다. 예를 들어, 새러넥스Saranex/타이벡Tyvek 사의 의복은 액체 비산 보호liquid splash-protection 및 단일 사용을 위한 전신보호형overall(착용자의 몸통, 팔 및 다리를 덮는 상의가 붙어 있는 작업복의 형태-역주)이 되도록 디자인되어 있을 것이다. 어떤 의복이든지 오염된 경우에는 사용을 중지한다. 내구성과 관련하여서는 항상 '관할당국 표준작전절차 및 지침AHJ SOP/G' 및 '제조업체 사양manufacturer's specification'을 준수한다.

경고(WARNING!)

유효기한 및/또는 수명이 초과된 화학 보호복(CPC)은 절대로 사용하지 마라.

오염되었을 수 있는 모든 화학 보호복CPC은 착용자가 잠재적인 위험 구역을 떠날 때 적절한 제독이 필요하다. '10장, 제독' 부분에서는 화학 보호복CPC의 오염comtamination 및 제독decontamination에 대한 더 많은 정보를 제공한다.

개인보호장비 복장, 분류 및 선택

PPE Ensemble Classification, and Selection

적절하게 보호를 하기 위해 호흡보호장비와 보호복이 한 세트로 사용된다. 적절한 복장을 결정할 때 현재의 위험과 수행해야 할 조치를 고려한다. 예를 들어, 장갑 및 작업복과 같은 간단한 보호복은 안면 보호구face shield 또는 안전 고글safety goggle과 함께 혈액 매개 병원균bloodborne pathogen과 같은 생물(학) 위험biological hazard에 노출되는 것을 방지하기에 충분할 것이다. 극단적으로 위험한 부식성 및/또는 유독성 증기 또는 기체를 다루는 경우, 스펙트럼의 다른 쪽 끝에서 '양압자급식 공기호흡기positive pressure SCBA'와 결합된 '증기 보호의 전신피복형 보호복vapor-protective, totally-encapsulating suit'이 필요할 수 있다. 특히 기타 유형의 개인보호장비를 손상시킬 수 있고 피부를 통해 쉽게 흡수될 수 있는 경우 더욱 그렇다.

미 환경청EPA은 소방 및 비상대응 공공기관에서 일반적으로 사용되는 특정 보호 수준을 제공하는 화학보호 개인보호장비 복장(세트)chemical-protective PPE ensemble을 설정하였지만, 법집행기관, 산업체 대응요원 및 군대와 같은 기타 조직들은 각각의 자체적인 표준작전(운영)절차standard operating procedure 또는 개인보호장비의 적절한 조합의 선택과 사용을 안내하는 동등한 절차가 있을 수 있다. 법집행기관 요원은 동일한 위험물질/대량살상무기WMD 사고에서 소방관, 위험물질 전문가, 민간 지원 대응팀 또는 환경 정화 담당자와는 다른 개인보호장비 복장을 착용할 수 있다. 이번 절에서는 개인보호장비 복장과 관련된 다양한 요소에 대해 설명한다.

경고(WARNING!)

유효기한 및/또는 수명이 다 된 화학 보호복(CPC)은 절대로 사용하지 마라.

주의(CAUTION)

과업을 수행하는 데 필요한 개인보호장비 수준을 결정할 때는 항상 소속 기관의 표준작전(운영)절차/지침(SOP/G)을 따라야 한다.

보호 수준(Level of Protection)

위험물질/대량살상무기WMD와 연관된 사고에는 서로 다른 수준의 보호장비(보호복), 즉 **A급**[13], **B급**[14], **C급**[15], **D급 개인보호장비**(보호복)[16]가 사용된다(그림 9.27 a–d). 이러한 서로 다른 수준의 보호복들이 복장 생성ensemble creation을 위한 시작점으로 사용될 수 있다. 그러나 각 복장ensemble은 가장 적절한 수준의 보호를 제공하기 위해 반드시 특정 상황에 맞추어 사용되어야 한다.

보호복과 장비를 단독으로 설계 또는 구성하여 보호복과 장비를 선택하는 것은 위험물질 사고에서 적절한 보호를 보장하기에 충분하지 않다. 복장을 구성하는 데 필요한 올바른 구성요소만 있는 것으로는 충분하지 않다. 미 환경청 보호 수준EPA levels of protection은 선택된 의복 또는 장비가 제공해야 하는 성능(예: 증기 보호 또는 액체 비산 보호)을 정의 또는 지정하지 않으며, 미 국가소방협회 성능 표준NFPA performance standard의 성능 요구사항을 동일하게 반영하지 않는다.

---

13 **A급 개인보호장비/보호복(Level A PPE)** : 미국 환경보호청(EPA)에서 지정한 개인보호장비에서 제공할 수 있는 최고 수준의 피부, 호흡기 및 눈 보호 장비로, 양압 자급식 공기호흡기(positivepressure self-contained breathing apparatus), 완전 피복 화학 보호복(totally encapsulating chemicalprotective suit), 내부 및 외부 장갑(inner and outer glove), 내화학성 부츠(chemicalresistant boot)로 구성됨

14 **B급 개인보호장비/보호복(Level B PPE)** : 호흡기 보호 수준이 가장 높지만, 피부 보호 수준이 보다 낮은 개인보호장비로, 후드형 화학 보호복(hooded chemical-protective suit), 내부 및 외부 장갑(inner and outer glove), 내화학성 부츠(chemicalresistant boot)로 구성됨

15 **C급 개인보호장비/보호복(Level C PPE)** : A급 또는 B급보다 낮은 수준의 호흡기 및 피부 보호를 제공하는 개인보호장비로, 후드형 내화학성 보호복(hooded chemical-resistant suit), 내부 및 외부 장갑(inner and outer glove), 내화학성 부츠(chemicalresistant boot)로 구성됨

16 **D급 개인보호장비/보호복(Level D PPE)** : 최저 수준의 호흡기 및 피부 보호를 제공하는 개인보호장비로, (상하가 붙은 형태의) 작업복, 장갑, 내화학성 부츠 또는 신발로 구성됨

그림 9.27 a-d 미 환경청(EPA) 보호복의 수준: (a) A급, (b) B급, (c) C급, (d) D급

A급 보호복(Level A)

A급 보호복Level A ensemble은 호흡기관, 눈 및 피부에 대해 증기, 기체, 연무 및 입자에 대해 최고 수준의 보호highest level of protection를 제공한다. A급 보호는 화재에 대한 보호는 거의 제공하지 않는다. 전문대응 수준 대응요원은 일반적으로 A급 보호가 필요한 상황에서는 대응(작전)하지 않는다. 그러나 착용을 해야만 한다면, A급 개인보호장비Level A PPE 착용을 위해서는 반드시 적절한 훈련을 받아야 한다.

A급 복장의 요소들은 다음과 같다.

- **구성요소(component)** 복장 요구사항(ensemble requirement)은 다음을 포함한다.
  - 미 국립직업안전건강연구소(NIOSH)에서 승인한 탈출용 자급식 공기호흡기(escape SCBA)가 있는 양압식(positive-pressure), 전면형 면체(full facepiece), 자급식 공기호흡기(SCBA) 또는 양압 공기 호스 호흡보호구(positive-pressure airline respirator)
  - 증기 보호복(vapor-protective suit) : 다음의 기준을 충족하는 보호복 소재로 제작된 전신피복 화학 보호복[Totally-Encapsulated Chemical Protective(TECP) suit]
    - ㅇ 착용자의 몸통, 머리, 팔 및 다리를 덮을 것
    - ㅇ 보호복 일체의 한 부분이거나 분리되어 단단히 부착되는 부츠와 장갑을 포함할 것
    - ㅇ 착용자를 보호복 자체로 완전히 에워싸거나 착용자의 호흡 장비, 장갑 및 부츠의 조합과 함께 에워쌀 것

ㅇ 완전 피복 화학 보호복(TECP suit)의 모든 부품[예를 들면 압력 제거(경감) 밸브(relief valve), 빔(beam) 및 폐쇄 뭉치(closure assembly)]에 대해 동등한 내화학성 보호(chemical-resistance protection)를 제공할 것

ㅇ NFPA 1991의 요구사항들을 충족할 것

- 전신형 작업복 형태(선택적)
- 긴 속옷(선택적)
- 내화학성 외부 장갑
- 내화학성 내부 장갑
- 발가락 부분과 몸통부가 강철로 되어 있는 내화학성 부츠
- 안전모(내부 착용 복장)(선택적)
- 일회용 보호복, 장갑 및 부츠(복장 설정에 따라 전신피복 보호복 착용 가능)
- 양방향 무전기(전신피복 보호복 내부에 착용)

• **제공되는 보호 기능(protection provided)** 고체, 액체, 기체 화학물질로부터 가능한 최대 수준의 호흡기, 피부, 눈 보호

• **사용(use)** A급 복장은 위험 분석 시 적합하다고 판단되었을 때 사용한다. 예를 들어, 현장 작전 및 작업 기능이 비산(튐), 잠김 또는 예기치 않은 증기, 기체 또는 피부에 해를 끼치거나 손상을 입히거나 흡수될 수 있는 물질의 미립자에 노출될 가능성이 높은 경우에는 A급 보호가 적절할 것이다.

B급 보호복(Level B)

B급 보호복Level B protection은 자급식 공기호흡기SCBA 또는 공기주입식 호흡보호구supplied-air respirator가 포함된 의복으로, 유해화학물질에 대한 비산으로부터 보호를 제공해야 한다. 이 복장은 최고 수준의 호흡기 보호가 필요하지만, 피부 보호는 보다 낮은 수준이어도 상관없을 때 착용한다.

B급 보호복은 화재에 대한 보호를 거의 제공하지 않는다. B급 화학 보호복은 전신피복 또는 비전신피복일 것이다.

B급 보호복의 요소들은 다음과 같다.

• **구성요소(component)** 복장 요구사항은 다음을 포함한다.

- 미 국립직업안전건강연구소(NIOSH)에서 승인한 탈출용 자급식 공기호흡기(escape SCBA)가 있는 양압식, 전면형 면체, 자급식 공기호흡기(SCBA) 또는 양압 공기호스 호흡보호구(positive-pressure airline respirator)
- NFPA 1992[상하의가 연결된 작업복, 긴 소매 상의, 상하의가 연결된 원피스(일체형) 또는 상하의

가 분리된 투피스(전신피복 또는 비전신피복)의 화학 비산 보호복(chemical splash suit), 일회용 내화학성 작업복(disposable chemical-resistant overall)]의 요구사항을 충족할 수 있는 후드형 내화학성 보호복(hooded chemical-resistant clothing)
- 상하의가 연결된 작업복 형태(선택적)
- 내화학성 외부 장갑
- 내화학성 내부 장갑
- 발가락 부분과 몸통부가 강철로 되어 있는 내화학성 부츠
- 일회용 내화학성 외부 부츠 덮개(선택적)
- 양방향 무전기(전신피복 보호복 내부 또는 비전신피복 보호복 외부)
- 안면 보호구(선택적)

- **제공되는 보호 기능(protection provided)** B급 보호복은 A급과 같은 호흡 보호를 제공하지만 피부 보호 수준은 보다 낮다. 복장은 액체 비산 보호를 제공하지만, 화학적 증기 또는 기체에 대한 보호는 제공하지 않는다.
- **사용** B급 보호복은 다음과 같은 상황에서 사용될 것이다.
  - 물질의 유형(type) 및 대기 중 농도(atmospheric concentration)가 확인(식별)되었고, 높은 수준의 호흡기 보호가 필요하지만 피부 보호의 필요는 보다 적은 경우
  - 대기는 19.5% 미만 또는 23.5% 이상의 산소를 함유한 경우
  - 불완전하게 식별된 증기 또는 기체의 존재는 직접적으로 판독 가능한 유기증기검출기(organic vapor detection)로 표시되지만, 증기 및 기체는 피부에 해롭거나 직접 피부를 통해 흡수될 수 있는 높은 수준의 화학물질을 포함하지 않는 것으로 알려진 경우
  - 액체 또는 미립자가 있음을 나타내지만, 높은 수준으로 피부에 유해하거나 피부를 통해 흡수될 수 있는 화학물질을 함유하지 않는 것으로 알려진 경우

C급 보호복(Level C)

C급 보호Level C protection는 호흡 보호에 필요한 장비 영역에서 B급과 다르다. C급은 비산 보호복splash-protecting garment과 공기정화식 호흡보호구(공기정화식 호흡보호구APR 또는 전동 공기정화식 호흡보호구PAPR)로 구성된다. C급 보호는 화재에 대한 보호를 거의 제공하지 않는다. C급 보호에는 다양한 유형의 공기정화식 호흡보호구APR가 포함된다. 이러한 수준의 개인보호장비를 사용하려면 주기적인 공기 지속탐지periodic air monitoring가 필요하다. C급 보호 장비는 오직 다음의 조건에서 비상대응요원만 사용해야 한다.

- 특정한 물질을 알고 있음
- 이 보호 수준은 공기정화식 호흡보호구(APR) 및 전동 공기정화식 호흡보호구(PAPR)에 대한 다음의 합당한 조건이 모두 충족된 후 사고현장 지휘관(IC)에 의해 승인됨
  - 제품(위험물질)이 알려짐
  - 적절한 필터(appropriate filter)가 사용 가능함
  - 대기 중 산소 농도가 19.5~23.5 % 사이임
  - 대기가 IDLH(용어 정의 참조) 상태가 아님

C급 보호복의 요소들은 다음과 같다.

- **구성요소** 복장 요구사항은 다음을 포함한다.
  - 미 국립직업안전건강연구소(NIOSH)에서 승인한 전면형 면체 또는 반면형 면체 공기정화식 호흡보호구(APR)
  - 후드형 내화학성 보호복(hooded chemical-resistant clothing)[전신형 작업복, 투피스 화학 비산 보호복(chemical splash suit) 및 일회용 내화학성 작업복]
  - 상하의가 연결된 작업복 형태(선택적)
  - 내화학성 외부 장갑
  - 내화학성 내부 장갑
  - 발가락 부분과 몸통부가 강철로 되어 있는 내화학성 부츠
  - 안전모(내부 착용 복장)(선택적)
  - 일회용, 내화학성 외부 부츠 덮개(선택적)
  - 탈출용 마스크(선택적)
  - 양방향 무전기(보호복 외부에 휴대)
  - 안면 보호구(선택적)
- **제공되는 보호 기능(protection provided)** 복장은 B급과 동일한 수준의 피부 보호를 제공하지만, 호흡기 보호 수준은 보다 낮다. 보호복은 액체 비산 보호를 제공하지만, 피부에 대한 화학 증기 또는 기체로부터 보호는 제공하지 않는다.
- **사용** C급 보호복은 다음과 같은 상황에서 사용될 것이다.
  - 대기 중 오염물질, 액체 비산 또는 기타 직접적 접촉이 노출된 피부에 악영향을 미치지 않거나 노출된 피부를 통해 흡수되지 않음
  - 공기 오염물질의 유형이 확인되었고 농도가 측정되어 오염물질을 제거할 수 있는 공기정화식 호흡보호구(APR)를 사용할 수 있음

- 공기정화식 호흡보호구(APR) 사용에 대한 모든 기준을 충족함
- 화학물질의 대기 농도가 IDLH 수준을 초과하지 않으며, 대기는 19.5~23.5 %의 산소를 포함함

D급 보호복(Level D)

D급 보호복Level D ensemble은 일반 작업복, 통상복, 또는 작업복으로 구성된다. D급 보호는 대기 위험이 없는 경우에만 착용할 수 있다.

D급 보호복의 요소들은 다음과 같다.

- **구성요소** 복장 요구사항은 다음을 포함한다.
  - 상하의가 연결된 작업복 형태
  - 장갑(선택적)
  - 발가락 부분과 몸통부가 강철로 되어 있는 내화학성 부츠
  - 일회용, 내화학성 외부 부츠 덮개(선택적)
  - 안전 안경 또는 화학 비산 보호안경
  - 안전모
  - 우발적인 유출 및 즉시 해당 지역을 탈출할 필요가 있는 경우에 대비한 탈출 장치(선택적)
  - 안면 보호구(선택적)
- **제공되는 보호 기능(protection provided)** 보호복은 호흡기 보호 및 최소한의 피부 보호도 제공하지 않는다.
- **사용** 이 복장은 일반적으로 위험 구역(hot zone)에서 착용하지 않으며, 식별 수준(awareness level) 이상의 위험물질 비상대응에 대해서는 허용하지 않는다. D급 복장은 다음의 조건이 모두 충족될 때 사용된다.
  - 대기 중에 위험이 없음
  - 작업 동안에 비산, 침수 또는 예기치 않은 위험수준의 화학물질의 흡입 또는 접촉 가능성이 배재됨

개인보호장비 선택 요인(PPE Selection Factor)

사고 시 발생할 수 있는 위험risk 및 잠재적 위험potential hazard 가능성으로 인해 필요한 개인보호장비가 결정된다. 현장에서의 상황과 위험에 따라 위험물질 사고/테러리스트 공격 시에 사용할 개인보호장비의 유형과 수준을 결정하기 위해 많은 가용한 출처들을 참고할 수 있다. 표준작전절차 및 지침SOP/G은 구조 및 초기 대응과 관련된 상황에 대한 지침을 제공할 것이다. 전문대응 수준operations level에서, 대응요원은 반드시 자문 전문가allied professional, 위험물질 전문가hazmat technician, 비상대응계획the emergency response plan 또는 표준작전절차 및 지침SOP/G의 지침에 따라 대응(작전)해야 한다. 한번 사고대응계획IAP이 수립되면 현장 안전 계획site safety plan에서 사고에서 수행된 과업task에 대한 개인보호장비 요구사항PPE requirement을 자세히 설명(기술)해준다.

일반적으로 개인보호장비 수준이 높을수록 관련 위험이 더욱 커진다. 주어진 모든 상황에서 대원(요원)은 적절한 보호 수준level of protection을 제공하는 장비와 복장을 선택해야 한다. 과보호뿐만 아니라 보호 수준 미달도 위험할 수 있으므로 반드시 피해야 한다.

위험 구역에 들어가는 데 필요한 개인보호장비 수준을 결정하는 것은 궁극적으로 사고현장 지휘관incident commander의 책임이지만, 모든 대응요원들이 선택 과정을 이해해야만 한다. '기술자료 9-1'은 위험물질 사고에서 적절한 개인보호장비를 선택하는 단계를 제공한다.

다음의 일반적인 선택 요인을 고려한다.

- **화학 및 물리적 위험(chemical and physical hazard)** 화학적 및 물리적 위험을 모두 고려하고 우선순위를 정한다(표 9.1). 어떤 물질이 있는지에 따라 위험의 모든 조합에 대해서 보호수단을 강구해야 한다.
- **탐지 및 식별 판독(monitoring and detection readings)** 판독값을 지속 탐지(모니터링)하고 식별(탐지)하여, 개인보호장비 선택(PPE selection)에 대해 다루기 위해 필수적인 위험(hazard)을 식별한다.
- **물리적 환경(physical environment)** 복장 구성요소(ensemble component)는 환경적 조건이 어떠한 다양함을 가졌다고 해도 반드시 적합한 것을 선택해야 한다.
  - 산업단지, 고속도로, 또는 주거 지역
  - 실내 또는 야외
  - 극도로 뜨겁거나 차가운 환경
  - 어수선하지 않거나 기복이 심한 장소

- 밀폐 공간에 들어가거나, 무거운 물건을 들어 올리거나, 사다리를 오르거나, 땅 위를 기어가는 것과 관련된 필수 활동

- **노출 기간(exposure duration)** 해당 보호복 구성요소의 보호 품질은 노출 수준, 물질 내화학성 및 공기 공급을 포함한 많은 요소에 의해 제한될 수 있다. 최악의 노출을 가정하여 적절한 안전 여유를 보호복 착용 시간에 추가할 수 있다.
- **가용한 보호 복장 또는 장비(available protective clothing or equipment)** 대원(요원)이 의도하는 것 모두의 적용(응용)을 충족시키기 위해 다양한 종류의 의복 또는 장비가 사용 가능해야 한다. 특정 복장 유형(clothing type) 또는 장비 품목에 대한 의존은 광범위한 위험물질 또는 화학물질 노출을 처리하는 능력을 심각하게 제한할 수 있다. 장비 및 보호복을 도입할 때, 책임 권한을 가진 사람은 높은 유연성을 제공하면서 쉽게 통합될 수 있는 보호복과 장비를 선택하여 각각이 상상할 수 있는 위험에 대해 보호를 제공해야 한다.
- **법규의 합당성(compliance with regulation)** 화생방 사고(CBR incident)에 대응할 책임이 있는 기관들은 미 국립직업안전건강연구소 표준(NIOSH standard) 및 NFPA 1994와 같은 그러한 사고에 대응하기 위한 규제 표준에 따라 장비를 선택해야 한다.

참고

많은 유형의 개인보호장비는 열 보호를 제공하지 않는다.

보호복 선택 요소에는 다음이 포함된다.

- **복장 디자인(clothing design)** 제조업체는 다양한 스타일과 구성으로 복장을 판매한다.
  디자인 고려사항은 다음과 같다.
  - 복장 구성
  - 솔기 및 마무리 작업
  - 구성 요소 및 선택사항
  - 크기
  - 착용과 탈의의 용이함
  - 복장 제작
  - 기타 선택된 복장 장비와의 조화
  - 편안함
  - 이동성의 제한
- **물질 내화학성(material chemical resistance)** 선택된 소재는 각각의 화학물질에 의한 삼투(permeation), 분해(degradation) 및 침투(penetration)에 반드시 저항성을 가져야만 한다. 화학물질 혼합물(mixtures of chemical)은 어떠한 단일 화학물질(single chemical) 하나보다도 보호복 소재에 대해 훨씬 더 공격적일 수 있다. 하나의 삼투성 화학물질(permeating chemical)은 자기 자신을 통

해 다른 물질을 끌어당길 것이다. 기타 경우로는 미확인 물질들이 포함될 수 있다. 세부사항은 다음과 같다.

- 화학물질 혼합물에 대한 시험 데이터는 거의 없다. 시험 데이터 없이 의복을 사용해야 하는 경우, 가장 광범위한 범위의 화학물질에 대해 최상의 내화학성이 입증된 의복을 선택한다.
- 화학물질 혼합물 및 미지물질의 경우에는 보호복을 선택하는 데 있어 반드시 심각한 고려를 해야 한다.

표 9.1
위험성 등급화 지수에 따른 독성산업 물질 목록

소방 복장 (Fire Service Ensembles)	인화성 물질/소이성 물질 (Flammables / Incendiaries*)	독성물질/화학 무기 작용제 (Toxics/Chemical Warfare Agent)	부식성 물질 (Corrosives)	생물 위험 (Biological Hazards)	방사능(방사선학) 위험 (Radiological Hazards)	폭발물/발사체 (Explosives/Ballistics)
자급식 공기호흡기를 포함한 표준 구조물 화재 소방관 보호복(방화복)**	적절함	확장하여 오염 구역 사용 시 부적절***	확장하여 오염 구역 사용 시 부적절**	다양함 생물(학) 작용제/위험물질 또는 확산 방법이 확인되지 않았거나 여전히 발생할 수 있는 사고에 대해서 부적절함 작용제/위험성 및 확산 방법이 알려진 상황에서 적절함	알파 및 베타 방사선에 대해서 적절함 감마 방사선에 대해서 부적절함	폭발물 및 발사체에 대해서 부적절함 기타 CBRNE 위험이 연관되지 않은 폭발 이후의 대응에 대해서 적절함
화학 보호복	부적절함	미 환경보호청(EPA) A급, B급, C급(NFPA 1994의 분류 1, 2, 3)이 적절함	미 환경보호청(EPA) A급, B급, C급(NFPA 1994의 분류 1, 2, 3)이 적절함	미 환경보호청(EPA) A급, B급, C급(NFPA 1994의 분류 1, 2, 3)이 적절함	알파 및 베타 방사선에 대해서 적절함 감마 방사선에 대해서 부적절함	폭발물 및 발사체에 대해서 부적절함 적용되는 경우 기타 CBRNE 위험이 연관되지 않은 폭발 이후의 대응에 대해서 적절함
도시 탐색 및 구조 복장(방화복 없이)	부적절함	부적절	부적절	부적절	폭발물 또는 발사체에 대한 보호를 제공하기에 부적절함	폭발물 및 발사체에 대한 보호에 부적절함 기타 화생방(CBR) 위험들과 연관이 없는 폭발 이후 구조 및 경감(완화) 작업에 적합함

* 개인보호장비 선택 시, 인화성이 최우선적으로 고려되어야 한다.

** 개선된 화생방 방호(CBR protection)로서 설계된 방화복은 포함되지 않음

*** 특정 상황[예를 들어, 사고현장 지휘관, 표준작전절차(SOP) 또는 비상대응계획에 의해 결정된 구조 작전 중]에서 단기간 노출에 적합할 수 있으며, 특정한 사고에 따라 다르다.

- **물리적 성질(physical property)** 의복 소재는 강도, 물리적 위험에 대한 내성 및 극한 환경조건에서의 운용 면에서 광범위한 물리적 품질이 있을 것이다. 포괄적인 성능 표준(comprehensive performance standard)[예를 들면, 미 국가소방협회(NFPA)의 표준]은 이러한 물질의 성질에 대한 특정한 제한을 정하지만, 비상대응과 같은 제한된 응용 분야(application)에만 적용한다. 또한 사용자는 제조업체에 다음과 같은 질문을 해야 할 수도 있다.
  - 소재가 맡은 과업의 물리적 요구사항를 견딜 수 있을만큼 충분한 강도를 가지고 있는가?
  - 소재가 찢김(tear), 구멍남(puncture), 베임(cut) 및 파손(abrasion)에 저항할 수 있는가?
  - 소재가 오염 및 제독 후 반복적인 사용에 견딜 수 있는가?
  - 사용자가 필요한 과업을 수행할 수 있도록 소재는 유연한가?
  - 소재는 극도의 고온 및 저온에서 보호의 완결성 및 유연성을 유지하는가?
  - 소재가 점화원을 제공할 수 있는 정전기 및 방전을 발생시킬 수 있는가?
  - 해당 소재가 방염성 또는 자기 소화성이 있는가[이러한 위험(hazard)이 있는 경우]?
  - 의복을 만들 때의 솔기가 의복의 소재와 동일한 물리적 온전성을 유지하는가?
- **제독의 용이성(ease of decontamination)** 보호복을 제독하는 난이도는 일회용 의복, 재사용 가능한 의복 또는 둘 모두의 조합이 사용되는지 여부에 따라 결정할 수 있다.
- **유지보수 및 수명관리의 용이성(ease of maintenance and service)** 구매 전에 장비 유지보수의 어려움과 비용을 고려해야 한다.
- **기타 유형의 장비(equipment)와의 상호운용성(interoperability)** 통신 장비가 복장에 통합될 수 있는지 여부와 같은 상호운용성 문제가 고려되어야 한다.
- **비용(cost)** 대응 요구사항을 충족시키는 데 필요한 장비는 반드시 예산 제약 내에서 구매해야 한다.

대응요원의 일반적인 복장 (Typical Ensemble of Response Personnel)

사고 시 착용하는 복장ensemble은 대응요원의 임무에 따라 달라진다. 도시 탐색 및 구조urban search and rescue; US&R 요원의 개인보호장비는 위험물질 대응팀과 다를 것이다. 그러나 모든 분야의 대응요원은 사고 시 위험요소가 무엇인지, 그리고 노출될 수 있는 위험으로부터 스스로를 보호하기 위해 어떠한 개인보호장비가 필요한지를 반드시 알아야 한다. 예를 들어 사고에 호흡기 위험이 있는 경우, 이 위험에 노출될 수 있는 모든 대원(요원)은 자신의 임무와 관계없이 호흡기 보호구를 반드시 착용해야 한다. 그러한 개인보호장비를 사용해야 할 수 있는 대원(요원)이 그렇게 할 수 있도록 훈련받는 것이 중요하다. 이번 절에서는 사고의 성격nature of the incident에 따라 개인보호장비 요구사항PPE requirement이 결정된다는 것을 염두에 두고, 위험물질/대량살상무기WMD 사고 시 비상대응요원이 사용하는 복장을 간략히 설명한다.

소방 복장(Fire Service Ensemble)

소방대원은 일반적인 화재진압 작전typical fire fighting operation(예 : 소화), 위험물질 대응hazardous materials response 및 도시 탐색 및 구조urban search and rescue를 포함하여 사고에서의 자신의 임무에 적합한 복장을 착용한다(그림 9.28). 표 9.2는 위험물질/대량살상무기WMD 사고 시 위험 구역hot zone에서의 일반적인 소방 개인보호장비 복장typical fire service PPE ensemble의 효과를 보수적으로 추정한 것이다. 구급 복장EMS ensemble은 나중에 별도의 절에서 설명한다.

그림 9.28 적절한 훈련을 통해, 소방 대응요원은 위험물질 사고에서 화학 보호복을 사용할 수 있다.

대다수의 대응요원들은 최초에는 위험물질/대량살상무기WMD 위험에 대해 제한적인 보호를 제공할 수 있는 구조물 화재 소방관 보호복(방화복)structural fire fighting protective clothing ensemble(출동복turnout gear)을 착용할 것이다. 이러한 복장은 제한된 노출 시간과 같은 적절한 보호조치가 주어진 위험물질/대량살상무기WMD 사고에서 일부 작전(예를 들면, 구조)을 수행하는 데 적합할 수 있다.

위험물질 사고 시 화학 보호복CPC을 사용하도록 훈련받은 대응요원은 이전 절에서 설명한 대로 미 환경보호청 A급 또는 B급을 착용할 수 있다. 화학 보호복chemical-protective ensemble은 반드시 착용자의 상하부 몸통, 머리, 손 및 발을 보호하도록 설계되어야 한다. 보호복 요소에는 반드시 보호복protective garment, 보호 장갑protective glove 및 보호 신발protective footwear이 포함되어야 한다. 복장은 반드시 적절한 호흡보호장치를 수용해야 한다.

법집행기관 복장(Law Enforcement Ensemble)

법집행기관 요원은 일반적으로 발사체 보호장치를 착용하고, 호흡기 보호장치 respiratory protection는 착용하지 않는다. 개인보호장비는 테러공격과 같은 비상 상황에 대비해 구비되었을 수 있다. 법집행기관 요원은 개인보호장비가 무엇이든 할당된

표 9.2
CBRNE 사고 시 위험 구역 내부에서의 일반적인 소방의 개인보호장비 복장의 효과
(Effectiveness of Typical Fire Service PPE Ensembles in the Hot Zone of CBRNE Incidents)

소방 복장 (Fire Service Ensemble)	소이성 물질/화재 (Incendiarie/Fire)	화학 무기 작용제 (Chemical Warfare Agent)	독성 산업 물질 (TIM)	생물 작용제 (Biological Agent)	방사능(방사선학) 위험 (Radiological Hazard)	폭발물/발사체 (Explosives/Ballistic)
자급식 공기호흡기를 포함한 표준 구조물 화재 소방관 보호복(방화복) *	적절함	확장하여 오염 구역 사용 시 부적절**	확장하여 오염 구역 사용 시 부적절**	다양함 생물(학) 작용제/위험물질 또는 확산 방법이 확인되지 않았거나 여전히 발생할 수 있는 사고에 대해서 부적절함 작용제 및 확산 방법이 알려진 상황에서 적절함	알파 및 베타 방사선에 대해서 적절함 감마 방사선에 대해서 부적절함	폭발물 및 발사체에 대해서 부적절함 기타 CBRNE 위험이 연관되지 않은 폭발 이후의 대응에 대해서 적절함
위험물질/화학 보호복	부적절함	미 환경보호청(EPA) A급, B급(NFPA 1994의 분류 1, 2, 3)이 적절함	미 환경보호청(EPA) A급, B급, C급(NFPA 1994의 분류 1, 2, 3)이 적절함	미 환경보호청(EPA) A급, B급, C급(NFPA 1994의 분류 1, 2, 3)이 적절함	알파 및 베타 방사선에 대해서 적절함 감마 방사선에 대해서 부적절함	폭발물 및 발사체에 대한 보호에 부적절함 적용되는 경우 기타 CBRNE 위험이 연관되지 않은 폭발 이후의 대응에 대해서 적절함
도시 탐색 및 구조 복장(방화복 없이)	부적절함	부적절함	부적절함	부적절함	폭발물 또는 발사체에 대한 보호를 제공하기에 부적절함	폭발물 및 발사체에 대해서 부적절함 기타 화생방(CBR) 위험들과 연관이 없는 폭발 이후 구조 및 경감(완화) 작업(rescue and mitigation operation)에 적합함

* 개선된 화생방 방호(improved CBR protection)로서 설계된 방화복은 포함되지 않음

** 특정 상황[예를 들어, 사고현장 지휘관(Incident Commander), 표준작전절차(SOP) 또는 비상대응계획(emergency response plan) 등에 의해 결정된 구조 작전 중]에서 단기간 노출에 적합할 수 있으며, 작용제에 따라서 다르다.

개인보호장비를 사용할 수 있도록 훈련을 받아야 한다. 표 9.3은 위험물질/대량살상무기WMD 사고의 위험 구역hot zone에서 일반적인 법집행기관 개인보호장비 복장의 효과를 보수적으로 추정한 것이다.

방탄복은 발사체 위협ballistic threat으로부터 보호하도록 설계되었다. 방탄복은 일반적으로 법집행기관 요원이 사용하지만, 일부 소방 및 구급EMS 기관은 특히 위험한 상황이나 공격이 발생할 가능성이 있는 지역에서 작업할 때 이를 사용한다. 방탄복은 충격을 받거나 손상된 경우 항상 교체해야 한다.

폭탄 처리복Bomb disposal suits은 반드시 파편, 과압, 충격 및 열에 대한 전신 보호를 제공해야 한다. 일반적으로 적절한 군사 규격을 충족시키도록 고안되어 있으며, 첨단 소재high-tech material와 발사체 보호판ballistic plate을 전신 보호복에 통합하고 있다(그림 9.29). 헬멧은 대개 내장 통신 기능built-in communications capability과 강제 환기 시스템forced-air ventilation system을 포함하도록 설계되어 있으며, 일부는 화생방 물질CBR material에 대

표 9.3
CBRNE 사고 시 위험 구역 내부에서의 일반적인 법집행기관의 개인보호장비의 효과
(Effectiveness of Typical Law Enforcement PPE Ensembles in the Hot Zone of CBRNE Incident)

법집행기관 개인보호장비 (Law Enforcement PPE)	소이성 물질/화재 (Incendiarie/Fire)	화학 무기 작용제 (Chemical Warfare Agent)	독성 산업 물질 (TIM)	생물 작용제 (Biological Agent)	방사능(방사선학) 위험 (Radiological Hazard)	폭발물/발사체 (Explosives/Ballistic)
방탄복 (근무복)	부적절함	부적절함	부적절함	부적절함	부적절함	방탄복 유형에 따라서 보호가 제공됨
위험물질/화학 보호복	부적절함	미 환경보호청(EPA) A급, B급(NFPA 1994의 분류 1, 2, 3)이 적절함	미 환경보호청(EPA) A급, B급, C급(NFPA 1994의 분류 1, 2, 3)이 적절함	미 환경보호청(EPA) A급, B급, C급(NFPA 1994의 분류 1, 2, 3)이 적절함	알파 및 베타 방사선에 대해서 적절함 감마 방사선에 대해서 부적절함	폭발물 및 발사체에 대한 보호에 부적절함 적용되는 경우 기타 CBRNE 위험이 연관되지 않은 폭발 이후의 대응에 대해서 적절함
폭발물 방호복*	돌발 화재에 적절함	부적절함	부적절함	다양함 작용제 또는 확산 방법이 확인되지 않았거나 여전히 발생할 수 있는 사고에 대해서 부적절함	알파 및 베타 방사선에 대해서 적절함 감마 방사선에 대해서 부적절함	부적절함

* 개선된 화생방 방호(improved CBR protection)로서 설계된 폭발물 방호복(bomb suit)은 포함되지 않음

한 방호protection/여과filtration 기능도 제공한다. 폭발물 방호복은 무거우며, 손의 움직임과 운동 범위를 크게 저하시킨다. 신기술은 화생방 물질에 대한 보호를 향상시키기 위해 차세대 폭탄 방호복에 통합된다.

구급(EMS) 복장(Ensemble)

구급 개인보호장비EMS PPE는 반드시 혈액성 및 체액성 병원균 방벽 보호blood- and body-fluid pathogen barrier protection를 제공해야 한다. 개인보호장비 복장은 외부 보호복, 장갑, 신발 및 안면 보호구를 포함해야 한다. 품목들은 예를 들면 소매 보호장치가 있는 팔 부분, 앞치마 스타일의 의복이 있는 몸통 전면부, 안면 보호구가 있는 얼굴 부분과 같이 상부 몸통 또는 하부 몸통의 일부만 덮도록 구성되었을 수 있다.

위험물질 사고 시 위험 구역hot zone에서 근무하지 않는 구급대원은 고품질 호흡보호구high-quality respirator, 부틸 고무장갑butyl rubber glove 및 상업용 화학물질용 겉옷(통합 연결된 부츠가 달린 신축성 손목 부위 및 후드 덮개)을 사용하여, 액체 방울 및 증기로부터 약간의 보호를 제공받을 수 있다(그림 9.30). 상황에 따라서 이러한 수준의 보호는 준위험 구역warm zone에서 환자 분류 및 제독 작전을 수행하는 대원(요원)에게 적합하거나 적합하지 않을 수 있다.

그림 9.29 폭발물 방호복는 최첨단 소재와 발사체 방호판을 전신 복장에 결합한다. 미국 해병대(the U.S. Marine Corps) 제공(Cpl. Brian A. Tuthill 사진 촬영).

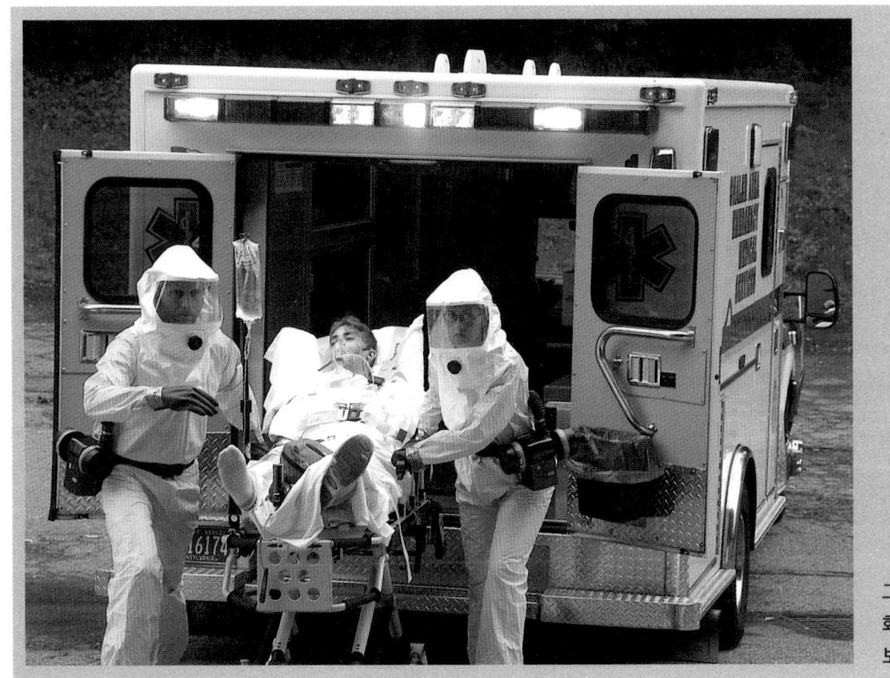

그림 9.30 고품질 호흡보호구, 부틸 고무장갑 및 상업용 화학물질용 겉옷으로 구성된 구급 복장. 미국 상호안전보장본부(MSA) 제공.

개인보호장비와 관련된 스트레스

PPE-Related Stress

대부분의 개인보호장비는 신체의 열 및 습기를 분산시키는 능력을 억제한다. 이러한 사항은 일반적으로 해당 장비를 착용하고 있는 동안 격렬한 작업을 수행하기 때문에 확대된다. 따라서 개인보호장비 착용은 열 관련 질환의 위험을 증가시킬 수 있다. 반면 추운 기후에서 일할 때에도 추위와 관련된 장애를 겪을 수도 있다. 화학보호복CPC은 추위에 대한 단열재를 제공하도록 설계되어 있지 않다. 예방 조치를 취하면 이러한 잠재적인 문제들로부터 보호받을 수 있다.

열로 인한 비상상황(Heat Emergency)

참고

환경적 요인으로 인해 위험에 처한 경우, 의료적 모니터링(지속 확인)이 필요하다.

개인보호장비 또는 기타 특수 전신 보호복을 착용하면 일시적인 열피로transient heat fatigue에서 심각한 질병(열사병heat stroke) 또는 심지어 사망에 이르기까지 건강에 영향을 줄 위험성이 커진다. 열 장애heat disorder로는 다음의 것들이 포함된다.

- **열사병**[17](가장 심각한 것으로, 다음의 '안전 경고' 참고)
- **열피로(열탈진)**[18]
- **열경련**[19]
- **열발진**[20]

열사병(Heat Stroke)

열사병(heat stroke)은 신체의 온도 조절 체계가 작동하지 못하고 체온이 위험 수준으로 상승할 때 발생한다. 이 조건은 매우 가변적인 요소들이 결합되어 발생하며, 그 발생을 예측하기가 어렵다. 열사병은 심각한 의료적 응급상황이며, 즉각적인 치료와 의료 시설로의 이송이 필요하다. 열사병의 주요 징후 및 증상은 다음과 같다.

- ▶ 혼란
- ▶ 불합리한 행동
- ▶ 의식불명
- ▶ 경련
- ▶ 땀분비 감소(보통)
- ▶ 뜨겁고 건조한 피부
- ▶ 비정상적으로 높은 체온(예를 들면, 직장 온도 41 ℃)

몸의 온도가 너무 높아지면 사망을 유발한다. 작업(노동) 부하와 환경적인 열 부하(environmental heat load)의 조합으로 인해, 또는 둘 모두가 열사병(heat stroke)에 영향을 미친다. 상승된 대사 온도(metabolic temperature)의 원인 또한 매우 다양하고 예측하기 어렵다. 모든 대응요원들이 열사병의 징후를 보이면 즉시 전문적인 의학적 치료를 받아야 한다.

---

17 **열사병(Heat Stroke)** : 신체의 열 조절 메커니즘(heat regulating mechanism)이 작동하지 못하는 열병(heat illness)으로, 증상으로는 (a) 40.5 ~41.1℃의 고열, (b) 건조하고 붉으며 뜨거운 피부, (c) 빠르고 강한 맥박, (d) 심호흡 또는 경련(convulsion)이 있다. 혼수상태 또는 심지어 사망에 이르게 할 수 있다. 또한 일사병(sunstroke)이라고도 한다.

18 **열피로(Heat Exhaustion)** : 과열(excessive heat)로 인한 열병(heat ilness)으로, 증상(symptom)으로는 약화, 한기와 끈적끈적한 피부, 심한 땀, 급속하고 얕은 호흡, 약한 맥박, 어지러움, 때때로 무의식이 포함된다.

19 **열경련(Heat Cramp)** : 고온에 장기간 노출된 결과로 나타나는 열병(heat illness)으로, 과도한 발한, 복부와 다리의 근육 경련, 현기증, 어지러움, 피로감이 특징이다.

20 **열발진(Heat rash)** : 열과 습한 공기에 지속적으로 노출되어 발생하는 상태로, 피부에 쓸리는 의복에 의해 악화된다. 열에 대한 개개인의 내성을 감소시킨다.

열노출 예방(Heat-Exposure Prevention)

보호복을 착용한 대응요원들은 열노출heat exposure의 영향에 대해 지속적인 확인을 받아야 한다. 열노출의 영향을 예방 및/또는 감소시키는 방법은 다음과 같다.

- **수분 섭취(fluid consumption)** 탈수(dehydration)를 방지하기 위해 물 또는 상용 체액 보충 음료 섞은 것을 사용한다. 대응(작전, operation) 전과 대응(작전) 중 많은 양의 수분(fluid)을 섭취해야 한다. 매 15~20분마다 200 ml의 물을 마시는 것이 한 시간에 한 번 많은 양을 마시는 것보다 낫다. 균형잡힌 식사는 문제를 피하는 데 충분한 염분을 제공한다. 세부 사항들은 다음과 같다.
  - 작업을 시작하기 전에 찬물을 마시는 것이 좋음
  - 보호복을 착용하고 작업한 후 신체 중심부 온도가 상승하면 상온의 물을 마시는 것이 좋으며, 이것은 신체에 심각한 충격이 아님
- **공기 중 냉각(air cooling)** 긴 면 속옷, 수분을 흡수하는 현대적인 직물 또는 이와 유사한 의복을 착용하여 자연적 신체 환기(natural body ventilation)를 한다. 한번 개인보호장비를 벗으면, 공기를 불어 넣어 땀을 증발시켜 피부를 냉각시킬 수 있다. 바람, 선풍기(팬), 송풍기 및 분무기로도 공기 이동을 제공할 수 있다. 그러나 기온이 높고 습도가 높으면 공기 이동은 제한된 이점만을 제공할 수 있을 것이다.
- **얼음 냉각(ice cooling)** 얼음을 사용하여 몸을 냉각시킨다. 그러나 얼음을 피부와 직접 접촉시켜 손상을 주지 않도록 주의하고 또한 너무 빨리 냉각되지 않도록 주의한다. 얼음 역시 상대적으로 빨리 녹을 것이다. 얼음 냉각 조끼(ice cooling vest) 또한 사용 가능하다.
- **물 냉각(water cooling)** 물을 사용하여 몸을 냉각시킨다. 물(심지어 땀)이 피부에서 증발하면서 냉각시킨다. 이동식 샤워 및 분무 설비 또는 증발식 냉각 조끼를 사용한다. 물 냉각은 공기의 습도가 증가하고 수온이 상승함에 따라 효과가 떨어진다.
- **냉각 조끼(cooling vest)** 개인보호장비 안에 냉각 조끼를 착용한다(그림 9.31). 냉각 조끼 기술은 표 9.4에 설명된 기술을 사용하였을 수 있다. 냉각 조끼는 번거롭고(다루기 힘들고), 부피가 클 수 있으며, 움직임을 방해할 수 있다.
- **휴식/회복 구역(rest/rehab area)** 그늘, 습도 조절기(분무기), 그리고 휴식을 위한 냉방 구역을 제공한다(그림 9.32).
- **작업 교대(work rotation)** 극단적인 온도에 노출된 대응요원 또는 어려운 과업을 자주 수행하는 대응요원들은 자주 교대시킨다.
- **적절한 액체 선택(proper liquid)** 알코올, 커피, 카페인 음료와 같은 액체는 피하고 섭취를 최소화한다. 이러한 음료들은 탈수증 및 열 스트레스에 기여한다.
- **신체적 건강함(physical fitness)** 대응요원들에게 좋은 체력을 유지하도록 독려한다.

참고

'NFPA 1584, 비상대응(작전) 및 훈련 중 구성원들을 위한 회복 과정에 대한 표준(Standard on the Rehabilitation Process for Members During Emergency Operations and Training Exercises)'은 이러한 많은 문제들을 다룬다.

표 9.4 냉각 조끼 기술의 예	
수동형 기술(Passive Technology)	냉각 방법
얼음(ice)	조끼에 있는 얼음 팩이 냉각을 제공
증발(evaporation)	습식 조끼 소재가 증발식 냉각(evaporative cooling)을 제공
젤(gel)	조끼에 있는 차가운 젤이 냉각을 제공
상(상태) 변화(phase change)	조끼의 상 변화 물질이 일관되고 차가운 온도를 유지하기 위해서 서서히 고형화됨
능동형 기술(Active Technology)*	냉각 방법
유체 순환식(circulating fluid)	냉각액이 조끼 내의 작은 튜브를 통해 순환됨
강제 공기 순환식(forced air)	공기는 튜브를 통해 순환되며, 신체 위의 공기 공간에 날려짐

* 작동시키기 위해서는 동력이 필요함

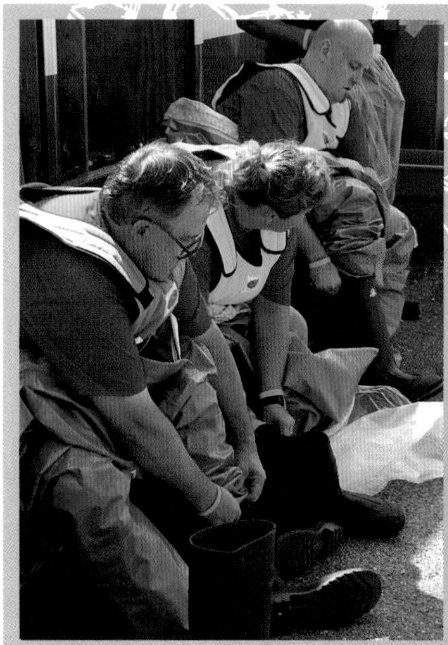

그림 9.31 일부 기관에서는 화학 보호복(CPC)을 사용할 때, 열병과 싸우기 위해 냉각 조끼를 사용할 수 있다.

추위로 인한 비상상황(Cold Emergency)

추운 기온은 날씨 및/또는 극저온 액체cryogenic liquid에 노출되는 것과 같은 기타 조건으로 인해 발생할 수 있다. 동결 온도freezing temperature에 장시간 노출되면 참호족trench foot, 동상frostbite 및 저체온hypothermia과 같은 심각한 건강상의 문제가 발생할 수 있다.

추위와 관련된 스트레스를 유발하는 주요 환경 조건은 저온, 강한/차가운 바람, 습기, 차가운 물, 추위, 설원 및/또는 얼음 표면 위에서 서있기/걷기/작업이다. 온도와 속도의 조합인 풍속 냉각wind chill은 야외에서 작업할 때 평가할 수 있는 중요한 요소이다. 예를 들어, 바람의 실제 공기 온도가 4.5℃이고 속도가 55 km/h인 경우, 노출된 피부는 −12℃의 대기 온도와 동일한 조건을 겪는다(표 9.5). 강풍 및 저온에 노출되면 급속한 열손실이 발생할 수 있다.

다음의 조치로 추위로 인한 장애를 예방할 수 있다.

- 지속적인 활동
- 따뜻한 공간에서의 회복

그림 9.32 회복은 대응요원들이 냉각되고 휴식을 취하게 하여 열 스트레스를 예방할 수 있다. Ron Jeffers 제공.

표 9.5
바람 냉각 효과 정리 도표

온도(°F)

풍속(WIND SPEED)(mph)

Calm	40	35	30	25	20	15	10	5	0	-5	-10	-15	-20	-25	-30	-35	-40	-45
5	36	31	25	19	13	7	1	-5	-11	-16	-22	-28	-34	-40	-46	-52	-57	-63
10	34	27	21	15	9	3	-4	-10	-16	-22	-28	-35	-41	-47	-53	-59	-66	-72
15	32	25	19	13	6	0	-7	-13	-19	-26	-32	-39	-45	-51	-58	-64	-71	-77
20	30	24	17	11	4	-2	-9	-15	-22	-29	-35	-42	-48	-55	-61	-68	-74	-81
25	29	23	16	9	3	-4	-11	-17	-24	-31	-37	-44	-51	-58	-64	-71	-78	-84
30	28	22	15	8	1	-5	-12	-19	-26	-33	-39	-46	-53	-60	-67	-73	-80	-87
35	28	21	14	7	0	-7	-14	-21	-27	-34	-41	-48	-55	-62	-69	-76	-82	-89
40	27	20	13	6	-1	-8	-15	-22	-29	-36	-43	-50	-57	-64	-71	-78	-84	-91
45	26	19	12	5	-2	-9	-16	-23	-30	-37	-44	-51	-58	-65	-72	-79	-86	-93
50	26	19	12	4	-3	-10	-17	-24	-31	-38	-45	-52	-60	-67	-74	-81	-88	-95
55	25	18	11	4	-3	-11	-18	-25	-32	-39	-46	-54	-61	-68	-75	-82	-89	-97
60	25	17	10	3	-4	-11	-19	-26	-33	-40	-48	-55	-62	-69	-76	-84	-91	-98

동상은 15분 이내로 발생한다.

미 국가해양대기국(NOAA) 제공

- 따뜻하게 의복/여러 겹 입기
- 적절한 복장 착용
- 차가운 음료수 피하기

심리적 문제(Psychological Issue)

화학 보호복CPC의 사용은 제한적인 상황에 처하는 경험일 수 있다. A급 완전 피복 보호복Level A fully encapsulated suit 또는 더 낮은 수준의 보호복을 착용하고 작업하는 경우 화학 보호복CPC은 기본 소방관 착용 복장 및 장비보다 훨씬 더 제한적일 것이다. 이러한 얽매임(한정됨)은 대응요원에게 밀실 공포증claustrophobia을 일으킬 수 있다. 보호복에 얽매이는 것 외에도 연관된 화학물질의 위험을 아는 것은 대응요원에게 당황스러울 수 있다.

심리적 문제psychological issue는 적절한 훈련을 통해 예방할 수 있다. 대응요원이 장비를 사용하여 일하면 친숙함을 얻으며 자신감이 생긴다. 그럼에도 마음은 매우 강력한 기관이며, 심각한 밀실 공포증claustrophobia이 대응요원을 약화시킬 수 있다. 이러한 경우 화학 보호복CPC을 착용한 비상대응이 일부 대응요원에게 적합하지 않을 수 있다.

의료적 모니터링(Medical Monitoring)

관할 당국의 지시에 따라 대응요원이 준위험 구역warm zone 및 위험 구역hot zone(진입 전 모니터링pre-entry monitoring) 진입 전에 개인보호장비를 착용하는 것뿐만 아니라 이러한 구역을 떠난 후(진입 후 모니터링post-entry monitoring)에도 의료 모니터링(지속 확인)을 수행해야 한다. 활력 징후vital sign, 수분 공급hydration, 피부skin, 정신 상태mental status, 병력medical history 등을 확인한다. 각 조직은 이러한 평가에 대한 최소 및 최대 값을 설정하는 서면의 의료적 모니터링 지침medical monitoring guideline을 수립해야 한다. 또한 의료적 모니터링 후속 조치post-medical monitoring follow-up가 권장된다.

위험에 근접한 대원(요원)의 모든 의료 기록과 함께 노출 기록을 보관한다. 유해화학물질에 노출되면 수년간 어떠한 징후나 증상이 나타나지 않기 때문에 관할당국마다 의료 기록을 보관하는 것은 법적 요구사항이다. 노출 기록에는 다음 정보가 포함되어야 한다.

• 노출 유형(type of exposure)

• 노출 기간(length of exposure)

• 사용된 개인보호장비의 등급(description of PPE used)

• 모든 제독 용액(decontamination solution)을 포함한 제독의 형태(type of decontamination)

• 현장 및 후속 의료 치료 및/또는 의료 지원

개인보호장비 사용

PPE Use

단순한 복장보다 개인보호장비 복장PPE ensemble을 사용하는 경우가 훨씬 더 많다. 능숙하게 장비를 착용하는 것은 필수이며, 간단한 작업 및 까다로운 과업을 수행하면서 보호복은 안전하게 기능해야 한다. 친숙도가 높아질수록 편안함도 높아진다. 편안함이 증가하면 스트레스를 줄이는 데 도움이 된다. 이렇게 스트레스를 줄이면 숙달도와 작업 시간을 늘릴 수 있다.

진입 전 검사(Pre-Entry Inspection)

위험한 대기 쪽으로 진입하기 전에 장비를 점검한다(그림 9.33). 철저한 육안 검사visual inspection로 보호장비의 결함이나 변형을 꼼꼼히 밝혀내야 한다. 육안 검사 이외에 압력 시험 완료 날짜를 모두 확인하고, 다음의 항목들에 대한 작동 검사operational check를 수행한다.

- 호흡 장치(breathing apparatus)
- 모든 지퍼 및 닫개(all zippers and closure)
- 밸브(valve)
- 통신 장비(communications equipment)
- 위험 구역(hot zone)에 가져가거나 사용할 모든 장비

그림 9.33 위험 구역에 들어가기 전에 보호복과 장비를 검사한다.

정보(Information)

READY

진입 브리핑(요약보고)의 구성요소들은 READY라는 약어로 요약할 수 있다.

R **RADIO(무선통신)** 무전기를 가지고 있는가? 올바른 채널로 설정되어 있는가? 무전기 확인을 수행한다.

E **EQUIPMENT(장비)** 어떠한 장비가 필요하고, 대원들은 그 사용 방법을 알고 있는가? 비상상황 신호(emergency signal)는 무엇인가?

A **AIR(공기)** 공기 실린더는 가득 채워져 있는가? 사전 결정된 작동시간은 얼마인가?

D **DETAILS(세부사항)** 팀에서 요청한 항목은 무엇인가(일반적으로 세 개가 넘지 않는다)? 정확한 정보 전달을 위해 이러한 행동을 반복한다.

Y **YES** 위의 모든 단계가 완료되면 진입팀은 개인보호장비 착용을 마치고 진입을 진행한다.

안전 및 비상 절차(Safety and Emergency Procedure)

냉각cooling, 탈수 방지preventing dehydration 및 의료적 모니터링medical monitoring과 같은 문제 외에도 개인보호장비 착용과 관련된 기타 안전 및 비상(상황) 문제safety and emergency issue들이 있다. 예를 들어, 위험물질 사고에서 개인보호장비를 사용하는 대응요원은 2차(완전) 제독 절차technical decontamination process를 수행하기 위해 반드시 현지 절차에 대해 잘 알고 있어야 한다. 비상대응요원들은 IDLH 대기지역IDLH atmosphere에 진입해야 하는 모든 때에 IDLH 대기지역 밖에 동등하게 훈련받고 장비를 갖춘 최소 두 명 이상의 대원이 기타 비상대응요원들을 구조할 준비를 갖추고 있어야 하며(예비 대원 backup personnel), 진입 시에는 항상 두 명 이상의 팀으로 작업해야 한다(2인조 활동 체계 buddy system). 대응요원들은 그들의 책임 체계accountability systems 내에서 운영되어야 하며, 자신들의 대피 및 탈출 절차evacuation and escape procedure를 알고 있어야 한다.

안전 브리핑(Safety Briefing)

대응요원이 위험 구역에 진입하기 전에 안전 브리핑safety briefing을 실시한다. 안전 브리핑은 다음을 포함한 관련된 정보를 다룬다.

- 사고 상황(예비 평가 및 후속 상황 업데이트를 기본으로 함)
- 식별된 위험
- 사고현장 설명
- 수행할 과업
- 과업 수행 예상 기간
- 탈출 경로 또는 대피소(대피 지역)
- 개인보호장비 및 건강 모니터링 필요사항
- 사고 모니터링 필요사항
- 식별된 위험 전파
- 수신호를 포함한 통신 절차

참고

사고 시 개인보호장비를 사용한 후, 관할당국(AHJ)에서 요구하는 관련 보고서 또는 문서를 작성한다.

공기 관리(Air Management)

자급식 공기호흡기SCBA와 같은 제한된 공기공급장치limited air supply를 착용할 때면 언제나 공기 관리air management는 중요한 고려사항이다. 대응요원에 공기공급이 중단되는 경우를 대비한 비상 절차가 수립되어야 한다. 이러한 절차들은 관할당국AHJ에 따라 다를 수 있다. 적절한 작업 시간을 보장하려면, 다음 과업들에 대한 예상 시간을 계산한다.

- 사고 장소로 걸어가기
- 사고 장소로부터 복귀하기
- 제독
- 작업 시간
- 안전 시간(비상상황 시 사용을 위해 할당된 추가 시간)

참고
실린더의 사용 압력과 평가된 시간은 전체 작업 시간을 나타내는 것은 아니다. 하나의 상수는 실린더가 가득 차 있을 때 포함하고 있는 공기의 양이다.

이러한 예상 시간을 위한 공기air가 할당되어야 한다. 대응요원들은 공기로 인한 비상상황에 대처하기 위한 계획을 마련해야 한다.

많은 조직들에서는 표준작전절차 및 지침SOP/G을 통하여 이러한 것을 하기 위한 계산을 설명하거나, 사용 가능한 공기공급air supply available에 기초하여 최대 진입 시간entry time(예를 들면, 20분)을 지정한다. 기관의 장비 저장소에는 크기와 양이 다른 자급식 공기호흡기 실린더SCBA cylinder를 비축할 필요가 있다(표 9.6).

표 9.6
호흡용 공기 실린더의 용량

평가된 사용 시간 (Rated Duration)	압력 (Pressure)	부피 (Volume)
30분	2,216 psi (15,290 kPa)	1,270 L 실린더
30분	4,500 psi (31,000 kPa)	1,270 L 실린더
45분	3,000 psi (21,000 kPa)	1,870 L 실린더
45분	4,500 psi (31,000 kPa)	1,870 L 실린더
60분	4,500 psi (31,000 kPa)	2,460 L 실린더

* 평가된 사용 시간은 실린더가 공기를 공급해줄 실제 시간을 나타내지는 않는다.

오염 회피(Contamination Avoidance)

오염contamination과 노출exposure이라는 용어는 때때로 같은 의미로 사용되지만, 그 개념은 실제로 매우 다르다. 오염은 이물질과의 접촉 또는 혼합으로 생기는 불순물의 상태로 정의할 수 있다. 즉, 위험물질이 또다른 물체에 닿거나 닿아야 한다. 반대로 노출은 위험물질을 예를 들어 삼키거나, 호흡하거나, 피부 또는 점막과 접촉하는 등의 진입 경로routes of entry를 통해 신체에 들어왔거나 들어갈 수 있다는 것을 의미한다.

대부분의 위험물질 반응에는 오염이 포함되어 노출위험을 증가시킬 수 있다. 이러한 이유로 인해 가능한 한 오염을 회피해야 한다. 대응요원으로서 다음과 같은 모범적인 실무권장지침을 고려해야 한다.

- 항상 해당 제품(위험물질)과의 접촉을 줄인다. 가능한 한 제품 사이로 걷거나 만지지 않는다.
- 가능하다면 화학 보호복(CPC)을 입은 채로 바닥에 무릎 꿇거나 앉지 않는다. 접촉 방지가 가장 중요하지만, 보호복이 땅에 닿게 되면 마찰이나 마모를 일으켜 복장을 더 빨리 약화시킬 수 있다.
- 가능한 한 탐지 장비를 보호한다.

참고

회피가 불가능하고 옷을 손상으로부터 보호해야 하는 경우 복장과 바닥/오염 사이에 무언가를 둔다[선택지들로는 다음을 포함한다. 두꺼운 판지, 깔개, 비스퀸(visqueen), 흡수성 베개, 주형(pig), (받침)대(boom), 양말 및 패드, 무릎 패드].

통신(Communication)

모든 수준의 개인보호장비에는 통신communication 기능이 필요하다. 통신 장치는 개인보호장비에 통합될 수 있다. 기타 비긴급 통신 방법에는 미리 지정된 수신호와 동작 및 몸짓이 포함될 수 있다.

공기공급 소실loss of air supply, 의료적 비상상황medical emergency, 보호복 파손과 같은 진입팀 비상상황에 대한 신호도 지정되어야 한다. 가능하다면 현장의 진입팀, 예비대원 및 적절한 안전 담당자는 그 자체의 지정된 무선 채널이 있어야 한다.

대응요원이 무선 통신수단을 잃었거나 무선 통신이 허용되지 않는 환경에서 대응(작전)해야 하는 경우, 예비 체계backup system가 반드시 대응(작전) 계획의 일부로 포함되어 있어야 한다. 예비 계획backup plan으로 사용되는 수신호는 단순하고 기억하기 쉬우며 먼 거리에서도 구별할 수 있어야 한다. 수신호는 다음과 같은 상황들에 대비하여 지정되어야 한다(표 9.7)

- 공기공급 소실
- 보호복 완전성의 소실

참고

관할당국(AHJ)에 의해 지정된 수신호(hand signal)를 따른다.

- 상해 또는 질병으로 인한 대응요원 쓰러짐
- 비상상황(머리 위로 손을 흔듦)
- 무선통신의 소실
- 본인은 괜찮음(I am okay) 또는 상황 양호함(한 손을 머리 위에 올리거나 엄지손가락을 올림)

표 9.7 수신호

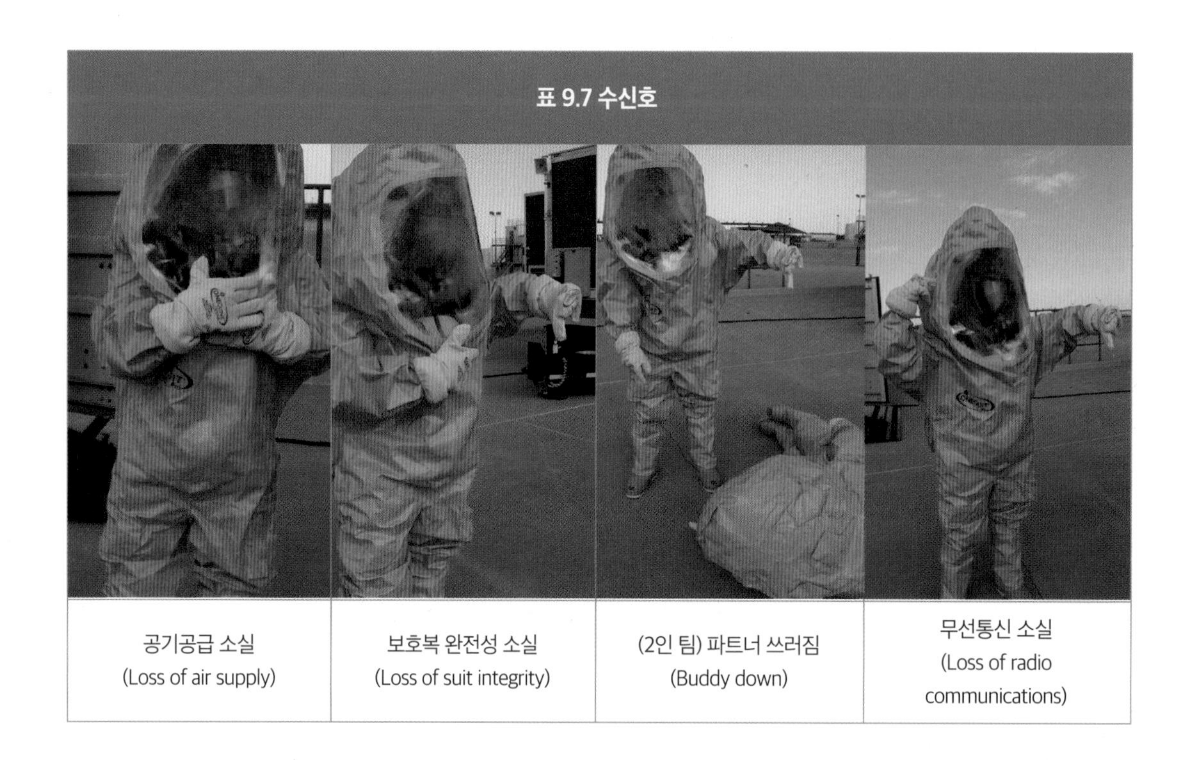

공기공급 소실 (Loss of air supply)	보호복 완전성 소실 (Loss of suit integrity)	(2인 팀) 파트너 쓰러짐 (Buddy down)	무선통신 소실 (Loss of radio communications)

모든 대응요원은 대피 상황evacuation situation에 대비하여 현지 규약을 따라야 한다. 일반적으로 이러한 규약에는 적절한 인원(예를 들면, 진입 팀장 및/또는 위험물질 사고 안전 책임자)에게 알리고, 가능한 빨리 위험 구역hot zone을 이탈하는 것이 포함되어 있다.

장비에 남아 있는 기능은 대피 상황에서도 통해야 한다. 예를 들어 증기 보호복을 착용하고 있는 동안 공기공급이 끊어진다면, 자급식 공기호흡기 면체SCBA facepiece나 조절기를 제거하면 호흡할 수 있는 소량의 제한된 양의 공기가 있다.

진입팀 신호 외에도, 사고대응계획incident action plan 상에 해당되는 모든 대응요원을 위한 비상 대피 신호emergency evacuation signal를 포함시킨다. 비상 신호는 위험 구역에서 즉각적인 출구가 필요함을 나타내야만 한다. 해당 신호는 청취 가능해야 하며(압축 공기 경적), 또한 라디오 주파수를 통해 방송되어야 한다.

개인보호장비의 착용 및 탈의 (Donning and Doffing of PPE)

항상 현장에서 사용할 보호복을 착용하고 훈련해야 한다. 착용 과정donning process은 의복에 익숙하지 않은 사용자에게는 상당히 시간이 걸리고 혼란스러울 수 있다. 모든 개인보호장비에는 전체 착용donning 및 탈의doffing 과정에 대한 지침이 들어 있어야 한다. '기술자료 9-2~9-5'에서는 개인보호장비를 착용하고, 착용한 상태로 일하고, 탈의하는 단계를 제공한다.

개인보호장비의 착용(Donning of PPE)

개인보호장비 착용에 대한 제조업체 및 부서 권장사항을 반드시 준수해야 하지만, 기관의 절차에 포함될 수 있는 일반적인 착용 절차가 설명되어 있다.

- 안전 구역(cold zone)의 착용 및 탈의 구역을 가능한 진입지점에서 가깝게 사전 선정한다. 해당 구역은 명확하게 윤곽선으로 표시되어 있어야 한다.
- 가능하다면 착용 및 탈의 구역은 산만한 것들과 격리되고 그러한 요소들로부터 차폐되어야 한다.
- 착용 및 탈의 절차에 관련된 모든 직원을 수용할 수 있을 만큼 큰 구역을 선정한다.
- 착용 절차에 참여하는 데 필요한 만큼의 사람(보조자 포함)을 포함하도록 계획한다(그림 9.34).
- 착용 과정을 시작하기 전에 각 진입 및 예비 팀원은 관할당국(AHJ) 절차에 따라 의학적으로 확인받아야 한다.
- 관할당국 절차(AHJ procedure)에 따라 수분 공급을 계속한다.
- 모든 구성원이 주의 깊게 행동하고, 산만한 것들이 없음을 확실시하기 위해 착용 과정 전에 임무 브리핑을 실시한다. 임무 브리핑에는 사고대응계획(IAP) 및 현장안전계획(site safety plan)과 같은 임무의 세부사항들이 포함되어야 한다.
- 화학 보호복을 체계적인 방식으로 효율적으로 사용한다.
- 올바른 장비 작동을 보장하기 위해, 장비를 착용하기 전에 모든 장비를 시각적으로 그리고 작동을 통해서 점검한다.
- 진입 팀원들이 반지, 지갑, 배지, 시계 및 핀과 같은 모든 개인 소지품들을 제거했는지 확인한다.
- 이때 적절한 속옷을 착용한다.

진입팀entry team을 의자(등받이 부분을 제거한 의자 활용 – 역주)에 앉도록 하여 호흡장치가 적절히 맞춰지도록 한다(그림 9.35). 착용 과정에서의 신체 활동은 보조자들이 수행하여 진입 및 예비 대원에게 휴식과 스트레스 수준을 줄일 수 있는 기회를 제공한다. 일단 착용 절차가 시작되면 착용 감독관donning supervisor은 진입팀과 예비팀을 같은 속도로 준비시켜야 한다. 진입팀은 진입 명령이 내려올 때까지 준비가 되어 있어야 한다.

일단 진입 명령entry order이 내려지면 진입팀을 출입 지점으로 이끈다. 안전 담당관safety officer은 팀이 위험 구역에 진입하기 전에 모든 장비와 잠금장치에 대한 최종 점검을 수행해야 한다. 예비팀은 과업수행이 시작될 때까지 대기 및 휴식 상태로 두어야 한다. 관련 위험 및 화학물질을 기반으로 예비팀은 진입팀이 신속하게 철수해야 할 경우 이동 시간을 줄이기 위해 대기 중에 위험 구역에 내에 위치해 있어야 한다.

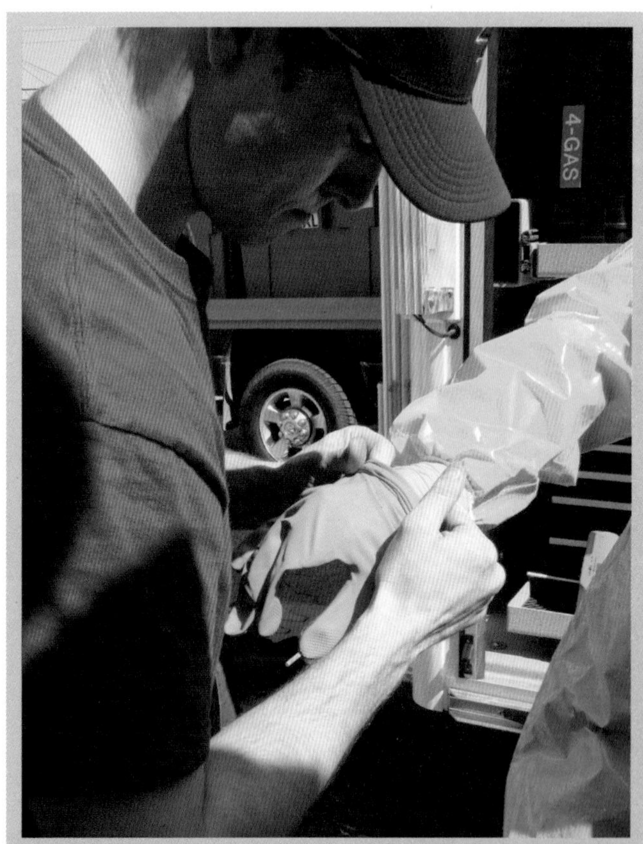

그림 9.34 보조자들은 화학 보호복(CPC)을 입는 것을 돕는 데 필요할 것이다.

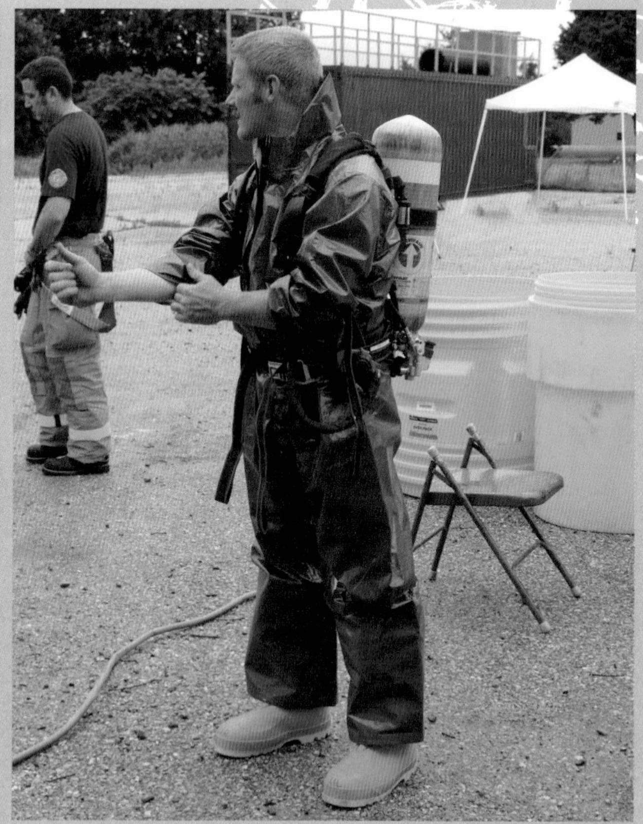
그림 9.35 등받이 없는 의자 또는 벤치에 앉아 자급식 공기호흡기(SCBA)를 적절히 맞춘다.

개인보호장비의 탈의(Doffing of PPE)

착용 감독관donning supervisor은 또한 탈의 감독관doffing supervisor으로서도 여러 번 직무를 수행할 수 있다. 이렇게 하는 것이 진입에 투입된 구성원과 장비에 대한 지식에 기초할 때 매우 유용할 것이다.

철수 시 진입팀은 위험물질에 오염되었거나 오염되었을 가능성이 있으므로, 탈의 전에 제독이 필요하다고 추정할 수 있다. 화학 위험에 기초하여 탈의 대원이 낮은 수준의 화학 보호복CPC을 착용토록 하는 것이 필요할 수도 있다. 탈의 활동에 필요한 모든 수준의 보호는 안전 담당관safety officer이 결정한다.

탈의 절차를 돕는 대원은 열 스트레스 징후와 증상을 관찰해야 한다. 그들의 보호장비를 탈의할 진입 대원은 대체로 덥고, 지쳤으며, 보호복을 벗는 것이 걱정될 것이다.

모든 탈의 절차는 제조업체의 사용법을 따라야 하지만, 이러한 일반적인 절차는 모든 부서의 정책 및 지침에 포함될 수도 있다.

- 장비를 탈의 중인 직원은 보조하는 직원이 작업을 수행할 수 있도록 해야 한다.
- 진입 팀원은 복장의 내부만 만져야 하며 외부는 절대 만지지 않아야 한다. 마찬가지로 보조 직원은 의복의 바깥쪽만을 만져야 한다. 교차 오염을 피하는 것이 중요하다.
- 일단 복장을 벗은 후에는 안쪽과 바깥쪽 표면이 닿지 않도록 지퍼를 이용하거나 원래대로 보관한다.
- 모든 의복은 오염 백(containment bag)에 넣고 적절하게 표시해야 한다.
- 진입 대원으로부터 마지막으로 제거된 품목은 면체여야 하며, 사용자가 제거해야만 한다.
- 적절한 제독을 위해 호흡 장치는 격리되고 표시되어야 한다.
- 모든 진입팀과 지원팀 구성원은 반드시 바로 휴식을 취해야 한다.

검사, 보관, 시험, 유지/보수 및 문서화

Inspection, Storage, Testing, Maintenance, and Documentation

대원들은 항상 개인보호장비, 도구 및 장비가 예상한 대로 작동되기를 원한다. 비상 사고는 보호복, 호흡기 보호구 또는 기타 도구 및 장비의 문제점을 발견하기에 적절한 곳이 아니다. 개인보호장비, 도구 및 장비가 항상 기대에 부응할 수 있도록 하는 가장 좋은 방법은 검사, 적절한 보관, 유지보수 및 세척을 위한 표준 프로그램을 따르는 것이다. 모든 검사, 시험 및 유지보수는 반드시 제조업체의 권장사항에 따라 수행되어야 한다.

개인보호장비, 도구 및 장비의 초기 수령과 사용 및 노출 전후에는 절차가 필요하다. 개인보호장비, 도구 및 장비는 구매할 때 최초로 검사된다. 일단 장비를 사용하게 되면 조직의 대원은 정기적인 검사를 수행한다. 호흡보호장비의 작동 검사는 매번 사용 후, 매일 또는 매주, 매월, 매년 실시한다.

해당 조직은 호흡기 보호에 관한 정책에서 반드시 검사 빈도와 유형을 정의해야 하며, 조직은 제조업체의 권장사항을 따라야 한다. 호흡기 보호 및 기타 장비의 관리, 세척 및 유지보수 일정은 제조업체의 권장사항, 미 국가소방협회 표준NFPA standard 또는 미 직업안전보건청 요구사항OSHA requirement을 기반으로 해야 한다.

개인보호장비는 먼지, 습기, 햇빛, 손상 입히는 화학물질, 극한의 온도(고온 및 저온) 및 충격에 대한 노출로 인한 손상이나 오작동을 방지하기 위해 반드시 적절히 보관되어야 한다(그림 9.36). 많은 제조업체들은 제품을 저장하기 위한 권장 절차를 지정한다. 부적절한 보관으로 인한 장비 파손을 피하려면 다음 절차를 따른다.

모든 검사, 시험 및 유지관리 절차의 기록을 보관한다. 이러한 기록을 주기적으로 검토하면, 과도한 유지보수가 필요하거나 파손을 일으킬 수 있는 장비에 대한 양상을 볼 수 있다. 적절한 문서화를 위해서는 기관의 표준작전절차/지침SOP/G을 따른다.

사고로 개인보호장비를 사용한 후에는 관할당국AHJ에서 요구하는 대로 관련 보고서나 문서를 작성하는 것이 중요하다. 이러한 보고서들에는 개인보호장비 검사 양식PPE inspection form, 오염된 장비 양식contaminated gear form, 불용 양식deprovisioning form 또는 관할당국AHJ에서 요구하는 기타 양식이 포함될 수 있다.

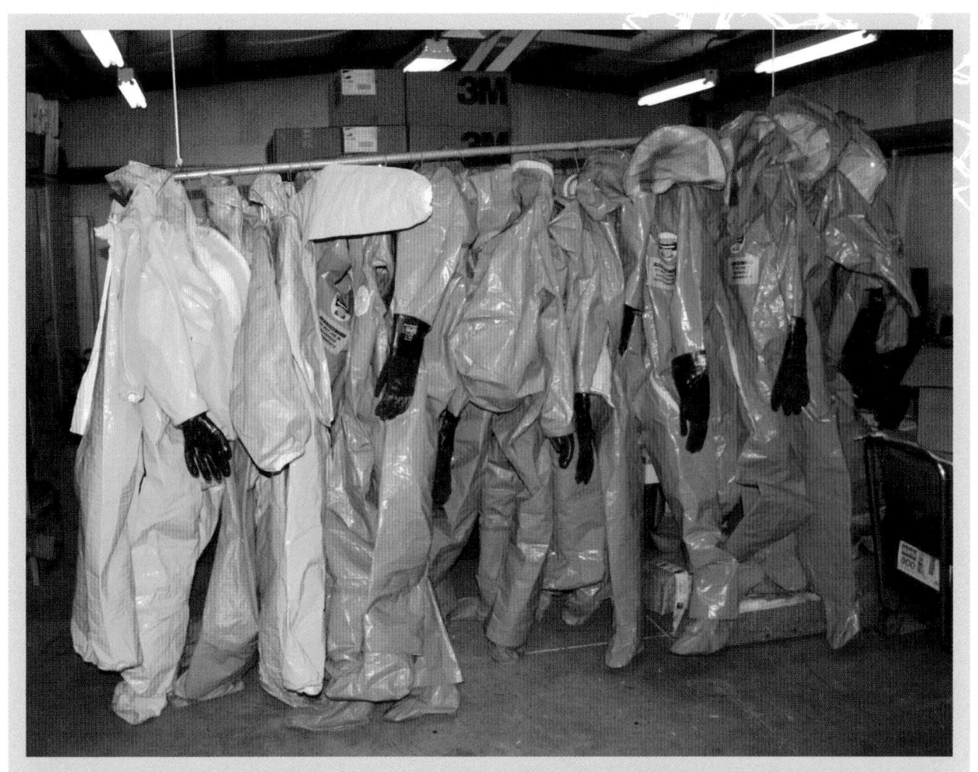

그림 9.36 햇빛 또는 기타 잠재적으로 유해한 노출에 의해 손상되지 않도록 화학 보호복(COC) 및 기타 개인보호장비를 보관한다.

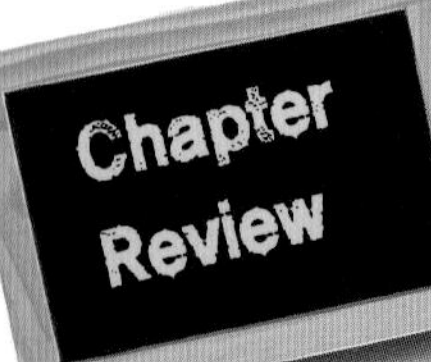

이 장에 제공된 정보를 복습하기 위해 다음 질문에 답해보시오.

1. 위험물질/대량살상무기(WMD) 사고에 사용되는 다양한 유형의 호흡보호장비는 무엇이며, 어떤 유형의 사고에서 사용해야 하는가?

2. 위험물질 사고 시 착용하는 보호복의 주요 범주는 무엇인가?

3. 개인장비 복장의 보호 수준은 무엇인가?

4. 개인장비 복장을 선택할 때 고려해야 할 요소는 무엇인가?

5. 일반적인 개인장비 복장은 소방, 법집행기관 및 구급(EMS) 대원(응급의료서비스 직원) 간에 서로 어떻게 다른가?

6. 위험물질 대응요원은 어떤 유형의 개인보호장비 관련 스트레스를 주로 경험하게 되는가?

7. 진입 전 검사, 개인보호장비 착용 및 탈의 중 수행해야 할 일반적인 단계를 기입하라.

8. 대응요원이 개인보호장비 및 호흡장비의 사용을 적절하게 검사, 보관, 시험, 유지보수 및 문서화하는 것이 왜 중요한가?

1단계: 위험을 파악한다.

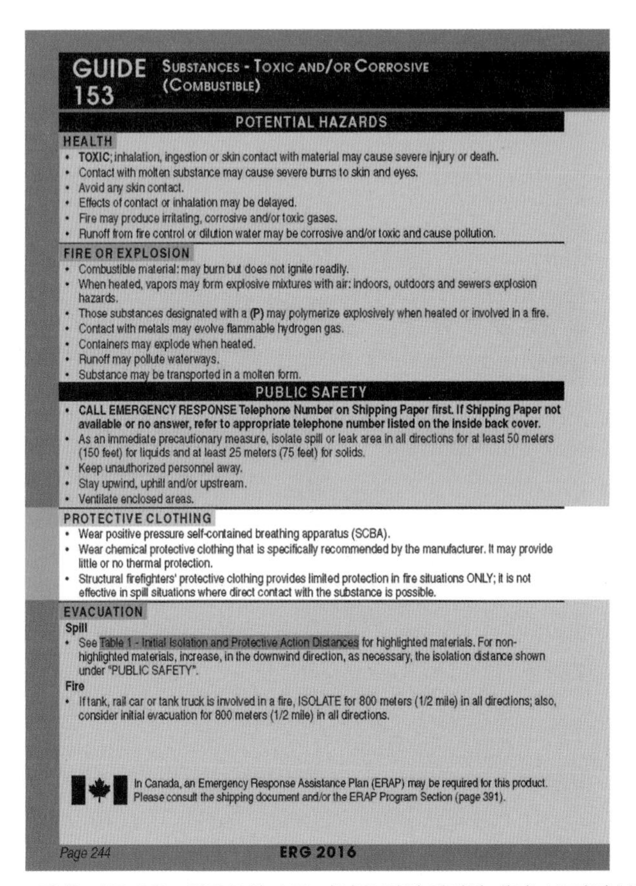

GUIDE 153 SUBSTANCES - TOXIC AND/OR CORROSIVE (COMBUSTIBLE)

POTENTIAL HAZARDS

HEALTH
- **TOXIC;** inhalation, ingestion or skin contact with material may cause severe injury or death.
- Contact with molten substance may cause severe burns to skin and eyes.
- Avoid any skin contact.
- Effects of contact or inhalation may be delayed.
- Fire may produce irritating, corrosive and/or toxic gases.
- Runoff from fire control or dilution water may be corrosive and/or toxic and cause pollution.

FIRE OR EXPLOSION
- Combustible material: may burn but does not ignite readily.
- When heated, vapors may form explosive mixtures with air: indoors, outdoors and sewers explosion hazards.
- Those substances designated with a **(P)** may polymerize explosively when heated or involved in a fire.
- Contact with metals may evolve flammable hydrogen gas.
- Containers may explode when heated.
- Runoff may pollute waterways.
- Substance may be transported in a molten form.

PUBLIC SAFETY
- **CALL EMERGENCY RESPONSE Telephone Number on Shipping Paper first. If Shipping Paper not available or no answer, refer to appropriate telephone number listed on the inside back cover.**
- As an immediate precautionary measure, isolate spill or leak area in all directions for at least 50 meters (150 feet) for liquids and at least 25 meters (75 feet) for solids.
- Keep unauthorized personnel away.
- Stay upwind, uphill and/or upstream.
- Ventilate enclosed areas.

PROTECTIVE CLOTHING
- Wear positive pressure self-contained breathing apparatus (SCBA).
- Wear chemical protective clothing that is specifically recommended by the manufacturer. It may provide little or no thermal protection.
- Structural firefighters' protective clothing provides limited protection in fire situations ONLY; it is not effective in spill situations where direct contact with the substance is possible.

EVACUATION

Spill
- See Table 1 - Initial Isolation and Protective Action Distances for highlighted materials. For non-highlighted materials, increase, in the downwind direction, as necessary, the isolation distance shown under "PUBLIC SAFETY".

Fire
- If tank, rail car or tank truck is involved in a fire, ISOLATE for 800 meters (1/2 mile) in all directions; also, consider initial evacuation for 800 meters (1/2 mile) in all directions.

In Canada, an Emergency Response Assistance Plan (ERAP) may be required for this product. Please consult the shipping document and/or the ERAP Program Section (page 391).

Page 244 ERG 2016

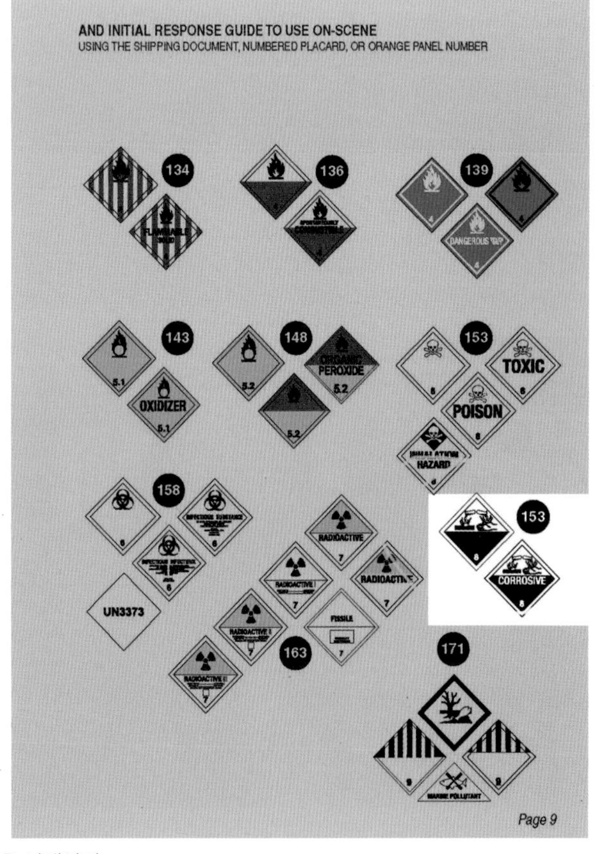

2단계: 전문대응 - 임무특화 수준 과업을 위해 적절한 개인보호장비 복장을 선택한다.

1단계: 개인보호장비와 자급식 공기호흡기(SCBA)의 손상이나 결함에 대한 육안 검사를 수행한다.
2단계: 방호복 바지 및 부츠를 착용한다.
3단계: 보호 두건(protective hood)을 착용하고, 목 주변으로 당겨서 내리고 머리를 드러낸다.
4단계: 방호복 상의를 착용한다.
5단계: 전면형 면체(SCBA)를 착용한다. 실린더 밸브가 완전히 열려 있고 모든 단계들이 수행되었는지 확인한다.

6단계: 전면형 공기호흡기 면체(SCBA facepiece)를 착용하고, 적절하게 맞고 밀폐가 되는지 확인한다.
7단계: 면체 끈과 피부가 노출되지 않도록 두건을 완전히 위로 당긴다.

8단계: 방화모(헬멧)를 쓰고 확실히 고정한다.
9단계: 속 장갑을 낀다.
10단계: 방화 장갑을 낀다.
11단계: 모든 조이는 것, 끈, 버클 등이 모두 조여졌는지 확인한다.
12단계: 피부가 노출되지 않았는지 확인한다.
13단계: 자급식 공기호흡기 조절기(SCBA regulator)를 면체에 부착하여 자급식 공기호흡기가 잘 작동하는지 확인한다.

14단계: 관할당국(AHJ)의 표준작전절차(SOP)에 따라 진입 전 확인을 수행한다.
15단계: 작업 과업을 수행한다.
16단계: 관할당국(AHJ)의 표준작전절차(SOP)에 따라서 제독을 수행한다.

17단계: 관할당국(AHJ)의 표준작전절차(SOP)에 따라서 개인보호장비를 역순으로 벗고, 오염되어 있을 수 있는 복장 외부 또는 표면과의 접촉을 피한다.
18단계: 관할당국(AHJ)의 표준작전절차(SOP) 및 찾은 문서에 따라서 손상 또는 결함에 대한 개인보호장비의 진입 후 검사를 실시한다.

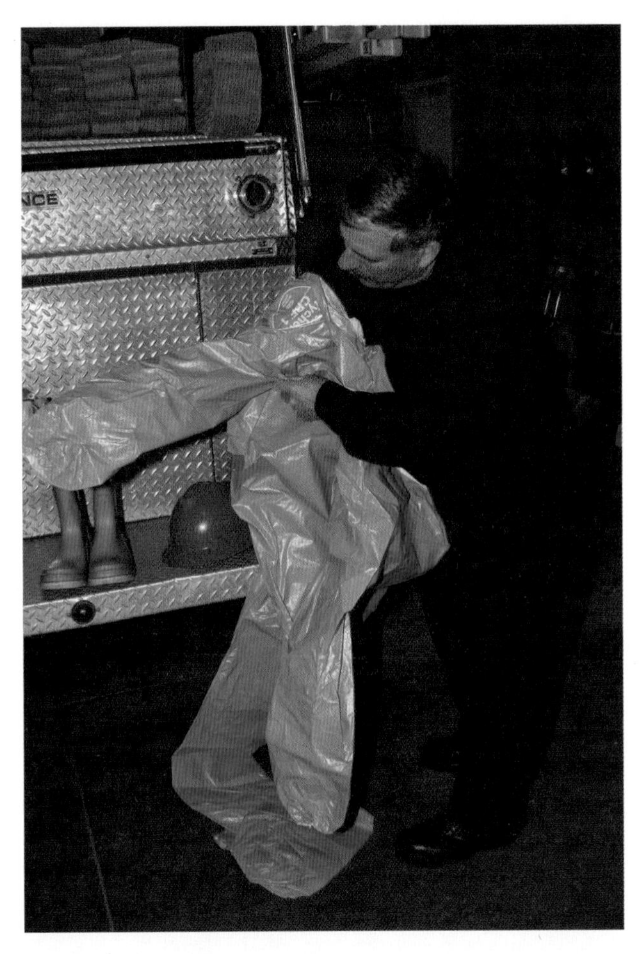

1단계: 손상 또는 결함에 대한 개인보호장비의 육안 검사를 수행한다.

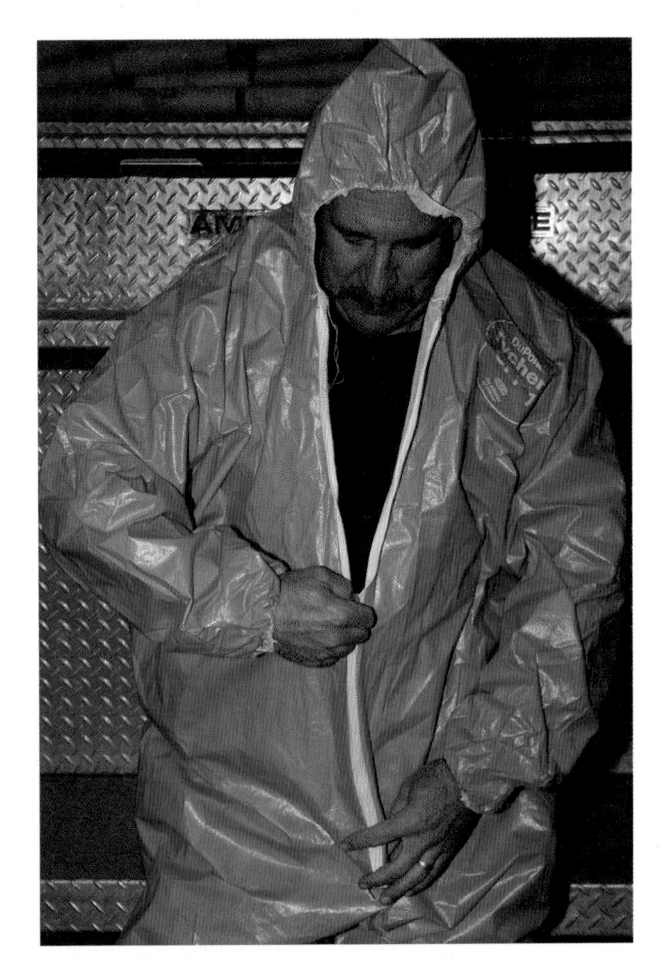

2단계: C급 개인보호장비를 착용하고, 확실히 잠근다.

3단계: 작업용 부츠를 신는다.

4단계: 보호복 다리 개구부를 작업용 부츠 위쪽으로 끌어당겨서 덮는다.

5단계: 호흡보호구를 착용한다.

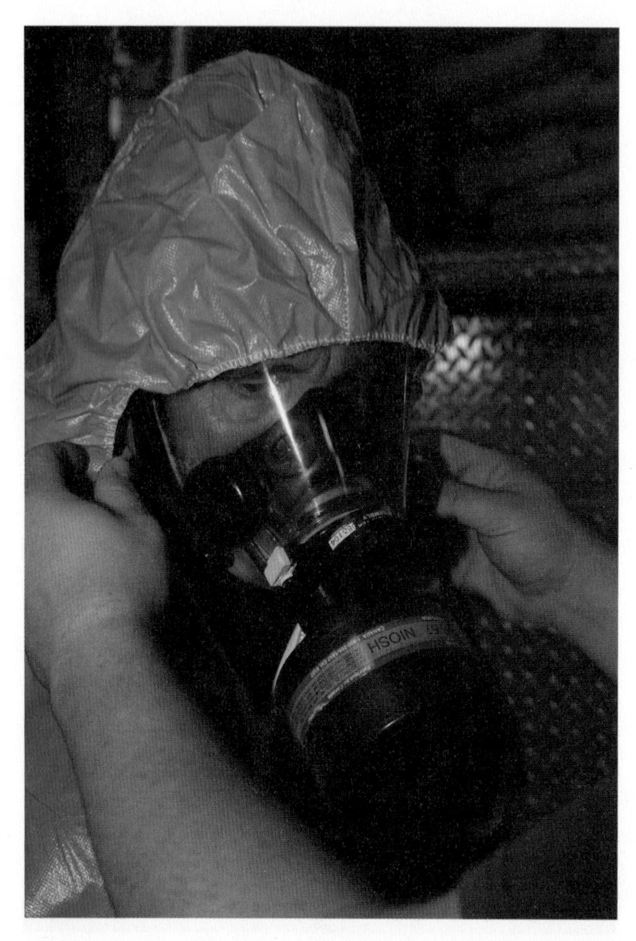

6단계: 면체 끈 및 피부가 노출되지 않도록 복장 후드를 완전히 당겨서 뒤집어쓴다.

7단계: 내부 보호 장갑을 착용한다.

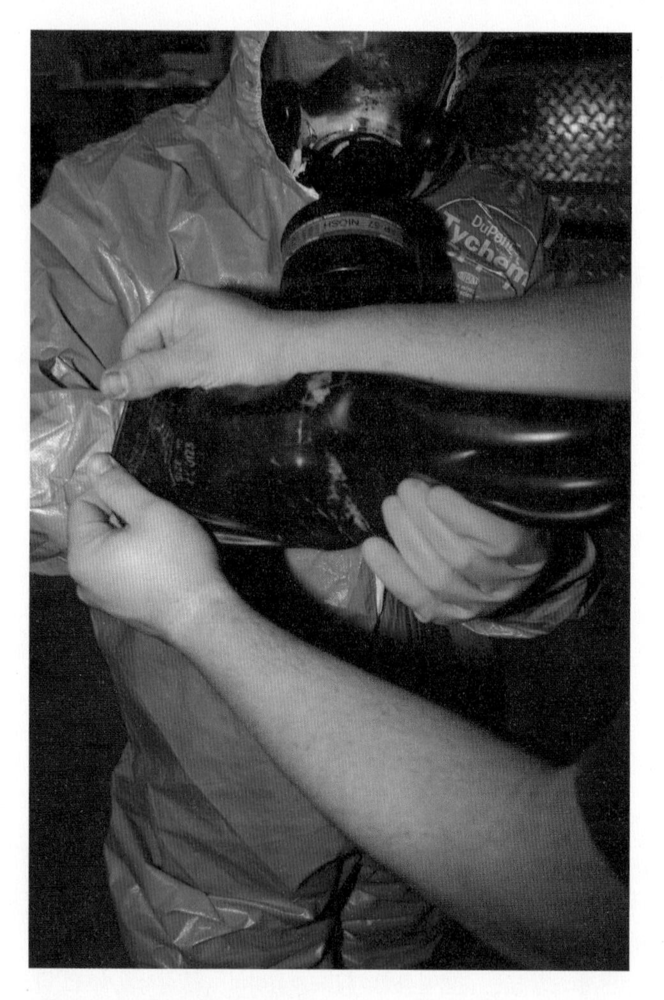

8단계: 외부 보호 장갑을 착용한다.

9단계: 보호복 소매 부분을 장갑의 위로 덮을 수 있도록 당긴다.

참고: 표준작전절차(SOP)에 의해 요구되는 경우 손목과 빈공간을 테이핑한다.

10단계: 호흡보호구를 통해 호흡해 보아서 호흡보호구가 정상적으로 기능하는지 확인한다.

참고: 표준작전절차(SOP)에 맞게 머리 보호장비를 착용한다.

11단계: 표준작전절차(SOP)에 따라서 진입 전 확인을 수행한다.

12단계: 작업 과업을 수행한다.

13단계: 과업 수행 이후 제독선으로 간다.

14단계: 표준작전절차(SOP)에 따라 제독을 수행한다.

15단계: 표준작전절차(SOP)에 따라 보호복을 벗는다. 오염되어 있을 수 있는 복장 외부 또는 표면과의 접촉을 피한다.

16단계: 표준작전절차(SOP)에 따라 자급식 공기호흡기(SCBA)를 벗는다.

17단계: 관할당국(AHJ)의 표준작전절차(SOP) 및 찾은 문서에 따라서 손상 또는 결함에 대한 개인보호장비의 진입 후 검사를 실시한다.

18단계: 제조사의 지침에 따라서 적절한 저장소에 되돌려 둔다.

참고: 만약 완전피복 복장을 사용 중이라면, 관할당국(AHJ)의 표준작전절차(SOP)에 맞게 수정될 필요가 있다.

1단계: 손상 또는 결함에 대한 개인보호장비 및 자급식 공기호흡기(SCBA)에 대한 육안 검사를 수행한다.

2단계: 액체 비산 개인보호장비(liquid splash PPE)를 착용하고, 잘 닫혔는지 확인한다.

3단계: 관할당국(AHJ)의 표준작전절차(SOP)에 따라 작업 부츠를 착용한다.

4단계: 관할당국(AHJ)에 맞게 자급식 공기호흡기(SCBA)를 착용한다.

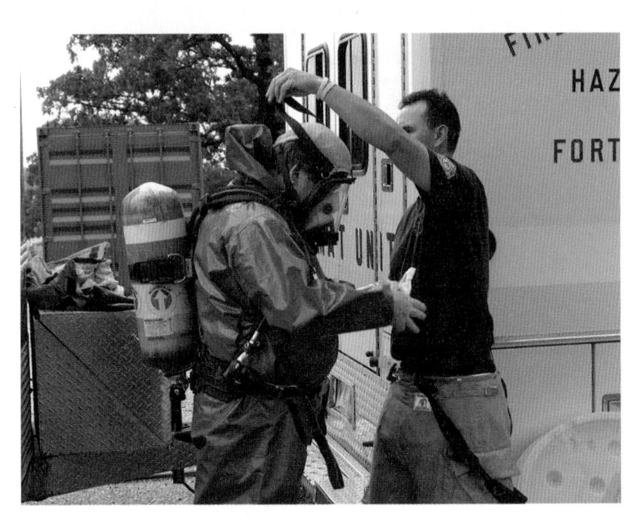

5단계: 자급식 공기호흡기 면체를 착용하고, 적절히 들어맞고 밀폐가 형성되는지 확인한다.

6단계: 면체 끈 및 피부가 노출되지 않도록 복장 후드를 완전히 당겨서 뒤집어쓴다.

7단계: 보호 헬멧을 착용한다[관할당국(AHJ)에 의해 요구될 시].

8단계: 내부 보호 장갑을 착용한다.

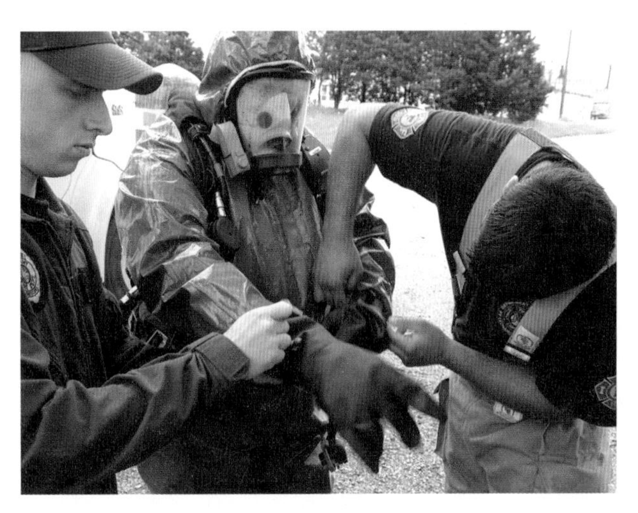

9단계: 외부 보호 장갑을 착용한다.

참고: 표준작전절차(SOP)에 의해 요구되는 경우 손목과 빈공간들을 테이핑한다.

10단계: 자급식 공기호흡기 조절기를 면체에 부착하여 자급식 공기호흡기가 잘 작동하는지 확인한다.

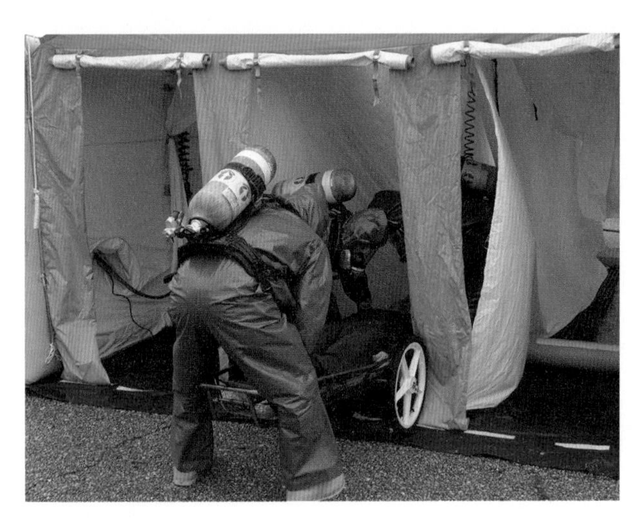

11단계: 관할당국(AHJ)의 표준작전절차(SOP)에 맞게 진입 전 검사를 수행한다.

12단계: 작업 과업을 수행한다.

13단계: 관할당국(AHJ)의 표준작전절차(SOPs)에 맞추어서 제독을 수행한다.

14단계: 탈의를 위해서는 착용의 반대 순서로 개인보호장비를 제거한다.

15단계: 관할당국(AHJ)의 표준작전절차(SOP)에 맞게 의료적 모니터링이 수행되고 있는지 확인한다.

16단계: 관할당국(AHJ)의 표준작전절차(SOP) 및 찾은 문서에 따라서 손상 또는 결함에 대한 개인보호장비의 진입 후 검사를 실시한다.

17단계: 제조사의 지침에 따라서 적절하게 저장소에 돌려 둔다.

1단계: 손상 또는 결함에 대한 개인보호장비 및 자급식 공기호흡기(SCBA)에 대한 육안 검사를 수행한다.

2단계: 해당 복장이 올바른 크기인지 확인한다.

3단계: 지퍼가 잘 작동하는지 확인한다.

4단계: 복장에 손상을 줄 수 있는 신발, 벨트 및 모든 물건을 제거한다.

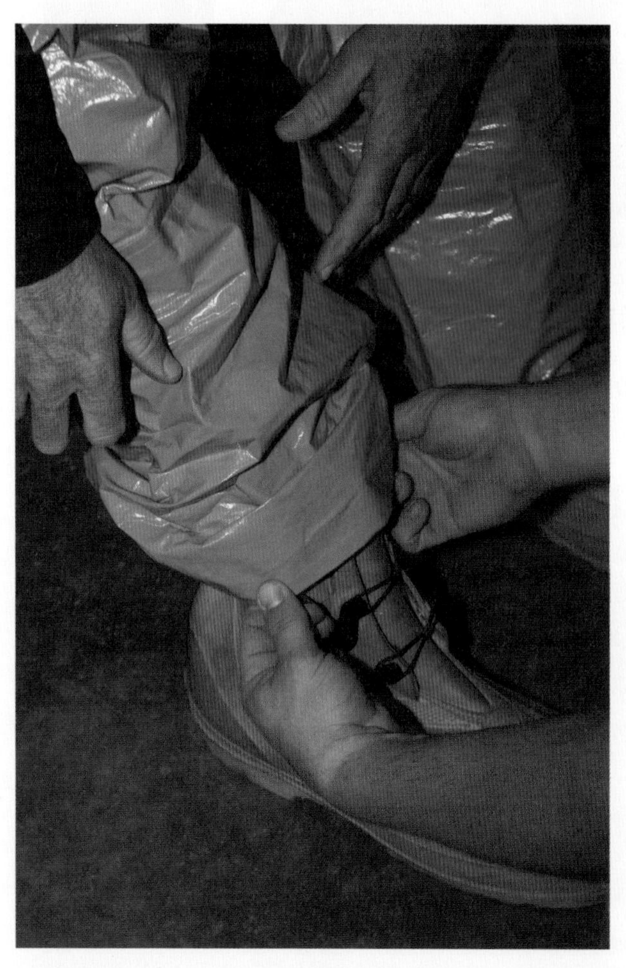

5단계: 관할당국(AHJ)의 표준작전절차(SOP)에 따라서 복장을 착용한다.

6단계: 관할당국(AHJ)의 표준작전절차(SOP)에 따라서 자급식 공기호흡기(SCBA)를 착용한다.

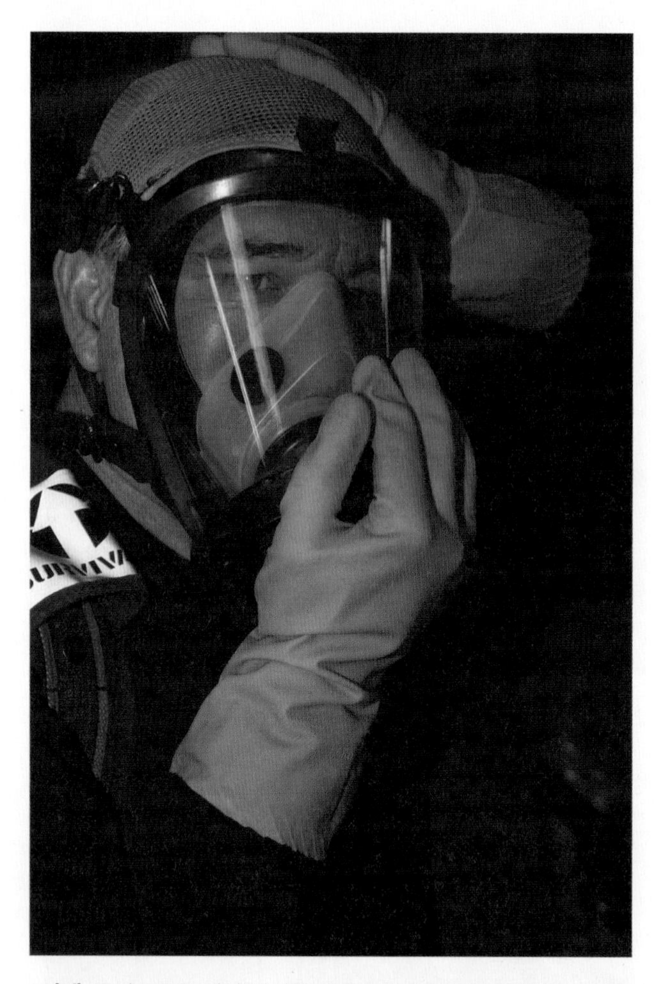

7단계: 공기공급을 해서 전면형 공기호흡기 면체를 착용하고, 자급식 공기호흡기(SCBA)가 적절하게 작동하는지 확인하기 위해 밀폐가 되는지 및 정상적으로 숨쉴 수 있는지 확인한다.

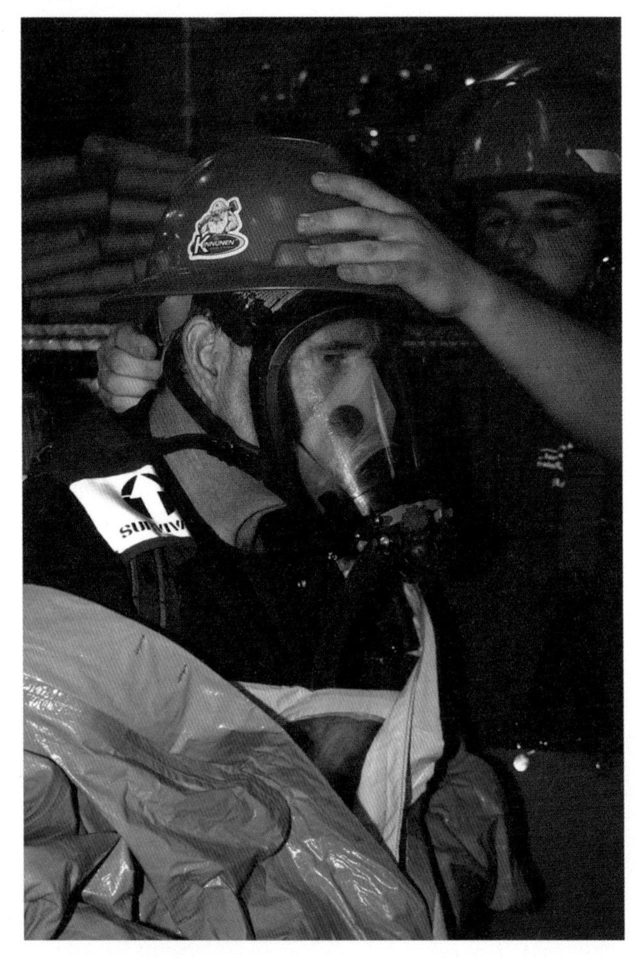

8단계: 보호 헬멧을 착용한다[관할당국(AHJ)에 의해 요구될 시].
9단계: 외부 보호 장갑을 착용한다.

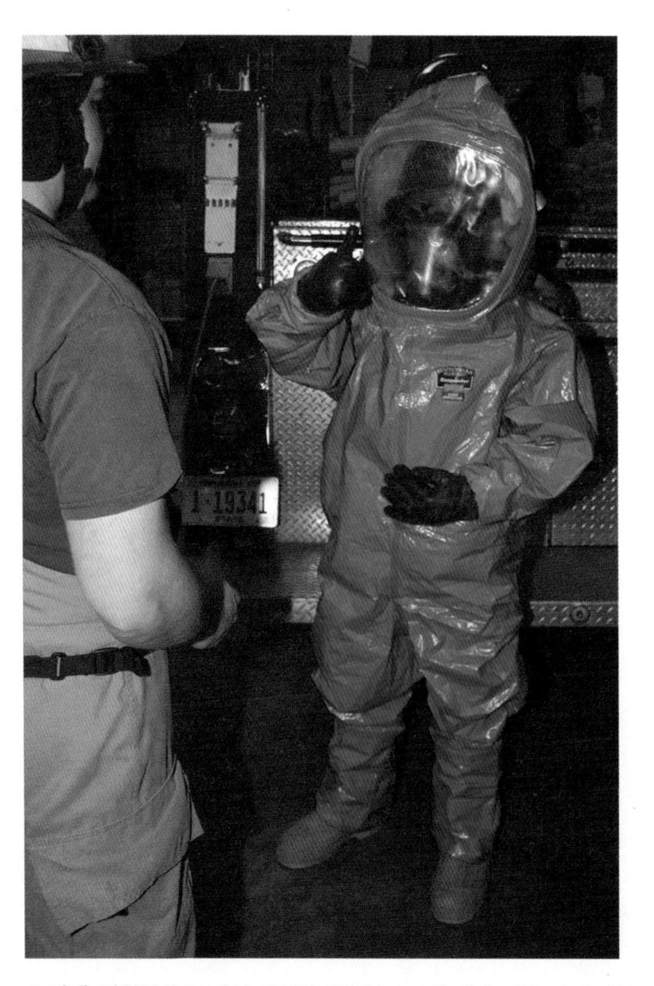

10단계: 관할당국(AHJ)의 표준작전절차(SOP)에 맞게 진입 전 검사를 수행한다.
11단계: 작업 과업을 수행한다.
12단계: 관할당국(AHJ)의 표준작전절차(SOP)에 맞추어서 제독을 수행한다.
13단계: 탈의를 위해서는 착용의 반대 순서로 개인보호장비를 제거한다.
14단계: 관할당국(AHJ)의 표준작전절차(SOP)에 맞게 의료적 모니터링이 수행되고 있는지 확인한다.
15단계: 관할당국(AHJ)의 표준작전절차(SOP) 및 찾은 문서에 따라서 손상 또는 결함에 대한 개인보호장비의 진입 후 검사를 실시한다.
16단계: 제조사의 지침에 따라서 적절하게 저장소에 돌려 둔다.

NFPA 직무 수행 요구사항
(NFPA Job Performance Requirement)

이 장에서는 NFPA 1072의 다음 직무 수행 요구사항을 다루는 정보를 제공한다. NFPA 1072, 『위험물질/대량살상무기 비상대응요원 전문 자격에 대한 표준(Standard for Hazardous Materials/Weapons of Mass Destruction Emergency Response Personnel Professional Qualifications)』(2017판)

5.3.1	6.2.1
5.4.1	6.3.1
5.5.1	6.4.1

Chapter 10

대응 실행: 제독

학습 목표

1. 위험물질 사고에서 사용될 수 있는 여러 유형의 제독을 정의한다(5.3.1, 5.5.1).
2. 제독의 방법을 식별한다(6.3.1, 6.4.1).
3. 1차(필수) 제독을 정의한다(5.4.1).
4. 긴급 제독의 절차를 설명한다(5.3.1, 5.5.1, 6.2.1).
5. 2차(완전) 제독의 절차를 설명한다(6.2.1, 6.3.1, 6.4.1).
6. 다수인체 제독의 절차를 설명한다(6.3.1).
7. 제독 대응활동(작전) 중 피해자 관리 활동을 식별한다.
8. 제독 대응활동(작전)의 일반적인 지침을 확인한다(6.3.1).
9. 제독 실행을 설명한다(6.3.1, 6.4.1).
10. 제독 종료 활동을 설명한다(6.3.1, 6.4.1).
11. '기술자료10-1: 1차(필수) 제독'을 수행한다(5.4.1).
12. '기술자료 10-2: 긴급 제독'을 수행한다(5.5.1).
13. '기술자료 10-3: 보행 가능 인원에 대한 2차(완전) 제독'을 수행한다(6.4.1).
14. '기술자료 10-4: 보행 불가능 피해자에 대한 2차(완전) 제독을 수행한다(6.4.1).
15. '기술자료 10-5: 보행 가능 인원에 대한 다수인체 제독'을 수행한다(6.3.1).
16. '기술자료 10-5: 보행 불가능 피해자에 대한 다수인체 제독'을 수행한다(6.3.1).

이 장에서는

▷제독의 소개(Introduction to Decontamination)
▷제독의 방법(Decontamination Method)
▷1차(필수) 제독(Gross Decontamination)
▷긴급 제독(Emergency Decontamination)
▷2차(완전) 제독(Technical Decontamination)
▷다수인체 제독(Mass Decontamination)
▷제독 대응활동(작전)에 대한 일반적인 지침(General Guidelines for Decontamination Operation)
▷제독 실행(Decontamination Implementation)
▷제독 대응활동(작전)의 효과 평가(Evaluating Effectiveness of Decontamination Operation)
▷제독 활동의 종료(Termination of Decontamination Activity)

이 장의 처음 네 개의 주요 절(제독의 소개, 제독의 방법, 1차(필수) 제독 및 긴급 제독)은 '핵심 - 전문대응 수준[operational level(core)]'에서의 NFPA 1072 요구사항(requirements)을 다룬다. 마지막 6개의 절에서는 NFPA 1072 요구사항을 '전문대응 - 임무특화 수준(Operations Mission-Specific levels)'에서 다루고 있다.

제독의 소개

Introduction to Decontamination

제독decontamination(decon)은 비상대응요원과 대중의 안전을 보장하기 위해 위험물질 또는 테러 사고에서 반드시 고려해야 하는 필수 활동이다. 모든 위험물질 사고hazmat incident에서는 긴급 제독emergency decontamination이 이루어져야 한다.

오염contamination은 '위험물질hazardous material을 받아들일 수 있는 양보다 더 많은 양을 사람, 장비 및 환경에 옮기는 것'이다. 오염에는 두 가지 유형이 있다.

- 직접 오염(direct contamination)으로서 해당 오염원(source of contamination)과의 접촉이 있었을 때
- 교차 오염(cross contamination)[또한 2차 오염(secondary contamination)이라고도 함]으로서 직접 오염원(direct source)에 접촉하지 않고 오염이 발생하였을 때

오염물질은 고체, 액체, 또는 기체일 수 있다. 오염 위험은 관련된 물질에 따라 다르지만, 화학chemical, 물리physical, 또는 생물학biological 유형으로 분류할 수 있다. 오염은 외부 오염(신체 외부 또는 개인보호장비) 또는 내부 오염(신체 내부)일 수 있다.

제독 또는 오염 감소는 특정 지역을 넘어서서 오염물질이 확산되는 것을 방지하고 더 이상 유해하지 않은 수준으로 오염물질을 줄이기 위해 위험물질을 제거하는 과정이다. 제독은 오염물질을 제거하여 위험물질에 노출될 가능성을 방지한다.

정보(Information)

방사능(방사선학) 오염

방사능(방사선학) 오염(radiological contamination)은 때때로 다음으로 구분되기도 한다.

- 표면에서 자유롭게 움직이는 상태
- 고정된 상태
- 공기 중의 상태

외부적으로는 알파선 오염은 상대적으로 무해하며 적절한 개인보호장비를 사용하여 보호하기가 쉽지만, 알파선 방출 물질(alpha emitting material)의 내부 오염(internal contamination)은 훨씬 위험하다. 높은 수준에서 베타선 오염(beta contamination)은 피부와 눈의 렌즈에 위험이 될 수 있으며, 또한 내부에 침착될 때 위험하다.

노출exposure은 사람, 동물, 환경이 물질에 잠재적으로 노출되거나 물질과 접촉하는 과정으로, 단 해당 물질은 이전되지 않았을 수 있다. 예를 들어 향수 냄새를 맡는 경우, 향기 분자는 냄새를 맡을 때 코에 들어가기 때문에 그것에 노출된 것이다(노출 경로exposure route = 흡입inhalation). 그러나 실제로 향수에 의해 오염되지 않았다면 해당 향기(또는 냄새)를 옮길 확률이 높지 않으며, 이는 당신에게 물리적으로 남아있는 물질(향수)이 충분하다는 것을 의미한다. 같은 방식으로, 개인이 위험물질에 의해 오염되었다기 보다는 노출된 경우에는 제독이 필요하지 않을 수 있다.

제독decontamination은 비상대응요원과 대중의 안전을 보장하기 위해 모든 위험물질 또는 테러 사고에서 고려해야 하는 필수 활동이다. 제독 대응활동(작전)decon operation은 잠재적으로 유해한 노출을 최소화하고, 오염물질의 확산을 줄이거나 없애준다. 오염물질 제거 작업은 대응요원, 피해자(요구조자), 개인보호장비, 도구, 장비 및 기타 오염된 모든 것으로부터 위험물질을 제거하기 위해 수행된다(그림 10.1). 위험 구역의 모든 사람과 모든 것들은 위험물질과 접촉하여 오염될 수 있다. 이러한 가능성으로 인해 위험 구역을 들어간 모든 존재는 해당 구역을 떠날 때 제독 구역을 통과한다.

이번 절에서는 4가지 제독 유형을 다룬다.

- **1차(필수) 제독(gross decontamination)** 표면 오염을 가능한 한 빨리 감소시키는 제독 단계
- **긴급 제독(emergency decontamination)** 환경 또는 재산 보호에 관계없이 가능한 한 빨리 피해자(요구조자)로부터 해당 위협적인 오염물질을 제거하기 위한 제독
- **2차(완전) 제독(technical decontamination)** 화학물질 또는 물리적 수단을 사용하여 오염물질을 대응요원(주로 진입팀 대원) 및 장비로부터 제거하는 제독으로, 일반적으로 정형화된 제독선(decontamination line) 또는 제독 통로(decontamination corridor) 내에서 1차(필수) 제독(gross decontamination) 후에 실시된다.
- **다수인체 제독(mass decontamination)** 정형화된 제독선 또는 제독 통로의 유무에 관계없이, 가능한 한 빠른 시간 내에 많은 수의 사람들을 제독하여 안전한 수준으로 표면 오염을 줄인다.

참고

대응요원들은 조직의 제독 정책 및 절차(decon policies and procedure)와 관할당국(AHJ)의 사고지휘체계(incident command system) 내에서 제독 대응활동(작전)이 어떻게 구현되는지 반드시 잘 알고 있어야 한다.

제독은 피해자들에게 심리적 확신psychological reassurance을 준다. 위험물질에 잠재적으로 노출된 일부 개개인들은 실제로 유해한 수준의 오염에 노출되지 않았더라도 심리 기반 증상psychologically-based symptom(예를 들면 호흡 곤란, 불안)을 유발할 수 있다. 제독을 수행하면, 이러한 유형의 문제를 줄이거나 예방할 수 있다. 모든 제독 대응활동(작전)의 해당 효과를 지속적으로 평가하는 것이 중요하다. 선택한 방법이 효과가 없다고 모니터링을 통해 확인되면 반드시 다른 기술을 시도해야 한다.

사고에서 수행되는 제독 대응활동(작전)의 유형은 다음과 같은 다양한 요소들에 의해 결정된다(그림 10.2).

그림 10.1 제독(decontamination)은 피해자(요구조자), 대응요원 및 오염되었거나 오염되었을 가능성이 있는 모든 것에서 위험물질(hazardous material)을 제거한다. 보카 라톤 소방 구조대(Boca Raton Fire Rescue) 제공.

• 제독이 필요한 사람의 수

• 관련 위험물질의 유형

• 기상(날씨, weather)(온도가 낮은 곳에서는 호스 물줄기로 오염물질을 씻어내는 것이 실용적인 선택이 아닐 수 있음)

• 가용한 대응요원 및 장비

비상대응요원들은 위험물질 사고에서 상당한 규모의 제독 경험을 할 수 있지만, 테러 사고에서 제독을 수행하려면 사용했던 절차를 일부 변경해야 할 수도 있다. 위험물질hazmat 대량살상무기WMD 사고는 부상이나 노출에 대해 신속히 평가를 받고, 치료 또는 사고현장으로부터 안전한 피난을 위한 제독 통로(제독소)를 통과해야 하는 많은 사람들이 연관될 수 있다. 또한 테러 사고terrorist incident는 범죄 현장으로 간주되어야 하기 때문에 모든 의복, 장비, 또는 오염된 물질은 증거로 보호되어야 하며, 현지에서 채택한 정책 및 절차에 따라 처리해야 한다.

사고에서 발생할 수 있는 많은 변수에 관계없이 모든 제독 대응활동(작전)의 기본 원칙은 요약하기 쉽다.

1. 떼낸다.
2. 멀리한다.
3. 봉쇄한다(교차오염cross-contamination 예방).

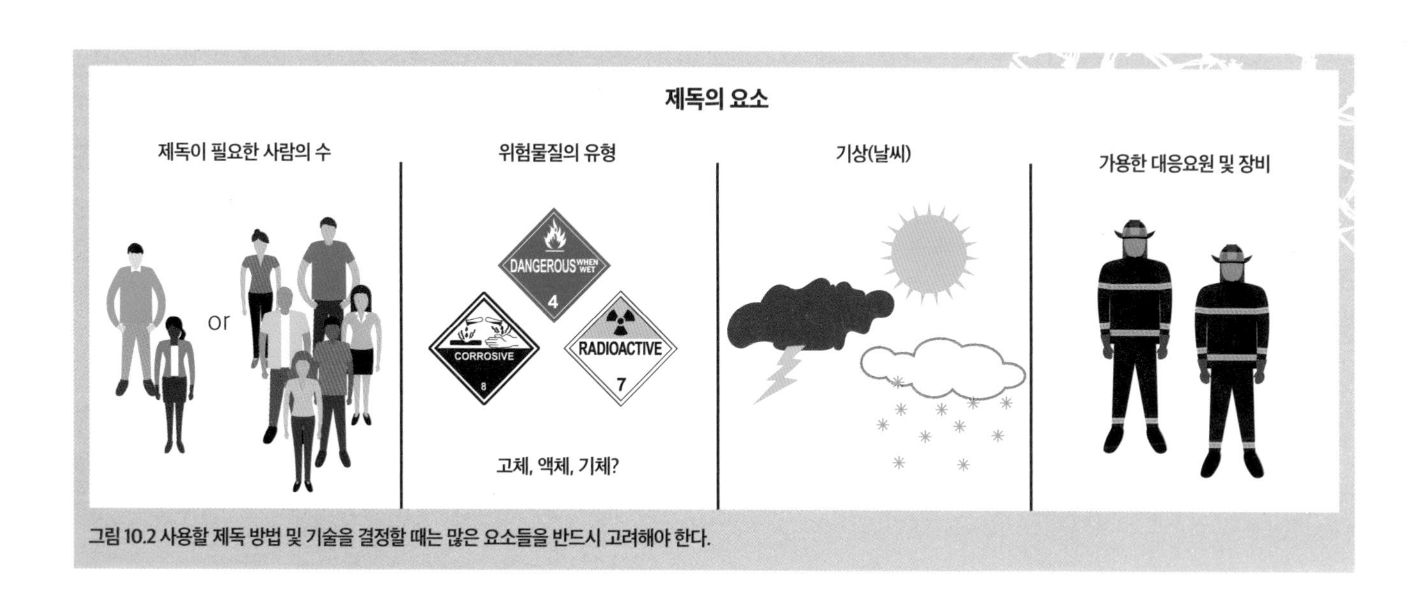

그림 10.2 사용할 제독 방법 및 기술을 결정할 때는 많은 요소들을 반드시 고려해야 한다.

어떠한 유형의 제독을 시작하기 전에 다음 질문에 대한 대답을 고려해보아야 한다.

- 피해자는 즉시 제독을 해야 하는가 아니면 기다릴 수 있는가?
- 제독을 실시하는 것은 안전한가?
- 제독을 수행하기에 안전한 장소가 있는가?
- 가용한 대체적인 제독 방법은 무엇인가?
- 대응활동(작전)을 수행하기에 충분한 자원이 있는가? 그렇지 않은 경우 적시에 추가 자원을 확보할 수 있는가?
- 피해자가 더 악화되기 전에 제독을 종결하는 데 가용한 시간은 얼마나 되는가?
- 제독을 시도하고 있는 장비가 다시 사용 가능한가? 또는 단순히 폐기하는 것이 비용면에서 효과적인가? 제독이 비용면에서 유리한가 아니면 불리한가?

미국 탄저균 공격

미시간 주립대학(MSU) 청원경찰은 2001년 미국 탄저균 공격(anthrax attack) 당시, 린튼 홀(Linton Hall)에 있는 한 직원으로부터 전화를 받았는데 한 편지봉투를 열면서 그녀는 목구멍이 불타는 듯한 느낌을 받았다고 했다. 불행히도 그 청원경찰은 이 정보를 수상한 흰색 분말과 함께 영수증이 들어 있는 봉투와 캠퍼스의 다른 곳에 위치한 대학 클럽에서 근무하는 직원으로부터 몇 달 전에 온 전화와 혼동했다,

그 청원경찰은 미 연방수사국, 방사능(방사선학), 화학 및 생물학 안전의 미시간 주립대학 사무국(MSU Office of Radiation, Chemical, and Biological Safety), 린튼 홀(Linton Hall)에서 일어난 하얀가루 사고 담당의 동부 랜싱 소방서에 신고(전파)했다.

이 두 건의 전화가 혼란스러웠기 때문에 동부 랜싱 소방서의 소방관들은 우편으로 받은 생물학 또는 화학 위협에 대한 절차에 따라 백색 분말 사고가 예상되는 린튼 홀에 도착했다. 해당 직원과 그녀의 동료들은 그녀가 보고한 편지에 아무런 분말이 없다고 설명하려고 했음에도 불구하고, 비상대응요원들은 그러한 상황이 있었던 것처럼 대응했다. 15명의 직원은 임시 세척장소에서 옷을 다 벗고, 제독받도록 강요받았고, 남성 경찰관과 소방관이 문질러 닦았다.

동부 랜싱 경찰에 대항하여 몇몇 여성들이 제기한 계속되는 소송에서 여성들은 그 경험에 의해 낙담하고 충격을 받았다고 증언했다. 제독받기 위해 선택된 사람들은 무작위로 입장했으며, 제독에 적극적으로 지원하지 않는 경찰관과 소방관은 벌거벗은 여성들과 가까이 있었으며, 특히 혼란스러웠던 사실이 강조되었다. 외부로 통하는 출입구를 막기 위한 예방 조치가 취해졌지만, 건물의 다른 층으로 이어지는 계단에서 홀의 창문을 가리는 조치는 없었다. 이러한 사생활 존중의 결핍으로 인해 제독받지 않는 다른 직원들이 세척 과정 중에 알몸인 여성들을 보게 되었다.

또한 여성들은 지속적인 오염을 방지하기 위한 최선의 방법에 관해서 상충되는 정보를 제공받았다. 병원으로 이동 중 비상대응요원들은 차가운 물로 샤워를 하라는 말만 하였으며, 병원에 있는 사람들은 뜨거운 물로 샤워를 해야 한다고 말했다. 탄저병의 지속성 있는 특성에도 불구하고, 처음에는 추가적인 추적 조사가 없었다.

파견자가 제공한 정보의 혼란, 비상대응직원으로부터의 상충되는 충고, 오염된 여성의 사생활 보호에 대한 무시는 모두 위험물질 사고가 좋지 못한 결과로 나타나게 했다. 이 사고로부터 얻은 교훈은 이러한 상황에서의 미시간주립대학(MSU)의 정책과 절차에 변화를 주었다. 그러나 이러한 상황에서 여성의 개인적 권리에 대한 더 나은 의사소통과 민감성은 발생했던 문제들을 예방할 수 있었다.

제독의 방법

Decontamination Method

제독의 방법decontamination method은 '습식wet 또는 건식dry 방법'과 '물리적physical 또는 화학적chemical 방법'의 크게 4가지 범주로 나눌 수 있다(그림 10.3). 제독의 방법은 물질들에 따라 제거하는 효과가 다르며, 기상 조건 및 위험물질의 화학적 및 물리적 특성과 같은 많은 요인이 방법 선택 결정에 영향을 줄 수 있다.

가장 효과적인 제독 방법은 위험물질에 오염된 외투나 개인보호장비를 벗는 것만큼 간단한다. 또한 오염된 표면을 물로 씻어 내는 것은 유해한 물질을 제거하거나 충분히 희석시킴으로써 안전한 수준으로 유지하는 것이 효과적이다. 이러한 이유로 오염된 복장/개인보호장비를 제거하고(벗고) 나서 물로 씻어 내는 것은 대부분의 비상 상황 및 다수인체 제독mass decontamination에 충분하다. 전문(완전) 제독technical decon 시에는 '모든 오염물질을 철저히 제거한다'는 목적을 달성하기 위해 추가적인 노력이 필요하며, 물과 몇몇 종류의 비누, 세제, 또는 화학 용액으로 세척해야 한다. 긴급 제독 또는 전문(완전) 제독을 수행할지의 여부는 관련된 위험물질 및 오염된 환경에서 피해자를 벗어나게 해야 하는 긴급성에 따라 결정한다.

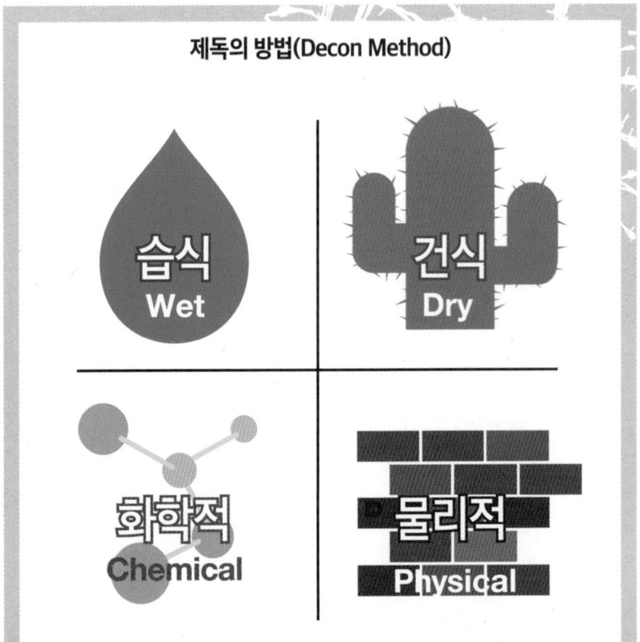

그림 10.3 제독의 방법은 습식 또는 건식, 화학적 또는 물리적일 수 있다.

습식(Wet) 및 건식(Dry)

이름에서 알 수 있듯이 습식wet 및 건식dry 방법은 제독 과정의 일부로서, 물 또는 기타 자원을 사용하는지에 따라서 분류된다. 습식 방법wet method은 일반적으로 오염된 표면을 용액solution으로 씻어내거나 호스 물줄기나 안전 샤워를 통해 물로 씻어내는 것과 관련되며, 건식 방법dry method에는 긁어내기scraping, 솔질brushing 및 흡수absorption가 포함된다.

습식 제독 방법은 어린이 풀장과 같은 액체를 일정하게 유지하는 시설(장치) liquidretaining(containment) device을 통해서 유출수runoff water 수집이 필요할 수 있다(그림 10.4). 수집된 물은 처리treatment 및 폐기disposal를 위해 분석할 필요가 있다. 유출수 및 제독 대응활동(작전)으로부터 잔유물의 처분은 관련 법과 규정에 따라 적절히 수행되어야 한다. 이 과정에서 반드시 적절한 당국에 통보하고 협의해야 한다. 경우에 따라 습식 방법은 환경 또는 기상 조건 때문에 사용하기 어렵거나 비실용적일 수 있다. 인명(생명) 안전은 반드시 환경적 고려사항environmental consideration(예를 들어, 대량 인명 제독 상황)보다 우선시 되어야 한다.

건식 방법은 마치 오염된 옷을 적절한 비닐 봉투(또는 회수 드럼)에 넣거나 오염물질을 증발시키는 것처럼 간단할 수 있다. 기타 건식 방법으로는 오염된 표면의 분말 또는 먼지를 진공청소기로 닦아내거나, 긁어내거나, 끈적한 테이프(또는 끈적한 패드)를 사용하여 오염을 청소하거나 닦아내는 방법이 있다. 건식 방법은 다량의 오염된 액체 유출물을 생성시키지 않는다는 장점이 있으며(반면에, 일반적으로 흡수absorption는 더 많은 양의 오염된 물질을 생성할 수 있음), 모든 오염물질과의 접촉을 피하면서 일회용 개인 보호장비를 체계적으로 제거함(벗음)으로써 달성할 수 있다. 추운 날씨에 습식 방법을 시행하기 어려운 경우, 건식 방법을 사용할 수 있다. 건식 방법을 사용할 경우, 물질이 공기 중으로 날리는 것을 방지하기 위한 주의를 반드시 기

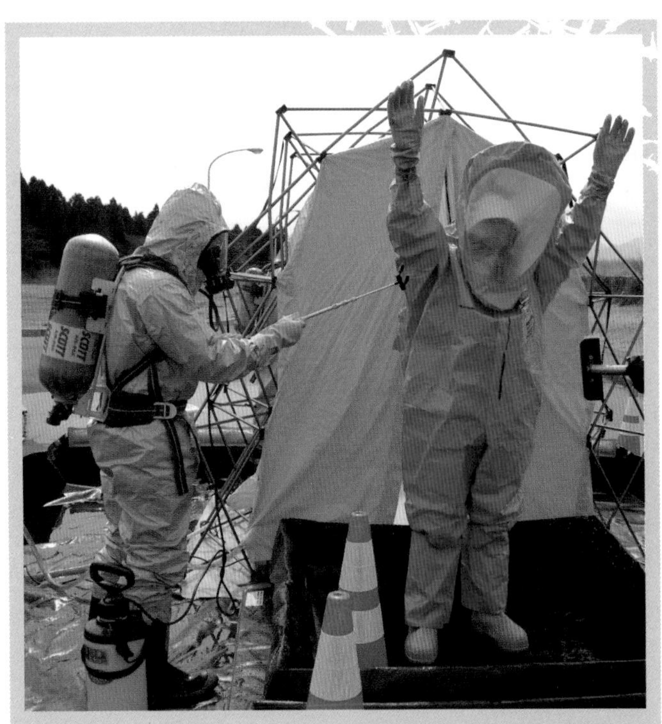

그림 10.4 환경 보호를 위해서는 습식 제독 방법에서의 잠재적으로 오염된 유출수를 어린이 풀장 또는 기타 배수조에 가두어 둘 필요가 있다. 미국 해병대(the U.S. Marines) 제공(Warren Peace 사진 촬영).

그림 10.5 건식 제독은 흡착제 분말 또는 이와 유사한 물질을 사용하여 수행할 수 있다. 미 육군(the U. S. Army) 제133 모바일 홍보 담당 부서(133rd Mobile Public Affairs Detachment)의 Staff Sgt. Fredrick P. Varney 사진 촬영.

울여야 한다.

또한 건조한 물질은 흡수를 통해 액체 화학물질을 제거하는 데 사용될 수 있다. 일단 사용하면 이들 물질을 오염된 폐기물로 취급하여 반드시 그에 맞게 처분되어야 한다. 흡수에 사용되는 물질은 다음을 포함할 수 있다(그림 10.5).

- 찰흙
- 톱밥
- 밀가루
- 흙
- 표토
- 종이티슈
- 탄소
- 실리카겔
- 종이타월
- 스펀지

물리적(Physical) 및 화학적(Chemical)

제독의 물리적 방법은 물질을 화학적으로 변화시키지 않고 오염된 사람으로부터 오염물질을 제거한다(습식 방법은 화학물질을 희석시킬 수 있음). 오염물질은 그러고 나서 폐기를 위해 담아둔다(실용적인 경우). 물리적 제독 방법physical decontamination method의 예들은 다음과 같다.

- 흡수(absorption)
- 흡착(adsorption)
- 솔질 및 긁어냄(brushing and scraping)
- 희석(dilution)
- 증발(evaporation)
- 격리 및 폐기(isolation and disposal)
- 세척(washing)
- 진공흡입(vacuuming)

화학적 방법chemical method은 어떤 종류의 화학적 과정을 통해 오염물질을 변화시킴으로써 오염물질을 덜 유해하게 만드는 것이다. 예를 들어 표백제를 사용하여 잠재적으로 해로운 병인체(병인 작용제etiological agent)에 노출된 도구와 장비를 살균하는 것은 유기체organism가 실제로 표백제에 의해 죽기 때문에 화학적 제독의 한 형태이다. 또 다른 예는 오염물질을 용해시키기 위해 용매를 사용하는 것이다. 화학적 제독 방법의 예는 다음과 같다.

- 화학적 분해(chemical degradation)
- 살균(sanitization)
- 소독(disinfection)
- 멸균(sterilization)
- 중화(neutralization)
- 응고(solidification)

화학적 방법을 사용할 때 위험물질 전문가hazardous materials technician는 다른 화학물질을 제독 과정에 가할 때 추가적인 위험을 만들어내는 것을 피해야 하는 것을 조심해야 한다. 예를 들어, 용매로 아세톤acetone을 사용하면 높은 정도의 인화성이 추가된다.

1차(필수) 제독

Gross Decontamination

1차(필수) 제독gross decontamination은 가능한 한 빠르게 표면 오염량amount surface contamination을 크게 감소시키는 제독 단계이다. 전통적으로 1차(필수) 제독은 오염물질의 역학적 제거mechanical removal 또는 손으로 잡는 호스, 비상 샤워기 및 기타 위험물질 사고현장의 수원 근처를 통한 초기 세척initial rinsing으로 수행되었다.

소방관의 암 위험cancer risk에 대한 인식이 높아지면서, 이제는 연소로 인한 유독성 생성물toxic products of combustion을 포함하여 잠재적으로 유해한 물질에 노출되는 모든 비상상황 사고에서 1차(필수) 제독을 권장한다. 이것은 사고현장에서 개인보호장비를 씻어내고 또는 탈의하고, 얼굴, 머리, 목에서 그을음을 제거하기 위해 물티슈 또는 기타 제독 방법을 사용하여 수행할 수 있다. 개인보호장비, 도구 및 장비는 재사용reuse 전에 표준작전절차SOP에 따라 격리isolate, 청소clean, 제독해야 한다. 구조물 화재 소방관 보호복(방화복)structural firefighter protective clothing은 서에서 지정된 기계로 기계 세척을 할 것을 권장한다. 비상사고현장emergency incident scene에서 습식 방법의 제독이 사용되더라도 대원들은 최대한 빨리 비누와 물로 샤워해야 한다.

1차(필수) 제독은 다음과 같은 상황에서 수행된다.

- 사고현장을 떠나기 전에 연기(smoke) 또는 연소 생성물(products of combustion)에 노출된 비상대응요원들
- 전문(완전) 제독(technical decontamination)을 하기 전의 대응요원들
- 긴급 제독(emergency decontamination) 중인 피해자들(피해자들)
- 다수인체 제독(mass decontamination)을 받아야 하는 사람

1차(필수) 제독의 장점 중 하나는 현장에서 수행되므로 오염물질의 감소가 즉각적이라는 점이다. 단점으로는 최악의 표면 오염을 제거할 수 있을 것이나 모든 오염물질을 제거하지는 못할 수도 있다는 것이다. 1차(필수) 제독은 완전한 제독complete decon이 아니며, 이후에 더욱 철저한 제독이 후속되어야 한다. '기술자료 10-1'은 연소의 유독성 생성물toxic products of combustion과 연관된 비상사고현장에서 1차(필수) 제독을 수행하는 단계들을 제공한다.

긴급 제독

Emergency Decontamination

긴급 제독emergency decontamination의 목표는 가능한 한 빠르게 피해자(요구조자)의 위협적인 오염물질threatening contaminant을 제거하는 것으로, 환경이나 재산 보호에 대한 고려는 하지 않는다. 긴급 제독은 피해자(요구조자)와 구조자 모두에게 필요할 것이다(그림 10.6). 어느 쪽이든 오염된 경우 각 개인은 의류(또는 개인보호장비)를 탈의하고 신속하게 세탁해야 한다. 피해자(요구조자)는 즉각적인 의학적 치료가 필요할 수 있으며, 정형화된 제독 통로 설치formal decontamination corridor를 기다릴 수는 없다. 다음 상황들은 긴급 제독이 필요한 경우의 예이다.

그림 10.6 긴급 제독은 가능한 한 빠르게 오염을 제거한다.

- 보호복의 파손(이상 발생)
- 비상대응요원의 우발적인 오염
- 위험구역에서 비상사고 현장근로자 또는 피해자(요구조자)에 대한 즉각적인 치료가 필요한 경우

긴급 제독에는 다음과 같은 이점이 있다.

- 실행이 빠름
- 최소한의 장비만 필요로 한다(일반적으로 소방 호스와 같은 수원만 사용)

• 오염을 신속하게 줄임
• 정형화된 오염 감소 통로(formal contamination reduction corridor) 또는 제독 절차(decon process)가 필요하지 않음

그러나 긴급 제독에는 확실한 한계가 있다. 모든 오염물질을 제거할 수는 없으며, 보다 철저한 제독이 반드시 후속되어야 한다. 긴급 제독은 환경에 해를 끼칠 수 있다. 가능하다면 환경을 보호하기 위한 조치가 취해져야 하지만, 그러한 조치가 인명 구조 조치를 지연시켜서는 안 된다. 생명을 위협하는 상황을 근절시킬 수 있다는 이점이 이로 인해 생길 수 있는 부정적인 영향보다 훨씬 크다.

겉보기에 보통의 사고는 위험물질이 연관될 수 있다. 비상대응요원은 상황이 실제로 무엇인지 깨닫기 전에 오염될 수도 있다. 이러한 상황이 발생하면 비상대응요원은 즉시 철수하고, 긴급 제독을 위한 현지 절차를 따라야 한다. 공기통의 공기 여분이 남아있다면, 적절한 전문지식과 탐지 장비를 갖춘 사람이 적절하게 제독을 해줄 때까지 대응요원은 격리되어 있어야만 한다.

긴급 제독은 안전한 장소에서 실시해야 한다. 긴급 제독을 하는 대응요원은 적절한 개인보호장비를 착용해야 하며, 항상 오염물질이나 잠재적으로 오염된 표면과 접촉하지 않도록 해야 한다. 대응요원이 오염물질과 접촉하면 스스로 제독을 해야 할 수도 있다. 긴급 제독을 수행하기 위해서는 표준작전절차[SOP]를 따른다. 긴급 제독 절차는 현장의 상황과 위험에 따라 다를 수 있다. 긴급 제독을 수행하는 단계는 '기술자료 10-2'를 참조한다.

2차(완전) 제독

Technical Decontamination

2차(완전) 제독[1]은 화학적 또는 물리적 방법chemical or physical method을 사용하여 대응요원의 개인보호장비(주로 진입팀 대원) 및 장비의 오염물질을 완전히 제거하거나 중화한다(그림 10.7). 또한 생명을 위협하지 않는 상황인 사고 피해자(요구조자)에게도 사용될 수 있다. 2차(완전) 제독 대응활동(작전)과 연관된 전문대응 수준 대응요원operations level responder은 반드시 위험물질 전문가hazmat technician, 표준작전절차 및 지침SOP/G 또는 자문 전문가allied professional의 지도하에 수행해야 한다. 대응요원은 제독팀의 직위position, 역할role 및 책임responsibility을 포함하여 사고지휘체계incident command system 내에서 2차(완전) 제독을 실행하기 위한 관할당국AHJ의 절차를 반드시 잘 알고 있어야 한다.

2차(완전) 제독 대응활동(작전) 중에 전문대응 수준 대응요원은 일반적으로 다음과 같이 대응활동을 한다.

- 적절한 개인보호장비를 착용하여 자신을 보호한다.
- 물 공급을 연결한다.
- 제독 통로를 설치한다.
- 경계선을 설정한다.
- 긁어내기, 세척 및 분무와 같은 물리적 제독 활동을 수행한다.

---

1 **2차(완전) 제독(Technical Decontamination)** : 화학적 또는 물리적 방법을 사용하여 대응요원(주로 진입팀 대원)과 장비에서 오염물질을 철저히 제거하는 것으로, 일반적으로 정형화된 제독선(decontamination line) 또는 제독 통로(decontamination corridor) 내에서 1차(필수) 제독(gross decontamination) 후에 실시된다. 정식 제독(Formal Decontamination)이라고도 한다.

그림 10.7 2차(완전) 제독은 화학적 또는 물리적 방법을 사용하여 오염물질을 철저히 제거 또는 중화한다. 미 공군(the U. S. Air Force) 제공(Chiaki Iramina 사진 촬영).

- 제독선(decon line)을 통과하는 개개인이 옷 또는 개인보호장비를 벗는(탈의하는) 것을 돕는다(그림 10.8).
- 제독 절차를 수행하는 개개인을 보조해준다.
- 표준작전절차 및 지침(SOP/G)과 훈련에 따른 기타 직무를 수행한다.

2차(완전) 제독은 일반적으로 정형화된 제독선 또는 제독 통로 내에서 수행된다. 사고와 관련된 오염물질은 2차(완전) 제독의 유형과 범위를 결정한다. 2차(완전) 제독 절차를 파악하기 위한 참고자료에는 다음이 포함된다.

- 안전보건자료(safety data sheet(s); SDS)의 '응급 처치(First Aid)' 절
- 비상대응센터(예를 들면, CHEMTREC, CANUTEC, SETIQ)
- 컨테이너 정보 표식
- 사고 사전 계획(preincident plan)
- 기술적 전문가(technical expert)
- 비상대응지침서(ERG)[물질이 수용성인지 또는 금수성(물 반응성)인지를 대응요원에게 알려줄 것]

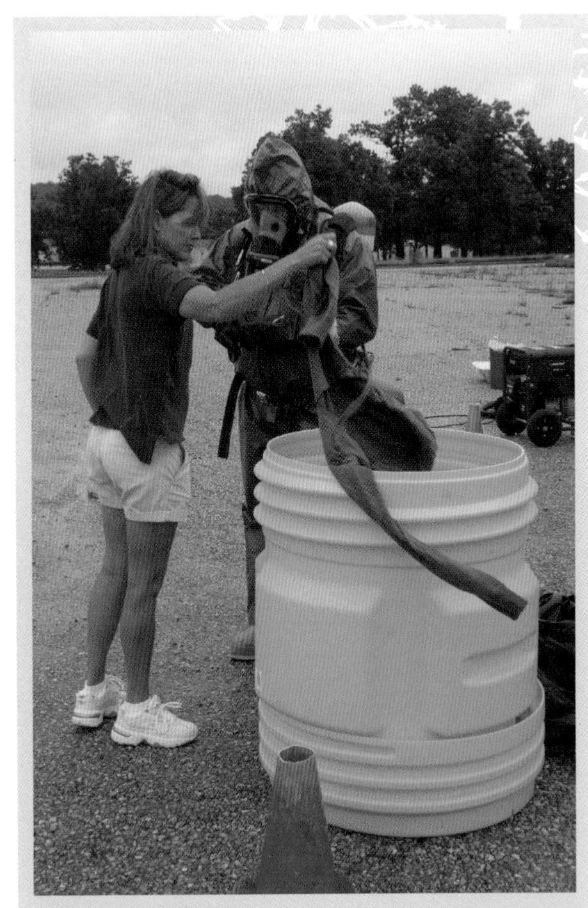

그림 10.8 전문대응 수준 대응요원은 제독을 받는 개인의 개인보호장비 또는 의복을 벗는 것을 보조할 수 있다.

• 유독물 통제 센터(poison control center)
• 기타 도서, 참고 자료, 컴퓨터 프로그램 및/또는 데이터베이스

참고
표 10.1은 이러한 제독 기술 각각에 대한 장단점을 제공한다.

모든 유형의 제독에서, 제독 대응활동(작전)이 효과적인지 여부를 확인하기 위해서는 모니터링을 수행해야 한다. 어떤 경우에는 장비가 오염물질의 침투 또는 기타 요인으로 인해 처분되어야 할 수도 있다. 이러한 장비는 반드시 기존 정책 및 절차에 따라 사용을 중단하고, 처분하기 전에는 적절히 격리해 두어야 한다.

2차(완전) 제독 기술 (Technical Decontamination Technique)

2차(완전) 제독은 사람 또는 노출로부터 오염물질을 제거하기 위해 많은 기술을 사용할 수 있다. 비상대응요원은 제독 통로 또는 제독선에 배치되었을 때 해야 할 일을 반드시 알고 있어야 한다. 대원들은 배치되기 전에 요약보고를 받아야 한다. 이번 절에서는 2차(완전) 제독에서 사용되는 몇 가지 일반적인 기술에 대해 설명한다.

흡수(Absorption)

참고
많은 전문가들은 흡수제(absorbent)로 토양(soil)을 사용하는 것을 권장하지 않는다.

흡수absorption는 흡수제absorbent로 액체 오염물질liquid contaminant을 포착하는 과정이다(그림 10.9). 제독에서 사용되는 흡수제의 예로는 규조토diatomaceous earth, 베이킹 파우더, 재ashes, 활성탄activated carbon, 질석vermiculite 또는 기타 상업적으로 이용 가능한 물질들이 있다. 많은 흡수제는 저렴하고 쉽게 입수할 수 있지만, 일단 오염된 경우에는 처분하는 데 있어서 비용이 많이 든다.

흡착(Adsorption)

흡착adsorption은 위험 액체가 활성탄activated carbon과 같은 흡착제 표면과 상호 작용하는(또는 결합되는) 과정이다(그림 10.10). 흡착제adsorbent는 흡수제absorbent처럼 팽창하지는 않는 경향이 있으며, 위험할 수 있는 반응을 피하기 위해 사용된 흡착제가 위험물질과 혼재할 수 있는지 확인하는 것이 중요하다.

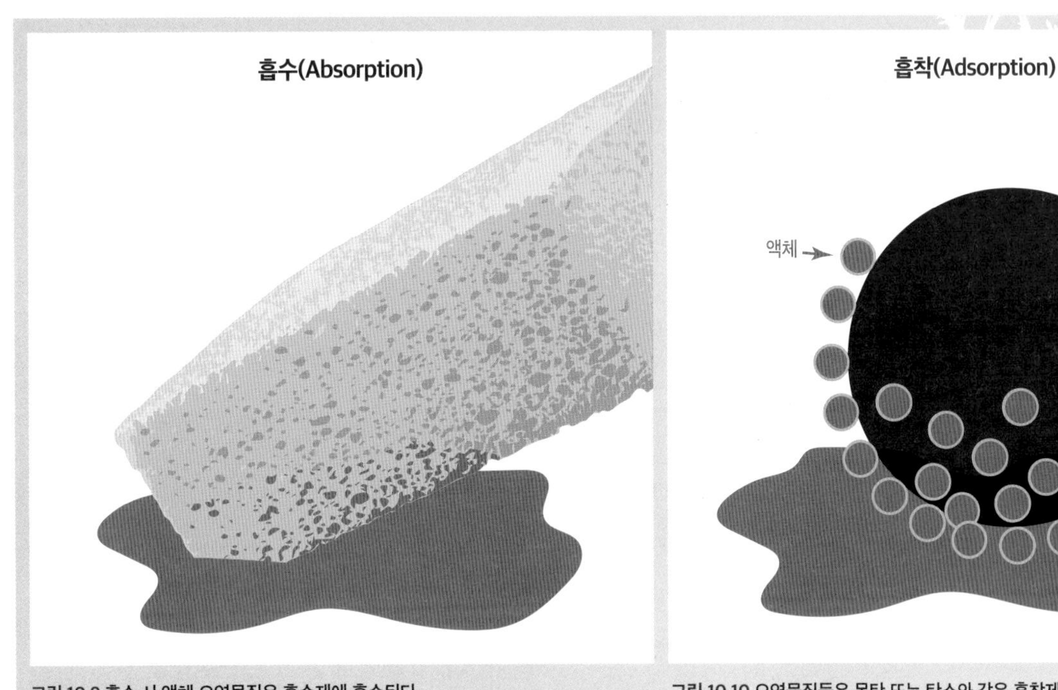

그림 10.9 흡수 시 액체 오염물질은 흡수제에 흡수된다.

그림 10.10 오염물질들은 목탄 또는 탄소와 같은 흡착제의 표면에 결합된다.

솔질(Brushing) 및 긁어냄(Scraping)

솔질brushing 및 긁어냄scraping은 부츠나 기타 개인보호장비로부터 오염물질 또는 오염된 물질의 거대한 입자들은 제거하는 과정이다. 일반적으로 솔질과 긁어냄만으로는 충분하지 않다. 이 기술은 기타 제독의 유형보다 먼저 사용된다(그림 10.11).

그림 10.11 솔질(brushing) 및 긁어냄(scraping)은 다른 유형의 제독(other types of decon)을 사용하기 전에 큰 입자(large particle)를 제거하는 데 사용된다. Brian Canady(DFW-FRD) 제공.

화학적 분해(Chemical Degradation)

화학적 분해chemical degradation의 과정은 위험물질의 화학 구조를 변화시키는 물질을 사용한다. 예를 들어, 가정용 액체 표백제는 흔히 병인체(병인 작용제)의 누출을 중화neutralize시키는 데 사용된다. 표백제와 작용제의 상호작용은 위험한 세균을 죽이고 해당 물질 처리를 더 안전하게 만들어준다.

표 10.1
2차(완전) 제독 기술의 장점과 단점

방법	장점	단점
흡수 (Absorption)	• 많은 흡수성 물질들(absorbent material)은 저렴하며 쉽게 입수할 수 있다. • 건식 제독 작전(dry decon operation)의 일부로 사용할 수 있다. • 평평한 면에 효과적이다.	• 위험물질(hazmat)을 변화(변환)시키지 않는다. • 보호복 및 수직 표면의 제독에 효과적이지 않다. • 오염된 흡수성 물질의 폐기는 문제가 될 수 있고 비용이 많이들 수 있다. • 흡수성 물질은 위험물질을 흡수하면 무게 및/또는 부피가 증가할 수 있다 • 흡수성 물질은 반드시 위험물질과 혼재 가능해야(compatible) 한다.
흡착 (Adsorption)	• 흡수성 물질보다 더 나은 위험물질을 포함하고 있다. • 폐기해야 할 물질의 운송이 단순하다. • 오프 가스(시설 등에서 배출되는 기체—역주, 증기/기체 방출)(off-gasing)가 효과적으로 감소한다. • 흡착성 물질(adsorptive material)은 부풀어 오르지 않는다.	• 과정에서 열이 발생할 수 있다. • 일반적으로 이 방법의 적용은 얕은 액체의 누출에 대한 것으로만 제한한다. • 흡착성 물질은 비싸다. • 흡착성 물질은 반드시 위험물질과 혼재 가능해야 한다(구체적 제품에 따라 다르다).
화학적 분해 (Chemical Degradation)	• 정화 비용 절감 가능 • 생물학 작용제(biological agent)를 다룰 때 초동대응자에게 가해지는 위험을 줄인다. • 종종 표백제(bleach), 이소프로필알코올(isopropyl alcohol) 또는 베이킹 소다(baking soda)와 같이 일반적으로 사용 가능한 저렴한 재료를 사용한다. • 쉽게 이용 가능한 제품 활용	• 사용할 적절한 화학물질[화학자(chemist)의 승인을 받아야 함]을 결정(파악)하고, 제독 절차를 설정하는 데 시간이 걸린다. • 열 및 유독성 증기를 생성할 수 있음 • 아주 드물게 사람들을 제독하는 데 사용된다.
희석 (Dilution)	• 위험물질의 농도를 줄임으로써 위험의 정도를 줄이다. • 실행하기 쉽다(보통은 쉽게 물을 이용할 수 있음). • 여러 가지 상황에서 매우 효과적이다. • 장비/장치의 큰 부분들을 제독하는 데 사용할 수 있다.	• 물에 부정적으로 반응하는 물질에는 사용할 수 없다. • 추운 날씨에는 문제가 될 수 있다. • 다량의 오염된 유출수가 생길 수 있다. • 효과적인 희석에 필요한 물의 양 때문에 실용적이지 않을 수 있다.
소독 (Adsorption)	• 존재하는 생물 유기체(biological organism)의 대부분을 죽인다. • 현장에서 사용할 수 있다. • 다양한 화학물질 또는 소독 제품를 사용하여 수행할 수 있다. • 소독제는 항균 비누(antibacterial soap) 또는 세제(detergent)처럼 단순한 것이다.	• 오직 생물학 제독으로만 제한된다. • 장비/장치의 큰 부분들을 제독하는 것은 어려울 것이다. • 소독제는 유독 또는 유해할 수 있다.

표 10.1 (계속)		
방법	장점	단점
증발 (Evaporation)	• 추가적인 물질이 필요하지 않다. • 유출수 수집(runoff collection)이 불필요하다. • 비용 발생이 없다(또는 매우 제한적).	• 매우 제한된 수의 화학물질에 대해서만 적용이 가능하다. • 일반적으로 사람이 아닌 도구와 장비의 제독으로 제한된다. • 기상 조건(바람, 온도, 습도 및 비 포함)에 따라 엄청난 영향을 받을 수 있다. • 위험 증기가 이동하여 문제를 일으킬 수 있다. • 완료하는 데 오랜 시간이 걸릴 수 있다. • 적용 법률 및 규정에 따라서 가용한 방법이 아닐 수 있다.
격리 및 폐기 (Isolation and Disposal)	• 격리(isolation)는 빠르고 효과적일 것이다. • 격리 드럼(isolation drum), 두꺼운 비닐 봉투(heavy plastic bag) 및 기타 격리 수단과 같은 용기로 쉽게 달성할 수 있다.	• 폐기 및 운송 비용이 매우 높을 수 있다. • 제독 및 재사용이 불가능한 장비 및 개인보호장비의 교체가 필요할 수 있다.
중화 (Neutralization)	• 위험물질을 화학적으로 변경하여 현재의 위험을 감소시킨다. • 대부분의 부식성 물질(corrosives) 및 일부 독성물질(poison)에 효과적이다. • 중화제(neutralizing agent)를 쉽게 구할 수 있다[소다회(soda ash), 식초(vinegar)].	• 성공적으로 구현하기가 어려울 수 있다. • 생체 조직(living tissue)에서는 거의 이뤄지지 않는다. • 다량의 중화제(neutralizing agent)가 필요할 수 있다. • 열 및 위험 증기 방출을 포함한 격렬한 화학반응을 일으킬 수 있다. • 일반적으로 사전 계획(preplanning)이 필요하다.
응고 (Solidification)	• 고체는 액체 및 기체보다도 담기가 쉽다. • 증기 생성(vapor production) 및 기체 배출(off gasing)의 양을 감소시킨다. • 청소가 더 쉽다.	• 실행하기 위해서는 특별한 물질이 필요하다.
멸균 (Sterilization)	• 현재 존재하는 모든 미생물을 죽인다.	• 현장에서 수행하기가 어렵거나 불가능하다.
진공흡입 (Vacuuming)	• 먼지 및 미립자 제거 시 효과적이다. • 실내에서 효과적이다. • 건식 방법으로, 일부 상황에서의 혹한 날씨(기상) 대응활동(작전) 시에 유용하다.	• 헤파 필터(hepa filter)가 장착된 특수 진공흡입(specialized vacuum)이 필요하다. • 제독 지역에 대한 높은 위험성의 부정적인 공기 고립(air containment)이 있을 수 있다. • 액체 화학 오염(liquid chemical contamination)을 제거하기 위해서는 특수 장비가 필요하다. • 완전한 제독(complete decontamination)[예: 세척]을 보장하기 위해 추가 제독 절차가 필요할 수 있다. • 물과의 접촉 시 역으로 반응하는 물질은 제독하는 데 사용할 수 없다. • 추운 날씨(혹한기)에는 문제가 될 수 있다. • 다량의 오염된 유출수(contaminated runoff)가 생길 수 있다.
세척 (Washing)	• 빠르고 쉽게 실행할 수 있다(일반적으로 물을 쉽게 이용할 수 있음). • 비누는 쉽게 구할 수 있고 값이 싸다. • 일반적으로 희석을 단독으로 사용하는 것보다 효과적이다. • 제독이 필요한 여러 가지 상황에서 매우 효과적이다. • 장비/장치의 큰 부분을 제독하는 데 사용할 수 있다.	• 물과의 접촉 시 역으로 반응하는 물질은 제독하는 데 사용할 수 없다. • 추운 날씨(혹한기)에는 문제가 될 수 있다. • 다량의 오염된 유출수가 생길 수 있다.

희석(Dilution)

희석dilution은 물을 사용하여 오염된 피해자(요구조자) 또는 물체로부터 오염물질을 제거하고 수용성water-soluble 위험물질을 안전한 수준으로 씻어내는 과정이다. 희석은 물 사용의 접근성accessibility, 속도speed 및 경제성economy으로 인해 유리하다. 그러나 단점도 있다. 물질에 따라 물이 반응을 일으켜 더 심각한 문제를 일으킬 수 있다. 또한 과정 동안에 생기는 유출수runoff는 여전히 오염되어 있으므로 적절히 고립시켜 폐기되어야 한다. 희석에 필요한 물의 양은 상황에 따라 여의치 않을 수 있다.

증발(Evaporation)

증발evaporation은 액체가 기체로 변하는 과정이다. 일부 위험물질은 신속하게 또한 완전히 증발한다. 경우에 따라 단순히 물질이 증발할 때까지 기다리는 것만으로도 효과적인 제독이 될 수 있다.

증발은 예를 들면 암모니아ammonia 또는 증기압이 높은 기타 물질과 같은 기체 물질gaseous material의 제독에 사용된다(그림 10.12). 노출 시간exposure time이 늘어나는 것이 안전과 관련하여 문제가 되지 않는 경우의 도구 및 장비에 사용할 수 있다.

격리(Isolation) 및 폐기(Disposal)

이 과정에서는 의류, 도구, 또는 장비와 같은 오염된 물품들을 몇몇의 방식으로 수집하여 격리시킨 다음 적용 가능한 법규 및 법률에 따라 폐기시킨다(그림 10.13). 충분하게 제독될 수 없는 모든 장비는 반드시 폐기해야 한다. 모든 사용된 용액과 세척수는 반드시 수집하여 폐기해야 한다. 장비 폐기disposal of equipment는 제독하기보다 쉽다. 그러나 다량의 장비가 물질에 노출된 상황에서는 폐기 비용이 매우 높을 수 있다.

중화(Neutralization)

중화neutralization는 부식성 물질의 pH를 변화시키며, pH 척도pH scale에서 pH를 7(중성)로 높이거나 낮춘다. 중화는 생체 조직living tissue에서 수행되어서는 안 된다.

살균(Sanitization), 소독(Disinfection), 멸균(Sterilization)

병인성 오염물질etiological contaminate을 무해하게 만드는 절차로는 다음이 포함된다.

- **살균(sanitization)** 미생물 수를 안전한 수준으로 줄인다(비누와 물로 손을 씻는 것 등).
- **소독(disinfection)** 현재 존재하는 대부분의 미생물(micro-organism)을 죽인다. 제독 환경(decon setting)에서는 다양한 화학물질이나 소독 제품(antiseptic product)을 사용하여 소독을 수행할 수 있다. 대부분의 초동대응요원은 표백제 용액으로 오염된 표면을 닦는 것과 같이 혈액 매개 병원균(bloodborne pathogen)을 죽이는 데 사용되는 소독 절차에 익숙하다.
- **멸균(sterilization)** 현재 존재하는 모든 미생물을 죽인다. 멸균은 일반적으로 화학물질, 증기, 열, 또는 방사선을 통해 수행된다. 재사용 전에 도구 및 장비의 멸균이 필요할 수도 있지만, 대부분 현장의 제독 상황에서는 이 절차를 수행할 수 없거나 비실용적이다. 이러한 장비는 일반적으로 현장에서 소독한 후 나중에 멸균한다.

응고(Solidification)

응고[solidification]는 위험 액체를 취한 후 화학적으로 처리하여 고체로 변화시키는 과정이다. 응고는 인체 제독[personnel decontamination]에 사용되지 않는다.

진공흡입(Vacuuming)

진공흡입[vacumming]은 고효율 미립자 공기[HEPA] 필터 진공청소기를 사용하여 섬유, 먼지, 분말 및 미립자와 같은 고체 물질을 표면에서 끌어당기는 과정이다. 일반적인 진공청소기는 필터가 해당되는 모든 물질을 잡을 수 있을 만큼 미세하지 않기 때문에 이 목적으로는 사용하지 않는다.

그림 10.12 증발은 기체 물질의 제독에 사용될 수 있다. Rich Mahaney 제공.

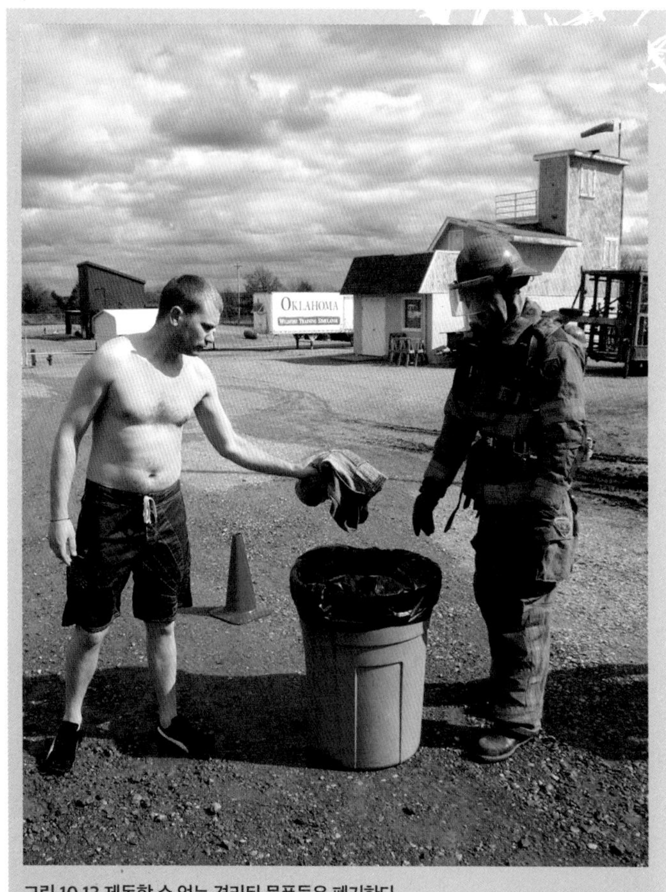

그림 10.13 제독할 수 없는 격리된 물품들은 폐기한다.

세척(Washing)

세척washing은 제독의 습식 방법이라는 점에서 희석dilution과 유사한 과정이다. 그러나 세척은 보통 또한 용제solvent, 비누soap 및/또는 물과 혼합된 세제detergent와 같은 준비된 용액을 사용하여 보통의 물로 씻어내기 전에 오염물질을 보다 수용성water-soluble으로 만든다(그림 10.14). 그 차이점은 예를 들면 싱크대에서 더러운 접시를 씻어내는 것과 식기 세척액으로 씻는 것의 차이점과 비슷하다. 어떤 경우에는 전자가 충분할 수 있지만, 다른 경우에는 후자가 필요할 수도 있다. 세척은 물과 비누 사용의 접근성, 속도 및 경제성으로 인해 제독에서도 이점이 있는 방법이다. 희석 과정dilution process에서와 같이 유출수를 격리시키고 적절히 폐기해야 할 수도 있다.

보행 가능 피해자(Ambulatory Victim)에 대한 2차(완전) 제독(Technical Decontamination)

지시direction를 보조 없이 이해하고, 이야기하고, 걸어갈 수 있는 피해자(요구조자)는 **보행 가능**[2] 한 것으로 생각한다. 2차(완전) 제독 통로technical decon corridor는 일반적으로

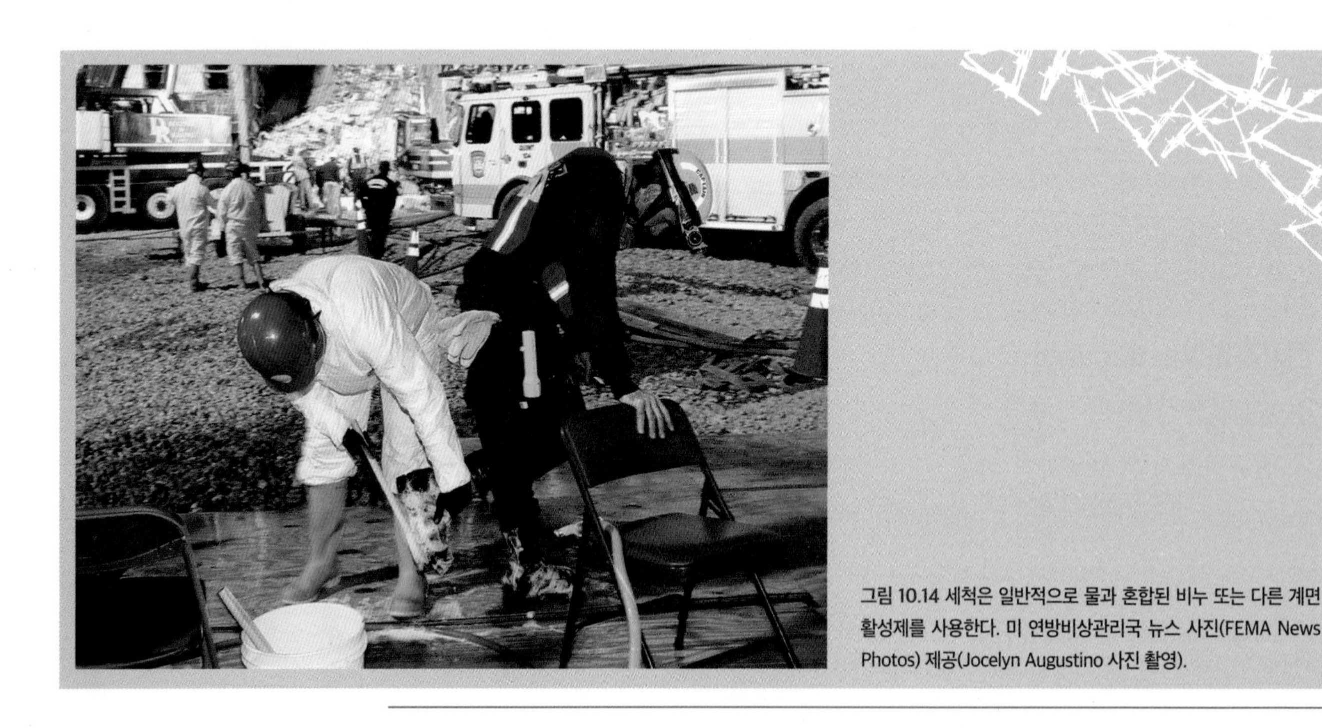

그림 10.14 세척은 일반적으로 물과 혼합된 비누 또는 다른 계면활성제를 사용한다. 미 연방비상관리국 뉴스 사진(FEMA News Photos) 제공(Jocelyn Augustino 사진 촬영).

2 **보행 가능(Ambulatory)** : 지시를 보조 없이 이해하고, 이야기하고, 걸어갈 수 있는 사람, 종종 대응요원을 포함한다.

비상대응요원들과 같은 보행 가능한 인원들ambulatory person을 위해 설계되었다. 제독 통로corridors는 습식 또는 건식 제독 방법으로 설정할 수 있다. 2차(완전) 제독 통로는 상황의 소요에 따라, 그리고 해당 장소의 수에 따라 다르다. 경우에 따라 2차(완전) 제독은 비누와 물로 손과 얼굴을 씻는 것처럼 간단할 수 있다. 표 10.2는 2차(완전) 제독 체크리스트이다. 보행 가능 피해자ambulatory victims의 2차(완전) 제독을 수행하는 절차는 '기술자료 10-3'에 나와 있다.

보행 불가능 피해자(Nonambulatory Victim)에 대한 2차(완전) 제독(Technical Decontamination)

보행 불가능 피해자nonambulatory victim는 의식을 잃었거나, 반응이 없거나, 도움 없이는 이동할 수 없는 민간인 또는 대응요원을 일컫는다. 이러한 피해자(요구조자)는 보행 가능 피해자ambulatory victim보다 더 심각하게 부상당했을 수 있으며, 제독받을 곳으로 이동하는 데 도움이 필요할 것이다. 이들을 위험 구역hot zone으로부터 이동시키기에 충분한 인원이 없는 경우에는 그 자리에 머물러 있어야 한다. 2차(완전) 제독 인력technical decon personnel은 의복 제거 및 세탁과 같이 보행 불가능 피해자를 위한 모든 또는 대부분의 제독 절차 작업을 수행해야 할 수도 있다(그림 10.15).

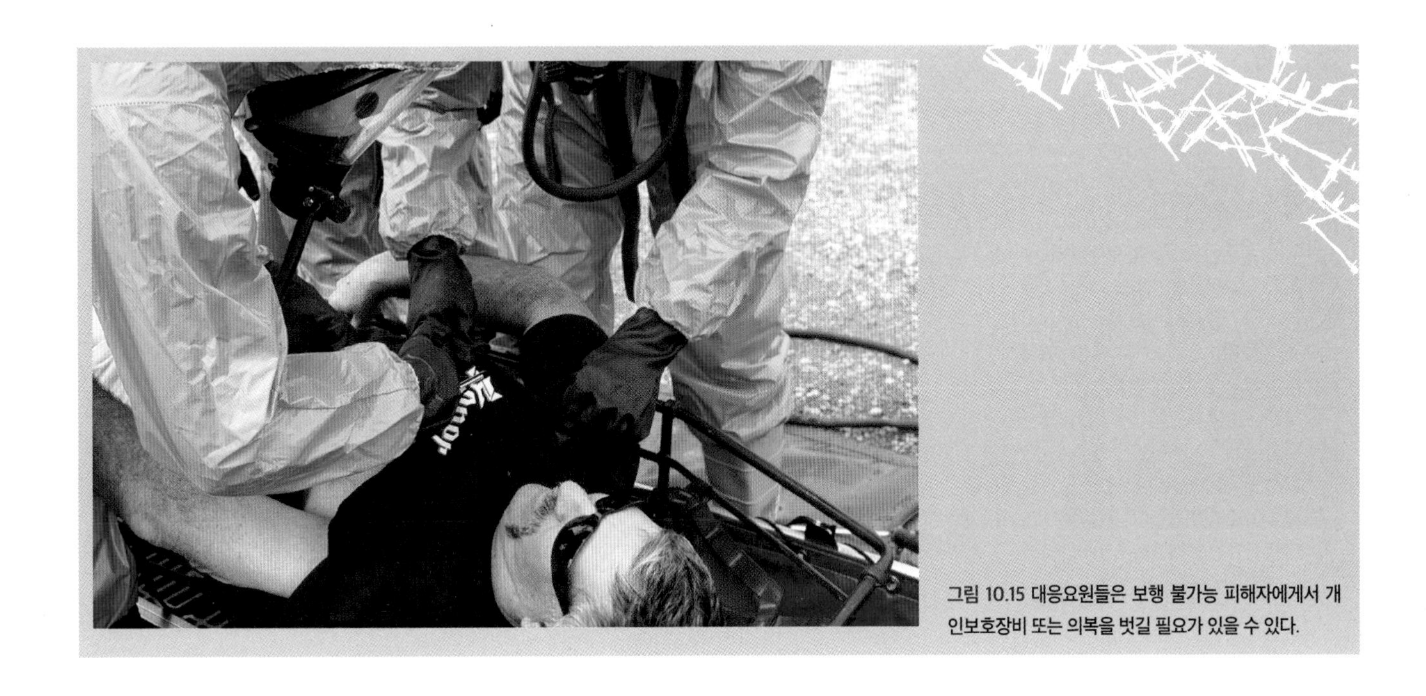

그림 10.15 대응요원들은 보행 불가능 피해자에게서 개인보호장비 또는 의복을 벗길 필요가 있을 수 있다.

표 10.2 제독 체크리스트의 예시
☐ 팀장의 초기 브리핑(initial briefing) ☐ 사고 개요(incident profile) ☐ 제독 용액 및 방법(decon solution and method) ☐ 개인보호장비
대원 임무
제독 담당관(Decon Officer) [ ] 조끼(vest)에 의한 식별 ☐ 모든 대원은 의료 부서(medical branch)에 의해 모니터(지속 확인)됨
제독 지역 선택 기준
☐ 제독소는 위험 구역(hot zone) 출구에서 준위험 구역(warm zone)에 위치해 있다. ☐ 제독 구역은 위험 구역으로부터 오르막(uphill)/윗바람지역(upwind)에 위치 ☐ 제독 구역은 평평하거나 위험 구역(hot zone) 쪽으로 기울어짐(sloped) ☐ 물 공급이 가용함
제독 지역 설치
☐ 허가받지 않은 출입에 대비하여 교통 원뿔 표지와 통제선(경계선) 테이프로 분명히 표시된 구역 ☐ 표시된 진입 및 출구 지점 ☐ 긴급 제독 통로(emergency corridor)가 설치되고, 명확하게 표시되어야 함 ☐ 유출수(runoff) 격리[방수포(tarp), 플라스틱 천(plastic sheeting), 둑(dike)] ☐ 1차(필수) 제독 샤워(gross decon shower) 설치 ☐ 물 공급 설치 ☐ 격리(봉쇄) 조 및 웅덩이를 적절한 순서로 배열 ☐ 개인보호장비 및 장비 처분을 위한 폐기 용기(disposal contaimer) ☐ 혼합된 제독 용액 ☐ 솔, 수동식 분무기, 호스 및 장비 제자리에 설치 ☐ 도구 처분장소(tools drop) 설치 ☐ 가용한 예비 자급식 공기호흡기 실린더 ☐ 가용한 교대 대원
부서장 브리핑
☐ 부서 현황 보고(branch status report) 작성 ☐ 완화(경감) 계획(mitigation plan)에 대한 부서 준비상태 평가
진입/제독 브리핑
☐ 제독 및 진입 대원(decon and entry personne)에게 위험에 대한 브리핑 ☐ 비상절차(emergency procedure) 및 수신호(hand signal) 재확인 및 이해 ☐ 제독 및 진입 대원에게 제독 절차에 대한 브리핑 ☐ 제독 통로(decon corridor) 설치 완료 ☐ 제독 대원 무선통신 연결 ☐ 적절한 교대 대원에 대해 지속 확인
종결
☐ 일회용/오염된 물질(disposable/contaminated material)의 격리, 포장 및 용기 처리 ☐ 모든 용기를 밀폐(seale), 표시(marke) 및 격리(isolate) ☐ 모든 팀 장비 세척 및 처리

출처: 매사추세츠 연방 - 공공 안전국 - 소방서(Department of Fire Services, Office of Public Safety, Commonwealth of Massachusetts)

보행 불가능 피해자에 대한 2차(완전) 제독은 보행 불가능 피해자에 대한 다수인체 제독보다 더욱 섬세한(세목에 걸친) 과정이다. 그 목표는 구급(응급의료서비스) EMS으로 이동되기 전에 개인을 철저히 제독하는 것이다. 보행 불가능 피해자에 대한 2차(완전) 제독을 수행하는 절차는 '기술자료 10-4'에 나와 있다.

다수인체 제독

Mass Decontamination

다수인체 제독[3] 은 잠재적으로 생명을 위협받는 상황에서 다수의 사람[피해자(요구조자)와 대응요원]의 오염물질을 신속하게 줄이거나 경감시키거나 제거하는 물리적 과정이다. 다수인체 제독mass decon은 피해자(요구조자)의 수와 시간 제약으로 인해 심층적인 제독 절차[예: 2차(완전) 제독technical decon]를 설치할 수 없을 때 시작한다(그림 10.16). 간단히 말하면 다수인체 제독의 목표는 가장 많은 사람들에게 최대의 이익을 주는 것이다.

그림 10.16 다수인체 제독은 다수의 사람들의 제독을 신속하게 수행하기 위해 시작되었다. David Lewis 제공.

---

3 **다수인체 제독(Mass Decontamination)** : 표면 오염을 안전한 수준으로 줄이기 위해 가능한 한 빨리 많은 사람들을 제독하는 과정. 일반적으로 정형화된 제독 통로(decontamination corridor) 또는 제독선(decontamination line)의 유무에 관계없이 오염 수준을 줄이기 위해 물 또는 비누와 물 용액(soap and water solution)을 이용하는 1차(필수) 제독 절차(gross decon process)임.

모든 기관들은 전반적인 비상대응계획의 일환으로 다수인체 제독 계획mass decon plan을 가지고 있어야 한다. 대응요원들은 제독팀의 직위, 역할 및 책임을 포함하여, 사고지휘체계incident command system 내에서 다수인체 제독을 구현하기 위한 관할당국AHJ의 절차에 대해 반드시 잘 알고 있어야 한다. 올바른 다수인체 제독 절차를 결정하기 위해, 대응요원은 반드시 수립된 표준작전절차 및 지침SOP/G, 비상대응계획, 훈련training 및 훈련/연습drill/exercise과 사전 계획preplan 도중에 배운 기술들에 익숙해야 한다. 전문대응 수준 대응요원operations level responder은 반드시 다음과 같은 참고자료(참고인)의 지침에 따라 작업해야 한다.

- 위험물질 전문가(hazmat technician)
- 표준작전절차 및 지침(SOP/G)
- 자문 전문가(allied professional)

다수인체 제독의 사용이 요구되는 사고의 현장은 특히 **대량 사상자 사고**[4]인 경우에 매우 혼란스럽고 통제하기 어려울 것이다. 사고의 혼란에 대처하기 위해 대응요원은 다음과 같은 조치를 취해야 한다.

- 수신호(hand signal), 그림 신호(signs with picture), 장내 방송설비 장치(apparatus public address system), 확성기(megaphone) 또는 기타 방법을 사용하여 피해자(요구조자)와 의사소통한다.
- 사람들이 정신적으로 상처받거나 노출로 인해 고통받을 수 있으므로, 쉽게 이해할 수 있는 간단하고 구체적인 지침을 제공한다.
- 통제선(경계선) 테이프(barrier tape), 교통 원뿔 표지(traffic cone) 또는 기타 눈에 잘 띄는 방법을 사용하여 제독 통로(decon corridor)를 표시한다['제독 통로 구획(Decontamination Corridor Layout)' 절 참조].

다수인체 제독 방법은 다음을 포함한다.

- 희석(dilution)
- 격리(isolation)
- 세척(washing)

---

4 **대량 사상자 사고(Mass Casualty Incident)** : 현지(지역) 병참 지원 능력(capabilities of local logistical support)을 넘어서는 공격, 자연 재난(천재지변), 항공기 추락 또는 기타 원인으로 인한 짧은 시간 내에 많은 수의 사상자가 발생한 사고

그림 10.17 대용량의 저압수(large volumes of low-pressure water)가 다수인체 제독 작전(mass decon operation)에서 종종 사용된다.

'2차(완전) 제독' 절에서 언급했듯이, 이러한 각각의 방법들에는 장점과 한계가 있다. 비누와 물 용액 또는 보편적 제독 용액으로 세척하면 많은 유해 화학물질과 대량살상무기 작용제가 제거될 것이다. 그러나 충분한 양의 제독 용액의 가용 여부는 항상 보장될 수는 없다. 따라서 다수인체 제독은 단순히 해당 위험 제품을 묽게 만들고(희석시키고), 물리적으로 그것을 씻어버리는 간단한 물 샤워 시스템으로 가장 쉽고 효율적으로 수행할 수 있다. 다수인체 제독은 분무 형태fog pattern로 대량의 저압수를 사용하여 오염 수준을 빠르게 감소시킨다(그림 10.17).

다수인체 제독 샤워는 위험물질을 물리적으로 확실히 제거해야 한다. 실제 샤워 시간은 각 사고별로 결정된다. 관련된 다수의 잠재적 피해자가 관련되어 있고 제독을 기다리는 경우, 샤워 시간을 상당히 단축해야 할 수 있다. 이러한 시간은 샤워 시설에서 사용할 수 있는 물의 양에 따라 달라질 수 있다. 제독 대응활동(작전) decontamination operation의 효율성 평가는 제독 후 모니터링post-decon monitoring을 통해 실시한다.

비상대응요원들은 신속한 제독 방법을 확인할 때 기존 시설을 간과해서는 안 된다. 예를 들어, 물로 인해 건물의 손상이 발생할 수 있지만 희생자들의 생명을 구해야 할 필요성이 있다면 화재용 스프링쿨러의 가동은 정당화될 수 있다. 유사하게 희생자가 공공 분수public fountain, 염화물이 첨가된 수영장chlorinated swimming pool 또는 수영 시설swimming area과 같은 수원water source 안에서 헤치며 걸어다니고 세척하는 것은 효과적이며 대량 제독 기술high-volume decontamination technique을 제공할 수 있다. 하지만 격리되고 오염된 물에 들어 있는 화학 작용제chemical agent의 지속성은 반드시 고려해야 한다.

경고(WARNING!)

추가적인 상해 또는 노출이 발생하지 않을 것이라는 평가가 없으면, 절대로 추가 자원이 도착하기를 기다리는 동안에 제독(decon)을 지연시키지 말아야 한다.

참고

모든 귀중품과 개인물품에 대한 책임 체계가 반드시 있어야 한다. 자세한 내용은 '제독 실행' 절을 참조하라.

다수인체 제독을 받는 모든 피해자(요구조자)는 샤워하기 전에 옷을 적어도 속옷까지 벗을 것을 권장받는다(그림 10.18). 의복을 제거하면 상당한 양의 오염물질을 제거할 수 있다. 피해자(요구조자)에게는 머리부터 발끝까지 가능한 많은 옷을 벗도록 권장해야 한다. 오염된 의복contaminated clothing은 차후 폐기할 수 있도록 드럼drum이나 적절한 가방(플라스틱 백) 또는 기타 컨테이너 안에 격리시킨다.

그림 10.18 대부분의 경우 탈의와 샤워는 오염물질을 효과적으로 제거한다. 피해자(요구조자)는 가능한 한 많은 의복을 제거하고, 사생활 및 조심성 문제에 민감하게 대처해야만 한다.

정보(Information)

의복 제거

샤워 전에 옷을 벗으면 실제로 잠재적 노출 위험이 증가하는 상황이 있을 수 있다[예를 들면, 미립자 오염물질(particulate contaminant)]. 이러한 위험들은 제독 방법을 실행하기 전에 반드시 평가되어야 한다. 예를 들어, 일부 방사성 물질 및 생물학 작용제의 경우, 작용제를 에어로졸화시킬 가능성을 제한하기 위해 옷을 벗기기 전에 의류를 적셔야 한다.

제독 트레일러decon trailers 및 이동식 텐트portable tents(사생활 관련 염려를 완화하는 데 도움이 되는)에서부터 이동식 온수기, 일회용 작업복, '집어넣기 및 표식달기 시스템 bagging and tagging"systems'에 이르기까지 다수인체 제독 작전을 지원하기 위한 많은 혁신과 제품들이 개발되었다(그림 10.19 a 및 b). 트레일러 및 이동식 텐트는 장기간의 사고, 날씨로 인해 필요할 수 있는 사고, 즉각적인 제독이 중요하지 않은 사고(생물학 위험을 수반하는 사고)에 가장 적합하다. 비상대응요원들은 가용한 장비 및 자원뿐만 아니라 소속된 기관에서 사용하는 다수인체 제독 절차를 포함하여 모든 것에 익숙해야 한다. 그림 10.20 a 및 b는 일반적인 다수인체 제독 장치 배치의 개략도 schematic에 관한 예시들을 제공하지만, 많은 기관에서는 사용 가능한 텐트나 트레일러가 있다.

제독 동안 피해자(요구조자)의 우선순위를 결정하기 위해 대응요원은 의료적 필요성과 제독과 관련된 요소를 반드시 고려해야 한다. 효과를 극대화하려면 피해자(요구조자)를 보행 가능ambulatory과 보행 불가능nonambulatory의 두 그룹으로 나누는 것이 좋다.

이러한 구분은 제독 구역을 통과함에 있어서 보행 가능 피해자의 진행 속도가 늦춰지지 않게 하기 위함이며, 각 그룹별로 별도의 제독 구역을 설정해야 할 수도 있다. 무능화된 피해자가 많은 사고는 보행 불가능 피해자가 제독선을 걸을 수 없기 때문에 별도의 제독 통로에 추가 자원이 필요할 수 있다(그림 10.21). 비상대응대원을 위한 별도의 제독선도 제공되어야 한다.

가용한 충분한 자원이 있고 상황이 추가 시간을 허용한다면, 사생활를 이유로 성별로 피해자(요구조자)를 분리하는 것이 유익할 수 있다. 그러나 가족들은 함께 있어야 하며, 어린이, 노약자 및/또는 장애인은 그들의 부모 또는 보호자와 분리되어서는 안 된다.

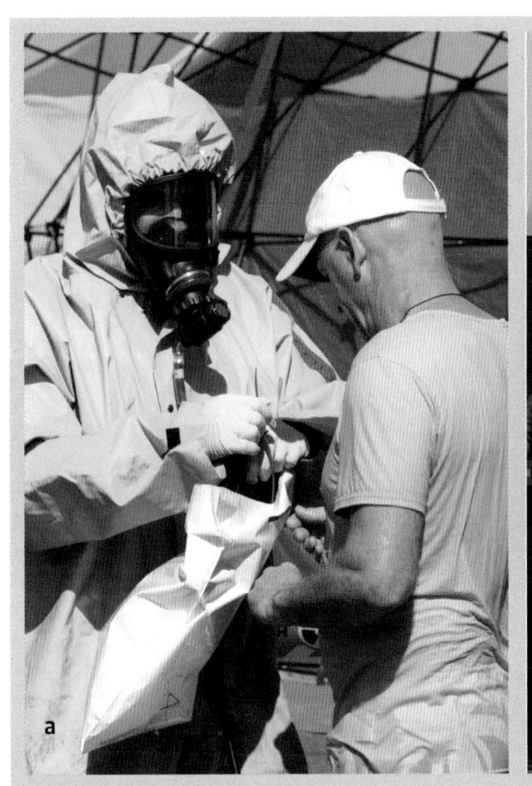

그림 10.19 a 및 b 미리 조립된 제독 세트에는 개별 봉지와 10개의 태그부터 일회용 의류, 수건 및 신발에 이르기까지 모든 것이 포함되어 있을 수 있다. 오염된 의복 및 개인물품이 소유주에게 반환될 수 있도록 개별 봉지에 담아서 태그한다. 뉴사우스웨일스 소방대(New South Wales Fire Brigades) 제공.

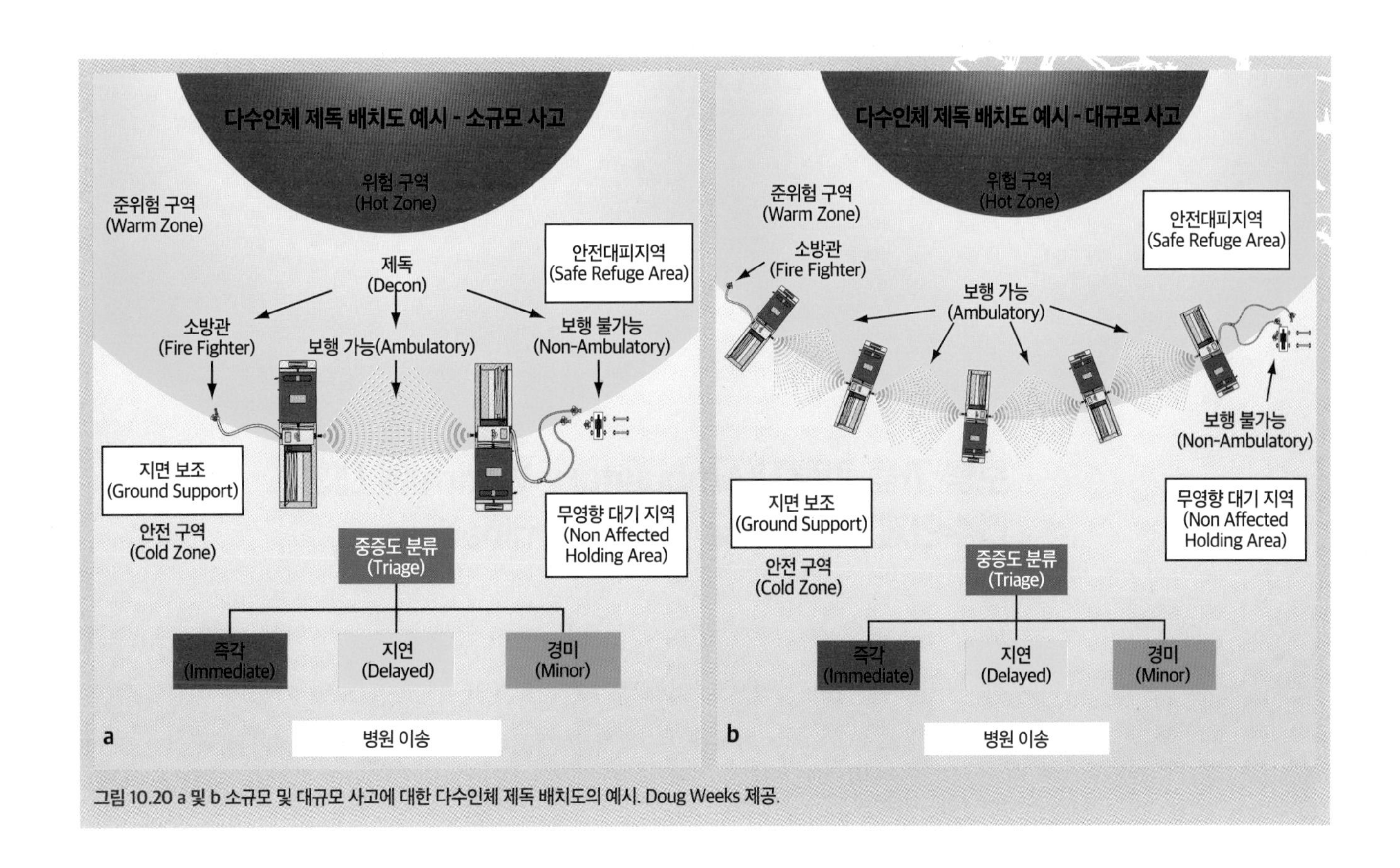

그림 10.20 a 및 b 소규모 및 대규모 사고에 대한 다수인체 제독 배치도의 예시. Doug Weeks 제공.

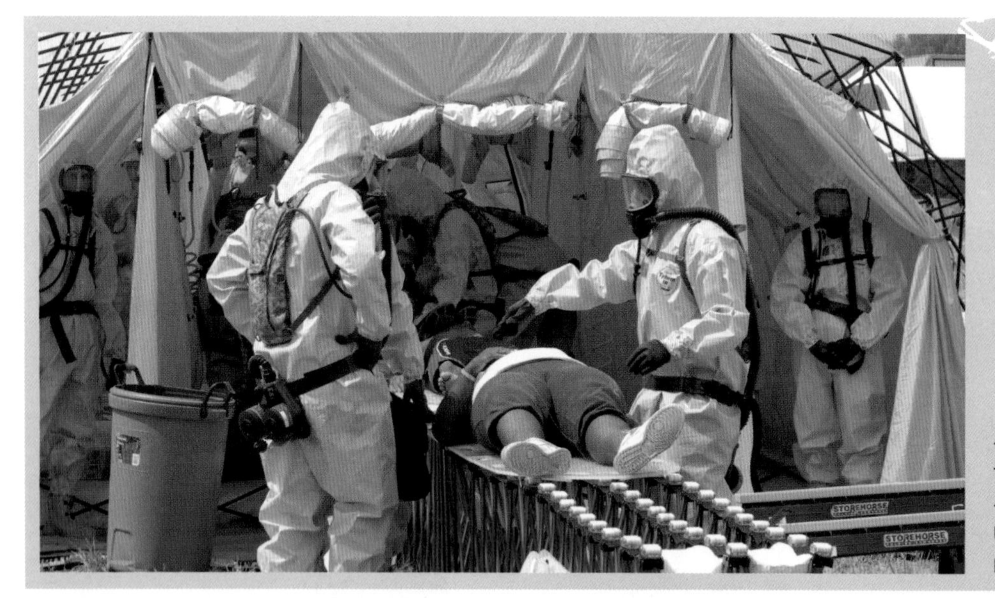

그림 10.21 롤러 시스템(운송장비)은 보행 불가능 피해자를 제독 통로를 통해 이동시키는 데 사용될 수 있다. 미국 공군(the U. S. Air Force) 제공(Tech. Sgt. Todd Pendleton. 사진 촬영).

정보(Information)

다수인체 제독의 이점과 한계

이점

- 많은 사람들을 수용할 수 있다.
- 제한된 인원 및 장비를 사용하여 신속하게 실행할 수 있다.
- 오염을 신속하게 경감시킨다.

한계

- 항상 피해자(요구조자)를 완전히 제독하지는 못한다.
- 피해자(요구조자)의 협력에 의존한다.
- 환경 및 기타 노출된 것에 피해를 줄 수 있는 오염된 유출수가 생길 수 있다.

보행 가능 피해자(Ambulatory Victim)에 대한 다수인체 제독(Mass Decontamination)

보행 가능 피해자ambulatory victim는 제독의 우선순위를 기다리기 위해 격리(구역) 경계선 내 안전한 대피 지역으로 이동해야 한다. 그림 10.22는 보행 가능 피해자를 위한 다수인체 제독mass decon의 배치도 예시를 제공한다. 보행 가능 피해자를 대상으로 다수인체 제독을 수행하는 절차는 '기술자료 10-5'에 나와 있다.

다음 요인 중 몇 가지는 보행 가능 피해자의 치료 우선순위에 영향을 미칠 수 있다.

- 숨가쁨 또는 흉부 압박감과 같은 심각한 의학적 증상이 있는 피해자(요구조자)
- 사고의 해당 유출 지점에 가장 가까운 피해자(요구조자)
- 위험물질에 노출된 피해자(요구조자)
- 옷이나 피부에 오염의 증거가 있는 피해자(요구조자)
- 뼈가 부러지거나 개방형 상처가 생긴 것과 같은 일반적인 부상이 있는 피해자(요구조자)

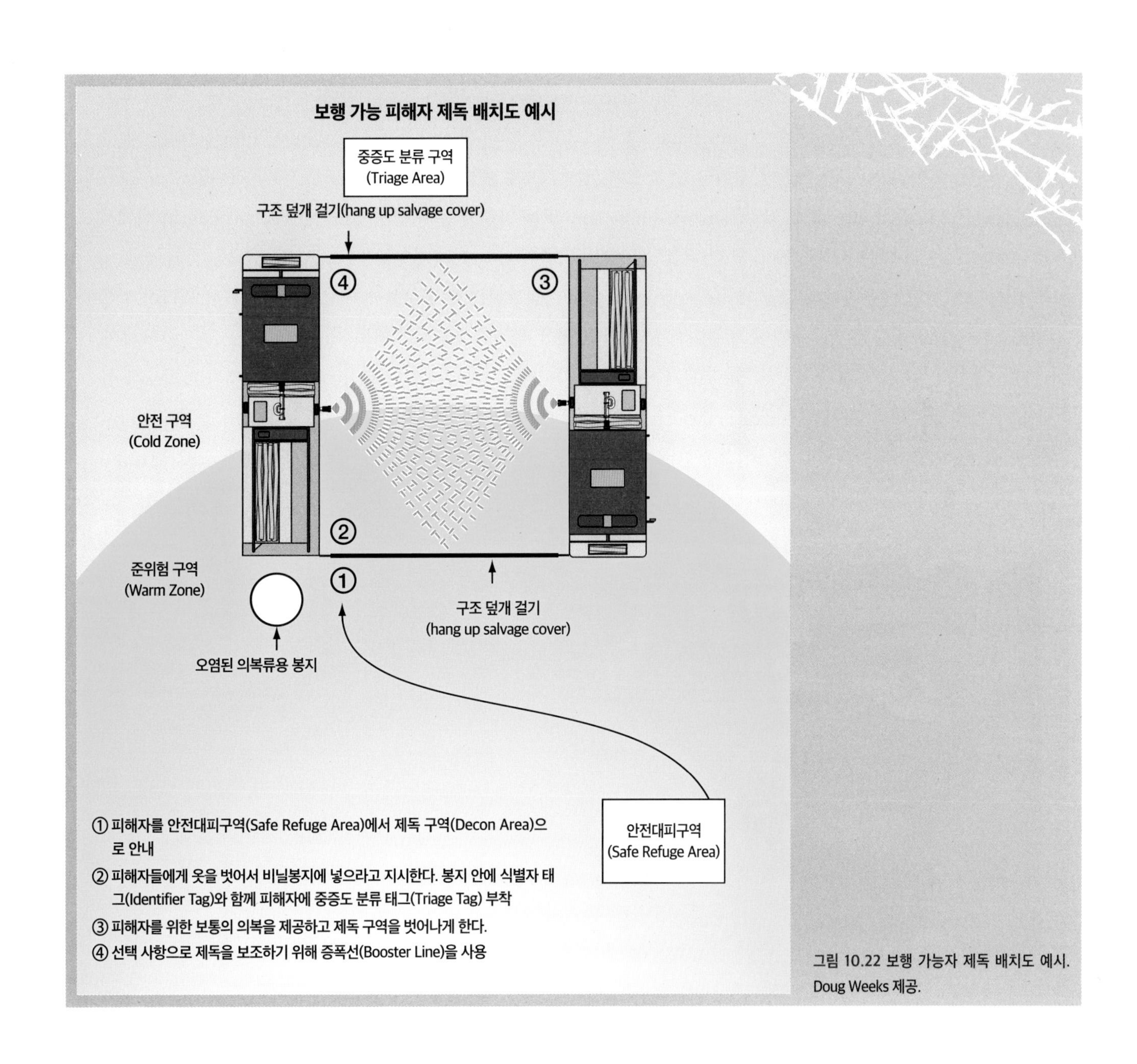

그림 10.22 보행 가능자 제독 배치도 예시. Doug Weeks 제공.

화학 작용제와 관련된 사고에서 보행 가능 피해자의 긴급 제독
(Emergency Decontamination of Ambulatory Victims at Incidents Involving Chemical Agent)

화학 작용제(chemical agent)와 관련된 사고에서, 제독(decon)을 성공적으로 수행하기 위한 가용한 시간은 거의 없다. 예를 들어 신경 작용제(nerve agent), 산업용 화학 제재(industrial chemical agent) 및 발포제(vesicant)와 피부 접촉 후에는 즉시(수분 내) 긴급 제독(emergency decon)을 실시해야만 한다. 따라서 구조 대원(rescuer)은 가능한 한 신속하고 효율적으로 보행 가능 피해자(ambulatory victim)의 인원선정(extraction) 및 우선순위 지정(prioritization)을 수행하는 것이 중요한다.

가시적인 오염의 징후(signs of contamination)나 화학 작용제에 노출된 증상(symptoms of exposure to chemical agents)이 가시적으로 보이는 피해자는 긴급 제독(emergency decon)을 받도록 지시받아야 한다. 긴급 제독은 추가적인 다수인체 제독 절차(mass decon procedures)(예를 들면, 이동식 제독 텐트 또는 트레일러가 아직 설치되지 않았거나 가용하지 않은 경우) 이전에 수행할 수 있으며, 일반적으로는 대용량(high volume), 저압 샤워(low pressure showers)[손으로 잡고 쓰는 호스 라인(hand-held hose line) 또는 양측면 분사 장치(side-by-side apparatus)] 내에서 탈의(disrobing) 및 씻어내기(flushing)를 한다(그림 10.23). 의류(clothing) 및 개인물품(personal items)을 봉지(bag) 등에 담을 수 있지만, 피해자에게 긴급 제독(emergency decon)이 필요한 경우 물품들에 태그(tag)를 달거나 의학적 평가(medical evaluation)를 수행할 시간 조차 주어서는 안 된다. 비상 제독의 목표는 오염물질(contaminant)을 신속하게 제거하는 것이다. 비상 제독(emergency decon)을 수행한 후, 피해자는 다수인체 제독(mass decon)을 추가로 받도록 안내받거나, 의학적 평가 및 치료(medical evaluation and treatment)를 진행하기 전에 적절하게 몸을 말리고 의복을 다시 착용하도록 허가받을 수도 있다(제공된 깨끗한 옷으로). 긴급 제독(emergency decon) 및 다수인체 제독(mass decon)이 필요한 대부분의 경우, 희석(dilution)이 해결책이다.

그림 10.23 긴급/다수인체 제독을 위한 장치 배치의 예시

보행 불가능 피해자(Nonambulatory Victim)에 대한 다수인체 제독(Mass Decontamination)

보행 불가능 피해자(요구조자)nonambulatory victim는 보행 가능 피해자ambulatory victim보다 더 심각하게 부상당했을 것이다. 이들을 위험 구역hot zone에서 이동시키기에 충분한 인원(대원)이 없는 경우에는 그 자리에 머물러 있어야만 할 것이다. 그림 10.24는 보행 불가능 피해자를 위한 다수인체 제독 통로 배치도mass decon corridor layout의 예시를 제공한다. 대량 사상자 사고에서 보행 불가능 피해자를 위한 제독 절차는 1차(필수) 제독 절차에 가까운 것이 될 것이며, 신속하게 실행되어야 한다. 이러한 사고들에 대해 관할당국의 절차를 따른다. 보행 불가능 피해자를 대상으로 다수인체 제독을 수행하는 절차는 '기술자료 10-6'에 나와 있다.

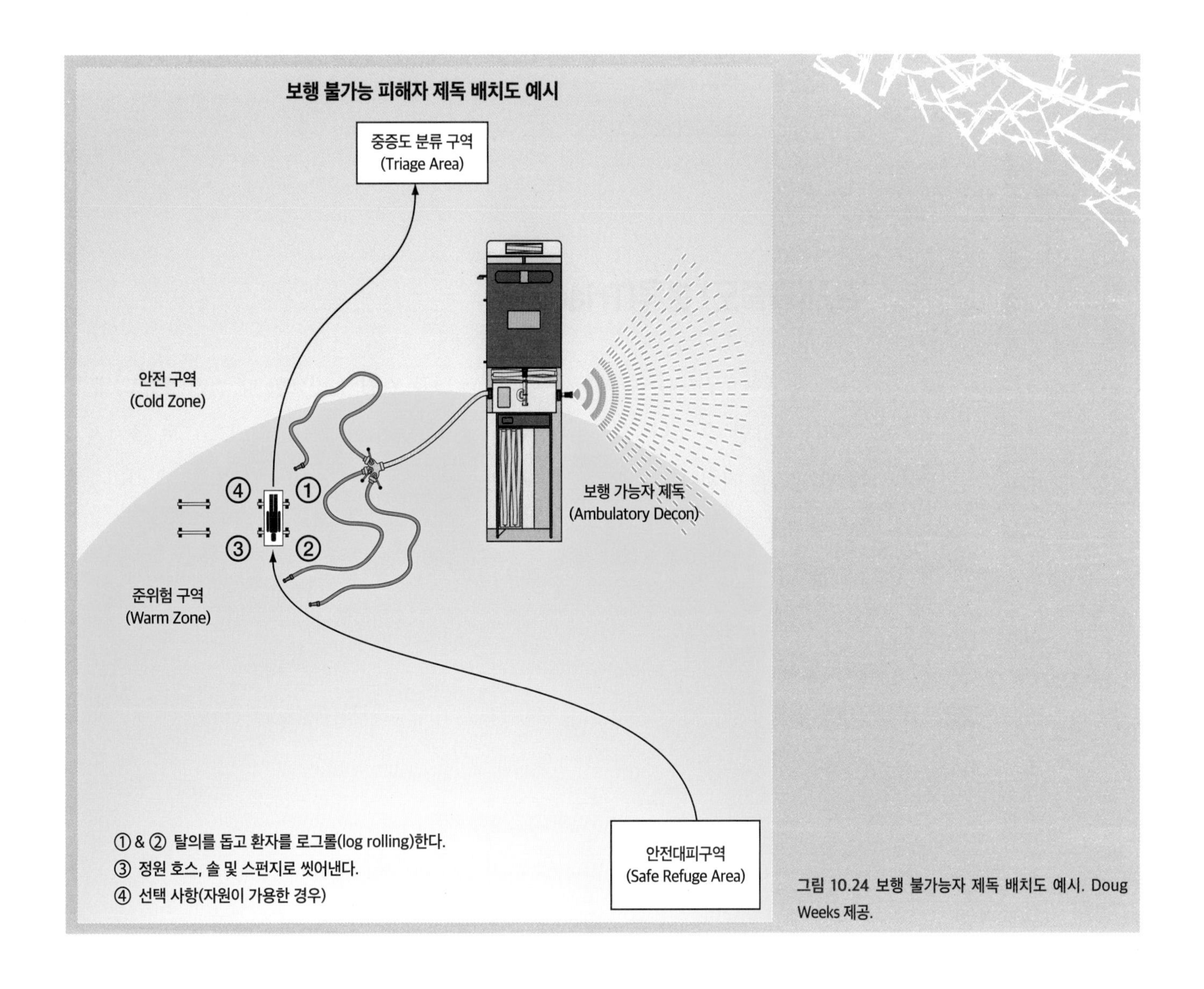

그림 10.24 보행 불가능자 제독 배치도 예시. Doug Weeks 제공.

제독 대응활동(작전) 중 피해자 관리

Victim Management during Decontamination Operation

제독을 필요로 하는 사고의 피해자(요구조자) 관리 활동에는 다음이 포함된다.

- 환자(중증도) 분류(triage)
- 사망자(deceased victim)의 처리

환자(중증도) 분류(Triage)

어떤 피해자(요구조자)가 사고 지역에 있고 의료 지원이 필요할 때 환자(중증도) 분류triage가 필요할 수 있다. 모든 피해자(요구조자)는 구급(응급의료서비스)으로 옮겨지기 전에 제독을 거쳐야 한다. 노출 유형, 관련 제품, 부상 여부 및 기타 요인에 따라 2차(완전) 제독 또는 다수인체 제독인지가 결정된다.

대부분의 경우 제독을 수행한 후 안전 구역에서 환자 분류를 수행한다. 피해자(요구조자)의 우선순위 결정prioritization은 STARTSimple Triage and Rapid Treatment/Transport(단순 중증도 분류 및 신속 치료/이송)와 같은 의료적 중증도 분류 체계medical triage system를 사용하여 수행할 수 있다(그림 10.25). 피해자(요구조자) **환자(중증도) 분류**[5]를 수행하는 절차는 지역 비상대응계획local emergency response plan에 미리 결정되어 있어야만 한다.

---

5 **환자(중증도) 분류(Triage)** : 의학적 치료 및 이송의 우선순위를 결정하기 위해 사고 사상자들을 분류하고 나누는 데 사용되는 체계

다수인체 제독 사고에서의 중증도 분류는 2차(완전) 제독 사고와 본질적으로 동일하다. 다수인체 제독 사고에서는 일반적으로 개개인이 더 많이 연관되므로 더 많은 구급(응급구조) 조직[EMS unit]과 관련된 대원(요원)이 있을 수 있다. 기술 단계를 포함한 환자(중증도) 분류는 '12장, 대응 실행: 전문대응 임무특화 수준의 피해자(요구조자) 구조 및 수습'에서 보다 자세히 다룬다.

START 의료적 환자(중증도) 분류 체계

START 분류	제독 우선순위	전형적인 관찰사항	화학 작용제 관찰사항
즉각(IMMEDIATE) 빨강 태크(Red Tag)	1	호흡은 기도(airway)의 위치를 변경한 후에만 나타난다. 호흡률(respiratory rate)이 30 이상인 피해자(victim)에게 적용한다. 모세혈관 재충만(capillary refill)이 2초 이상 지연된다. 의식 수준이 지대하게 변화한다.	• 심각한 징후/증상 • 액체 작용제 오염(liquid agent contamination)이 알려짐
지연(DELAYED) 노랑 태크(Yellow Tag)		피해자는 야지(현장)에서 제한된 시간 동안에 통제/치료받을 수 있는 상해(injury)를 보인다.	• 최소 징후/증상 • 액체 작용제 오염(liquid agent contamination)이 알려지거나 의심됨 • 에어러솔 오염(aerosol contamination)이 알려짐 • 유출 지점에 근접함
경미(MINOR) 녹색 태크(Green Tag)	3	즉각적인 또는 중대한 치료를 요하지 않는 경미한 정신적 외상의 부상을 동반 또는 동반하지 않는 보행 가능자	• 최소 징후/증상 • 액체, 에어로졸 또는 증기에 노출이 알려지지 않았거나 의심됨
사망/지연(DECEASED/EXPECTANT) 검정 태크(Black Tag)	4	기도의 위치를 변경하려는 시도 후에 자발적이고 효과적인 호흡이 나타나지 않는다.	• 매우 심각한 징후/증상 • 액체 신경 작용제(liquid nerve agent)로 심하게 오염됨 • 자기(피하) 주사(autoinjection)에 반응 없음

그림 10.25 START 또는 다른 중증도 분류 체계를 사용하여 화학 작용제 사고 시 환자들을 선별할 수 있다. 미 육군 군인 및 생물 화학 사령부(U.S. Army Soldier and Biological Chemical Command; SBCCOM) 제공.

사망자 처리(Handling Deceased Victim)

대응요원들은 사망한 피해자를 다루는 현실에 반드시 대비해야 한다. 일반적으로 사망한 피해자는 손길이 닿지 않아야 하며, 대응요원들은 항상 관할당국 절차를 따라야 한다. 관할당국AHJ의 검시관은 사망자를 언제 어떻게 처리할 것인지를 결정할 것이다. 일반적으로 위험 구역hot zone에서 사망한 피해자를 이동시키는 것은 생존한 피해자들을 모두 이동시킨 다음으로 연기한다.

대응요원들은 사망자를 이동시킬 때 윤리적 문제를 반드시 고려해야 하며, 최대한의 존중과 존엄을 가지고 이를 처리해야 한다. 사망한 피해자를 위험 구역에서 이동시킬 때 사망자를 의료 검시관에게 양도하기 전에 제독 대응활동이 반드시 완료되어야 한다.

비상대응조직 대원(요원)은 사고현장을 보존하고 법의학적 증거 수집 작업을 수행하는 사람들과 최소한의 교란 및 자문을 통해 작업을 수행해야 할 필요성에 유의해야만 한다. 적절한 시기에 해당 법집행기관(또는 지정 기관)이 피해자 유해 관리 방법을 결정한다.

사망한 다수의 사망한 피해자(요구조자)(대량 사상자 사고)를 처리하는 것은 현지 비상대응대원(요원)의 능력을 초월할 수 있다. 특수 대응팀(즉, 재난 시체안치팀disaster mortuary teams; DMORT)이 이러한 유형의 문제를 지원하도록 요청할 수 있다. 미국 및 캐나다에서 지원 요청을 활성화시키기 위해서는 반드시 적절한 비상 관리 사무소(기구)emergency management office를 통해서 그러한 팀을 요청해야 한다.

사고에 많은 사망자가 발생한다면, 사고현장 시체 보관소 시설on-scene morgue facility을 설치해야 할 수도 있다.

제독 대응활동(작전)에 대한 일반적인 지침

General Guideline for Decontamination Operation

제독 대응활동(작전)에 대한 일반적인 지침은 다음과 같다.

- 진입 대원(entry personnel)이 위험 구역hot zone에 들어가기 전에 2차(완전) 제독 설치(technical decon setup)가 완료되어 실행 가능한지 확인한다.
- 긴급/다수인체 제독 대응활동(작전)(emergency/mass decon operation)을 신속히 시작한다. 요구되는 속도는 관련된 사고의 물질(material) 및 유형(type)에 따라 결정된다[예를 들면, 화학 작용제(chemical agent)는 즉각적인 제거가 필요하겠지만 생물학 작용제(biological agent)는 필요하지 않을 것임].
- 항상 적절한 개인보호장비(PPE)를 착용한다.
- 오염된 피해자(contaminated victim)를 포함하여 위험물질(hazardous material)에 접촉하는 것을 피한다.
- 제독 대응활동(작전)(decon operation)은 피해자(요구조자)를 보행 가능(자)(ambulatory)/보행 불가능(자)(non-ambulatory) 및 남성/여성으로 초기 분리하는 것(initial seperation)과 결합될 수 있다.
- 위험 구역(hot zone)에 있었던 모든 피해자(피해자, victim)는 안전 구역(cold zone)으로 이동하기 전에 제독에 대한 필요성을 판단하기 위해 평가한다. 필요한 경우 제독을 실시한다.
- 피해자(요구조자)와 대응요원이 둘 다 어디로 가야 하는지 알 수 있도록 명확하게 지정된 '제독 진입 지점'을 설정한다.
- 피해자들(피해자들)의 제독을 실행할 때, 복장은 최대한 많이 제거할수록 더 좋을 것이다(탈의는 그 자체만으로 효과적인 제독이다). 피해자의 겉옷과 속옷 내부로 침투했을만한 무언가가 적셔지지 않았다면, 완전히 탈의할 필요는 없다.
- 안전 구역(cold zone)으로 이동하기 전에, 위험 구역(hot zone)에 있었던 모든 비상대응대원(요원)을 제독한다.

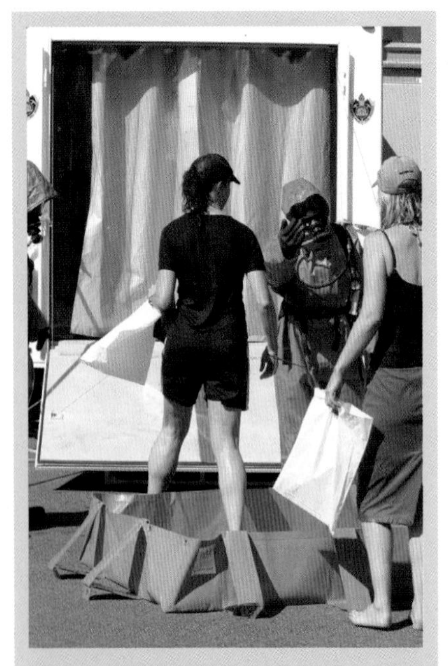

그림 10.26 피해자는 정신적 외상을 입었을 수 있으므로, 의사소통은 반드시 명확하고 이해하기 쉬워야 한다. 뉴사우스웨일스 소방서(New South Wales Fire Brigades) 제공.

- 피해자와 별도로 비상대응요원들을 제독한다[가능하고 실용적인 경우 별도의 제독 통로(제독선)를 설치한다].
- 제독 구역 밖에 있는 피해자들이 부상 및 노출과 관련된 의학적 증상에 대해 평가받을 수 있도록 제독 구역 바로 외부에 의료적 중증도 분류 및 치료 구역을 설치한다.
- 수신호, 그림 신호, 장내 방송설비 장치, 확성기 또는 기타 방법을 사용하여 피해자들과 의사소통을 할 수 있다. 사람들이 정신적 외상(traumatizaed)을 입거나 노출로 고통을 받을 수 있으므로, 명확하고 이해하기 쉬운 지침을 제공하는 것이 중요하다(그림 10.26).
- 가능한 한 사생활을 보장한다(예를 들어, 순환하는 언론사 헬리콥터 또는 근처 건물의 상층과 같은 위쪽의 관측하기 좋은 지점을 포함).
- 가능하다면 씻을 수 있는 따뜻한 물을 제공한다. 물이 차가우면 온도에 적응하고 감기에 걸리지 않기 위해 피해자(요구조자)가 서서히 젖도록 한다.
- 추후에 피해자(요구조자)를 식별하고 법의학 검사(forensic examination)를 실시하기 위해 제독된 피해자의 소지품(상태 보호)을 문서화하고 보존한다.
- 피해자 및 대응요원들에게 사생활 보호와 날씨로부터 보호할 수 있는 청결한 대체 의복을 제공한다.

중점사항

다수인체 제독(mass decon) 상황에서 사고현장에 도착했을 때 무엇이든 간에 가용한 개인보호장비를 착용할 것이다. 대부분의 상황에서 소방대원은 소방관 기본 착용 보호복(structural firefighter protective clothing)과 자급식 공기호흡기(SCBA)를 착용할 것이다(그림 10.27). 관련된 위험물질(hazardous material)에 대한 자세한 정보가 수집되면 그에 따라 조정이 이뤄질 수 있다.

위험물질이 확인된 2차(완전) 제독 상황에서는 미 국립직업안전건강연구소(NIOSH) 지침과 제조업체의 권장사항을 사용하여 적절한 화학보호복(chemical protective clothing)과 호흡기 보호장비(respiratory protection)를 결정한다. 종종 제독(decon)을 실시하는 사람들은 진입팀(entry team)보다 한 수준 낮은 복장을 입는다(그림 10.28). 따라서 진입팀이 미 환경보호청(EPA)이 A급 복장(Level A ensemble)을 입고 있다면, 제독팀은 B급으로 복장을 입는다. 어떤 경우에는 제독선(decon line)에서 일하는 첫 번째 대원이 진입팀과 같은 수준의 옷을 입어야 할 필요성이 있다. 어떠한 경우에서든 모두 내화학 장갑(chemical glove)이 필요하다. 화재진화장갑(fire-fighting glove)은 제독 절차에서 사용해서는 안 된다(그림 10.29). 제독 대응활동(작전)을 하는 동안 오염될 가능성이 있기 때문에 제독 통로를 떠나기 전에 제독을 실시해야 할 것이다.

제독 감독관(decon supervisor)은 제독 대응활동(작전)(decon operation) 중 자급식 공기호흡기(SCBA)와 관련된 공기통의 보유 공기가 낮아진 대응요원을 위한 계획을 항상 가지고 있어야만 한다. 추가 정보는 표준작전절차 및 지침(SOP/G) 및 비상대응계획을 참조하라.

그림 10.27 대부분의 다수인체 제독 상황에서, 소방 대응요원(소방관)은 최초에는 소방관 기본장비 착용복장과 자급식 공기호흡기(SCBA)를 착용할 것이다.

그림 10.28 2차(완전) 제독 계획 안에서 제독을 수행하는 사람들은 종종 진입팀의 한 수준 아래로 분류된 복장을 입는다. 미 연방비상관리국 뉴스 사진(FEMA news photo)(Win Henderson 촬영) 제공.

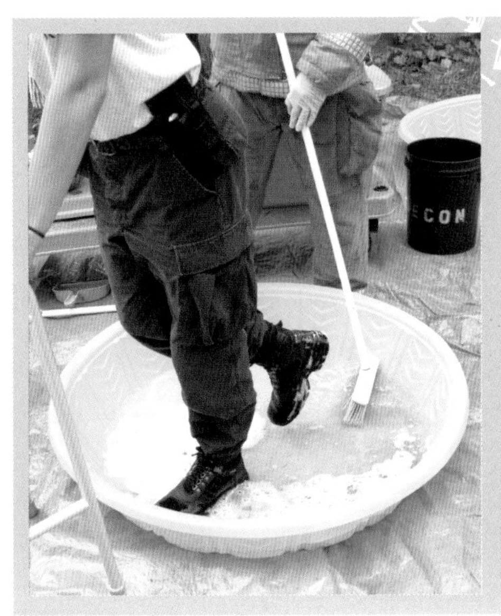

그림 10.29 장갑이 오염물질을 흡수할 수 있기 때문에, 제독 대응활동을 수행하는 개개인은 가죽 장갑(leather glove)을 착용해서는 안 된다.

제독 실행

Decontamination Implementation

제독을 실행할 때 고려해야 할 요소들은 다음과 같다.

- 장소 선정(site selection)
- 제독 통로 배치도(decontamination corridor layout)
- 제독 보안 고려 사항(decontamination security consideration)
- 혹한기 제독(cold weather decontamination)
- 증거 수집 및 제독(evidence collection and decontamination)
- 제독 대응활동(작전)의 효과 평가(evaluating effectiveness of decontamination operation)

장소 선정(Site Selection)

제독 장소를 선정할 때 다음의 요소들을 고려한다.

- **풍향(wind direction)** 제독 장소는 공기 중 오염물질이 깨끗한 지역으로 퍼지는 것을 방지하기 위해 위험 구역(hot zone)의 윗바람 지역에 있어야 할 필요가 있다. 제독 장소가 아랫바람 방향(downwind)에 부적절하게 위치하면, 바람의 흐름이 연무(mist), 증기(vapor), 분말(powder) 및 분진(dust)이 대응요원 및 피해자(요구조자)에게 날릴 것이다. 장기간의 대응활동(작전) 중에는 지역 기상관측 공공기관(기상관측소)은 풍향 및 기상의 변화를 예측하는 데 도움을 줄 것이다.
- **기상(날씨)(weather)** 이상적으로는 혹한(추운)의 날씨에는 바람이 불어오는 것으로부터 보호되어야 하며, 특히 제독 통로 끝부분 근처가 보호되어야 한다. 피해자는 탈의할 때 차가운 바람으로부터

보호받아야 한다.

- **접근성(accessibility)** 제독 장소는 반드시 위험 구역(hot zone)으로부터 멀리 떨어져 있어야 하지만, 위험 구역을 벗어나는 사람이 제독 통로(decontamination corridor)로 바로(직접) 들어갈 수 있도록 위험 구역에 인접해 있어야 한다. 인접한 장소는 청정한 지역을 오염시킬 가능성을 제거한다. 또한 제독 장소를 실제 사고 장소에 최대한 가깝게 둔다.
- **시간(time)** 시간은 장소 선택 시 주요한 고려사항이다. 대원이 위험 구역(hot zone)을 오가는 데 걸리는 시간이 짧을수록 대원은 길게 일할 수 있다. 4가지 주요 시간대는 다음과 같다.
  - 위험 구역에서의 이동시간
  - 위험 구역에서 작업하는 데 할당된 시간
  - 제독 장소로 돌아가는 이동 시간
  - 제독 시간
- **지형(terrain) 및 표면 물질(surface material)** 제독 장소는 이상적으로는 평평하거나 위험 구역 쪽으로 기울어져 있다, 따라서 제독 통로에서 우발적으로 방출될 수 있는 모든 것은 오염된 위험 구역 쪽 또는 안쪽으로 유출되고, 제독 통로를 떠나는 사람들은 깨끗한 지역으로 들어갈 것이다. 해당 장소가 위험 구역에서 멀리 떨어져 있으면, 오염물질이 깨끗한 지역으로 유입되어 오염이 확산될 수 있다. 완벽한 지형을 찾는 것이 항상 가능한 것은 아니며, 초동대응자는 의도하지 않은 유출을 고립(confinement)시키기 위해 일부 유형의 장벽을 배치해야 할 것이다. 세부사항은 다음과 같다.
  - 장소 주위로 둑을 쌓아서 우발적인 오염을 방지한다.
  - 해당 장소의 토양 오염을 방지하기 위해서는 단단하고 무다공성 표면이 가장 좋다.
  - 표면이 단단한 차도, 주차장 또는 거리에 접근할 수 없는 경우, 몇몇 유형의 불침투성 덮개(impervious covering)를 사용하여 지면을 덮는다. 구조용 방수포(salvage cover) 또는 플라스틱 천(plastic sheet)은 오염된 물이 토양으로 쏟아지는 것을 방지한다.
  - 표면이 다공성인지 여부에 관계없이 덮개(cover) 또는 시트(깔개)(sheeting)를 사용하여 2차(완전) 제독 통로를 설치해야 한다(그림 10.30).
- **조명(lighting)[및 전기 공급(electrical supply)]** 제독 통로에는 구역 내의 대원의 부상 가능성을 줄이기 위해 적절한 조명이 있어야 한다. 가로등, 투광 조명등 또는 기타 유형의 영구 조명으로 조명을 받을 수 있는 제독 장소를 선택하면 휴대용 조명의 필요성이 줄어든다. 시설 조명을 사용할 수 없거나 부적절한 경우, 이동식 조명이 필요하다. 이상적으로는 제독 장소에는 이동식 조명(히터, 온수기 및 기타 필요사항)을 위한 준비된 전기 공급원이 있다. 그러나 그러한 공급원을 이용할 수 없다면 이동식 발전기가 필요할 것이다.

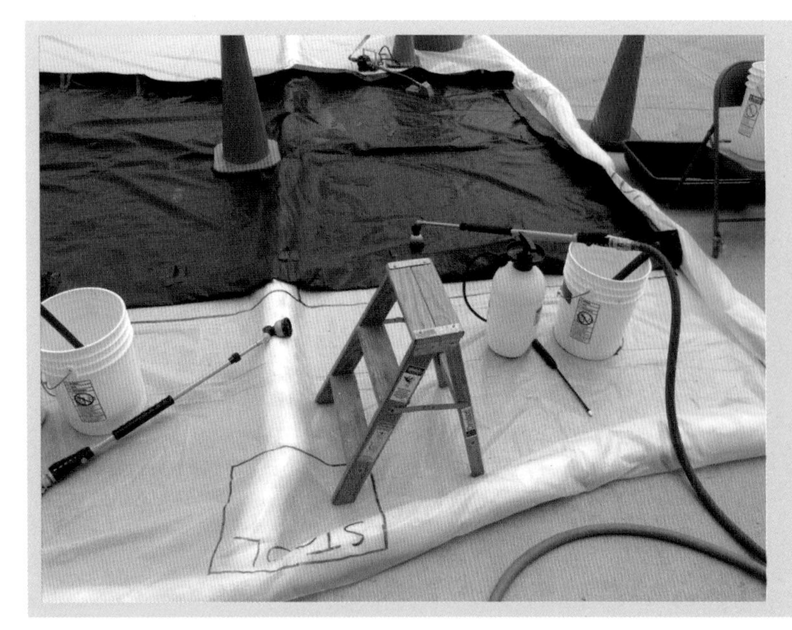

그림 10.30 제독 통로가 콘크리트 또는 아스팔트와 같은 딱딱한 표면에 설치되어 있는 경우에도 방수포, 플라스틱 천 또는 구조 덮개를 바닥재로 사용해야만 한다.

- **배수구(drain) 및 수로(waterway)** 제독 장소는 폭풍우 및 하수도 배수구, 작은 만, 연못, 도랑 및 기타 수로[하수도 설비(system)가 관리 및 중화될 수 있는 격리 설비(contained system)로 사용하도록 승인된 경우는 제외] 근처에 설치해서는 안 된다. 이러한 상황이 여의치 않은 경우 빗물 배수구를 보호하기 위해 둑(제방, dike)을 만들거나 제독 장소와 가까운 수로 사이에 둑(제방)을 건설할 수 있을 것이다. 가능한 경우 환경에 민감한 모든 구역(지역)을 보호하되, 지연으로 인해 사고의 영향을 받는 사람들이 부상을 입을 경우 환경을 보호하기 위해 제독을 지연시키지 않는다.
- **물 공급(water supply)** 습식 제독을 사용하는 경우 제독 장소에서 반드시 물을 사용할 수 있어야 한다.

사전 계획에는 정부 건물 및 경기장과 같은 테러리스트의 표적이 될 수 있는 장소에 제독을 위한 사전 지정 장소를 포함해야만 한다. 또한 병원은 응급실에서 피해자들(피해자들)을 잠재적으로 대량(다수)으로 제독decon할 계획을 반드시 가지고 있어야 한다.

제독 통로 배치도(Decontamination Corridor Layout)

대응요원은 위험 구역에서 어떠한 작업을 수행하기 전에 반드시 제독 통로를 설치해야 한다. 초동대응자는 많은 경우에 제독 통로를 설치하고 작업하는 데 관여한다. 제독 통로의 유형은 제독 절차에서 사용된 구획 또는 단계의 수에 따라 다르다. 통로는 간단하고 몇 단계만 거치거나, 더 복잡하고 몇 개의 구역과 12단계 이상의 단계가 필요할 수 있다. 비상대응요원들은 반드시 그 절차을 이해하고 서로 다른 물질에 의해 요구되는 해당 제독 유형을 설치하는 훈련을 받아야 한다. 고려해야 할 몇 가지 요소들은 다음과 같다.

- **사생활 보호 보장** 제독 텐트(decon tent) 또는 제독 트레일러(decon trailer)는 제독 통로를 통과하는 개개인이 더 많이 사생활 보호를 받을 수 있도록 한다. 제독 담당관(decon officer)과 사고현장 지휘관은 남성 앞에서 의복을 벗도록 요구받은 여성들의 요구에 특히 민감해야 할 필요가 있다[여성이 피해자(요구조자)이든 다른 비상대응요원이든 상관없이]. 법적 소송(lawsuit)은 제독을 통해 여성이 불편하다고 느꼈거나 심지어 제독 동안에 굴욕감을 느낀 상황으로부터 비롯된다. 제독을 실시할 텐트나 트레일러와 같은 제한 구역을 제공하면 비슷한 소송을 예방할 수 있다(그림 10.31). 가능한 경우 여성을 제독할 때 여성 대응요원을 기용한다. 아이들은 절대로 부모(또는 둘 중 한 명)나 보호자와 분리시키지 않는다.

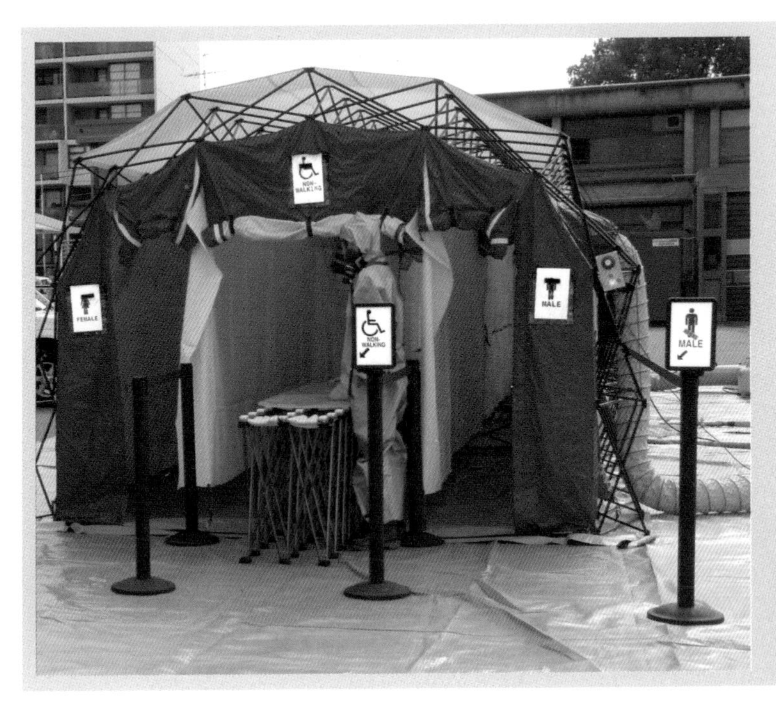

그림 10.31 가능한 경우 남성(men)과 여성(women)이 별도로 샤워하도록 하는 것이 중요한다. 그러나 가족 단위(family unit) 및 다른 사람들[예를 들면, 보모(babysitter)가 있는 아이들 또는 보호자(caregiver)가 있는 노인]이 함께 있기를 원한다면 분리시켜서는 안 된다. 뉴사우스웨일스 소방서(New South Wales Fire Brigades) 제공.

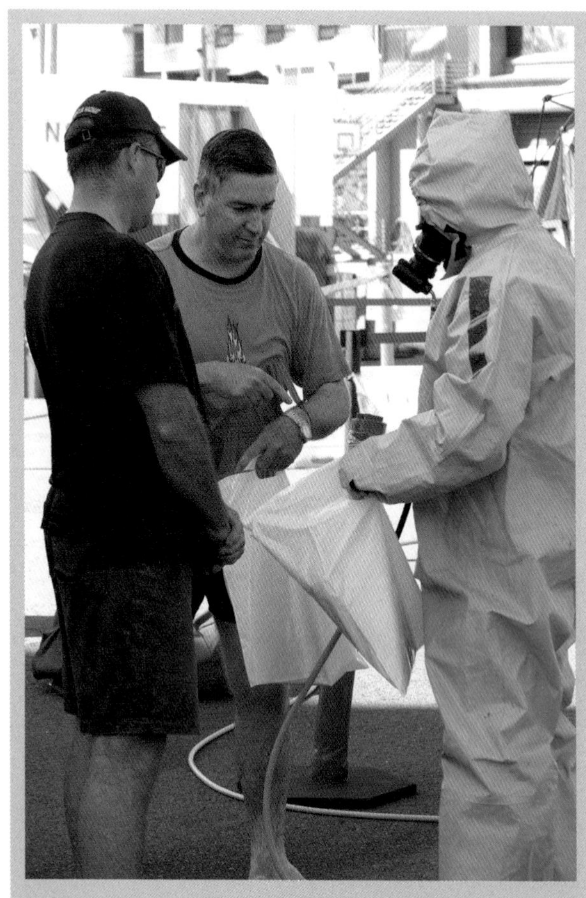

그림 10.32 오염된 의복 및 개인별 영향을 추적하기 위한 책임 체계가 반드시 실행되어야 한다.

- **오염된 옷/물건들을 주머니(봉지)에 담고 태그하기** 다양한 방법을 사용할 수 있지만 책임 체계(accountability system)가 구현되어야 한다. 의류 및/또는 개인소지품을 주머니(봉지) 등에 넣고, 가능하면 주머니(봉지) 등에 그 사람의 이름 또는 기타 식별요소를 표시한다. 가능한 경우 개인소지품(지갑, 반지, 시계, 신분증)을 이름이나 고유한 식별번호[중증도 분류 태그(triage tag) 또는 중증도 분류 카드(triage ticket)]가 명확하게 표시된 투명한 비닐봉지에 담는다(그림 10.32). 이러한 품목들은 반환되기 전에 제독이 필요할 수 있다. 혼란 없이 사고 후에 적절한 소유자에게 반환될 수 있도록 모든 개인적인 소지품들에 표식을 하거나 표시하는 체계를 마련한다. 오염된 의복이 들어 있는 모든 주머니(봉지 등)는 제독선(decon line)의 더러운 쪽 부분의 준위험 구역(warm zone) 내에 있어야 한다. 이러한 목적으로, 예를 들어 상용의 태깅 장비물품(commercial tagging system)을 사용하거나 다중 부품으로 구성된 플라스틱 병원용 식별 팔찌(multiple-part plastic hospital identification bracelet)를 사용할 수 있다.

제독 통로는 통제선(경계선) 테이프, 안전 콘 또는

정보(Information)

개인 소지품

많은 개개인들에게 있어 자신의 개인 소지품(personal belonging)과 분리되는 것이 매우 큰 스트레스가 됨을 주지한다. 이러한 이유 때문에 탈의를 보조하는 대응요원은 불안을 완화하는 데 도움이 될 수 있도록 피해자의 입장에 적극 공감하고 협조적으로 대해야 한다.

가능한 수준으로, 사람과 개인 소지품의 상태를 추적한다. 이것은 대중 정보(public information)[피해자(요구조자)의 친척들은 누가 어디로 갔고, 왜 갔는지를 알고 싶어 할 것이다]에 관한 것뿐만 아니라 테러와 연관된 사고에 대한 범죄 현장 조사에 있어서도 중요하다.

시각적으로 인식 가능한 기타 품목들로 구별시킨다(그림 10.33). 구조용 방수포salvage cover나 플라스틱 천plastic sheeting과 같은 덮개covering를 사용하여 제독 통로를 구성할 수도 있다. 보호 덮개protective covering는 제독 통로의 윤곽선을 형성하고 사생활 보호를 제공하는 것 외에도, 오염된 헹굼 물(제독 간 나온 세척 후 헹굼 물)이 격리 수조containment basin로부터 튀는 경우에 대해서도 환경을 보호한다. 격리 수조는 구조 덮개salvage cover와 소방 호스fire hose 또는 사다리로 만들 수 있다. 일부 조직들에서는 공원의 어린이 풀장 또는 휴대용 흡입 탱크를 격리 수조로 사용한다. 또한 사고현장에는 오염된 도구 및 개인보호장비를 수납하기 위한 복구 드럼 또는 기타 유형의 컨테이너와 비닐 봉투가 필요하다.

제독 보안 고려요소 (Decontamination Security Consideration)

위험 구역hot zone을 이탈하는 법집행기관 직원 및 군인은 반드시 제독을 거쳐야 한다(그림 10.34). 법집행기관 직원 및 군인에 대한 제독 대응활동(작전)을 수행하는 것은 사고 대응활동(작전)에 대한 고유한 어려운 문제unique challenge를 제기한다.

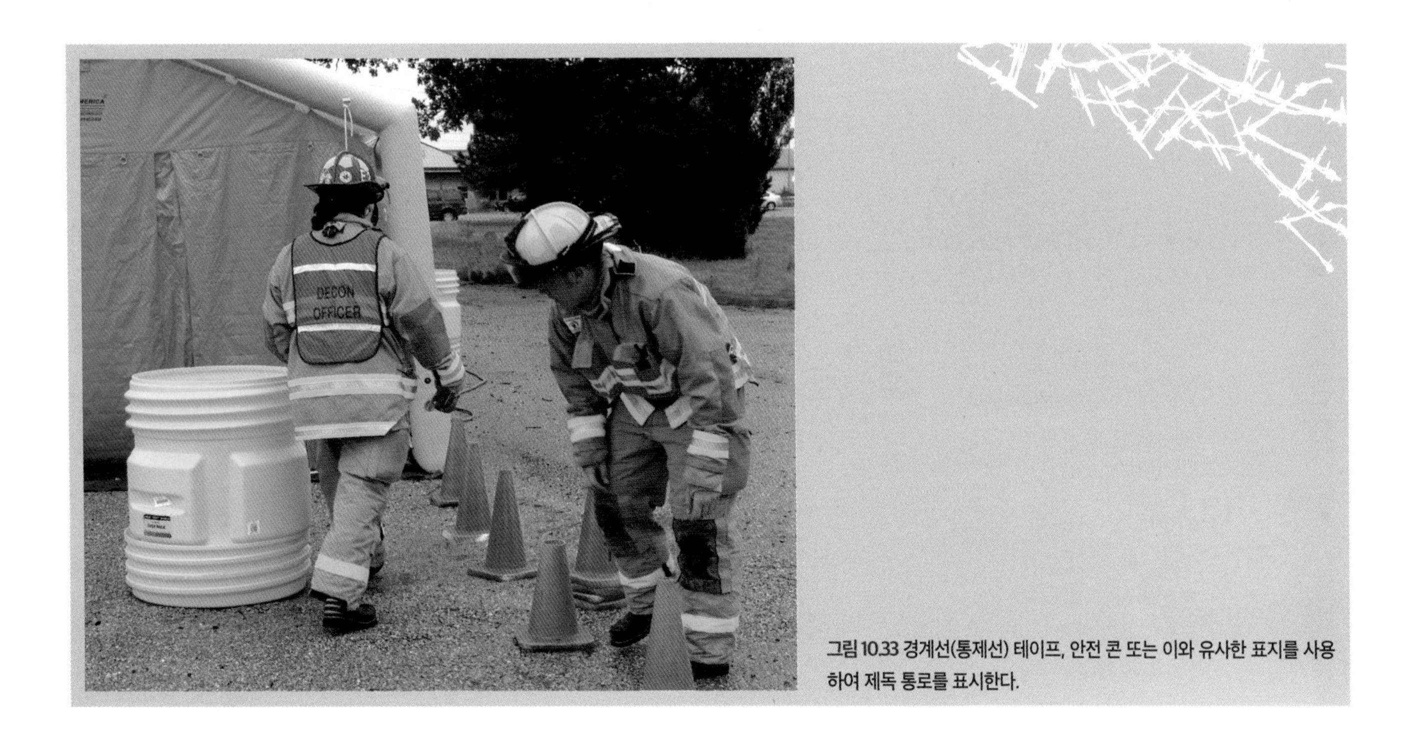

그림 10.33 경계선(통제선) 테이프, 안전 콘 또는 이와 유사한 표지를 사용하여 제독 통로를 표시한다.

그림 10.34 법집행기관 직원 및 군인을 포함한 위험 구역을 이탈하는 모든 사람들은 제독을 반드시 받아야 한다. 미국 공군(Staff Sgt. C. Todd Lopex) 제공

그림 10.35 지역정책은 반드시 액체 제독에의 노출로 인해 손상될 수 있는 잠재적으로 오염된 무기, 탄약 및 기타 장비를 관리하기 위한 절차를 수립해야 한다.

이런 대원들은 종종 무기를 소지하며, 제독 대응활동(작전) 중에 이런 무기들을 민간인 대원에게는 제공하지 않는다. 무기를 제독하는 것을 포함하여 대응활동(작전)이 진행됨에 따라 보안security을 보장하기 위해 위험물질 대응 관련 훈련을 받은 법집행기관 담당관law enforcement officer을 제독 대응활동(작전)에 포함시킬 필요가 있다. 액체 제독 용액이나 물에 노출되어 손상될 수 있는 무기, 탄약 및 기타 장비의 제독 시에는 반드시 특별한 주의를 기울여야 한다(그림 10.35). 제독 계획 수립 시에는 반드시 지역 정책 및 절차에 따라 이러한 요소들을 고려해야 한다.

위험 구역을 이탈하는 무장한 비상대응 공공기관 대원을 위한 또 다른 제독 통로를 설치할 수 있다. 무기는 집행기관 직원이 무장해제하고 제독을 실시한 후 올바른 수준의 개인보호장비를 착용할 수 있도록 법집행기관 담당관이 감독하는 위험물질 복구 상자에 보관한다.

비상대응요원은 위험물질/대량살상무기WMD 사고의 위험 구역에 개canine를 데려가기 전에 예방 조치[예를 들면 개의 발에 보호 신발(부츠)을 신기는 것과 같은]를 취해야 하며, 그러한 동물을 제독하기 위한 별도의 절차가 있어야 한다. 그러나 이러한 동물들은 제독 통로를 통해 처리될

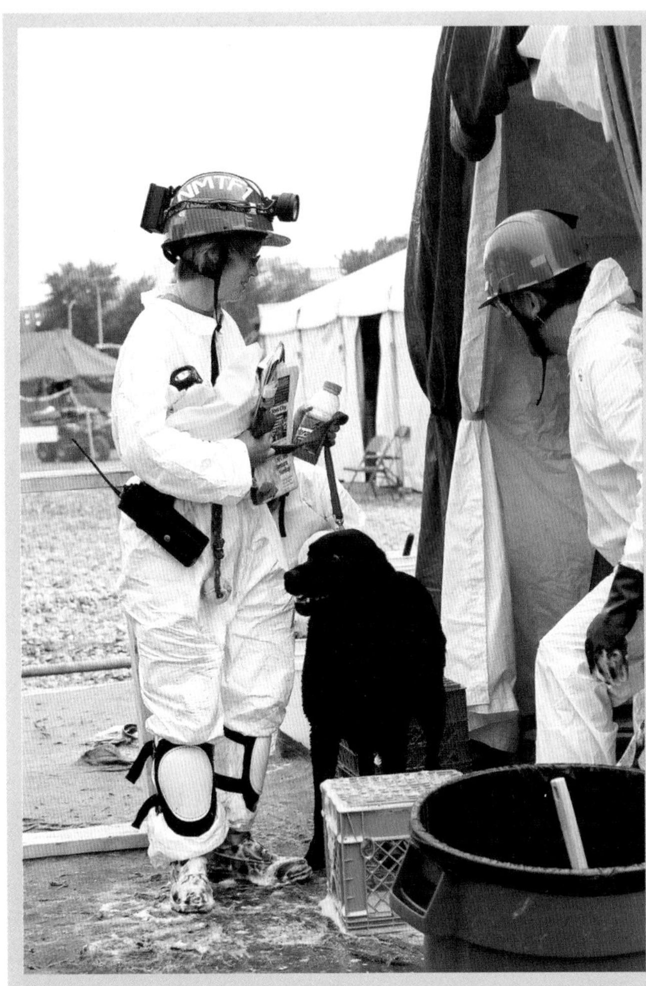

그림 10.36 위험 구역을 이탈하는 공무수행 개(견)(service dog)는 제독을 받아야 할 것이다. 미 연방비상관리국 뉴스 사진 제공(FEMA news photo)(Jocelyn Augustino 촬영).

그림 10.37 범죄 용의자는 대응요원이나 기타 피해자를 위해 설정된 동일한 제독 단계를 거치게 된다. 이 과정에서의 주의 깊은 감독을 보장하기 위한 규정들이 반드시 만들어져야 한다.

것이며, 소방 대원은 동물들의 제독을 보조해야 한다(그림 10.36).

범죄 용의자를 제독해야 할 수도 있다. 용의자는 이러한 과정에서 반드시 법집행 기관의 감독을 받아야 한다. 2차(완전) 제독을 실시하는 경우 용의자는 대응요원과 기타 피해자를 위해 설정된 것과 동일한 제독 단계를 거치게 될 것이다(그림 10.37). 수갑을 차고 또는 차지 않고 제독을 받게 할 것인지 여부를 반드시 고려해야 한다. 범죄 용의자의 제독을 위한 부서별 절차를 따른다.

참고

위험물질/대량살상무기(WMD) 사고에서, 동물과 애완동물의 제독 요청이 있을 수 있다. 비상사태 계획에는 동물과 애완동물의 제독(decontamination)에 대한 지침이 포함되어야 한다.

혹한기 제독(Cold Weather Decontamination)

혹한(추운) 날씨에 습식 제독 대응활동(작전)wet decon operation을 수행하는 것은 안전하게 실행하기 어려울 수 있다. 샤워 시 따뜻한 물을 사용한다고 할지라도, 유출수run-off water가 얼음으로 빠르게 변할 수 있어 피해자(요구조자)와 대응요원 모두에게 위험한 미끄러짐 및 낙상 위험을 초래한다. 따뜻한 물을 이용할 수 없는 경우, 취약한 개개인(노인, 어린이, 화학적 상해chemical injury를 입은 개개인 또는 당뇨병과 같은 사전에 건강 이상을 겪고 있던 경우)은 감기에 걸리거나 저체온증을 겪을 수 있다.

저체온증의 원인이 될 수 있는 저온에 노출되는 것으로부터 피해자(요구조자)를 보호할 수 있도록 고려해야 하다. 다음 질문에 답해보면서 피해자(요구조자)를 최선으로 보호하는 방법에 대한 정보를 얻을 수 있다.

- 습식 방법이 필요한가, 또는 탈의하고 건식 방법(dry method)으로 효과적인 제독을 달성할 수 있는가?
- 풍속 냉각(wind chill)이 효과가 있는가?
- 제독 동안 및 후에 피해자(요구조자)를 위한 대피소가 있는가?
- 스프링클러 설비, 실내 수영장 및 라커룸 샤워장을 사용하여 옥내 제독(decon indoor)을 수행할 수 있는가?
- 제독이 실내에서 수행될 경우[예를 들면 사전 계획된 시설(preplanned facility)에서], 피해자들은 어떻게 수송되는가?
- 결빙 온도(freezing temperature)에서 제독을 외부(야외)에서 수행해야 하는 경우, 얼음 같이 차가운 여건을 어떻게 관리할 것인가(예를 들면, 모래, 톱밥, 소금)?

경고(WARNING!)

화학 작용제(chemical agent)에 노출된 사람들은 주변 온도에 관계없이 즉시 긴급 제독(emergency decon)을 해야 한다.

화학 작용제chemical agent에 노출된 사람들은 주변 온도에 관계없이 즉시 긴급 제독emergency decon을 해야 한다. 그들은 탈의하고 철저히 샤워해야 한다. 샤워 후 가능한 빨리 건조한 옷과 따뜻한 피난처를 제공해야 한다.

증거 수집(Evidence Collection) 및 제독(Decontamination)

증거evidence의 수집collection, 보존preservation, 시료수집sampling은 수립된 절차에 따라 법집행기관의 지시 하에 수행된다. 이러한 활동과 관련된 제독 문제들은 법집행기관과 공동으로 결정한다. 법집행기관 직원에 의해 현장에서 수집된 증거는 반드시 적절히 포장되어야 한다[예를 들면, 승인된 자루(봉지) 또는 기타 증거물 컨테이너]. 위험 구역에서 안전 구역으로 통과할 때는 포장의 외부 면만 제독된다(그림 10.38). 증거가 제독 통로를 통과하면 관할당국 절차에 따라 증거물 보존의 연속성을 반드시 문서화해야 한다.

그림 10.38 법집행기관 간부진의 지시와 감독하에 증거의 제독이 수행되어야 할 필요가 있다.

제독 대응활동(작전)(Decontamination Operation)의 효과 평가(Evaluating Effectiveness)

제독 대응활동(작전)의 효과를 시각적으로 또는 탐지 및 식별 장비monitoring and detection device와 같은 기타 장비를 사용하여 평가할 수 있다(그림 10.39). 일반적으로 관련된 위험물질로 작전 수행에 필요한 기술이나 장치를 파악한다.

많은 수의 사람들이 관여하게 되는 경우 사람들은 제독 절차를 받은 후에 짧게 확인받아야 하며, 그렇지 않으면 개개인을 더욱 주의 깊게 확인해야 한다. 이러한 확인은 제독 통로를 나갈 때 이뤄져야만 한다. 오염이 감지되면, 개개인은 반드시 제독 절차를 재실시토록 지시받아야 한다.

여전히 증상이나 영향에 대해 불평하는 피해자(요구조자)는 오염물질을 확인(또는 재검사)해야 한다. 제독의 효과가 의심스러운 경우 피해자는 다음 단계(다른 지역)로 이동하기 전에 다시 제독을 받아야 한다.

도구 및 장비는 일반적으로 대응활동(작전)의 비상 단계가 완료될 때까지 제독 구역에 보관해야 할 것이다. 제독 후에는 다시 사용하기 전에 모든 오염이 제거되었는지 확인해야 한다. 위험물질에 노출되었거나 잠재적으로 노출된 경우에는 장비 역시 제독을 받아야 할 것이다. 피해자와 대응요원들에 대한 제독 효과를 판단하는 데 사용되는 것과 동일한 탐지 및 식별 장비를 장비, 도구 및 장치에 사용할 수 있다.

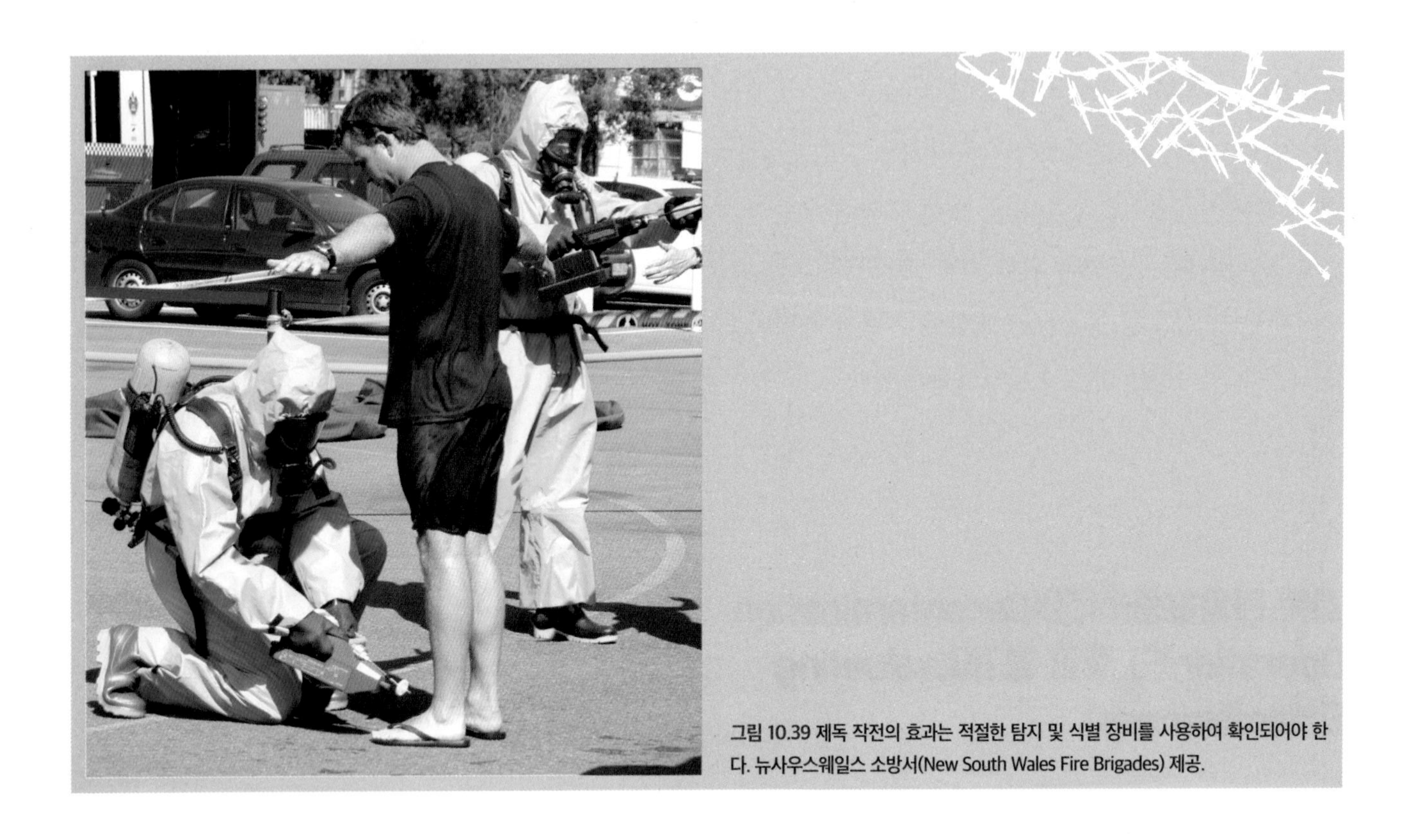

그림 10.39 제독 작전의 효과는 적절한 탐지 및 식별 장비를 사용하여 확인되어야 한다. 뉴사우스웨일스 소방서(New South Wales Fire Brigades) 제공.

제독 활동의 종료

Termination of Decontamination Activity

제독 활동decon activity을 마친 후에는 사고과 연관된 사람들에게 가능한 빨리 브리핑(요약보고)을 해야 할 필요가 있다. 사고와 연관된 위험물질의 건강상 영향이 지연될 수 있음에 관한 가능한 많은 정보를 노출된 피해자(요구조자)에게 제공한다.

경우에 따라 개인 물품을 돌려주는 것은 증거 관련 문제로 인해 법집행기관의 기능이 될 것이다. 제독을 받고 있는 사람들에게 개인 물품들이 즉시 반환되는 상황이 있을 수 있다.

비상대응계획 및/또는 표준작전절차SOP에 의해 사고 보고서incident report, 조치 보고서action report 및 규제 인용regulatory citation과 같은 추가적인 보고서 및 지원의 전문적(기술적) 문서technical documentation가 필요할 수 있다. 노출 기록exposure record 또한 작성하여 제출해야 할 수도 있다.

노출 기록은 위험물질에 노출되거나 노출된 가능성이 있는 모든 초동대응요원들에게 필요하다. 노출 기록을 작성하는 방법은 소속 기관의 표준작전절차 및 지침SOP/G을 따른다. 노출 보고서에 기록된 정보는 다음을 포함할 수 있다.

- 수행된 활동
- 관련 제품(product)
- 노출 장소에 있었던 이유
- 장비 파손
- 개인보호장비의 기능 파손
- 제품과 관련된 위험
- 경험한 증상들

- 사용된 탐지(측정) 수준
- 노출 상황

후속 검사follow-up examination는 필요한 경우 의료 대원(요원)과 함께 계획해야 한다. 해당 개인, 개인의 의사 및 개인의 고용주는 나중에 참조할 수 있도록 이러한 노출 기록의 사본을 보관해야 할 필요가 있다.

활동 기록activity log은 반드시 사고가 진행되는 동안 유지되거나 필요에 따라 나중에 합쳐져야 한다. 최소한 활동 기록에 대한 정보는 사고 결과보고incident debrief 동안 수집이 완료되어야 한다. 활동 기록은 사전 양식이 지정되어 있어야 할 것이며, 사고 및 제독 절차incident and decon procedure 중에 발생한 사고 및 활동의 시간순 활동표chronology를 문서화해야 한다.

미국의 경우 '미 직업안전보건청OSHA 표준standard 29 CFR 1910.1020(직원 노출 및 의료 기록에 대한 접근Access to Employee Exposure and Medical Records)'은 의료 기록 및 노출 보고서 유지에 대한 요구사항으로서의 지침이므로 따라야 한다. 표준작전절차SOPs는 지역 기록관리recordkeeping 및 기록record에 대한 추가 요구사항을 명시해야 한다.

이 장에 제공된 정보를 복습하기 위해 다음 질문에 답해보시오.

1. 제독의 목적은 무엇인가?

2. 습식(wet), 건식(dry), 물리적(physical) 및 화학적(chemical) 제독 방법의 예를 제시하라.

3. 어떤 상황에서 1차(필수) 제독(gross decon)을 수행해야 하는가?

4. 긴급 제독(emergency decon)의 장점은 무엇인가?

5. 보행 가능(ambulatory) 대비 보행 불가능 피해자(nonambulatory victim)의 2차(완전) 제독(technical decon)의 차이점은 무엇인가?

6. 보행 가능(ambulatory) 및 보행 불가능 피해자(nonambulatory victim)를 위한 다수 인체 제독(mass decon)의 차이점은 무엇인가?

7. 사망한 피해자(deceased victim)를 처리할 때 고려해야 할 사항은 무엇인가?

8. 제독 대응활동(작전)(decontamination operation)에 대한 몇 가지 일반적인 지침을 열거하라.

9. 제독의 실행에 영향을 미치는 요인은 무엇인가?

10. 사고 후 문서작업은 위험물질 사고에 있어 고유한 것인가?

사고현장에서

1단계: 위험(hazard)을 파악한다.
2단계: 표준작전절차 및 지침(SOP/G)에 따라 도구 및 장비에 대한 제독을 실시한다.

3단계: 표준작전절차 및 지침(SOP/G)에 따라 개인보호장비를 씻어내고, 적절히 격리하고, 적절하게 탈의한다.

4단계: 소독 티슈(hydrogenic wipe)로 오염되었을 가능성이 있는 얼굴, 머리, 목, 손을 닦아낸다.

센터(서)에서

5단계: 비누와 물을 사용하여 철저하게 샤워한다.

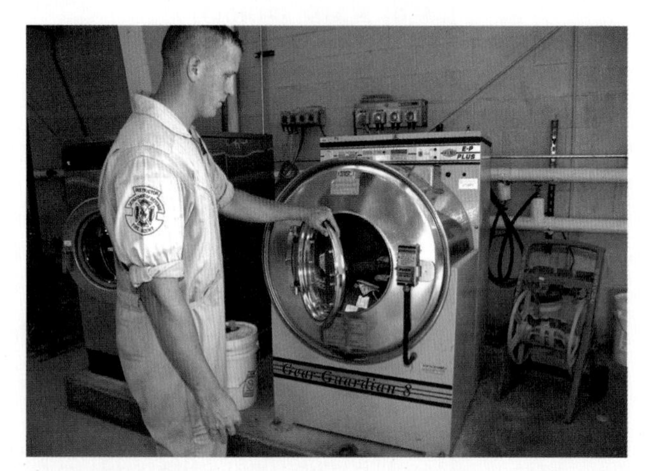

6단계: 표준작전절차 및 지침(SOP/G)에 따라 개인보호장비를 세척한다.

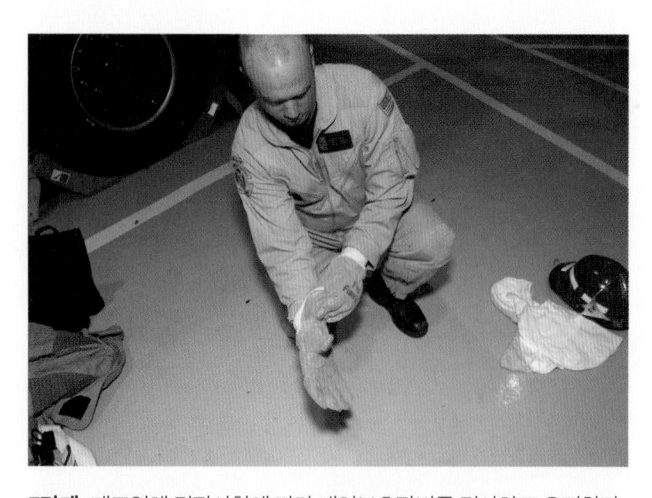

7단계: 제조업체 권장사항에 따라 개인보호장비를 검사하고 유지한다.
8단계: 개인보호장비는 생활실 및 수면실 외부에 보관한다.
9단계: 요구되는 보고서 및 지원 문서(supporting documentation)를 작성한다.

1단계: 제독 대응활동(작전)(decontamination operation)과 관련된 모든 대응요원이 긴급 제독 대응활동(작전)(emergency decontamination operation)을 수행하는 데 적절한 개인보호장비를 착용하고 있는지 확인한다.

2단계: 오염 지역(contaminated area)으로부터 피해자(요구조자)를 이동시킨다.

3단계: 긴급 제독(장소)이 안전한 장소에 설치되었는지 확인한다.

4단계: 오염된 개인보호장비/의복 또는 노출된 신체 부위를 대량의 물로 즉시 씻어낸다.

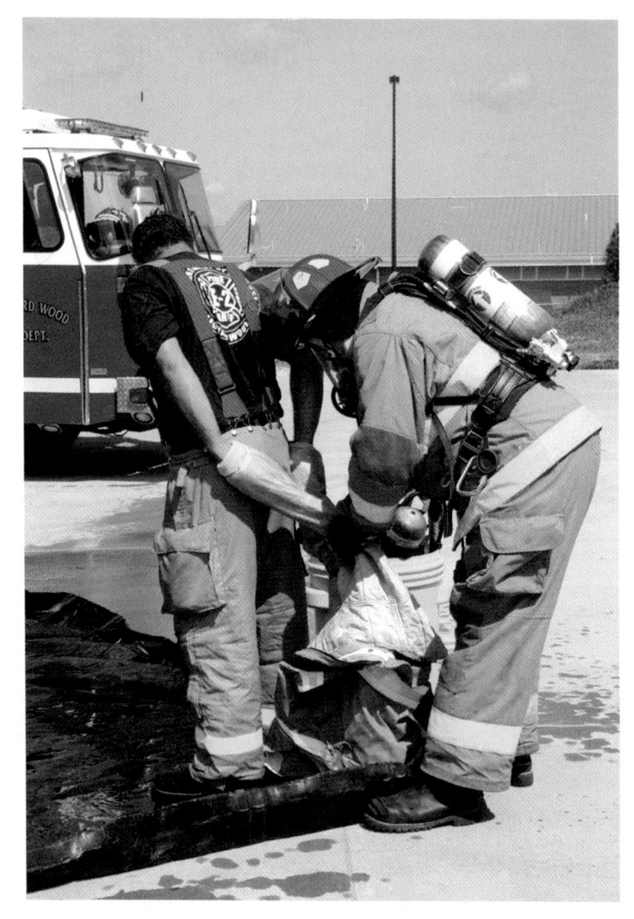

5단계: 개인보호장비/의복을 신속히 제거한다. 오염물질의 확산을 막는다.

6단계: 머리부터 발끝까지 신속하게 하나의 순환주기로서 헹구고, 씻고(보통 비누 등과 함께 - 역주), 헹구기를 실시한다.

7단계: 상태평가, 응급 처치 및 의학적 치료를 위해 피해자를 치료(구급) 대원에게 보낸다.

8단계: 구급차와 병원 직원에게 관련된 오염물질에 대해 알려준다.

9단계: 요구되는 보고서(report) 및 지원 문서(supporting documentation)를 작성한다.

1단계: 위험을 최소화하기 위해 적절한 제독 방법(decontamination method)을 선택하였는지 확인한다.

2단계: 2차(완전) 제독 대응활동(작전)(technical decontamination operation)을 수행하기에 모든 대응요원이 적절한 개인보호장비를 착용하고 있는지 확인한다.

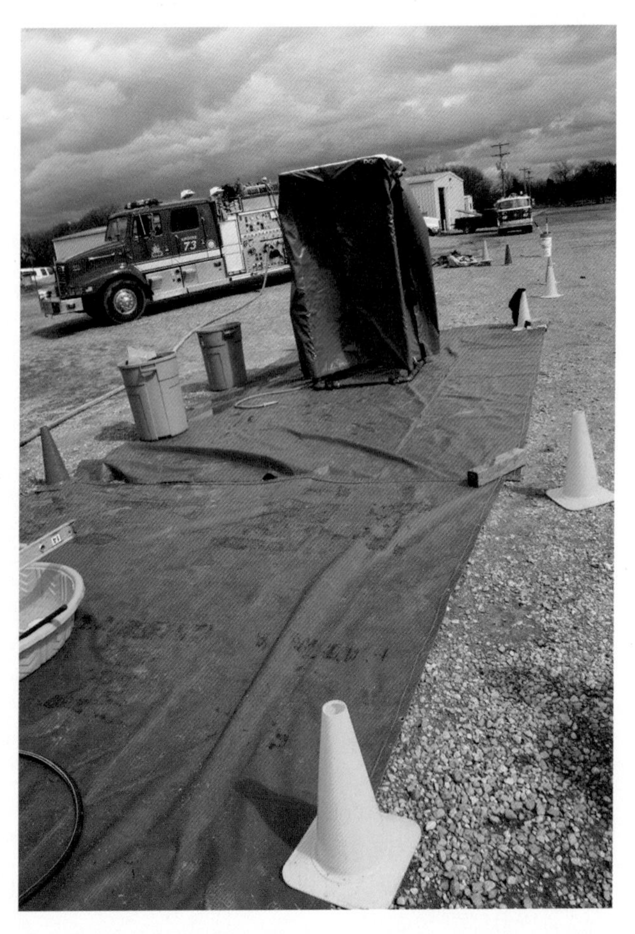

3단계: 관할당국(AHJ)의 표준작전절차(SOP)에 따라 보행 가능자에 대한 제독을 위한 2차(완전) 제독 통로(technical decontamination corridor)를 설치한다.

4단계: 제독 통로가 사생활(privacy)을 보장하는지 확인한다.

5단계: 사람들을 대피시키고 지시할 수 있는 초기 중증도 분류 지점(initial triage point)을 정한다.

6단계: 필요한 경우 구명 개입(심폐소생술 등-역주, lifesaving intervention)을 수행한다.

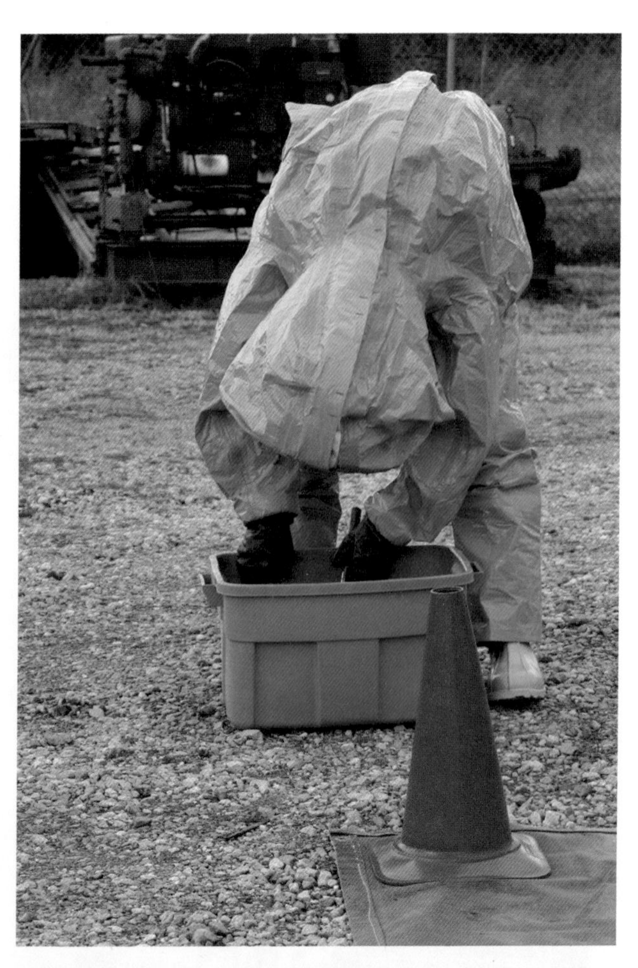

7단계: 비상대응요원이 아닌 경우, 피해자(요구조자)에게 오염되었을 가능성이 있는 의류와 보석류를 제거하도록 지시하고, 오염물질과 더 이상 접촉하지 않도록 확인한다. 비상대응요원은 도구 및 장비를 내려놓을 수 있다.

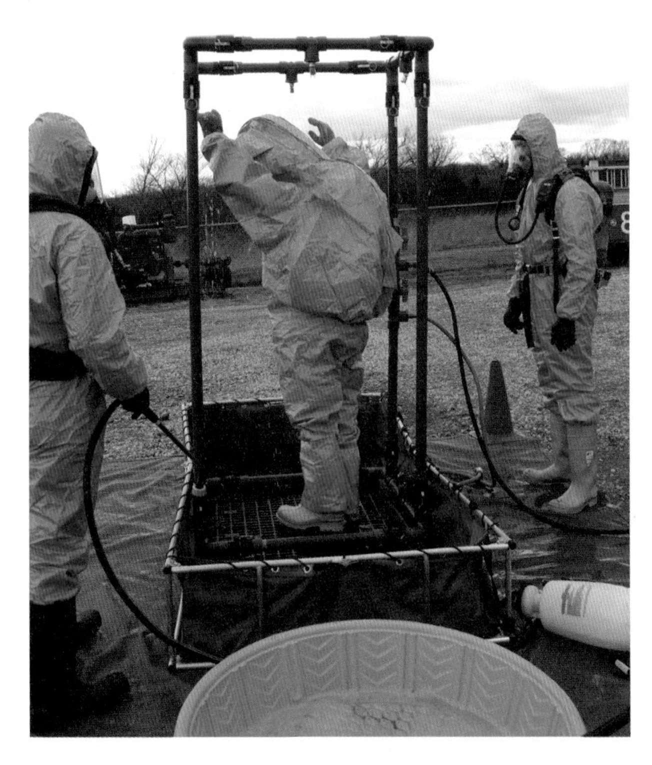

8단계: 사람들에게 1차(필수) 제독(gross decontamination)을 받도록 지시한다.

9단계: 사람들에게 2차 제독 세척을 지시한다.

참고: 2차(완전) 제독을 받은 비상대응요원들은 2차 제독 세척 후 표준작전절차(SOP)에 따라 개인보호장비를 탈의한다.

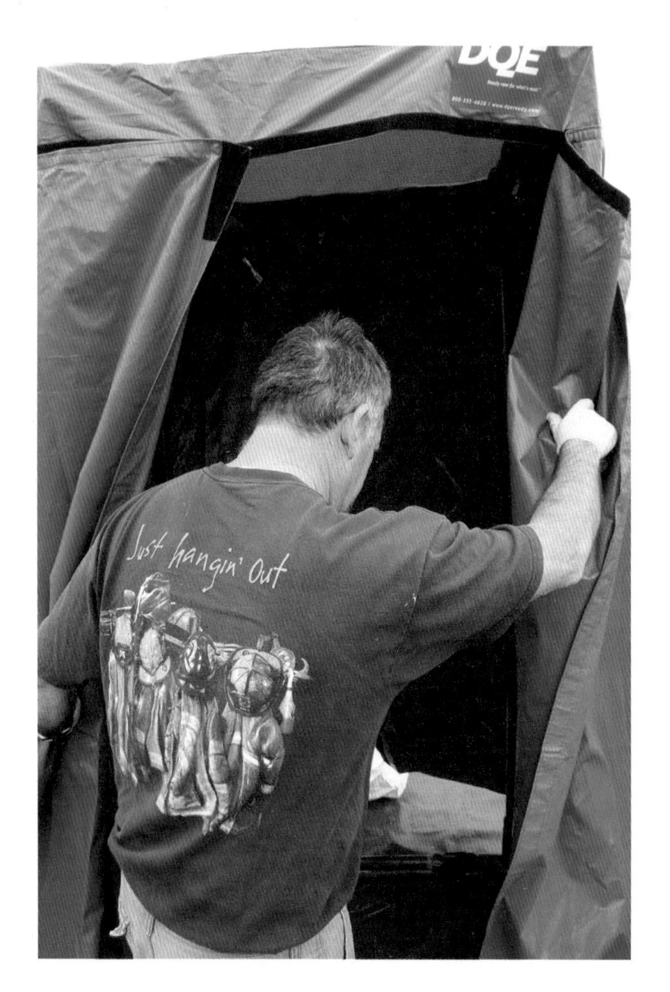

10단계: 사생활 보장 제독소(privacy station)에 들어가서 속옷을 벗고 샤워를 위에서 아래로 철저히 하라고 지시한다.

참고: 완전한 사생활 보호가 제공되지 않는 한, 해당 인원(시민)에게 샤워를 위해 옷을 벗으라고 요청하지 않는다.

11단계: 샤워 후 사람들이 입을 수 있도록 깨끗한 의복을 준비한다.

12단계: 적절한 탐지 장치를 사용하여 추가 오염 여부를 확인(monitor)한다.

참고: 오염이 탐지되면 제독 절차를 반복하거나 제독 방법을 적절하게 변경한다.

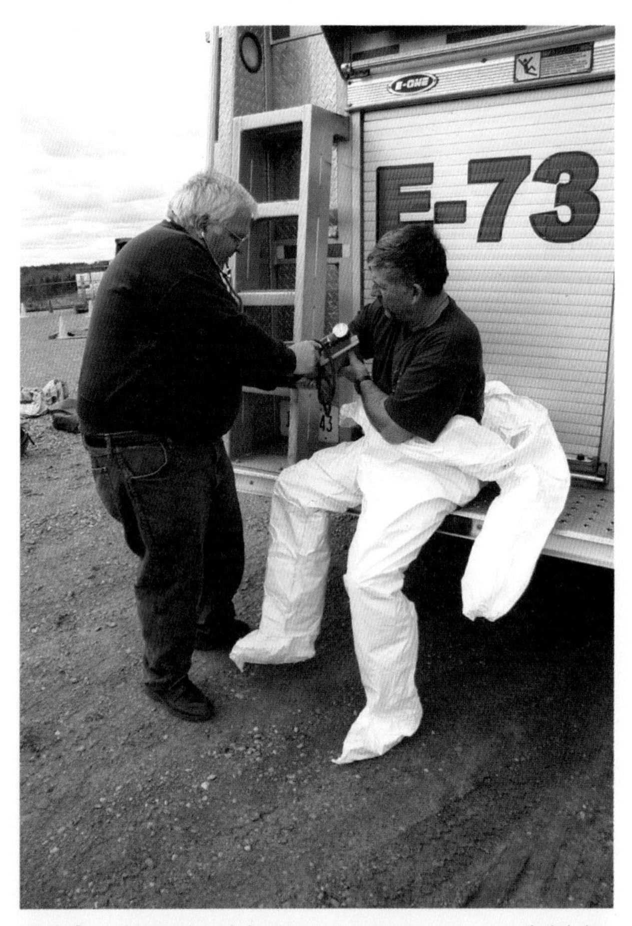

13단계: 사람들을 의료 평가소(medical evaluation station)로 안내한다.

14단계: 인원, 도구 및 장비가 제독되었는지 확인한다.

15단계: 관할당국(AHJ)의 정책과 절차에 따라 제독 대응활동(작전)을 종료한다.

16단계: 요구되는 보고서(report) 및 지원 문서(supporting documentation)를 작성한다.

1단계: 위험을 최소화하기 위해 적절한 제독 방법이 선택되었는지 확인한다.

2단계: 2차(완전) 제독 대응활동(작전)을 수행하기에 모든 대응요원이 적절한 개인보호장비를 착용하고 있는지 확인한다.

3단계: 관할당국(AHJ)의 표준작전절차(SOP)에 따라 보행 불가능자 제독(nonambulatory decontamination)을 위한 2차(완전) 제독 통로(technical decontamination corridor)를 설치한다.

4단계: 제독 통로가 피해자의 사생활을 보장하는지 확인한다.

5단계: 사람들을 대피시키고 지시할 수 있는 초기 중증도 분류 지점(initial triage point)을 정한다.

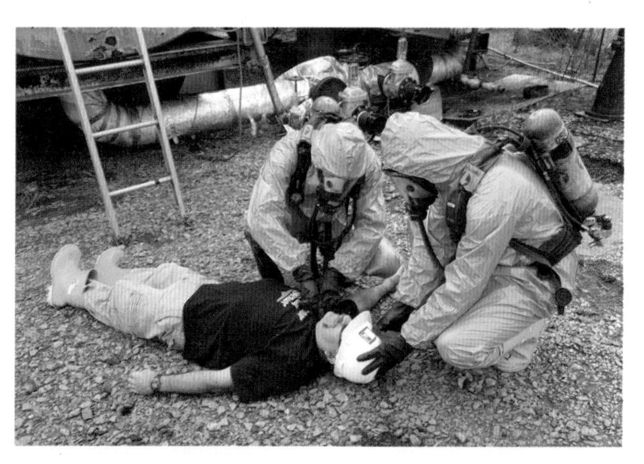

6단계: 필요한 경우 구명 개입(lifesaving intervention)을 수행한다.

7단계: 피해자(요구조자)를 제독소의 보행 불가능자 세척 구역의 적절한 배면판(backboard)/들것(litter) 장치 위로 옮긴다.

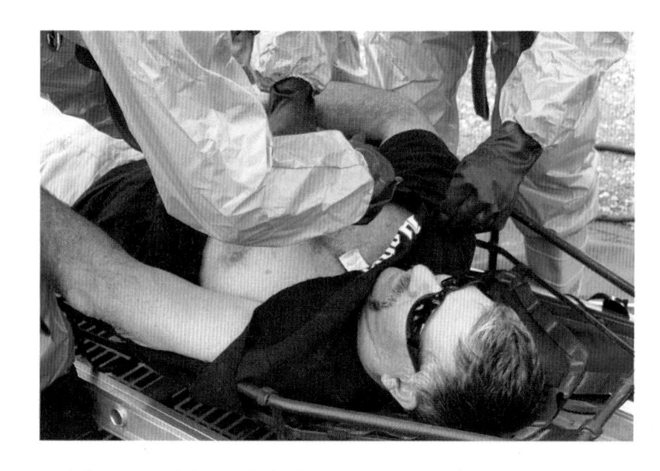

8단계: 모든 개인보호장비/의복류, 보석류 및 개인 소지품을 벗어서(빼서) 적절한 용기에 담는다. 필요에 따라 물품들을 제독하고 보호한다. 표식이 있는 플라스틱 백을 사용하여 식별한다.

9단계: 조심스럽게 보행 불가능자들은 옷을 벗고, 옷을 벗을 때는 오염이 퍼지지 않도록 한다. 피부가 의복류의 바깥 면에 접촉되도록 하지 않는다.

참고: 생물학 작용제(biological agent)가 의심되는 경우 미세한 물분무를 사용하여 의복류에 묻은 작용제를 붙들어두어 오염의 확산을 방지할 수 있다.

10단계: 손에 들고 쓰는 호스, 스펀지 및/또는 솔로 환자의 몸 전체를 완전히 씻은 다음 헹군다.

참고: 피해자의 생식기 부위, 겨드랑이, 피부 주름 및 손톱을 특별히 주의를 기울여 세척한다. 의식이 있는 경우, 피해자에게 세척 및 헹굼 과정 중에 입과 눈을 감을 것을 지시한다.

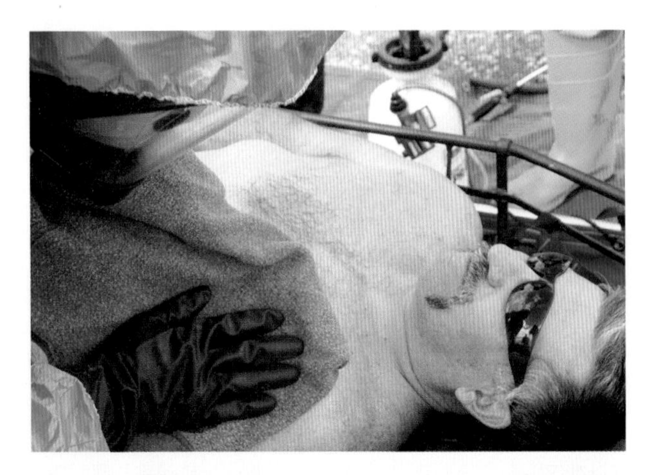

11단계: 제독 절차를 완료한 후 세척 및 헹굼 장소에서 피해자를 건조 장소로 옮긴다. 피해자가 완전히 말랐는지(물기가 건조되었는지) 확인한다.

12단계: 적절한 탐지 장치를 사용하여 추가 오염 여부를 확인(모니터)한다.

참고: 오염이 탐지되면 제독 절차를 반복하거나 제독 방법을 적절하게 변경한다.

13단계: 현장 의료진이 피해자(요구조자)의 부상을 재평가하게 한다.

14단계: 인원, 도구 및 장비가 제독되었는지 확인한다.

15단계: 관할당국(AHJ)의 정책과 절차에 따라 제독 대응활동(작전)을 종료한다.

16단계: 요구되는 보고서및 지원 문서(supporting documentation)를 작성한다.

1단계: 위험을 최소화하기 위해 적절한 제독 방법(decontamination method)이 선택되었는지 확인한다.

2단계: 다수인체 제독 작전(decontamination operation)을 수행하기에 모든 대응요원이 적절한 개인보호장비를 착용하였는지 확인한다.

3단계: 제독 대응활동(작전) 장소가 안전한 장소에 설치되었는지 확인한다.

4단계: 제독 통로가 피해자(요구조자)에게 사생활(privacy)을 보장해 주는지 확인한다.

5단계: 다수인체 제독 중에 방수장치를 사용할 준비를 한다.

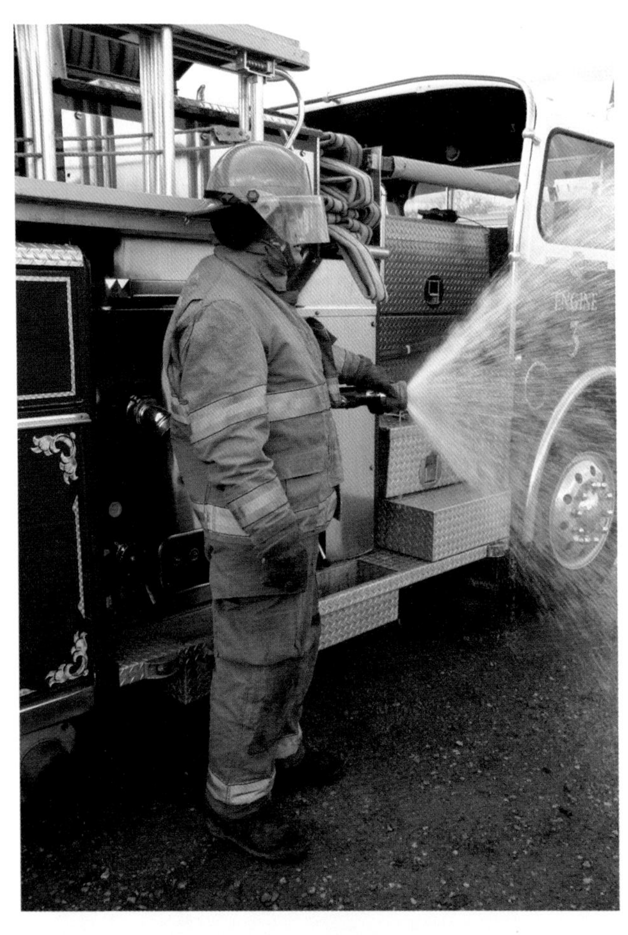

6단계: 소화 노즐을 분무 방식으로 설정한다.

7단계: 모든 피해자들에게 다수인체 제독을 받도록 지시한다.

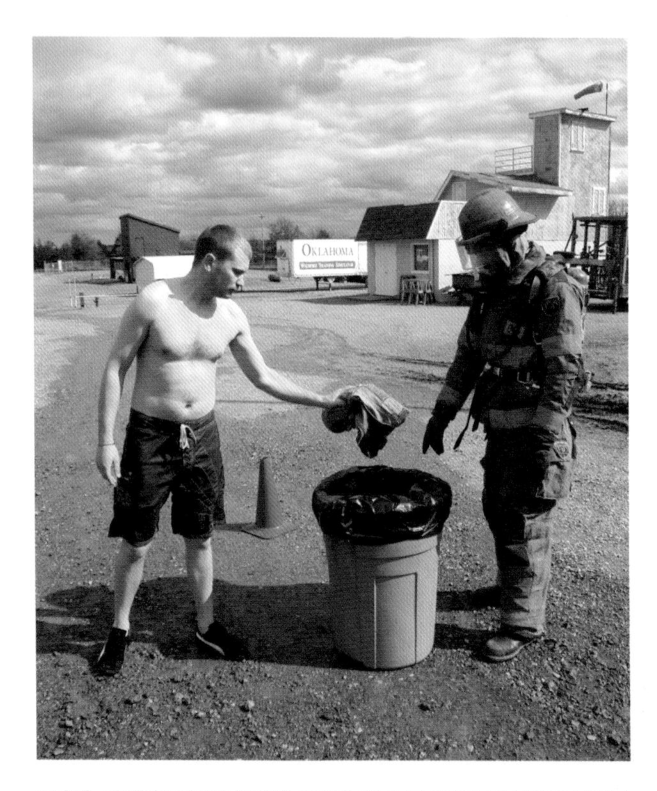

8단계: 피해자(요구조자)에게 오염된 옷을 벗으라고 지시하여 피해자가 어떠한 오염물질과도 더 이상 접촉하지 않도록 한다.

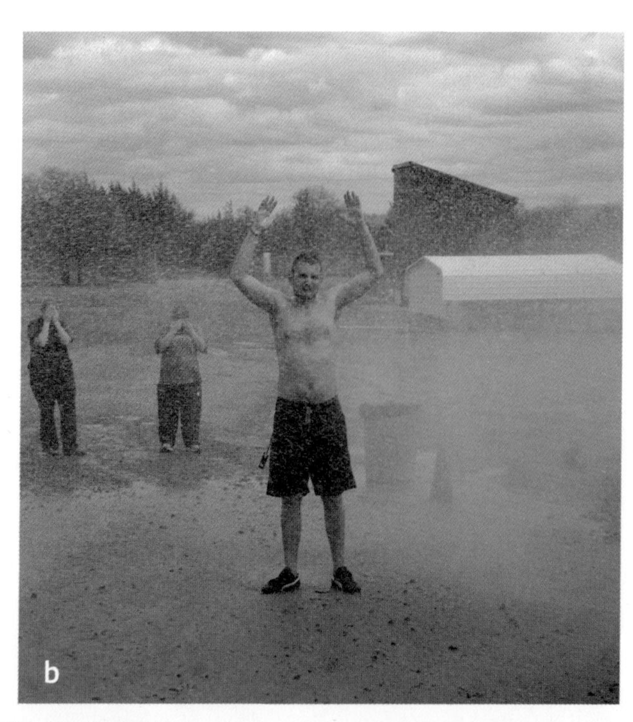

9단계: 피해자에게 세척 구역을 서서히 지나가면서 계속해서 팔을 들어 올리고 있도록 지시한다.

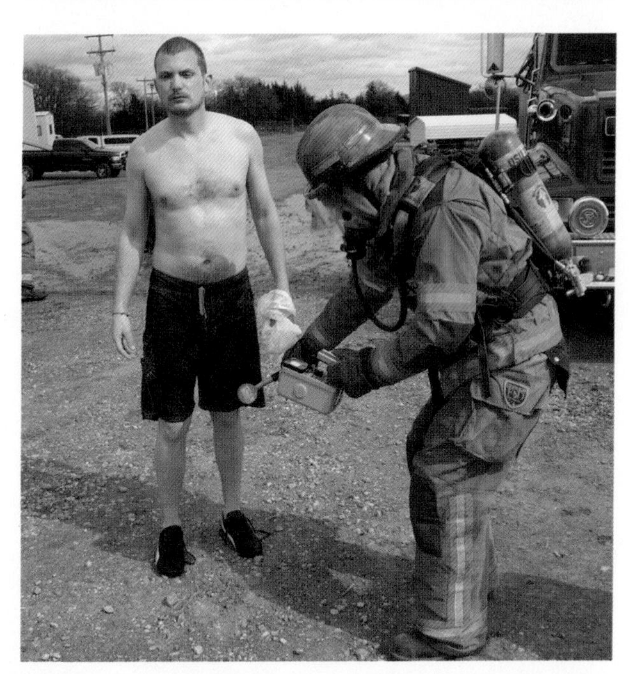

10단계: 적절한 탐지 장비를 사용하여 추가 오염 여부를 지속 확인(모니터)한다.

참고: 오염이 발견되면, 피해자에게 적절하게 다시 세척할 것을 지시한다.

11단계: 피해자들(피해자들)에게 깨끗한 장소로 이동하여 말리도록 지시한다.

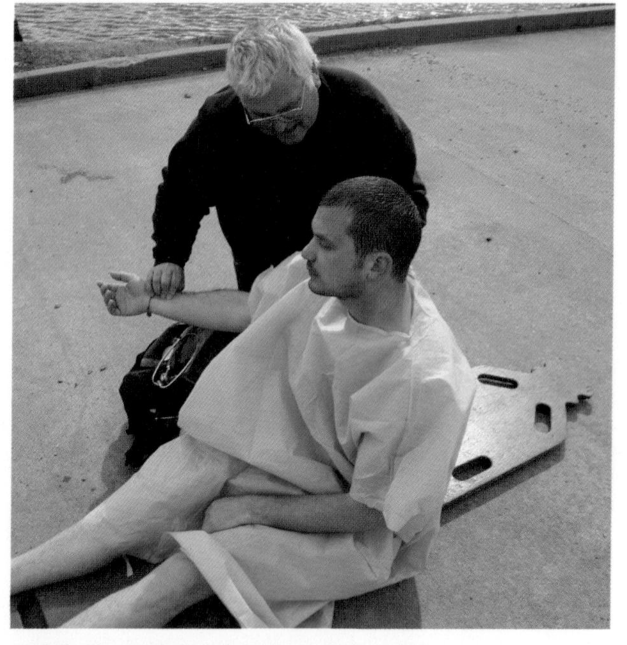

12단계: 치료를 위해 피해자(요구조자)를 보낸다.

13단계: 구급 대원(EMS personnel)에게 알려진 오염물질 및 그 위험성을 알린다.

14단계: 인원, 도구 및 장비가 제독되었는지 확인한다.

15단계: 관할당국(AHJ)의 정책과 절차에 따라 제독 대응활동(작전)을 종료한다.

16단계: 요구되는 보고서 및 지원 문서(supporting documentation)를 작성한다.

1단계: 위험을 최소화하기 위해 적절한 제독 방법(decontamination method)이 선택되었는지 확인한다.

2단계: 다수인체 제독 대응활동(작전)(mass decontamination operation)을 수행하기에 모든 대응요원이 적절한 개인보호장비를 착용하고 있는지 확인한다.

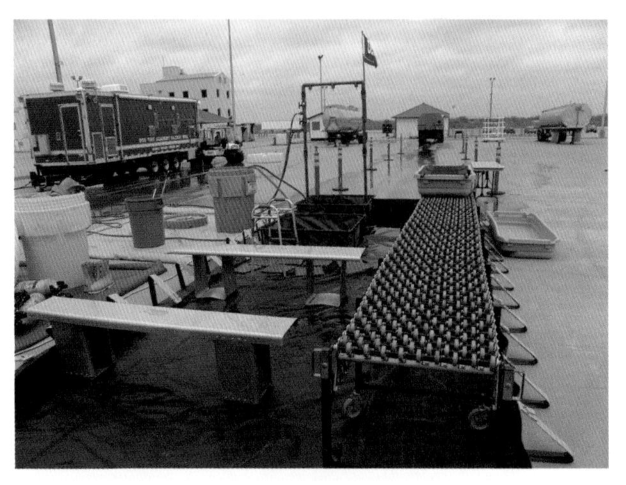

3단계: 관할당국(AHJ)의 표준작전절차(SOP)에 따라 보행 불가능자 제독을 위한 다수인체 제독 통로를 설치한다.

4단계: 제독 통로가 피해자의 사생활을 보장하는지 확인한다.

5단계: 사람들을 대피시키고 지시할 수 있는 초기 중증도 분류 지점을 정한다.

6단계: 필요한 경우 구명 개입(lifesaving intervention)을 수행한다.

7단계: 피해자를 제독소의 보행 불가능자 세척 구역(nonambulatory wash area)의 적절한 배면판(backboard)/들것(litter) 장치 위로 옮긴다.

8단계: 모든 개인보호장비/의복류, 보석류 및 개인 소지품을 벗어서(빼서) 적절한 용기에 담는다. 필요에 따라 물품들을 제독하고 보호한다. 표식이 있는 플라스틱 백을 사용하여 식별한다.

9단계: 조심스럽게 보행 불가능자들은 옷을 벗고, 옷을 벗을 때는 오염이 퍼지지 않도록 한다. 피부가 의복류의 바깥 면에 접촉되도록 하지 않는다.

참고: 생물학 작용제(biological agent)가 의심되는 경우 미세한 물 분무를 사용하여 의복류에 묻은 해당 작용제를 붙들어두어 오염의 확산을 방지할 수 있다.

a

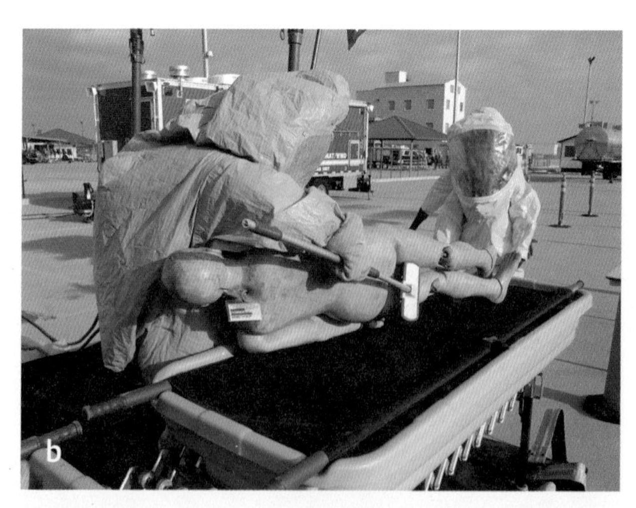
b

10단계: 손에 들고 쓰는 호스, 스펀지 및/또는 솔로 환자의 몸 전체를 완전히 씻은 다음 헹군다.

참고: 피해자의 생식기 부위, 겨드랑이, 피부 주름 및 손톱을 특별히 주의를 기울여 세척한다. 의식이 있는 경우, 피해자에게 세척 및 헹굼 과정 중에 입과 눈을 감을 것을 지시한다.

11단계: 제독 절차를 완료한 후 세척 및 헹굼 장소에서 피해자를 건조 장소로 옮긴다. 피해자가 완전히 말랐는지(물기가 건조되었는지) 확인한다.

12단계: 적절한 탐지 장치를 사용하여 추가 오염 여부를 확인(모니터링)한다.

참고: 오염이 탐지되면, 제독 절차를 반복하거나 제독 방법을 적절하게 변경한다.

13단계: 현장 의료진이 피해자(요구조자)의 부상을 재평가하게 한다.

14단계: 인원, 도구 및 장비가 제독되었는지 확인한다.

15단계: 관할당국(AHJ)의 정책과 절차에 따라 제독 대응활동(작전)을 종료한다.

16단계: 요구되는 보고서(report) 및 지원 문서(supporting documentation)를 작성한다.

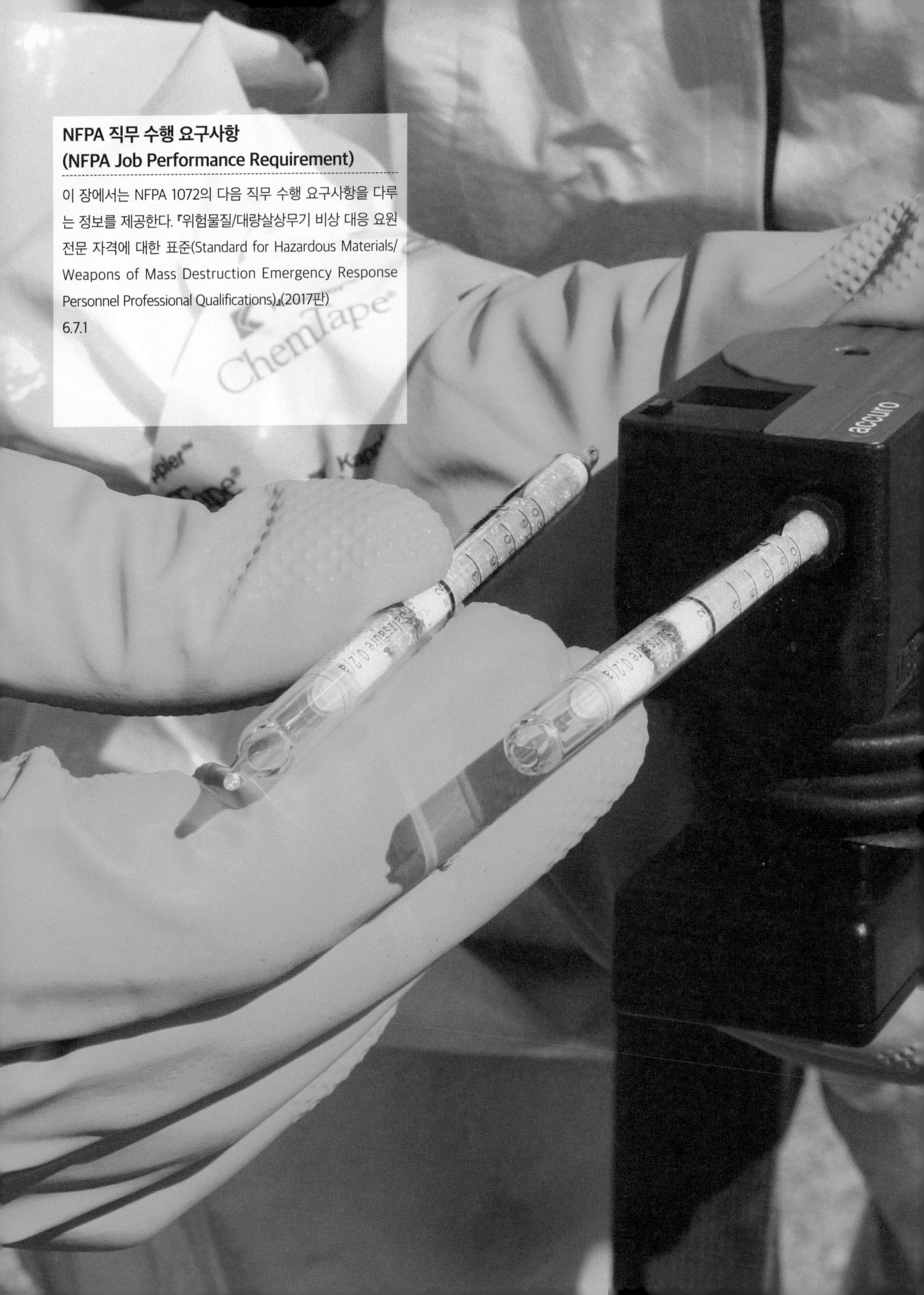

NFPA 직무 수행 요구사항 (NFPA Job Performance Requirement)

이 장에서는 NFPA 1072의 다음 직무 수행 요구사항을 다루는 정보를 제공한다. 『위험물질/대량살상무기 비상 대응 요원 전문 자격에 대한 표준(Standard for Hazardous Materials/Weapons of Mass Destruction Emergency Response Personnel Professional Qualifications)』(2017판)

6.7.1

Chapter 11

대응 실행 : '전문대응-임무특화 수준'의 식별, 탐지 및 시료 수집

학습 목표

1. 위험물질 사고에서 농도, 노출량 및 노출 한도의 용도를 확인한다(6.7.1).
2. 식별, 탐지 및 시료 수집 절차의 특성과 한계를 설명한다(6.7.1).
3. 식별, 탐지 및 시료 수집 장치를 선택하고 유지관리하는 과정을 설명한다(6.7.1).
4. 식별, 탐지 및 시료 수집 장치의 유형을 설명한다(6.7.1).
5. 위험을 확인(식별)하기 위해 pH종이를 적절한 사용법을 설명한다(6.7.1, 기술자료 11-1).
6. 위험을 확인(식별)하기 위해 pH 계측기(측정기)의 적절한 사용법을 설명한다(6.7.1, 기술자료 11-2).
7. 위험을 확인(식별)하기 위해 시약 시험지를 올바른 사용법을 설명한다(6.7.1, 기술자료 11-3).
8. 위험을 확인(식별)하기 위해 다중 기체 측정기[일산화탄소(산소, 가연성 기체, 다중 기체 및 기타)]의 사용법을 설명한다(6.7.1, 기술자료 11-4).
9. 위험을 확인(식별)하기 위해 방사선 탐지 장비를 적절히 사용하는 방법을 설명한다(6.7.1, 기술 자료 11-5).
10. 받은 방사선량을 확인하기 위한 선량계의 적절한 사용법을 설명한다(6.7.1, 기술자료 11-6).
11. 광이온화 검출기를 적절하게 사용하여 위험을 식별한다(6.7.1, 기술자료 11-7).
12. 위험을 확인(식별)하기 위해 비색관의 올바른 사용법을 설명한다(6.7.1, 기술자료 11-8).

이 장에서는

▷농도(concentrations) 및 노출 한계(exposure limit)
▷식별(detection), 탐지(monitoring) 및 시료 수집(sampling)의 기본
▷식별(detection), 탐지(monitoring) 및 시료 수집(sampling) 장비 선택 및 유지보수
▷위험 탐지 장비(hazard-detection equipment)

농도, 노출량(흡수량) 및 노출 한계

Concentration, Dose, and Exposure Limit

대응요원은 식별 및 탐지 장치를 사용하여 위험물질을 탐지detect, 식별identify, 측정measure한다(그림 11.1). 대응요원이 사용할 수 있는 모든 식별 및 탐지 장비를 철저하게 다루는 것은 이 매뉴얼의 범위를 벗어난다. 그러나 이번 장에서는 기관에서 일반적으로 사용하는 여러 장비(장치)를 다룬다.

다음과 같은 수많은 식별 및 탐지 장비가 일부 물질들의 농도contration 또는 노출량(흡수량)dose을 파악하여 표시한다(그림 11.2).

- **농도(concentration)를 측정하는 장치** 대응요원이 흡입할 수 있는 물질을 측정한다.
- **노출량(흡수량)(dosage)을 측정하는 장치** 흡입 이외의 방법으로 대응요원의 신체에 들어갈 수 있는 물질을 측정한다.

일단 대응요원이 사고현장 물질의 실제 농도 또는 노출량을 알게 되면, 이 현장의 물질이 대응요원에게 위험할 정도의 충분한 농도 또는 노출량인지 결정할 수 있다. 대응요원은 현재 물질의 **노출 한계**[1]를 참고하여 이러한 결정을 내릴 수 있을 것이다. 노출 한계exposure limit란 '주어진 특정 시간 동안에 개인이 노출될 수 있는 최대 노출량dose 또는 농도concentration를 나타내는 값'을 의미한다.

참고자료source에서 종종 다음과 같은 용어들로 물질의 **농도**[2]를 기술한다.

---

1 **노출 한계(Exposure Limit)** : 상해(injury), 질병 또는 사망이 발생하기 전에 개인이 공기 중 물질에 노출될 수 있는 최대한의 시간

2 **농도(Concentration)** : 더 많은 양(용량)의 기체 또는 액체와 비교한 물질의 양

- **세제곱미터당 밀리그램(milligrams per cubic meter; mg/m³)** 공기 중 분진(dust), 기체(gas) 연무(mist)의 농도를 나타낸다.
- **그램당 킬로그램(grams per kilogram; g/kg)** 동물 체중 킬로그램당 노출(흡수)된 물질의 그램을 나타낸다. 경구 및 피부 독성 시험(oral and dermal toxicology testing)에서 노출량(흡수량)을 표현하는 데 주로 사용된다.
- **킬로그램당 밀리그램(milligrams per kilogram, mg/kg)** 동물의 체중 킬로그램당 흡수(투여)된 물질의 밀리그램을 나타내는 독성학적 흡수량(toxicological dose)이다. 이 단위는 g/kg보다 훨씬 적은 흡수량을 나타낸다.
- **공기 중 1리터당 물질의 마이크로그램(micrograms of material per liter of air; μg/L)** 공기 중 화학물질의 농도를 나타낸다.
- **리터당 밀리그램(milligrams per liter, mg/L)** 물 속에 있는 화학물질의 농도를 표현한다.

그림 11.1 탐지, 식별 및 시료 수집은 위험물질 사고 시 안전을 보장해주는 중요한 활동이다.

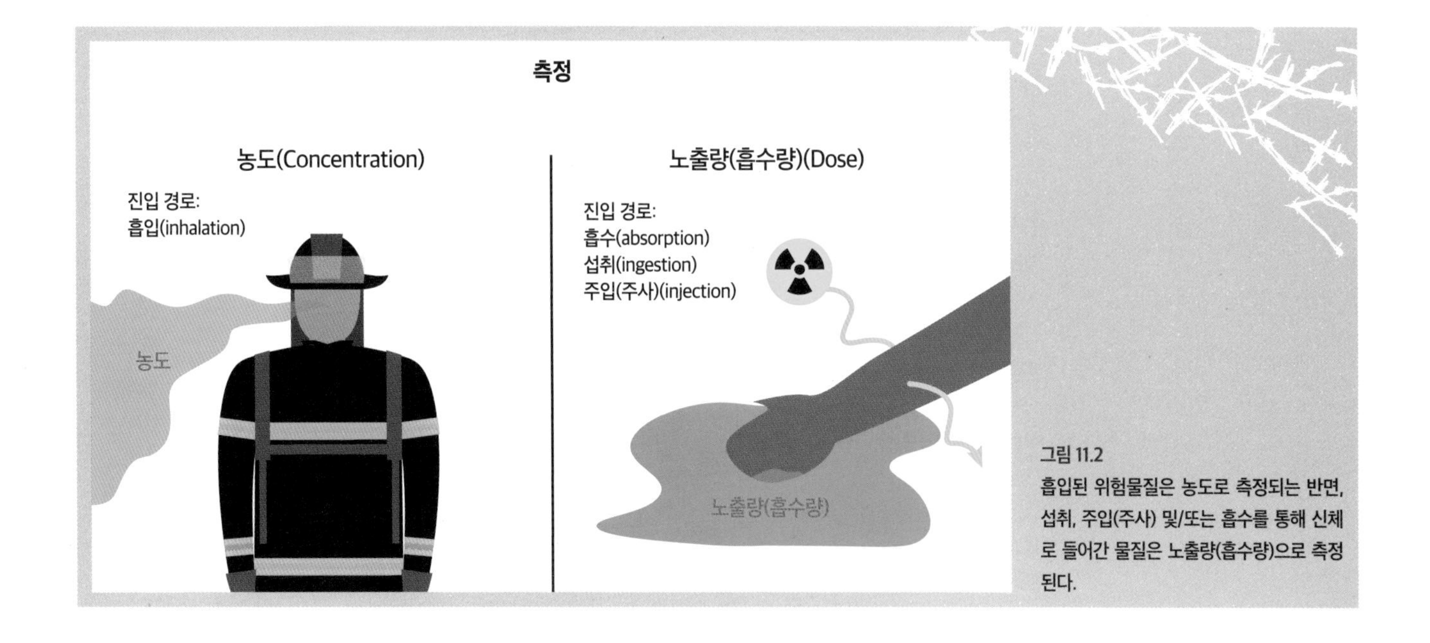

그림 11.2
흡입된 위험물질은 농도로 측정되는 반면, 섭취, 주입(주사) 및/또는 흡수를 통해 신체로 들어간 물질은 노출량(흡수량)으로 측정된다.

- **백만분율(ppm)**[3] 공기 중 기체(gas) 또는 증기(vapor)의 농도, 또는 액체(liquid) 또는 고체(solid) 중 특정 물질의 농도를 나타낼 수 있다. 이러한 표기법은 특정 물질의 상대적 존재 비율을 나타낸다, 예를 들어 ppm은 백만 개의 공기 분자 내에 있는 기체의 분자 수를 나타낼 것이다. 또는 그것은 일백만 개의 액체 분자 내에 있는 위험물질의 분자 수를 나타낼 수 있다. 1 마이크로그램은 식탁용 소금 2~3알과 같다.
- **십억분율(ppb)**[4] 공기 중의 기체(gas) 또는 증기(vapor)의 농도, 또는 한 액체나 고체 내의 특정 물질의 농도를 나타낼 수 있다. 이 표기법은 특정 물질의 상대적 존재 비율을 나타낸다. 몇몇 자료에서는 ppb를 사용하여, ppm으로 표현할 수 있는 농도보다 훨씬 낮은 농도를 나타낸다. 일반적으로 ppb라는 용어는 극히 낮은 농도의 대단한 유독성 기체 또는 증기를 나타내는 데 사용된다.

미 국립직업안전건강연구소의 위험물질 포켓가이드NIOSH Pocket Guide to Hazardous Materials 및 기타 참고자료에는 많은 물질에 대한 노출 한계가 제공되어 있다. 노출 한계를 설명하는 용어들은 해당 출처에 따라 다를 수 있다(표 11.1). 중요한 용어들은 다음과 같다.

- **허용 한계값**[5] 8시간 근무일 동안 용인할 수 있는 농도
- **단기 노출 한계**[6] 한 번에 15분 동안 용인할 수 있는 농도로, 노출들 사이 사이에 적절한 간격을 제공함
- **허용 한계값**[7] 8시간 근무일 동안 초과해서는 안 되는 농도
- **허용 노출(피폭) 한계**[8] 대부분의 사람들이 악영향을 받지 않는 농도
- **IDLH(immediately dangerous to life or health)** 심각한 상해나 질병을 일으킬 정도로 충분히 높은 농도

---

3 **백만분율(Parts Per Million; ppm)** : 양에 기초하여 일반적으로 액체(liquid) 또는 기체(gas) 중의 한 물질의 매우 희석된 용액의 농도를 표현하는 방법으로, 공기의 양에 대한 오염물질의 비율로 표현된다(1/100만). 일반적인 측정 단위는 '1 L의 물 또는 1 kg의 고체당 1 μg ' 또는 '1 L의 공기 중 1 μL의 기체의 양'에 해당함

4 **십억분율(Parts Per Billion; ppb)** : 부피에 따라 다른 물질, 일반적으로 액체(liquid) 또는 기체(gas) 중 한 물질의 매우 희석된 용액의 농도를 표현하는 방법으로, 공기의 양에 대한 오염물질의 비율로 표현됨(1/10억)

5 **허용 한계값(Threshold limit value; TLV®)** : 정규 근무 주간(regular workweek)에 8시간 동안 노출(8-hour exposure)되었을 때 악영향(ill effect) 없이 허용될 수 있는 특정 물질의 양으로 ppm으로 표현되는 최대 농도

6 **단기 노출 한계(short-term exposure limit; STEL)** : 근무일(workday) 중 어떠한 때에도 초과해서는 안 되는 15분의 시간가중평균(time-weighted average)으로, 노출(exposure)은 15분을 넘지 않아야 하며, 또한 노출들 사이의 간격은 최소 60분 이내로 하루(1일)당 4회 이상 반복되어서는 안 됨

7 **허용 한계값/최고노출 기준(Threshold limit value; TLV®)** : 순간적으로도 초과하여서는 안 되는 주어진 물질(material)의 최대 농도(ppm)

8 **허용 노출(피폭) 한계(Permissible Exposure Limit; PEL)** : 노출된 건강한 성인의 95%가 40시간의 근무 주간(work week)에 악영향(adverse effect)을 미치지 않는 최대 시간가중농도(maximum timeweighted concentration)로, 달리 명시되지 않는 한 8시간가중평균(8-hour time-weighted average)이다. 허용 노출(피폭) 한계(PELs)는 ppm 또는 m^3당 밀리그램(mg/m^3)으로 표현된다. 이러한 단위들은 미 직업안전보건국(OSHA)에서 일반적으로 사용되며, 미 국립직업안전건강연구소 화학위험 포켓가이드(NIOSH Pocket Guide to Chemical Hazards)에서도 쓰임.

일부 측정기는 특정 물질의 농도를 제공하는 대신에, 대기 중 산소의 비율 또는 가연성(인화성) 기체나 증기에 대한 폭발 하한계lower flammableexplosive limit; LFL의 백분율percentage과 같은 '대기 중 물질의 비율percentage of a material in the atmosphere'을 제공한다. 독성 물질toxic material과 마찬가지로, 대응요원은 측정기의 측정값 및 표시된 숫자나 백분율이 나타내는 것, 그리고 이 정보가 그들의 안전 측면에서 의미하는 바를 반드시 정확히 알아야 한다.

주의(CAUTION)

기체 측정기가 액체를 탐지부(probe; 기체를 흡입 시키는 끝부분 - 역주)로 흡입하지 않도록 한다.

표 11.1
노출 한계(Exposure Limit)

용어	정의	노출 시간(기간)	조직
IDLH (Immediately Dangerous to Life or Health) 생명 또는 건강에 즉각적으로 위험함	생명에 즉각적인 위협(immediate threat)이 있는 모든 독성(toxic), 부식성(corrosive) 또는 질식성(asphyxiating) 물질의 대기 중 농도(atmospheric concentration). 돌이킬 수 없거나 지연되어 나타나는 유해한 건강상 악영향(adverse health effect)을 유발시킬 수 있으며, 위험한 공기(dangerous atmosphere)로부터 대피하는 개개인의 능력을 저해한다.*	즉시(immediate)[이 한계(limit)는 보호구를 착용하지 않은 사람(unprotected person)이 돌이킬 수 없는 건강상 영향(irreversible health effect)을 받지 않고 30분 이내에 탈출할 수 있을 것으로 예상할 수 있는 최대 농도(maximum concentration)를 나타낸다.]	**미 국립직업안전건강연구소 NIOSH** National Institute for Occupational Safety and Health
IDLH (Immediately Dangerous to Life or Health) 생명 또는 건강에 즉각적으로 위험함	생명에 즉각적인 위협(immediate threat)이 되는 공기로, 돌이킬 수 없는 유해한 건강상 악영향(adverse health effect)을 유발시키거나 위험한 공기(dangerous atmosphere)로부터 대피하는 개개인의 능력을 저해한다.	즉시(immediate)	**미 직업안전보건청 OSHA** Occupational Safety and Health Administration
관심 수준(LOC) Levels of Concern**	IDLH의 10%		
허용 노출(피폭) 한계 (PEL) Permissible Exposure Limit**	공기 중 물질의 양(amount) 또는 부피(volume)에 대한 규제 상 한계(regulatory limit). 또한 허용노출(피폭)한계(PEL)는 피부에서의 의미를 포함할 수 있다. 허용노출(피폭)한계(PEL)는 대부분의 건강한 성인이 악영향(adverse effect) 없이 40시간근무주간(40-hour workweek)에 노출될 수 있는 최대 농도(miximum concentration)이다.	8시간 가중평균[8-hours Time-Weighted Average(TWA)]*** (달리 명시하지 않는 한)	**미 직업안전보건청 OSHA** Occupational Safety and Health Administration

표 11.1 (계속)			
용어	정의	노출 시간(기간)	조직
허용 노출(피폭) 한계 (PEL(C)) PEL Ceiling Limit**	심지어는 즉각적인 때를 포함하여, 언제든지 직원(피고용인)이 노출될 수 있는 최대 농도(maximum concentration)	순간적(instantaneous)	**미 직업안전보건청 OSHA** Occupational Safety and Health Administration
단기노출 한계 (STEL) (Short-Term Exposure Limit)	15분의 노출 시간(15-minute exposure period) 동안 허용되는 최대 농도(maximum concentration)	15분[시간가중평균(TWA)]	**미 직업안전보건청 OSHA** Occupational Safety and Health Administration
허용한계값 (TLV®) Threshold Limit Value†	미국 정부산업보건전문가협의회(ACGIH®)에서 권장하는, 거의 모든 근로자가 평생 동안 근무 시에(woring lifetime) 노출되어도 괜찮다고 여겨지는 직업적 노출(허용)값(occupational exposure value)	평생(lifetime)	**미 정부산업보건전문가협의회 ACGIH®** American Conference of Governmental Industrial Hygienists
허용한계값-시간가중 평균 TLV®-TWA Threshold Limit Value-Time-Weighted Average	허용가능한 시간 가중 평균 농도(time-weighted average concentration)	일일 8시간(8-hour day) 또는 근무 주간 40시간(40-hour workweek) [시간가중평균(TWA)]	**미 정부산업보건전문가협의회 ACGIH®** American Conference of Governmental Industrial Hygienists
허용한계값-최고노출 기준 TLV®-C Threshold Limit Value-Ceiling	즉각적으로 초과해서는 안 되는 농도.	순간적(instantaneous)	**미 정부산업보건전문가협의회 ACGIH®** American Conference of Governmental Industrial Hygieniststs
생물학 노출지수 BEIs® Biological Exposure Indices	생물학 탐지 결과(biological monitoring result) 평가에 권장되는 지침값(guidance value)		**미 정부산업보건전문가협의회 ACGIH®** American Conference of Governmental Industrial Hygieniststs
권장 노출 한계 REL Recommended Exposure Limit	미 국립직업안전건강연구소(NIOSH)에서 만든 권장 노출 한계(recommended exposure limit)	10시간[시간가중평균(TWA)] ††	**미 국립직업안전건강연구소 NIOSH** National Institute for Occupational Safety and Health
허용한계값-단기노출 한계 TLV®STEL Threshold Limit Value-Short-Term Exposure Limit	연속적인 15분 노출 시간(15-minute exposure period)(제공된 허용한계값-시간가중평균(TLV®-TWA)을 초과하지 않고, 최대 하루 4회, 노출 시간(exposure period) 사이(간격)는 최소 60분 이상)의 최대 농도(maximum concentration).	15분(시간가중평균)	**미 정부산업보건전문가협의회 ACGIH®** American Conference of Governmental Industrial Hygieniststs

표 11.1 (계속)			
용어	정의	노출 시간(기간)	조직
급성 노출 지표-1급 **AEGL-1** Acute Exposure Guideline Level-1	"민감한(susceptible)" 사람을 포함하나 "극도로 민감한(hypersusceptible)"사람을 제외한, 일반적인 주민들(general population)이 현저한 불편함(notable discomfort)을 경험할 수 있다고 예측되는 물질(material)의 공기 중 농도(airborne concentration) 또는 그 이상의 농도. †††	다중 노출 시간(기간) (multiple exposure period): 10분 30분 1시간 4시간 8시간	**미 환경청** **EPA** Environmental Protection Agency
급성 노출 지표-2급 **AEGL-2** Acute Exposure Guideline Level-2	"민감한(susceptible)" 사람을 포함하나 "극도로 민감한(hypersusceptible)"사람을 제외한, 일반적인 주민들(general population)에게 돌이킬 수 없는 또는 기타 심각하고(serious), 오래 지속되는 효과가 있거나 대피할 수 있는 능력에 손상을 입힐 수 있다고 예상되는 물질(substance)의 공기 중 농도(airborne concentration). 급성노출지표-2급(AEGL-2) 이하이지만 급성노출지표-1급(AEGL-1) 이상의 공기 중 농도(airborne concentration)는 현저한 불편함(notable discomfort)을 유발할 수 있는 노출 수준(exposure level)을 나타낸다.	다중 노출 시간(기간): 10분 30분 1시간 4시간 8시간	**미 환경청** **EPA** Environmental Protection Agency
급성 노출 지표-3급 **AEGL-3** Acute Exposure Guideline Level-3	"민감한(susceptible)" 사람을 포함하나 "극도로 민감한(hypersusceptible)"사람을 제외한, 일반적인 주민들(general population)이 생명을 위협하는 영향(life-threatening effect)을 받거나 사망할 수 있다고 예상되는 물질(substance)의 공기 중 농도(airborne concentration). 급성노출지표-3급(AEGL-3) 이하이지만 급성노출지표-2급(AEGL-2) 이상의 공기 중 농도(airborne concentraion)는 돌이킬 수 없는 또는 기타 심각한(serious), 오래 지속되는 효과가 있거나 대피할 수 있는 능력에 손상을 입힐 수 있는 노출 수준(exposure level)을 나타낸다.	다중 노출 시간(기간): 10분 30분 1 시간 4 시간 8 시간	**미 환경청** **EPA** Environmental Protection Agency
비상 대응 계획 지침-1급 **ERPG-1** Emergency Response Planning Guideline Level 1	거의 모든 개개인들(individual)이 가벼운 일시적인 유해 건강 효과(mild transient adverse health effect) 또는 명확하게 특징지워지는 불쾌한 냄새(objectionable odor)를 경험하지 않고 최대 1시간 동안 노출될 수 있다고 여겨지는 최대 공기 중 농도 이하(maximum airborne concentration below)	1시간까지	**미 산업보건협회** **AIHA** American Industrial Hygiene Association
비상 대응 계획 지침-2급 **ERPG-2** Emergency Response Planning Guideline Level 2	거의 모든 개개인(individual)이 돌이킬 수 없는(irreversible) 또는 개인의 보호조치 능력을 손상시킬 수 있는 기타 심각한 건강상 영향 또는 증상을 겪게 하거나 발생시키지 않고 최대 1시간 동안 노출될 수 있다고 여겨지는 최대 공기 중 농도 이하(maximum airborne concentration below)	1시간까지(up to 1 hour)	**미 산업보건협회** **AIHA** American Industrial Hygiene Association

표 11.1 (마지막)			
용어	정의	노출 시간(기간)	조직
비상 대응 계획 지침-3급 **ERPG-3** Emergency Response Planning Guideline Level 3	거의 모든 개개인(individual)이 생명을 위협하는 건강상 영향(life-threatening health effect)을 겪게 하거나 발생시키지 않고 노출될 수 있다고 여겨지는 최대 공기 중 농도 이하(maximum airborne concentration below)	1시간까지(up to 1 hour)	**미 산업보건협회** **AIHA** American Industrial Hygiene Association
일시적 비상 노출 한계-0급 **TEEL-0** Temporary Emergency Exposure Limits Level 0	대부분의 사람들이 건강상 영향을 감지할 수 있을 만큼의 위험이 없는 허용 농도 이하(threshold concentration below)		**미 에너지부** **DOE** Department of Energy
일시적 비상 노출 한계-1급 **TEEL-1** Temporary Emergency Exposure Limits Level 1	거의 모든 개개인(individual)이 가벼운 일시적인 유해 건강효과(mild transient adverse health effect) 또는 명확하게 특징지워지는 불쾌한 냄새(objectionable odor)를 경험하지 않고 노출될 수 있다고 여겨지는 최대공기 중 농도(maximum concentration in air)		**미 에너지부** **DOE** Department of Energy
일시적 비상 노출 한계-2급 **TEEL-2** Temporary Emergency Exposure Limits Level 2	거의 모든 개개인(individuals)이 돌이킬 수 없는 (irreversible) 또는 개인의 보호조치 능력을 손상시킬 수 있는 기타 심각한 건강상 영향 또는 증상(symptom)을 겪게 하거나 발생시키지 않고 노출될 수 있다고 여겨지는 최대공기 중 농도(maximum concentration in air)		**미 에너지부** **DOE** Department of Energy
일시적 비상 노출 한계-3급 **TEEL-3** Temporary Emergency Exposure Limits Level 3	거의 모든 개개인(individual)이 생명을 위협하는 건강상 영향(life-threatening health effect)을 겪게 하거나 발생시키지 않고 노출될 수 있다고 여겨지는 최대 공기 중 농도(maximum concentration in air)		**미 에너지부** **DOE** Department of Energy

* 미 국립직업안전건강연구소(NIOSH)의 정의는 공기 중 농도(airborne concentration)만을 다루고 있음에 주의해야 한다. 액체(liquid) 또는 기타 물질(other material)과의 직접적인 접촉은 포함되지 않는다.

** 허용노출 한계(PEL)은 '(미 연방 법규) title 29 CFR 1910.1000'의 특히 표 Z-1, Z-2 및 Z-3에 공표되어 있으며, 법으로써 강제된다.

*** 시간 가중 평균(time-weighted average)은 농도 수준의 변화(changing concentration level)가 노출의 평균 수준(average level of exposure)에 도달한 일정시간(given period of time)에 대해서 평균을 낼 수 있음을 의미한다.

† 허용한계값(TLV®) 및 생물학노출지수(BEIs®)는 산업 보건사(industrial hygienist)가 안전한 노출 수준(safe levels of exposure)에 관한 결정을 내리는 데 사용하는 지침(guideline)이다. 이것들은 미 정부산업보건전문가협의회(ACGIH®)와의 합의 표준(consensus standard)으로 간주되지 않으며, 특정 관할구역에서 공식적으로 채택되지 않는 한 법의 효력을 지니지 않는다

†† 미 국립직업안전건강연구소(NIOSH)는 또한 단기노출 한계(STEL)[15분 시간가중평균(15-minute TWA)]과 최고노출 한계(ceiling limit)를 목록화해 두었을 수 있다.

††† 급성노출지표-1급(AEGL-1) 이하의 공기 중 농도(airborne concentration)는 약한 냄새, 맛 또는 기타 감각 자극을 일으킬 수 있는 노출 수준(exposure level)을 나타낸다.

노출 안전(Exposure Safety)

▶ 개인적인 안전을 위하여 탐지 및 식별(detection and monitoring)로 실제 위험 요소를 결정지어줄 때까지 잠재적 및 의심되는 위험(potential and suspected hazard)에 대해 적절한 개인보호장비(PPE)를 착용한다.

▶ 노출 한도가 낮을수록(lower the exposure limit) 그 물질이 더 해로울 가능성이 높다는 것을 기억한다.

▶ 노출 수준(exposure level)이 해당 물질에 대한 최저 수치를 초과하지 않을 경우, 독성 영향으로부터 안전해야 함을 인지한다. 단, 해당 물질에 알레르기가 없는 경우이다.

▶ 자급식 공기호흡기(SCBA)를 포함한 적절한 개인보호장비 없이는 절대로 IDLH 공기(IDLH atmosphere) 내로 들어가지 않는다.

▶ 적절한 개인보호장비가 없다면 IDLH 공기로부터 즉시 이탈한다.

식별, 탐지 및 시료 수집의 기본

Detection, Monitoring, and Sampling Basics

식별detection, 탐지monitoring 및 시료 수집sampling은 다음과 같은 완화 과업mitigation task을 지원한다.

- 위험(hazard)[현재의 해당 잠재적인 위험물질(potentially hazardous material)과 그 농도]을 확인한다(그림 11.3).
- 적절한 개인보호장비, 도구(tool) 및 장비(equipment)를 결정한다.
- 경계선(perimeter)과 해당 사고 범위(scope of the incident)[해당 물질이 얼마나 멀리 이동하는지, 오염된 지역(contaminated area) 및/또는 잠재적으로 안전하고 오염이 없는 지역(contamination free area)은 얼마나 큰지]를 파악한다.
- 방어적 대응(defensive operation)의 효과를 확인한다.

그림 11.3 대응요원들은 불명의(알려지지 않은) 물질을 식별하기 위해, 시료(표본)를 수집해야 할 필요가 있을 수 있다. Sherry Arasim 제공.

• 제독 대응활동(작전)(decon operation)의 효율성을 보장한다.

• 컨테이너(container) 또는 배관 설비(piping system)의 누출(leak)을 감지한다.

• 제독 유출수(decon runoff)의 오염 수준을 탐지한다.

대응요원은 물질들의 농도 수준concentrations level을 성공적으로 탐지하고, 읽어내기 위해 '위험물질의 거동에 대한 이해'와 '해당 관할지역에서 사용되는 탐지 장치에 대한 이해'를 반드시 결부시킬 수 있어야 한다. 시료 수집되는 물질의 상태(상)는(은) 사용된 탐지 및 식별 기술 및 장비에 영향을 미친다.

공기(대기) 식별 및 탐지 장비를 사용하는 대부분의 기관들은 다양한 물질 및 위험을 탐지할 수 있는 다양한 장비를 보유하게 된다. 대응요원은 대부분의 기체

그림 11.4 증기밀도가 다양하기 때문에 기류는 예상치 못한 방식으로 위험한 기체와 증기를 이동시킬 수 있다. 시료(표본)는 반드시 서로 다른 높이에서 수집되어야 한다.

경고(WARNING!)

한 가지 유형의 탐지 장비에만 배타적으로 의존하지 말아야 한다.

주의(CAUTION)

항상 위험물질 전문가, 협조 전문가, 비상대응 계획 또는 표준 작전절차의 지침에 따라서 수행(작전)하라.

그림 11.5 대응요원들은 식별, 탐지 및 시료 수집 장치를 올바르게 사용하기 위한 훈련(교육)을 반드시 받아야 한다.

가 가라앉으며 또한 공기의 자리를 대신 차지한다는 것을 기억해야 하며, 반면에 오직 일부만이 위로 올라가거나 떠오른다는 것을 알아야 한다. 기타 기체의 농도를 적절히 정하려면(탐지 후 판독) 실room/공간area 내의 다양한 높이height와 건물 내 서로 다른 지반면에서 탐지 및 식별 장비monitoring and detection device를 작동시킨다(그림 11.4). 이러한 장치를 사용하는 개인의 지식, 기술 및 능력이 해당 장치의 효율성을 결정한다. 해당 장비와 그 사용자는 반드시 팀으로 기능해야 하며, 반드시 함께 연습하고 작업해야 한다.

식별, 탐지 및 시료 수집 장치(장비)를 사용하는 대응요원들은 반드시 다음을 수행해야 한다.

- 각 장치의 성능(capability)을 잘 이해해야 한다.
- 장치를 올바르게 사용한다(그림 11.5).
- 측정되는 것이 무엇이며 장비가 사용자에게 정보를 전달하는 방법을 이해한다.
- 각 장치가 제공하는 데이터를 정확하게 해석한다.
- 제조업체의 지침(manufacturers' instruction)에 따라 장치를 유지관리하고, 현장을 시험하고, 교정한다.
- 인원의 가용성, 기능 및 제한사항, 적절한 개인보호장비 및 사고 시 이용 가능한 기타 참고자료와 사고대응계획을 기반으로 사전 결정된 절차에 따라 장치를 사용한다.
- 가능한 경우, 하나 이상의 시료 수집 방법(sampling method)과 하나 이상의 기술(technology)을 사용하여 탐지 및 시료 수집 결과(monitoring and sampling result)를 검증한다.

장치를 올바르게 사용하는 방법을 모르는 대응요원은 다른 사람의 안전과 자신의 안전을 쉽게 위태롭게 만들 수 있다. 예를 들어, **장비 응답 시간**[9]은 수초가 걸릴

---

9 **장비 응답 시간(Instrument Response Time)** : 공기 중 샘플(air sample)의 탐지 장치(monitoring/detection device)로의 이동[흡입(drawing in)]과 사용자에게 제공되는 판독(reading)[분석(analysis)] 사이의 경과 시간(elapse time). 또한 기기 응답 시간이라고도 함.

수 있는데, 대응요원이 너무 빨리 움직이는 경우 측정기가 시료(표본)를 가져간 영역을 이미 벗어났기 때문에 위험물질의 농도가 측정기가 나타내는 것보다 훨씬 높은 상황에 처할 수 있다(그림 11.6).

경고(WARNING!)

식별, 탐지 및 시료 수집을 수행하려면. 대원(직원)은 반드시 적절한 훈련(training)을 받아야 한다.

경고(WARNING!)

잠재적 위험 구역에서 대응(작업)할 때에는 반드시 모든 대원(직원)이 적절한 개인보호장비를 착용해야 한다.

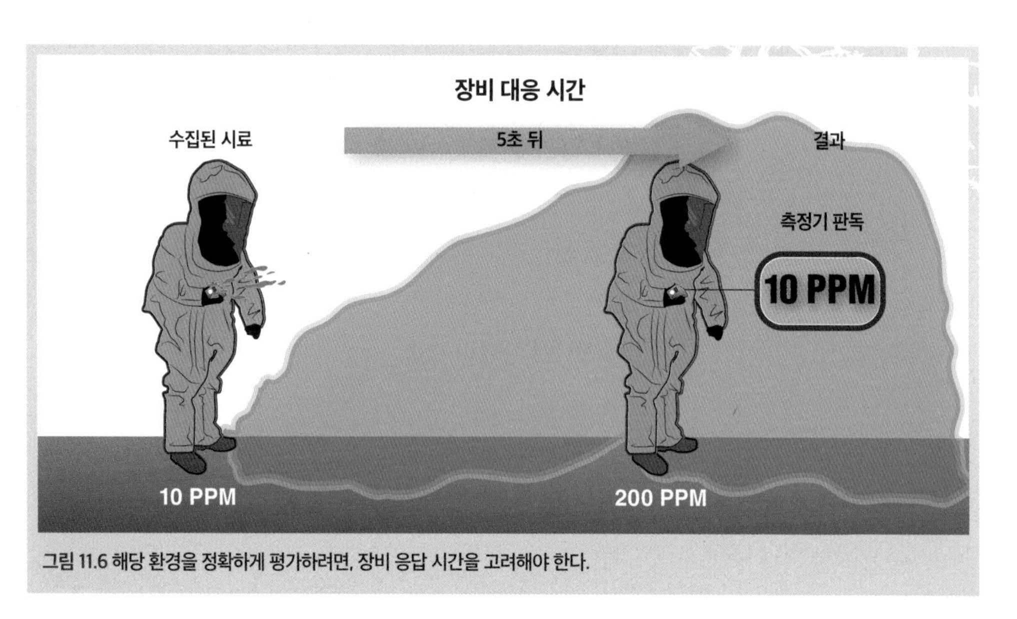

그림 11.6 해당 환경을 정확하게 평가하려면, 장비 응답 시간을 고려해야 한다.

대량살상무기WMD 또는 범죄criminal 사고에서 시료 수집 활동을 수행하는 대원은 반드시 증거 보존evidence preservation 및 증거물 보존의 연속성 절차chain-of-custody procedure를 따라야 한다. 추후에 증거로 인정될 수 있도록 대응요원들은 반드시 증거물 보존의 연속성chain of custody, 포장하기packaging, 표식하기(라벨링) 및 시험(검식) 기관testing authority으로의 증거 운송과 관련하여 적절한 계획안(규약)을 따라야 한다(그림 11.7). 대원(직원)은 반드시 식별 및 탐지 활동의 결과를 기록해야 한다. 대응요원은 이러한 절차(과정)에서 법집행기관의 지원을 필요로 할 것이다.

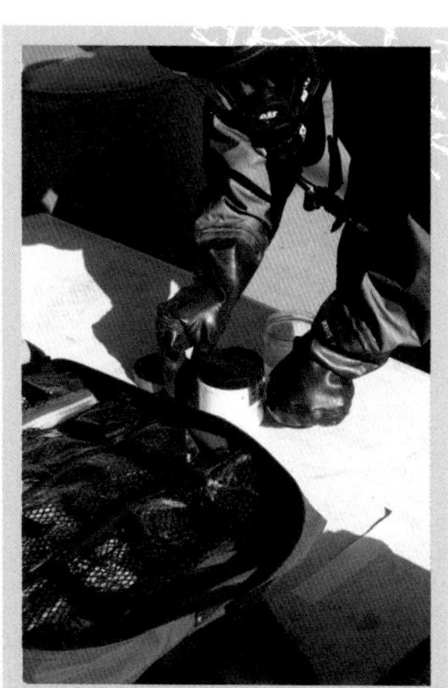

그림 11.7 범죄/대량살상무기로 의심되는 사고에서 시료(표본)를 수집할 때는, 반드시 증거물 보존의 연속성 절차(chain-of-custody procedure)를 따라야 한다.

사고 및 대응요원의 임무에 현존하는 위험은 사고에서 사용된 식별 및 탐지 전략 및 전술뿐만 아니라 이러한 전략 및 전술을 수행하는 데 필요한 개인보호장비를 결정하게 한다. 전략과 전술은 임무에 따라 크게 다를 수 있다. 예를 들어, 구조를 시도하는 대응요원은 유출에 대한 방어적 경감을 시도하는 대응요원과는 다른 목표를 가지고 있을 것이다. 임무에 관계없이 위험물질 사고는 항상 평가size-up와 위험평가risk assessment가 필요하다. 구조 전술은 '12장, 대응 실행: 전문대응—임무특화 수준의 피해자(요구조자) 구조 및 수습'에서 설명한다.

정보(Information)

미 직업안전보건국 탐지(OSHA Monitoring)

예를 들면 환경 조건이 바뀌거나 다른 위치로 이동할 때와 같은 상황에서 안전한 대응활동(작전)을 보장받기 위해 주기적으로 탐지(monitoring)를 한다. 미국에서는 '(법규)OSHA 29 CFR 1910.120(q)'에 의해 잠재적으로 위험한 공기(potentially hazardous atmosphere)에 진입하기 전에 식별 및 탐지(detection and monitoring)가 요구된다. 미 직업안전보건국(OSHA)에 따르면 대응요원은 다음을 식별하기 위해 식별 및 탐지를 수행해야 한다.

- ▶ IDLH 조건(IDLH condition)
- ▶ 허용가능한 노출 한계(permissible exposure limit) 또는 공표된 노출 수준(published exposure level) 이상의 노출
- ▶ 방사성 물질(radioactive material)의 선량 한도(dose limit) 또는 인화성 공기(flammable atmosphere) 및/또는 산소결핍 환경(oxygen-deficient environment)과 같은 기타 위험한 환경에 노출

대응요원은 위험물질이 사고와 연관이 있는지에 대해 알 수 있을 것이다. 이러한 정보가 알려지거나 의심되는 경우에는 개인보호장비 탐지 및 시료 수집 장비를 선택하는 것이 더 쉬워진다. 대응요원은 관련된 물질의 위험 및 특성을 이해하고, 적절한 위험 기반 대응risk-based response을 해내기 위해 참고자료를 참조할 수 있다.

식별(탐지) 응답(Detection Response)

식별(탐지) 장비는 특정 위험 요소를 탐지하도록 설계되었기 때문에 응답이 없다고 해서 다른 위험요소가 존재하지 않는다는 의미는 아니다. 한 유형의 탐지 장비에는 부족한 정보일지는 몰라도 여전히 존재하는 위험의 유형을 파악하는 데 필요한 정보가 될 수도 있다. 계측기가 어떠한 환경에서 유용한 결과를 제공하지 못할 수 있는 이유들은 다음과 같다.

▶ 부정확한 사용

▶ 교정(caliberation)

▶ 배터리 부족

미지의 물질을 다룰 때는 현재의 위험을 식별하고 특성화하기 위한 분석적 접근 방식을 취한다. 여기에는 탐지가 포함된다(그림 11.8).

- 부식성 물질
- 발열반응(exothermic reaction)
- 인화성 물질
- 산화제(oxidizer)[및 폭발물(explosives)]
- 산소 수준(oxygen level)
- 방사선(radiation)
- 독성물질(toxics)

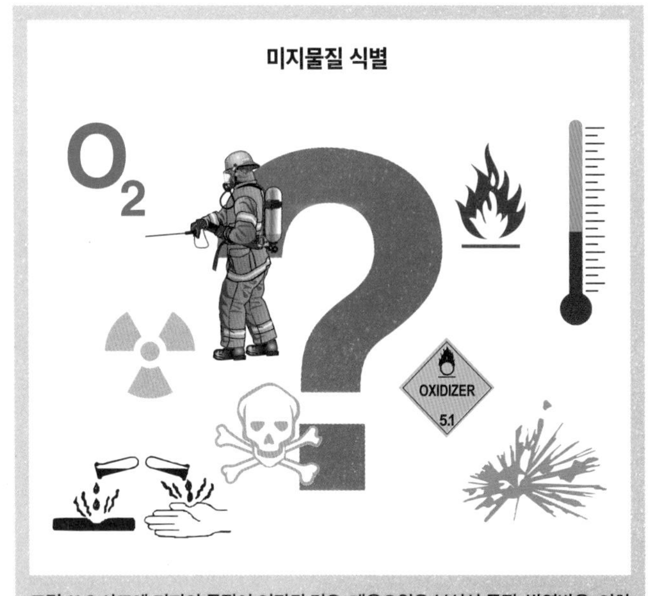

그림 11.8 사고에 미지의 물질이 연관된 경우, 대응요원은 부식성 물질, 발열반응, 인화성 물질, 산화제(및 폭발물), 산소 수준, 방사선 및 유독성 물질을 탐지해야 한다.

경고(WARNING!)

탐지 장비는 산소가 희박한 환경(oxygen-deficient atmosphere)에서 사용하면 정확한 판독값(accurate reading)을 제공할 수 없다.

식별 및 탐지 활동을 시작하기 전에, 탐지 계획은 다음의 질문들을 다루어야 한다.

- 탐지(monitoring)의 목적은 무엇인가?
- 탐지기(detector)는 어떤 판독값(reading)을 예상해야 하는가? 사용자가 예기치 않은 판독값을 감지하면 기기 파손의 가능성을 고려해야 하지만 결과값을 무시해서는 안 된다.
- 현재의 상황에서 예상되는 해당 물질을 탐지할 계측기는 무엇인가?
- 하나 이상의 위험요소가 있는가?
- 비, 습기, 또는 온도와 같은 현재 상태는 탐지 장치에 어떤 영향을 미치는가?

탐지monitoring하는 동안 안전을 유지하려면 다음의 권장하는 단계들을 따른다.

- 위험물질 전문가(hazmat technician), 전문가(specialist), 자문 전문가(allied professional)의 지시 하에 대응활동(작전)을 한다.
- 서면 절차를 따른다.
- 장비 및 탐지 장비의 한계를 이해한다. **교정**[10] 및 사용법에 대해서는 제조업체의 지침을 따른다.
- 모든 손상된 장비는 즉시 사용을 중지한다. 더 이상 본질적으로 안전하지 않을 수 있으며, 잘못된 수치를 제공할 수 있다(그림 11.9).
- 일관성을 유지한다 - 항상 적절한 개인보호장비를 착용한다.
- 2인조 활동체계의 짝과 함께 작업한다 - 항상 적절한 개인보호장비를 착용한 상태에서 대기하는 예비팀(back-up team)을 유지시킨다.
- 윗바람 방향으로부터 위험 구역에 접근한다.
- 경고음이 울리거나 위험물질이 탐지된 경우, 지역(현지) 규약 및 표준작전절차 및 지침(SOP/G)을 따른다.
- 저지대(low-lying area), 밀폐 공간(confined space), 증기(vapor) 및 기체(gas)가 집중될 수 있는 컨테이너(container)에 특히 주의한다(그림 11.10).
- 천천히 움직여서 상당한 응답 시간을 가진 장치들을 착안한다.
- 바닥 높이, 허리 높이, 머리 위쪽의 증기(vapor) 및 기체(gas)를 탐지한다.

경고(WARNING!)

항상 한 가지 이상의 위험이 있다고 가정하라.

---

10 **교정** : 어떤 한 측정 장치(기기)가 가리킨 양의 값을 표준화하거나 조정하는 데 사용되는 연산 집합

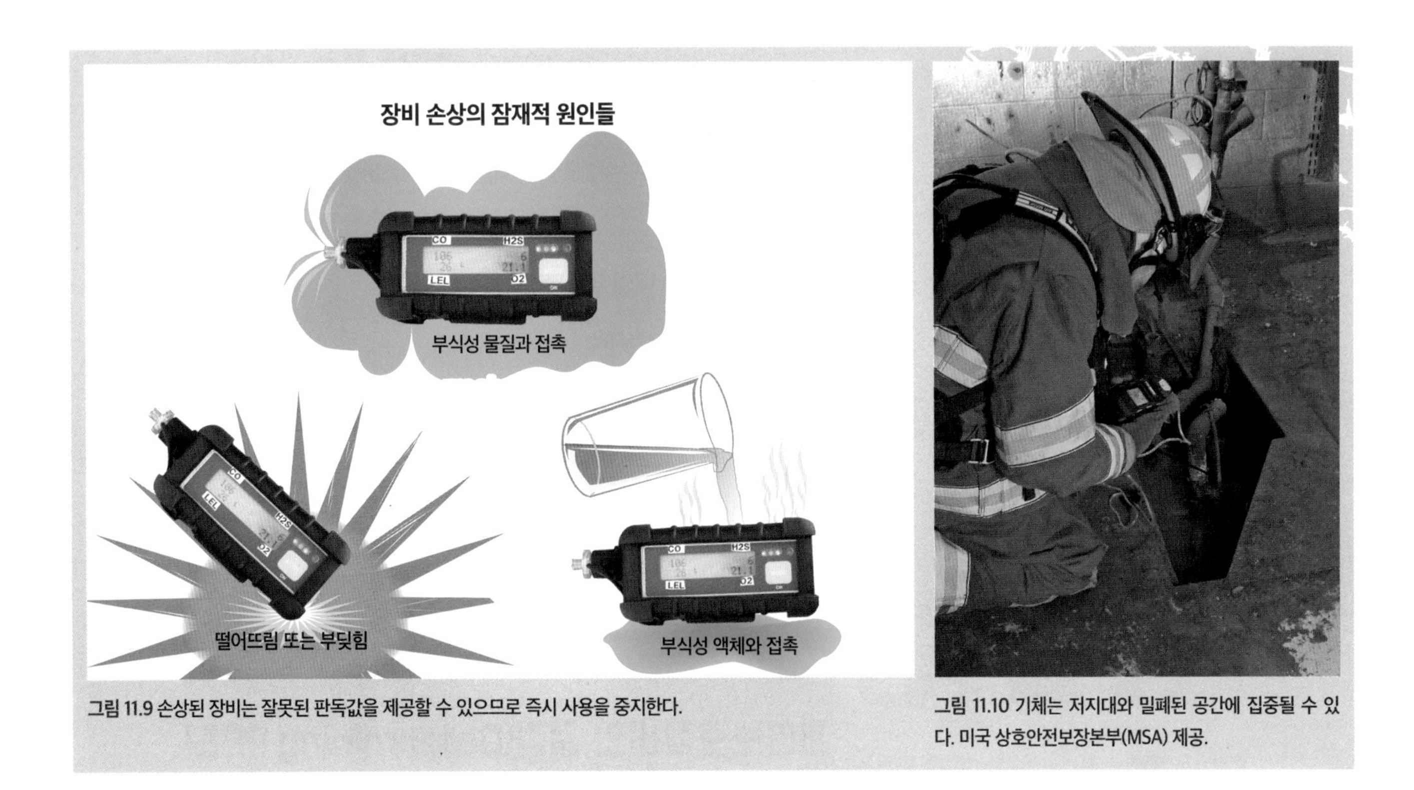

그림 11.9 손상된 장비는 잘못된 판독값을 제공할 수 있으므로 즉시 사용을 중지한다.

그림 11.10 기체는 저지대와 밀폐된 공간에 집중될 수 있다. 미국 상호안전보장본부(MSA) 제공.

대원(직원)은 탐지, 식별 및 시료 수집 결과를 정확히 문서화해야 한다(그림 11.11).

- 판독 시간
- 판독 장소 및 높이
- 얻어진 판독 수치
- 사용된 장비(장치)

이 정보를 노트북에 즉시 기록한다. 사고현장 지휘관에게 판독값을 보고하는 관할당국 규약AHJ protocol을 따른다.

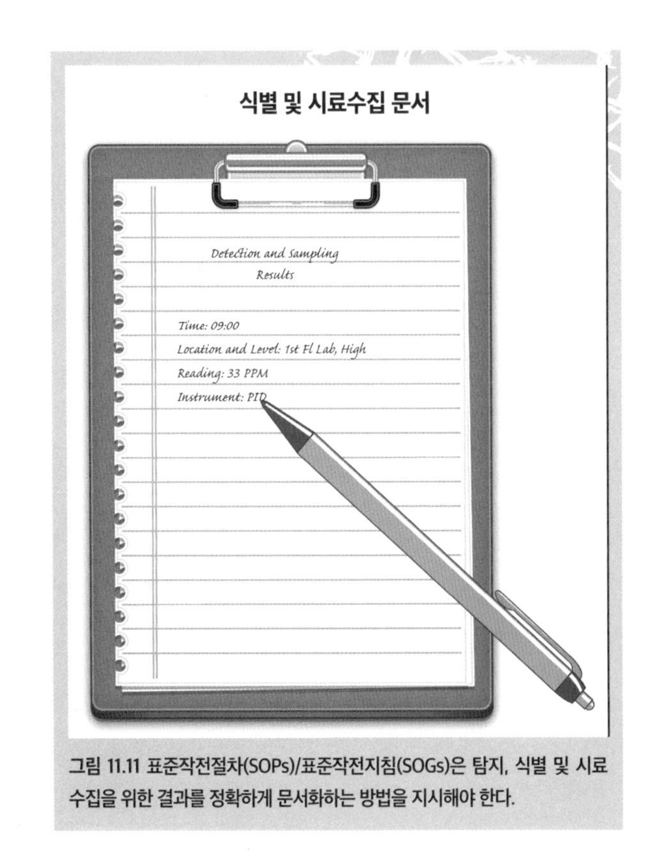

그림 11.11 표준작전절차(SOPs)/표준작전지침(SOGs)은 탐지, 식별 및 시료 수집을 위한 결과를 정확하게 문서화하는 방법을 지시해야 한다.

조치(대응) 수준(Action Level)

관할당국AHJ은 조치(대응) 수준action level을 설정해야 한다. 조치(대응) 수준은 '알려지거나 알려지지 않은 화학

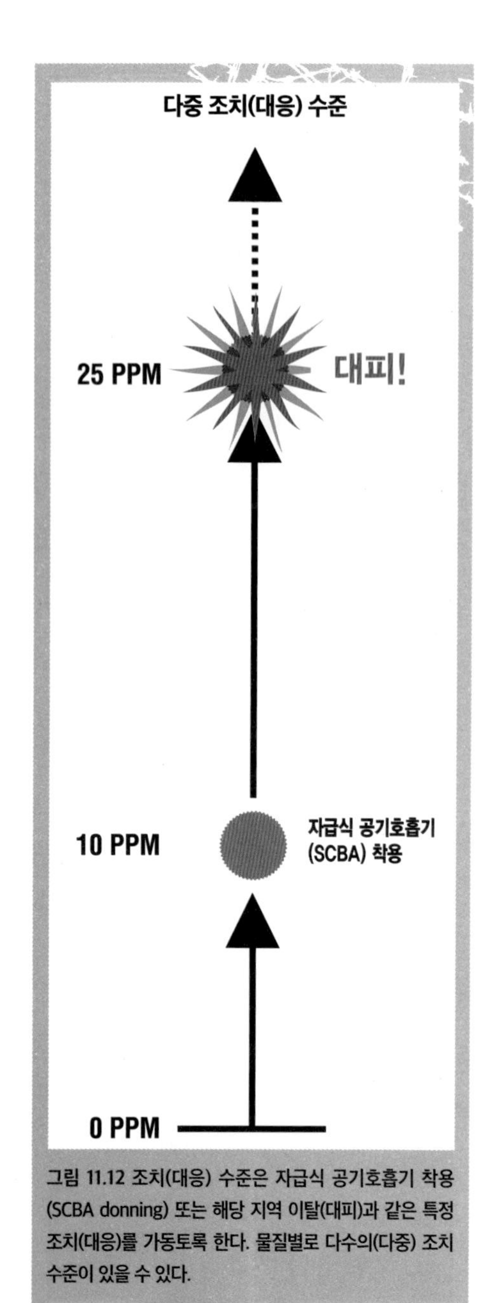

그림 11.12 조치(대응) 수준은 자급식 공기호흡기 착용(SCBA donning) 또는 해당 지역 이탈(대피)과 같은 특정 조치(대응)를 가동토록 한다. 물질별로 다수의(다중) 조치 수준이 있을 수 있다.

물질chemical 또는 제품product에 대한 대응'으로 정의할 수 있다(그림 11.12). 조치(대응) 수준에 도달하면 발동될 것이다.

- 보호장구 미착용 또는 불필요한 대원(직원)을 이탈시킴
- 추가적인 탐지
- 개인보호장비의 대체 또는 조정
- 전체 지역 대피(total area evacuation)

조치(대응) 수준에 영향을 미칠 수 있는 기타 요인들로는 제조업체의 권장사항이 포함된다.

개인보호장비의 결정(Determining PPE)

미식별된 위험물질이 연관된 사고에 대응하는 경우, 9장에서 설명한 요인에 따라 개인보호복personal protective clothing과 장비equipment를 결정하고 선택할 수 있다. 대응요원은 현재의 위험을 고려하여 식별 및 탐지 대응활동(작전) 중에 필요한 보호 자원 및 기능을 결정해야 한다. 각 유형의 장비 선택에 대한 사고 과정의 예들이 다음 단락에서 설명된다. 어느 때나 대응요원은 반드시 사고현장 지휘관과 관할당국의 지시사항에 대한 상황 인식 및 준수를 유지해야 한다.

위험물질 고체는 일반적으로 바람에 날리거나 폭발에 의해 확산되지 않는 한 멀리 이동하지 못한다. 위험물질 고체를 포함한 위험물질 사고에서의 대응요원은 일반적으로 탐지 및 시료 수집 활동을 위해서 자급식 공기호흡기 또는 C급 개인보호장비가 있는 소방관 보호장비를 착용한 경우 충분히 보호를 받는다.

위험물질 액체hazardous liquid는 기화되고, 빠르게 팽창하며, 먼 거리를 이동할 가능성이 있으며, 저지대의 밀폐 공간을 채운다. 액체 유출 시 대응요원은 식별 및 탐지 활동에 착수하기 전에 호흡기 및 화학보호장비의 보호 수준을 가장 높게 설정해야 할 수 있다.

그림 11.13 톤 실린더(ton cylinders), 압축가스 실린더(compressed gas cylinder) 및 고압 용기(high-pressure vessel)와 관련된 사고는 신중하게 평가하여 적절한 개인보호장비를 선택한다. 이러한 용기는 기체(가스)를 방출할 가능성이 있으며, 증기 보호복이 필요할 수 있다. 미국 해안 경비대(U.S. Coast Guard) 제공(Telfair H. Brown 사진 촬영).

위험물질 기체hazardous gas는 급속히 팽창하며, 밀폐된 공간을 채우고, 출처(원점)에서부터 먼 거리를 이동한다. 부식성 기체corrosive gas는 소방관 보호복과 자급식 공기호흡기SCBA를 손상시키고 침투할 수 있다. 독성 기체toxic gas는 흡입하면 빠르게 사망에 이를 수 있다. 인화성 기체flammable gas는 극도의 화재 위험이 있으며, 산화성 기체oxidizing gas는 폭발을 일으킬 수 있다. 불활성 가스inert gas는 밀폐된 공간에서 산소 수준oxygen level을 대체하여 질식 위험asphyxiation hazard을 일으킬 수 있다. 기체 유출 시 대응요원은 탐지 및 시료 수집 활동 중에 극도의 주의를 기울여 대응활동을 해야 한다(그림 11.13).

식별, 탐지 및 시료 수집 장비의 선택 및 유지/보수

Selection and Maintenance of Detection, Monitoring, and Sampling Device

식별 및 탐지 대응활동(작전)에 사용할 장비를 결정할 때 대응요원은 다음을 고려해야 한다.

- **해당 대응활동(작전)의 임무** 구조 작전(operation rescue) 또는 위험물질 제어(product control)의 우선순위인가?
- **의심되는 연관된 위험** 대응요원들은 폭발 사고 시 방사선(radiation)을 탐지할 것인가 또는 부식성 물질(corrosives)을 탐지하기 위해 pH 종이를 사용할 것인가?
- **휴대성 및 사용자 편의성** 일부 장비는 다른 장비보다 무게가 더 나가며, 일부는 부피가 크거나 사용하기가 어렵다. 임무와 사용 가능한 개인보호장비를 감안할 때 대응요원은 장치의 유용성을 파악해야 한다(그림 11.14).
- **장비 반응 시간** 일부 계측기는 계측기가 물질을 탐지하고 판독값을 표시하는 데 걸리는 동안의 시간이 수초에서 수십 분의 지연 시간을 필요로 한다. 임무로서 신속한 구조가 필요하다면 긴 지연 시간을 가진 장치는 쓸모가 없을 것이다.
- **민감도 및 선택성** 일부 장비는 다른 장비보다 낮은 농도를 감지할 수 있지만, 일부 장비는 매우 특정한 물질만을 감지한다. 대응요원은 계측기가 원하는 화학물질 또는 화학물질계열을 얼마나 잘 감지하는지를 반드시 고려해야 한다.
- **교정** 대부분의 계측기는 관할당국 및 제조업체 권장사항에 따라 사용 전에 교정(caliberation)이 필요하다. 온도(temperature), 습도(humidity), 고도(elevation) 및 대기압(atmospheric pressure)이 이 과정에 영향을 줄 수 있다. 현장에서 계측기를 교정하는 것은 어려울 수 있다. 장비를 조작하기 전에 다음을 수행해야 한다.

그림 11.14 장비(장치)를 선택하기 전에 유용성을 확인한다.

그림 11.15 필드 테스트에는 교정(범프) 시험과 영점조정이 포함될 수 있다.

- **교정 시험**[11] 센서(sensor)가 적절하게 기능하도록 보장한다. 경고음 및 기타 기능에 대해서는 센서의 정확성을 테스트하지 않는다(그림 11.15).
- **영점조정**[12] 신선한 공기(fresh air) 내에서 정상[기준선(baseline)] 수준에서 판독될 수 있도록 장치의 메모리를 초기화한다. 일부 장비는 장비를 켜는 동안 자동으로 이 기능을 수행하며, 일부 장비에는 전용 버튼이나 메뉴 기능이 있다.

• **훈련** 장비 사용법을 배우는 것이 얼마나 어려운가? 얼마나 자주 훈련을 실시해야 하는가? 현장의 대응요원은 장비를 효과적으로 사용하기 위한 적절한 교육을 받았는가?

식별 및 공기 중 탐지 장비를 구매하기 전에 구매하고자 하는 장비의 현재 사용자에게 장비에 대한 정보를 얻는다. 현재 사용자는 내구성durability, 의존성dependability, 무게weight, 사용 편의성ease of use 및 기타 여러 요소에 대한 가치 있는 통찰력을 제공한다. 오직 해당 특정 장치를 사용하는 경우에만 이러한 정보를 제공할 수 있다. 구

11 **교정시험(Caliberation Test)** : 장비의 경고가 모두 탐지된 권장되는 위험 수준(recommended level of hazard detected)에서 작동하는지 확인하는 데 사용되는 일련의 작동들. 또한 범프 시험(bump test) 및 현장 시험(field test)이라고도 함

12 **영점조정(Zeroing)** : 신선한 공기(fresh air) 내에서 정상[기준선(baseline)] 수준에서 판독될 수 있도록 장비(계측기)를 재설정하는 것(resetting)

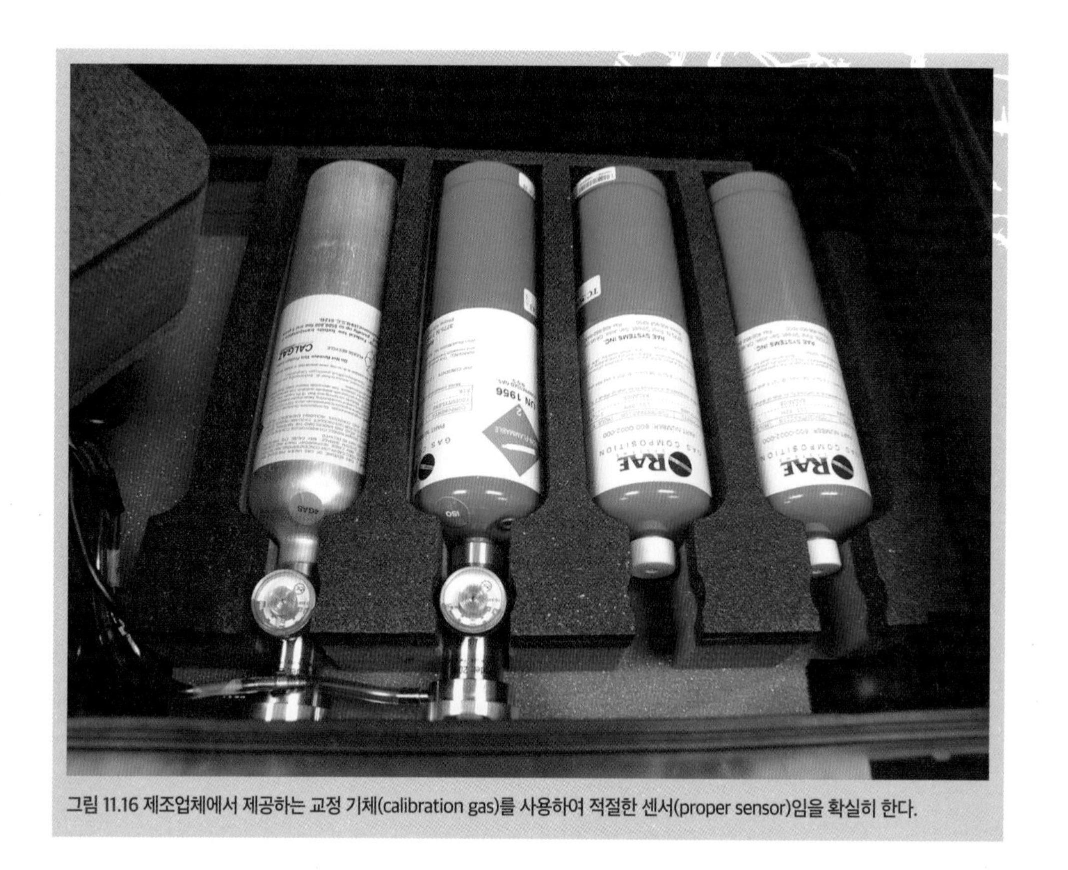

그림 11.16 제조업체에서 제공하는 교정 기체(calibration gas)를 사용하여 적절한 센서(proper sensor)임을 확실히 한다.

매를 고려할 때 필터filter, 탐지부(흡입부)probe, 내부 부품internal part 및 교정caliberation 비용을 포함한다. 예상치 못한 비용이 추가될 수 있다. 또한 계측기(장비)의 신뢰성, 각 사용 중 처리 시간의 양, 계측기에 영향을 줄 수 있는 요소(수분, 온도 및 대기)를 감소시킬 수 있는 기타 요인을 고려한다. 새로운 형식의 장비를 구입하는 첫 번째 부서 또는 팀이 된다는 것은 실용적이지 않을 수 있다. 새로운 개념과 탐지 방법은 일부 장비를 매우 신속하게 쓸모없게 만든다. 계측기의 비용이 그 효율성을 결정하는 것은 아니다.

사용자는 제조업체의 지침에 따라 식별 및 탐지 장비를 반드시 교정calibrate, 유지/보수maintain 및 제독decontaminate해야 한다. 부적절하게 보정되고 관리된 장비는 부정확하고 오도된 원인이 될 수 있으므로 안전상의 위험을 초래한다. 유지보수 및 교정을 수행할 때는 다음의 지침을 따른다.

- 제조업체가 권장하는 교정 기체(calibration gas)를 사용한다.
- 제조업체의 권장사항 및 관할당국 지침(AHJ guideline)에 따라 교정한다(그림 11.16).
- 일부 센서(sensor), 테스트 스트립(test strip) 및 비색 튜브(colorimetric tube)의 유효기간 및 수명주기를 인지한 제조업체의 권장사항에 따라 장치를 보관한다.
- 장비가 정상적으로 작동하는지 정기적으로 검사한다.

경고(WARNING!)

한 가지 유형의 탐지 장비에만 배타적으로 의존하지 말아야 한다.

정보(Information)

현장에서의 영점조정 도구

장비를 교정 기체(calibration gas)로 교정하는 것은 현장에서 장비를 영점조정(zeroing)하는 것과는 다르다. 장비를 제대로 교정하기 위해, 사용자는 장비가 얻을 측정값들(measurements)을 표준화하기 위해 장비를 알려진 유형 및 농도의 교정 기체로 조정한다.

현장에서의 영점조정(zeroing in the field)은 위험물질이 유출된 장소에서 기존 환경에 맞추기 위해 조정하는 것이다. 잠재적인 오염원(potential contaminant)이 있는 곳에서는 장비를 영점조정하지 않는다. 예를 들어, 일산화탄소 수준(carbon monoxide level)이 높을 수 있는 차량 근처에서는 4개의 기체 탐지장비를 영점조정해서는 안 된다.

위험 탐지 장비

Hazard Detection Equipment

참고

이 절의 탐지 장비 목록은 명확하지 않다. 더 자세한 정보는 국제소방훈련협회(IFSTA)의 위험물질 전문가(Hazardous Materials Techician) 편을 참조하라.

현장에서의 위험을 확인하기 위한 적절한 위험 기반 대응risk-based response을 결정하기 위해 대응요원은 관할당국AHJ의 표준작전절차 및 지침SOP/G을 따라야 한다. 이번 절에서는 다음의 위험hazard에 대한 식별 및 탐지 장비detection and monitoring device에 대해 설명한다.

- 부식성 물질(corrosive)
- 인화성 물질(flammable)
- 산화제(oxidizer)
- 산소(oxygen)
- 방사선(radiation)
- 반응성 물질(reactive)
- 독성 물질(toxics)

부식성 물질(Corrosives)

위험물질 사고의 상당 부분은 부식성 물질corrosives을 포함한다. 부식성 기체 및 증기는 개인보호장비는 물론 식별 및 탐지 장비를 손상시킬 수 있다. 결과적으로 미상의 위험이 있는 유출에서 대응요원의 최우선 순위는 pH를 탐지하는 것이다. 부식성corrosivity을 식별하고 탐지하는 데 사용되는 주요 장비는 pH 계측기와 pH 종이이다(그림 11.1 a, b 및 c). 계측기(장비)로 탐지할 수 있는 부식성 물질의 특성을 이번 절에서 설명한다.

pH

용액에서 **하이드로늄**[13] 또는 **수산화물**[14] 이온hydroxide ion의 농도concentration는 용액의 pH를 결정한다. pH 척도scale는 0에서 14까지이다. pH 7은 산성acidic도 염기성basic도 아닌 중성neutral이다. 산성 물질acidic substance은 과량의 하이드로늄 이온hydronium ion을 가지며 pH가 7 미만이다. 염기성 물질baic substance은 과도한 수산화 이온hydroxide ion과 7보다 큰 pH를 갖는다. pH가 7 이상으로 높아지면 화합물은 더욱 더 알칼리성akaline이 된다. 반대로 pH가 7 이하로 떨어지면 화합물은 점점 산성acidic이 된다.

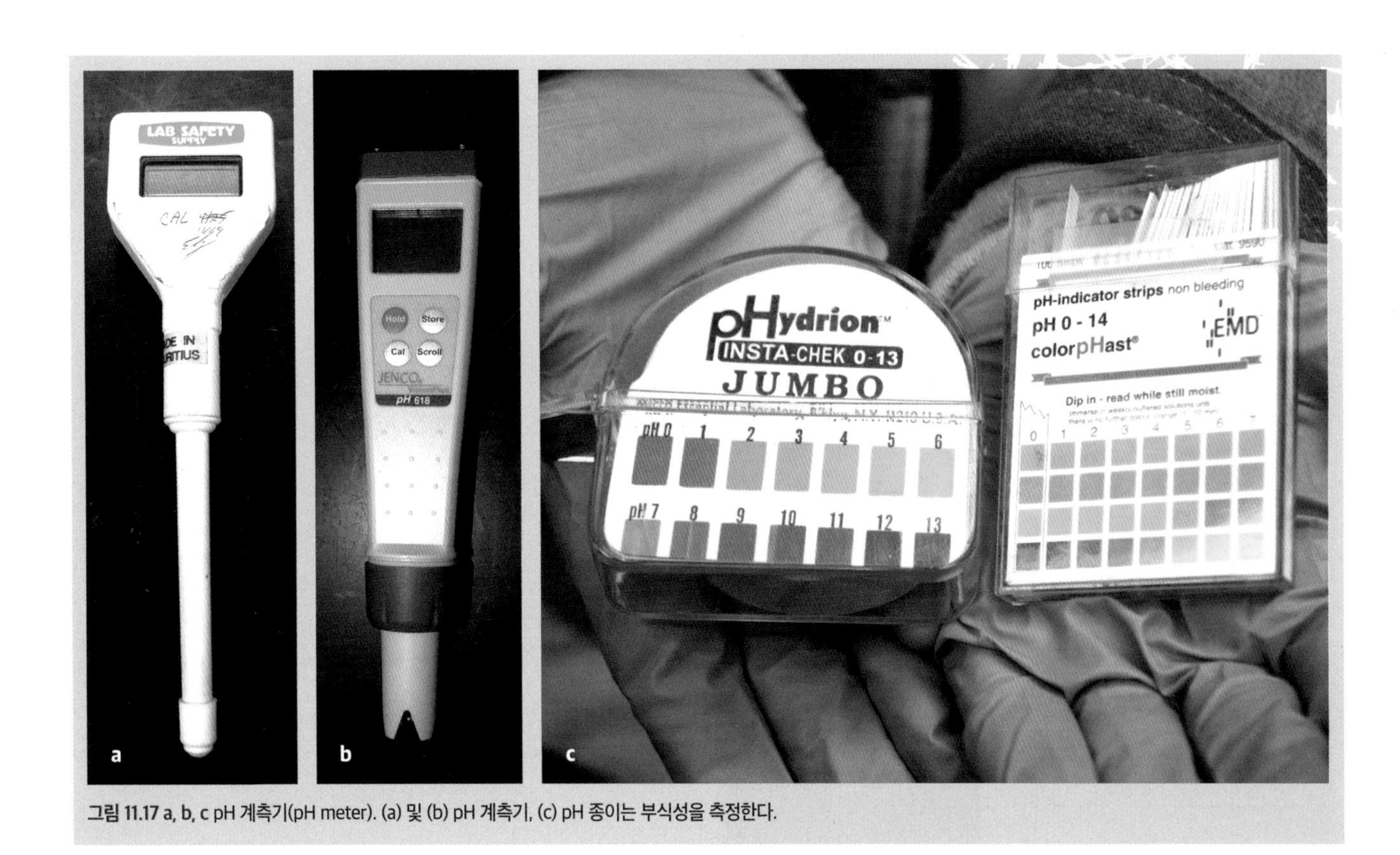

그림 11.17 a, b, c pH 계측기(pH meter). (a) 및 (b) pH 계측기, (c) pH 종이는 부식성을 측정한다.

---

13 **하이드로늄 이온(Hydronium)** : 여분의 수소 이온(hydrogen ion)(H_3O^+)이 있는 물 분자(water molecule). 수산화(물) 이온(hydroxide ion)보다 많은 하이드로늄 이온(hydronium ion)을 갖는 물질(substance)/용액(solution)은 산성의 pH를 가짐

14 **수산화물(Hydroxide)** : 수소 이온을 잃은 물분자(OH^-). 하이드로늄 이온보다는 수산화 이온이 더 많은, 염기성(basic/alkaline)의 pH를 가지는 물질(substance)/용액(solution)이다.

농도(Concentration)

산성 및 염기성 용액은 대개 화학물질이 물에 용해되어 만들어진다. 물의 양에 대한 화학물질의 양의 비율은 해당 용액의 농도를 결정한다. 예를 들어 95% 포름산formic acid 용액은 95%의 포름산formic acid과 5%의 물water로 구성된다. 일반적으로 농도가 높을수록 산acid이나 염기base가 상대적으로 더욱 많은 피해를 준다. 98% 황산sulfuric acid 용액은 같은 양의 1% 황산 용액보다 피부를 더 빠르고 심하게 화상입힐 것이다.

증류수(Distilled Water)와 비교 한 수소 이온(Hydrogen Ion)의 농도(Concentration)	pH
10,000,000	0
1,000,000	1
100,000	2
10,000	3
1,000	4
100	5
10	6
1	7
$^1/_{10}$	8
$^1/_{100}$	9
$^1/_{1,000}$	10
$^1/_{10,000}$	11
$^1/_{100,000}$	12
$^1/_{1,000,000}$	13
$^1/_{10,000,000}$	14

pH 농도(pH concentration)

그림 11.18 산의 강도(acid strength)는 용액 내의 수소(hydrogen) 또는 하이드로늄(hydrunium) 이온(ion)의 수에 의해 결정된다. pH 1은 pH 7보다 1,000,000배나 산성도(aicidic)가 높지만 pH 13은 1,000,000배 염기성(alkaline)이 높다.

강도(Strength)

해당 산acid의 본래의 농도와 관련하여 생성된 수소 이온hydrogen ion 또는 하이드로늄 이온hydronium ion의 수가 산 또는 염기의 강도strength를 결정한다. 세부 사항은 다음과 같다(그림 11.18).

- 용액(solution)[농도(concentration)]에서 하이드로늄 이온(hydronium ion)의 수가 많을수록 다른 동일한 농도의 산과 비교할 때 강한 산성과 높은 부식성을 가진다. 황산(sulfuric acid)의 98% 용액은 완전히 해리된 아세트산(acetic acid)의 98% 용액보다 훨씬 많은 하이드로늄 이온을 방출한다. 이러한 특성은 황산 용액을 아세트산 용액보다 부식성이 높게 만든다.
- 염기성 용액(basic solution)을 만들 때 생성되는 수산화물 이온(hydroxide ion)의 수가 많을수록 동일한 농도의 다른 염기(base)에 비해 해당 염기가 더욱 부식성이 있을 것이다. 비슷한 pH를 가지고 있더라도, 수산화나트륨(sodium hydroxide)은 용액에서 더 많은 수산화 이온을 방출하기 때문에 중탄산나트륨(sodium bicarbonate)보다 훨씬 더 잘 부식시킨다.

pH 종이(pH paper) 및 pH 계측기(pH meter)

pH 종이pH paper는 부식성 물질corrosive material과 접촉하면 색상이 변하도록 고안되었으며, 변화된 종이의 색상으로 해당 물질의 pH 정도를 알 수 있다. 표준 색상 체계standard color system pH 종이에는 존재하지 않는다. 따라서 브랜드에 따라 다른 색상과 구성을 사용할 수 있다. 흔히 pH 종이는 0에서 14까지의 척도scale를 제공하지만, 일부 브랜드는 다소 다를 수 있다. pH 종이가 사용기한을 가지고 있다면, 기한 후 그것을 사용할 경우에 판독의 정확성에 영향을 줄 수 있다. pH 종이를 사용하는 대응요원은 다음과 같은 연관성association에 유의해야 한다.

- pH 0~3 = 특히 부식성이 강한 산성 물질(그림 11.19)
- pH 7 = 중성(neutral)[물]
- pH 10~14 = 특히 부식성이 강한 염기성 물질(그림 11.20)
- pH 종이가 분해되거나(stripped) 표백됨(bleached) = 산화제(oxidizer) 및 유기과산화물(organic peroxide)

pH 종이는 모든 물질에 대해 정확한 pH 측정치를 제공하지는 않을 수 있다. 예를 들어, 탄화수소hydrocarbon는 pH 4~6 사이의 수치를 나타내는 것처럼 보일 수 있다. 그러나 이는 물질의 실제 pH가 아니다(그림 11.21). 일부 탄화수소의 pH를 시험하기 위해 대응요원은 pH 종이를 증류수distilled water로 적시고 물질 위의 증기가 발생하는 공간에서 pH 종이를 흔들어 pH를 시험할 수 있다. 그러나 이는 증기압이 상당히 높은 물질에 한해서만 적용될 것이다.

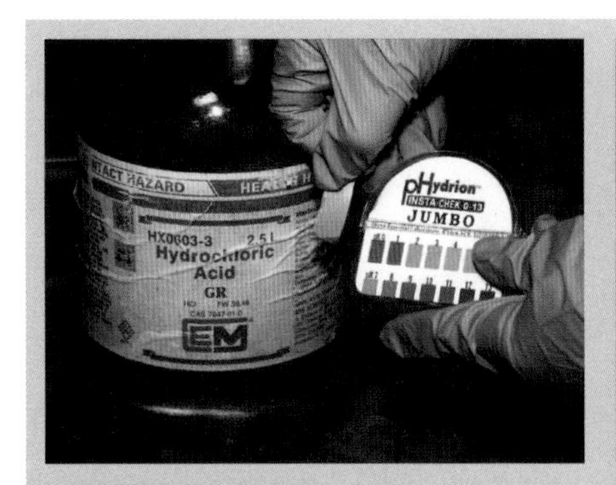

그림 11.19 pH 0~3은 강산을 나타낸다.

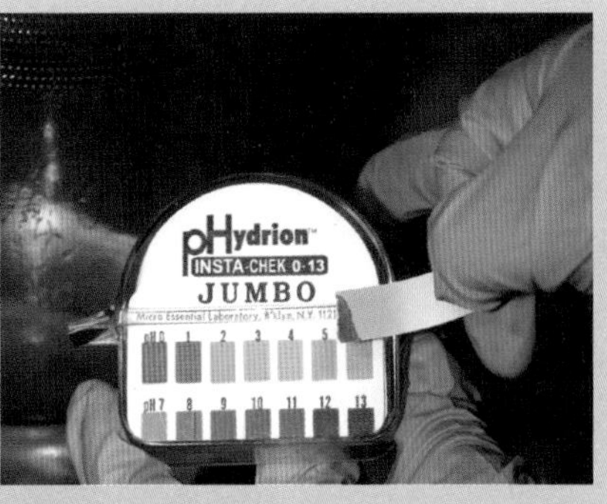

그림 11.20 pH 10~14는 특히 부식성이 있는 염기를 나타낸다.

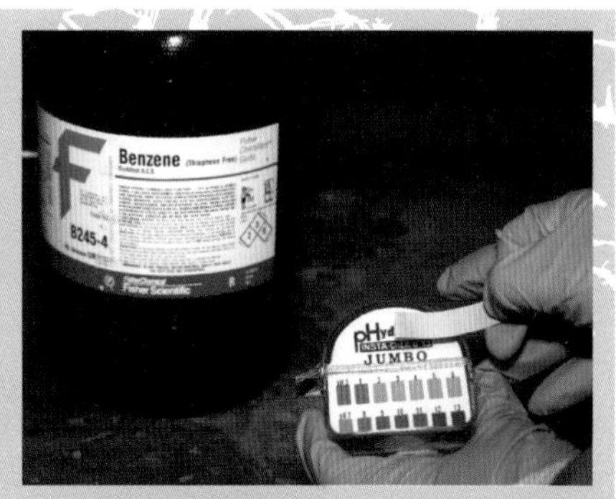

그림 11.21 많은 탄화수소(hydrocarbon)가 pH 4~6 사이의 수치를 나타내는 것처럼 보일 수 있지만, 실제로는 부식성의 측정값이 아니다.

pH 종이의 한계점

다음의 요소들은 pH 종이의 유용성을 제한할 수 있다.

- ▶ 테스트를 수행하기 위해 위험물질(hazardous material)과의 근접 및/또는 접촉이 필요함
- ▶ 물질의 농도(concentration)를 검출할 수 없음
- ▶ 수집한 시료 물질이 기름, 진흙 또는 다른 불투명한 물질로 오염된 경우 종이를 판독하는 데 어려움이 있음
- ▶ 해당 수집된 시료 물질이 화학적으로 시료(표본)를 분해하거나 예상치 못한 방식으로 바뀌는 경우 종이를 판독하는 것이 어려움(예를 들면, 고도로 농축된 산 및 염기, 특정 산화제 및 탄화수소)

대응요원은 증류수로 적신 pH 종이 조각을 자급식 공기호흡기 면체SCBA mask, 개인보호장비, 막대기 또는 기타 장비[(예를 들면, 탐지부(흡입부)]에 부착하여 부식성 공기를 신속하게 탐지할 수 있다. 건조한 pH 종이는 대기 조건에 대해 반응이 느리거나 전혀 반응하지 않을 수 있다.

pH 종이가 색이 바뀌기 시작한다면 대피를 시키고 상황을 재평가해야 할 필요성이 있음을 나타낸다. 대피evacuation를 통해 오직 소방관 기본장비 착용복장만을 개인보호장비로 착용한 대응요원을 보호할 수 있으며, 대응요원이 지니고 있는 식별 및 탐지 장비도 보호할 수 있다. '기술자료 11-1'은 pH 종이를 사용하여 미상의 액체에 대해 pH 시험을 수행하는 방법을 보여준다.

대응요원은 pH 계측기가 pH 종이보다 더 정확한 판독값을 제공한다는 점을 알아야 한다. 그러나 사용 전후에 증류수distilled water로 탐지부probe를 씻어내는 것을 포함하여 각 사용 전에 pH 계측기를 교정한다. pH 계측기를 사용하려면 테스트 중인 물질에 탐지부를 삽입한다(그림 11.22). 온도, 기름 및 기타 오염물질은 pH 계측기 판독값에 영향을 줄 수 있다. '기술자료 11-2'는 pH 계측기를 사용하여 미상의 액체에 대해 pH 테스트를 수행하는 방법을 보여준다.

불화물 시험지(Fluoride Test Paper)

모든 화학물질 원소chemical element 중 불소fluorine가 가장 반응성이 좋다. 불소를 함유한 화합물compound을 불화물flouride이라고 한다. 널리 사용되는 불화물인 불화수소hydrogen fluoride; HF는 극도의 부식성corrosivity, 독성toxic 및 높은 반응성highly reactive을 나타

그림 11.22 pH 10~14는 특히 부식성이 있는 염기(강염기)를 나타낸다.

낸다. 불화수소HF가 건강에 미치는 극단적인 영향 때문에 대응요원은 최고 수준의 개인보호장비(A급Level A)가 필요하다. 미식별 또는 미상의 위험물질이 연관된 상황에서 대응요원은 자신의 보호를 위해 불화물fluoride(특히 불화수소HF)을 시험해봐야 한다.

경고(WARNING!)

A급(Level A) 개인보호장비를 착용하지 않은 대응요원들은 불화물 검출 테스트 스트립의 색상이 변경될 경우 즉시 해당지역을 이탈해야 한다.

불화물 시험지fluoride test paper는 불소 이온fluoride ion 및 기체 불화수소gaseous hydrogen fluoride의 존재 여부를 파악할 수 있다. 불화물이 존재하면 분홍빛이 도는 빨간 종이는 황백색으로 변한다. 또한 염소산염chlorate, 브롬산염bromate 및 황산염sulphate이 많은 양으로 있는 경우, 종이가 흰색으로 탈색된다. pH 스트립pH strip과 마찬가지로 불화물 시험지 조각fluoride test paper strip을 개인보호장비 또는 기타 탐지 장비에 부착할 수 있다. 한 지역(구역)을 테스트하기 전에, 이러한 시험지 스트립을 수돗물이나 증류수에 적시는지 여부와 관련하여서는 관할당국AHJ에 따른다. '기술자료 11-3'에서는 시약 시험지reagent test paper를 사용하여 위험을 테스트(시험)하는 방법을 보여준다.

탐지 종이 배열 체계

위험물질 사고에서 위험물질 대응요원은 여러 가지 시약 지시용지(reagent-indicating paper)를 선택할 수 있다. 그리고 대응요원은 다음을 수행할 수 있다.

- ▶ 다양한 위험을 감지하기 위해 이들을 통합된 체계로 배열한다.
- ▶ 초기 사고현장 위험 탐지 및 평가 중에 이 작업을 동시에 수행한다.

참고 이러한 스트립(탐지용 조각) 그룹(group of strip)은 비공식적으로 곰 발톱(bear claw) 또는 곰 발바닥(bear paw)이라고 알려져 있다(그림 11.23).

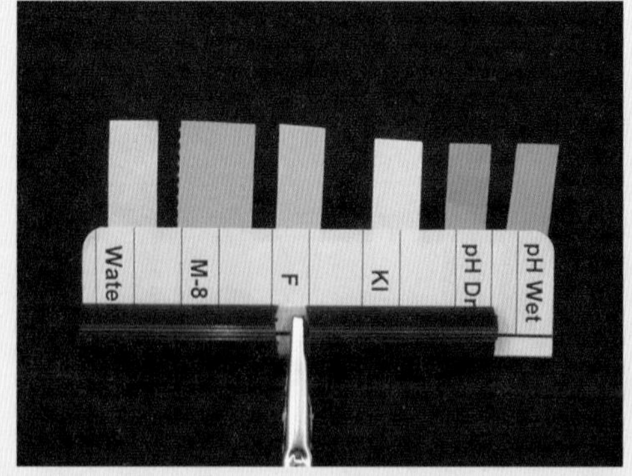

그림 11.23 일부 기관에서는 시약 스트립을 곰 발톱이나 곰 발바닥에 부착한다. Scott Kerwood 제공.

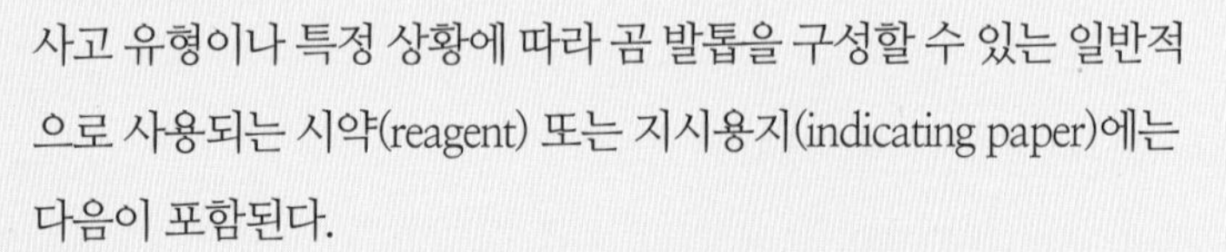

사고 유형이나 특정 상황에 따라 곰 발톱을 구성할 수 있는 일반적으로 사용되는 시약(reagent) 또는 지시용지(indicating paper)에는 다음이 포함된다.

- ▶ pH 종이
- ▶ 불화물 종이(fluoride paper)
- ▶ 요오드화칼륨 종이(potassium iodide paper)
- ▶ 대량살상무기(WHD)용의 M8 및 M9 종이(M8 and M9 paper)
- ▶ Spilfyter® 종이: 2 또는 3 버전
- ▶ 물 찾기: 장비의 계측 결과를 알려주기 위한 검사

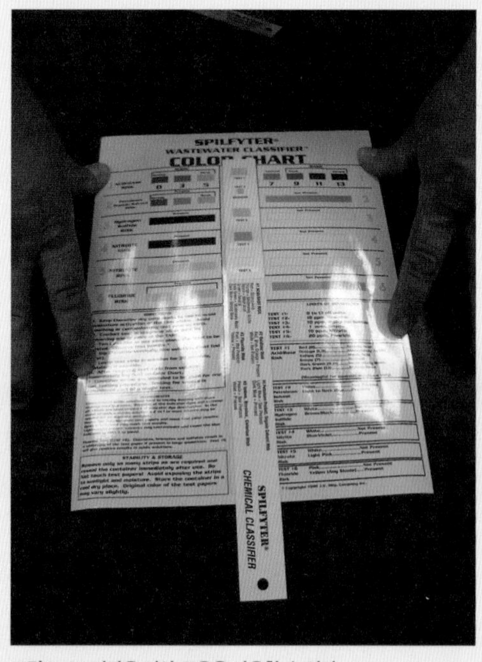

그림 11.24 시판용 시약 모음을 사용할 수 있다.

제조 회사는 위험물질 대응요원(hazmat responder)이 현장에서 그룹(group)으로 이러한 스트립들을 "조립(assemble)"할 필요가 없도록 그룹(group)으로 사전 생산한다. 예로는 다음을 포함한다.

- ▶ SpilFyter®는 액체 누출(liquid spill) 시 다양한 종류의 위험물질을 탐지하는 상용의 제품이다(그림 11.24).
- ▶ 위험물질 스마트 스트립(HazMat Smart Strip™)은 공기 중의 다양한 위험물질을 탐지하는 제품이다. 유해한 화학물질을 탐지하면 대응요원에게 경고를 해준다. 이 시스템은 색상 코드 체계(color code system)에 따라 8가지 화학물질군(8 classes of chemical)을 식별한다.

인화성 물질(Flammables)

대부분의 소방 대응요원들은 이미 다음 세 가지 방법 중 하나로 대기 중의 가연성 증기 및 기체의 양을 측정할 수 있는 **가연성 기체 표시기**[15]와 같은 장치에 대해 잘 알고 있다.

- 폭발하한계의 백분율(percentage of the lower explosive limit; %LEL)
- 백만분율(parts per million; ppm)
- 공기 부피당 기체 비율(percentage of gas per volume of air)

주의(CAUTION)

반드시 자신이 가지고 있는 표시기의 유형을 이해하고 작동하는 방법을 알아야 한다.

가연성 기체combustible gas를 측정하는 데 사용되는 대부분의 계측기가 폭발하한계LEL를 측정하기 때문에 대응요원들은 대부분의 계측기를 가연성 기체 측정기CGI meter라고 하는 대신 폭발하한계 계측기라고 말할 것이다. 일반적으로 폭발하한계 계측기는 교정 기체calibration gas의 폭발하한계LEL의 10%에서 경보를 울리지만 기타 장비들은 다른 허용값threshold에서 경보를 울린다. 심지어 폭발하한계LEL의 낮은 비율(퍼센트)이라 함은 무언가가 공기 중에 있으며 잠재적으로 위험한 독성 수준에 있음을 나타낸다.

표 11.2 표본 변환 계수

기체 유형	실제 %LEL	실제 기체 농도	일반적 표시 판독값
펜탄(Pentene)	50%	0.07%	50%
메탄(Methane)	50%	2.50%	100%
프로판(Propane)	50%	1.05%	63%
스티렌(Styrene)	50%	0.55%	26%
출처: 상호안전보장본부(MSA) 제공			

15 **가연성 기체 표시기(Combustible Gas Indicator; CGI)** : 가연성 기체 탐지 장비에서 전달된 가연성 기체의 존재 및 폭발 수준을 나타내는 전자장치

표 11.3 변환 계수의 예	
기체 또는 증기	계수
헥산(Hexane)	0.68
수소(Hydrogen)	0.39
이소프로필알코올 (Isopropyl Alcohol)	0.73
메틸에틸케톤 (Methyl Ethyl Ketone)	0.90
메탄(Methane)	0.38
메탄올(Methanol)	0.58
미네랄 주정(Mineral Spirit)	1.58
니트로(나이트로)프로판 (Nitro Propane)	0.95
옥탄(Octane)	1.36
펜탄(Pentene)	0.86
이소펜텐(Iso-Pentene)	0.86
이소프렌(Isoprene)	0.58
프로판(Propane)	0.56
스티렌(Styrene)	1.27
초산비닐(Vinyl Acetate)	0.70
염화비닐(Vinyl Chloride)	1.06
오르쏘 자일렌(O-Xylene)	1.36

가연성 기체 표시기CGI에는 특정한 보정 이슈specific calibration issue가 있다. 각 가연성 기체 표시기CGI는 특정 인화성 기체(일반적으로 메탄methane, 펜탄pentane, 프로판propane, 헥산hexane)로 보정된다. 대응요원들은 기타 인화성 기체/증기(예를 들면, 프로판propane)로 측정하기 위해 하나의 기체gas(예를 들면, 메탄methane)로 보정된 가연성 기체 표시기CGI를 한다. 이 경우 측정된 해당 기체gas의 실제 폭발하한계LEL는 가연성 기체 표시기 표시CGI display와 다를 수 있다(표 11.2). 표 11.3은 다양한 기체에 대한 변환 계수(승수 또는 응답 곡선이라고도 함)의 예를 제공한다. 폭발하한계 계측기를 사용하는 대응요원은 폭발하한계 판독값LEL reading을 올바르게 해석하기 위해 이러한 불일치의 가능성을 반드시 고려해야 한다. 제조업체들은 개별 계측기별로 응답 곡선response curve 및 변환 계수conversion factor를 제공한다.

경고(WARNING!)

하나의 측정기를 위한 변환 계수(conversion factor)를 다른 모델(장치) 또는 제조사의 다른 측정기에 적용하지 마시오. 변환에서의 차이점이 위험의 판독에 있어 부정확함을 유발할 것이다.

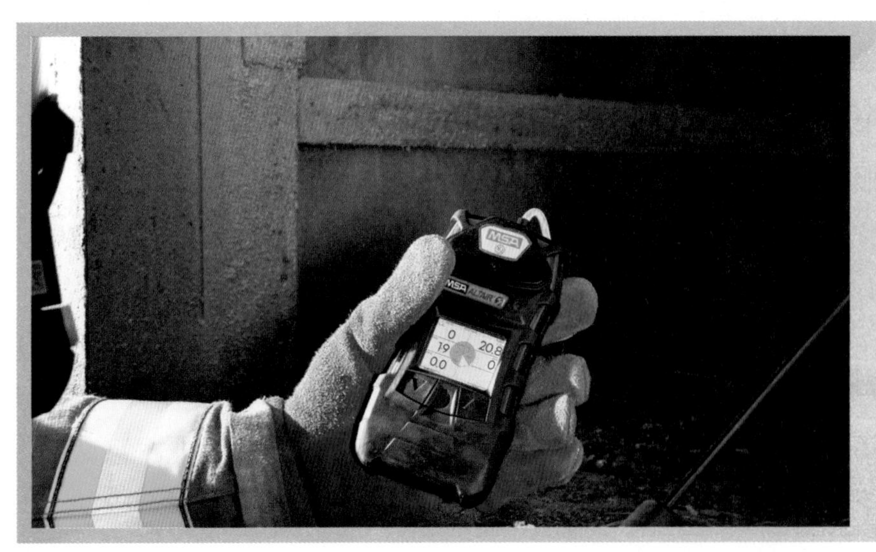

그림 11.25 가연성 기체 표시기(CGIs)는 산소 수준에 민감하다. 산소와 인화성 물질을 동시에 탐지한다. 상호안전보장본부(MSA) 제공.

가연성 기체 표시기CGIs가 제대로 작동하려면 특정 산소 수준specific oxygen level이 필요할 수 있다. 많은 가연성 기체 표시기CGIs가 가연성(인화성을 포함하는 개념으로 쓰임) 기체를 연소시키기 위해 연소실을 사용하기 때문에 장비가 제대로 작동하려면 공기 중에 반드시 연소를 지원할 만큼의 충분한 산소가 있어야 한다. 너무 많은 산소는 판독값을 과장하거나 센서를 손상시킬 수 있다. 그러므로 대응요원은 가연성 기체 표시기CGIs를 사용하는 동안 산소 수준을 동시에 탐지해야 한다(그림 11.25). '기술자료 11-4'에서 다중 기체 탐지기를 사용하기 위한 단계를 제공한다.

경고(WARNING!)

폭발하한계 계측기(LEL meter)는 산소가 결핍되어 있거나 산소가 지나치게 많은 대기 중에서는 정확한 판독값을 제공하지 않는다.

가연성 기체 표시기 판독값에 영향을 줄 수 있는 기타 요소는 다음과 같다.

- 촉매 독(catalyst poison)
- 폭발하한계의 100%를 초과하는 농도
- 폭발상한계(upper flammable limit; UFL)를 초과하는 농도
- 염화탄화수소(chlorinated hydrocarbon)
- 산소-아세틸렌 혼합물(oxygen-acetylene mixture)

정보(Information)

가연성 기체 표시기 계측기의 제한사항

가연성 기체 표시기 계측기(CGI meter)의 제한사항은 다음과 같다.

▶ 배터리 전력이 감소하면 계측기가 작동하지 않을 수 있다.
▶ 부식성 기체(corrosive gas)로 인해 센서(sensor)가 손상될 수 있다.
▶ 매우 추운 날씨는 계측기 반응을 느리게 만들 수 있다.
▶ 휴대전화(cell phone), 자기장(magnetic field), 고압전선(high voltage line), 무선(radio) 및 정전기(static electricity)가 판독을 방해할 수 있다.
▶ 너무 적거나 너무 많은 산소는 정확한 판독을 방해한다.

산화제(Oxidizer)

유출된 모든 물질에 대해서는 산화제oxidizer로 작용하는 것인지를 확인한다. 산화제의 종류에 따라 다양한 종류의 검출 테스트가 필요할 수 있다. 유기과산화물organic peroxide은 특정 물질과 폭발적인 중합반응polymerization을 일으킬 수 있으며, TATPtriacetone triperoxide 및 HMTDhexamethylene triperoxide diamine와 같은 급조 폭발물의 구성요소가 된다. 대응요원은 이러한 물질의 존재를 감지하는 시약이 포함된 과산화물 테스트 스트립peroxide test strip을 사용할 수 있다. 15초 동안 접촉 후 파란색으로 변하면 유기과산화물이 있음을 나타낸다.

대응요원은 미상의 화학물질이 산화성 물질일 가능성을 시험하기 위해 요오드화칼륨 전분 종이potassium iodide starch paper를 사용할 수 있다(그림 11.26). 산화성 물질oxidizing material(아질산염nitrites과 유리 염소free chlorine)과 접촉하였을 때 이 종이는 흰색에서 파란색/보라색, 자주색, 또는 검은색으로 변한다. 그 색상 변화가 빠를수록 산화성 물질일 가능성이 커진다.

이 테스트 스트립의 한 가지 한계점는 대응요원이 이것을 사용하기 위해 반드시 물질에 매우 근접해야 한다는 것이다. 대응요원들이 과산화물 또는 잠재적 폭발물을 탐지한다면, 즉시 철수하고 폭탄처리반EOD/폭탄처리기술자에게 연락한다.

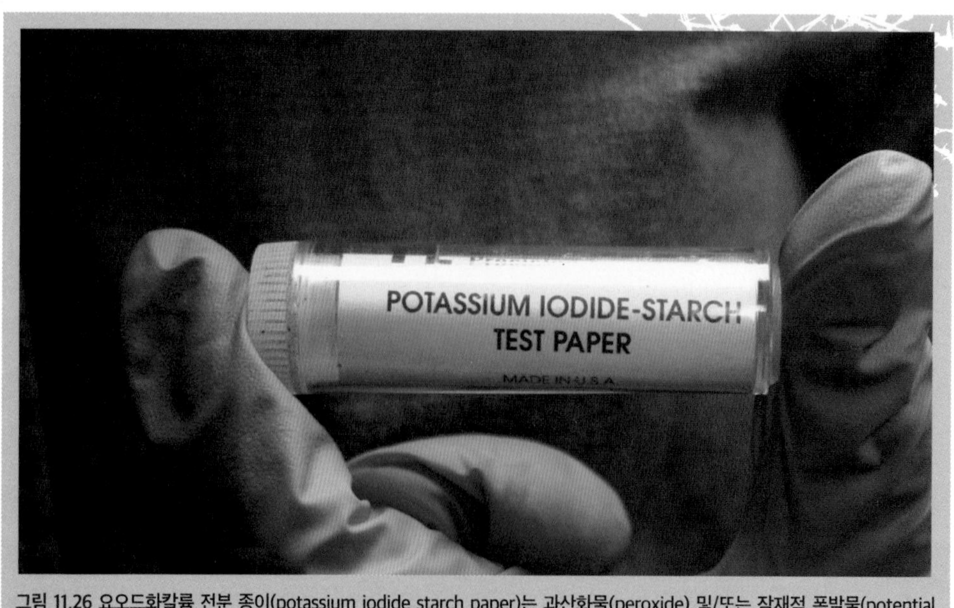

그림 11.26 요오드화칼륨 전분 종이(potassium iodide starch paper)는 과산화물(peroxide) 및/또는 잠재적 폭발물(potential explosives)을 시험하기 위해 사용될 수 있다.

산소(Oxygen)

산소 측정기(계측기)oxygen meter는 대기 중 산소의 비율(퍼센트)을 감지한다. 19.5% 이하의 산소는 해당 대기가 산소 결핍oxygen deficient 및 IDLH 상황으로 간주되어 자급식 공기호흡기SCBA와 같이 별도의 준비된(공급된) 공기를 사용해야 한다. 해당 대기 중 산소 23.5% 이상의 농도에서는 산소가 풍부한 것으로 간주되며, 화재 및 폭발 위험의 가능성이 있다.

대응요원이 대기 중이 아닌 곳으로부터의 공기원을 가지고 있다면 산소 탐지는 불필요해 보일 수 있다(그림 11.27). 그러나 많은 탐지 장비detection device는 정확하게 기능하기 위해 대기 중 산소의 일정 비율(퍼센트)을 필요로 한다.

정상적인 공기는 20.9%의 산소oxygen, 78.1%의 질소nitrogen, 1%의 기타 기체gas를 포함한다. 20.9% 이하의 산소 수치는 대기 중의 오염물질이 산소를 대체하고 있음을 나타낸다. 이러한 오염물질은 독성이거나 극도로 위험한 수준으로 존재하고 있을 가능성이 있다. 오염물질이 비례적으로 공기를 대체하기 때문에(단지 산소만이 아닌) 산소의 1% 감소는 대기 중 다른 무언가의 50,000 ppm과 같다(그림 11.28). 산소 수준이 경보를 유발할 정도로 낮지는 않더라도, 감소된 산소 수준은 잠재적으로 독성 오염물질의 형태로 중대한 위험을 나타낸다. 대응요원은 산소 농도가 19.5% 이상인 경우에도 이러한 상황들에서는 자급식 공기호흡기SCBA를 착용해야만 한다.

그림 11.27 자급식 공기호흡기(SCBA) 착용 시에도 산소를 탐지(지속 확인)한다. 많은 장치가 충분한 산소가 없으면 제대로 작동하지 못한다.

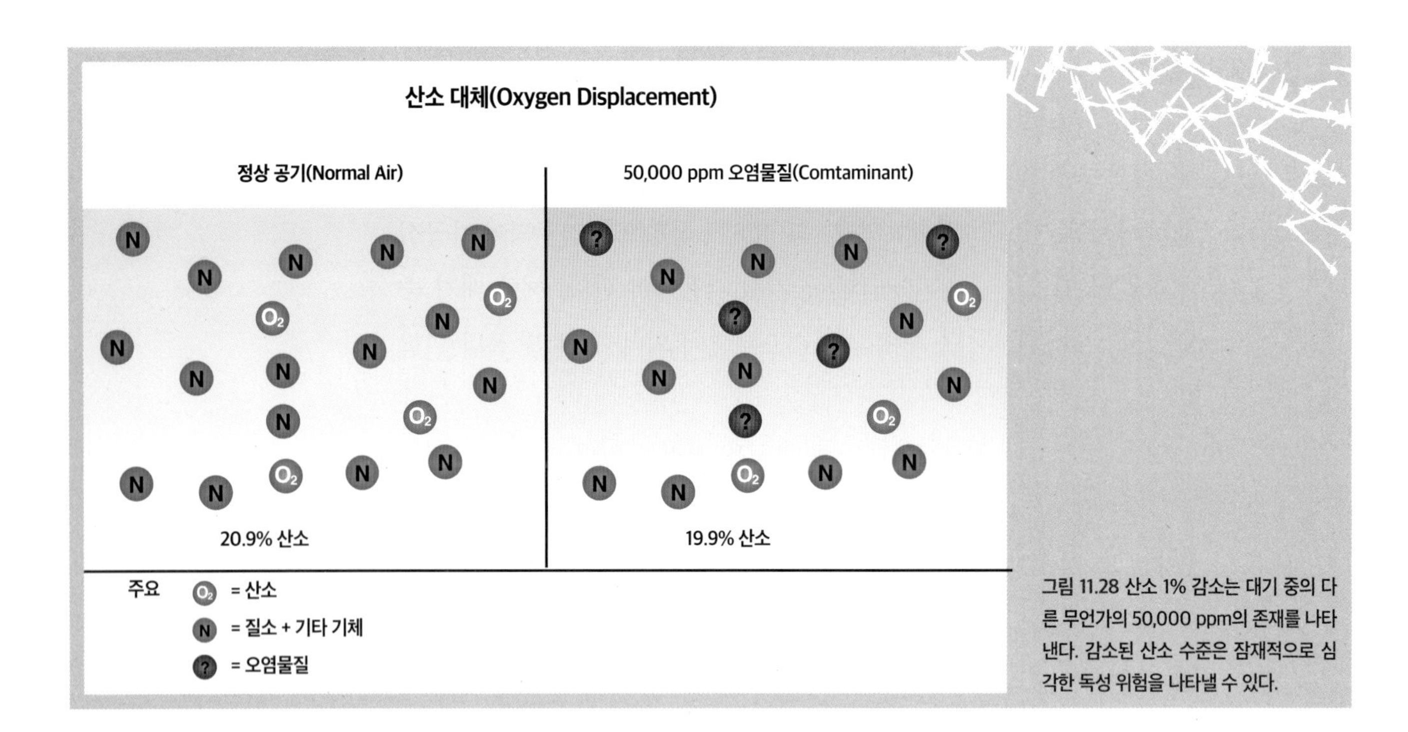

그림 11.28 산소 1% 감소는 대기 중의 다른 무언가의 50,000 ppm의 존재를 나타낸다. 감소된 산소 수준은 잠재적으로 심각한 독성 위험을 나타낼 수 있다.

산소 센서oxygen sensor는 심지어는 사용하지 않을 때에도 계속해서 기능이 저하된다. 기타 산화제oxidizer 및 이산화탄소carbon dioxide와 같은 다른 유형의 화학물질chemical과의 접촉 또한 이러한 센서의 기능을 저하시킬 수 있다. 이러한 기능 저하 때문에 대응요원은 산소 센서를 자주 교체해야 한다.

습도humidity, 온도temperature, 높이(고도)elevation는 이러한 센서들의 판독값reading에 영향을 줄 수 있다. 산소 센서oxygen sensor는 해당 사고현장 고도elevation의 청정공기cleam air 내에서 영점조정zero되어야 한다(산소 수준oxygen levels은 서로 다른 고도elevations에서 달라지므로).

정보(Information)

산소 측정기(계측기)의 제한사항

산소 측정기(계측기)(oxygen meter)에는 다음과 같은 몇 가지 제한사항들이 있다.

- ▶ 부식성 기체(corrosive gas)는 일부 계측기에서 급속한 센서 파손을 일으킬 수 있다.
- ▶ 염소(chlorine), 브롬(bromine) 불소(fluorine)와 같은 강한 산화제(strong oxidizer)는 비정상적으로 높은 판독값(오류값 증폭)을 유발할 수 있다.
- ▶ 센서는 시간이 지남에 따라 꾸준히 기능 저하되므로 제조업체의 권장사항에 따라 교체해야 한다.
- ▶ 온도(및 극한의 온도), 습도 및 대기압의 변화는 탐지(측정)에 영향을 미칠 수 있다.

방사선(Radiation)

많은 양의 방사선 노출radiation exposure은 대게 **인체 뢴트겐 당량(렘)**[16]이라는 단위로 표현되며, 적은 양의 방사선 노출은 아마도 **밀리렘**[17]으로 기술될 수 있을 것이다. 그러나 대응요원은 방사선량radiation dose과 노출exposure을 표현하는 몇몇 용어들을 알아야 한다. 왜냐하면 이러한 단위들units이 방사선량 계측기radiation dose instrument(선량계 dosimeter)와 방사선 측량 계측기radiation survey meter에서 사용될 수 있기 때문이다.

방사선 노출radiation exposure과 방사선량radiation dose(방사선radiation으로부터 흡수된 에너지absorbed energy)을 측정하고 표현하기 위해 두 개의 단위 체계systems of unit가 사용된다.

미국은 여전히 다음과 같은 단위들을 가진 영국식English System 단위 체계를 일반적으로 사용한다.

- **뢴트겐**[18] 뢴트겐(roentgen)은 오직 감마선(gamma radiation) 및 X-선 방사선(X-ray radiation)에 대한 노출(exposure)만을 측정한다. 대부분의 미국의 선량 계측기(U.S. dosimeter)는 뢴트겐(R)을 사용한다. 방사선 측량 계측기(radiation survey meter)는 시간당 뢴트겐(R per hour; R/hr)을 사용한다.
- **방사선 흡수 선량(라드)**[19] 방사선 흡수 선량(rad)은 물질(material)에 흡수된 방사선 에너지(radiation energy)의 양을 나타낸다. 이 단위는 모든 물질 및 모든 유형의 방사선에 적용되지만, 다만 서로 다른 유형의 방사선이 인체에 미치는 잠재적 영향을 고려하지 않는다. 예를 들어, 1 rad의 알파 방사선(alpha radiation)은 1 rad의 감마 방사선(gamma radiation)보다 인체에 더 많은 손상을 준다.
- **렘(Roentgen equivalent in man; rem)** 렘(rem)은 인체와 관련된 흡수 선량(absorbed dose)을 나타낸다. 렘은 모든 유형의 방사선에 적용된다. 이 단위(unit)는 해당 흡수된 에너지(energy absorbed)[라드(rad)로 측정된 경우]와 다른 유형의 방사선으로 인한 신체의 생물학적

---

16 **인체 뢴트겐 당량(렘)(Roentgen Equivalent in Man; rem)** : 인체와 연관된 방사선 흡수 선량(라드)(radiation absorbed dose; rad)을 표현하는 데 사용되는 영국식 단위(English System unit)로, 비상대응요원의 방사선량 한도(dose limit)를 설정하는 데 사용된다. 모든 유형(type)의 방사선(radiation)에 적용됨

17 **밀리렘(millirem; mrem)** : 인체 뢴트겐당량(렘)(Roentgen Equivalent in Man; rem)의 1/1000

18 **뢴트겐(Roentgen; R)** : 오직 감마선(gamma radiation) 및 X-선 방사선(X-ray radiation)에만 적용되는 방사선 피폭(노출)(radiation exposure)을 측정하는 데 사용되는 영국식 단위(English System unit)로, 이 단위가 대부분 미국 선량계(U.S. dosimeter)에 사용됨

19 **방사선 흡수 선량(라드)(Radiation absorbed dose; rad)** : 물질에 의해 흡수된 방사선 에너지(radiation energy absorbed)의 양을 측정하는 데 사용되는 영국식 단위(English System)로, 이것의 동등한 국제단위(International System equivalent)는 그레이(gray, Gy)

영향(biological effect)을 고려한다. 기관들은 비상대응요원에 대한 선량 한도(dose limit) 설정을 위해 렘을 사용한다.

미국 측정 단위US units of measure는 함께 사용할 수 있다. 감마선 및 X선 방사선의 경우 노출exposure, 흡수 선량absorbed dose 및 선량 당량dose equivalent 사이에 다음과 같은 일반적인 환산 계수를 적용한다.

1 R = 1 rad = 1 rem

흡수 선량absorbed dose을 측정하는 데 사용된 국제단위SI unit를 **그레이(Gy)**[20]라고 하며, 반면에 선량 당량dose equivalent의 단위는 **시버트(Sv)**[21]이다. 미국 외부의 일부보다 새로운 방사능 측량 계기radioactive survey meter와 방사능 계측기radioactive meter는 시버트Sievert를 사용한다(표 11.4).

표 11.4 방사선 단위의 등량(같은 값)	
100 Rem	1 Sv
1 Rem	10 mSv(millisievert)
1 mrem	10 μSv(microsievert)
1 μrem	.01 μSv

사고의 유형에 따라 다르지만, 대응요원은 사고현장에서 방사선이나 오염에 노출된 것을 처음에는 알지 못할 수도 있다. 대응요원들은 방사선을 냄새맡거나, 맛보거나, 느끼거나, 보지 못할 것이다. 따라서 대응요원은 특히 잠재적인 테러 공격에 대비하여 방사선 및 오염의 존재를 테스트할 수 있는 몇 가지 형태의 탐지 수단이 반드시 있어야 한다. 비상대응요원들은 폭발 사고 시 항상 반드시 방사선을 확인해야 한다.

휴대용 계측기hand-held portable survey instrument는 방사선radiation 및 오염contamination을 감지하는 가장 간단하고 저렴한 선택지을 제공한다(그림 11.29). 효과적인 탐지 방법들

---

20 **그레이(Gray; Gy)** : 킬로그램당(per one kilogram) 줄(J/kg). 방사선 에너지(radiation energy)의 흡수(absorption)로 정의되는 이온화(전리) 방사선량(ionizing radiation dose)의 국제표준 단위(SI unit)

21 **시버트(Sievert; Sv)** : 저준위 전리(이온화) 방사선(low level of ionizing radiation) 및 그것의 인간(사람, human)에게 끼치는 건강 영향(health effect)에 대한 측정값(measurement)의 국제표준 단위(SI unit)

을 훈련받은 대응요원들은 방사선 계측기의 기능capability, 한계limitation 및 운용 기술operational technique을 이해하는 데 있어 도움을 받을 것이다. 대응요원은 또한 지역에서 현재 진행 중인 교육을 통해서도 강화되어야 한다. 부서(소방서)에 계측 장비가 없다면, 부서(소방서)는 구명 작전lifesaving operation에 대한 지침에 대해 정부 방사선 당국(국내에서는 원자력안전위원회 –역주)과 협의해야 한다.

그림 11.29 많은 휴대용 방사선 측정기는 저렴하고 사용하기 쉽다.

많은 서로 다른 모델과 유형의 방사선 계측 장비가 다양한 기능과 제어를 제공한다. 위험 식별에 사용되는 기타 장비와 마찬가지로 각각은 특정 용도로 사용되며 각각의 제한사항들이 있다. 방사선 장비는 세 집단(그룹)으로 나누어진다.

- 방사선 피폭(radiation exposure)의 측정용 기기
- 오염(contamination)의 탐지용 기기
- 선량 지속 확인(모니터링)(dose monitoring) 및 개인 선량(personal dosimetry) 측정용 기기

오염으로부터는 알파선alpha, 베타선beta, 감마선gamma 또는 이러한 유형들의 방사선types of radiations 조합combination이 방출될 수 있다. 일반적으로 사용 가능한 많은 계측 장비는 사용자가 계측기를 사용하는 의도에 따라 탐지기 또는 탐지부을 변경할 수 있는 선택지를 제공한다. 특정 과업을 위한 적절한 계측기를 선택하는 것은 서로 다른 유형의 탐지부 또는 탐지기를 이해하고 그 사용이 계측기의 작동 특성에 미치는 영향이 어떠한가에 달려 있다. 계측기에 다른 유형의 프로브를 부착함으로써 많은 방사선 탐지 장비가 방사선 측량 장비에서 오염 탐지 장비로 변경될 수 있다.

탐지기의 두 가지 일반적인 범주는 기체충전형 탐지기(검출기)gas-filled detector와 섬광 검출기scintillation detector이다. 이러한 탐지기 유형들은 방사선 측량 장비 및 오염 측량 장비를 모두 포함한다. 이번 절에서는 개인 선량계personal dosimetry device 외에 이 두 가지 유형의 탐지기(검출기)에 대해 설명한다.

기체충전형 탐지기(검출기)(Gas-Filled Detector)

기체충전형 탐지기(검출기)gas-filled detector 내부에서 방사선은 탐지함(탐지실)detection chamber 내부의 기체를 이온화(전리)시키며 장비의 전자 장치electronics는 생성된 이온ion의 양을 측정한다. 기체충전형 탐지기(검출기)의 일반적인 예로는 전리함ion chamber식과 **가이거-뮐러 계수관**[22]식이 있다(그림 11.30).

전리함ion chamber은 주변 공기를 검출(탐지) 기체로 사용하기 때문에 온도 및 습도의 영향을 받을 수 있다. 전리함은 종종 방사선의 강도에 비례하는 반응을 나타내어, 다양한 에너지의 방사선에 직면할 때 신뢰할 수 있는 장비가 된다.

연구자들은 원래 1928년에 **가이거-뮐러 검출기**[23] 또는 가이거-뮐러 계수관GM tube을 개발했다. 가이거-뮐러 검출기가 주변 공기로부터 밀폐되어 있기 때문에, 일반적으로 온도와 습도는 가이거-뮐러 검출기에 영향을 미치지 않는다. 얇은 유리막thin window이 있는 가이거-뮐러 계수관GM tube은 알파, 베타, 감마선을 탐지하여 방사

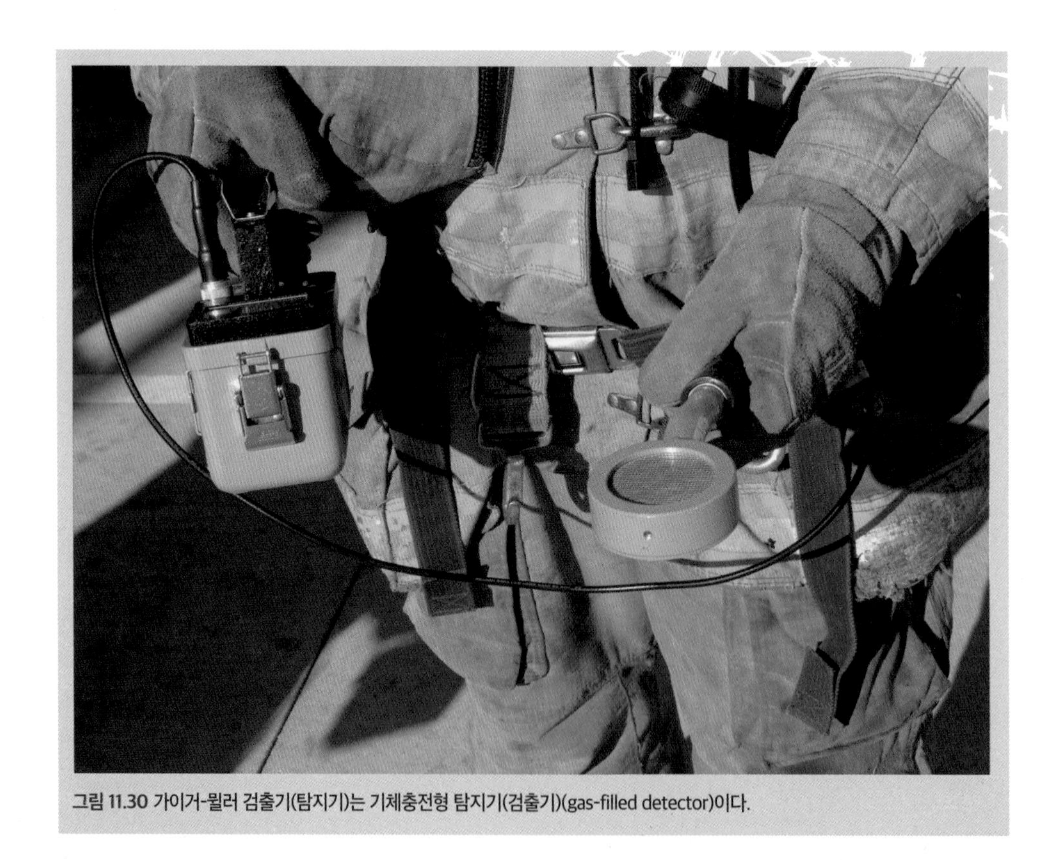

그림 11.30 가이거-뮐러 검출기(탐지기)는 기체충전형 탐지기(검출기)(gas-filled detector)이다.

22 **가이거-뮐러 계수관(Geiger-Mueller(GM) tubes)** : 이온화(전리) 방사선(ionizing radiation)을 탐지(검출)하는 데 사용되는 센서 튜브(sensor tube). 이 관은 가이거-뮐러 검출기의 한 구성요소임

23 **가이거-뮐러 검출기(Geiger-Mueller(GM) detector)** : 이온화(전리) 방사선을 측정하기 위해 가이거-뮐러 계수관(GM tube)을 사용하는 탐지 장치(detection device). 또한 가이거 계수기(Geiger Counter)라고도 함

선 오염radiological contamination을 탐지(검출)하는 데 유용하다. 밀봉된 금속체sealed metal body가 있는 가이거-뮐러 계수관GM tube 식은 외부 노출 위험이 될 수 있는 투과성의 감마 방사선을 측정하는 데 더욱 적합한다. 금속 케이스(외장)는 이러한 형태의 탐지부를 방사선 오염 탐지에 사용하기에 적합하지 않다. '기술자료 11-5'는 방사선 탐지기(검출기)를 사용하여 방사선을 탐지하는 단계를 설명한다.

섬광 검출기(Scintillation Detector)

섬광 검출기scintillation detectors에서 방사선은 요오드화나트륨sodium iodide, 요오드화세슘cesium iodide, 황화아연zinc sulfide과 같은 결정crystal과 상호작용하여 작은 섬광을 생성한다(그림 11.31). 이 계측기의 전자 장치는 유용한 신호를 생성하기 위해서 이 광 펄스light pulse를 수천 번 증폭하는 데 광전자 증배관photomultiplier tube을 사용한다. 일부 섬광 검출기scintillation detector는 결정crystal을 덮고 있는 얇은 마일라Mylar®(일종의 폴리에스테르 필름의 상호명-역주)를 사용하여 방사선 오염을 감지하는 데 유용하다. 일반적으로 섬광 검출기는 소량의 방사선을 탐지하는 데 도움이 된다.

관통하는 감마 방사선을 측정하기 위해 일부 섬광 검출기scintillation detector는 금속 몸체 내에 섬광 결정scintillation crystal을 밀봉시킨다. 보통 광전관 증배관의 필요성으로 인해 섬광 검출기는 기체충전형 탐지기(검출기)gas-filled detector보다 크다. 또한 적절하게 취급하지 않으면 파손되기가 쉽다. 대응요원이 기기를 떨어뜨린다면 결정이나 광전자 증배관photomultiplier tube 또는 두 가지 모두가 파괴될 위험이 있다.

그림 11.31 섬광 검출기의 결정은 방사선과 상호작용할 때 작은 섬광을 생성한다.

탐지 장비 및 개인 선량계 (Monitoring and Personal Dosimetry Device)

선량계dosimetry device는 착용자가 총 축적된 방사선량total accumulated radiation dose을 추적하는 것을 도와준다(그림 11.32 a 및 b). 선량계dosimeter는 차량의 주행거리계와 같다. 주행거리계는 주행한 총 킬로미터를 측정하는 반면, 선량계는 받은 총 방사선

그림 11.32 a 및 b 개인 방사선 노출 수준을 추적하기 위해 선량계를 착용한다.

량(노출량)을 측정한다. 사용 가능한 **선량계**[24]에는 여러 가지 유형이 있다. 일반적으로 사용되는 "자체 판독" 개인 선량계"self-reading" personal dosimeter는 선량 정보를 검색하기 위해 실험실lab에서 처리할 필요가 없다.

자기판독식 선량계self-reading dosimeter; SRD는 뢴트겐roentgens; R, 밀리뢴트겐milliroentgens; mR, 시버트sieverts; Sv, 또는 그레이gray; Gy를 단위로 방사선량radiation dose을 측정한다. 일반적으로 자기판독식 선량계SRD는 감마선 및 X선 방사선만을 측정한다. 자기판독식 선량계SRD에는 다음과 같은 많은 이름이 있다.

- 직접 판독 선량계(direct reading dosimeter; DRD)
- 주머니형 전리함(pocket ion chamber; PIC)
- 연필형 선량계(pencil dosimeter)

선량계를 읽으려면 광원light source을 잡고 접안렌즈eyepiece로 들여다 본다. 대응요원은 방사선 지역(위험 구역)에 들어가기 전에 항상 자기판독식 선량계의 판독값SRD

24 **선량계(dosimeters)** : 방사선(radiation) 또는 소리(sound)와 같은 환경 위험(environmental hazard)에 대한 개인의 노출(individual's exposure)을 측정하는 데 사용되는 탐지 장비(detection device)

reading을 기록해야 한다. 위험 구역hot zone에서 작업하는 동안, 주기적으로(15~30분 간격으로) 자기판독식 선량계SRD를 판독한 다음 위험 구역을 이탈할 때 다시 읽는다. 자기판독식 선량계SRD가 예상보다 높거나 범위를 벗어난 수치를 제공하면 대응요원은 다음을 수행해야 한다.

- 위험 구역(hot zone) 안에서 다른 사람들에게 알린다.
- 다른 사람들에게 자기판독식 선량계(SRD)를 확인하도록 알린다.
- 위험 구역(hot zone)을 즉시 이탈한다.
- 지역(현지) 절차(local procedure)를 따른다.

'기술자료 11−6'은 선량계를 사용하기 위한 단계를 제공한다.

정보(Information)

2008년 보호 조치 권고

2008년 8월, 미국 국토안보부(DHS)/연방비상관리국(FEMA)은 '연방정부 공보 제73권 149번(Federal Register, Vol. 73, No. 149)'에서 '방사성 물질 확산 장치(RDD) 및 급조핵폭발장치(IND) 사고에 대한 보호 및 복구 계획 수립 지침(Planning Guidance for Protection and Recovery Following Radiological Dispersal Device (ROD) and Improvised Nuclear Device (IND) Incident)'을 발표했다. 표 11.5는 '방사능(방사선) 및 급조 핵폭발장치 사고(radiological and improvised nuclear device incidents)에 대한 권장된 공공 보호 지침(recommended public protection guides)'을 요약한 것이다. 사고 초기 국면(early phase)에 미 국토안보부(DHS)/연방비상관리국(FEMA)은 방사선량 수준(radiation dose level)이 1~5 rem(0.01~0.05 Sv)일 것으로 예상되는 경우 현장 내 대피행동(sheltering in place) 또는 대피(evacuation)를 권장한다.

표 11.6은 사고의 초기 국면에 대한 비상대응 근로자 지침(emergency worker guideline; 비상상황에 관련된 업무에 종사하는 근로자를 총칭-역주)을 제공한다. 지침은 대부분의 상황[예외적인 경우에는 10 및 25 rem(0.1 및 0.25 Sv)에서 5 rem(0.05 Sv)의 직업적 한도(occupational limit)]을 제시하지만, 이러한 제한들은 유연성을 가지고 있을 것이다. 항상 그렇듯이 사고현장 지휘관(IC), 지역 표준작전절차 및 지침(SOP/G) 및 사고의 상황에 따라 적절한 대응이 결정된다. ALARA[합리적으로 달성 가능한 최저 수준(as low as reasonably achievable)] 원칙을 적용함으로써 대응요원들은 5 rem(0.05 Sv) 한도 이하로 하여 구조(rescue)를 포함한 많은 대응활동을 수행할 수 있도록 허용될 것이다.

표 11.5
방사성물질확산장치(RDD) 및 급조핵폭발장치(IND) 사고 시 보호 조치 지침

국면(단계)	보호 조치 권고	보호 조치 지침
초기 (Early)	현장 내 대피행동(sheltering-in-place) 또는 대중의 대피(피난)(evacuation of the public)[a]	투과된 방사선량(projected dose)이 1~5 rem(0.01~0.05 Sv)[b]
	예방 약물(prophylactic drug)로 요오드화칼륨(potassium iodide)의 투여[c,e] 기타 예방 제재(prophylactic agent) 또는 체내방사성물질(디코퍼레이션) 제제(decorporation agent)의 투여[d]	갑상선(child thyroid)에 투과된 방사선량(projected dose)이 5 rem(0.05 Sv)[c,e]
중간 (Intermediate)	대중의 이동 (relocation of the public)	처음 1년 내에 투과된 방사선량(projecteddose)이 2 rem(0.02 Sv). 이후 투과된 방사선량이 0.5 rem/y(0.005 Sv/y)[b]
	음식 금지(차단) (food interdiction)	처음 1년 내에 모든 개개인의 기관(organ) 또는 조직(tissue)에 0.5 rem(0.005 Sv)의 투과된 방사선량(projected dose) 또는 5 rem(0.05 Sv)으로 제한받는 모든 경우에 해당
	식수 금지(차단) (drinking water interdiction)	처음 1년 내에 투과된 방사선량(projected dose)이 0.5 rem(0.005 Sv)

a: 일반적으로 1 rem(0.01 Sv)에서 시작해야 한다. 대다수의 사람들에게 가장 낮은 노출을 초래하는 조치(또는 조치의 조합)를 취한다. 이점이 있을 경우, 대피(대피소 이동)는 더 낮은 수준에서 시작될 수 있다.

b: 총 유효 선량 당량(Total Effective Dose Equivalent; TEDE) - 외부 방사능 노출(external radiation exposure)로 인한 유효 선량 당량(환산량)(effective dose equivalent)과 흡입된 방사성 물질의 유효 선량 당량(환산량)의 합

c: 방사성 요오드(radioactive iodine)만 갑상선 보호를 제공한다.

d: 기타 방사선 예방 및 의료 대책에 대한 기타 정보는 http://www.fda.gov/cder/drugprepare/default.htm, http:/www.bt.cdc.govlradiation 또는 http://www.orau.govlreacts를 참조하라.

e: 예탁선량 당량(Committed Dose Equivalent; CDE) (쉽게 내부 피폭방사선량으로 볼 수 있음-역주) . 미 식품의약국(FDA)은 서로 다른 인구 집단(여기서는 서로 다른 나이대를 의미함-역주)의 치료를 위해 투과된 갑상선 방사선량 임계값(projected thyroid radioactive dose threshold)을 서로 다르게 설정하는 요오드화칼륨(KI) 투약 프로그램이 방사선(방사능) 비상사태(rad iological emergency) 동안 구현되도록 하는 것은 논리적으로도 실용적이지 않을 수 있음을 이해(인정)한다. 비상사태 시 계획자가 이러한 결론에 도달한다면 미 식품의약국(FDA)은 요오드화칼륨(KI)의 가장 낮은 차단 허용값(즉, '어린이 신체 내의 투과된 내부 갑상선 방사선량 > 5 rem(0.05 Sv)'인 경우)으로 어린이와 성인 모두에게 투여할 것을 권고한다(FDA 2001).

출처: 미국 국토안보부/연방비상관리국(U.S. DHS/Federal Emergency Management Agency)의 '방사성물질 확산 장치(RDD) 및 급조 핵폭발 장치(IND) 사고에 대한 보호 및 복구 계획수립 지침'(U.S. DHS/Federal Emergency Management Agency's Planning Guidance for Protection and Recovery Following Radiological Dispersal Device (ROD) and Improvised Nuclear Device (IND) Incidents, published in the Federal Register, Vol. 73, No. 149, Friday, August 1, 2008).

표 11.6 초기 국면(단계)에서의 비상대응 근로자 지침		
총 유효 선량 당량[a] 지침 (Total Effective Dose Equivalent(TEDE) Guideline)	활동	상태
5 rem (0.05 Sv)	모든 직업적 노출	선량(dose)을 최소화하기 위해 합리적으로 달성 가능한 모든 조치들
10 rem (0.1 Sv)	공공 복지에 필요한 귀중한 재산(국가 중요 시설 등—역주)의 보호[예: 발전소]	• 모든 적절한 조치와 통제가 실행되었으나, 5rem (0.05 Sv)을 초과하는 것이 불가피하다. • 대응요원은 그들이 경험할 수 있는 노출 위험(risk of exposure)에 대해 충분한 정보를 제공받았다. • 자유의사(voluntary basis)를 기반으로 할 시 '방사선량 > 5rem (0.05 Sv)'이다. • 적절한 호흡 보호 장치 및 기타 개인보호장비가 제공되고 사용된다. • 방사선량을 추정 또는 측정하기 위한 탐지가 가용한다.
25 rem (0.25 Sv)[b]	많은 인원의 구명 또는 보호. 방사성 물질 확산장치(RDD) 사고에서 선량이 이러한 수준에 도달할 가능성은 매우 낮으나, 급조핵폭발장치(IND) 사고와 같은 재난적 사고(catastrophic incident)에서 25 rem(0.25 Sv)보다 높은 근로자 방사선량은 생각할 수 있다.	• 모든 적절한 조치와 통제가 실행되었으나, 5 rem(0.05 Sv)을 초과하는 것이 불가피하다. • 대응요원은 그들이 경험할 수 있는 노출 위험(risks of exposure)에 대해 충분한 정보를 제공받았다. • 자유의사(voluntary basis)를 기반으로 할 시, '방사선량 > 5 rem (0.05 Sv)'이다. • 적절한 호흡 보호 장치 및 기타 개인보호장비가 제공되고 사용된다. • 방사선량을 추정 또는 측정하기 위한 탐지가 가용하다.

a: 외부 방사선 피폭(노출)(external radiation exposure)으로부터의 유효 선량 당량(effective dose equivalent)과 내부 방사선 피폭(노출)(internal radiation exposure)으로부터의 예탁 유효 선량 당량(committed effective dose equivalent)의 예상되는 합계

b: 미 환경청(EPA)의 1992년 보호조치지침 매뉴얼(PAG manual)에서 "인명구조 작업(작전)(lifesaving operation)을 수행하거나 다수 인구(large population)의 광범위한 피폭(extensive exposure)을 피하기 위하여 불가피한 비상 피폭(emergency exposure)을 위해 25rem을 초과하는 방사선량을 피할 수 없는 상황들은 역시 거의 발생하지 않을 것"이라고 명시했다. 비슷하게, 미 방사선방호측정심의회(NCRP)와 국제방사선방호위원회(ICRP)는 비상대응요원들이 짧은 시간 내에 신체의 많은 부분이 50 rem(0.5 Sv)에 도달하거나 그것을 초과하는 등가 선량을 받게 될 가능성을 제기하였다['미 방사선방호측정심의회(NCRP) 보고서 116(1993a)'의 이온화(전리) 방사선에 대한 노출 제한(Limitation of Exposure to Ionizing Radiation)]. 인명구조 중인 비상대응요원의 방사 선량(dose)이 50rem(0.5 Sv)에 도달하거나 초과하는 경우, 그러한 노출로 인한 급성 및 만성(암) 위험에 대해 반드시 충분히 인식해야 한다.

반응성 물질(Reactive)

대응요원들은 모든 유출된 물질들이 그것들 자체로 또는 서로 반응하기 시작했는지를 판단하고 싶을 것이다. 유속계 또는 유속 측정 장치current meter or device로 반응성 물질reactive material을 탐지할 수는 없지만, 잠재적으로 위험한 화학반응은 온도 변화를 일으킬 수 있다. 예를 들어, 컨테이너 내의 위험물질hazardous material이 중합반응polymerize하기 시작하면 열이 발생한다. 이러한 유형의 반응reaction을 확인하기 위해,

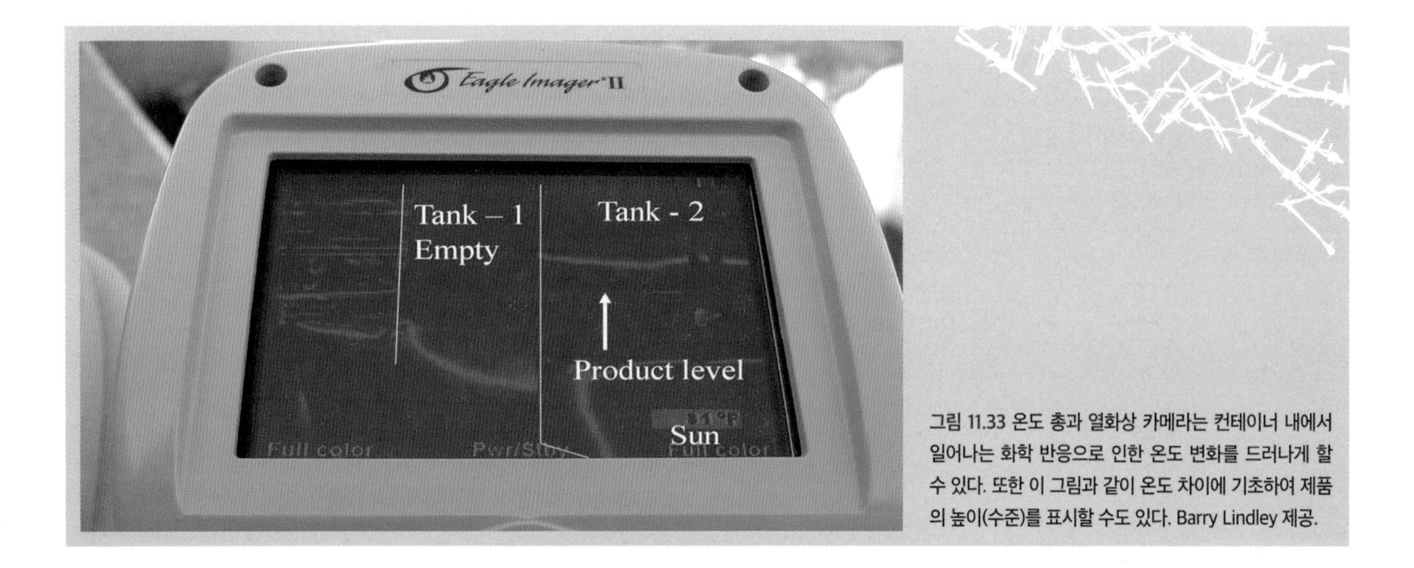

그림 11.33 온도 총과 열화상 카메라는 컨테이너 내에서 일어나는 화학 반응으로 인한 온도 변화를 드러나게 할 수 있다. 또한 이 그림과 같이 온도 차이에 기초하여 제품의 높이(수준)를 표시할 수도 있다. Barry Lindley 제공.

대응요원은 용기에 **적외선 온도계**[25](또는 온도 총temperature gun)를 직접 겨냥한다(그림 11.33). 이러한 온도계는 상승하는 온도를 감지하여 진행 중인 반응 또는 압력 변화로 이어질 수 있는 상승 중인 온도를 탐지할 수 있다.

환경과 사고의 맥락 안에서 해당 적외선 온도계infrared thermometer를 읽는다. 더운 날 아스팔트 판 위의 금속 컨테이너는 아주 따뜻할 것이다. 적외선 온도계를 사용하는 대응요원은 주변 환경에 어울리지 않는 상승 중인 온도 또는 열 판독값을 지속 확인해야 한다. 열화상 카메라thermal imager는 온도 이외에도 위험물질 사고에서 컨테이너 액체의 높이(수준)를 알아내는 데(탐지하는 데) 사용할 수 있다.

독성 물질(Toxic)

많은 다양한 기술들이 독성 물질toxic material을 탐지한다. 일부 장치들(예를 들면 일산화탄소 탐지기monoxide detector)은 화학물질을 하나만 탐지하지만, 반면에 다른 장비들은 유기 기체 및 증기organic gases and vapor와 같은 화학물질의 큰 그룹(분류군)을 식별(탐지)한다. 일부 독성물질 탐지기toxic detectors는 단순하지만, 반면에 다른 것들은

---

25 **적외선 온도계(Ifrared Thermometer)** : 물질에 의해 방출되는 적외선 에너지(infrared energy)를 탐지하고, 에너지 계수(energy factor)를 온도 판독값으로 변환하는 비접촉 측정 장비(non-contact measuring device). 또한 온도 총(Temperature Gun)이라고도 함.

복잡하다. 이 절에서는 다음의 탐지 장비detection device에 대해 설명한다.

- 특정 화학물질 전지(chemical-specific electrochemical cell)
- 광이온화 검출기(photoionization detector; PID)

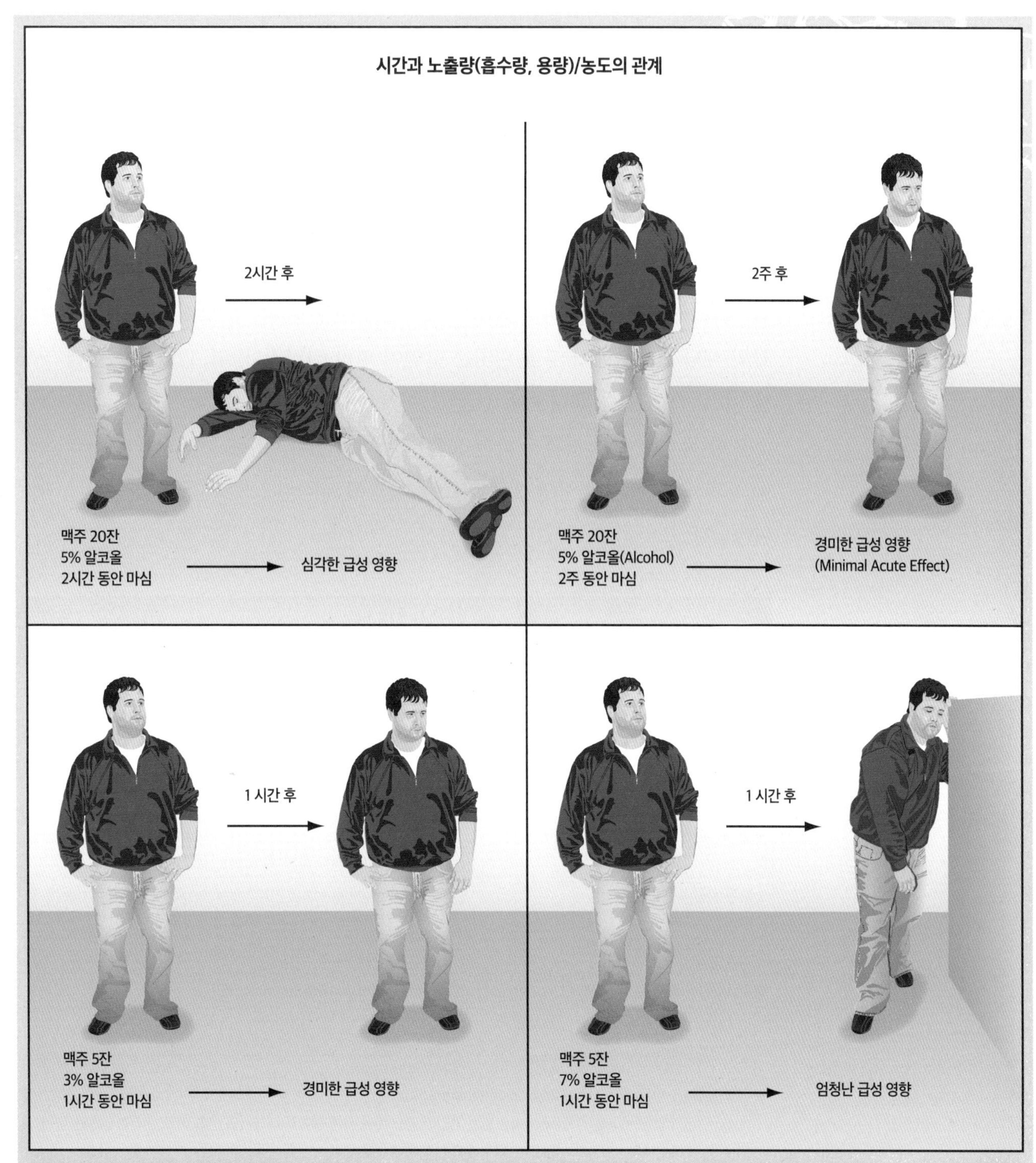

그림 11.34 화학적 흡수량(노출량)이 증가함에 따라 독성 반응이 증가한다. 노출 기간 또한 독성 반응에 영향을 미친다. 장기간에 걸친 흡수량(노출량)은 더 짧은 기간 동안 투여된 동일한 흡수량보다 덜 효과적일 것이다.

독성 화합물은 주로 화합물의 해당 흡수량(노출량; 피부 접촉을 통해 섭취 또는 흡수된 어떠한 한 물질의 양) 및 농도(이 맥락에서는 흡입된 물질의 양amount of the substance inhaled)의 기능을 통해 효과를 나타낸다. **용량(노출량) - 반응 관계**[26]라는 용어로 불리는 이 원칙은 독성학toxicology의 핵심 개념이다. 많은 요인들이 정상적인 흡수량–반응 관계normal dose-response relationship에 영향을 미치지만, 일반적으로 흡수량dose이 증가함에 따라 독성 반응toxic response의 심각성이 증가한다(그림 11.34). 예를 들어, 드라이클리닝 직물dry-cleaning fabrics에 일반적으로 사용되는 **용매**[27]인 테트라클로로에틸렌의 백만분율parts per million; ppm에 노출된 사람들은 두통과 졸음 같은 비교적 경미한 증상을 경험할 수 있다. 그러나 200 ppm의 테트라클로로에틸렌에 노출된 사람들은 운동 협응motor coordination을 상실할 수 있으며, 1,500 ppm에 30분 동안 노출된 사람들은 의식을 잃을 수 있다. 또한 독성 효과의 심각성은 해당 노출 기간, 신체 내에서의 화합물의 해당 흡수량에 영향을 미치는 요인에 따라 달라진다. 표 11.7은 독성에 영향을 미치는 요인들을 보여준다.

또한 독성은 시간 경과에 따른 노출의 한 지수이다. 10분 동안 200 ppm의 독소에 노출되면, 48시간 동안 200 ppm의 독소에 누적된 노출보다 더 과장된 효과가 나타난다.

표 11.7
독성에 영향을 끼치는 요소들

요인의 유형	예시
화학물질과 관련된 요소들	조성[소금(염, salt), 순화 코카인(freebase) 등], 물리적 특징(크기, 액체, 고체 등), 물리적 특성(휘발성, 용해도 등), 불순물의 존재, 분해 생성물, 담체(carrier)
노출과 관련된 요소들	흡수량(용량, dose), 농도(concentration), 노출 경로(route of exposure)[흡입, 섭취 등], 기간
노출된 사람과 관련된 요소들	유전성(heredity), 면역학(immunology), 영양(nutrition), 호르몬(hormone), 나이, 성별, 건강 상태, 선행 질환
환경과 관련된 요소들	매체(공기, 물, 토양 등), 추가적인 화학물질 존재, 온도, 기압
출처: 미 질병 통제 및 예방 센터[U.S. Centers lor Disease Control and Prevention(CDC)]	

26 **용량(노출량)-반응 관계(Dose-Response Relationship)** : 시간 경과에 따른 스트레스 요인(원)(stressor)에 대한 노출(exposure)의 양(amount), 강도(intensity) 또는 기간(duration)에 따른 생물체 내에서의 변화 비교. 이러한 정보는 마약, 오염물질(pollutant) 및 독소(toxin)와 같은 물질에 대한 조치 수준을 결정하는 데 사용됨.

27 **용매(Solvent)** : 또 다른 물질(another substance)[용질(solute)]을 용해시켜 제3의 물질(third substance)[용액(solution)]을 만드는 물질

독성 물질 및 그 독성 측정치는 종종 흡입한 양에 대해서는 **치사 농도**[28] 및 섭취한 양에 대해서는 **치사량**[29]이라는 용어로 보건안전자료SDS에 표현된다. 일반적으로 값(LD 또는 LC로 표시됨)이 작을수록 물질의 독성이 더 크다(그림 11.35). 죽이는 데 필요한 물질의 흡수량(노출량)이나 농도가 낮을수록 더 위험하다. 이 값을 정하기 위해서 연구자들은 대체로 동물(쥐 또는 토끼)에게 독소toxin를 경구 투여하고orally administer, 실험실 조건에서 일정 기간 동안 독소의 효과를 시험한다.

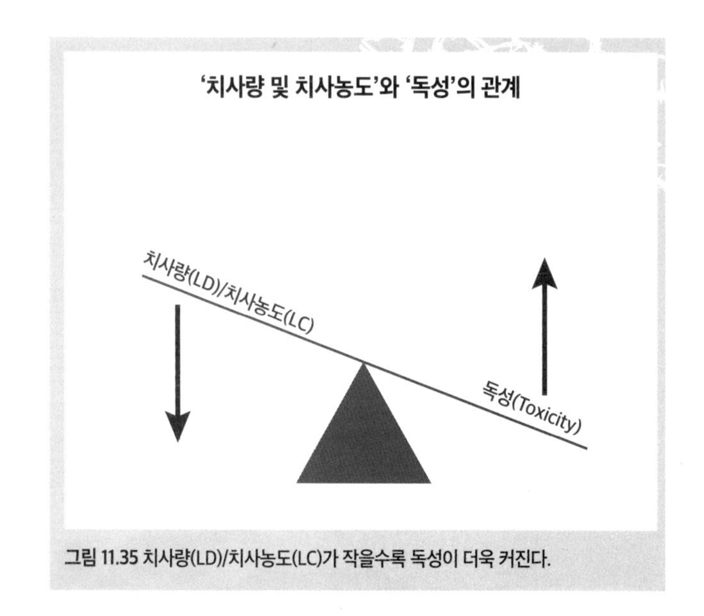

그림 11.35 치사량(LD)/치사농도(LC)가 작을수록 독성이 더욱 커진다.

치사량(Lethal Dose)

흡수량(노출량)dose의 용어들은 다음과 같이 정의한다.

- **치사량(lethal dose; LD)** 피부(skin)를 통해 섭취(ingest), 흡수(absorb) 또는 주입(injecte)되었을 때 사망을 유발할 수 있는 최소한의 고체 또는 액체의 양을 나타낸다. 때때로 치사량은 LD_{50}(가장 일반적임) 또는 LD_{100}과 같은 백분율(percentage)로 표시된다. 숫자는 목록상의 용량(listed dose; 물질별로 단위와 함께 표기된 미리 작성된 목록상의 용량을 의미함-역주)으로 사망한 동물 실험 집단(animal test group)의 백분율을 나타낸다(보통 경구 투여).
- **중간 치사량**[30] 연구자들은 이러한 통계적으로 도출된 물질의 단일 용량(노출량)이 구강 투여 시 동물의 50%에서 사망을 유발한다는 것을 발견했다. LD_{50} 값은 시험 동물의 단위 중량 당 시험 물질의 무게(mg/kg)로 표현된다. LD_{50}이라는 용어는 시험 대상(피험자)의 절반이 그 투여량으로 사망했다는 것을 의미한다(그림 11.36). 그 나머지 절반은 죽지 않았지만 해당 화학물질로 인해 아프거나 사망에 가까워졌을 수 있다.

---

28 **치사 농도(LC)** : 전체 시험군(entire test population)의 사망을 초래하는 흡입된 물질(inhaled substance)의 농도(concentration). 백만분율(ppm), 리터당 밀리그램(mg/L) 또는 세제곱미터당 밀리그램(mg/m^3)으로 표현되어, 값(value)이 낮을수록 물질의 독성이 크다는 것을 의미한다.

29 **치사량(LD)** : 섭취되거나(ingested) 주입된(injected) 물질의 농도(concentration)로 전체 시험 집단(entire test population)이 사망하게 된다. 킬로그램당 밀리그램(mg/kg)으로 표현되어, 값(value)이 낮을수록 물질의 독성이 크다는 것을 의미한다.

30 **중간 치사량(Median Lethal Dose, 50 Percent Kill; LDso)** : 시험군(test population)의 50%가 사망하게 되는 섭취되거나(ingested) 주입(injected)된 물질의 농도(concentration). LD_{50}은 킬로그램당 밀리그램(mg/kg)으로 표현되는 경구 또는 피부 노출(oral or dermal exposure)로서, 값(value)이 낮을수록 물질의 독성이 크다는 것을 의미한다.

- **저치사량(lethal dose low; LDLO 또는 LDL)** 특정 시험종을 죽일 수 있는 어떠한 물질의 최소 투여량을 나타낸다.

그림 11.36 중간 치사량(LD_{50})은 시험 대상(피험자)의 절반이 사망한 투여량이다.

치사 농도(Lethal Concentration)

농도의 용어들은 다음과 같이 정의한다.

- **치사 농도(lethal concentration; LC)** 시험 집단(test group)을 죽일 수 있는 기체 상태의 흡입된 물질(inhaled substance)의 최소 농도를 나타낸다(보통 1~4시간 이내). 치사량(LD)과 마찬가지로, 자료들은 **중간 치사 농도**[31]를 LC_{50}으로 표시할 수 있으며, 목록상의 값에서 그 농도로 시험 집단의 절반이 사망되었음을 나타낸다. 사망하지 않은 군(사람은 물론 시험 동물 등도 포함함- 역주)의 50%는 중상에서 반응이 없는 단계까지의 범위로 영향을 받을 수 있다. 다음 단위들은 종종 치사농도(LC)를 정량화하는 데 사용된다.
  - 백만분율(parts per million; ppm)
  - 세제곱미터당 밀리그램(milligrams per cubic meter; mg/m^3)
  - 공기 1리터당 해당 물질의 마이크로그램(micrograms of material per liter of air; μg/L)
  - 리터당 밀리그램(milligrams per liter; mg/L)('정보' 참조)

---

31 **중간 치사 농도(Median lethal Concentration, 50 Percent Kill; LC_{50})** : 시험군의 50%가 사망하게 되는 흡입된 물질의 농도. 중간 치사 농도(LC_{50})는 백만분율(ppm), 리터당 밀리그램(mg/L) 또는 세제곱미터당 밀리그램(mg/m^3)으로 표현되는 흡입 노출이며, 값이 낮을수록 물질의 독성이 크다는 것을 의미한다.

- **저치사농도(lethal concentration low; LCLO 또는 LCL)** 지정된 시간에 특정 종(specific species)을 죽일 수 있는 기체(gas) 또는 증기(vapor)의 최저 농도를 나타낸다.

연구원들은 시험 동물test animal을 사용하여 실험실 조건에서 치사량lethal dose 및 치사 농도값을 얻는다. 격렬한 활동, 스트레스, 개개인의 신진대사 또는 화학적 민감성chemical sensitivity(알레르기)은 사람들을 위험물질의 유해한 영향에 더 취약하게 만든다.

무능화량(Incapacitating Dose)

생물체organism(예를 들면, 사람)의 해당 무능화량incapacitating dose; ID은 그 생물체를 무력화시키는 데 필요한 화학물질 또는 물질의 투여량dosage을 나타낸다. 이것은 치사량 및 치사 농도와 유사하게 표현된다. 무능화는 경미한 수준(볼 수 없는, 숨이 차는)에서 중증(경련)까지 다양할 수 있다. 군사 화학 작용제chemical warfare agent는 일반적으로 무능화량ID으로 목록화된다. 무능화량의 분류에는 다음이 포함된다.

- **중간 무능화량(ID_{50})** 인구(동물 포함- 역주)의 50%를 무능화시키는 용량(노출량)
- **10퍼센트 무능화량(ID_{10})** 인구(동물 포함 - 역주)의 10%를 무능화시키는 용량(노출량)

특정(단일) 화학물질 탐지기(Chemical Specific Detector)

일부 화학물질 탐지기chemical monitor는 다음과 같은 단일 화학물질single chemical을 탐지하도록 설계된 센서를 사용한다.

- 일산화탄소(carbon monoxide)
- 황화수소(hydrogen sulfide)
- 암모니아(ammonia)
- 염소(chlorine)
- 히드라진(hydrazine)
- 산화에틸렌(ethylene oxide)
- 시안화수소(hydrogen cyanide)
- 포스겐(phosgene)

일부 탐지기는 이러한 센서를 가연성 기체표시기 및 산소 센서와 결합시켜 2가지, 3가지, 또는 4가지의 기체 탐지장치를 구성하도록 할 수 있다(그림 11.37). 일반적인 4가지 기체 탐지기four-gas monitor는 폭발하한계LEL, 산소oxygen, 일산화탄소carbon monoxide 및 황화수소hydrogen sulfide를 감지한다.

일반적으로 이러한 장비들은 위험한 수준 또는 잠재적으로 위험한 수준의 기체를 탐지하면 경보를 울린다. 일부 장비는 4가지 기체 탐지와 광이온화 검출기photoionization detector; PID를 결합하여 5가지 기체 탐지기를 만들어낼 수 있다. 이러한 장비의 센서는 시간이 지남에 따라 성능이 저하되며, 온도와 습도가 이들 센서에 영향을 미칠 수 있다.

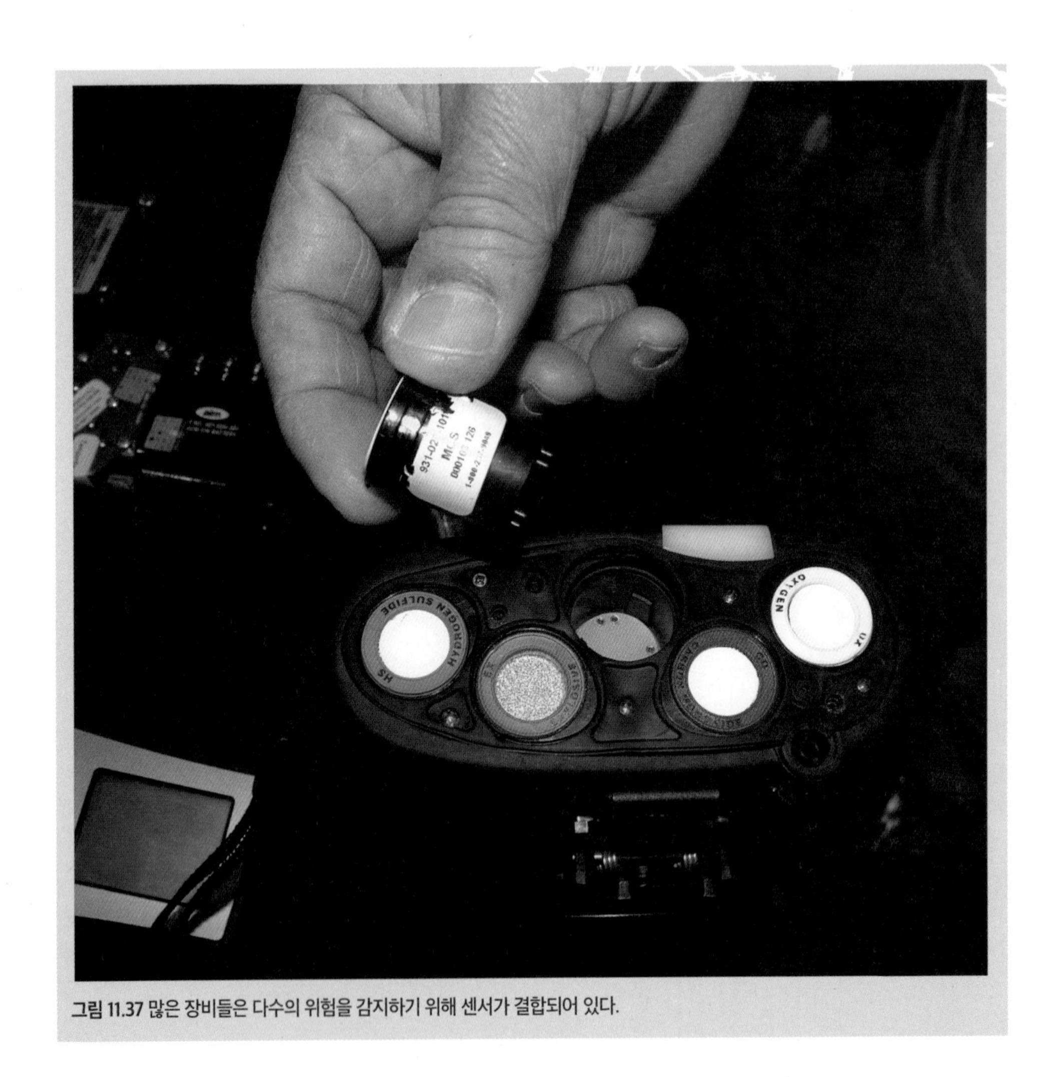

그림 11.37 많은 장비들은 다수의 위험을 감지하기 위해 센서가 결합되어 있다.

광이온화 탐지기 (Photoionization Detector; PID)

광이온화 탐지기[32]는 자외선 램프ultraviolet lamp를 사용하여 기체 물질의 시료(표본)를 이온화한다(그림 11.38). 광이온화 탐지기는 많은 유기 및 일부 무기 기체와 증기의 낮은 농도에서 매우 낮은 농도까지 탐지하며, 실시간으로 농도를 탐지하고 측정할 수 있는 훌륭한 일반적인 측정 도구이다. 비록 이러한 장비들로 존재하는 물질(들)을 식별할 수는 없지만, 광이온화 탐지기PID는 어떠한 오염물질이 존재함을 효과적으로 파악할 수 있게 해준다. 대부분의 광이온화 탐지기PID는 어떠한 물질의 **이온화 전위**[33]를 측정하기 위해 몇 가지 다른 램프(또는 전구)를 사용한다. '기술자료 11-7'에서는 광이온화 탐지기PID를 사용하여 오염물질을 탐지하는 데 필요한 단계를 설명한다.

그림 11.38 광이온화 탐지기(phtoionization detector; PID)는 매우 낮은 농도의 유기(및 일부 무기) 기체 및 증기(organic (and some inorganic) gas and vapor)를 탐지할 수 있다.

대응요원들은 다음의 상황에서 광이온화 탐지기PID를 사용해야 한다.

- 유출 장소의 가장자리로, 농도가 너무 낮아 가연성 기체표시기(CGI)가 탐지할 수 없는 곳
- 대응요원들이 인화성 및/또는 불연성 대기와 관련된 대기오염이 의심되는 경우
- 냄새 또는 이상한 냄새에 대한 민원(신고)을 조사하는 경우
- 소량의 화학물질 유출 위치를 찾는 경우
- 유출로 인한 오염의 정도를 평가하고, 대중과 환경에 대한 위해성을 평가하는 경우

참고

광이온화 탐지기(photoionization detector)는 고도의 기술 자원이며, 위험물질 전문가(Hazardous Materials Technician)가 전문대응 수준 대원(Operations Level personnel)보다 더 많이 사용한다.

32 **광이온화 탐지기(photoionization detector; PID)** : 휘발성 화합물을 백만분율(parts per million) 및 10억분율(parts per billion)의 농도(concentration)에서 측정하는 기체 탐지기(gas detector)

33 **이온화 전위(전리 전압, ionization potential)** : 원자(atom) 또는 분자(molecule)로부터 하나의 전자(electron)를 자유롭게 하기(떼어내기) 위해 필요한 에너지

중점사항

다중 탐지기의 사용

가솔린 누출(gasolin spill) 시 가연성 기체표시기(CGI)는 폭발을 피할 수 있도록 인화성 대기(flammable atmosphere)의 존재를 탐지한다. 광이온화 탐지기(PID)는 독성물질(toxic material)의 존재를 감지하여 암과 같은 장래의 질병을 예방하고, 벤젠(benzene)에 노출되는 것을 방지한다. 예를 들어, 가솔린의 폭발하한계(LEL)는 1.4% 또는 10,400 ppm이다. 미 국립직업안전건강연구소 포켓가이드(NIOSH Pocket Guide)에서는 벤젠(benzene)[발암 물질(carcinogen)]의 IDLH는 500 ppm이며, 가연성 기체표시기(CGI)에서 읽을 수 없음을 명시하고 있다. 그러나 광이온화 탐지기(PID)는 낮은 수준(농도)으로 대응요원들에게 위협이 되는 벤젠 및 기타 오염물질을 탐지할 수 있다.

광이온화 탐지기의 제한사항

광이온화 탐지기(photoionization detector)에는 다음과 같은 제한사항이 있다.

- 광이온화 탐지기(PID)의 특정 모델은 본질적으로 안전하지 않으므로, 반드시 가연성 기체표시기(CGI)와 함께 사용해야 한다.
- 광이온화 탐지기(PID)는 미확인(unidentified)/미분류(unclassified) 물질을 식별할 수 없다(그림 11.39).
- 이온화 탐지(detection of ionization)에는 여러 단계가 필요할 수 있으며, 일부 물질에서는 **보정계수**[34]의 사용이 필요할 수도 있다.
- 광이온화 탐지기(PID)는 이온화 전위(IP)가 광이온화 탐지기(PID)의 자외선 램프(ultraviolet lamp)보다 큰 모든 제품[위험물질(hazmat)]에는 반응하지 않는다.
- 대응요원은 적절한 여과장치 부착(filtration attachment)없이 비 속에서 또는 습도가 높은 환경에서 광이온화 탐지기(PID)를 사용하지 말아야 한다.
- 사용자들은 탐지부(흡입부)를 통해 새로운 화합물(즉, 새로운 공기 중 오염물질)이 이온화될 수 있도록 반드시 램프창(lamp window)을 주기적으로 청소해야 한다.
- 모든 계측기(탐지기)와 마찬가지로, 강한 바람과 습기는 해당 제품(위험물질)의 희석을 일으켜서 판독값에 영향을 줄 수 있다.
- 미세한 먼지 입자들이 판독값에 영향을 줄 수 있다.

---

34 **보정계수(Correction Factor)** : 제조업체에서 제공한 숫자로, 특정 장치 판독값을 또 다른 기능에 적용할 수 있도록 변환하는 데 사용할 수 있음

그림 11.39 광이온화 탐지기(PID)는 탐지된 모든 물질을 식별해낼 수는 없다.

주의(CAUTION)

대응요원들은 절대로 기체 탐지기(gas meter)의 탐지부(probe)를 통해 액체가 유입되도록 해서는 안 된다.

탐지관 및 탐지칩(Detection Tube and Chip)

비색계 표시관[35]은 표시하는 화학물질이 함침된impregnated 유리관glass tube으로 구성된다. 해당 관tube은 피스톤piston 또는 벨로즈형 펌프bellows-type pump에 연결된다(그림 11.40). 오염된 공기의 알고 있는 양은 펌프에 의한 관을 통해 미리 결정된 속도로 당겨진다. 해당 오염물질은 관 내의 지시약 화학물질과 반응하며 해당 길이가 오염물질의 농도에 비례하는 색상 변화를 일으킨다.

탐지관detector tube은 일반적으로 특정한 화학물질만 가능하다(그림 11.41). 일부 제조업체들은 방향족 탄화수소aromatic hydrocarbon 또는 알코올alcohol과 같은 기체 집단용 관tubes for groups of gas를 생산하였다(그림 11.42). 탐지관의 농도 범위concentration range는 백만분율ppm 또는 백분율percent 범위일 것이다.

35 **비색계 표시관(colorimetric indicator tubes)** : 오염된 공기(contaminated air)의 양을 조절할 때 예측 가능한 방식으로 색상을 변경하는 화학물질 시약(chemical reagent)으로 채워진 작은 튜브. 탐지기 튜브(Detector Tube)라고도 한다.

사전 조건형성 필터preconditioning filter가 다음을 위해 해당 지시 화학물질indicating chemical보다 우선할 수 있다.

• 측정을 방해할 수 있는 오염물질(contaminant)[사고 물질 이외의 것]을 제거한다.

• 습기 제거

• 오염물질과 반응하여 해당 지시 화학물질과 반응하는 화합물로 바꾼다.

'기술자료 11-8'에서는 위험을 식별하기 위해 비색 튜브colorimetric tube를 사용하는 절차를 설명한다.

비색관 기술colorimetric tubes technology과 밀접하게 관련된 것은 비색 칩colorimetric chip이다. 칩측정시스템chip measurement system; CMS이라고도 한다. 칩측정시스템은 특정한 측정칩measuring chip을 전자분석기electronic analyzer와 함께 사용한다. 특정 화학물질 측정칩에는 작은 관이 있으며, 지정된 화학물질용 시약 시스템reagent system으로 채워지며 때때로 모세관capillaries이라고 불린다.

대부분의 칩측정시스템CMS은 직접 판독 장치direct reading instrument로 간주된다. 이러한 전자분석장비electronic analyzing instrument는 특정 기체 및 증기에 대해 디지털 판독 구성방식(포맷)digital readout format으로 높은 신뢰성을 제공한다. 칩측정시스템CMS은 빠른 응답을 제공하는 경향이 있으며, 경우에 따라 일부 제품(위험물질)의 측정값measured value이 7% 오차 이내로 정확하다. 이러한 기능 외에도 칩측정시스템CMS은 사용하기가 간단한다. 장치를 작동하려면 제조업체의 지침과 표준작전절차SOPs/표준작전지침SOGs을 따른다.

그림 11.40 오염된 공기를 비색 튜브로 이동시키려면 펌프가 필요하다.

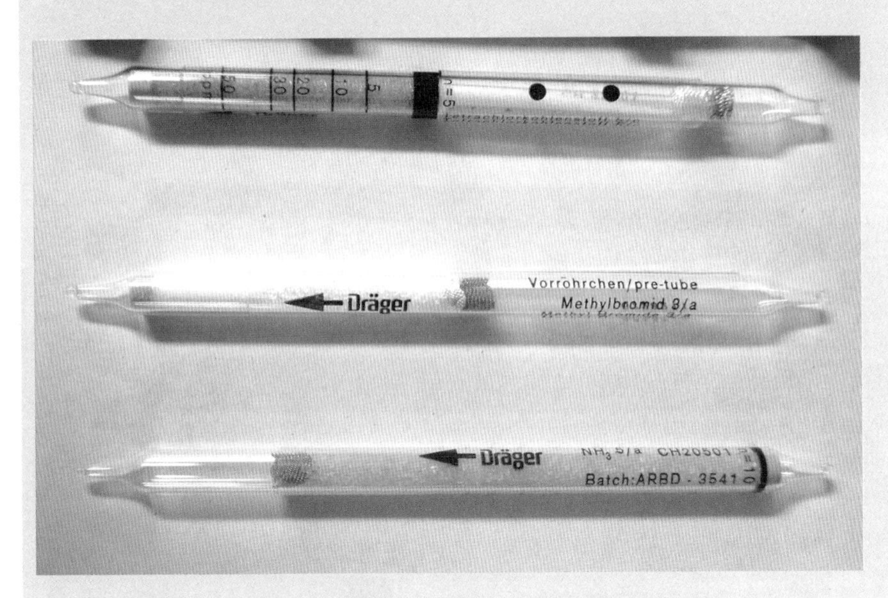

그림 11.41 탐지관은 특정 화학물질만 탐지가 가능하지만, 일부는 특정 화학물질 집단(그룹)[예를 들면, 알코올]에 반응하도록 설계되었다.

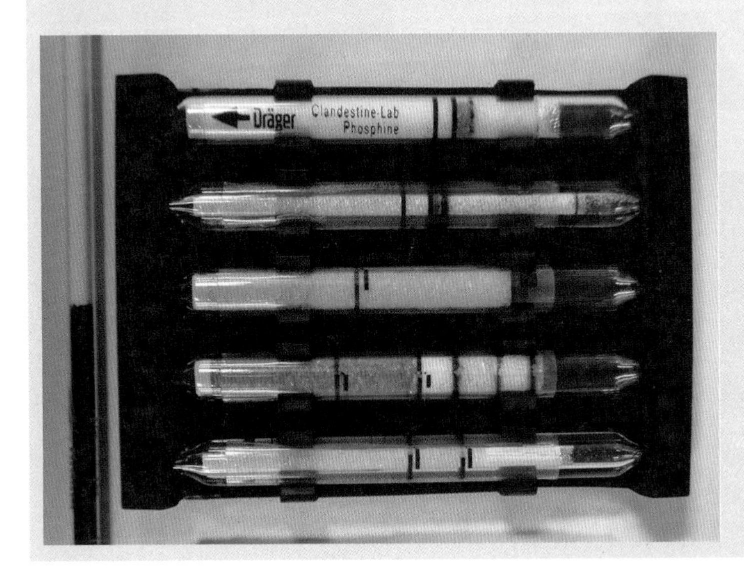

그림 11.42 탐지관은 불법 실험실에서의 탐지와 같은 특정 용도로 일괄 포장될 수 있다.

이 장에 제공된 정보를 복습하기 위해 다음 질문에 답해보시오.

1. 농도(concentration)와 노출(exposure)의 차이점은 무엇인가?

2. 초동대응자가 노출 한계(exposure limit)를 알고 있어야 하는 이유는 무엇인가?

3. 조치 수준(action level)은 무엇이며, 왜 그것이 중요하다고 알고 있는가?

4. 탐지 및 식별 장비를 선택할 때 고려해야 할 요소는 무엇인가?

5. 여러 유형의 위험탐지장비(hazard detection equipment)를 나열하고, 위험물질 사고(hazmat incident)에서의 각각의 용도를 설명하라.

11-1
위험을 식별하기 위한 pH 종이의 적절한 사용법을 보여준다.

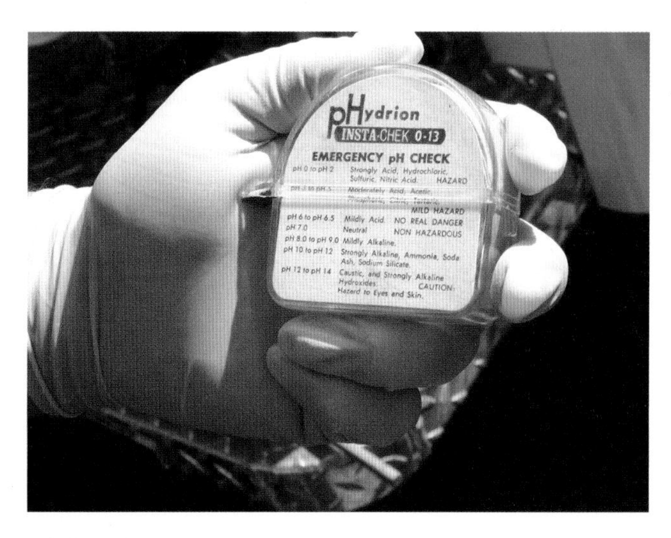

1단계: 적절한 식별(detection), 탐지(monitoring), 시료 수집(sampling)의 방법과 장비가 선택되었는지 확인한다.

2단계: 모든 대응요원이 적절한 개인보호장비를 착용하고 있는지 확인한다.

3단계: pH 종이가 노출되었거나 기한이 만료되지는 않았는지 확인한다.

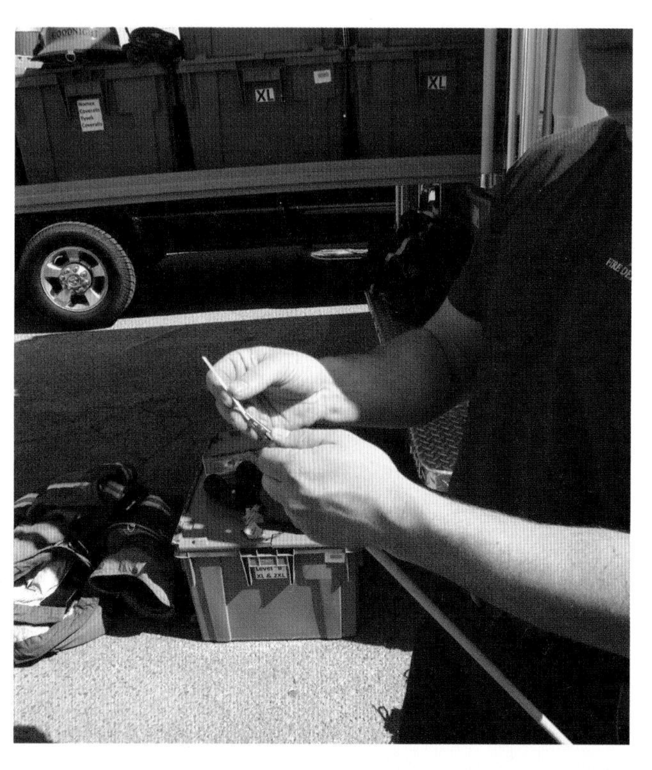

4단계: 적절한 크기의 pH 종이를 롤(roll)에서 꺼내거나 용기에서 스트립(strip)을 꺼내고 종이를 고정한다.

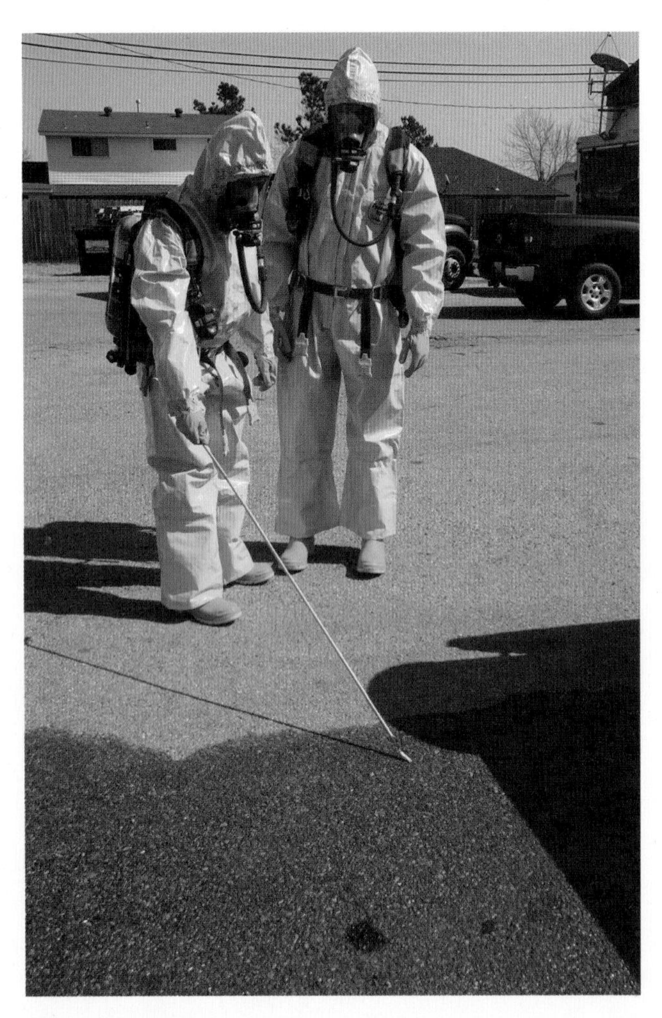

5단계: 해당 제품(위험물질)을 시료 수집한다.

참고: 증기(vapor) 또는 기체(gas)를 탐지하는 경우, pH 종이를 적셔서 사용해야만 한다.

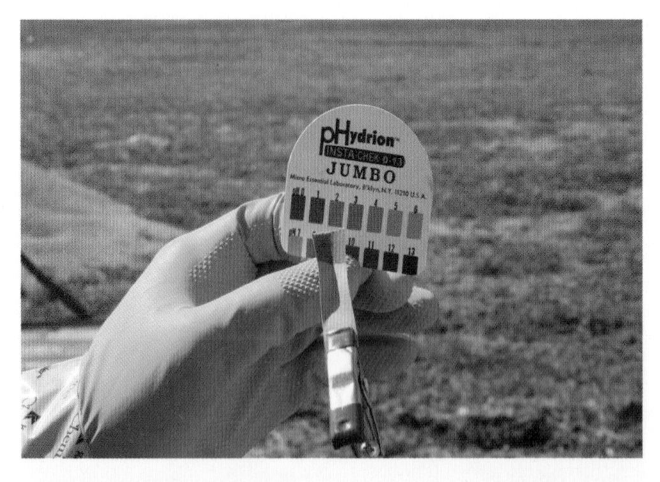

6단계: 결과가 pH 종이 색상 척도(pH paper color scale)와 비교하여 해당 제품이 산성(acid), 염기성(base), 중성(neutral)인지를 파악한다. 결과를 기록한다.

참고: 부식성 공기(corrosive atmosphere)가 확인되면 추가적인 테스트를 위해 전자식 계측기(electronic meter)를 사용할 필요가 없다.

7단계: 관할당국(AHJ)의 절차에 따라 결과들을 보고한다.

8단계: 적절한 규정에 따라서 pH 종이를 폐기한다.

9단계: 장비를 제독하고 제작사의 지침에 따라서 작동 상태로 되돌린다.

10단계: 요구되는 보고서를 완료하고 문서화를 지원한다.

11-2
위험을 식별하기 위한 pH 계측기의 적절한 사용법을 보여준다.

1단계: 적절한 식별(detection), 탐지(monitoring), 시료 수집(sampling)의 방법과 장비가 선택되었는지 확인한다.

2단계: 모든 대응요원이 적절한 개인보호장비를 착용하고 있는지 확인한다.

3단계: 장치가 사용 가능한지 최초 검사를 실시한다.

4단계: pH 계측기를 켠다.

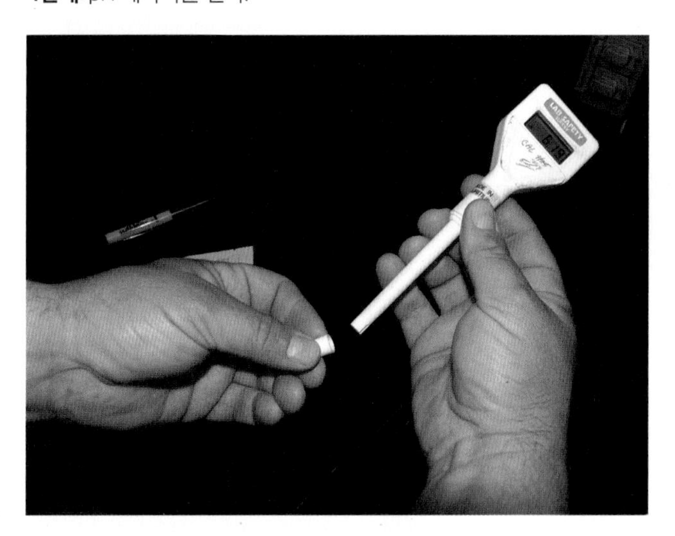

5단계: 전극(electrode)으로부터 보호캡(뚜껑)을 제거한다.

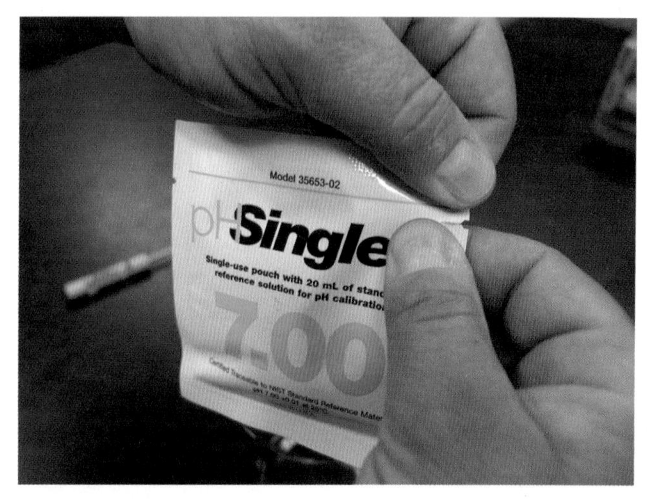

6단계: 제조업체의 지침에 따라 알려진 pH의 시험 용액(test solution)에서 pH 계측기를 교정한다.

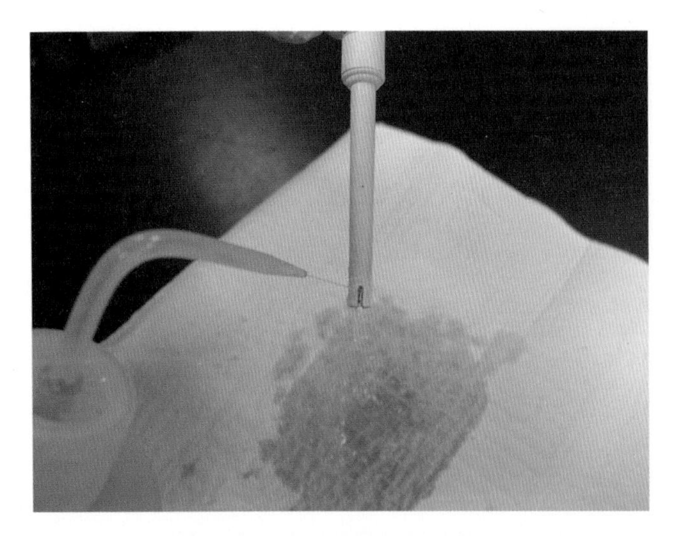

7단계: 일단 교정되면, 전극(electrode)을 씻어내고 제조업체의 지침에 따라 전극을 작동 상태로 되돌린다.

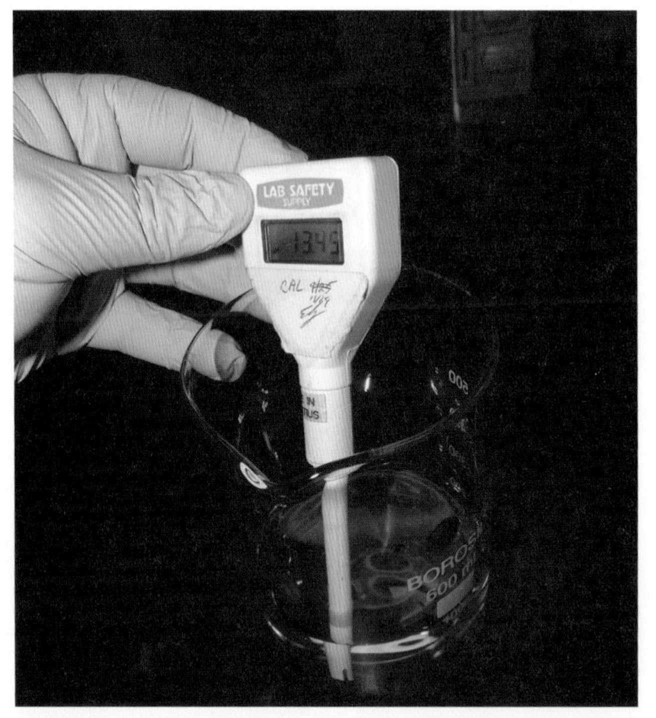

8단계: 시험해야 할 액체에 전극을 넣고 판독값을 기록한다.

9단계: 관할당국(AHJ)의 절차에 따라 결과값을 보고한다.

10단계: 액체로부터 전극을 빼내어 씻어내고, 제조업체의 지침에 따라 작동 상태로 되돌린다.

11단계: 전극에 보호캡(뚜껑)을 끼운다.

12단계: pH 계측기(pH meter)를 끈다.

13단계: 제조업체의 지침에 따라 장비를 제독하고, 작동 상태로 되돌린다.

14단계: 요구되는 보고서를 완료하고 문서화를 지원한다.

위험을 식별하기 위한 시약 시험지(reagent test paper)의 올바른 사용법을 보여준다.

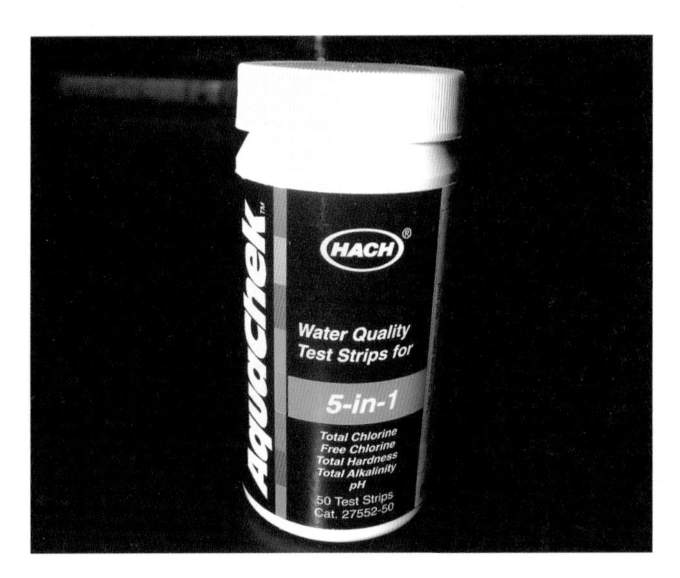

1단계: 적절한 식별(detection), 탐지(monitoring), 시료 수집(sampling)의 방법과 장비가 선택되었는지 확인한다.

2단계: 모든 대응요원이 적절한 개인보호장비를 착용하고 있는지 확인한다.

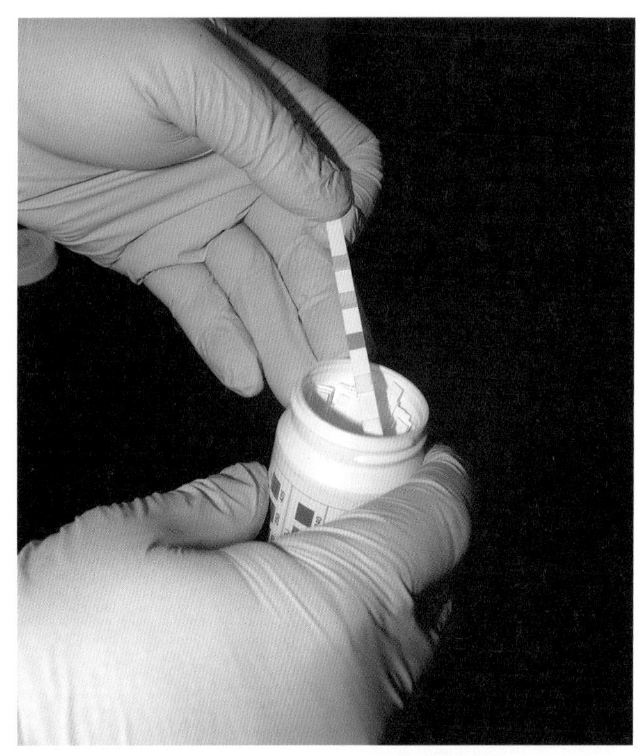

3단계: pH 종이가 노출되었거나 기한이 만료되지는 않았는지 확인한다.

4단계: 적절한 크기의 시약 시험지(reagent test paper)를 꺼낸다.

기술자료

11-3
위험을 식별하기 위한 시약 시험지(reagent test paper)의 올바른 사용법을 보여준다.

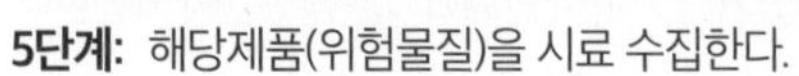

5단계: 해당제품(위험물질)을 시료 수집한다.

참고: 시약 시험지는 제조업체의 권장사항에 맞게 적셔야 한다.

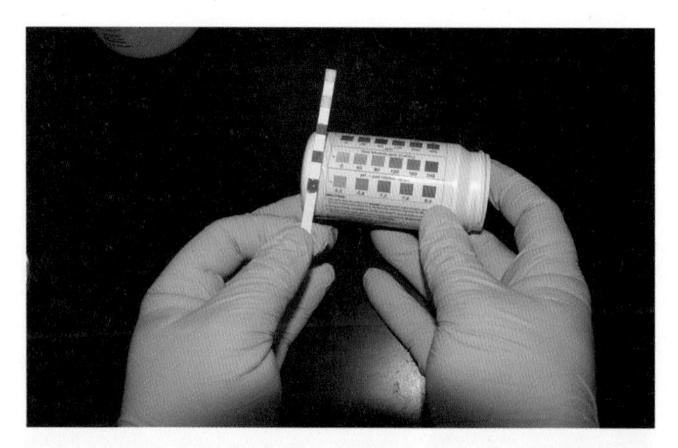

6단계: 시약 시험지의 색상 변화를 확인하고, 제공된 참고자료와 비교한다.

7단계: 관할당국(AHJ)의 절차에 따라 결과값을 보고한다.

8단계: 적절한 규정에 따라 시약 시험지를 폐기한다.

9단계: 장비를 제독하고 제작사의 지침에 따라서 작동 상태로 되돌린다.

10단계: 요구되는 보고서를 완료하고 문서화를 지원한다.

위험을 식별하기 위한 다중 기체 탐지기(multi-gas meter) [예: 일산화탄소(carbon monoxide), 산소, 가연성 기체(combustible gas)]의 적절한 사용법을 보여준다.

참고: 구체적인 절차는 해당 장비에 따라 다르다. 완전한 조작법은 제조업체의 지침을 참조하라.

1단계: 식별(detection), 탐지(monitoring), 시료 수집(sampling)의 방법(method)과 장비(equipment)가 적절하게 선택되었는지 확인한다.

2단계: 모든 대응요원이 적절한 개인보호장비를 착용하고 있는지 확인한다.

3단계: 장비(device)가 사용 가능한지 최초 검사(initial inspection)를 실시한다.

4단계: 탐지기(monitor)를 선택하고 이 장비가 탐지할 수 있는 기체(gas)를 확인한다.

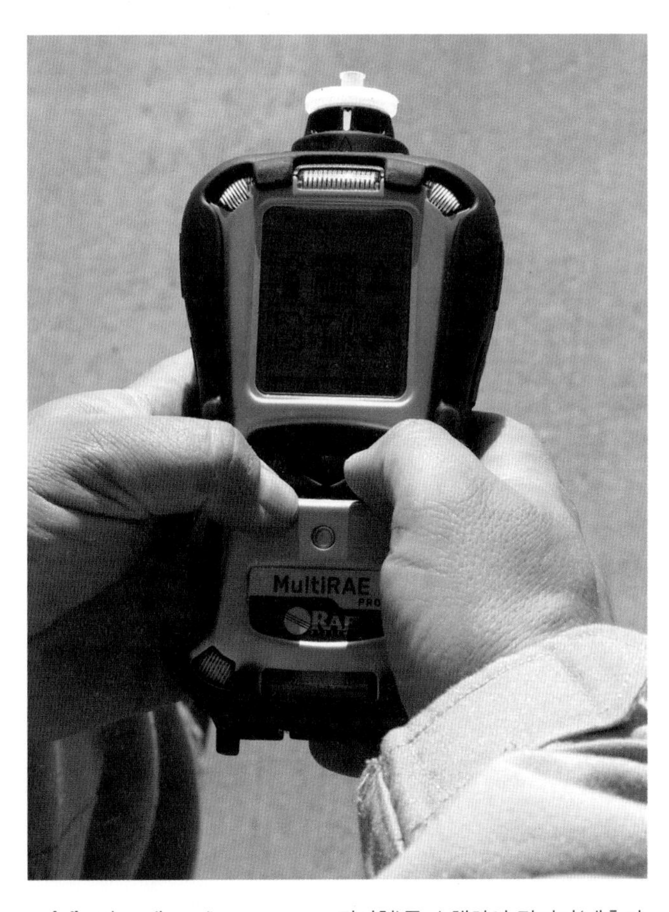

5단계: 범프 테스트(bump test, 교정시험)를 수행하여 탐지기(계측기, meter)가 올바르게 작동하는지를 확인한다.

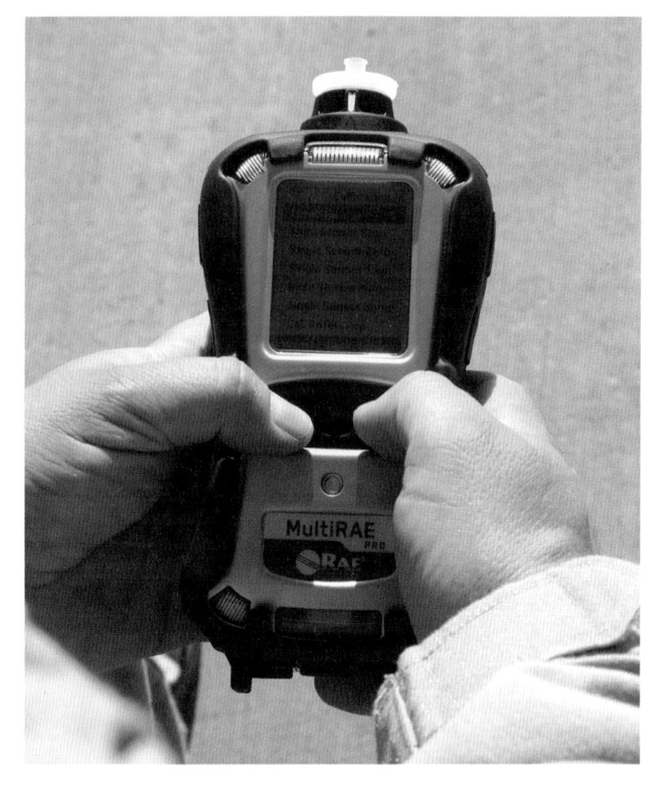

6단계: 진입(entry) 이전에 해당 탐지기(moniotr)를 "신선한 공기(fresh air)"로 보정(calibration)을 실시한다.

7단계: 관할당국(AHJ)의 요구사항에 따라서 해당 지역을 적절히 탐지한다.

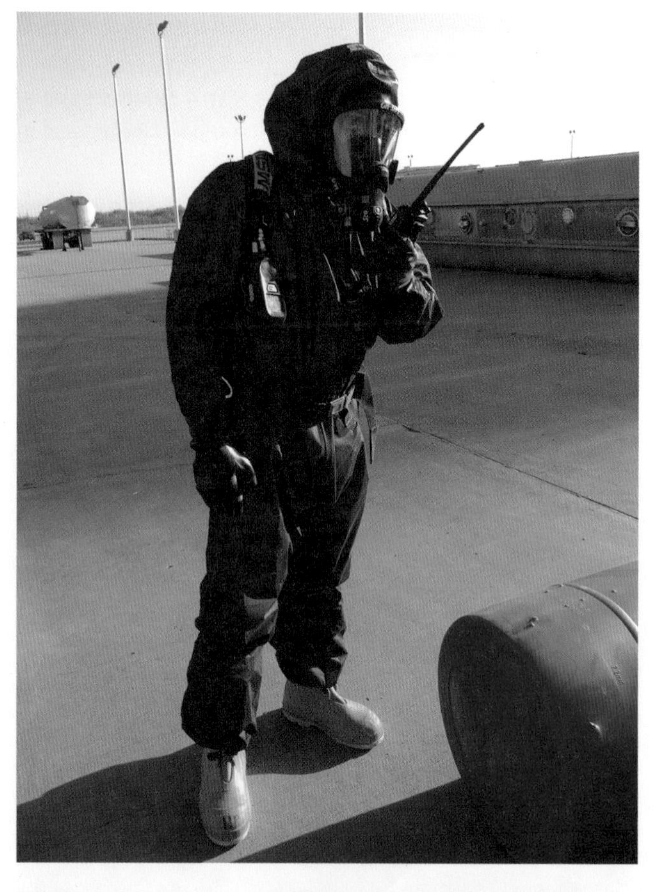

8단계: 관할당국(AHJ)의 절차에 따라 결과값(result)을 보고한다.

9단계: 탐지가 완료되었을 때 장비를 끈다.

10단계: 장비를 제독하고 제작사의 지침에 따라 작동 상태(operational state)로 되돌린다.

11단계: 요구되는 보고서(report)를 완료하고 문서화를 지원한다.

기술자료

11-5
위험을 식별하기 위한 방사선 탐지 장비(radiation detection instrument)의 적절한 사용법을 보여준다.

참고: 구체적인 절차는 해당 사용 장비에 따라 다르다. 완전한 조작법은 제조업체의 지침을 참조하라.

1단계: 적절한 식별(detection), 탐지(monitoring), 시료 수집(sampling)의 방법과 장비가 선택되었는지 확인한다.

2단계: 모든 대응요원이 적절한 개인보호장비를 착용하고 있는지 확인한다.

3단계: 잠재적인 위험(hazard)에 대한 적절한 탐지기(monitor)를 선택한다.

4단계: 장치가 사용 가능한지 최초 검사를 실시한다.

5단계: 관할당국(AHJ)의 표준작전절차(SOP) 및 제조업체의 지침에 따라 탐지기를 유지보수하고 적절히 교정했는지(calibrate) 확인한다.

6단계: 탐지기를 켜고 확인용 선원(check source)에 대해서 탐지기를 시험해본다.

11-5
위험을 식별하기 위한 방사선 탐지 장비(radiation detection instrument)의 적절한 사용법을 보여준다.

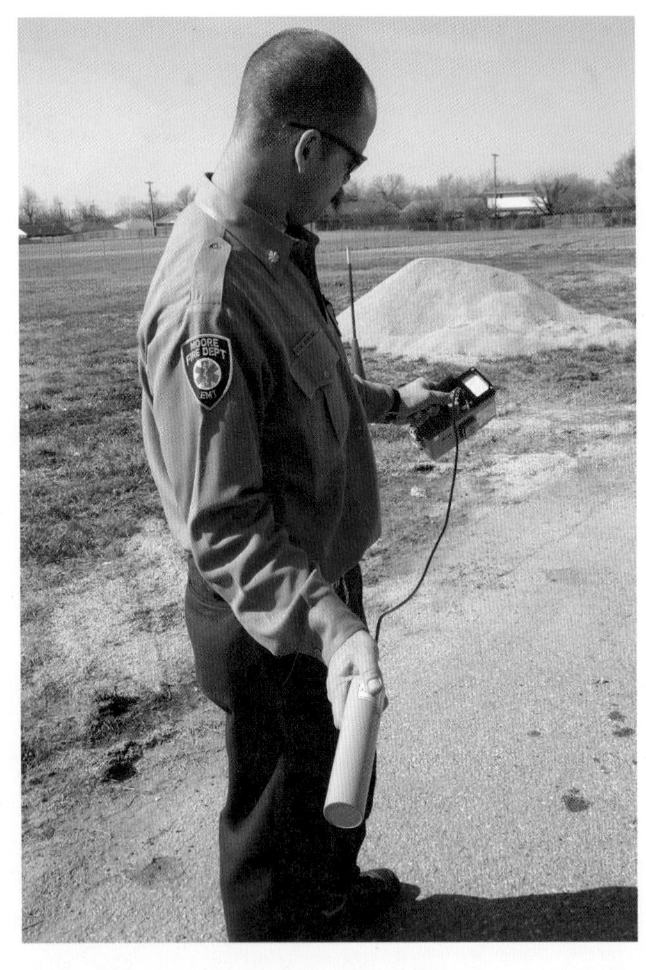

7단계: 배경 방사선(자연 방사선) 수준(사고현장 주변이 아닌 사고/테러 이전의 자연적인 방사선 수준을 확인하는 것 - 역주, background radiation level)을 확보한다.

8단계: 관할당국(AHJ)의 요구사항에 맞게 해당 지역을 적절하게 탐지한다.

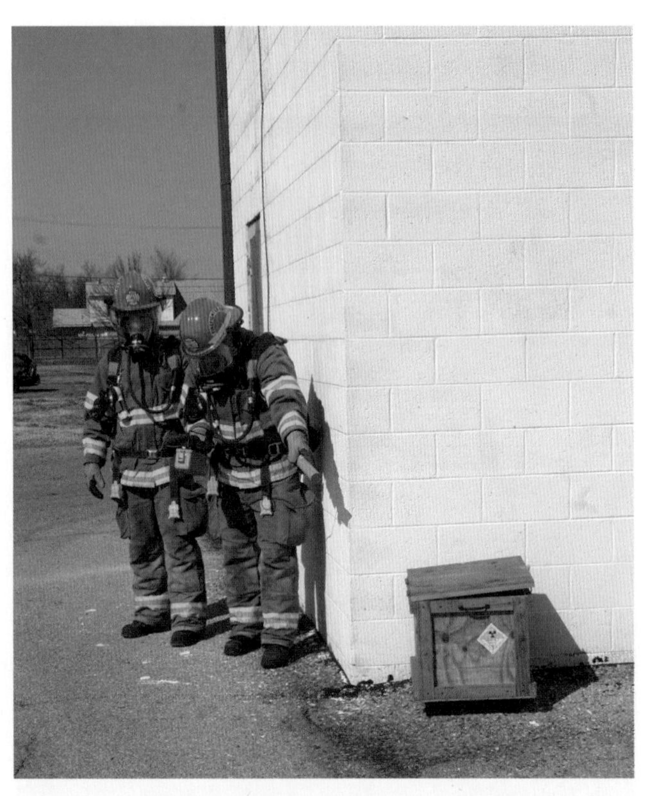

9단계: 이온화(전리) 방사선(ionizing radiation)의 존재(여부)를 확인한다.

10단계: 관할당국(AHJ)의 표준작전절차와 방사선 수치를 비교한다. 결과값을 기록한다.

11단계: 관할당국(AHJ)의 절차에 따라 결과값을 보고한다.

12단계: 탐지가 완료되었을 때 장비를 끈다.

13단계: 장비를 제독하고 제작사의 지침에 따라서 작동 상태로 되돌린다.

14단계: 요구되는 보고서를 완료하고 문서화를 지원한다.

기술자료

11-6
개인별로 받은 방사선량(personal dose received)을 식별하기 위한 선량계(dosimeter)의 적절한 사용법을 보여준다.

1단계: 적절한 식별(detection), 탐지(monitoring), 시료 수집(sampling)의 방법과 장비가 선택되었는지 확인한다.

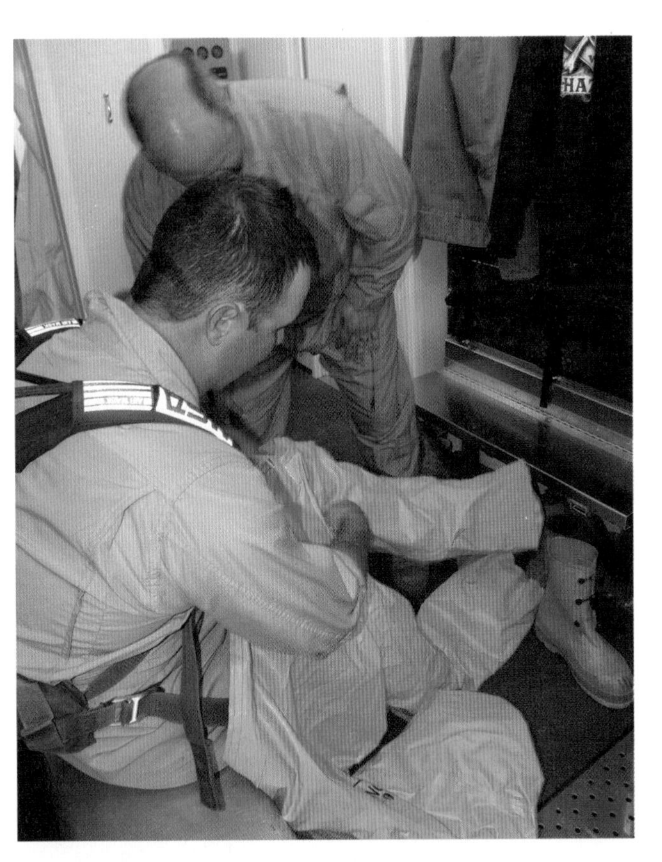

2단계: 모든 대응요원이 적절한 개인보호장비를 착용하고 있는지 확인한다.

3단계: 장치가 사용 가능한지 최초 검사를 실시한다.

4단계: 해당 선량계(dosimeter)가 적절하게 교정되었는지 확인한다.

참고: 선량계에는 착용자에 대한 기록을 남겨야 한다.

5단계: 선량계의 판독값이 0인 것을 확인한다(초기화).

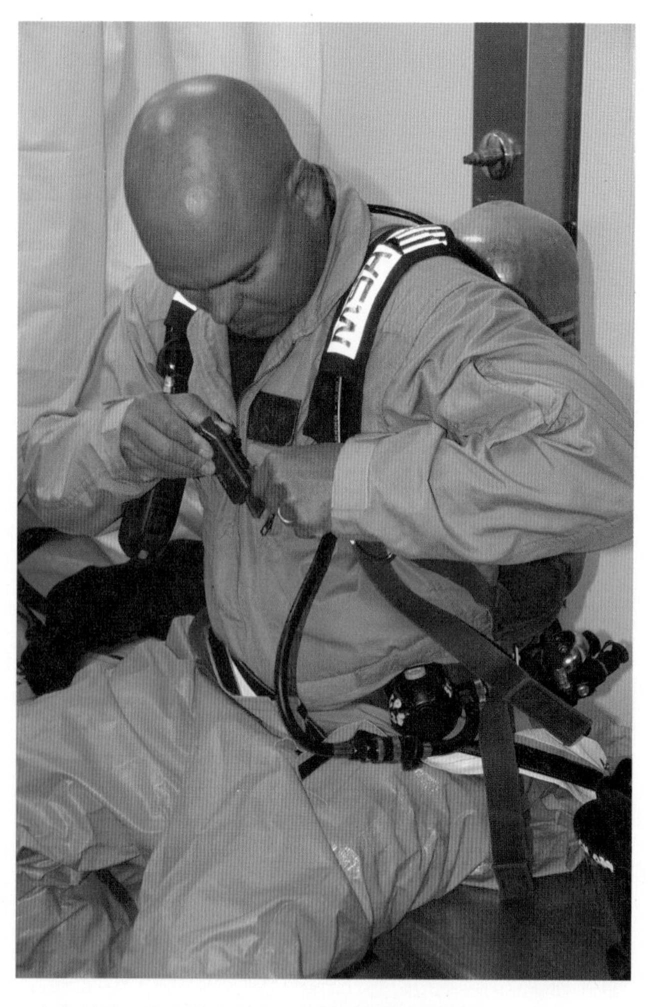

6단계: 임제조사의 지시에 따라서 측정기를 착용한다.

7단계: 임무 활동을 수행한다.

8단계: 선량계를 뺀다.

9단계: 선량계 분석을 고려하여 제조업체의 지침 및 관할당국(AHJ)의 절차를 따른다.

10단계: 관할당국(AHJ)의 절차에 따라 결과값을 보고한다.

11단계: 장비를 제독하고 제작사의 지침에 따라서 작동 상태로 되돌린다.

12단계: 요구되는 보고서를 완료하고 문서화를 지원한다.

11-7
위험을 식별하기 위한 광이온화 탐지기(photoionization detector)의 적절한 사용법을 보여준다.

참고: 구체적인 절차는 해당 사용 장비에 따라 다르다. 완전한 조작법은 제조업체의 지침을 참조하라.

1단계: 적절한 식별(detection), 탐지(monitoring), 시료 수집(sampling)의 방법과 장비가 선택되었는지 확인한다.

2단계: 모든 대응요원이 적절한 개인보호장비를 착용하고 있는지 확인한다.

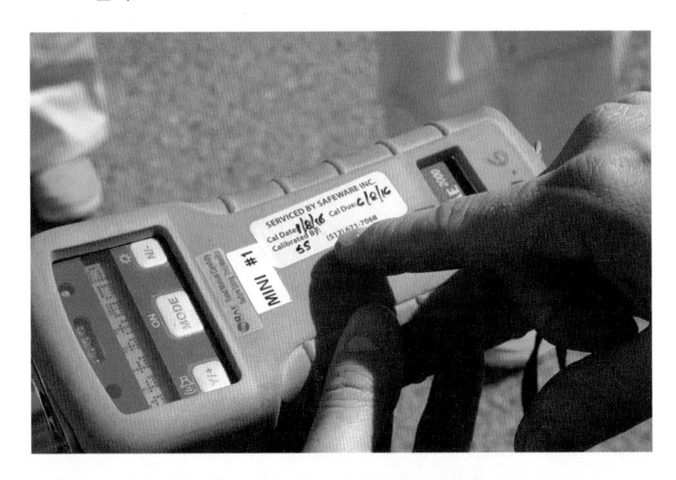

3단계: 장치가 사용 가능한지 최초 검사를 실시한다.

4단계: "신선한 공기"로 보정(calibration)을 실시한다.

5단계: 제조업체의 지침 및 관할당국(AHJ)의 절차에 맞게 탐지기를 운용한다.

6단계: 관할당국(AHJ)의 요구사항에 맞추어 해당 지역을 적절하게 탐지한다.

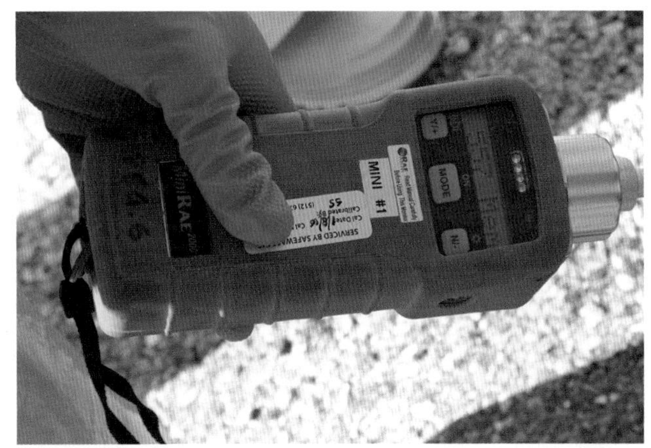

7단계: 변환 계수(conversion factor)를 확인하여 필요하다면 이를 적용한다.

8단계: 관할당국(AHJ)의 절차에 따라서 결과값을 보고한다.

9단계: 탐지가 완료되면 탐지기를 끈다.

10단계: 장비를 제독하고 제작사의 지침에 따라서 작동 상태로 되돌린다.

11단계: 요구되는 보고서를 완료하고 문서화를 지원한다.

11-8 위험을 식별하기 위한 비색관(decolorimetric tube)의 적절한 사용법을 보여준다.

참고: 구체적인 절차는 해당 사용 장비에 따라 다르다. 완전한 조작법은 제조업체의 지침을 참조하라.

1단계: 적절한 식별(detection), 탐지(monitoring) 시료 수집(sampling)의 방법과 장비가 선택되었는지 확인한다.

2단계: 모든 대응요원이 적절한 개인보호장비를 착용하고 있는지 확인한다.

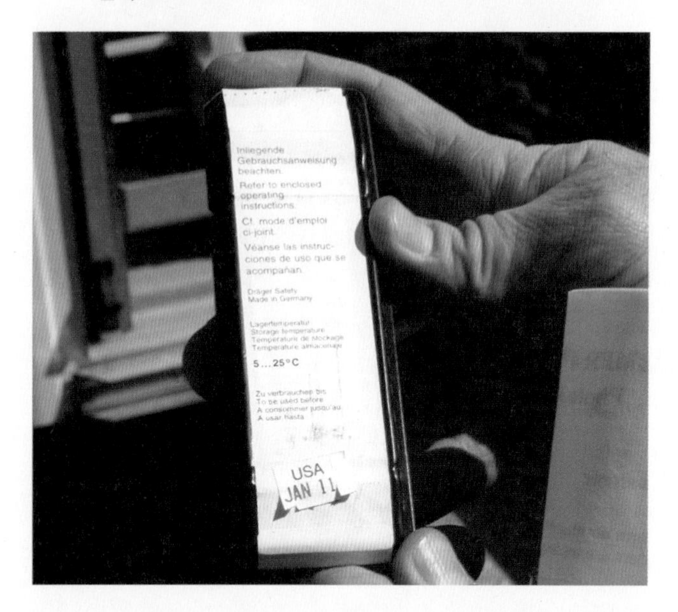

3단계: 제조업체의 사용 설명서를 사용하여 시료 수집을 위한 적절한 비색관(colorimetric tube)을 선택하고 해당 관(tube)의 유효기간 만료 날짜를 확인한다.

4단계: 기능 시험를 수행하여 제조업체의 지침에 따라 장치가 올바르게 작동하는지 확인한다.

5단계: 카운터(횟수를 자동으로 세어주는 장치로 부착되어 있음-역주)를 초기화(리셋, reset)한다.

6단계: 제공된 관 자름 기구로 해당 관의 양 끝부분을 적절하게 부순다.

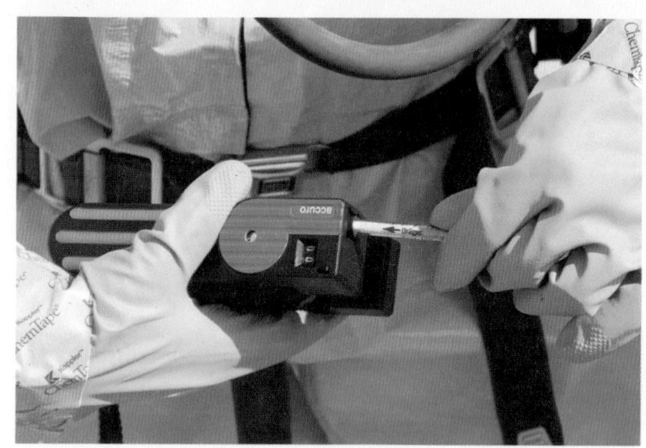

7단계: 손 펌프(hand pump)에 적절한 방향으로 관을 삽입한다.

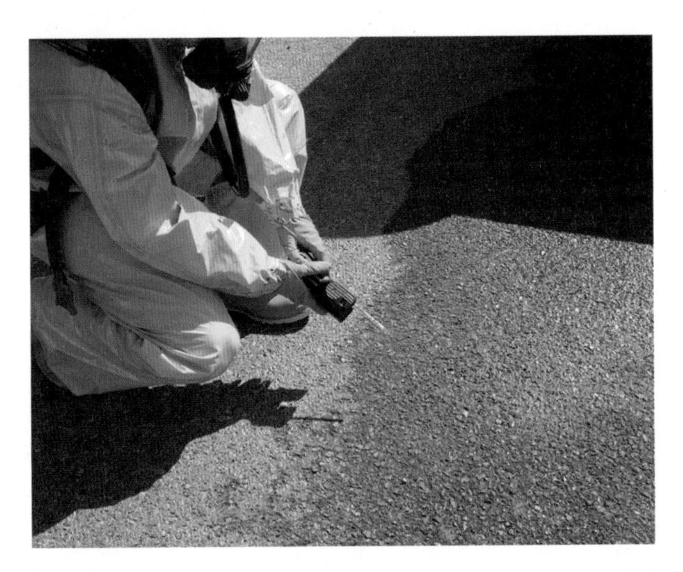

8단계: 해당 관(tube)의 끝부분을 제품이나 용기 개구부로부터 적당한 거리를 유지하여, 모든 고체 또는 액체 상태의 제품(위험물질)과 접촉하지 않도록 주의한다.

9단계: 제조업체의 지침에 기초하여 해당 제품(위험물질)을 시료 수집한다.

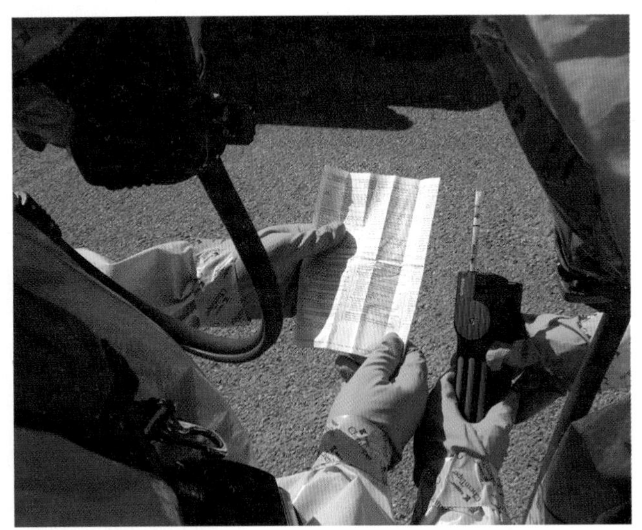

10단계: 펌프(pump)로부터 관을 빼내고, 제조업체의 지침에 따라 결과값을 읽고 판독하여 기록한다.

11단계: 적절한 규정과 일치하도록 하여 시료 수집 관(sampling tube)을 폐기한다.

주의: 사용된 관은 위험 폐기물이거나 날카로운 위험이 있다.

12단계: 장비를 제독하고 제작사의 지침에 따라서 작동 상태로 되돌린다.

13단계: 요구되는 보고서를 완료하고 문서화를 지원한다.

NFPA 직무 수행 요구사항 (NFPA Job Performance Requirement)

이 장에서는 NFPA 1072의 다음 직무 수행 요구사항을 다루는 정보를 제공한다. 『위험물질/대량살상무기 비상대응요원 전문 자격에 대한 표준(Standard for Hazardous Materials/Weapons of Mass Destruction Emergency Response Personnel Professional Qualifications)』(2017판)

6.8.1

Chapter 12

대응 실행 : '전문대응-임무특화 수준'의 피해자(요구조자) 구조 및 수습

학습 목표

1. 구조 대응활동(작전)을 계획하고 수행하기 위한 고려사항을 설명한다(6.8.1).
2. 구조 장비를 목록화한다(6.8.1).
3. 피해자(요구조자) 구조 방법을 설명한다(6.8.1).
4. 수습 대응활동(작전)을 설명한다(6.8.1).
5. 피해자(요구조자) 구조 및 수습에 대한 보고서 및 문서화를 식별한다(6.8.1).
6. 위험물질 사고 시 피해자(요구조자) 구조 대응활동(작전)을 수행한다(6.8.1, 기술자료 12-1).
7. 중증도 분류를 실행한다(6.8.1, 기술자료 12-2).

이 장에서는

▷구조 대응활동(작전)(Rescue Operations)

▷구조 장비(Rescue Equipment)

▷구조 방법(Rescue Method)

▷수습 대응활동(작전)(Recovery Operation)

▷보고서 및 문서화(Reports and Documentation)

구조 대응활동(작전) Rescue Operation

위험물질 사고hazardous materials incident 시 피해자(요구조자)에 대한 구조rescue에서 '전문대응–임무특화 수준의 피해자(요구조자) 구조 및 수습Mission-Specific Victim Rescue and Recovery Level'에 대한 훈련을 받은 전문대응 수준의 대응요원들operations responder이 출동할 것이다. 위험물질hazardous material/대량살상무기WMD 유출 사고 시 피해자(요구조자)의 구조 및 수습에는 다음의 요소에 따라 다양한 전술 및 안전 절차가 필요하다.

- 사고 유형
- 생존한 피해자(요구조자)의 수
- 피해자(요구조자)의 위치
- 각 피해자가 보행 가능한지 또는 보행 불가능한지의 여부

대응요원들은 피해자(요구조자)의 구조가 가능한지를 평가하고, 구조와 연관하여 대응요원의 위험을 평가할 필요가 있다.

성공적인 구조 및 수습 대응활동(작전)을 계획하고 실행(구현)하려면 다음이 필요하다.

- 훈련
- 해당 구조 절차(과정)에 대한 포괄적인 이해

• 지역(현지)의 역량 및 시설에 관한 정보

• 구조를 안전하고 효율적으로 수행하는 데 필요한 기술

• 구조 계획

대응요원들이 잠재적으로 오염된 환경에서 피해자(요구조자)를 성공적으로 구출하고 수습할 수 있기 위해서는 지식과 유연성이 중요한 요소가 된다. 구조 및 수습 대응활동(작전)을 수행할 때는 다음에 대비한다.

• 위험 구역(hot zone)의 위험에 직접 노출

• 사고의 불안정한 물리적 환경(physical environment)으로 인한 위험(그림 12.1)

• 보호복을 착용한 상태에서 작업하는 것으로 인한 스트레스

• 스트레스가 심한 환경(high-stress environment)과 연관된 정서적 외상(emotional trauma)

• 사고와 연관된 사람들에 대한 제독

위험물질 사고에서의 모든 대응활동(작전)과 마찬가지로 초기 평가 중에 식별되는 위험은 대응의 많은 요소들을 결정한다. 대응요원으로서 구조 대응활동(작전)을 실시하기 위해서는 반드시 사고지휘체계Incident Command System의 구조 내에서 대응활동을 해야 하며, 또한 확립된 절차established procedure 및 지역(현지) 비상대응계획지침local emergency response plan guideline을 따라야 한다(그림 12.2). 전문대응 수준 대응요원은 대응

그림 12.1 구조대원은 반드시 해당 사고로 인한 위험하고 불안정한 상황에 대비해야 한다. 미국 해병대(the U.S. Marine Corps) 제공(Sgt. Christopher D. Reed 사진 촬영).

을 지속적으로 평가하고, 관찰하고, 즉각적인 피드백을 제공할 수 있는 위험물질 특수기술대응 수준의 대응요원technician level responder, 자문 전문가allied professional의 감독 하에 작업을 해야 한다. 또는 전문대응 수준 대응요원이 수행할 수 있는 작업과 수행할 수 없는 작업을 명확히 설명하는 표준작전절차SOP의 지침에 맞게 대응활동을 해야 한다.

표준작전절차SOP 하에서 대응활동을 하는 대응요원은 반드시 대응활동을 실행하는 것에 대한 자신의 책임과 이를 구현하기 위한 올바른 규약을 철저히 이해해야 한다. 과업에 관한 상세한 요구사항들은 표준작전절차SOP에 요약되어 있다. 또한 표준작전절차SOP에는 대응요원이 할당된 과업을 수행하는 데 필요한 개인보호장비PPE는 물론 전문대응 수준 대응요원이 할 수 없는 과업도 알려준다.

사고현장 지휘관incident commander은 다른 사람들의 지원을 받아 구조/수습 계획을 포함한 모든 위험물질 사고에서 사고대응계획Incident Action Plan; IAP을 수립한다. 사고대응계획IAP이 수립된 이후, 비상대응요원들은 지역(현지) 절차에 따라 구조/수습 계획을 이행할 것이다. 구조 및 복구 책임이 할당되면, 대응요원은 반드시 계획을 잘 알

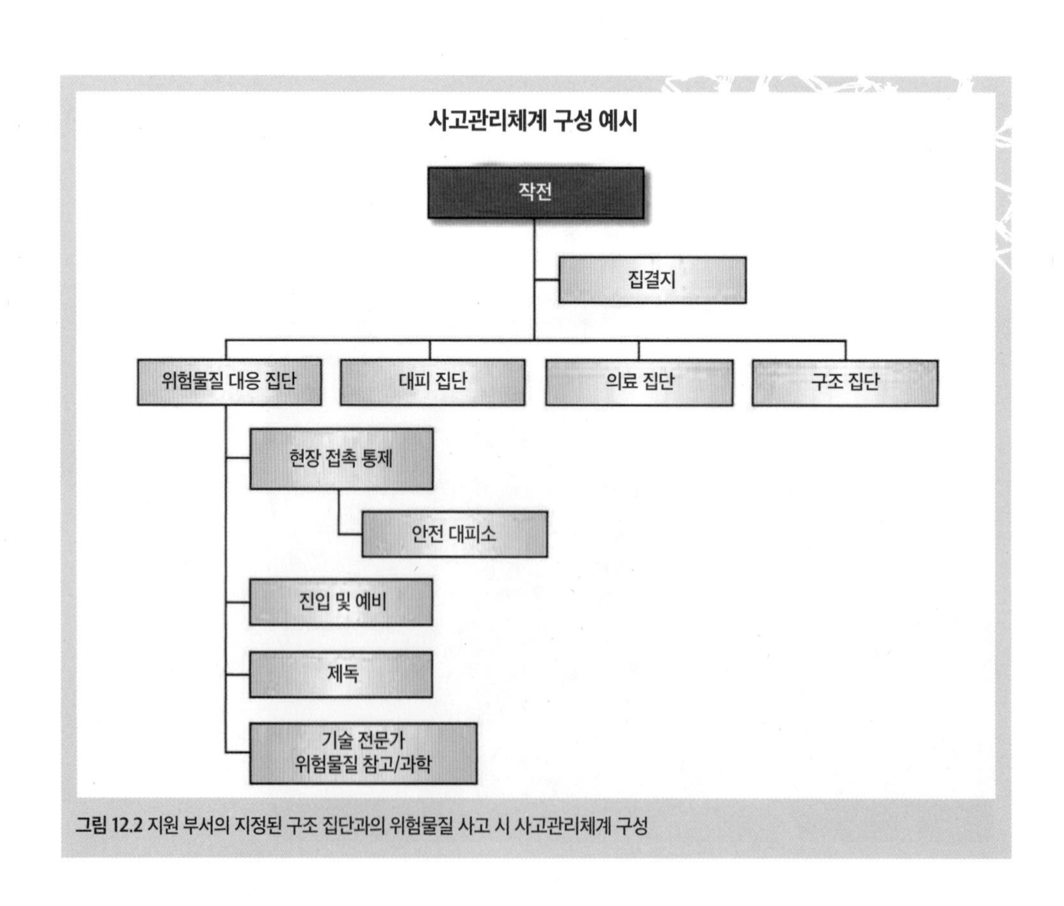

그림 12.2 지원 부서의 지정된 구조 집단과의 위험물질 사고 시 사고관리체계 구성

고 그에 따라야 한다. 사고대응계획IAP을 따르면 대응요원의 안전과 생명을 구할 수 있는 그들의 능력을 극대화할 수 있다.

대응계획은 초기 대응 작전에 직접적인 영향을 미친다. 피해자(요구조자)의 수가 적다면(1~2명의 희생자), 희생자 구출 및 수습 관련 훈련을 받은 비상대응요원은 단일 진입 작전single entry operation으로 해당 사고를 처리할 수 있어야 한다. 그러나 피해자(요구조자)의 수가 가용한 대응요원의 수를 훨씬 초과하는 경우, 비상대응요원들은 피해자(요구조자)를 구조하고 이동시키는 동시에 구급 작전EMS operation이 시작될 수 있을 때까지 안전 피난소safe haven(area of safe refuge)를 마련하는 등 단기간에 여러 번 진입해야 하는 어려움을 겪는다(그림 12.3). 신체적 격렬한 활동과 열 스트레스의 영향으로 어려움은 더욱 커질 것이다.

구조 임무를 수행할 대응요원은 다양한 비상대응 분야에서 올 수 있으며, 이러한 대원으로는 소방관firefighter, 위험물질hazardous material/대량살상무기WMD 대응요원responder, 구급 대원(응급의료서비스 직원)EMS, 법집행관, 산업체 소방대원 또는 팀으로 구성된 인원들의 조합이 있다. 해당 지역 기관 또는 관할당국AHJ의 표준작전절차SOP 외에도 대응요원은 해당 지역의 상호 지원 대응을 위한 표준작전절차SOP에 대해서도 잘 알고 있어야 한다. '기술자료 12-1'은 위험물질 사고에서 피해자(요구조자) 구조 작전을 수행하기 위한 단계를 제공한다.

그림 12.3 적절한 훈련은 대응요원이 대량 사상자 사고를 통제할 수 있도록 도와준다.

맥도나 염소(chlorine) 탱크 탈선 사고

2004년 6월 이른 아침 텍사스 맥도나에서 한 화물열차가 다른 화물열차와 충돌하여 4대의 기관차와 38대의 철도차량이 탈선하였다. 탈선으로 인해, 액화 염소(liquefied chlorine)가 담긴 압력 탱크차(pressure tank car)에 구멍(puncture)이 뚫렸다. 구멍이 뚫린 탱크에서 빠져 나온 염소는 즉시 염소 기체구름(cloud of chlorine gas)으로 증발하여 해당 지역으로 흘러나갔다.

근처 거주자가 9-1-1 전화를 통해 지역 비상대응당국(local emergency response authority)에 신고했다. 그러나 해당 거주자와 9-1-1 출동자 간의 의사소통의 불통으로 인해 해당 출동자는 기차 탈선 사실을 전혀 듣지 못했다. 대신에 비상대응요원이 호흡이 어려운 해당 거주자를 돕기 위해 출동하였다. 대응요원 중 누구도 열차 사고와 염소 기체 누출(chlorine gas leak)에 대한 대응의 필요성을 알지 못했다. 대응요원들이 사고현장에 접근했을 때 사고 지역은 여전히 어두웠기 때문에 잔해나 증기구름을 볼 수 없었지만 대응요원들은 염소 기체가 노출되기 시작해 호흡이 어려워지기 시작했다. 그들은 즉시 사고현장에서 철수하여 다른 기관들에 상호 지원을 요청했다.

그 직후 비상관리국(OEM)을 포함한 상호 지원 자원들이 사고현장에 도착하기 시작했다. 비상관리국(OEM)은 통합사고지휘체계(Unified Incident Command System)을 구축하고 비상운영센터(emergency operations center)를 활성화하며 비상관리계획(emergency management plan)을 시작했다. 추가적인 상호 지원 자원들도 현장에 파견되었다.

이 지역을 탐색하면서, 소방관[방화복(protective clothing)과 호흡보호장비(breathing apparatus) 착용]은 열차 수리공이 도로를 따라 비틀거리며 걷고 있는 것을 발견했다. 그는 호흡곤란(respiratory distress)이 왔고, 의료 처치를 위해 사고현장으로부터 이송되었다. 얼마 후, 대응요원들은 탈선 잔해로 인해 인근 거주지로의 출입을 차단하기로 결정했다. 위험물질 대응요원이 해당 지역을 적절하게 평가할 때까지 잔해들을 통과하여 사고현장에 접근할 수가 없었다.

일단 염소 기체 유출의 예비 기술적 평가가 완료되면, 소방관 진입팀은 거주 지역에 갇힌 것으로 보고된 세 사람의 구조를 위해 사고 지역으로 진입했다. 그러나 이 진입팀은 잔해를 통과하여 나아가며 방향을 잃어버렸고, 실수로 목표에서 벗어나 우연스럽게도 잘못된 도로로 갔다. 그 도로를 따라 가다가 해당 팀은 열차 차장의 시체와 조우했다. 그 직후 진입팀 소방관 중 한 명이 탈수 증상(dehydration)을 보였고, 두 번째 진입팀을 파견하여 첫 번째 팀을 지원했다.

구조 임무를 수행하기 위해 세 번째 진입팀이 파견되었다. 이 팀은 잔해를 성공적으로 지나쳐서 나아갔으며, 갇혀 있던 세 명의 주민들에게 다가갔다. 세 명 모두 상당한 호흡 곤란을 겪고 있었다. 그들은 헬리콥터로 의료 치료를 위해 지역 병원으로 이송되었다.

교훈: 결국 염소 기체 흡입의 결과로 열차 차장과 2명의 거주자를 포함한 3명이 사망했다. 열차 정비사, 23명의 민간인, 6명의 비상대응요원은 호흡 곤란 또는 충돌 및 탈선과 관련된 기타 부상으로 치료를 받았다.

출처: 국가 운송 안전 위원회(National Transportation Safety Board)

구조의 타당성 결정(Determining Feasibility of Rescues)

오염된 환경에 갇혀 있는 피해자(요구조자)와 관련된 모든 사고대응계획IAP을 실행하기 전에 다음의 기본 질문에 답하여 구조 작전rescue operation을 실시할 타당성을 결정한다.

- 위험(hazard)[제품(위험물질)]을 식별할 수 있는가?
- 사고에 대해 알려진 다른 요소는 무엇인가? 목격자는 의사결정 과정에 유용한 추가 정보를 제공하였는가?
- 피해자(요구조자)가 시야 내에 있는가 혹은 탐색이 필요한가? 시야 내에 있지 않은 잠재적 피해자에 대한 탐색은 대응요원에 대한 위험을 증가시킬 수 있다. 탐색을 수행하는 대응요원은 탐색을 수행하기 위해 위험 구역(hot zone) 내에서의 시간을 연장해야 하며 탐색 지역 외부에서는 감지할 수 없는 위험에 노출될 수 있다.
- 구조 작전(rescue operation)인가 아니면 수습 작전(recovery operation)인가(그림 12.4)? 구조 작전은 우선순위가 높으며, 위험을 완전히 완화(경감)시키지 않고도 수행할 수 있다. 오직 대응요원에 대한 위험이 최소화되거나 제거된 후에만 수습 작전을 수행한다.
- 현장 비상대응요원이 임무를 수행하는 데 필요한 개인보호장비와 훈련을 받았는가? 구조를 안전하게 하려면, 대응요원이 위험 구역에 진입하는 데 필요한 개인보호장비와 훈련을 받아야 한다.
- 현장 비상대응요원이 해당 임무 수행에 필요한 장비를 갖추고 있는가(그림 12.5)? 필요한 장비를 구할 수 없는 경우, 대응요원은 장비가 현장에 도착하거나 장비를 구할 때까지 반드시 기다려야 한다.
- 구조를 안전하게 수행할 수 있는 충분한 인원이 있는가? 구급대원은 구조작업을 수행하기 위한 추가 인원이 도착할 때까지 기다려야 한다.
- 있을 수 있는 위험을 식별하고 존재 여부를 판단하는 데 사용할 수 있는 측정기, 탐지 종이 및 기기 장비가 있는가? 이러한 정보는 구조팀에게 추가적인 안전을 제공할 수 있다. 많은 소방서 및 산업체 고용주는 그들의 전문대응 수준 직원을 위해 기본적인 탐지 및 식별 장치를 제공한다. 대응요원들은 그것들의 사용법에 훈련되어 있어야 하며[표준작전절차(SOP)에서 허용하는 경우], 구조 작전 중에 이러한 장치들을 사용한다.
- 비상대응지침서(ERG), 미 국립직업안전건강연구소 포켓 가이드(NIOSH pocket guide) 또는 보건안전자료(SDS)와 같이 도움이 될 수 있는 다른 정보 참고자료가 있는가?

정보(Information)

구조의 안전

구조대원(구조자)은 반드시 항상 먼저 자신의 안전을 고려해야 한다. 또한 사고현장 지휘관(IC)은 반드시 탐색 및 구조 작전을 수행하는 동안 구조대원이 노출될 수 있는 위험을 고려해야 한다. 서두른 위험한 탐색 및 구조 작전은 구조대원뿐만 아니라 피해자(요구조자)에게 심각한 결과를 초래할 수 있기 때문에 안전은 구조대원에게 있어 주요한 관심사이다. 대응요원의 안전은 구조자(rescuer)와 그 간부(officer)들이 작전 전반에 걸쳐 평가(size-up)를 계속 유지하고 작전 중에 각 주요한 단계에 대한 위험/이점 분석(risk/benefit analysis)을 수행하는 데 달려 있다.

구조 vs. 수습

구조

- 생존 중인 피해자
- 다수를 살리기 위해 조금의 위험을 감수 ("Risk A Little to Save A Lot")
- 높은 우선순위(High Priority)
- 불완전한 경감(완화)도 받아들여짐

수습

- 사망한 피해자
- 대응요원을 보호하는 데 중점
- 낮은 우선순위(Low Priority)
- 대응요원의 안전 보장을 위한 철저한 경감(완화)

그림 12.4 사고에서의 구조와 수습은 매우 다르게 관리된다.

그림 12.5 구조대원은 위험 구역에 안전하게 들어가기 위해 반드시 적절한 개인보호장비가 있어야 한다. 미국 해병대(U.S. Marine Corps) 제공.

구조 계획(Planning Rescue)

구조 작전rescue operation을 계획할 때는 사고 시 존재하거나 잠재적으로 나타날 수 있는 적대적인 인간의 위협을 포함한 모든 위험을 고려한다. 초기 구조 및 수습 작전은 가용한 대응요원의 수, 그들의 훈련 수준, 사고의 상황 및 가용한 개인보호장비PPE에 직접적인 영향을 미친다(그림 12.6).

사고지휘체계ICS 조직 내의 모든 부서의 지휘자 및 관리자는 모든 진입팀에 대한 적절한 감독과 안전 감독을 책임진다. 특수기술대응 수준 대응요원technician level responder 또는 협력 전문가allied professional는 일반적으로 위험 평가 및 제어(통제) 선택지의 선택에 대한 책임이 있다.

대부분의 전문대응 수준 대응요원은 개별적인 회사 또는 조직에 소속되기 때문에, 다음 정보는 이러한 방식으로 지정된 전문대응 수준 대응요원을 대상으로 한다. 사고현장 지휘관IC 또는 해당 구성단위 지휘자는 초기 브리핑 및 상황 평가 이후 위험 구역hot zone을 설정해야 한다.

일단 위험 구역이 설정되면 진입 지점에 인접한 집합 구역을 정하기 시작한다. 조직 구성 단위 지도자의 책임은 다음과 같다.

- 팀 지정(team assignment)을 한다.
- 목표(objective)와 요구되는 과업(task)을 간략히 설명한다.
- 작전 중 안전을 보장하기 위해, 팀들에 대해 즉각적이고 기능적인 감독을 유지한다.
- 대원의 책임(accountability) 및 추적(tracking)을 보장한다.
- 팀으로부터 받은 중요한 정보나 관련된 정보를 지휘체계 상부로 전달한다.
- 제독소가 설치되어 있는지 확인한다.
- 진입 전에 예비팀(back-up team)이 투입 준비가 되어 있는지 확인한다.

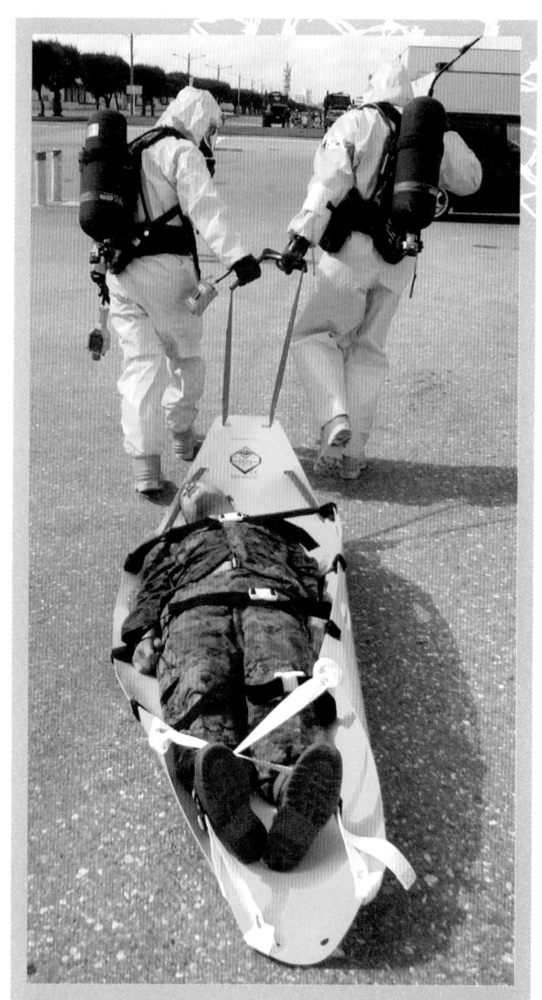

그림 12.6 대응요원들은 반드시 적절한 개인보호장비, 필요한 장비 및 구조를 수행하기에 충분한 인원이 있어야 한다. 미국 해병대(the U.S. Marine Corps) 제공.

단위조직 지휘자는 단위조직의 작전을 적절하게 감독하기 위해 보호복이 요구되는 상황이 오지 않는 한은 화학보호복을 착용하지 않는다. 가능하다면 안전을 위해 지역 내 대응요원을 추가 배치하여 시야가 닿을 수 있도록 유지한다. 다음과 같은 상황에서는 단위조직 지휘자가 화학보호복을 착용해야 한다.

- 진입팀(entry team)이 시야에 있지 않다.
- 사고 시 합동 진입팀 작전(complex entry team operation)이 필요하다.
- 작전에 여러 개의 진입팀이 필요하다.

개인보호장비를 착용한 대원이 위험 구역에 진입하기 전에 제독소를 설치한다(그림 12.7). 이 제독소의 주요 기능은 진입팀 구성원들에게 즉각적이고 적절한 제독을 제공하여, 접촉했을 수 있는 모든 물질에 대한 최소한의 노출로 개인보호장비를 안전하게 탈의할 수 있도록 하는 것이다. 이 제독소는 샤워실이 현장에 도착할 때까지, 초동대응자 및/또는 민간인을 제독하는 데에도 사용할 수 있다.

진입팀은 적절한 수준의 개인보호장비를 착용하고, 적어도 두 명의 훈련된 구성원이 포함되어야 한다. 진입팀원은 위험 구역의 피해자(요구조자)를 실제로 검색, 구조 및 이동시킨다.

위험 구역에서 작전하는 동안 유출release이나 누출spill에 기여할 수 있는 단서, 신호, 또는 원인에 대해 반드시 주의를 기울여야 한다. 구성원은 반드시 이러한 정보를 즉시 단위조직 지휘자에게 보고해야 한다.

팀원들은 항상 다른 사람(2인조 활동 체계buddy system)과 인접하여 일해야 하며, 무선 연락을 유지해야 한다. 한 구성원이 해당 작전 구역operating zone을 이탈해야 하는 경우 반드시 나머지 팀원 역시 이탈해야 한다. 해당 진입팀원 중 한 명이 알 수 없는 이유로 무능력 상태가 된 경우 다른 한 명의 팀원은 즉각적인 구조가 필요하다는 사실을 예비팀에 반드시 통보해야 한다.

예비팀은 적절한 수준의 개인보호장비를 착용한 숙련된 두 명의 구성원으로 구성되어 대기 상태에서 단일 과업(쓰러진 대응요원 이동)을 수행한다(그림 12.8). 그들의 작전 시간은 진입팀보다 짧아야 한다. 단위조직 지휘자는 항상 예비팀 기능에 대한 감독을 반드시 해야 한다.

위험 구역에 진입할 때, 대응요원은 항상 반드시 주변 상황에 주의를 기울여야 한다. 다음 기본 지침을 따른다.

- 화학 오염을 발견하고 살아 있는 피해자가 발견되지 않는 모든 지역에서는 즉시 이탈해야 한다.

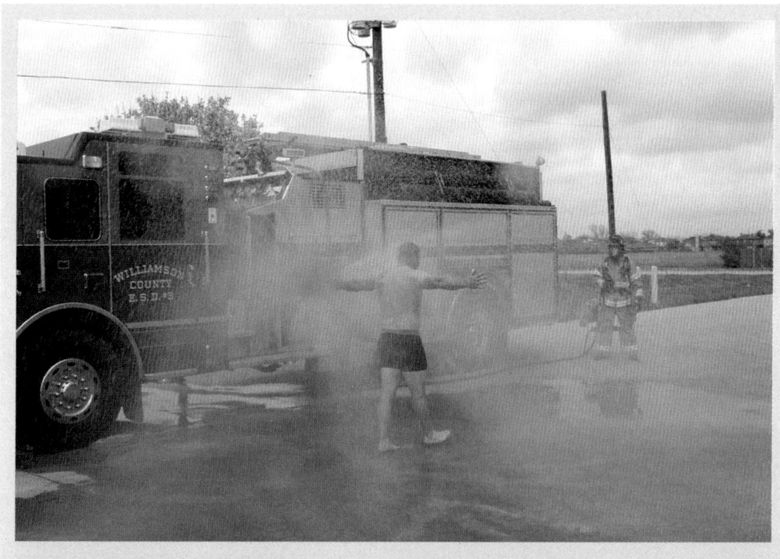

그림 12.7 피해자(요구조자)를 돕기 위해 구조대원이 위험 구역에 진입하기 전에 제독소를 설치해야 한다.

그림 12.8 해당 사고에서 예비팀원의 유일한 과업은 진입팀원을 구조해야 할 경우를 대비하여 대기 상태(on standby)를 유지하는 것이다.

그림 12.9 환기는 IDLH 대기를 완화(경감)시킬 수 있다.

- 모든 유해(위험)하거나 식별되지 않은 물질과의 접촉을 피한다.
- 위험 구역을 이탈할 때 즉시 긴급 제독을 실시한다.
- 필요한 경우, 즉시 의료 지원을 받는다.
- IDLH를 초과하는 상황(여건)이 탐지에 의해 식별되는 경우, 환경의 변화에 대한 시도[예를 들면, 환기, 증기 분산/억제]를 고려한다(그림 12.9).

구조 실행(Conducting Rescue)

참고

앞서 열거된 활동을 수행할 때는 항상 관할당국이 수립한 절차를 따라야 한다.

위험물질 사고의 우선순위는 기타 비상사고와 다를 수 있으며, 가능한 경우 더욱 심각한 피해를 입은 피해자(요구조자)를 먼저 구하기 위해 노력한다. 위험물질 사고에서는 일반적으로 구조 대원(위험 요소에 대한 적절한 교육을 받았고 개인보호장비를 착용한)은 사고의 외곽 가장자리에서부터 구조를 시작하여 다음의 우선순위에 따라 진행한다(그림 12.10).

1. 보행 가능 피해자가 스스로를 구호할 수 있도록 도와준다(제독을 대기하기 위해 안전 대피소로 안내한다).
2. 생명의 징후를 보이는 보행 불가능 피해자(nonambulatory casualty)를 대피시킨다.
3. 위험 구역(hot zone)에서 생명의 징후를 보이는 보행 불가능 피해자를 대피시킨다.
4. 사망자를 수습한다.

시야 안에 있는 피해자(요구조자)에게 첫 번째 노력을 쏟은 다음, 시야 밖의 피해자(요구조자)에게 집중한다. 이번 절에서는 위험물질hazmat/대량살상무기WMD 유출 시

그림 12.10 구조 우선순위는 사고의 가장자리에서 시작하여 위험 구역의 안쪽으로 작업한다.

구조 및 수습에 영향을 주는 피해자(요구조자)의 상태에 따라 4가지 사고 대응 상황을 설명한다.

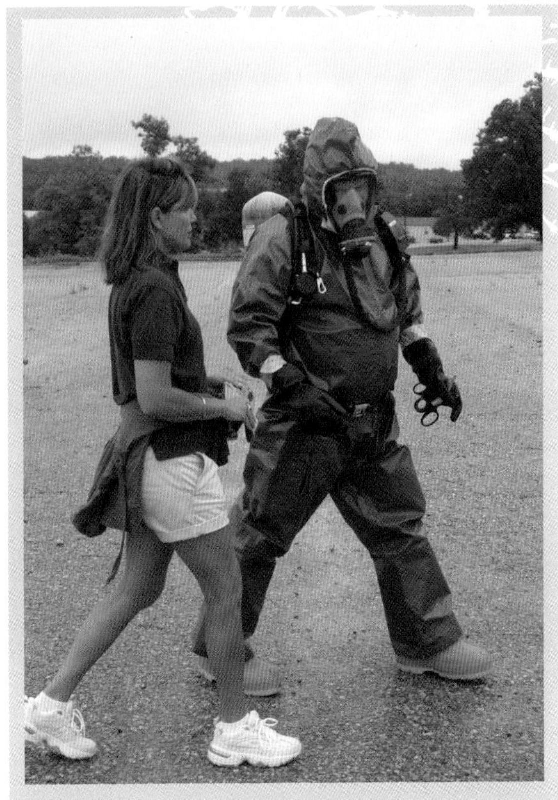

그림 12.11 보행 가능 피해자는 안전 대피소 또는 제독 선으로 안내받아야 한다.

가시선 내의 보행 가능 피해자 (Line-at-Sight with Ambulatory Victim)

가시선[1] 내에 있는 보행 가능 피해자ambulatory victim의 구조에 먼저 착수한다. 이러한 피해자들은 일반적으로 유출로부터 가장 멀리 떨어져 있으며, 가장 낮은 수준의 노출과 관련 노출량을 겪으며, 이동시키는 데 가장 짧은 시간이 소요된다.

가능한 경우 제독의 필요성에 대한 결정이 내려질 때까지 이러한 개개인들을 준위험 구역warm zone 내의 안전 대피소 구역으로 안내한다(그림 12.11). 피해자에게 구두 지시, 신호, 수신호, 휘파람 또는 광원(야간인 경우)을 통해 지시한다. 대응요원들은 또한 비협조적인 피해자들을 관리할 계획을 가지고 있어야 한다.

오염된 개개인들을 효과적으로 탐지하고 통제하지 못하면, 최상의 현장 관리 계획이 심각하게 방해받을 수 있다. 예를 들어 방사성 물질radioactive material에 오염된 개인이 제독을 받지 않고 치료 구역treatment area에 들어간 경우, 불필요하게 위험 구역hot zone과 준오염 구역warm zone을 확장시켜야 할 뿐만 아니라 의학적 치료 구역medical treatment area을 완전히 재설치하고 의료용품들을 제독 또는 포기해야 한다. 초동대응자는 이러한 피해자들을 만지는 것을 피해야 한다. 범죄현장에서 이러한 피해자들은 법집행관이 증인으로 면담을 해야 할 수도 있다.

가시선 안의 보행 불가능 피해자 (Line-ol-Sight with Nonambulatory Victim)

진입팀이 가시선 안의 보행 가능 피해자를 이동시킨 후에는 가시선 안의 보행 불가능 피해자에게로 주의를 돌려야 한다(그림 12.12). 계획 단계의 일부는 진입 시 필요한 도구와 장비를 예상하는 것이다. 지역 표준작전절차 및 표준작전지침에 따라

---

1 가시선(Line-of-sight) : 어떠한 한 관찰자와 해당 물체 사이에서 보이는 장애물(막는 것)이 없는 상상의 선

그림 12.12 일단 보행 가능 피해자가 안전한 곳으로 옮겨지면, 구조대원은 보이는 곳의 보행 불가능 피해자를 이동시키기 시작할 수 있다.

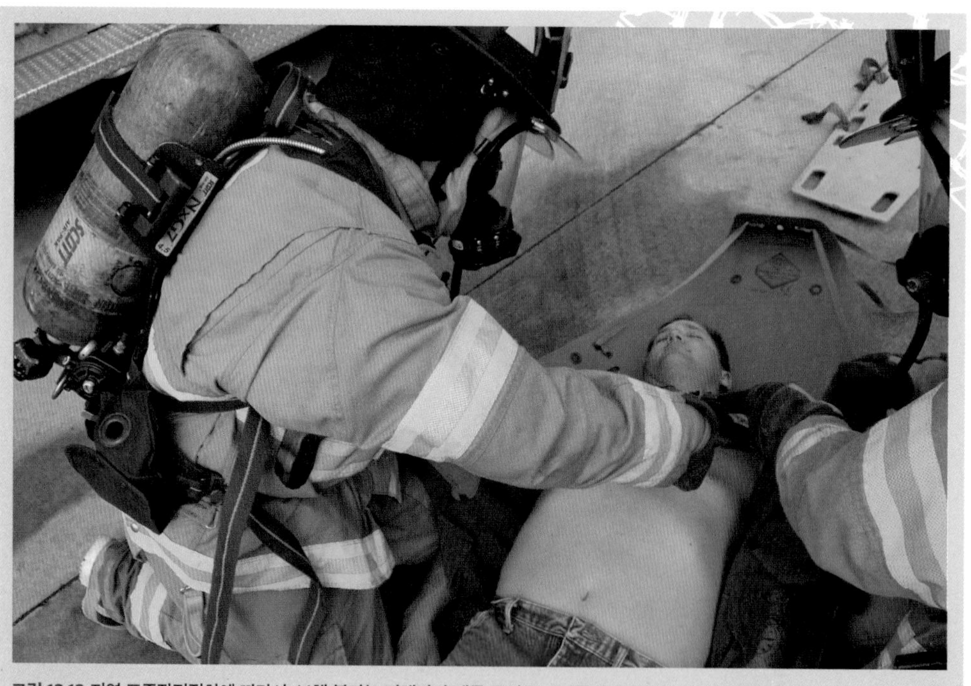

그림 12.13 지역 표준작전절차에 따라서, 보행 불가능 피해자가 제독 구역으로 이동해야 하는지 여부를 결정한다.

서 어떠한 피해자(요구조자)가 제독 구역으로 이동해야 할지를 결정하기 위해 위험 구역에서 수행될 중증도 분류triage의 시기, 범위 및 유형을 결정한다(그림 12.13). 일반적으로 이러한 임무특화 역량(전문대응 수준에서 다시 세부적으로 나뉘는 구분 – 역주)에 대해 훈련받은 대응요원은 촉각 자극touch stimulation에 반응하는 무의식의 피해자를 이동시켜 제독 구역으로 보내어 의료 요원(구급대원)에게 치명상을 치료받고, 제독을 받아(또는 제독 후에 표준작절절차/지침SOP/G 및 훈련 지침에 따라서) 피해자를 의학적으로 지속 확인할 수 있도록 한다. 피해자가 제독받은 후에는 추가적인 중증도 분류 및 치료가 이뤄질 것이다.

가시선 밖의 보행 가능 피해자 (Non-Line-of-Sight with Ambulatory Victim)

가시선 안에 있지 않은 보행 가능 피해자ambulatory victim는 일반적으로 해당 유출 사고 또는 출처에 더 가깝고, 훨씬 더 많은 노출 및 관련된 노출량을 겪었을 수 있다. 가능하다면 이러한 개개인들을 안전 대피소로 안내하여 제독의 필요성 혹은 의학적 치료 여부에 대해 평가받아야 한다. 대응요원이 피해자(요구조자)를 찾기 위해 위험 구역에 진입해야 할 수 있으므로 계획 및 안전 조치planning and safety measures에 반드시 반영되어야 하는 위험 수준을 높여야 한다.

가시선 밖의 보행 불가능 피해자 (Non-Line-of-Sight with Nonambulatory Victim)

가시선 내에 있지 않은 보행 불가능 피해자nonambulatory victims는 위험 구역에서 마지막으로 구조된다. 이러한 피해자들은 일반적으로 위험물질/대량살상무기 사고(장소)에 가장 가까우며, 가장 큰 노출exposure 및 관련된 노출량related dose을 겪었을 것이다. 이러한 피해자(요구조자)의 구조 및 이동은 일반적으로 비상대응요원에게 가장 큰 위험을 초래하므로, 수행하기 위해서는 계획planning 및 자원resource을 증가시켜야 한다.

중증도 분류의 실시(Conducting Triage)

제독decon의 우선순위를 결정하기 위해 부상입은 피해자를 위험 구역hot zone에서 피난 지역area of refuge으로 이동한 후 중증도 분류triage를 실시한다. 피해자가 제독 절차를 거친 후에 철저한 중증도 분류가 실시될 것이다(그림 12.14). 대응요원이 피해자(요구조자)의 상태를 신속하게 평가하고 4가지 기본 범주로 그들을 할당하기 위해서는 하나의 공통된 체계(시스템)가 필요하다.

- **우선순위 1(Priority 1)** - 생명을 위협하는 부상 및 질병(최우선 순위)
- **우선순위 2(Priority 2)** - 심각하지만, 생명을 위협하는 부상은 아님
- **우선순위 3(Priority 3)** - 경미한 부상
- **우선순위 4((Priority 4)** - 사망 또는 치명적인 상해를 입음

대응요원은 기관에서 사용하는 중증도 분류 체계(시스템)를 반드시 잘 알고 있어야 한다. '기술자료 12-2'에서는 하나의 공통된 중증도 분류 체계를 사용하는 방법을 보여준다.

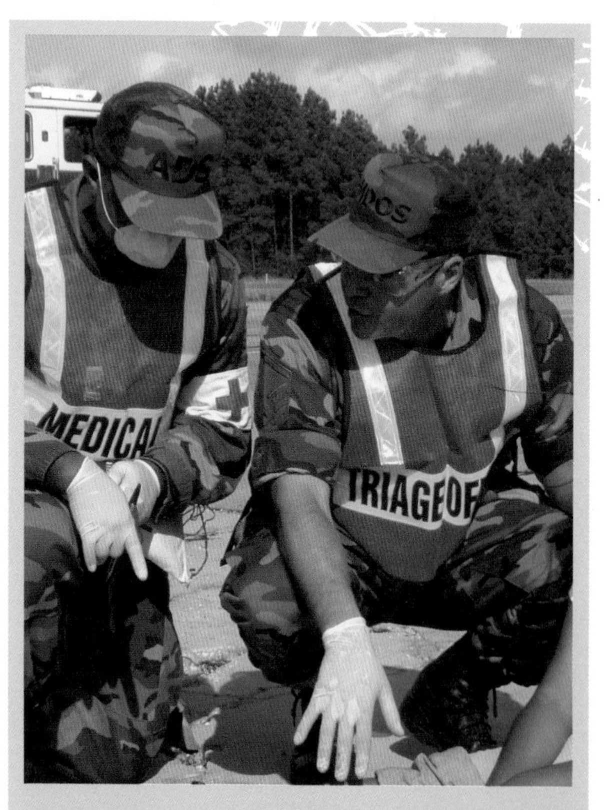

그림 12.14 보행 불가능 피해자가 제독된 이후 철저한 중증도 분류 및 의학적 치료가 제공된다.

구조 장비

Rescue Equipment

구조rescue 및 수습 작전recovery operation을 수행하려면 특수한 도구 및 장비가 필요하다. 그러한 것들로는 다음이 포함된다.

- 현재의 위험에 적합한 개인보호복 및 장비
- 중증도 분류용 태크(triage tag)(그림 12.15)
- 이동을 위해 보행 불가능 피해자를 신속하게 감싸기 위한 배면판(backboard) 및 **구조용 들것**[2]과 같은 장비
- 보행 불가능 피해자를 이동시키기 위한 **스케드**[3], 손수레, 4륜차(버기) 및 이와 유사한 장비(그림 12.16 a 및 b)
- 구출 장비(extrication equipment)
- 열감지 장비(heat-sensing device)[열화상 카메라(thermal imager)] 및 광섬유 카메라(fiber optic camera)와 같은 피해자를 탐색하는 데 사용되는 기술

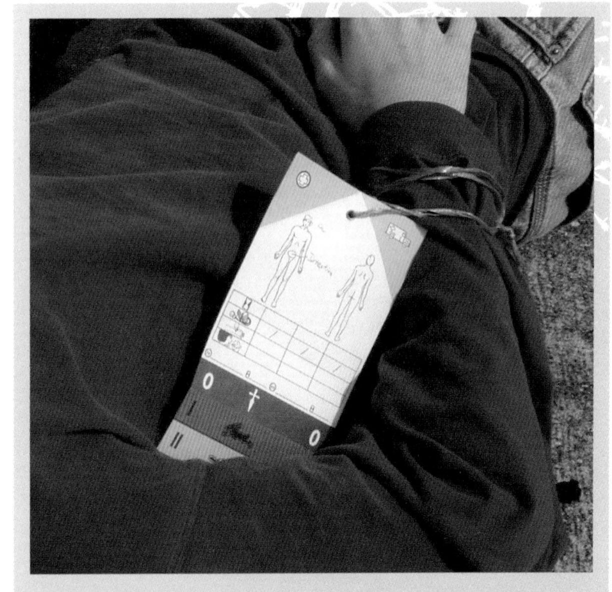

그림 12.15 미리 인쇄한 중증도 분류 태그는 중증도 분류 과정에서 도움이 될 수 있다.

2 **구조용 들것(Stroke Basket)** : 파편 더미, 구조적 붕괴 또는 건물의 상층과 같이 표준형 들것이 쉽게 고정되지 않는 위치에서 환자를 운송하기에 적합한 와이어 또는 플라스틱 소재의 바구니형 들것으로, 들어올리기용 하네스(낙하산 등을 탈 때 착용하는 안전장치(벨트) - 역주)와 함께 사용할 수 있음

3 **스케드(SKEDs®)** : 환자 감싸기 용도의 경량 및 소형의 장치로, 긴 배면판(백보드)을 가진 모양이며, 로프의 역학적 확대율 체계 함께 사용될 것임.

그림 12.16 a 및 b 구조 장비에는 (a) 손수레 및 (b) 스케드(SKED®)가 포함될 수 있다. 둘 다 보행 불가능 피해자를 이동시키는 데 사용된다. (b) 미국 해병대(the U.S. Marine Corps) 제공.

대응요원은 이러한 장비의 올바른 사용법을 교육받아야 하며, 장비는 반드시 양호한 상태로 유지되어야 한다. 구조에 사용되는 장비에 대한 자세한 내용은 국제소방훈련협회IFSTA의 붕괴된 구조물에서의 소화 및 도시 탐색 및 구조의 핵심 매뉴얼을 참조하라.

구조 방법

Rescue Method

부상당하지 않은 피해자(또는 경상을 입은 피해자)는 수신호 또는 구두 지시를 사용하여 안전을 보장받을 수 있다. 신체적 도움이 필요한 경우 '도움을 얼마나 줄 수 있는지'와 '피해자의 크기 및 상태'에 따라 한 명 또는 두 명의 구조대원이 필요할 수 있다.

부상당한 피해자를 위험 구역에서 신속하게 이동시키는 경우 척추 부상을 악화시킬 위험이 있다. 그러나 IDLH 대기 또는 폭발 위험과 같은 극도의 비상상황에서 척추 부상은 생명 유지 목표에 있어 부차적인 것이다. 이러한 경우에는 피해자의 몸을 긴 축 방향으로 잡아당긴다.

어른을 옮기려 할 때에는 항상 두 명 이상의 구조대원을 배치하는 것이 좋다. 작은 어린이는 구조대원 한 명이 안전하게 운반할 수 있지만, 큰 성인을 옮기기 위해서는 2~4명의 구조대원이 필요할 수 있다. 어떠한 지역으로부터 피해자(요구조자)를 신속하게 이동시키기 위해서는 들기lift, 운반하기carry 및 끌고가기drag 방법들이 사용될 수 있다(그림 12.17).

현실적으로 매우 좋지 않은 환경에서 피해자는 그 당시 사용할 수 있는 수단으로 이동된다. 즉 그것은 때로는 팔, 다리, 옷, 벨트, 머리카락 등 효과가 있는 것은 무엇이든 잡아서 이동한다는 것을 의미한다.

이상적으로 구조대원은 피해자를 이동시키기 위해 일부 유형의 들것 또는 SKED ®(또는 기타 이동용 장치나 재료sliding device or material)를 사용할 수 있다. 이러한 장치들에는 표준 구급차용 들것standard ambulance cot, 군용 들것army litter, 국자형 들것scoop stretcher, 바구니형 들것basket litter 및 긴 배면판(백보드)이 포함된다(그림 12.18). 구조를 위한 들기lift, 운반하기carry 및 끌고 가기drag에 대한 더 자세한 정보와 들것litter 및 스케드SKEDs® 사용에 관해서는 국제소방훈련협회IFSTA의 '소방의 핵심Essentials of Fire Fighting' 매뉴얼을 참조하라.

그림 12.17 다양한 들기, 운반하기, 끌고 가기 방법들을 사용하여, 피해자(요구조자)를 이동시킬 수 있다.

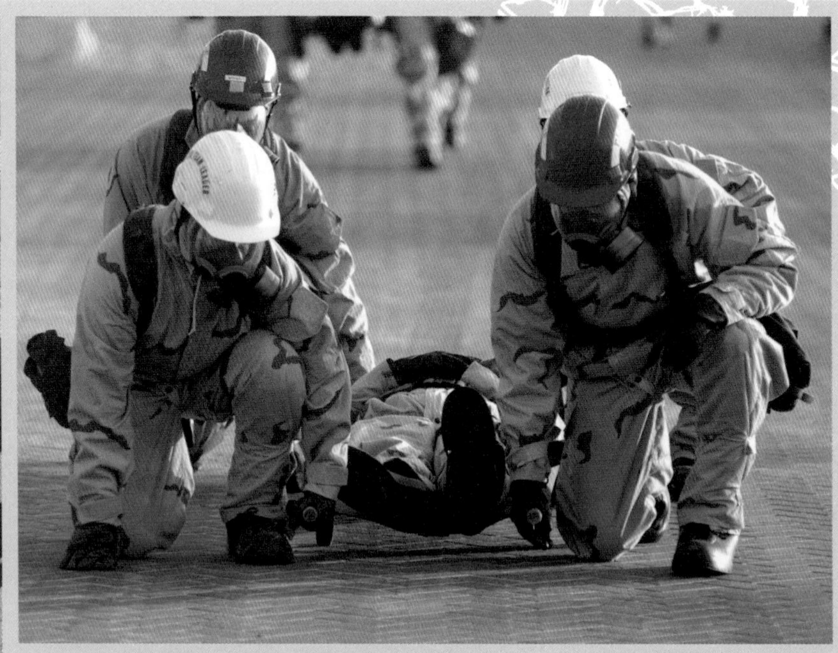

그림 12.18 피해자(요구조자)는 구조용 들것, 배면판 또는 들것으로 옮길 수 있다. 미국 해군(the U.S. Navy)(Mass Communication Specialist 2nd Class Kirk Worley 사진 촬영) 제공.

수습 작전 Recovery Operation

수습[4] 작전recovery operation을 시작하기 전에 모든 생존해 있을 수 있는 피해자를 구해야 한다. 구조rescue는 여전히 살아 있는 사람과 그들의 상해injury나 노출에도 불구하고 살아남을 가능성이 있는 보행 가능 및 보행 불가능 피해자들을 모두 구해내는 것이다. 수습recovery이란 사망자의 이동(제거)이다.

수습 작전은 우선순위가 낮으므로 법집행기관 또는 검시관과 함께 사고현장지휘관IC에 의해 조정되어야 한다. 피해자 수습을 수행할 때, 위험을 줄이면 더 안전한 환경에서 작업할 수 있다. 법집행기관 혹은 조사(수사) 노력이 종료될 때까지 사체(시체)와 그 잔해물이 그대로 남아 있어야 할 필요가 있다. 사망한 피해자의 잔해는 신체 확인을 위해 회수한다.

---

4 **수습(Recovery)** : 해당 피해자(요구조자)가 죽은 것(사망한 것)으로 파악되거나 추정되는 상황이며, 해당 작전의 목적은 시신을 수습하는 것임.

보고서 및 문서화 Reports and Documentation

관할당국[AHJ]은 당신이 작성해야 하거나 작성을 돕는 데 필요한 문서 및/또는 보고서를 요구할 수 있다. 일부 보고서는 사고에서의 요소 또는 해당 사고에 따라 다를 수 있다. 보고서의 기타 유형은 사고의 모든 유형[type], 복잡성[complexity], 크기[size]에 따르며 정례적이다.

보고서 유형에는 다음이 포함된다.

- 전국 화재 사고 보고 체계(National Fire Incident Reporting System; NFIRS) 보고서
- 부서별 사고조치계획(department specific IAPs)
- 사고현장 안전 계획(site safety plans)
- 사고지휘체계 208 위험물질(ICS 208 HM)과 같은 국가사고관리체계 보고서(NIMS reports)
- 조치 후 보고서(After Action Report)
- 노출 보고서(Exposure report)
- 환자 보호(간호) 보고서(patient care report)

이 장에 제공된 정보를 복습하기 위해 다음 질문에 답해보시오.

1 구조(rescues)의 우선순위는 무엇인가?

2 중증도 분류(triage)는 언제 수행하는가?

3 위험물질(HAZMA)/대량살상무기(WMD) 사고 시 필요할 수 있는 서로 다른 유형의 구조 장비(rescue equipment)의 예를 들어보아라.

4 성인을 옮기려 할 때 몇 명의 구조대원(rescuer)이 있어야 하는가?

5 수습(recovery)과 구조(rescue)는 어떻게 다른가?

6 구조(rescue) 및 수습(recovery) 작전에 필요할 수 있는 문서 유형을 나열하라.

1단계: 관할당국(AHJ)에 따라 구조의 가능성(feasibility)을 파악하기 위한 현재의 위험 및 해당 피해자(요구조자)의 상태를 포함한 상황을 평가한다.

2단계: 적절한 구조(rescue) 또는 수습(recovery) 방법이 선택되었는지 확인한다.

3단계: 모든 대응요원이 적절한 개인보호장비를 착용하고 있는지 확인한다.

4단계: 사고의 피해자(요구조자)의 위치와 상태를 육안으로 확인한다.

5단계: 피해자(요구조자)가 자발적으로 이동할 수 있는지 물어본다. 이동이 불가능한 경우 다음 단계로 진행한다.

6단계: 사고에 적절한 제독을 실시한다.

7단계: 해당 과업에 투입할 신속 구출대원(rapid extration crew)을 모아서 요약보고한다(brief).

8단계: 사고현장 지휘관에게 신속 구출을 시작할 의사를 전달한다.

9단계: 사고현장의 피해자에게 신속 구출할 의사를 전달한다.

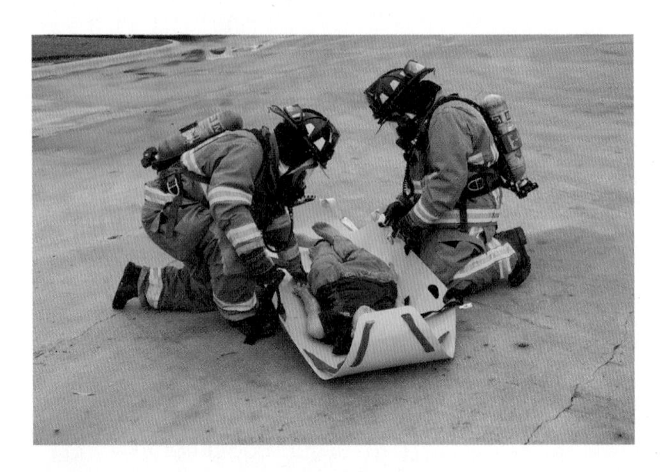

10단계: 신속 구출대원에게 구출을 지시한다.

11단계: 구출하는 동안 지속적인 통신을 유지한다.

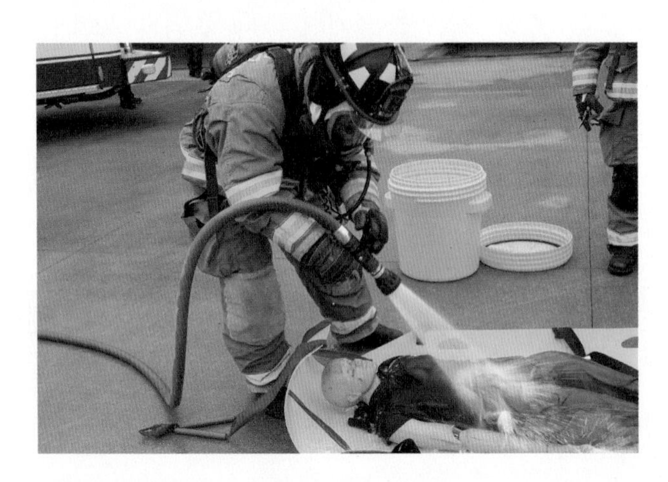

12단계: 구출대원이 피해자와 함께 사고 구역을 벗어날 때 제독 절차를 시작한다.

13단계: 제독된 피해자를 중증도 분류 쪽으로 이동시킨다.

14단계: 요구되는 보고서를 완료하고 문서화를 지원한다.

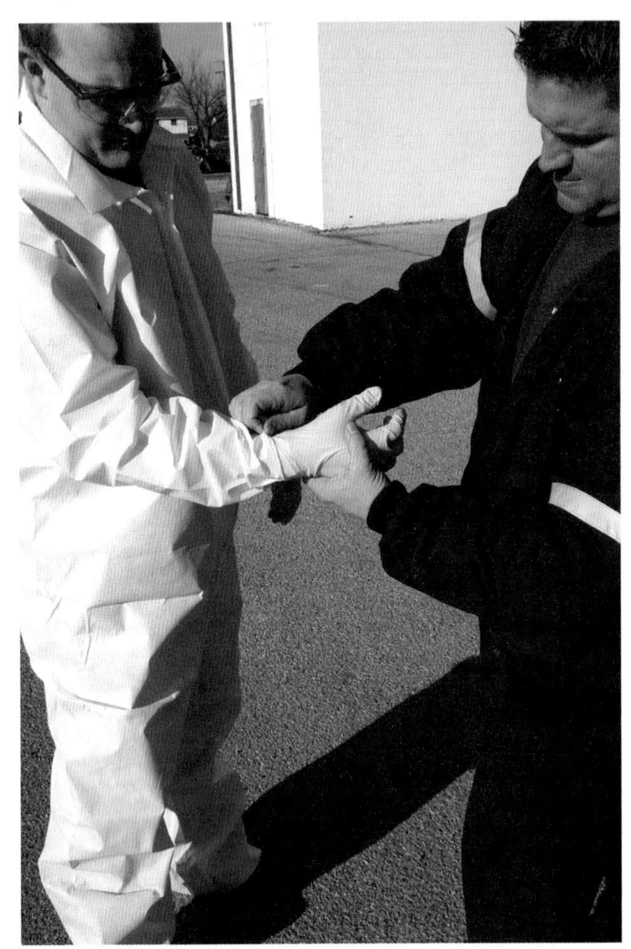

1단계: 사고현장 안전을 확인하고 적절한 개인보호장비를 착용한다.
2단계: 환자들(피해자)을 중증도 분류(triage)하기 위해 확인한다.
3단계: 환자(피해자)의 이동성을 평가한다.

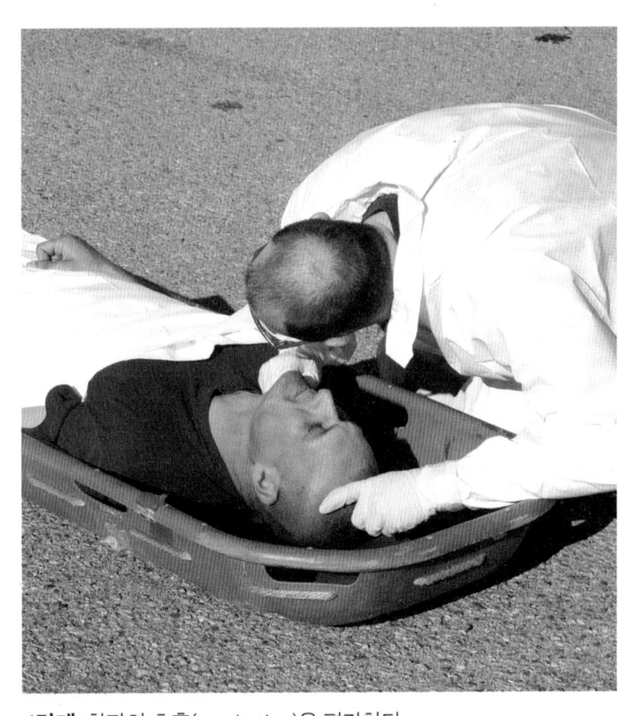

4단계: 환자의 호흡(respiration)을 평가한다.

a. 기도(airway)를 열려고 시도한다. 기도를 열어도 호흡이 시작되지 않는 경우 '우선순위 0'을 표시한다.

b. 환자가 호흡하기 시작하거나 호흡률(호흡속도)이 30회/분(30/minute) 이상인 경우 '우선순위 1'을 표시한다.

c. 호흡률(호흡속도)이 30회/분(30/minute) 미만인 경우 다음 단계로 이동한다.

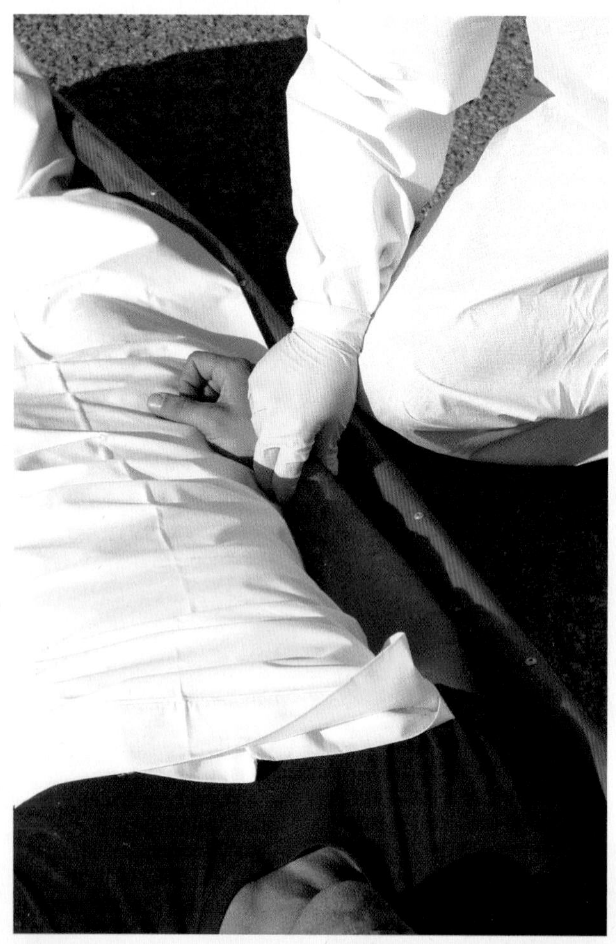

5단계: 환자의 맥박(radial pulse)을 평가한다.

a. 환자가 호흡 중이지만, 맥박이 없는 경우 '우선순위 1'을 표시한다.

b. 환자가 호흡 중이며, 맥박이 있는 경우 다음 단계로 이동한다.

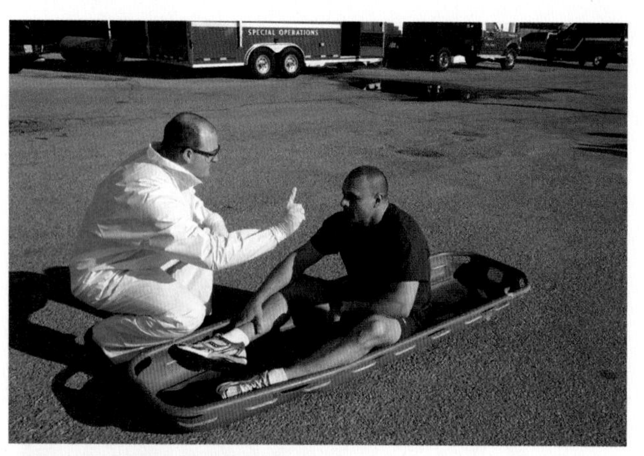

6단계: 환자의 의식 수준을 평가한다.

a. 환자가 정신이 초롱초롱한(alert)(간단한 명령을 따를 수 있음) 경우, '우선순위 2'를 표시한다.

b. 만약 무엇이든간에 정신 상태(mental status)를 변화시킨 경우, '우선순위 1'을 표시한다.

7단계: '우선순위 3'의 "보행 가능한 부상당한 환자"를 재중증도 분류(re-triage)한다. 충격, 정신 상태 등 건강 상태의 모든 변화를 확인한다.

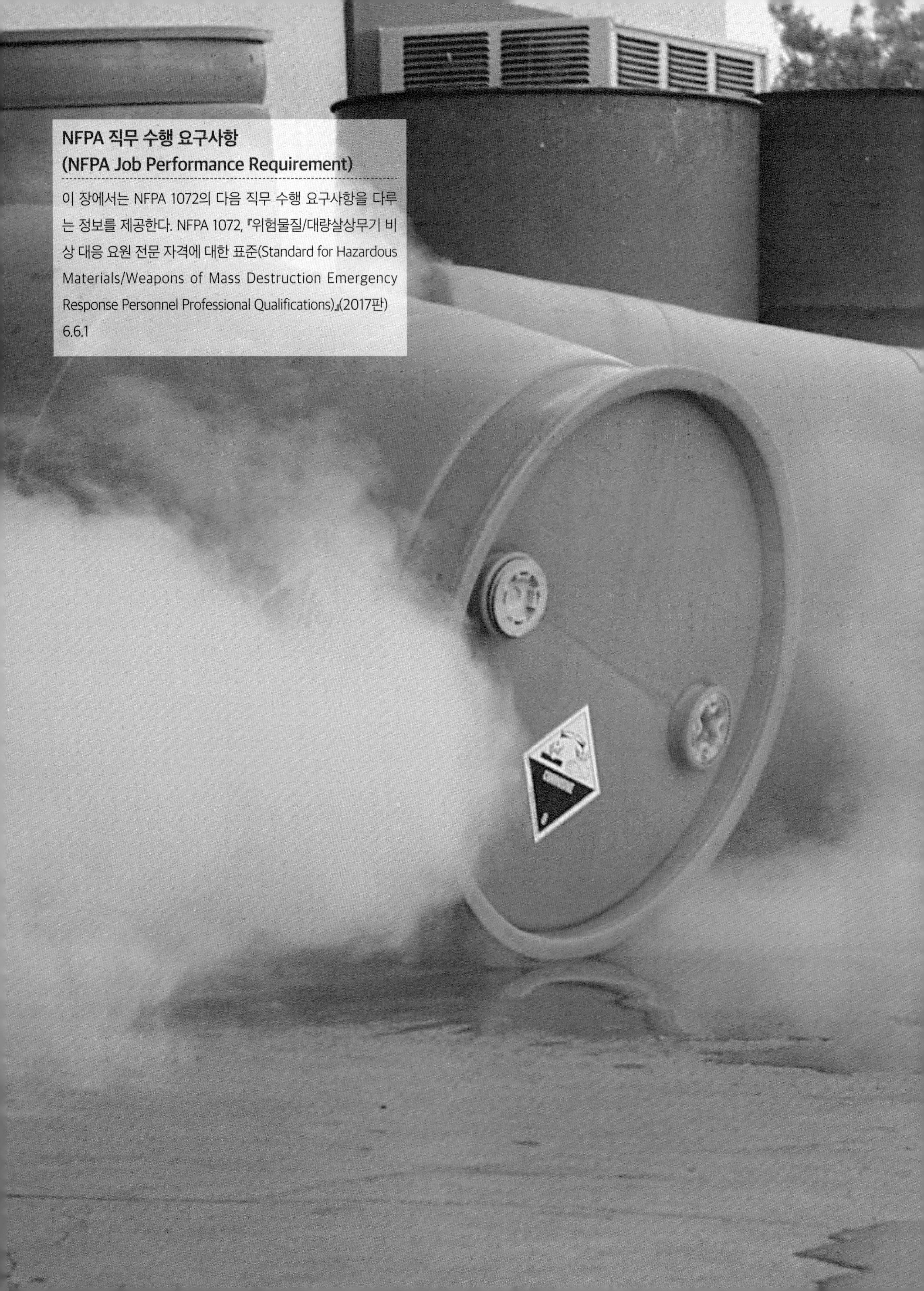

NFPA 직무 수행 요구사항 (NFPA Job Performance Requirement)

이 장에서는 NFPA 1072의 다음 직무 수행 요구사항을 다루는 정보를 제공한다. NFPA 1072, 『위험물질/대량살상무기 비상 대응 요원 전문 자격에 대한 표준(Standard for Hazardous Materials/Weapons of Mass Destruction Emergency Response Personnel Professional Qualifications)』(2017판)

6.6.1

Chapter 13

대응 실행: '전문대응-임무특화 수준'의 위험물질 제어

학습 목표

1. 유출 제어의 방법을 설명한다(6.6.1).
2. 누출 제어의 방법을 설명한다(6.6.1).
3. 위험물질 사고에서의 화재 진압의 방법을 설명한다(6.6.1).
4. 흡수/흡착의 방법을 설명한다(6.6.1; 기술자료 13-1).
5. 댐쌓기의 방법을 설명한다(6.6.1; 기술자료 13-2).
6. 둑쌓기 작업의 방법을 설명한다(6.6.1; ; 기술자료 13-3).
7. 우회(전환)의 방법을 설명한다(6.6.1; 기술자료 13-4).
8. 격리의 방법을 설명한다(6.6.1; 기술자료 13-5).
9. 증기 억압의 방법을 설명한다(6.6.1; ; 기술자료 13-6).
10. 분산의 방법을 설명한다(6.6.1; 기술자료 13-7).
11. 희석의 방법을 설명한다(6.6.1; 기술자료 13-8).
12. 원거리 차단 밸브를 닫거나 또는 비상 차단 장치 활성화시킨다(6.6.1; 기술자료 13-9).

이 장에서는

▷ 유출 제어(Spill control)
▷ 누출 제어(Leak control)
▷ 화재 진압(Fire control)

유출 제어

Spill Control

참고

대응요원들은 표준작전절차(SOP) 및 비상대응계획(emergency response plan)에 명시된 바와 같이, 관할당국(AHJ)의 위험물질 제어의 정책 및 절차를 숙지해야 한다.

유출 제어 전술spill-control tactic은 컨테이너에서 유출된 위험물질을 고립시킨다. 이러한 전술tactic은 해당 제품(위험물질)이 사람, 재산 및 환경과의 접촉 양amount을 줄이기 위해 제품의 잠재적인 위해를 제한한다. 유출spill과 연관된 **제어**[1] 조치control action는 일반적으로 사실상 방어적defensive이다(그림 13.1).

더 이상의 오염contamination을 방지하기 위해 대응요원들은 유출 제어spill control 후 위험물질을 고립시켜야confine한다. 이러한 이유 때문에 유출 제어는 종종 단순히 **고립**[2]이라고 불린다. **중화**[3] 및 분산dispersion과 같은 유출 제어 전술은 물질과의 접촉이 유발되는 위해의 양을 최소화한다. 유출 제어는 주로 방어적 대응활동(작전)으로 사용되며, 대응요원들의 안전이 주요 고려사항이다.

유출은 기체, 액체, 고체와 연관되었을 수 있다. 관련 제품은 공기 중으로(증기 또는 기체, 물 속 및/또는 표면에 유출되었을 수 있다) 유출 유형이 유출 제어 방법spill-control method을 결정한다. 예를 들어 인화성 액체flammable liquid 유출 사고 시, 반드시 지면에 퍼지는 액체liquid와 공기 중에 유출되는 증기vapor를 모두 처리해야 한다.

액체 물질의 분산spread을 막기 위해 유출 원점 근처에 댐dam이나 둑dike을 쌓거나, 또 다른 용기에 물질을 담거나, 수집을 위해 흐름을 원거리의 장소로 유도하는(우회

---

1 **제어(Control)** : 위험물질(hazardous material) 또는 그 증기(vapor)를 봉쇄(contain), 고립(confine), 중화(neutralize) 또는 소화(extinguish)하는 것

2 **고립(Confinement)** : 유출의 흐름(spill)을 제어하고, 특정 위치에서 그것을 가두는 절차

3 **중화(Neutralization)** : 산(acid) 및 염기(base)의 여분의 수소(hydrogen) 또는 수산화물 이온(hydroxide ion)이 해당 용액(solution)에 남아 있지 않을 때까지 정량적으로(quatitatively) 반응하는 물에서의 화학반응(chemical reaction)

그림 13.1 유출 제어는 일반적으로 방어적인 대응(조치)이다. Rich Mahaney 제공.

시키는) 방법을 사용한다. 유출된 물질을 봉쇄하기(가두기) 위해 장비를 사용하기 전에 사고현장 지휘관IC은 유출된 물질이 장비에 악영향을 미칠지의 여부를 파악하기 위해 기술적(전문적) 자료로부터 조언을 구해야 한다.

유출이 부식성 물질corrosive material과 연관된 경우, 금속과 반응하거나 다른 물질을 손상시킬 수 있다(그림 13.2). 대규모로 빠르게 퍼져나가는 유출spills은 무거운 구조물 유형의 장비construction-type equipment, 부유형 오일펜스(고립 방재), floating confinement boom, 또는 특수 하수도 배수관 플러그special sewer and storm drain plug를 사용해야 할 수도 있다(그림 13.3).

유출 제어는 액체 제어에만 국한되지 않는다. 대응요원들은 분진dust, 증기vapor 및 기체gas를 다음과 같이 고립시켜야 할 수도 있다.

- 미세한 물 분무로 구성된 보호 목적의 덮기(protective covering)
- 흙의 층(layer of earth)
- 플라스틱 시트(plastic sheet)
- 구조 덮개(salvage cover)
- 액체 위를 두껍게 뒤덮은(담요형) 폼(포)(foam blanket on liquid)

전략적으로 배치된 물줄기는 기체를 유도하거나, 해당 물을 흡수하거나 이동시킬 수 있다. 참고자료 및 훈련 정보training information는 기체를 고립시키는 적절한 절차를 제공한다.

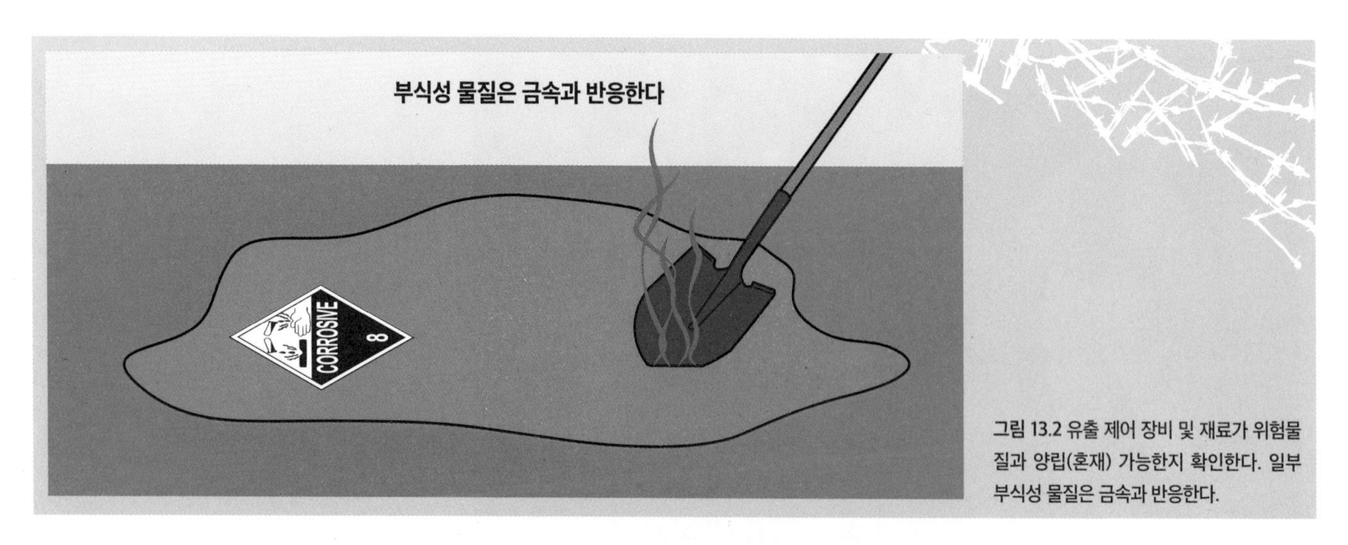

그림 13.2 유출 제어 장비 및 재료가 위험물질과 양립(혼재) 가능한지 확인한다. 일부 부식성 물질은 금속과 반응한다.

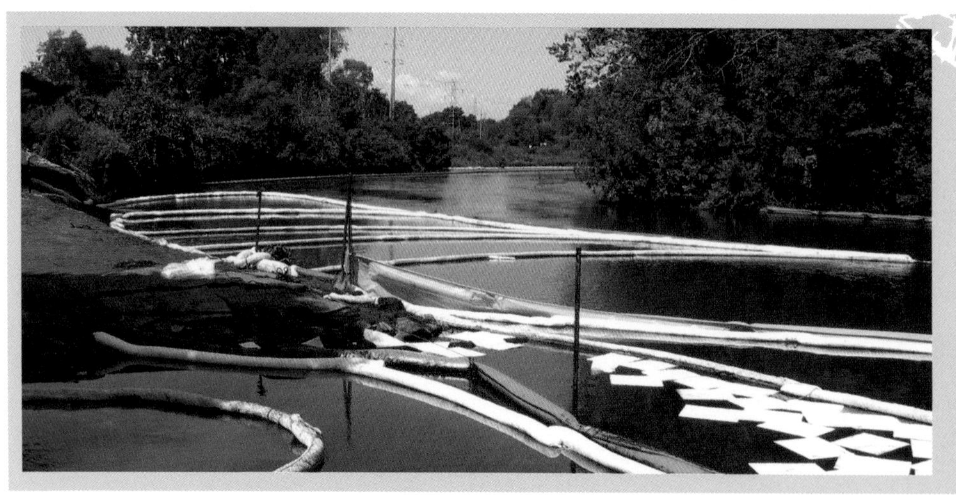

그림 13.3 대량 유출 시에는 부유형 오일펜스(고립 방재)가 필요할 수 있다. 미국 환경보호국(EPA) 제공

다음은 고립의 노력을 규정한다.

- 물질 유형
- 유출 속도
- 분산(퍼짐) 속도
- 가용한 대원의 수
- 필요한 도구 및 장비
- 날씨
- 지형

주의(CAUTION)

누출 제어 작업은 오직 위험물질과의 직접적인 접촉이 발생하지 않게 수행할 수 있을 경우에만 실시한다.

전문대응 수준 대응요원operations level responder은 보호 조치protective action를 취하겠지만 안전한 위치에서 원거리 차단 밸브를 닫을 때까지는 유출이 중단되지는 않는다('누출 제어' 절 참조). 위험물질을 고립시키는 방어적 유출 제어 전술에는 다음이 포함된다.

- 흡수(absorption)
- 흡착(adsorption)
- 덮기/씌우기(blanketing/covering)
- 댐(dam) 쌓기, 둑(dike) 쌓기, 전환(우회)(diversion)시키기 및 격리(retention)
- 증기 억제(vapor suppression)

일부 방어적 유출 제어 전술defensive spill control tactics은 분산dispersion을 고립시키려고confine 시도하지 않고, 물질이 야기하는 손상의 양amount of harm을 줄이기 위해 농도를 희석시키거나 물리적 및/또는 화학적 특성physical and/or chemical properties을 변화시킨다. 이러한 전술에는 다음이 포함된다.

- 증기 분산
- 환기
- 분산
- 희석
- 분해
- 중화

정보(Information)

중화(Neutralization)

많은 전문가들은 중화(neutralization)를 전문가(기술자) 수준 공격 봉쇄 전술(Tech-Level offensive containment tactic)이라고 생각한다(그림 13.4). 그러나 중화는 물리적으로 화학물질을 봉쇄시키기보다는 물질의 화학적 위험(chemical hazard)을 줄이거나 없애는 것을 목표로 한다. 위험물질 사고 시 희석(dilution), 중화(neutralization) 및 분해(dissolution) 전술은 다량의 위험 폐기물 생성을 포함하여 이러한 물질/부식성 물질이 가질 수 있는 기타의 문제로 인한 특정 상황에서만 드물게 사용한다.

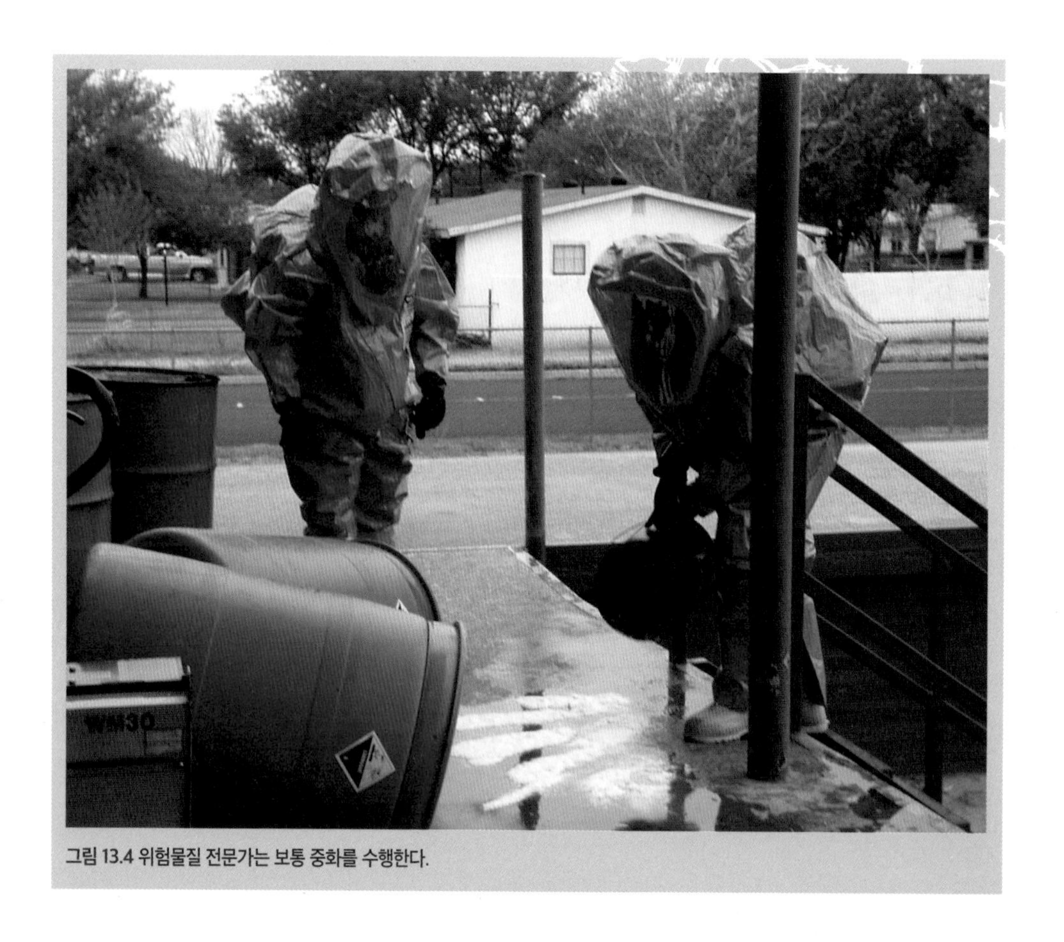

그림 13.4 위험물질 전문가는 보통 중화를 수행한다.

대응요원은 항상 위험물질 전문가hazardous materials technician, 자문 전문가allied professional, 비상대응계획emergency response plan 또는 표준작전절차standard operating procedure의 지침(지도)에 따라 대응활동(작전)을 수행해야 한다. 표준작전절차SOP/표준작전지침SOG에서 요구하는 대로 대응요원은 위험물질 제어 작전에 필요한 보고서 및 문서화를 지원해야 할 수 있다.

표 13.1은 서로 다른 유형의 유출 및 그 결과에 의한 분산에 대한 잠재적 유출의 제어 전술에 대한 요약을 제공한다. 또한 적절한 전술 중 하나와 관련된 한 과업task의 예를 제공한다.

표 13.1
유출 유형에 따라 사용되는 유출 제어 전술

유출 유형	분산 유형	유출 제어 전술	과업 예시
액체: 공기 중 증기 (Airborne Vapor)	반구형 양상(hemispheric), 구름형 분산(cloud), 연기형 분산(plume) 또는 원추형 분산(cone)	• 증기 억압(Vapor Suppression • 환기(Ventilation) • 증기 분산(Vapor Dispersion) • 분해(dissolution)	증기 억제 폼(vapor suppressing foam)으로 유출을 덮는다[증기 억제(Vapor Suppression)]
액체: 표면(Surface)	개울형 분산(흐름)(stream)	• 둑 쌓기(Diking) • 전환(우회)(Diversion) • 격리(Retention) • 흡착(Adsorption) • 흡수(Absorption)	흐름으로부터 유출물을 전환시키는 배수로를 판다[전환(우회)(diversion)].
액체: 표면(Surface)	웅덩이형 분산(Pool)	• 흡수(Absorption) • 흡착(Adsorption)(얕은 유출 시) • 중화(Neutralization)	흡수성 베개형 물자(absorbent pillow)로 유출을 덮는다[흡수(absortion)]
액체: 표면(Surface)	불규칙형 분산(Irregular)	• 희석(Dilution) • 흡수(Absorption) • 중화(Neutralization)	약간 오염된 표면에 물을 분무한다[희석(dilution)].
액체: 수중 오염 (Warterborne Contamination)	개울형 분산(흐름)(stream), 웅덩이형 분산(Pool)	• 댐 쌓기(Damming) • 전환(우회)(Diversion) • 격리(Retention) • 흡수(Absorption) • 분산(Dispersion)	강을 가로지르는 흡수성 붐(absorbent boom)을 놓는다[흡수(absorption)].
고체: 공기 중 입자(미립자) (Airborne Particle)	반구형(hemispheric), 구름형(cloud), 연기형(plume), 원추형(cone) 분산	• 입자 분산(Particle Dispersion)/환기(Ventilation) • 입자 억제(Particle Suppression)[물질을 적시기] • 덮기(Blanketing)/씌우기(Covering)	환기 팬(ventilation fan)을 설치한다[입자 분산(particle dispersion)/환기(ventilation)]
고체: 표면(Surface)	쌓임(Pile)	• 덮기(Blanketing)/씌우기(Covering) • 진공 흡입(Vacuuming)	유출된 물질을 방수포(tarp) 또는 구조 덮개(salvage cover)로 덮는다[덮기(Blanketing)/씌우기(Covering)]
고체: 표면(Surface)	불규칙형 분산(Irregular)	• 덮기(Blanketing)/씌우기(Covering) • 희석(Dilution) • 분해(Dissolution)	부식성의 분말 또는 먼지를 물과 함께 흩어 뿌린다[희석(dilution)]
기체: 공기 중 기체 (Airborne Gas)	반구형(hemispheric), 구름형(cloud), 연기형(plume), 원추형(cone) 분산	• 환기(Ventilation) • 증기 분산(Vapor Dispersion) • 분해(Dissolution)	연무의 흐름을 새어나오는 기체 구름에 분사한다[분해(dissolution)].

미 국립직업안전건강연구소(NIOSH): 아이오와주 프로판 탱크의 깨진 틈새 화재 사고

화재 발생과 관련하여 아이오와주에 있는 칠면조 농장에서 밤늦게 소방서에 전화가 왔다. 두 사람이 타고 있던 오프로드 차량이 사고가 났고, 이 사고로 차량의 프로판 탱크(propane tank)와 두 기화기(증발기)[액상으로 액화 석유가스를 받고, 액체를 기체 상태로 전환시키는 데 충분한 열을 가하는 장치] 사이에 고정된 두 개의 금속 파이프 중 하나가 깨졌다는 신고 전화였다. 파이프에서 액체 프로판(liquid propane)이 분출됨에 따라 오프로드 자동차 운전자는 9-1-1로 전화를 하기 위해 차를 몰았다. 증기 밀도(vapor density)가 1.53인 프로판 증기(propane vapors)는 공기보다 무겁기 때문에, 지면을 따라 퍼졌고 결국 기화기(증발기)(vaporizer)의 점화용 불꽃(pilot flame)에 의해 점화되었다. 프로판 증기의 연소가 이 지역 전체에 퍼지고, 탱크로 치닫기 시작하여, 압력 제거 밸브(pressure relief valve)가 작동하고 프로판 화염이 공기 중으로 높게 올라가는 사고가 났다.

화재 현장에 도착하자마자 사고현장 지휘관은 그 불타고 있는 탱크를 평가했다. 화재로 인해 프로판 탱크가 잠겼으며, 탱크 상단에 있는 두 개의 압력 완화 배출 파이프(pressure relief vent pipe)를 통해 프로판 증기(propane vapor)를 태우는 중이었다. 탱크의 압력 완화 밸브는 제트 엔진과 비슷한 커다란 소음을 내고 있었다.

사고현장 지휘관은 화염을 보고 또한 탱크 상부의 서쪽부에 있는 압력 배출 파이프에 의해 발생되는 고음을 듣고 나서, 탱크가 스스로 불에 타도록 하고 차라리 인접한 건물들을 보호하도록 지시하였다. 소방관들은 탱크의 북쪽, 북동쪽, 북서쪽 반원형으로 여러 지역에 위치했다. 그들은 비등액체증기운폭발(BLEVE)이 발생했을 때 건물 중 하나에 물을 뿌렸던 탱크로부터 약 32 m 떨어져 있었다. 비등액체증기운폭발(BLEVE)로 탱크는 4개의 부분으로 찢어져 각각 다른 방향으로 날아갔다. 탱크의 한 부분이 두 명의 소방관이 있던 북서쪽 방향으로 날아가 그들은 현장에서 즉사하였다(그림 13.5). 다른 여섯 명의 소방관들과 한 명의 보안관은 다양한 정도의 화상과 여러 부상을 입었다.

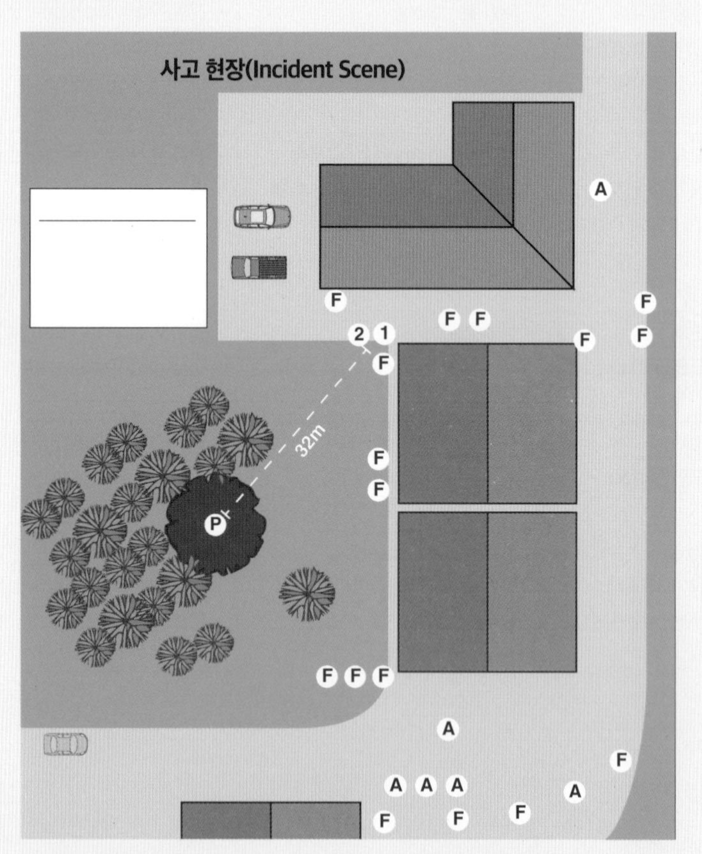

그림 13.5 손상된 장비(damaged device)는 잘못된 판독값(false reading)을 제공할 수 있으므로 즉시 사용을 중지한다.

사고 후 수사관들은 탱크에 두 개의 압력 제거 밸브(relief valve)가 있는 반면에 탱크를 기화기에 연결하는 파이프는 보호되지 않았으며, 초과 흐름 경감 밸브(압력 제거 밸브)(excess flow valve)가 없음을 발견했다. 사고 당시 탱크는 70,000 L의 용량이었고, 약 40,000 L의 액체 프로판(liquid propane)을 담고 있었다. 비등액체증기운 폭발(BLEVE)의 힘은 소방관이 위험 구역(hot zone)을 설정하고 봉쇄 조치를 결정할 때 유출 유형(type of release)과 잠재적인 파괴력(potential destructive power)을 고려해야 할 필요성을 보여준다.

출처: 미국 국립직업안전건강연구소(NIOSH)

흡수(Absorption)

흡수absorption는 물을 흡수하는 스펀지처럼 몇몇의 물질이 액체 위험물질을 빨아들이거나 함유한다. 흡수되는 액체의 대부분은 해당 흡수 매개체의 세포형 구조cell structure로 들어간다. 흡수제absorbent는 반드시 해당 흡수되는 물질과 화학적으로 혼재 가능한chemically compatible 것을 선택한다. 흡수제는 물질을 흡수함에 따라 팽창하는 경향이 있다.

위험물질 사고 시 사용되는 일반적인 흡수제absorbent는 다음과 같다(그림 13.6).

- 톱밥
- 점토
- 숯
- 폴리올레핀계 섬유(polyolefin-type fibers)

그림 13.6 흡수제는 위험물질을 흡수하는 데 사용된다.

특별히 고안된 흡수 패드absorbent pad, 베개 모양의 흡수제, 붐(기둥처럼 긴 형태의 것)boom 및 삭스(붐보다 작은 형태)를 해당 위험물질에 직접 또는 해당 물질이 흘러갈 것으로 예상되는 위치(장소)에 직접 흩트려 놓는다. 사용 후에는 해당 흡수제absorbent는 흡수한 물질의 특성을 보유하기 때문에 반드시 위험물질로 취급하고 폐기해야 한다.

대응요원들은 종종 휘발유나 디젤 연료와 같은 소규모 유출(208 L 이하)과 관련된 사고에서 흡수를 사용한다. 톱밥과 같은 일부 흡수제는 얕은 웅덩이에서 가장 효과적이지만, 다른 유형의 유출에는 다른 유형의 흡수제가 필요할 수 있다. 예를 들어, 하천 또는 저수지에서 수중 유출과 관련된 유출에서 대응요원들은 흡수성 붐absorbent boom을 사용할 수 있다. 흡수 실시에 대한 자세한 내용은 '기술자료 13-1'을 참조하라.

흡착(Adsorption)

흡착adsorption은 액체 위험물질의 분자가 내부 공간으로 흡수되기보다는 물리적으로 흡착 물질에 달라붙는다는 점에서 흡수absortion와 다르다. 흡수제adsorbent는 흡착제처럼 팽창하지 않는 경향이 있다. 대응요원들은 일반적으로 흡착제로 활성탄activated charcoal 또는 탄소carbon와 같은 유기 물질을 사용한다. 흡착제adsorbent는 주로 얕은 액체 유출shallow liquid spill을 제어하며, 비누와 물 또는 기타 제독 방법을 점차 대체하고 있다. 잠재적으로 위험한 반응을 피하기 위해 사용되는 흡착제가 해당 유출된 물질과 혼재 가능한지 확인한다. 흡착 실시에 대한 자세한 내용은 '기술자료 13-1'을 참조하라.

덮기(Blanketing)/씌우기(Covering)

대원은 위험물질의 분산을 방지하기 위해 덮기blanketing 또는 씌우기covering를 수행한다. 전문대응 수준 대응요원은 해당 물질의 위험(성), 해당 사고의 본질 및 자신들의 안전을 확보하면서 작업을 해야 하는데, 대응활동(작전) 거리에 따라서 덮기/씌우기 작업은 승인(허락)받지 못할 수도 있다. 대응요원들은 반드시 덮여있는 해당 물질과 그것을 덮고 있는 물질(소재)material 사이의 혼재 가용성compatiblity을 고려해야 한다(그림 13.7). 분말powder 및 분진dust과 같은 덮기 또는 씌우기용 고체의 경우 다음 도구가 사용된다.

- 방수포(tarp)
- 플라스틱 시트(plastic sheeting)
- 구조용 방수포(salvage cover)
- 기타 재료[폼(포)(foam) 포함]

덮기/씌우기는 방사성 및 생물학적 물질에 대한 일시적인 완화의 한 형태로 사용될 수도 있다. 예를 들면 알파 또는 베타 방사선을 감소시키거나 생물학 물질의 분산을 방지하기 위해 사용될 수 있다. 대원(직원)은 냉각제 누출과 관련된 사고를 덮어서 방수포 또는 덮개 아래에서 자동 냉각되도록 할 수 있다(그림 13.8 a 및 b). 임시적인 선택지로, 대응요원은 플라스틱 시트나 방수포로 액체 컨테이너의 개구부를 막아서 증기를 가두어둘 수 있다. 액체 덮기는 유출의 표면을 덮기 위해 일반적으로 적절한 수성(물) 폼aqueous water foam을 사용하므로 증기 억제('증기 억제' 절 참조)와 본질적으로 같다.

그림 13.7 덮기에 사용된 물질이 해당 위험물질과 반응하지 않는지 확인한다.

그림 13.8 a 및 b 이러한 무수 암모니아 유출을 씌우기하면 방수포 밑에서 자동냉각 된다. Rich Mahaney 제공.

댐 쌓기(Dam), 둑 쌓기(Dike), 전환(우회)(Diversion), 격리(Retention)

위험물질을 고립 또는 제어하기 위해 **댐 쌓기**[4], **둑 쌓기**[5], **전환(우회)**[6], **격리**[7]가 수행된다(그림 13.9). 이러한 조치는 해당 배출 지점에서 액체 위험물질의 흐름을 제어한다. 대응요원들은 거터, 하수구, 빗물 하수도, 홍수 조절 채널 및 배출구에서 흐름을 유도하거나 방향을 바꾸는 연석을 만들기 위해 사용 가능한 흙 재료 또는 응답 차량으로 운반된 재료를 사용할 수 있다(그림 13.10). 어떤 경우에는 이후의 회수 및 폐기를 위해 물질을 가두고 격리(보유)하기 위해 흐름을 특정 위치로 유도하는 것이 바람직할 수도 있다. 일부 댐은 해당 위험물질을 저지하면서 지표수나 빗물이 댐 위 또는 아래로 지나가도록 할 수도 있다(그림 13.11). 대응요원은 유출된 물질과 접촉한 모든 건축 자재를 반드시 올바르게 처분해야 한다. 댐 쌓기damming, 둑 쌓기diking, 전환(우회)diverting 및 격리retention 방법에 대한 지침은 '기술자료 13-2, 13-3, 13-4, 13-5'를 참조하라.

---

4 **댐 쌓기(Daming)** : 어떠한 지역(area)을 지나가는 액체(liquid)나 진창(슬러지, sludge)의 흐름을 방지하거나 제한하는 조치

5 **둑 쌓기(Dikeing)** : 액체 또는 진창이 다른 지역으로 이동하는 것을 방지하기 위해 세워진 둑(제방)(embankment) 또는 기타 장벽(barrier)을 사용하는 조치

6 **전환(우회)(Diversion)** : 덜 해를 끼칠 수 있는 지역으로 액체(liquid) 또는 진창(sludge)의 이동을 유도하고 제어하는 조치

7 **격리(가두다)(Retention)** : 흡수(absorbed), 중화(neutralized), 또는 제거될(removed) 수 있는 지역에 액체 또는 진창을 봉쇄시키는(가두는, contain) 조치. 기타 유사한 위험물질 제어 방법보다 장기적인 해결책으로 사용되는 경우가 많음

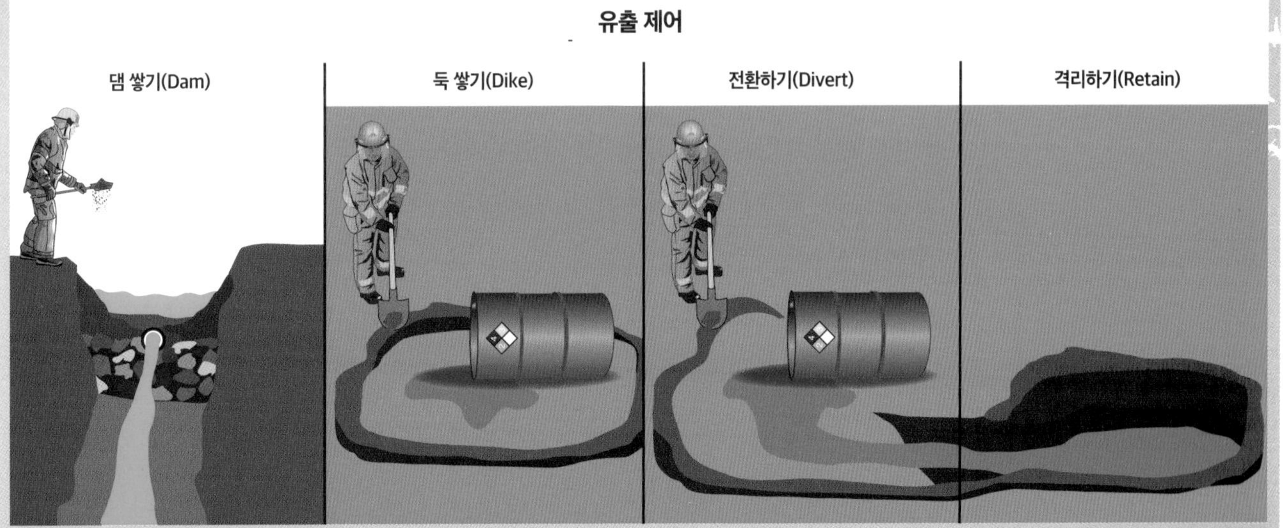

유출 제어

댐 쌓기(Dam)	둑 쌓기(Dike)	전환하기(Divert)	격리하기(Retain)

그림 13.9 댐 쌓기, 둑 쌓기, 전환(우회), 격리는 액체 유출을 제어하는 일반적인 방법들이다.

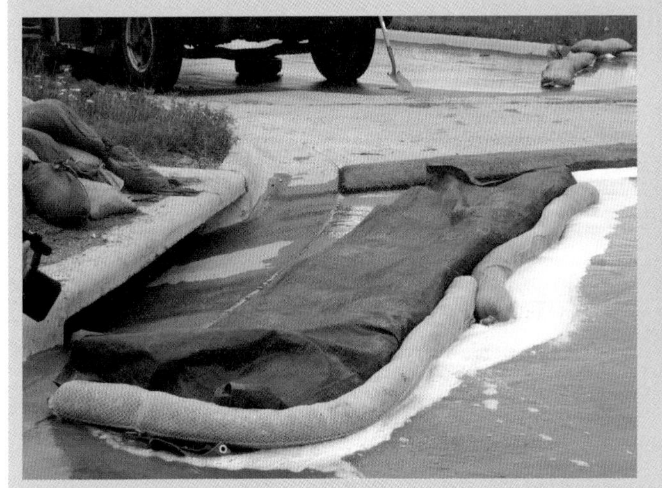

그림 13.10 환경을 보호하기 위해 빗물 배수관으로부터 위험물질을 전환(우회)시켜야 할 수 있다.

그림 13.11 물질을 가둬둘 수 있도록 댐을 건설할 수 있다. 물질들의 비중에 따라 물질은 물(water)보다 가볍거나 무겁다.

그림 13.12 인화성 액체 증기를 억제하는 데 폼이 사용된다.

증기 억제(Vapor Suppression)

증기 억제[8]는 위험물질 사고 시 해당 증기의 배출emission of vapors을 감소시킨다(그림 13.12). 대응요원들은 인화성 및 가연성 액체로부터의 증기를 억제하기 위해 소화용 폼(포)fire fighting foam을 적용할 때 증기 억제vapor suppression를 사용하고 있다. 증기 억제의 다른 예들로는 호스 물줄기 또는 화학 증기 억제제chemical vapor suppressant를 이용한 물 분무water fog의 사용이 있다. 증기 억제 실시에 대한 자세한 내용은 '기술자료 13-6'을 참조하라. 이 장의 후반부에 있는 '화재 진화' 절에서는 소화용 폼(포)을 사용하여 증기를 억제하고 화재를 진압하는 방법에 대해 설명한다.

증기 분산(Vapor Dispersion)

증기 분산[9]은 공기 중 위험물질의 흐름(방향)을 유도하거나 영향을 준다. 호스 선hoseline이나 무인 방수포unattended master stream에서 가압된 물줄기는 증기를 분산시키는데 도움을 줄 수 있다(그림 13.13). 이러한 물줄기는 난류turbulence를 발생시켜 물질이 공기와 혼합되는 속도를 증가시키고 위험물질의 농도를 감소시킨다. 증기 분산vapor dispersion을 위해 물줄기를 사용한 후에 대응요원은 있을 수 있는 오염을 위해 유출수run-off를 고립시키고 분석해야 한다. '기술자료 13-7'은 기본적인 증기 분산을 수행하기 위한 일련의 단계를 제공한다.

환기(Ventilation)

환기[10]는 자연적 또는 기계적 수단을 사용하여 공기 이동을 제어하기 위해 실시한다. 구조물 내부에서 유출spill이 발생하면, 환기ventilation를 통하여 유해한 공기 중

---

8 **증기 억제(Vapor Suppression)** : 위험물질 유출 시 해당 증기의 배출(emission of vapor)을 줄이기 위한 조치

9 **증기 분산(Vapor Dispersion)** : 공기 중 위험물질(airborne hazardous material)의 흐름(방향)을 유도하거나 영향을 주는 조치

10 **환기(Ventilation)** : 어떠한 구조물에서의 가열된 공기(heated air), 연기(smoke), 기체(gas) 또는 기타 공기 오염물질(airborne contaminant)을 체계적인 제거하기 위한 조치. 또한 손상을 줄이고 화재 진압 작전을 용이하게 하기 위해 그러한 것들을 더 차가운 및/또는 신선한 공기로 대체하는 것

의 입자, 증기 기체를 제거 및/또는 분산시킬 수 있다(그림 13.14). 대원은 위험물질 사고에 대한 연기 제거smoke removal와 동일한 환기 기술ventilation technique을 적용할 수 있다(국제소방훈련협회IFSTA의 '화재 진압의 핵심Essentials of Fire Fighting' 매뉴얼 참조). 기타 유형의 유출 제어와 마찬가지로 대응요원은 환기 장비ventilation equipment와 위험한 대기(공기)의 혼재 가능 여부compatibility를 확인해야 한다. 음압 환기negative-pressure ventilation(외부에서 건물 내부로만 공기를 들여보내는 경우 – 역주)를 실시할 때에는 환풍기fan와 기타 환기장치ventilator가 작동하게 될 해당 유해한 공기와 혼재 가능한지 확인해야 한다. 장비는 인화성 대기(공기)에서도 반드시 **본질적으로 안전해야**[11] 한다. 사용할 환기 유형을 선택할 때 양압 환기가 음압 환기보다 대기 오염물질을 더 효과적으로 제거한다는 점을 기억한다.

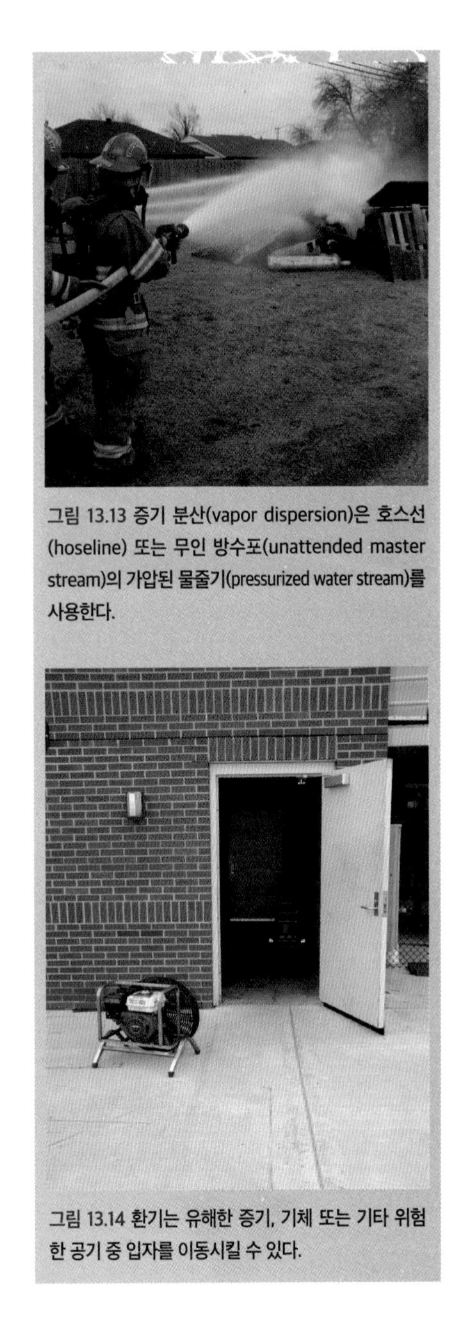

그림 13.13 증기 분산(vapor dispersion)은 호스선(hoseline) 또는 무인 방수포(unattended master stream)의 가압된 물줄기(pressurized water stream)를 사용한다.

그림 13.14 환기는 유해한 증기, 기체 또는 기타 위험한 공기 중 입자를 이동시킬 수 있다.

분산(Dispersion)

분산dispersion은 고체 또는 액체 표면에 엎질러진 위험물질을 분해시키거나 분산시키는 것과 연관된다. 화학 작용제 및 생물학 작용제 모두 위험물질을 분산시킨다. 대원은 일반적으로 탄화수소 유출hydrocarbon spill에 분산제(분산제)dispersion agent를 사용한다. 분산은 물질을 넓은 지역에 퍼지도록 하는 문제를 야기하며, 과정 자체로서 추가적인 문제점을 야기할 수 있다. 이러한 문제들 때문에 분산제dispersant를 사용하려면 정부당국의 승인이 필요할 수 있다.

희석(Dilution)

희석[12]은 위험을 줄이기 위해 수용성 물질에 물을 적용하는 것이다. 액체 물질의 희석

---

11 **본질적으로 안전한(Intrinsically Safe)** : 인화성 공기(대기)(flammable atmosphere) 중에서 사용이 승인된 장비에 대한 설명. 이러한 장비는 반드시 인화성 공기를 발화시키기에 충분한 전기 에너지(electrical energy)를 방출할 수 없어야 한다.

12 **희석(Dilution)** : 해당 위험을 감소시키기 위해 물(water)을 수용성 물질(water-soluble material)에 가하는 것

은 위험물질 사고 시 유출 제어 측면에서 실제 적용되는 경우는 거의 없다. 대응요원은 제독 대응활동(작전) 중에 희석dilution을 더 자주 사용한다(그림 13.15). 위험한 수용성 액체를 희석하는 것은 막대한 양의 물이 필요하여 유출수 문제가 발생할 수 있다. 대응요원은 불규칙 분산irregular dispersion 또는 실험실에서의 경미한 사고와 같은 경우 소량의 부식성 물질이 연관된 유출 시에 희석을 사용할 수 있다. 그렇더라도 오직 유출 제어 방법이 실패한 이후에만 사용하는 것이 일반적이다. 희석을 실시하기 위한 간단한 단계는 '기술자료 13-8'에 나와 있다.

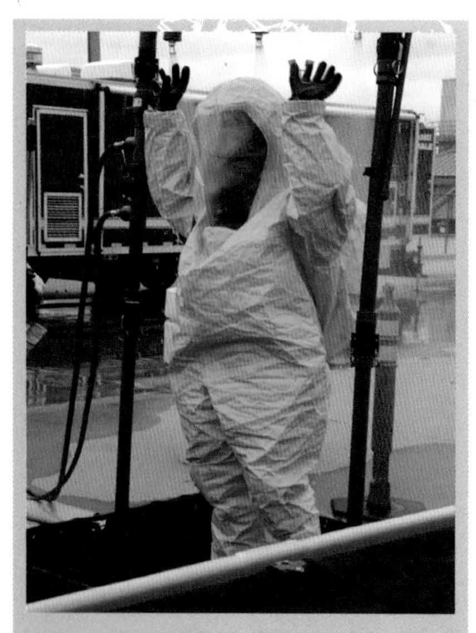

그림 13.15 희석은 제독 대응활동(작전)에서 자주 사용된다.

안전 경고(Safety Alert)

목록의 범위

초동대응자는 주로 액체 및 기체 유출로 인한 위험을 완화하는 것을 걱정한다. 이 매뉴얼에서는 모든 기술을 다루는 것은 아니나 사고 완화 중에 전문가(기술자)를 보조하는 초동대응 요원의 전술을 제공하고 설명한다.

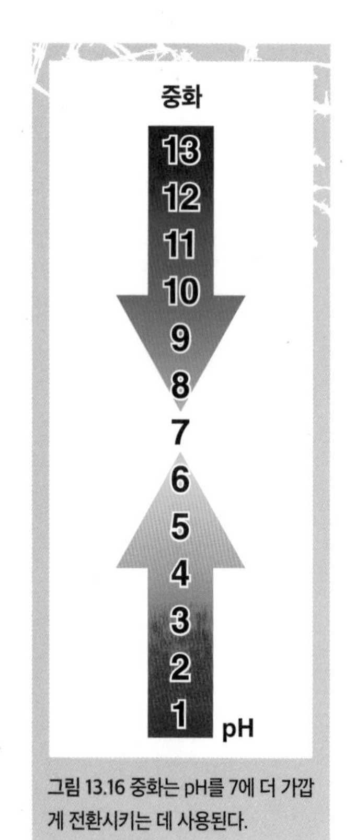

그림 13.16 중화는 pH를 7에 더 가깝게 전환시키는 데 사용된다.

중화(Neutralization)

일부 위험물질은 접촉 시 발생할 수 있는 위험을 최소화시키기 위해 중성화neutralize시킨다. 일반적으로 중화neutralization는 부식성 물질corrosive material의 pH를 높이거나 낮추어서 중성(pH 7)으로 만드는 것이다(그림 13.16). 중화는 또한 물질의 위험을 감소시키는 화학반응chemical reaction을 의미할 수도 있다. 중화neutralization는 어려운 과정이다. 예를 들어 중화제를 너무 많이 가하면 반대 방향으로 pH가 변할 수 있다. 이러한 반응들은 엄청난 열tremendous heat을 방출할 수 있다. 몇 가지 예외를 제외하고는, 대응요원들은 오직 위험물질 전문가hazardous materials technician, 자문 전문가Allied Professional, 또는 표준작전절차 및 표준작전지침SOP/G의 지시에 따라 중화를 수행해야 한다.

누출 제어 Leak Control

누출 제어 전술leak-control tactic은 본래의(또는 다른) 컨테이너에 제품(위험물질)을 담고 이 제품이 빠져나가는 것을 방지하기 위해 사용된다. 위험물질 전문가(기술자)와 전문가가 공격적 대응인 대부분의 누출 제어 전술leak-control tactic을 수행한다(그림 13.17).

그림 13.17 누출 제어 작전은 일반적으로 위험물질 전문가가 수행한다.

누출leak은 제품이 빠져나가는 컨테이너의 물리적인 파손을 수반한다. 누출 제어leak control의 목표는 빠져나가는 것escape을 중지 또는 제한하거나, 해당 유출을 원래의 컨테이너에 담거나 새 컨테이너로 옮겨 담는 것이다. 누출 제어는 종종 **봉쇄**[13]라고도 한다. 연관된 컨테이너의 유형, 파손의 유형 및 해당 물질의 특성에 따라 누출 제어와 관련된 전술 및 과업이 결정된다. 일반적으로 특수기술 대응 수준 이하로 숙련된 대원(인원)은 누출 제어와 같은 공격적 조치는 시도하지 말아야 한다. 주목할만한 예외로는 휘발유gasoline, 디젤diesel, 액화 석유가스LPG 및 천연가스 연료natural gas fuel가 연관된 상황이 있다. 전문대응 수준 대응요원은 적절한 훈련training, 절차procedure, 장비equipment 및 개인보호장비PPE를 보유한 경우 이러한 연료들에 대해 공격적 조치offensive action를 취할 수 있다.

전문대응 수준 대응요원은 고정 시설fixed facility, 파이프라인pipeline 및 관piping에서

13 **봉쇄(Containment)** : 컨테이너(container)에서 물질(material)의 추가적인 유출을 멈추는 행위

차단 밸브를 폐쇄하고, 운송 컨테이너의 비상 차단 장치emergency shutoff device를 작동시켜 누출 제어를 수행할 수 있을 것이다. '기술자료 13-9'는 원거리 밸브를 차단하거나 비상 차단 장치를 작동하는 단계를 설명한다.

수송용 컨테이너 비상 차단 장치 (Transportation Container Emergency Shutoff Device)

누출 제어 시에는 대원(인원)이 위험 구역에 진입하면 큰 위험에 처하게 된다. 사고현장 지휘관IC은 대원에게 제공된 훈련 및 장비의 수준이 누출 제어를 실시하는 데 있어 제한 요소임을 반드시 기억해야 한다. 안전하고 수용 가능한 상황에서 전문대응 수준 대응요원operation responder은 화물 탱크 트럭cargo tank truck 및 협동일관수송 컨테이너intermodal container의 비상 원거리 차단 장치emergency remote shutoff device를 작동시킬 것이다.

화물 탱크 트럭 비상 차단 장치(Cargo Tank Truck Shutoff Device)

전부는 아니지만 대부분의 화물 탱크cargo tank에는 비상 차단 장치emergency shutoff device가 있다. 장치 위치는 다양할 수 있지만, 종종 운전석의 운전실 뒤편에 있다(그림 13.18). 이러한 차단 장치의 활성화는 장치에 따라 다르지만, 대개 핸들을 당기거나, 스위치를 누르거나, 퓨즈 장치를 끊는 것만큼 간단하다.

유형별로 화물 탱크 트럭cargo tank truck에는 다음과 같은 비상 차단 장치 구성이 있다.

- **고압 탱크차[High pressure tank(MC-331)]** 비상 차단 장치는 (운전자 뒤편의) 탱크차의 왼쪽 앞 모서리 부분에 있다. 일부는 오른쪽 또는 왼쪽 뒤편의 모서리 부분 중 한쪽을 사용한다. 예를 들어, 용량이 13,249 L 이상인 MC-331(MC-331s)에는 서로 멀리 떨어져 있는 두 개의 비상 차단 장치가 있다. 하나는 운전자 뒤편의 탱크 위에, 나머지 하나는 탱크 후면에 있으며 이는 종종 보조석 쪽이다(그림 13.19). 이러한 탱크차들에는 또한 차량에서 150피트(46 m) 떨어진 곳에서도 작동시킬 수 있는 전자식의 차단 장치가 있을 수 있다. 이러한 장치는 엔진을 중지시키며 기타 기능을 수행하기도 한다.
- **상압 액체 탱크차[(Nonpressure liquid tank(MC/ DOT-306/406)] 및 저압력 화학 탱크차[low-pressure chemical tanks(MC/ DOT-307/407)]** 비상 차단 장치는 (운전자 뒤편의) 탱크차의 왼

쪽 앞 모서리에 있다(그림 13.20). 일부는 오른쪽 또는 왼쪽 뒤쪽 모서리 부분 중 하나를 사용한다. 일부 화물 탱크차는 밸브 및 배관 근처의 탱크 중앙에 비상 차단 장치가 있거나 밸브 상자에 내장되어 있을 수 있다(그림 13.21).

- **부식성 액체 탱크차[Corrosive liquid tank(MC/ DOT 312)]** 일반적으로 비상 차단 장치(emergency shutoff device)가 없다.

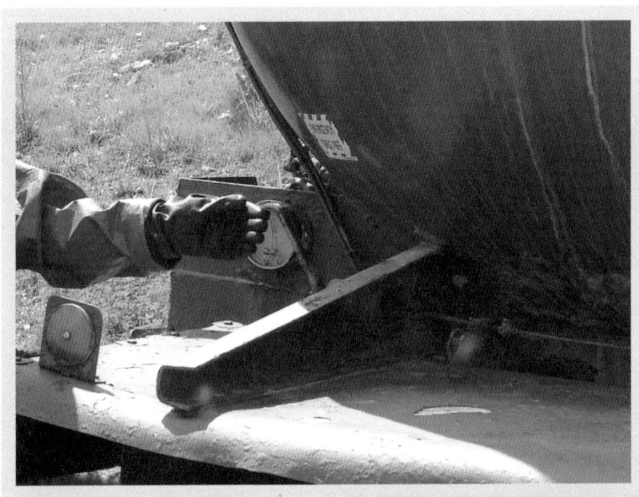

그림 13.18 화물 탱크차의 비상 차단 장치의 위치는 다양하다. 대부분은 운전석의 운전실 바로 뒤에 있는 탱크 위에 있다. 몇몇 모델은 탱크 뒷면에도 하나가 있다.

그림 13.19 MC-331 유형(고압 탱크차)은 일반적으로 운전석의 운전실 뒤와 오른쪽 뒤쪽에 비상 차단 장치가 있다. Rich Mahaney 제공.

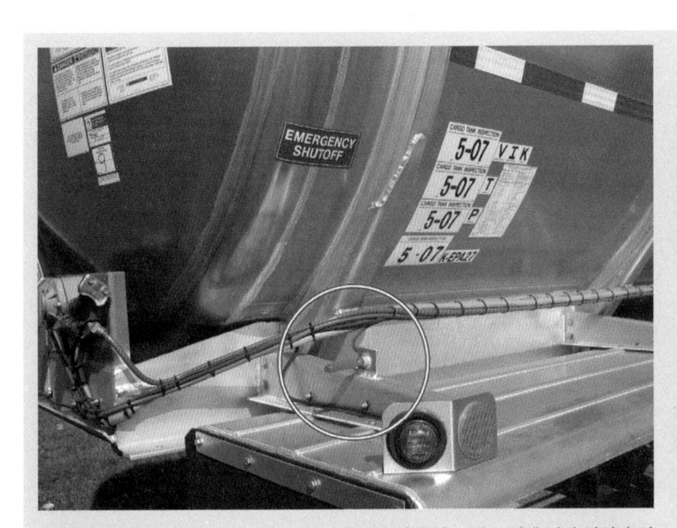

그림 13.20 저압 화학 탱크차는 운전석의 운전실 뒤에 있는 탱크 위에 차단 장치가 있다. Rich Mahaney 제공.

그림 13.21 운전자 뒤쪽의 탱크 위에 하나가 있는 것 외에도, 상압 액체 탱크는 탱크 뒤쪽, 밸브 근처의 탱크 중앙 또는 밸브 상자에 추가 비상 차단 장치가 있을 수 있다. Rich Mahaney 제공.

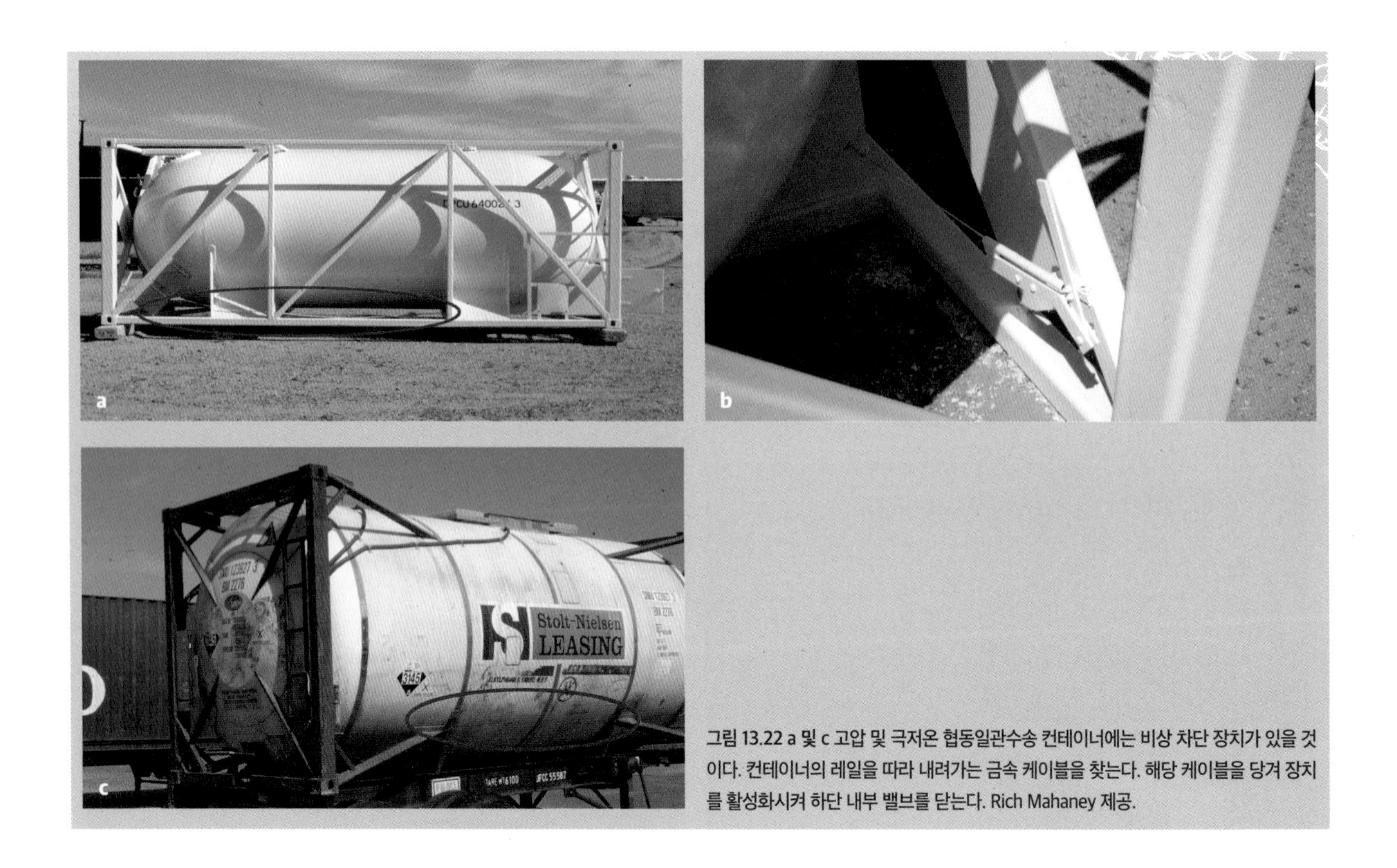

그림 13.22 a 및 c 고압 및 극저온 협동일관수송 컨테이너에는 비상 차단 장치가 있을 것이다. 컨테이너의 레일을 따라 내려가는 금속 케이블을 찾는다. 해당 케이블을 당겨 장치를 활성화시켜 하단 내부 밸브를 닫는다. Rich Mahaney 제공.

협동일관수송 컨테이너 비상 차단 장치 (Intermodal Container Emergency Shutoff Device)

기체gas service(고압 및 극저온high pressure and cryogenic) 협동일관수송 컨테이너intermodal container는 하부 내부의 밸브에 대한 비상 차단 장치emergency shutoff가 있다. 기타 컨테이너는 비상 차단 장치 여부가 제조사manufacturer 또는 소유자owner에 따라 다를 수 있다. 대응요원들은 협동일관수송 컨테이너의 프레임 레일frame rail의 한쪽 면 또는 액체 밸브liquid valve에서 해당 컨테이너에서 떨어진 고정된 지점까지 따라 내려오는 금속 케이블metal cable을 찾을 수 있다(그림 13.22 a-c). 이 케이블cable을 당겨 비상 차단 장치emergency shutoff를 활성화한다. 비상 차단 장치emergency shutoff device를 작동시키기 위해 핸들handle 또는 기타 장치other device를 당길 수도 있을 것이다.

고정 시설, 파이프라인, 배관 차단 밸브 (Fixed Facility, Pipeline, and Piping Shutoff Valves)

고정 설비fixed facility, 배관piping, 파이프라인pipeline에는 원격 차단 밸브remote shutoff valve가 있을 수 있다. 이러한 원거리 차단 장치remote shutoff 또는 제어 밸브control valve를 작동시켜 위험 구역hot zone에 진입하지 않고 사고 지역으로의 제품의 유입을 막을 수 있다(그림 13.23). 배관의 직경과 길이에 따라서 해당 흐름이 중단되기 전에 상당한 양의 위험물질이 유출될 수 있다.

그림 13.23 원거리 밸브를 닫아 파이프라인이나 배관에서 물질이 흐르는 것을 막을 수 있다.

대응요원들은 시설 또는 파이프라인 운용자의 지시(지도) 없이 절대로 밸브를 닫아서는 안 된다(그림 13.24). 대부분의 경우, 현장의 고정 시설 유지 보수 요원 또는 현지 공익설비 작업자는 이러한 밸브들이 어디에 위치해 있는지 알고 있으며, 사고현장 지휘관의 지시에 따라 밸브를 닫을 권한과 책임을 부여받을 수 있다. 일반적으로 이러한 대원들은 해당 밸브를 닫을 때의 적절한 절차와 결과를 이해하고 있어야 한다.

비상사태 발생 시 시설에서 차단 밸브를 작동하도록 훈련받은 인증된 전문대응 수준 대응요원들은 표준작전절차에 따라서 조치를 취한다. 예를 들어, 집 또는 사업장으로 가는 해당 계량계로 해당 가스(제품으로서의 LNG와 같은 가스를 의미함-역주)를 차단하는 것과 같이 대응요원들이 일부 천연 가스 라인을 차단하는 것이 안전할 수도 있다. 일반적으로 계량계는 초석 근처의 구조물 바깥에 있거나 대지 경계선 근처의 부속건물 위에 있다. 그러나 지하실이나 기계 공간의 구조 안에서도 찾을 수 있을 것이다.

해당 차단 장치는 계측기의 소유자 공급측에 위치한 인라인 밸브inline valve이다. 즉 분배 설비distribution system와 계측기meter 사이를 연결한다. 밸브를 열면 탱tang(직사각형 막대) 손잡이 부분이 파이프(배관)와 방향이 일치하게 된다. 밸브를 닫으려면 스패너 렌치, 파이프 렌치 또는 이와 유사한 도구를 사용하여 파이프(배관)와 90도가 될 때까지 탱을 돌린다(그림 13.25). 가스가 차단되거나 서비스 지역에서 천연 가스와 관련된 비상사태(사고)가 발생할 경우, 지역 공익설비 회사에 연락한다.

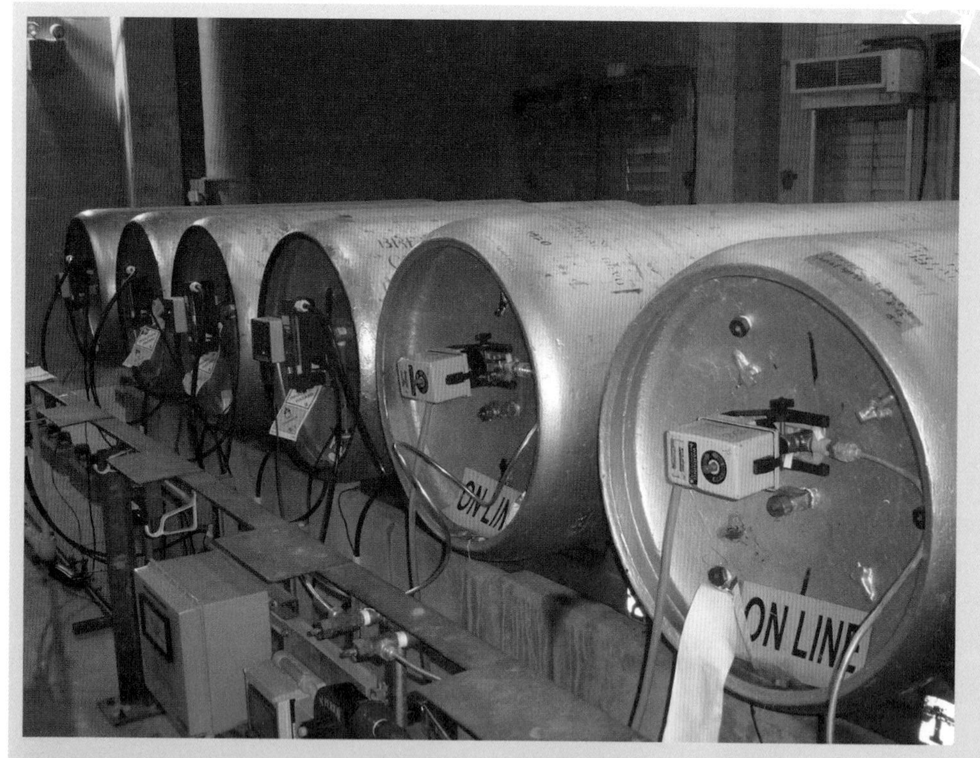

그림 13.24 설비 또는 파이프라인 운용자의 지시 없이 결코 밸브를 잠그지 않는다. 해박한 지식을 가진 사람으로부터의 정보 전달(주입) 없이 밸브를 닫으면 잠재적으로 위험한 결과가 발생할 수 있다. 텍사스 소방 위원회(Texas Commission on Fire Protection) 제공.

그림 13.25 초등대응자들은 주거용 천연 가스 라인의 밸브를 차단할 것이다.

화재 진압 Fire Control

화재 진압fire control은 위험물질 사고에서의 화재로 인한 손상, 위해 및 영향의 최소화를 위해 시도하는 것이다. 화재 진압 전술fire-control tactic은 화재를 **진압**[14]하고, 인화성 물질의 점화를 방지하는 것을 목표로 한다. 화재 진압 전술은 상황에 따라 공격적 또는 방어적일 수 있다(그림 13.26).

대응요원들은 인화성 또는 가연성 액체가 존재하거나 연소하는 위험물질 사고 시 많은 요소들을 고려해야 한다.

그림 13.26 화재 진압 전술은 화재를 진압하고, 위험물질의 점화를 방지하는 데 사용된다. Rich Mahaney 제공.

대응요원들은 다음을 고려해야 한다(그림 13.27).

- 증기(vapor)가 존재하거나 이동할 수 있는 곳
- 점화원(ignition source)이 있을 수 있는 장소 및 될 수 있는 물질
- 화재 진압 실시 여부 및 방법

연소 생성물products of combustion이 누출되고 있는 화학물질보다 위험이 적거나 소화 작업으로 인해 소방관이 과도한 위험에 처하게 되는 경우, 최선의 조치는 노출을 차

14 **진압(소화)하다(Extinguish)** : 불(화재, a fire)을 완전히 끄는 것(to put out)

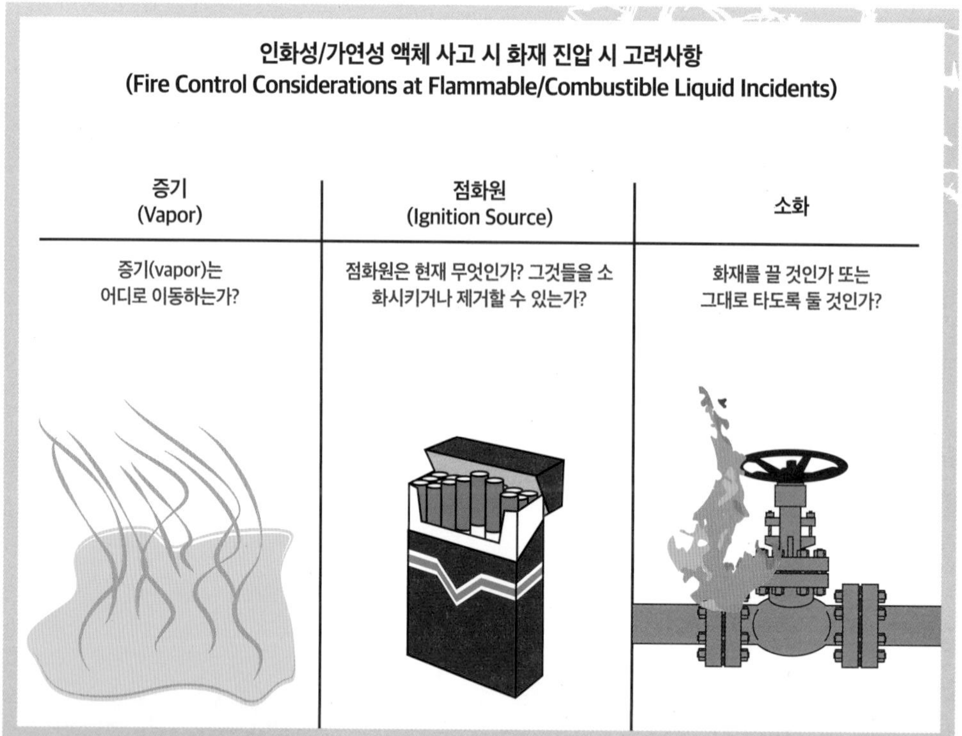

인화성/가연성 액체 사고 시 화재 진압 시 고려사항
(Fire Control Considerations at Flammable/Combustible Liquid Incidents)

증기 (Vapor)	점화원 (Ignition Source)	소화
증기(vapor)는 어디로 이동하는가?	점화원은 현재 무엇인가? 그것들을 소화시키거나 제거할 수 있는가?	화재를 끌 것인가 또는 그대로 타도록 둘 것인가?

그림 13.27 가연성 및 가연성 액체와 관련된 사고에서, 대응요원은 항상 증기가 어디에 있는지, 현재 어떠한 발화원이 있을 수 있는지, 화재를 진압할 것인지 여부와 그 방법을 고려해야 한다.

참고

2016년판 비상대응지침서 [2016 Emergency Response Guidebook(ERG)]의 368~369 페이지에 비등액체증기운폭발 안전 주의사항(BLEVE safety precaution)이 제공되어 있다.

단시키고 연료가 소모될 때까지 계속 불이 타도록 하는 것이다. 대응요원들은 다음과 같은 이유일 때 철수가 잠재적으로 가장 안전한(최선의) 전술적 선택사항이라고 간주한다.

- 재난에 가까운 컨테이너 고장의 위협
- 비등액체증기운폭발(boiling liquid expanding vapor explosion; BLEVE) 또는 기타 폭발
- 사고를 제어(통제)하는 데 필요한 자원의 사용 불가

경고(WARNING!)

압력 제거 밸브(relief valve)가 과도한 압력을 안전하게 완화시키기에 충분하다고 가정하지 마라. 압력 제거 밸브가 달린 탱크는 열이나 화염에 노출되면 여전히 파열될 수 있다.

인화성 및 가연성 액체 유출 제어 (Flammable and Combustible liquid Spill Control)

대부분의 위험물질 사고는 인화성 및 가연성 액체flammable and combustible liquid와 연관된다. 사고는 자동차 사고로 유출된 연료에서부터 벌크 컨테이너와 관련된 큰 산업재해에 이르기까지 다양하다. 사용된 유출 제어 방법은 사고에 따라 다르다. 항상 다음 사항들을 고려한다.

- 소방관 기본 착용 복장(방화복)(firefighter protective clothing)이 발화원에 노출되면 나중에 점화될 수 있는 인화성 및 연소성 액체를 흡수할 수 있다(그림 13.28). 제품(위험물질) 및/또는 오염된 웅덩이나 흐름과의 접촉을 피한다.
- 인화성 및 가연성 액체의 증기(vapor)는 일반적으로 공기(air)보다 무겁다.
- 인화성 및 가연성 액체는 일반적으로 물보다 가벼우므로 물 표면에서 뜰(부유할, float) 것이다.
- 인화성 및 연소성 액체는 B종 물질이며, 물은 비효율적인 소화약제이다.
- 인화성 및 가연성 액체 증기는 독성이 있을 수 있다. 예를 들면 벤젠은 발암 물질이다.

그림 13.28 출동복(방화복)은 인화성/가연성 액체를 흡수할 수 있으며, 나중에 점화원에 노출되면 점화될 수 있다.

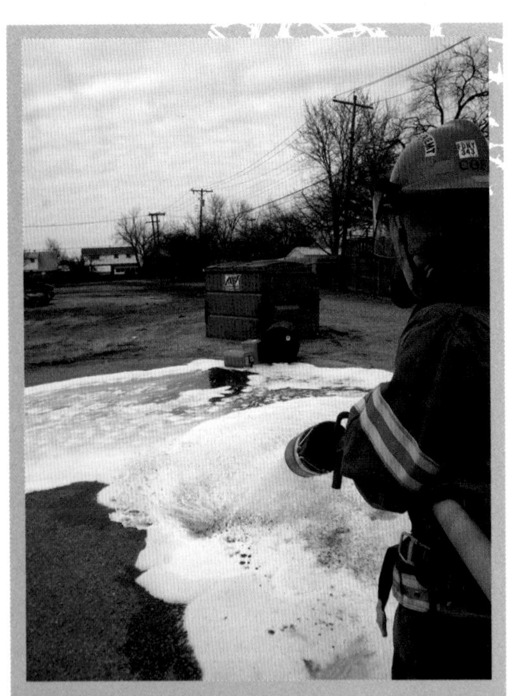
그림 13.29 소화용 폼(포)(fire fighting foam)은 반드시 위험물질(hazardous material)과 혼재가능해야(compatible) 한다.

그림 13.30 수성막포(AFFF)는 알코올, 에스테르, 케톤과 같은 수혼화성 물질에는 효과적이지 않다.

가연성 및 연소성 액체 유출 시 증기 제어가 최우선 사항이다. 소화용 폼(포)을 이용한 증기 억제는 폼(포) 농축액이 위험물질과 혼재 가능하다면 효과적일 수 있다(그림 13.29). 폼(포) 농축액을 사용하기 전에 대응요원들은 반드시 모든 거품 농축액의 비율을 맞추고(물과 혼합) 공기를 넣어야(공기와 혼합)한다. 기계발포 농축액mechanical foam concentrate은 연료의 분류에 기초하여 두 가지 일반적인 범주로 분류된다.

- A종 연료 폼(포)(Class A fuel foam)[일반 가연물(ordinary combustible)용]
- B종 연료 폼(포)(Class B fuel foam)[인화성 및 가연성 액체(flammable and combustible liquid용]

이 절에서는 증기 억제vapor suppression에 사용되는 **B종 폼(포) 농축액**[15]에 초점을 맞출 것이다. B종 폼(포)들 사이에는 유의미한 차이가 있다. 탄화수소 화재hydrocarbon fire만을 위해 고안된 농축액은 사용되는 농도에 관계없이 극성 용매polar solvent(혼합된 알코올형 연료/액체)를 소화시키지 않을 것이다. 알코올alcohol, 에스테르ester 및 케톤ketone과 같은 수혼화성 물질water-miscible material은 일반적인 소화용 폼(포)을 파괴하고 내알코올 포 소화약제alcohol-resistant foam agent를 필요로 한다. 그러므로 대응요원들은 일반적인 불화단백포fluoroprotein와 일반적인 **수성막포**[16]를 사용해서는 안 된다(그림 13.30). 그러나 대응요원들은 탄화수소 화재hydrocarbon fire에 극성 용매polar solvents용 폼(포) 농축액foam concentrate을 사용할 수 있다. 비상대응지침서ERG에는 특정 물질에 대해 내알코올 포alcohol-resistant foam를 사용할 시기에 대한 지침을 제공한다(그림 13.31).

15 **B종 폼(포) 농축액(Class B Foam Concentrate)** : 발화된 또는 발화되지 않은 B종 인화성 또는 가연성 액체(ignited or unignited Class B flammable or combustible liquid)에 사용하도록 고안된 폼(포) 화재 진압 제제(foam fire -suppression agent). B종 폼(포)(Class B Foam)라고도 한다.

16 **수성막포(Aqueous Film Forming Foam; AFFF)** : 물과 합쳐지면 연료 유출 및 화재 시 완벽한 증기 장벽(complete vapor barrier)을 형성할 수 있으며, 탄화수소 연료(hydrocarbon fuel)에 대한 매우 효과적인 소화 및 피복 제제(extinguishing and blanketing agent)인 합성 폼(포) 농축액(synthetic foam concentrate)

비상대응 상황hazardous material responses에서는 다양한 폼(포)foam이 사용된다. 표 13.2를 참조하여 위험물질 대응hazardous material response 시 폼(포) 유형foam type 및 폼(포)의 응용 applications of foam을 검토할 수 있다.

> **참고**
>
> 기타 유형의 사고 중에 폼(포)을 사용하는 안전 및 모범 실무권장지침(safety and best practice)에 대해서는 '폼(포) 소화 원리 및 항공기 구조 및 화재진압 매뉴얼(Principles of Foam Fire Fighting and Aircraft Rescue and Fire Fighting manuals)'을 참조하라.

경고(WARNING!)

증기 억제 전술(vapor-suppression tactic)을 수행할 때 점화될 위험이 있으므로 제품(위험물질) 및 증기(vapor)로부터 윗바람(upwind) 쪽에 머물러야 한다.

SUBSTANCES - TOXIC AND/OR CORROSIVE (FLAMMABLE/WATER-SENSITIVE) **GUIDE 155**

EMERGENCY RESPONSE

FIRE

- Note: Most foams will react with the material and release corrosive/toxic gases.

CAUTION: For Acetyl chloride (UN1717), use CO_2 or dry chemical only.

Small Fire

- CO_2, dry chemical, dry sand, alcohol-resistant foam.

Large Fire

- Water spray, fog or alcohol-resistant foam.
- **FOR CHLOROSILANES, DO NOT USE WATER**; use AFFF alcohol-resistant medium-expansion foam.
- Move containers from fire area if you can do it without risk.
- Use water spray or fog; do not use straight streams.

Fire involving Tanks or Car/Trailer Loads

- Fight fire from maximum distance or use unmanned hose holders or monitor nozzles.
- Do not get water inside containers.
- Cool containers with flooding quantities of water until well after fire is out.
- Withdraw immediately in case of rising sound from venting safety devices or discoloration of tank.
- ALWAYS stay away from tanks engulfed in fire.

SPILL OR LEAK

- ELIMINATE all ignition sources (no smoking, flares, sparks or flames in immediate area).
- All equipment used when handling the product must be grounded.
- Do not touch damaged containers or spilled material unless wearing appropriate protective clothing.
- Stop leak if you can do it without risk.
- A vapor-suppressing foam may be used to reduce vapors.
- **FOR CHLOROSILANES**, use AFFF alcohol-resistant medium-expansion foam to reduce vapors.
- **DO NOT GET WATER on spilled substance or inside containers.**
- Use water spray to reduce vapors or divert vapor cloud drift. Avoid allowing water runoff to contact spilled material.
- Prevent entry into waterways, sewers, basements or confined areas.

Small Spill

- Cover with DRY earth, DRY sand or other non-combustible material followed with plastic sheet to minimize spreading or contact with rain.
- Use clean, non-sparking tools to collect material and place it into loosely covered plastic containers for later disposal.

그림 13.31 비상대응지침서(ERG)는 어떠한 물질에 대해 사용할 폼(포)의 유형에 대한 지침을 제공한다.

정보(Information)

고품질의 폼(포) 생성하기

고품질의 폼(포)(high-quality foam)을 생성하기 위해서는 폼(포) 농축액(foam concentrate), 물(water), 공기(air) 및 기계적 교반(mechanical agitation)의 네 가지 요소가 필요하다(그림 13.32). 이 네 가지 요소는 반드시 정확한 비율로 혼합되어야 한다. 하나 이상의 요소가 빠진다면, 폼(거품, 포)이 없거나 질이 떨어진다. 완성된 폼(포)은 두 단계를 거쳐 생성된다.

- ▶ 폼 액체(foam liquid)와 물을 혼합하여 폼 용액(foam solution)을 형성한다[비율 맞추기 단계(proportioning stage)].
- ▶ 폼 용액은 관 또는 호스를 통과하여 관 노즐 또는 스프링클러로 이동하며, 폼 용액에 공기를 주입하여 완성된 폼을 만든다[공기주입 단계(aeration stage)].

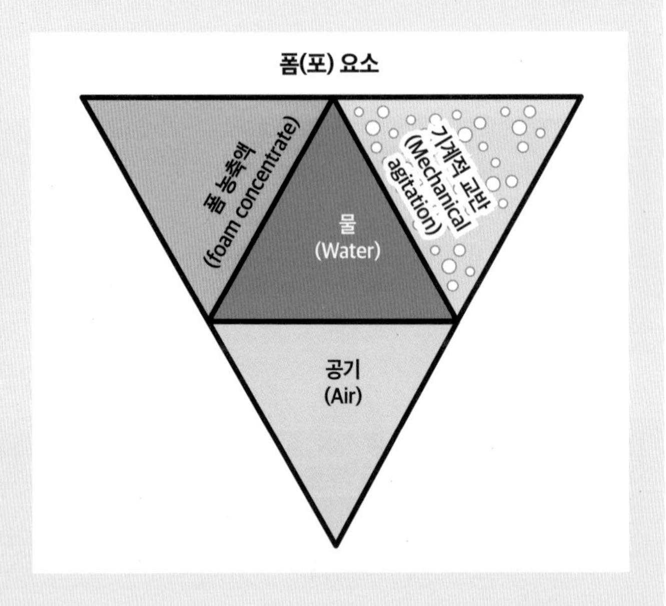

그림 13.32 고품질의 (폼포, foam)을 만들기 위해서는 네 가지 요소가 필요하며, 이는 폼 농축액, 물, 공기 및 기계적 교반이다.

공기주입(aeration)은 적절한 폼 거품(foam bubble)을 형성하여 효과적인 폼 담요(뒤덮힘)(foam blanket)를 형성한다. 적절한 공기주입은 또한 오래 지속되는 폼 담요(longlasting blanket)를 형성하는 균일한 크기의 거품을 생성한다. 좋은 폼 담요는 연료(fuel) 위에 효과적인 덮개 역할을 유지한다.

중점사항

인화성 또는 가연성 액체를 식별한 후에는 비상대응지침서(ERG)의 오렌지색 부분의 지침에 있는 폼(포) 권장사항을 따라 어떤 종류의 폼을 사용할지 결정할 수 있다. 비상대응지침서(ERG)는 극성/수혼화성 액체에 대해 내알코올포(alcohol-resistant foam)를 권장한다. 무극성/수불혼화성 액체(nonpolar/waterimmiscible liquid)로는 일반적인 폼(regular foam)을 권장한다.

다양한 제조업체들은 극성 용매(polar-solvent)에 효과가 있는 폼 농축액을 지칭하는 서로 다른 용어들을 사용한다. 폼 농축액 용기의 이름 앞에 다음 문자열이 있는지 확인한다.

- ARC[내알코올 포(alcohol-resistant concentrate)]
- PSL[극성용매 액체(polar-solvent liquid)]
- 극성용매 액체(polar-solvent liquid)에 사용되는 ATC[알코올형 농축액(alcohol-type concentrate)]

표 13.2
폼 농축액 특징/응용 기술

유형	특징	응용 기술	주요 사용처
단백포 (Protein Foam) (3% 및 6%)	• 단백질(protein) 기반 • 낮은 팽창(low expansion) • 탁월한 재점화(reignition; burnback) 저항성(resistance) • 탁월한 수분 보유력 • 높은 내열성(heat resistance)과 안정성(stability) • 동결(freezing) 및 해동(thawing)에 의해 성능에 영향 • 부동액(antifreeze)으로 동결 방지(freeze protect) 가능 • 기타 저팽창 폼(low-expansion foam)과 같이 연료 표면에서 이동성 또는 유동성이 없음	• 간접적 폼 흐름(indirect foam stream)으로, 폼(foam)과 연료(fuel)를 섞지 않음 • 응용 중에 연료(fuel)를 휘젓지 않는다. 휘발성 탄화수소(volatile hydrocarbons)의 정적 스파크 점화(static spark ignition)가 v자로 깊이 패임(plunging) 및 난류(turbulence)로 인해 발생할 수 있다. • 내알코올 유형(alcohol-resistant type)을 몇 초 이내에 사용 • 건식 화학 소화제(dry chemical extinguishing agent)와 혼재 가능하지 않음	• 탄화수소(hydrocarbon)를 포함한 B급 화재(Class B fire) • 저장, 운송 및 처리되는 인화성 및 가연성 액체(flammable and combustible liquid)의 보호
불화단백포 (Fluoroprotein Foam) (3% 및 6%)	• 단백질(protein) 및 합성(synthetic) 기반으로, 단백질포(protein foam)에서 파생 • 연료 분계(fuel shedding) • 장시간 증기 억제(vapor suppression) • 우수한 수분 보유력(water retention) • 훌륭하고, 오래 지속되는 내열성(heat resistance) • 동결(freezing) 및 해동(thawing)에 의한 성능 영향 없음 • 저온에서 낮은 점도(low viscosity) 유지 • 부동액(antifreeze)으로 동결 방지(freeze protect) 가능 • 담수(freshwater) 또는 해수(saltwater) 사용 가능 • 희석(dilution) 후 무독성(nontoxic) 및 생분해성(biodegradable) • 연료 표면(fuel surface)에서의 우수한 이동성(mobility)과 유동성(fluidity) • 짧은 시간 안에 사전 혼합 가능(premixable)	• 직접 발포 기술(direct plunge technique) • 표면 하 주입(subsurface injection) • 건식 화학 소화제(dry chemical extinguishing agent) 함께 사용 가능 • 공기 흡입장치(air-aspirating equipment)를 통한 주입 가능	• 탄화수소 증기(hydrocarbon vapor) 억제 • 탄화수소 연료 저장 탱크(hydrocarbon fuel storage tanks)의 표면 하 주입(적용)(subsurface application) • 깊이가 있는(in-depth) 원유(crudepetroleum) 또는 기타 탄화수소 연료(hydrocarbon fuel) 화재 진압
불화단백막포 (Film Forming Fluoroprotein Foam) (3% 및 6%)	• 단백질(protein) 기반으로, 기타 단백질 기반 폼(protein-based foam)의 재점화(burn-back) 특성을 감소시키는 계면활성제(surfactant)를 첨가하여 강화 • 연료 분계(fuel shedding) • 탄화수소 연료(hydrocarbon fuel) 표면에 빠른 회복(fast-healing), 지속부유성(continuous-floating)의 막(film) 형성 • 훌륭하고, 오래 지속되는 내열성(heat resistance) • 우수한 저온에서의 점도(low viscosity) 보유 • 신속한 화재 진화(fire knockdown) • 동결(freezing) 및 해동(thawing)에 의해 영향받음 • 담수(freshwater) 또는 해수(saltwater) 사용 가능 • 사전 혼합(premixed) 저장 가능 • 부동액(antifreeze)으로 동결 방지(freeze protect) 가능 • 6% 용액에서 극성 용매(polar solvents) 및 3% 용액에서 탄화수소 연료(hydrocarbon fuel)에 내알코올성 유형(alcohol-resistant type)을 사용 • 짧은 시간 안에 사전 혼합 가능(pre-mixable)	• 전체 연료 표면(fuel surface) 덮기 • 건식 화학 소화제(dry chemical agent)와 함께 사용될 수 있음 • 분무 노즐(spray nozzle)로 발포됨 • 표면 하 주입(subsurface injection) • 적용 중 연료(fuel) 안쪽으로 가라앉을 수 있음	• 위험 액체(hazardous liquid)의 비발화된 유출물(unignited spill)에서의 증기(vaopr) 억제 • 탄화수소 연료(hydrocarbon fuel)의 화재 진압

표 13.2 (계속) 폼 농축액 특징/응용 기술			
유형	특징	응용 기술	주요 사용처
수성막포 (Aqueous Film Forming Foam) (1%, 3% 및 6%)	• 합성물질(synthetic) 기반 • 우수한 침투력 • 탄화수소 연료 위에 증기 밀폐막(vapor-sealing film)을 깔고 띄움 • 비공기주입 노즐(nonaerating nozzle)을 사용할 수 있음 • 동결(freezing) 및 보관(storing)으로 인해 성능이 저하될 수 있음 • 우수한 저온에서의 점도(low viscosity) 보유 • 부동액(antifreeze)으로 동결 방지 가능 • 담수(freshwater) 또는 해수(saltwater) 사용 가능 • 사전 혼합(premixed) 가능	• 연료 표면에 직접 적용 가능 • 벽에 부딪히게 하여 연료 표면 위로 뜨도록 하는 간접적 적용이 가능함 • 표면 하 주입 • 건식 화학 소화제(dry chemical extinguishing agent)와 함께 사용 가능	• B급 화재(Class B fire) 진압(controlling) 및 소화(extinguishing) • 유출(spill)로 인한 육상 또는 해상 충돌 구조(land or sea crash rescue) 처리 • 대부분의 운송 관련 화재(transportation-related fire) 진압 • A종 연료(Class A fuel)에 습윤(wetting)과 침투(penetrating) • 비점화된 탄화수소 유출(unignited hydrocarbon spill) 안정화
내알코올 수성막포 (Alcohol-Resistant AFFF) (3% 및 6%)	• 수성막포 농축액(AFFF concentrate)에 고분자(polymer) 첨가 • 다용도로 쓰이며, 극성 용매 및 탄화수소 연료 양쪽에 모두 사용됨[6% 용액에서 극성 용매(polar solvent) 및 3% 용액에서 탄화수소 연료(hydrocarbon fuel)에 사용] • 폼 담요(뒤덮힘)(foam blanket)의 파괴를 방지하는 극성 용매 연료(polar solvent fuels)에 대한 막(membrane)을 형성 • 수성막포(AFFF)와 같이 탄화수소 연료(hydrocarbon fuel) 상에 동일한 수성막(aqueous film) 형성 • 신속한 화재 진압 • 양쪽 연료 모두 화재 재발 방지 우수 • 사전 혼합이 쉽지 않음	• 연료 표면에 직접 적용하되 부드럽게 할 것 • 벽에 부딪히게 하여 연료 표면(fuel surface) 위로 뜨도록 하는 간접적 적용이 가능함 • 표면 하 주입	탄화수소(hydrocarbon) 및 극성 용매(polar solvent) 연료(fuel)의 화재(fire) 또는 유출(spill)
고팽창포 (High-Expansion Foam)	• 합성 세제(synthetic detergent) 기반 • 특수 목적의 낮은 수분 함량(low water content) • 높은 공기 대 용액 비(high air-to-solution ratio): 200:1에서 1,000:1 • 동결(freezing) 및 해동(thawing)에 의한 성능(performance) 영향 없음 • 내열성(heat resistance) 열악함 • 아연도금된 강철(galvanized steel) 또는 원강철(raw steel)과의 장기간 접촉 시 표면(surface) 손상 가능	• 부드럽게 적용하여 폼(포) 과 연료를 섞이게 하지 말 것 • 전체 연료 표면 덮기 • 일반적으로 밀폐된 공간(confined space) 사고 시 전체 공간을 채움	• A급 화재(Class A fire) 및 B급 화재(Class B fire)의 소화 • 밀폐된 공간(confined space)에 범람 • 증기(vapor), 열(heat) 및 연기(smoke)의 체적상 대체 발생 • 액화 천연 가스 유출(liquefied natural gas spill)로 인한 증발 감소 • 살충제 물질(원료) 화재(pesticide fire) 진압 • 발연 상태의 산성 증기(fuming acid vapor) 억제 • 지하 탄광 및 기타 지하 공간의 숨겨진 공간의 증기 억제 • 고정식 소화 장치(fixed extinguishing system)의 소화 약제 • 야외 사용은 권장하지 않음

정보(Information)

유화제(Emulsifier)

유화제(emulsifier)는 A급 또는 B급 화재(Class A or Class B fire) 시 사용되는 폼 농축액(foam concentrate)이다. 연료(fuel)를 마치 담요 같이 뒤덮는 완성된 폼(포)과는 달리, 유화제는 연료와 혼합되어 작은 방울(small droplet)을 만들어 연료물질들을 완전히 피복시킨다(encapsulating). 생성된 에멀전(emulsion)은 불연성(nonflammable)이 된다.

유화제에는 다음과 같은 제한사항들이 있다.

- ▶ 더 깊은 곳의 연료와 완전히 섞이지 않는다. 25 mm 이하의 깊이의 연료에 대해서만 사용한다.
- ▶ 일단 연료와 완전히 혼합되면 연료를 분해해낼 수 없게 된다.
- ▶ 농축액과 연료 사이에 에멀전(emulsion)이 형성될 수 없으므로, 수용성 연료(water-soluble fuel) 또는 수혼화성 연료(water-miscible fuel)에는 효과적으로 작용하지 않는다.
- ▶ 어류 및 수생 환경에 독성을 가질 수 있으므로, 유출수의 영향을 고려해야 한다.

폼 농축액은 완성된 거품 품질이 다양하여 그 효과가 다르다. 제조업체와 공급업체는 폼 동결 방지형 폼에 대한 정보를 제공할 수 있다. 폼 품질은 25% 환원 시간drainage time과 그 **팽창 비율**[17]로 측정된다. **환원 시간**[18]은 전체 액체 용액의 1/4(25%)이 해당 폼에서 유출되는 데 필요한 시간이다. 팽창비는 폼 용액의 단위 용적으로부터 완성된 폼의 부피이다. 일반적으로, 비점화된 액체 유출unignited liquid spill을 제어하기 위해 요구되는 적용 비율은 유출 화재spill fire를 진압하는 데 필요한 것보다 실질적으로 적다.

환원 시간이 길면 오래 지속되는 폼(포) 담요(뒤덮힘)가 생성된다. 팽창비가 클수록 폼 담요(뒤덮힘)의 두께가 두꺼워진다(그림 13.33). 산 및 염기 유출 시를 대비해 만들어진 특수 폼(포)을 제외하고 모든 B종 거품 농축액Class B foam concentrate은 화재 진압fire fighting 및 증기 억제 vapor suppression 모두에 사용될 수 있다. 공기 흡입 노즐air-aspirating nozzles은 물 분무 노즐water fog nozzle보다 더 큰 팽창비expansion ratio를 만들어낸다.

---

17 **팽창 비율(Expansion Ratio)** : (1) 기체 상태(gaseous form) 물질과 동일한 수의 분자의 부피(volume)와 상대적인 액체 상태(liquid form) 물질의 부피(volume). (2) 완성된 폼 부피(finished foam volume) 대 최초 폼 용액 부피의 비율. 팽창(expansion)이라고도 함.

18 **환원 시간(Drainage Time)** : 폼(포)이 깨지는 데까지 또는 용해되는 데까지 걸리는 시간. 환원(drainage), 환원 이탈률(drainage dropout rate) 또는 환원율(drainage rate)이라고도 함

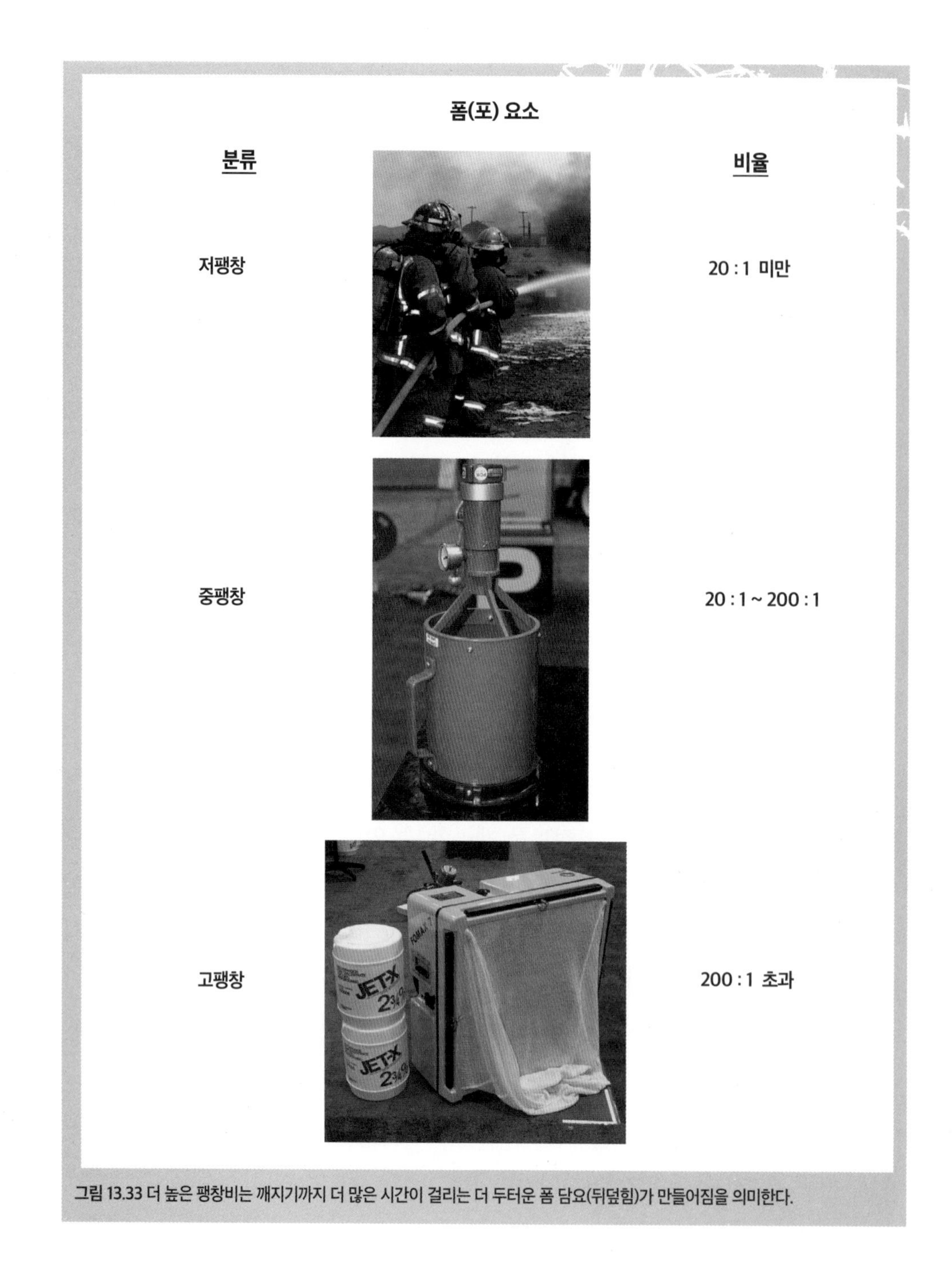

그림 13.33 더 높은 팽창비는 깨지기까지 더 많은 시간이 걸리는 더 두터운 폼 담요(뒤덮힘)가 만들어짐을 의미한다.

모든 폼(포)은 최적의 적용 방법이 다르다. 일반적인 응용 발포법(방법)application method은 다음과 같다.

- **표면 위 굴려 넣기식 응용 발포법**[19]은 해당 유출(spill) 지점의 가장자리의 지면에 폼(포)을 발포하여 부드럽게 물질 위로 굴려넣는 것과 연관된다(그림 13.34).

---

19 **표면 위 굴려 넣기식 응용 발포법(Roll-On Application Method)** : 발포 흐름이 비점화된 또는 점화된 액체 연료 유출의 전단에 있는 지면으로 향하는 응용 발포법으로, 폼(포)은 액체의 표면을 가로질러 퍼진다. 바운스(튕김)라고도 한다.

그림 13.34 표면 위 굴려 넣기식 응용 발포법은 인화성 액체 화재를 진화하기 위한 것이다.

그림 13.35 타고 내림식 응용 발포법은 인화성 액체 화재를 진화하기 위한 것이다.

- 유출이 어떠한 유형의 장애물을 둘러싸고 있는 경우, 대응요원들은 폼(포)foam을 해당 장애물에 적용하여 폼(포)이 떨어져 내리도록 할 수 있다. 이 방법은 **타고 내림식 응용 발포법**[20]으로 알려져 있다(그림 13.35).

---

20 **타고 내림식 응용 발포법(Bank-down Application Method)** : 점화된 또는 비점화된 B종 연료 유출(Class B fuel spill)에 사용할 수 있는 폼 응용 발포법(method of foam application). 거품 흐름(foam stream)은 유출 영역(spill area) 옆 또는 내부의 수직 표면(vertical surface) 또는 물체(object)로 향하게 된다. 폼은 표면 또는 물체로부터 빗나가고(비껴서 나가고) 해당 유출의 표면 위로 흘러내려 폼 담요(뒤덮힘, foam blanket)를 형성한다. 비낌(deflection)이라고도 한다.

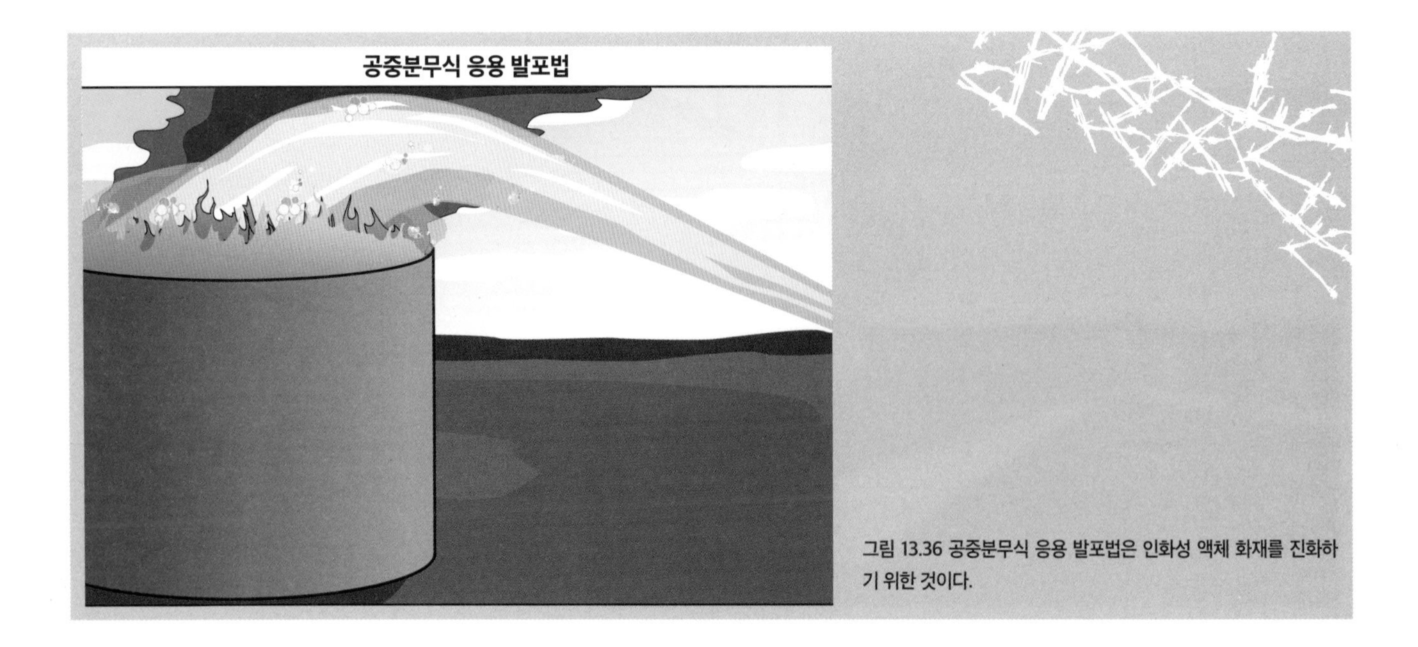

그림 13.36 공중분무식 응용 발포법은 인화성 액체 화재를 진화하기 위한 것이다.

- **공중분무식 응용 발포법**[21]을 사용하는 대원은 분무 방식으로 해당 표적 영역 위의 공기 중으로 폼(포)을 분사한다(그림 13.36). 폼 거품이 터지면, 폼은 함께 녹아 연료 위에 막(film)을 형성한다. 공중분무식 응용 방법은 수성막포(AFFF)와 함께 사용하는 것이 가장 좋다.
- 불화단백포(fluoroprotein-type foam)만은 해당 유출에 직접 발포할 것이다.

증기 억제vapor suppression를 위해 초동대응자들은 공기 주입된 폼aerated foam이 증기 억제성 폼 담요(뒤덮힘)를 오래 유지하기 때문에 물 분무 노즐 대신 **공기 흡입 노즐**[22]을 사용해야 한다(그림 13.37 a 및 b). 인화성 액체 화재flammable liquid fire의 경우 공기가 주입되지 않은 수성막포nonaerated AFFF가 효과적일 수 있으므로 물 분무 노즐을 사용할 수 있다.

적절한 증기 억제vapor suppression는 적절한 폼 농축액의 선택에 달려 있다. 완성된 폼은 주로 물로 이루어져 있기 때문에, 물과 반응하는 물질(물 반응성 물질)water-reactive material을 덮기 위해 사용해서는 안 된다. 일부 연료는 폼 거품을 파괴한다. 따라서 해당 액체와 혼재 가능한compatible 폼 농축액foam concentrate을 선택한다. 증기 억제를

---

21 **공중분무식 응용 발포법(Rain-Down Application Method)** : 점화되지 않은(unignited) 또는 점화된(ignited) 유출 또는 화재의 위에 폼 흐름을 향하게 하여 폼(포)이 연료 표면 위로 부드럽게 떠오르도록 하는 폼 응용 발포법(foam application method)

22 **공기 흡입 노즐(Air-Aspirating Foam Nozzle)** : 폼 노즐은 가능한 최고 품질의 폼을 만드는 데 필요한 공기 주입(aeration)을 제공하도록 설계되었으며, 저팽창 폼(low-expansion foam)의 생성을 위한 가장 효과적인 장비이다.

그림 13.37 a 및 b 공기 흡입 노즐은 물 분무 노즐보다 폼에 공기를 더 잘 주입시키므로 더 큰 팽창비를 이룬다.

위해 폼을 사용할 때 고려해야 할 다른 사항들은 다음과 같다.

- 거품과 함께 물줄기를 사용하지 않는다. 물은 폼 담요(뒤덮힘)를 파괴하고 씻어낸다.
- 물질이 끓는점 이하인지 확인한다. 폼(포)은 끓고 있는 액체의 증기를 밀봉할 수는 없다.
- 폼 담요(뒤덮임)(foam blanket)에 선행하는 막(film)에 의존하지 않는다[예를 들면, 수성막포 담요(뒤덮힘)(AFFF blanket)를 포함]. 그것은 믿을만한 증기 억제제(vapor suppressant)가 아니다.
- 폼이 해당 유출을 완전히 덮을 때까지 공기 주입된 폼(aerated foam)을 주기적으로 다시 도포한다.

주의(CAUTION)

폼(포)과 함께 다음과 같은 소화약제를 사용하지 말아야 한다. ABC(일인산암모늄) 건식 화학 소화약제(dry chemical)와 일부 중탄산염 기반 BC 건식 화학 소화약제(sodium bicarbonate-base BC dry chemical agent)는 폼 담요(뒤덮힘)(foam blanket)를 파괴한다. 칼륨 기반 건식 화학 소화약제(potassium-based dry chemical)와 같은 기타 소화약제는 폼(foam)과 혼재 가능하다.

주의(CAUTION)

사용 전에 폼(포)의 혼재 가능 여부를 확인한다.

인화성 및 가연성 액체 화재 진압 (Flammable and Combustible Liquid Fire Control)

인화성 및 가연성 액체 화재flammable and combustible liquid fire 시 물은 효과적인 소화약제가 아닐 수 있다. 해당 연소하는 제품 및/또는 증기가 어디로 이동하는지에 따라 화재는 급속하게 퍼질 수 있다. 풍향과 지형은 화재 분산에 중요한 역할을 한다.

인화성 액체 및 기체 화재를 안전하게 진압하기 위해서는 호스선 및 소화약제의 올바른 사용이 중요하다. 대원이 소화약제를 잘못 적용하면 연료fuel가 원하지 않는 위치로 밀려나 사람들이 노출 위험에 처할 수 있다. 또한 잘못된 소화약제를 적용할 경우 소방관이나 대원을 화재 진압의 가능성이 없는 위험한 장소에 배치시킬 수 있다.

참고

더 자세한 정보는 국제소방훈련협회 매뉴얼(IFSTA manual), 화재진압 및 폼 소화 원리의 핵심(Essentials of Fire Fighting and Principles of Foam Fire Fighting)을 참조하라.

경고(WARNING!)

초기 물줄기가 가압 탱크와 노출물을 냉각시키기에 부적합한 경우에는, 연관된 컨테이너에 우선순위를 선정하라. 탱크의 무결성(integrity)을 유지하지 못하면 모든 사람의 생명이 위태롭게 된다.

안전 경고(Safety Alert)

인화성 액체 저장 탱크

인화성 액체 저장 탱크(flammable liquid storage tank)와 연관된 사고가 발생하면, 전문대응 수준 대응요원(operations level responder)들은 방어 가능한 거리를 유지해야만 한다. 사고현장 지휘관이 화재 진압을 결정하면, 증기 공간(vapor space) 및 화염 침해 지역(flame impingement area)에 위치한 탱크(tank)의 모든 구역을 냉각시키는 데 주의를 기울여야 한다(이것이 해당 사고에서의 적절한 전술인 경우). 대응요원들은 탱크 표면을 젖은 채로 유지하기 위해 물줄기를 배치해야만 한다(그림 13.38). 화재 진압 작전(fire-control operation)은 탱크의 전체 표면이 냉각되고 있음을 육안으로 확인할 수 있는 육안 확인(감시)자를 배치해야 할 수도

그림 13.38 고품질의 폼(포, foam)을 만들기 위해서는 네 가지 요소(four element)가 필요하며, 이는 폼 농축액(foam concentrate), 물(water), 공기(air) 및 역학적 교반(mechanical agitation)이다.

있다. 초기 물줄기가 해당 탱크와 노출을 모두 식힐 것 같지 않다면, 연관된 컨테이너(탱크)를 최우선시 한다.

참고 각 사고에 필요한 물의 양(amount of water)은 현재 상황과 관련된 위험(risk)/위험성(hazard)에 따라 다르다.

인화성 액체 화재에 부적절하게 물줄기를 사용하면 화재의 크기와 강도가 크게 높아질 수 있다. 타고 있는 탱크에 소화약제를 적용하면 탱크의 내용물이 넘치고 인접한 컨테이너까지도 위협할 수 있다. 대응요원들은 분석할 수 있을 때까지 위험물질에 적용된 물줄기로부터의 유출수를 고립시켜야 한다. 댐 쌓기, 둑 쌓기 및 격리를 사용하여 유출수를 고립시킨다.

폼(포), 건식 화학 소화약제dry chemical 및 물은 인화성 액체에 대한 일반적인 소화약제이다. 대원은 연료의 공기 공급을 차단시켜 연료 위로 폼 담요(뒤덮힘)를 형성할 수 있을 때 폼을 선택해야 한다. 증기 억제를 위해 폼(포)을 사용할 때에는, 반드시 폼은 연소되는 연료와 혼재 가능해야 하며 화재를 진압하기에 충분한 속도로 적용되어야 한다(그림 13.39). 단백포protein, 불화단백포fluoro-protein 및 수성막포는 수년간 인화성 액체 화재 진압의 주류였다. 고팽창 폼은 특정 화재진압 간 위험 시에 사용된다. 에탄올ethanol과 같은 대체 연료의 생산과 사용 증가는 내알코올 포alcohol-resistant foam에 대한 수요를 증가시켰다. 미국 파이프라인 및 위험물질 안전관리국U.S. Pipeline and Hazardous Materials Safety Administration; PHMSA에서는 이러한 물질들에 비상대응지침서 127번 지침을 사용할 것을 권장한다.

참고

국제소방훈련협회 매뉴얼(IFSTA manual)인 폼 소화 원리(Principles of Foam Fire Fighting)에서 제공하는 폼 화재 진압 작전(foam fire fighting operation) 시 폼 적용(foam application)에 있어 알아야 할 유속, 필요한 지속시간 및 물류 지원에 대한 자세한 정보를 찾아보라.

그림 13.39 증기 억제와 마찬가지로 화재 진압에 사용되는 폼(포)은 불타고 있는 물질과 혼재 가능해야 한다

> **경고(WARNING!)**
>
> 인화성 및 가연성 액체로 뒤덮인 개인보호장비는 열이나 점화원에 노출되었을 때 발화될 수 있다. 적절하게 제독하고 개인보호장비를 검사하라.

누출이 제어될 때까지는 압력 제거(안전) 밸브relief valve 또는 배관piping 주변에서 인화성/가연성 액체 화재가 발생하지 않도록 한다. 미연소 증기는 일반적으로 공기보다 무겁기 때문에 점화될 수 있는 낮은 지역에서 기체의 밀집 지역 또는 고여 있는 곳을 형성한다. 누출 지역에 있다면 모든 발화원을 제어한다.

압력 제거 장치pressure relief device에서 발생하는 소리가 커지거나 화재fire의 강도가 증가하면, 용기가 과열되어 파열rupture이 임박했다는 것을 나타내는 것일 수 있다. 비상대응요원들은 극심한 화재 조건 하에서 압력 제거 장치가 과도한 압력을 안전하게 완화할 것이라고 기대해서는 안 된다. 크고 작은 액체 컨테이너의 파열로 소방관 사망자들이 발생해 왔다.

액화 가스LPG 탱크와 같은 밀폐된 압력 컨테이너가 가열되면 내부의 액체가 팽창하기 시작한다. 액체가 끓는점boiling point에 도달하면 기체 상태gaseous state로 돌아가기 시작한다. 밀폐(밀전)된 공간confined space에서 액체가 기체 상태로 변화하면서 컨테이너의 내부 압력이 증가한다. 압력이 너무 높아지면 컨테이너의 구조적 완전성integrity을 잃게 되고 파열하여, 엄청난 양의 압력과 컨테이너의 인화성 내용물flammable

그림 13.40 비등액체증기운폭발(BLEVE)의 경우, 가능하면 무인 방수포를 사용한다.

contents이 방출된다. 이러한 인화성 액체의 유출release 및 후속되는 증기화vaporization는 비등액체증기운폭발BLEVE을 초래할 수 있다. 컨테이너가 손상되었을 때 해당 액체 또는 액화 가스가 끓는점(표준 온도 및 압력에서) 이상이 되면 비등액체증기운폭발이 발생한다.

탱크tank에 대한 역학적 손상 또는 탱크 내의 증기 공간 상의 직접적인 불꽃 충돌flame impingement로 인해 탱크 고장이 발생할 수 있다. 비등액체증기운폭발의 가장 보편적인 원인은 화염flame이 액체 높이(탱크 내에서의 수위 – 역주) 위의 탱크 외판과 접촉하여 탱크 외판 자체가 과열되었을 때이다. 이러한 화재를 진압할 때에는 탱크의 상부에 물을 뿌린다. 특히 무인 방수포 장치로 물을 쏘는 것이 좋다(그림 13.40).

대원들 대부분은 인화성 액체 화재를 진압하기 위해 폼(포)을 적용한다. 대응요원들은 가스 공설비gas utility facility 연료 수송 트럭 및 철도 차량과 관련된 사고에서 이러한 B급 화재 진압 기술Class B fire fighting technique을 필요로 한다. 대원들은 물을 여러 가지 형태(냉각제cooling agent, 역학적 도구mechanical tool, 대원 보호crew protection)로 사용하여 B급 화재Class B fire를 진압할 수 있다. 국제소방훈련협회 메뉴얼IFSTA manual, 화재 진압의 핵심 매뉴얼essentials of fire fighting은 인화성 및 가연성 화재 진압에 대한 더 많은 정보를 제공한다.

인화성 기체 화재 (Flammable Gas Fire)

비등액체증기운폭발BLEVE을 방지하기 위해 인화성 기체의 컨테이너 또는 탱크가 화염 충돌에 노출되었을 때에는 최대한 효율적으로 도달할 수 있도록 물줄기를 배치해야 한다. 이러한 냉각을 최상으로 달성하려면, 물이 양쪽 면으로 흘러내리도록 탱크의 상단뿐만 아니라 직접적인 화염 충돌이 있는 탱크의 영역에 물줄기을 보낸다(그림 13.41). 이러한 물줄기는 탱크의 증기 공간vapor space을 식힌다. 또한 대원들은 탱크 아래의 배관과 강철 받침대를 냉각

그림 13.41 증기 공간을 냉각시키기 위해서는 탱크의 양 측면을 물로 흘러내리도록 하여 인화성 기체 탱크를 냉각시킨다.

그림 13.42 물줄기를 사용하여 가압된 기체를 분산시킬 때, 물줄기의 질량과 속도는 반드시 배출되는 기체의 질량과 속도를 초과해야 한다.

시켜서 그것들의 붕괴를 방지해야 한다.

물줄기를 사용하여 압력 하에서 방출되는 기체를 분산시킬 때, 물의 질량과 속도는 배출되는 기체의 질량과 속도보다 커야 한다. 대원은 반드시 배출되는 기체가 분산disperse 또는 분쇄disrupt되도록 물줄기를 쏘아야 한다(그림 13.42). 조금이라도 물줄기 패턴이 무너지면 연료가 연소되며 호스를 잡고 있는 대원들에게 치솟을 수 있다.

공급을 차단하지 않았다면, 가스가 공급되고 있는 압력 제거 밸브 또는 배관 주위에서 화재를 진압하지 않아야 한다. 압력 제거 밸브에서 발생하는 소리 또는 화재의 강도가 증가했다면, 컨테이너 내부의 압력이 증가하여 컨테이너가 파손될 수 있음을 나타낸다.

일부 가스가 공급되고 있는 화재들 중에는 천연가스natural gas가 연관되었을 수 있다. 천연가스의 분배 설비distribution system는 방대한 표면 및 지하의 배관망으로 구성되어 있다. 시스템 전체의 압력은 물질, 높이, 사용처 및 기타 여러 요소에 따라 달라진다. 천연가스는 또한 압축천연가스CNG로 표시된 실린더에 압축, 저장 및 운송될 수 있다. 천연가스는 또한 액체(액화 천연가스)로 저장되고 출하되어, 이 형태에서 비등액체증기운폭발이 적용된다.

굴착 장비로 지하 파이프를 깨어 부수는 것은 천연가스 및 액화 석유가스LPG 사고의 일반적인 원인이다. 이러한 고장(파손)이 발생하면, 즉시 공익시설 회사에 문의한다. 가스가 아직 점화되지 않았더라도, 장치는 윗바람 쪽(바람이 불어오는 쪽)에서 접근하여 장소로 가야만 한다. 소방관은 완전한 개인보호장비를 착용하고 잠재적인 폭발 및 동반되는 화재에 대비해야 한다.

대원들은 먼저 깨진 부위와 주변 지역으로부터 아랫바람 방향으로 곧장 대피해야 하며, 또한 점화원도 제거해야 한다. 깨진 곳 근처의 공급 연결들이 손상되었을 수 있다. 그러므로 주위 건물들의 내부에서 가스 냄새가 없는지 확인한다. 소방관은 가스선 누출 시의 상호 작용에 관해 부서별 표준작전절차SOP를 따라야 한다. 가스가 연소하는 경우 불꽃을 진압해서는 안 된다. 필요한 경우, 호스 물줄기를 사용하여 노출로부터 보호한다. 대응요원들은 공익시설 회사utility company에 연락하여 해당의 가압된 가스 공급을 중단하려는 시도를 해야 한다. 관할당국에 따라 위험물질 대응 팀장은 출동 요청을 받지 못할 수도 있다.

참고

가압된 인화성 기체 컨테이너 화재 진압에 대한 정보는 국제소방훈련협회 매뉴얼(IFSTA manual)인 화재 진압의 핵심(Fire Fighting of Essentials)을 참조하라.

경고(WARNING!)

파손된 가스관, 밸브, 부품 또는 플랜지에서 가스가 연소하는 경우 화재를 진압하지 마라. 노출로부터의 보호수단을 꼭 챙기고, 즉시 공익시설 회사(utility company)에 연락하라.

Chapter Review

이 장에 제공된 정보를 복습하기 위해 다음 질문에 답해보시오.

1. 흡수(absorption)와 흡착(adsorption)의 차이는 무엇인가?

2. 어떤 경우에 덮기(blanketing) 또는 씌우기(covering)를 사용할 수 있는가?

3. 댐 쌓기(damming), 둑 쌓기(diking), 전환(우회)시키기(diversion) 및 격리(retention)에 어떤 유형의 물질이 사용되는가?

4. 증기 억제(vapor suppression)의 세 가지 일반적인 방법은 무엇인가?

5. 음압 및 양압 환기(negative- and positive-pressure ventilation)의 차이점을 설명하라.

6. 전환(우회, diversion)으로 인한 문제는 무엇인가?

7. 위험물질 사고에서 희석(dillution)이 가장 많이 사용되는 경우는 언제인가?

8. 물질(material)을 중화(meutralization)시킬 때 목표 pH는 얼마인가?

9 어떤 상황에서 전문대응 수준 대응요원(operations level responder)은 누출 통제(leak control)와 같은 공격적 대응(offensive action)을 취할 수 있는가?

10 안전한 상황에서, 전문대응 수준 대응요원(operations level responder)은 어떤 유형의 운송 컨테이너에 대해 비상 원거리 차단 장치(emergency remote shutoff device)를 작동시킬 수 있는가?

11 대응요원들은 고정된 설비 또는 파이프라인의 원거리 차단 밸브(remote shutoff valve)를 언제 사용해야 하는가?

12 위험물질 화재(hazmat fire)의 경우 철수(withdrawal)를 전술적 선택지로 간주해야 하는가?

13 인화성 및 가연성 액체 유출 제어(flammable and combustible liquid spill control)에 사용되는 전술은 무엇인가?

14 인화성 및 가연성 액체 화재 진압(flammable and combustible liquid fire control)에 사용되는 전술은 무엇인가?

15 인화성 기체 화재(flammable gas fire)를 진화하기 위해 사용되는 전술은 무엇인가?

1단계: 적절한 위험물질 제어(product control) 기술을 선택한다.

2단계: 통제(제어) 기능과 관련된 모든 대응요원들이 흡수(absorption)/흡착(adsorption) 작업을 수행하기 위한 적절한 개인보호장비를 착용하였고 적절한 수공구를 선택하였는지 확인한다.

3단계: 흡수(absorption)/흡착(adsorption) 작업을 효율적이고 안전하게 수행할 장소를 선택한다.

4단계: 가장 적합한 흡수제(sorbent)/흡착제(absorbent)를 선택한다.

5단계: 해당 유출을 가장 효율적으로 제어하는 방식으로 흡수제(sorbent)/흡착제(absorbent)를 배치한다.

6단계: 사고 완화(경감, mitigation) 동안 의류와 같은 오염된 물질을 폐기 장소로 운반할 수 있도록 승인된 컨테이너(approved container)에 넣는다.

7단계: 해당 컨테이너를 밀봉하고 표식을 붙이고, 부서 기록을 위한 적절한 정보를 문서화한다.

8단계: 도구들을 제독한다..

9단계: 제독을 위해 제독선(decontamination line)으로 이동한다.

10단계: 요구되는 보고서를 완료하고 문서화를 지원한다.

참고: 교관 지시사항: 댐 가설이 상부흐름(overflow), 하부흐름(under flow) 또는 밀폐 댐(containment dam)인지 여부를 결정해야 할 것이다.

1단계: 적절한 위험물질 제어 기술(product control technique)이 선택되었는지 확인한다.

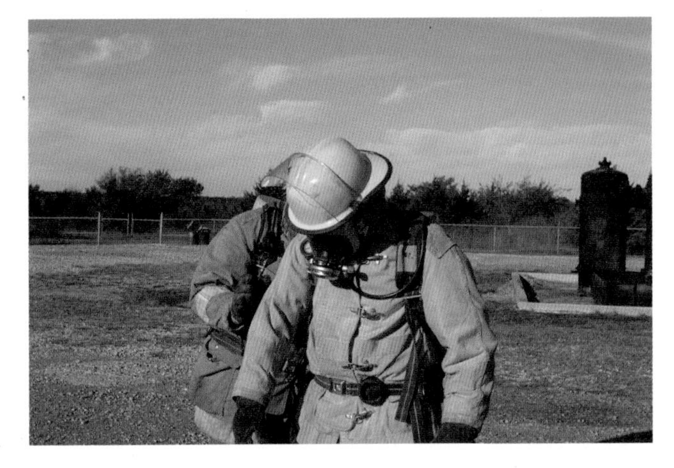

2단계: 제어 기능과 관련된 모든 대응요원들이 댐 쌓기(damming) 작업을 수행하기 위한 적절한 개인보호장비를 착용하였고 적절한 수공구를 선택하였는지 확인한다.

3단계: 댐 쌓기(damming) 작업을 효율적이고 안전하게 수행할 장소를 선택한다.

4단계: 가장 적합한 흡수제(sorbent)/흡착제(absorbent)를 선택한다.

5단계: 사고 완화(경감) 동안 의류와 같은 오염된 물질을 폐기 장소로 운반할 수 있도록 승인된 컨테이너(approved container)에 넣는다.

6단계: 해당 컨테이너를 밀봉하고 표식을 붙이고, 부서 기록을 위한 적절한 정보를 문서화한다.

7단계: 도구들을 제독한다.

8단계: 제독을 위해 제독선으로 이동한다.

9단계: 요구되는 보고서를 완료하고 문서화를 지원한다.

1단계: 적절한 위험물질 제어 기술(product control technique)이 선택되었는지 확인한다.

2단계: 제어 기능과 관련된 모든 대응요원들이 둑 쌓기(diking) 작업을 수행하기 위한 적절한 개인보호장비를 착용하였고 적절한 수공구가 선택되었는지 확인한다.

3단계: 둑 쌓기(diking) 작업을 효율적이고 안전하게 수행할 장소를 선택한다.

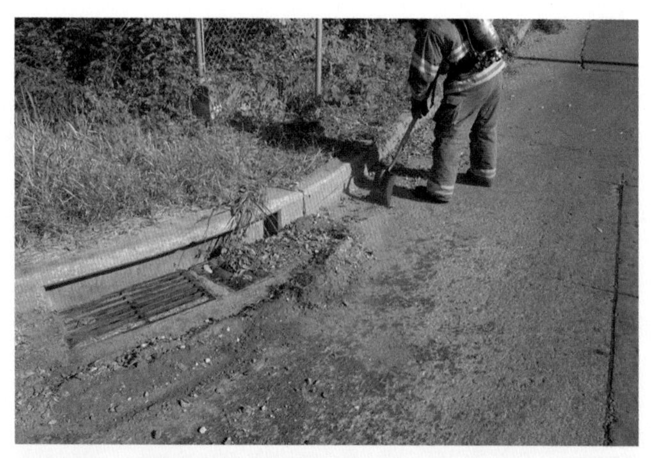

4단계: 해당 유출을 원하는 위치로 가장 효율적으로 제어하고 유도하는 방식과 장소에서 둑을 구성한다.

5단계: 사고 완화(경감) 동안 의류와 같은 오염된 물질을 폐기 장소로 운반할 수 있도록 승인된 컨테이너에 넣는다.

6단계: 해당 컨테이너를 밀봉하고 표식을 붙이고, 부서 기록을 위한 적절한 정보를 문서화한다.

7단계: 도구들을 제독한다.

8단계: 제독을 위해 제독선으로 이동한다.

9단계: 요구되는 보고서를 완료하고 문서화를 지원한다.

1단계: 적절한 위험물질 제어 기술(product control technique)이 선택되었는지 확인한다.

2단계: 제어 기능과 관련된 모든 대응요원들이 전환(우회, diversion) 작업을 수행하기 위한 적절한 개인보호장비를 착용하였고 적절한 수공구를 선택하였는지 확인한다.

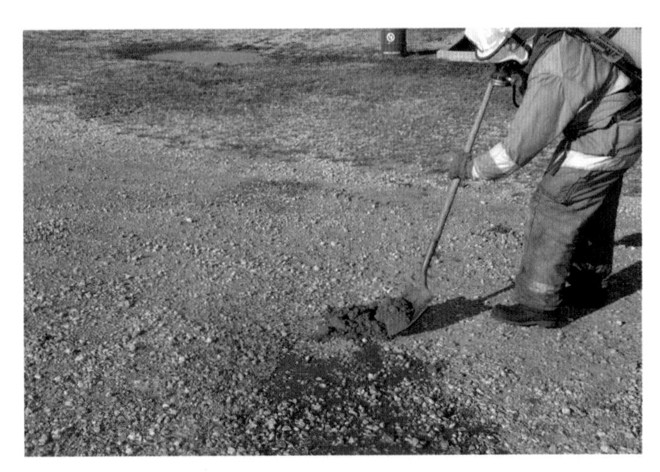

3단계: 전환(우회) 작업을 효율적이고 안전하게 수행할 장소를 선택한다.

4단계: 해당 유출을 원하는 위치로 가장 효율적으로 제어하고 유도하는 방식과 장소에서 전환(우회)을 구성한다.

5단계: 팀으로 일한다면, 수공구를 사용하여 흙(토양)을 부수고, 흙을 제거하고, 흙을 쌓고, 토양을 단단히 포장한다(쌓는다).

6단계: 사고 완화(경감) 동안 의류와 같은 오염된 물질을 폐기 장소로 운반할 수 있도록 승인된 컨테이너에 넣는다.

7단계: 해당 컨테이너를 밀봉하고 표식을 붙이고, 부서 기록을 위한 적절한 정보를 문서화한다.

8단계: 도구들을 제독한다.

9단계: 제독을 위해 제독선(decontamination line)으로 이동한다.

10단계: 요구되는 보고서를 완료하고 문서화를 지원한다.

1단계: 적절한 위험물질 제어 기술이 선택되었는지 확인한다.

2단계: 제어 기능과 관련된 모든 대응요원들이 격리(retention) 작업을 수행하기 위한 적절한 개인보호장비를 착용하였고 적절한 수공구가 선택되었는지 확인한다.

3단계: 격리 작업을 효율적이고 안전하게 수행할 장소를 선택한다.

4단계: 해당 누출의 유속을 평가하여, 격리 용기(retention vessel)의 요구되는 용량을 결정한다.

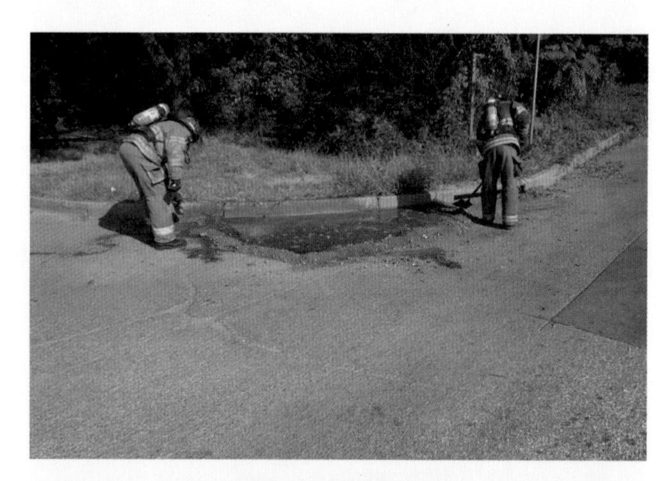

5단계: 팀으로 일한다면 위험 액체가 더 이상 흐르지 않도록 유지한다.

6단계: 사고 완화(경감) 동안 의류와 같은 오염된 물질을 폐기 장소로 운반할 수 있도록 승인된 컨테이너에 넣는다.

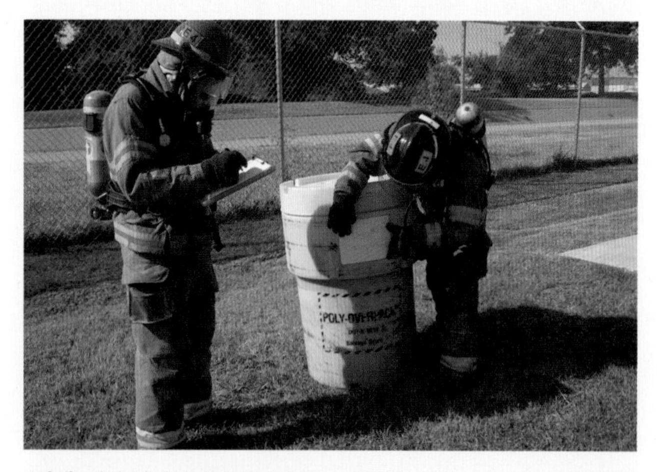

7단계: 해당 컨테이너를 밀봉하고 표식을 붙이고(label), 부서 기록을 위한 적절한 정보를 문서화한다.

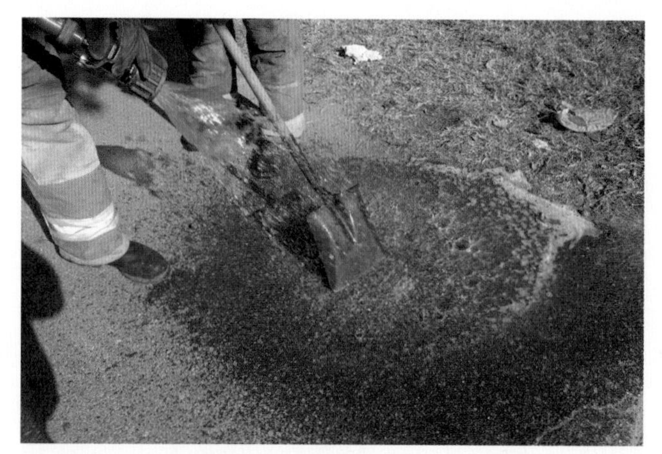

8단계: 도구들을 제독한다.

9단계: 제독을 위해 제독선으로 이동한다.

10단계: 요구되는 보고서를 완료하고 문서화를 지원한다.

1단계: 적절한 위험물질 제어 기술(product control technique)이 선택되었는지 확인한다.

2단계: 제어 기능과 관련된 모든 대응요원들이 증기 억제(vapor suppression) 작업을 수행하기 위한 적절한 개인보호장비를 착용하였는지 확인한다.

3단계: 증기 억제 작업을 효율적이고 안전하게 수행할 장소를 선택한다.

4단계: 유출된 위험물질의 양과 표면적을 평가한다.

5단계: 존재하는 위험물질의 유형에 적절한 폼(포, foam) 유형을 결정한다.

6단계: 팀으로 일한다면, 폼 발포기와 폼을 배치하고 거품을 적용할 위치로 호스와 폼 노즐을 전진시킨다.

7단계: 완성된 폼이 노즐에서 생성될 때까지 호스선에서 흐르도록 한다.

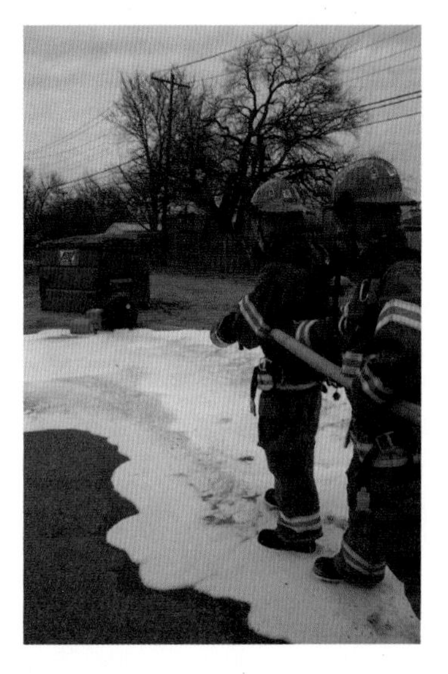

8단계: 완성된 폼을 전체 위험물질 유출 지역(entire hazardous material spill area)을 덮어 균일한 층을 형성하도록 적용한다.

9단계: 사고 완화(경감) 동안 의류와 같은 오염된 물질을 폐기 장소로 운반할 수 있도록 승인된 컨테이너에 넣는다.

10단계: 해당 컨테이너를 밀봉하고 표식을 붙이고, 부서 기록을 위한 적절한 정보를 문서화한다.

11단계: 도구들을 제독한다.

12단계: 제독을 위해 제독선(decontamination line)으로 이동한다.

13단계: 요구되는 보고서를 완료하고 문서화를 지원한다.

1단계: 적절한 위험물질 제어 기술(product control technique)이 선택되었는지 확인한다.

2단계: 제어 기능과 관련된 모든 대응요원들이 증기 분산(vapor dispersion) 작업을 수행하기 위한 적절한 개인보호장비를 착용하였는지 확인한다.

3단계: 증기 분산 작업을 효율적이고 안전하게 수행할 장소를 선택한다.

4단계: 팀으로 일한다면, 증기를 분산시키기 위해 증기운(구름)을 통과하여 약제를 적용할 수 있는 위치로 호스선을 전진시킨다.

5단계: 누출 농도, 풍향, 노출된 인원, 환경 영향 및 물줄기 효과를 지속적으로 모니터링한다.

6단계: 사고 완화(경감) 동안 의류와 같은 오염된 물질을 폐기 장소로 운반할 수 있도록 승인된 컨테이너에 넣는다.

7단계: 해당 컨테이너를 밀봉하고 표식을 붙이고, 부서 기록을 위한 적절한 정보를 문서화한다.

8단계: 도구들을 제독한다.

9단계: 제독을 위해 제독선(decontamination line)으로 이동한다.

10단계: 요구되는 보고서를 완료하고 문서화를 지원한다.

1단계: 적절한 위험물질 제어 기술(product control technique)이 선택되었는지 확인한다.

2단계: 제어 기능과 관련된 모든 대응요원들이 희석(dillution) 작업을 수행하기 위한 적절한 개인보호장비를 착용하였는지 확인한다.

3단계: 희석(dilution) 작업을 효율적이고 안전하게 수행할 위치를 선택한다.

4단계: 누출의 흐름 속도를 평가하여 격리 지역(retention area)으로 쓰기 위해 요구되는 용량과 물질을 희석시키는 데 필요한 물의 양을 결정한다.

5단계: 팀으로 일하는 경우, 누출(leak)을 지속 확인 및 평가하고, 격리 지역으로 호스선 및 도구를 이동시킨다.

6단계: 유출된 물질(spilled material)을 희석시키기(dillute) 위해 물을 흘려보낸다.

7단계: 격리 지역의 완전성(integrety)을 유지하기 위하여, 모든 둑(dike) 또는 댐(dams)을 지속 확인(모니터링)한다.

8단계: 사고 완화(경감) 동안 의류와 같은 오염된 물질을 폐기 장소로 운반할 수 있도록 승인된 컨테이너에 넣는다.

9단계: 해당 컨테이너를 밀봉하고 표식을 붙이고, 부서 기록을 위한 적절한 정보를 문서화한다.

10단계: 도구들을 제독한다.

11단계: 제독을 위해 제독선으로 이동한다.

12단계: 요구되는 보고서를 완료하고 문서화를 지원한다.

1단계: 적절한 위험물질 제어 기술(product control technique)이 선택되었는지 확인한다.

2단계: 제어 기능과 관련된 모든 대응요원들이 원거리 차단(remote shutoff) 작업을 수행하기 위한 적절한 개인보호장비를 착용하였는지 확인한다.

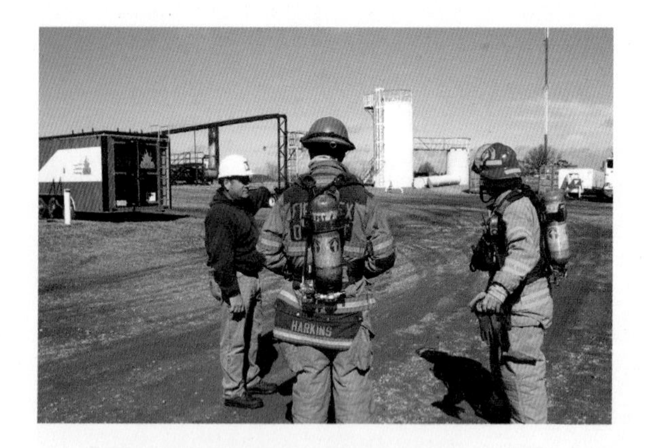

3단계: 비상 원거리 제어 밸브(emergency remote control valve) 및/또는 비상 차단 장치(emergency shutoff device)를 식별하고 위치를 확인한다.

a

b

c

4단계: 비상 원거리 제어 밸브(emergency remote control valve) 및/또는 비상 차단 장치(emergency shutoff device)를 올바르게 작동한다.

5단계: 필요한 경우 도구를 제독하고 제독을 위해 제독 선으로 이동한다.

6단계: 사고현장 지휘관(Incident Commander)에게 완료된 목표를 알린다.

7단계: 요구되는 보고서를 완료하고 문서화를 지원한다

NFPA 직무 수행 요구사항
(NFPA Job Performance Requirement)

이 장에서는 NFPA 1072의 다음 직무 수행 요구사항을 다루는 정보를 제공한다. 『위험물질/대량살상무기 비상 대응 요원 전문 자격에 대한 표준(Standard for Hazardous Materials/Weapons of Mass Destruction Emergency Response Personnel Professional Qualifications)』(2017판)

6.5.1

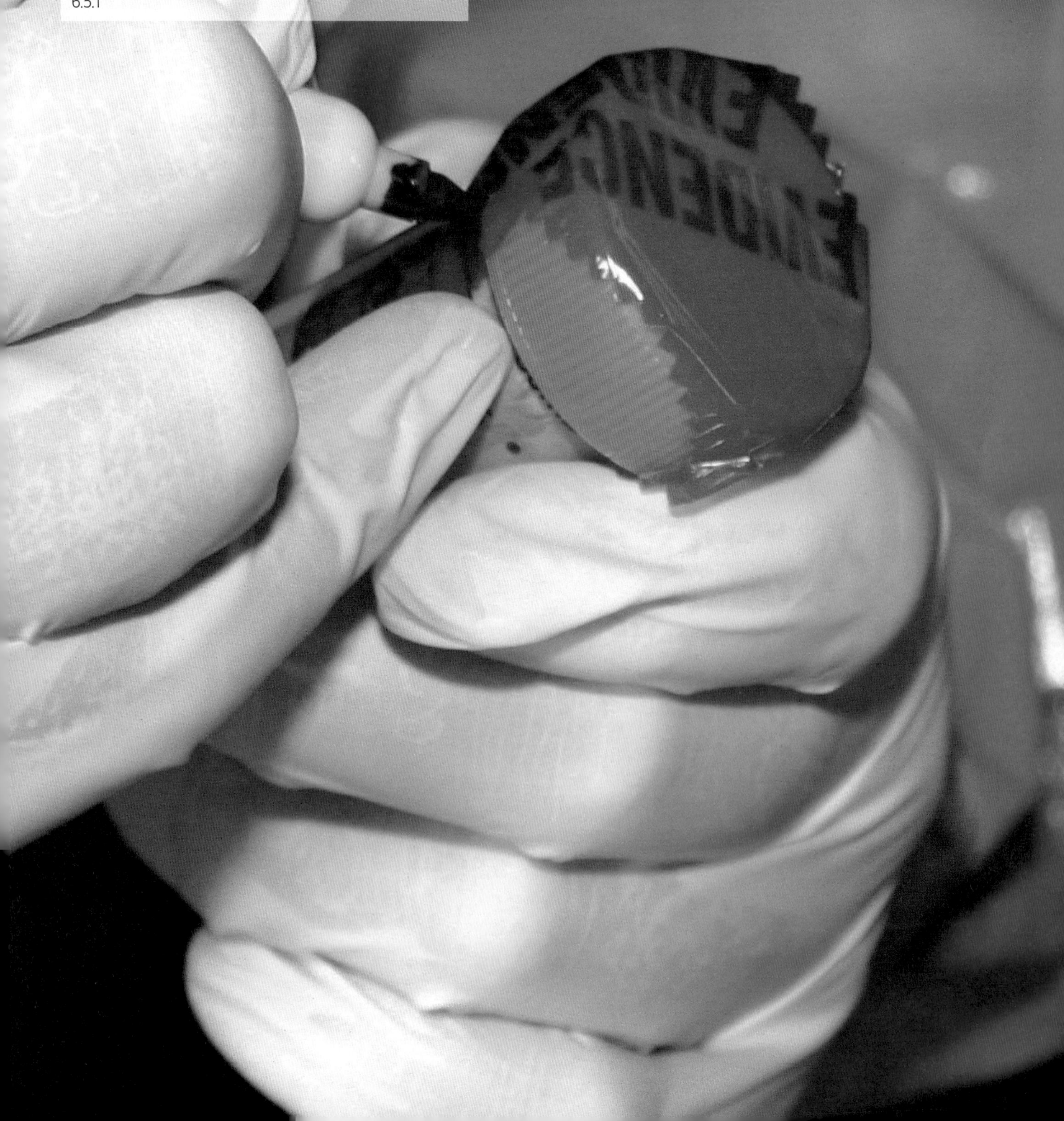

Chapter 14

대응 실행: '전문대응-임무특화 수준'의 증거 보존 및 시료 수집/이송

학습 목표

1. 위험물질/대량살상무기와 관련된 범죄 현장에서의 위험을 식별한다(6.5.1).
2. 조사(수사) 권한이 있는 기관 및 대원직원, personnel을 인식한다(6.5.1).
3. 범죄 위험물질/대량살상무기 사고(criminal hazardous materials/WMD incident)에 대한 대응 단계를 나열한다(6.5.1).
4. 사고 현장을 확보하는 과정을 설명한다(6.5.1).
5. 잠재적 증거를 식별, 보호 및 보존하는 절차를 설명한다(6.5.1).
6. 위험물질/대량살상무기 사고에서의 증거 보존 및 공공안전 판단용 시료수집 문서화의 유형을 식별한다(6.5.1).
7. 공공 안전 판단용 시료수집 수집에 대한 절차를 식별한다.
8. 증거 보존 및 시료수집을 보여준다(6.5.1; 기술자료 14-1).

이 장에서는

▷위험물질(hazardous material)/대량살상무기(WMD)와 연관된 범죄 현장(crime scene)에서의 위험(hazard)
▷수사 기관(investigative authority)
▷범죄 위험물질/대량살상무기 사고(criminal hazardous materials/WMD incidents)의 대응 단계(response phases)
▷사고현장 확보(securing the scene)
▷잠재적 증거(potential evidence)의 식별(identifying), 보호(protecting) 및 보존(preserving)
▷문서화(documentation)
▷공공 안전 판단용 시료수집(public safety sampling)

구조 대응활동(작전) 위험물질/대량살상무기 관련 범죄현장의 위험

Hazards at Crime Scenes Involving Hazardous Materials/WMD

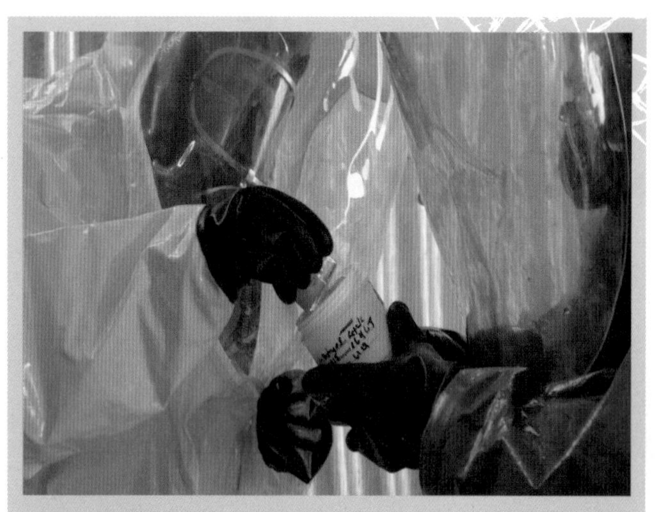

그림 14.1 증거물 시료 수집 과업을 수행하는 대응요원들은 해당 관할권의 요구사항에 맞게 행동할 수 있도록 반드시 훈련되어 있어야 한다.

대응요원들은 범죄 활동의 징후를 보았을 때, 잠재적 증거를 보존하고 보호하기 위해 반드시 법집행기관들과 협력해야 한다. 그들은 또한 범죄자에 대한 사건 증거 수집에 법집행기관을 돕도록 요청받을 수 있다.

범죄현장crime scene/대량살상무기WMD 사고에 배정된 전문대응 수준 대응요원operations level responder은 해당 관할권jurisdiction의 요구사항에 따라 반드시 훈련을 받아야 한다(그림 14.1). 또한 위험물질 전문가hazardous materials technician, 자문 전문가Allied Professional, 법집행요원law enforcement personnel 또는 이와 유사한 당국authority, 비상대응계획emergency response plan 및 표준작전절차standard operating procedure의 지침에 따라 대응활동(작전)을 해야 한다.

범죄 위험물질criminal hazardous material/대량살상무기 사고WMD incident, 환경 범죄environmental crime 및 불법 실험실illicit lab은 각각 특성, 위치, 관련된 위험이 크게 다르다. 이러한 차이점들을 감안할 때 대응요원들은 그들의 대응 조치들을 서로 변경해야 할 수 있다. 그러나 모든 작전은 이 매뉴얼 전반에 걸쳐 설명된 위험기반대응risk-based response의 원칙과 일치하는 사고관리체계IMS의 틀 안에서 반드시 수행되어야 한다.

그림 14.2 범죄현장을 처리하기 위해서는, 폭탄 및 부비트랩과 같은 위험을 반드시 제거해야 한다. 미국 연방수사국 제공.

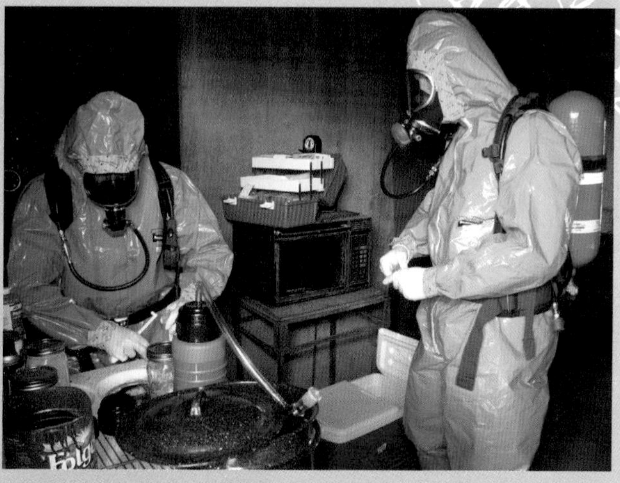
그림 14.3 현존하는 위험들과 수행하고 있는 임무는 범죄 현장에서 입는 개인보호장비를 결정한다.

일부 범죄 현장에는 위험물질팀이 진입하기 전에 위험장치 기술자hazardous device technician 또는 기타 전문가specialist가 반드시 안전하게 해제해야 하는 무장한 개인, 부비트랩 또는 폭발물 같은 위험들이 포함되어 있을 수 있다(그림 14.2). 사고에 존재하는 위험(정보, 경고 신호 및 탐지 단서에 대한 평가에 의해 결정됨)과 수행할 임무에 따라 개인보호장비PPE를 결정한다(그림 14.3).

제독 작전decontamination operation은 반드시 표준작전절차SOPs/표준작전지침SOGs에 일치하게 수행되어야 하며, 증거 보존preserving evidence에 주의를 기울여야 한다. 잠재적 범죄 위험물질/대량살상무기 사고에 대응하기 전에, 대응요원들은 관할 법률에 따르며 가용한 인력과 장비를 고려한 대응을 계획해야 한다. 계획대로 임무를 수행함으로써 대응요원들이 생명을 지키고, 사건(사고)을 안정화시키며, **법의학적 증거**[1]를 얻는 목표들을 달성할 수 있다.

불법 실험실(Illicit Laboratory)

불법 약물 실험실illicit drug lab을 운영하는 피험자는 불법 약물이나 화학chemical, 생물

1 **법의학적 증거(Forensic Evidence)** : 법원에서 사용될 수 있는 과학적 방법(scientific method)으로 얻은 증거로, 예를 들면 지문(fingerprint), 혈액 검사(blood testing), 탄도학(ballistics)이 있음.

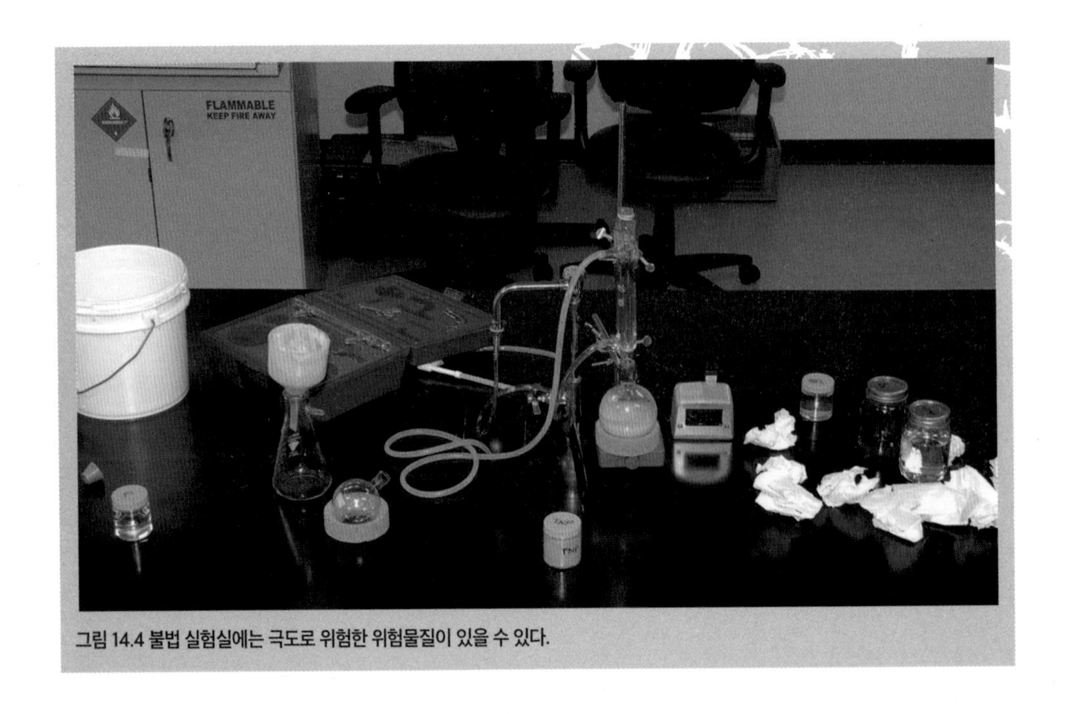

그림 14.4 불법 실험실에는 극도로 위험한 위험물질이 있을 수 있다.

학biological, 방사선학radiological 및 폭발성 물질explosive material의 창작자creator 및 배포자 distributor로 자신들의 생계를 유지하는 데 지대한 관심이 있으므로 무장한 경비원 armed guard, 공격 견 attack dog, 부비트랩booby trap이 해당 실험실을 보호하는 데 사용될 수 있다. 따라서 이러한 모든 것들은 증거 보존 및 수집 활동evidence preservation and collection activity이 시작되기 전에 반드시 무력화시켜야 한다.

범죄 활동이나 테러에 사용되는 물질을 만드는 실험실은 위험한 외부 보안 조치가 있을 수 있으며, 모든 유형의 실험실에는 불시단속 중에 우발적으로 유출될 수 있는 화학chemical, 생물학biological, 방사선radiological 및 폭발성 작용제explosive agent가 포함되어 있을 수 있다(그림 14.4). 법집행기관 전술팀과 위험장치 기술자들은 다른 작업을 시작하기 전에 우선 위협으로부터 안전한지 확인하고 폭발물의 위험으로부터 안전하게 만드는 것이 중요하다. 15장에서 불법 실험실에서의 작전에 대한 추가 정보를 제공한다.

대량살상무기 작용제의 유출(Release) 또는 공격(Attack)

위험물질hazardous material/대량살상무기WMD 공격에 다음의 품목들이 사용될 수 있다.

사례 연구(Case Sudy)

불법 실험실

한 보안관보(deputy sheriff)가 자신의 자치주(county)의 비자치 지역(unincorporated area)에 있는 빈 집에서 차량을 발견하고는 조사를 위해 차를 멈췄다. 그는 집에서 이상한 냄새가 나는 것에 주목하며 문을 두드렸다. 그가 문을 노크하자 한 남자가 집 뒤쪽에서 도망쳐 나갔다. 보안관보는 그 사람을 체포하고 심문했다. 심문을 하는 동안에 그 남자는 집에 마약 실험실이 있다고 인정했다.

보안관보는 파견자에게 통보하였으며, 자치주 자원봉사 소방서가 현장에 도착했다. 그 집은 고립된 지역(isolated area)에 있었기 때문에, 소방서는 집에 진입하지 못했다. 대신, 그들은 위험물질팀이 도착하기를 기다렸다.

일단 자치주 위험물질팀이 도착하자, 적절한 개인보호장비(PPE)를 착용하고, 실험실(the lab) 안의 실험실 장비(lab equipment) 및 화학물질(chemical)을 관찰하면서 집 안으로 진입했다. 그들은 기록을 하고, 사진을 찍고, 사고현장을 스케치했다. 자치주 법집행기관 법의학 검식 실험실 기술자(county law enforcement forensic laboratory technician)도 도착하여 위험물질팀이 증거를 수집하고, 포장하고, 표식하는 데 협조하였다.

교훈:

모든 증거가 수집된 후 적절한 사례 보고서(case report)가 작성되어 지역 검사(district attorney)에게 제출되었다. 나중에 지역 검사는 대법원에 그 사건(사례)을 제출했다. 대법원은 형사 재판에서 재판을 받는 용의자를 기소할 충분한 사실과 증거가 있음을 알았다. 재판 중인 형사 법원 판사는 모든 증거(evidence), 수집 방법(collection method) 및 시료 분석(sample analysis)에 대해 질문하고, 궁극적으로 배심원에게 제출할 수 있도록 받아들이는 것으로 판결했다.

- 폭발물(explosives)
- 생물학 독소(biological toxin)
- 유독 산업 화학물질(toxic industrial chemical)
- 생물학 병원균(biological pathogen)
- 방사선원(radioactive source)
- 화학 무기 작용제(chemical warfare agent)
- 급조 핵폭발 장치(improvised nuclear device)

증거 수집 과업evidence collection task을 시작하기 전 우선 유출release/공격attack 지역을 깨끗이 치워 대량살상무기WMD 위험으로부터 안전하게 해야 한다. 이러한 사고들에서의 작전operation에 대한 자세한 내용은 8장을 참조하라.

환경 범죄(Environmental Crime)

환경 범죄environmental crime는 공기air, 물water 토양soil을 오염시키는 유해 화학물질hazardous substance 및 위험 폐기물hazardous waste을 불법적으로 사용 및 폐기하는 행위와 연관되며, 이와 같은 행위는 심각한 상해serious injury, 만성질환chronic illness, 심지어 사망death 에까지 이르게 할 수 있다. 환경 범죄 사고현장은 무장한 소유자armed owner/운용자operator 또는 폭발 장치explosive device의 형태로 추가적인 위험이 포함될 수 있다. 법집행기관 전술팀law enforcement tactical team과 위험장치팀hazardous device team은 비상대응작전emergency operation이나 완화(경감) 활동mitigation effort과 같은 과업들을 시작하기 전에 이러한 위험을 제거하거나 무력화시켜야 한다.

수상한 편지 및 소포(택배)(Investigative Authority)

수상한 편지 및 소포(택배)와 관련된 사고에는 폭발물explosives, 생물학 물질biological material, 유해 화학물질hazardous chemical, 방사성 물질radiological material이 연관되었을 수 있다. 수상한 편지와 소포(택배)에는 폭발물explosives(우편 폭탄)과 가루(분말)가 자주 연관된다(그림 14.5). 가루(분말) 사고는 거짓일 수 있지만, 탄저균anthrax과 리신ricin은 모두 우편을 통해 가루(분말)로 보내졌다.

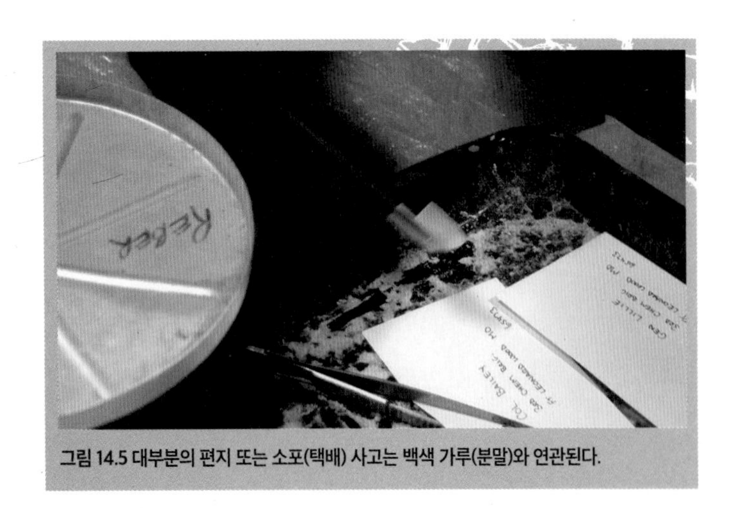
그림 14.5 대부분의 편지 또는 소포(택배) 사고는 백색 가루(분말)와 연관된다.

소포(택배)가 수상한 것으로 판단되면 대응요원들은 법집행기관 대원에게 추가적인 조사(수사)를 의뢰해야 한다. 이러한 유형의 사고에 대한 비상사태 대응을 위한 관할당국의 표준작전절차를 따른다. 수상한 소포(택배)에 대응하기 위한 국제소방대장협회International Association of Fire Chiefs; IAFC의 모범사례 절차는 이러한 유형의 사고에 대응하기 위한 지침을 제공한다.

수사 기관

Investigative Authority

증거 보존evidence preservation 및 공공 안전 판단용 시료수집public safety sampling 과업을 수행하도록 지정된 대응요원은 위험물질/대량살상무기 범죄에 대한 수사당국investigative authority을 반드시 식별할 수 있어야 한다. 일반적으로 위험물질 범죄 현장은 처음에는 현지(지역) 법집행기관의 관할권에 속한다. 범죄 유형, 위치, 연관된 물질 및 기타 요인에 따라 이러한 당국은 다른 기관으로 전환될 수 있다. 예를 들면 다음과 같다.

- 수많은 연방 법령에 따라 범죄가 테러 공격(terrorist attack)으로 판명되면 수사 당국은 미 연방수사국(Federal Bureau of Investigation; FBI)으로 전환된다.
- 미 마약단속국(DEA)은 연관된 약물(마약) 종류 및 수량에 따라 불법 약물 관련 범죄를 수사할 수 있는 관할권이 있다(그림 14.6).
- 연관된 물질의 유형 및 양에 따라 환경 범죄는 미 환경청(EPA)의 관할권 하에 있다.
- 미 우편 검사 서비스(Postal Inspection Service)는 수상한 편지 또는 소포(택배)와 관련된 사건을 수사한다.

여러 기관은 각 기관이 기소prosecution에서의 기득권을 가지고 있을 때 태스크 포스Task Force 여건에서 함께 일할 수도 있다. 표 14.1은 위험물질/대량살상무기와 연관된 범죄에 대해 조사 권한을 가지고 있을 수 있는 미국 연방기관U.S. Federal Agency의 목록을 제공한다.

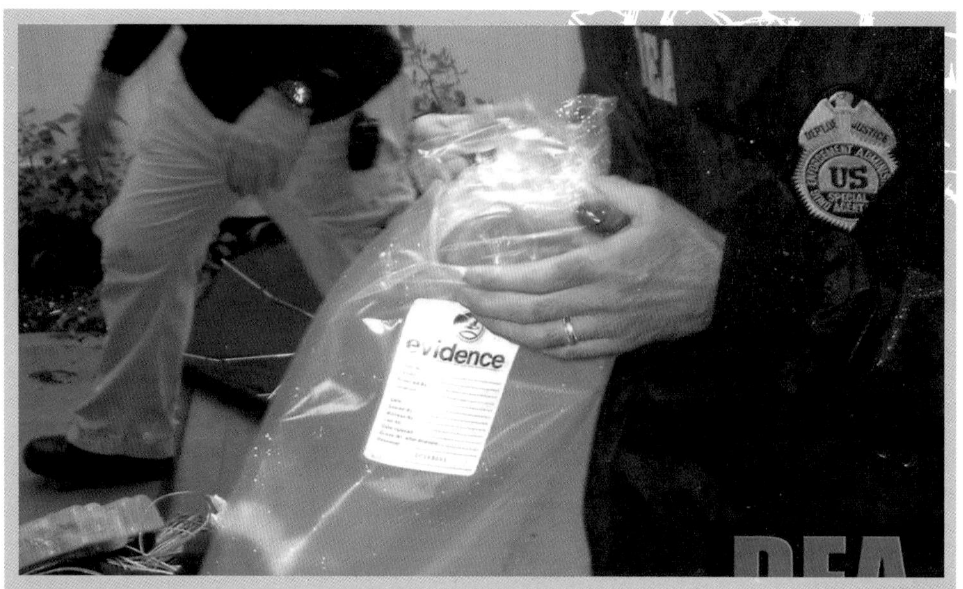

그림 14.6 미국에서 미 마약단속국(DEA)이 관련된 양과 유형에 따라 불법 약물(마약) 관련 사고에 대한 수사권을 가질 수 있다. 미 마약수사국(DEA) 제공.

주의(CAUTION)

모든 증거 수집 및 시료수집은 반드시 법집행기관 및 형사 사법 체계의 다른 구성원과 협력하여 수행되어야 한다. 법집행기관의 지침 또는 감독 없이 증거로 쓸 의도로 수집된 시료(표본; sample) 또는 품목은 형사 소송 중에 채택될 수 없을 것이다.

참고

공공 안전 판단용 시료 수집 및 보존을 수행하는 개개인들의 자격, 경험 및 지식은 형사 사건, 특히 연방법원이 연관된 경우 특히 면밀히 조사된다.

어떤 경우에는 여러 기관이 수사에 참여할 수 있다. 예를 들어 수상한 편지 또는 소포(택배)가 연관된 사건(사고)의 경우, 다음의 기관들이 모두 조사에 참여할 수 있다.

- 미 우편검사서비스(Postal Inspection Service)
- 미 연방수사국(Federal Bureau of Investigation)
- 미 주류, 담배, 화기 및 폭발물 단속국(Bureau of Alcohol, Tobacco, Firearms, and Explosives)
- 미 국가방위군시민지원팀(National Guard Civil Support Team)
- 미 보건소(Public Health Department)
- 지역 법집행기관(Local Law Enforcement Agency)
- 위험장치 기술자(Hazardous Device Technician)/군 폭발물 처리반(Military Explosive Ordnance Disposal; EOD) 대원

지역 비상대응계획에는 폭탄 처리반bomb squad과 같은 다른 기관의 지원(도움)을 요청하기 위한 적절한 절차가 상세히 작성되어 있어야 한다. 지역 수사 지침은 복잡하고 역동적이며, 지역(현지) 대응요원들은 해당 관할 절차에 반드시 익숙해야 한다. 전문대응 수준 대원(예를 들면, 지역 위험물질팀)이 합법적인 권한 내에 있는지 확인하고 현장에서 증거 보존evidence preservation 및 공공 안전 판단용 시료수집을 수행할 수 있는 적절한 교육을 받았는지 여부를 판단하기 위해 법집행당국(예를 들면, 해당 지구 또는 시 검사)에게 문의한다.

표 14.1
미 연방기관의 수사권

기관	수사권
미 연방수사국 (FBI)	미 연방수사국(FBI)은 200개가 넘는 연방 범죄 범주에 대한 수사 관할권을 갖고 있다. 최우선 순위는 5가지 영역에 할당되었다. (1) 대테러(counterterrorism) (2) 마약(drug)/조직 범죄(organized crime) (3) 해외 대정보(foreign counterintelligence) (4) 폭력 범죄(violent crime) (5) 사무직(화이트칼라) 범죄(white-collar crime) 또한 미 연방수사국은 기소를 고려하지 않는 문제에 대해서도 수사할 권한이 있다. 예를 들어, 여러 행정 명령의 권한 하에 미 연방수사국은 민감한 정부 직책을 담당하도록 지명된 사람들에 관한 안보 관련 배경검사를 담당한다. 미 연방수사국은 또한 국가 안보를 위태롭게 하는 것으로 의심되는 활동에 대한 정보를 얻을 수 있도록 대통령의 성명 또는 지시에 의해 지시받거나 승인 받는다.
미 환경청 (EPA)	미 환경청 요원(EPA agent)은 보건과 환경에 중대한 위협을 가하는 가장 중요하고 중대한 환경법 위반자를 수사한다.
미 마약단속국 (DEA)	미 마약단속국 수사(DEA investigation)는 규제 물질(controlled substance), 화학물질 전환(chemical diversion) 및 약물 거래(drug-trafficking)에 관한 연방 법 및 규정의 조항을 집행하는 미 마약단속국의 책임 하에 이뤄진다.
미 주류, 담배, 화기, 폭발물 단속국 (ATF)	미 주류, 담배, 화기, 폭발물 단속국(ATF) 수사는 증류주(distilled spirit), 맥주(beer), 포도주(wine), 담배(tabaco), 화기(firearm), 폭발물(explosives) 및 방화(arson)와 관련된 법을 집행하는 책임의 맥락에서 발생한다. 보다 구체적으로 주류, 담배, 화기 단속국(ATF)의 책임에는 1968년 총기 규제법(the Gun Control Act of 1968), 1970년 조직 범죄 규제법의 11장(Title XI of the Organized Crime Control Act of 1970,) 국가 총기 규제법(the National Firearms Act), 무기 수출 통제법(the Arms Export Control Act), 1986년 내국세입법 51 및 52장(Chapters 51 and 52 of the Internal Revenue Code of 1986), 연방 알코올 관리(Federal Alcohol Administration Act)가 있다.
미 우편검사서비스 (Postal Inspection Service)	미 우편검사서비스는 우편의 무결성(integrity) 및 안보(security)를 다루는 약 200개의 연방법 위반에 대한 수사를 담당하며, 우편 직원, 재산 및 작업 환경의 보호와 우편서비스의 수익 및 자산 보호를 한다.
미 국립공원관리청 (NPS)	국립공원관리청(National Park Service, NPS)은 다른 연방 법집행기관의 조사가 없는 경우 국립공원 체계 내에서 행한 미국에 대한 범죄를 수사할 책임이 있다. 미 국립공원관리청(NPS)은 또한 콜럼비아 특별구 내의 도로, 공원, 공원 도로 및 기타 연방 유보지역에 대한 권한을 가지고 있다. 미 국립공원관리청(NPS)이 참여하는 수사 유형에는 융화 범죄 법 수사(Assimilated Crimes Act investigation), 마약 단속, 환경 범죄, 인신 범죄 및 식물 및 야생 동물 밀렵, 고고학 장소 약탈, 유적지 파괴, 간단한 자원 약탈과 같은 자원 관련 범죄가 포함된다.

출처: 미국 정부 회계국(U.S. Government Accounting Office)

범죄 위험물질/대량살상무기 사고에서의 대응 단계

Response Phases at Criminal Hazardous Material/WMD Incident

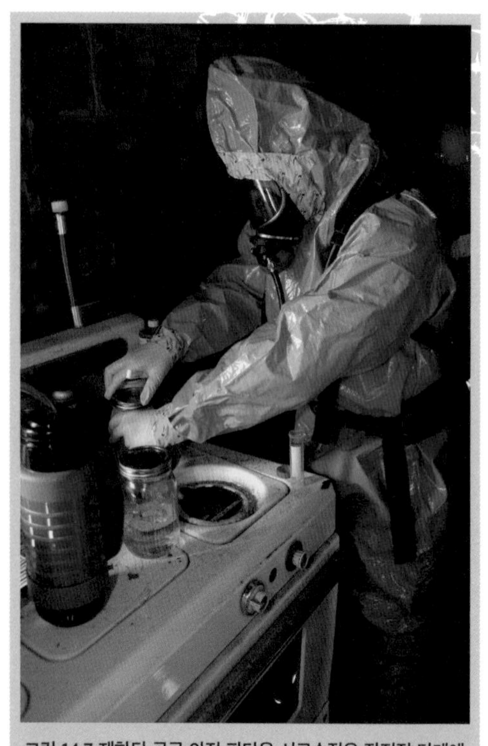

그림 14.7 제한된 공공 안전 판단용 시료수집은 작전적 단계에서 수행될 것이다.

범죄 위험물질criminal hazardous material/대량살상무기 사고WMD incident에는 네 개의 대응 단계response phase가 있다. 이러한 단계phase를 이해하면 초동대응자들이 위험물질hazardous material/대량살상무기WMD와 관련된 범죄 현장crime scene을 관리하는 방법과 다른 공공 안전 작전public safety operation과 관련하여 증거evidence를 수집하고 시료 수집sampling하는 과정을 이해할 수 있는 배경을 제공할 것이다. 수상한 범죄suspected crime 초기에 '통합 지휘unified command를 수립하는 것'은 사고가 연관된 모든 기관의 목표goals of all agencies involved를 확실하게 관리하는 데 중요한 결과를 초래할 것이다.

네 개의 대응 단계는 다음과 같다.

- **전술적 단계(Tactical Phase)** 법집행기관이 적대적인 위협을 제거한다. 예를 들어, 목표가 체포되고, 부비트랩이 무력화되고, 폭발 장치(explosive device)를 제거한다.
- **작전적 단계(Operational Phase)** 생명 안전 목표(life safety objective)를 달성하고 현장을 안정화시켜 확보한다. 첫 번째 우선순위는 생명 안전이지만 대응요원들은 해당 현장을 보존하기 위한 조치를 취해야만 한다.
  - 위험(hazard)을 식별하기 위해 제한된 공공 안전 판단용 시료수집을 실시한다.
  - 대피 결정을 내리는 데 도움을 준다.
  - 적절한 제독 방법을 결정한다.

- 노출된 피해자(요구조자)(exposed victim)의 치료(medical treatment)를 돕는다.
- 공공 안전 판단용 시료(public safety sample)는 범죄 현장 단계가 시작될 때 증거로 확인될 수 있기 때문에 수집하는 동안 지역적으로 인정된 시료수집 절차(규약)를 따른다(그림 14.7).

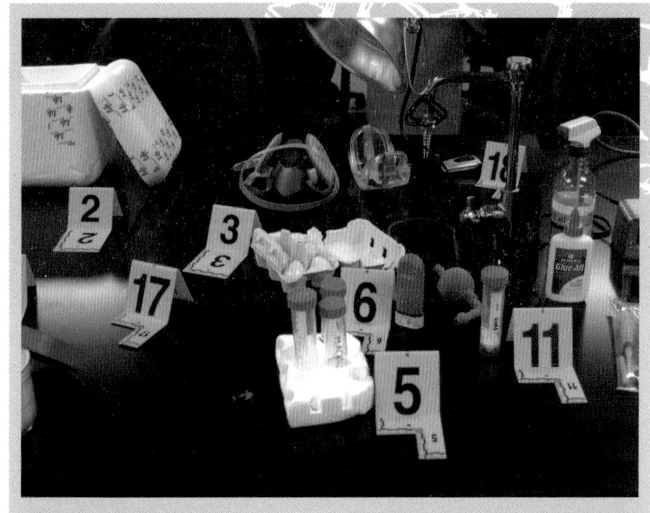

그림 14.8 범죄 현장 단계(crime scene phase)에서, 범죄 현장은 법의학적으로(forensically) 처리된다.

- **범죄 현장 단계(Crime Scene Phase)** 이 단계에서는 증거가 회수되어 운송용으로 포장되고 범죄 현장이 법의학적으로 처리된다(그림 14.8). 이러한 조치들은 수집된 자료가 주제를 기소하는 데 사용될 수 있으므로 적절한 법집행 규약에 따라 수행되어야 한다. 법집행기관은 필요한 경우 수색영장(search warrant) 및/또는 수색동의(search consent)를 얻어야 할 책임이 있다.

  이 단계에서 중요한 과업은 다음과 같다.
  - 개인 및 공공 안전(personal and public safety) 유지
  - 수집 전 증거 시료(표본)(evidence sample) 보호
  - 수집 중 및 수집 후 증거 시료(표본)(evidence sample) 보존
  - 해당 증거를 정확하게 문서화
  - 법의학 검식 실험실(forensic laboratory)로 이동하는 동안 증거물 보존의 연속성(chain of custody) 유지
- **보완 단계(Remediation Phase)** 이 단계에서는 현장을 안전한 상태로 되돌리기 위해 모든 남아 있는 위험을 완화(경감)하는 작전(작업)이 수행된다. 계약자 또는 적절한 연방당국이 일반적으로 개선보완을 수행한다.

사고현장 확보

Securing the Scene

최초 도착 시 대원(직원)의 안전은 주요 관심사항이다. 현장의 위험과 전술적 요구사항을 바탕으로 사고에 필요한 개인보호장비가 결정된다. 사고가 잠재적인 범죄 현장으로 인정되는 즉시 반드시 법집행기관에 통보해야 한다. 미국에서 대량살상무기WMD 또는 테러가 의심되는 경우 미 연방수사국 대량살상무기 조정관FBI WMD coordinator에게 연락한다(주로 현지 법집행기관을 통해 이루어짐).

현장에서 법의학적 증거forensic evidence가 존재할 가능성에 대해 특별한 관심과 고려가 필요하다. 가능한 경우 잠재적인 **일시적 증거**[2]를 인식하고, 식별하고, 보호한다. 해당 영장이 필요한 경우 법집행기관이 해당 영장을 발급받아 집행할 것이다. 초기 관찰 내용을 기록한다.

법집행기관 대응요원들은 접근 통제 지점access control point을 통해 보안 경계선security perimeter을 설정한다. 경계선이 확립되면 법집행기관은 해당 사고현장에 출입하는 모든 사람들의 입출입을 기록한다. 이러한 문서화는 인원 기록 책임 체계personnel accountability system의 사용과 연계되어 있으며, 해당 범죄 현장의 모든 인원에 대한 완전한 신원 확인이 이루어지도록 내부적인 확인을 제공한다.

---

2 **일시적 증거(Transient Evidence)** : 보존되지 않았거나 보호되지 않은 경우에 그 증거 가치를 상실하는 물질(물품)로, 예를 들면 빗속의 피

사고(사건)현장 보안 및 보호를 돕기 위해 대응요원들은 다음을 수행해야 한다.

- 현장에서 안전을 확보하고 유지하면서 이동, 장소 찾기 및 활동을 제한함으로써 개인이 물리적 증거를 변경/파괴하는 것을 방지한다.
- 현장에서 용의자 또는 **증인**[3]이 될 수 있는 모든 개개인들을 확보하고 분리한다. 잠재적 증인은 초동대응자를 포함하며 법집행기관에 의해 주목받는다.
- 구경꾼들이 증인인지 확인한다. 그렇지 않은 경우 현장에서 떠나도록 한다.
- 승인되지 않은 비필수 인원(예를 들면, 언론)을 현장에서 내보낸다.

기념품들을 가져가지 말아야 하며, 사고현장에서 찍은 사진이 증거가 될 수 있음을 기억한다.

3 **증인** : 재판관 또는 배심원단에게 사실적 증언을 제독하도록 요청받은 사람

잠재적 증거의 식별, 보호 및 보존

Identifying, Protecting, and Preserving Potential Evidence

증거evidence의 진정한 가치는 간단한 과학적 및 법적 규칙(표준작전절차SOP)을 준수하는 데 적절한 주의를 기울인 경우에만 실현될 수 있다. 이러한 규칙은 법원의 지침에 따라 물리적 증거가 첫 발견된 이후 최종 증거물로 나타나기까지의 과정을 규율해야 한다. 이러한 절차의 단계는 다음과 같이 설명될 수 있을 것이다.

1. 현장 보안 및 증거
2. 증거 발견
3. 증거의 문서화(사진 또는 스케치)
4. 개체 또는 샘플의 수집
5. 증거의 포장(포장을 적절하게 밀봉하는 것을 포함)
6. 실험실 제출(법의학 및 신분 확인용)
7. 실험실 검식(검사)
8. 예심 중(재판이 예정된)의 증거물 보존의 연속성
9. 법원으로의 운송
10. 법정 증거물

이번 절에서는 증거로서의 존립 가능성을 유지하는 데 중요한 주제들에 대해 설명한다.

- 증거물 보존의 연속성(chain of custody)
- 잠재적 증거(ipotential evidence)의 식별
- 증거 보호(protecting evidence)
- 증거 보존(preserving evidence)

증거물 보존의 연속성(Chain of Custody)

반드시 법집행기관은 관할당국의 증거물 보존의 연속성 절차chain of custody procedure에 따라서 모든 증거를 처리해야 하며, **증거물 보존의 연속성**[4]에 맞게 문서화시켜 법집행기관의 증거 보호감독관law enforcement evidence custodian에게 전달해야 한다. 증거물 보존의 연속성은 발견된 시점부터 최종적으로 폐기되거나 반환될 때까지 증거물 품목을 추적하는 실무권장지침이다. 증거물 보존의 연속성은 과정 전반에 걸쳐 해당 품목에 대한 시각적 또는 물리적 제어(통제)를 유지하는 각 사람의 이름을 반드시 포함시켜야 하는 문서화된 역사written history이다(그림 14.9). 증거물 보존의 연속성chain of custody 내의 각 사람은 법원으로의 소환 영장subpoena을 발부받을 후보자이다.

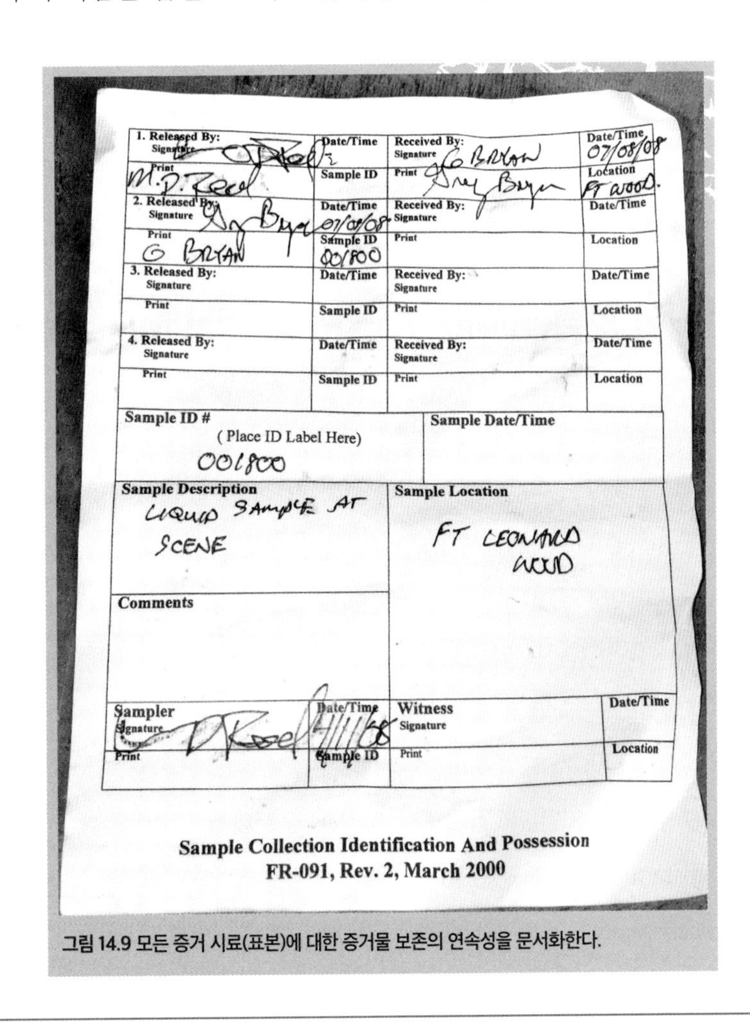

1. Released By: Signature	Date/Time	Received By: Signature G BRYAN	Date/Time 07/08/08
Print M. D. REED	Sample ID	Print	Location FT WOOD
2. Released By: Signature	Date/Time 07/08/08	Received By: Signature	Date/Time
Print G BRYAN	Sample ID 001800	Print	Location
3. Released By: Signature	Date/Time	Received By: Signature	Date/Time
Print	Sample ID	Print	Location
4. Released By: Signature	Date/Time	Received By: Signature	Date/Time
Print	Sample ID	Print	Location

Sample ID # (Place ID Label Here) 001800	Sample Date/Time
Sample Description LIQUID SAMPLE AT SCENE	Sample Location FT LEONARD WOOD
Comments	

Sampler Signature	Date/Time	Witness Signature	Date/Time
Print	Sample ID	Print	Location

Sample Collection Identification And Possession
FR-091, Rev. 2, March 2000

그림 14.9 모든 증거 시료(표본)에 대한 증거물 보존의 연속성을 문서화한다.

---

4 **증거물 보존의 연속성(Chain of Custody)** : 어떠한 자료를 증거로 인정하기 위해 반드시 법정에서 확립되어야만 하는 물리적 증거(physical evidence)의 소유에 대한 지속적인 변경사항. 법정에서 물리적 증거를 입수하기 위해서는 법정에서 제시될 때까지 증거의 불일치로 인한 각 소유권의 변경을 문서화하는 책임성에 대한 증거 기록(evidence log of accountability)이 있어야 한다.

> **참고**
> 증거를 차량에 보관한 경우, 차량에 얼마나 오래 있었는지와 그 시간 동안 차량이 얼마나 안전했는지에 대한 정보를 포함한 증거 형식을 참고한다.

증거물 보존의 연속성에 대한 궁극적인 책임은 법집행기관 관할당국이 맡지만, 공공 보건 시료(표본)public health sample를 취하는 대응요원은 이러한 연속성chain을 수립하는 데 필요한 정보를 제공할 준비가 반드시 되어 있어야 한다. 증거물 보존의 연속성이 성공적으로 유지되도록 보장하기 위해서, 대응요원들은 표준작전절차SOP를 따라야 하며 다음의 정보를 제공할 준비를 해야 한다.

- 이름, 식별번호 및 직위(계급)
- 기관
- 날짜
- 증거의 소유가 변경된 시간
- 시료(표본; sample)를 얻은(수집한) 특정 위치
- 사건 번호 또는 사건 식별자(적절한 경우)
- 시료(표본)가 공개된 시점 및 받은 사람(일부 증거물 보존 양식은 누가 증거를 받았는지도 질문한다)

잠재적 증거의 식별(Identifying Potential Evidence)

도착하자마자 사고(사건)현장에 있는 모든 것을 잠재적 증거potential evidence로 간주한다. 따라서 초동대응자는 가능한 해당 현장을 어지럽히지 않도록 노력해야 한다. 법집행기관 대원(직원)은 수사, 자료 수집, 추정(가설) 수립 및 시험을 통해 관련된 증거 품목을 식별한다.

대체로 증거는 특정 추정(가설)을 증명하거나 반증하기 위해 사용될 수 있는 모든 자료이다. 증거는 보통 증언을 뒷받침하기 위해 사용되지만 때로는 그 자체로서 효용을 가진다. 증거의 세 가지 주요 분류는 다음과 같다(그림 14.10).

- **직접적(Direct)** 추가적인 지원없이 입증할 수 있는 오감을 통해 발견되는 사실
- **추론적(Circumstantial)** 직접적 또는 물리적 증거로 형성된 추정 또는 추론을 뒷받침하는 사실
- **물리적(Physical)** 사실을 입증하거나 반증하는 경향이 있는 수사 중에 평가된 물질적 개체

증거의 분류evidence classification는 중복될 수 있다. 일반적으로 증거 유형은 누군가가 관찰할 수 있는 것(직접적 증거direct evidence), 누군가가 가질 수 있는 것(물리적 증거physical evidence), 또는 누군가가 결론지을 수 있는 것(추론적 증거circumstantial evidence)로 분

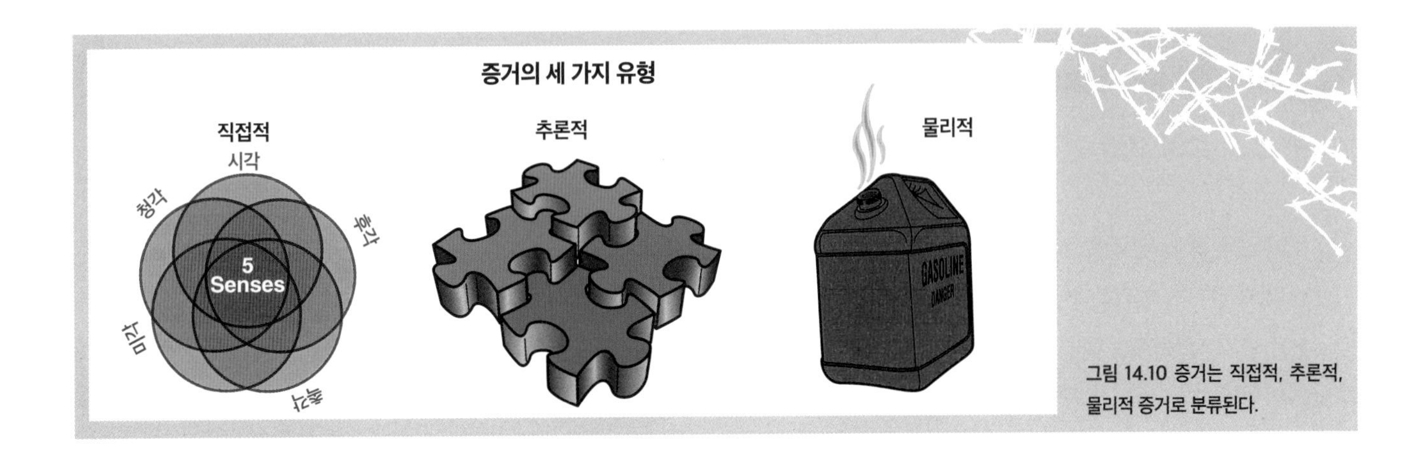

그림 14.10 증거는 직접적, 추론적, 물리적 증거로 분류된다.

증거 보호(Protecting Evidence)

현장을 확보하는 것은 증거evidence를 보호하는 중요한 단계이다. 불필요한 사람들을 그 지역 밖으로 내보내고, 가능한 한 해당 현장을 어지럽히지 않는다.

가능한 경우 수집 전까지 의심되는 증거를 원래의 위치에 그대로 둔다. 의심되는 증거를 어지럽혀짐으로부터 보호하려면 바리케이드, 교통 표지 또는 기타 수단을 사용하여 잠재적 증거가 있음을 대원들에게 알린다.

증거 보존(Preserving Evidence)

초동대응자는 수사관이 도착할 때까지 그 발견된 시간과 장소에서 증거를 보호하고 보존해야 할 수도 있다. 대응요원들은 절대적으로 필요하지 않는 한 증거를 수집하거나 처리해서는 안 되지만, 몇몇의 증거들은 보존하지 않으면 증거가 손상되거나 파괴될 수 있다. 이러한 경우 초동대응자는 이동하고, 수집하고, 덮거나, 혹은 물리적 증거physical evidence를 확보해야 할 수 있다(그림 14.11). 취해진 모든 행동에 대한 문서화는 수사를 위한 증거 구성요소를 갖추기 위한 무결성evidentiary integrity을 유지하는 것이 굉장히 중요하다. 여기에는 적절한 수집 기술collection technique의 활용과 증거물 보관의 연속성chain of custody의 보존preservation이 포함된다. 예를 들어, 호스선hoseline 환경 조건environmental condition으로 인한 물은 발자국을 씻어낼 수 있으므로, 대응요원들

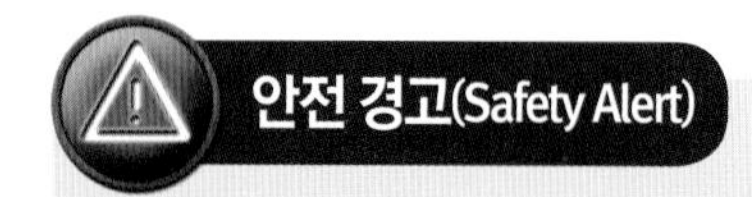

증거 보호의 모범 실무권장지침

잠재적인 범죄 현장에서는 다음 활동을 수행하지 않는다.

- ▶ 담배 연기 또는 씹는 담배
- ▶ 전화기 사용 또는 욕실 사용
- ▶ 먹거나 또는 마시는 행위
- ▶ 물건을 옮기는 것[사고 현장에 있는 사람들의 안전과 복지(well-being)를 위해 필요한 경우 제외]
- ▶ 온도조절장치 조절
- ▶ 장비, 조명, 전기기구 및 전기 차단기를 포함한 장비의 전원 상태 변경(켜기 또는 끄기)
- ▶ 문 또는 창문 열기(개방)
- ▶ 불필요하다면 아무것도 만지지 않기
- ▶ 이동시킨 물품의 위치 재조정
- ▶ 사고현장에 설치한 경계선 내의 쓰레기 또는 침 그대로 두기

그림 14.11 초등대응자는 물리적 증거를 덮어두거나 보존해야 할 수 있다.

은 파괴되거나 손상되기 전에 사진을 찍고, 보호하고, 문서화해야 한다.

초동대응자가 증거를 처리하거나 수집하면, 그 사람은 해당 증거물 보관의 연속성의 연결선이 된다. 초동대응자는 가능한 한 빨리 모든 조치를 정확하게 문서화해야 한다. 이 개인이 나중에 법정에 출두해야 할 수도 있다.

문서화 Documentation

문서화documentation는 다양한 방법으로 수행될 수 있다. 문서화에 대한 지역(현지) 절차는 관할권마다 다르다. 대응 계획이 절차 또는 요구사항을 준수하는지 확인한다. 모든 사고현장 문서화는 법정에서 **개시**[5]될 수 있다. 따라서 철저하고 정확하게 작성되어야 한다. 문서화의 예는 다음과 같다.

- 비디오
- 사진(그림 14.12)
- (영상의) 스틸(still) 사진
- 시료(표본) 기록(sample log)
- 사고 조치 계획(incident action plan)
- 현장 안전 계획(site safety plan)

위험물질hazmat/대량살상무기WMD 사고현장에서의 조치 및 관찰사항에 대한 모든 문서는 범죄 현장 수사관(조사관)에게 전달된다. 개별의 대응요원들은 이러한 관찰사항들에 대해 증언하기 위해 전화를 할 수 있다. 비상대응요원들는 채택할(될) 수 없는 증거inadmissible evidence로 인한 문제들을 피하기 위해 관할권을 가진 법집행기관과 반드시 조정 협력해야 한다. 지방의 지역 검사와 협력하여 어떤 절차를 반드시 따라야 하는지 파악한다. 해당 절차가 시작되기 전에 이러한 지침을 얻어 표준작전절차 및 표준작전지침SOP/G에 통합한다.

범죄 현장을 담당하는 법집행기관 수사관은 범죄 현장 수사와 관련된 보고서 및 기타 문서를 사건 파일로 집계한다. 이 파일은 사고현장에서 취해진 조치 및 수집된 증거에 대한 기록일 것이다. 이러한 문서화를 통해서 수행된 작업에 대한 독립적인

5 **개시(Discovery)** : 원고(일방)가 상대방(피고)으로부터 혐의를 증명할 수 있는 정보를 얻는 수단

그림 14.12 사진은 현지 절차 및 요구사항을 준수하는 한 사건(사고)현장을 문서화하는 좋은 방법이다.

검토가 허용되며 이뤄질 것이다.

고위 법집행기관 수사관은 범죄 현장 사건 파일에 대해 다음과 같은 몇 가지 항목들을 얻을 것이다.

- 초기 대응 책임관(지휘관)의 문서
- 화재진압 및 위험물질 대응 대원의 보고서(fire and hazmat personnel report)
- 응급 의료 대원(구급대원)(병원 직원 포함) 문서
- 진/출입 관련 문서(entry/exit documentation)
- 사진/비디오(영상, video)
- 범죄 현장 스케치/도식(도해)
- 증거 문서
- 동의서 또는 수색영장에 대한 기록
- 사고(사건)현장 안전 계획(site safety plan)
- 사고 조치 계획(incident action plan)
- 행정적 기록
- 대응요원 관찰사항
- 법의학/전문가 보고서(forensic/technical report)와 같은 보고서(사용 가능해진 때)

공공 안전 판단용 시료 수집

Public Safety Sampling

전문대응 수준 대응요원operations Level responder은 의료 지원을 위해 오염물질 또는 의심되는 오염물질을 파악하고, 상황을 최선으로 경감(완화)시키는 방법을 결정하거나 필요한 제독 유형을 결정하기 위해 **공공 안전 판단용 시료(표본)**[6]를 수집해야 할 수 있다.

범죄 의도로 발생하는 사건(사고)에 대응할 때, 시료(표본)는 증거가 될 수 있다(그림 14.13). 이 증거는 범죄 수사와 기소를 위해 법집행기관 대원(직원)에게 중요하다. 사실 범죄 위험물질/대량살상무기 사고(사건)에 대한 증거물 보존evidence preservation 및 **공공 안전 판단용 시료 수집**[7]은 생명 보존 및 위험 완화(경감) 이후 최우선 사항이다. 적절한 절차에 따라 대응요원들은 공공 안전 판단용 시료를 수집하고, 증거를 보존하고, 법집행기관의 지시에 따라 용의자에 대한 체포를 돕고, 재발을 예방할 수 있는 증거를 수집할 수 있다. 해당 사고현장의 모든 것은 증거로 간주될 수 있으며, 훈련된 증거 기술자가 도착하여 해당 상황을 평가할 때까지는 그것의 법의학적 가치를 인정받지 못할 수 있다.

공공 안전 판단용 시료 수집은 범죄 혐의로 의심되는 경우 수행된다. 이러한 사고들은 종종 식별할 수 없고, 잠재적으로 휘발성이 있으며, 특이한 위험이 있다. 이

---

6 **공공 안전 판단용 시료(표본)(Public Safety Sample)** : 사고에서 수집된 위험물질(hazardous material)은 대응(reponse) 및 경감(완화)(mitigation) 가용한 방법(option)를 알리는 데 도움을 주기 위해 사용됨

7 **공공 안전 판단용 시료 수집(Public Safety Sampling)** : 위험물질(대량살상무기) 사건(사고)에서 발견된 물질을 수집하여, 법의학적으로 사용 가능하고 법적으로 방어 가능한 시료(표본; sample)로 만드는 기술(technique). 대응 및 완화(경감) 가용한 방법(response and mitigation options)을 결정할 때 시료(표본)가 자주 사용됨

그림 14.13 범죄 사고(사건)에서 공공 안전 판단용 시료가 증거가 될 수 있다.

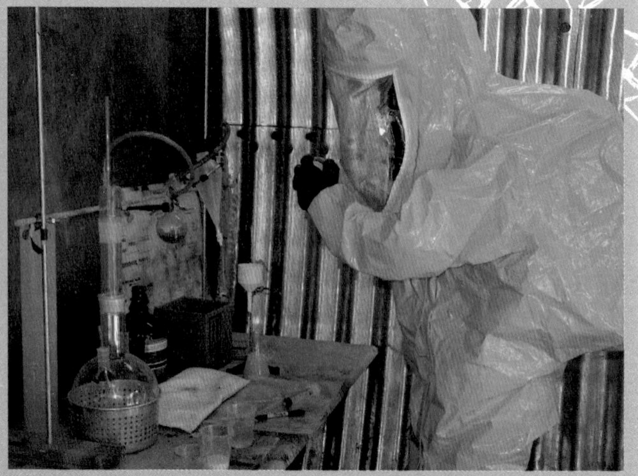

그림 14.14 공공 안전 판단용 시료수집은 의심스러운 사건(사고) 시 잠재적인 위험물질을 분류하기 위해 수행된다.

러한 이유로 위험물질 대응 작전hazmat response operation은 다른 사고(사건)와 다소 차이가 있으며, 예를 들면 법집행의 개입과 2차 장치secondary device의 존재 가능성으로 인한 극도의 주의가 필요하다.

공공 안전 판단용 시료 수집public safety sampling은 현장에서의 위험 및 공공 안전에 대한 모든 위협을 파악하기 위한 잠재적인 위험물질을 분류하기 위해 수행된다(그림 14.14). 공공 안전 판단용 시료(표본)는 위험 평가risk assessment, 건강health, 제독decontamination 및 이와 유사한 조치에 사용된다. 공공 안전 판단용 시료 수집은 다음 질문에 답하는 데 사용된다.

- "이 건물은 사용하기에 안전한가?"
- "언제 피고용인(직원)들이 ____로 돌아갈 수 있나?"(공항, 시장 집무실, 마트, 지하철, 건물, 사무실)
- "피고용인(직원)들이 제독을 받아야 하나?"
- "_____를 폐점(폐쇄)해야 하나?"(공항, 시장 집무실, 마트, 지하철, 건물, 사무실)
- "이 흰색 가루(분말)는 위험한가?"
- "위험의 크기 및 범위는 어떠한가?"

공공 안전 판단용 시료 수집 중에 사용되는 단계들은 이번 절에서 설명된다.

- 사고(사건)현장 특정짓기(characterizing)
- 시료(표본) 수집(collecting sample)

• 현장 간이시험용 시료(field screening sample)

• 증거 검식 실험실(evidence laboratory)

'기술자료 14-1'에서는 증거 보존evidence preservation 및 시료 수집sampling에 대한 단계들의 광범위한 집합을 제공한다.

참고

관할당국 절차 및 요구사항(AHJ procedures and requirement)에 맞게 보호 및/또는 수집되지 않은 증거 및 시료(표본)는 법원에서 증거로 받아들여지지 않을 수 있다.

사고(사건)현장 특정짓기(Characterizing the Scene)

위험 특정짓기hazard characterization는 불명의 것에 대한 식별(확인)이 아니다. 위험 특정짓기는 알려진 요소를 제거하는 것으로서, 다음과 같은 일반적인 현장 간이시험 장비field screening equipment를 사용하여 현장 간이시험 기술field screening technique을 통해 일반적으로 결정되는 것이다.

• (방사선)알파선(alpha), 베타선(beta) 및 감마선(gamma) 탐지장비(detector)

• 부식성 및 산화제 (탐지)종이(corrosivity and oxidizer paper)

• 불화물 (탐지)종이(fluoride paper)

• 산소(O_2), 휘발도(volatility), 인화성(flammability) 및 군사 화학 작용제(chemical warfare agent) 탐지기

해당 사건(사고) 현장 및 가능한 위협들을 **특정짓기**[8] 위해 초기 탐지monitoring 및 식별detection이 수행되어야 한다. 위험물질팀은 다음 사항을 탐지할 준비를 해야 한다.

• 알파, 베타 및 감마 방사선(alpha, beta, and gamma radiation)

• 부식성 물질(corrosives)[부식성 대기(corrosive atmosphere) 및 부식성 액체(corrosive liquid)]

• 인화성 물질(flammables)

• 산소 백분율(percentage of oxygen)

• 휘발성 유기 화합물(Volatile Organic Compound; "VOC")[이는 유독성 산업 화학물질(toxic industrial chemical) 및 군사 화학 작용제(chemical warfare agent)를 포함할 것이다]

참고

법집행기관의 목적 및 증거 구성요소를 갖추기 위해서 현장에서 품목을 식별할 필요는 없으며, 오직 안전한 포장, 운송 및 적절한 수령할 법의학 검식 연구소 선정을 위해 분류해야 한다.

8 **사고(사건)현장 특정짓기(Site Characterization)** : 현장(site)의 위험(hazard), 문제점(problem) 및 잠재적 해결책(potential solution)의 평가(size-up and evaluation)

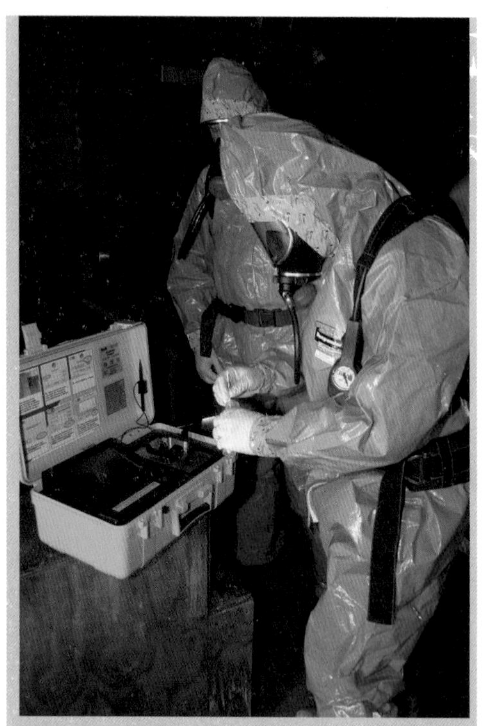

그림 14.15 가능하다면 수집하기 전에 시료(표본)를 현장 간이 시험한다.

현장 간이시험 시료 (Field Screening Sample)

시료(표본)를 수집하기 전에 대응요원은 실험실laboratory로 운반하기 전에 특정 위험을 식별할 수 있도록 반드시 현장 간이시험field screen을 해야 한다. 이러한 시험은 시료(표본)에 대한 포장packing, 운반transporting 및 실험실 시험lab test 수행과 관련된 개개인들의 안전을 보장하기 위해 필요하다. 위험물질팀 또는 자격을 갖춘 대원이 모든 현장 간이시험field screened을 수행해야 한다. 일단 위해 요소가 특정되고characterize(현장 간이시험) 문서화되면 해당 물질을 포장하고, 재포장하고, 적절한 실험실로 운반할 수 있다.

현장 간이시험 전에 위험 장치 기술자hazardous device technician가 모든 잠재적 폭발물을 제거했는지 확인해야 한다. 대응요원들은 또한 잠재적으로 충격에 민감한 폭발물 및 반응성 화학물질의 지표가 되는 결정화된(결정체를 이룬) 물질이 뇌관 및 컨테이너 주변에 있는지 확인해야 한다.

현장 간이시험을 하기 위해 대응요원들은 환기가 잘 되는 옥외의 적합한 작업 공간을 조성해야 할 것이다. 이상적으로는 시료(표본)는 수집 전에 현장에서 현장 간이검사를 받아야 한다(그림 14.15). 물질의 시료수집 과정은 11장에서 논의된다. 부록 E에서는 현장 간이검사 표(양식)를 제시한다.

시료 및 증거 보호(Protecting Sample and Evidence)

교차 오염cross-contamination은 그것의 방지를 위한 예방조치가 취해지지 않으면 쉽게 발생할 수 있다. 시료 수집 장비sampling equipment가 시료(표본) 자체가 아닌 멸균되지 않은 표면non-sterile surface에 닿은 경우에는 더 이상 사용할 수 없다. 각 시료 수집 절차는 새롭고 살균된 장비로 수행되어야 하며 직원은 각 개별 시료 사이에 장갑을 교체해야만 한다. 법집행기관 및/또는 증거 검식 실험실evidence lab에서는 오염된 지역에서 대조 시료control sample를 채취해야 할 수도 있는 규약을 제공한다.

시료 간 교차 오염을 방지하려면 다음과 같이 한다.

• 두 명의 깨끗한 시료수집 팀원을 확보한다.

• 각 시료에 샘플(이름)과 봉인 번호를 주의 깊게 표시한다.

• 상용의 위험물질 시료 포장 장비를 사용한다.

• 시료 자체가 아닌 멸균되지 않은 표면에 닿은 모든 시료수집 장비는 폐기한다.

시료 수집 방법 및 장비(Sampling Methods and Equipment)

시료(표본)와 증거는 다양한 형태로 나타날 수 있다. 현재 물질의 특정 유형과 해당 물질의 양은 필요한 시료 수집 방법 및 장비를 결정한다. 수상한 편지 및 소포(택배)의 경우 편지, 봉투, 또는 소포(택배)(또한 동봉된 위험물질)의 전체가 물리적 증거로 취급되어야 한다.

초기 탐지 결과는 잠재적 위협과 현존하는 오염물질의 유형(방사선학radiological, 생물학biological, 화학chemical 복합적combination)을 분류해야 한다. 이 정보로 법집행기관 수사관은 올바른 시료 수집 방법을 더 잘 결정할 수 있다.

시료 수집(Collecting Sample)

적절한 개인보호장비를 착용하고 기관의 시료 수집 계획에 따라 증거를 수집한다. 시료 수집 계획은 지역 또는 연방 규약(프로토콜)에 따라 다양하지만 대부분 다음과 같은 시료 수집 단계가 포함된다.

1. 해당 관할당국(AHJ) 및 해당 증거를 받는 실험실이 합의한 체계를 사용하여, 차단 구역에 진입하기 전에 증거용 용기(evidence container)를 준비한다.
2. 현장 노트북에 시료(표본)의 위치, 상태 및 기타 관련 정보를 기록한다.
3. 해당 시료 용기 번호(sample container number)가 해당 재포장 용기 번호(overpack container number)와 일치하는지 확인한다.
4. 해당 시료 용기(sample container)를 흡수성 물질(absorbent material)로 감싼다.

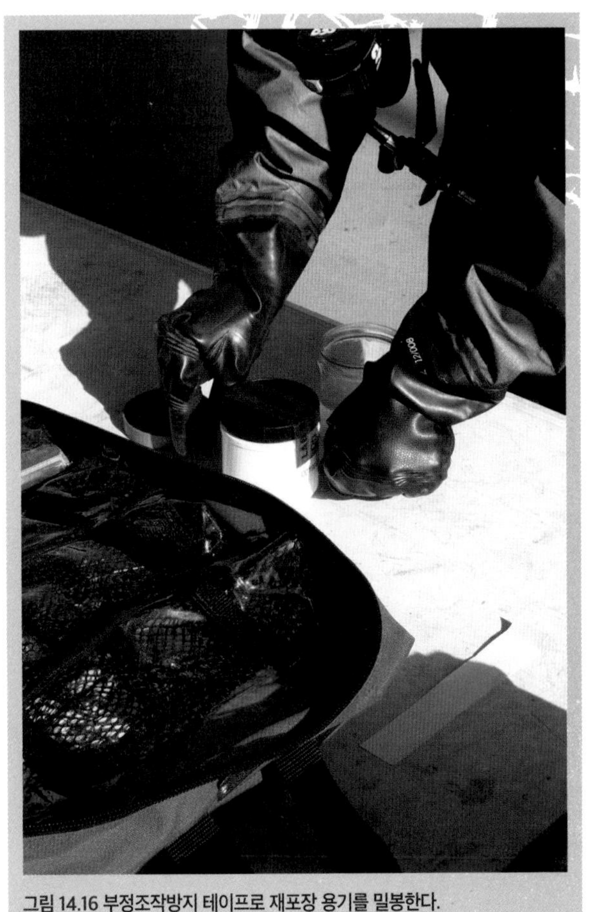

그림 14.16 부정조작방지 테이프로 재포장 용기를 밀봉한다.

5. 시료(표본)을 재포장 용기(overpack container)에 넣고 부정조작방지 테이프(tamper-proof tape)로 밀봉한다(그림 14.16).
6. 증거물 보존의 연속성 양식(chain of custody form)을 작성한다.
7. 시료(표본) 및 증거물 보존의 연속성 양식을 승인된 운송 용기(approved transport container)에 넣는다.

주의(CAUTION)

시료 수집 기술(sampling technique), 사용될 용기의 유형, 사용되는 봉인 절차 및 기타 특정 절차를 설명하는 관할당국(AHJ)의 서면 시료 수집 규약(sampling protocol)을 따르시오!

시료 수집 계획에 다음 규약(프로토콜)을 포함시킨다.

- 공공 안전 판단용 시료(public safety sample) 및 증거(evidence) 보호
- 실험실에 들이기 전에, 시료 현장 간이시험하기(field screening sample)
- 시료(표본)에 표식하기(labeling) 및 포장하기(packaging)
- 시료(sample) 및 증거(evidence) 제독하기

시료 수집팀에는 최소한 두 명의 개인이 권장된다.

- 시료를 수집하고, 모든 시료 수집 장비(시료 수집 도구, 용기 및 샘플)를 취급하는 1차 시료 수집자(primary sampler)
- 오직 깨끗한 장비만을 취급하고, 필요하다면 수집자에게 보조자(assistant)를 제공

세 번째 인원(대원)을 시료 수집팀에 추가할 수도 있다. 이 인원은 위험 구역hot zone의 대기 및 위험을 문서화, 촬영 및 탐지하여 도움을 제공할 수 있다. 안전한 외부 포장 및 증거 운송은 해당 관할당국 법집행기관이 증거를 받는 실험실 및 운송 차량 운전자와 협력하여 가능하다. 대응요원들은 반드시 공공 안전 판단용 시료 수집 또는 증거 수집 방법 및 시료 수집(채취) 및 수집 활동 중에 사용되는 장비에 대해 교육을 받아야 한다. 많은 주에서는 증거 수집 및 시료 수집에 대한 지침을 제공하며, 기관에서는 그들의 지역(현지) 요구사항을 조사하고 인식해야 한다.

시료 및 증거 제독

증거의 제독decontamination of evidence은 오직 증거의 외부 포장에 대해서만 실시하며, 증거의 내부 포장을 제독할 목적으로 증거의 외부포장을 열지 않는다. 대응요원들은 증거의 완전성(예를 들면, 지문)을 보존하기 위해 제독 중에 주의를 기울여야 한다. 많은 증거 보관 용기는 시료를 보호하고 시료를 취급하는 사람들의 안전과 건강을 위해 이중 용기나 여러 개(다중) 용기를 사용한다. 증거 포장(용기) 의 제독을 위한 증거 검식 실험실의 지침 및 절차를 따른다.

표식하기 및 포장하기

법집행기관 또는 증거 감식 실험실(예를 들면, 실험실의 실험실 응답 네트워크, '정보' 참조)은 일반적으로 표식labeling 및 포장packaging의 규약을 수립해놓고 있다. 최소한 모든 시료sample에 날짜date, 시간time, 시료 번호sample number, 시료 명sample 및 시료를 수집한 위치들을 표시한다. 밀봉 번호seal number는 부정조작방지용 시료 용기의 밀봉테이프tamper-proof sample container seal에 직접 쓴다(그림 14.17). 시료 번호는 시료 기록sample log에 지정되며, 해당 기록은 취해진 각 시료를 설명한다.

요구사항에 따라 다르지만, 시료(표본)는 상업적 위험물질 시료 포장 장비commercial hazardous sample packaging system 또는 비영리 장비noncommercial system로 포장될 수 있다. 미국에서는 상업용 시스템에 대해서 미 교통부의 인증이 필요하다.

그림 14.17 밀봉물은 시료 기록에 따라 번호를 매겨야 한다.

참고

강한 유독성 액체 및 가압 기체(highly toxic liquid and pressurized gas)에 대해서는 특수 격납 용기(special containment vessel)를 사용해야 한다.

미 교통부DOT 및 국제항공운송협회International Air Transportation Association; IATA는 인증된 안전한 컨테이너, 표식label, 흡수제absorbent 및 문서화 양식documentation form을 포함한 표준의 상업용 포장 장비를 제공한다.

물질을 수집할 때에는 멸균 용기, 멸균 도구 및 인증된 깨끗한 용기를 사용해야 한다. 잠재적 증거가 있는 모든 용기 또는 도구는 대조 표준control이 있어야 한다. 대조 표준이란 사용된 수집 용기 또는 도구collection container or tool의 각 묶음lot 중 사용되지 않은 견본이다. 대조 표준을 얻기 위해서는 사용하지 않은 용기 또는 사용하지 않은 도구를 각 묶음으로부터 적절한 증거 용기에 넣는다. 인증된 깨끗한 용기를 사용하는 경우, 해당 인증의 설명이 반드시 해당 대조 표준control과 함께 이루어져야 한다. 대조 표준은 사용하기 전에 수집 용기와 도구가 오염되지 않았음을 입증한다.

정보(Information)

연구소(실험실) 대응 네트워크(Laboratory Response Network; LRN)

미국에서는 국가 대테러 정책(national anti-terrorism policy) 개요를 서술하고 연방정부 부서 및 기관의 특정 임무(specific mission)를 부여한 '대통령 훈령 39(Presidential Decision Directive 39)'에 따라 미 보건사회복지부(Department of Health and Human Services) 산하의 질병통제 및 예방센터(Centers for Disease Control and Prevention; CDC)에 의해 연구소 대응 네트워크(Laboratory Response Network; LRN)가 설립되었다.

연구소 대응 네트워크(LRN) 창립 파트너인 미 연방수사국과 미 공중보건연구소협회(Association of Public Health Laboratories)는 관련된 공동 노력을 통해 연구소 대응 네트워크(LRN)를 1999년 8월에 개소하였다. 이 기구의 목적은 생물 테러에 대응할 수 있는 능력을 제한해온 국가의 공중보건연구소 기반시설(nation's public health laboratory infrastructure)을 개선하는 데 도움을 줌으로써 생물 테러(bioterrorism)에 대한 효과적인 실험실 대응(laboratory response)을 보장하는 것이었다.

창립 이래 수년 동안, 연구소 대응 네트워크(LRN)는 연구소(실험실) 역량(laboratory capacity)을 향상시켜 공중보건 기반을 개선하는 데 중요한 역할을 해왔다. 연구소(실험실)는 장비가 잘 갖추어져 있고, 직원 수는 증가하고 있으며, 실험실은 첨단 기술을 사용하고 있다.

공중보건 기반이란 공중보건 분야에서 일하는 사람들, 정확한 데이터를 수집하고 보급하는 데 사용되는 정보 및 통신 시스템, 주 및 지방 수준의 공중보건기관을 포함하는 필수적인 공중보건 공공서비스를 의미한다.

오늘날 연구소 대응 네트워크(LRN)는 생물 테러(bio-terrorism), 화학 테러(chemical terrorism) 및 기타 공중보건

비상상황(public health emergency)에 대응할 수 있는 주 및 지방 공중보건기관, 연방, 군대 및 국제 실험실(local public health , federal , military, and international laboratorie)의 통합 네트워크를 유지/관리하는 과업을 맡고 있다. 실험실 대응 네트워크(LRN)는 생물학 및 화학 테러에 대한 미국의 점증하는 대비(growing prepareness)에 있어서 귀중한 자산(unique asset)이다. 주 및 지역 공중보건 실험실, 수의학, 농업, 군사 및 수질 및 식품 시험 연구소와의 연결은 전례가 없다.

해당 실험실로 시료(표본)를 보낼 때, 해당 배송업체는 적절한 정부 운송 법규(예를 들면, 미국 교통부DOT 또는 캐나다 교통부TC)를 반드시 따라야만 한다. 안전한 포장을 보장하고 비상조치 계획을 준비하기 위해 예방조치를 취한다.

증거 검식 연구소(Evidence Laboratory)

증거 시료는 최종(결정)적인 확인을 위해 증거 검식 실험실로 보내지거나 운송된다. 이러한 실험실들은 일반적으로 어떤 유형의 시료를 취급하며, 어떤 정보를 필요로 하거나 원하는지 등 다양한 기준을 토대로 사건(사고) 이전에 선정된다. 대도시 지역의 대부분의 법집행기관 및 소방 기관은 이미 특정 역량을 보유한 해당 지역의 연구소를 확인해 두어서 필요에 따라 사전에 지정된 자원 목록을 참조할 수 있다.

이 장에 제공된 정보를 복습하기 위해 다음 질문에 답해보시오.

1 초동대응자가 잠재적인 위험물질 범죄 현장을 경계해야 하는 위험 유형은 무엇인가?

2 당신의 관할권(jurisdiction)에서 수사권(investigative authority)을 보유하고 있는 기관은 어디인가?

3 범죄 위험물 사건(사고)(criminal hazmat incident)의 대응 단계(response phase) 중에 법집행기관이 아닌 초동대응자(non-law enforcement first responder)가 가장 활동적인 단계는 몇 단계인가?

4 범죄 현장의 가능성이 있는 곳(possible crime scene)을 확보하기 위해 취해야 할 조치는 무엇인가?

5 왜 증거 보존의 연속성(chain of custody)이 그렇게 중요한가?

6 문서화(documentation)의 서로 다른 유형들을 나열하라.

7 공공 안전 판단용 시료(public safety sample)를 적절하게 보호하기 위해 취해야 할 조치는 무엇인가?

참고: 폭탄 처리반 대원(bomb squad personnel)은 격렬하거나 유독성 반응을 일으킬 수 있는 폭발물(explosives) 또는 물질(material)에 대한 현장 간이검사(field screening)를 실시한다.

1단계: 형사상 또는 정부 법규의 위반 가능성이 있는 사고(사건)을 식별한다.

2단계: 증거(evidence) 및 증거 수집(evidence collection)에 대한 관할권(jurisdiction)을 가진 법집행기관(law enforcement agency)을 확인한다.

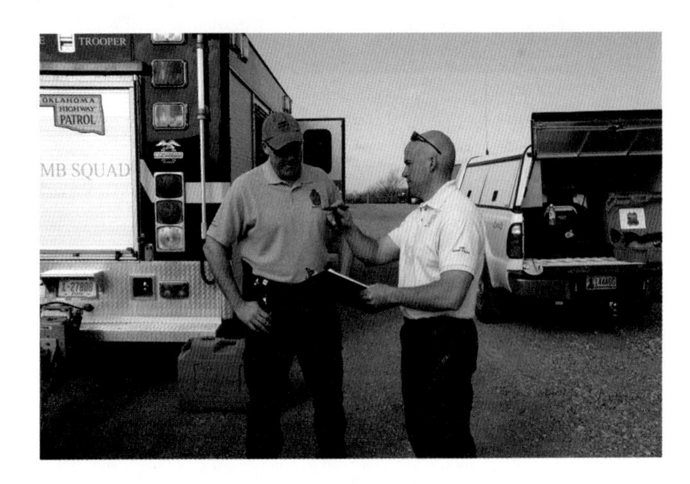

3단계: 사용하기 위해 증거 수집 계획(evidence collection plan)과 증거 수집 세트(킷)(evidence collection kit)를 준비한다.

4단계: 위험 구역(hot zone)에 안전하게 진입하는 것을 확실히 하기 위해서 모든 안전 절차를 따른다.

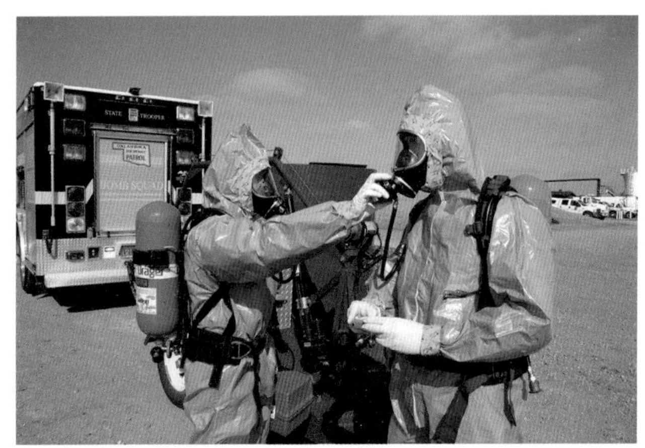

5단계: 증거 수집에 관련된 모든 대응요원들이 위험 구역(hot zone)에서 증거 수집 작전(evidence collection operation)을 수행하기에 적절한 개인보호장비를 착용하고 있는지 확인한다.

6단계: 증거물 보존의 연속성 목적을 위한 적절한 문서화를 위해 위험 구역에 진입하는 모든 대원에 관한 사항을 문서화한다.

7단계: 해당 현장으로 진입한다.

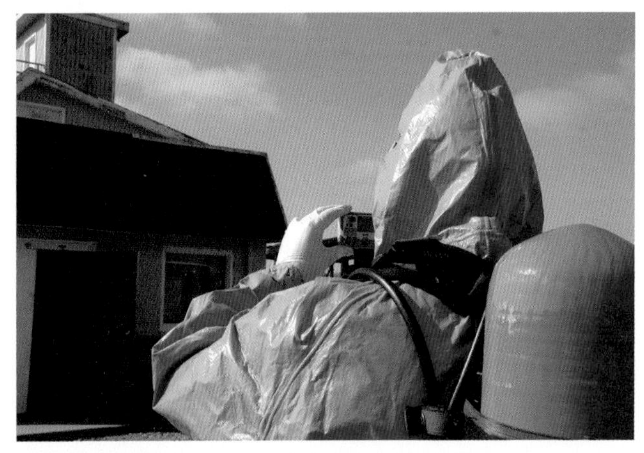

8단계: 관할당국(AHJ)의 표준작전절차(SOP)에 의해 결정된 대로 사진, 스케치 및/또는 동영상을 사용하여 증거를 문서화한다.

9단계: 시료(표본)을 수집하고 법의학(증거 검식) 실험실 시스템(forensic laboratory system) 내에 들이기 위한 관할당국(AHJ)의 표준작전절차(SOP) 및 프로토콜을 따르는 부식성(corrosivity), 인화성(flammability), 산화제(oxidizer), 방사능(radioactivity), 휘발성 유기 화합물(volatile organic compound) 및 불화물(fluoride)에 대한 현장 간이시험(field screening)을 준비한다.

참고: 격렬한 유독성 반응을 일으킬 수 있는 폭발물(explosives) 또는 물질(material)에 대한 현장 간이검사(field screening)는 폭탄 처리반 대원(bomb squad personnel)에 의해 수행되어야만 한다. 폭발물이 발견되면, 철수하고 폭탄 처리반의 지침(bomb squad instruction)을 따라 진행한다.

10단계: 부정조작방지 봉인테이프(tamper-proof seal)가 달린 시료 용기(sample container)를 밀봉한다.

11단계: 날짜, 시간 및 시료수집자의 이니셜/이름을 해당 밀봉물에 표식한다.

12단계: 사진 및/또는 서면 문서를 통해 시료의 위치를 문서화한다.

13단계: 시료(표본)를 지퍼백과 같은 2차 용기에 넣는다.

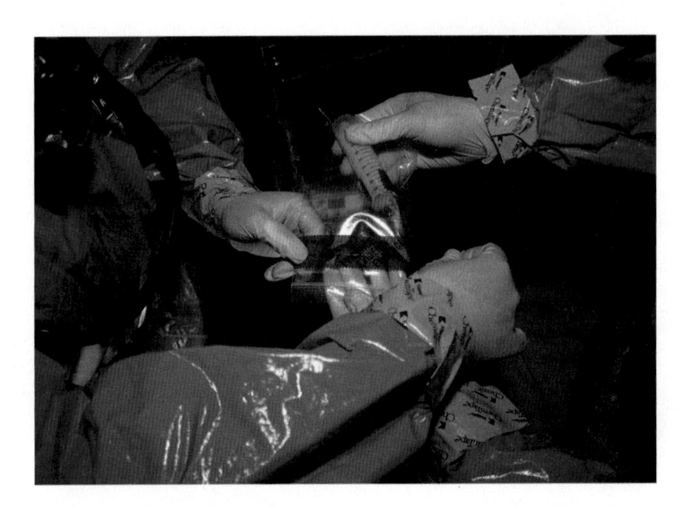

14단계: 2차 용기를 표식한다.

15단계: 제독을 위해 제독선(decontamination line)으로 이동한다.

16단계: 제독을 진행하는 동안 2차 용기의 외부를 제독한다.

참고: 제독 시 어떠한 증거라도 보존이 변경되는 경우, 증거물 보존의 연속성 양식(chain of custody form)으로 문서를 작성한다.

17단계: 운송을 위한 증거물 포장에 대한 실험실 지침에 따라 보관하여 증거물 보존의 연속성에 대한 문서를 작성하는 것을 확실히 한다.

NFPA 직무 수행 요구사항 (NFPA Job Performance Requirement)

이 장에서는 NFPA 1072의 다음 직무 수행 요구사항을 다루는 정보를 제공한다. NFPA 1072, 『위험물질/대량살상무기 비상대응요원 전문 자격에 대한 표준(Standard for Hazardous Materials/Weapons of Mass Destruction Emergency Response Personnel Professional Qualifications)』(2017판) 6.9.1

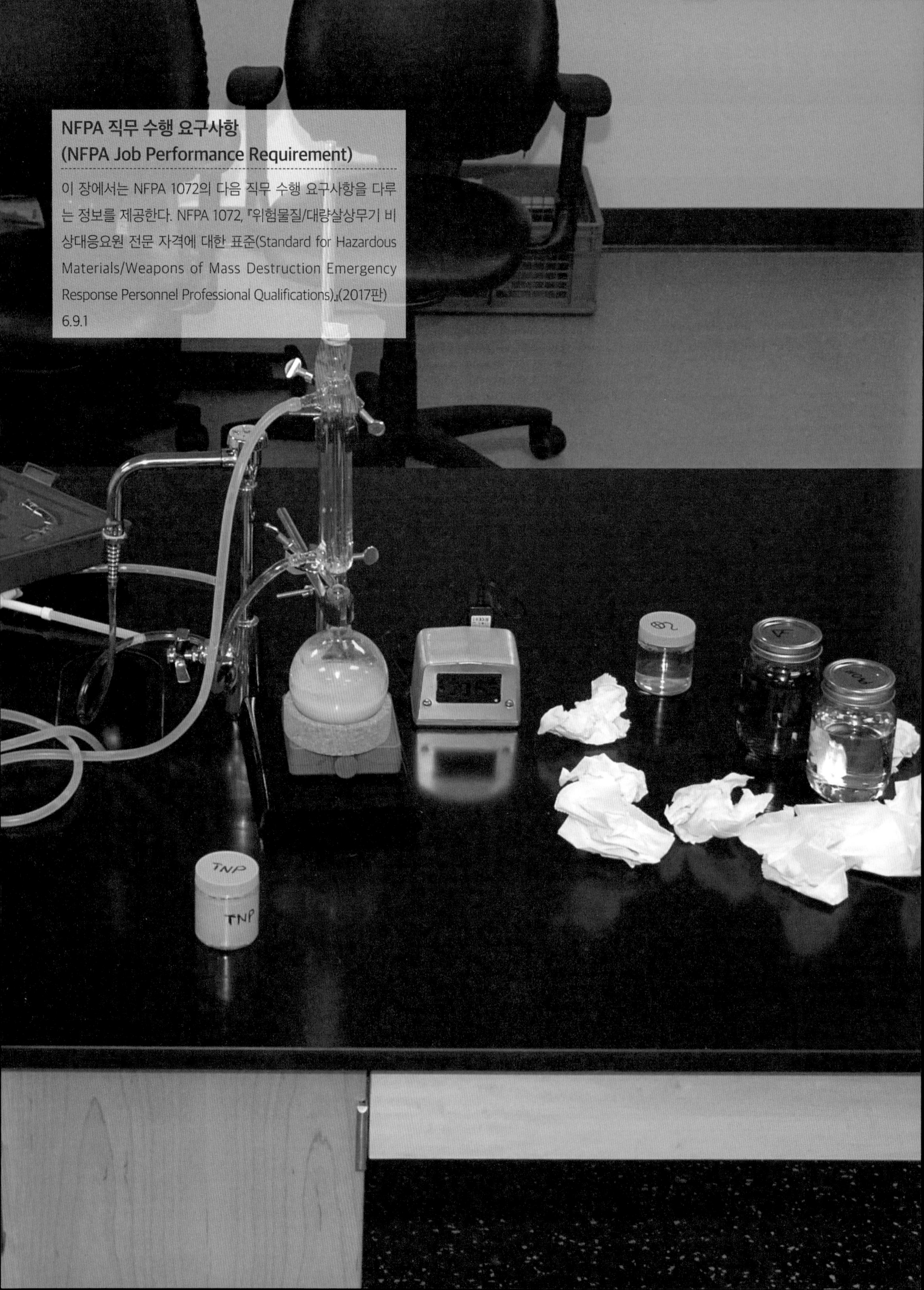

Chapter 15

대응 실행 : '전문대응-임무특화 수준'의 불법 실험실 사고 대응

학습 목표

1. 불법 실험실에서의 일반적인 위험에 대해 설명한다(6.9.1).
2. 불법 약물 실험실의 특징을 식별한다(6.9.1).
3. 화학작용제 실험실의 특성을 식별한다(6.9.1).
4. 폭발물 실험실의 특성을 식별한다(6.9.1).
5. 생물 실험실의 특성을 식별한다(6.9.1).
6. 방사능(방사선) 실험실의 특성을 식별한다(6.9.1).
7. 불법 실험실에서의 대응활동(작전)을 설명한다(6.9.1).
8. 불법 실험실에 대한 교정을 설명한다(6.9.1).
9. 불법 실험실에서 부비 트랩을 식별하고 회피한다(6.9.1, 기술자료 15-1).
10. 불법 실험실을 식별하고 확보한다(6.9.1, 기술자료 15-2).

이 장에서는

이 장에서는 불법 실험실(illicit lab), 불법 실험실 유형(illicit lab type) 및 불법 실험실 사고대응시 일반적인 위험물질 대응요원의 역할(typical hazmat responder roles at illicit lab)에 대해 설명한다. 아래의 글에서는 다음과 같은 주제가 포함된다.

▷불법 실험실(illicit laboratories)의 일반적 위험(general hazard)
▷약물 실험실(drug lab)
▷화학작용제 실험실(chemical agent lab)
▷폭발물 실험실(explosives lab)
▷생물 실험실(biological lab)
▷방사능(방사선) 실험실(radiological lab)
▷불법 실험실(illicit lab)에서의 대응활동(작전; operation)
▷불빕 실험실(illicit lab)의 교정(remediation)

불법 실험실에서의 일반적 위험

General Hazard at Illicit Laboratory

불법 실험실illicit lab에는 대응요원들에게 잠재적인 위험이 많이 있다. 실험실 내의 물질들은 매우 위험할 수 있으며, 대응요원들은 해당 물질들을 다룰 때 연구실에서 일하는 사람들이 안전하고 인정받는 과학적 절차를 따랐을 것이라고 믿을 수가 없다(그림 15.1 a–c). 불법 실험실 운용자는 실험실에 부비트랩을 설치하여 대응요원, 경쟁자, 또는 잠재적 도둑을 해하려 할 수 있다.

많은 경우 대응요원들은 화재와 같은 다른 유형의 사고로 신고를 받았을 수 있으며, 오직 현장에 도착해서만 불법 실험실illicit lab임을 알 수 있다. 따라서 대응요원들은 불법 실험실에 대한 징후를 식별하고, 그것들과 관련된 위험성을 이해해야 한다. 대응요원들은 반드시 불법 실험실illit lab에서 발생한 사고에 대한 신속하고 정확한 분석을 발전시키며 대응해내야 한다. 성공적인 대응을 위해서는 또한 잠재적인 위험과 관할 책임을 설명하는 실행 가능한 계획의 신속한 수립이 필요하다. 불법 실험실에서 대응요원은 위험물질 전문가hazardous materials technician, 비상대응계획emergency response plan, 표준작전절차standard operating procedure 및 법집행기관 대원law enforcement personnel 또는 유사한 권한을 가진 자문 전문가allied professional의 지도 하에 항상 대응활동(작전)을 해야 한다.

대원은 가능한 빨리 해당 실험실에서 이루어지는 활동의 종류를 식별해야 한다. 이러한 평가 및 정보수집 절차를 지원하는 특수팀specialized team이 있다. 미국 내의 이러한 팀들의 예는 다음과 같다.

- 미 마약단속국(DEA) 비밀 실험실팀(Clandestine Lab team)
- 불법 마약제조에 대한 지역 또는 주 법집행기관 연구실팀(Local or State Law Enforcement Lab)

- 미 연방수사국 대량살상무기 물질(WMD material)에 대한 실험실 법의학 대응 부문(Laboratory Forensic Response Section)

이러한 기관들은 초동대응자가 갖지 않은 훈련training, 통찰력insight, 또는 자원resource을 제공할 수 있다. 표 15.1은 다양한 완화(경감) 전술을 담당하는 기관들에 대한 요약을 제공한다.

주의(CAUTION)

연관된 개개인의 지적 교양의 정도에 따라 불법 실험실(illicit lab)에는 임시 변통물(makeshift) 또는 현장 장비 또는 실제 실험실 등급 장비가 있을 수 있다. 관련이 있든 없든 간에 단순히 위험물질의 존재만으로 사고의 역동성(dynamics)이 바뀔 수 있다.

표 15.1
불법 실험실 대응 - 전술적 지침

위험	책임
실험실(laboratory) 내에서 무기(weapon)에 접근할 수 있는 운용자(operator)	위험 환경에서 체계적으로 훈련받은 법집행기관 전술팀(law enforcement tactical team)
실험실 주변 및 실험실 내부의 대인 폭발장치(anti-personnel device)[부비트랩(booby trap)]	이러한 절차를 위해 훈련받은 폭탄 처리반 요원(bomb Squad personnel)
불법 실험실(illicit laboratory) 내의 위험물질(hazardous material)/대량 살상 무기(WMD)	전문가 및 전문대응 수준 대응자(technician and operation level responder)

그림 15.1 a-c 불법 실험실은 사실상 어느 곳에나 위치할 수 있다. 대응 요원들은 실험실 장소를 보호하는 부비트랩(booby trap) 및 2차 장치를 조심해야 한다.

불법 실험실 운영자는 대체로 적대적이며 무장했을 가능성이 있다. 그들은 또한 엉뚱하고 혼란스러운 행동을 보여줄 수 있으며, 초동대응자에게 명확한 정보를 제공할 수 없을 것이다.

초동대응자들은 부비트랩, 마약 또는 무기를 포함하여 숨겨진 또는 은닉된 위험을 나타낼 수 있는 모든 비정상적이고 이례적인 행동에 세심한 주의를 기울여야 한다. 또한 다음 사항들에 주의해야 한다.

- 해당 실험실 운용자(lab operator)가 보호 장비를 착용하였는지 여부
- 개, 독사, 불개미 또는 기타 독이 있는 곤충(venomous insect)과 같은 동물의 존재 여부
- 범죄 조직(criminal affiliation)이 실험실을 운영하고 있는지 여부

표준작전절차 및 표준작전지침SOP/G을 반영하는 수준의 보호장비를 착용한다. 수사 절차뿐만 아니라 다음으로부터 얻은 정보를 통해 정보수집의 평가를 받아야 한다.

- 출처[목격자, 방관자 또는 피해자(요구조자) 관찰사항 포함]
- 용의자 면담
- 기밀 정보 진술
- 휴지통/쓰레기 수색 결과
- 버려진 개인 보호 장비
- 최초 초동대응자의 수집정보[예를 들면, 응급의료(구급)(EMS), 폭탄제거팀, 최초 투입 대원]

또한 실험실 내부의 목격자의 말은 대응요원이 해당 실험실과 내용물 및 잠재적 위험에 대한 명확한 그림을 구성하는 데 큰 도움이 된다. 실험실 유형에 관계없이 위험 제재(작용제)hazardous agent와 관련된 지침서나 기타 서적, 잡지 및 인터넷 자료를 살펴본다(그림 15.2).

다음 정보를 수집하려 시도한다.

- 해당 실험실에서 생성하거나(만들거나) 보유한 물질(material)
- 해당 실험실 내의 동물의 활동(activities of animal)
- 해당 실험실의 설계도(구획도)(layout)

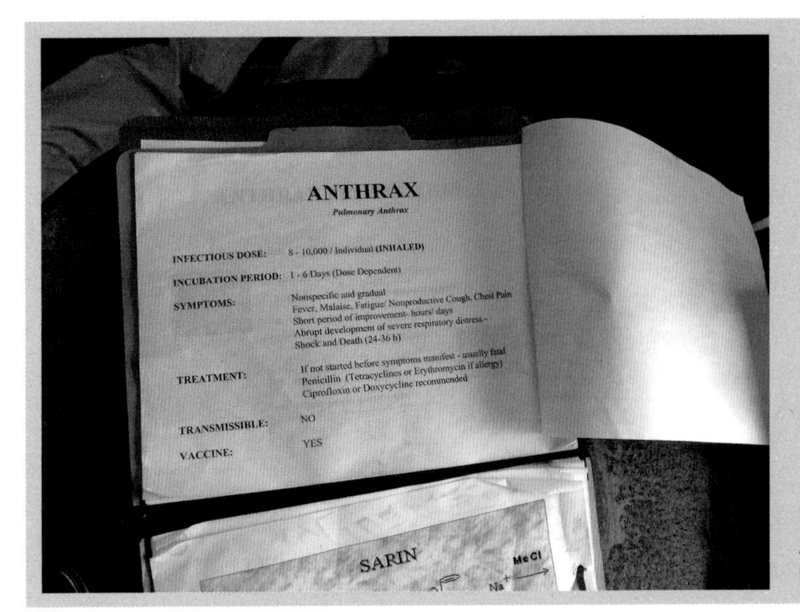

그림 15.2 실험실에서 발견된 지침서나 기타 서적, 잡지 및 인터넷 자료 및 기타 정보는 해당 실험실 유형을 식별하는 데 도움이 될 수 있다.

이러한 정보를 수집하는 것은 대응요원들이 이웃을 면담하거나 기타 정보 수집 중인 자산에 관여하도록 요구할 수 있다. 잠재적 목격자들에게 다음의 질문을 할 수 있다.

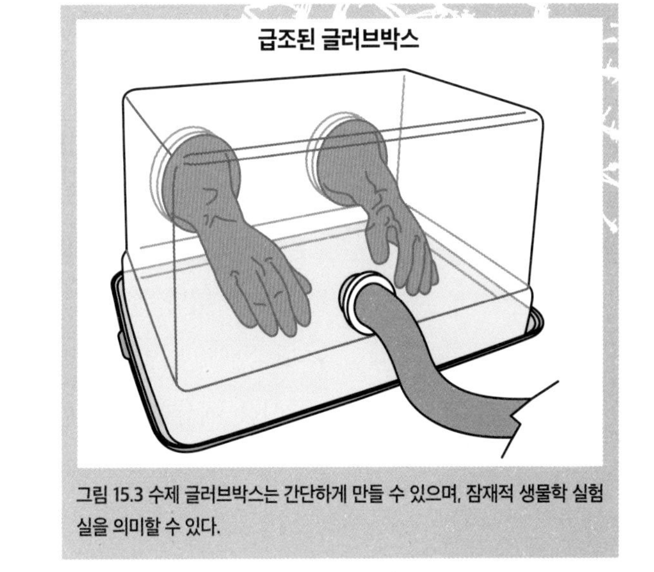

그림 15.3 수제 글러브박스는 간단하게 만들 수 있으며, 잠재적 생물학 실험실을 의미할 수 있다.

- 어떠한 실험실 유리기구류(laboratory glassware) 또는 과학장비(scientific equipment)에 대해 알고 있는가?
- 어떠한 이상한 냄새가 났는가?
- 애완동물로 보이지 않는 동물을 본 적이 있는가?
- 해당 실험실에 어떠한 사용설명서나 "제조법(recipe)"이 있는가?
- 어떠한 화학물질 용기(chemical container)가 있는가? 표식이 붙어있는가? 화학용기용 냉장고를 확인했는가?
- 플라스틱으로 분리되거나 가려진 건물의 어떠한 부분을 발견했는가?
- 집에서 만든 **글러브박스**[1]를 보았는가?(그림 15.3)
- 어떠한 식별 및 탐지 장비(detection and monitoring equipment)가 그곳에 있었는가?
- 어떠한 제독 장비(decontamination equipment)(표백제, 솔, 세제 및 과도하게 많은 종이타월)를 발견했는가?

---

1 **글러브박스(Glovebox)** : 용기 안의 물질을 취급할 수 있도록 한쪽 면에 긴 커프스(소맷부리) 장갑이 달린 밀봉된 용기(sealed container). 진공(vacuum) 또는 살균(sterile) 환경이 필요한 실험실(laboratory) 및 인큐베이터(세균 배양기, incubator)에서 일반적으로 사용됨.

- 폐기된 개인 보호 장비(personal protective equipment)[장갑, 가운, 수술복, 작업복, 앞치마] 또는 호흡 보호구[화기용 후드, 먼지(황사) 마스크, 외과용 마스크, 가스용 마스크]를 찾았는가?
- 근처에 있는 쓰레기통을 누군가 확인하였는가?

이 절에서는 위험물질, 실험실 운영자, 부비트랩 및 대응요원이 불법 실험실에서 접할 수 있는 기타 위험에 대해 자세히 설명한다.

이 장에서는 5가지의 주요한 불법 실험실 유형에 대해 설명한다.

- 약물 실험실(drug lab)
- 화학작용제 실험실(chemical agent lab)
- 폭발물 실험실(explosives lab)
- 생물 실험실(biological lab)
- 방사능(방사선) 실험실(radiological lab)

위험물질(hazardous material)

불법 실험실에서는 최종 생성물final product과 생성 물질production material이 모두 해로울 수 있다. 이러한 물질은 실험실의 유형에 따라 달라지지만, 대응요원은 인화성flammable, 휘발성volatile, 부식성corrosive, 독성toxic 또는 생물학biological 등의 다양한 위험성을 예상할 수 있다(그림 15.4). 추가적인 위험으로는 활성화된 화학반응, 가압 물질pressurized material(액체, 기체), 폭발성 물질explosive material 및 방사성 물질radioactive material이 포함될 수 있다.

불법 실험실 운영자는 종종 환경 범죄를 비롯하여 다음과 같은 불법을 저지를 수 있다.

- 주거지 내에 유해 화학물질(hazardous substance)을 둠
- 위험(물질) 증기(hazardous vapor)를 주거 지역으로 방출함
- 위험 폐기물(hazardous waste)을 불법으로 폐기함
- 부적절하고 승인되지 않은 절차(과정) 및 자원을 사용함
- 위험 폐기물을 위생 하수도에 흘려보냄(인화성 액체가 발화될 수 있음)
- 위험물질을 부적절하고. 표시없는 용기에 옮김
- 잠재적으로 혼재불가한 물질(incompatible material)의 혼합

그림 15.4 불법 실험실에서는 최종 생성물 및 이를 제조하는 데 사용되는 물질들이 매우 위험할 수 있다.

참고

일부 관할권 내에서는, 초동대응자가 주 또는 연방 환경보호기관(state or federal environmental protection agency)에 통보하거나 위험물질 정화(hazardous material cleanup)를 시작하는 일을 담당할 수 있다.

대응요원들은 이러한 종류의 범죄crime와 불법 실험실과 관련된 기타 위험에 대해 경계해야만 한다. 다음 절에서는 특정 유형의 실험실specific types of labs과 관련된 위험을 보다 자세히 설명한다.

부비트랩(Booby Trap)

대응요원들은 불법 실험실illicit lab에서 부비트랩booby trap을 만날 수 있다. 전술팀tactical team과 폭탄 제거 기술자bomb technician는 잠재적인 부비트랩에 대한 보다 구체적인 정보를 식별하는 기술과 훈련을 받아야 한다. 대응요원들이 잠재적인 부비트랩이 의심되거나 조우하였다면, 그들은 특별히 훈련된 폭탄 제거 기술자bomb technician에게 부비트랩을 찾아서 해체하는 것을 의존해야 한다.

부비트랩은 실험실의 내부 또는 외부에 있을 수 있으며, 다음과 같은 모든 것을 포함할 수 있다(그림 15.5).

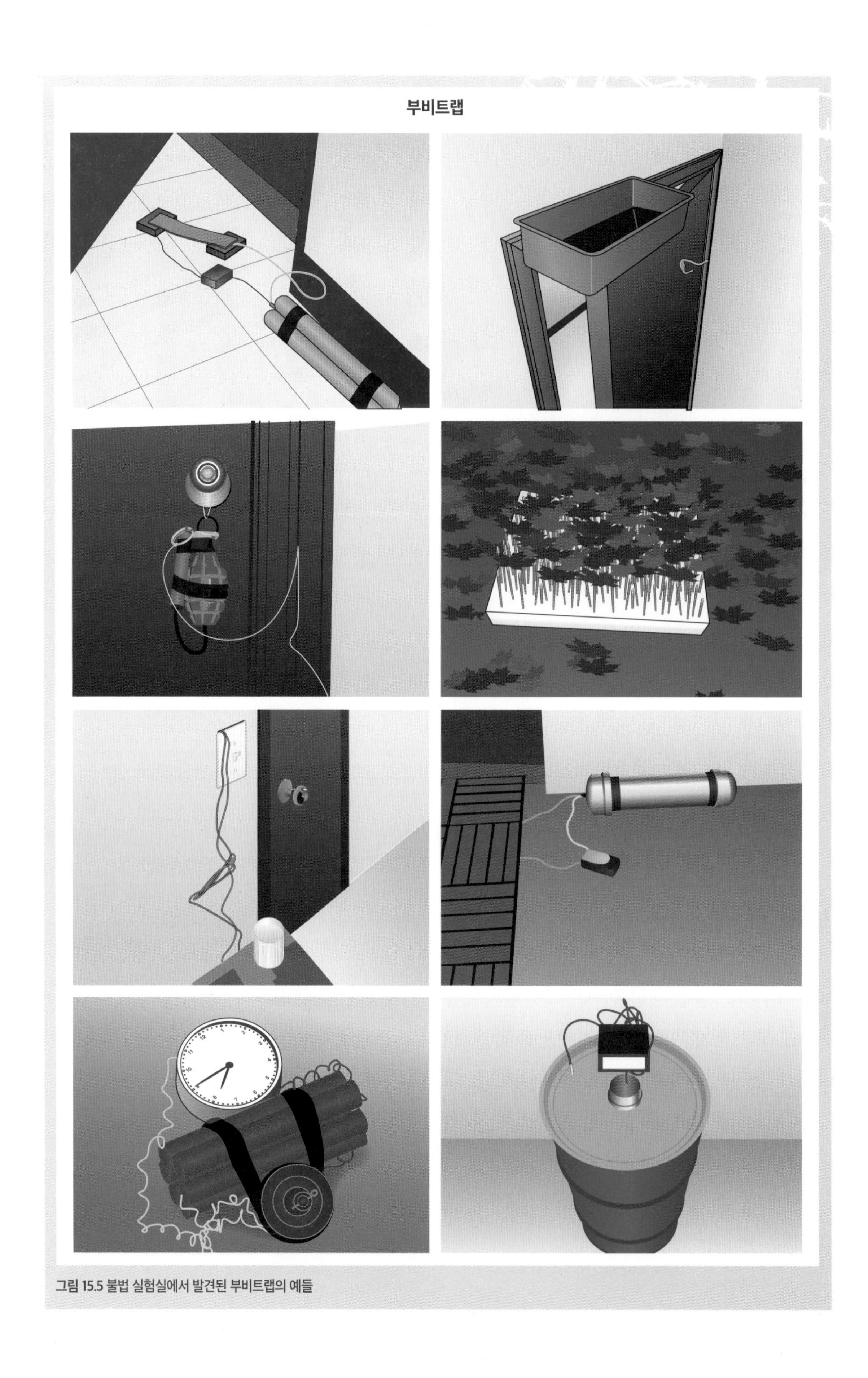

그림 15.5 불법 실험실에서 발견된 부비트랩의 예들

- 폭발물(explosives)[수류탄과 다이너마이트 포함]
- 폭발물(explosives) 또는 경보 장치(alerting device)에 연결된 선
- 문에 연결된 무기
- 깨지거나, 화학물질 내용물(chemical content)을 혼합되게 하여 유독 연기(흄)(toxic fume)를 발생시키는 시약병[취급 시 독성 화학물질(toxic chemical)이 혼합되도록 설계된 화학 유리제품(chemistry glassware) 포함]
- 역으로 조작된 전원 스위치
- 바닥의 구멍[함정문(trap door)]
- 전기 문 손잡이
- 노출된 전선
- 담장못(스파이크, spike)
- 올가미
- 산(acid)

항상 상황 인식을 굳게 유지하고, 부비트랩에 주의한다. 적절하게 훈련된 폭탄 제거 기술자가 잠재적인 대인 폭발 장치anti-personnel device를 제거해줘야만 한다. 부비트랩을 피하려면 다음의 조치를 취한다.

- 의심스러운 위험 구역에 진입하는 인원을 제한한다.
- 본질적 안전장치(intrinsically safe equipment)를 사용한다.
- 진입하기 전에 정찰을 위해 항공 사진을 찍는다.
- 안심하지 않는다.
- 해당 실험실 안이나 주변에서 물품들을 다루거나, 만지거나, 움직이는 것을 삼간다.
- 열기 전에 선(전선, wires) 및/또는 함정의 문과 개구부를 확인한다.
- 실험실 장비의 전원을 켜거나 끄지 않는다.
- 알 수 없거나 익숙하지 않은 장비(예를 들면, 화학 유리제품)를 취급하거나 분해하기 전에 소재(재료) 전문가(subject matter expert; SME)와 상의한다.

불법 연구실 장비를 켜거나 끄면 부비트랩을 작동시킬 수 있다. 또한 대응요원들은 냉각수 순환을 계속하기 위해 적인red phosphorous **필로폰(메탐페타민, 메스)**[2] 실험실의 냉각 중탕cooling bath에 사용되는 것과 같은 전기 펌프를 그대로 두어야만 한다. 이러한 흐름을 방해하면 과열 반응overheated reaction 및 근처 가연물에 점화가 발생할 수 있다. 실험실 장비의 전원을 켜거나 끄기 전에 기술 전문가technical expert와 상의한다. 불법 실험실에서 부비트랩을 식별하고 피하는 방법은 '기술자료 15-1'을 참조하라.

중점사항

불법 연구소에서의 안전

불법 실험실의 존재를 처음 발견하거나 식별한 경우 다음의 지침을 따른다.

- ▶ 어떤 식으로든 해당 실험실을 방해하지 않는다.
- ▶ 스위치를 조작하거나, 조명(light)을 켜거나, 끄지 않는다.
- ▶ 설비의 전기를 차단하지 않는다.
- ▶ 행동에 각별히 주의한다.
- ▶ 부비트랩(booby trap)의 가능성에 유의한다.
- ▶ 진입한 (길) 그대로 되돌아간다.
- ▶ 주변 지역을 대피시킨다.
- ▶ 적절한 자원을 요청한다.
- ▶ 적절한 인원이나 소재(재료) 전문가가 현장을 평가할 때까지 기다린다.

주의(CAUTION)

불법 연구실(illicit lab)에서는 켜져 있으면 그대로 두고, 꺼져 있으면 꺼진 상태로 두어라.

---

2 **필로폰(메탐페타민, 메스)(Methamphetamine; Meth)** : 각성제(중추 신경계 자극제)(central nervous system stimulant drug)는 작은 실험실에서 생산될 수 있다. 낮은 복용량의 의약품 사용은 체중 조절, 기면증(발작성 수면) 및 주의력 결핍, 과잉 행동 장애(attention deficit hyperactivity disorder)를 일으킬 수 있다. 오락적 사용 시에는 도취감(병적인 행복감, euphoriant)이 있고, 최음제 약효(aphrodisiac qualities)가 있다. 조금만 복용하더라도 이 약의 오용은 개인 및 사회에 해를 끼칠 위험이 높다.

불법 약물 연구실

Illicit Drug Lab

불법 실험실에서는 다양한 불법 약물(마약)illegal drug을 생산할 수 있다. 미국에서 가장 널리 퍼져있는 불법 실험실 중에는 필로폰(메탐페타민methamphetamine)을 생산하는 곳이 많다. 실험실에서는 다음과 같은 종류의 불법 약물을 생산한다.

- 엑스터시(ecstasy; MDMA)
- 페닐-2-프로패논(phenyl-2-propanone; P2P)
- 펜시클리딘(phencyclidine; PCP)
- 헤로인(heroin)
- 엘에스디(LSD)
- 감마 하이드록시부티르산(gamma-Hydroxybutyric acid; GHB)

일부 실험실(알약 공장pill mil이라고도 함)에서는 합성 마약designer drug을 가공하거나 제조할 수 있다. 메스(필로폰) 실험실meth lab은 가장 일반적인 유형의 비밀 마약 실험실clandestine drug lab이며, 이 절에서는 주로 불법 약물 실험실과 관련된 위험에 중점을 두어 설명할 것이다. 지역에 따라 특정 유형의 실험실이 일반적일 수 있다.

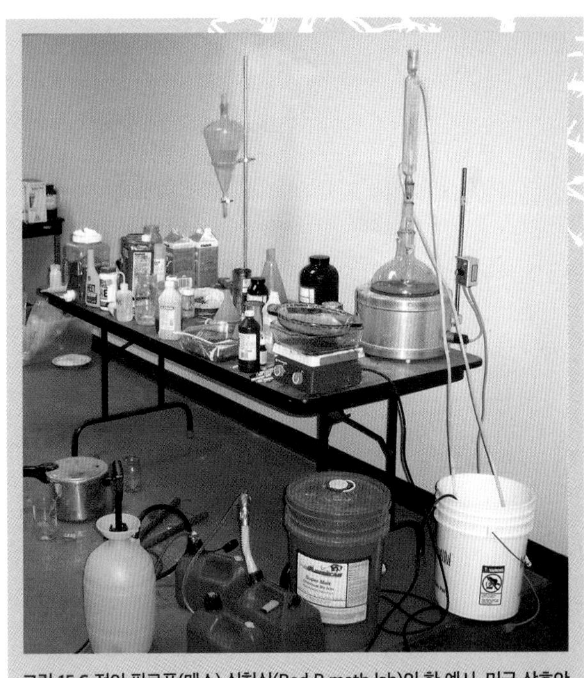

그림 15.6 적인 필로폰(메스) 실험실(Red P meth lab)의 한 예시. 미국 상호안전보장본부(MSA) 제공.

안전 경고(Safety Alert)

규제받는 마약 실험실

공식적인 마약 실험실은 불법 마약 실험실과 동일한 위험 요소가 많기 때문에 규제를 받는다. 이러한 물질의 제조를 합법화하면 공정의 위험 수준이 변경되지 않을 수 있으며, 일부 운영자는 여전히 이러한 물질을 불법적으로 제조할 수 있다.

필로폰(메스, meth)은 현지 상점에서 상업적으로 판매되는 다양한 성분을 사용하여 제조하기가 쉽다. 필로폰 실험실meth lab의 위험성이 증가함에 따라서, 일부 미국 주에서는 필로폰(메스) 제조 시 사용되는 품목의 구매에 제한을 두고 있다. 필로폰을 만드는 과정을 쿠킹cooking이라고 하며, 다양한 제조법recipe 또는 방법method이 존재한다. 가장 일반적인 세 가지는 다음과 같다.

- 일(하나)/단일병 법(One/Single Bottle method)
- 적인 법(red phosphorous(Red P) method)(그림 15.6)
- 나치/버치 방법(Nazi/Birch method)

여러 제조법은 사용된 해당 공정과 화학물질에 따라 약간 다르지만, 화학물질이 종종 인화성flammable, 부식성corrosive, 금수성(물 반응성)water reactive 및 독성toxic을 띠기 때문에 위험하다(그림 15.7 a 및 b). 표 15.2는 필로폰(메스) 제조용으로 일반적으로 사용되는 제품(생성물)과 그와 관련된 위험성에 대한 요약을 제공한다. 필로폰 실험실은 **필로폰(메스) 제조자(제조지)**[3], 실험실을 둘러싼 지역사회, 해당 실험실을 발견한 비상대응 대원에게 위험을 초래한다.

인화성flammability은 아마도 실험실과 관련된 가장 심각한 위험일 수 있다. 대응요원들은 화재 또는 폭발이 발생한 후에 많은 실험실을 발견해왔다. 인화성 물질 외에도 필로폰(메스) 제조자는 부식성이 높은 산 또는 염기 및 기타 극히 독성이 강한 물질을 사용한다.

---

3 **필로폰(메스) 제조자(제조지)(Meth Cook)** : (1) 실험실에서 필로폰(메스)(methamphetamine)을 제조하는 사람. (2) 필로폰(메탐페타민) 생산 증거가 있는 구역

그림 15.7 a 및 b 필로폰(메스) 실험실(meth lab)에서 일반적으로 사용되는 제품 및 장비

정보(Information)

비밀 실험실 수사관 협회(CLIA) 및 비밀 실험실 수사 화학자 협회(CLIC)

비밀 실험실 수사관 협회(Clandestine Laboratory Investigators Association; CLIA)와 비밀 실험실 수사 화학자 협회(Clandestine Laboratory Investigating Chemists Association; CLIC)의 두 국가 기관에서는 비밀 실험실 대응 훈련(비밀 실험실은 불법 실험실과 동격으로 쓰임, clandestine lab training)에 대해 더 많은 것을 배우고자 하는 인원을 위한 정기 회의(regular conference)를 주최한다. 비밀 실험실 수사관 협회(CLIA)는 위험물질 전문가(hazmat expert)가 가르치는 연례 1주간 교육(훈련) 컨퍼런스를 개최한다. 그 컨퍼런스 외에도 비밀 실험실 수사 화학자 협회(CLIC)는 비밀 실험실에 대한 자료 및 기타 정보를 제공하는 공식 저널을 출간한다.

안전 경고(Safety Alert)

적인(Red P)의 고유한 위험(Unique Hazard)

약물(마약) 제조의 적인 방법(Red P method)으로 생성되는 필로폰(메스, meth)은 부산물(byproduct)로 **포스핀**[4] 기체와 매우 독성이 강한 인화성 가스를 생성한다. 또 다른 부산물로는 산화제(oxidizer)가 있다. 필로폰(메스) 제조 공정(meth production process)은 또한 대기로 증발할 수 있는 염화수소 기체(hydrogen chloride gas) 및 요오드화수소산(hydroiodic acid liquid)의 부산물을 생성한다. 약물(불법) 실험실 장소들은 고가의 제독 과정을 거치지 않는 한 실험실이 제거된 후에도 수년간 심각한 건강 및 환경 위험이 계속될 수 있다

4 **포스핀(phosphine)** : 무색, 인화성, 유독성 기체로, 마늘이나 썩은 생선 냄새가 나며, 공기와 접촉 시 자발적으로 발화함(자연발화성). 포스핀은 심혈관 및 호흡계를 공격하여 폐종부, 말초혈관 허탈, 심장마비를 유발하는 호흡기 자극제이다.

표 15.2
메탐페타민 원료 및 제조 시 위험

화학물질 이름	일반적 원천/사용처	위험	생성 역할
아세톤 (Acetone)	• 페인트 용매(paint solvent) • 매니큐어 제거제	• 고도의 인화성(highly flammable) • 증기(vapor)는 눈(eye)과 점막에 자극적임 • 흡입 시 어지럼증(dizziness), 마취(narcosis) 및 혼수상태(coma)가 발생할 수 있음 • 액체에 접촉 시 확실히 손상이 있을 수 있음 • 섭취(indigestion) 시 위장 자극(gastric irritation), 마취(narcosis) 및 혼수상태(coma)가 발생할 수 있음	• 약 추출(pill extraction) • 유리제품 세척 • 완성된 페탐페타민 청소
무수 암모니아 (Anhydrous Ammonia)	• 비료로 판매되며, 냉매 가스(refrigerant gas)로도 사용됨 • 불법 메탄올 생산을 위해 농장 및 기타 장소에서 도난됨 • 불법 약물 실험실의 프로판 탱크 또는 소화기에 종종 보관되어 탱크 또는 소화기의 부속품이 파란색으로 변함	• 유독성(toxic) • 부식성(corrosive) • 인화성(flammable) • 심한 자극성(severe irritant)으로 심한 눈 손상, 피부 화상과 수포, 가슴 통증, 호흡 정지 및 사망을 유발할 수 있음	메탐페타민(메스) 제조 과정 (meth production process)
에틸알코올(Ethyl Alcohol)/변성 알코올 (Denatured alcohol)/ 에탄올(Ethanol)/ (곡류)에틸알코올 (Grain Alcohol)	• 용매(solvent)로 판매됨 • 알코올이 음료수에서 농도가 크게 감소되어 발견되는가?	• 고도의 인화성(highly flammable) • 유독성(toxic)으로, 삼켰을 경우 실명 또는 사망에 이를 수 있음 • 흡입(inhalation) 시 중추신경계(central nervous system)에 영향을 미쳐 손상된 사고와 (신체)조정력이 잃을 수 있음 • 피부와 호흡기 자극(피부를 통해 흡수될 수 있음) • 간, 혈액, 신장, 위장기관 및 생식 계통에 영향을 줄 수 있음	• 에틸에테르(ethyl ether)를 생산하기 위해 황산(sulfuric acid)과 함께 사용됨 [에틸에테르(Ethyl Ether)/에테르(Ether) 항목 참조] • 유리 제품 세척
에페드린 (Ephedrine)	처방전없이 구입할 수 있는 감기약 및 알레르기 약품	• 다량 섭취 시 유해함	• 메탐페타민(meth)의 1차 전구체(primary precursor)
에틸에테르 (Ethyl Ether) / 에테르(Ether)	시작 액(starting fluid)	• 고도의 인화성(highly flammable) • 자발적으로 폭발할 수 있는 불안정한 과산화물을 형성하기 위해 공기 중에서 쉽게 산화됨 • 증기는 고농도에서 졸음, 현기증, 정신혼란, 졸도, 고농도에서 의식불명을 일으킬 수 있음	주로 나치/버치 방법(Nazi/Birch method)으로 염석 공정(salting-out process)이 시작되기 전의 메탐페타민(메스) 염기(meth base) 분리(seperation)

표 15.2 (계속)			
화학물질 이름	**일반적 원천/사용처**	**위험**	**생성 역할**
염산(Hydrochloric Acid)/무수 지방산 (Muriatic Acid) [다른 산(acid)도 또한 사용될 수 있으며, 여기에는 황산(sulfuric acid) 및 인산(phosphoric acid)이 포함됨]	도로, 수영장(pool), 세면대, 화장실 등의 상업용 및 산업용 강한 세척제(strength cleaner)	• 유독성(toxic)으로, 섭취 시 사망에 이를 수 있음 • 부식성(corrosive)으로, 액체 또는 증기와 접촉 시 심각한 화상을 입을 수 있음 • 흡입 시 기침, 질식, 폐손상, 폐부종(pulmonary edema) 및 사망의 원인이 될 수 있음 • 금속과 반응하여 폭발성 수소 기체(hydrogen gas)를 형성함	금속(metal)과 반응하여 폭발성 수소 기체(explosive hydrogen gas)를 형성함
과산화수소 (Hydrogen Peroxide)	• 일반적으로 응급 처치(first aid)용 공급 • 섬유 표백, 음식 처리, 물 정수와 같은 화학적 제조공정에 사용됨	• 강 산화제(strong oxidizer) • 눈 자극제(eye irritant)	요오드(iodine)의 팅크(tincture)로부터 요오드 결정(iodine crystal) 추출(extrication)
하이포아인산 (Hypophosphorous Acid)	연구실 화학물질 (laboratory chemical)	• 부식성(corrosive) • 유독성(toxic) • 최초 반응(initial reaction) 중에 살상력있는 포스겐(phosgene)을 생성함	• 적인 방법(Red P method)에서 인(phosphorous)의 원료(source)
요오드 (Iodine)	요오드(iodine)의 팅크(tincture)	• 유독성(toxic) • 증기는 호흡기와 눈에 자극적임 • 눈을 자극시키고 피부에 화상을 일으킬 수 있음	• 메탐페타민(메스) 제조 과정 (meth production process) • 황화수소(hydrogen sulfide)와 혼합되어 요오드화수소산(hydriodic acid)[강한 환원제(strong reducing agent)]을 만들 수 있음 • 적인(red phosphorus)과 물(water)이 혼합되어 요오드화수소산(hydriodic acid)을 형성할 수 있음
이소프로필알코올 (Isopropyl Alcohol)	소독용 알코올(rubbing alcohol)	• 인화성(flammable) • 증기는 고농도에서 두통 및 현기증을 일으킬 수 있음 • 액체는 심각한 눈 손상을 일으킬 수 있음	• 약 추출(pill extraction) • 완성된 메탐페타민 청소
리튬 금속 (Lithium Metal)	리튬 배터리(lithium battery)	• 인화성 고체(flammable solid) • 금수성(물 반응성, water-reactive)(눈과 피부에 화상을 입힐 수 있는)	무수 암모니아(anhydrous ammonia) 및 프소이도에페드린(ephedrine pseudoephedrine, 에페드린의 우선성 이성체 - 역주)

표 15.2 (계속)			
화학물질 이름	일반적 원천/사용처	위험	생성 역할
메틸알코올 (Methyl Alcohol)	HEET 사(社)의 가스선 부동액 및 물 제거제(HEET® Gas-Line Antifreeze and Water Remover)	• 고도의 인화성(highly flammable) • 증기는 두통, 메스꺼움, 구토 및 눈 자극을 일으킬 수 있음 • 증기는 고농도에서 어지러움, 혼수상태, 경련 및 소화불량을 일으킬 수 있음 • 섭취 시 독성이 높음	약 추출(pill extraction)
미네랄 스피릿/석유 증류(경유) (Mineral Spirits/ Petroleum Distillate)	• 더욱 가벼운 액체 • 페인트 신너	• 고도의 인화성(highly flammable) • 섭취 시 유독성 • 증기는 어지러움을 일으킬 수 있음	염석 공정(salting-out process)이 시작되기 전의 메탐페타민 염기(meth base) 분리(seperation)
나프타 (Naphtha)	스토브 및 랜턴용 캠핑용 연료	• 고도의 인화성(highly flammable) • 섭취 시 유독성 • 중추 신경계(central nervous system)에 영향을 끼칠 수 있음 • 증기는 피부, 눈, 호흡기에 자극을 일으킬 수 있음	• 염석 공정(salting-out process)이 시작되기 전의 메탐페타민 염기(meth base) 분리(seperation) • 준비 세척(cleaning preparation)
프소이도에페드린 (Pseudoephedrine)	처방전 없이 살 수 있는(over-the-counter) 감기(cold) 및 알러지(alergy) 약(medication)	다량 섭취하면 유해함	메탐페타민의 제조[에페드린(ephedrine)과 동일]
적인 (Red Phosphorous)	성냥(match)	• 인화성 고체(flammable solid) • 산화제(oxidizer), 환원제(reducing agent), 과산화물(peroxide) 및 강알칼리(strong alkali)와 반응함 • 점화되면, 증기는 눈과 호흡기를 자극한다. • 반응 또는 제조 과정에서의 가열은 치명적인 포스핀 기체(phosphine gas)를 발생시킴 • 과열 시 백인(white phosphorous)[자연발화성(공기와 반응)(air reactive)]으로 전환 가능	적인 방법에서 요오드(iodine)와 혼합되며, 에페드린(ephedrine) 또는 프소이도에페드린(pseudoephedrine)을 메탐페타민(메스, meth)으로 환원시키는 데 사용되는 요오드화수소산(hydriodic acid; HI)을 생성하기 위해 원소 요오드(elemental iodine)와 결합하여 촉매로 작용
수산화나트륨 (Sodium Hydroxide)	막힌 배수구를 뚫어주는 화학제품(drain opener)	• 부식성이 매우 높아 인체의 피부 및 눈에 화상을 입힘 • 산(acid)과 섞이거나(혼합되거나) 물에 녹을 경우 열을 발생 시킴	제조 후 수산화나트륨(sodium hydroxide)과 같은 알칼리성(alkaline) 생성물은 매우 산성인 혼합물을 염기성으로 전환시킴

표 15.2 (마지막)			
화학물질 이름	일반적 원천/사용처	위험	생성 역할
황산 (Sulfuric Acid)	막힌 배수구를 뚫어주는 화학제품(drain opener)	• 극도의 부식성(extremely corrosive) • 증기의 흡입(inhalation of vapor)은 심각한 폐 손상을 일으킬 수 있음 • 눈에 접촉 시 실명에 이를 수 있음 • 흡입 및 섭취 모두 치명적일 수 있음	염화 단계(salting phase)에서 해당 반응을 생성하며, 염(salt)과 결합하여 염화수소 기체(hydrogen chloride gas)를 생성하는데, 이것은 염석 단계(salting-out phase)에 필요함
톨루엔 (Toluene)	자동차용 연료로 종종 사용되는 용제(solvent)	• 인화성(flammable) • 증기는 점막, 눈, 호흡기에 자극 또는 화상을 일으킬 수 있음 • 흡입(inhalation) 시 어지러움을 일으킬 수 있으며, 심한 노출 시 폐부종을 일으킬 수 있음 • 강산화제와 반응할 수 있음	
염산 (Hydrogen Chloride)		• 유독성(toxic) • 부식성(corrosive) • 눈 염증(eye irritant) • 증기(vapor) 또는 에어로졸은 발연(inflammation)을 일으킬 수 있으며, 코, 목, 후두에 궤양(ulceration)을 일으킴	• 암염(rock salt)에 황산(sulfuric acid)을 첨가하여 생성됨 • 염기성 용액(base solution)에서 메탐페타민(메스, meth)를 제거하는 데 사용됨
포스핀 기체 (Phosphine Gas)		• 흡입 시 매우 유독함 • 고도의 인화성을 띠며, 공기 및 습기, 산화제, 할로겐 원소, 염소 및 산과 접촉 시 자연 발화함 • 흡입, 섭취 또는 피부를 통한 흡수 시 치명적임 • 접촉 시 피부 및 눈에 화상이 발생함	• 부산물(byproduct) • 제조 과정(cooking process)에서 적인(red phosphorous)과 요오드(iodine)가 결합하여 생성됨
요오드화수소 (Hydrogen Iodide)		• 매우 유독성(highly toxic) • 점막(mucous membrane) 및 눈(eye)을 공격함	• 부산물(byproduct) • 제조 과정(cooking process)에서 적인(red phosphorous)과 요오드(iodine)가 결합하여 생성됨 • 메탐페타민 실험실(meth lab)의 벽, 천장 및 기타 표면에서 흔히 볼 수 있는 붉은색/오렌지색 얼룩이 생김
요오드화수소산 (Hydriodic Acid)		• 부식성(corrosive) • 섭취하거나 피부에 접촉 시 화상을 일으킴	• 부산물(byproduct) • 제조 과정에서 적인(red phosphorous)과 요오드(iodine)가 결합하여 생성됨

그림 15.8 불법 실험실에 진입하려면 개인보호장비(PPE)가 필요할 수 있다. 현재의 위험 요소에 따라 개인보호장비에는 화학보호복(CPC)과 자급식 공기호흡기(SCBA)가 포함될 수 있다.

대응요원들은 불법 실험실에 진입하기 위해 개인보호장비를 반드시 착용해야 한다(그림 15.8). 만약 당신이 제대로 제독되고 환기되기 전에 불법 실험실에 들어간다면, 다음과 같은 증상이 나타날 수 있다.

- 두통
- 메스꺼움
- 어지러움
- 피로
- 호흡곤란
- 기침
- 가슴 통증
- 신체 조정 능력 저하
- 화상
- 사망

화학물질에 의한 상해 또는 독성 위험은 다음에 따라 다르다.

- 화학물질(chemical) 또는 부산물(byproduct)의 독성 특성(toxic property)
- 양(quantity) 및 형태(form)
- 농도(concentration)
- 노출 기간(시간)(duration of exposure)
- 노출 경로(route of exposure)

불법 메탐페타민 실험실에서 일반적으로 발견되는 화학물질 및 제품으로는 전구체, 용매, 시약 및 촉매로서의 기능으로 분류할 수 있는 물질들이 포함된다. 다음의 품목들이 일반적으로 발견된다(그림 15.9).

- 프소이도에페드린(pseudoephedrine)[Sudafed®와 같은 울혈 제거제(decongestant)]
- 적인(Red phosphorus)
- 요오드 결정(iodine crystal)
- 나트륨(sodium), 리튬(lithium) 또는 칼륨(포타슘; potassium) 원소[배터리(battery), 펠릿(플라스틱 성형 소재) 또는 전선 고체]
- 무수 암모니아(anhydrous ammonia)
- 백색 기체(white gas), 때때로 콜맨사(Coleman®) 연료로 포장되어 있음
- 시작 액(starting fluid) 또는 에틸에테르(ethyl ether)
- 황산(sulfuric acid)
- 암염(rock salt) 또는 식탁용 소금(table salt)
- 염산(hydrochloric acid)
- 수산화나트륨(sodium hydroxide)

주의(CAUTION)

나트륨(sodium), 리튬(lithium) 및 기타 금수성(물 반응성) 물질(water-reactive substance)의 존재는 호스 물줄기, 물 소화기 및/또는 스프링클러 설비의 물과 반응하기 때문에 불법 실험실에서 화재 진화 활동을 복잡하게 만들 수 있다.

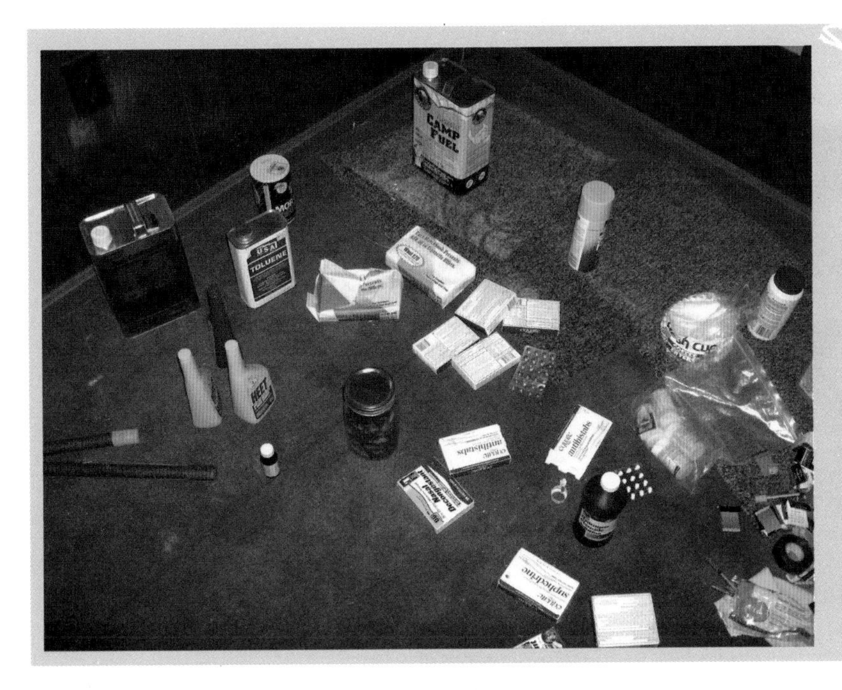

그림 15.9 실험실에는 매우 유독하고 인화성인 물질이 존재하여 다양한 위험이 있을 수 있다. August Vernon 제공.

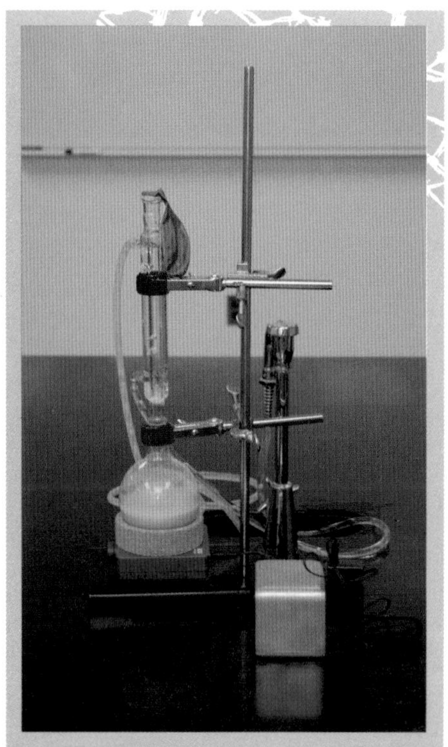

그림 15.10 메탐페타민(불법 약물) 실험실은 냉각기(관)를 사용할 수 있다. 둥근 바닥 플라스크의 상단에 연결된 예시가 여기에 나와 있다.

불법 메탐페타민 연구소에서 일반적으로 발견되는 화학물질의 유형을 인식하는 것 외에도, 초동대응자는 메탐페타민를 만들기 위해 사용되는 다음 유형의 장비에도 익숙해야만 한다.

- **냉각기(관)(condenser tube)** 마약 제조 중에 생성된 증기를 냉각시킨다(그림 15.10).
- **필터(filter)** 커피 필터, 헝겊 및 무명천
- **깔때기(funnel)/ 터키 바스터(주사기 형태의 기구, turkey baster)** 액체의 층을 나눔
- **기체 용기(gas container)** 프로판 실린더(propane cylinder), 소화기, 자급식 수중호흡장치(SCUBA) 탱크, 플라스틱 음료병[흔히 일종의 관이 부착됨](그림 15.11)
- **유리 제품(glassware)** 특히 가열 및 격렬한 화학반응을 견딜 수 있는 파이렉스 사(Pyrex®) 또는 비전 사(Visions®)의 조리기구(cookware), 입구가 넓은 유리병(mason jar) 및 기타 실험실용 유리제품(laboratory glassware)
- **열원(heat sources)** 버너, 요리용 철판, 전자레인지 및 캠핑용 난로(그림 15.12)
- **연마기(grinder)** 에페드린(ephedrine) 또는 프소이도에페드린(pseudo-ephedrine) 타블릿(tablet)을 연마함(갈아 부숨)
- **pH 시험지(pH paper)** 해당 반응의 pH 수준을 시험함
- **관(tubing)** 유리, 플라스틱, 구리 또는 고무

그림 15.11 메탐페타민 생산에 사용되는 무수 암모니아는 프로판 실린더 및 기타 용기의 황동 부품을 파란색으로 변화시킬 것이다.

그림 15.12 분젠 버너 및 요리용 철판과 같은 추가적인 열원들이 종종 실험실에서 사용된다. Joan Hepler 제공.

구조물 내의 메탐페타민 연구소의 존재에 대한 기타 단서는 다음과 같다.

그림 15.13 과도한 쓰레기는 실험실 징후일 수 있다, 특히 메탐페타민 제품 용기가 포함된 경우에는 더욱 그렇다. 미국 상호안전보장본부(MSA) 제공.

- 플라스틱(plastic) 또는 은박(tinfoil)으로 덮인 창
- 현금으로 집주인에 지불하는 세입자
- 과도한 보안 설비(security system) 또는 기타 장치
- 과다한 쓰레기(trash)(그림 15.13)
- 특히 야간에 활동 증가
- 통상적이지 않은 구조물들(unusual structure)
- 구조물, 포장 및 토양의 변색
- 강한 용매 냄새
- 요오드 또는 화학물질로 얼룩진 욕실 및/또는 부엌

0.5 kg의 메탐페타민을 생산할 때마다, 실험실에서는 약 3 kg의 위험 폐기물이 생긴다. 일반적으로 물질들의 혼합물은 이러한 폐기물을 구성하여 불법 실험실 내의 위험과 완전히 다른 고유한 위험이 만들어진다. 이러한 폐기물을 처리하기 위해 실험실 운영자는 다음을 수행할 것이다.

- 쓰레기 매립
- 해당 일반 거주지 쓰레기통에 폐기
- 해당 오수처리 체계의 배수구로 흘려보냄
- 도로 옆에 방치함
- 빈 건물(공간)에 숨김
- 시내 또는 연못/호수에 버림

이러한 폐기물의 처리는 비용이 많이 들고, 정화 과정은 잠재적으로 위험하다. 많은 법집행기관은 압수된 불법 메탐페타민(메스) 실험실 및 폐기물의 정화 및 제독을 처리하기 위해 사설 위험물질 폐기물 처리업체private hazardous materials waste disposal contractor와 계약을 맺고 있다.

정보(Information)

마리화나 재배 실험실(Marijuana Grow Lab) 및 부탄해시오일 합성 연구소(BHO Synthesis Lab) 폭발 사고

초동대응자들은 종종 불법 약물(마약)의 휘발성 있는 제조와 관련된 위험물질 사고와 더욱 더 많이 조우하고 있다. 마약 제조업자들은 주택과 임대 주택을 마리화나 제조 실험실로 전환하여 마리화나 식물(marijuana plant)을 재배하거나 가공한다. 지난 10년간 마리화나의 유효 성분인 합성 마약(designer drug) 부탄해쉬오일(butane hash oil; BHO)의 증가로 인해 폭발과 구조물 화재가 지속 증가했다.

재배 실험실의 현장에 도착하는 대응요원들은 반드시 적절한 장비와 교육을 받은 대원이어야 한다. 대응요원들은 법집행기관 및 기타 기관과 협력해야 한다. 그 이유는 이러한 재산(건물)들의 사고에는 화재, 부비트랩, 범죄 현장 보존 및 전기 위험이 포함될 수 있기 때문이다.

재배 실험실이 전형적인 집처럼 보일 수 있지만, 몇 가지 경고 신호가 대응요원이 구조물을 재배 실험실로 식별하는 데 도움을 줄 수 있다. 재배 실험실에는 관찰자가 외부에서 감지할 수 있는 강한 마리화나 냄새와 재배실 내부의 습도에서 나오는 창문의 응결(condensation)이 종종 있다. 또한 재배 실험실은 대응요원에게 장애물이 될 수 있는 비정상적인 양의 보안(높은 울타리, 잠긴 문 및 경비견과 같은)이 있을 수 있다.

부탄해쉬오일(BHO)은 효능이 있는 농축된 마리화나 형태(concentrated marijuana)로서, 부탄 기체(butane gas)를 사용하기 때문에 위험하다. 최근 몇 년 동안, 부탄해쉬오일(BHO) 합성을 시도하는 사람들은 파이프 폭탄(pipe bomb) 폭발과 닮은 폭발로 인해 심한 화상을 입어 사망하곤 했다.

대응요원들은 화재나 폭발 근처에서 부탄 용기, PVC 파이프 및 파이렉스 접시(Pyrex dish)를 발견하면 부탄해시오일 제조와 연관된 현장에 도착했다고 생각할 수 있다. 화상 환자는 화상 센터로의 운송을 포함하여 즉각적인 치료가 필요할 수 있다.

화학작용제 실험실

Chemical Agent Lab

제조업자들은 불법 실험실illicit laboratory에서 군사 화학작용제chemical warfare agent를 제조한다. 해당 조리법은 쉽게 찾을 수 있지만 군사 화학작용제를 만드는 데 필요한 실질적인 물질들은 쉽게 접근할 수가 없다. 일부 성분은 공통적일 수 있으나, 다른 성분에 대한 접근은 제한적이다. 다음 단서들은 화학작용제 실험실을 나타낼 수 있다.

- 군사 교범
- 지하의(비밀의) "제조책(cookbook)"
- 제조자가 일반적으로 메탐페타민(meth) 또는 기타 불법 약물(illegal drug)을 만드는 데 사용하지 않을 **유기인산염 살충제**[5]와 같은 화학물질
- 요오드화메틸(methyl iodide), 삼염화인(phosphorus trichloride) 등의 화학물질[사린(sarine) 제조 시도 가능성이 있음]
- 화학작용제를 만드는 데 필요한 화학반응을 수행할만큼 정교한 실험실 장비(lab equipment)(그림 15.14)
- 시안화물(cyanide) 또는 산(acid)의 존재

그림 15.14 화학작용제 실험실은 매우 정교한 실험 장비를 가지고 있을 수 있다.

5 **유기인산염 살충제(Organophosphate Pesticide)** : 중추 신경계(central nervous system)를 파괴함으로써 곤충을 죽이는 화학 물질(chemical)로, 이러한 화학물질들은 곤충, 인간 및 다른 많은 동물에서 신경 기능(nerve function)에 필수적인 효소인 아세틸콜린에스테라제(acetylcholinesterase)를 불활성화시킴

폭발물 실험실 Explosives Lab

일부 폭발물 실험실explosives lab은 열을 가하거나 물질을 제조할 필요가 없기 때문에 유리 제품glassware, 관tubing, 분젠 버너Bunsen burner, 화학물질 시약병 및 기타 실험기구와 관련된 장비 및 용품이 부족할 수 있다. 예를 들어, 폭발물 실험실에는 맞춤형 불꽃custom firework 또는 불꽃pyrotechnic을 조립하는 데 사용되는 차고의 작업 공간work area이 포함될 수 있다. 그러나 폭발성 화학물질 혼합물explosive chemical mixture을 만드는 실험실은 전통적인 산업 또는 대학교 화학 실험실처럼 보일 수 있으며, 과산화물 기반 폭발물peroxide-based explosive을 만드는 실험실은 메탐페타민 또는 마약 연구실과 비슷하게 보일 수 있다.

마약(불법 약물) 실험실 이외에, 폭발물 실험실은 두 번째로 흔한 유형의 실험실이다. 폭발물 실험실은 가정용 화학물질의 존재로 인해 비밀 마약 실험실로 오인될 수 있다. 대응요원들은 일부 급조 폭발물improvised explosive material을 마약으로 착각할 수 있다. 이러한 실험실들은 많은 장비 또는 자원을 필요로 하지 않으므로 쉽게 구축할 수 있다. 잠재적 제조업자들은 인터넷, 무정부주자 문헌 및 기타 출처에서 제조법을 쉽게 찾을 수 있다(그림 15.15). 제조업자들은 흑색 화약 또는 무연 화약과 같은 폭발성 물질을 급조 폭발물IED에 쉽게 결합시킬 수 있다.

이러한 위험한 폭발물 제조하는 데 필요한 물질들은 여러 지역의 상점에서 구할 수 있거나 온라인을 통해 구입할 수 있다. 기본 성분은 연료fuel와 산화제oxidizer이다. 폭발물 실험실일 수 있는 징후들은 다음과 같다.

- 저울(scale) 및 온도계(thermometer)(그림 15.16)
- 냉장고(refrigerator)/냉각기(쿨러, cooler)/얼음 욕조(ice bath)(그림 15.17)

• 유리 제품(glassware) 및 실험실 장비(laboratory equipment)
• 배합기(blender), 분쇄기(grinder), 절구(mortar) 및 공이(빻는 장비, pestle)
• 뇌관(blasting cap)/배터리(battery)/퓨즈(fuse)/스위치
• 파이프(pipe)/끝단 덮개(end cap)/저장 용기(storage container)
• 파편형 재료(shrapnel-type material)
• 강한 산성 냄새
• 폭발물(explosives), 군수품(military ordnance)

그림 15.15 폭발물 제조를 위한 제작법들은 대중들이 쉽게 이용할 수 있다. August Vernon 제공.

폭발물 실험실의 존재에 대한 기타 단서로는 다음이 포함될 수 있다.

• 폭탄 만드는 법에 대한 문헌
• 상당량의 불꽃(firework)
• 수백 개의 성냥첩 또는 조명탄(flare)(그림 15.18)
• 샷건 탄(shotgun shell), 흑색 화약(black powder), 무연 화약(smokeless powder), 또는 뇌관(blasting cap)과 같은 탄약(ammunition)
• 상업용 폭발물(commercial explosives)
• 소이성 물질(incendiary material)

그림 15.16 저울 및 온도계는 폭발물 실험실(explosive lab)에서 사용될 수 있다.

그림 15.17 폭발물 실험실에서는 냉장고, 냉각기(쿨러), 얼음 욕조를 사용할 수 있다.

급조 폭발물IED를 만드는 데 사용할 수 있는 구성 요소(예를 들면, 파이프, 기폭장치, 빈 소화기 및 프로판 용기)와 함께 이러한 물품들을 찾는 것은 폭발물 실험실에 대한 더 많은 증거를 제공한다. 또한 전선, 회로 기판, 휴대전화 및 기타 물품과 같은 전자부품들은 급조 폭발물IED의 설계를 했을 가능성을 의미할 수 있다. 모든 유형의 비밀 실험실에 있을 때에는 주의한다.

제조업자들은 많은 어떠한 일반 화학물질들을 사용하여 수제 폭발물을 제조할 수 있다. 몇 가지 일반적인 수제 폭발물은 과산화물 기반peroxide-based이지만, 다른 유형의 폭발물은 훨씬 더 간단한다. 예를 들어, 많은 수제 폭발물homemade explosives은 정교한 장비를 사용하지 않고 냄비와 프라이팬을 사용하여 만들 수 있다. 수제 폭발물

그림 15.18 폭발물 실험실에는 많은 수의 성냥첩이 있다. August Vernon 제공.

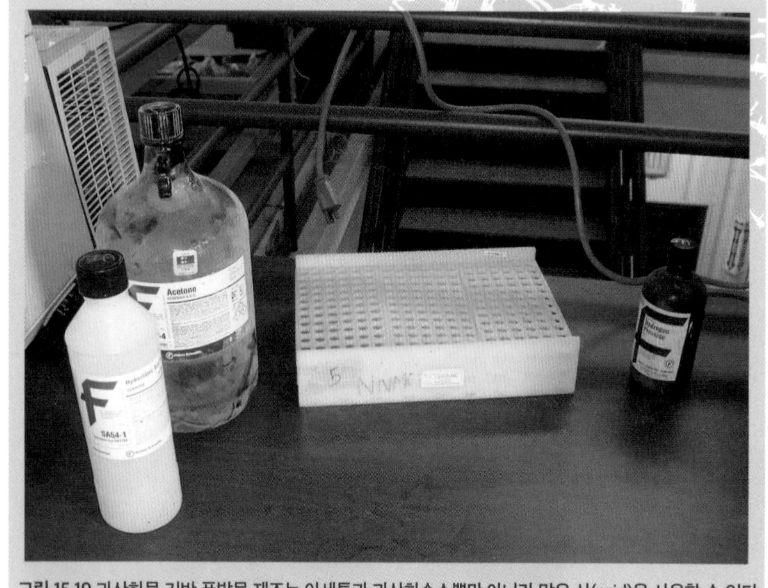

그림 15.19 과산화물 기반 폭발물 제조는 아세톤과 과산화수소뿐만 아니라 많은 산(acid)을 사용할 수 있다.

은 이 매뉴얼의 8장에 소개되었다.

이 매뉴얼의 작성 동안에도, 대응요원들은 더 많은 숫자의 과산화물 기반의 폭발물 실험실peroxide-based explosives lab과 조우하고 있다. 과산화물 기반 폭발물peroxide-based explosives은 열, 충격 및 마찰에 민감하다. 대응요원들이 과산화물 기반 폭발물 실험실에서 찾을 수 있는 일반적인 성분 중 일부는 다음과 같다.

- 아세톤(acetone)(그림 15.19)
- 에탄올(ethanol)
- 헥사민(hexamine)[캠핑용 난로의 고체 연료]
- 과산화수소(hydrogen peroxide)
- 강산(strong acid) 또는 약산(weak acid)[예를 들면, 황산(sulfuric acid) 또는 구연산(citric acid)]

일단 제조업자들이 해당 물질들을 생산하면 다양한 급조폭발물IED에 물질들을 통합시킬 수 있다. 실험실 운영자들은 일반적으로 냉각 방법(예를 들면, 냉각기의 얼음)을 사용하여 원재료를 운송한다. 이러한 원재료와 조우한 대응요원들은 이를 주의해서 취급해야만 한다. 잘못 취급하면 폭발물 실험실 내의 물질들이 심각한 위험을 초래할 수 있다.

주의(CAUTION)

초동대응자들은 종종 시료(표본)를 탐지하고 수집하는 과업을 부여받는다. 불법 실험실 환경에서는 탐지 및 시료수집 활동이 폭발물을 기폭시키거나 위험을 악화시킬 수 있음을 인식하라!

경고(WARNING!)

과산화물 기반의 폭발물(peroxide-based explosives)은 마약[예를 들면, 코카인(cocaine)]처럼 보이지만 마약 현장 간이시험 도구(narcotic field-testing kit)와 격렬하게 반응한다.

경고(WARNING!)

모든 비밀 실험실에서 발견되는 백색 결정체(white crystal) 또는 백색 가루(분말)(white powder)를 만지지 마라! 결정 또는 가루(분말)는 열, 마찰 및 충격에 매우 민감하다.

경고(WARNING!)

어떤 종류의 에너지를 가진 시험(여기서는 탐지와 같은 활동을 포함함 - 역주) 장비(test equipment)는 폭발성 물질을 폭발시키기에 충분한 에너지를 가지고 있을 수 있다.

생물 실험실 Biological Lab

생물 실험실biological laboratory의 징후에 주의한다. 생물 실험실에는 현미경microscope, 증식배지growth media, **가압 멸균 처리기(압열 멸균기)**[6], 글러브박스glove box, 세균배양기incubator 및 냉장고refrigerator를 포함하여 여러 장비들이 있다. 생물 실험실에는 아세톤acetone, 엡슨 소금Epson salt 및 수산화나트륨sodium hydroxide과 같은 자원이 들어 있을 수 있다. 보톡스 생산 시에는 용기 안에 흙, 썩은 음식, 쓰레기 뭉치 같은 것들이 보일 수 있다.

생물 실험실에서는 휘발유(가솔린 gasoline), 프로판propane, 무수 암모니아anhydrous ammonia 또는 기타 인화성 및 부식성 액체와 같은 화학물질을 사용하지 않을 것이다. 그러나 산/염기, 알코올alcohol 및 아세톤acetone과 같은 화학물질이 있을 가능성이 높다(그림 15.20).

바이러스 생산virus production에는 박테리아 생산bacterial production에 비해 다른 유형의 실험실 설비가 필요하다. 바이러스 실험실viral lab에는 다음이 있을 수 있다.

- T자형 플라스크(T-flask)
- 회전 병(roller bottle)
- 우물형 배양판(well culture plate)
- 세균 배양기(incubator)
- 배양 회전 기계(culture rolling machine)

---

6 **가압 멸균 처리기(압열 멸균기)(Autoclave)** : 고압 수증기(high-pressure steam)를 사용하여 물체(object)를 멸균(sterilize)하는 장치

- 원심분리기(centrifuge)(그림 15.21)
- 피펫(pipette)
- 소독 물질(disinfection material)
- 살아 있는 조직 세포간질(tissue matrice)[예를 들면 세포, 피, 알, 곤충 및 살아 있는 동물]

 **주의(CAUTION)**

실험실에서 아주까리씨(피마자, castor bean)의 존재는 해당 장소가 유사한 장비에도 불구하고 폭발물 실험실이 아니라는 것을 나타낸다.

생물 실험실에 대한 징후는 다음을 포함한다.

- 아주까리씨(피마자, castor bean), 로자리콩(rosary pea) 또는 보툴리눔 중독증 독소(botulinum toxin) 생산 시설과 같은 독소의 원천으로 알려진 생물학 물질(biological material)의 존재
- 압력솥, 입구가 넓은 유리병, 토양 및 고기 또는 고양이 음식과 같은 단백질(protein) 포함(그림 15.22)
- 항생제(antibiotics)와 백신(vaccine)의 존재
- 호흡보호구[특히 헤파 필터(HEPA filter)가 포함된 경우], 고무장갑 및 면체(마스크, mask)와 같은 개인보호장비(그림 15.23)
- 실험실(laboratory) 또는 시험 동물(test animal) 및/또는 동물 우리(cage) 및 음식과 같은 동물과 관

그림 15.20 생물 실험실에는 산, 염기, 알코올 및 아세톤이 있을 수 있다.

그림 15.21 원심분리기는 바이러스 실험실에서 사용될 수 있다.

련된 소재들

• 세균 배양용 페트리 접시(petri dish), 유리 용기(glass jar), 한천 접시(agar plate) 및 배양/성장 배지(culture/growth medium)[한천(agar), 육즙(meat broth), 젤라틴(gelatin), 고기(meat) 또는 배설물(feces)]와 같은 배양 용기(growth container)(그림 15.24)
• 생물학적 안전 캐비닛(biological safety cabinet) 또는 글러브박스(glove-box)[급조 설치(improvised setup) 시에는 플라스틱 시트(plastic sheeting), 플렉시글래스(plexiglas), 수족관(aquarium), 덕트 테이프(duct tape) 및 팬을 사용할 수 있음](그림 15.25)

그림 15.22 아주까리씨(피마자, castor bean) 및 로자리콩(rosary pea)은 생물학적 독소의 공급원이다.

그림 15.23 개인보호장비, 특히 헤파 필터(HEPA filters)가 장착된 호흡보호구는 생물 실험실의 징후일 수 있다.

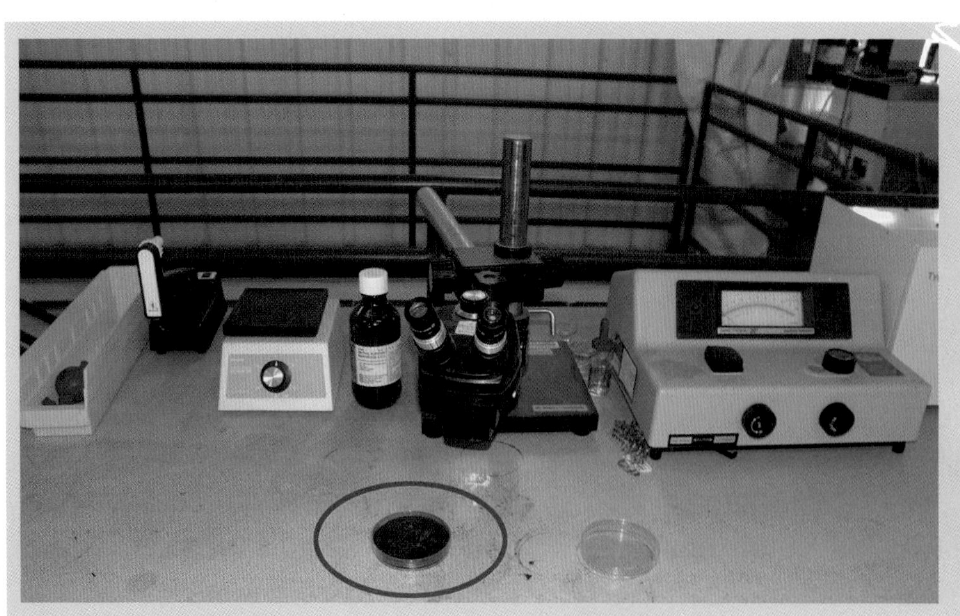

그림 15.24 한천 접시와 페트리 접시(세균 배양용)는 생물 배양을 하는 데 사용될 수 있다.

- 온도, 적외선 램프(heat lamp), 냉장고, 발효기, 대형 카보이(carboy) 제어용 인큐베이터(incubator) 또는 기타 '장비'와 같은 실험실 장비
- 냉각기(관)(condenser tube) 또는 증류 및 환류 설비(distillation and reflux setup)와 같은 품목인 특수한 유리 제품의 축소 부품
- **세포 용해 장비**[7] 및 분쇄 장비(pulverization **equipment**)[볼 밀(ball mill), 암반 텀블러(rock tumbler)](그림 15.26)
- 원심분리기(centrifuge)
- 방부제(antiseptic) 및 가압 멸균 처리기(autoclave)[또는 압력솥]와 같은 표백제 또는 기타 멸균용품
- 개조된 건물환기 설비(building ventilation system)
- 분무기(sprayer), 네뷸라이저(분무기, nebulizer) 또는 기타 전달 장치
- 필터/커피 필터, 무명천
- 알코올, 산 및 염기

그림 15.25 플라스틱 시트는 급조된 안전 캐비닛, 글러브박스 또는 기타 격리 구역을 만드는 데 사용할 수 있다.

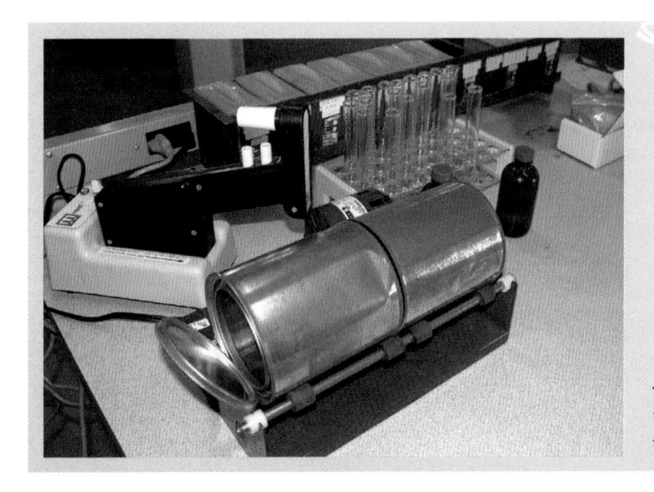

그림 15.26 세포 용해 장비로는 작업대상단 실험실 롤러 제분기 및 기타 분쇄 장비가 포함될 수 있다.

경고(WARNING!)

생물 무기(생물 위협) 작용제 실험실은 액체, 분말 및 슬러리인 병원균을 생산할 수 있다. 분말(가루)화된 제제(작용제)는 쉽게 재부유할 수 있기 때문에, 대응요원들에게 가장 심각한 위험을 초래하여 흡입 및 오염 위험이 증가한다.

---

7 **세포 용해 장비(Cell Lysis Equipment)** : 세포막(membrane of a cell)을 파괴하는 데 사용되는 기계류

방사능(방사선) 실험실

Radiological Lab

방사능(방사선) 실험실radiological laboratory은 전통적인 실험실처럼 보이지 않을 수도 있다. 그들은 단순히 조립assembly이 이루어지는 집결지일 수도 있다. 제작자는 방사성물질radiological material을 사용하여 방사선 방출 장치radiological dispersal devices; RDD, 방사성물질 확산 장치radiological exposure devices; RED, 또는 급조 핵폭발 장치improvised nuclear devices; IND를 만들 수도 있다. 방사성 물질의 예로는 다음을 포함할 수 있다(그림 15.27).

- 산업용 방사선원(industrial radiography source)(그림 15.28)
- 식품, 혈액(피) 및 의료 멸균기기(medical instrument sterilizer)
- 방사선 치료 기계(radiation treatment machine)
- 방사성 의약품(radiopharmaceutical)
- 토양 밀도 및 검층 측정기(soil density and well logging gauge)
- 방사(선) 화학물질(radiochemistry material)
- 핵 발전 연료(nuclear power reactor fuel) 또는 관련 연구
- 방사성 동위원소 열전 발전기(radioisotope thermoelectric generator; RTG)
- 연기 감지기(smoke detector)
- 랜턴 덮개
- 주물 오지 그릇
- 오래된 시계, 지침판 및 계측기
- 암석, 화강암, 대리석 및 세라믹 타일

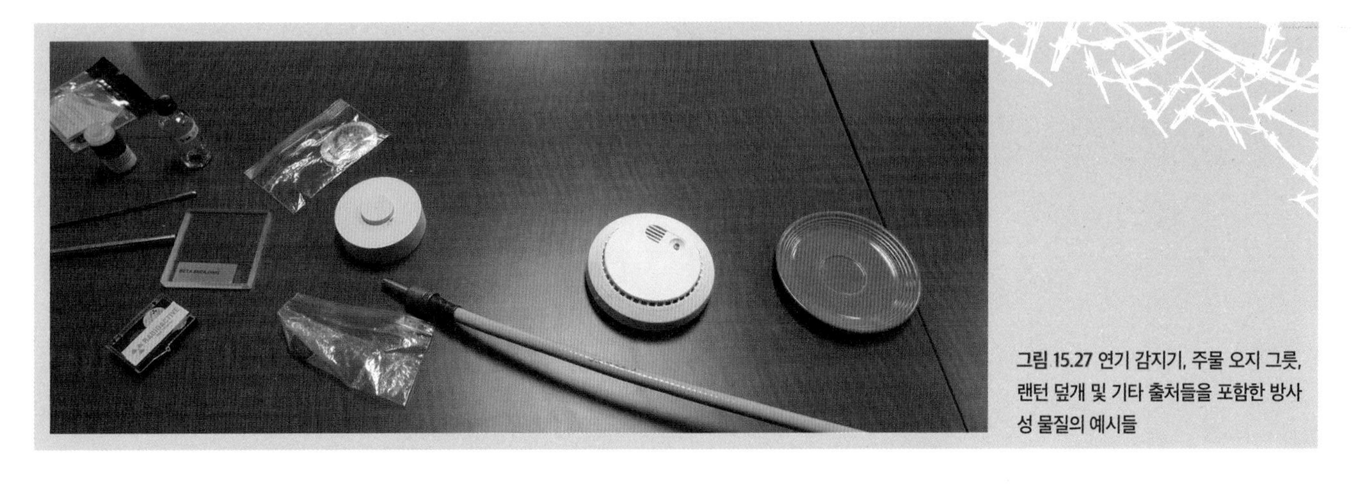

그림 15.27 연기 감지기, 주물 오지 그릇, 랜턴 덮개 및 기타 출처들을 포함한 방사성 물질의 예시들

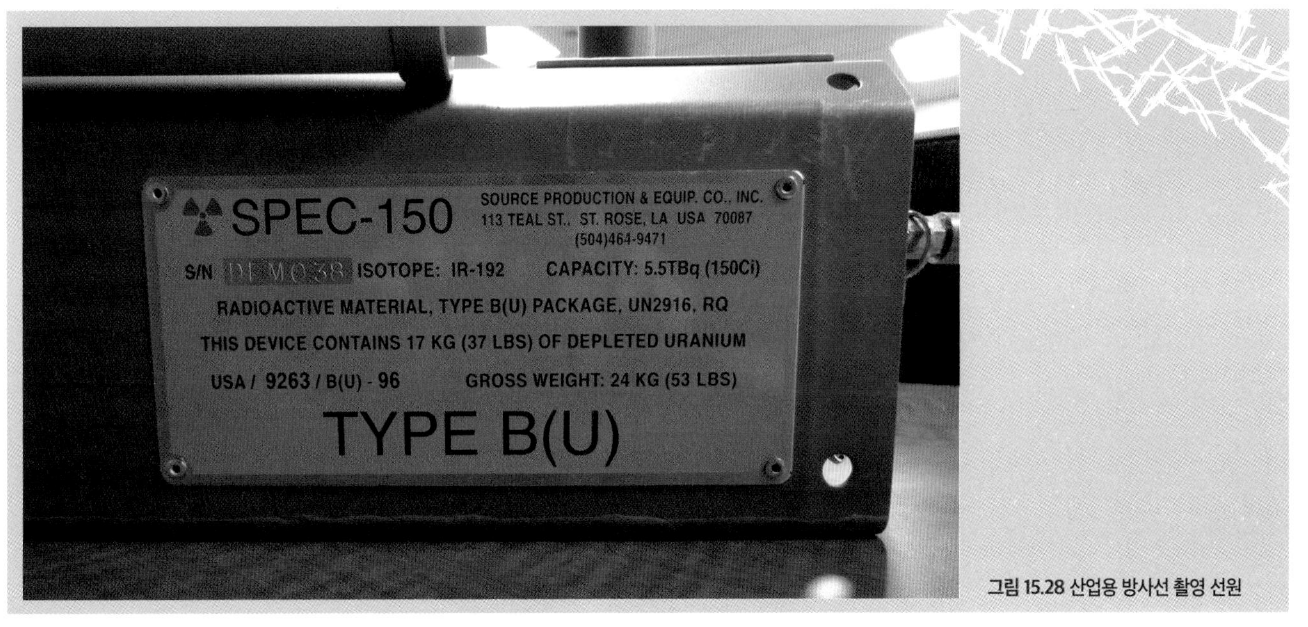

그림 15.28 산업용 방사선 촬영 선원

특별히 훈련된 인력과 장비를 통해 방사능(방사선) 실험실의 위험hazard을 완화시키고 탐지해야 한다. 이러한 장비에는 선량 측정기dose rate meter와 오염 측정기contamination meter가 반드시 포함되어야 한다. 이러한 계측기들은 선량률dose rate에 대한 감마선과 오염에 대한 알파/베타선alpha/bet radiation의 두 가지 서로 다른 것들을 측정한다.

중성자 방사선neutron radiation은 흔하지 않으며, 특별한 탐지 장비가 필요하다(그림 15.29). 비밀 실험실의 방사성 물질은 개별 방사선원radioactive source(접시 또는 암석 등)을 포함하거나 느슨해져 오염(먼지 또는 액체 등)을 일으킬 수 있다. 개별 선원individual source은 공기 중(부유 상태)이 아니기 때문에 내부 위험이 적다. 대조적으로 오염은 물질의 자유 이동 특성으로 인하여 섭취 또는 흡입 위험을 일으키는 경우가 많다.

참고

대부분의 오염 계측기는 또한 감마선(감마 방사선)을 탐지(식별)한다. 장비 운용자(사용자)는 알파, 베타, 감마 및 중성자 방사선의 차이를 이해하고, 그 관할 지역에서 사용되는 장비를 작동시키는 방법을 알고 있어야 한다.

합리적으로 달성 가능한 최저 수준as low as reasonably achievable; ALARA으로 방사선 물질에 대한 노출을 유지해야 한다는 것을 항상 기억해야 한다. 합리적으로 달성 가능한 최저 수준의 노출ALARA exposure을 달성하려면, 해당 방사선원에 대한 노출 시간을 줄여야 하며, 방사선원으로부터의 거리를 늘리고, 가능할 때마다 적절한 차폐shielding를 항상 사용한다.

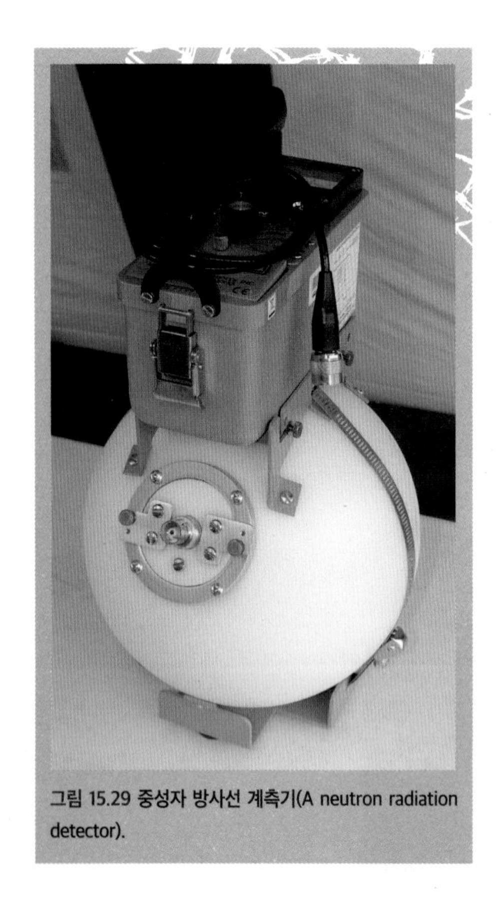

그림 15.29 중성자 방사선 계측기(A neutron radiation detector).

방사선 실험실의 징후로는 다음을 포함할 수 있다.

- 방사능[삼엽(클로버) 형태의 심볼(trefoil symbol)]
- 방사선 피폭(radiation exposure)과 일치하는 질병이나 부상
- 방사선 탐지기(radiation detector) 또는 '선량계(pager)'에 의한 선량률(dose rate) 판독
- 생물학 징후(최근 질병, 입원, 화상, 급성방사선 병의 전조)
- 선량 측정(수치)(dosimetry)의 존재[예를 들면, 열루니네센스선량계(TLD), 전자개인선량계(EPD)를 통한 것]
- 방사성 물질의 사용을 설명하는 서류, 지도 또는 계획
- 사용자에게 거리를 일정 이상 유지할 수 있도록 제공하는 집게 또는 도구
- 차폐물의 존재[납 컨테이너 "금속덩어리(pig)", 납제 산탄(lead shot), 납 벽돌(lead brick), X선 방호(납제) 앞치마(X-ray apron)]
- 중성자 차폐 물질(neutron shielding material)의 존재[파라핀 왁스, 물 또는 기름으로 채운 수족관 두터운 플라스틱, 콘크리트](그림 15.30)
- 강한 농축된 산(strong concentrated acid)[예를 들면, 질산 및 황산(nitric and sulfuric)의 존재]
- 밀링 공구 또는 선반
- 금속 분쇄기
- 의료용 동위원소(medical isotope, 비정상적인 수(많은 수)를 의미 - 역주)의 분해된 연기감지기(smoke detector) 또는 방사선 촬영카메라(radiography camera), 토양 밀도계(soil density gauge), 산업/상업용 장비(industrial/commercial equipment)와 같은 해당 주거지에 일반적이지 않은 산업용 방사선원(industrial radiological source)의 존재
- 개인보호장비
- 킬레이트 시약(제재)(chelating agent) 또는 요오드화칼륨(potassium iodide)과 같은 의학적 대응책의 존재

그림 15.30 두터운 플라스틱은 몇몇 방사선 유형에서 차폐제로서 사용될 수 있다.

경고(WARNING!)

특수 핵 물질(special nuclear material; SNM)은 수소(hydrogen)를 함유한 물체 및 물질(물, 기름, 플라스틱, 왁스 및 사람과 같은)에 의해 반사되고 강화될 수 있는 중성자(neutron)를 방출한다. 오직 특수장비[중성자 탐지기(neutron detector)]만 중성자를 탐지할 수 있다. 특수핵물질(SNM) 근처의 대응요원의 존재는 중성자 방사선 노출(neutron radiation exposure)을 증가시킬 수 있다.

불법 실험실에서의 대응활동(작전)

Operations at Illicit Lab

미국에서는 불법 실험실 대응[illicit lab response]을 위한 표준작전절차[SOP]/표준작전지침[SOG]은 'OSHA 1910.120[미 연방 법규[CFR]]'에 의해 제정된 규칙을 따라야 할 필요성이 있다. 표준작전절차[SOP]에는 제독[decon], 안전[safety], 구조[rescue], 위험물질[hazmat] 및 화재진압 작전[fire fighting operation]과 관련된 직책과 활동의 인력을 쓰는 것이 포함되어야 한다. 이러한 규칙들은 대응과 관련된 모든 기관(소방, 법집행기관, 환경 도급업자 등)에 적용된다.

대응요원들은 사고를 완화(경감)시키면서 가능한 한 최선을 다해 반드시 증거를 보존해야 한다. 잠재적 증거에 대한 이러한 관심은 범죄 현장일 가능성이 높은 사고(사건)에서 특히 중요한다.

14장에서는 증거 복구[evidence recovery]와 법의학 대응활동(작전)[forensic operation]에 대해 자세히 설명한다. 불법약물 생산과 관련된 절차들은 자주 바뀐다. 따라서 위험물질/대량살상무기 대응요원들[hazmat/WMD responder]은 새로운 기술을 배우기 위해 법집행기관 마약(약물) 대응팀[law enforcement drug response team]과 반드시 자주 상호협력해야 한다. 또한 대응요원은 주(지역) 방사선 방호 사무소[state radiation protection office]에 연락하는 방법을 알아야만 한다.

정보(Information)

주 방사선 방호청(State Radiation Protection Office)

초동대응자들은 주 방사선 방호청(state's radiation protection office)에 연락하는 방법을 알아야만 한다. 위험 기반 대응(risk-based response) 중에 사고에서 방사선을 감지하면, 즉시 해당 청에 연락해야 한다. 각 주의 방사선 방호청(state's radiation protection office)은 해당 주 및 연방 차원의 자원을 활용하여 효과적인 대응과 지속적인 공공 보호를 가능하게 할 것이다. 관할당국(AHJ)은 대응요원들이 이 사무실에 제공해야 하는 정보에 대한 지침을 가지고 있을 것이다. 미 연방수사국 본부 교환대(FBI headquarters switchboard)는 적절한 방사선 방호 사무실에 연락하는 것을 도울 수 있다.

관할권을 가진 법집행기관은 모든 현장 활동을 지시한다. 수색 영장이나 다른 규약은 법집행기관이 불법 실험실을 체포할 수 있도록 요인를 설정한다. 대응요원의 상황 인식을 유지하고 그들이 불법 실험실에서 상황을 신속하고 정확하게 분석할 수 있도록 하기 위해, 법집행기관은 대응요원들에게 예상되는 위험물질 또는 대량살상무기 위협에 대한 정기적인 위협 브리핑을 제공해야만 한다.

불법 실험실에서는 많은 문제와 예측 가능한 결과가 있기 때문에 법집행 관할권, 수사지침 및 수사 우선순위는 복잡하며 끊임없이 변화한다. 불법 연구소에서의 수사 권한은 실험실 유형, 관련된 범죄, 법집행 관할권 및 기타 요인에 따라 다를 수 있다. 불법 실험실이 발견되기 전에 특정 관할권 상황을 확인한다. 기관들은 이러한 관할권 분할을 일상적으로 검토해야 한다. 미국의 경우, 다음에서 관할권 확인이 필요할 수 있다.

- 지역 또는 주 법집행당국(Local or State Law Enforcement Authority)
- 미 연방수사국(Federal Bureau of Investigation)
- 미 마약단속국(Drug Enforcement Agency)
- 미국 우편검사서비스(United States Postal Inspection Service)
- 미 환경보호청(Environment Protection Agency)

신중한 위험 분석과 효과적인 사고조치계획이 수립된 후에만, 불법 실험실에서의 대응활동(작전)을 시작해야 한다. 이러한 계획을 세우는 것은 복잡한 과정일 수 있다. 대부분의 불법 실험실 대응에는 여러 기관들이 관련되어 있다. 각 기관은 해당 기관이 책임을 지는 특정 관할권을 갖는다. 대응을 계획하는 데는 이들 기관들

간의 조정이 필요하다. 동일한 불법 실험실이란 없기 때문에(동일한 사고는 없다는 의미 – 역주) 기관들을 조정하는 데는 엄청난 복잡성을 일으킬 수 있다.

하나 이상의 독립체(독립기관)를 포함할 수 있는 조정 과제는 다음과 같다.

- 법집행을 통한 사고현장 확보 및 보존(securing and preserving the scene)
- 폭탄 처리반 대원과의 현장 정찰 및 위험 식별(hazard identification)(그림 15.31)
- 공기 탐지/식별(air monitoring/detection)을 통한 대기 위험(atmospheric hazard) 파악
- 증거를 보존하면서 즉각적인 위험 완화
- 수사 권한이 있는 법집행기관과의 범죄 현장 대응활동(작전) 조정
- 사고와 연관 있는 인원 및 현장 활동 문서화

14장에서 설명했듯이, 해당 전문대응 수준 대응요원은 범죄 현장 문서화에 대한 지역(현지) 절차가 서로 다르므로, 범죄 현장에서의 보고서 및 문서화에 대한 해당 지역 또는 주 및 연방 절차를 숙지해야 한다. 예를 들어, 일부 관할구역에서는 비디오(동영상) 문서화의 사용을 허용하지 않고, 다른 관할 구역에서는 디지털사진 사용을 허용하지 않는다.

법집행기관은 불법 실험실과 관련된 대응 현장을 확보하고 보존해야 할 책임이 있다. '기술자료 15–2'는 불법 실험실을 식별하고 확보하기 위한 기본 단계를 제공한다. 법집행기관의 임무로는 다음을 포함할 수 있다.

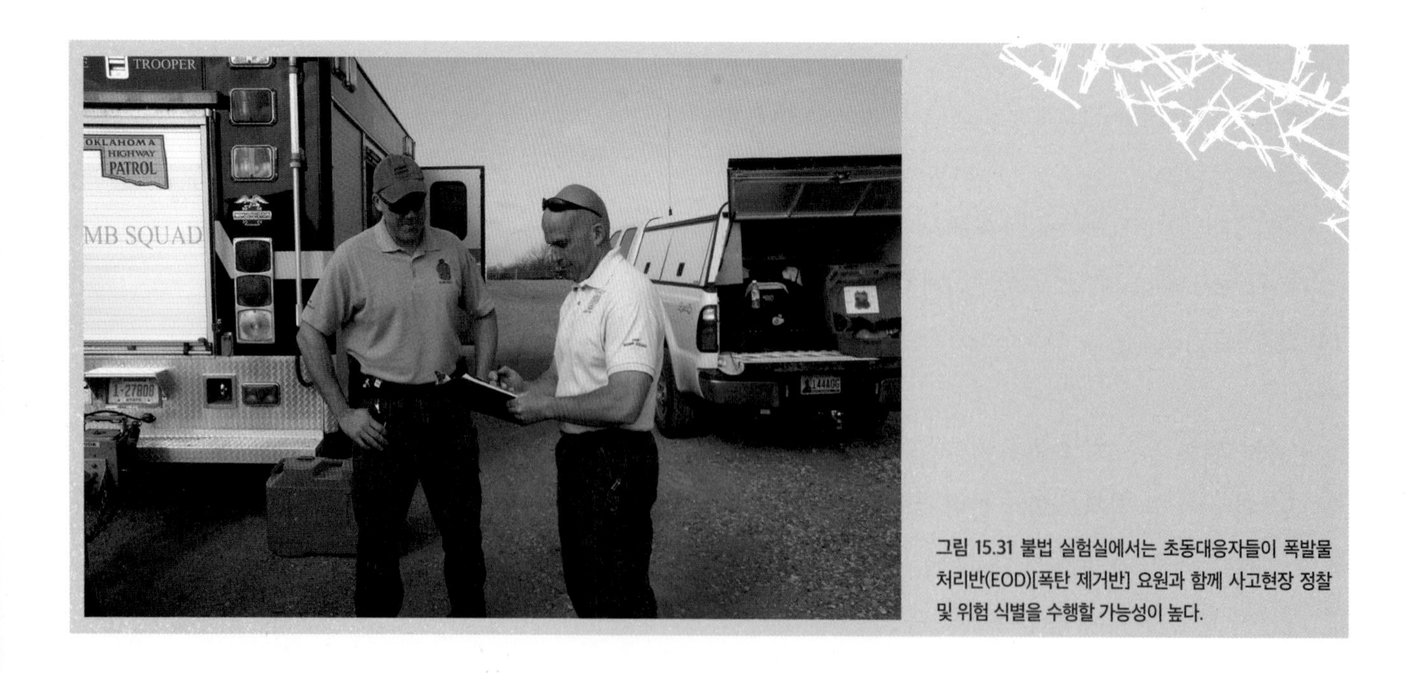

그림 15.31 불법 실험실에서는 초동대응자들이 폭발물 처리반(EOD)[폭탄 제거반] 요원과 함께 사고현장 정찰 및 위험 식별을 수행할 가능성이 높다.

- 중립 전술적 위협(tactical threat) 무력화
- 군용 폭발물(explosive ordnance) 또는 부비트랩(booby trap)을 안전한 상태로 만듦
- 모든 책임을 맡고 범죄 현장의 모든 인원을 식별
- 해당 범죄 현장에서 방해받은(어지럽혀진) 모든 물품 기록
- 잠재적 손상 또는 파괴로부터 증거 보호

위험물질 및 폭탄 처리반팀은 불법 약물(마약) 또는 대량살상무기 실험실에서 발견된 상황을 해결하기 위해 협력해야 한다. 이러한 불법 실험실들 대부분에서의 위험에는 다음과 같은 장치와 물질의 조합이 포함될 것이다.

- 폭발물(explosives)/화학(chemical)
- 폭발물(explosives)/방사능(방사선)(radiological)
- 폭발물(explosives)/생물(biological)

팀은 또한 부비트랩을 해체하고 폭발물과 위험물질의 특성을 정의하기 위해 함께 작업해야 할 수도 있다. 대응기관들은 다수 위험을 수반하는 상황에 대비하기 위해 폭탄 처리반과 위험물질 대응팀의 자산을 조정해야만 한다.

현장 위험 평가 절차의 일부로서, 대응요원들은 대기 위험을 평가해야 할 것이다. 지역 대응 계획은 평가 과정 간에 확인된 위험을 기반으로 적절한 장비의 가용함과 사용을 보장해야 한다.

탐지 및 식별 장비에는 다음이 포함되어야만 한다.

- 가연성 기체 표시기(CGI)
- 다중 기체 탐지기(multi-gas meter)
- 광이온탐지기(PID)
- 시약 종이(reagent paper)
- 알파, 베타, 감마선을 탐지할 수 있는 방사선 탐지 장비(radiological monitoring equipment)

대응요원들은 정찰 작전을 수행하기 전에 적절한 법집행기관과 협력해야 한다. 기관들은 실험실 또는 현장과 관련된 정보에 대한 요약보고(브리핑)를 하기 위해 정찰 작전에 대한 정보가 필요할 수 있다. 모든 대응에서와 마찬가지로, 불법 약물 또는 대량살상무기 실험실에 대한 대응은 해당 대응 계획의 일부로 현장 작전의 표준 우선순위를 적용해야 한다. 대응요원들은 즉각적인 위험을 줄이면서 증거를 보존하

기 위해 최선을 다해야 한다. 잠재적인 불법 약물(마약) 또는 대량살상무기 실험실에 대한 대응을 계획할 때 우선순위는 범죄 현장 작전을 수사 권한이 있는 법집행기관과 조정하는 것이다. 화학, 생물학, 방사선(방사능) 또는 폭발성의 물질 및 장치와 관련된 범죄 활동의 징후가 있는지 확인한다.

전문대응 수준 대응요원들은 그들이 받은 훈련 범위 내에서 법집행기관 작전을 지원한다. 또한 관할당국AHJ에서 설명한대로, 범죄 현장 관할권 및 절차에 대해 잘 알고 있어야만 한다.

- 수사 법집행기관의 리더십
- 수색 영장 요건
- 증거 규칙
- 범죄 현장 문서
- 사진 촬영 정책
- 구금 요건 및 증거물 보존의 연속성의 증거
- 해당 지방 검사가 명시한 특정 요구사항

참고
전문대응 수준 대응요원들은 사고 발생 시 법집행기관 고위직으로부터 과업을 부여받을 수 있다.

불법 실험실에서의 효과적인 사고조치계획은 다음을 기반으로 한다.

- 상황에 대한 신중한 분석 제공
- 조우한 실험실의 유형 고려
- 실험실 내/외부에 현존하는 위험 식별
- 범죄 현장을 보존하는 데 도움을 줄 기관의 관할권 한도 식별
- 대응요원들이 직면하는 본질적으로 위험한 과업에 가능한 가장 안전한 대응 실시
- 개인보호장비 및 제독에 대한 고려사항 포함
- 증거로 필요하지 않은 실험실 장비 및 화학물질의 보호 및 법적 처분 제공

개인보호장비(Personal Protective Equipment)

불법 실험실 대응에서 대응요원들은 다음을 평가하여 개인보호장비 선택을 결정해야 한다.

- 해당 임무와 예상되는 위험

• 실험실 운영 및 내용물에 대한 정보수집

• 외적 경고 신호

• 작업자가 사용하는 보호복, 실험실에서 동물의 활동 및 이웃과의 면담과 같은 식별 단서

법집행기관의 활동은 전술적인 법집행기관 작전을 위해 고안된 개인보호장비가 필요할 수 있다. 이러한 개인보장비PPE는 위험 평가 과정에서 식별된 예상되는 위험에 있어서 적절한지가 반드시 평가되어야 한다. 폭탄 처리반 작전에는 적절한 수준의 방호복(보호복)이 필요하다. 대응요원들은 사고에 적합한 화학보호복으로 이러한 방호복을 보강해야 할 수도 있다. 기관들은 각 상황에 적절한 개인보호장비를 지시하는 현지 절차를 수립할 수도 있다.

제독(Decontamination)

대응요원들은 위험 평가 과정의 결과에 따라 제독 절차를 결정해야만 한다. 전술적 진입은 전술적 작전과 관련된 위험 및 특수한 요구에 특별히 초점을 맞춘 긴급 제독 또는 2차(완전) 제독 절차를 사용해야 할 수도 있다. 예를 들어, 대응요원들은 무기, 탄약 및 기타 특수장비의 제독 절차를 수립해야 할 수도 있다(그림 15.32).

전술적 계획에 대한 제독은 신속한 배치를 기반으로 해야만 한다. 기관들은 제독이 필요한 네 개의 잠재적인 원천을 예상해야 한다.

• 부상당하지 않은 전술적 운영자 및 그 장비

• 부상당한 전술적 운영자

• 부상당하지 않은 용의자

• 부상당한 전술적 용의자

대응요원들은 현장/경계, 자원(예를 들면 법집행기관 무기), 장비 및 인원 보안, 개(견) 및 제독 절차와 같은 잠재적 문제를 해결하기 위해 법집행기관 전술팀과 함께 제독 절차를 반드시 조정해야 한다. 법집행기관은 관할당국AHJ이 결정한대로 전문대응 수준까지의 사고(사건)에 관여해야 한다.

중점사항

언제 제독이 필요한가?

위험물질이 환경에 있다는 명백한 징후가 사고(사건)에 나타나지 않는 경우에도 제독(decontamination)이 필요할 수 있다. 예를 들어, (미 연방수사국) 화생방 특별기동대팀(CBRN SWAT team)이 불법 실험실(illicit lab)에 특수한 기동을 통해 진입을 하여 용의자 구역을 정리하면 팀 구성원은 해당 환경의 화학물질에 접촉했을 수 있다. 용의자와 대응요원을 포함하여 해당 지역의 모든 사람들은 오염된 것으로 취급해야 하며, 적절하게 제독해야 한다. 관할당국(AHJ)과 환경 내에서의 위험 유형에 따라 불법 실험실 장비(illicit lab equipment)를 포함할지 여부 및 포함 방법을 비롯한 제독 과정이 결정된다.

그림 15.32 불법 연구실 대응에 관한 표준작전절차 및 지침에는 무기와 탄약의 제독 절차를 반드시 포함해야 한다.

불법 실험실 대응의 개선

Remediation of Illicit Lab

대응요원들은 불법 약물/대량살상무기 현장의 **교정**[8]과 관련하여 지방, 주 및 연방 정부의 정책을 반드시 숙지해야 한다. 일부 관할권에서는 민간 계약자를 고용하여 교정 활동을 수행할 수 있다. 지원 및 정보는 다음으로부터 획득되어야 한다.

- 지역 및 주 보건 부서(local or state health department)
- 비상 관리 기관(emergency management agency)
- 미 마약단속국(DEA)
- 미 환경청(EPA)
- 주/지역 환경 기관/부서

지속적인 교육 및 인식 프로그램의 일환으로 기관들는 정기적인 요약보고를 제공해야만 한다. 이러한 요약보고에서 수집된 정보는 대응 개선 계획을 수립할 때 고려되어야 하며, 관할당국별 기관의 지역 비상대응계획 및 표준작전절차/지침SOP/G에 통합되어야 한다. 예를 들어, 일부 관할권에서는 리모델링된 재산 및 거주지의 건물 증서에도 불법 실험실의 과거의 존재가 포함되어야만 한다. 다른 경우에는 정보가 향후 세입자에게 공유되지 않는다.

함께 훈련하고 실시하면 합동 작전joint operation의 성공과 안전이 향상된다. 합동 훈련joint training을 통해 기관들은 실제 사고가 발생하기 전에 작전 상의 결함, 필요한 장비 및/또는 기타 기관들이 필요로 하는 지원을 찾아낼 수 있다.

---

8 **교정(remediation)** : 결함(fault), 오류(error) 또는 결점(deficiency)의 변경(fixing) 또는 수정

Chapter Review

이 장에 제공된 정보를 복습하기 위해 다음 질문에 답해보시오.

1 불법 실험실(illicit lab)에서 발생할 수 있는 위험(hazard)을 열거하라.

2 불법 약물 실험실(illicit drug lab)의 존재에 대한 단서는 무엇인가?

3 불법 화학작용제 실험실(illegal chemical agent lab)의 특성은 무엇인가?

4 폭발물 실험실(explosives lab)에 실험실 장비가 없는 이유는 무엇인가?

5 폭발물 실험실(explosives lab)이 불법 약물 실험실처럼 보이는 이유를 설명하라.

6 불법 생물 실험실(illegal biological lab)의 특성은 무엇인가?

7 ALARA 원칙이란 무엇인가?

8 방사선(방사능) 실험실(radiological lab)에서 찾을 수 있는 장비의 예를 들어보아라.

9 불법 실험실 사고(illicit lab incident)에서 개인보호장비는 어떻게 결정되어야 할 필요성이 있는가?

10 불법 실험실 사고(illicit lab incident)에서 어떻게 제독이 필요한가?

11 불법 실험실 대응의 개선을 위한 지원과 정보를 제공할 수 있는 기관들을 열거하라.

1단계: 불법 실험실(illicit lab)로의 의심에 따라, 폭발물 처리반(Expolsive Ordnance Device; EOD) 요원은 대응해야 할 수 있는 가능성에 대해 통보받아야 한다.

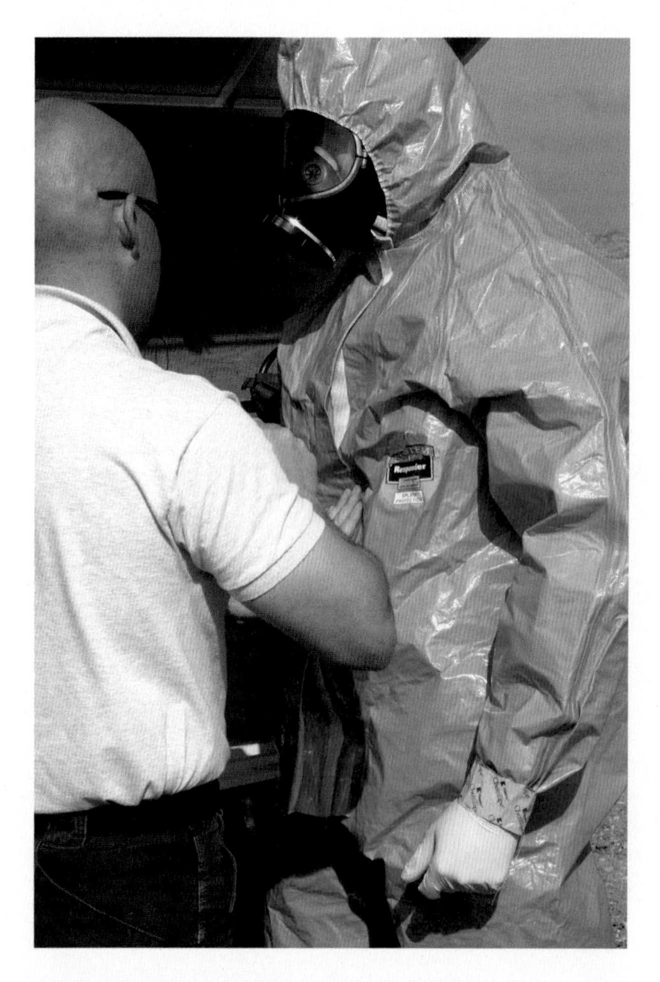

2단계: 적절한 개인보호장비와 올바른 안전 절차를 포함하여 안전한 진입을 위한 준비를 한다.

3단계: 항상 상황 인식(situational awareness)을 유지한다.

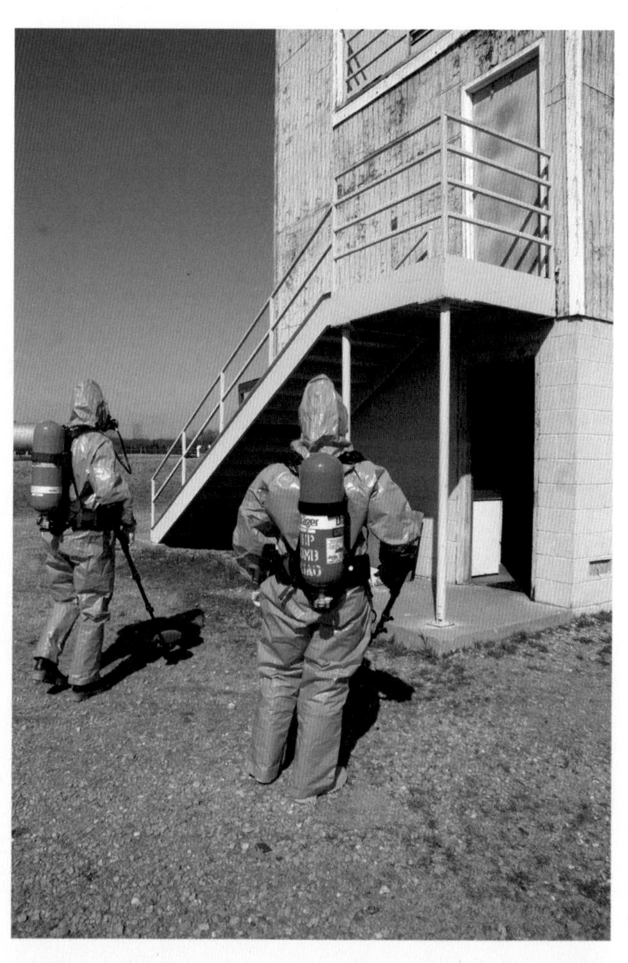

4단계: 사고현장에 조심스럽게 접근하여 의심스럽거나 특이한(평소와 다른) 것을 찾는다.

5단계: 문이나 창문을 열기 전에, 조작(변경) 또는 부비트랩의 흔적이 없는지 확인한다. 낮은 자세로 시작하고 위쪽으로 작업하여 선(전선), 작동 장치 또는 구멍으로 떨어지는 물품을 찾는다.

6단계: 아무 것도 발견되지 않으면 천천히 조심스럽게 문을 연다. 조심스럽게 방으로 들어간다.

7단계: 들어갈 때 어떤 식으로든 해당 환경을 만지거나 변경하려 하지 않는다. 또한 조명(light) 또는 난방/환기/온도조절 장치(HVAC unit)를 켜고 끄거나 또는 건물에 전기 공급을 차단하는 것이 포함되지만 이러한 조치들로는 충분치 않을 수 있다.

8단계: 구획에서 방을 확인한다, 허리부터 턱까지, 턱에서 천장 사이, 가짜 천장(해당되는 경우)까지 각각 확인한다. 전선, 병, 파이프, 철선으로 된 덫 또는 일상에서 벗어난 무엇인가 혹은 호기심을 불러일으키는 것을 찾는다.

9단계: 의심스러운 항목이 발견되면 해당 지역 밖으로 나와 발자국을 따라 복귀한다. 폭발물 처리반 요원에게 즉시 연락한다.

10단계: 폭탄처리반이 도착하자마자, 발견된 내용에 대해 폭탄 처리반 요원들에게 요약보고한다.

11단계: 계속 진행하기 위해서는 폭발물 처리반(EOD) 요원의 지침(지시)을 따른다.

1단계: 위험물질 전문가(hazmat technician), 법집행기관 요원(law enforcement personnel) 또는 비슷한 권한을 가진 다른 사람을 포함한 자문 전문가(Allied Professional), 비상대응계획(emergency response plan) 또는 표준작전절차(SOP)의 지침에 따라 작업한다.

2단계: 해당 현장을 확보한다(secure).
3단계: 실험실 유형을 식별한다.

4단계: 잠재적 위험을 식별한다.
5단계: 적절한 개인보호장비를 선택하고 사용한다.
6단계: 노출로부터 인원을 보호한다.

7단계: 안전 절차를 따른다.
8단계: 위험을 최소화/회피한다.

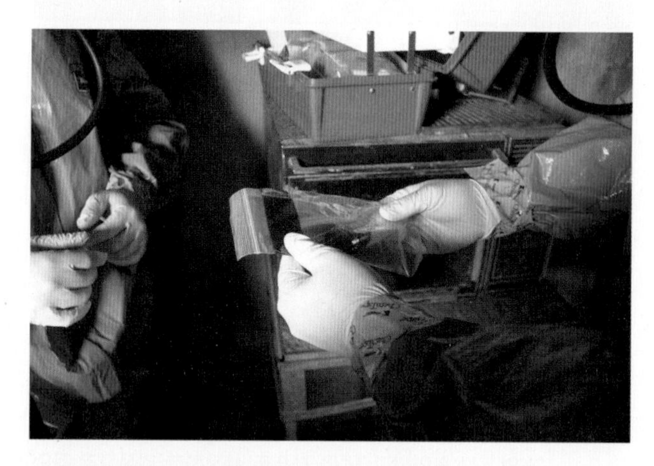

9단계: 적절한 제어 절차를 사용한다.
10단계: 증거를 식별하고 보존한다.
11단계: 대원, 피해자, 도구 및 장비를 제독한다.
12단계: 증거(수집, 보존 등) 작전을 문서화하고 보고한다.

Rich Mahaney 제공

부록

표준작전(운영)지침(SOG)의 예시
(Sample Standard Operating Guideline)

TUALATIN VALLEY 화재 및 구조 사고 지휘 매뉴얼
(TUALATIN VALLEY FIRE AND RESCUE INCIDENT COMMAND MANUAL)

SERIES 300X

위험물질 대응 작전 지침
(OPERATIONAL GUIDELINE HAZARDOUS MATERIALS RESPONSE)

목적(PURPOSE)

위험물질 사고hazardous material incident에 "초동대응자 전문대응first responder operations" 수준의 대응에 대한 훈련을 받은 집단에 대한 표준standard을 제공하기 위함.

정의(DEFINITIONS)

초동대응자 전문대응 First Responder-Operations – 연방 및 주 법federal and state law에 따라 요구되는 위험물질 사고hazardous material incident에 대한 초동대응자first responders를 위한 훈련training의 수준level으로, 오레곤 행정 규칙Oregon Administrative Rule; OAR 437-01-100(q)에 규정된 것임.

전신보호복Full Protective Clothing – 위험물질 대응hazardous materials response과 관련하여 전신 보호복full protective clothing은 출동복turnout과 자급식 공기호흡기SCBA를 의미한다.

사고현장 지휘관 On-Scene Commander – 연방 및 주 법federal and state law에 따라 요구되는 위험물질 사고hazardous materials incidents에서의 사고현장지휘관Incident Commander를 위한 훈련training의 수준level으로, 오레곤 행정 규칙Oregon Administrative Rule; OAR 437-01-100(q)에 규정된 것임.

주관 기관 Responsible Party – 연방 및 주 규제 당국federal and state regulators은 사고 정화incident clean-up(및 비용cost)에 대한 책임을 위험물질 사고hazardous materials incident에 대한 책임이 있는 당사자party(즉, 고정 시설fixed facility, 운송 대리인transport agent 등)에게 위임한다.

HMRT – 위험물질 대응팀Hazardous Materials Response Team

위험물질 조직 관리자 Hazardous Materials Group Supervisor[**위험물질 대응 팀장**HMRT Leader]– 위험물질 조직 관리자HazMat Group Supervisor는 사고현장 지휘관Incident Commander(또는 담당 직원인 경우 작전 과장Operations Section Chief)에게 보고하며 위험물질 전술 작전hazardous materials tactical operations을 담당한다. 위험물질 조직 관리자 직책HazMat Group Supervisor position은 위험물질 대응 팀장Hazardous Materials Response이 담당한다.

비상대응지침서Emergency Response Guidebook – 북미 비상대응지침서North American Emergency Response Guidebook; 이전에는 "미 교통부 비상대응지침서DOT Emergency Response Guidebook"로 불리었음.

절차(PROCEDURE)

Ⅰ. 훈련 요구사항(TRAINING REQUIREMENTS)

A. 모든 대응 직원(response personnel)은 "초동대응자 전문대응(First Responder - Operation)" 수준의 훈련 요구사항을 반드시 충족해야 한다.

B. 위험물질 사고(hazardous materials incidents)에서의 사고현장 지휘관(Incident Commander)은 "사고현장 지휘관(On-Scene Commander)"에 대한 훈련 요구사항을 반드시 충족해야 한다.

Ⅱ.사고현장 지휘관(INCIDENT COMMANDER)

A. 유출(spill), 누출(release), 또는 화재(fire) 현장에서 위험물질(hazardous material)이 연관된 모든 사고에서는 “사고현장 지휘관(On-Scene Commander)” 수준으로 훈련된 사고현장 지휘관(Incident Commander)을 요구할 수 있다. 상부 조직(overhead team)의 모든 서장(battalion chiefs)과 사고현장 지휘관(IC)은 “사고현장 지휘관(On-Scene Commander)” 수준 자격(qualification)을 유지하도록 훈련받는 것이 요구된다.

B. 사고현장 지휘관(Incident Commander)은 사고 완화(incident mitigation)가 본인의 조직 대응(company response) 훈련(training) 및 역량(capabilities)을 넘어서는 경우, 전체 또는 부분적으로 위험물질 대응팀 대응(HMRT response)을 요구할 수 있다. 상황이 타당한 경우, 사고현장 지휘관(IC)은 사고현장에 대한 대응 없이 위험물질 대응팀(HMRT)의 기술 지원(technical assistance)을 요청할 수도 있다.

Ⅲ.조직 기능(COMPANY FUNCTIONS)

A. 조직(companies)은 인근 사람(person), 재산(property), 또는 환경(environment)을 위험물질 유출(hazardous material release)로부터 보호할 목적으로 대응한다.

B. 조직(companies)은 유출(release)과 접촉하지 않고 방어적인 방식(defensive fashion)으로 대응하거나 접촉 위험(danger of contact)에 놓일 수 있는 유출(release)을 중지시키기 위한 조치를 취한다.

C. 전문대응 수준 대응자(Operations level responder)의 주요 기능은 안전거리(safe distance)로 유출(release)을 격리하고, 확산을 방지하고, 노출(exposures)로부터 보호하는 것이다. 기본 기능(basic functions)은 다음과 같다.

· 위험 구역(hazard area)을 격리시키고 접촉(access)을 통제한다.

· 위험 평가(hazard and risk assessment)

· 훈련(training), 개인보호복(personal protective clothing)과 개인보호장비(personal protective equipment)의 수준에 적합한 기본 통제(basic control), 봉쇄(containment) 및/또는 고립(confinement)의 절차(procedures)

D. 조직(companies)은 전신 보호복(full protective clothing)을 착용하고도 안전하게 수행할 수 없는 위험물질 사고(hazardous material incident)에 대해 어떠한 조치도 취하지 않을 것이다.

Ⅳ. 위험물질 대응 및 작전
(HAZARDOUS MATERIALS RESPONSE AND OPERATIONS)

A. 현장 이동 중(While enroute to the scene)

1. 소방 지휘부(Fire Comm)에 접촉하여 다음과 같은 가용한 정보를 획득한다.

   a. 사고의 유형(nature)[예: 고정 시설(fixed facility), 운송(transportation) 관련]

   b. 알려진 경우, 위험물질(제품; product)의 유형(type)

   c. 윗바람(upwind), 오르막(upgrade), 상류(upstream)로부터 사고현장에 접근하기 위한 최상의 방향(direction)

   d. 사고의 유형(nature of the incident)에 대한 정보를 가지고 있을 수 있는 현장(on-scene)의 인원

   e. 사고현장(incident scene)으로 이동하는 동안 제공될 수 있는 사고 상황(incident condition)에 관한 모든 정보(any information)

2. 위험물질 대응팀(HazMat Team)은 기술 지원(technical assistance)이나 대응(response)을 위해 소방 지휘부(Fire Comm)를 통해 연락을 취할 수 있다.

3. 주의 깊게 사고현장(incident scene)에 접근한다.

   a. 사고현장(incident scene)의 바람 방향(wind direction) 및/또는 경사면(gradient)을 고려하여 윗바람(upwind), 오르막(upgrade), 상류(upstream), 또는 직각으로부터 접근한다.

   b. 대피 경로(escape route)를 고려한다. 울타리가 쳐진 수용소(fenced compound)와 같은 이탈 제한(egress restriction)이 있는 진입 구역(entering area)을 필요로 하는 상황에 주의한다.

   c. 차량(vehicle)/장치(apparatus)를 사고현장(incident scene)에서 멀리 떨어진 안전거리(safe distance)에 배치한다.

B. 도착 시(On Arrival)

1. 지휘권(command)을 수립하고 평가(size-up)를 한다.

2. 여러 기관(agencies)/관할권(jurisdiction)이 연관된 경우 통합 지휘(권)(Unified Command)를 수립한다.

3. 자격을 갖춘(qualified) "사고현장 지휘관(On-Scene Commander)"[즉, 소방 서장(Battalion Chief)]이 현장에 도착했는지 확인한다.

4. 위험물질 대응팀(HazMat Team)의 기술 지원(technical assistance)이나 대응(response)에 대한 필요성(need)을 지속적으로 평가한다.

C. 안전 구역(Safe Zone) 및 접근 제어(Control Access)를 확립한다.

1. 위험 구역(hazard area)을 결정하고, 위험 구역(hot zone), 준위험 구역(warm zone) 및 안전구역(cold zone)의 경계(boundaries)를 설정한다.

a. 초기 관찰사항(initial observations)을 바탕으로 초기 사고 이격(initial incident isolation)이 시작될 수 있는 안전 거리(safe distance)를 식별한다. 몇 가지 권장사항은 다음과 같다.

- 드럼(drum) 한 통, 누출 없음 - 모든 방향으로 최소한 약 45 m
- 드럼(drum) 한 통, 누출 있음 - 모든 방향으로 약 150 m
- 비등액체증기운폭발(BLEVE)의 가능성이 있는 탱크차(tankcar or tank truck) - 모든 방향으로 약 800 m

b. 다음 대상을 격리시키고 진입을 거부한다.

- 일반 대중(general public)
- 적절한 보호복(protective clothing)과 보호장비(protective equipment)가 없는 모든 사람
- 세부적인 배정받은 역할(assignment)이 없는 모든 사람

2. 안전 구역(Cold Zone)에 지휘소(Command Post)를 세운다.
3. 안전 구역(Cold Zone)에 집결지를 지정한다.
4. 지역 정보(Zone information), 지휘소(Command Post) 및 집결지(Staging Area) 위치를 소방 지휘부(Fire Comm) 및 도착하는 조직(집단)(incoming units)들에게 전달한다.
5. 도착하는 조직(집단)(incoming units)에 대한 안전한 접근 방법(safe approach)을 결정하고 해당 사고(incidents)의 이격(isolation)을 용이하게 하는 안전 지대 경계(Safe Zone Perimeter) 위치로 안내한다. 즉, 교통(traffic)을 차단하고 방향을 재지정하는 교차로 등을 지정한다. 모든 기관들은 임무 할당이 될 때까지 집결지(Staging Area)로 이동되어야 한다.
6. 다음에 대하여 경찰 지원(police assistance)을 요청한다.
   a. 안전 구역 경계 통제(Cold Zone Perimeter control)를 제어하여 소방 조직(fire units)의 사고 완화(incident mitigation)를 용이하게 한다.
   b. 대중(public)의 대피(evacuation)를 제어한다.
   c. 현장 내 대피행동(sheltering in place)을 대중(public)에 전파(통지; notification)한다.
7. 사고현장(incident scene)을 격리시키는 동안 다음을 수행한다.
   a. 모든 증기 구름(vapor clouds)을 독성 물질(toxic)로 취급하고 그에 따라 처리한다.
   b. 누출된 물질(spilled materials)을 밟거나, 접촉하거나, 또는 만지지 않는다.
   c. 지역의 현지 날씨(on-site weather) 및 바람(wind) 상황을 관찰하고 그에 따라 조정한다.
   d. 안전 거리(safe distance)를 배치하고 쌍안경을 활용한다.

D. 위험물질(제품; product)을 식별하려는 시도를 한다. 해당 위험물질(제품; product)이 알려지면 5절(Section V)로 진행하여 적절한 비상대응지침서 권장사항(Emergency Response Guidebook recommendations)에 따라 격리한다(isolate). 위험물질 사고 작업일지(hazmat incident worksheet)에 관찰결과(observation)를 기록한다[도착하는 소방서장(Battalion Chief) 또는 위험물질 대응팀(HazMat Response Team)에게 도표(diagram)를 제공한다]. 위험물질(제품; product)이 알려지지 않은 경우, 안전 거리(safe distance)에서 최대한 많은 정보를 수집하도록 시도한다. 물질(material)이 식별될 때까지 비상대응지침서 # 111 이격 권장사항(Emergency Response Guide #111 isolation recommendation)을 사용한다. 위험물질 사고 작업일지(hazmat incident worksheet)에 관찰결과(observation)를 기록한다.

1. 생명 안전(Life Safety)은 최우선순위(the number one priority)이다. 위험(hazard)을 식별하지 않고 구조(rescue)를 위해 현장(scene)에 달려들지 않는다.
2. 위험물질(hazardous material)의 존재 여부를 나타내는 지표(sign)인 외부 경고 지표(outward warning sign)를 식별하려고 시도한다. 이런 것들로는 다음이 포함된다.
   a. 위험 구역(hazardous area) 내부에서 패닉상태(collapsed) 또는 구토하는(vomiting) 개인들[위험물질 대응(HMRT response)]
   b. 연기(smoke)가 나는 화재(fire)의 증거는 모든 위험(hazard)을 크게 증가시킨다.
   c. 컨테이너의 작동하는 압력제거장치(relief valve)에서 강도가 증가하는 큰 우르르릉하는 소리(loud roar)[위험물질 대응(HMRT response)]
   d. 쉿 소리(hissing sound)로 알 수 있는 누출(leak)의 증거
   e. 하늘에서 떨어지는 새들과 곤충들[위험물질 대응(HMRT response)]

AND/OR

3. 다음을 사용하여 관련된 물질[material(s)]을 확인한다.
   a. 표지판(placard)/표식(label)
   b. 컨테이너 표시(container marking)
   c. 운송문서(shipping paper)를 포함한 운전자(driver)/운용자(operator)에게 제공된 정보
4. 위험물질(제품; product)이 결정된 후
   a. 필요한 경우, 위험물질(제품; product)과 연관된 안전지침(safety guideline)을 사용하여 구조(rescue)를 수행한다.
   b. 이격 구역(isolated area)에 대하여 거리(distance)를 재판단한다.
5. 당신의 관찰사항을 소방 지휘부(Fire Comm)와 소통한다.
6. 경계선(parameters)을 설정할 때 바람의 변화(shifting wind)를 예상한다. 사고현장(incident

scene) 및 경계선(perimeter)에 영향을 줄 수 있는 변경 사항에 대한 정확한 예측 정보를 얻으려면 기상 서비스(weather service)에 문의한다.

7. 인화성 물질(flammable material)이 포함되어 있으면 점화원(ignition source)을 제거한다. 무수 암모니아(anhydrous ammonia)와 같은 불연성 물질(non-flammable material)은 사실 인화성(flammable)이므로 해당 물질의 연소 범위(폭발 범위; flammable range)를 항상 확인한다.
8. 사고현장(incident scene)을 확보하고 경계선 통제(perimeter control)를 유지하기 위해 필요에 따라 추가로 소방, 법집행기관 및 공공시설 자원을 요청한다.
9. 유출(release)을 통제하기 위해 큰 둑(dike)과 댐(dam)을 건설할 필요가 있을 경우 중장비(heavy equipment) 및 공공시설(public work) 자원에 대한 지원을 고려한다.

E. 당신이 다루고 있는 사고와 관련하여 다음 질문을하는 것을 포함하는 위험/이익 분석(risk/benefit analysis)을 실시한다.

1. 우리가 아무것도 하지 않고 사고가 자연 안정화(natural stabilization)를 취하도록 허용했다면 결과는 어떠했을까?
2. 자연 안정화의 결과를 확인한 후에는 다음 질문을해야 한다. "자연 안정화(natural stabilization)의 결과를 바꿀 수 있는가?"
3. 이 질문에 대한 대답이 "아니오"이면, 위험 구역(hazard area)을 격리하고, 진입(entry)을 금지시키고, 사람(people), 환경(environment) 및 인접한 재산(property)/장비(equipement)에 대한 노출(exposure)을 막는다.
4. 이 질문에 대한 대답이 "예"이면, 질문할 다음 질문은 "나의 개입(intervention)에 따른 손실(노력, cost)은 무엇인가?"이다.

해당 사고현장 지휘관incident commander이 방어적인 대응작전Defensive Operation을 결정할 경우, 전신보호복full protective clothing(출동복turnouts 및 자급식 공기호흡기SCBA)을 착용한다. 사고를 안정화stabilize/고립contain시키고 완벽하게 수행할 수 있는 경우, 사고현장 지휘관IC은 "방어적인 작전 지침Defensive Operational Guidelines"에 따라 작전operation을 수행해야 한다.

V. 방어적 작전 지침(DEFENSIVE OPERATIONAL GUIDELINES)

A. 방어적 기술(defensive technique)(예: 밸브를 끄는 등)을 사용하여 누출(leak)을 중지(stop)/저속(slow)/제어(control)한다.

B. 누출(leak)을 막을 수 없는 경우, 적절한 봉쇄 절차(containment procedure)를 사용하여 물질(material)이 흐르는 것과 노출된 표면적(exposed surface area)이 증가하는 것을 방지한다[예를 들면, 먼지(dirt) 또는 흡착제(absorbent) 사용].

Ⅵ. 제독(DECONTAMINATION): 사고현장 지휘관Incident Commander 및/또는 위험물질 대응팀HazMat Response Team의 지시에 따라 현장 제독field decontamination을 수행한다.

> **참고**
> 모든 오염된 환자(contaminated patient)는 교통수단 및 병원의 오염(contamination)을 예방하기 위한 방법으로서 수송되기 전에 반드시 제독되거나 또는 감싸야 한다.

Ⅶ. 정화(CLEAN-UP)

A. 사고가 도로 또는 공공출입 구역(public access area)에 있는 경우, 사고현장 지휘관(Incident Commander)은 이격 절차(isolation procedure)를 계속하고 정화 조직(업체)(clean-up company)이 도착할 때까지 공공안전기관(public safety agency)[법집행기관 공무원(law enforcement official)과 협조]이 반드시 현장에 남아 있도록 해야 한다.

B. 책임 기관(responsible party)이 현장에 있지 않고 정화(clean-up) 및 폐기(disposal)를 준비하는 경우, 임무를 맡은 위험물질 대응팀 팀장(HMRT Leader)에게 추가 지시사항을 문의한다.

> **참고**
> 소방서 대원(직원)은 정화작업(clean-up operation)에 투입되지 않아야 한다. 소방관의 적절한 역할은 이격(isolation)/안정화(stabilization)이다. 사고로부터 위험물질(hazardous material)을 어떠한 화재취약시설(fire district facility)로 이동시키지 않는다.

Ⅷ. 종결 절차 수행(CONDUCT TERMINATION PROCEDURES)

A. 해산(demobilization) 전에 현장(scene)으로부터 모든 장비(equipment)를 이탈시키고(release), 모든 대응요원(response personnel)[협조 기관(coorperating agencies) 포함]으로부터 보고를 받는다(debrief).

B. 효율적인 복명(디브리핑; debriefing)은 다음을 수행해야 한다.

1. 모든 대응요원들에게 위험물질(hazardous material)이 무엇인지, 그에 수반되는 노출(exposure)의 징후(signs)와 증상(symptoms)을 정확히 알려준다.
2. 개인노출기록(Personal Exposure records)에 대한 정보를 제공한다.
3. 차후의 평가(futher evaluation)를 위해 즉각적인 주의(attention) 또는 이격(isolation)이 필요한 장비 손상(damage) 및 안전하지 않은 상태(conditions)를 확인한다.
4. 사후 검토(post-incident analysis) 및 사후 비평(post-incident critique)을 수행한다. 이는 서(주둔 장소; station)에서 수행될 것이다.

위험물질 대응 체크리스트 (HAZARDOUS MATERIALS RESPONSE CHECKLIST)

체크리스트 사용(CHECKLIST USE)

체크리스트는 직책position의 최소 요구사항minimum requirement으로 고려되어야만 한다. 이 매뉴얼의 사용자는 필요에 따라 이 목록list을 자유롭게 확장시킬 수 있어야 한다. 일부 활동은 일회성 행동one-time action이고 다른 활동은 사건이 진행되는 동안 진행 중이거나 반복적인repetitive 활동이다.

— 해당 현장(scene)으로 이동하는 동안 위험물질 대응팀(HazMat Team)을 전문적(기술적) 자원(technical resource)으로 활용할 수 있다[소방 지휘부(FireComm)를 통한 연락].

— 오르막(uphill), 윗바람(upwind), 넓은 장소(park)를 향해서 사고에서 멀리 떨어진 곳에서 사고에 신중하게 접근하고, 탈출 경로(escape route)를 고려한다.

— 지휘권을 수립한다.

— 현장 진입 통제(site access control)를 설치 및 유지한다. 초기 구역(initial zone) 설정[위험 구역(Hot Zone), 준위험 구역(Warm Zone), 안전 구역(Cold Zone); 최소 45m]. 지휘소(Command Post) 및 집결지(Staging) 위치를 수립한다.

— 표지판(placard)/표식(labels), 컨테이너 표시(container marking), 운송 서류(shipping papers) 및 운전자가 제공한 정보를 사용하여 관련된 물질(material)을 식별하려고 시도한다. 누출된 제품(위험물질)(spilled product)이 알려지지 않은 경우 지침 # 111(Guide #111)을 사용한다.

— 오직 구조 작전(rescue operation)이 안전하게 수행될 수 있을 경우에만, 구조(rescue)를 수행한다.

— 필요에 따라 추가 소방(fire), 법집행기관(law enforcement) 및 공공시설(public work)의 자원(resource)을 요청한다. 중장비(heavy equipment)에 대한 징발(requisition)을 고려한다.

— 위험/이득 분석(risk/benefit analysis)을 수행한다.

— 사고현장 지휘관(Incident Commander)이 방어적 대응(defensive operation)이 사고를 안정화(stabilize)/고립시킬(contain) 수 있다고 결정하면, 방어적 대응(defensive operation)을 수행한다.

- 방어적 기술(defensive technique)(예: 밸브를 잠그기 등)을 사용하여 누출(leak)을 중지(stop)/저속(slow)/제어(control)한다.
- 누출(leak)을 멈출 수 없는 경우, 적절한 봉쇄 절차(containment procedure)를 사용하여 물질(material)이 흐르는 것을 방지하고 노출된 표면적(exposed surface)을 증가시킨다.

참고
소방서 대원(직원)은 정화 작업(clean-up operation)에는 동참하지 않는다.

— 사고현장 지휘관(Incident Commander)에 의해 지시된대로 현장 제독(field decontamination)을 실시한다.

— 정화(Clean-Up) : 사고가 도로(roadway) 또는 공공접근 구역(public access area)에 위치한 경우, 사고현장 지휘관은 공중안전국(public safety agency)이 이격 절차(isolation procedures)를 계속 수행하고 정화 업체(clean-up company)가 도착할 때까지 대기해야 함을 반드시 확실히 해야 한다. 책임당국(responsible party)이 현장(on-scene)에 있지 않고 정화(clean-up) 및 폐기(disposal)에 대한 조정(준비; arrangement)을 하고 있다면, 근무 중인 위험물질 대응 팀장(on-duty HMRT Team Leader)에게 추가 지시사항을 문의한다.

— 해산(demobilization) 전에 현장(scene)으로부터 모든 장비(equipment)를 이탈시키고, 모든 대응요원(response personnel)[협조 기관(coorperating agencies) 포함]으로부터 보고를 받는다(debrief).

UN 분류 표지판 및 표식 (U.N. Class Placard and Label)

표 B.1은 위험물질 운송transportation of dangerous goods에 필요한 유엔UN 표지판placard과 표식label 을 제공한다.

표 B.1 UN 분류 표지판 및 표식	
1, 1.4 1, 1.5 1, 1.6 1	**1류(Class 1):** 폭발성 물질 또는 폭발물 (Explosive substance or article)
2, 2, 2, 2	**2류(Class 2):** 기체(gas)
2, 2	**3류(Class 3):** 인화성 액체 (Flammable Liquid)
4, 4, 4, 4	**4류(Class 4):** 인화성 고체, 자연발화성 물질, 금수성 물질(물과 반응 시 인화성 기체 발생 물질) (Flammable solid; substance liable to spontaneous combustion; substance, which, in contact with water, emit flammable gas)
5.1, 5.2	**5류(Class 5):** 산화제 및 유기과산화물 (Oxdizing substance and organic peroxide)

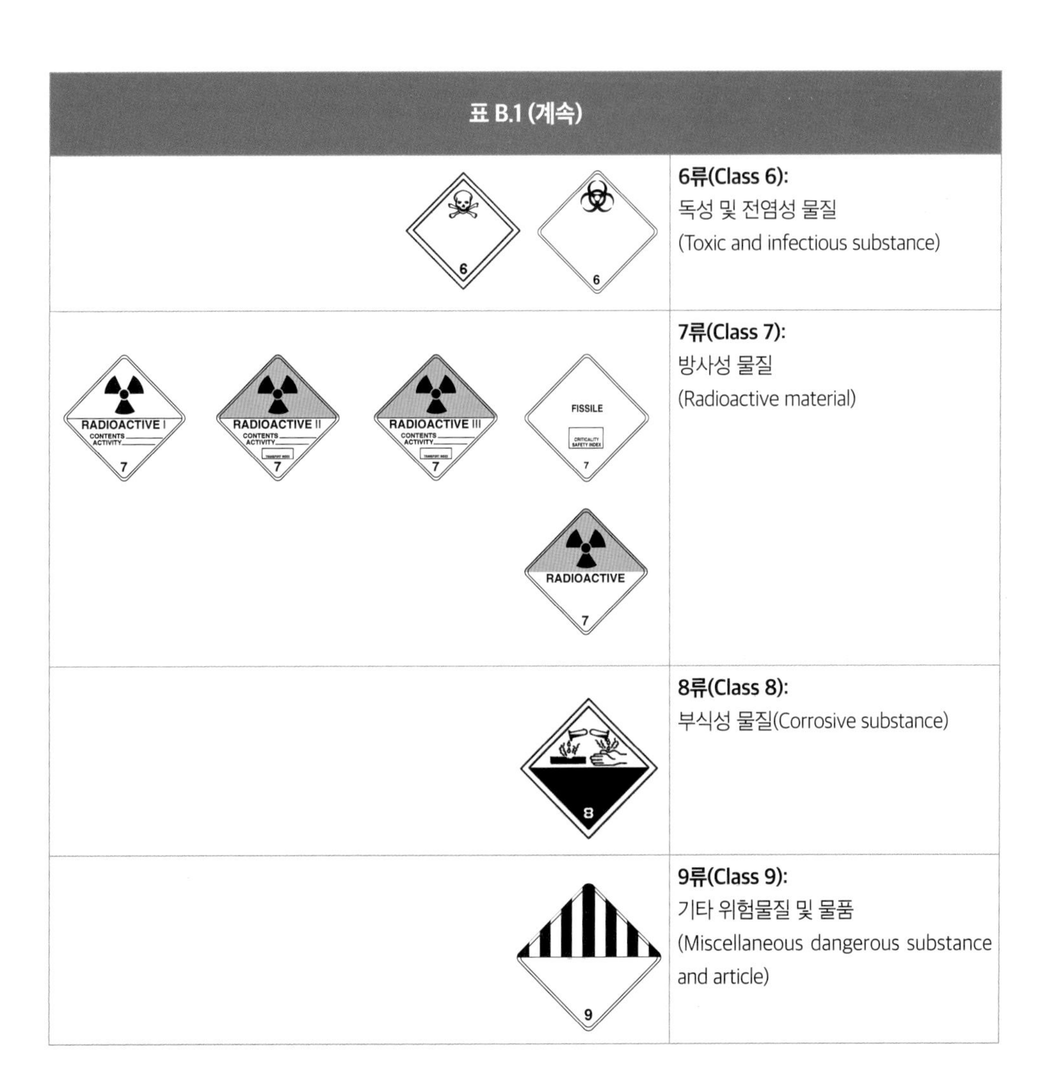

표 B.1 (계속)	
	6류(Class 6): 독성 및 전염성 물질 (Toxic and infectious substance)
	7류(Class 7): 방사성 물질 (Radioactive material)
	8류(Class 8): 부식성 물질(Corrosive substance)
	9류(Class 9): 기타 위험물질 및 물품 (Miscellaneous dangerous substance and article)

GHS 요약

화학물질 분류 및 표시에 대한 국제일치화체계 (Globally Harmonized System of Classification and Labeling of Chemicals; GHS)

GHS, 화학물질 분류 및 표시에 대한 국제일치화체계Globally Harmonized System of Classification and Labeling of Chemicals는 세계적이고, 보편적인 화학물질 위험 정보전달chemical hazard communication 및 컨테이너 표식체계container labeling system를 만들기 위한 노력이다. 이것은 다양한 종류의 위험물질hazardous material과 서로 다른 국가에서 사용되는 많은 체계 때문에 이루어졌다. 예를 들어, 미국에서는 정보전달communication 및 표식labeling이 요구되는 약 65만 개의 위험물질hazardous material이 있다. 모든 제조사manufacturer는 국내 및 해외 수송품domestic and international shipment에 대해 여러 개의 물질보건안전자료Material Safety Data Sheet; MSDS 및 표식label을 요구하며 약간씩 다르다. 미국의 체계들systems은 미 직업안전위생관리국OSHA 요구사항과 미 국가소방협회National Fire Protection; NFPA 다이아몬드 또는 표식label의 위험물질 정보체계Hazardous Materials Information System;HMIS 구성 요소를 사용했다.

미 직업안전보건OSHA은 미 국가소방협회NFPA 및 위험물질 정보체계HMIS의 문제점 중 하나로 제품 식별명product identifier을 포함하지 않으며, 비상상황 대응에 주안을 두고 있어서 잠재적으로 모든 위험을 감당할 수 없기 때문에 위험물질 정보체계HMIS 및 미 국가소방협회NFPA의 등급ratings 자체만으로는 작업장 표식workplace label으로 충분하지 않다는 점을 명백히 명시했다. GHS는 보건안전자료Safety Data Sheet;SDS 및 표식label에 대한 체계를 표준화한다.

GHS는 인화성 및 가연성 액체flammable and combustible liquid와 같은 화학 위험chemical hazard에 대한 표준화된 정의standardized definition를 제공한다. 또한 GHS는 위험hazard의 유형별로 화학물질 분류classification of chemicals를 다루고 표식labels 및 보건안전자료safety data sheets를 포함한 표준화된 위험 정보전달 요소hazard communication element를 제안한다.

보건Health, 환경Environmental, 물리적Physical 위험Hazard.

체계를 갖춘 국가들contries with systems은 위험 정의hazards definitions에 대한 요구사항과 표식label 또는 물질보건안전자료material safety data sheet에 포함될 정보가 다르다. 예를 들어, 어떤 국가에서는 제품product이 가연성flammable 또는 독성물질toxic로 간주될 수 있지만, 배송되는 제품being shipped에서는 그렇지 않다. GHS 위험 분류 기준GHS hazard classification criteria은 물리적 위험성physical hazard 및 주요 건강 및 환경 분류key health and environmental classes에 대한 합의consensus에 의해 채택되었다. 건강 및 환경 위험health and environmental hazard은 다음과 같다.

- 급성 독성(acute toxicity)
- 피부 부식성/자극성(skin corrosive/irritant)
- 심한 눈 손상 또는 자극성(serious eye damage/eye irritant)
- 호흡기 또는 피부 과민성(respiratory or skin sensitization)
- 배종 세포 변이원성(germ cell mutagenicity)· 발암성(carcinogenicity)
- 생식 독소(reproductive toxin)
- 표적 장기 전신 독성(target organ systemic toxicity) - 1회 및 반복 투여량(single and repeated dose)
- 수생 환경에 대한 유해성(hazardous to the aquatic environment)

물리적 위험physical hazard을 설명하는 범주category는 다음과 같다.

- 폭발물(explosives)
- 인화성(flammability) - 기체(gas), 에어로졸(aerosol), 액체(liquid), 고체(solid)
- 산화제(oxidizer) - 액체(liquid), 고체(solid), 기체(gas)

- 자기반응성(self-reactive)
- 자연발화성(pyrophoric) - 액체(liquid), 고체(solid)
- 자기 가열(self-heating)
- 유기과산화물(organic peroxide)
- 금속에 대한 부식성(corrosive to metal)
- 압력 하의 기체(gases under pressure)
- 물 반응 시 발생한 인화성 기체(flammable gas)

이러한 각각의 위험에 대해 표준화된 표식label 요소가 기호symbol, 신호어signal word 및 위험 문구hazard statement를 포함하여 정립되었다. GHS 정보는 보건안전자료safety data sheet 및 표식label에 표시되는 표준 형식standard format 및 접근 방식도 정립되었다.

표식(Label)

현재 서로 다른 체계system의 표식label에 필요한 정보는 서로 다른 약 35가지 유형이 있다. 일치화를 이루기 위해harmonize 식별되어야 할 주요 정보 요소key information element가 필요하다. 운송 그림문자transport pictogram 또는 표식label과 표지판placard은 현재 전 세계 대부분의 표준 UN 체계standard UN system이다. 이러한 새로운 요소들 또는 항목들이 표식label에 관한 표준standard이다.

- 공급업체 식별명(supplier Identifier)
- 제품 식별명(product Identifier)
- 신호어(signal word)
- 위험 문구(hazard statement)
- 예방조치 문구(precautionary statement)
- 그림문자(pictogram)

공급업체 식별명 Supplier Identifier은 화학물질 제조업체chemical manufacturer, 수입자importer, 또는 기타 책임 당사자의 이름, 주소, 전화번호를 기록하는 것이다.

제품 식별명product Identifier은 유해 화학물질hazardous chemical을 식별하는 방법이다. 화학물질chemical의 이름name, 코드번호code number 또는 배치번호batch number가 될 수 있

지만 이에 국한되지는 않는다. 제조업체manufacturer, 수입업자importer, 또는 유통업자 distributor는 적절한 제품 식별명product identifier을 결정할 수 있다. 동일한 제품 식별명은 해당 표식label과 보건안전자료SDS의 1절에 반드시 모두 있어야 한다.

신호어signal word는 위험hazard의 심각성severity의 상대적 수준relative level을 표시하고 표식 label에 잠재적인 위험potential hazard이 있음을 경고하는 데 사용된다. 신호어signal word로 사용되는 단어는 "위험Danger"과 "경고Warning"의 두 가지이다. 특정한 위험 등급hazard class 내에서 "위험Danger"은 보다 심각한 위험에 대해 사용되며, "경고Warning"는 덜 심각한 위험을 대해 사용된다. 화학물질chemical이 여러 가지 많은 위험성이 있더라도 표식label에는 오직 하나의 신호어만이 쓰여질 것이다. 위험 중 하나가 "위험Danger" 신호어로 타당하고, 다른 하나로 신호어 "경고Warning"가 타당하면 표식label에는 "위험Danger"만 표시된다.

위험 문구hazard statement는 적절하게 위험의 정도degree of hazard를 포함하여 화학물질 chemical의 위험성hazard을 기술한다. 예를 들면 "피부를 통해 흡수되면 장기간 또는 반복적인 노출로 신장kidney에 손상을 초래한다."와 같다. 적용 가능한 모든 위험 문구는 반드시 표식label에 표시되어야 한다.

중복성을 줄이고 가독성을 높이기 위해 적절한 경우 위험 문구를 결합하여 쓸 수 있다.

위험 문구hazard statement는 위험 분류 범주hazard classification category에 고유하며, 화학물질 사용자user는 화학물질이 무엇이든 또는 누가 그것을 생산하는지에 상관없이 항상 동일한 위험에 대해 동일한 문구를 보아야 한다.

또한 이것들은 보건안전자료SDS 2절에서 "H" 코드로 목록화된다. 72개의 개별 indivisual 및 17개의 합쳐진combined 위험 문구hazard statement가 있다 – 이들은 하나의 문자와 세 개의 숫자로 구성된 고유한 영숫자 코드alphanumerical code로 지정된다.

a) 문자 "H" ["위험 문구(hazard statement)"에 대한 것]

b) 다음과 같은 위험 유형(type of hazard)을 지정하는 번호

- 물리적 위험(physical hazard)에 대해서는 "2"
- 건강 위험(health hazard)에 대해서는 "3"
- 환경 위험(environmental hazard)에 대해서는 "4"

c) 폭발성(explosive properties)[200에서 210까지의 코드(code)], 인화성(flammability)[220에

서 230까지의 코드(codes)] 등과 같은 물질(substance) 또는 혼합물(mixture)의 본질적인 특성(intrinsic property)에서 발생하는 위험의 순차적 번호 매기기에 해당하는 두 개의 숫자 등

예방조치 문구precautionary statement는 유해화학물질hazardous chemical에의 노출exposure 또는 부적절한 보관storage 또는 취급handling으로 야기되는 부작용adverse effect을 최소화 또는 방지하기 위해 취해야 하는 권장 조치recommended measure를 설명한다. 예방조치 문구에는 네 가지 유형이 있다, 예방prevention(노출을 최소화하기 위한 것); 대응response(우발적 사고의 유출spillage 또는 노출 비상대응emergency response 및 응급처치first-aid의 경우); 저장storage; 폐기disposal. 예를 들어, 특정 표적 장기 독성 위험specific target organ toxicity hazard(반복 노출repeated exposure)을 나타내는 화학물질은 "호흡하지 않는다Do not breathe dust." "몸이 불편할 경우 주의를 기울인다Get attention if you feel unwell." "해당 지역 규정에 따라 폐기한다Dispose of container in accordance with local regulations."

공간을 절약하고 가독성을 높이기 위해 예방조치 문구를 표식label에 결합할 수 있다. 예를 들어, "열heat, 불꽃spark 및 개방화염open flames에서 떨어지십시오." "통풍이 잘 되는 곳에 보관하십시오." "서늘하게 유지하십시오."는 다음과 같이 읽을 수 있다. "열heat, 불꽃spark 및 개방화염open flame에서 멀리 보관하고, 서늘하고 통풍이 잘되는 장소에 보관한다."

화학물질이 몇 가지 위험hazard으로 분류되어 있고 예방조치 문구가 유사한 경우, 반드시 가장 엄격한 문구가 표식label에 포함되어야 한다. 이 경우, 화학 제조자, 수입업자, 판매업자는 대응하는 문구가 노출 인원exposed person의 건강과 안전을 보장하기 위해 신속한 조치rapid action가 필요한 경우 우선순위precedence를 부여할 수 있다. 자기반응 위험 범주 C, D, E, F 유형selfreactive hazard category types의 예방prevention을 위한 네 가지 예방조치 문구precautionary statement 중 세 가지는 다음과 같다.

- "열(heat)/불꽃(spark)/개방화염(open flame)/뜨거운 표면(hot surface)으로 부터 멀리하십시오."
  - 금연(No Smoking)
- "의류(clothing)/…/가연성 물질(combustible material)로부터 멀리 보관(keep)/저장(store)하십시오."
- "반드시 원래의 컨테이너(original container)에만 보관하십시오."

이 세 가지 예방조치 문구들은 다음과 같이 합쳐져 쓰일 수 있다: "원래의 용기original container에 보관하여, 열heat, 개방화염open flames, 가연성 물질combustible material 및 뜨거운 표면hot surface으로부터 멀리 두십시오. 금연No Smoking."

116개의 개별 및 33개 조합의 예방조치 문구precautionary statement가 있다. 이들은 다음과 같이 하나의 문자와 세 개의 숫자로 구성된 고유한 영숫자 코드unique alphanumerical code로 지정된다.

a) 문자 "P" ["예방조치 문구(precautionary statement)"에 대한 것]

b) 하나의 번호는 예방조치 문구(precautionary statement)의 유형을 다음과 같이 지정한다.

- 일반적인 예방조치 문구에는 "1"
- 예방 관련 예방조치 문구(prevention precautionary statement)는 "2"
- 대응 관련 예방조치 문구(response precautionary statement)는 "3"
- 저장 관련 예방조치 문구(storage precautionary statement)는 "4"
- 폐기 관련 예방조치 문구(disposal precautionary statement)는 "5"

c) 두 개의 숫자(예방조치 문구의 순서에 따른 번호가 매겨진 것에 상응함)

부가 정보 Supplement Information는 도움이 된다고 생각되는 추가 지침이나 정보를 제공할 수 있다. 추가로 고려될 수 있는 항목의 예로는 화학물질을 취급하는 근로자가 스스로를 보호하기 위한 개인보호장비 그림이 있다.

그림문자Pictograms는 화학물질의 위험hazard에 대한 특정 정보specific information를 전달하는 데 사용되는 그래픽 기호graphic symbol이다. 제조업체manufacturer, 수입업체importer, 또는 유통업체distributor로부터 선적되거나 운송되는 유해화학물질hazardous chemical에 대하여 요구되는 그림 문자pictogram는 검은색 위험 상징black hazard symbol이 있는 배경에 빨간색 정사각형 틀red square frame로 구성되어 있으며, 명확하게 보이도록 충분히 크다. GHS는 총 9개의 그림 문자pictogram를 사용하지만 미 직업안전보건국OSHA은 8개의 문자만을 사용한다. 환경 그림 문자envioronmental pictogram는 필수는 아니지만 추가 정보를 제공하는 데 사용될 수 있다.

건강위험 (Health Hazard)	화염 (Flame)	느낌표 (Exclamation Mark)
• 발암물질(carcnogen) • 돌연변이 유발성(mutagenicity) • 번식독성(reproductive toxicity) • 호흡과민성 물질(respiratory sensitizer) • 표적 장기 독성(target organ toxicity) • 호흡 독성(aspiration toxicity)	• 인화성 물질(flammables) • 자연발화성 물질(pyrophorics) • 자기 가열성(self-heating) • 인화성기체 방출(emits flammable gas) • 자기 반응성(self-reactives) • 유기과산화물(organic peroxide)	• 자극물(irritants)(눈과 피부) • 피부과민성(skin sensitizer) • 급성 독성(acute toxicity)(유해성) • 최면 효과(narcotic effect) • 호흡기 자극(respiratory tract irritant) • 오존층에 유해성(hazardous to ozon layer)(임의적)
기체 실린더 (Gas Cylinder)	**부식 (Corrosion)**	**폭발하는 폭약 (Exploding Bomb)**
• 압력 하의 기체(gases under pressure)	• 피부 부식성(skin corrosive)/화상(burns) • 눈 손상(eye damage) • 금속 부식성(corrosive to metals)	• 폭발물(explosives) • 자기 반응성(self-reactives) • 유기 과산화물(organic peroxides)
원에 걸친 화염 (Flame Over Circle)	**환경(Environment) [임의적(Non-Mandatory)]**	**해골 및 교차된 뼈 (Skull and Crossbones)**
• 산화제(oxidizers)	• 수생 독성(aquatic toxicity)	• 급성 독성(acute toxicity) [치명적(fatal) 또는 독성(toxic)]

따라서 메탄올 용기의 표식label은 다음과 같다.

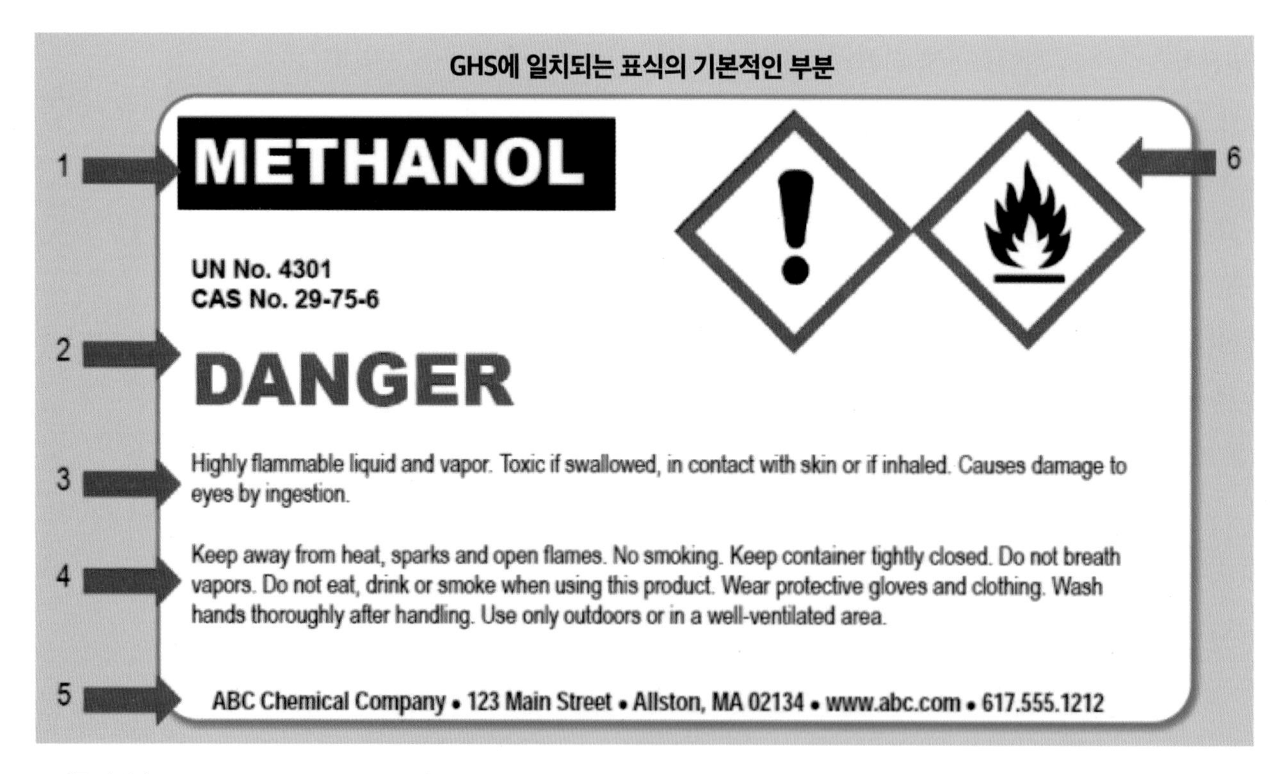

1. 제품 식별명(Product Identifier)
2. 신호어(Signal Words)
3. 위험 문구(Hazard Statements)
4. 예방조치 문구(Precautionary Statements)
5. 공급업체 식별(Supplier Identification)
6. 그림 문자(Pictograms)

보건안전자료(Safety Data Sheets)

보건안전자료(SDS)와 물질보건안전자료(MSDS)의 비교		
부문(Sections)	GHS 보건안전자료(SDS)	미 직업안전보건국(OSHA)의 물질보건안전자료(MSDS)
1. 제품(위험물질) 및 기업 식별 (Product and Company Identification)	• GHS 제품 식별명(GHS product identifier) • 기타 식별 수단(other means of identification) • 화학물질의 권고된 사용(recommended use) 및 사용 시 제한사항(restrictions on use) • 공급업체(supplier) 세부사항(이름, 주소, 전화번호 등) • 비상 시 전화번호(emergency phone number)	• 표식(label)과 동일한 제품 본질(product identity) • 제조업체(manufacturer), 유통업체(distributor), 고용주(employer) 또는 기타 책임당국(responsible party)
2. 위험 식별 (Hazards Identification)	• 물질(substance)/혼합물(mixture)의 GHS 분류(classification) 및 모든 지역 정보 • 예방조치 문구(precautionary statements)를 포함한 GHS 표식 요소(label elements). 위험 기호(hazard symbol)는 상징의 도식을 흑색과 백색으로 재현하거나 기호 이름(name of symbol)[예를 들면, 불꽃(flame), 해골(skull) 및 교차된 뼈(crossbone)]으로 제공될 수 있다. • 분류(classfication)[예: 분진 폭발 위험(dust explosion hazard)]하지 않거나 GHS에서 다루지 않는 기타 위험성(hazards)	• 급성 영향(acute effects) 및 만성 영향(chronic effect), 표적 장기(target organs) 또는 체계(systems)의 목록을 포함한 건강 유해성(health hazards) • 노출(exposure)의 징후(signs) 및 증상(symptoms) • 노출(exposure)로 인해 악화되는 것으로 일반적으로 인정되는 조건(condition) • 노출(exposure)의 주요 경로(primary route) • 미 직업안전보건국(OSHA), 국제암연구기구(IARC), 미 국립 독성물질 국가관리 프로그램(NTP)에 의해 발암물질(carcinogen)로 목록화된 경우 • 화재(fire), 폭발(explosion) 및 반응(reactivity)의 가능성을 포함한 물리적 위험(physical hazards)
3. 성분의 구성요소 및 정보 (Composition/ Information on Ingredients)	• 물질(substance) • 화학적 조성(chemical identity) • 일반명(common name) 및 동의어(synonyms) 등 • CAS 번호(CAS number), EC 번호(EC number) 등 • 자체 분류되고 물질의 분류(classification of substance)에 기여하는 불순물(impurities) 및 안정화 첨가제(stabilizing addictive) • 혼합물(mixture) • GHS의 의미(meaning) 내에서 위험하며, 그 확정 수준(cut-off levels) 이상으로 존재하는 모든 성분(all ingredients)의 화학적 조성(chemical identity) 및 농도(concentration) 또는 농도 범위(concentration range). • 생식 독성(reproductive toxicity), 발암성(carcinogenicity) 및 범주 1 돌연변이 유발성(category 1 mutagenicity)의 확정 수준(cut-off level)은 30.1%임 • 모든 기타 위험 유형(other hazard classes)에 대한 확정 수준(cut-off level)은 31 % 임 • 참고: 물질(material)에 대한 정보는 영업비밀(CBI; Confidential Business Information)의 관할기관 규칙(competent authority rules)이 제품식별 규칙(rules for product identification)보다 우선한다.	• 알려진 위험(hazard)에 기여하는 성분(ingredients)의 일반명(common name) 및 화학명(chemical name) • 검사(시험)되지 않은 혼합물(untested mixture)에 대한, 건강 위험성(health hazard)이 있는 1% 이상의 성분(ingredient) 및 화학 위험성(chemical hazard)이 있는 성분(ingredient)의 일반명(common name) 및 화학명(chemical name) • 발암물질(carcinogens)의 경우, 0.1% 이상의 성분(ingredients)

보건안전자료(SDS)와 물질보건안전자료(MSDS)의 비교 (계속)		
부문(Sections)	GHS 보건안전자료(SDS)	미 직업안전보건청(OSHA)의 물질보건안전자료(MSDS)
4. 응급조치 절차 (First-Aid Measures)	• 서로 다른 노출경로(routes of exposure)[즉, 흡입(inhalation), 피부(skin) 및 눈 접촉(eye contact) 및 섭취(ingestion)]에 따라 세분화된 필요한 조치에 대한 설명 • 가장 중요한 증상(symptom)/영향(effect), 급성(acute) 및 지연(delayed) • 필요한 경우, 즉각적인 의료적 주의에 대한 말(immediate medical attention) 및 특별한 처치(special treatment)가 필요함	• 비상(emergency) & 응급처치(first aid) 절차(procedures)
5. 소화 절차 (Firefighting Measures)	• 적절한(그리고 부적절한) 소화제(extingushing media) • 화학물질(chemical)[예: 유해한 연소 생성물(hazardous combustion products)의 특성(nature)]로 인해 발생하는 특정한 위험성(specific hazard) • 소방관에 대한 특수한 보호장비(special protective equipment)와 예방 조치(precautions)	• 일반적으로 적용 가능한 통제 조치(control measures) • 인화점(flash point)과 같은 인화성 특성 정보(flammable property information) • 화재(fire), 폭발(explosion) 및 반응(reactivity)의 가능성을 포함한 물리적 위험(physical hazard)
6. 우발적 유출 대응 절차 (Accidental Release Measures)	• 개인 예방조치(personal precaution), 개인보호장비(personal protective equipment) 및 비상대응절차(emergency procedure). • 환경 예방조치(environmental precaution) • 격리(containment) 및 정화(cleaning up)를 위한 방법(methods) 및 물질(material)	• 유출(spills) 및 누출(leaks)의 정화 절차(procedures for clean up)
7. 취급 및 저장 (Handling and Stroage)	• 안전 취급을 위한 예방조치(precaution) • 비호환성(incompatibilities)을 포함하여 안전한 저장(safe storage)을 위한 조건(condition)	• 적절한 위생 관리(hygenic practices)를 포함한 안전한 취급(handling) 및 사용(use)에 대한 예방 조치(precaution)
8. 노출 통제 및 인원 보호 (Exposure Controls/ Personal Protection)	• 제어 매개변수(control parameters)[예: 직업적 노출 한계값(occupational exposure limit values) 또는 생물학적 한계값(biological limit values)] • 적절한 엔지니어링 제어(engineering control) • 개인보호장비(personal protective equipment)와 같은 개인보호조치(individual protection measure)	• 일반적으로 적용 가능한 제어 조치(control measures) • 적절한 엔지니어링 제어(engineering control) 및 작업 관행(work practice) • 유지관리(maintenance engineering) 및 수리(repair) 동안의 보호 조치(protective measures) • 개인보호장비(personal protective equipment) • 미 직업안전보건국(OSHA), 미 정부산업위생전문가협의회(ACGIH) 또는 회사 설립 한도(established company limits)에 의해 나열된 허용 노출 수준(permissible exposure levels), 임계값 한도(threshold limit values)

보건안전자료(SDS)와 물질보건안전자료(MSDS)의 비교 (계속)		
부문(Sections)	GHS 보건안전자료(SDS)	미 직업안전보건국(OSHA)의 물질보건안전자료(MSDS)
9. 물리적 및 화학적 특성 (Physical and Chemical Properties)	• 외관(appearance)(물리적 상태, 색깔 등) • 냄새(odor) • 냄새 역치(odor threshold) • pH • 녹는 점(melting point)/어는 점(freezing point) • 최초 끓는 점(boiling point) 및 비등 범위(boiling range) • 인화점(flash point) • 증발율(evaporation rate) • 인화성(flammability)(고체, 기체) • 폭발 상한계/하한계(upper/lower flammability or explosive limits) • 증기 압력(vapor pressure) • 증기 밀도(vapor density) • 상대 밀도(relative density) • 용해도(solubility) • 분배 계수(partition coefficient): N-옥탄올/물(n-octanol/water) • 자연발화 온도(auto-ignition temperature) • 분해 온도(decomposition temperature)	• 증기압(vapor pressure) 및 밀도(density)와 같은 유해화학물질(hazardous chemicals)의 특성 • 화재(fire), 폭발(explosion) 및 반응(reactivity)의 가능성을 포함한 물리적 위험(physical hazards)
10. 안전성 및 반응성 (Stability and Reactivity)	• 화학적 안정성(chemical stability) • 위험한 반응(hazardous reaction)의 가능성 • 피해야 할 상태(conditions)[예를 들면, 정전기 방전(static discharge), 쇼크(shock), 진동(vibration)] • 혼재 불가능한 물질(incompatible materials) 등 • 위험 분해 제품(hazardous decomposition products)	• 유기과산화물(organic peroxides), 자연발화성(pyrophoric), 불안정한 # [반응성(reactive)] 또는 물 반응성 위험(water-reactive hazards) • 반응성(reactivity) 및 유해 중합반응(hazardous polymerization)을 포함한 물리적 위험(physical hazards)
11. 독성학 정보 (Toxicological Information)	• 다양한 독성학적(건강) 영향(toxicological (health) effects)에 대한 간결하지만 완전하고 이해하기 쉬운 설명과 그러한 영향을 식별하는 데 사용할 수 있는 데이터는 다음을 포함한다. • 가능성이 높은 노출 경로(routes of exposure)[흡입(inhalation), 섭취(ingestion), 피부 및 눈 접촉(skin and eye contact)]에 관한 정보. • 물리적(physical), 화학적(chemical) 및 독성학적(toxicological) 특성과 관련된 증상(symptoms) • 단기 및 장기 노출(short- and long-term exposure)에 의한 지연 및 즉각적인 영향(delayed and immediate effects) 및 만성 영향(chronic effect) • 독성(toxicity)의 수치 측정(numerical measures) [예: 급성 독성 추정(acute toxicity estimates)].	• 제2절[건강 유해성(heath hazard)]을 참조하라, 급성 및 만성 영향(acute and chronic effects)을 포함, 표적 장기(target organs) 또는 체계(systems)의 목록 • 노출(exposure)의 증상(symptoms) 및 징후(signs) • 노출(exposure)의 주요 경로(primary routes) • 국제암연구기구(IARC), 미 국립 독성물질 국가관리 프로그램(NTP)에 의해 발암 물질로 목록화된 경우]
12. 생태학 정보 (Ecological Information)	• 생태 독성(ecotoxicity)(수생 및 육상, 가능한 경우) • 지속성(persistence) 및 분해성(degradability) • 생물 농축 가능성(bioaccumulative potential) • 토양 이동성(mobility in soil) • 기타 부작용(other adverse effects)	• 현재 요구사항은 없다.

보건안전자료(SDS)와 물질보건안전자료(MSDS)의 비교 (마지막)		
부문(Sections)	**GHS 보건안전자료(SDS)**	**미 직업안전위생국(OSHA)의 물질보건안전자료(MSDS)**
13. 폐기 고려사항 (Ecological Information)	• 폐기물 잔류물(waste residues) 및 오염된 포장(용기)(contaminated packaging)을 포함하여 안전한 취급(handling) 및 폐기(disposal) 방법에 대한 정보	• 현재 요구사항은 없다. • 7절을 참고.
14. 운송 정보 (Hazards Information)	• UN 번호(UN number) • UN 적절한 선적명(UN proper shipping name) • 운송 위험 분류(transport hazard classes) • 가용한 경우, 포장(용기) 그룹(packaging group) • 해양 오염물질(marine pollutant)(Y/N) • 사용자가 구내 또는 구외에서(within or outside their premises) 운송(transport) 또는 전달(conveyance)과 관련하여 주의를 기울이거나 준수해야 할 필요가 있는 특별 예방조치들(special precautions).	• 현재 요구사항은 없다.
15. 규제 정보 (Regulatory Information)	• 문제의 제품(위험물질, product)에 대한 안전(safety), 건강(health) 및 환경(environmental) 규제	• 현재 요구사항은 없다.
16. 기타 정보 (Other Information)	• 보건안전자료(SDS)의 준비(preparation) 및 개정(revision)에 관한 정보를 포함한 기타 정보	

기타 분류 체계(classification system)의 변경사항

비상 대응요원들의 가장 큰 장애물은 NFPA/HMIS 등급 체계NFPA/HMIS Rating system와 미 직업안전보건국의 분류 및 범주 체계OSHA's Classification I Category System의 변경사항이다. GHS 체계GHS system는 NFPA와 반대이다. 기호 또는 색상 코딩symbols or color coding이 없다. 기간별로 범주category가 변경될 수도 있다.

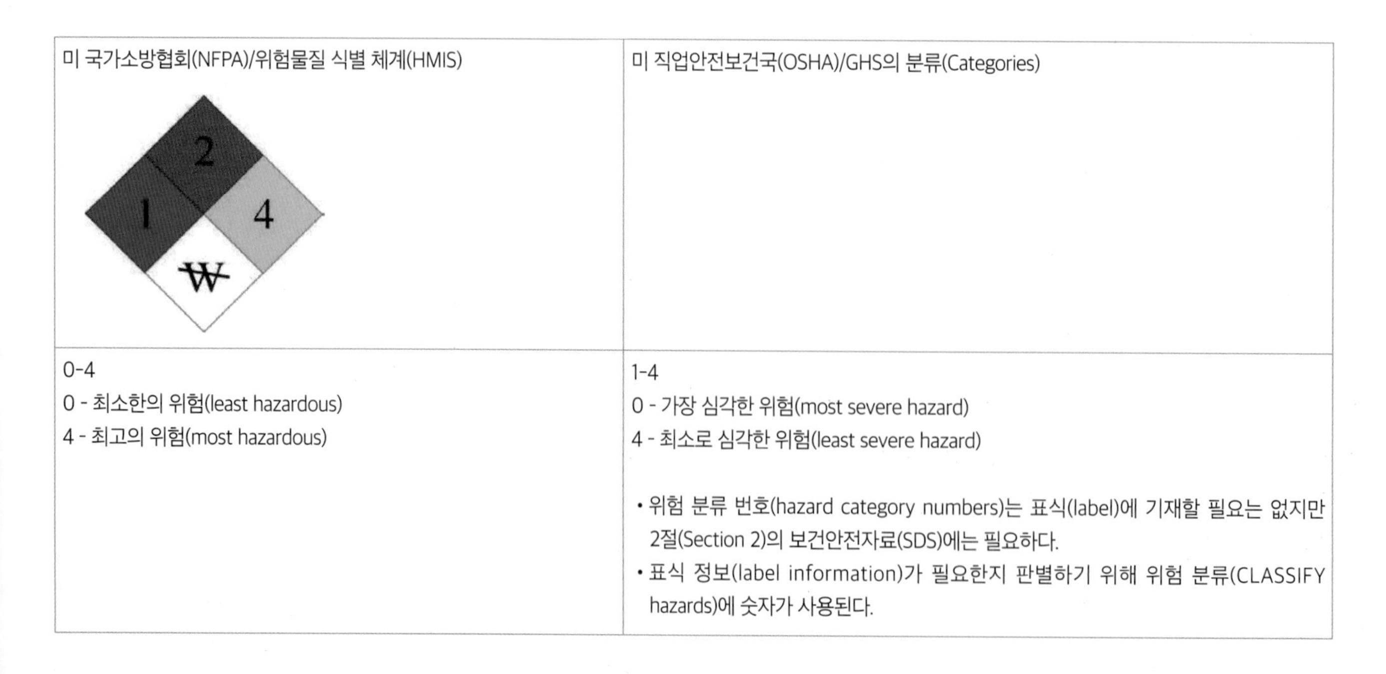

미 국가소방협회(NFPA)/위험물질 식별 체계(HMIS)	미 직업안전보건국(OSHA)/GHS의 분류(Categories)
0-4 0 - 최소한의 위험(least hazardous) 4 - 최고의 위험(most hazardous)	1-4 0 - 가장 심각한 위험(most severe hazard) 4 - 최소로 심각한 위험(least severe hazard) • 위험 분류 번호(hazard category numbers)는 표식(label)에 기재할 필요는 없지만 2절(Section 2)의 보건안전자료(SDS)에는 필요하다. • 표식 정보(label information)가 필요한지 판별하기 위해 위험 분류(CLASSIFY hazards)에 숫자가 사용된다.

사고지휘 직책에 대한 색상 코드 (Color Codes for Incident Command Positions)

2014판 부록 A 미국 국가소방협회NFPA로부터의 비상 공공대응 서비스Emergency Services의 사고관리체계Incident Management System 및 지휘 안전Command Safety

다중 기관 사고(Multi-Agency Events)

지휘부 참모(Command Staff) - 흰색(White)

작전 부서장(Operations Section Chief) - 빨간색

계획 부서장(Planning Section Chief) - 파란색

물류지원 부서장(Logistics Section Chief) - 오렌지색(White)

예산/행정 부서장(Finance/Administration Section Chief) - 녹색(Green)

현장 간이검사표(양식)(Field Screening Matrix)

위험 증거 수집 및 현장 간이검사표(HAZARDOUS EVIDENCE COLLECTION AND FIELD SCREENING MATRIX)(양식)

장소(Location)		사고 ID(Case ID)			
		사고 담당자(Case Agent)			
날짜(Date)/시간(Time)		과학자(Scientist)			
방사선 세부사항 (Radiation det)	S/N:	최종 산출수치 (Last Cal.)	적당 수치 (Cal.Due)	알파 베타 검출기 (Alpha Beta Probe)	
자연(배경) 방사선 (Background)	*라드 방사선량 (Rad Dose)	**라드 카운트 (Rad Count)		S/N:	
5 Gas det()	S/N:	최종 산출수치 (Last Cal.)	적당 수치 (Cal.Due)	EOD 이상무? (EOD clear)	

품목(Item) #	위치(Location)(바닥, 방, 테이블 등)	부가설명(Description)	제안된 수집 방법 (Suggested Collection Method)	제안된 용기 형태 (Suggested Container Type)

*라드 방사선량 (Rad Dose) (루드럼; Ludlum)	**라드 카운트 (Rad Count) (야외; outside)	**라드 카운트 (Rad Count) (실내; inside)	O2 (%)	폭발하한계 (Flamm) (% LEL)	VOC	pH	H2O (+/-)	산화제 (Oxidizer; KI)	플루오르 (Fluor; F)	견해(Comments) [관찰사항(observation), 기타 탐지 방법(screening methods), 수집 간 변화사항(changes to collection) 등]
μR/hr mR/hr	cpm kcpm	cpm kcpm			ppb ppm					

품목(Item) #	위치(Location)(바닥, 방, 테이블 등)	부가설명(Description)	제안된 수집 방법 (Suggested Collection Method)	제안된 용기 형태 (Suggested Container Type)

*라드 방사선량 (Rad Dose) (루드럼; Ludlum)	**라드 카운트 (Rad Count) (야외; outside)	**라드 카운트 (Rad Count) (실내; inside)	O2 (%)	폭발하한계 (Flamm) (% LEL)	VOC	pH	H2O (+/-)	산화제 (Oxidizer; KI)	플루오르 (Fluor; F)	견해(Comments) [관찰사항(observation), 기타 탐지 방법(screening methods), 수집 간 변화사항(changes to collection) 등]
μR/hr mR/hr	cpm kcpm	cpm kcpm			ppb ppm					

품목(Item) #	위치(Location)(바닥, 방, 테이블 등)	부가설명(Description)	제안된 수집 방법 (Suggested Collection Method)	제안된 용기 형태 (Suggested Container Type)

*라드 방사선량 (Rad Dose) (루드럼; Ludlum)	**라드 카운트 (Rad Count) (야외; outside)	**라드 카운트 (Rad Count) (실내; inside)	O2 (%)	폭발하한계 (Flamm) (% LEL)	VOC	pH	H2O (+/-)	산화제 (Oxidizer; KI)	플루오르 (Fluor; F)	견해(Comments) [관찰사항(observation), 기타 탐지 방법(screening methods), 수집 간 변화사항(changes to collection) 등]
μR/hr mR/hr	cpm kcpm	cpm kcpm			ppb ppm					

2015년 2월 용(Version of February 2015)	Page ___ of ___	뒤에 이어짐(Continued on back)

위험 증거 수집 및 현장 간이검사표(HAZARDOUS EVIDENCE COLLECTION AND FIELD SCREENING MATRIX)(양식)

품목(Item) #	위치(Location)(바닥, 방, 테이블 등)		부가설명(Description)							제안된 수집 방법 (Suggested Collection Method)	제안된 용기 형태 (Suggested Container Type)
*라드 방사선량 (Rad Dose) (루드럼: Ludlum)	**라드 카운트 (Rad Count) (야외: outside)	**라드 카운트 (Rad Count) (실내: inside)	O2 (%)	폭발하한계 (Flamm) (% LEL)	VOC	pH	H2O (+/-)	산화제 (Oxidizer; KI)	플루오르 (Fluor; F)	견해(Comments) [관찰사항(observation), 기타 탐지 방법(screening methods), 수집 간 변화사항(changes to collection) 등]	
µR/hr mR/hr	cpm kcpm	cpm kcpm			ppb ppm						
품목(Item) #	위치(Location)(바닥, 방, 테이블 등)		부가설명(Description)							제안된 수집 방법 (Suggested Collection Method)	제안된 용기 형태 (Suggested Container Type)
*라드 방사선량 (Rad Dose) (루드럼: Ludlum)	**라드 카운트 (Rad Count) (야외: outside)	**라드 카운트 (Rad Count) (실내: inside)	O_2 (%)	폭발하한계 (Flamm) (% LEL)	VOC	pH	H2O (+/-)	산화제 (Oxidizer; KI)	플루오르 (Fluor; F)	견해(Comments) [관찰사항(observation), 기타 탐지 방법 (screening methods), 수집 간 변화사항(changes to collection) 등]	
µR/hr mR/hr	cpm kcpm	cpm kcpm			ppb ppm						
품목(Item) #	위치(Location)(바닥, 방, 테이블 등)		부가설명(Description)							제안된 수집 방법 (Suggested Collection Method)	제안된 용기 형태 (Suggested Container Type)
*라드 방사선량 (Rad Dose) (루드럼: Ludlum)	**라드 카운트 (Rad Count) (야외: outside)	**라드 카운트 (Rad Count) (실내: inside)	O_2 (%)	폭발하한계 (Flamm) (% LEL)	VOC	pH	H2O (+/-)	산화제 (Oxidizer; KI)	플루오르 (Fluor; F)	견해(Comments) [관찰사항(observation), 기타 탐지 방법 (screening methods), 수집 간 변화사항(changes to collection) 등]	
µR/hr mR/hr	cpm kcpm	cpm kcpm			ppb ppm						
품목(Item) #	위치(Location)(바닥, 방, 테이블 등)		부가설명(Description)							제안된 수집 방법 (Suggested Collection Method)	제안된 용기 형태 (Suggested Container Type)
*라드 방사선량 (Rad Dose) (루드럼: Ludlum)	**라드 카운트 (Rad Count) (야외: outside)	**라드 카운트 (Rad Count) (실내: inside)	O_2 (%)	폭발하한계 (Flamm) (% LEL)	VOC	pH	H2O (+/-)	산화제 (Oxidizer; KI)	플루오르 (Fluor; F)	견해(Comments) [관찰사항(observation), 기타 탐지 방법 (screening methods), 수집 간 변화사항(changes to collection) 등]	
µR/hr mR/hr	cpm kcpm	cpm kcpm			ppb ppm						
2015년 2월 용(Version of February 2015)			Page ___ of ___							앞에서 이어짐(Continued on front)	

용어정리

1차 폭발물(기폭제)(Primary Explosive): 쉽게 기폭될 수 있고 열에 매우 민감한 고성능 폭발물로서, 때때로 기폭 장치(detonator)로 사용된다. 기폭 장치(initiation device)라고도 함.

2차 폭발물(주장약)(secondary explosive): 1차 폭발물(기폭제)(primary explosive)의 작동으로 인한 폭발을 포함하여 특정 상황에서만 폭발하도록 설계된 고성능 폭발물(high explosive). 또한 주장약 폭발물(main charge explosive)로도 알려져 있음.

2차(완전) 제독(Technical Decontamination): 화학적 또는 물리적 방법을 사용하여 대응요원(주로 진입팀 대원)과 장비에서 오염물질을 철저히 제거하는 것으로, 일반적으로 정형화된 제독선(decontamination line) 또는 제독 통로(decontamination corridor) 내에서 1차(필수) 제독(gross decontamination) 후에 실시된다. 정식 제독(Formal Decontamination)이라고도 한다.

3차 폭발물(주장약)(tertiary explosives): 2차 폭발물(주장약)(secondary explosives)로 기폭해야 하는 고성능 폭발물(high explosives). 3차 폭발물(tertiary explosives)은 종종 2차 폭발물로 분류되기도 한다. 또한 뇌관(blasting cap)으로도 알려져 있음.

ANFO 폭발물(Ammonium Nitrate and Fuel Oil; ANFO): 디젤연료(diesel fuel) 또는 석유(oil)와 혼합된 일반적인 비료(fertilizer)로 만들어진 고성능 폭약(high explosive blasting agent)으로 폭발을 시작하려면 보조 장약(booster)이 필요함

A급 개인보호장비/보호복(Level A PPE): 미국 환경보호청(EPA)에서 지정한 개인보호장비에서 제공할 수 있는 최고 수준의 피부, 호흡기 및 눈 보호 장비로, 양압 자급식 공기호흡기(positivepressure self-contained breathing apparatus), 완전피복 화학보호복(totally encapsulating chemicalprotective suit), 내부 및 외부 장갑(inner and outer glove), 내화학성 부츠(chemicalresistant boot)로 구성됨

B급 개인보호장비/보호복(Level B PPE): 호흡기 보호 수준이 가장 높지만, 피부 보호 수준이 보다 낮은 개인보호장비로, 후드형 화학보호복(hooded chemical-protective suit), 내부 및 외부 장갑(inner and outer glove), 내화학성 부츠(chemicalresistant boot)로 구성됨

B종 폼(포) 농축액(Class B Foam Concentrate): 발화된 또는 발화되지 않은 B종 인화성 또는 가연성 액체(ignited or unignited Class B flammable or combustible liquid)에 사용하도록 고안된 폼(포) 화재 진압 제제(foam fire-suppression agent). B종 폼(포)(Class B Foam)라고도 한다.

CAS® 번호(CAS® Number): 특정 화합물을 고유하게 식별하는 미국 화학학회의 Chemical Abstract Service에 의해 지정된 번호

CBRNE: 화학(Chemical), 생물(학)(Biological), 방사능(방사선학)(Radiological), 핵(Nuclear) 및 폭발물(Explosives)의 약어(abbreviation). 이러한 분류들은 종종 대량살상무기(WMDs) 및 기타 위험물질 특성을 설명하는 데 사용된다.

C급 개인보호장비/보호복(Level C PPE): A급 또는 B급보다 낮은 수준의 호흡기 및 피부 보호를 제공하는 개인보호장비로, 후드형 내화학성 보호복(hooded chemical-resistant suit), 내부 및 외부 장갑(inner and outer glove), 내화학성 부츠(chemicalresistant boot)로 구성됨

D급 개인보호장비/보호복(Level D PPE): 최저 수준의 호흡기 및 피부 보호를 제공하는 개인보호장비로, (상하가 붙은 형태의) 작업복, 장갑, 내화학성 부츠 또는 신발로 구성됨

GHS(Globally Harmonized System of Classification and labeling of Chemical, 화학물질 분류 및 표시에 대한 국제 일치화체계): 보건안전자료(Safety Data Sheets)와 같은 화학물질 및 기타 위험 정보에 대한 국제 분류 및 표식 체계(international classification and labeling system)

G계열 작용제(G-Series Agent): 비지속성 신경 작용제(nonpersistent nerve agent)는 최초 독일 과학자들에 의해 합성되었음

HMTD 폭발물(Hexamethylene Triperoxide Diamine; HMTD): 통상의 장비를 사용하여 제작할 수 있는 과산화물 계 백색 분말 고폭발성 유기 화합물(peroxidebased white powder high explosive organic compound). 제조 및 취급 중에 충격과 마찰에 민감하다. 아세톤퍼옥사이드(acetone peroxide; TATP)와 유사함.

IDLH(Immediately Dangerous to Life and Health): 생명에 즉각적인 위험(immediate hazard)을 초래하거나 건강상 즉각적인 회복 불가능하고, 쇠약하게 하는 영향을 만들어내는 모든 공기에 대한 설명으로, 호흡기 보호가 반드시 요구되는 농도(concentration) 이상을 나타낸다. ppm 또는 mg/m^3을 사용하여 표현하며, 허용 노출 한계(permissible exposure limit; PEL)와 동등한 단위로도 쓰인다.

pH: 용액의 산성 또는 염기성의 정도

가수분해(비누화, Saponification): 비누를 생성하는 알칼리(alkaline)와 지방산(fatty acid) 간의 반응

가시선(Line-of-sight): 어떠한 한 관찰자와 해당 물체 사이에서 보이는 장애물(막는 것)이 없는 상상의 선

가압 멸균 처리기(압열 멸균기)(Autoclave): 고압 수증기(high-pressure steam)를 사용하여 물체(object)를 멸균(sterilize)하는 장치

가연성 기체 탐지기(Combustible Gas Detector): 구획된 구역에서 사전 입력된 가연성 기체의 존재 및/또는 농도를 탐지하는 장비(device). 작동자에게 결과를 표시하는 추가 기능이 필요할 수 있다.

가연성 기체 표시기(Combustible Gas Indicator; CGI): 가연성 기체 탐지 장비에서 전달된 가연성 기체의 존재 및 폭발 수준을 나타내는 전자 장치

가연성 액체(Combustible Liquid): 미 국가소방협회(NFPA)에 의하면, 인화점이 37.8℃ 이상이고 93.3℃ 미만인 액체

가이거-뮐러 검출기(Geiger-Mueller(GM) detector): 이온화(전리) 방사선을 측정하기 위해 가이거-뮐러 계수관(GM tube)을 사용하는 탐지 장치(detection device). 또한 가이거 계수기(Geiger Counter)라고도 함

가이거-뮐러 계수관(Geiger-Mueller(GM) tubes): 이온화(전리) 방사선(ionizing radiation)을 탐지(검출)하는 데 사용되는 센서 튜브(sensor tube). 이 관은 가이거-뮐러 검출기의 한 구성요소임

감경(완화)하다(Mitigate): (1) 완화시키기 위하여 보다 덜 심각하거나, 덜 강렬하거나, 덜 고통스럽도록 하여 보다 덜 가혹하거나 어렵지(hostile)않게 함. (2) 비상(재난) 상황의 규모를 정하는 한 가지 방법으로, 3단계[위치(locate), 격리(isolate), 완화(mitigate)] 중 세 번째 단계

강산화제(Strong Oxidizer): 대량의 산소를 쉽게 방출하는 물질로, 따라서 연소를 자극한다. 환원제(reducing agent)[연료(fuel)]로부터 전자를 용이하게 받아들여 강한 반응(strong reaction)을 일으킨다.

개시(Discovery): 원고(일방)가 상대방(피고)으로부터 혐의를 증명할 수 있는 정보를 얻는 수단

격리 경계선(Isolation Perimeter): 일반인 또는 허가받지 않은 사람의 진입을 막기 위해 통제되는 사고의 바깥 경계(선)

격리(가두다)(Retention): 흡수(absorbed), 중화(neutralized), 또는 제거될(removed) 수 있는 지역에 액체 또는 진창을 봉쇄시키는(가두는, contain) 조치. 기타 유사한 위험물질 제어 방법보다 장기적인 해결책으로 사용되는 경우가 많음

경련유인제[경련독(Convulsan)]: 경련(convulsion)을 유발하는 독(poison)

경미한 유출(Incidental Release): 위험물질이 누출된 시점에 고용자 또는 비상대응자가 아닌 유지보수 직원에 의해 해당 물질이 흡수되거나 중화 또는 제어될 수 있는 누출 또는 유출

고립(Confinement): 유출의 흐름(spill)을 제어하고, 특정 위치에서 그것을 가두는 절차

고성능 폭발물(High Explosives): 극도의 빠른 속도로 분해되며(거의 순간적으로), 폭발 속도(detonation velocity)가 음속(speed of sound)보다 빠른 폭발물임

고온 물질(Elevated Temperature Material): 운송 목적 또는 벌크 용기(포장)로 운송되는 물질로 (a) 액상(liquid phase)이며 100℃ 이상의 온도인 것, (b) 의도적으로 38℃의 액상 인화점 이상으로 가열된 것, (c) 고체상으로 240℃ 이상의 온도인 것

고위험 인화성 물질 운송 기차(High-Hazard Flammable Trains; HHFT): 인화성 액체가 저장(운송)된 20여 개 이상의 탱크 차량 또는 인화성 액체가 한 기차 전체에 35개 이상 차량에 흩어져있는 기차

고체(Solid): 명확한 모양(shape)과 크기(size)를 가진 물질(substance)로, 고체의 분자는 일반적으로 이동성(mobility)이 거의 없다.

공격적 대응(offensive Operation): 대응요원이 사고와 관련된 물질, 컨테이너 또는 공정 장비(process equipment)에 대해 매우 적극적이고(공격적인), 직접적인 조치를 취하는 대응(작전, operation)

공공 안전 판단용 시료(표본)(Public Safety Sample): 사고에서 수집된 위험물질(hazardous material)은 대응(reponse) 및 경감(완화)(mitigation) 가용한 방법(option)를 알리는 데 도움을 주기 위해 사용됨

공공 안전 판단용 시료 수집(Public Safety Sampling): 위험물질(대량살상무기) 사건(사고)에서 발견된 물질을 수집하여, 법의학적으로 사용 가능하고 법적으로 방어 가능한 시료(표본; sample)로 만드는 기술(technique). 대응 및 완화(경감) 가용한 방법(response and mitigation options)을 결정할 때 시료(표본)가 자주 사용됨

공기 흡입 노즐(Air-Aspirating Foam Nozzle): 폼 노즐은 가능한 최고 품질의 폼을 만드는 데 필요한 공기 주입(aeration)을 제공하도록 설계되었으며, 저팽창 폼(low-expansion foam)의 생성을 위한 가장 효과적인 장비이다.

공기정화식 호흡보호구(Air-Purifying Respirators; APRs): 필터,

카트리지 또는 정화통을 통해 주위 공기를 통과시켜서 오염물질을 제거하는 호흡보호구로, 전면형 또는 부분 면체를 사용함.

공기주입식 호흡보호구(Supplied Air Respirator; SAR): 호흡용 공기공급원(source of breathing air)이 사용자에 의해 운반되도록 고안되지 않은 대기호흡용 호흡 보호구로서, 소방 대응(작전)용으로 인증되지는 않았다. 공기호스 호흡기 보호장비(airline respirator system)라고도 한다.

공중분무식 응용 발포법(Rain-Down Application Method): 점화되지 않은(unignited) 또는 점화된(ignited) 유출 또는 화재의 위에 폼 흐름을 향하게 하여 폼(포)이 연료 표면 위로 부드럽게 떠오르도록 하는 폼 응용 발포법(foam application method)

관할당국(Authority Having Jurisdiction; AHJ): 코드(code) 또는 표준(standard)의 요구사항을 시행하거나 장비, 자료, 시설, 절차를 승인할 책임이 있는 기관, 사무실 또는 개인

광이온화 탐지기(photoionization detector; PID): 휘발성 화합물을 백만분율(parts per million) 및 10억분율(parts per billion)의 농도(concentration)에서 측정하는 기체 탐지기(gas detector)

광자(Photon): 전자(electron)를 제거하여 원자의 화학적 변화를 일으키는 방사선

교정(remediation): 결함(fault), 오류(error) 또는 결점(deficiency)의 변경(fixing) 또는 수정

교정: 어떤 한 측정 장치(기기)가 가리킨 양의 값을 표준화하거나 조정하는 데 사용되는 연산 집합

교정시험(Caliberation Test): 장비의 경고가 모두 탐지된 권장되는 위험 수준(recommended level of hazard detected)에서 작동하는지 확인하는 데 사용되는 일련의 작동들. 또한 범프 시험(bump test) 및 현장 시험(field test)이라고도 함

교차(2차) 오염(Cross Contamination): 1차 오염원과 접촉없이 위험 구역(hot zone) 외부의 사람(people), 장비(equipment), 환경(environment)이 오염되는 것을 일컫는다. 또한 2차 오염(Secondary Contamination)으로도 알려져 있다.

구름형 확산(Cloud): 위험물질 사고에서, 집합적으로 물질이 땅이나 물 위에 상승한 공기 중의 위험물질로 이루어진 공 모양의 패턴

구조물 화재 소방관 보호복(방화복)(Structural Firefighters' Protective Clothing): 화재 및 비상대응 공공기관(공공서비스) 대응요원이 착용하는 장비에 대한 일반적인 용어로, 헬멧, 방화복 상의, 방화복 바지, 부츠, 눈 보호(고글 등), 장갑, 보호 후드, 자급식 공기호흡기(self-contained breathing apparatus; SCBA) 및 인명구조경보기(personal alert safety system; PASS)가 포함됨

구조용 들것(Stroke Basket): 파편 더미, 구조적 붕괴 또는 건물의 상층과 같이 표준형 들것이 쉽게 고정되지 않는 위치에서 환자를 운송하기에 적합한 와이어 또는 플라스틱 소재의 바구니형 들것으로, 들어올리기용 하네스(낙하산 등을 탈 때 착용하는 안전장치(벨트) – 역주)와 함께 사용할 수 있음

그레이(Gray; Gy): 킬로그램당(per one kilogram) 줄(J/kg). 방사선 에너지(radiation energy)의 흡수(absorption)로 정의되는 이온화(전리) 방사 선량(ionizing radiation dose)의 국제표준 단위(SI unit)

극성 용매(Polar Solvent): (1) 양전하와 음전하가 영구히 분리되어 있는 물질로, 용액(solution) 내에서 이온화(ionizing)하고 전기전도성(electrical conductivity)을 만드는 능력을 가진다. 예로는 물, 알코올(alcohol), 에스테르(ester), 케톤(ketone), 아민(amine), 황산(sulfuric acid)이 있다. (2) 물에 대한 인력이 있는 인화성 액체

글러브박스(Glovebox): 용기 안의 물질을 취급할 수 있도록 한 쪽 면에 긴 커프스(소맷부리) 장갑이 달린 밀봉된 용기(sealed container). 진공(vacuum) 또는 살균(sterile) 환경이 필요한 실험실(laboratory) 및 인큐베이터(세균 배양기, incubator)에서 일반적으로 사용됨.

급성 건강 영향(Acute Health Effect): 유해(화학)물질(hazardous substance)에 노출된 후 빠르게 발생하거나 발생하는 건강 영향

급성(Acute): 급박함(sharpness) 또는 심각도(severity)로 특징되며, 빠른 발병 및 상대적으로 짧은 지속 기간

기체(Gas): 컨테이너의 모양에 따라 모양과 부피가 변하며, 압축가능한 물질(compressible substance)로, 분자(molecule)는 기체상에서 가장 빠르게 움직인다.

기폭 장치(Detonator): 보통 덜 민감한 폭발물을 기폭시키는 데 사용되는 장치로, 주로 1차 폭발물(primary explosive)로 구성되며, 예로는 뇌관(blasting cap)이 있음. 기폭 장치는 역학적(mechanical), 전기적(electrical) 또는 화학적(chemical)으로 기폭될 수 있음.

긴급 제독(Emergency Decontamination): 제독 통로(제독소, decontamination corridor)를 공식적으로 설치(개설, establishment)했는지 여부에 관계없이 잠재적으로 생명이 위협받는 상황(potentially life-threatening situations)에서 개개인의 오염을 즉각적으로 감소시키는 물리적인 과정(physical process)

끓는점(Boiling Point): 증기압(vapor pressure)이 대기압(atmosphiric pressure)과 같을 때 물질의 온도(temperature of a substance). 이 온도에서의 증발 속도(rate of evaporation)는 응축 속도(rate of condensation)를 뛰어넘는다. 이 시점에서는 기체(gas)가 액체(liquid)로 되돌아가는 것보다 더 많은 액체가 기체로 변하고 있다.

냉동제(Cryogen): −90℃ 이하로 냉각되면 액체로 변환되는 기체. 냉장 액체(refrigerated liquid) 및 극저온 액체(cryogenic liquid)라고도 함

냉장 협동일관수송 컨테이너(Refrigerated Intermodal Container): 자체 냉장기(냉동기)가 있는 화물 컨테이너(cargo container). (대형)냉장고(Reefer)라고도 한다.

노출 한계(Exposure Limit): 상해(injury), 질병 또는 사망이 발생하기 전에 개인이 공기 중 물질에 노출될 수 있는 최대한의 시간

노출(Exposure): (1) 일반적으로 삼키거나, 호흡하거나 만지는 것에 의해 생물학적 손상(biological damage)을 일으키는 위험물질(hazardous material)과의 접촉. 단기간(short-term)[급성(acute) 노출], 중기간(intermediate duration), 또는 장기간(long-term)[만성(chronic)] 노출일 수 있다. (2) 위험물질 비상상황(hazardous material emergency)의 유해 영향에 노출되거나 노출될 수 있는 사람, 재산, 체계, 또는 자연환경

농도(Concentration): 더 많은 양(용량)의 기체 또는 액체와 비교한 물질의 양

농산물 테러(Agroterrorism): 식량 공급(food supply)이나 가축(livestock)과 같은 농업(agriculture)에 대한 테러리스트 공격(terrorist attack)

다수인체 제독(Mass Decontamination): 표면 오염을 안전한 수준으로 줄이기 위해 가능한 한 빨리 많은 사람들을 제독하는 과정. 일반적으로 정형화된 제독 통로(decontamination corridor) 또는 제독선(decontamination line)의 유무에 관계없이 오염 수준을 줄이기 위해 물 또는 비누와 물 용액(soap and water solution)을 이용하는 1차(필수) 제독 절차(gross decon process)임.

단기 노출 한계(short-term exposure limit; STEL): 근무일(workday) 중 어떠한 때에도 초과해서는 안 되는 15분의 시간가중평균(time-weighted average)으로, 노출(exposure)은 15분을 넘지 않아야 하며, 또한 노출들 사이의 간격은 최소 60분 이내로 하루(1일)당 4회 이상 반복되어서는 안 됨

대량 사상자 사고(Mass Casualty Incident): 현지(지역) 병참 지원 능력(capabilities of local logistical support)을 넘어서는 공격, 자연 재난(천재지변), 항공기 추락 또는 기타 원인으로 인한 짧은 시간 내에 많은 수의 사상자가 발생한 사고

대량살상무기(Weapons of Mass Destruction; WMD): 유독하거나 독성이 있는 화학물질 또는 그 전구물질, 질병 유기체(disease organism) 또는 방사선/방사성 물질의 방출(release), 확산(dissemination), 영향(impact)을 통해 상당수의 사람들에게 사망 또는 심각한 신체 상해를 유발할 수 있는 능력을 가진 무기 또는 장치이며, 화학(chemical), 생물학(biological), 방사선(radiological), 핵(nuclear) 또는 폭발성(explosive) 유형의 무기를 포함할 수 있다.

대응목표(Response Objective): 적절한 전략(strategy)과 자원(resource)의 전술적 방향을 선택하기 위한 지침과 지시를 제공하는, 모든 할당된 자원이 효과적으로 배치되었을 때 달성할 수 있는 것에 대한 현실적인 기대에 근거한 서술

대응방법(Action Option): 대응목표(response objective)의 목적을 달성하기 위해 특정 순서로 수행되는 특정한 대응(작전, operation)

대피(Evacuation): 잠재적으로 위험한 위치(장소)(potentially hazardous location)로부터 이탈하거나 또는 이동시키는 통제된 절차(controlled process). 일반적으로 위험(hazard) 또는 잠재적 위험(potential risk)으로부터 보다 안전한 곳(safer place)으로 사람들을 재위치(이동)시키는(relocating) 것과 연관됨.

댐 쌓기(Daming): 어떠한 지역(area)을 지나가는 액체(liquid)나 진창(슬러지, sludge)의 흐름을 방지하거나 제한하는 조치

독성 물질(Poison): 몸에 들어갔을 때 건강에 해를 끼치는 기체를 제외한 모든 물질

독성(Toxic): 독성이 있는

독성(Toxicity): 물질[독소(toxin) 또는 독(poison)]이 사람이나 동물에게 해(harm)를 줄 수 있는 정도(degree). 신체 내에서 해를 입히는 물질의 능력

독성흡입위험(Toxic Inhalation Hazard; TIH): 휘발성 액체 또는 운송 중에 인체 건강에 심각한 위험이 있다고 알려진 기체

동위원소(Isotope): 핵이 가지고 있는 일반적인 양성자(proton)의 수는 같지만 예외적인(일반적이지 않은) 수의 중성자(neutron)를 가진 원소. 또한 동일한 원자번호(atomic number)를 갖지만 보통의 화학 원소와는 다른 원자질량(atomic mass)을 갖는다.

둑 쌓기(Dikeing): 액체 또는 진창이 다른 지역으로 이동하는 것을 방지하기 위해 세워진 둑(제방)(embankment) 또는 기타 장벽(barrier)을 사용하는 조치

뒤덮임(Engulfment): 일반 비상 상황 거동 모델(GEBMO)에 정의된 물질의 확산(dispersion)으로, 물질 및/또는 에너지가 확산되어 위험 구역(danger zone)을 형성할 때 뒤덮임 현상이 발생한다.

듀어병(Dewar): 시설 내에 작은 양의 움직임을 고려하여 만들어진 모든 금속재질의 컨테이너(용기). 극저온 물질(crygenic material)의 수송에 대해서 미 교통부(DOT)의 요구사항에 충족되지 않는다.

뢴트겐(Roentgen; R): 오직 감마선(gamma radiation) 및 X-선 방사선(X-ray radiation)에만 적용되는 방사선 피폭(노출)(radiation exposure)을 측정하는 데 사용되는 영국식 단위(English System unit)로, 이 단위가 대부분 미국 선량계(U.S. dosimeter)에 사용됨

마이크론(미크론, Micron): 100만 분의 1미터와 같은 길이의 단위

만성 건강 영향(Chronic Health Effect): 유해(화학)물질(hazardous substance)에 대한 노출로 인한 장기적인 건강 영향

만성(Chronic): 긴 지속 시간으로 특징되며, 일정 기간 동안 반복됨

매개체(Vector): 보균 숙주(보균체, reservoir)로부터 감염되기 쉬운 숙주로 작용제(agent)를 옮기는 간접 전염(indirect trasmission) 과정에서의 생물의 매개자(animate intermediary)

메르캅탄(Mercaptan): 종종 천연가스에 부취제(취기제, odorant)로 첨가되는 황 함유 유기화합물. 천연가스는 무취이며, 메르캅탄으로 처리된 천연가스는 강한 냄새가 남. 티올(thiol)이라고도 알려져 있음

물리적 성질(Physical Properties): 물질의 화학적 성질(chemical identity)에는 변화가 없지만 물질의 상태 변화와 관련된 용기 내부 및 외부 물질의 물리적 거동에 영향을 미치는 특성. 예로는 끓는점, 비중, 증기밀도 및 수용성 등이 있다.

미국국가소방협회(National Fire Protection Association; NFPA): 소방(화재 방호) 표준(fire protection standard)을 개발하고 일반 대중을 교육하여 화재로부터 생명 및 재산을 보호하기 위한 교육적이고 전문적인 비영리 협회이다. 매사추세츠 주의 퀸시에 위치하고 있다.

밀리렘(millirem; mrem): 인체 뢴트겐 당량(렘)(Roentgen Equivalent in Man; rem)의 1/1000

밀폐된 공간(Confined Space): 연속된 점유를 목적으로 하지 않는 공간 또는 밀폐된 구역으로, 출입을 위하여 제한된(접근 제한) 통로가 있으며, 자연환기는 바람직하지 않다. 유독성, 폭발성(explosive) 또는 산소 결핍성(oxygen-deficient)의 공기를 품고 있을 가능성이 있는 공간이다.

바이러스(Virus): 숙주(host)의 살아 있는 세포(living cell)에서만 스스로를 복제할 수 있는 가장 단순한 유형의 미생물(microorganism). 바이러스는 항생제(antibiotic)의 영향을 받지 않음.

반구형 유출(확산)(Hemispheric Release): 지면 또는 물과 부분적으로 여전히 접촉 상태인 공중의 위험물질(airborne hazardous material)의 반원형(semicircular) 또는 돔모양(domeshaped)의 방식(패턴, pattern)

반응성 물질(Reactive Material): 다른 물질과 화학적으로 반응할 수 있는 물질(material)로, 예를 들어 공기 또는 물과 결합할 때 격렬하게 반응하는 물질

반응성(Reactivity): 물질이 다른 물질과 화학적으로 반응할 수 있는 능력과 그 반응이 일어나는 속도

발암물질(Carcinogen): 암-유발 물질(Cancer-producing substance)

발화온도(Ignition Temperature): 열원과 독립적으로 자체 연소를 시작하기 위해 공기 중의 연료 (액체가 아닌 것)를 가열해야 하는 최소 온도(minimum tempearture)

방사선 방출 장치(Radiation-xposure Device; RED): 무기(weapon)로 사용되는 강력한 감마선 방출선원

방사선 흡수 선량(라드)(Radiation absorbed dose; rad): 물질에 의해 흡수된 방사선 에너지(radiation energy absorbed)의 양을 측정하는 데 사용되는 영국식 단위(English System)로, 이것의 동등한 국제단위(International System equivalent)는 그레이(gray, Gy)

방사선(Radiation): 원자 핵(atomic nucleus)의 붕괴로 인해 파동(wave)이나 입자(particle) 형태로 방출되는 방사선원(radioactive source)의 에너지; 방사능(방사능 활성도, radioactivity)으로 알려진 과정(process)

방사성 물질 확산 무기(Radiological Dispersal Weapons; RDW): 폭발물(explosive)을 사용하지 않고 대신에 가압 용기(pressurized container), 건물 환기설비(building ven tilat ion system), 팬 및 기계장치(fan and mechanical device)를 사용하여 방사성 오염(radioactive contamination)을 퍼뜨리는 장치(device)이다.

방사성 물질(Radioactive Material; RAM): 자발적 붕괴(decay) 또는 해체(disintegrate)되는 원자핵(atomic nucleus)을 가진 물질

로, 입자(particle) 또는 전자기파(electromagnetic wave) 방사선(radiation)을 0.002 microcuries/gram(Ci/g) 이상의 속도로 방출한다.

방이적 대응(Operation): 대응요원이 연관된 위험물질에 직접 접촉하지 않고 주어진 지역(구역)에 비상 상황을 고립(봉쇄)하고자 하는 대응(작전, operation)

방염(Flame-esistant; FR): 연소(combution)를 지원하지 않으며 외부 점화원을 제거한 후 자체 소화(selfextinguishing)되는 물질

방호 활동 거리(Protective Action Distance): 보호(방호) 조치가 이행되어야 하는 위험물질 사고로부터의 아랫바람 방향으로의 거리

백만분율(Parts Per Million; ppm): 양에 기초하여 일반적으로 액체(liquid) 또는 기체(gas) 중의 한 물질의 매우 희석된 용액의 농도를 표현하는 방법으로, 공기의 양에 대한 오염물질의 비율로 표현된다(1/100만). 일반적인 측정 단위는 '1L 의 물 또는 1 kg의 고체당 1 μg' 또는 '1L의 공기 중 1 μL의 기체의 양에 해당함

법의학적 증거(Forensic Evidence): 법원에서 사용될 수 있는 과학적 방법(scientific method)으로 얻은 증거로, 예를 들면 지문(fingerprint), 혈액 검사(blood testing), 탄도학(ballistics)이 있음.

병원균(Pathogen): 질병(disease)이나 병(illness)을 일으키는 생물학 작용제(biological agent)

보건안전자료(Safety Data Sheet; SDS): 화학물질 제조사, 유통업자 및 수입업자가 제공하는 형식으로, 화학적 구성, 물리적 및 화학적 특성, 건강 및 안전 위험, 비상대응 절차 및 폐기물 처리 절차에 대한 정보를 제공함

보정계수(Correction Factor): 제조업체에서 제공한 숫자로, 특정 장치 판독값을 또 다른 기능에 적용할 수 있도록 변환하는 데 사용할 수 있음

보행 가능(Ambulatory): 지시를 보조 없이 이해하고, 이야기하고, 걸어갈 수 있는 사람, 종종 대응요원을 포함한다.

복구 한계(limit of Recovery): 컨테이너의 설계 강도(design strength) 또는 압력에서 내용물을 적재하고 있을 수 있는 능력

본질적으로 안전한(Intrinsically Safe): 인화성 공기(대기)(flammable atmosphere) 중에서 사용이 승인된 장비에 대한 설명. 이러한 장비는 반드시 인화성 공기를 발화시키기에 충분한 전기 에너지(electrical energy)를 방출할 수 없어야 한다.

봉쇄(Containment): 컨테이너에서 물질(material)의 추가적인 유출을 멈추는 행위

부식성 물질(부식제, Corrosive): 물질을 점진적으로 부식(eroding, rusting) 또는 파괴시켜(destroying) 손상을 줄 수 있는 것

분류번호(Division Number): 해당 제품(product)의 폭발 위험 수준(level of explosion hazard)을 지정하는 폭발물 표지판(explosive placard) 내의 하위 분류(subset of a class)

분산(Dispersion): 널리 확산되는 움직임(act) 또는 과정(process)

분진 폭발(Dust Explosion): 모든 가연성 분진의 폭발력과 함께 발생하는 급속한 연소[폭연(deflagration)]. 분진 폭발은 일반적으로 두 가지 폭발로 이뤄진다. 작은 폭발 또는 충격파로 인해 대기 중에 분진(가루)이 추가로 발생하여 두 번째의 보다 큰 폭발이 발생한다.

불연성 물질(Nonflammable): 정상적인 환경에서 연소할 수 없는 것으로, 일반적으로 액체 또는 기체를 언급할 때 사용됨

블레비현상(Boiling Liquid Expanding Vapor Explosion; BLEVE): 보관 컨테이너의 심각한 파괴(major failure)를 동반하는 압력(pressurized)에서 저장된 액체의 신속한 기화(rapid vaporization of a liquid). 파괴(failure)는 액체의 온도가 일반 대기압에서 끓는점보다 훨씬 높을 때, 컨테이너가 두 개 이상의 조각으로 폭발하는 외부 열원(external heat source)에 의한 과압의 결과(result of over-pressurization)이다.

비개입 대응(Nonintervention Operation): 대응요원(responder)이 실제의 문제에 대해 직접적인 조치(direct action)를 취하지 않는 대응(작전, operation) 유형

비상대응요원을 위한 무선 정보 설비(Wireless Information System for Emergency Responder; WISER): 이 전자식 자료는 화학물질 식별 지원, 화학물질 및 화합물의 특성, 건강 위험 정보 및 (물질)고립 조언과 같은 위험물질 대응요원에게 광범위한 정보를 제공한다.

비상대응의 컴퓨터보조 관리(Computer-Aided Management of Emergency Operations; CAMEO): 비상대응요원이 안전한 대응 계획을 수립하는 데 도움을 주는 소프트웨어 응용 프로그램 시스템이다. 비상대응에 중요한 정보에 접근하고, 저장하고, 또한·평가하는 데 사용할 수 있다.

비상대응지침서(Emergency Response Guidebook; ERG): 위험물질 표지판 및 표식 확인 시 비상상황(비상사태) 대응(response)

및 조사(inspection) 요원을 보조하는 매뉴얼. 또한 위험물질 사고 시 취할 초기대응지침을 제공한다. 캐나다 교통부(TC), 미 교통부(DOT), 멕시코 교통 및 교통사무국(SCT), CIQUIME(Centro de Información Química para Emergencias)이 공동 작업을 통해 공동 개발했다.

비상호흡 보조장비(Emergency Breathing Support System; EBSS): 착용자가 위험 구역을 안전하게 출입할 수 있도록 충분한 자급식 호흡공기가 있는 탈출 전용 호흡보호구로, 대개 공기호스 공기공급 호흡기 보호장비(airline supplied-air respirator system)에 통합되어 있다.

비색계 표시관(colorimetric indicator tubes): 오염된 공기(contaminated air)의 양을 조절할 때 예측 가능한 방식으로 색상을 변경하는 화학물질 시약(chemical reagent)으로 채워진 작은 튜브 탐지기 튜브(Detector Tube)라고도 한다.

비이온화 방사선(비전리 방사선; Nonionizing Radiation): 빛의 속도로 이동하는 전기장과 자기장(electric and magnetic field)을 진동시키는 일련의 에너지 파동(series of energy wave) 예: 자외선(ultraviolet radiation), 가시광선(visible light), 적외선(infrared radiation), 마이크로파(microwave), 라디오주파수(radio wave), 극저주파 방사선(extremely low frequency radiation)

비중(Specific Gravity): 주어진 온도에서 같은 부피의 물의 무게와 비교한 물질의 질량(무게). 비중이 1보다 작으면 물보다 가벼운 물질이다. 비중이 1보다 크면 물보다 무거운 물질이다.

비지속성 화학 작용제(Non-Persistent Chemical Agent): 일반적으로 10분 이내로 빠르게 증발 및 확산되는 화학 작용제

사고(사건)현장 특정짓기(Site Characterization): 현장(site)의 위험(hazard), 문제점(problem) 및 잠재적 해결책(potential solution)의 평가(size-up and evaluation)

사고관리체계(Incident Management System; IMS): 'NFPA 1561, 비상대응 공공기관(공공서비스)의 사고관리체계 및 지휘안전에 관한 표준(Standard on Emergency Services Incident Management System and Command Safety)'에서 설명되어 있는 체계로서, 비상대응(작전)(emergency operation)을 관리하는 데 사용되는 역할, 책임 및 표준작전(운영)절차(standard operating procedure)를 정의한다. 이러한 체계는 사고지휘체계(Incident Command Systems; ICS)라고도 한다.

사고 사전 조사(preincident survey): 적절한 비상사태 대응을 준비하기 위해 비상사태가 발생하기 전에 만들어진 시설 또는 위치에 대한 평가. 사전 계획(preplan)이라고도 함

사고현장 지휘관(Incident Commander): 사고지휘체계(Incident Command System; ICS)를 맡고 있는 비상상황 동안에 모든 사고대응의 관리에 대한 책임을 가지는 인원

사양 표시(Specification Marking): 탱크차가 만들어진 표준을 나타내는 탱크차의 외면에 스텐실된 것으로 협동일관수송 컨테이너(intermodal container) 및 화물 탱크 트럭(cargo tank truck)에서 찾을 수 있다.

사이버 테러(Cyber Terrorism): 정보(information), 컴퓨터 시스템(computer system), 컴퓨터 프로그램(computer program) 및 데이터(data)에 대한 계획적이고 정치적으로 동기부여된 공격으로, 하위국가 집단(subnational group)이나 비밀 요원(clandestine agent)에 의한 비전투원 목표(표적)(noncombatant target)에 대한 폭력(violence)을 초래한다.

사후 검토(비평)(Postincident Critique): 대응 종결(종료) 단계(termination phase) 동안의 사고에 대한 검토(discussion)로 대응자(responder), 이해관계자(stakeholder) 및 지휘부 대원(직원)(command staff)이 성공적인 대응 측면과 개선할 수 있는 영역을 파악하는 내용이 포함된다.

사후 분석(Postincident Analysis; PIA): 모든 대응 기관의 대원(직원)에게 의견을 포함한 사고의 개요(overview) 및 평가(critique)를 얻는다. 일반적으로 사고 발생 2주 이내에 실시한다. 훈련 환경에서는 교육 진행 중에 학생 및 교관의 성과를 평가하는 데 사용할 수 있다.

산(Acid): 수소 이온(hydrogenion)을 생성하기 위해 물과 반응하는 수소를 함유하는 화합물(compound). 양성자 기증자(proton donor)라고도 함. 액체 화합물의 pH값은 7 이하임. 산성 화학물질(acidic chemical)은 부식성임

산화제(Oxidizer): 산소나 기타 산화 기체를 쉽게 생성하거나 가연성 물질의 연소를 촉진하거나 촉진하기 위해 쉽게 반응하는 물질(NFPA®400-2010, Hazardous Materials Code, Copyright 2010, National Fire Protection Association®의 허가를 받아 복제함)

삼투(Permeation): 화학물질이 분자 수준(molecular level)에서 화학보호복 등의 보호 소재(protective material)에 스며드는 과정

상황인식(Situational Awareness): 주변 환경에 대한 인식(perception)과 미래의 사고(future event)를 방지할 수 있는 능력

생물 작용제(Biological Agent): 사람, 동물, 또는 작물에 해를 끼치는 바이러스(viruse), 박테리아 또는 독소(toxin). 의도적으로 해를 입히는 데 사용될 경우, 생물 무기(biological weapon)로 간주될 수 있다.

선량계(dosimeters): 방사선(radiation) 또는 소리(sound)와 같은 환경 위험(environmental hazard)에 대한 개인의 노출(individual's exposure)을 측정하는 데 사용되는 탐지 장비(detection device)

선하 증권(Bill of Lading): 출발지, 목적지, 운송로 및 제품을 표시하는 트럭 운송 산업(및 기타)(trucking industry)에서 사용하는 운송 문서(shipping paper)로, 모든 트럭 트랙터(화물 트레일러를 끄는 트랙터)의 캡(운전석)에 놓는다. 이 문서는 화주와 운송 인간의 계약서를 규정한다. 그것은 제목, 운송 계약 및 물품 영수증의 문서로 사용된다. 항공화물 운송장(air bill) 및 화물운송장(waybill)과 유사하다.

세포 용해 장비(Cell Lysis Equipment): 세포막(membrane of a cell)을 파괴하는 데 사용되는 기계류

소이탄(Incendiary Device): (1) 화재를 일으키기 위해 고안된 장치(contrivance). (2) 연소(combution) 및 화재를 일으키기 위해 의도적으로 사용되는 역학적(mechnical), 전기적(electrical) 또는 화학적(chemical) 장치(device). 또한 폭발 장치(explosive device)로도 알려져 있음.

수산 화물(Hydroxide): 수소 이온을 잃은 물분자(OH^-). 하이드로늄 이온 보다는 수산화 이온이 더 많은, 염기성(basic/alkaline)의 pH를 가지는 물질(substance)/용액(solution)이다.

수성막포(Aqueous Film Forming Foam; AFFF): 물과 합쳐지면 연료 유출 및 화재 시 완벽한 증기 장벽(complete vapor barrier)을 형성할 수 있으며, 탄화수소 연료(hydrocarbon fuel)에 대한 매우 효과적인 소화 및 피복 제재(extinguishing and blanketing agent)인 합성 폼(포) 농축액(synthetic foam concentrate)

수습(Recovery): 해당 요구조자(피해자)가 죽은 것(사망한 것)으로 파악되거나 추정되는 상황이며, 해당 작전의 목적은 시신을 수습하는 것임.

수제 폭발물[Homemade Explosive(HME)]: 일반적인 가정용 화학물질(common household chemical)을 사용하여 제작된 폭발성 물질(explosive material). 일반적으로 완성된 생성물은 매우 불안정함.

수포 작용제(Blister Agent): 접촉하는 피부 또는 신체의 기타 부위에 화상을 입히거나 물집을 일으키는 화학 무기 작용제(chemical warfare agent). 발포제(vesicant) 및 겨자 작용제(mustard agent)로도 알려져 있다.

스케드(SKEDs®): 환자 감싸기 용도의 경량 및 소형의 장치로, 긴 배면판(백보드)을 가진 모양이며, 로프의 역학적 확대율 체계 함께 사용될 것임.

시버트(Sievert; Sv): 저준위 전리(이온화) 방사선(low level of ionizing radiation) 및 그것의 인간(사람, human)에게 끼치는 건강 영향(health effect)에 대한 측정값(measurement)의 국제표준단위(SI unit)

시안화수소(Hydrogen Cyanide; HCN): 260℃에 도달할 때까지 무색, 독성 및 인화성 액체로. 260℃ 이상의 온도에서는 쓴 아몬드와 비슷한 희미한 냄새가 나는 기체(gas)가 된다. 질소 함유 물질의 연소에 의해 생성된다.

식별수준(Awareness Level): 위험물질 사고 대응요원에 대한 미국 국가소방협회에서 수립한 최저 수준의 교육

신경 작용제(Nerve Agent): 신경이 기관에 신호를 전달하는 방식을 방해하여 효과를 나타내는 독성 화학물질의 한 유형이다.

십억분율(Parts Per Billion; ppb): 부피에 따라 다른 물질, 일반적으로 액체(liquid) 또는 기체(gas) 중 한 물질의 매우 희석된 용액의 농도를 표현하는 방법으로, 공기의 양에 대한 오염물질의 비율로 표현됨(1/10억)

안전 구역(Cold Zone): 장비 및 인원이 오염되지 않았을 것이라고 기대되며 특별한 보호복이 필요하지 않은 준위험 구역(warm zone) 외부의 안전한 지역으로, 사고 지휘소 및 기타 지원 기능은 일반적으로 이 지역에 위치한다. 지원 구역(support zone)이라고도 한다.

안전 담당관(Safety Officer): 사고현장 지휘관(Incident Commander; IC)이 위험하고 안전하지 않은 상황(hazardous and unsafe condition)을 모니터링 및 평가하는 것과 사고에서의 인적 안전(personnel safety)을 평가하기 위한 조치를 취하는 것에 대해서 책임이 있는 사고관리체계(IMS)의 지휘부 참모(command staff). 사고 안전 담당관(incident safety officer)이 라고도 한다.

알레르기 유발 항원(알레르겐, Allergen): 피부(skin) 또는 호흡기(respiratory system)에 알레르기 반응(allergic reaction)을 일으킬 수 있는 물질

압력(Pressure): 제곱미터당 힘(N/m^2), 파스칼(Pa), 또는 킬로파스칼(kPa) 단위로 측정된 액체 또는 기체에 의해 적용되는 단위 면적당 힘

압력제거장치(Pressure Relief Device; PRO): 과도한 압력(excess pressure)을 배출하여 체계(시스템) 또는 컨테이너의 압력을 제어하거나 제한하는 데 사용하도록 제작된 밸브 또는 기타 장치

압축 기체(Compressed Gas): 상온 압력 하에서 저장할 때 액체가 되는 기체와는 대조적으로, 용기에 압력이 가해질 때만 기체로 존재하는 기체

액체 비산 보호복(Liquid Splash-Protective Clothing): 'NFPA 1992, 유해 화학물질 비상사태 시 액체 비산 방호복에 대한 표준(Standard on Liquid Splash-Protective Suits for Hazardous Chemical Emergencies)'에 따라 액체 비산(튐)(liquid splash)에 대해 보호를 할 수 있도록 고안된 화학보호복(chemical-protective clothing)으로, 미 환경보호청(EPA) B급(level B) 복장(ensemble)의 일부이다.

액체(Liquid): 컨테이너의 형태를 취하는 일정한 부피의 비압축성 물질(imcompressible substance)로, 분자는 자유롭게 흐르지만 물질(간)의 응집력(substantial cohesion)은 기체와 같은 팽창을 막는다.

액화 기체(Liquefied Gas): 상온에서 액체 및 기체 상태로 동시에 존재하는 밀봉된 기체

양해각서(Memorandum of Understanding; MOU): 각 조직의 대원들이 참여와 협력의 중요성을 인식하도록 하기 위해 제휴(연합)를 통해 만들어진 서면 합의 양식

억제제(Inhibitor): 원하지 않는 반응을 제어하거나 예방하기 위해 쉽게 중합되는 제품에 첨가되는 물질. 안정제(stabilizer)라고도 한다.

역제곱 법칙(Inverse Square Law): 존재하는 방사선의 양이 방사선원(radiation source)으로부터의 거리의 제곱에 반비례 한다고 규정하는 물리 법칙

역학적 에너지(Mechanical Energy): 물체가 가지고 있는 위치(potential)와 운동(kinetic) 에너지의 합

연기형 확산(플룸, Plume): 바람 및/또는 지형이 유출 지점에서 하강 구간에 영향을 미치는 공기 중의 위험물질의 불규칙한 모양 패턴

연소점(Fire Point): 연료가 점화(ignited)되면 연소(combution)를 지원하기 위해 액체 연료가 증기(vapor)를 생성하는 온도. 시험에서 연소가 지속되는 시간이 5초를 초과해야 연소점이라 할 수 있다. 연소점은 일반적으로 인화점보다 몇 도 높다.

열(Heat): 몸체(body) 간의 온도차의 결과로 한 몸체에서 다른 몸체로 옮겨지는 에너지의 형태. 고체 또는 액체의 원자 또는 분자의 운동과 관련된 에너지의 형태. 강도를 나타내기 위해 온도 단위로 측정됨.

열경련(Heat Cramp): 고온에 장기간 노출된 결과로 나타나는 열병(heat illness)으로, 과도한 발한, 복부와 다리의 근육 경련, 현기증, 어지러움, 피로감이 특징이다.

열발진(Heat rash): 열과 습한 공기에 지속적으로 노출되어 발생하는 상태로, 피부에 쓸리는 의복에 의해 악화된다. 열에 대한 개 개인의 내성을 감소시킨다.

열사병(Heat Stroke): 신체의 열 조절 메커니즘(heat regulating mechanism)이 작동하지 못하는 열병(heat illness)으로, 증상으로는 (a) 40.5°~41.1℃의 고열, (b) 건조하고 붉으며 뜨거운 피부, (c) 빠르고 강한 맥박, (d) 심호흡 또는 경련(convulsion)이 있다. 혼수상태 또는 심지어 사망에 이르게 할 수 있다. 또한 일사병(sunstroke)이라고도 한다.

열피로(Heat Exhaustion): 과열(excessive heat)로 인한 열병(heat ilness)으로, 증상(symptom)으로는 약화, 한기와 끈적끈적한 피부, 심한 땀, 급속하고 얕은 호흡, 약한 맥박, 어지러움, 때때로 무의식이 포함된다.

염기(Base): 알칼리성 또는 부식성 물질로, 부식성 수용성 화합물 또는 산과 반응하여 염을 형성하는 수용액에서 그룹 형성. 수산화 이온을 포함하는 물질

염기성 용액(Basic Solution): pH 범위가 7~14인 용액(solution)

영점조정(Zeroing): 신선한 공기(fresh air) 내에서 정상[기준선(baseline)] 수준에서 판독될 수 있도록 장비(계측기)를 재설정하는 것(resetting)

예외 컨테이너(Excepted Packaging): 매우 제한적인 방사능을 가진 물질의 운송에 사용되는 예외 포장용기(Excepted Packaging-Container)

오염(Contamination): 이물질과의 혼합(mixture) 또는 접촉(contact)으로 생기는 불순물(impurity)

오염물질(Contaminant): 어떤 물질의 순도(purity)를 떨어뜨리는 이물질(foreign substance)

외출복(Street Clothes): 작업복 및 일반 시민 복장을 포함하여 화학보호복(chemical protective clothing) 또는 구조물 화재 소방관 보호복(structural firefighters' protective clothing) 이외의 것

용량 스텐실(Capacity Stencil): 탱크의 용량을 나타내기 위해 탱크차의 외장에 스텐실된 숫자(번호)

용량(노출량)-반응 관계(Dose-Response Relationship): 시간 경과에 따른 스트레스 요인(원)(stressor)에 대한 노출(exposure)의 양(amount), 강도(intensity) 또는 기간(duration)에 따른 생물체 내에서의 변화 비교. 이러한 정보는 마약, 오염물질(pollutant) 및 독소(toxin)와 같은 물질에 대한 조치 수준을 결정하는 데 사용됨.

용매(Solvent): 또 다른 물질(another substance)[용질(solute)]을 용해시켜 제3의 물질(third substance)[용액(solution)]을 만드는 물질

용해도(Solubility): 고체, 액체, 기체가 용매(solvent: 일반적으로 물)에 용해(dissolve)되는 정도.

운송수단(Transportation Mode): 각기 다른 환경 속에서 사람 및/또는 물건을 이동시키는 데 사용되는 기술들. 예를 들면 철도, 자동차, 항공, 선박, 파이프라인 등

원추형 확산(Cone): 구멍 뚫린 곳(파손, breach) 및 넓은 하강 지면에 유출 원점이 있는 공중의 위험물질의 삼각형 모양패턴

위험 구역(Hot Zone): 사고현장을 즉시 둘러싼 잠재적으로 위험한 지역으로, 내부 진입을 위해서는 적절한 보호복과 장비 및 기타 안전 예방조치가 필요하다. 일반적으로 특수기술대응 수준의 대원(technician-level personnel)만으로 진입이 제한된다. 차단 지역(exclusion zone)이라고도 한다.

위험기반 대응(Risk-Based Response): 위험평가(hazard and risk assessment)를 사용하여 사고의 상황을 기반으로 적절한 완화 노력을 결정하는 방법

위험 통제 구역(Hazard-Control Zone): 비상사고현장(emergency scene)에서 지정된 구역을 둘러싼 경계선 체계(barrier system)로, 위험에 노출되는 사람의 수를 제한하고 경감(완화)을 용이하게 하기 위한 체계이다. 주요 사고에는 '위험[통제(된), restricted] 구역(hot zone)', '준위험[제한(된), limited] 구역((warm zone)' 및 '경계[지원, support] 구역(cold zone)'의 세 구역이 있다. 미 환경부(EPA)/미 직업안전위생관리국(OSHA)의 용어로 사고현장 작업 구역(site work zone), 통제구역(control zone) 및 사고현장 통제 구역(scene control zone)이라고도 한다.

위험(Hazard): 부상 또는 사망을 직접 일으킬 수 있는 상태, 물질, 장치, 또는 위험의 원천

위험물질(Hazardous Material 또는 Hazmat): 취급, 보관, 제조, 가공, 포장, 사용, 폐기 또는 운송 중에 적절하게 관리되지 않는 경우 건강, 안전, 재산 및/또는 환경에 심각한 위험을 초래하는 모든 재료 또는 물질

위험 화물(Dangerous Good): (1) 그 자체의 본질(nature) 또는 9개의 U.N. 위험물질 분류 규정에 의한 모든 생산품(product), 물질(substance) 또는 유기체(organism). (2) 캐나다 및 기타 국가에서 사용되는 위험물질(hazardous material)에 대한 대체용어(alternate term). (3) 미국 및 캐나다에서 항공기 탑재 위험물질(hazardous material aboard aircraft)에 대해 사용된 용어

위험 평가(Hazard and Risk Assessment): 소방관 또는 비상대응요원이 직면할 수 있는 위험(hazard and risk)에 대한 정식 검토(formal review)로서, 반드시 착용해야 할 개인 및 호흡기 보호장비의 적절한 수준과 유형을 결정하는 데 사용된다. 위험평가(hazard assessment)라고도 알려져 있다.

유기과산화물(Organic Peroxide): 무기화합물 과산화수소(inorganic compound hydrogen peroxide)의 여러 유기 유도체(organic derivative) 중 하나이다.

유기인산염살충제(Organophosphate Pesticide): 중추 신경계(central nervous system)를 파괴함으로써 곤충을 죽이는 화학 물질(chemical)로, 이러한 화학물질들은 곤충, 인간 및 다른 많은 동물에서 신경 기능(nerve function)에 필수적인 효소인 아세틸콜린에스테라제(acetylcholinesterase)를 불활성화시킴

유진입 경로(Routes of Entry): 위험물질(hazmat)이 체내로 들어가게 되는 경로

이산화탄소(Carbon Dioxide; CO_2): 무색, 무취의 기체로, 연소 또는 화재를 돕지 않으며(조연성이 없음), 대기보다 무겁다. 또한 휴대용 소화기에서 산소를 억제하거나 뒤덮거나 대체하여 B급(유류화재-역주) 또는 C급(전기 화재-역주)의 화재를 진압하는 소화제로 사용된다. CO_2는 호기성 신진대사(aerobic metabolism)의 폐기물이다.

이온(Ion): 전자(electron)를 잃거나 얻은 원자(atom)로, 따라서 양극(positive charge) 또는 음극(negative charge)을 가짐

이온화 방사선(전리 방사선, Ionizing Radiation): 전자(electron)를 제거하여 원자의 화학적 변화를 일으키는 방사선

이온화 전위(전리 전압, ionization potential): 원자(atom) 또는 분자(molecule)로부터 하나의 전자(electron)를 자유롭게 하기(떼어내기) 위해 필요한 에너지

이원료 폭발물(Binary Explosive): 따로 떨어져 있을 때는 그렇지 않지만 합쳐졌을(결합되었을) 경우에 폭발성이 있는 두 개의 구성요소로 이뤄진 폭발 장치(explosives device) 또는 폭발(성) 물질(explosives material)의 유형

인원통로(Manway): (1) 사람이 지하 또는 밀폐 구조에 접근할 수 있는 입구[구멍(hole)]. (2) 탱크 트레일러 또는 건조 벌크 트레일러 안으로 사람이 통과하기에 충분한 크기의 개구부(opening). 이 개구부에는 일반적으로 착탈식 잠금덮개가 장착되어 있다. 일컬어 맨홀(manhole)이라고도 함

인체 뢴트겐 당량(렘)(Roentgen Equivalent in Man; rem): 인체와 연관된 방사선 흡수 선량(라드)(radiation absorbed dose; rad)

을 표현하는 데 사용되는 영국식 단위(English System unit)로, 비상대응요원의 방사선량 한도(dose limit)를 설정하는 데 사용된다. 모든 유형(type)의 방사선(radiation)에 적용됨

인체 부착 급조폭발물(Person-Borne Improvised Explosives Device; PBIED): 사람에 의해 운반된 급조 폭발 장치(폭발물)(improvised explosive device). 이러한 유형의 급조 폭발물(IED)은 종종 자살 폭탄범(suicide bomber)에 의해 사용되지만, 폭탄을 운반하도록 강요받은 개개인들에 의해 운반될 수도 있음.

인화상한계(Upper Flammable Limit; UFL): 인화성 기체 또는 증기가 점화되는 상한선. 이 한계를 초과하면 기체 또는 증기가 너무 많아 연소할 수 없다(적절한 양의 산소가 부족함). 또한 폭발상한계(Upper Explosive Limit; UEL)라고도 한다.

인화성 액체(Flammable Liquid): 미 국가소방협회(NFPA)에 의하면, 37.8℃ 이하의 인화점(flash point)과 절대압력 40 psi(276 kPa;(12.76 bar)를 초과하지 않는 증기압을 갖는 모든 액체

인화점(Flash Point): 액체(liquid)가 액체 표면 근처의 공기(air)와 발화성 혼합물(ignitable mixture)을 형성하기에 충분한 증기(vapor)를 방출하는 최소 온도(minimum temperature)

인화점(Flash Point): 액체(liquid)가 액체 표면 근처의 공기와 발화가 가능한 혼합물을 형성하기에 충분한 증기(vapor)를 방출하는 최소 온도

인화하한계(Lower Flammable (Explosive) Limit; LFL): 인화성 기체(gas) 또는 증기(vapor)가 점화되어 연소를 도울 수 있는 하한선으로, 이 한계 이하에서는 기체 또는 증기가 너무 적거나 엷어서 연소할 수 없다(산소 및 기체가 충분치 않기 때문에 적절한 양의 연료가 부족하다). 또한 폭발하한계(Lower Explosive Limit; LEL)라고도 한다.

일반 비상상황 거동 모델(General Emergency Behavior Model; GEBMO): 위험물질이 컨테이너로부터 우발적으로 어떻게 방출되는지와 방출 후 어떻게 거동하는지를 설명하는 데 사용되는 모델

일산 화탄소(Carbon Monoxide; CO): 탄소(carbon)의 불완전 연소(incomplete combustion)로 인해 무색, 무취의 위험한 기체(독성 및 인화성)가 형성됨. 일산화탄소는 헤모글로빈(hemoglobin)과 산소(oxygen)보다 200배 이상 빠르게 결합하여 산소를 운반하는 혈액의 능력을 감소시킨다.

일시적 증거(Transient Evidence): 보존되지 않았거나 보호되지 않은 경우에 그 증거 가치를 상실하는 물질(물품)로, 예를 들면 빗속의 피

자극제(Irritant): 화재 또는 공기에 노출되었을 때 위험하거나 강렬한 자극성의 흄(fume)을 내뿜는 액체 또는 고체. 자극성 물질로도 알려져 있음.

자급식 공기호흡기(Self-Contained Breathing Apparatus; SCBA): 주변 환경과 독립적인 호흡기(호흡보호구, appatus)에 의해 전달되거나 만들어진 공기를 공급하는 호흡기(respirator). 호흡기로, 해당 사용자가 착용한다.호흡기 즉각적인 생명과 건강에 위험성이 있는 상황(Immediately Dangerous to Life and Health; IDLH)으로 여겨지는 모든 상황에서 보호(respiratory protection) 장비를 착용한다. 에어 마스크(air mask) 또는 에어 팩(air pack)이라고도 한다.

자기주사기(Autoinjector): 인명구조 약품(lifesaving drug)의 단일 복용량으로 가득 차 있는 스프링이 들어 있는 주사기

자연발화온도(Auto Iginition Temperature): 가연성 물질이 불똥 또는 화염없이 공기 중에서 점화하는 최저 온도(NFPA 921)

자체가속분해 온도(Self-Accelerating Decomposition Temperature; SADT): 일반적인 컨테이너(포장)의 제품이 자체 가속분해(self-accelerating decomposition)를 거치는 최저 온도. 반응은 격렬할 수 있으며, 일반적으로 컨테이너를 파열시켜 원물질(original material), 액체(liquid) 및/또는 기체 분해 생성물(gaseous decomposition product)을 상당한 거리까지 분산확산시킨다.

잔류성(지속성, Persistence): 화학 작용제(chemical agent)가 분산되지 않고 효과가 지속되는 시간

장비 응답 시간(Instrument Response Time): 공기 중 샘플(air sample)의 탐지 장치(monitoring/detection device)로의 이동[흡입(drawing in)]과 사용자에게 제공되는 판독(reading)[분석(analysis)] 사이의 경과 시간(elapse time). 또한 기기 응답 시간이라고도 함.

저성능 폭발물(Low Explosive): 폭연하는(deflagrate) 폭발성 물질(explosive material)로 음속(speed of sound)보다 느린 반응을 일으킴.

적외선 온도계(Ifrared Thermometer): 물질에 의해 방출되는 적외선 에너지(infrared energy)를 탐지하고, 에너지 계수(energy factor)를 온도 판독값으로 변환하는 비접촉 측정 장비(non-contact measuring device). 또한 온도 총(Temperature Gun)이라고도 함.

전국(전세계)적 유행성(유행병의)(Pandemic): 대다수의 인구에 영향을 미치는 매우 넓은 지역[여러 국가 또는 대륙]에 걸쳐서 발생하는 전염병

전기(Electricity): 하전된 입자(charged particle)의 존재와 흐름으로 인한 에너지의 형태

전동 공기정화식 호흡보호구(Powered air-purifying respirator; PAPR): 필터를 사용하여 주위 공기를 정화한 후 착용자에게 호흡할 수 있도록 전달하는 전동형 호흡기(motorized respirator)로, 일반적으로 면체 부분(head piece), 호흡 튜브 벨트에 착용된 송풍기/배터리 상자가 포함됨

전문대응수준(Operations level): 미국 국가소방협회(NFPA)에서 수립한 교육 수준으로 초동대응자는 위험물질 사고에 대한 방어적 대응(조치)(defensive action)을 취할 수 있다.

전문대응-임무특화(Operations Mission-Specific Level): 미국 국가소방협회에 의해 수립된 훈련 수준으로, 위험물질 사고 시 추가적인 방어적 대응(additional defensive task)과 제한된 공격적 대응(limited offensive action)을 취하는 것을 대응자들에게 허용한다.

전신 작용(Systemic Effect): 손상은 전체 시스템(entire system)을 통해 확산된다. 단일 위치로 제한되는 국소 작용효과(local effect)와 반대이다.

전신피복(Encapsulating): 캡슐(capsule) 안에 있는 것처럼, 완전히 밀폐되거나(enclosed) 감싸지는(surrounded) 것

전염성 물질(Infectious Substance): 병원균(pathogen)을 보유(포함)하고 있다고 알려진 또는 합리적으로 예상되는 물질

전염(Infectious): 전파 가능(transmittable)하며, 사람에게 감염될 수 있다.

전염성(Contagious): 접촉(contact) 또는 인접을 통해 한 사람에게서 다른 사람으로 전파(trasmission) 가능함

전용 탱크차(Dedicated Tank Car): 압력제거장치(안전장치), 라이닝, 밸브, 부속품 및 부착물을 포함하여 제품 고유의 요소(특성)를 충족시키도록 설계된 철도 탱크차. 이 유형의 차량은 종종 차의 수명을 위하여 단일 용도로 사용되며, 정확한 목적을 나타내기 위해 표시가 부착될 수 있다.

전자(Electron): 물리적 질량과 음전하를 가진 아원자 입자(원자의 구성요소, subatomic particle)

전환(우회)(Diversion): 덜 해를 끼칠 수 있는 지역으로 액체(liquid) 또는 진창(sludge)의 이동을 유도하고 제어하는 조치

점도(Viscosity): 주어진 온도에서 액체의 내부 마찰(internal friction) 척도. 이 개념은 비공식적으로 두께(thickness), 딱딱함(stickiness) 및 유동성(ability to flow)으로 표현되기도 한다.

점유지(Occupancy): (1) 건물, 구조물, 거주지에 대한 일반 화재 및 비상대응 용어. (2) 건물 소유주나 세입자가 사용하는 것에 기초한 건물 코드 분류. 다양한 건물 및 화재 법규에 의해 규제됨. 점유지 분류(occupancy classification)라고도 알려져 있음

제독(Decontamination): 사람(person), 의복(clothing) 또는 지역(area)에서 유해한 이물질(hazardous foreign substance)을 제거하는 과정. 디컨(Decon)이라고도 한다.

제어(Control): 위험물질(hazardous material) 또는 그 증기(vapor)를 봉쇄(contain), 고립(confine), 중화(neutralize) 또는 소화(extinguish)하는 것

준위험 구역(Warm Zone): 일반적으로 제독소(제독 통로, decontamination corridor)를 포함하는 위험(Hot) 및 안전(Cold) 구역 사이의 지역으로, 일반적으로 위험 구역(hot zone)보다 개인보호장비의 수준이 더 낮아야 한다. 또한 오염 저감 구역(contamination reduction zone) 또는 오염 저감 통로(contamination reduction corridor)로도 알려져 있다.

중간 벌크 컨테이너(Intermediate Bulk Container; IBC): 실린더 또는 이동식 탱크가 아닌 단단한 소재(RIBC) 또는 유연한 소재(FIBC)의 이동식 용기(portable packaging)로, 최대 용량 3 m^3 이하(3,000 L) 및 최소 용량 0.45 m^3(450 L)이거나 최대 순질량이 400 kg 이상인 기계 조작을 염두에 두고 설계된 것

중간 치사 농도(Median lethal Concentration, 50 Percent Kill; LC_{50}): 시험군의 50%가 사망하게 되는 흡입된 물질의 농도. 중간 치사 농도(LC_{50})는 백만분율(ppm), 리터당 밀리그램(mg/L) 또는 세제곱미터당 밀리그램(mg/m^3)으로 표현되는 흡입 노출이며, 값이 낮을수록 물질의 독성이 크다는 것을 의미한다.

중간 치사량(Median Lethal Dose, 50 Percent Kill; LDso): 시험군(test population)의 50%가 사망하게 되는 섭취되거나(ingested) 주입(injected)된 물질의 농도(concentration). LD_{50}은 킬로그램당 밀리그램(mg/kg)으로 표현되는 경구 또는 피부 노출(oral or dermal exposure)로서, 값(value)이 낮을수록 물질의 독성이 크다는 것을 의미한다.

중합(반응)(Polymerization): 두 개 이상의 분자가 화학적으로 결합(화합)하여 더 큰 분자를 형성하는 화학반응. 이 반응은 종종 격렬할 수 있다.

중화(Neutralization): 산(acid) 및 염기(base)의 여분의 수소(hydrogen) 또는 수산화물 이온(hydroxide ion)이 해당 용액(solution)에 남아 있지 않을 때까지 정량적으로(quatitatively) 반응하는 물에서의 화학반응(chemical reaction)

증거(Evidence): 조사관(수사관)이 수집하고 분석한 정보.

증거물 보존의 연속성(Chain of Custody): 어떠한 자료를 증거로 인정하기 위해 반드시 법정에서 확립되어야만 하는 물리적 증거(physical evidence)의 소유에 대한 지속적인 변경사항. 법정에서 물리적 증거를 입수하기 위해서는 법정에서 제시될 때까지 증거의 불일치로 인한 각 소유권의 변경을 문서화하는 책임성에 대한 증거 기록(evidence log of accountability)이 있어야 한다.

증기 보호복(Vapor-Protective Clothing): 'NFPA 1991, 위험물질 비상사태에 대한 증기 보호복 표준(Standard on Vapor-Protective Ensembles for Hazardous Materials Emergencies)'의 2016판을 충족시키도록 설계된 기체 밀폐 화학보호복(gas-tight chemical-protective clothing)으로 미 환경청(EPA) A급 복장의 일부이다.

증기 분산(Vapor Dispersion): 공기 중 위험물질(airborne hazardous material)의 흐름(방향)을 유도하거나 영향을 주는 조치

증기 억제(Vapor Suppression): 위험물질 유출 시 해당 증기의 배출(emission of vapor)을 줄이기 위한 조치

증기 폭발(Vapor Explosion): 고온의 액체 연료가 더 차갑고 더 휘발성이 높은 액체 연료에 열에너지를 전달할 때 발생한다. 더 차가운 연료가 기화함에 따라 압력이 컨테이너 내부에 형성되고 운동에너지(kinetic energy)의 충격파(shock wave)를 생성할 수 있다.

증기밀도(Vapor Density): 동일 온도 및 압력에서 동일한 부피(의 건조한 공기의 질량과 비교한 순수한 증기 또는 기체의 질량. 1 미만의 증기밀도는 공기보다 가벼운 증기를 나타낸다. 1보다 큰 증기밀도는 공기보다 더 무거운 증기를 나타낸다.

증기압(Vapor Pressure): 주어진 온도에서 증기가 액체 상태와 평형을 이룰 때의 압력으로, 증발 경향이 더 큰 액체는 주어진 온도에서 보다 높은 증기압을 갖는다.

증인: 재판관 또는 배심원단에게 사실적 증언을 제독하도록 요청받은 사람

지속성 화학 작용제(Persistent Chemical Agent): 일반적으로 10분 이상의 상당한 시간 동안 개방된 공간(in the open)에서(확산이 시작된 시점으로부터) 효과가 지속적으로 유지되는 화학 작용제

지역비상계획위원회(Local Emergency Planning Committee; LEPC): 지역비상대응계획을 담당하는 지역 사회 조직. SARA Title III에 의해 요구되는 LEPCs는 지방 공무원, 시민 및 산업체 대표로 구성되며, 비상계획 지역을 대상으로 포괄적인 비상계획을 수립하고, 검토하고, 업데이트(최신화)한다. 계획은 위험물질 목록, 위험물질 대응 훈련 및 지역 대응 역량평가로 구성된다.

지역비상대응계획(Local Emergency Response Plan; LERP): 지역비상대응기관이 지역사회 비상 상황에 어떻게 대응할 것인지 자세하게 설명하는 계획; 미국 환경보호청(EPA)에 의해 요구되며, 지역 비상계획위원회(LEPC)가 이를 준비한다.

진압(소화)하다(Extinguish): 불(화재, a fire)을 완전히 끄는 것(to put out)

질식 작용제(Choking Agent): 폐를 공격하여 조직 손상을 일으키는 화학 무기 작용제(chemical warfare agent)

질식제(Asphyxiant): 체내에서 산소(oxygen)가 혈액(blood)과 충분한 양으로 결합되거나 신체 조직에서 사용되는 것을 막는 모든 물질

집결지(Staging Area): 비상 사고 현장에서 떨어진 미리 조정된 임시적인 전략적 장소에 위치하며, 단체가 집합하여 비상 사고 현장에서의 위치(직책)가 배정될 때까지 대기하는 곳이다. 이러한 자원(resource) [인력(personnel), 기기(apparatus), 도구(tool) 및 장비(equipment)]은 반드시 위치(역할)를 배정받고 3분 이내에 대응할 수 있어야 한다. 집결지 관리자(staging area manager)는 사고현장 지휘관(incident commander) 또는 대응(작전) 부서장(operations section chief)에게 보고한다.

차량용 정보 단말기(Mobile Data Terminal; MDT): 무선체계(radio system)를 통해 기타 컴퓨터들과 통신하는 이동식 컴퓨터(mobile computer)

차량탑재 급조 폭발물(Vehicle-orne Improvised Explosive Device; VBIED): 자동차, 트럭 또는 기타 차량에 탑재(설치)된 급조 폭발물(improvised explosive device). 이러한 유형의 급조 폭발물(IED)은 일반적으로 대규모 폭발을 일으킴

철도차 머릿글자(이니셜) 및 숫자(Railcar Initials and Numbers): 철도사의 컴퓨터 또는 운송업체가 (철도)차량의 내용물에 대한 정보를 얻는 데 사용될 수 있는 철도 차량에 부착된 문자와 숫자의 조합. 또한 알림 표시(reporting mark)로도 알려져 있음.

초기 이격 거리(Initial Isolalion Distance): 위험물질 사고(hazardous material incident)로 모든 사람이 모든 방향(in all direction)으로 대피할 것으로 간주되는 거리

초기 이격 구역(Initial Isolalion Zone): 초기 이격 거리(initial isolation distance)에 해당하는 반경의 원형 구역(circular zone)으로, 이 구역 내에서는 사람이 위험한 농도에 노출될 수 있으며, 위험원으로부터 불어 내려오는 바람에 의해 생명을 위협하는 농도에 노출될 수 있다.

최대 안전 저장 온도(Maximum Safe Storage Temperature; MSST): 제품(product)이 안전하게 보관될 수 있는 온도. 이것은 보통 자체 가속분해 온도(SADT)의 온도보다 20~30℃ 낮지만 물질에 따라 훨씬 더 차가울 수 있다.

최대허용작동압력(Maximum Allowable Working Pressure; MAWP): 컨테이너 시험 압력(test pressure)의 백분율(percentage). 용기나 컨테이너의 가장 약한 부분이 안전하게 유지될 수 있다고 계산된 압력

출구 압력(Head Pressure): 정체된(변동 없는) 물기둥(column of water)에 의해 가해진 압력으로, 물기둥의 높이에 직접 비례함

치사 농도(LC): 전체 시험군(entire test population)의 사망을 초래하는 흡입된 물질(inhaled substance)의 농도(concentration). 백만분율(ppm), 리터당 밀리그램(mg/L) 또는 세제곱미터당 밀리그램(mg/m³)으로 표현되어, 값(value)이 낮을수록 물질의 독성이 크다는 것을 의미한다.

치사량(LD): 섭취되거나(ingested) 주입된(injected) 물질의 농도(concentration)로 전체 시험 집단(entire test population)이 사망하게 된다. 킬로그램당 밀리그램(mg/kg)으로 표현되어, 값(value)이 낮을수록 물질의 독성이 크다는 것을 의미한다.

침투(Penetraion): 위험물질이 보호복 소재의 개구부 또는 구멍에 들어가는 과정. 진입 경로를 참조할 것

컨테이너(Container): (1) 다음과 같은 운송 장비 조항(article of transport equipment): (a) 영구적인 특성 및 반복 사용에도 충분한 강도 (b) 중계하지 않고 하나 이상의 운송 수단에 의한 화물의 운송을 용이하게 할 수 있도록 특별히 고안된 것(c) 준비된 취급, 특히 한 방식에서 다른 방식으로의 전환을 허용하는 장치를 갖춘 것. "container"라는 용어는 차량을 포함하지 않는다. 화물 컨테이너라고도 한다. (2) 육지 또는 해상 화물선을 통해 운송될 때 트럭 또는 철도 차량으로 화물을 운송하는 데 사용되는 표준화된 상자. 크기는 보통 2.5 m × 2.5 m × 6 m 또는 2.5 m × 2.5 m × 12 m 이다.

타고 내림식 응용 발포법(Bank-down Application Method): 점화된 또는 비점화된 B종 연료 유출(Class B fuel spill)에 사용할 수 있는 폼 응용 발포법(method of foam application). 거품 흐름(foam stream)은 유출 영역(spill area) 옆 또는 내부의 수직 표면(vertical surface) 또는 물체(object)로 향하게 된다. 폼은 표면 또는 물체로부터 빗나가고(비껴서 나가고) 해당 유출의 표면 위로 흘러내려 폼 담요(뒤덮힘, foam blanket)를 형성한다. 비낌(deflection)이라고도 한다.

탄약(군수품)(munition): 무기(weapon), 장비(equipment) 및 탄약(ammunition)과 같은 군사적 비축품(military reserves)

트리아세톤 트리페록사이드(Triactone Triperoxide; TATP): TATP(Triacetone triperoxide)는 전형적으로 독특한 냄새[표백제(bleach)]가 있는 백색 결정성 분말이며, 황색에서 백색까지 다양하다. Hexamethylene triperoxide diamine(HMTD)와 유사하다.

파손(구멍 뚫기, Breach): 구조(rescue), 호스라인 작업(hose line operation), 환기(ventilation) 또는 기타 기능 수행을 위해 구조물(structure) 안팎으로 접근할 수 있도록 하기 위해서 벽체의 전반적인 무결성(integrety)을 손상시키지 않으면서 구조물의 장벽(예: 벽돌 벽)에 구멍(틈, opening)이 생기는 것

팽창 비율(Expansion Ratio): (1) 기체 상태(gaseous form) 물질과 동일한 수의 분자의 부피(volume)와 상대적인 액체 상태(liquid form) 물질의 부피(volume). (2) 완성된 폼 부피(finished foam volume) 대 최초 폼 용액 부피의 비율. 팽창(expansion)이라고도 함

평가(Size-up): 사고현장에서 영향 요인에 대한 지속적인 평가

포스핀(phosphine): 무색, 인화성, 유독성 기체로, 마늘이나 썩은 생선 냄새가 나며, 공기와 접촉 시 자발적으로 발화함(자연발화성). 포스핀은 심혈관 및 호흡계를 공격하여 폐종부, 말초혈관 허탈, 심장마비를 유발하는 호흡기 자극제이다.

포장(Packaging): 운송용 컨테이너 및 그것의 표시(marking), 표식(label) 및/또는 표지판(placard)

폭굉(Detonation): 음속(speed of sound)보다 빠르게 이동하는 에너지 전단(energy front)을 가진 폭발(explosion)

폭동 진압 작용제(Riot Control Agent): 눈, 입, 목, 폐 및 피부에 즉각적인 자극을 유발하여 일시적으로 사람들을 무능화(활동불능) 상태로 만드는 화학물질 화합물

폭발물 처리반(Explosive Ordnance Disposal; EOD): 비상대응자(emergency responder)로서 폭발성 장치를 다루고(무언가를 없애기 위한-역주) 처리할 수 있도록 특별히 훈련받고 장비를 갖추고 있다. 위험 장치 전문대응반(Hazardous Devices Unit) 또는 폭탄 처리반(Bomb Squad)이라고도 함.

폭발물(Explosives): 어떤 형태의 에너지가 주어졌을 때, 매우 빠른 자체-전파 반응(self-propagation reaction)을 일으키는 모든 물질 또는 혼합물

폭연하다(Deflagrate): 음속(speed of sound)보다 느린 속도로 폭발(explode)[빠르게 연소(burn quickly)]하는 것

표면 위 굴려 넣기식 응용 발포법(Roll-On Application Method): 발포 흐름이 비점화된 또는 점화된 액체 연료 유출의 전단에 있는 지면으로 향하는 응용 발포법으로, 폼(포)은 액체의 표면을 가로질러 퍼진다. 바운스(튕김)라고도 한다.

표식(Label): 4 in²의 다이아몬드 모양의 표시는 위험물질이 들어있는 개별운송 컨테이너에 대한 연방 법규(federal regulation)에 의해 요구되며, 크기는 18 m³ 미만임

표준작전(운영)절차(Standard Operating Procedure; SOP): 일상적인 기능을 수행하기 위해 기관(조직)이나 소방서가 운영하는 표준 방법(standard method) 또는 규칙(rule). 일반적으로 이러한 절차는 정책 및 절차 핸드북에 기록되어 있으며 모든 소방관은 내용에 정통해야 한다.

표지판(Placard): 화재 위험, 생활 위험, 특수 위험 및 잠재적 반응성에 대해 대응요원에게 알리기 위해 위험물질을 운송하는 구조물 또는 차량의 양쪽에 부착하는 다이아몬드형의 기호(sign). 표지판은 물질의 기본 분류(primary class)를 나타내며, 경우에 따라서는 운송중(18 m³ 이상의 컨테이너에 한함)인 정확한 물질을 나타낸다.

필로폰(메스) 제조자(제조지)(Meth Cook): (1) 실험실에서 필로폰(메스)(methamphetamine)을 제조하는 사람. (2) 필로폰(메탐페타민) 생산 증거가 있는 구역

필로폰(메탐페타민, 메스)(Methamphetamine; Meth): 각성제(중추 신경계 자극제)(central nervous system stimulant drug)는 작은 실험실에서 생산될 수 있다. 낮은 복용량의 의약품 사용은 체중 조절, 기면증(발작성 수면) 및 주의력 결핍, 과잉 행동 장애(attention deficit hyperactivity disorder)를 일으킬 수 있다. 오락적 사용 시에는 도취감(병적인 행복감, euphoriant)이 있고, 최음제 약효(aphrodisiac qualities)가 있다. 조금만 복용하더라도 이 약의 오용은 개인 및 사회에 해를 끼칠 위험이 높다.

하이드로늄 이온(Hydronium): 여분의 수소 이온(hydrogen ion)(H_3O^+)이 있는 물 분자(water molecule). 수산화(물) 이온(hydroxide ion)보다 많은 하이드로늄 이온(hydronium ion)을 갖는 물질(substance)/용액(solution)은 산성의 pH를 가짐

항생제(Antibiotic): 박테리아의 성장을 죽이거나 감속시키는 곰팡이(mold) 또는 박테리아(bacterium)로 만든 항균제(antimicrobial agent). 예로는 페니실린(penicilin)과 스트렙토마이신(streptomycin)이 있다. 항생제는 바이러스(virus)에 효과가 없음

해독제(Antidote): 독(poison) 또는 독소(toxin)의 영향을 막는 물질

해리(가역적 분해)[Dissociation(화학 관련)]: 분자(molecule) 또는 이온 화합물(ionic compound)을 작은 입자로 분할하는 과정으로, 특히 과정이 가역적인(reversible) 경우를 말함. 재결합(recombination)의 반대 개념

허용 노출(피폭) 한계(Permissible Exposure Limit; PEL): 노출된 건강한 성인의 95%가 40시간의 근무 주간(work week)에 악영향(adverse effect)을 미치지 않는 최대 시간가중농도(maximum timeweighted concentration)로, 달리 명시되지 않는 한 8시간 가중평균(8-hour time-weighted average)이다. 허용 노출(피폭) 한계(PELs)는 ppm 또는 m³당 밀리그램(mg/m³)으로 표현된다. 이러한 단위들은 미 직업안전 보건국(OSHA)에서 일반적으로 사용되며, 미 국립직업안전건강연구소 화학위험 포켓가이드(NIOSH Pocket Guide to Chemical Hazards)에서도 쓰임.

허용 한계값(Threshold limit value; TLV®): 정규 근무 주간(regular workweek)에 8시간 동안 노출(8-hour exposure)되었을 때 악영향(ill effect) 없이 허용될 수 있는 특정 물질의 양으로 ppm으로 표현되는 최대 농도

허용 한계값/최고노출 기준(Threshold limit value; TLV®): 순간적으로도 초과하여서는 안 되는 주어진 물질(material)의 최대 농도(ppm)

현장 내 대피행동(Sheltering in Place): 거주자를 화재나 위험한 가스 구름(hazardous gas cloud)과 같이 빠르게 접근하는 위험(hazard)으로부터 보호하기 위해 건축물이나 차량에 남아 있도록 하는 것. 대피의 반대 개념임. 현장 내 보호, 은신처 찾기(sheltering) 및 피난처 이동(taking refuge)으로도 알려져 있다.

현장 내 방어행동(Defending in Place): 위험물질 사고로 즉각적인 위험에 처한 사람들을 보호하기 위하여 공세적 대응(offensive action)을 취하는 것

협동일관수송 컨테이너(Intermodal Container): 두 개 이상의 운송 수단에서 상호교환 가능하게(interchangeably) 사용되도록 설계되고 제작된 화물 컨테이너(freight containers). 협동일관수송 탱크(intermodal tank), 협동일관수송 탱크 컨테이너(intermodal) 및 협동일관수송 화물 컨테이너(intermodal freight container)라고도 한다.

호환성 그룹문자(Compatibility Group Letter): 적재 및 분리 목적으로 여러 종류의 폭발성 물질(explosives substance)과 폭발성 물품(explosives article)을 분류하는 문자로 표현된 폭발물 표지판(explosive placard)에 표현된 표시말

혼합성(혼화성, Miscibility): 두 가지 이상의 액체(liquid)가 서로 혼합될(mix) 수 있는 것

혼합할 수 없는(Immiscible): 다른 물질과 혼합되거나(mix) 섞일(blend) 수 없음

화학 공격(Chemical Attack): 사람과 환경을 오염시킬 수 있는 독성 기체, 액체, 고체의 고의적 유출

화학 작용제(Chemical Agent): 생리학적 효과를 통해 사람을 죽이거나, 심각하게 상해를 입히거나, 무능력하게 하는 전쟁이나 테러에 사용되는 화학물질(chemical substance). 또한 화학무기작용제(chemical warfare agent)라고도 함

화학보호복(Chemical Protective Clothing; CPC): 위험물질과 관련된 작전(대응)(operations involving hazardous material) 중에 발생할 수 있는 화학적, 물리적 및 생물학적 위험으로부터 개인(indivisual)을 보호(shield)하거나 격리(isolate)하도록 고안된 복장(clothing)

화학적 분해(Chemical Degradation): 화학물질과의 접촉을 통해 물질의 특성이 변경되는 과정

화학적 성질(Chemical Property): 물질이 다른 물질로 변할 수 있는 방법에 관한 것. 화학적 성질은 사람이나 환경에 유해한 연소, 반응, 폭발, 또는 독성 물질 생성 능력을 반영한다.

화학적 에너지(Chemical Energy): 화학반응(chemical reaction)이나 화학적 변환(chemical transformation) 중에 방출될 수 있는 물질의 내부 구조(internal structure)에 저장된 잠재적 에너지(potential energy)

환기(Ventilation): 어떠한 구조물에서의 가열된 공기(heated air), 연기(smoke), 기체(gas) 또는 기타 공기 오염물질(airborne contaminant)을 체계적인 제거하기 위한 조치. 또한 손상을 줄이고 화재 진압 작전을 용이하게 하기 위해 그러한 것들을 더 차가운 빛/또는 신선한 공기로 대체하는 것

환원 시간(Drainage Time): 폼(포)이 깨지는 데까지 또는 용해되는 데까지 걸리는 시간. 환원(drainage), 환원 이탈률(drainage dropout rate) 또는 환원율(drainage rate)이라고도 함

환원제(Reducing Agent): 연소 중에 산화(oxidized)되거나 연소되는 연료(fuel). reducer라고도 한다.

환자(중증도) 분류(Triage): 의학적 치료 및 이송의 우선순위를 결정하기 위해 사고 사상자들을 분류하고 나누는 데 사용되는 체계

활성화 에너지(Activation Energy): 원자(atom) 또는 분자(molecular) 시스템에 부가(added)될 때 화학반응(chemical reaction)을 시작하는 최소 에너지(minimum energy)

후각 피로(olfactory fatigue): 초기 노출 후 사람이 냄새를 감지하는 능력이 점진적인 무능력화 됨: 황화수소와 같은 독소(toxin)의 경우 극단적으로 빠르게 나타날 수 있다.

휘발성(Volatility): 비교적 낮은 온도에서 물질이 쉽게 증발할 수 있는 능력

흡수량(Dose): 독성(toxicity) 측정을 위해 피부 접촉을 통해 섭취되거나(ingested) 흡수된(absorbed) 화학물질의 양(quantity)

흡입 위험(Inhalation Hazard): 흡입 시 유해할 수 있는 모든 물질

희석(Dilution): 해당 위험을 감소시키기 위해 물(water)을 수용성 물질(water-soluble material)에 가하는 것

| 역자 |

김흥환

(squalkk@naver.com)

- 육군사관학교 졸업
- 육군 화생방병과 대위 전역
- 소방청 화생방대응경력채용(소방장)

現)

- 소방청 중앙119구조본부 근무
- HAZMAT 현장대응, 교관 / 심판 /시험 편집위원,
  주요지침작성 등 담당
- 「테러유형별 표준소방활동지침(16년)」,
  「원전 등 특수사고, 테러유형별 표준소방작전지침(18년)」
  대표 편집담당

| 감수자 |

윤이 환경부 화학물질안전원 연구관

이병선 행정안전부 국가민방위재난안전교육원 교수

차장현 경찰청 대테러과 연구사

조민수 한국원자력의학원 비상진료부장

임용순 환경부 울산화학재난합동방재센터 연구관

김영기 보건복지부 질병관리본부 연구사

류종우 고용노동부 대한민국명장(위험물관리)

계영식 육군사관학교 교수

손원배 경주대학교 교수

특수재난 5판 초동대응 매뉴얼

초판 1쇄 인쇄 2020년 3월 13일
초판 1쇄 발행 2020년 3월 20일

원저자 IFSTA(국제 소방 훈련 협회)
역　자 김홍환
감수자 윤이 외

펴낸이 김호석
펴낸곳 도서출판 대가
기　획 김호석 • 장종구
경영지원 박미경
편집부 박은주
마케팅 권우석 • 오중환
관　리 한미정 • 김소영

주　소 경기도 고양시 일산동구 장항동 776-1 로데오 메탈릭타워 405호
전　화 02) 305-0210 / 306-0210 / 336-0204
팩　스 031) 905-0221
전자우편 dga1023@hanmail.net
홈페이지 www.bookdaega.com

ISBN 978-89-6285-236-3 93570

- 책값은 뒤표지에 있습니다.
- 파본 및 잘못 만들어진 책은 교환해 드립니다.
- 이 도서의 국립중앙도서관 출판예정도서목록(CIP)은 서지정보유통지원시스템 홈페이지(http://seoji.n.glo.kr)와 국가자료공동목록시스템(http://www.nl.go.kr/kolisnet)에서 이용하실 수 있습니다. (CIP제어번호 : CIP2019025675)